Wege und Fortschritte
der Wissenschaft

Sächsische Akademie der Wissenschaften zu Leipzig

Wege und Fortschritte der Wissenschaft

Beiträge von Mitgliedern der Akademie
zum 150. Jahrestag ihrer Gründung

Herausgegeben im Auftrag der Akademie
von Günter Haase und Ernst Eichler

Akademie Verlag

Gedruckt mit Unterstützung des Freistaates Sachsen
(Sächsisches Staatsministerium für Wissenschaft und Kunst)

Dank gebührt der Fa. Zentrum Mikroelektronik Dresden GmbH,
die einen Druckkostenzuschuß gewährte.

Redaktionelle Bearbeitung: Dr. Jutta Haase

Die Deutsche Bibliothek – CIP-Einheitsaufnahme

Wege und Fortschritte der Wissenschaft: Beiträge von Mitgliedern der Sächsischen Akademie der Wissenschaften zu Leipzig zum 150. Jahrestag ihrer Gründung / Sächsische Akademie der Wissenschaften zu Leipzig. Hrsg. im Auftr. der Akademie von Günter Haase und Ernst Eichler. –
Berlin: Akad. Verl., 1996
ISBN 3-05-003134-4
NE: Haase, Günter [Hrsg.]; Sächsische Akademie der Wissenschaften ⟨Leipzig⟩

Satz: DW & ID Repro- und Satzzentrum GmbH
Druck: Messedruck, Leipzig
Binden: Kunst- und Verlagsbuchbinderei, Leipzig
Printed in Germany

Inhalt

Beiträge von Akademiemitgliedern zur Entwicklung einzelner Fachgebiete aus der Mathematisch-naturwissenschaftlichen Klasse

Günter Haase und Ernst Eichler

Zum Geleit: Die Sächsische Akademie der Wissenschaften in ihrem 150. Jubiläumsjahr

Die Sächsische Akademie der Wissenschaften zu Leipzig hat in ihrer 150jährigen Geschichte mit einzelnen herausragenden Leistungen ihrer Mitglieder und in ihrer Gesamtheit zum Fortschritt der Wissenschaft auf verschiedenen Gebieten beigetragen. Anliegen der Jubiläumsschrift ist es, die Entwicklung der in der Sächsischen Akademie der Wissenschaften vertretenen Disziplinen durch Akademiemitglieder oder auch durch mit der Akademie verbundene Wissenschaftler in ihrer Vergangenheit und weiteren Perspektive darzustellen. Dabei soll vor allem der ideen- und theoriegeschichtliche Gehalt aus der Sicht sächsisch-thüringischer Institutionen wie der Akademie, der Universitäten und weiterer Forschungseinrichtungen in den Mittelpunkt gestellt werden. Eine solche Publikation gestattet es, auch eine kritische Auseinandersetzung mit der Entwicklung der verschiedenen Wissenschaftsgebiete in der Vergangenheit bis in die jüngste Gegenwart hinein vorzunehmen.

Die in dem vorliegenden Band zusammengestellten Beiträge, zumeist in der strengen Form eines wissenschaftlichen Aufsatzes, zum Teil aber auch in aufgelokkerter, mehr essayistischer Form, enthalten zahlreiche Darstellungen zur Entwicklung der Akademie, sowohl zum Wirken einzelner ihrer Mitglieder als auch zu den von diesen vorgelegten Leistungen. Sie ergänzen damit die Versuche einer Gesamtdarstellung der Geschichte der 150jährigen Institution, wie sie zuletzt Präsident Schwabe vor 25 Jahren gezeichnet hat. Dabei werden sowohl die Ansätze und Voraussetzungen des wissenschaftlichen Lebens der Akademie zur Zeit ihrer Gründung erhellt, wie sie in der Fürstlich Jablonowskischen Gesellschaft deutlich geworden waren, als auch herausragende Beiträge, die von Mitgliedern der Akademie in den späteren Jahrzehnten bis zur Gegenwart erbracht wurden.

Bislang liegt noch keine ausführliche Darstellung der Entwicklung der Sächsischen Akademie der Wissenschaften zu Leipzig für die 150 Jahre ihres Bestehens vor. Es gibt allerdings Darstellungen von den Präsidenten Theodor Frings in seiner Ansprache zur Wiedereröffnung 1948 und Kurt Schwabe in der Festschrift zur Feier des 125jährigen Bestehens der Akademie 1971, von Werner Bahner sowie Günter Haase zu verschiedenen Aspekten der Geschichte der Akademie. Darüber hinaus sind von Archivaren und Historikern der Akademie, wie von G. Wiemers, E. Lea, K. Czok, H. Zwahr, K. Blaschke und anderen, wissenschaftsgeschichtliche Aussagen zu einzelnen Persönlichkeiten der Akademie, zumeist aus Anlaß von Jubiläen der Universität oder der Akademie, gemacht worden.

Das Fehlen einer historischen Gesamtdarstellung ist in erster Linie dem Verlust von großen Teilen des Archivs der Akademie geschuldet, das beim Bombenangriff im Dezember 1943 in Flammen aufgegangen ist. Selbst die geduldige Aufbauarbeit seither hat es noch nicht vermocht, diese empfindliche Lücke zu schließen. Erst in der Gegenwart, seit 1995, konnte eine eigenständige Arbeitsgruppe im Rahmen des Archivs der Akademie gebildet werden, die sich – neben der Bearbeitung durch Akademiemitglieder – systematisch mit der Darstellung der Geschichte der Sächsischen Akademie der Wissenschaften befaßt.

Um die in dem vorliegenden Band enthaltenen Beiträge richtig in die Entwicklung der Sächsischen Akademie der Wissenschaften, ihrer Höhepunkte, aber auch ihrer schwierigen Phasen einordnen zu können, sei im folgenden eine außerordentlich knappe Darstellung der Geschichte der Akademie gegeben. Sie ersetzt bei weitem nicht die intensive Befassung mit dieser Aufgabe.

Vor 150 Jahren, am 1. Juli 1846, wurde die Königlich Sächsische Gesellschaft der Wissenschaften in der Aula der Universität Leipzig feierlich eröffnet. Damit fand ein Vorschlag von dreizehn namhaften Leipziger Professoren – zum großen Teil Mitglieder der Fürstlich Jablonowskischen Gesellschaft – durch König Friedrich August und sein Ministerium in Dresden Annahme, eine solche Sozietät zum weiteren Gedeihen der Wissenschaften im engen Zusammenwirken mit der Landes-Universität zu begründen.

Bereits seit dem Ausgang des 17. Jahrhunderts gab es in Kursachsen eine sogenannte «Ritter-Akademie», und als Gottfried Wilhelm Leibniz dem damaligen Kurfürsten Friedrich August I. (dem späteren polnischen König August II.) einen «Akademieplan» unterbreitete, wollte der Landesherr eine «Akademie von Sprachen, Wissenschaften und Exerzitiis zur Formierung der adligen und anderen Jugend» schaffen. Doch konnte der Plan, der Dresden als Akademiesitz vorsah, auch aufgrund des Einspruchs der Stände nicht verwirklicht werden. Er scheiterte an den ungünstigen Zeitumständen mitten im Nordischen Krieg und der drohenden Besetzung des Landes durch die Schweden.

In den vierziger Jahren des 19. Jahrhunderts befand sich Sachsen allerdings in einer völlig anderen historischen Situation. Das Königreich war zu einer konstitutionellen Monarchie gewandelt, die industrielle Revolution hatte bereits zur Wende des Jahrhunderts in Sachsen verstärkt eingesetzt, und eine neue, bürgerlich geprägte Bildungsschicht bemühte sich, die letzten Reste der mittelalterlichen Universität zu verändern und zu reformieren. Es begann die Zeit des Aufstiegs der Naturwissenschaften und einer wesentlichen Selbständigkeit auch der Geisteswissenschaften, die bis zum Beginn des 20. Jahrhunderts anhielt.

Bereits zur Zeit der Gründung der Akademie hatten einzelne ihrer Mitglieder eine deutlich progressive Haltung an den Tag gelegt. So wurde Wilhelm Eduard Weber – nachdem er 1837 als einer der berühmten «Göttinger Sieben» von der dortigen Universität vertrieben worden war und in Leipzig eine neue Wirkungsstätte gefunden hatte – zu einem der Gründungsmitglieder der Sächsischen Akademie der Wissenschaften. Er stiftete das ihm aus dem liberalen Bürgertum zugeführte Göttinger Gehalt der Akademie mit dem Ziel, daraus eine mathematisch-physikalische Klasse zu unterstützen.

Aber auch auf geisteswissenschaftlichem Gebiet waren damalige Professoren der Leipziger Universität und zugleich Mitglieder der Sächsischen Akademie der Wissenschaften unter den fortschrittlichen Kräften des Bürgertums zu finden, die sich an den revolutionären Ereignissen 1848/49 in Sachsen beteiligten. Dazu gehörten zum Beispiel Theodor Mommsen und Moritz Haupt, die deshalb von der sächsischen Regierung gemaßregelt wurden.

Die Leipziger Universität hatte in der zweiten Hälfte des 19. Jahrhunderts eine Glanzzeit, die sie zur 500-Jahr-Feier 1909 auch nach außen deutlich machen konnte. In dieser Zeit erlebte auch die «Königlich Sächsische Gesellschaft der Wissenschaften» einen ihrer ersten Höhepunkte, denn die führenden Universitäts-Professoren in Leipzig und an anderen sächsischen und thüringischen Hochschulen waren ihre Mitglieder. Wer nur in den Mitgliederverzeichnissen der Akademie blättert, wird sich angeregt fühlen durch Namen von Gelehrten, deren Wirken durch die Jahrzehnte, ja durch mehr als hundert Jahre noch heute einen guten Klang hat. In Dankbarkeit, Stolz und Verpflichtung gedenken wir dieser Wissenschaftler, wenn wir uns der Themen, Werke und Disziplinen erinnern, die sich mit vielen unserer Mitglieder aus diesen Jahren verbinden. Einige Namen seien hier genannt:

Die Philologisch-historische Klasse wurde im vergangenen Jahrhundert vor allem geprägt durch die klassischen Philologen, wie Gottfried Hermann, zugleich der 1. Geschäftsführende Sekretär der Gesellschaft, weiterhin Friedrich Wilhelm Ritschl, Ulrich Wilcken, Richard Heinze einerseits und die Sprachwissenschaftler andererseits, von denen August Schleicher und die Junggrammatiker Karl Brugmann, Berthold Delbrück, August Leskien sowie der Germanist Eduard Sievers genannt werden sollen. Die Geschichtswissenschaft erlebte ebenfalls einen Höhepunkt in dieser Zeit mit dem schon erwähnten Theodor Mommsen, aber auch mit Karl Lamprecht und dem Kirchenhistoriker Albert Hauck. Von Friedrich Ratzel wurde die Anthropogeographie als neue Wissenschaftsdisziplin entwickelt. Orientalisten wie Heinrich Leberecht Fleischer und Heinrich Zimmern und Kunsthistoriker wie August Schmarsow waren Mitglieder der Akademie. Wilhelm Wundt legte die Grundlagen einer neuen Psychologie, Karl Bücher jene der Nationalökonomie.

Im Bereich der Naturwissenschaften erarbeiteten die Mathematiker Sophus Lie und Otto Hölder neue zukunftsweisende Methoden, deren Anwendung für Physik und Technik Bedeutung hatte. Der Physiker Ludwig Boltzmann und der Physikochemiker Wilhelm Ostwald gehörten zu den Großen ihres Fachs; sie wurden bahnbrechend für die gesamte moderne Naturwissenschaft. Auch in dieser Zeit waren schon Mediziner wie der Gynäkologe Carl Gustav Carus – eine der vielseitigsten Persönlichkeiten der deutschen Geistesgeschichte –, der Physiologe Carl Ludwig, die Anatomen Wilhelm His und Christian Wilhelm Braune und der Neurologe Paul Flechsig, Mitglieder der Akademie. Es wirkten fernerhin bedeutende Geowissenschaftler wie Carl Friedrich Naumann, Hermann Credner, Friedrich Rinne und Franz Kossmat, hervorragende Biologen wie Matthias Jacob Schleiden und Wilhelm Pfeffer, der Elektrochemiker Max Le Blanc, der Freiberger Hüttenchemiker Clemens Winkler – der Entdecker des Germaniums –, der Tharandter Forstchemiker Johannes Wislicenus sowie der Jenenser Physiker und Gerätebauer Ernst Abbe im Rahmen der Akademie.

Sie und viele andere entwickelten die Wissenschaften und dienten durch ihr Wirken in der Akademie dem Gemeinwohl. Aber auch über den Rahmen der Akademie hinausgehende Entwicklungen wurden in dieser Zeit eingeleitet. So war beispielsweise Karl Lamprecht der Initiator von außeruniversitären Forschungseinrichtungen, die in der sogenannten Friedrich-August-Stiftung zusammengefaßt und vor allem geisteswissenschaftlichen Themen zugeordnet waren. Leider ist dieser neben der in Berlin erfolgten Gründung der Kaiser-Wilhelm-Gesellschaft zweite wichtige Ansatz für außeruniversitäre Forschungseinrichtungen, die einer Akademie der Wissenschaften wesentliche Arbeitsmöglichkeiten und zugleich Förderung geboten hätten, durch die Wirren des ersten Weltkrieges und der darauf folgenden Inflation nicht zum Tragen gekommen. Er zeigt aber deutlich, daß Leipzig mit seiner Universität und dem Vorschlag der Gründung von dreizehn außeruniversitären Forschungseinrichtungen zu Beginn unseres Jahrhunderts einen der führenden Orte in der deutschen Wissenschaftslandschaft darstellte.

Im Jahre 1919 wurde die Königlich Sächsische Gesellschaft der Wissenschaften in «Sächsische Akademie der Wissenschaften zu Leipzig» umbenannt. Sie blieb weiterhin eine Gelehrtengesellschaft, die es infolge der schwierigen wirtschaftlichen Verhältnisse in der Nachkriegsperiode schwer hatte, ihre Aufgaben voll wahrzunehmen. Sie hatte mit ihrer Existenzgrundlage zu ringen; zahlreiche Aktenvermerke zeigen die ständige Notwendigkeit auf, sich an die Dresdner Regierung zu wenden, um wichtige Publikationen finanziell so weit zu sichern, daß sie in den Sitzungsberichten und Abhandlungen der Akademie in geordneter Reihe erscheinen konnten. So wurde zu Beginn der dreißiger Jahre mehrfach die Frage gestellt, ob es nicht besser wäre, die Gelehrtensozietät aufzulösen. Doch alle ihre Mitglieder, voran die verantwortlichen Sekretare der Klassen, bemühten sich ständig darum, die Tätigkeit der Akademie unter diesen komplizierten Bedingungen zu sichern.

Die Zeit des Nationalsozialismus war ein schwieriger Abschnitt in der Entwicklung der Akademie. Neben der ständigen Bedrückung durch das totalitäre Regime wurden wissenschaftliche und vor allem rassistische Restriktionen, besonders im Rahmen der Philologisch-historischen Klasse, immer stärker. Die Sächsische Akademie der Wissenschaften hat sich – soweit es in dieser Zeit möglich war – dem Ansinnen des Hitlerstaates auf eine Unterordnung der Wissenschaften widersetzt und hat zum Beispiel niemals der Bildung einer «Reichsakademie» ihre Zustimmung gegeben.

Auch der von den Nationalsozialisten geforderten Bildung einer dritten Klasse für medizinisch-biologische Wissenschaften, die den Euthanasiebestrebungen und dem Rassenwahn des Faschismus dienen sollte, ist sie bis 1945 ständig entgegengetreten. Trotzdem mußte eine Reihe von bedeutenden Mitgliedern der Akademie unter dem Faschismus ihre berufliche und wissenschaftliche Arbeit aufgeben und zum Teil – noch in letzter Minute vor dem Zugriff – emigrieren. Dazu gehörten unter anderem der Pädagoge und Philosoph Theodor Litt, der sozialdemokratische Sinologe Eduard Erkes und der hochbetagte Ägyptologe Georg Steindorff; der damalige Geschäftsführende Sekretar der Philologisch-historischen Klasse Theodor Frings trat aus Protest 1937 von seinem Amt zurück.

Aber gerade in den Jahren seit 1930 wurde Leipzig und damit auch die Sächsische Akademie zu einem Zentrum der modernen Physik und anderer Naturwissenschaften, auch wenn einige Mitglieder von den Nationalsozialisten mehrfach angegriffen und verunglimpft wurden. Die Nobelpreisträger Werner Heisenberg und Peter Debye, herausragende Physiker und Mathematiker wie Friedrich Hund und Bartel van der Waerden, aber auch bedeutende Chemiker wie Karl-Friedrich Bonhoeffer und Burckhardt Helferich, Geophysiker wie Ludwig Weickmann, der Veterinärmediziner Arthur Scheunert und Biologen wie Wilhelm Ruhland gaben der Akademie in dieser Phase wissenschaftliches Profil.

Auch auf geisteswissenschaftlichem Sektor waren bedeutende Gelehrte in dieser Zeit Mitglieder der Akademie und gestalteten diese, wie zum Beispiel der Germanist Theodor Frings, der Philosoph Hans-Georg Gadamer, der Historiker Hermann Heimpel, der Sprachwissenschaftler Walther von Wartburg, der Landesgeschichtler Rudolf Kötzschke, der Literaturhistoriker Hermann August Korff u. a.

Unter ihrem Präsidenten Ludwig Weickmann, der 1938 an die Spitze der Akademie trat, zog sie sich in eine wissenschaftliche «Nische» zurück – bis in der Bombennacht vom 3. zum 4. Dezember 1943 ihre Räume und ihr Archiv mit dem Augusteum der Universität in Schutt und Asche fielen. Damit wurde die Tätigkeit der Akademie bis 1946 nahezu ausgelöscht.

Im Jahre 1948 konnte Theodor Frings als neuer Präsident die Sächsische Akademie der Wissenschaften neu beleben. Ihr gehörten danach eine große Zahl der wichtigsten Wissenschaftsvertreter in den sächsisch-thüringischen Ländern an, neben international bekannten Geistes- und Naturwissenschaftlern auch herausragende Vertreter der technischen Disziplinen, vor allem aus Dresden und Freiberg.

Hier sei nur an einige der führenden Akademiemitglieder erinnert, die nach 1948 das Leben der Akademie mitgestaltet haben: Dazu gehören aus den Geisteswissenschaften neben dem alle überragenden Präsidenten Theodor Frings der Orientalist Friedrich Weller, der Kunsthistoriker Johannes Jahn, der Ägyptologe Siegfried Morenz, der Theologe Albrecht Alt, der Kulturgeograph Edgar Lehmann, der Germanist Karl Bischoff, der Slawist Rudolf Fischer.

Der von den Nationalsozialisten verfolgte Sinologe Eduard Erkes war Mitglied geworden. Es kamen führende Mediziner wie Max Bürger, Heinrich Bredt und Robert Schröder, Technikwissenschaftler wie Heinrich Barkhausen, Karl Kegel, Erich Rammler u. a. sowie führende Naturwissenschaftler wie der spätere Präsident Kurt Schwabe, der Biologe und langjährige Leopoldina-Präsident Kurt Mothes, der Physiogeograph Ernst Neef, der Geologe Adolf Watznauer, der Chemiker Arthur Simon, die Mathematiker Ernst Hölder und Friedrich Adolf Willers, der Physiker und Nobelpreisträger Gustav Hertz u. a. in die Akademie.

Unter den Bedingungen des SED-Regimes blieb die Sächsische Akademie der Wissenschaften als eine Gelehrtensozietät erhalten – trotz der vielfältigen Angriffe auf alles «Sächsische». Sie erhielt allerdings 1971 eine neues Statut verordnet, das sie sehr stark an die Akademie der Wissenschaften der DDR in Berlin anlehnte und ihre Selbständigkeit in zahlreichen administrativen Belangen stark einschränkte. So konnten Kontakte mit dem Ausland nur noch in die Staaten des RGW (Comecon) selbständig aufgebaut werden.

Es kann nicht übersehen werden, daß sich die Akademie vor allem nach 1971 zunehmend in die Wissenschaftsentwicklung der DDR einbrachte, zumal ein großer Teil ihrer Mitglieder der Staatspartei angehörte. Unabhängig davon hat die Sächsische Akademie der Wissenschaften mit ihren führenden Mitgliedern bis zur politischen Wende eine gediegene wissenschaftliche Arbeit geleistet, die in der Öffentlichkeit allerdings nur selten als spezifisches Ergebnis der Akademie wahrgenommen wurde.

Die Sächsische Akademie der Wissenschaften hat seit der Vereinigung der beiden deutschen Staaten und der Wiederbegründung der Länder Sachsen, Thüringen und Sachsen-Anhalt einen bedeutsamen Weg zurückgelegt. Dieser begann am 4. Mai 1990 mit der Annahme eines neuen Statuts mit dem Ziel, das dirigistische Statut vom Jahre 1971 abzulösen. Das Plenum der Akademie war sich darüber im klaren, daß das neue Statut nur ein vorläufiges sein konnte, weil die verfassungsmäßigen Grundlagen und Regelungen für die Sächsische Akademie der Wissenschaften zu dieser Zeit noch ausstanden. Dennoch war es die Arbeitsbasis für ein am 8. März 1991 gewähltes neues Präsidium der Akademie, das an der daraufhin folgenden Einordnung in die deutsche Wissenschaftslandschaft entscheidenden Anteil hatte. Von ebenso großer Bedeutung war auch die Einrichtung einer völlig neuen Akademieverwaltung, da die alten Strukturen aus politischen und personellen Gründen nicht mehr zu akzeptieren waren.

Diese Phase der Neuorientierung der Akademie hat zu den folgenden Ergebnissen geführt:

1. Am 6. Dezember 1991 wurde die Sächsische Akademie der Wissenschaften zu Leipzig in die Konferenz der deutschen Akademien der Wissenschaften aufgenommen im Vorgriff auf ihren späteren Status als Körperschaft des öffentlichen Rechts.
   Das erfolgte noch ein halbes Jahr bevor die Verfassung des Freistaates Sachsen in Kraft trat, in der der für die Sächsische Akademie der Wissenschaften zu Leipzig wichtige Artikel 121 enthalten ist, in dem sich der Freistaat zur Trägerschaft der Akademie bekennt.
   Durch den Beschluß des Landtags vom 27. April 1994 wurde dieser Prozeß weitergeführt und abgeschlossen, der das Gesetz über die Sächsische Akademie der Wissenschaften zu Leipzig bedeutete. Das wiederum war die Grundlage dafür, daß das Plenum der Akademie am 14. Oktober 1994 eine neue Satzung beschloß, die vom Sächsischen Staatsministerium für Wissenschaft und Kunst bestätigt wurde.
2. Schwieriger war es für das seit 1991 amtierende Präsidium, den Erneuerungsprozeß in der Akademie im Hinblick auf die Mitgliedschaft voranzutreiben, der nach der Wende des Jahres 1989 möglich wurde. Als Höhepunkte dieser Entwicklung dürfen wir heute die verbindliche Erklärung des Akademie-Plenums ansehen, die am 8. Oktober 1993 verabschiedet wurde und zugleich eine wesentliche Grundlage für das vom Landtag beschlossene Gesetz über die Akademie und ihre neue Satzung darstellt.

Sie enthält die Verpflichtung der Akademie, durch eigene Entscheidungen alle stärker belasteten Mitglieder zur Aufgabe ihrer Mitgliedschaft zu bewegen und damit die Tätigkeit der Akademie in einem neuen Geiste fortzuführen. Im Laufe der letzten Jahre sind 12 Akademiemitglieder weitgehend durch eigenen Entschluß aus der Akademie ausgeschieden. Zugleich wurden 26 Ordentliche und 16 Korrespondierende Mitglieder zugewählt, so daß gegenwärtig über ein Drittel oder – wenn man die aktiven Ordentlichen Mitglieder unter der Altersgrenze von 70 Jahren ansetzt – die Hälfte der Mitglieder aus seit 1991 zugewählten Wissenschaftlern besteht. Diese haben einen wesentlichen Anteil an der Gestaltung des wissenschaftlichen Lebens im Plenum der Akademie, ihrer Klassen und Kommissionen.

3. Mit dem Abschluß der Evaluierung aller wissenschaftlichen Unternehmungen der Sächsischen Akademie der Wissenschaften, die auf der Grundlage einer Vereinbarung zwischen dem Wissenschaftsrat der Bundesrepublik Deutschland und der Konferenz der deutschen Akademien der Wissenschaften vorgenommen wurde, waren von 16 Unternehmungen nur zwei als nicht akademiegerecht anzusehen und mußten somit aufgelöst werden. Alle anderen Vorhaben – sowohl auf geistes- wie auf naturwissenschaftlichem Gebiet – wurden im Rahmen des Akademienprogramms weitergeführt. Darüber hinaus konnten von den Kommissionen der Akademie auch einige Anregungen für die Neu- bzw. Wiederaufnahme von Vorhaben und entsprechenden Arbeitsstellen, insbesondere auf den Gebieten der historischen und musikwissenschaftlichen Forschungen, gegeben werden. Inzwischen bearbeitet die Akademie 22 Vorhaben mit über 80 wissenschaftlichen und technischen Mitarbeitern. Weiterhin ist die Aktivität der Akademie und zahlreicher ihrer Mitglieder bei der Einrichtung von drittmittel-finanzierten Projekten zu nennen, die gegenwärtig – zunächst auf 2–3 Jahre befristet – 12 Vorhaben umfassen.
4. In den letzten Jahren haben sich auch die materiellen Voraussetzungen für die Arbeiten der Akademie wesentlich verändert. Seit ihrer Wiedereröffnung im Jahre 1948 mußte sie mit den ihr von der Universität Leipzig zur Verfügung gestellten Räumen unter recht beengten Bedingungen auskommen. Zu Beginn des Jahres 1995 ist eine neue Etappe durch die Nutzung eines renovierten und ausgebauten Jugendstilgebäudes in der Karl-Tauchnitz-Straße, am Rande der Innenstadt von Leipzig, eingetreten, die der Akademie das erste Mal in ihrer 150jährigen Geschichte ein eigenes Zuhause zuweist. Die Akademie ist dem Freistaat Sachsen für dieses großzügige «Haus der Akademie» außerordentlich dankbar.

In der Zeit nach 1948 hat sich die Akademie bemüht, sich mit wichtigen Themen an der Weiterentwicklung der in ihr vertretenen Wissenschaftsgebiete zu beteiligen. Das gilt sowohl für die traditionellen geisteswissenschaftlichen als auch für die klassischen naturwissenschaftlichen Disziplinen, aber auch für neue Themenfelder, wie zum Beispiel die Medizin und die technischen Wissenschaften. Diese Bemühungen haben unter anderem dazu geführt, daß die Sächsische Akademie der Wissenschaften mit ihrem 150. Geburtstag eine dritte Klasse, die die Technikwissenschaften betreuen wird, begründet. Diese Klasse übernimmt vor allem die Aufgabe, sich mit der Abschätzung und Bewältigung von technischen Entwicklungen und ihren Folgen auseinanderzusetzen, denn diese bilden in verstärktem Maße auch in den sächsisch-thüringischen Gebieten eine wichtige Grundlage für die Entwicklung einer breiteren Akzeptanz der Technik in der Gesellschaft. Damit verbunden werden die Forschungen auf bestimmten Gebieten der Technikfolgen und ihrer Bewältigung sein, die ihrerseits gefordert ist, umfassende Kenntnisse für das komplizierte und komplexe Wirkungsgeflecht zwischen Technik, Umwelt und Gesellschaft bereitzustellen. Das ist wahrlich die Aufgabe einer Akademie!

Auf einigen Gebieten hat die Sächsische Akademie der Wissenschaften durch die Begründung eigener wissenschaftlicher Unternehmungen und Themen weitere Aufgabengebiete aufgegriffen und vorangebracht. Zu den ältesten Unternehmungen der Akademie gehört die Bearbeitung und Herausgabe von «J. C. Poggendorff – Biographisch-literarisches Handwörterbuch der exakten Naturwissenschaften», das bereits im Jahre 1863 mit den ersten Bearbeitungen erschien. Gegenwärtig wird der Abschlußband dieses Werkes bearbeitet, der bis zur Jahrtausendwende fertiggestellt werden wird. Das «Althochdeutsche Wörterbuch», das seit 1948 in der Akademie bearbeitet wird, gehört zu den bedeutenden Unternehmungen auf sprachwissenschaftlichem Gebiet. Das «Wörterbuch der obersächsischen Mundarten» begann 1928 unter der Leitung von Theodor Frings. Nachdem 1943 das gesamte bis dahin bearbeitete Material durch Kriegseinwirkung vernichtet wurde, griff man in der Akademie 1955 die Arbeiten wieder auf und konnte sie vor kurzer Zeit zur ersten Publikation führen. In der Zwischenzeit wurden einige in der damaligen DDR vor allem von der Berliner Akademie betreute Wörterbuchunternehmungen in der Sächsischen Akademie der Wissenschaften konzentriert, so daß hier jetzt das «Mecklenburgische Wörterbuch» (abgeschlossen), das «Pommersche Wörterbuch», das «Brandenburg-Berlinische Wörterbuch», das «Mittelelbische Wörterbuch» und das «Thüringische Wörterbuch» bearbeitet werden.

Die Historische Kommission bei der Sächsischen Akademie der Wissenschaften setzt die bereits vor einhundert Jahren begonnene Arbeit der auf Initiative des Akademiemitgliedes Karl Lamprecht gegründeten «Königlich-Sächsischen Kommission für Geschichte» fort. Sie konnte bedeutende Quellen zur sächsisch-thüringischen Geschichte bearbeiten, so die «Politische Korrespondenz des Herzogs und Kurfürsten Moritz von Sachsen» und die «Akten und Briefe zur Kirchenpolitik des Herzogs Georg von Sachsen». Arbeiten zur «Fürstlich Jablonowskischen Gesellschaft der Wissenschaften», eine «Gesamtausgabe des Werkes von Ehrenfried Walther von Tschirnhaus», die Bearbeitung eines «Historischen Atlas von Sachsen» und der «Deutschen Inschriften des Mittelalters» im sächsisch-thüringischen Raum sind weiterhin umfangreicher Bestandteil der Unternehmungen in der Historischen Kommission der Akademie.

Wie Präsident Kurt Schwabe anläßlich der 125-Jahr-Feier hervorhob, hat die Akademie vor allem interdisziplinäre Aufgabengebiete herausgestellt, auf denen sie sich neben der Vertiefung in einzelnen Wissenschaftsbereichen, die vor allem von den Universitätsinstituten getragen werden, verdient gemacht hat. Das betrifft als Beispiel die interdisziplinär konzipierte Umweltforschung, für die die Akademie eine eigene Kommission bildete und sowohl durch Preisausschreiben als auch durch die Stiftung des Kurt-Schwabe-Preises besondere Aktivitäten entfaltete. Im Rahmen dieser Kommission wurden neue Schwerpunkte auf der einen Seite durch Akademiemitglieder aus den Geowissenschaften gesetzt, so vor allem bei der Analyse von Strukturen und Umweltschäden in dem Gebiet, für das sich die Akademie zuständig fühlt. In den Unternehmungen der Akademie werden Untersuchungen von der geologischen Struktur über die Limnologie von Talsperren und die Schadstoffdynamik in Einzugsgebieten bis hin zu komplexen Fragen des Naturhaushalts und seiner Bedeutung für die Landnutzung bearbeitet. Auch die biologisch-medizinische Forschung ist mit zwei Unternehmungen an den Arbeiten der Akademie beteiligt.

Die Mitglieder der Sächsischen Akademie der Wissenschaften beteiligen sich auf ihren jeweiligen Wissenschaftsgebieten an der internationalen Zusammenarbeit. Dazu leisten sie Beiträge, von denen einige ausgewählte in dieser Jubiläumsschrift vorgestellt werden. Das ist selbstverständlich nur ein kleiner Ausschnitt der insgesamt bearbeiteten Themen, der aber einen Einblick in den auch von den Mitgliedern der Akademie mitgetragenen Fortschritt in einzelnen Wissenschaftsdisziplinen vermittelt. Dabei sind – wie schon in der bisherigen Entwicklung – insbesondere solche Felder wie die Sprachwissenschaften, die historischen Wissenschaften, die mathematisch-physikalisch-chemischen Wissenschaften und die medizinisch-biologischen Wissenschaften sowie Umweltfragen von hohem Interesse. Aber auch solche Bereiche wie die Musikwissenschaften, die Kunstwissenschaften und – wie wir alle hoffen, in der nächsten Zeit noch wesentlich verstärkt – die technischen und sozial-ökonomischen Wissenschaften haben in der Akademie einen zunehmend festen Platz errungen. Das kommt in einzelnen Beiträgen mit weiterführenden Gedanken zum Ausdruck.

Insgesamt sind die Beiträge von Mitgliedern der Sächsischen Akademie der Wissenschaften ein Ausschnitt aus ihrer Tätigkeit und ihrem wissenschaftlichen Engagement. Die Aufsätze widmen sich neben der Betonung der historischen Entwicklung der Akademie vor allem dem interdisziplinären Gespräch, das neben der Vertiefung in den Spezialgebieten der einzelnen Wissenschaften den Mitgliedern der Akademie und auch weiteren Wissenschaftlern Möglichkeiten eröffnet, über die von ihnen vertretenen Fachgebiete hinaus an der Wissenschaftsentwicklung teilzunehmen.

Möge dieser Band, der dem 150jährigen Bestehen der Sächsischen Akademie der Wissenschaften zu Leipzig gewidmet ist, so aufgenommen werden, wie er entstanden ist: als ein Querschnitt aus dem Leben der Akademie, als ein Beitrag zu ihrer Entwicklungsgeschichte und als ein Hinweis auf die wesentlichen Arbeiten, die ihre Mitglieder gegenwärtig betreiben oder fördern.

Leipzig, im Februar 1996

Beiträge zur Entwicklung von Wissenschaftsdisziplinen

Heinz Penzlin

Gehirn – Bewußtsein – Geist: Zur Stellung des Menschen in der Welt

Welch ein Meisterwerk ist der Mensch! wie edel durch Vernunft! wie unbegrenzt an Fähigkeiten! in Gestalt und Bewegung wie bedeutend und wunderwürdig! im Handeln wie ähnlich einem Engel! im Begreifen wie ähnlich einem Gott! die Zierde der Welt! das Vorbild der Lebendigen!

William Shakespeare: Hamlet, 2. Aufzug, 2. Szene

1 Einleitung

Das Universum mit seinen geschätzten 10^{11} Galaxien, wovon jede wiederum aus ungefähr 10^{11} Sternen bestehend zu denken ist, übersteigt in seiner Unermeßlichkeit unser beschränktes Vorstellungsvermögen. Das von uns «bewohnte» Milchstraßensystem zeichnet sich in diesem Universum durch keine Besonderheit aus. Dasselbe gilt für «unser» Sonnensystem, in dem die Erde ein Planet unter mehreren ist. Und doch ist dieses winzige «Stäubchen» im Universum, das wir «Erde» nennen und auf dem wir leben, durch eine Kette «günstiger» Umstände zur Wiege des Wunderbarsten, was wir kennen, geworden: des Menschen, eines Wesens, das über seine eigene, vergängliche Existenz zu reflektieren begann.

Nach Platon (428–348 v. Chr.) haben die «sieben Weisen» der Antike, darunter Thales (ca. 624–548 v. Chr.) und Solon, Apollon, dem Gott der Weissagung, als Proben ihrer Weisheit kurze Denksprüche gewidmet, die fortan als Inschriften seinen Tempel in Delphi zierten [1]. Darunter war auch der knappe Satz: «Erkenne dich selbst», von dem Ion (gest. um 422 v. Chr.) gemeint haben soll, daß er «zwar ein kleiner Spruch» sei, aber «ein Werk, das keiner sonst als Zeus zu tun verstehe.» [2]

In der «Kritik der praktischen Vernunft» Immanuel Kants (1724–1804) steht der bekannte, denkwürdige Satz: *«Zwei Dinge erfüllen das Gemüt mit immer neuer und zunehmender Bewunderung und Ehrfurcht, je öfter und anhaltender sich das Nachdenken damit beschäftigt: Der gestirnte Himmel über mir und das moralische Gesetz in mir»* [3], und der kürzlich verstorbene Karl Popper (1902–1994) fügte in unseren Tagen hinzu: *«Das erste macht unsere Bedeutung zunichte: Es läßt die Bedeutung des Menschen als Teil des physikalischen Universums zu einem Nichts zusammenschrumpfen. Das zweite erhebt dagegen unseren Wert als intelligente und verantwortliche Wesen ins Unermeßliche.»* [4]

In dieser schicksalhaften Ambivalenz von Macht und Ohnmacht kennzeichnete bereits vor 2450 Jahren der griechische Tragödiendichter und Staatsmann SOPHOKLES (496–406 v. Chr.) in seinem Trauerspiel «Antigone» den Menschen wie folgt: *«Weit über Erwarten begabt mit Können und Geist schreitet er einmal zu Schlechtem, einmal zu Gutem.»*

Die einen sehen im Menschen in grenzenloser Selbstüberschätzung die «Krönung der Schöpfung» und können sich dabei auf die Bibel beziehen, wo es im 8. Psalm auf die Frage «Was ist der Mensch?» heißt: *«Du hast ihn wenig niedriger gemacht als Gott, mit Ehre und Herrlichkeit hast du ihn gekrönt. Du hast ihn zum Herrn gemacht über deiner Hände Werk, alles hast du unter seine Füße getan.»*

Die anderen – und ihre Zahl wird in unserer hektischen Zeit immer größer – sehen im Menschen vorrangig das Übel, das mit ihm in unsere Welt gekommen ist, sehen das zerstörerische, schicksalhafte Wirken des Menschen. Auch sie können sich auf die Bibel berufen, heißt es doch im ersten Buch Mose: *«Als aber der Herr sah, daß der Menschen Bosheit groß war auf Erden und alles Dichten und Trachten ihres Herzens nur böse war immerdar, da reute es ihn, daß er die Menschen gemacht hatte auf Erden, und es bekümmerte ihn in seinem Herzen.»*

So steht er nun mit uns in dieser Welt, dieser Mensch gewordene Affe, im Spannungsfeld zwischen Allmachtsallüren und Ohnmachtsängsten, zwischen Gut und Böse, zwischen Schuld und Sühne, zwischen Hoffnung und Resignation, zwischen Selbstgefälligkeit und Skrupel – ebenso rätselhaft wie unheimlich, ein Fleisch gewordenes Fragezeichen auf zwei Beinen. Es hat Freiheit gewonnen und die Unschuld verloren, hat Macht angestrebt und Verantwortung erhalten – ohnmächtig, seine Freiheit zu beherrschen, unfähig, seine Macht zu zügeln. Der Mensch lebt in einer Welt, die er sich geschaffen hat, für die er aber nicht geschaffen ist [5].

2 Der Mensch – ein spätes Produkt der Evolution

Die Zoologen zählen seit Carl von Linné (1707–1778), den LAMARCK mit Recht als «höchst genialen Mann und einen der größten Naturforscher» kennzeichnete [6], die Menschen als besondere Gattung *Homo* zusammen mit den Halbaffen (Prosimiae) und den Affen zu der Ordnung der Primaten («Herrentiere», vgl. Abb. 1) innerhalb der Klasse der Säugetiere (Mammalia). In einem unveröffentlichten Manuskript LINNÉS steht unter der Überschrift «Die Cousins der Menschen»:

> Von allem Erschaffenen ist unwidersprechlich dem Menschen nichts näher als das Geschlecht der Affen. Deren Gesicht, Hände und Füße, Arme und Beine, Brust und Eingeweide ist uns am ähnlichsten; ja, ihre hundert Possen, lustig und putzig zu sein, alles nachzuahmen, was sie sehen, d.h. der Mode zu folgen, ähnelt uns so sehr, daß wir kaum einen Grenzunterschied finden können [7].

Die große Ähnlichkeit des Menschen mit den Affen diskutierte bereits ARISTOTELES (384–322 v. Chr.) im 8. und 9. Kapitel des zweiten Bandes seiner «Naturgeschichte der Tiere» [8]. Er wies darauf hin, daß die Anatomie der Meerkatze weitgehend der

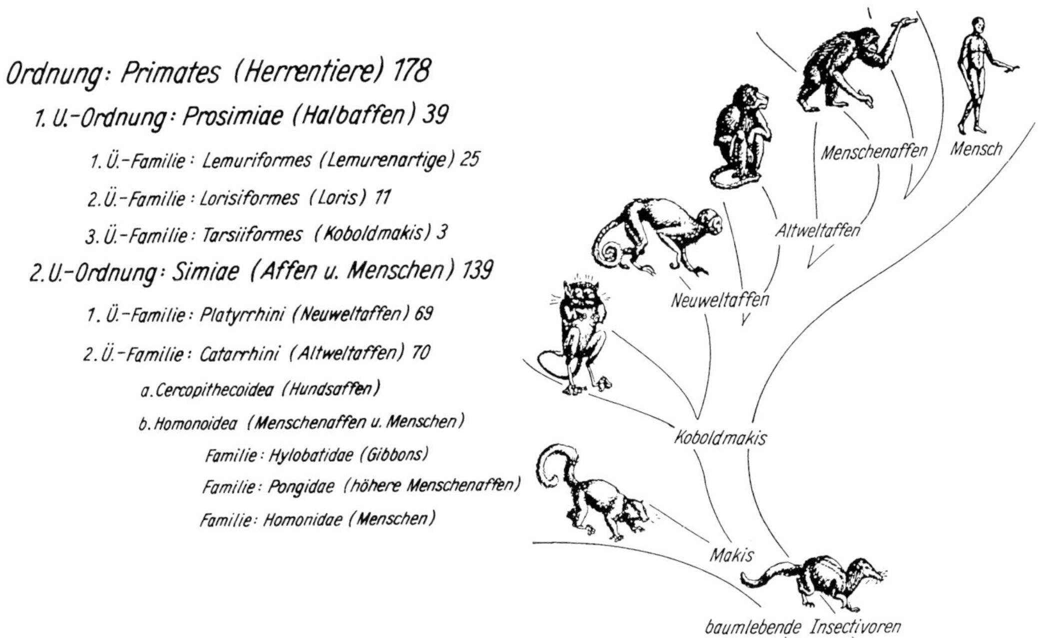

Abb. 1: Die Ordnung der Primaten (Herrentiere) in der Übersicht (die Zahlen bedeuten: Anzahl der bekannten Vertreter). Rechts: Stammbaum der Primaten (aus: ROMER, A. S., u. PARSONS, T. S.: Vergleichende Anatomie der Wirbeltiere, Verlag Paul Parey, Hamburg, Berlin 1983)

des Menschen entspreche. Er sah selbst bei den geistigen Fähigkeiten zwischen den Tieren und dem Menschen keine prinzipiellen Unterschiede. Er hob seinerzeit als Charakteristika des Menschen die «fleischigen Beine», die Gesäßpolster und den Mangel des Schwanzes hervor und setzte diese Eigenschaften mit dem aufrechten Gang des Menschen in Beziehung.

Durch die aufrechte Körperhaltung wurden die Hände frei und damit ihr Einsatz bei der Nahrungsaufnahme, zur Herstellung und Benutzung von Werkzeugen, zum Tragen von Gegenständen, auch des Kleinkindes, und zur Verteidigung in stärkerem Maße möglich. Schon ANAXAGORAS (ca. 500–428 v. Chr.) hat geäußert, daß der Mensch das verständigste Wesen sei, weil er Hände habe [9]. Und bei JOHANN GOTTFRIED HERDER (1744–1803) lesen wir: «Mit dem aufrichtigen Gange wurde der Mensch ein Kunstgeschöpf.» [10] KONRAD LORENZ (1903–1989) hat mit Recht darauf hingewiesen, daß bei der Herausbildung unseres Denkvermögens die Raumerfassung, die zentrale Repräsentation des Raumes, eine nicht zu unterschätzende, notwendige Rolle gespielt hat [11]. Das hat bis heute in unserer Sprache – in der viel mehr Weisheit steckt, als uns bewußt wird – seinen nachhaltigen Niederschlag gefunden. Wir sprechen vom «Begreifen» oder «Erfassen» eines «Gegenstandes», von der «Einsicht» in «verwickelte» Zusammenhänge oder von der «Behandlung» oder

«Erörterung» eines Themas. Wir «wenden» die Probleme hin und her und schaffen uns einen Über-«Blick».

Die Erkenntnis der evolutionären Einheit des Menschen mit allen anderen Organismen stellt die zentrale Botschaft der Darwinschen Revolution dar. Sie hat nichts Diskriminierendes an sich. Bedeutet sie doch weder, daß der Mensch ins Animalische zurückverwiesen, noch, daß das Tier zum Humanen hochstilisiert wird. Führt sie uns doch lediglich vor Augen, daß es eine genealogische Gemeinschaft des Lebendigen gibt, in der wir Menschen unseren angestammten, zugegebenermaßen besonderen Platz haben, der uns Veranlassung sein sollte, uns auch als Mitglied der Biosphäre zu verstehen und unser verantwortungsvolles Handeln danach einzurichten. «Es ist keine Schande, vom Affen abzustammen. Eine Schande – sozusagen eine Affenschande – wäre es höchstens», so sagte es HUBERT MARKL (*1938) einmal, «wenn man sich benähme, als sei man noch einer» [12]. Reflektiert man das in den Illustrierten, in den Buchauslagen, den Fernsehprogrammen oder Videotheken uns tagtäglich Angebotene, so muß man allerdings den Eindruck gewinnen, daß der Mensch in den führenden Industriestaaten dieser Welt seine immensen und vielfältigen Möglichkeiten zur Selbstverwirklichung in erster Linie darin zu sehen scheint, den von seinen tierischen Vorfahren auf ihn überkommenen Geschlechtstrieb hemmungslos zu kultivieren, auszuleben und sich an Grausamkeiten und Horrorvisionen zu ergötzen und zu üben. Mit einem nicht mehr zu überbietenden Sendungsbewußtsein wird diese Unkultur bis in den letzten Winkel unserer Erde getragen und als Errungenschaft der freien Welt verkauft.

Mit unseren nächsten Verwandten, den Menschenaffen (Pongidae), teilen die Menschen (Hominidae) neben ihrer weitgehenden anatomischen Ähnlichkeit auch physiologische und biochemische Merkmale. Das betrifft z. B. Serum-Proteine, das AB0-Blutgruppensystem und den Blutfarbstoff Hämoglobin. Die Primärstrukturen der α- und β-Protomeren des Hämoglobins sind bei *Homo* und *Pan* identisch. Beim Gorilla unterscheiden sie sich in beiden Ketten nur in einer einzigen Aminosäure vom Menschen. MARY-CLAIRE KING und A. C. WILSON haben 44 Proteine untersucht und schätzen ein, daß der durchschnittliche Unterschied zwischen den Peptidsequenzen des Menschen und des Schimpansen 0,8 % nicht überschreitet [13]. Aus der «immunologischen Distanz» zwischen den Serumalbuminen vom Menschen und Schimpansen wurde abgeschätzt, daß sich beide vor 20 bis 5 Mio. Jahren in der Stammesgeschichte aus einer gemeinsamen Wurzel voneinander getrennt haben müssen [14], eine Zeitangabe, die heute weitgehend akzeptiert wird.

Die Zahl der Chromosomen schwankt bei den Neuweltaffen zwischen 20 und 62. Bei den Altweltaffen ist sie wesentlich einheitlicher: Orang-Utan, Gorilla und Schimpanse besitzen übereinstimmend 48 Chromosomen, der Mensch nur 46. Das Muster dieser 46 Chromosomen, nach morphologisch übereinstimmenden «homologen» Paaren angeordnet, ist bei Menschen und Schimpansen bis auf insgesamt neun perizentrische Inversionen und die Menge und Verteilung des Heterochromatins, das primär aus nichttranskribierten, hochrepetitiven Sequenzen besteht, identisch [15], vgl. Abbildung 2. Die um zwei geringere Chromosomenzahl beim Menschen ist einfach darauf zurückzuführen, daß das Chromosom 2 durch Verschmelzung der Affenchromosomen 2p und 2q entstanden ist. Die thermale Stabilität einer Heteroduplex

Abb. 2: Die Chromosomen des Menschen (jeweils linker Partner) im Vergleich zu denjenigen des Schimpansen (rechter Partner). Man erkennt die starken Ähnlichkeiten im Bandenmuster. Aus: LUMSDEN und WILSON, «Das Feuer des Prometheus», Piper Verlag, München 1984, verändert.

aus Schimpansen- und menschlicher DNA (Abb. 3) weist darauf hin, daß sich die Genome in nur etwa 1,1 % ihrer Basenpaare unterscheiden. NEI und TAJIMA kommen 1985 zu dem Schluß, daß Mensch und Schimpanse genetisch näher miteinander verwandt seien als jeder von ihnen mit dem Gorilla [16].

3 Das menschliche Gehirn – im Vergleich

Die Neoencephalisation, d. h. die progressive Entwicklung des «Neopallium» und des «Neocerebellum«, ist neben dem aufrechten Gang und dem Stimmapparat zweifelsohne die auffälligste und wichtigste Spezialisation auf dem Wege vom Menschenaffen zum Menschen. Dadurch entstand das Substrat für die ausgeprägten Fähigkeiten des Menschen zur Begriffsbildung, zum abstrakten Denken und zur sprachlichen Kommunikation und damit die Möglichkeit einer bewußten Weitergabe von Erfahrungen von Generation zu Generation («tradigenetische» Evolution, s. u.).

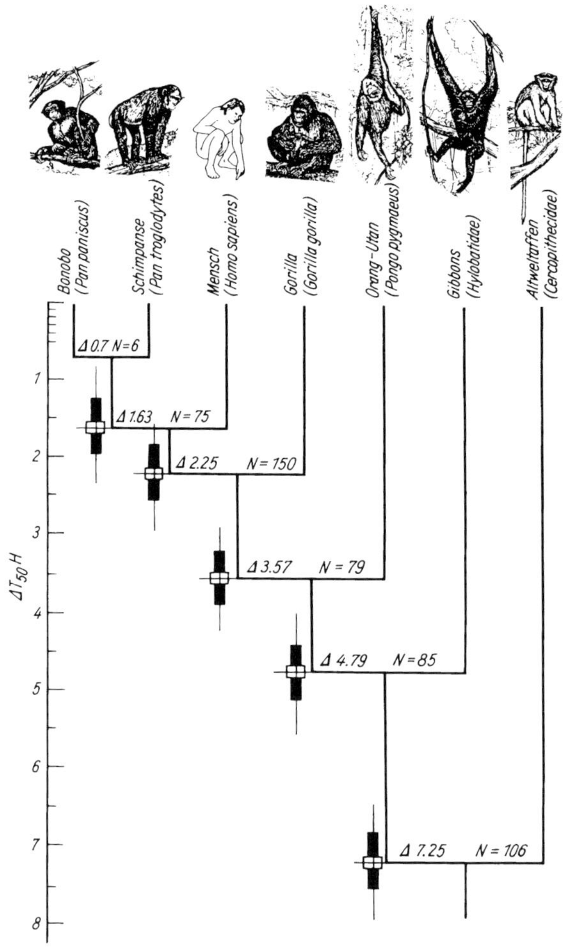

Abb. 3: Die Ähnlichkeit der DNA-Stränge zwischen verschiedenen Primaten wurde aus der thermalen Stabilität der jeweiligen «Hybrid-DNA-Duplex» abgeleitet. Es wurde die Temperaturerhöhung ($\Delta T_{50}H$) bestimmt, die zur Trennung der Hybrid-DNA notwendig ist. Mensch und Schimpanse sind näher miteinander verwandt als mit irgendeinem anderen lebenden Primaten. Aus: FUTUYMA, «Evolutionsbiologie», Birkhäuser Verlag, Basel 1990, nach Ergebnissen von E. G. SIBLEY, verändert.

Das menschliche Gehirn ist bei weitem nicht das größte unter den Säugetieren. Es erreicht mit durchschnittlich 1400 g nicht einmal 30 % des Gewichtes des Elefantengehirns (5000 g), ganz zu schweigen vom Potwalgehirn, dem größten überhaupt, das 8500 g auf die Waage bringt. Bereits Darwin hat zu Recht darauf aufmerksam gemacht, daß sich «Intelligenz» eben nicht in Kubikzentimetern angeben läßt; eine Feststellung, die manche Zeitgenossen Darwins nicht akzeptieren wollten. Sie versuchten verbissen, die Überlegenheit der mitteleuropäischen weißen Rasse oder auch die des Mannes über die Frau mit Angaben über das Gehirnvolumen zu untermauern [17]. Manche großen Geister zeichneten sich tatsächlich durch ein Gehirn aus, das deutlich über dem europäischen Mittel von 1300 bis 1400 g lag, so z. B. Georges Cuvier (1769–1832) mit 1830 g oder Iwan Turgenjew (1818–1883) mit sogar 2000 g. Schwieriger war es schon im Falle Karl Friedrich Gauß' (1777–1855). Er hatte nur 1492 g, also kaum aus dem Durchschnitt Heraustretendes zu bieten. Hier wußte man sich aber insofern Rat, daß man herausfand, daß das Gehirn dieses großen Mathematikers deutlich stärker gefurcht sei als das «gewöhnlicher» Menschen. Aber was sagt man zu dem Gehirn des Franz Josef Gall (1758–1828), das nur 1198 g auf die Waage brachte? Ausgerechnet einer der Begründer der «Phrenologie» machte den «Grammideologen» einen solchen Strich durch ihre fantastischen Rechenspielereien. Paul Broca (1824–1880) selbst, einer der hartnäckigsten Vertreter dieser Richtung, besaß nur ein 1424 g schweres Gehirn, was er allerdings nicht wissen konnte.

Auch wenn man das Hirngewicht auf die Körpermasse bezieht, nimmt der Mensch, entgegen verbreiteter Vorurteile, keineswegs eine Spitzenposition ein. Größere Tiere haben in der Regel ein – auf ihre Körpermasse bezogen – geringeres Hirngewicht als kleinere. Beim Menschen macht der Anteil des Gehirns am Körpergewicht rund 2 % aus, beim Elefanten sind es nur 0,2 %, bei den großen Walen gar nur 0,04 %. Demgegenüber werden wir von Kleinsäugern, wie z. B. den Spitzmäusen, bei weitem übertroffen. Bei diesen possierlichen Tieren erreicht das Gehirn 4 % der Körpermasse und mehr [18]. Auch die Kapuzineraffen übertreffen in ihrem relativen Hirngewicht den Menschen. Das im Vergleich zum Körpergewicht mächtigste Hirn unter den Säugern besitzt der Ameisenigel, ausgerechnet ein urtümlich-primitiver, eierlegender Vertreter der Kloakentiere. Kleine Säugetiere haben gegenüber größeren nicht nur ein relativ größeres Gehirn, sondern ihre Nervenzellen sind im Gehirn auch kleiner und dichter gepackt. Die Neuronendichte im Gehirn der Maus ist etwa 20fach höher als die des Finnwals.

Vergleicht man die verschiedensten *Wirbeltiere* miteinander, so kann man feststellen, daß zwischen dem Hirngewicht E und dem Körpergewicht P eine sogenannte allometrische Beziehung herrscht:

$$E = k \cdot P^{0,66}$$

Das bedeutet, daß zwischen dem Logarithmus des Körpergewichts und dem Logarithmus des Hirngewichts eine lineare Beziehung besteht. Die Steigung der Geraden wird durch den Exponenten 0,66 ausgedrückt. Er besagt, daß das Hirngewicht proportional zur Körperoberfläche zunimmt, was damit in Zusammenhang gebracht wurde, daß das Gehirn die sensorische Oberfläche des Körpers abzubilden habe. Die Konstante k beträgt bei den niederen Wirbeltieren (Fische, Amphibien, Reptilien) 0,007 und bei den höheren (Vögel, Säugetiere) 0,07 [19], vgl. Abbildung 4. Das bedeutet, daß höhere Wirbeltiere relativ mehr Gehirn besitzen als niedere. Bezieht man nur rezente *Säugetiere* in die Berechnungen ein, so kommt man zu einem noch etwas höheren Wert der Konstanten: $k = 0,12$.

Neuere Messungen lieferten für Säugetiere insgesamt einen etwas höheren Wert des Exponenten, nämlich 0,69 [20] oder gar 0,75 [21]. Während man bei den Großsäugern, wie Walen, extrem kleine Werte von nur 0,46 findet, erreichen die *Primaten* unter den Säugetieren mit 0,92 fast den Wert 1, d. h., Körper- und Hirngewicht nehmen nahezu proportional zueinander zu. Beschränkt man die quantitativen Aussagen auf *nahe verwandte* Arten unterschiedlicher Größe, so erhält man gewöhnlich deutlich niedrigere Werte des Exponenten, nämlich zwischen 0,2 und 0,4. Die Menschenaffen für sich betrachtet haben einen Exponenten (Steigung der Ge-

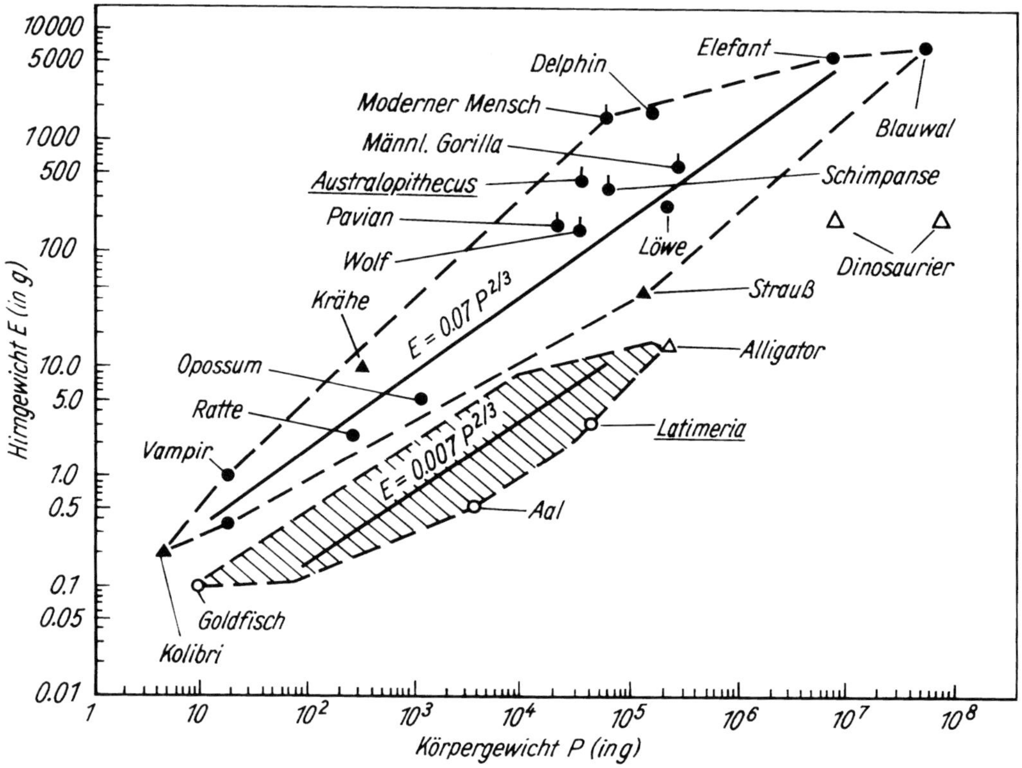
10000
5000
1000
500
100
10.0
5.0
1.0
0.5
0.1
0.05
0.01
Hirngewicht E (in g)
1
10
10²
10³
10⁴
10⁵
10⁶
10⁷
10⁸
Körpergewicht P (in g)
Elefant
Delphin
Moderner Mensch
Blauwal
Männl. Gorilla
Australopithecus
Schimpanse
Pavian
Wolf
Löwe
Dinosaurier
Krähe
Strauß
E = 0.07 P^2/3
Alligator
Opossum
Ratte
E = 0.007 P^2/3
Latimeria
Vampir
Aal
Goldfisch
Kolibri

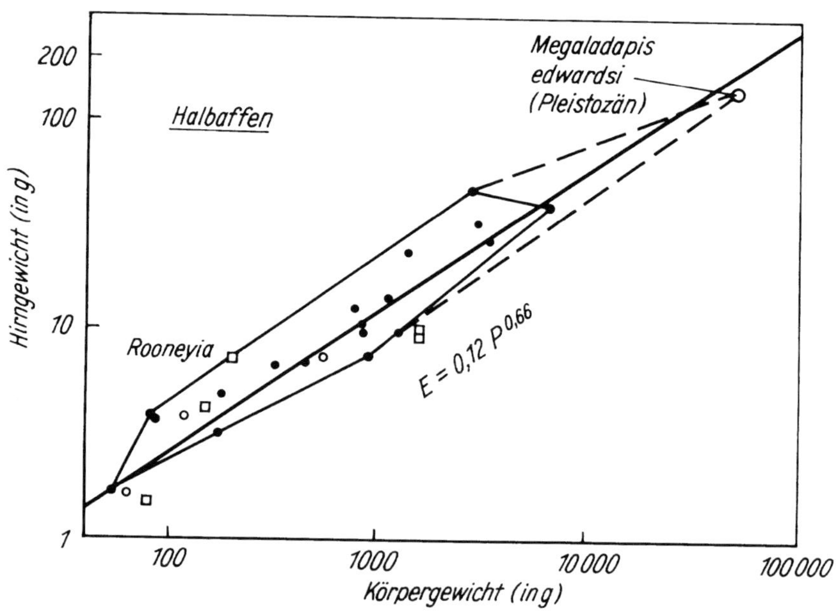
200
100
10
1
Hirngewicht (in g)
Megaladapis
edwardsi
(Pleistozän)
Halbaffen
Rooneyia
E = 0,12 P^0,66
100
1000
10 000
100 000
Körpergewicht (in g)

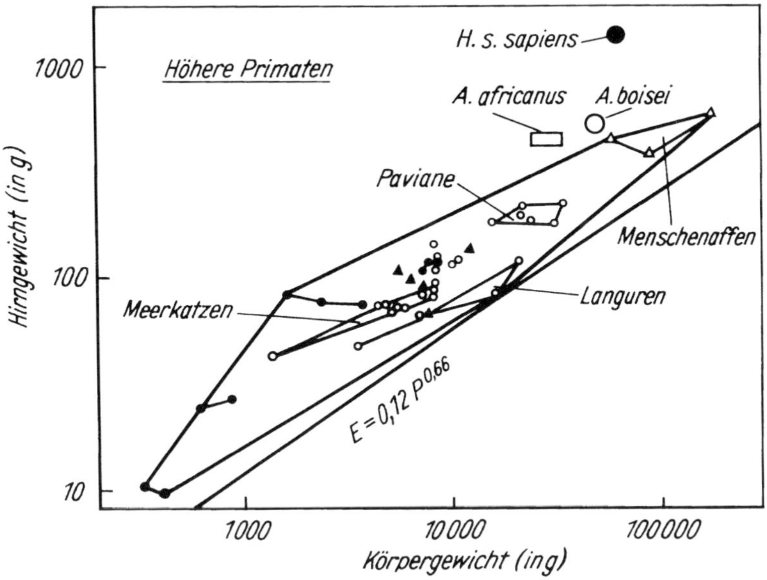

Abb. 4: Hirngewicht in Abhängigkeit vom Körpergewicht (in doppelt-logarithmischer Auftragung) bei den Wirbeltieren, Halbaffen und höheren Primaten. Getrennte Polygone für Fische, Amphibien, Reptilien (gestrichelt) und für Vögel, Säugetiere. Die eingetragenen Werte für zwei Dinosaurier liegen in der Verlängerung der für die «niederen» Wirbeltiere geltenden Geraden. Die Australopithecinen und der Mensch heben sich von dem Rest der höheren Primaten deutlich ab. Nach H. J. Jerison, «Evolution of the Brain and Intelligence» (Academic Press, New York 1973), aus: J. C. Eccles, «Das Rätsel Mensch», Reinhardt Verlag, München 1982, verändert.

raden bei doppelt-logarithmischer Darstellung) von 0,34, der dem der Australopithecinen (0,33) entspricht, wenn auch die Gerade der Australopithecinen über der der Menschenaffen verläuft (Abb. 5). Das bedeutet, daß die Australopithecinen bereits ein (auf gleiches Körpergewicht bezogen) höheres Hirngewicht hatten als die Menschenaffen. Innerhalb der zum Menschen führenden Entwicklungslinie steigt der Exponent auf 1,73 an: Das Gehirn nimmt überproportional zum Körper an Gewicht zu [22].

Harry J. Jerison 1973 [19] berechnete den sogenannten Encephalisationsquotienten (EQ) für verschiedene *Säugetiere*, indem er die tatsächliche Hirngröße E zu derjenigen in Beziehung setzt, die unter Zugrundelegung der obigen Allometriegleichung $E = 0{,}12 \cdot P^{0{,}66}$ zu erwarten gewesen wäre:

$$EQ = E/0{,}12 \cdot P^{0{,}66}$$

Die so erhaltenen Werte sind interessant und aufschlußreich (Abb. 6, Tab.). Als die Säugetiere vor 75 Millionen Jahren die Bühne des Geschehens betraten, hatten sie einen EQ von rund 0,3, den heute noch angenähert die niederen Insektivoren

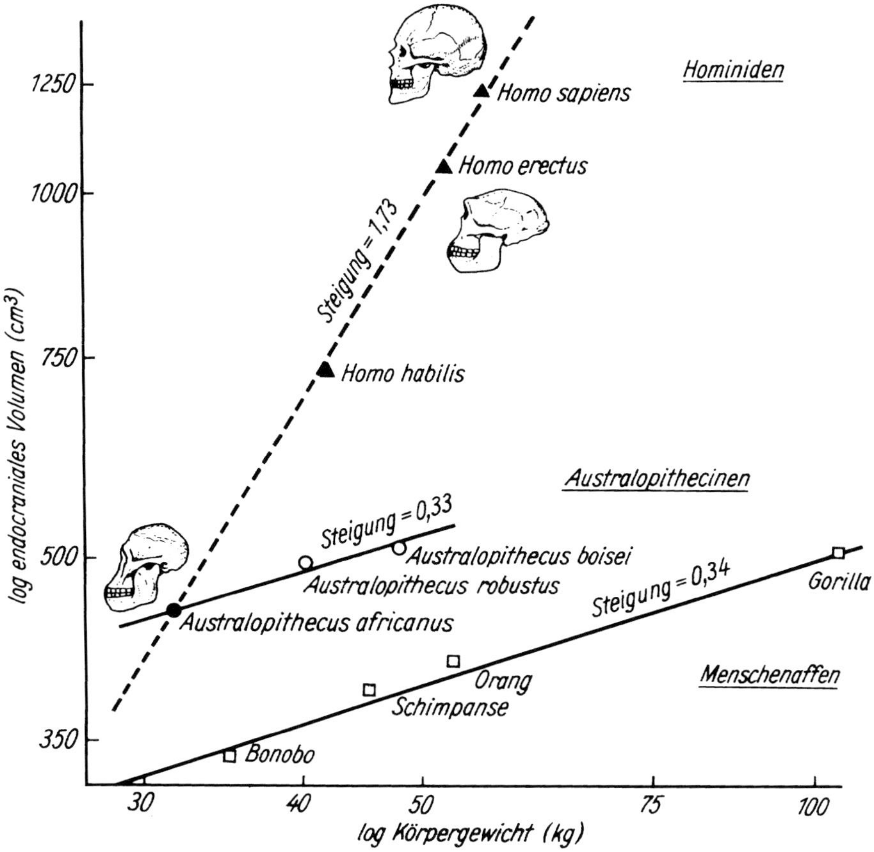

Abb. 5: Das endocraniale Volumen in Abhängigkeit vom Körpergewicht (in doppelt-logarithmischer Auftragung) bei Menschenaffen, Australopithecinen und Hominiden. Nach D. PILBEAM u. S. J. GOULD, 1974, aus: J. T. BONNER, «Kultur-Evolution bei Tieren», Paul Parey Verlag, Berlin, Hamburg 1983, verändert.

besitzen. Die fossilen Halbaffen wiesen vor 30 Mio. Jahren bereits etwa den EQ auf wie die rezenten Formen, nämlich 1,1. Die Paviane und die Pongidae besitzen im Durchschnitt einen EQ von 1,9 (*Pan:* 2,3). Eine nochmalige, deutliche Steigerung war mit dem Auftreten der Australopithecinen vor 5 Mio. Jahren verbunden. Sie besaßen ein 450 g *(A. africanus)* bzw. 530 g *(A. boisei)* schweres Gehirn und erreichten EQ-Werte von 3,8 *(A. africanus)* bzw. 3,3 *(A. boisei)*, starben aber vor 1 Mio. Jahren wieder aus. Dann ging die Entwicklung weiter über den *Homo habilis* (EQ 4,2) und den *Homo erectus* (EQ 6,5) bis zum *Homo sapiens* (EQ 8,5). Bemerkenswert ist, daß das Gehirn des Neandertalmenschen mit 1550 g deutlich schwerer war als das des Jetztmenschen im Mittel. Das Gehirnvolumen des *erectus*-Menschen lag über die Zeitspanne seiner Entwicklung hinweg zwischen 775 und 1300 cm^3. Beim Neuzeit-

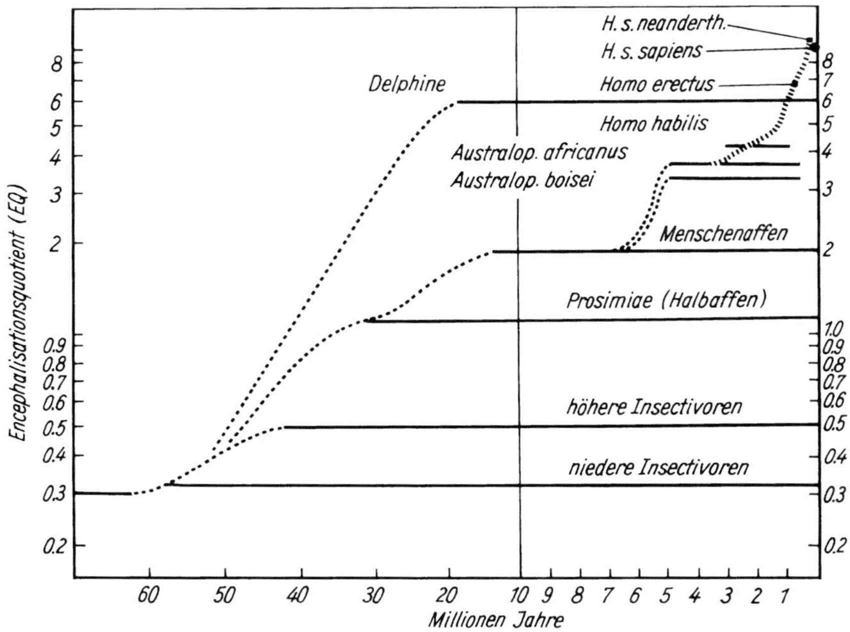

Abb. 6: Die Entwicklung des Encephalisationsquotienten in den letzten 60 Millionen Jahren bei verschiedenen Säugetieren. Aus: J. C. Eccles, «Das Rätsel Mensch», Reinhardt Verlag, München 1982

menschen schwanken die Gehirnvolumina zwischen 1000 und 2000 cm^3 (Mittelwert 1400 cm^3). Das bedeutet, daß bereits einige *erectus*-Menschen ein größeres Gehirn besaßen als ein Teil der Jetztmenschen!

Die «sprunghafte» Zunahme des Gehirngewichtes auf das Dreifache in den letzten 3 Mio. Jahren auf dem Wege vom *Australopithecus* zum Jetztmenschen hat sich in der unglaublich kurzen Zeit von etwa einer Million Jahren – das sind etwa 50 000 Generationen – abgespielt. Seit etwa 300 000 Jahren hat das Gehirn nicht mehr an Größe zugenommen. Darüber, warum der plötzliche Wachstumsstop eingetreten ist, kann nur spekuliert werden. Ebenso unbeantwortet bleibt die Frage, worauf es zurückzuführen ist, daß der primitive Mensch im Verlaufe der Evolution mit einem so perfekten Gehirn ausgestattet worden ist, das ihn später befähigte, Leistungen eines Plato, Descartes und Einstein, eines Bach, Dürer und Goethe zu vollbringen, Kathedralen und Überschallflugzeuge zu bauen und auf dem Mond zu landen.

Delphine erreichen immerhin auch einen EQ von 6,0. Sie besitzen somit zwar ein etwas kleineres Gehirn im Vergleich zu ihrer Körpergröße als der Mensch, doch weist ihre Großhirnrinde (Cortex) eine deutlich stärkere Furchung, einen im Vergleich zum restlichen Gehirn größeren Cortex auf [23], [24], vgl. Abbildung 7. Das hat zeitweilig zu fantastischen Spekulationen über die Intelligenz der Delphine geführt, die alle ins Reich der Science fiction delegiert werden müssen. Es gibt *»keinen*

Tabelle: Verschiedene Encephalisationsquotienten (EQ). Es ist möglich, daß der EQ-Wert für sehr massige Tiere (Elefant, Wal) wesentlich höher liegt als angegeben. Aus: J. C. ECCLES, «Das Rätsel Mensch», Reinhardt Verlag, München 1982

(Primaten)	EQ
Prosimier	Durchschnitt 1,1 höchster Wert 1,8 (*Rooneyia* und 2 andere), niedrigster Wert 0,62
Paviane	Durchschnitt 1,9
Pongoide	Durchschnitt 1,9 (*Pan* 2,3)
Australopithecines	
A. africanus	Durchschnitt 3,8
A. boisei	Durchschnitt 3,3
Homo habilis	Durchschnitt 4,2
Homo erectus	Durchschnitt 6,5
Homo sapiens	Durchschnitt 8,5
Andere interessante EQs	
Delphin	6
Elefant	1,0
Blauwal	0,37

Beweis und keinen Grund für die Annahme, daß sich Wale hinsichtlich Sozialstruktur, Intelligenz usw. von anderen Säugern unterscheiden und womöglich die Ebene Menschenaffen–Mensch erreichen oder gar übertreffen« [25]. Die Encephalisation setzte bei den Delphinen wesentlich früher ein als bei den Vorfahren der Menschen. Sie war vor 15 bis 20 Mio. Jahren bereits abgeschlossen, zu einer Zeit, als die Affen und Menschenaffen noch bei einem EQ von 2,0 verharrten und der *Australopithecus* noch gar nicht existierte. Es bleibt eine offene Frage, warum die Entwicklung des Gehirns auch hier zum Stillstand gekommen ist. Sicher ist, daß sie im Zusammenhang mit der Entwicklung des hoch leistungsfähigen Sonarsystems der Delphine zu sehen ist. Ein Großteil der Hirnrinde dient bei ihnen der Verarbeitung der akustischen Informationen. Es kann vermutet werden, daß die Delphine sich ihre kognitive Welt über den akustischen Kanal aufbauen, so wie wir es über den optischen tun.

Durch interspezifischen Vergleich an 49 verschiedenen Säugetierarten konnte HARRY J. JERISON [26] feststellen, daß die Oberfläche der Großhirnrinde (S) nahezu proportional mit dem Hirngewicht E zunimmt:

$$S = 3{,}74 \cdot E^{0{,}91}$$

Das bedeutet, daß die Hirnoberfläche mit zunehmender Größe des Gehirns Falten bilden muß. Das menschliche Gehirn nimmt in diesem Zusammenhang wiederum

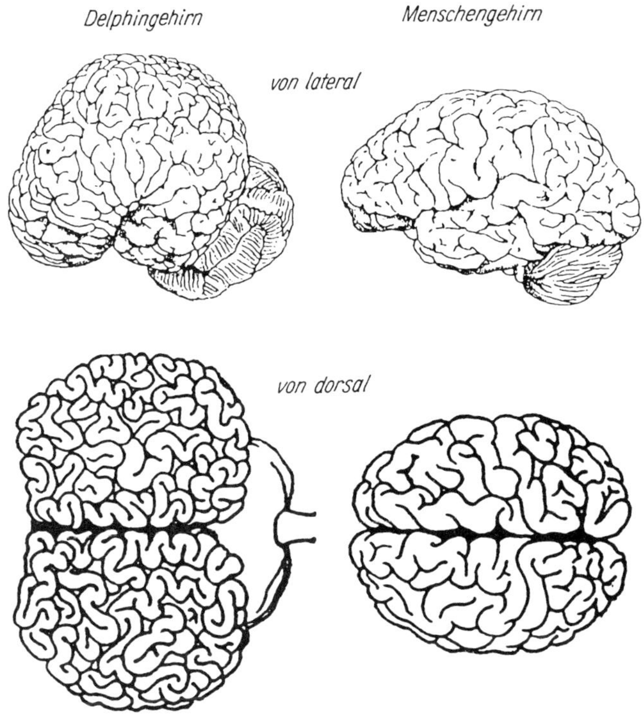

Abb. 7: Gegenüberstellung des Gehirns vom Delphin und vom Menschen

keine Sonderstellung ein, im Gegenteil: Es ist sogar etwas weniger gefaltet, als es bei der Größe zu erwarten gewesen wäre (Abb. 8). Es ist eine weitverbreitete, aber irrige Meinung, daß die tierische Intelligenz eher mit dem Grad der Hirnrindenfaltung als mit der Hirngröße in Beziehung steht.

Heinz Stephan und seine Mitarbeiter vom Max-Planck-Institut für Hirnforschung in Frankfurt a. M. errechneten sogenannte Progressionsindices spezifischer Hirnstrukturen bei den Primaten [27]. Diese Größen drücken aus, um welchen Faktor eine bestimmte Gehirnstruktur größer ist als die gleiche Struktur bei einem durchschnittlichen «niederen» Insektenfresser, bezogen auf das gleiche Körpergewicht (der Exponent in der allometrischen Beziehung gleich 0,65 gesetzt). Dabei zeigte sich, daß der Mensch sowohl hinsichtlich der Ausprägung seines Neocortex wie auch seines Hippocampus alle Affen und Halbaffen weit überragt. Der Gorilla liegt extrem niedrig, Schimpansen nehmen eine Zwischenstellung ein. Ganz anders – geradezu umgekehrt – ist es hinsichtlich der Ausprägung des Bulbus olfactorius. Hier rangiert der Mensch ganz unten, noch unterhalb von Gorilla und Schimpanse.

Die quantitativen Angaben Stephans haben erneut die große Bedeutung des Neocortex für die Herausbildung des Menschen unterstrichen. Er gliedert sich funktionell in viele verschiedene Bereiche. Leider liegen nur wenige vergleichende Untersuchungen über die Ausbreitung dieser Bereiche bei verschiedenen Primaten vor. Brodmann stellte 1912 heraus, daß die Stirnhirnregion (*Lobus frontalis* ohne die Fel-

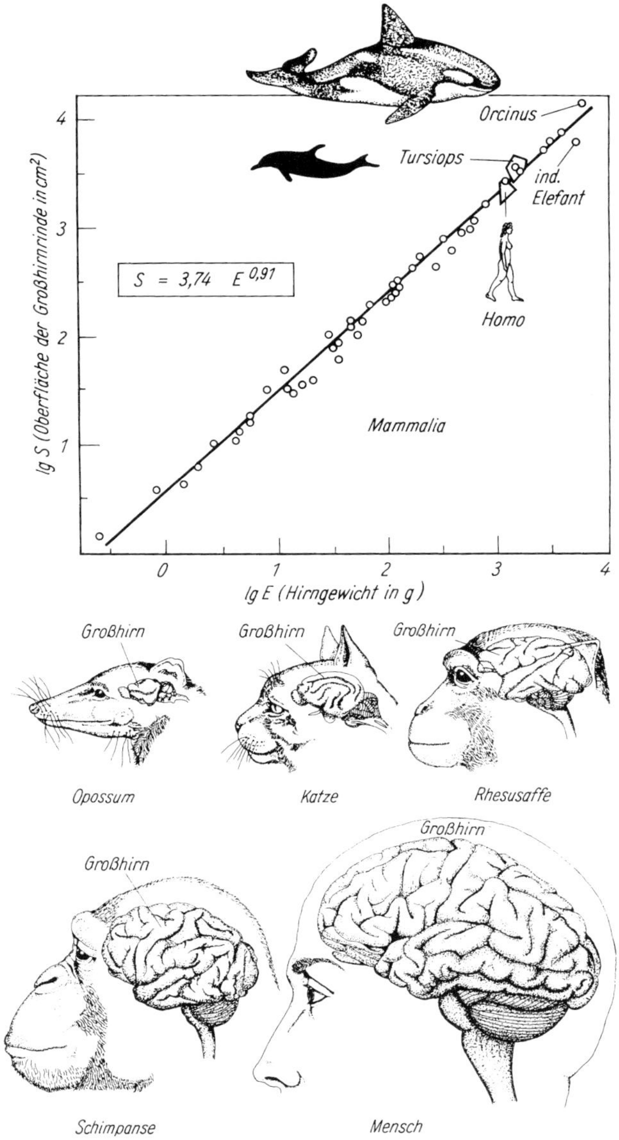

Abb. 8: Die Beziehungen zwischen der Oberfläche der Großhirnrinde und dem Hirngewicht bei 49 Säugetierarten. Besonders gekennzeichnet sind die Felder für den großen Tümmler (*Tursiops truncatus*) und den Menschen (*Homo sapiens*) sowie die Werte für den Schwertwal (*Orcinus*) und den indischen Elefanten. Diagramm nach: H. J. JERISON in «Encyclopedia of Neuroscience I, Birkhäuser Verlag 1987, verändert. Die Kopfskizzen aus: R. F. THOMPSON «Das Gehirn», 2. Aufl., Spektrum 1994

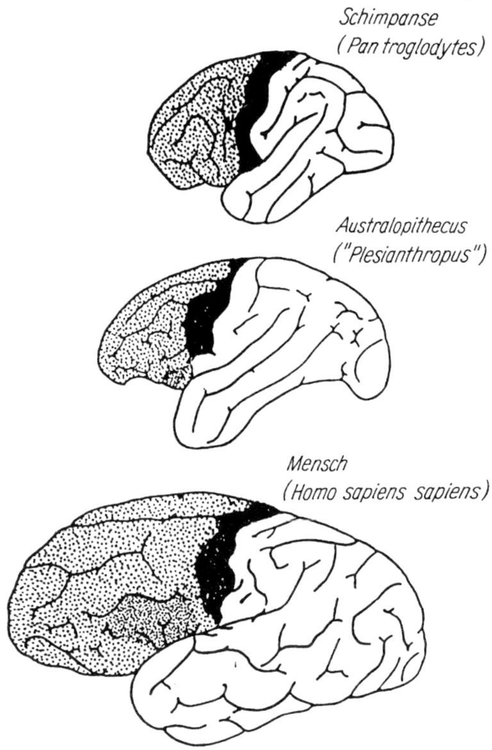

Abb. 9: Seitenansichten der Großhirne vom Schimpansen, *Australopithecus* («*Plesianthropus*», nach Schädelausguß) und *Homo sapiens* in richtigem Größenverhältnis. Punktiert: Stirnhirn; dichter punktiert: Brocasches Sprachzentrum (bei *Australopithecus* hypothetisch); schwarz: Motorcortex. Nach G. W. H. Schepers, verändert.

der 4 und 6), die beim Menschen 29 % der gesamten Großhirnrinde ausmacht, beim Schimpansen nur 17 % und beim Makaken gar nur 11,3 % einnimmt. T. W. Deacon [28] vertrat kürzlich die These, daß es insbesondere die starke Vergrößerung des Stirnhirns gewesen sei, die den Menschen zur Kommunikation über begriffliche und abstrakte Inhalte mit Hilfe der Sprache befähigte (Abb. 9).

Von Brodmann stammt auch die heute allgemein akzeptierte Kartierung der menschlichen Hirnrinde in etwa 50 Felder aufgrund von Unterschieden in der Dichte, der Anordnung und der Form der Neuronen («Cytoarchitektur»). Beim Vergleich mit dem Gehirn des Orang-Utan *(Pongo)* oder dem des Gibbon *(Hylobates)*, vgl. Abbildung 10 – vom Schimpansen fehlt leider eine solche Karte –, fällt auf, daß die Felder 39 und 40, die beim Menschen einen erheblichen Teil der Wernickeschen Sprachregion ausmachen, sehr klein sind und kaum aus der *Fissura Sylvii* herausragen. Auffällig ist außerdem, daß das beim Menschen deutliche Feld 37 im Schläfenlappen beim Orang-Utan überhaupt nicht zu finden ist. Durch die offensichtliche Hypertrophie der Felder des Wernickeschen Sprachzentrums ist das primäre Sehzentrum (Feld 17) beim Menschen von der Oberfläche des Hinterhauptlappens in eine stärker mediane Lage abgedrängt worden. Auch die Felder 44 und 45 des (motorischen) Brocaschen Sprachzentrums sind beim Orang-Utan nicht erkennbar [29].

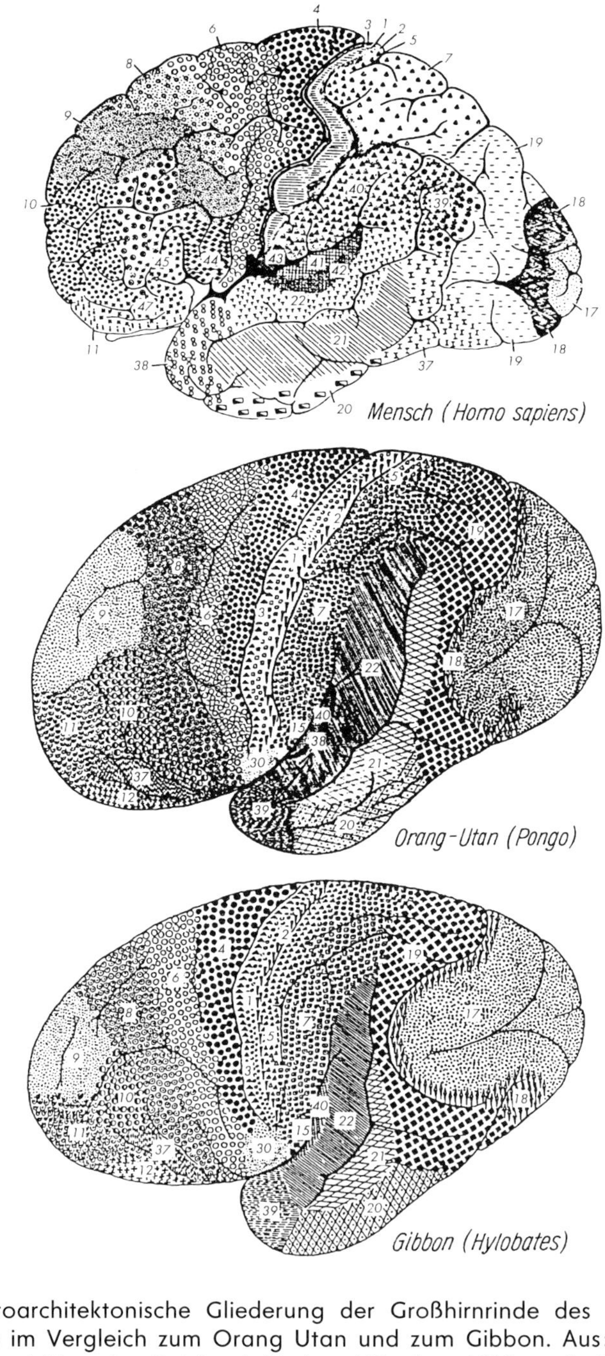

Abb. 10: Die cytoarchitektonische Gliederung der Großhirnrinde des Menschen (BRODMANNsche Felder) im Vergleich zum Orang Utan und zum Gibbon. Aus: J. C. ECCLES, «Das Rätsel Mensch», Reinhardt Verlag, München 1982, verändert.

Zusammenfassend kann festgestellt werden, daß das menschliche Großhirn weder hinsichtlich seiner absoluten noch hinsichtlich seiner relativen Größe (Masse) oder der Flächenausdehnung seiner Großhirnrinde (Cortex) eine Spitzenposition innerhalb der *Mammalia* einnimmt, die die geistige Sonderstellung des Menschen hirnanatomisch begründen könnte. Erst wenn man sich beim Vergleich auf die Ordnung der Primaten beschränkt, kommen einige morphologische Besonderheiten des menschlichen Gehirns zum Vorschein, die insbesondere die Wernickesche Sprachregion, aber auch die Stirnhirnregion betreffen. Aber auch sie liefern uns keine hinreichende Erklärung dafür, warum der Mensch allen Tieren in seinen mentalen Leistungen so weit überlegen ist. Weder in der makroskopischen Anatomie noch im histologischen Aufbau ist eine dramatische «qualitative» Veränderung zu entdekken, die uns den Übergang vom tierischen zum menschlichen Gehirn verständlich machen könnte. Die Biologie kann uns nur einen sehr dürftigen Beitrag zum Verständnis des Wesens des Menschen mit all seinen Implikationen liefern.

4 Der Mensch – das Wesen mit Geist

Theodosius Dobzhansky (1900–1975) schrieb einmal:

> Die strukturellen Eigenheiten des Menschen reichen gerade aus, um ihm einen Platz in einer monotypischen zoologischen Familie zuzuweisen (s. Abb. 1), mit einer einzigen lebenden Art. Seine geistigen Fähigkeiten hingegen unterscheiden ihn viel mehr. Beruhte die zoologische Klassifikation auf psychologischen anstelle hauptsächlich morphologischen Merkmalen, so müßte man den Menschen einen eigenen Stamm oder gar ein eigenes Reich zuweisen [30].

Es steht fest, daß unsere bewußten Erfahrungen an das intakte Funktionieren unseres Gehirns, genauer: unserer Großhirnrinde (Cortex), gebunden sind, denn bei umschriebenen Läsionen fallen bestimmte Empfindungen aus bzw. können bestimmte Funktionen nicht mehr ausgeübt werden. Wir wissen auch, daß bewußte Aufmerksamkeit durch die *Formatio reticularis* im Stammhirn reguliert, die Pforte zum Bewußtsein durch sie geschlossen oder geöffnet werden kann. Umschriebene pathologische Erregungen, z. B. bei fokalen epileptischen Anfällen, oder künstliche elektrische Reizungen in den primären Sinnesfeldern des Cortex lösen – wenn auch grobe und unstrukturierte – Empfindungen aus. Vergleichbare Vorgänge im motorischen Cortex führen zu Muskelzuckungen in der Peripherie, in den sogenannten Assoziationsfeldern zur Verhinderung bestimmter Leistungen, wie z. B. bei Reizung in einem Sprachzentrum das Benennen eines Gegenstandes oder das Aussprechen eines Wortes, ohne daß der Mensch dabei etwas empfindet.

Wir nehmen also bestimmte Aktivitätsmuster von Neuronen in den Sinnesfeldern wahr, nicht aber diejenigen in anderen corticalen Bereichen. Warum neuronale Aktivitätsmuster im Hinterhauptshirn (Occipitallappen) zu optischen, im Scheitellappen zu taktilen und im Temporallappen zu akustischen Empfindungen führen, bleibt ein Geheimnis. Daß der Occipitallappen mit dem Auge, der Scheitellappen mit den Hautsinnen und der Temporallappen mit dem Gehör in Verbindung steht, ist zwar für die Funktion wichtig, kann jedoch nicht zur Erklärung beitragen.

Die Zusammenfassung der groben und unstrukturierten Empfindungen zu «Bedeutungsgestalten» setzt offenbar die gleichzeitige Aktivität von Neuronengruppen in den Sinnesfeldern und in anderen corticalen Bereichen voraus. So können z. B. längeranhaltende krankhafte Erregungsabläufe in ausgedehnteren Gebieten des temporalen Cortex (Assoziationsgebiet) zu komplexen Wahrnehmungsergebnissen führen, wahrscheinlich unter Einbeziehung primärer Sinnesfelder. Unbeantwortet bleibt die Frage nach der psycho-physischen «Transsubstantiation», nach der Umwandlung von elektrischen Erregungsmustern, die man mit geeigneten Methoden registrieren kann, in erlebte Gestalten, bewußte Erfahrungen. Wir haben keinerlei Vorstellung, welcher Art die funktionellen Verknüpfungen, die funktionelle Organisation im Gehirn zu sein hat, damit bewußte Empfindungen, erlebte Erfahrungen möglich werden, und warum sie so und nicht anders sind. Wir haben keine Erklärung dafür, warum bestimmte Erregungsmuster in die bewußte Erfahrung gelangen, andere nicht. Ein weiteres Rätsel bleibt, wieso die vielfältigen oder in Folge über Raum und Zeit ablaufenden Erregungsmuster stets zu einer *einheitlichen* Erfahrung eines bewußten «Ich» zusammenlaufen. Dieses Ich geht auch bei den «split-brain Patienten» nach Durchtrennung des beide Hirnhemisphären verbindenden *Corpus callosum* nicht verloren.

Wir müßten spätestens bei der Behandlung dieser Fragen den Boden einigermaßen gesicherter Tatsachen verlassen und uns ins weite Reich der Spekulationen über die Natur der Beziehungen zwischen Sein und Bewußtsein, Körper und Seele, Gehirn und Geist begeben. Es kann hier nicht der Ort sein, diesen «Weltknoten» Arthur Schopenhauers (1788–1860) zu entflechten zu versuchen, den der große Physiologe Emil du Bois-Reymond (1818–1898) ohnehin vor über hundert Jahren mit dem Stempel seines kategorischen «Ignorabimus» versehen hat. Kehren wir deshalb zur Frage nach der Stellung des Menschen in der Welt zurück.

Jede der in Millionen zählenden Arten, die unsere Erde bevölkern, bevölkert haben und noch bevölkern werden, sind – ebenso wie jedes einzelne Individuum, wenn man einmal von der Klonierung absieht – Einmaligkeiten, Singularitäten. Insofern hat VON DEN BERGHE durchaus recht, wenn er sagt: «Humans, in short, are not unique in being unique» [31]. Und trotzdem: Der Mensch ist auf einzigartige Weise einzigartig, und diese Einzigartigkeit liegt in seinem Gehirn und äußert sich in seiner Kultur.

Der Mensch existiert als Leib-Seele-Geist-Einheit. Er zeichnet sich vor allen anderen Lebewesen dadurch aus, daß er weiß, was er weiß, was er empfindet, was er denkt und was er möchte. Auch Tiere – zumindest die höherentwickelten – können nachweislich lernen, haben Gedächtnis und «Wissen», haben Empfindungen, Wahrnehmungen, Vorstellungen, Gefühle und Stimmungen, aber sie wissen nicht, daß sie sie haben. Deshalb stehen sie ihnen auch nicht frei zur Verfügung, sie können sie nicht bewußt reflektieren, willentlich ändern, unterdrücken, negieren oder gar in einen anderen Kontext wie den gerade gegebenen bringen. DOROTHY L. CHENEY und ROBERT M. SEYFARTH berichten davon, daß Schimpansen durchaus Trauer empfinden können, wenn jemand ihnen Nahestehender gestorben ist. Ebenso bemerkenswert ist allerdings, daß sie offenbar nicht in der Lage sind, bei anderen mentale Zustände wahrzunehmen und zu reflektieren, Schmerz zu teilen und Empathie füreinander zu entwickeln. Die Autoren kommen zu dem Schluß, daß Affen

> ihre Welt als eine Welt von Dingen sehen, die agieren, und nicht als eine Welt von Personen, die denken und fühlen. Auch wenn sie für das Verhalten anderer hochsensibel sind, wissen sie doch wenig über das Wissen oder die Motive, die Tiere veranlassen, das zu tun, was sie tun. In der Welt eines Affen existiert das Wissen, über das ein Individuum verfügt, in einer Art Vakuum: das Tier weiß nicht, was es weiß und ist auch nicht in der Lage, Wissen (oder mangelndes Wissen) bei anderen zu erkennen. [32]

Es gibt also auch nicht «wissentlich» Erfahrungen weiter. Die Jungen lernen nicht durch Unterweisung, sondern durch Beobachtung und Nachahmung, und das beherrschen sie gut.

Nur der Mensch besitzt das einmalige Vermögen, sich als betrachtendes Ich, als «Selbst», seiner kognitiven Welt gegenüberzustellen, seine eigene Tätigkeit zu objektivieren. Er vermag, wie es Max Scheler (1874–1828) sagte, «seine eigene physiologische und psychologische Beschaffenheit und jedes einzelne psychische Erlebnis, jede einzelne seiner vitalen Funktionen selbst wieder gegenständlich zu machen» [33]. Der Mensch wird dadurch zur «Person» im Sinne Immanuel Kants, zu etwas, «was sich der numerischen Identität seiner selbst in verschiedenen Zeiten bewußt ist» [34]. Das Tier ist mit seiner «Lust und Unlust ... kurz angebunden an den Pflock des Augenblicks», wie es Friedrich Nietzsche (1844–1900) in seiner unübertroffenen Formulierungsgabe einmal ausdrückte [35]. Der Mensch kann sich vom Jetzt und Hier trennen und kann damit seine Vergangenheit mit all ihren Erfahrungen reflektieren und seine Zukunft planen. Mit anderen Worten: Er besitzt nicht nur einen Körper und eine Seele, die wir auch – zumindest bei den höheren – Tieren voraussetzen müssen, sondern auch einen selbstbewußten Geist. Dieser Geist ist die Quelle, aus der die Poppersche Welt 3, die «Welt des Wissens in objektivem Sinne», ihren alleinigen Ursprung nimmt [4], an der die Tiere keinen Anteil haben. Als biologisches Wesen ist der Mensch körperlich und seelisch nur graduell vom Tier unterschieden, als menschliches Wesen hebt er sich durch den Besitz des selbstbewußten Geistes qualitativ und grundsätzlich vom Tierreich ab.

Das «plötzliche» Auftreten des «selbstbewußten Geistes» mit dem Menschen in der langen Geschichte des evolutiven Wandels auf unserer Erde ist eines der größten Rätsel. Mit Recht stellt Max Delbrück (1906–1981) die Frage: Wenn aber unsere intellektuellen Fähigkeiten «sich entwickeln, damit wir in der Höhle besser zurechtkommen, wie kann es dann sein, daß sie uns tiefe Einsichten in die Kosmologie, die Elementarteilchen, die molekulare Genetik und die Zahlentheorie gestatten?» [36] Man kommt zu dem Schluß, daß diese einzigartige Fähigkeit des Menschen nicht das Ergebnis einer ursprünglichen Überlebensadaptation gewesen ist. Der Geist stellt nicht die Erweiterung irgendwelcher Fähigkeiten dar, die im Ansatz bereits bei den Tieren vorhanden waren und sind, er ist nicht das Ergebnis einer schrittweisen Evolution, sondern etwas ganz Neues. Kein Mensch weiß, ob überhaupt oder – wenn ja – mit welcher Veränderung in der Organisation unseres Gehirns die Schöpfung des selbstbewußten Geistes verbunden gewesen sein mag.

Mit dem Menschen wurde eine neue Art der Evolution mit außerordentlich großem Erfolg in Gang gesetzt, die man als «überorganische», «psychosoziale», «gesellschaftliche» oder – vielleicht am treffendsten – als «kulturelle Evolution» gekennzeichnet hat. Sie beruht wie die biologische Evolution auf dem Erwerb, der Anreicherung und der differentiellen Weitergabe von Informationen. Während jedoch bei der biologischen oder besser «biogenetischen» Evolution die Desoxyribonukleinsäure (DNS) als Träger der Information dient, die durch identische Replikation vermehrt, durch Mutationen verändert und durch Vererbung von Generation zu Generation weitergegeben werden kann, liegen der kulturellen oder «tradigenetischen» Evolution die individuell im Prozeß des Lernens erworbenen, gespeicherten und durch weitere Erfahrungen modifizierten Informationen zugrunde, die auf nichtgenetischem Wege durch Beobachtung und Nachahmung, durch Lehren und Lernen von Individuum zu Individuum weitergegeben werden können. Man spricht dann von einer Traditionsbildung.

Es liegt auf der Hand, daß die tradigenetische Evolution mit wesentlich höherem Tempo ablaufen kann als die biogenetische, da die Informationsweitergabe nicht nur einmal am Beginn des individuellen Lebens, sondern vielfach und zeitlebens erfolgen kann. Sie ist auch nicht auf die ausschließliche Weitergabe von den Eltern auf die Kinder beschränkt, sondern in jeder Richtung möglich. Hinzu kommt noch, daß die in der tradigenetischen Evolution möglichen Einzelschritte wesentlich größer sein können als die in der Regel recht kleinen Veränderungen, die mit den Mutationen verbunden sind. Sie sind auch im Gegensatz zu den Mutationen nicht grundsätzlich unabhängig von den Selektionsbedingungen, sondern können sie bereits reflektieren. Da der Fortschritt nicht genetisch fixiert wird, ist die tradigenetische Evolution im Gegensatz zur biogenetischen schließlich auch umkehrbar.

5 Der Mensch – das Wesen mit Sprache

Eine bedeutende, zentrale Rolle in dieser tradigenetischen Evolution des Menschen spielt zweifelsohne die Sprache. Sie steigert die Effektivität der kulturellen Evolution ins nahezu Unermeßliche. Die Sprache wird allgemein als der Rubikon zwischen Tier und Mensch angesehen. Obwohl man eigentlich auch von der «Sprache der Delphine» oder gar von der «Sprache der Bienen» lesen oder hören kann, so ist doch die akustische Kommunikation zwischen Tieren in allen bekannten Fällen so prinzipiell von der sprachlichen Kommunikation zwischen Menschen unterschieden, daß man den Begriff «Sprache» nicht im Zusammenhang mit den Tieren gebrauchen sollte. Es stimmt schon, was LANCASTER bereits 1968 schrieb: *«Je mehr man darüber weiß»* (gemeint ist die Kommunikation zwischen Affen bzw. Menschenaffen), *«um so weniger scheinen diese Systeme zum Verständnis der menschlichen Sprache beitragen zu können.»* [37]

Nach JOHANN GOTTFRIED HERDER ist der Mensch «zur Sprache organisieret» [38]. Für ihn ist die Sprache unmittelbar im Wesen des Menschen begründet, der Sprachursprung nichts als «menschliche Selbstverwirklichung». Auch für WILHELM von Humboldt (1767–1835) gilt: *«Der Mensch ist nur Mensch durch Sprache; um aber die Sprache zu erfinden»* – so Humboldt weiter – *«müßte er schon Mensch sein.»* [39]

Der bekannte amerikanische Linguist Avram Noam Chomsky (*1928) hebt mit Recht das Vorhandensein einer Grammatik als eine notwendige Bedingung für die Sprache hervor. Im Gegensatz zu den geschlossenen «Rufsystemen» der Tiere, die aus einem Satz in ihrer Bedeutung festgelegter Zeichen bestehen, ist die menschliche Sprache offen. Sie macht, wie Humboldt es einmal formulierte, unendlichen Gebrauch von endlichen Mitteln. Mit der Sprache kann man Dinge mitteilen, die vorher noch niemand gesagt hat, die vorher noch niemand erfahren hat. Man kann mit der Sprache Dinge mitteilen, die keinen Bezug zum «Hier» und «Jetzt» haben.

Versuche, Menschenaffen das artikulierte Sprechen beizubringen, sind alle miteinander gescheitert. W. Furness bemühte sich Anfang unseres Jahrhunderts mit unsagbarer Geduld über elf Monate lang, seinem weiblichen Orang Utan die Wörter «papa» und «cup» beizubringen. Am erfolgreichsten waren noch die Eheleute Keith und Cathy Hayes. Ihnen gelang es 1951 nach sechsjährigem Training, ihre zu Hause aufgezogene Schimpansin «Viki» die Wörter «mama», «papa», «up» und «cup» zu lehren, was den Kelloggs 18 Jahre zuvor mit der Schimpansin «Gua» nicht gelungen war. Der Mißerfolg dieser Versuche beruht, wie wir heute wissen, darauf, daß Schimpansen ebenso wie den anderen Menschenaffen im Gegensatz zum Menschen die Fähigkeit zur präzisen muskulären Steuerung ihres Stimmapparates, besonders der Larynx, fehlt. Auch scheinen sie kein entsprechend ausgebildetes corticales Assoziationszentrum zu besitzen.

Aufbauend auf diesen Mißerfolgen, versuchte man unter Umgehung der phonetischen Kommunikation, Menschenaffen eine vereinfachte Form der amerikanischen Zeichensprache für Taubstumme, die «American Sign Language» (ASL) beizubringen, wie es das Ehepaar Beatrice und Allen Gardner in jahrelangen Experimenten mit der Schimpansin «Washoe» unternommen hat (Abb. 11). Washoe erwarb sich zwar ein «Vokabular» von 132 Zeichen, die sie zu «Sätzen» mit bis zu vier «Wörtern» zusammensetzen konnte. Die Wortfolgen ließen aber keine Beherrschung syntaktischer Regeln erkennen. Die Zeichen für «mich», «kitzeln» und «du» wurden in beliebiger Folge verwandt, um dem Wunsche nach «Gekitzeltwerden» Ausdruck zu verleihen. Demgegenüber offenbaren Kinder von drei Jahren durchaus schon syntaktische Fertigkeiten. Nahezu alle «Botschaften» blieben bei Washoe in ihrem Bezug auf das Bitten um Futter («gib mir Bonbons»), «Dienstleistungen» («komm öffne») oder um soziale Zuwendung beschränkt, waren also pragmatisch orientiert. Demgegenüber ist die Sprache der Kinder bereits sehr frühzeitig auch auf das Erkunden und Kennenlernen der sie umgebenden «Welt» gerichtet, hat die Sprache eine «mathematische» (kenntniserwerbende) Funktion.

Diese und andere umfangreiche Experimente, wie z. B. die, mit Hilfe von Plastiksymbolen eine «Plastic-Chip-Sprache» zu lehren, wie es Premack mit der Schimpansin «Sarah» versuchte (Abb. 12), haben uns zwar wesentliche Erkenntnisse hinsichtlich der besseren Einschätzung kognitiver Fähigkeiten bei den Menschenaffen geliefert, sie haben aber keinen eindeutigen Nachweis liefern können, daß die

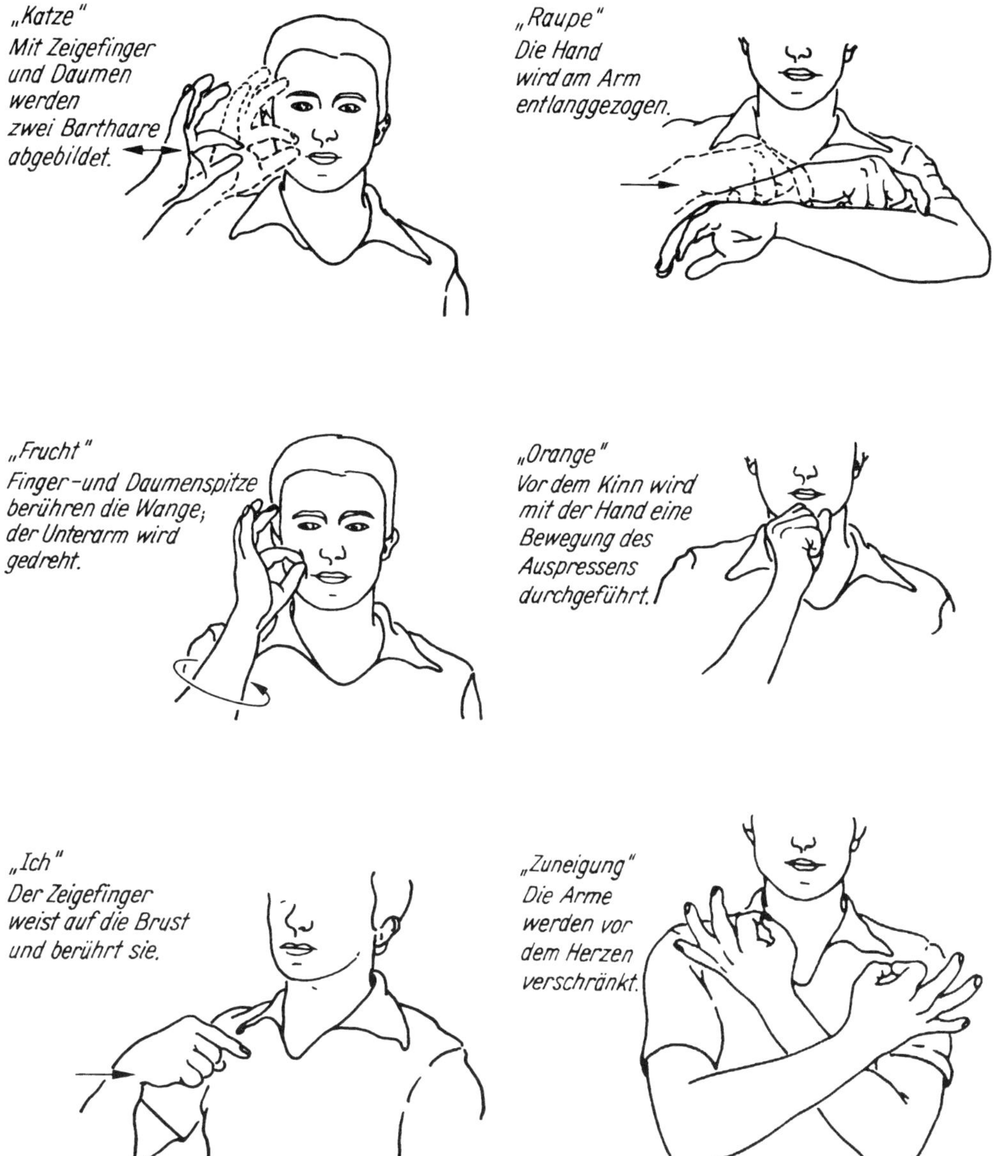

Abb. 11: Beispiele aus der amerikanischen Zeichensprache, wie sie in dem Projekt der GARDNERS die Schimpansin «Washoe» gelehrt wurden. Nach GUSTASON, G., PFETZING, D., ZAWOKLOW, E.: Signing Exact English. Modern Signs Press, Silver Spring, MD 1975; aus: KOLB, B. u. WHISHAW, J. Q.: Neuropsychologie, Spektrum Verlag, Heidelberg 1993

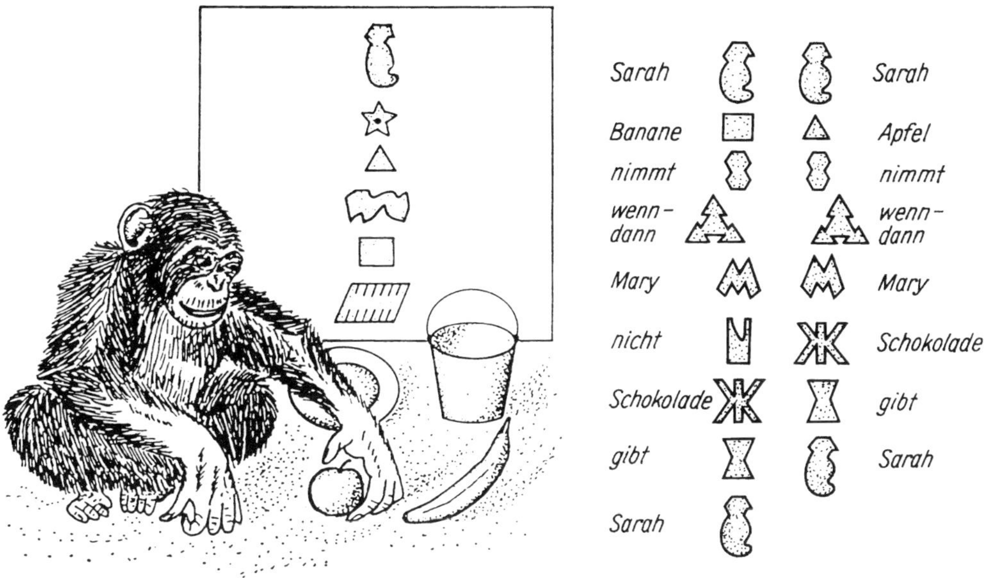

Abb. 12: Die Schimpansin «Sarah» befolgt die an der Tafel stehende Aufforderung «Sarah lege Apfel Schale Banane Eimer» korrekt. Rechts: zwei weitere Satzbeispiele (von oben nach unten zu lesen). Aus: H. Penzlin, «Lehrbuch der Tierphysiologie», Fischer Verlag, Jena 1991

Menschenaffen tatsächlich in der Lage sind, eine *Sprache* zu erlernen. Die Fähigkeit der Menschenaffen, Zeichen für bestimmte Dinge und Handlungen zu erlernen, ist erstaunlich groß. Sie können auch diese Symbole einzeln oder in Kombination bis zu vier einsetzen, um in pragmatischer Weise ihren gegenwärtigen Wunsch nach Futter oder Zuneigung oder auch ihre gegenwärtigen Gefühle auszudrücken. Sie beherrschten also in der von Karl Bühler (1879–1963) erarbeiteten Klassifikation die beiden unteren Funktionen der Sprache, nämlich die «Ausdrucks-» und «Signalfunktion», nicht aber die für die menschliche Sprache so typische und essentielle «Darstellungs- oder Beschreibungsfunktion». Es gibt keinen Hinweis, daß die Affen ihr Erlerntes in deskriptiver Weise einsetzten. Es gibt auch keinen eindeutigen Beweis, daß die Affen eine Syntax erlernen können [40].

Nach gründlicher und kritischer Durchsicht aller Ergebnisse kommen die Linguisten Thomas A. Sebeok und Jean Umiker-Sebeok zu dem Resultat, daß «wirkliche Durchbrüche in der Kommunikation zwischen Mensch und Menschenaffe immer noch ins Reich der Fiktion» gehören [41]; und Noam Chomsky fügte sarkastisch hinzu: *«Daß ein Menschenaffe die Fähigkeit zur Sprache zeigen wird, ist ungefähr so wahrscheinlich wie die Entdeckung, daß irgendwo auf einer Insel eine flugunfähige Vogelart darauf wartet, daß der Mensch ihr das Fliegen beibringt.»* [42] Der Mensch bleibt auch im Hinblick auf den Besitz einer sprachlichen Kommunikation, d. h. einer Kommunikation mit Hilfe sinnvoller Sätze, die nach den Regeln der Grammatik aufgebaut und verstanden werden, einzigartig.

Die Beantwortung der Frage nach dem Ursprung der Sprache gestaltet sich schwierig, weil wir kein einziges morphologisches Merkmal kennen, das ein eindeutiges Indiz dafür wäre, daß der Besitzer dieses Merkmals eine echte Sprache besessen haben müsse. Nicht bereits der Besitz einiger anatomischer Besonderheiten zur Phonation, sondern erst mentale Fähigkeiten, wie die zur Begriffsbildung, sind die Voraussetzungen für die Sprachentwicklung. Diese entziehen sich aber vollständig dem anatomischen Nachweis.

Die Australopithecinen und *Homo habilis*-Typen hatten wahrscheinlich noch keine Sprache. Sonst wären, worauf der Zoologe und Evolutionsbiologe BERNHARD RENSCH (1900–1990) mit Recht hinwies, ihre Steinwerkzeuge wahrscheinlich über Hunderttausende von Jahren nicht auf dem primitiven Stadium stehengeblieben [43], vgl. Abb. 13 und 14. Eine Sprachentwicklung setzte wahrscheinlich mit der *Homo erectus*-Stufe, das bedeutet vor 600 000 bis 300 000, maximal 800 000 Jahren, ein. Die mit der Neandertaler-Stufe vor etwa 120 000 bis 100 000 Jahren in der letzten Zwischeneiszeit einsetzende relativ schnelle Entwicklung der Kultur war mit Sicherheit bereits mit einer leistungsfähigen Sprache verbunden.

6 Der Mensch – ein Betriebsunfall der Evolution?

Der moderne Mensch, *Homo sapiens,* hat sich im Rahmen seiner biologischen Evolution schrittweise über den *Homo habilis* und *Homo erectus* aus dem Tierreich herausgeschält und betrat vor ca. 40 000 Jahren die Bühne des Geschehens. Er blieb noch eine lange Zeit unauffällig eine Art unter vielen anderen; hatte sich, wie diese, seinen natürlichen Feinden und Konkurrenten gegenüber durchzusetzen; war, wie diese, Krankheiten und natürlichen Unbilden ausgesetzt und war, wie diese, auf die naturgegebenen Ressourcen angewiesen. Er «verstand» es aber, nach und nach seine Fesseln zu sprengen und sich zunehmend unabhängiger zu machen.

JOHANN GOTTFRIED HERDER kennzeichnete deshalb den Menschen als «ersten Freigelassenen der Schöpfung» [44]. Er war in seiner «Freiheit» so ungemein erfolgreich, daß es heute keinen Ort auf der Erdoberfläche mehr gibt, der noch nicht durch Folgen der menschlichen Aktivität in irgendeiner Weise in Mitleidenschaft gezogen, verändert worden wäre. Da macht die Antarktis keine Ausnahme und nicht der entlegenste Urwaldwinkel, nicht die Hochgebirgsgletscher und auch nicht die Tiefsee. Wir drücken der gesamten «Natur» unser unverkennbares Vernichtungssiegel auf. Es ist jetzt über 80 Jahre her – also noch vor dem ersten Weltkrieg – , als LUDWIG KLAGES (1872–1956) schrieb:

> Eine Verwüstungsorgie ohnegleichen hat die Menschheit ergriffen, die ‹Zivilisation› trägt die Züge entfesselter Mordsucht, und die Fülle der Erde verdorrt vor ihrem giftigen Anhauch. So also sähen die Früchte des ‹Fortschritts› aus! [45]

Man schätzt, daß die menschliche Weltpopulation (Abb. 15) 8000 v. Chr., also in der mittleren Steinzeit, als sich der Übergang vom Jägerdasein zum Ackerbau voll-

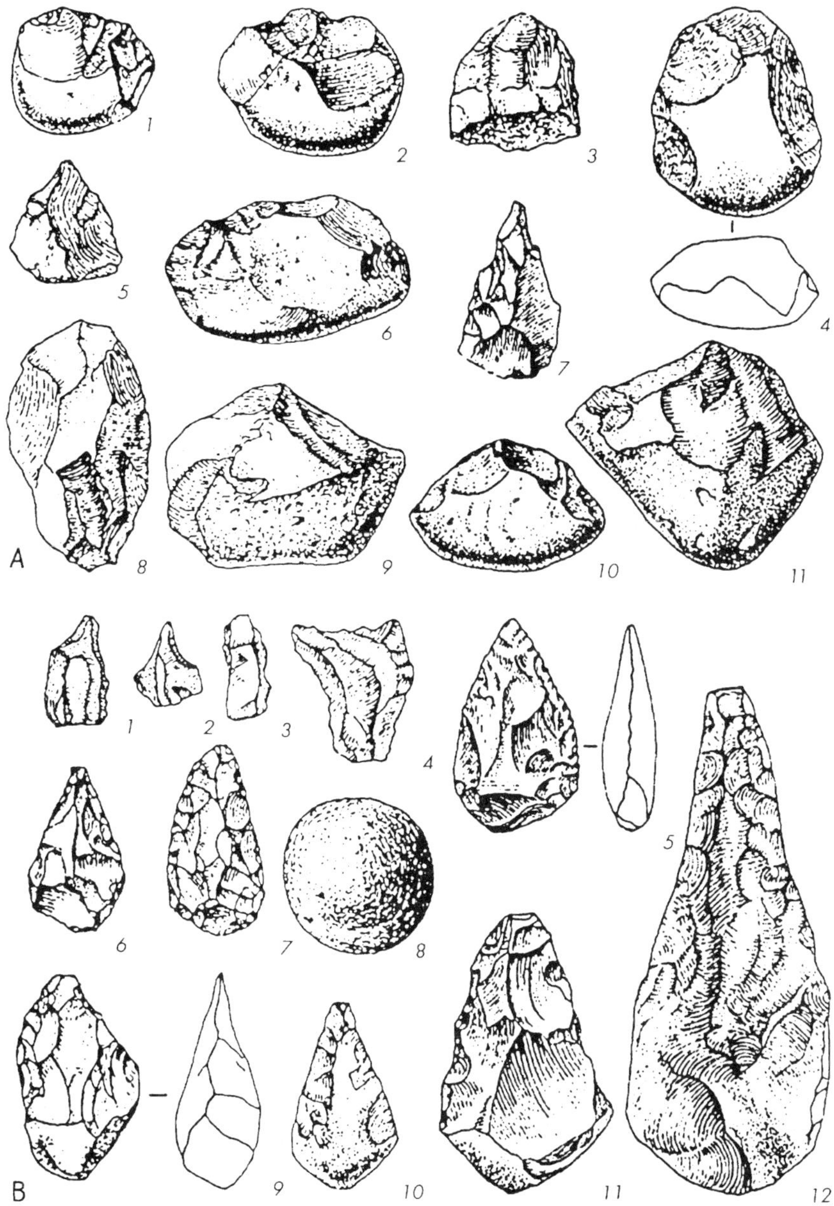

Abb. 13: Werkzeuge des (A.) *Homo habilis* (Olduwai-Kultur) und (B.) *Homo erectus* (Acheuléen-Kultur). A: Werkzeuge zum Hacken, Schneiden und Spalten (sog. «Chopper»), 3 und 8: «Kratzer» und 5: bearbeiteter Abschlag. – B: «gezähnte» Stücke, 4: Schaber, 8: Boa, 10 und 12: sog. «Zweihänder». Aus: L. u. F. Cavalli-Sforza, «Verschieden und doch gleich. Ein Genetiker entzieht dem Rassismus die Grundlage», Droemer Knaur, München 1994

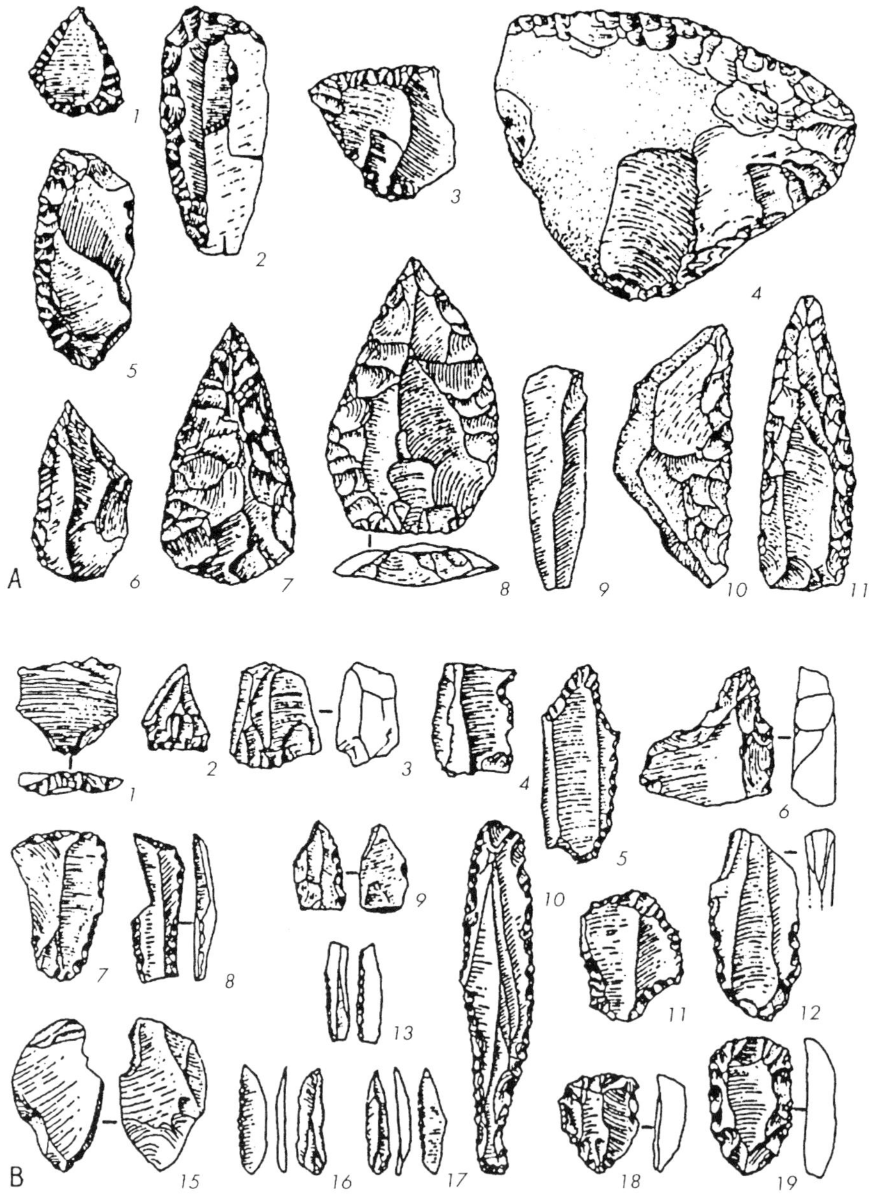

Abb. 14: Werkzeuge des *Homo sapiens* aus dem Moustérien (A) und dem Aurignacien (B). – (A): 1, 6, 7, 8: Spitzen; 2, 3, 4, 10: Schaber; 9, 11: Klingen. – (B): 1: Abschlag; 2, 3: Kerne; 4, 10: Klingen; 5, 6, 7, 11: Kratzer; 8, 9, 12, 14: Stichel; 13, 15, 16: Lamellen; 17, 18: Kielkratzer. Aus: L. u. F. CAVALLI-SFORZA, «Verschieden und doch gleich. Ein Genetiker entzieht dem Rassismus die Grundlage», Droemer Knaur, München 1994

Abb. 15: Die Bevölkerungskurve der Menschheit. Aus: B. CAMPBELL, «Ökologie des Menschen», Ullstein Taschenbuch 1987

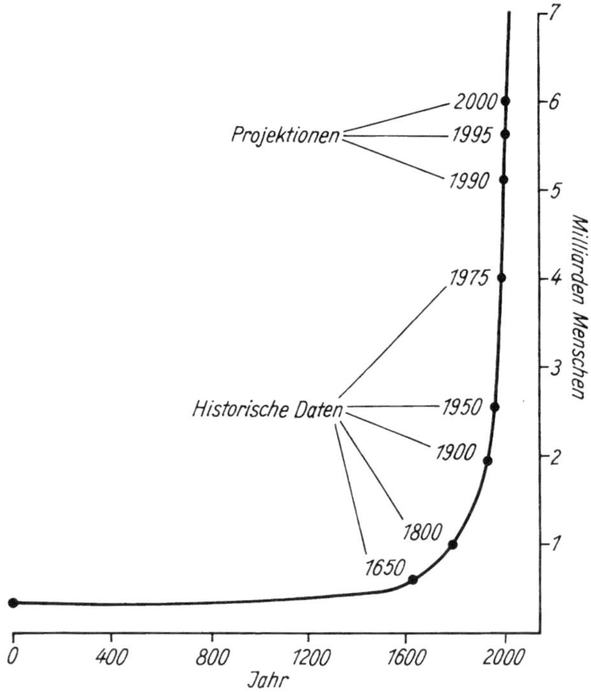

zog, noch etwa 10 Mio. betrug. Im Jahre 325 v. Chr., als Alexander der Große im Rahmen einer Massenhochzeit in Susa die persischen Prinzessinnen Parysatis und Barsine heiratete und Euklid in 13 Bänden seiner «Elemente» die Geometrie axiomatisierte, hatte sie sich schon auf das 10fache, nämlich auf 100 Mio., erhöht. Nach dem 30jährigen Krieg, im Jahre 1650, als Rembrandt den «Mann mit dem Goldhelm» malte – oder auch nicht? – und der große Philosoph Descartes starb, bevölkerten bereits 500 Mio. Menschen unsere Erde. Nur zweihundert Jahre später, nämlich 1850, als Adolf Menzel die «Tafelrunde in Sanssouci» porträtierte und Honoré de Balzac starb, waren es bereits 1,1 Mrd., und nochmals 100 Jahre später hatte sich die Erdbevölkerung mit 2,4 Mrd. schon wieder mehr als verdoppelt. Heute haben wir längst die 5-Mrd.-Grenze überschritten. Nach einer Hochrechnung der Vereinten Nationen muß man am Ende des 20. Jahrhunderts mit einer Weltbevölkerung von 6 bis 8 Milliarden rechnen, die satt werden und ein «menschliches» Leben führen möchte.

In jeder Sekunde werden auf unserer Erde drei Menschenkinder geboren, im Jahr summiert sich die Anzahl der Neugeborenen auf 150 Millionen, der nur 50 Millionen Sterbefälle entgegenstehen. Es bleibt eine Zunahme von 100 Millionen pro Jahr, davon entfallen 90 % auf die sogenannten Entwicklungsländer.

Sind diese Zahlen allein bereits bedrohlich genug, so bringen sie die durch den Menschen bedingte ökologische Belastung der Biosphäre noch nicht annähernd angemessen zum Ausdruck. Während die Weltbevölkerung in den 100 Jahren zwischen 1878 und 1978 «nur» auf das 2,3fache angewachsen ist, hat im gleichen Zeitraum z. B. die Jahresproduktion an Wärmeenergie durch Verbrennung fossiler Brennstoffe in der Welt um das 37fache zugenommen [46]. Das Ausmaß der tatsächlichen Belastung in der Zukunft wächst wesentlich schneller als die Erdbevölkerung selbst. Es ist nochmals höher anzusetzen, wenn wir erreichen, und wer wollte das nicht, daß die Ärmsten der Armen in Afrika, Südamerika und Asien zukünftig wirtschaftlich bessergestellt werden. Heute leiden weit mehr als 500 Millionen unserer Mitmenschen unter schwerer Unterernährung und bitterster Not. Dabei ist der Mangel an Nahrung, Rohstoffen oder Energie noch gar nicht das primäre Problem, sondern die durch die Menschen verursachten tiefgreifenden Veränderungen aller Lebensbedingungen auf unserer Erde.

Dieser Belastung ist das globale Ökosystem nicht mehr gewachsen. Der Mensch ist dabei, die Erde für sich selbst und viele seiner Mitkreaturen unbewohnbar zu machen, wenn auch keineswegs für alle. Die Evolution hört mit dem Menschen auf unserem «blauen Planeten» nicht auf. Leben wird auch dann noch auf unserem Globus wachsen, wenn kein Mensch mehr «das Licht der Welt erblickt». Die Erde braucht uns nicht, aber wir brauchen sie! Wir sind auf Gedeih und Verderb auf unsere Erde und die dort herrschenden Existenzbedingungen angewiesen.

Die Erde stöhnt unter der Last des Menschen – sie ist krank, krank durch einen Erreger, der sich ungehemmt vermehrt, die Schätze der Erde rücksichtslos plündert und den Planeten mit seinen mehr oder weniger giftigen Abfällen förmlich zuschüttet. Ein Erreger, der scheinbar nur eines kennt: diesen selbstmörderischen Prozeß weiter zu beschleunigen. Das Gleichgewicht auf der Erde ist heute schon in bedrohlicher Weise verändert. Die Verschmutzung und Vergiftung des Bodens, des Wassers und der Luft, das Ozonloch, der saure Regen und der Treibhauseffekt sind Symptome dieser Krankheit.

Durch die Verbrennung von Öl, Gas und Kohle schleudern wir pro Jahr 5 Milliarden Tonnen Kohlendioxid in die Atmosphäre. Die CO_2-Konzentration ist seit 1800 bereits um etwa 30 % gestiegen. Der CO_2-Anteil in der Luft ist neben anderen Spurengasen, wie Methan, hauptverantwortlich für den Treibhauseffekt. Eine Erwärmung der Erdatmosphäre um nur 1 bis 2 °C würde den Meeresspiegel durch Abschmelzen der polaren Eiskappen bereits so weit ansteigen lassen, daß die fruchtbaren Gebiete des Ganges-Deltas in Bangladesch, des Mekong-Deltas in Vietnam und der Po-Ebene in Italien unter Wasser lägen, ganz zu schweigen von den gleichzeitig zu erwartenden Klimaänderungen und ihren Folgen für das Leben auf unserer Erde. Es steht fest, daß die Temperatur der Erdoberfläche in den letzten hundert Jahren um ungefähr 0,55 °C angestiegen ist. Die sechs wärmsten Jahre dieses Jahrhunderts – und dabei ist das Rekordjahr 1994 noch gar nicht mit berücksichtigt – waren in abnehmender Reihenfolge 1988 $>$ 1987 $>$ 1983 $>$ 1981 $>$ 1980 $>$ 1986.

Gegen die Krankheit unserer «Mutter Erde» gibt es kein Allheilmittel, es sei denn: man rottet den Menschen aus. Das Besondere dieser Krankheit ist aber, und darin liegt gleichzeitig unsere Chance und Hoffnung, daß die Verursacher dieser Krankheit intelligente Wesen sind, die auf Grund gewonnener Erkenntnisse die Zukunft vernünftig zu planen und danach zu handeln befähigt sind. Unsere Intelligenz hat uns die Machtfülle, die wir gewonnen haben, ermöglicht, unsere Intelligenz sollte uns auch in den Stand versetzen, unser Handeln heute und in der Zukunft so zu lenken, daß die Katastrophe ausbleibt. Nutzen wir die einzige Chance, mit der Natur wieder ins reine zu kommen, damit die Erde auch noch für unsere Enkel und Urenkel bewohnbar bleibt. Wir haben keine Zeit mehr zu verlieren! Dabei ist jeder einzelne gefordert, aber auch die Verbände und alle Staaten. Die globalen Probleme, und um solche handelt es sich, können nur durch weltumspannendes, gemeinsames Handeln aller unter Zurückstellung jedes nationalen, ethnischen, religiösen oder anders motivierten Egoismus gelöst werden.

Das Ziel unserer Bemühungen kann nicht sein: zurück zu Bedingungen und Lebensweisen irgendwelcher vergangener, meist verklärter Epochen. Das «Zurück zur Natur» eines Jean-Jacques Rousseau (1712–1778) war damals und ist heute eine Utopie. Es gibt kein Zurück in der Geschichte, weder in der menschlichen noch in der biologischen. Der geschichtliche Lauf ist absolut irreversibel. Das Ziel kann auch nicht sein: den wirtschaftlich-kulturellen Prozeß einfach stoppen, auf dem erreichten Zustand «einfrieren» zu wollen. Auch das wäre eine Utopie! Was bleibt, ist der Versuch – und um den kommen wir nicht herum, wenn wir uns nicht der Verantwortung, die uns nun einmal obliegt, entziehen wollen –, die zukünftige Entwicklung, die unausweichlich ist, mit unseren nicht unerheblichen Mitteln und weiter zu vertiefenden Kenntnissen so mit Augenmaß und Konsequenz zu lenken, daß sie nicht in den Abgrund, sondern in eine harmonische Welt führt, in eine langfristig beständige, lebensfreundliche Welt. Das erfordert unbedingt eine Eindämmung des weiteren ungehemmten Wachstums der Weltbevölkerung durch vernünftige, humane Geburtenkontrolle, es erfordert aber auch eine bewußte Änderung unserer bisherigen Lebens- und Wirtschaftsweise. Wenn uns das nicht gelingt, ist das Ende vorprogrammiert.

«Die jetzige Form von Wohlstand, den wir für erreicht, für die Ausgangslinie künftiger goldener Zeiten halten, ist nicht durchhaltbar. Wenn wir diese banale Tatsache verdrängen, bereiten wir einen politischen und ökologischen Weltenbrand vor, gegen den der Zweite Weltkrieg wie ein Scharmützel wirken würde», befürchtet Ernst Ulrich von Weizsäcker (*1939) mit Recht [47]. Die Aufgabe ist ebenso neuartig wie gewaltig, ebenso notwendig wie schwierig. Es ist eine internationale, erdumspannende Aufgabe.

7 Schluß

Der Mensch – was ist er wirklich? Ist er der mit Ratio begabte *«Homo sapiens»* (C. v. Linné), das *«animal rationale»* der Griechen oder der auf dem Wege zu Gott sich befindende *«Homo viator»* (G. Marcel)? Ist er der bildnerisch gestaltende *«Homo pictor»* (H. Jonas), der schöpferische *«Homo creator»* (W. E. Mühlmann) oder der technisch handelnde, konstruierende und fabrizierende *«Homo faber»* (H. Bergson), der *«Homo oeconomicus»*? Ist er der spielende *«Homo ludens»* (J. Huizinga), der schwätzende *«Homo loquax»* (H. Bergson) oder der unwissende *«Homo insciens»* (Ortega y Gasset)? Ist er «der erste Freigelassene der Schöpfung» (J. G. Herder), «das Wesen, das will und nicht nur muß» (F. Schiller), eine Maschine, in der ein unsterblicher Geist wohnt (R. Descartes), oder ist er das der Natur entfremdete, alles verderbende *«animal corrumpu»* (J. J. Rousseau)? Ist er das über Sprache und Logos verfügende *«zoon logon echon»* (Aristoteles), das auf das Leben in der Gemeinschaft angewiesene *«zoon politikon»* (Aristoteles), der *«Homo sociologicus»,* ein «Tier, das sprechen kann» (F. Nietzsche), oder ist er schlicht das «Mängelwesen» (A. Gehlen), «das noch nicht festgestellte Tier» (F. Nietzsche)? Ist er der «Volltreffer der Evolution» (H. Markl), der «Irrläufer der Evolution» (A. Koestler), «einziger und absoluter Parameter der Evolution» (P. Teilhard de Chardin) oder vielleicht der Störfall, das Schicksal der Evolution auf unserem Planeten? Er ist sicher etwas von allem, aber keines ausschließlich.

Was er sein sollte, hat uns Johann Wolfgang Goethe (1749–1832) gesagt, nämlich «edel, hilfreich und gut». Wie er sich tatsächlich gibt, fällt nicht so schmeichelhaft aus. Er erweist sich immer noch als unfähig, seine auf das Gemeinwohl zu richtende Vernunft und nur seine Vernunft zur Maxime seines Handelns zu machen, als überfordert, die Auswirkungen seiner eigenen zerstörerischen Tätigkeit in ihrer Komplexität und tödlichen Reichweite zu begreifen, als machtlos, seine gigantischen Möglichkeiten ausschließlich zum Guten einzusetzen, und als hilflos, seinen Hochmut und seine Arroganz gegenüber Fremdartigem zu überwinden. Sollte THEODOR W. ADORNO (1903–1969) mit seiner negativen Dialektik am Ende doch recht haben, wenn er sagt: *«Keine Universalgeschichte führt vom Wilden zur Humanität, sehr wohl eine von der Steinschleuder zur Megabombe»* [48]? Ist es, dessen eingedenk, verwunderlich, wenn nicht wenige Wissenschaftler, die intensiv über den Menschen und sein Tun in der Vergangenheit und Gegenwart nachgedacht haben, zu deprimierenden Urteilen kommen?

Der Mensch ist nur partiell ein wirklich «Freigelassener der Schöpfung». Er hat sich zwar weitgehend aus den natürlichen Selbstkontrollmechanismen des Ökosystems, aus dem er kam, herausgestohlen, bleibt aber mit dem Ökosystem in abhängiger Verbindung auf Leben und Tod. Als vor etwa 10 000 Jahren, in der mittleren Steinzeit, Jäger und Sammler damit begannen, als Landbauern und Viehzüchter seßhaft zu werden, begann ein dramatischer Prozeß der Umgestaltung der Umwelt durch den Menschen, der zunächst langsam und dann immer schneller direkt in die Millionenstädte des Industriezeitalters führte und heute bedrohliche Ausmaße angenommen hat. Dieser Prozeß nahm nur etwa 200 bis 300 menschliche Generationen in Anspruch. In dieser stammesgeschichtlich extrem kurzen Zeit hat sich das menschliche Gehirn nicht mehr, zumindest nicht äußerlich sichtbar, verändert. Parallel verlief ein Prozeß der «Selbstdomestikation» des Menschen, der sich zunehmend den selektierenden Einflüssen seiner natürlichen Umwelt entzog und sich eine künstliche Eigenwelt schuf, die heute alles zu ersticken droht: Die Zeitbombe begann vor 10 000 Jahren zu ticken und droht gegenwärtig zu explodieren.

Es bleibt dabei: Der Mensch ist das einzige Wesen auf unserer Erde, das sein eigenes Handeln kritisch zu reflektieren vermag, das – mit einem freien Willen und einer sich selbst gegebenen gewaltigen Macht ausgestattet – in der Lage wäre, seinem schädlichen Tun Einhalt zu gebieten und der Vernunft zum Durchbruch zu verhelfen, dafür zu sorgen, daß wir der «Erbsünde» nicht die «Endsünde» folgen lassen. Es gilt noch das Wort des französischen Philosophen AUGUSTE GRATRY (1805–1872): *«Nicht nur der einzelne, auch die Menchheit kann als Heiliger oder als Schuft enden, je nachdem sie will.»* Die Zeit läuft uns davon, die bedrohlichen Veränderungen in der Welt auch. Der Schlüssel zur Zukunft liegt in unserer Hand, in der Hand eines Wesens, das sich selbst nicht begreift, das sich als Gott dünkt und – häufig – wie ein Irrer aufführt.

Was der Mensch ist? Die Antwort liegt bei uns, bei jedem einzelnen. Sie kann nur lauten: Das entscheidet jeder für sich selbst. Der Mensch ist *«in Wahrheit jederzeit erst das, was er Kraft der Idee, die er von sich hat, aus sich macht»,* hat der große Denker NICOLAI HARTMANN (1882–1950) einmal geschrieben [49]. Es liegt an uns, an jedem einzelnen, ob wir unser Handeln in den Dienst des Guten, Wahren und Schönen stellen oder ob wir es nicht tun. Die Natur hat uns mit dem freien Willen zur Entscheidung ausgestattet. Es liegt an uns, ob wir uns in die Höhen der wahren Menschlichkeit erheben oder im Sumpf des Gemeinen und Niederträchtigen verkommen. Ich zögere zu sagen: der Abstieg wäre ein Rückfall ins Tierische, aus dem wir uns einst erhoben haben. Er ist schlimmer, weil wir auch das Menschenunwürdigste, Gemeinste verstandesmäßig reflektieren, planen und durchführen. Die «Sixtinische Madonna», das «Ave Maria» und der Pflug sind ebenso Menschenwerk wie die Guillotine, die Gaskammer und die Atombombe. Weimar und Buchenwald liegen nicht nur geographisch dicht beieinander, ihr Geist ist lebendig, oft in einem Kopf vereint.

Der Mensch hat im Spannungsfeld zwischen «Entwurf» und «Geworfensein» (Heidegger) sein Schicksal selbst zu verantworten. KARL JASPERS (1883–1969) hat es einmal auf die Kurzformel gebracht: *»Menschsein ist Menschwerden.»* [50]

> Der größte Teil ist Tier; zur Humanität hat er bloß die Fähigkeit auf die Welt gebracht, und sie muß ihm durch Mühe und Fleiß erst angebildet werden. Wie wenigen ist es nun auf die rechte Weise angebildet worden! und auch bei den Besten, wie fein und zart ist die ihnen aufgepflanzte göttliche Blume! Lebenslang will das Tier über den Menschen herrschen, und die meisten lassen es nach Gefallen über sich regieren. Es ziehet also unaufhörlich nieder, wenn der Geist hinauf, wenn das Herz in einen freien Kreis will; und da für ein sinnliches Geschöpf die Gegenwart immer lebhafter ist als die Entfernung und das Sichtbare mächtiger auf dasselbe wirkt als das Unsichtbare, so ist leicht zu erachten, wohin die Wage der beiden Gewichte überschlagen werde. Wie wenig reiner Freuden, wie wenig reiner Erkenntnis und Tugend ist der Mensch fähig!
>
> (J. G. HERDER: Ideen zur Philosophie der Geschichte der Menschheit, 1784)

Literatur

[1] Platon: Protagoras. In: Platons Werke in 8 Bänden, 2. Aufl. Darmstadt: Wissensch. Buchgesellschaft, 1990, Bd. 1, S. 169/171.
[2] Plutarch: Moralische Abhandlungen. Trostrede. K28.
[3] Kant, I.: Kritik der praktischen Vernunft. Leipzig: Reclam, 1978. S. 191.
[4] Popper, K., Eccles, J.: Das Ich und sein Gehirn. 2. Aufl. München, Zürich: Piper, 1982. S. 21.
[5] Eibl-Eibesfeldt, I.: Der Mensch – das riskierte Wesen. München: Piper, 1991. S. 255.
[6] Lamarck, J.: Zoologische Philosophie (aus dem Französischen von A. Lang). Leipzig: Abel, o. J. S. 59.
[7] Lönberg, E.: Carl von Linné und die Lehre von den Wirbeltieren, 1909, S. 26, Anm. 4.
[8] Aristoteles: Historia animalium, II. Bd., 8./9. Kap.
[9] Bei Aristoteles: Über die Teile der Tiere. Werke in 7 Bänden, Bd. 5. Aalen: Scientia Verlag, 1978. S. 225.
[10] Herder, J. G.: Ideen zur Philosophie der Geschichte der Menschheit. 1. Teil. Herders Werke in acht Teilen, 3. Teil, Leipzig: Deutsches Verlagshaus Bong, o. J. S. 152.
[11] Lorenz, K.: Die stammesgeschichtlichen Grundlagen menschlichen Verhaltens. In: Heberer, G. (Hrsg.): Die Evolution der Organismen. Stuttgart: G. Fischer, 1974. S. 572–624.
[12] Markl, H.: Evolution, Genetik und menschliches Verhalten. Zur Frage wissenschaftlicher Verantwortung. München: Piper, 1985. S. 45.
[13] King, M.-C., Wilson, A. C.: Evolution at Two Levels in Humans and Chimpanzees. Science 188 (1975), S. 107–116.
[14] Wilson, A. C., Carlson, S. S., White, T. J.: Biochemical Evolution. Ann. Rev. Biochem. 46 (1977), S. 573–639.
[15] Yunis, J. Y., Sawyer, J. R., Dunham, K.: The Striking Resemblance of High-Resolution G-banded Chromosomes of Man and Chimpanzee. Science 208 (1980), S. 1145–1148.
[16] Nei, M., Tajima, F.: Evolutionary Change of Restriction Cleavage Sites and Phylogenetic Interference for Man and Apes. Molec. Biol. Evolut. 2 (1985), S. 189–205.
[17] Gould, S. J.: Der falsch vermessene Mensch. Frankfurt a. M.: Suhrkamp Taschenbuch Verlag, 1988. S. 73–117.
[18] Stephen, H., Baron, G., Frahm, H. D.: Insectivora. Comparative Brain Research in Mammals. Bd. 1. Berlin, Heidelberg, New York 1991.
[19] Jerison, H. J.: Evolution of the Brain and Intelligence. New York, London: Academic Press, 1973.
[20] Harvey, P. H., Krebs, J. R.: Comparing Brains. Science 249 (1990), S. 140–146.
[21] Harvey, P. H., Bennet, J. R.: Brain Size, Energetics, Ecology and Life History Patterns. Nature 306 (1990), S. 244–292.
[22] Pilbeam, D., Gould, S. J.: Size and Scaling in Human Evolution. Science 186 (1974), S. 892–900.
[23] Pilleri, G.: Die zentralnervöse Rangordnung der Cetacea (Mammalia). Acta anatomica 51 (1962), S. 16–258.
[24] Hofmann, M. A.: On the Evolution and Geometry of the Brain in Mammals. Progress in Neurobiology 32 (1989), S. 137–158.
[25] Gaskin, D. E.: The Ecology of Whales and Dolphins. London 1982.
[26] Jerison, H. J.: Brain Size. In: Encyclopedia of Neuroscience. Vol. I. Ed. G. Adelman. Boston: Birkhäuser, 1987. S. 168–170.

[27] Stephan, H., Andy, O. J.: Quantitative Comparative Neuroanatomy of Primates. An Attampt at a Phylogenetic Interpretation. Ann. NY Acad. Sci. 167 (1969), S. 370–387.
[28] Deacon, T. W.: Human Brain Evolution. 1. Evolution of Language Circuits. In: Intelligence and Evolutionary Biology. Eds. H. J. Jerison and I. Jerison. Berlin 1989. S. 363 bis 382.
[29] Eccles, J. C.: Das Rätsel Mensch. München: Reinhardt, 1982.
[30] Dobzhansky, T.: Chance and Creativity in Evolution. In: Studies in the Philosophy of Biology. Eds. Ayala and Dobzhansky. Berkeley, Los Angeles: Univ. of Calif. Press, 1974. S. 333.
[31] Berghe, P. L. van den: Bridging the Paradigms: Biology and the Social Sciences. In: Sociobiology and Human Nature. Eds. M. S. Gregory, A. Silvers, D. Sutch. San Francisco: Jossey-Buss Publ., 1978. S. 33–52.
[32] Cheney, D. L., Seyfarth, R. M.: Wie Affen die Welt sehen. Das Denken einer anderen Art. München, Wien: Hanser, 1994. S. 407–408.
[33] Scheler, M.: Die Stellung des Menschen im Kosmos. 12. Aufl. Bonn: Bouvier, 1991. S. 42.
[34] Kant, I.: Kritik der reinen Vernunft. 1. Aufl. Leipzig: Reclam, 1971. S. 442.
[35] Nietzsche, F.: Vom Nutzen und Nachteil der Historie für das Leben. 2. Aufl. Leipzig: Reclam, 1945. S. 7.
[36] Delbrück, M.: Mind from Matter? Amer. Scientist 47 (1978), S. 353.
[37] Lancaster, J. B.: On the Evolution of Speech. In: Primates: Studies in Adaptation and Variability. Ed. P. C. Jay. New York: Holt, 1968. S. 439–457.
[38] Herder, J. G.: Ideen zur Philosophie der Geschichte der Menschheit. 1. Teil. In: Herders Werke in acht Teilen. Leipzig: Deutsches Verlagshaus Bong, o. J. 3. Teil, S. 152.
[39] Humboldt, W. v.: Über die Verschiedenheiten des menschlichen Sprachbaues. 1827/29. In: Gesammelte Schriften. Hrsg. von d. Kgl. Preuß. Akad. d. Wissensch. Bd. VI. Berlin: Behr, 1907. S. 111–303.
[40] Fouts, R. S., Rigby, R. L.: Man-Chimpanzee Communication. In: Speaking of Apes. Eds. Th. A. Sebeok, D. J. Umiker-Sebeok. New York: Plenum Press, 1980. S. 261–285.
[41] Sebeok, Th. A., Umiker-Sebeok, J.: Performing Animals: Secrets of the Trade. Psychology Today 13 November 1979. S. 91.
[42] Chomsky, N.: »Time« v. 10. März 1980. S. 57.
[43] Rensch, B.: Das universelle Weltbild. Evolution und Naturphilosophie. Frankfurt a. M.: Fischer, 1977. S. 142.
[44] Herder, J. G.: Lit. [8], Fußnote 7, S. 160.
[45] Klages, L.: Der Mensch und das Leben. Jena: Diederichs, 1937. S. 16.
[46] Gruhl, H.: Ein Planet wird geplündert. Frankfurt a. M.: Fischer, 1990. S. 51.
[47] Weizsäcker, E. U.: Erdpolitik. Ökologische Realpolitik an der Schwelle zum Jahrhundert der Umwelt. 2. Aufl. Darmstadt: Wissensch. Buchgesellschaft, 1990. S. 264–265.
[48] Adorno, Th. W.: Negative Dialektik. Frankfurt a. M.: Suhrkamp, 1966. S. 314.
[49] Hartmann, N.: Naturphilosophie und Anthropologie. Bl. dtsch. Philos. 18 (1944), S. 28.
[50] Jaspers, K.: Einführung in die Philosophie (1949). In: Was ist Philosophie? Ein Lesebuch. 4. Aufl. München: Deutscher Taschenbuch Verlag, 1986. S. 74.

Gotthard Lerchner

Kulturraumforschung – Tradition und Perspektiven

0.1. Seit den Anfängen einer wissenschaftlichen Sprachgeschichtsforschung im 18. Jahrhundert stellt – unbeschadet relativ unterschiedlicher Wichtungen dieser Komponente – die *räumliche Dimension* von Sprachentwicklung und Sprachgeltung eine sozusagen natürlich vorgegebene Beschreibungsgröße dar. Aber erst mit dem Einsatz der Sprachkarte als Demonstrations- und Forschungsinstrument im letzten Drittel des 19. Jahrhunderts, insbesondere im Umkreis des Deutschen Sprachatlas, dann auch der übrigen europäischen Sprach- bzw. Wortatlanten, gewinnt die *Sprachgeographie* die Qualität eines methodologischen Modells, das für eine ganze Reihe neu entstehender sprachwissenschaftlicher (Teil-)Disziplinen bestimmend wird (Dialektgeographie, Onomastik, Areal- und Kontakt- bzw. Interferenzlinguistik).

Andererseits ist in der wissenschaftsgeschichtlichen Tradition Herders, Humboldts und der Gebrüder Grimm der Gedanke der Einbettung menschlicher Sprachtätigkeit in die Bedingungen und Gegebenheiten des für die Sprachträger jeweils bestimmenden geschichtlichen Kulturzustandes immer lebendig geblieben und hat, insbesondere in der Auseinandersetzung mit dem naturwissenschaftlichem Denken verpflichteten rigiden Konzept der Junggrammatiker, im ersten Drittel unseres Jahrhunderts verschiedentlich zu neuen sprachwissenschaftlichen Beschreibungsansätzen geführt (z. B. «Wörter und Sachen», idealistische Sprachwissenschaft, Neolinguistik).

0.2. Beide Entwicklungsstränge laufen in einer im wesentlichen auf die Germanistik (in Deutschland) beschränkten Forschungsrichtung zusammen, die, in den zwanziger Jahren erstmals in größerem Maße hervortretend, sich selbst als *Kulturmorphologie* versteht und eine grundsätzliche Koinzidenz von sprachlichen und kulturellen Kennzeichen einer Landschaft, von Sprachgrenzen und Kulturgrenzen, *Sprachräumen* und *Kulturräumen* postuliert. Sie ist im wesentlichen mit den Namen Friedrich Maurer und, vor allem, Theodor Frings verbunden. Da Frings' kulturmorphologische Forschungen, nach ihren Anfängen an der Universität Bonn, die sprachwissenschaftliche Germanistik in Leipzig, und zwar an Universität wie Sächsischer Akademie gleichermaßen, Jahrzehnte hindurch geprägt haben und insbesondere in den linguistischen Vorhaben der Akademie bis heute nachhaltig fortwirken, gebührt ihrer Würdigung für Wege und Perspektiven geisteswissenschaftlicher Aktivitäten der Gelehrtengesellschaft ein eigener Rang.

1.0. Die Bezeichnung *Kulturmorphologie* für eine Wissenschaftsrichtung begegnet uns, wenn uns kein früherer Beleg entgangen ist, zuerst in der Kulturphilosophie zu Beginn der 20er Jahre dieses Jahrhunderts, und zwar in Frobenius' *Kultur- und Seelenlehre* (FROBENIUS 1921), wo er sich – wohl in Anlehnung oder auch in Parallele zur etwa gleichzeitig etablierten *Geschichtsmorphologie* – auf einen typologischen Untersuchunganssatz bezieht, der Kultur anhand formaler Zuordnungen von (einzelnen) Sachgütern zu bestimmen unternimmt. Durch die Zeiten im wesentlichen gleichbleibende Kulturelemente fügen sich demnach zu *Kulturkreisen* zusammen (sogenannte *Kulturkreislehre*) und können von ihrem Ursprungskreis durch Migration oder Kulturkontakte in andere Kulturkreise übergehen. Sie erscheinen als Äußerungsformen eines Organismus *Kultur,* mit einer diesem innewohnenden *Kulturseele (Paideuma).*

Ein ausgewiesener Bezug auf dieses kulturphilosophische Konzept konnte in der unter *Kulturmorphologie* firmierenden sprachgeschichtlichen Literatur nicht ausgemacht werden. Die folgenden Darlegungen verdeutlichen allerdings, daß gewisse Übereinstimmungen nicht nur in einzelnen Wortmarken bzw. Bezeichnungen zu beobachten sind, sondern auch gewisse Sichtweisen untereinander Ähnlichkeiten aufweisen (z. B. Kulturströmungen als Kulturkontakte, Konstituierung von Kulturkreisen durch Elemente einer Sachkultur, Konstanz von Kulturräumen). Falls, was nicht auszuschließen ist, wechsel- oder einseitige Beeinflussung stattgefunden hat, so muß doch zugleich nachdrücklich die sehr weitgehende sachlich-methodologische bzw. methodische Eigenständigkeit und Spezifik des kulturmorphologisch-sprachwissenschaftlichen Ansatzes betont werden; der Beantwortung dieser Frage kann also allenfalls peripheres Interesse zukommen.

1.1. Ein theoretisch reflektiertes Konzept dessen, was im gegebenen Zusammenhang unter *Kulturmorphologie* zu verstehen sei, ist – von einigen knappen, eher skizzenhaft-umschreibenden Darlegungen (FRINGS/TILLE 1925) abgesehen – niemals vorgestellt worden. Es muß also in der Hauptsache aus der praktischen Anwendung in den in reicher Fülle vorliegenden Arbeiten rekonstruiert werden. Als Grundlage dafür werden im folgenden insbesondere die *Germania Romana* (FRINGS 1932; FRINGS/MÜLLER 1966) und die *Grundlegung einer Geschichte der deutschen Sprache* (FRINGS 1948/1956) sowie die großen Gemeinschaftswerke *Kulturströmungen und Kulturprovinzen in den Rheinlanden* (AUBIN/FRINGS/MÜLLER 1926/1966) und *Kulturräume und Kulturströmungen im mitteldeutschen Osten* (EBERT/FRINGS/GLEISSNER/KÖTZSCHKE/STREITBERG 1936) herangezogen. Sie werden flankiert von einer langen Reihe von meist auf Grundsätzliches zielenden Einzelabhandlungen Frings', viele von ihnen zuerst in der Akademie vorgetragen und in ihren Sitzungsberichten veröffentlicht; darauf wird noch zurückzukommen sein.

1.2. Für die Forschungsrichtung dominant erscheint die Bewertung der historisch formenden Kraft zwischenmenschlichen Austauschs, von Verkehr und (kulturbedingter) Kommunikation im weitesten Verständnis. Sprachgeschichte stellt sich so dar als Geschichte von *kommunikativen Gemeinschaften,* und zwar bezogen auf deren Strukturen und Funktionsweisen im Innern wie in ihren Interaktionen nach außen.

Mischung und Ausgleich heterogener sprachlicher und kultureller Merkmale im Rahmen geographisch und, vor allem, politisch vorgegebener Grenzlinien («Kulturräume») sowie, über diese hinauswirkend, im Austausch verschiedener solcherart konstituierter kommunikativer Gemeinschaften untereinander entsprechen sozial entscheidenden materiellen und kulturellen Bedürfnissen der (sprechenden) Menschen («Kulturströmungen»); sie markieren wesentliche Triebkräfte der sprachhistorischen Entwicklung.

Das gilt dem Prinzip nach in gleicher Weise für die Herausbildung der germanischen Stammesverbände und die römisch-germanischen Beziehungen der Völkerwanderungszeit, die christlich vermittelte Einflußnahme antiker Mittelmeerkulturen an der Schwelle einer deutschen Schriftlichkeit im Althochdeutschen – *Antike und Christentum an der Wiege der deutschen Sprache* ist eine berühmte Akademierede von 1949 überschrieben (Frings 1949) – wie für die prägende Rolle der mittelalterlichen Territorialstaaten am Rhein im Rahmen einer rheinischen Sprachgeschichte in europäischen Bezügen, schließlich ebenso für die weiträumigeren ostmitteldeutschen Siedelgebiete des Hochmittelalters als Grundlage für die Herausbildung der deutschen «Hochsprache». Alle Vorgänge und Sachverhalte dieser Art haben mehr oder weniger tiefe Spuren im gesamtkulturellen Erscheinungsbild von *Sprachlandschaften,* in deren «Gesicht» (dies ist ein häufig wiederkehrender Ausdruck) oder eben in ihrer *kulturellen Morphologie* hinterlassen, am nachhaltigsten und daher klarsten in der sprachgeographischen Lagerung der lebenden Mundarten, die aus diesem Grund als «der sprachgeschichtlichen Forschung sicherster Erkenntnisquell» (Frings 1922/1956, S. 1) in Anspruch genommen werden.

Die meist wechselvolle Geschichte von sprachlicher Strahlkraft der *Kulturzentren* einerseits und, auf kultureller Überlegenheit basierend, wellenartig sich vollziehenden Einflußnahmen auf eine *Kulturlandschaft* von außen andererseits kennzeichnet den sprachgeschichtlichen Prozeß durch eine starke Dynamik von Stabilität und Variabilität. Zur Markierung von sprachlichen Bewegungen in Raum und Zeit («Vorbrüchen», «Zurückdrängen», «Rückzug») erscheinen einzelne Leitbeispiele (Laute, Formen, mitunter auch Wörter) hinreichend, gleichsam mit einer Art Signalwert für die «Masse der Fälle». Die Frage nach Geschichte, Konfrontation und Interaktion (Interferenz) sprachlicher *Systeme* stellt sich nicht.

1.3. Im Vordergrund dieser kulturraumbezogenen Sprachforschung steht also, wie naheliegend, die «äußere Sprachgeschichte» in Gestalt einer Geschichte der (kommunikativen) «Bedingungen des Sprechens». Diese werden unter einem terminologisch nicht spezifizierten *Kulturbegriff* subsumiert, der sich einer detaillierten Kontextanalyse seiner Gebrauchsweisen (Lerchner: *Kultur und Kommunikation,* 1986) als durchaus uneinheitlich, z. T. wohl sogar widersprüchlich, zumindest aber als sehr vielschichtig darstellt: *Kultur* im hier applizierten Verständnis umfaßt sowohl Sachkultur unterschiedlichster Bereiche wie auch «geistige» Kultur in allen denkbaren Äußerungsformen (Politik und Staat, Religion, Kirche, Recht, Sitten und Gebräuche, Kunst, selbstverständlich Sprache) im *Rahmenwerk* einer *Kulturlandschaft, Kulturprovinz* oder eines *Kulturkreises,* wobei letzterer, geographisch gesehen, ganz unterschiedliche Ausmaße annehmen kann (z. B. Mittelmeerkulturkreis oder Kulturkreise Köln, Trier und Mainz). Austauschbeziehungen zwischen ihnen – gleich welcher Art und Substanz – markieren *kulturellen Verkehr,* der immer auch sprachlichen Austausch meint.

Nach ihrer internen Struktur werden die Kulturräume allerdings keineswegs als homogen angesehen, insofern an ihnen eine vertikale Differenzierung, ein «Oben» und «Unten» im Sinne einer sozialen Schichtung, eine *höhere* vs. *niedere Kultursphäre* beobachtet wird. Diese Stratifizierung tritt, immer mit anderen kulturellen Äußerungsformen korrespondierend, in besonderer Deutlichkeit an den sprachlichen Verhältnissen zutage; die *kultursprachliche Oberschicht* ist es, die zum Träger für eine «die Genossenschaft überspannende» *Kultursprache* wird (Aubin/Frings/Müller 1926/1966, S. 154). Obwohl die Überlieferungslage die Sprachhistoriographie mehr oder weniger zwangsläufig

> auf langen Wegstrecken der Vergangenheit mehr an die Oberschicht, ihre Kulturleistungen, ihre Denkweise und Sprache, heranführt als an die breitsiedelnde Menge des Volkes, das seine Mundart spricht und sein Brauchtum pflegt (Frings 1956, S. 165),

wird demgegenüber mit allem Nachdruck die Bedeutsamkeit der «Sprache der erdgebundenen niederen Schichten» (Frings 1922/1956, S. 8) für den sprachgeschichtlichen Prozeß hervorgehoben. Dieser vollzieht sich eben nicht linear, sondern läuft in einem komplexen Spannungsverhältnis von Kontinuität und Diskontinuität heterogener Entwicklungsstränge ab, determiniert durch territoriale Ausbreitung, Zeit und soziale (vertikale) Schichtung einer *Kulturgemeinschaft* der Sprachträger in untereinander zu einem *Kulturverband* zusammengeschlossenen heterogenen *Kulturräumen.* Es geht Frings erklärtermaßen darum,

> die wechselvolle Lage der Sprecher, der landschaftlichen Sprachgemeinschaft zwischen Lösung und Bindung, Bewegung und Ruhe, Lauf und Hemmung, Strömen und Grenze

ins Zentrum der sprachhistorischen Aufmerksamkeit zu rücken, die «Fortbewegung» von Sprachformen innerhalb der Massen (Aubin/Frings/Müller 1926/1966, S. 97.105).

1.4. Damit tritt zugleich ein weiteres Bestimmungsstück des kulturmorphologischen Konzepts ins Blickfeld: eine zumindest in Umrissen faßbare *sozialpsychologische* oder, wenn man so will, *pragmatische Komponente.* Insofern Kulturräume (universelle) soziale Organisationsformen des Zusammenlebens einer ungeachtet aller Stratifizierung gegebenen Gemeinschaft von Sprechern bilden, repräsentieren sie auch die Trägerinstanz für je spezifische «Traditionen des Sprechens». Gewiß kann man, streng genommen, weder Bezeichnung noch definitorische Festlegung letztgenannter Größe, die erst im Rahmen der neueren pragmatischen Sprachhistoriographie ihre kategorielle Ableitung und Bestimmung erfahren hat (vgl. Schlieben-Lange 1983), für die Kulturraumforschung um die Mitte des Jahrhunderts terminologisch in Anspruch nehmen. Um so bemerkenswerter aber will es scheinen, daß, über eine bloße Äquivokation hinausreichend, der Sachverhalt als solcher in den einschlägigen Publikationen zumindest beschreibend in Erscheinung tritt, und zwar durchaus in der Qualität eines Vorgriffs auf die nachfolgende Wissenschaftsentwicklung in ganz verschiedenen Beschreibungszusammenhängen.

Es gibt Überlieferungen, Tradition, Zwang im Geschriebenen wie im Gesprochenen, Überlieferungen von langer, undurchsichtiger, verschlossener Geschichte (Frings 1956, S. 8),

die zu erforschen *auch* ein Ziel kulturmorphologischer Forschungen sein müsse. Der Gedanke wird fruchtbar gemacht besonders für die Frage des sprachgeschichtlichen Einschnitts, der Innovation, die immer mit Neubildung von Traditionen des Sprechens einherzugehen hat. Im Falle der Herausbildung der deutschen «Hochsprache» bietet daher die sprachhistorische *Traditionslosigkeit* des kolonialen Neulands östlich von Saale und Unstrut eine sozusagen natürliche, für Mischung und Ausgleich heterogener Siedelmundarten besonders günstige Voraussetzung, der sich Luther dann bei der Vermittlung zwischen Nord und Süd, zwischen Oberdeutsch und Niederdeutsch erfolgreich bedienen konnte. Die Konstanz der Kulturräume bedingt durch die Jahrhunderte hindurch *sprechsprachliche* Traditionen, während die überlandschaftliche Schriftsprache Traditionen eigener Art stiftet, wenngleich, so die in der Folgezeit angegriffene These, zumindest anfänglich in korrelativer Beziehung zur Mündlichkeit in einem zunächst traditionsfreien Raum. Im Prinzip freilich – das ist von der nachfolgenden Forschung nicht adäquat berücksichtigt worden – wird die Eigenständigkeit beider Traditionslinien betont: «Die Geschichte der Zeichen, der Buchstaben, ist im Grunde somit unabhängig von der Geschichte der Laute.» (Frings/Schmitt 1944, S. 71).

1.5. Der Versuch einer Charakterisierung der kulturmorphologischen Wissenschaftsrichtung anhand praktischer Kulturraumforschung hat bis hierher nicht unterschieden zwischen dem methodischen Zugriff und den applizierten Verfahrensweisen auf der einen und den diesen zugrunde liegenden *funktionellen Vorstellungen,* den objektiven Mechanismen des Zusammenwirkens heterogener Kulturelemente auf der anderen Seite. Eine solche Unterscheidung macht sich aber um so mehr erforderlich, als Kulturmorphologie nach ihrem Selbstverständnis vordergründig als analytische und deskriptive *Methode* konzipiert worden ist (vgl. Frings/Tille 1925). Irgendeine Art von *Funktionsmodell* für die kulturräumlichen Zusammenhänge aufzustellen lag völlig außerhalb der Intentionen der Verfasser.

Bei Lektüre der Schriften kann man vielmehr den Eindruck gewinnen, daß die verschiedenen *Kulturäußerungen* einer Landschaft in Gestalt heterogener *Kulturelemente* eine Art «black box» konstituieren, deren analysemethodischer Bezug aufeinander zwar zu «wechselseitiger Erhellung» (Frings/Tille 1925, S. 4) ihrer jeweils kulturraumprägenden Aussagekraft zu führen vermag; über Art und Weise ihres Zusammenwirkens bei der Formung des «Gesichts» der untersuchten Kulturräume wird aber nichts ausgesagt. Das sind freilich objektiv zwei hinreichend voneinander unterschiedene Gesichtspunkte, die nicht miteinander verwechselt werden dürfen – vor allem auch nicht bei einer kritischen Bewertung der Forschungsrichtung insgesamt. Die Demonstration der Methode erhebt nicht den Anspruch, zugleich Explikation der ihr objektiv zugrunde liegenden Funktionszusammenhänge zu sein; jene kann also auch nicht an Maßstäben gemessen werden, die für diese gelten.

Eine solche – notwendige – Feststellung entzieht dem hier unternommenen Versuch der *Erschließung* des seinen (analysemethodischen) Anwendungen immanenten kulturmorphologischen Modells nicht seine grundsätzliche Legitimation, wenn nur eine möglichst saubere Trennung zwischen beiden in der Darstellung statthat: Danach ist die festzustellende unmittelbare Beziehung von Relikten materieller Kultur, von Sitten, Rechtsgewohnheiten und politisch-territorialer Strukturierung auf Spezifika des Sprachgebrauchs ein Kennzeichen der *Methode.* Auf *Modellebene* indizieren sie, lückenhaft und auf Einzelheiten reduziert, aber insgesamt rekonstruktionsfähig, Gegebenheiten von Kommunikation in einem alle Bereiche sozialer Interaktion umfassenden Verständnis. So gesehen, beruht die Fringssche Kulturraumforschung auf der funktionalen Voraussetzung einer universellen Organisationsform des sozialen Zusammenlebens von Menschen in historisch gewachsenen Räumen, die mit der Bezeichnung *Kultur* zu fassen versucht wird.

2.0. Der kulturmorphologische Forschungsansatz hat auf verschiedene Gegenstände Anwendung gefunden und eine Fülle von bleibenden Erkenntnissen enzyklopädischer Geltung sicherstellen können. Dabei hat sich seine bemerkenswerte Elastizität und Variationsfähigkeit erwiesen. Zunächst nur auf Ergebnisse der Fringsschen Arbeiten selbst bezogen, ergibt sich die folgende grob ordnende Übersicht. Für ihr angemessenes Verständnis im gegebenen Darstellungsrahmen ist hervorzuheben, daß – ohne dies aus Gründen der Übersichtlichkeit und Lesbarkeit hier im einzelnen auflisten zu können – der größere Teil der einschlägigen Veröffentlichungen unmittelbar mit dem rund vierzigjährigen Wirken Frings' an der Sächsischen Akademie der Wissenschaften in Verbindung steht. Nicht nur insofern, daß sie in langer Folge in den Sitzungsberichten der Phil.-hist. Klasse oder in anderen ihrer geisteswissenschaftlichen Publikationsreihen (vor allem in den von ihm jahrzehntelang herausgegebenen *Mitteldeutschen Studien*) erschienen sind, sondern auch in der Hinsicht, daß leistungsstarke Arbeitsgruppen wie die des *Althochdeutschen Wörterbuchs,* des *Altnordischen Wörterbuchs* und des *Wörterbuchs der Obersächsischen Mundarten,* von Frings auch personell umsichtig geplant und organisiert, zu ihrem Teil für die Umsetzung der weitgespannten Konzeption im arbeitsintensiven Detail gesorgt und so stabile Bausteine zu deren Ausführung geliefert haben.

2.1. Der Chronologie der sprachgeschichtlichen Entwicklung folgend, sind an erster Stelle Resultate zu frühzeitlichen Kontakten und interferentiellen Beziehungen germanischer Dialekte untereinander und zur Romania zu nennen. Immer wieder aufgegriffen, in größeren oder kleineren Aufsätzen ergänzt und modifiziert, gruppieren sie sich um die Hauptwerke *Grundlegung einer Geschichte der deutschen Sprache* (Frings 1948, ^{3}1956) bzw. *Die Stellung der Niederlande im Aufbau des Germanischen* (Frings 1944) einerseits und *Germania Romana* (Frings 1932, ^{2}1966) andererseits. Dem in der ersten Hälfte dieses Jahrhunderts die germanistische Sprachhistoriographie beherrschenden Thema gemäß, geht es um die «verwandtschaftlichen» Strukturen des Germanischen, seinen Aufbau und seine frühzeitliche Gliederung. Frings sieht das Problem aber nicht (zumindest nicht vorrangig) unter den ethnischen Gesichtspunkten eines auszudifferenzierenden «sprachverwandtschaftlichen» Stammbaums, sondern versteht es von vornherein *kulturräumlich,* als die Herausbildung sprachgeographischer Gliederungen im Prozeß von Mischung und Ausgleich völkerwanderungszeitlicher Stämme und Gruppierungen zu großlandschaftlichen «Blöcken» (sozusagen frühgeschichtlichen Kulturräumen), die untereinander und, je nach Lage, mit der benachbarten Gallo-Romania in Wechselbeziehungen treten.

An die Stelle der traditionellen Dreigliederung in Nord-, Ost- und Westgermanisch tritt eine Fünfgliederung in Nordgermanisch, Oder-Weichsel-Germanisch, Kosten- oder Nordseegermanisch (Ingwäonisch), Weser-Rhein-Germanisch (Istwäonisch) und Elbgermanisch (Erminonisch); durchaus bezeichnenderweise erfolgt dabei terminologisch und geographisch Anlehnung an die mythologiehistorisch (also kulturell) begründete taciteische Einteilung der Germania. Politische Macht und kulturelles, vor allem aus den jahrhundertelangen Austauschbeziehungen mit der Romania am Rhein und in Gallien gewonnenes Übergewicht des Frankenreiches auf der einen Seite und kulturelle Strahlkraft des festländischen Nordwestens, der Niederlande also, auf der anderen Seite markieren die Pole langwährender, gegeneinander anbrandender Kultur- und Sprachströmungen, die die Geschichte der deutschen ebenso wie der niederländischen Kultursprache entscheidend prägen. Mit der Rheinstraße als Mittelachse entsteht so, wiederum an kulturräumlich bedingten Barrieren, der «Rheinische Fächer» als stufenweise Vermittlung zwischen (elbgermanischem) Oberdeutschen und «gemeiningwäonischem» Nordwesten, mit der Ingwäonisch-Küstengermanisches und Istwäonisch-Fränkisches zum Ausgleich bringenden Vermittlerrolle des Niederländischen als Mittelpunkt. Bezogen auf das Deutsche, treten Süden, Mitte und Norden als entscheidende sprachgeographische Strukturgrößen in Erscheinung.

Kulturräume werden im Laufe der Jahrhunderte immer wieder von Kulturströmungen in dieser oder jener Richtung überspült: Da diese sich dem Auge des deutschen Sprachgeographen auf der Karte als sprachliche *Wellen* darstellten, war es nur natürlich, daß die Kulturraumforschung – vor allem in Frings' Alterswerk – zunehmend theoretischen Anschluß an J. Schmidts *Wellentheorie* zu gewinnen versuchte (vgl. Frings/Linke 1959), allerdings in einer Adaption, die die gravierenden linguistischen Unzulänglichkeiten dieses Ansatzes zu umgehen wußte (vgl. Lerchner 1990).

2.2. Wie auf der Hand liegend, konnte sich diese in der Tat kühne (Re-)Konstruktion der Grundlagen der Geschichte der deutschen Sprache nur zum geringeren Teil (im Falle des Althochdeutschen) auf das sprachliche Material einer gesicherten schriftlichen Überlieferung gründen. In der Hauptsache bezog sie ihre Argumente und Demonstrationsbeispiele aus einer ebenso sorgfältig wie umsichtig angelegten und betriebenen *mundartgeographischen* Detailforschung, deren Ergebnisse, wie bereits angedeutet, mit Hilfe des Instruments der Sprachkarte eine großflächige, Zusammenhängendes und Trennendes über große und kleinere Isoglossenbündel hinweg gleichermaßen in den Blick nehmende sprachgeschichtliche Interpretation erfuhren.

Geschult an Erkenntnissen und Sichtweisen des Marburger Sprachatlasses, war Frings – seinem Forschungskonzept gemäß – notwendigerweise – darauf aus, die mundartlichen Verhältnisse seiner Forschungsbereiche im West- wie im Ostmitteldeutschen einer möglichst flächendeckend-systematischen Erforschung zuzuführen.

Auf seine Anregung hin und unter seiner unmittelbaren Leitung sind auf diese Weise, indem er die Möglichkeiten des akademischen Lehramtes ebenso wie die ihm zur Verfügung stehenden Organisationsformen der Akademie (Historische Kommission, Arbeitsstellen und -gruppen) geschickt und umfassend auszunutzen verstand, große Leistungen für die Dokumentation und Erforschung der mitteldeutschen Mundarten und darüber hinaus der ostmitteldeutschen Onomastik erbracht worden, deren Wert angesichts der raschen Zersetzung bzw. gezielten Zerstörung der gewachsenen dörflichen Sozialstrukturen und des damit einhergehenden rapiden Verfalls der Dialekte insbesondere im Zusammenhang mit dem II. Weltkrieg sowie den nachfolgenden Bevölkerungsbewegungen und politisch-sozialen Umgestaltungen auf dem Lande (in der DDR) kaum unterschätzt werden kann.

Insofern stellen z. B. die lange Reihe der dialektgeographischen Monographien in den *Mitteldeutschen Studien* und die der *Deutsch-slawischen Forschungen zur Namenkunde und Siedlungsgeschichte,* vor allem aber die großen Wörterbuchunternehmungen unter dem Dach der Sächsischen Akademie, die sie selbst in Zeiten akuter Gefährdung durch die sogenannte Akademie-Reform in der DDR fortführen bzw. neu in ihre wissenschaftliche Obhut nehmen konnte, *auch* ein mehr oder weniger unmittelbar fortwirkendes, produktives Erbe der Leipziger Kulturraumforschung dar, dessen Fortführung und Vollendung in der Zukunft zugleich Verpflichtung gegenüber dieser großen wissenchaftsgeschichtlichen Tradition bedeutet. Daß die Generation der Schüler an Universität und Akademie die Forschungsmethode in wichtigen Punkten ergänzt, modifiziert oder korrigiert hat (worauf im einzelnen noch einzugehen sein wird), kann an dieser Aussage nichts Grundsätzliches ändern, sondern zeugt eigentlich eher von der prinzipiellen Lebenskraft des Denkansatzes.

2.3. Immanent folgerichtig hat dieser dann auch zu einer spezifischen Positionsbestimmung in Fragen der mittelalterlichen Literatur geführt – folgerichtig insoweit, als die *literarischen* «Äußerungen» von Kulturräumen wie selbstverständlich in die Gesamtheit ihrer Kulturmorphologie integriert und auf diese unmittelbar bezogen begriffen wurden. Das bedeutete zunächst – wie im Falle der sprachlichen Phänomene – eine Orientierung auf die einfachen Formen einer «erdgebundenen» Volksliteratur, deren Erscheinungsweisen und Fortwirkungen «von China bis Portugal» Frings bis ins hohe Alter immer wieder fasziniert und begeistert hat, in der Minnelyrik zumal, aber durchaus auch in den epischen Elementen der mittelalterlichen Helden- und Spielmannsdichtung. Das bedeutete dann aber auch, ebenso konsequent, die kulturräumliche Grundlage wie für das «Unten» ebenso auch für das «Oben» hoher Literatur als konstituierend anzunehmen, also auch die Werke großer Dichter unmittelbar aus der kulturellen *Gesamtheit* der sie formenden Landschaft zu verstehen, auch und gerade in bezug auf ihre Sprachgestaltung.

Im Falle des Dichters *Hendric van Veldeken* hieß das etwa, den gelehrten Streit darum, ob dieser der deutschen oder der niederländischen Literaturgeschichte zugehörig sei, als sachlich gegenstandslos zu qualifizieren: Sein Werk, insbesondere die verloren gegangene Originalfassung der *Eneide,* gehört, irrelevant gegenüber einer solchen den Zeitverhältnissen (noch) nicht angemessenen Gegenüberstellung, zu einem niederrheinisch-maasländischen Kulturkreis. Seine Sprachform mußte sich daher auch – von dem zugrunde liegenden Kulturraumkonzept aus gesehen völlig einleuchtend – anhand der volkssprachlichen Formen dieses Raumes, von den Reimen ausgehend, zuverlässig erschließen lassen. Unter maßgeblicher Beteiligung seiner Meisterschülerin Gabriele Schieb ist denn auch – Ergebnis mühevoller Kleinarbeit am sprachlichen Detail – eine philologisch außerordentlich anspruchsvolle Textausgabe (mit einem sprachhistoriographisch eigentlich noch attraktiveren umfangreichen Kommentar) hergestellt und publiziert worden (Schieb/Frings 1964). Selbst die z. T. ziemlich harsche Kritik einzelner Fachleute an dieser monumentalen Arbeit vermochte, notwendiger Korrekturen unerachtet, kaum die Größe der erbrachten Leistung zu schmälern (vgl. de Smet 1990).

3.0. Die beeindruckende Elastizität und Offenheit der kulturmorphologischen Methode, ihre Anwendbarkeit auf die gezeigten heterogenen sprach- und kommunikationsgeschichtlichen Gegenstände und nicht zuletzt die Vielfalt der mit ihrer Hilfe erzielten, heute als gesichert geltenden sprachhistoriographischen Ergebnisse dürfen gleichwohl den Blick nicht verstellen auf die unstreitigen Defizite, die an dem Forschungsansatz im Abstand der Jahrzehnte zutage getreten sind und zu berechtigter Kritik, zu Korrekturen und Modifikationen an sachlichen Einzelheiten wie an methodischen Vereinfachungen oder Überzeichnungen geführt haben. Zusammenfassende kritische Würdigungen liegen inzwischen von verschiedenen Positionen aus vor (vgl. Große, 1977, 1990; Grober-Glück, 1982; Sonderegger, 1983).

Die wesentlichen *Kritikpunkte* lassen sich wie folgt zusammenfassen:

3.1. Linguistischer Haupteinwand ist und bleibt, wie bereits in Abschnitt 1.2. oben deutlich werden konnte, die objektive Vernachlässigung des *Systemcharakters* der untersuchten sprachlichen Varietäten, von den arealen Dialekten über die landschaftlichen Schreibsprachen bis hin zur «Hochsprache». Demzufolge unterbleibt auch eine angemessene linguistische Beschreibung der Interferenzprozesse, als die sich die angenommenen Sprachströmungen und sprachlichen Wellen, die Prozesse von Mischung und Ausgleich in geographischer und sozialer Hinsicht auf Systemebene präsentieren. Auch wenn man, wie hier geschehen, den auf den eindrücklichen Sprachkarten der Kulturraumforschung begegnenden isolierten Leitbeispielen (einzelnen Lauten, Formen oder Wörtern) einen gewissen *Signalwert* für dahinterstehende Varietäten einzuräumen bereit ist, kann doch die Willkür und offenkundige Zufälligkeit ihrer Auswahl nicht wegdiskutiert werden. Gewiß muß eine solche Feststellung relativ zum zeitgenössischen Entwicklungsstand der Sprachwissenschaft in Deutschland gewichtet, also frei von jeder Art von wissenschaftsgeschichtlichahistorischem Vorwurf, getroffen werden. Bezogen auf die möglichen Perspektiven des Forschungsansatzes, begründet sich damit indessen eine deutliche Einschränkung: Sprachhistoriographie als Historiographie der sozialen Kommunikation kann auf die deskriptive Diachronie, Diastratik und Diatopie *sprachlicher Systeme und Strukturen* nicht verzichten.

3.2. Im unmittelbaren Anschluß hieran ergibt sich die kritische Ausstellung einer (zu) weitgehenden Vernachlässigung der *Inhaltsebene* gegenüber der *Ausdrucksebene* von Sprache. Im Mittelpunkt des Interesses der Kulturraumforschung steht die sprachgeographische Dimension der Verbreitung von Lauten, Formen und Lexemen, im wesentlichen ohne Berücksichtigung der Stellung bzw. des Stellenwertes (der funktionalen Geltung), den diese in der praktischen Kommunikation besitzen oder besessen haben. Die *lebensweltlichen Strukturen,* die die Sprachinhalte historisch determiniert haben, bleiben außer Betracht oder werden doch höchstens angedeutet. Selbst bei den häufig begegnenden Beschreibungen lexikalischen Transfers erfolgt zwar durchaus eine Bezugnahme auf die hinter diesen Prozessen stehenden Sachen und Begriffe, kaum aber je auf (sprachliche) *Bedeutungen,* auf semantische Strukturen und deren Veränderungen. Fairerweise muß dem hinzugefügt werden, daß Frings dieses Defizit der Sache nach selbst bereits gesehen und eingeräumt hat: In der «Vorbemerkung» zur ersten Auflage der *Grundlegung einer Geschichte der deutschen Sprache* steht die bemerkenswerte Feststellung:

> Die Abhandlungen wollen nichts sein als Grundlegung und Balkenwerk. Wir wissen, daß das Haus von geistigem Leben voll ist ... Aber am Anfang soll die schwere Arbeite des Maurers und Zimmermanns stehen. (Frings 1948, S. 9)

3.3. Besonders massive Kritik ist von der nachfolgenden Forschung an dem unausgewogenen Verhältnis von Oralität und Literalität in der kulturmorphologischen Beschreibungspraxis geübt worden – aufs Ganze gesehen durchaus zu Recht, wie man, auf sachliche Beurteilung bedacht, gewiß einräumen muß, auch wenn im Pendelschlag zum Gegenpol der Sichtweise wiederum, wie bereits angedeutet, hierbei auf Nuancierungen in Äußerungen Frings' im Zusammenhang mit der Entwicklung der deutschen «Hochsprache» (Frings/Schmitt 1944) nicht geachtet worden ist (vgl. Lerchner: *Vom sprachgeschichtlichen Primat.* 1986). Die von ihm angenommene grundsätzliche Parallelität in der Entwicklung der ostmitteldeutsch-kolonialen Sprech- und der auf ihrer Grundlage erwachsenen städtischen Schriftsprache läßt sich in dieser Weise gewiß nicht aufrechterhalten, weder vom urkunden- und drukkersprachlichen empirischen Befund her (vgl. Besch 1967), noch aus moderner kultursemiotischer Sicht; mit dem Übergang zur Schriftlichkeit ist eine durchgreifende Umstrukturierung des gesamten «semiotischen Mechanismus» einer Kultur verbunden (vgl. Lotman/Uspenskij 1971). Von L. S. Wygotsky ist darüber hinaus unter sozialpsychologischem Aspekt geltend gemacht worden,

> daß die schriftliche Sprache in den wesentlichsten Zügen ihrer Entwicklung nicht die Geschichte der mündlichen Sprache wiederholt, daß die Ähnlichkeiten beider Prozesse eher eine äußerliche symptomatische als eine Wesensgleichheit darstellt (Wygotsky 1969, S. 223 f.).

3.4. Eine nicht zu leugnende Einseitigkeit bzw. Verabsolutierungstendenz kennzeichnet das Konzept der Kulturraumforschung auch im Blick auf das moderne sprachtheoretische Interesse am *Sprachwandel* und seinen möglichen Ursachen und Wirkungsweisen. Gewiß muß gerade in dieser Hinsicht zum wiederholten Male und mit allem Nachdruck darauf verwiesen werden, daß weder bei Frings noch bei seinen

Mitarbeitern der früheren Jahre überhaupt irgendwelche theoretischen Intentionen bestanden haben. Dies im Bewußtsein haltend, wird man gleichwohl eine faktische Begrenzung der sprachhistoriographischen Domäne auf kulturinduzierte Kontakte und darauf basierende Interaktions- und sprachliche Mischungsprozesse zu konstatieren haben. Dergleichen kann aber gewiß nur *ein* Aspekt sprachlicher Veränderungen im geschichtlichen Ablauf sein. Daher hat wohl nur als folgerichtig zu gelten, daß in der Folgezeit andere Konzepte bzw. sprachgeschichtliche Erklärungsmodelle ihre Geltungsansprüche vorgetragen haben, die gezielt auf die Beseitigung dieser kulturmorphologischen Defizite abhoben und also ihre sachliche Berechtigung hatten bzw. haben. Aber auch in diesem Zusammenhang muß betont werden, daß die vereinseitigende *Anwendung* einer Methode nichts Grundsätzliches gegen deren Qualität an sich, für den ihr angemessenen Bereich, auszusagen vermag.

4.0. Unbeschadet aller objektiv notwendigen kritischen Feststellungen haben sich die kulturraumbezogene Sichtweise geistes- und sozialwissenschaftlicher Forschung im allgemeinen und der kulturmorphologische Beschreibungsansatz im besonderen wissenschaftsgeschichtlich und –methodologisch als außergewöhnlich produktiv erwiesen. Und dies keineswegs nur, wie dargetan, in Hinsicht auf die Fülle von Faktenwissen und sprachhistorischen Erkenntnissen zur Geschichte des Germanischen und des Deutschen, zu Mundart- und Namenkunde wie mittelalterlicher Literatur, sondern nicht zuletzt auch im Verständnis von fortwirkender geistiger Anregung, von Herausforderung zu wohlbegründetem Widerspruch und von perspektivischer Wegbereitung für moderne, zukunftsträchtige Konzepte und Wissenschaftsrichtungen.

4.1. An erster Stelle sei in diesem Zusammenhang genannt, was über der Auflistung von Fakten und Daten leicht übersehen wird, aber für jede Form wissenschaftsgeschichtlicher Fortwirkung von besonderer Wichtigkeit ist: Attraktivität des Denkansatzes und Faszinationsvermögen einer starken Persönlichkeit, die Schüler und Schülerinnen in ihren Bann zu ziehen und ebenbürtige, gleichstrebende Gelehrte anrainender Wissenschaftsdisziplinen zu fruchtbarer Zusammenarbeit anzuregen verstand. Moderne Schlagwörter wie *Interdisziplinarität der Wissenschaftsorganisation, Team work* und Verwandte hat Frings vermutlich nie gebraucht, mit Sicherheit nicht schriftlich. Beides hat er aber in der alltäglichen wissenschaftlichen Arbeit mit nachhaltigem Erfolg praktiziert. In den Bonner Jahren beginnend, vor allem dann aber während seiner rund vierzigjährigen Tätigkeit in Leipzig hat er in für neuere Verhältnisse ungewöhnlich zu nennendem Maße *schulebildend* gewirkt, und zwar keineswegs – das dürfte entscheidend sein – im Sinne eines starren Einschwörens auf ein einmal entwickeltes (vorbildliches) Konzept, sondern in jener anregenden Befähigung zu selbständigem Urteil, zu Kritik, Korrektur und Widerspruch ebenso wie zur Anverwandlung des anvertrauten Erbes an fortgeschrittene Gegebenheiten, die, in Anlehnung an die Brechtsche *Keuner*-Geschichte von den «besten Söhnen», geeignet waren, den Lehrer vergessen zu machen.

4.2. Die *Anschlußchancen,* die die Kulturraumforschung für neuere Sichtweisen und Fragestellungen bietet, sind jedenfalls nicht gering. Den in diesem Verständnis produktivsten Zugang stellen dabei gewiß die ihr eigenen *soziokulturellen Beschreibungszusammenhänge* bereit, die die Verbindung zu Fragestellungen der modernen Soziolinguistik nachgerade – sozusagen organisch – anzubieten scheinen (vgl. GROẞE 1977). Das funktionale Vermittlungsglied zwischen beiden vermag in diesem Zusammenhang die Kategorie *Sprachvariation* abzugeben, die hier wie dort Basiselement des methodologischen Zugriffs darstellt: in soziolinguistischen Konzepten als synchronische Voraussetzung für jeden Sprachwandel, in der Kulturmorphologie aols interne Eigentümlichkeit von Kulturräumen als Sprachräumen und als Voraussetzung für Sprachströmungen bzw. sprachliche Wellen.

> Linienentwicklung und Linienbildung hängt immer zusammen mit dem Durchbruch neuer Formen von oben nach unten, von höherer zu niederer Gesellschaft, von Stadt zu Land,

heißt es schon in der *Rheinischen Sprachgeschichte* (FRINGS 1922/56, S. 11), und in der *Grundlegung* wird der schichtenspezifische Aspekt lexikalischen Transfers in der Germania Christiana besonders eindrücklich vom althochdeutschen Bestand an Bezeichnungen für «Verstand» und «geistige Fähigkeiten» her entwickelt:

So ungefähr mit diesen Mitteln, deren Grenzen verschwimmen, ist ein nach Inhalt und Worten ausgereiftes klassisches Denken zu bewältigen. Eine Bauernsprache steht vor *sensus, ratio, intellectus, intelligentia, prudentia, sapientia, scientia, disciplina, ars,* abgesehen von *spiritus, ingenium, mens, sensualitas, notio, imaginatio, cogitatio* und was sonst (FRINGS 1948/1956, S. 71).

4.3. Die Möglichkeiten zu weiterem methodologischen Brückenschlag in Gegenwart und Zukunft, zu Forschungskonzepten gleicher Interessenrichtung zeichnen sich von hier aus mit hinlänglicher Deutlichkeit ab. Sie liegen auf einer Entwicklungslinie, die von Pragma- und Kommunikationslinguistik über Ethnomethodologie bzw. Ethnographie der Kommunikation bis zur Kultursemiotik führt, insofern, hier wie dort, eine mehr oder weniger *umfassende,* alle relevanten Aspekte der natürlichen Interaktionsbereiche von Sprechergemeinschaften übergreifende soziale Kommunikation Beschreibungsgegenstand ist – wenn natürlich auch auf jeweils sehr unterschiedlichen wissenschaftsgeschichtlichen Traditionen fußend und heterogenen Beschreibungsmodi verpflichtet. Selbst linguolandeskundliche Konzepte wird man dann in der Fluchtlinie kulturmorphologisch beziehbarer Ausformungen eines fruchtbaren Grundgedankens sehen können. Die ideengeschichtliche Rückbindung dieser auf synchronische Sprachverhältnisse gerichteten Disziplinen an eine a priori diachronische Methodologie erscheint möglich und erfolgversprechend (vgl. TIEKEN-BOON VAN OSTADE 1987). Auf die bewußte Einbeziehung sozialpsychischer Fragestellungen in kulturmorphologische Forschungsinteressen wurde im übrigen bereits hingewiesen.

Insgesamt also: Das Gestern geht, gespeist durch das Heute, in das Morgen. Die Chancen stehen gut.

Literatur

Aubin, H./Frings, Th./Müller, J.: Kulturströmungen und Kulturprovinzen in den Rheinlanden. Geschichte – Sprache – Volkskunde. Bonn 1926. Reprografischer Nachdruck Darmstadt 1966.

Besch, W.: Sprachlandschaften und Sprachausgleich im 15. Jahrhundert. Studien zur Erforschung der spätmittelhochdeutschen Schreibdialekte und zur Entstehung der neuhochdeutschen Schriftsprache. München 1967. (= Bibliotheca Germanica, Bd. 11).

de Smet, G.: Theodor Frings und die Literatur an Maas und Rhein im 12.–13. Jahrhundert. In: Sprache in der sozialen und kulturellen Entwicklung. Beiträge eines Kolloquiums zu Ehren von Theodor Frings (1886–1968). Hrsg. von R. Große. Berlin 1990, S. 375–387. (= Abhandlungen der Sächs. Akademie der Wissenschaften zu Leipzig, Phil.-hist. Klasse, Bd. 73, H. 1).

Ebert, W./Frings, Th./Gleissner, K./Kötzschke, R./Streitberg, G.: Kulturräume und Kulturströmungen im mitteldeutschen Osten. Halle 1936. (= Veröff. der Forschungsinstitute für Kultur- und Universalgeschichte und für neuere Philologie an der Universität Leipzig).

Frings, Th.: Rheinische Sprachgeschichte, Bonn 1922. Neudruck in: Frings, Th.: Sprache und Geschichte I, Halle 1956, S. 1– 54 (= Mitteldeutsche Studien, Bd. 16).

Frings, Th.: Germania Romana. Halle 1932. 2. Aufl. besorgt von G. Müller. Halle 1966. (= Mitteldeutsche Studien, Bd. 19, 1).

Frings, Th.: Die Stellung der Niederlande im Aufbau des Germanischen. Halle 1944.

Frings, Th.: Grundlegung einer Geschichte der deutschen Sprache. Halle 1948. 3., erweiterte Aufl. Halle 1956.

Frings, Th.: Antike und Christentum an der Wiege der deutschen Sprache. Berlin 1949. (= Sitzungsberichte der Sächs. Akademie der Wissenschaften zu Leipzig, Phil.-hist. Klasse, Bd. 97, H. 1).

Frings, Th.: Sprache und Geschichte III. Halle 1956. (= Mitteldeutsche Studien, Bd. 18).

Frings, Th./Linke, E.: Ingwäonische Wellen, deutsche Wellen, Wellentheorie. In: Beiträge zur Geschichte der deutschen Sprache und Literatur 81 (1959), S. 248–262.

Frings, Th./Müller, G.: Germania Romana I. 2. Aufl. besorgt von G. Müller. Halle 1966. (= Mitteldeutsche Studien, Bd. 19, 1). Germania Romana II. Dreißig Jahre Forschung. Romanische Wörter. Halle 1968. (= Mitteldeutsche Studien, Bd. 19, 2).

Frings, Th./Schmitt, L. E.: Der Weg zur deutschen Hochsprache. In: Jahrbuch der deutschen Sprache 2 (1944), S. 67–121.

Frings, Th./Tille, E.: Kulturmorphologie. In: Teuthonista Bd. 2 (1925), 1, S. 1–18.

Frobenius, L.: Paideuma. Umrisse einer Kultur- und Seelenlehre. Berlin 1921.

Grober-Glück, G.: Die Leistungen der kulturmorphologischen Betrachtungsweise im Rahmen dialektgeographischer Interpretationsverfahren. In: Dialektologie. Ein Handbuch zur deutschen und allgemeinen Dialektforschung, 1. Halbbd. Hrsg. von W. Besch, U. Knoop, W. Putschke und H. E. Wiegand. Berlin/New York 1982, S. 92–113. (= Handbücher zur Sprach- und Kommunikationswissenschaft, Bd. 1.1.).

Große, R.: Sprache und Geschichte bei Theodor Frings. In: Erbe – Vermächtnis und Verpflichtung. Zur sprachwissenschaftlichen Forschung in der Geschichte der AdW der DDR. Berlin 1977, S. 132–141. (= Sprache und Gesellschaft, Bd. 10).

Große, R.: Dialektologie und Soziolinguistik in der Theorie des Sprachwandels. In: Sprache in der sozialen und kulturellen Entwicklung. Beiträge eines Kolloquiums zu Ehren von Theodor Frings (1886–1968). Hrsg. von R. Große. Berlin 1990, S. 27–38. (= Abhandlungen der Sächs. Akademie der Wissenschaften zu Leipzig, Phil.-hist. Klasse, Bd. 73, H. 1).

Lerchner, G.: Vom sprachgeschichtlichen Primat der Oralität. Zu einem pragmatischen Aspekt im sprachhistoriographischen Werk von Th. Frings. In: Zeitschrift für Phonetik, Sprachwissenschaft und Kommunikationsforschung 39 (1986), 3, S. 307–317.
Lerchner, G.: Kultur und Kommunikation. Kulturmorphologie – Möglichkeit eines Beschreibungsmodells historischer Sprachvariation. In: Beiträge zur Erforschung der deutschen Sprache 6 (1986), S. 7–18.
Lerchner, G.: Hat die «Grundlegung» einen Grund gelegt? In: Sprache in der sozialen und kulturellen Entwicklung. Beiträge eines Kolloquiums zu Ehren von Theodor Frings (1886–1968). Hrsg. von R. Große. Berlin 1990, S. 263–276 (= Abhandlungen der Sächs. Akademie der Wissenschaften zu Leipzig, Phil.-Hist. Klasse, Bd. 73, H. 1).
Lotman, J. M./Uspenskij, B. A.: O semioticeskom mechanizme kul›tury. Moskva 1971.
Schieb, G./Frings, Th.: Henric van Veldeken, Eneide I. Einleitung, Text. Berlin 1964. (= Deutsche Texte des Mittelalters, Bd. 58).
Schlieben-Lange, B.: Traditionen des Sprechens. Elemente einer pragmatischen Sprachgeschichtsforschung. Stuttgart/Berlin/Köln/Mainz 1983.
Sonderegger, S.: Leistung und Aufgabe der Dialektologie im Rahmen der Sprachgeschichtsschreibung des Deutschen. In: Dialektologie. Ein Handbuch zur deutschen und allgemeinen Dialektforschung. Hrsg. von W. Besch, U. Knoop, W. Putschke und H. E. Wiegand, 2. Halbbd. Berlin/New York 1983, S. 1526– 1558. (= Handbücher zur Sprach- und Kommunikationswissenschaft, Bd. 1.2).
Tieken-Boon van Ostade, J.: The Auxiliary *Do* in Eighteenth century English. A Sociohistorical-linguistic Approach. Dordrecht 1987.
Wygotsky, L. S.: Denken und Sprechen. Stuttgart 1969.

Albrecht Gläser

150 Jahre Tumorforschung
Grundlagen der heutigen Onkochirurgie

Das Beste, was wir von der Geschichte haben,
ist der Enthusiasmus, den sie erregt.

Goethe: Maximen und Reflexionen

1 Einleitung

Trotz intensiver weltweiter Bemühungen in den letzten Jahrzehnten um eine Aufklärung des für die Betroffenen so verhängnisvollen biologischen Phänomens der Krebsentstehung – eines autonomen Wachstums körpereigener Zellen, losgelöst vom Regulationsmechanismus des Organismus bis zur Zerstörung des eigenen Trägers – bildet das Herausschneiden des Tumors, die Operation, über Jahrtausende bis heute die effektivste Behandlungsmethode. Grundlagenforschung und praktische Tätigkeit bedingen einander in dem Bemühen um Fortschritte, gedrängt vom täglichen Leid der ungezählten Patienten. Wenn auch erst gegen Ende des vorigen Jahrhunderts die Voraussetzungen zu einer planbaren Krebsbehandlung geschaffen wurden, so erscheint ein kurzer Exkurs in die Geschichte der Medizin sinnvoll und erforderlich, um der gestellten Aufgabe gerecht zu werden und, basierend auf einer Rückschau, den heutigen Wissensstand in der Krebsforschung und seine praktische Relevanz zu analysieren.

In der bildenden Kunst waren der ungarische Maler Jan Lyss (1590–1629) und wenig später Rembrandt (1606–1669) wohl die ersten, die am Porträt durch ein Mammakarzinom verursachte Veränderungen dargestellt haben (vgl. Abbildungen 1 und 2). Hendrikje Stoffels, die zweite Geliebte von Rembrandt, starb wenige Jahre später an Symptomen, die einem fortgeschrittenen Mammakarzinom entsprachen.

Der Krebs in der antiken Medizin

Wenn an Skelettfunden aus prähistorischer Zeit bisher offenbar nur ein Fall von Veränderungen am Schädel als Hinweis auf eine Krebsgeschwulst bei einem 500 000 Jahre alten Knochenfund bekannt wurde, so schließt das nicht das Vorkommen von Krebs aus, sondern wird erklärt durch die geringe Zahl an Funden, die Seltenheit osteoplastischer Sarkome des Skeletts und die niedrige Lebenserwartung dieser Menschen.

Abb. 1: Jan Lyss (Johann Liss): Vanitas

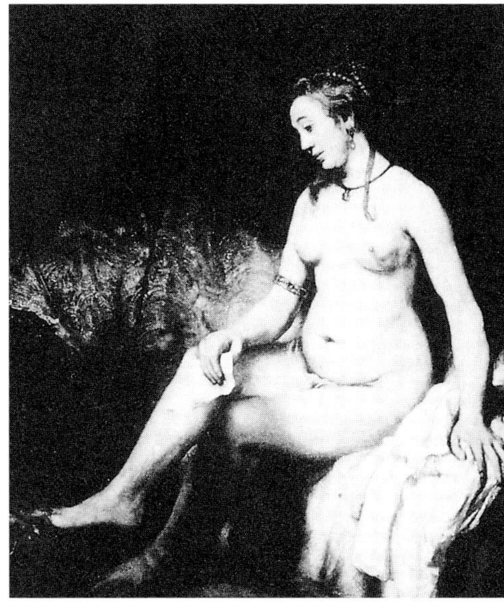

Abb. 2: Rembrandt: Bethsabée im Bade (Portrait der Hendrikje Stoffels)

Die ältesten überlieferten schriftlichen medizinischen Aufzeichnungen erwähnen bereits Krebs, wie Abbildung 3 zeigt. Im altindischen Werk Ramajana (alte indische Medizin um 2000 v. Chr.) wird über die Exstirpation von Krebs berichtet. Im ägyptischen Papyrus Smith (1700 v. Chr.) wird Brustkrebs exakt beschrieben, und im Papyrus Ebers (1500 v. Chr.) findet sich der Hinweis, ulzerierten Krebs mit Arsenik und Essig zu behandeln. Eine Keilschrift aus Ninive (800 v. Chr.) erwähnt das Mammakarzinom.

Der griechischen Medizin war Krebs gut bekannt, vgl. Abbildung 4. Hippokrates rät, Krebs möglichst mit dem Messer auszuschneiden. Brennen und Ätzen verschlimmern das Übel. Er beschreibt Krebsgeschwüre als karkinos (*καρκίνος*), woraus in der römischen Medizin cancer wird. Die Kenntnisse der griechischen Medizin übernahmen die Römer. Celsus (30 v. Chr.–38 n. Chr.) beschreibt Mammakarzinome und die Schwellung der Achsellymphknoten. Nach dem Absetzen der Mamma werden Gefäße ligiert und die Haut genäht.

Galen (131–203 n. Chr.) verwendet wieder das Glüheisen. Er definiert Krankheit als falsche Mischung der vier Säfte Blut, Schleim, gelbe Galle und schwarze Galle; letztere sei die Ursache von Krebs. Krebs der inneren Organe ist Galen nicht bekannt. Seine Lehre galt bis ins späte Mittelalter als unumstößlich und hemmte den Fortschritt. Mit dem Zusammenbruch des Weströmischen Reiches gingen die Kenntnisse auf Byzanz und die Araber über. Paulos von Ägina beschreibt ausführlich bei Amputationen der Brust die Blutstillung mit Gefäßligaturen. In der arabischen Medizin (Avicenna: 980–1037) spielt die operative Krebsbehandlung kaum eine Rolle.

Abb. 3: Votiv aus einem Tempel auf Zypern (3. Jahrhundert v. Chr.), Darstellung eines Mammakarzinoms

Abb. 4: Altgriechisches Votiv: Frau mit Brustkrebs

Der Krebs in der Medizin des Mittelalters – die Chirurgie ein Handwerk

Über die von Kaiser Friedrich II. gegründete Universität in Salerno kehren die medizinischen Kenntnisse der Antike in das Abendland zurück (11. und 12. Jahrhundert). Dort, wo Radikalität bei oberflächlich gelegenem Krebs erreichbar ist, wird zur Operation geraten und die Wunde ausgebrannt. Die chirurgischen Vorlesungen von Roger Frugardi, einem Langobarden, wurden von seinem Schüler Guido von Arezzo 1170 aufgezeichnet und als Grundlage für das chirurgische Schrifttum in ganz Europa verbreitet. Im 13. Jahrhundert geht die Führung an die medizinische Schule in Frankreich über. Der offene Krebs soll nur dann angegangen werden, wenn man glaubt, sicher zu sein, ihn radikal entfernen zu können.

Große Ärzte der folgenden Zeit stürzen durch exakte Naturbeobachtungen allmählich die Dogmen der antiken Medizin. Die Erfindung der Buchdruckerkunst 1436 durch Gutenberg sorgt für eine rasche Verbreitung der neuen Kenntnisse. Die berühmte Pariser Medizinische Fakultät besaß bis Mitte des 14. Jahrhunderts nur neun handgeschriebene Bücher. Vesal korrigiert die an Tieren gewonnenen anatomischen Kenntnisse des Galen. Fabricius Hildanus (1560–1634), Wundarzt in Bern, bringt die Operation, die im Mittelalter nicht durch studierte Ärzte, sondern durch Handwerker und Bader, oft durch die Länder ziehende Scharlatane, ausgeübt wurde, wieder zu Ansehen (Abb. 5 und 6). Er rät, bei Brustkrebs auch die Achsellymphknoten zu entfernen (Abb. 7). Der allbekannte Paracelsus hat auf die operative Behandlung des Krebses keinen wesentlichen Einfluß.

Abb. 5: Mamma-Amputation mit dem Glüheisen (um 1500)

Abb. 6: Mamma-Amputation (um 1650), Autor unbekannt

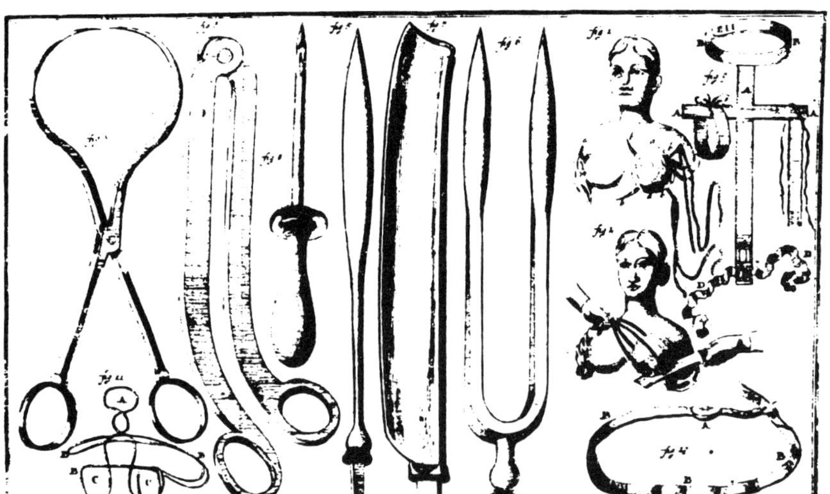

Abb. 7: Instrumente und Operationstechnik zur Amputation der Mamma (Heister)

Mitte des 17. Jahrhunderts wird die Lehre Galens von der schwarzen Galle endgültig gestürzt. Die Entdeckung der Chylusgefäße und des Blutkreislaufes durch Harvey (1628), der Lymphgefäße (1652) und der roten Blutkörperchen (1661) durch Malpighi führt zur Lymphtheorie des Krebses, wonach Krebs nicht durch schwarze Galle, sondern durch Koagulation der Lymphe entsteht. Der Chirurg des Großen Kurfürsten, Purmann (1648–1721), entfernt die Mamma mit einem einzigen Schnitt, und der Engländer Cheselden (1688–1752) führt die primäre Wundnaht nach der Brustamputation wieder ein.

Die Chirurgie – eine selbständige Wissenschaft. Krebstheorien am Beginn der wissenschaftlichen Medizin

Die im Mittelalter über Jahrhunderte bestehende Trennung zwischen studierten Buchärzten und den operierenden Wundärzten, die Handwerker waren, findet ihr Ende in Frankreich 1731 durch Gründung der Académie royale de chirurgie und in Preußen durch die Gründung der Militärärztlichen Akademie 1724 durch Friedrich Wilhelm I. Trotz dieser Fortschritte bleiben die unvermeidbare Wundinfektion und die Unmöglichkeit der Schmerzausschaltung auch weiterhin die größten Hemmnisse für die Fortschritte der Chirurgie und damit der operativen Krebsbehandlung. Viele der Patienten starben am Hospitalbrand.

Nur eine sofortige Amputation konnte zum Beispiel bei einem offenen Knochenbruch die Gefahr der tödlichen Sepsis vermeiden. Die Schmerzen der Patienten erforderten rasches Operieren und eine hohe Geschicklichkeit der Chirurgen. Larrey (1766–1842), der Leibarzt Napoleons, hat an einem Tag nach der Schlacht bei Borodino 120 Amputationen ausgeführt. Bis in die Mitte des 19. Jahrhunderts blieben Krebsoperationen somit beschränkt auf die Körperoberfläche, und es handelte sich wohl bei Berichten über solche Eingriffe meist um Einzelfälle.

Auch bei den Versuchen, das Krebswachstum zu erklären, wurden viele Irrwege beschritten. Der Pathologe Morgagni (1682–1772) beschreibt Krebs von mehreren inneren Organen. Eller (1689–1760) unterscheidet eine Krebsform, den Scirrtus, die als verhärtete Geschwulst ohne Inflammation über Jahre bestehen kann und nicht angerührt werden soll, von einem rasch wachsenden entzündlichen Tumor. Nach J. Hunter (1728–1793) entsteht Krebs aus normalem Gewebe. Er lebt und wird vom Organismus ernährt. Im Jahre 1773 stellt die Akademie in Lyon die Preisfrage: Qu'est-ce que le cancer? Der Preisträger, B. Peyrilhe, postuliert die einheitliche, durch einen Erreger ausgelöste Natur jeder Krebsform. Krebswachstum beginnt örtlich, erst später folgt die diathèse cancéreuse. Wie später zu zeigen sein wird, besitzt die Frage nach dem Krebswachstum, ob zunächst örtlich, lokoregional, beginnend oder primär generalisiert, bis heute eine entscheidende Bedeutung für die Therapie.

Mit der Blastemtheorie (Bichat 1771–1802) wird die morphologische Betrachtungsweise des Krebswachstums eingeleitet. Danach entsteht Krebs aus dem Bindegewebe; eine Anschauung, die auch Virchow in der folgenden Zeit lange vertrat.

Im 19. Jahrhundert wird die morphologische Definition des Krebswachstums rasch weiterentwickelt. Nachdem Schleiden 1831 die Pflanzenzellen entdeckte, findet Schwann 1838 den gleichen zellulären Aufbau auch bei Tieren, und J. Müller weist 1858 nach, daß auch Krebs aus Zellen aufgebaut ist. Unbeantwortet bleibt weiter die Frage nach der Herkunft der Krebszellen.

Manche Fährte und viele Umwege wurden erst nach hartem Widerstreit korrigiert. J. Müller, Schwann und andere leiten die Krebszellen aus einem ungeformten, aus dem Blut stammenden Blastem ab. Diese Auffassung vertritt zunächst auch VIRCHOW (1847):

> Alle organische Bildung geschieht aus amorphem Material. Sowohl Ernährung als Neubildung, embryonale und pathologische, besteht ihrem Wesen nach in der Differenzierung von formlosem Stoff, mag er fest oder flüssig sein.

Basierend auf der Vorstellung, eine Krebsgeschwulst bestehe aus dem Krebsgerüst und seinem Inhalt, dem Krebssaft, der wiederum aus den Krebskörperchen und dem Krebsserum besteht, führt zur Ableitung aller Krebszellen aus dem Bindegewebe; eine Theorie, die auch Virchow hartnäckig noch 1872 vertrat. Danach sind epitheliales Geschwulstgewebe gleich welcher Differenzierung und bindegewebiges Stroma Abkömmlinge ein und desselben Matrixgewebes (um 1700 war der Begriff Epithel durch Ruysch in Amsterdam eingeführt worden, abgeleitet von der Brustwarze; «thele» = Warze). Die Entdeckung der Zellteilung (Amitose: Virchow; Mitose 1879 durch Flemming) begründet die Erkenntnis VIRCHOWS «omnis cellula a cellula» und damit die Zellularpathologie. Der Chirurg Carl Thiersch widerlegt die Bindegewebstheorie des Krebses durch die Ableitung der Hautkrebse aus dem Epithel (1865). Das Bindegewebe wird von den Krebszellen infiltriert. Diese Auffassung stützen der Chirurg Billroth und der Pathologe und Anatom Waldeyer, letzterer mit seinen Untersuchungen über die Entstehung des Magenkrebses. Waldeyer teilt alle Geschwülste in zwei Gruppen: bindegewebige Tumoren und epitheliale Tumoren. Der Malignitätsgrad stützt sich auf die lokale Zerstörung des infiltrierten Gewebes, das Auftreten von Rezidiven durch Ablagerung von Zellen in den Lymphbahnen, das Auftreten von Metastasen und der Kachexie durch Resorption von Zelldetritus. Metastasen und Rezidive waren bisher als Ausdruck einer allgemeinen Krebsdiathese gedeutet worden. J. Müller hielt Krebs für eine Allgemeinerkrankung. Thiersch unterscheidet ein kontinuierliches Rezidiv aus zurückgelassenen Keimen (deswegen riet Schröder v. d. Kalk bereits 1853, weit im Gesunden zu operieren), ein regionäres Rezidiv und ein Infektionsrezidiv an einem vom Primärtumor entfernten Ort. Gegen Ende des 19. Jahrhunderts werden Fernmetastasen als Folge embolischer Verschleppung von Krebszellen gedeutet (v. Langenbeck, Virchow, Billroth).

Die Bindegewebstheorie der Krebsentstehung hielt sich mehrere Jahrzehnte, bis sie schließlich endgültig durch Arbeiten von Ribbert und Borst um die Jahrhundertwende über die epitheliale Histogenese der Karzinome widerlegt war. Aus dem Blickpunkt heutiger Erkenntnis, der Wechselwirkung zwischen Tumorzellen und ortsständigem Stroma sowie der durch die Geschwulstzellen initiierten Angiogenese, gewinnt die aktive Rolle des Bindegewebes für die Kanzerogenese, wenn auch aus ganz anderen Gründen, wieder an Bedeutung.

Die Frage nach der Ursache der Krebsentstehung blieb aber weiter ungeklärt. Am Beispiel der Wilmstumoren entwickelte Cohnheim 1875 die Keimversprengungstheorie, wonach eine Krebsgeschwulst aus einer atypischen Gewebsneubildung auf dem Boden einer versprengten embryonalen Anlage hervorgeht. Zu Beginn des 20. Jahrhunderts faßt J. W. Wolff in seiner zweibändigen Krebsenzyklopädie den erreichten Wissensstand zusammen:

> Anatomisch ist Krebs eine lokale Erkrankung; auch bei unserer bisherigen allgemeinen biologischen und klinischen Betrachtung glauben wir den lokalen Ursprung des Krebses vertreten zu müssen ... in Bezug auf die eigentliche Ätiologie des Krebses sind wir zu einem bestimmten Resultat nicht gelangt. Wir wissen nur, daß es sich, soweit Faktoren des Organismus selbst in Betracht kommen, um eine plötzlich auftretende, regellose Wucherung von Körperzellen, sprich Epithelien, handelt, daß diese Zellen gewisse anatomische und biologische Eigenart haben und daß ihr Wachstum von bisher nicht nachgewiesenen, sondern nur vermuteten, im Organismus liegenden Faktoren anatomischer, biologischer und chemischer Art abhängig ist.

Der Chirurg Kraske stellte auf der Versammlung deutscher Naturforscher 1902 resigniert fest: «Wir wissen nicht mehr als unsere Großväter von dem Krebs.»

Dennoch waren seit der Beschreibung des Skrotalkrebses durch P. Pott 1775 weitere chemische und physikalische Noxen als krebsauslösende Faktoren für den Einzelfall bekannt. J. Ayrton (Paris) entdeckte 1822 den Arsenkrebs bei Arbeitern in den Kupferschmieden von Cornwall und Wallis. R. von Volkmann beschrieb 1874 den Teerkrebs der Haut, Thiersch 1865 den Gesichtskrebs bei Bauern als Folge der Sonneneinstrahlung, und 1902 erschien der erste Bericht über einen ulzerierten Hautkrebs an der Hand nach Einwirkung von Röntgenstrahlen. Viele Pioniere der medizinischen Nutzung der Röntgenstrahlen ereilte ein gleiches Schicksal. Bald fanden solche Kenntnisse auch in der experimentellen Onkologie Anwendung. Mit der Übertragung eines Sarkoms bei Vögeln durch ein zellfreies Filtrat begründete Rous 1910 die onkologische Virusforschung. J. Wolff stellt am Schluß seines Werkes 1907 fest:

> Mit der Annahme dieser (der Cohnheimschen Keimversprengungstheorie) würde allerdings auch der Pessimismus in Bezug auf die Therapie unzertrennlich sein. Aber unsere Chirurgen stehen ja heute in Bezug auf ihr technisches Können so hoch, daß sie vor keinem Eingriff mehr zurückschrecken. So lange wir nichts Genaueres über die ätiologische Entstehung der Karzinome wissen, wird die Behandlung der Krebskrankheit der Chirurgie überlassen bleiben müssen.

Worauf gründete sich diese hohe, aus heutiger Sicht zu optimistische Einschätzung der chirurgischen Möglichkeiten zu Beginn des 20. Jahrhunderts? Kehren wir zurück zur ersten Hälfte des 19. Jahrhunderts. Seit der Antike fanden sich wiederholt Empfehlungen zur Entfernung der an Krebs erkrankten weiblichen Brust. Berichte über erfolgreiche Krebsoperationen (1670 erste operative Entfernung einer Niere durch den Italiener Zambeccari; 1784 Dauerheilung eines Mammakarzinoms mit geschwollenen Achsellymphknoten durch Flarons in London; 1812 Resektion des Unterkiefers wegen Krebs durch Dupuytren – der Patient überlebte den Operateur (1777–1835) – stellen ausgefallene Einzelfälle dar. Bei einem Disput an der damals in der Welt führenden Medizinischen Akademie in Paris über die Heilbarkeit des Krebses wurde diese von den meisten verneint. Nicht das technische Können der Chirurgen früherer Zeit, sondern Schmerz und Wundinfektion bildeten unüberwindbare Hemmnisse für alle größeren operativen Eingriffe.

Der große Durchbruch – Narkose, Beherrschung der Wundinfektion

1846 gelang der erste große Durchbruch. Zur Schmerzlinderung kannte schon die Antike Extrakte aus Alraune. 1805 gelang Hanaoka in Japan die erste Brustoperation bei Krebs in Vollnarkose durch Verabreichung eines pflanzlichen Suds; die Betäubung hielt 5–6 Stunden an. Bereits im 13. Jahrhundert kannte Raimundus Lullus in Spanien einen Stoff, den er süßes Vitriol nannte und bei dem es sich wahrscheinlich um Äther handelte. Auch Paracelsus war Vitriol bekannt, und Hoffmann verwandte später den Äther in seinen Hoffmannstropfen. 1792 entdeckte Priestley in England das Lachgas. In den nächsten Jahrzehnten wurden Äther und Lachgas auf Jahrmärkten zur Belustigung angeboten. Auf die Idee, diese als Narkotika in der Chirurgie einzusetzen, kam niemand. So schrieb 1831 der berühmte französische Chirurg VELPEAU:

> Diesen Schmerz bei Inzisionen zu vermeiden, ist eine Schimäre, der niemand mehr nachjagt. Chirurgisches Skalpell und Schmerz sind in der operativen Medizin zwei Begriffe, die dem Kranken niemals getrennt voneinander begegnen und mit deren Zusammengehörigkeit man sich für alle Zeiten abfinden muß.

1842 hatte der Landarzt C. W. Long in Jefferson (USA) mehrere Male erfolgreich in Äthernarkose operiert, aber niemand nahm von seinem Bericht Notiz. 1844 ließ sich der Zahnarzt H. Wells im Selbstversuch in Lachgasnarkose schmerzlos einen Zahn ziehen. Er wandte sich 1845 an C. Warren, einen Chirurgen. Der Versuch, unter Einschluß der Öffentlichkeit im Hörsaal mit Lachgas schmerzlos einen Zahn zu ziehen, mißlang. Der Patient schrie vor Schmerzen. Man hatte unglücklicherweise einen Alkoholiker ausgewählt, bei dem die Verabreichung von Lachgas zur Betäubung nicht ausreichte. 1846 gelang es Morton, an den sich Wells vorher gewandt hatte, zum ersten Mal, in Äthernarkose schmerzlos einen Zahn zu extrahieren. Im gleichen Jahr operierte Warren in Äthernarkose bei völliger Schmerzfreiheit einen Tumor am Hals. Die Möglichkeit, ohne Schmerzen und damit in Ruhe operieren zu können, war erreicht. Später entstand über die Priorität der Einführung der Äthernarkose zwischen Wells, Morton und Jackson – an letzteren hatte sich Wells ebenfalls wie an Warren gewandt – ein Streit. Morton und Jackson erhielten den Preis von der Académie française. Schließlich wurden alle drei wahnsinnig und starben im Elend. In Washington erinnert ein Denkmal an Long, der zuerst erfolgreich die Äthernarkose anwandte.

Rasch verbreitete sich die neue Methode in der ganzen Welt. Der berühmte Berliner Chirurg DIEFFENBACH schrieb 1847:

Der schöne Traum, daß der Schmerz, dies höchste Bewußtwerden unserer irdischen Existenz, diese deutlichste Empfindung der Unvollkommenheit unseres Körpers, hat sich beugen müssen vor der Macht des menschlichen Geistes, vor der Macht des Ätherdunstes.

Trotz dieses verständlichen Enthusiasmus über den Fortschritt, nicht mehr so rasch wie irgend möglich unter dem Schreien des Patienten operieren zu müssen, blieb die Gefahr der postoperativen Wundinfektion, an der oft mehr als die Hälfte der Patienten nach geglückter Operation starben. In den Kriegen 1866 und 1870/71 starben 60% bis 90% der verwundeten preußischen Soldaten, die das Lazarett lebend erreichten, dennoch an der Wundinfektion. Semmelweis (1818–1865) gelang 1847 in Wien durch intensive Händedesinfektion vor der vaginalen Untersuchung Gebärender eine wesentliche Senkung der Todesfälle an Kindbettfieber. Er scheiterte am Unverstand seiner Zeit. Schließlich setzte sich die Methode der Antiseptik Listers (1867) rasch durch. Er erreichte eine wesentliche Senkung des Wundbrandes und der Sepsis durch breite Anwendung von Karbolsäure, womit Verbände getränkt, Instrumente desinfiziert und die Luft mit einem Karbolsäurespray im Operationsraum durchstäubt wurden. Von Volkmann in Halle war einer der ersten in Deutschland, die diese erfolgreiche Methode übernahmen.

1878 veröffentlichte Robert Koch seine Untersuchungen über die Ätiologie der Wundinfektionserkrankungen. Damit fand die Ursache des größten Hindernisses für eine erfolgreiche Chirurgie ihre Erklärung. Die Entdeckung weiterer Krankheitserreger wie Milzbrand, Tuberkulose folgten rasch. Die effektive, aber für alle Beteiligten leidige Karbolsäureanwendung wurde abgelöst durch die Begründung der Aseptik. 1882 führte Trendelenburg in Leipzig, 1886 von Bergmann in Berlin die Dampfsterilisation ein. 1892 waren zusammen mit Bergmanns Assistenten Schimmelbusch alle Voraussetzungen geschaffen für ein aseptisches Arbeiten im Operationssaal. Seit 1890 benutzte Halsted sterilisierbare Gummihandschuhe. Die Einschränkung der Gefahr der Wundinfektion durch die Antiseptik und die rasch folgende fast völlige Beseitigung dieser Gefahr durch die Aseptik bildeten die langerhoffte Voraussetzung für die Chirurgen, an bisher unerreichbare Organe ohne Komplikationen vordringen zu können.

Beginn der modernen Chirurgie am Ende des 19. Jahrhunderts

1863	Milzentfernung (Péan)
1869	Nierenentfernung (Simon)
1873	Kehlkopfentfernung (Billroth)
1877	Entfernung des Halsösophagus (Billroth)
1879	Antrumresektion des Magens (Péan) mit tödlichem Ausgang
1880	der gleiche Versuch (Rydygier) mit tödlichem Ausgang
1881	Antrumresektion des Magens (Billroth), erfolgreich
1882	Cholecystektomie (v. Langenbeck)
1885	Magenresektion mit Gastroenterostomie (Billroth)

um 1890	Entwicklung der Strumaresektion (Kocher)
1894	radikale Mastektomoe (Halsted)
1897	totale Gastrektomie (Schlatter)
1898	Radikaloperation des Zervixkarzinoms (Wertheim)
1895	W. Roentgen entdeckt die nach ihm benannten Strahlen;
1899	setzen Sjögren und Stenbeck die Strahlen zur Behandlung von Hautkrebs ein;
1898	das Ehepaar Curie entdeckt das Radium
1901	Entdeckung der Blutgruppen durch Landsteiner
1904	Entwicklung der Unterdruckkammer als Voraussetzung für Operationen am eröffneten Brustraum (Sauerbruch), vgl. Abbildung 8
1906	erste Röntgendiagnose eines Lungenkrebses
1920	Kirschner: Ersatz der Speiseröhre durch den Magen

Nunmehr war die Entfernung von bösartigen Tumoren der meisten Organe der Brust- und Bauchhöhle möglich. Diese rasante Entwicklung enthusiastisch überblikkend, schreibt W. v. BRUNN 1928:

> Wir haben wohl alle das Empfinden, nach den Zeiten rastloser Erfolge des Aufbaues jetzt bis zu einem gewissen Grade zur Ruhe gekommen zu sein. Es ist erreicht, was mit den neuen Methoden zu erreichen war.

1918 verkündete Loose den Sieg der Strahlentherapie über den Brustkrebs. 1921 glaubt JEAN-LOUIS FAURE in Frankreich sagen zu können:

Abb. 8: Unterdruckkammer nach Sauerbruch

> Alles, was am menschlichen Körper möglich ist, ist auch gemacht worden. Es gibt nichts mehr zu tun, nichts mehr zu wagen. Mit einer tiefen Befriedigung stellen wir fest, daß wir heute den Höhepunkt der Chirurgie erleben.

Wie oft wurden in der Vergangenheit, beeindruckt, vielleicht überwältigt vom augenblicklichen Erfolg, falsche Einschätzungen über die weitere Entwicklung der Chirurgie getroffen. Kurz nach der Aussage, daß niemals am Herzen eine Operation möglich sein würde, gelingt L. Rehn 1896 die erste Herznaht. Als Küntscher auf der 64. Tagung der Deutschen Gesellschaft für Chirurgie 1940 sein Verfahren der Marknagelung bekanntgab, stieß er auf heftige Ablehnung des Präsidenten NORDMANN:

> Wenn Herr Küntscher erst einmal so viel Knochenbrüche behandelt hat wie ich und dann ebenso viel gute Erfahrungen aufzuweisen hat wie in diesen fünf Fällen, dann werde ich mich belehren lassen.

Von amerikanischer Seite wurde nach dem 2. Weltkrieg die Küntschernagelung als die bedeutendste Leistung der deutschen Chirurgie dieser Zeit eingeschätzt.

Zwischen 1924 und 1927 veröffentlichten die Leipziger Kliniker P. ZWEIFEL und E. PAYR eine dreibändige Monographie «Die Klinik der bösartigen Geschwülste». Das Werk von J. WOLFF, 1911 erschienen, gab einen umfassenden Überblick über die historische Entwicklung der Geschwulstlehre von der Antike bis zum Beginn des 20. Jahrhunderts. Das Werk von Zweifel und Payr analysiert das Erreichte in der klinischen Geschwulstlehre. Ihr eindringlicher Hinweis auf die Heilbarkeit des Krebses unter der Voraussetzung der möglichst frühen Erkennung gilt 70 Jahre später unverändert! Tuberkulose und Krebs bildeten in der Mitte der zwanziger Jahre die häufigsten Todesursachen. Die Tuberkulose ist weitgehend besiegt. Die Herzkreislauferkrankungen stehen heute an ihrer Stelle. Beide Autoren schätzen wiederum viel zu optimistisch ein: «Man könnte sagen: allzu weit können wir von der Ergründung der Ursachen der bösartigen Neubildungen nicht mehr entfernt sein.» Trotz inzwischen immenser weltweiter Anstrengungen, riesiger Fortschritte und enormen Zuwachses der Kenntnisse stehen wir heute unverändert hilflos vor der Mehrzahl der Krebspatienten nach letztendlich erfolglosem Einsatz aller verfügbaren Mittel. Noch wird bei weitem nicht die Hälfte aller Krebskranken geheilt.

Die pathologische Anatomie der Geschwülste ist nach vielen Irrwegen nunmehr zu einer soliden Grundlage einer gezielten Therapie entwickelt worden. BORST faßt in einer Übersicht in der Monographie von Zweifel und Payr (1924–1927) die Kenntnisse der allgemeinen Pathologie der Geschwülste zusammen. Krebs wird zunächst als örtliche und nicht primär als Allgemeinerkrankung betrachtet, denn sonst wäre eine Heilung nicht möglich. Die Frage nach einer frühzeitigen Generalisation beeinflußt bis heute die gesamte Therapie. Die Metastasierung gilt als sicheres Zeichen der Malignität. Die meisten der ausgestreuten Tumorzellen gehen aber zugrunde. Die hämatogene Metastasierung folgt den venösen Blutabflußwegen. Dies entspricht den von Walther 1948 aufgestellten Metastasierungstypen. Örtliche Rezidive entstehen aus zurückgelassenen Geschwulstzellen. BORST erörtert weiter die Möglichkeit einer Spontanheilung. Gegenwirkungen des Körpers vermögen Tumorzellen zu vernichten. Die Geschwulstklassifikation erfolgt nach dem histologisch-histogenetischen Prinzip. Nicht infiltrierend wachsende Epithelwucherungen in situ erlauben nur eine Wahrscheinlichkeitsdiagnose der Dignität.

Nach dem Enthusiasmus über das Erreichte zu Beginn des Jahrhunderts blieben die erhofften Erfolge in der Krebsbehandlung auf breiter Basis bis zum zweiten Weltkrieg aus. F. König analysiert die Verhältnisse in einem Grundsatzreferat «Zur operativen Behandlung des Karzinoms» auf der 57. Tagung der Deutschen Gesellschaft für Chirurgie 1933. Die Strahlentherapie ist für Hautkrebs und manche Tumoren im orofacialen Bereich zur effektiven Methode ausgereift und wird zunehmend mit der Operation kombiniert bei mehreren Organkrebsen, insbesondere der Mamma eingesetzt. König zitiert pessimistisch stimmende Erfahrungsberichte über geringe Fünfjahresüberlebensquoten von nur 5% am Beispiel von 1071 operierten Krebspatienten. Er setzt dem entgegen weit bessere Ergebnisse von 27% Fünfjahresüberlebensraten aller Krebsoperierten beziehungsweise von 19% der radikal an Magenkrebs Operierten. Die Auswertung einer Sammelstatistik aus Bayern umfaßt damals 600 Krebspatienten, darunter 104 an Magenkrebs Erkrankte, die nach Radikaloperation länger als 5 Jahre überlebten. Seine leidenschaftlichen Forderungen nach einer onkologischen Fortbildung der Chirurgen als Voraussetzung für eine Verallgemeinerung der erzielten Spitzenleistungen entspricht Bemühungen um Qualitätskontrolle in jüngster Zeit.

Während man sich in der operativen Medizin um eine Verbreitung und allgemeine Nutzung vorhandener Kenntnisse und Erfahrungen bemühte, schuf die Forschung in der ersten Hälfte unseres Jahrhunderts die Grundlagen für die Krebsbekämpfung bis in unsere Tage. Bereits 1929 hatte Flemming das Penicillin durch Zufall entdeckt. Es stand den alliierten Truppen im zweiten Weltkrieg als Medikament zur Verfügung. Domagk entwickelte 1935 das erste Sulfonamid. Damit war die Grundlage zur Bekämpfung ausgebrochener Wundinfektionen geschaffen.

Die Operationen an Schilddrüse, Nebenschilddrüsen und den Keimdrüsen führte zur Entdeckung der inneren Sekretion. Kocher beschrieb 1883 die Cachexia strumipriva und 1881 wurden bei Myxödem Schilddrüsenextrakte injiziert. 1894 berichtete von Eiselsberg über die Rückbildung eines Myxödems nach Totalexstirpation der Schilddrüse durch das Auftreten einer Knochenmetastase im Sternum. Es hatte sich um ein nicht erkanntes differenziertes Schilddrüsenkarzinom gehandelt. 1905 prägte Hardy die Bezeichnung Hormone. In den zwanziger Jahren wird die zentrale Regulation der Hypophyse für die innere Sekretion entdeckt. Noch vor dem zweiten Weltkrieg konnten viele Hormone synthetisiert werden, das Adrenalin bereits 1901. Seit 1940 werden Hormone in der Krebsbehandlung eingesetzt.

Intubationsnarkose, Strahlen-, Hormon- und Chemotherapie

Nachdem bereits in der Antike und bei Avicenna die Intubation des Larynx mit einem Metallrohr bekannt und um 1900 das Curare pharmakologisch erforscht war, wurde die Intubationsnarkose mit der Möglichkeit der Überdruckbeatmung erst in England und den USA während des zweiten Weltkrieges entwickelt. Vorher war die

Eröffnung des Thorax durch das Unterdruckverfahren nach Sauerbruch ermöglicht worden. Die Entwicklung der Anästhesie und Intensivmedizin, wesentliche neue Erkenntnisse in der Pathophysiologie sowie technische Fortschritte im Gerätebau führten nach dem 2. Weltkrieg rasch bis zum heutigen Stand der Krebsbehandlung, wobei im interdisziplinären Zusammenspiel von Diagnostik und Therapie die operative Methode unverändert die wesentlichste Bedeutung besitzt (vgl. Abb. 9).

Die Strahlentherapie, ausgerüstet mit leistungsfähiger Technik, einer verbesserten Bestrahlungsplanung unter Einschluß von Radiosensitizern wird angewandt als Nachbestrahlung zur Vernichtung zurückgebliebener Tumorzellen im Operationsfeld oder als Vorbestrahlung mit dem Ziel einer zumindest teilweisen Devitalisierung von Tumorzellen, um der Gefahr einer intraoperativen Tumorzellaussaat zu begegnen. Maligne Tumoren des lymphatischen Systems, zum Beispiel die Lymphogranulomatose, Non-Hodgkinlymphome, manche Karzinome der Haut und der Schleimhäute des Nasenrachenraumes bilden Indikationen für einen eventuellen primären kurativen Einsatz der Strahlentherapie. Für fast alle malignen Geschwülste kann die Bestrahlung mit palliativer Zielsetzung eine vorübergehende Besserung erreichen. Der Einsatz von radioaktiven Isotopen im Rahmen der Nuklearmedizin besitzt Bedeutung für diagnostische Verfahren, zum Beispiel die Erkennung von Knochenmetastasen und besonders für die Behandlung differenzierter Schilddrüsenkarzinome mit radioaktivem Jod.

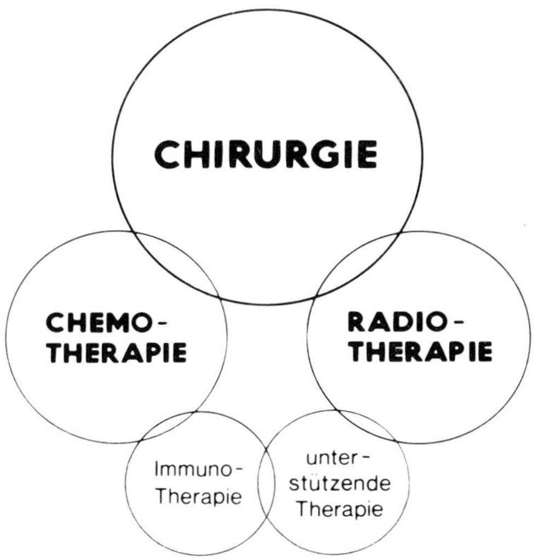

Abb. 9: Unterschiedliche Bedeutung der heutigen Therapie-Modalitäten

Nach dem Erkennen der antitumoralen Wirkung von Senfgas Mitte der vierziger Jahre begann die stürmische Entwicklung der Chemotherapie bösartiger Tumoren, der dritten Säule in der Krebstherapie. Die Chemotherapeutika werden nach chemischer Struktur und Wirkungsmechanismus unterteilt in polyfunktionelle alkylierende Wirkstoffe, Antimetaboliten, Mitosehemmer, antitumorale Antibiotika und weitere

Stoffe, zum Beispiel Enzyme, anorganische Platinverbindungen und andere. Die antitumoralen Substanzen stören das Zellwachstum und die Replikation während verschiedener Phasen des Zellzyklus. Bis 1970 waren 400 000 Verbindungen auf die Wirksamkeit gegen Krebs getestet worden.

Der Einsatz der Chemotherapeutika geschieht adjuvant, das heißt prophylaktisch mit dem Ziel, bei high-risk-Tumorstadien postoperativ das Auswachsen von Fernmetastasen zu verhindern; neoadjuvant zur präoperativen Schädigung und eventueller Verkleinerung des Tumors, heute besonders am Beginn der Behandlung von Knochensarkomen eingesetzt, um eine Tumorresektion zu ermöglichen und eine Amputation zu vermeiden; schließlich mit therapeutischer Absicht, um das Wachstum von Rezidivtumoren bzw. Metastasen aufzuhalten. Es gelingt aber nur bei wenigen Tumorarten, zum Beispiel bestimmten Leukämien im Kindesalter, embryonalen Hodenkarzinomen und dem Chorionepitheliom der Frau, tatsächlich eine komplette Langzeitremission zu erzielen.

Entscheidend für die Effektivität von Strahlen- und Chemotherapie ist die Tumormasse. Wird zum Beispiel bei Weichteilsarkomen makroskopisch im Gesunden, aber hart an der Grenze von für die Funktion einer Extremität unentbehrlichen anatomischen Gebilden ein Tumor exstirpiert, so vermögen entweder eine Nachbestrahlung allein oder in Verbindung mit einer Chemotherapie, am günstigsten in Form der Perfusion der Extremität mit der Herzlungenmaschine, die Entwicklung eines sonst mit großer Wahrscheinlichkeit zu erwartenden Rezidives zu verhindern und damit die Extremität zu erhalten.

Chemotherapeutika schädigen neben spezifischen organtoxischen Wirkungen nicht selektiv Tumorzellen, sondern alle sich in regelmäßiger Zellteilung befindlichen Körpergewebe. So entstehen die unerwünschten Nebenwirkungen wie Absinken der Blutzellen durch Schädigung des Knochenmarks, Haarausfall sowie Durchfälle durch Schädigung der sich rasch regenerierenden Zellen der Dünndarmschleimhaut. Strahlen sowie Chemotherapeutika vermögen darüber hinaus auch die Entstehung eines bösartigen Tumors auszulösen. Es gibt bis heute keine sichere Methode, die Sensitivität eines Tumors gegen Strahlen oder Chemotherapeutika zu testen. Die Ansprechbarkeit gegenüber Chemotherapeutika liegt bei den meisten malignen Tumoren zwischen 25 % und 50 % im Gegensatz zur stets eintretenden toxischen Schädigung des Organismus. Morphologisch völlig gleiche Tumoren können sich unterschiedlich verhalten. Alle Therapieschemata beruhen auf Erfahrungswerten.

Entgegen der allgemeinen Definition des Geschwulstwachstums als eine autonome, vom Regulationsmechanismus des Organismus losgelöste Gewebswucherung haben einige Geschwülste ihre Abhängigkeit von hormonellen Einflüssen nicht völlig verloren. Differenzierte Schilddrüsenkarzinome werden im Wachstum durch hochdosierte Gaben von Schilddrüsenhormon gehemmt, woraus die Notwendigkeit einer gezielten Hormonsubstitution nach Thyreoidektomie resultiert. Das Wachstum von etwa 40 %–50 % der Mammakarzinome und vieler Prostatakarzinome wird durch Hormone beeinflußt.

Die letzten Jahrzehnte: adäquate Krebschirurgie im Rahmen interdisziplinärer Behandlung

Die operative Medizin erreicht nach dem 2. Weltkrieg rasch den heutigen Höchststand. Zum Teil lange bekannte Operationsverfahren werden zu Routineeingriffen entwickelt mit steter Senkung der Operationsletalität. Die Gastrektomie bildet bis auf wenige Ausnahmen die Methode der Wahl zur Behandlung des Magenkarzinoms. Die Krebse der Speiseröhre werden in einer Sitzung durch einen Zweihöhleneingriff mit Wiederherstellung des Speiseweges durch Hochziehen des Magens, Kolons oder einer freien Dünndarmtransplantation mit Erfolg entfernt. Wegen der Gefahr der postoperativen Pankreatitis waren Operationen am Pankreas bisher oft durch tödlichen Ausgang belastet. Mit der Beschreibung der cephalen Duodenopankreatektomie 1945 durch Whipple wurde die Entfernung von Karzinomen des Pankreas zum Routineeingriff entwickelt. Seit Ende der fünfziger Jahre wird bei Herzstillstand am offenen Herzen mit Hilfe der Herzlungenmaschine operiert. Damit können nunmehr Geschwülste eines jeden Organs routinemäßig und weitgehend gefahrlos für den Patienten entfernt werden.

Das breite operative Spektrum führt zum Entstehen von Subdisziplinen wie Thoraxchirurgie, Urologie, Neurochirurgie und als neueste Fortentwicklung der allgemeinen Chirurgie die Visceralchirurgie, der vor allem die Tumorchirurgie obliegt. Trendelenburg (1844–1924) bemerkt in seinen Erinnerungen zum Thema Spezialisierung:

> Die noch nicht zum Stillstand gekommene Abspaltung so vieler Spezialfächer von den alten Hauptfächern ist für den Fortschritt der Wissenschaft von Nutzen, so lange das allen Gemeinsame nicht aus den Augen verloren geht. Für den Unterricht der Studierenden ist sie mit großen Übelständen verbunden. Das Unterrichtsmaterial wird zersplittert; jedem Spezialfach wohnt das Bestreben inne, im Stundenplan und im Examen eine den alten Hauptfächern sich möglichst annähernde Stellung einzunehmen. Es ist unmöglich, den sich steigernden Anforderungen durch entsprechende Verlängerung der Studienzeit nachzukommen.

Die folgende Zusammenschau gibt einen kurzen Überblick über die Fortschritte der letzten Jahrzehnte:

Fünfziger Jahre:
Ausbau der Anästhesie, der Thoraxchirurgie; routinemäßige Operationen am Gastrointestinaltrakt mit Zweihöhleneingriffen; Erforschung von Schock, Blutersatz, Antibiotika. Die ersten wirksamen antineoplastischen Chemotherapeutika werden entwickelt.

Sechziger Jahre:
Weiterer Ausbau der Visceralchirurgie und der Intensivmedizin; Beginn der Organtransplantation als klinische Routine; Einsatz der Nuklearmedizin; ständige Verbesserung der Strahlentherapie.

Siebziger Jahre:
Neben weiteren Fortschritten der experimentellen und klinischen Forschung Ausbau

der Metastasenchirurgie vorwiegend an Leber und Lunge; weitere Intensivierung der interdisziplinären Krebstherapie.

Achtziger Jahre:
Verbesserung der Tumordiagnostik durch neue bildgebende Verfahren; Entwicklung maschineller Nahttechniken; Diskussion um die Lebensqualität des Patienten.

Neunziger Jahre:
Die mikroinvasive Chirurgie wird in Einzelfällen auch bei Tumoroperationen eingesetzt; Transplantation mehrerer Organe; multiviscerale Resektionen.

In der Pathologischen Anatomie entsteht die Subdisziplin Klinische Pathologie, deren Vertreter eng mit den Operateuren zusammenarbeiten. So wird das von der UICC geschaffene einheitliche TNM-System der Klassifikation der Geschwülste zur internationalen Verständigung über das Tumorstadium laufend verbessert. Der ständige Vergleich zwischen Geschwulstaufbau und Krankheitsverlauf ermöglicht die Abgrenzung neuer Geschwulstentitäten und die bessere Einschätzung der Dignität vieler Geschwulstformen. So entsteht mit Hilfe der WHO eine umfassende histologische Klassifikation aller Geschwülste. Diese Klassifikationsschemata bilden die Grundlage für umfangreiche Studien, die wiederum zur Erkennung neuer Prognosefaktoren führen und damit eine stadiengerechte, individualisierte interdisziplinäre Therapie ermöglichen.

Das Beispiel der Schilddrüsengeschwülste zeigt eindrucksvoll die Entwicklung verbesserter Klassifikationsschemata. Die Schwierigkeiten beruhen in der Vergangenheit auf der Abgrenzung der knotigen Hyperplasie zu gutartigen Adenomen und für die bösartigen Tumoren neben ihrer relativen Seltenheit und Vielgestaltigkeit morphologischerseits auf invasivem Wachstum und Gefäßeinbruch bei ausgereiften Strukturen sowie erheblicher Zellpolymorphie in toxisch hyperplastischen Strumen, biologischerseits im Auftreten von Metastasen bei völlig ausgereiftem Aufbau von Tumoren, die jahrelang bestehen können und die Abhängigkeit vom hormonellen Regulationsmechanismus nicht verloren haben. Die über Jahrzehnte gebrauchten Bezeichnungen wie metastasierendes Adenom oder malignes Papillom drücken solche Diskrepanzen zwischen Aufbau und Dignität aus. Das Phänomen der Metastasierung ausgereifter Schilddrüsenstrukturen, zuerst von Cohnheim (1876) als einfacher Gallertkropf mit Metastasen beschrieben, gab Veranlassung zu zahlreichen Veröffentlichungen solcher aberrierender Strumen, metastasierender Adenome, maligner Adenome oder metastasierender Kolloidstrumen.

So entstanden mehr als 15 Einteilungsschemata der Schilddrüsengeschwülste, zum Beispiel Langhans (1907): wuchernde Struma; karzinomatöse Struma mit gewöhnlichem unregelmäßigem Bau, metastasierende Kolloidstruma; Parastruma; kleinalveoläre großzellige Struma. Selbst von Albertini (1955) verwendet noch die alten Bezeichnungen metastasierendes Adenom und malignes Papillom. Neben Metastasen begründen heute infiltratives Wachstum und Gefäßeinbrüche die Einordnung als hochdifferenzierte Karzinome follikulärer oder papillärer Bauart auch bei völlig ausgereiftem Aufbau mit der entsprechenden Konsequenz ihrer radikalen operativen Entfernung.

In den fünfziger Jahren gingen wesentliche Impulse der Krebschirurgie von den USA aus. Der Vorstellung folgend, daß eine Krebsoperation nur dann radikal ist, wenn keine einzige Tumorzelle im Organismus verbleibt, wurden, begünstigt durch die Fortschritte der Anästhesie und Intensivmedizin, die Operationen extrem ausgedehnt. Damit konnten für viele Organkrebse die Heilungsquoten deutlich erhöht werden. Bei jedem Schilddrüsenkrebs erfolgte neben der totalen Thyreoidektomie die radikale beidseitige neck-dissection. Große ablative Eingriffe bei Weichteil- und Knochensarkomen der Extremitäten bis zur Schultergürtelresektion (Abb. 10) und Hemipelvektomie verbesserten die Fünfjahresüberlebensquoten bis auf 30 bis 40 % gegenüber weitaus schlechteren Ergebnissen in Europa, wo zu dieser Zeit bei Knochensarkomen die Strahlentherapie dominierte und höchstens 5 % der Patienten überlebten. In Einzelfällen wurde die Radikalität gesteigert bis zur Hemikorporektomie und relativ häufig auch zur Evisceration des kleinen Beckens (Abb. 11a und b). Bei jedem Magenkarzinom sollte grundsätzlich der gesamte Magen mit der Milz, anhängenden Lymphknoten und eventuell betroffenen Nachbarorganen entfernt werden. Die radikale Mastektomie nach Halsted wurde erweitert durch Entfernung der parasternalen Lymphknotenkette nach Rippenresektion.

Die meisten Krebspatienten, etwa 90 %, versterben im Falle eines ungünstigen Verlaufes oft nach erfolgreicher Entfernung des Primärtumors an den Folgen der Fernmetastasierung. Die möglichst frühzeitige Erkennung von Metastasen beeinflußt wesentlich das therapeutische Procedere. Die wiederholt zitierte Vorstellung über das Wachstum und die Ausbreitung einer bösartigen Geschwulst: örtlicher Tu-

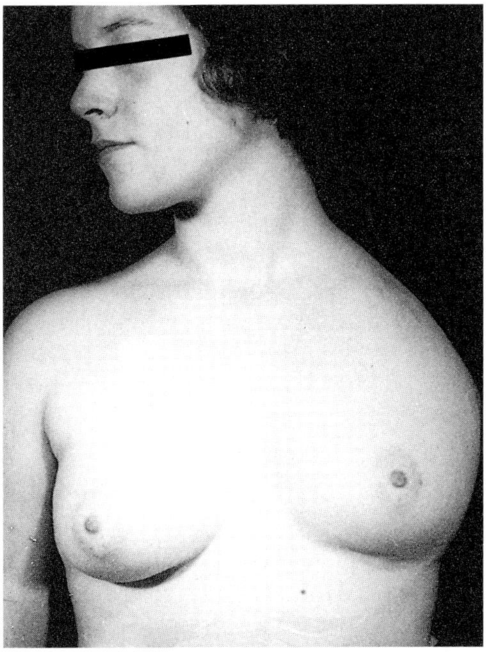

Abb. 10: Zustand nach Schultergürtelresektion wegen Knochensarkoms im Humeruskopf; vieljähriges Überleben ohne Rezidiv.

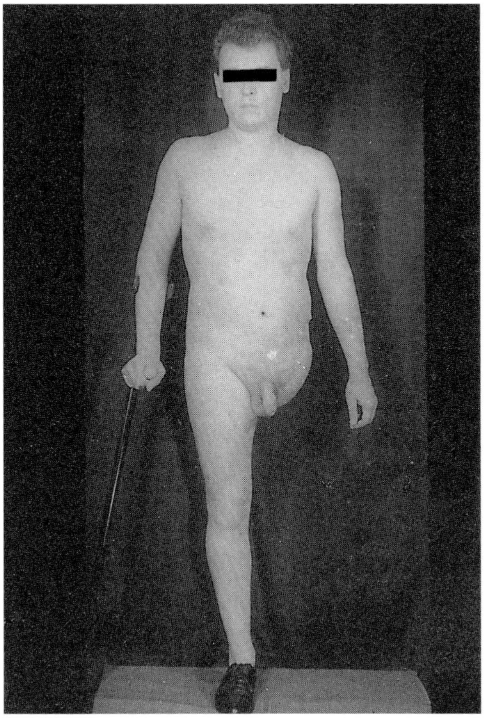

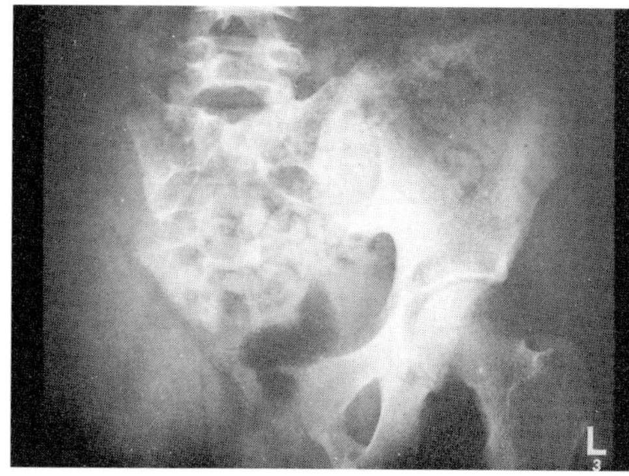

Abb. 11: Zustand nach Hemipelvektomie wegen eines Weichteilsarkoms am proximalen Oberschenkel. – Röntgenbild des Beckens. Patient verstorben an Fernmetastasen.

mor – Ansiedlung in örtlichen Lymphknoten und erst dann Aussaat in den Organismus – gilt als überholt.

Wir wissen heute, daß ein maligner Tumor über viele Jahre besteht, bis er das Volumen einer Kirsche erreicht, eine Größe, die in den meisten Fällen eine Erkennung mit klinischen oder bildgebenden Verfahren ermöglicht. Während dieser Zeit streut der Tumor ständig Zellen in den Organismus aus (Abb. 12), die in den meisten Fällen zugrunde gehen als Folge mangelnder Ernährung oder durch die immunologische Tumorzellabwehr. Wüchsen alle ausgestreuten Tumorzellen immer zu Metastasen aus, wäre eine Heilung eines bösartigen Tumors von vornherein ausgeschlossen. Aber sie bilden auch die Keimzellen für Fernmetastasen. Es gelingt leicht, solche Tumorzellen mit immunhistochemischen Methoden zum Beispiel im Knochenmark nachzuweisen (Abb. 13).

K. H. Bauer, der berühmte Heidelberger Krebschirurg und Initiator des Deutschen Krebsforschungszentrums, irrte, wenn er noch 1963 in der zweiten Auflage seines Werkes: «Das Krebsproblem» schrieb: «Krebszellabwehr ist kein naturwissenschaftlich erwiesener Naturvorgang, sondern ein aus teleologischem Mystizismus abgeleitetes Wunschtraumpostulat.» Je größer der Primärtumor, um so mehr Tumorzellen werden ausgestreut und um so höher ist die Gefahr ihres Auswachsens zu Tochtergeschwülsten. Ein englischer Pathologe formulierte treffend: «Wir schließen oft erst die Stalltür, wenn das Pferd längst durchgegangen ist.» Diese Erkenntnisse bestätigen die klinische Erfahrung, daß allein durch die lokoregionale Ausdehnung der

Operation, also eines ultraradikalen örtlichen Eingriffes, der Eintritt des Todes eines Patienten an den Folgen der Fernmetastasierung nicht beeinflußt werden kann. Die *Metastasierung* vollzieht sich in 4 Phasen:

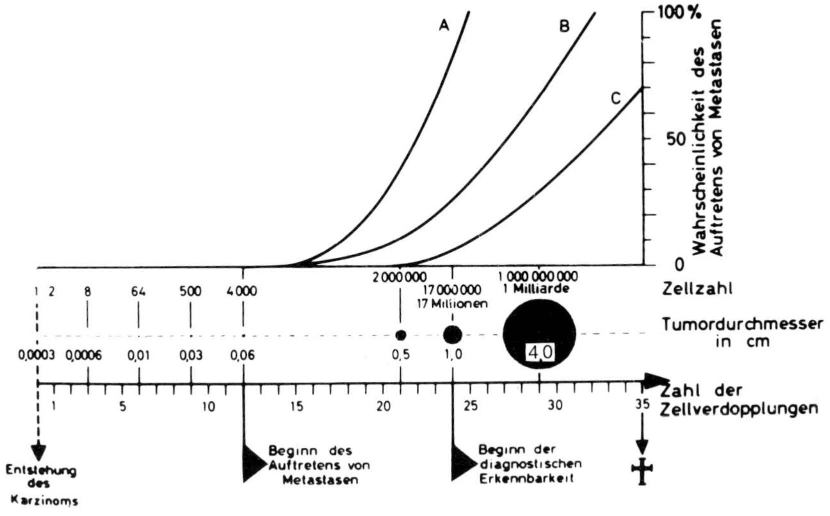

Abb. 12: Schematische Darstellung von Krebswachstum und Tumorzellaussaat; A Bronchialkarzinom; B Mammakarzinom; C Hypernephroides Karzinom

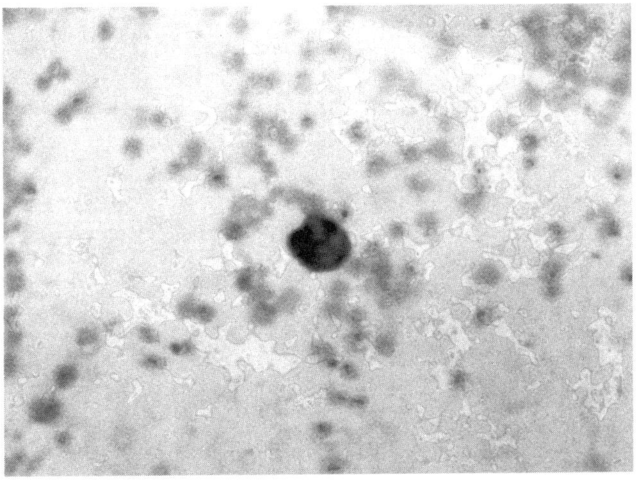

Abb. 13: Immunhistochemischer Nachweis von Karzinomzellen im Knochenmark.

1. *Ablösung der Tumorzellen aus dem Zellverband*

Vom Grad der Tumorzellproliferation, ausgedrückt durch die Tumorverdopplungszeit, die von Tumor zu Tumor erheblich schwankt, hängt die Zahl der am Tumorrand vorhandenen vitalen Zellen ab. Die Tumorverdopplungszeit resultiert aus dem Proliferationsgrad der Geschwulstzellen, dem Verhältnis der aktiven zu allen Krebszellen, der Dauer des Zellteilungszyklus und der Verlustquote an Geschwulstzellen. Betrüge diese 100 %, träte eine spontane Heilung ein. Tumorzellen neigen zur Zelldissoziation, und sie besitzen die Fähigkeit zur amöboiden Beweglichkeit, woraus ihre mangelnde Kohärenz resultiert. Durch enzymatische Auflösung des Kollagens in der Basalmembran der umgebenden Kapillaren gelangen die verformbaren Tumorzellen in das Gefäßlumen. Am histologischen Präparat ist der Durchbruch durch die Basalmembran als Übergang eines in situ wachsenden zum infiltrierenden und metastasierenden Karzinom sichtbar. Für das Überleben von ausgeschwemmten Tumorzellen spielt ihre Zellmembran eine wesentliche Rolle. An ihr sitzen sowohl Antigene, die mit dem Abwehrmechanismus des Organismus reagieren, als auch zellspezifische Rezeptoren, die den Zellzyklus, die Vermehrung und das soziale Verhalten der Tumorzellen regeln. Es gelingt im Experiment, Membrankomponenten stark metastasierender Zellen in nicht oder nur gering metastasierende einzubauen und damit die Fähigkeit zur Metastasierung zu erhöhen oder umgekehrt.

Die Tumorzellen vermögen Abwehrmechanismen des Organismus auszuschalten durch Neutralisation zytotoxischer Antikörper und zytotoxischer Lymphozyten. Das Versagen der immunologischen Kontrolle über das Weiterwachsen ausgestreuter Tumorzellen erklärt die Änderung der Expression von neuen Antigenen an der Zelloberfläche bei bestimmten Subpopulationen von Tumorzellen, oder diese Zellen sind so wenig immunogen, daß sie nicht als fremd erkannt werden. Die Expression von Tumorantigenen auf der Zelloberfläche ist um so geringer, je schneller ein Tumor wächst. Schließlich gibt es im Serum blockierende Faktoren im Sinne eines immunologischen Enhancements, die die zelluläre Abwehr verhindern. Die Ausstreuung von Tumorzellen kann durch Druck auf den Tumor, zum Beispiel bei der Operation, erhöht werden. Deshalb müssen zum Beispiel bei der Operation von Kolonkarzinomen vor der Mobilisation des tumortragenden Darmsegments erst die zugehörigen Blutgefäße unterbunden werden. Durch diese No-touch-Isolationstechnik konnte Turnbull die Überlebensquoten um 20 % verbessern.

2. *Verschleppung abgelöster Tumorzellen*

Für die Verschleppung abgelöster Tumorzellen auf dem Blutwege stellte Walther Metastasierungstypen auf (Abb. 14), deren Kenntnis für die Ausbreitungsdiagnose eines Tumors wesentlich ist. Die von Bross aufgestellte Kaskadentheorie der Metastasierung besagt, daß der Metastasierungsvorgang kaskadenartig, das heißt schrittweise abläuft und die Metastasen im ersten Filterorgan für die Metastasierung in das zweite Filterorgan beziehungsweise die des zweiten für die Metastasierung in das dritte Filterorgan verantwortlich sind. So ist zum Beispiel beim Kolonkarzinom zuerst mit Leber- und erst dann mit Lungenmetastasen zu rechnen (Abb. 15). Die Kaskadentheorie erklärt die erfolgreiche operative Entfernung von Metastasen in Leber und Lunge mit Fünfjahresüberlebensquoten bis zu 30 %. Voraussetzung für

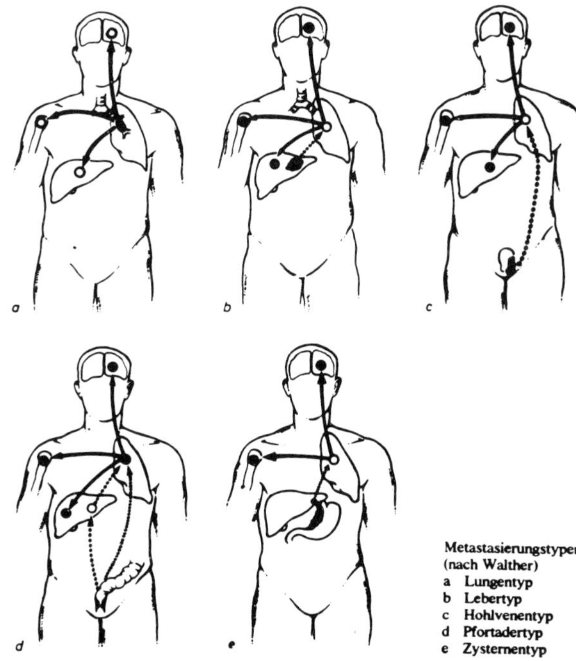

Abb. 14: Metastasierungstypen nach Walther

die kurative Metastasenchirurgie bilden: völlige Entfernung des Primärtumors, die Metastasen liegen in Schlüsselorganen, es finden sich keine weiteren Fernmetastasen, das Operationsrisiko ist vertretbar. Nur Metastasen außerhalb der Schlüsselorgane im großen Kreislauf zeigen die Generalisation an. Eine Fernmetastasierung bedeutet somit nicht grundsätzlich Unheilbarkeit bei Generalisierung des Krebsleidens, und Fernmetastasen haben in Abhängigkeit von ihrer Lokalisation eine unter-

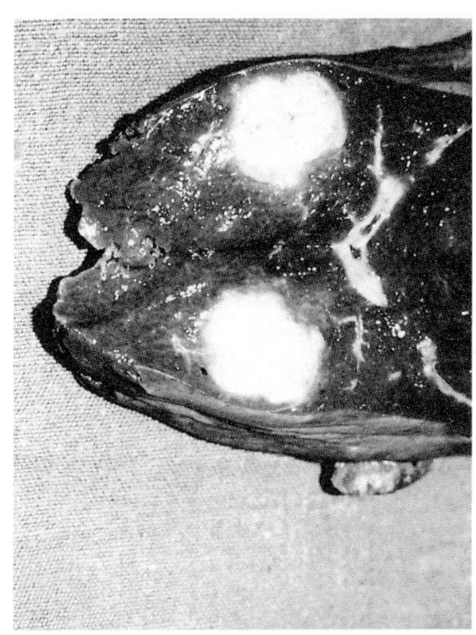

Abb. 15: Leberteilresektion mit Metastase eines Kolonkarzinoms

schiedliche onkologische Bedeutung. Darüber hinaus gibt es eine Organ- beziehungsweise Gewebsaffinität von Metastasen. Krebszellen besitzen offenbar organspezifische Rezeptoren.

Die Tumorzellverschleppung auf dem Lymphweg erfolgt meist regelrecht von einem Lymphknoten zum anderen. Umwege, Scipmetastasen, sind selten. Die Zellen treten in die subkapsulären Sinus ein, gelangen von dort in die intermediären Sinus, die kortikale Pulpa, die medullären Sinus, und sie verlassen die Lymphknoten über efferente Bahnen. Lymphknoten stellen für Tumorzellen keine Filter dar. Negative örtliche Lymphknoten schließen eine Fernmetastasierung nicht aus. Trotzdem besitzen örtliche Lymphknotenmetastasen große prognostische Bedeutung, da sie als Ausdruck der Abwehrschwäche des Wirts gelten gegenüber der Größe des Primärtumors und der gesamten Tumorzellmasse.

3. *Auswachsen der Tumorzellen in Organen*

Der Austritt der Tumorzellen aus der Strombahn vollzieht sich in drei Stufen: Haftung am Gefäßdothel, Auflösung der Basalmembran und Durchwanderung der Basalmembran. Die Tumorzellen umgeben sich mit Thrombozyten und Fibrin. Faktoren, die die Gerinnbarkeit des Blutes steigern, fördern die Metastasenbildung; umgekehrt gelingt es mit Antikoagulantien, die Tumorzellaggregation zu verhindern und die Metastasenbildung zu reduzieren. Cortison, Traumatisierung des Gewebes und vieles andere erhöhen die Gerinnungstendenz des Blutes und steigern die Haftungstendenz von Tumorzellen. Hat eine Tumorzelle die Basalmembran eines Gefäßes durchdrungen, löst sie durch einen Tumorangiogenesefaktor die Ausbildung einwuchernder Gefäße aus. Erreicht sie keinen Anschluß an das Gefäßsystem, geht sie zugrunde. Eventuell können Tumorzellen über Jahre im Gewebe liegenbleiben (schlafende Tumorzellen), ehe sie dann plötzlich zu Metastasen auswachsen (Spätmetastasierung).

Das Ausbleiben der Zellteilung (GO-Phase), eine langsame Zellteilung oder eine normale Teilung bei erhöhtem Zelluntergang erklären diesen am häufigsten beim Mammakarzinom manchmal über viele Jahre währenden Stillstand des Wachstums, bis durch Ausfall der Immunüberwachung, Einwirkung äußerer oder hormoneller Einflüsse oder durch Bildung neuer Zellklone plötzlich eine erneute, dann rasch zur klinisch-manifesten Metastasierung führende Zellproliferation einsetzt.

4. *Vermehrung der Krebszellen und ihr Auswachsen zu klinisch faßbaren Metastasen*

Tumortyp, Differenzierungsgrad, Tumorgröße, Wachstumstempo, Invasivität, Lebensalter des Patienten und die Abwehrlage des Organismus beeinflussen wesentlich die Ausbildung von Fernmetastasen. Auch histologisch gleichartig aufgebaute Geschwülste können sich durch Heterogenität im Verhalten ihrer Zellen unterscheiden. Diese Heterogenität gründet sich auf Unterschiede der einen Tumor aufbauenden Zellklone, in der Proliferationskinetik, dem DNS-Gehalt, der Antigenität der Tumorzellen und dem Rezeptorgehalt. Diese Tumorheterogenität besitzt wesentliche klinische Relevanz durch Unterschiede in der Chemosensibilität der einzelnen Zellklone, im Gehalt an Tumormarkern und in der Reaktion mit monoklonalen Antikörpern. Unter dem Einfluß der Chemotherapie, aber auch spontan können auf Grund der genetischen Instabilität der Tumorzellen neue Zellklone entstehen. Die Veränderung des Zellverhaltens erklärt zum Beispiel das seltene Phänomen der Ausreifung hochmaligner Neuroblastome zu gutartigen Ganglioneuromen beziehungsweise der Ausreifung von Metastasen embryonaler Hodenkarzinome unter der Chemotherapie.

Die frühzeitige Generalisation einer Geschwulsterkrankung begründete die Annahme, daß das Schicksal eines Krebspatienten zum Zeitpunkt der Diagnose festgelegt sei, unbeschadet der Ausdehnung der Therapie. Basierend auf der Tatsache, daß der Organismus aber in der Lage ist, eine Tumormasse bis zu einem Milligramm zu vernichten, besteht die Aufgabe der operativen Krebsbehandlung darin, alles mit dem Messer erreichbare Geschwulstgewebe zu entfernen. Jeder bei der Operation zurückgelassene Mikrometastasen enthaltende Lymphknoten und jedes in situ verbliebene Tumorzellnest nahe am Schnittrand verringern die Aussicht auf eine endgültige Heilung. Örtliche Tumorrezidive sind oft Folge einer unradikalen Operation des Primärtumors. Oft gilt: Ist erst einmal ein örtliches Rezidiv entstanden, folgt bald die klinisch manifeste Generalisation.

Aus solchen Überlegungen resultiert die Frage nach der obligatorischen elektiven Dissektion des örtlichen Lymphabflußgebietes. Bereits 1906 schrieb Lord MOYNIHAN:

> We have not yet sufficiently realized that the surgery of malignant disease is not the surgery of organs, it is the anatomy of the lymphatic system. – One more lymphnode dissection would cure more cancers.

Krebschirurgie ist die Chirurgie des Lymphabflußgebietes. Die örtlichen Lymphknoten stellen, wie oben ausgeführt, keine Filter dar. Die Absiedlung von Krebszellen gilt als Ausdruck der massiven Überschwemmung des Organismus mit Tumorzellen und der herabgesetzten Abwehrlage, worauf sich die Bedeutung von Lymphknotenmetastasen als ein wesentlicher prognostischer Faktor gründet. Lymphknotenmetastasen geben Auskunft über die Tumor-Wirts-Beziehungen. Die Forderung nach einer elektiven Lymphknotendissektion mono-bloc mit dem Primärtumor wird folgendermaßen begründet: Die Entfernung eventueller Mikrometastasen reduziert die Gesamttumormasse. Eine adjuvante Chemotherapie beruht auf dem Nachweis von Lymphknotenmetastasen. Die Einschränkung locoregionaler Operationen ist mit einer hohen Quote an örtlichen Rezidiven belastet. Die Entfernung histologisch negativer Lymphknoten beinhaltet keine Minderung der zellulären Abwehr. Der einzige Nachteil einer routinemäßigen Lymphknotendissektion liegt in der höheren Quote postoperativer Ödeme an der betroffenen Extremität. Verbesserte Kenntnisse in der Tumorbiologie erlauben einen Verzicht auf die elektive Lymphknotendissektion. Dies betrifft zum Beispiel bestimmte Weichteilsarkome, die kaum in die örtlichen Lymphknoten metastasieren. Das gleiche gilt für maligne Melanome bis zu einer Tumordicke von 0,75 mm. Die Entfernung des Lymphabflußgebietes ist aber obligatorisch bei den meisten Organkarzinomen, z. B. bei Mammakarzinom, gastrointestinalen Karzinomen, Bronchialkarzinomen, Schilddrüsenkarzinomen und Karzinomen der weiblichen und männlichen Genitalien.

Eingeschränkte Operationsradikalität – Beachtung der Lebensqualität

Im letzten Jahrzehnt fand die Forderung nach Erhaltung der Lebensqualität der Patienten zunehmende Beachtung mit dem Rat, die Auswirkungen und die Effektivität ultraradikaler Eingriffe zu überdenken. Ein durch den Tumor bedingter pathologischer Zustand darf nicht durch die Operation in einen gleichen therapiebedingten Zustand umgewandelt werden, ohne einen lebenswerten Lebensabschnitt zu gewinnen. Eine Krebsoperation soll so radikal wie notwendig, aber so schonend wie möglich sein. So traten beim Mammakarzinom anstelle der verstümmelnden Mastektomie nach Halsted schonendere Verfahren bis zur Brusterhaltung. Weichteilsarkome werden unter Verzicht auf eine Amputation weit im Gesunden exstirpiert. Auch Knochensarkome erfordern nicht grundsätzlich die Opferung der erkrankten Extremität. Der tumortragende Knochenteil wird reseziert, der Defekt durch eine Prothese überbrückt und so die Gebrauchsfähigkeit erhalten (Abbildungen 16–20). Solche Extremitäten schonenden Verfahren führen in der Regel nur unter breitem Einsatz von Strahlen und/oder Chemotherapie zum Erfolg. Die Extremitätenperfusion und Verabreichung hochdosierter Chemotherapeutika mit Hilfe der Herzlungenmaschine und vorübergehender Unterbrechung des natürlichen Kreislaufes bildet eine erfolgreiche Methode im Rahmen einer solchen Zusatztherapie (Abb. 21). Die Forderung nach Erhaltung der Lebensqualität des Patienten unterstreicht die

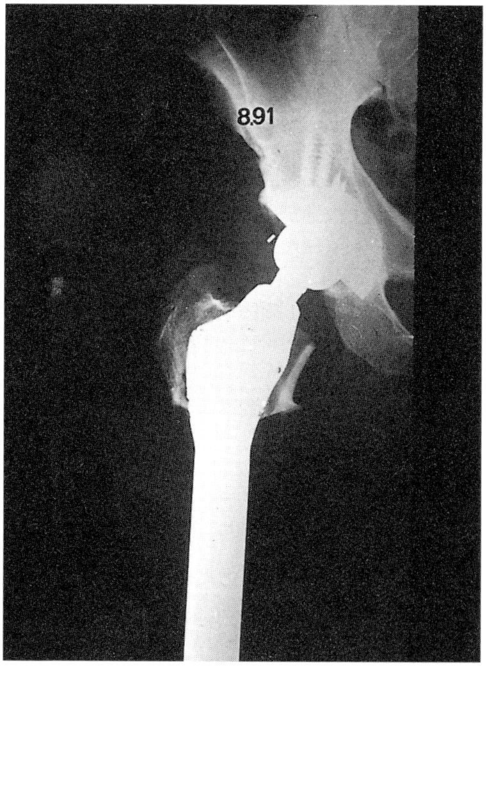

Abb. 16: Ersatz des proximalen Oberschenkels bei Knochensarkom durch Hüftendoprothese mit langem Oberschenkelschaft

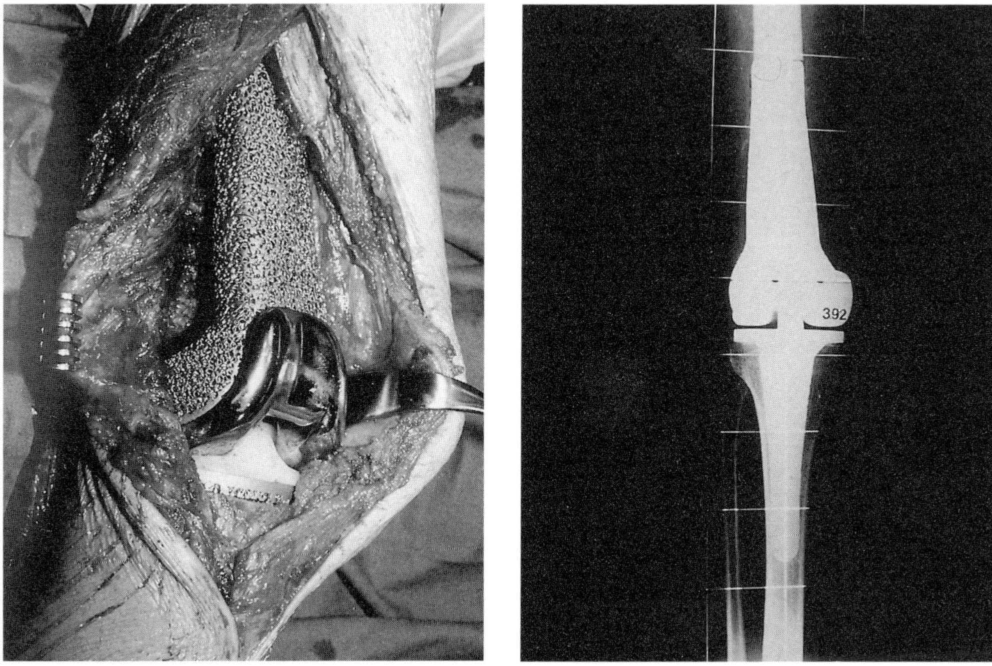

Abb. 17: Ersatz des distalen Femur und des Kniegelenkes bei Knochensarkom; a) Implantation der Prothese; b) Röntgenbild

Wahl des Leitthemas des Kongresses der Deutschen Gesellschaft für Chirurgie 1994: «Die Ambivalenz des Fortschrittes – ist weniger mehr?»

Die Einschränkung der Radikalität einer Krebsoperation geht stets mit der Gefahr der Ausbildung eines örtlichen Rezidivs einher (Abb. 22). Die Vermeidung eines örtlichen Rezidivs durch eine verstümmelnde radikale Operation mit der Aussicht auf Heilung des Patienten einerseits und die Erhaltung der Lebensqualität unter Einschluß der Gefahr, die Chance zum Überleben zu verspielen, andererseits scheinen sich diametral entgegenzustehen. Aus diesem Widerspruch resultiert die Aufgabe der modernen Krebschirurgie, nach prognostischen Parametern zu suchen, die eine adäquate Entscheidung im Einzelfall gestatten.

An den Beispielen des Brust- und Magenkrebses soll die Entwicklung der Therapie bösartiger Geschwülste seit dem vorigen Jahrhundert aufgezeigt werden.

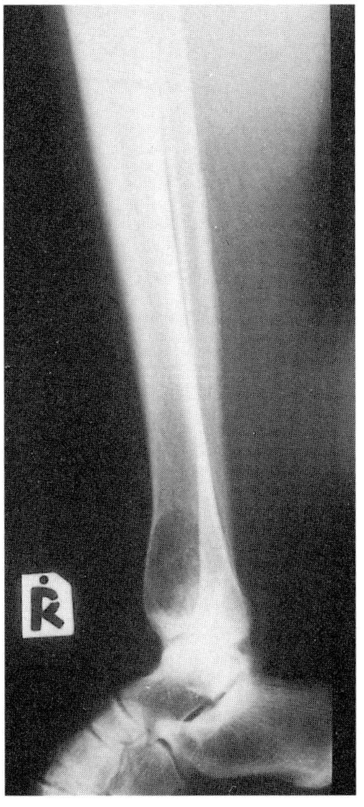

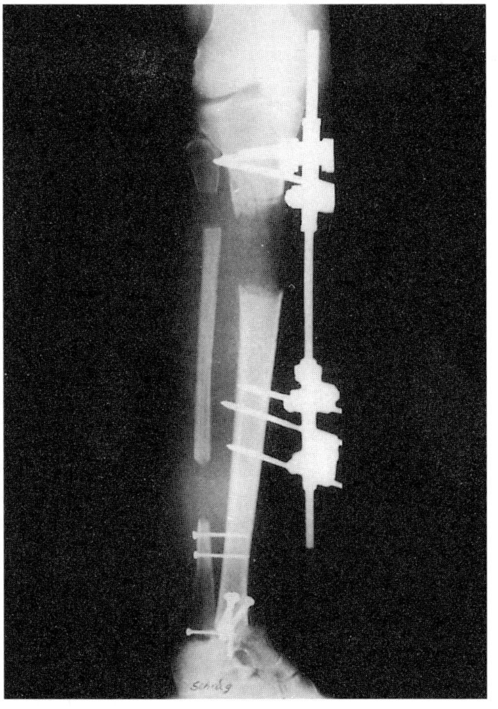

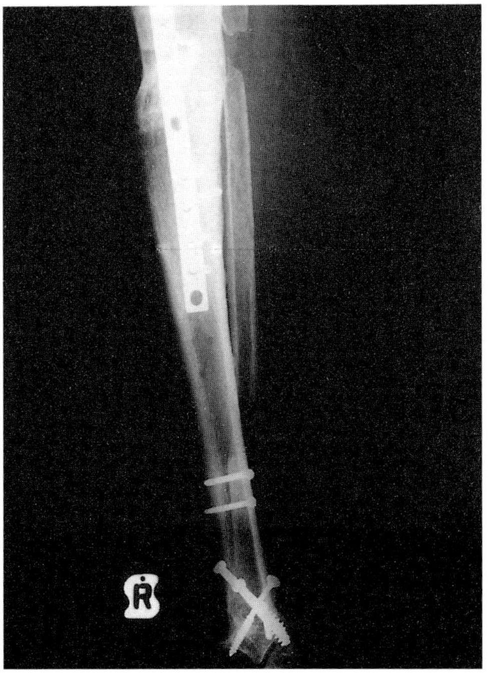

Abb. 18: a) Rezidiv eines Riesenzellfibroms in der distalen Tibiaepiphyse; b) Zustand nach Resektion der distalen tumortragenden Tibia und Arthrodese des oberen Sprunggelenkes, Osteotomie der proximalen Tibia mit allmählicher Extension bei gleichzeitiger spontaner knöcherner Überbrückung des Defektes; c) stabile Osteosynthese und knöcherne Überbrückung

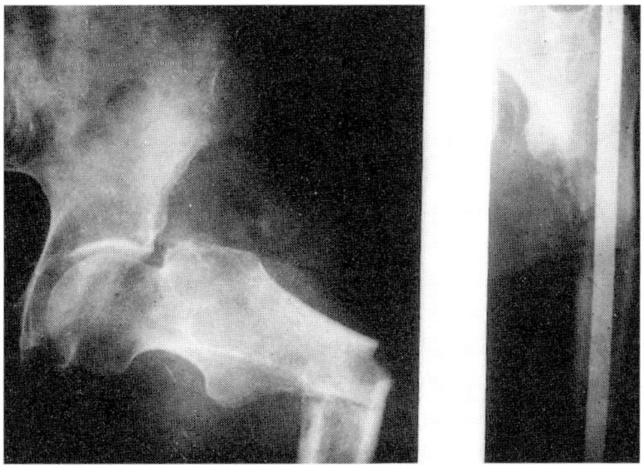

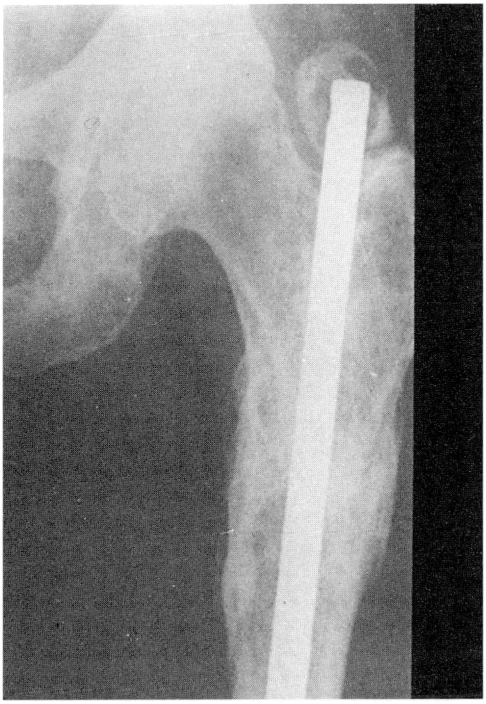

Abb. 19: Interdisziplinäre Behandlung einer Spontanfraktur im proximalen Oberschenkel,
a) Fraktur und Küntschernagelung;
b) Ausheilung nach Strahlen- und Chemotherapie

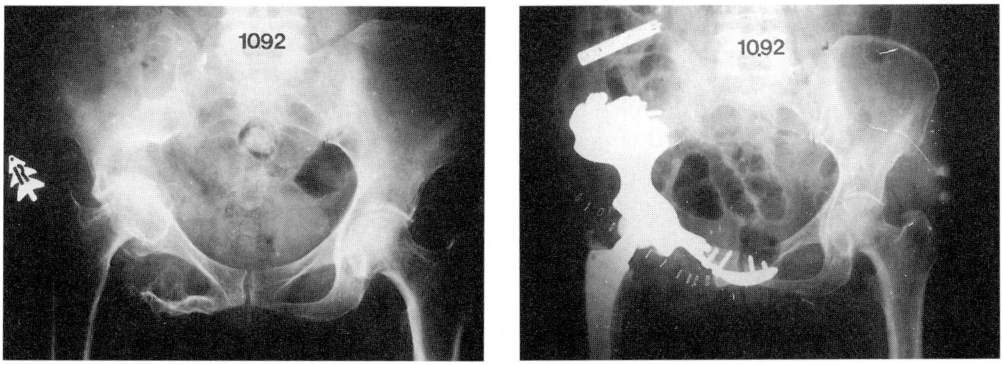

Abb. 20: a) Ausgedehnte Beckenmetastase eines differenzierten Schilddrüsenkarzinoms nach intensiver Behandlung mit J^{131}; b) Beckenteilresektion und plastischer Ersatz

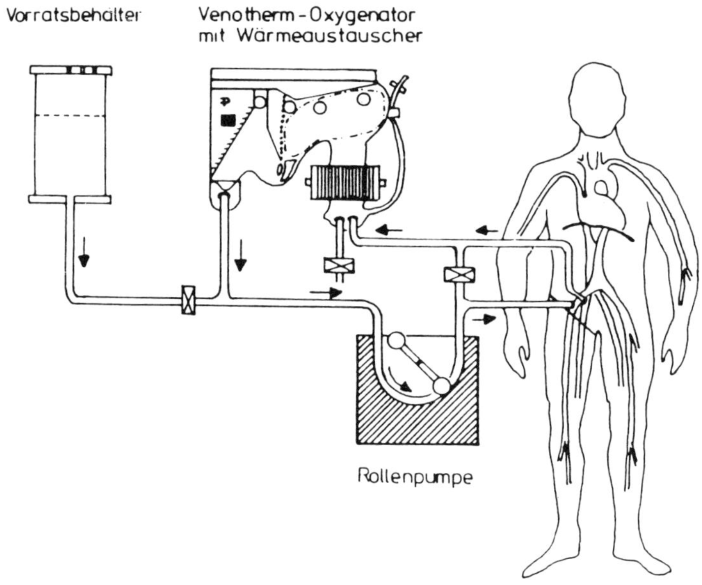

Abb. 21: Schema der Extremitätenperfusion mit hochdosierten Chemotherapeutika; Einsatz der Herz-Lungen-Maschine nach Unterbrechung des Kreislaufes der betroffenen Extremität

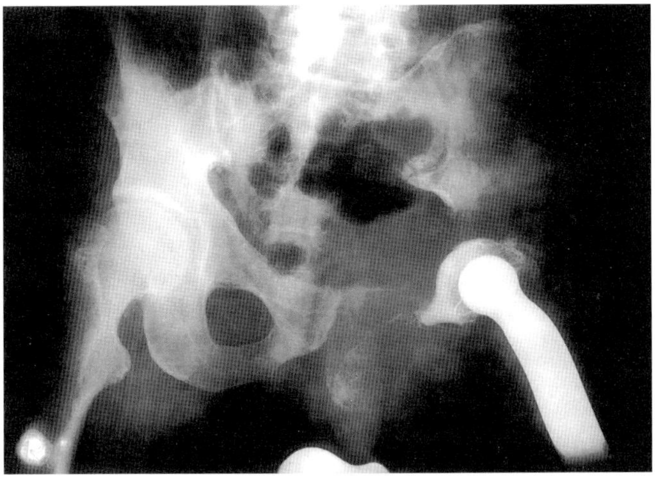

Abb. 22: Ausgedehntes Tumorrezidiv mit Teilzerstörung des Beckens nach Resektion des proximalen Oberschenkels und Prothesenimplantation

Mammakarzinom

Das Mammakarzinom ist heute in den westlichen Industrienationen der häufigste Organkrebs beim weiblichen Geschlecht (Abb. 23). Die stete rasche Zunahme der Neuerkrankungen dokumentieren folgende Zahlen: USA (1989) 142 000; (1993) 183 000; damit wird in den USA nicht mehr jede zehnte, sondern bereits jede achte Frau in ihrem Leben an Mamma-Karzinom erkranken. Im ostdeutschen Krebsregister wurden zuletzt (1987) 6731 Neuzugänge registriert, und 2 706 Frauen verstarben (1986) an Mammakarzinom. Entsprechende Zahlen in der Altbundesrepublik lauten (1991) 34 600 Neuzugänge und (1991) 15 155 Todesfälle. 1993 starben 46 000 Frauen in den USA an Brustkrebs. Brustkrebs bildet für Frauen zwischen dem 35. und 50. Lebensjahr die häufigste Todesursache.

Bereits bei Kleinschmidt (1927) findet sich der Hinweis, daß 1894 die Zahl der beobachteten Fälle an Mammakarzinom viermal so hoch war wie 50 Jahre zuvor und daß zu dieser Zeit das Mammakarzinom nach dem Gebärmutterhalskrebs an zweiter Stelle stehe. In Anbetracht der hohen Quote an Fehldiagnosen und des Fehlens eines Tumorregisters gibt es keine exakten Angaben über Tumorhäufigkeiten aus früherer Zeit. Kleinschmidt nennt für das eigene Krankengut bei metastasenfreien Patienten eine Dauerheilungsquote von 60 bis 80 %. Die relative Fünf- und Zehnjahresüberlebensrate beträgt in den USA 73 % beziehungsweise 60 % (Diagnosestellung zwischen 1973 und 1975); im ostdeutschen Krebsregister, das die gesamte Bevölkerung weitgehend lückenlos erfaßte, liegt die relative Fünfjahresüberlebensrate bei 62 %.

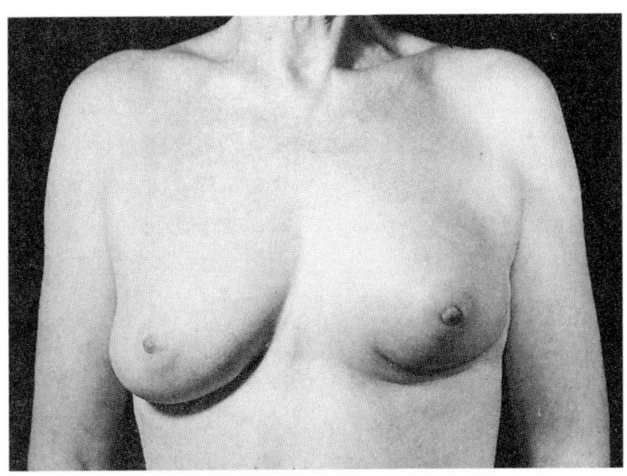

Abb. 23: Typischer klinischer Aspekt bei fortgeschrittenem Mammakarzinom: Hochstand der Mamille, Einziehung der Brust (vgl. Abb. 1 und 2)

Das Mammakarzinom gehört aufgrund der leichten Zugänglichkeit zu den am längsten bekannten Organkrebsen, und seit der Antike wurde die Entfernung der Brust immer wieder beschrieben und in Einzelfällen wohl auch ausgeführt. Nachdem Narkose und Antiseptik routinemäßiges Operieren erlaubte, blieben die Ergebnisse der Brustkrebschirurgie weiter unbefriedigend mit nur 4,7 % Rezidivfreiheit für drei Jahre (Winniwarter 1867–1876). Sir James Paget, der lediglich eine Tumorektomie ausführte, schrieb 1863:

> In deciding for a against the removal of a cancerous breast in any single case, we may, I think, dismiss all hope that the operation will be the final remedy for the disease.

Basierend auf der Vorstellung einer kontinuierlichen Ausbreitung des Krebses, vom Primärtumor zunächst Befall der örtlichen Lymphknoten und darauf folgend die Generalisation mit Fernmetastasen, begründeten Rotter (1889) und insbesondere Halsted (1889, veröffentlicht 1894 – Abb. 24a und b) ihre radikale Operation des Mammakarzinoms: weite Umschneidung der Brustdrüse, Mitnahme der gesamten Brustmuskulatur, der Faszie des M. rectus, M. serratus und M. subscapularis sowie Dissektion der Axilla. Eine Senkung der örtlichen Tumorrezidive, von vielen bestätigt (Gulecke 1901, dreijährige Rezidivfreiheit 28,8%; Boss 1921, dreijährige Rezidivfreiheit 53%) schien die Richtigkeit des radikalen Eingriffs zu bestätigen. Die Überlebensquoten blieben aber trotzdem unverändert schlecht. Die Patienten verstarben an Fernmetastasen. Von Halsted wurde deshalb gesagt: «He was right for the wrong reason.» Dennoch sprach die Tatsache von vielen Krebsheilungen allein durch eine örtliche radikale Operation gegen eine frühzeitige Generalisation, und K. H. Bauer verneinte bis zuletzt die Möglichkeit einer Tumorzellvernichtung durch das Immunsystem.

Als regionäre Lymphknoten gelten die axillären, interpectoralen und ipsilateralen retrosternalen Lymphknoten. Die Metastasierung hängt ab von der Lokalisation und der Größe des Primärtumors. Sind axilläre Lymphknoten befallen, ist in 20% auch mit einer Beteiligung der interpectoralen Lymphknoten zu rechnen. Fehlen axilläre Lymphknotenmetastasen, sind die homolateralen retrosternalen Lymphknoten je nach Tumorsitz in 40% beziehungsweise in 13% befallen. Bei positiven axillären Lymphknoten steigt die Beteiligung der retrosternalen Lymphknoten auf 25% bzw. 50% je nach Tumorlokalisation. Basierend auf diesen Kenntnissen und in dem Bestreben, locoregional so radikal wie möglich zu operieren, wurde um 1950 die Halstedsche Mastektomie erweitert durch die gleichzeitige Dissektion der retrosternalen Lymphknoten. Die Rate der Komplikationen stieg, eine Verbesserung der Überlebensrate konnte ebenso wie zur Zeit Halsteds aber nicht erreicht werden.

Es gilt heute als gesichert, daß je nach Tumorverdoppelungszeit 10 bis 20 Jahre vergehen bis zur Entwicklung einer klinisch faßbaren Tumorgröße von einem Zentimeter Durchmesser. Schon in dieser präklinischen Phase werden ständig Tumorzellen in den Organismus ausgestreut. Die örtlichen Lymphknoten stellen keinen Filter dar. Die Absiedlung von Krebszellen in den örtlichen Lymphknoten und ihr Auswachsen zu Metastasen gilt als Ausdruck einer herabgesetzten Abwehr des Organismus und damit als prognostisch ungünstiges Zeichen. Dennoch lehrt die klinische Erfahrung, daß metastasenfreie axilläre Lymphknoten die Entwicklung von Fernmetastasen nicht ausschließen und daß auch bei 60 bis 70% der radikalbehandelten Patientinnen nach einem klinisch tumorfreien Intervall sich in den folgenden 20 Jahren Fernmetastasen entwickeln.

Ebenso wie das Wachstum eines invasiven Karzinoms bis zur klinisch faßbaren Größe viele Jahre beansprucht, bestehen präkanzeröse Veränderungen lange Zeit in der Brust. Es handelt sich um alle atypischen Epithelproliferationen bei Mastopathie, Papillomatose der kleinen Milchgänge sowie um das Carcinoma lobulare in

THE RESULTS OF OPERATIONS FOR THE CURE OF
CANCER OF THE BREAST PERFORMED AT
THE JOHNS HOPKINS HOSPITAL
FROM JUNE, 1889, TO JANU-
ARY, 1894

BY WILLIAM S. HALSTED, M. D.,

Of Baltimore,

Professor Of Surgery In Johns Hopkins University

In fifty cases operated upon by what we call the complete method we have been able to trace only three local recurrences.

Local recurrence is a return of the disease in the field of operation, — in the apparent or buried scar. The more extensive, therefore, the operation the more liberal our interpretation of local recurrence. Until it became the custom to remove in every case the contents of the axilla, a local recurrence was understood to be a return of the cancer in the apparent scar; but now that we regularly clean out the infraclavicular and usually the supraclavicular region and remove a part, at least, of the pectoralis major muscle, a return of the disease in any part of the explored regions should be considered a local recurrence. As regionary recurrence Billroth

a

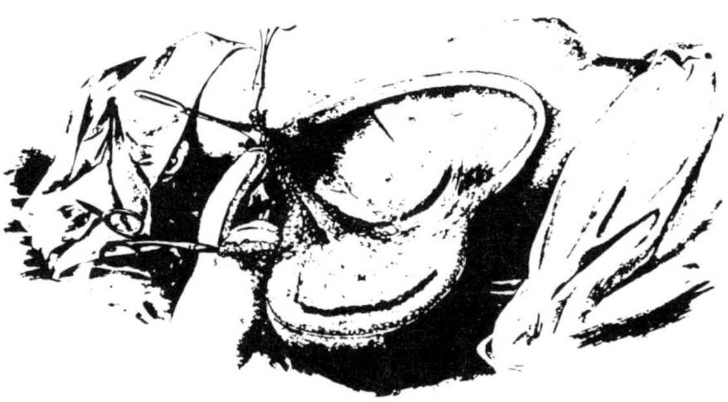

b

Fig. 8. Reproductions from original illustrations used by Halsted showing wide excision of skin (A) to prevent local recurrence and the radical nature of the mastectomy (B) which he practiced. (By permission of the original publishers.)

Abb. 24: a) Veröffentlichung Halsteds 1894; b) Operationsskizze situ. Broders prägte zuerst 1932 den Begriff in situ Carcinom, und Foote und Stewart beschrieben 1941 das Carcinoma lobulare in situ. Aber erst in den siebziger Jahren wurde die Bedeutung dieser morphologischen Entitäten erkannt.

Nicht invasive intraductale oder lobuläre Karzinome besitzen histo- und zytopathologische Kriterien der Malignität. Sie haben die natürlichen Grenzen in Gängen und Läppchen aber nicht verlassen, und sie greifen unter Zerstörung des ortsständigen Epithels auf unbeteiligte Gangsegmente oder Lobuli über. Das Carcinoma ductale in situ entsteht in kleinen Gängen in allen Quadranten häufig in Verbindung mit einer Mastopathie. Es wächst in 35 % der Fälle multizentrisch, in 10 bis 20 % bilateral. Nur sorgfältige histologische Untersuchung schließt den Durchbruch der Basalmembran als Voraussetzung einer möglichen Metastasierung aus. Nach 10 Jahren hat sich bei 35 bis 40 % der Fälle ein invasives Karzinom entwickelt, worauf sich die meist ungünstigere Prognose gegenüber dem Carcinoma lobulare in situ begründet.

Das Carcinoma lobulare in situ tritt meist in der Prämenopause in 70 % multizentrisch und in 30 % bilateral auf. Nach 10 Jahren ist in 15 % ipsilateral, in 10 % kontralateral ein invasives Karzinom zu erwarten. Es ist aber auch eine spontane Rückbildung möglich, so daß Empfehlungen zur Behandlung variieren zwischen Abwarten unter strenger Kontrolle, einer subkutanen oder sogar bilateralen Mastektomie. Die Vorstufen invasiver Karzinome können mammographisch als zarte Verdichtungsherde mit Ablagerung von Mikrokalk in Form dichter polymorpher bizarr gestalteter Kalkkörner erkannt und durch gezielte Feinnadelpunktion eventuell morphologisch bestätigt werden. Neben dem Bemühen um eine möglichst frühzeitige Krebserkennung besitzen präkanzeröse Veränderungen und Carcinomata in situ Bedeutung bei brusterhaltenden Krebsoperationen, wo sie möglicherweise in situ verbleiben.

Die Erfahrung, daß eine Steigerung der operativen Radikalität im lokoregionalen Bereich zwar die Quote an örtlichen Rezidiven senkt, aber nicht die Entwicklung von Fernmetastasen reduziert, führte in Anbetracht der Bedeutung der Brust für die Psyche der Frau – wohl wesentlich beeinflußt von dem allgemeinen Bemühen um Erhaltung der Lebensqualität – zu Vorschlägen, die Radikalität in der operativen Behandlung des Mammakarzinoms einzuschränken und von der über Jahrzehnte geübten Halstedschen Operation und Nachbestrahlung abzugehen. Zunächst versuchte man auf eine Entfernung beider Brustmuskeln mit Nachbestrahlung zu verzichten (McWhirter). Bei der Operation nach Patey wird nur der kleine Brustmuskel reseziert, um eine sorgfältige Dissektion der Achselhöhle zu erreichen und interpectorale Lymphknoten mit zu entfernen. Bei der einfachen Mastektomie (Auchincloss-Madden) werden beide Brustmuskeln erhalten und so eine Deformierung des Reliefs der vorderen Thoraxwand bei besserer Beweglichkeit des Armes vermieden. Baclesse in Paris verzichtete sogar auf jede Operation und bestrahlte nur.

Nach dem 2. Weltkrieg wurden klinische Studien basierend auf randomisierten Vergleichen entwickelt. Beim Vergleich der einfachen Mastektomie mit Bestrahlung und der erweiterten radikalen Mastektomie ergaben sich in der Überlebensrate keine Unterschiede (KAAE und JOHANSEN 1959). In den siebziger und achtziger Jahren bewiesen umfangreiche Studien, daß nach Teilresektion der Brust in Form einer Quadrantektomie oder Segmentektomie und später nach einfacher Tumorexzision gleiche Überlebensraten zu erzielen sind (NSABP-Studie, FISHER und Mitarbeiter 1980: Vergleich zwischen radikaler Mastektomie, einfacher Mastektomie mit Bestrahlung und einfacher Mastektomie ohne Bestrahlung; Veronesi 1981: Vergleich zwischen Quadrantektomie mit Bestrahlung und radikaler Mastektomie; NSABP-Studie, Fisher 1989: Verzicht auf Bestrahlung nach Brusterhaltung erhöht die Rezidivquote). FISHER schreibt 1994:

> The NSABP trials provide the biological and clinical justification for relegating Halstedian principles of cancer surgery to the archives of history and for discarding breast removal as the primary therapy for breast cancer.

Die Entscheidung über das operative Procedere ist jeweils im Einzelfall zu treffen. Die Tabelle 1 gibt Auskunft über das unterschiedliche Vorgehen in einigen Ländern vor etwa 20 Jahren.

Tab. 1: Operationsmethoden beim Mammakarzinom (%) in verschiedenen Ländern (aus F. LINDER 1977)

Land	UK	USA	Au	CH	D
Supraradikale Operation	1	1	1	1	2
Klassische Radikaloperation	21	77	31	6	23
Modifizierte Radikaloperation	33	17	59	77,5	64
Einfache Mastektomie	41	5	1	11	7
Tumornukleation	5	–	4,5	–	1,5
Befragte Kliniken	415	92	84	80	418

Inzwischen wird ungefähr in der Hälfte der Fälle auf die Entfernung der erkrankten Brust verzichtet. Zur operativen Entfernung eines Mammakarzinoms stehen folgende Operationsverfahren zur Verfügung:

- Tumorexstirpation im Gesunden, eventuell mit spindelförmiger Exzision der darüberliegenden Haut (Lumpektomie);
- Segmentresektion;
- Quadrantektomie, ohne Relation zur Quadranteneinteilung der Brust wird etwa ein Viertel der Brust entfernt, bestehen Beziehungen zur Muskelfaszie, erfolgt eine Teilresektion der Brustmuskulatur. Die Verkleinerung der erkrankten Brust erfordert eventuell eine Korrektur der Gegenseite;
- subkutane Mastektomie, nach Korrektur der Haut erfolgt Implantation von Prothesen;
- einfache Mastektomie und modifizierte radikale Mastektomie mit ovalärer querer Umschneidung der Mamma bis zur Axilla;
- radikale Mastektomie (Rotter-Halsted), heute weitgehend verlassen;
- erweiterte radikale Mastektomie, gleichzeitige Entfernung der retrosternalen Lymphknotenkette, ebenfalls heute aufgegeben.

Stets erfolgt bei jeder Operation wegen eines Mamma-Karzinoms die sorgfältige Dissektion der Axilla. Mußte die Brust amputiert werden, kann in unmittelbarem Anschluß, besser aber, insbesondere bei örtlich fortgeschrittenen Tumorstadien, eine plastische Rekonstruktion der Brust erfolgen durch Implantation von Kunststoffprothesen. Fehlen ausreichende Weichteile, werden gestielte Hautlappen oder Hautmuskellappen für das Prothesenbett gebildet. Unter Berücksichtigung der Erfahrungen des Schrifttums ist die Erfüllung folgender Voraussetzungen für *brusterhaltende Operationen* zu fordern:

1. Die Tumorgröße soll zwei Zentimeter im Durchmesser nicht überschreiten. Wenige Ausnahmen bilden gut begrenzte (zum Beispiel zystische) Karzinome.
2. Multifokales Tumorwachstum, multiple Carcinomata in situ (Hinweis durch multiple Mikroverkalkungen im Mammogramm), eine Lymphangiosis carcinomatosa mit Gefäßeinbrüchen schließen eine Brusterhaltung aus.
3. Die Lokalisation der Karzinome im oberen äußeren Quadranten ist am günstigsten. Zentral liegende Karzinome erfordern eine Mastektomie.
4. Der Tumor ist beweglich gegenüber der Muskulatur und infiltriert nicht die darüber liegende Haut.
5. Die Brust muß groß genug sein, um ein Mißverhältnis zwischen Restbrust und Größe des erforderlichen Exzisates zu vermeiden.
6. Bei sehr großem Brustvolumen ist mit einer entstellenden Deformierung zu rechnen. Deshalb hat die Mastektomie mit Rekonstruktion den Vorzug.
7. Die Entfernung des Karzinoms erfolgt sicher im Gesunden. Der Abstand beträgt nach allen Seiten zwei Zentimeter von der makroskopisch erkennbaren Tumorgrenze. Die endgültige Entscheidung über die Brusterhaltung erfolgt erst nach histologischer Aufarbeitung der Operationspräparate.
8. Stets erfolgt die Axilladissektion unter Einbeziehung der Lymphknoten entsprechend Level I, II und partiell III.
9. Stets erfolgt die Bestrahlung der Restbrust.

In der Bundesrepublik werden heute etwa 50% der Mammakarzinome brusterhaltend operiert. In den USA bestehen große regionale Unterschiede. Im Memorial Hospital betrug der Anteil 1989 zum Beispiel 46% im Stadium I, 28% im Stadium II. Trotz gleicher Zehnjahresüberlebensquoten nach brusterhaltender beziehungsweise Radikaloperation ist eine kurzfristige Nachkontrolle der Patientinnen zu fordern, da Angaben über örtliche Rezidivtumoren in der erhaltenen Brust zwischen 5% und 20%, ja bis zu 59% schwanken. Tumorgröße über zwei Zentimeter Durchmesser, ausgedehnter Lymphknotenbefall, hoher Malignitätsgrad des Primärtumors, eine ausgeprägte mononukleare Zellreaktion als Ausdruck eines aggressiven Tumorwachstums, Alter der Patientin unter 30 Jahre begünstigen die Entstehung von Lokalrezidiven. Bei Veronesi (1981) stieg die Rezidivquote nach Lumpektomie gegenüber Quadrantresektion um das Dreifache. Örtliche Rezidive entstehen aus zurückgelassenen Tumorresten, aus Carcinomata in situ oder aus okkulten invasiven Mikrokarzinomen, die in 7% fernab von dem zur Operation führenden Karzinomen in Mastektomiepräparaten gefunden werden. Offenbar gelingt es, durch die postoperative Bestrahlung solche Veränderungen sowie interprectorale Lymphknotenmetastasen zu vernichten, sonst wäre eine noch viel höhere Rezidivquote zu erwarten.

Tritt ein Lokalrezidiv ohne nachweisbare Fernmetastasen nach Brusterhaltung auf, bildet die Salvage-Mastektomie die Therapie der Wahl. In Einzelfällen wird auch eine nochmalige örtliche Tumorausschneidung versucht. Die Zehnjahresüberlebensrate nach Salvage-Mastektomie liegt zwischen 50% und 57% (Osborne u. Simmons 1994). Diese Angabe steht im Widerspruch zu der Feststellung, daß Spätergebnisse nach Lumpektomie und Mastektomie gleich sind, denn die Zehnjahresüberlebensrate im Stadium I und II liegt höher. Sie beträgt (zum Beispiel bei Moore u. Kinne 1994) bei T_1N_0 83%, T_1N_1 (ein Lymphknoten + 71%, zwei Lymphknoten + 62%, mehr als vier Lymphknoten positiv 47%). Die Erfahrungen der Studien belegen, daß ein Lokalrezidiv in der Restbrust nicht den gleichen ungünstigen prognostischen Wert besitzt wie ein Brustwandrezidiv nach Mastektomie. Es ist aber nicht auszuschließen, daß die verbliebene Tumormasse die Entstehung von Fernmetastasen begünstigt und damit eine endgültige Heilung ausschließt. Die Angst vor einem Lokalrezidiv und die Belastungen der kurzfristigen Nachkontrollen nach Brusterhaltung bedingen, wie eine Befragung ergab, fast die gleiche psychische Belastung der Patientinnen wie der Verlust der Brust.

Im Rahmen der interdisziplinären Behandlung besitzen Strahlen- sowie Chemo- und Hormontherapie einen festen Platz (vgl. Tab. 2). Ihr Einsatz erfolgt neoadjuvant als erste therapeutische Maßnahme zur Verkleinerung beziehungsweise Devi-

Tab. 2: Historische Meilensteine in der Behandlung des Mammakarzinoms

1890	Radikale Mastektomie nach Rotter und Halsted 1894
	Erste bilaterale Ovarektomie (Beatson 1895)
1900	Erste Strahlentherapie
	Radiomenolyse
1940	Erste Versuche mit Stickstofflost
	Beginn der Hormontherapie (Östrogene, Androgene)
1950	Mastektomie nach Patey
	Methotrexat
	5-Fluorouracil
	Cyclophosphamid
1960	Knapp 10 Zytostatika bekannt
	Erste Zytostatika-Kombinationstherapie
1970	Erste Hormonrezeptor-Therapiestudien
	Adriamycin, hochdosierte MPA-Therapie
	Adjuvante Chemotherapie
	Antiöstrogene
	Enzymantagonisten
1980	Hormonantagonisten

talisierung eines Tumors, um das Ausmaß der nachfolgenden Operation zu verringern; adjuvant nach Radikaloperation zur Prophylaxe mit dem Ziel, ausgestreute Tumorzellen bzw. Mikrometastasen zu vernichten, sowie curativ oder palliativ zur Behandlung manifester Metastasen.

In der Behandlung des Mammakarzinoms hat sich die Indikation für die Strahlentherapie in den letzten Dezennien ähnlich wie für die Operationsverfahren geändert. Nach Aufgabe des neoadjuvanten Einsatzes in Form der präoperativen Vorbestrahlung etwa bis 1960 folgte die grundsätzliche Nachbestrahlung nach jeder Radikaloperation etwa bis 1980. Heute gilt: Je weniger radikal operiert wurde, um so intensiver ist die Strahlentherapie einzusetzen. Das trifft für jede brusterhaltende Operation zu. Die postoperative Bestrahlung erfolgt bei hohem Lokalrezidivrisiko durch den Primärtumor oder die axillären Lymphknoten, zum Beispiel Infiltration des Primärtumors in die Brusthaut und/oder die Pectoralismuskulatur, extranodulärem Tumoreinbruch in das axilläre Fettgewebe, großen Lymphknotenmetastasen und mediozentralem Sitz des Primärtumors zur Erfassung der parasternalen Lymphknoten. Indikationen für eine palliative Bestrahlung bilden exulzerierte Tumoren mit oder ohne ausgedehnte lokoregionale Metastasierung, örtliche Rezidive an der Thoraxwand und in der Axilla, Befall der supraklavikulären Lymphknoten sowie Skelettmetastasen.

Als Folge der verbesserten Diagnostik ist heute zum Beispiel in den USA bei mehr als 80% der Patientinnen bei Behandlungsbeginn das Krebswachstum auf die Brust und die axillären Lymphknoten beschränkt. Aber die Hälfte dieser Patienten sterben später an Fernmetastasen. Damit stellt sich das Mammakarzinom von Anbeginn in den meisten Fällen als generalisierte, nicht allein operativ zu behandelnde Erkrankung dar. Der adjuvante Einsatz von Chemo- und/oder Hormontherapie wurde erst in den letzten zwei bis drei Dezennien ausgebaut. So erhielten zwischen 1960 und 1969 nur 6% der Patientinnen mit nicht metastasierendem Mammakarzinom eine zusätzliche Chemo- und Hormontherapie. Durch ihren adjuvanten Einsatz konnte die Rezidivquote um 25% gesenkt werden. Von einer high-risk-Gruppe mit einer Rezidivquote von 50% (prämenopausal, Lymphknotenmetastasen, Rezeptor negativ) blieben 50% tumorfrei nach alleiniger lokoregionaler Therapie, 38% entwickelten Rezidive trotz adjuvanter Therapie, und 12% blieben rezidivfrei nach adjuvanter Therapie. Aus einer low-risk-Gruppe (Tumordurchmesser 0,5 cm, Rezeptor positiv, keine Lymphknotenmetastasen) profitierten nur 2,5% der Patientinnen von der adjuvanten Therapie. Solche geringen Vorteile müssen abgewogen werden gegen die Toxizität der Chemotherapie (DAVIDSON u. ABELOFF 1994).

Die *Hormontherapie* gestaltet sich wie folgt:

- ablativ: Kastration durch Ovarektomie oder Bestrahlung; bilaterale Adrenalektomie und/oder Zerstörung der Hypophyse sind heute verlassen.
- additiv: Verabreichung von Gestagenen, wodurch der Hypophysenvorderlappen blockiert wird, mit Abfall des ACTH-, des LH- und FSH-Spiegels; gleichzeitig wird die Östrogenrezeptorsynthese gehemmt.
- kompetitiv: Antiöstrogene (Tamoxifen) blockieren den Östrogenrezeptor.

– inhibitiv: Aromatasehemmer blockieren die Steroidsynthese in den Nebennieren. LH-RH-Agonisten (Zoladex) blockieren den hypophysären Rezeptor für natürliche LH-RH und führen zur Hemmung von hypophysärem Gonadotropin und damit zur Ausschaltung der Gonaden. Dieser Effekt ist reversibel.

Das Wachstum von etwa einem Drittel aller Mammakarzinome wird durch Sexualhormone beeinflußt. Sind die Hormonrezeptoren positiv, liegt die Ansprechrate zwischen 60 und 80%. Bereits um die Jahrhundertwende war der hemmende Einfluß der Kastration auf das Tumorwachstum bekannt. Da neben den Ovarien weibliche Sexualhormone auch in den Nebennieren gebildet werden, führte man nach der Kastration beim metastasierenden Mammakarzinom die bilaterale Adrenalektomie aus, für die oft schwerkranken Patienten ein großer Eingriff.

Chemotherapeutika können als Mono- oder Polychemotherapeutika verabreicht werden. Die Wahl der Substanzen und die Therapiedauer beruhen auf empirischen Daten. Stets ist ihre Toxizität (Knochenmarkdepression, Immunsuppression, Haarausfall, Durchfall, Organtoxizität) zu beachten. Erhielten alle, auch lymphknotennegative Patientinnen grundsätzlich eine Chemotherapie, wäre der Schaden größer als der Nutzen. Mehrere Konsensus-Konferenzen (1985, 1990 NIH-Konferenz in USA) faßten die Erfahrungen über die adjuvante medikamentöse Therapie zusammen. Die Tabelle 3 gibt die Festlegungen der letzten St.-Gallen-Konferenz wieder.

Der Einsatz der Chemo- und Hormontherapie hängt vom prognostischen Risiko und vom Alter der Patientin (prä-post-menopausal) ab. Patientinnen mit ungünstiger Prognose erhalten von Anfang an eine Polychemotherapie. Der gleiche Therapiemodus wird so lange fortgesetzt, bis eine Tumorprogression eintritt, dann beginnt der nächste Therapieschritt, zum Beispiel Antiöstrogene, Aromatosehemmer, Gestagene.

Die adäquate *interdisziplinäre Therapie* basiert auf der Kenntnis möglichst vieler prognostischer Parameter. Das gilt für die in enger Zusammenarbeit mit dem Pathologen festzulegende individuelle Ausdehnung der Operation ebenso wie für den Einsatz der Chemo-, Hormon- und Strahlentherapie. Das Tumorstadium ist der wichtigste Parameter. Metastasen in örtlichen Lymphknoten gelten als stärkster Prädiktor für Rezidive und für das Überleben. Fernmetastasen schließen eine Heilung aus, obwohl unter kombinierter Therapie ein Überleben über viele Jahre möglich ist. Weitere morphologische Parameter bilden die Tumorlokalisation (innerer Quadrant ungünstiger), der histologische Typ des Karzinoms und das histologische Grading sowie Tumoreinbrüche in Lymph- und Blutgefäße. Die Steroidhormonrezeptoren korrelieren wahrscheinlich mit der Wachstumsgeschwindigkeit bzw. der Proliferationsrate des Karzinoms und bilden die Grundlage für eine gezielte Hormontherapie. Der immunhistochemische Nachweis von Tumorzellen im Knochenmark korreliert mit der Tumorgröße, dem Lymphknotenbefall und Gefäßeinbrüchen und deutet wahrscheinlich eine zu erwartende Knochenmetastasierung an. Zellkinetische Parameter liefern wichtige Informationen über die poliferative Aktivität des Mammakarzinoms:

– Thymidin-Labeling Index (Anteil der Zellen in der S-Phase); zytophotometrische Bestimmung des Ploidiestatus; Bestimmung des Anteils der proliferierenden Zel-

len mittels eines monoklonalen Antikörpers gegen Proliferationsantigene, zum Beispiel Ki-67.
- Mit ungünstiger Prognose sind tumorbiologische Faktoren korreliert: epidermaler Wachstumsfaktor und der entsprechende Rezeptor (EGF-R); Insulin-Rezeptor; c-erb B-2-Gen.
- Tumorassoziierte Proteasen (Kathepsin D; Plasmogenaktivator vom Urokinasetyp) bewirken den Abbau von Proteinen des Tumorstroma und der Basalmembran und fördern damit die Lösung der Tumorzellen aus ihrem Verband.
- Die Abwehrlage des Organismus: Lymphozytäre Zellinfiltration des Tumors, guter Allgemeinzustand des Patienten und kein familiäres Auftreten des Karzinoms erweisen sich als günstig.
- Die Entwicklung lokoregionaler Rezidive, die oft die Aussicht auf eine endgültige Heilung ausschließen, hängt wesentlich von der adäquaten Ausdehnung der Radikalität der Operation ab. Damit wird der Operateur zum wichtigen Prognosefaktor.

In den Tabellen 4 und 5 sind die wichtigsten Prognosefaktoren zusammengestellt. Vielfältige Interaktionen dieses komplizierten Regelsystems erklären schein-

Tab. 3: Konsensuskonferenz St. Gallen 1992

Befund	Behandlung
Lymphknoten negativ	
Minimales/geringes Risiko (alle Altersstufen)	Keine Behandlung oder Tamoxifen
Mäßiges Risiko (alle Altersstufen)	Tamoxifen
Hohes Risiko	
Prämenopausal	
Rezeptor positiv	Chemotherapie $\pm$ Tamoxifen
Rezeptor negativ	Chemotherapie
Postmenopausal	
Rezeptor positiv	Tamoxifen $\pm$ Chemotherapie
Rezeptor negativ	Chemotherapie $\pm$ Tamoxifen
älter als 70 Jahre	Tamoxifen oder Chemotherapie, falls toleriert
Lymphknoten positiv	
Prämenopausal	
Rezeptor positiv	Chemotherapie $\pm$ Tamoxifen
Rezeptor negativ	Chemotherapie
Postmenopausal	
Rezeptor positiv	Tamoxifen $\pm$ Chemotherapie
Rezeptor negativ	Chemotherapie $\pm$ Tamoxifen
älter als 70 Jahre	
Rezeptor positiv	Tamoxifen
Rezeptor negativ	Chemotherapie, falls toleriert

bar paradoxe klinische Beobachtungen, wie z. B. ein hormonrefraktäres Verhalten Stereoidrezeptor-positiver Tumoren.

Mammakarzinome bilden eine heterogene Gruppe. Zahlreiche Antigene und ihre Rezeptoren, Onkogene, Enzyme, Hormone, Wachstumsfaktoren und vieles andere beeinflussen die zelluläre Reaktion. Die Prognose ist weitgehend durch das Muster der genetischen Veränderungen während der Kanzerisierung vorprogrammiert. Dadurch sind der Grad der Entdifferenzierung des Tumors bestimmt, seine Wachstumsgeschwindigkeit, das invasive metastatische Potential und das Metastasierungsmuster sowie die Oberflächenantigene, die die Immunität und die Reaktion auf therapeutische Interventionen (Zytostatika und Hormone) regeln. Aus der Vielzahl dieser im Genom der Zellen determinierten Faktoren wird die Schwierigkeit erhellt, mit Hilfe prospektiver Studien zu klinisch relevanten Ergebnissen, zum Beispiel der Subklassifizierung einzelner prognostischer Gruppen, zu kommen mit der Möglichkeit der Prädiktion von beispielsweise der Empfindlichkeit gegen adjuvante therapeutische Maßnahmen. So bedingen zum Beispiel eine hohe S-Phase und die Overexpression vom Onkogen HER 2/neu eine gute Ansprechbarkeit von Metastasen. Dagegen signalisieren die Expression von MDR 1 (multidrug resistant gen) sowie die c-myc-amplification keine Ansprechbarkeit für Chemotherapeutika. Weitere Studien werden offene Fragen beantworten, zum Beispiel Verbesserung der Art und Dosis der Chemotherapie, mögliche Krebsinduktion durch die adjuvante Chemotherapie, Dauer der Tamoxifen-Verabreichung, Effektivität von Tamoxifen bei Rezeptor-negativen Karzinomen, Interaktion zwischen Hormon-Chemotherapeutika und vieles andere.

Tab. 4: Prognosefaktoren des Mammakarzinoms bei Behandlungsbeginn (aus A. Gläser 1993)

	günstig	ungünstig
Lymphknoten (axillär)	frei	befallen
Hormonrezeptoren	positiv	negativ
Tumorgröße	bis 2 cm	über 2 cm
Differenzierungsgrad	G 1–2	G 3–4
Tumornekrose	fehlend	vorhanden
Lymphangiosis	fehlend	vorhanden

Weitere *ungünstige* Faktoren:
- Thymidin-Labeling-Index hoch
- Aneuploidie
- Ki-67 positiv
- epidermaler Wachstumsfaktor und entsprechender Rezeptor positiv
- Nachweis des HER-2/Neu Onkogens
- Kathepsin D positiv
- Plasminogenaktivator vom Urokinasetyp hoch
- Nachweis von Tumorzellen im Knochenmark

Tab. 5: Risikogruppen beim metastasierenden Mammakarzinom (aus A. GLÄSER 1993)

	günstig	ungünstig
Metastasentyp	Haut, Lymphknoten, Pleura, Skelett	Viscerale Organe, ZNS
Tumorfreies Intervall bis zum Rezidiv	mehr als 2 Jahre	weniger als 2 Jahre
Wachstumskinetik	langsam	schnell
Differenzierungsgrad	hoch	niedrig
Allgemeinzustand des Patienten	gut	schlecht
Hormonrezeptoren	positiv	negativ
Ansprechbarkeit auf Chemo-Hormontherapie	gut	schlecht (Rezidiv nach adjuvanter Chemotherapie)
Familiäre Belastung	fehlend	vorhanden

Magenkarzinom

Das Magenkarzinom war um die Jahrhundertwende der häufigste Organkrebs. In den letzten Jahrzehnten ist ein deutlicher Rückgang der Inzidenz in allen westlichen Industrieländern zu verzeichnen. Verbesserte Nahrungsmittelhygiene bildet möglicherweise eine Erklärung. Im die gesamte Bevölkerung erfassenden ostdeutschen Krebsregister fiel beispielsweise die Zahl der Neuzugänge zwischen 1965 und 1985 von 4 501 auf 2 310 bei Männern oder von 20,9 % auf 9,8 % aller Krebserkrankungen. Trotz sinkender Häufigkeit begründen die unverändert hohe Mortalität und die Tatsache, daß die Operation die einzige erfolgversprechende Behandlungsmethode darstellt, nach wie vor die große Bedeutung dieses Organkrebses für die Chirurgie.

Die Zunahme der Kenntnisse über den Magenkrebs ist eng mit der Entwicklung der chirurgischen Möglichkeiten verbunden. Bereits 1625 war es in Preußen gelungen, durch Bauchschnitt ein verschlucktes Messer aus dem Magen zu entfernen, und der Patient überlebte. Angeregt durch den in seiner Zeit berühmten Freiburger Schwertschlucker, entwickelte Mikulicz 1881 das erste Gastroskop. 1810 gelang Merrem die Pylorektomie beim Hund; die Tiere überlebten. Es folgte 1876 die erfolgreiche, fast totale Gastrektomie beim Hund durch Kaiser und Scriba. Nach zwei Versuchen der Pylorektomie beim Menschen durch Pean 1879 und Rydygier 1880 mit tödlichem Ausgang überlebte 1881 die Patientin Billroths nach Antrumresektion. Langenbruch führte 1894 erfolgreich eine subtotale und Schlatter 1897 (Abb. 25) eine totale Gastrektomie aus. Bis 1927 waren aber nur Berichte über insgesamt 90 Gastrektomien bekannt. Die Beschreibung des ösophagealen Refluxes durch

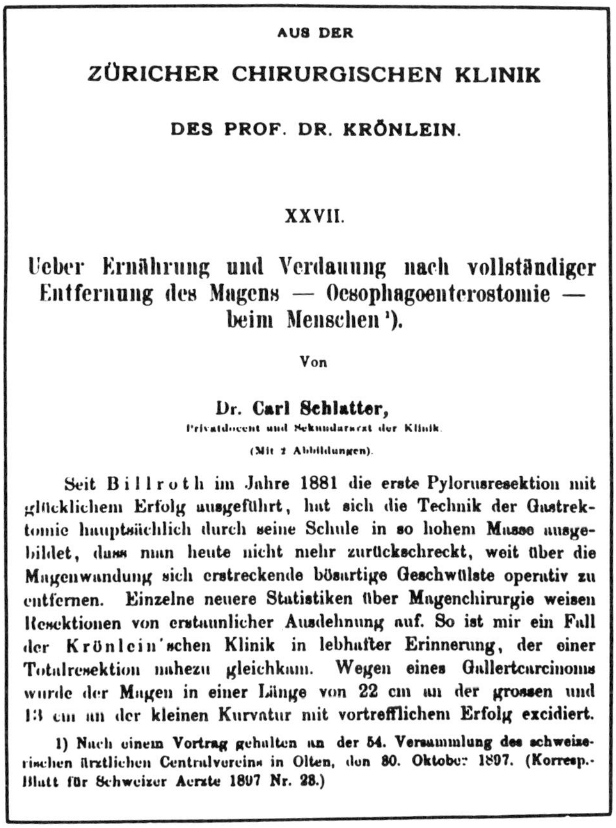

AUS DER

ZÜRICHER CHIRURGISCHEN KLINIK

DES PROF. DR. KRÖNLEIN.

XXVII.

Ueber Ernährung und Verdauung nach vollständiger Entfernung des Magens — Oesophagoenterostomie — beim Menschen [1]).

Von

Dr. Carl Schlatter,

Privatdocent und Sekundararzt der Klinik.

(Mit 2 Abbildungen).

Seit Billroth im Jahre 1881 die erste Pylorusresektion mit glücklichem Erfolg ausgeführt, hat sich die Technik der Gastrektomie hauptsächlich durch seine Schule in so hohem Masse ausgebildet, dass man heute nicht mehr zurückschreckt, weit über die Magenwandung sich erstreckende bösartige Geschwülste operativ zu entfernen. Einzelne neuere Statistiken über Magenchirurgie weisen Resektionen von erstaunlicher Ausdehnung auf. So ist mir ein Fall der Krönlein'schen Klinik in lebhafter Erinnerung, der einer Totalresektion nahezu gleichkam. Wegen eines Gallertcarcinoms wurde der Magen in einer Länge von 22 cm an der grossen und 13 cm an der kleinen Kurvatur mit vortrefflichem Erfolg excidiert.

1) Nach einem Vortrag gehalten an der 54. Versammlung des schweizerischen ärztlichen Centralvereins in Olten, den 30. Oktober 1897. (Korresp.-Blatt für Schweizer Aerzte 1897 Nr. 23.)

Abb. 25: Veröffentlichung der ersten Gastrektomie

Quincke 1897, der Ersatzmagenbildung aus einer Jejunumschlinge 1922 durch Hoffmann und schließlich der agastrischen Anämie 1932 durch Morawitz erweiterte die Kenntnisse über die Pathophysiologie. Aber erst nach dem zweiten Weltkrieg wurde die Gastrektomie zur Routinemethode in der Behandlung des Magenkarzinoms entwickelt.

Trotz aller Bemühungen blieben die Heilungsergebnisse nach wie vor sehr gering. Nach einer Sammelstatistik aus 10 Staaten mit über 13 000 Patienten betrug die Fünfjahresüberlebensquote 9,6 % (Pichlmayr u. Meyer 1979). Angaben aus klinischen Statistiken stellen stets nur eine Auswahl dar. Eine Umfrage an 62 Zentren mit 16 594 Magenkrebspatienten durch Heberer et al. 1988 ergab eine Fünfjahresüberlebensrate von 82,5 % für Frühkarzinome, 30,7 % für das Antrumkarzinom, 24 % für das Korpuskarzinom und 15,5 % nach totaler Gastrektomie. Spitzenkliniken erreichen eine Resektionsquote von 82,7 % (Böttcher 1992 und Böttcher et al. 1994). Angaben aus Zentren erreichen eine Fünfjahresüberlebensrate aller kurativ Resezierten von etwa 45 bis 50 %. Weitaus ungünstiger liegen die Auswertungen von 237 Einrichtungen aller Größen des ostdeutschen Krebsregisters zum Beispiel aus dem Jahre 1976 mit einer Resektionsrate von 20,6 %, einer Operationsletalität von 20,6 % und einer Fünfjahresüberlebensrate von 5,1 %. Die relative Überlebensrate lag bei rund 9 % (SLISOW 1985, 1987). Die relative Überlebensrate betrug 1987 12,5 %. Die einzige Möglichkeit zur Verbesserung dieser ungünstigen Ergebnisse liegt in einer früheren Erkennung, der adäquaten radikalen Operation und einer Konzentration der Behandlung.

Zur Früherkennung:
Krebsrisikoerkrankungen bilden die chronische atrophische Gastritis Typ A und Typ B, M. Ménétrier, genetische Faktoren (diffuse Magenkarzinome häufiger bei Blutgruppe A; familiäre Häufung), Zustand nach Magenresektion (Latenzzeit 15 bis 20 Jahre). Unter präkanzerösen Läsionen werden Schleimhautadenome und schwere Dysplasien der Schleimhaut verstanden. Letztere sind charakterisiert durch zelluläre Atypien, abnorme Differenzierung und gestörte Gewebsstrukturen in Form der Zelllagerung und Zellschichtung. Oft findet sich eine intestinale Metaplasie der Schleimhaut. Übergänge in carcinomata in situ sind fließend. Schwere Dysplasien finden sich auch in der Umgebung von Karzinomen. Sie gelten als Vorläufer, Mitläufer oder Ausläufer eines manifesten Karzinoms (Hermanek). Nur 15 % gehen in ein carcinoma in situ über, und es vergehen weitere 15 bis 20 Jahre, ehe ein klinisch manifestes Karzinom entsteht. Bei multizentrischen Herden einer Dysplasie III ist unter Beachtung des Operationsrisikos bei den einzelnen Patienten abzuwägen zwischen kurzfristiger Kontrolle und den seltenen Fällen ausgedehnter Resektion, wenn ein Übergang in ein intramuköses Karzinom vorliegt.

Japanische Autoren berichten über eine fast hundertprozentige Fünfjahresüberlebensrate bei Schleimhautkarzinomen und über 95 % bei bis zur Submukosa vorgewachsenen Frühkarzinomen. In Europa liegen die Ergebnisse um etwa 10 % niedriger. Nur regelmäßige Vorsorgeuntersuchungen mittels Endoskopie bei Risikogruppen werden eine frühere Erkennung der Magenkarzinome erbringen. Die Stadienverteilung im ostdeutschen Krebsregister blieb zwischen 1961 und 1986 unverändert mit einem Anteil von rund 5 % im Stadium I, 43 % im Stadium IV und 17 % im Stadium II.

Zur adäquaten Operation:
Die Ausdehnung der Operation bildet den wichtigsten vom Arzt zu beeinflussenden prognostischen Faktor. In der Hand des Operateurs liegt nicht nur die Entscheidung über die Operabilität bei fortgeschrittenen Fällen, sondern eine radikale Operation kann die Entwicklung von Rezidiven verhindern. Voraussetzung dafür sind exakte pathologisch-anatomische Kenntnisse über das Magenkarzinom. Der diffuse Typ wächst weit über die makroskopisch erkennbaren Tumorgrenzen hinaus. Deshalb ist stets die intraoperative Kontrolle der Schnittgrenzen erforderlich, die nach Kranial 8 bis 10 cm von der makroskopischen Tumorgrenze entfernt liegen. Beim intestinalen, oft blumenkohlartig ins Lumen vorwachsenden Typ reicht ein Zwischenraum von 5 cm aus. Die subtotale Magenresektion bildet den kleinsten Eingriff bei intestinalen pylorusnahen Karzinomen. Sonst ist eine Gastrektomie auszuführen. Die regionären Lymphknoten werden in zwei Kompartimente eingeteilt und müssen sorgfältig mit dem großen und kleinen Netz entfernt werden. Makroskopisch unauf-

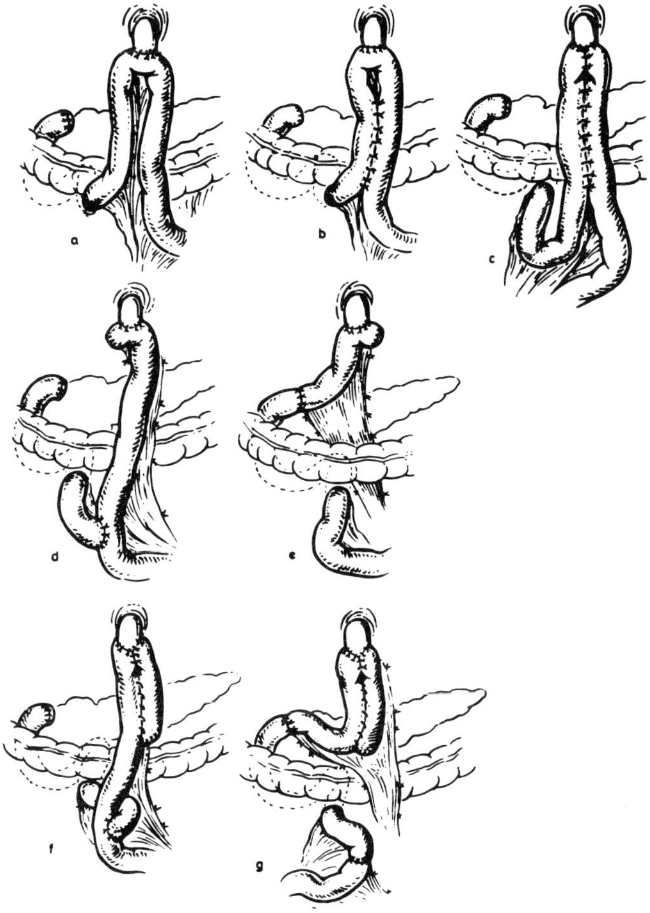

Abb. 26: Verschiedene Operationsmethoden der Anastomose zwischen Ösophagus und Dünndarm nach Gastrektomie

fällige Lymphknoten können bis zu 45% nur histologisch nachweisbare Metastasen enthalten. Bei 60 bis 80% der Patienten bestehen zum Zeitpunkt der Operation Lymphknotenmetastasen. Die sorgfältige Lymphknotendissektion ermöglicht eine Senkung der Lokalrezidive von 20% auf 7% und eine Erhöhung der R0-Resektion von 55% auf 83%. Eine Verbesserung der Überlebensrate wird für Patienten mit einer N_1- oder einer frühen N_2-Metastasierung erreicht.

Multivariante Analysen von Prognosefaktoren bestätigten als entscheidend: Lymphknotenstatus, Fernmetastasen, Infiltrationstiefe des Tumors, maximaler Tumordurchmesser, R-Klassifikation (wurde tatsächlich Tumorfreiheit erreicht?) sowie der Quotient befallene entfernte Lymphknoten dividiert durch alle entfernten

Lymphknoten (ungünstig, wenn größer als 0,2). Geeignete Anastomosentechniken zwischen Ösophagus und Dünndarm (vgl. Abb. 26) vermeiden den postoperativen Reflux mit Ösophagitis und verbessern erheblich die Lebensqualität des Patienten. Allein durch die radikale Operation mit sorgfältiger Lymphknotendissektion kann somit die Heilungsquote erhöht werden. Wie eine Analyse des Jahrganges 1976 des ostdeutschen Krebsregisters zeigt, erreichen onkologische Zentren weitaus bessere Ergebnisse. Daraus folgt die Forderung nach einer möglichen Konzentration der Patienten an solche Einrichtungen, die über alle Voraussetzungen zur interdisziplinären Behandlung verfügen.

Ausblick

Anstieg der Krebsinzidenz? – Krebs, ein öffentliches Problem – Molekularbiologie und Immunologie – Aufgaben der Onkologie heute

Wenn man am Ende des 20. Jahrhunderts das Erreichte in der Krebsforschung und Krebsbekämpfung überblickt, so sollten die Forscher nicht wie ihre Großväter Anfang des Jahrhunderts derselben optimistischen Fehleinschätzung unterliegen, bald den endgültigen Durchbruch zu erreichen und dem Kliniker die entscheidenden Waffen in die Hände geben zu können. Trotz der großen Fortschritte in der Grundlagenforschung ist die 1773 gestellte Frage: «Qu'est-ce que le cancer?» noch immer nicht beantwortet. Der Kliniker erlebt täglich am Krankenbett inkurabler Patienten die Mißerfolge aller therapeutischen Bemühungen. Schmerzbekämpfung und menschliche Zuwendung bleiben als letzte Möglichkeiten ärztlichen Handelns. Das Ziel, die Hälfte aller Krebskranken zu heilen, ist bisher nicht erreicht. Die relative Fünfjahresüberlebensquote im ostdeutschen Krebsregister, das über dreieinhalb Jahrzehnte die Erkrankungen in der gesamten Bevölkerung erfaßte, liegt für Männer bei 29,3 %, für Frauen bei 46,7 %. Von den an Bronchialkrebs Erkrankten, dem häufigsten Organkrebs der Männer, leben nach fünf Jahren nur noch 8 %, von allen Magenkrebspatienten nur 12,5 %. Nur wenige, leider seltene Organkrebse, zum Beispiel einige Bluterkrankungen oder der Hodenkrebs sind mit interdisziplinären Behandlungsmethoden oft heilbar.

In Anbetracht der ungünstigen Prognose der Krebserkrankungen besitzt die Frage nach einem steten Anstieg ihrer Inzidenz großes Interesse. Bereits im vorigen Jahrhundert wurde in England eine Umfrage organisiert. Die Krebssterblichkeit betrug 1851 bis 1860 auf 100 Einwohner 0,33; 1911 bis 1920 0,97 und 1921 1,01. Der ständige Anstieg der Lebenserwartung, die verbesserte Diagnostik und die veränderte Sterbeintensität häufiger Krankheiten (um 1900 waren noch ein Drittel der im Leipziger Pathologischen Universitätsinstitut Sezierten an Tuberkulose gestorben) bedingen die enorme Zunahme der absoluten Zahlen an Krebserkrankungen von Jahrzehnt zu Jahrzehnt. Frühere Angaben können sich nur auf Sektionsstatistiken stützen, um den Fehler diagnostischer Unzulänglichkeiten von Mortalitätsstatistiken auszuschließen. Die Zahl der Sektionen ist aber nicht repräsentativ und unterliegt ebenfalls der veränderten Sterbeintensität früher häufig zum Tode führender Krankheiten. Im ostdeutschen Krebsregister stieg die Zahl der jährlichen Neuzugänge von 38 000 (1953) auf etwa 54 000 in den letzten 10 Jahren. Dieser Unterschied ist höchstwahrscheinlich durch eine anfangs unzulängliche Meldedisziplin bedingt. Angaben über Krebshäufigkeiten aus früheren Jahrzehnten basieren nur auf Mortalitätsstatistiken anhand der Totenscheine und sind wegen zu großer diagnostischer Fehler nicht verwertbar. Die Frage nach einer realen Zunahme der Krebserkrankungen in den letzten 100 Jahren kann somit nicht beantwortet werden.

Berichte über eine stete Zunahme zumindest einiger Organkrebse in den Medien, die Kenntnis über Kanzerogene in der Umwelt mit der Möglichkeit der Verbreitung radioaktiven Materials bedingen ein stetes Wachsen des öffentlichen Interesses an Krebsfragen und beeinflussen die Tagespolitik. Kurz nach Beendigung des Vietnamkrieges erschreckte der makabere Vergleich von 41 000 gefallenen US-Soldaten in vier Jahren Krieg gegenüber 323 000 Krebstoten in den USA in einem Kriegsjahr die Bevölkerung. Enorme Summen öffentlicher Gelder wurden in die Krebsbekämpfung investiert. Aufgrund des National Cancer Act von 1971 wurden 1973 in den USA 400 Millionen Dollar und bis 1980 eine Billion Dollar ausgegeben in der Hoffnung, das Krebsproblem bald zu lösen.

Bereits um die Jahrhundertwende waren Fachzeitschriften zur Krebsforschung und Krebsbekämpfung gegründet worden (1896 Revue des maladies cancéreuses; 1904 Zeitschrift für Krebsforschung). In den meisten Ländern entstanden nationale Krebsforschungsinstitute. Internationale Organisationen (z. B. UICC) und Kongresse sowie die modernen Kommunikationstechniken ermöglichen heute einen raschen weltweiten Erfahrungsaustausch.

Die Bemühungen um eine frühere Erkennung der Krebserkrankungen als Voraussetzung zur Verbesserung der Heilungsquoten bedingen eine umfassende Aufklärung der Bevölkerung. Große Organisationen wie die Deutsche Krebsgesellschaft mit ihren Landesverbänden und die Deutsche Krebshilfe bemühen sich darum. In Selbsthilfegruppen wird die psychologische Betreuung der Patienten organisiert. Leider beteiligten sich zum Beispiel 1989 in der Altbundesrepublik nur 13,6 % der Männer und 34,4 % der Frauen an Vorsorgeuntersuchungen. Der mündige Bürger kennt heute seine Diagnose. Noch 1899 wurde eine der wenigen damals in der Welt bestehenden Krebskliniken, das New Yorker Cancer Hospital, in Memorial Hospital umbenannt, um eine Abschreckung der Patienten zu vermeiden. Heute garantieren onkologische Zentren eine bestmögliche Diagnostik und Therapie und organisieren die Fortbildung. Erste Versuche einer Qualitätskontrolle bemühen sich um gleichgute Resultate in unterschiedlichen Einrichtungen. Noch sind keine optimalen Organisationsformen in der Krebsbekämpfung auf allen Gebieten realisiert. In den klinischen Fächern werden onkologische Subspezialisten entstehen mit umfangreichen allgemeinen onkologischen Kenntnissen als Voraussetzung für eine erfolgreiche interdisziplinäre Zusammenarbeit. Der onkologische Chirurgie betreibende Oncological Surgeon wird damit zum Surgical Oncologist.

Wie aufgezeigt, erwiesen sich zu allen Zeiten prognostische Einschätzungen über die Lösung des Krebsproblems immer als falsch. Trotzdem erscheint die Feststellung berechtigt, daß Operation, Bestrahlung, Chemo- und Hormontherapie bis auf gewisse Ausnahmen an die Grenzen ihrer Möglichkeiten gestoßen sind. Der Blick richtet sich daher hoffnungsvoll auf die Ergebnisse der molekularbiologischen Forschung. In den letzten Jahren haben die Kenntnisse in der Molekularbiologie zur Erkennung vieler Faktoren geführt, die schließlich den Mechanismus des Wachstums und die Entstehung von Krebszellen erklären. Auf den menschlichen Chromosomen sitzen 50000 bis 100000 Gene. Die genetische Information in Form der DNS des Zellkernes ist in allen Zellen des Organismus identisch. Dennoch kann die Expression der Gene in einzelnen Zelltypen sehr unterschiedlich sein. Die Zelldifferenzierung beruht darauf, daß in verschiedenen Zelltypen verschiedene Gene aktiv sind.

Onkogene leiten sich von den physiologisch in den Zellen vorkommenden Protoonkogenen ab. Sie haben entscheidende Funktion in der Kontrolle des Zellwachstums durch Koordination von Wachstumsfaktoren und deren Rezeptoren. Aus dieser Wachstumskontrollfunktion wird verständlich, daß die Veränderung von Protoonkogenen, eine Konversion in Onkogene, weitreichende Konsequenzen hat. Verantwortlich für eine solche Konversion eines Protoonkogens in ein dominant aktiviertes Onkogen sind Punktmutationen, Amplifikationen, Translokalisationen, kleine Insertionen oder Deletionen. Die mutierten Onkogene können nicht mehr reguliert werden, und so entsteht ein Tumor.

Die wichtigsten Stufen der Überführung eines Wachstumsignals von der Zelloberfläche zum Zellkern sind bekannt. Protoonkogene und Suppressoronkogene bilden Faktoren der Signalübertragung. Das Verständnis der molekularbiologischen Vorgänge besitzt klinische Relevanz. So geht zum Beispiel die Entwicklung eines Kolonkarzinoms von der normalen Epithelzelle über ein Adenom bis zum metastasierenden Karzinom stufenweise mit bestimmten Onkogenen und/oder Tumorsuppressorgenen einher. Die Mutation der für die Entstehung eines Kolonkarzinoms spezifischen Gene kann heute bereits durch Stuhluntersuchung des Patienten festgestellt werden. Dasselbe gilt für die Erkennung bisher latenter Mikrometastasen durch Gensonden als Voraussetzung für eine gezielte adjuvante Chemotherapie. Schließlich kann durch die Korrektur eines Gendefektes oder den Ersatz eines mutierten Gens durch ein normales die Rückführung einer Krebszelle zu einer normalen, dem Regulationsmechanismus des Organismus unterstehenden Zelle erreicht werden. Dazu bedarf es eines Vehikels, zum Beispiel menschlicher Adenoviren, die nicht selbst krank machen und sich nicht über den ganzen Körper ausbreiten. 1989 gelang zum ersten Male bei einem Patienten mit malignem Melanom der Transfer eines fremden Gens. Weitere Versuche werden unternommen, um zum Beispiel Gene für den Tumornekrosefaktor in tumorinfiltrierende Lymphozyten einzubringen und so die therapeutische Effizienz dieser Zellen zu erhöhen oder Gene zu transferieren, die die Vermehrung von Tumorantigenen codieren.

Eng verknüpft mit den Fortschritten in der Molekularbiologie sind die Ergebnisse der Tumorimmunologie. Paul Ehrlich (1854–1915) stellte schon zu Beginn des Jahrhunderts die Theorie auf, daß die Krebsentstehung vom Ausgang der Wechselwirkung zwischen den Tumorzellen und dem Immunsystem abhänge (vgl. Abb. 27). Die Theorie der Immunüberwachung, noch vor 30 Jahren zum Beispiel von K. H. BAUER (1963), wie oben zitiert, strikt abgelehnt, geht davon aus, daß genetische Veränderungen bei der Entstehung eines malignen Tumors zur Expression von veränderten Peptiden oder Proteinen führen. Tumorzellen besitzen meist solche tumorassoziier-

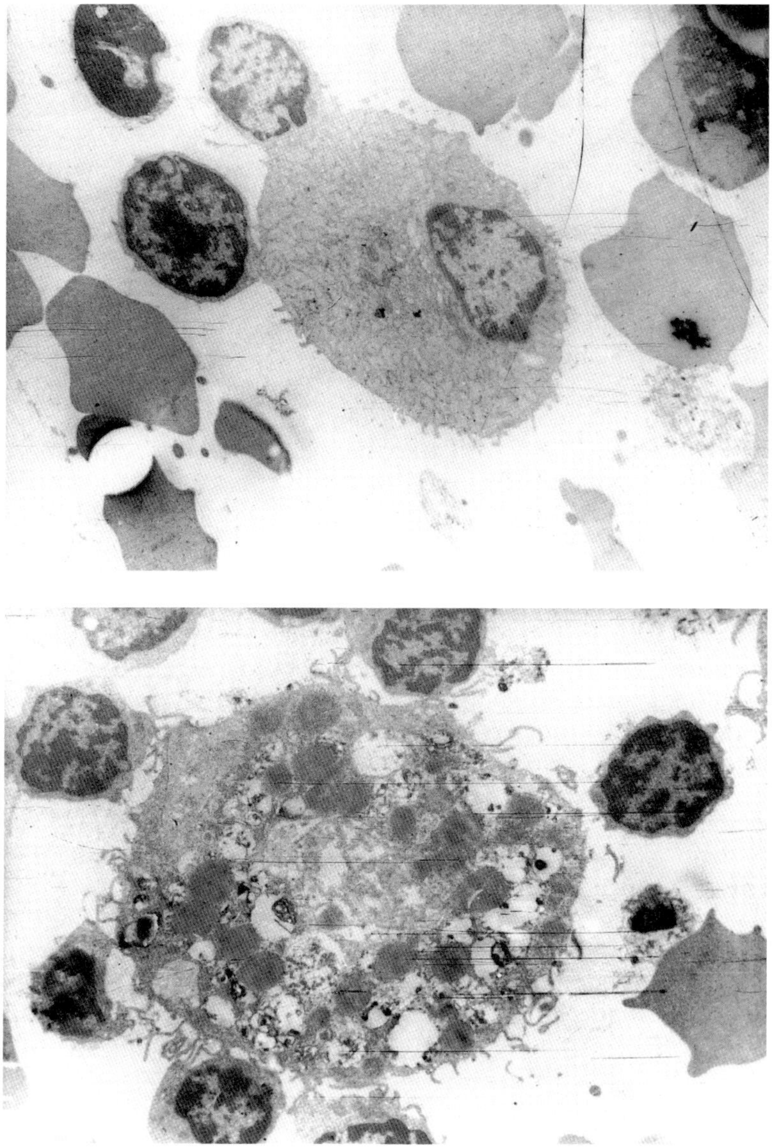

Abb. 27: Zerstörung von Tumorzellen durch Lymphozyten in der Gewebekultur (aus SCHÖNFELDER u. Mitarb.)
a) Lymphozyten in Kontakt mit einer Tumorzelle
b) Scholliger Zerfall der Tumorzelle (Elektronen-Mikroskopie)

ten Antigene, die zum Beispiel durch Mutation von Protoonkogenen entstanden sind und von den Immunzellen als fremd erkannt werden. Solche tumorassoziierten Antigene sitzen an der Zellmembran, im Plasma oder im Zellkern. Natürliche Killerzellen, durch Helferzellen aktiviert, Makrophagen und T-Zellen vermögen in vitro Tumorzellen zu zerstören. Eine Reihe biologischer Botenstoffe, von den Immunzellen gebildet, unterstützen diese tumorzellzerstörende Wirkung, zum Beispiel Interferone, Interleukine, Tumornekrosefaktoren und andere. Dennoch sind menschliche Tumoren in der Regel nicht immunogen, das heißt, im Tierversuch wird nach Immunisierung ein Tumortransplantat nicht abgestoßen. Ursache für das Fehlen oder die geringe Immunogenität sind der oft geringe Unterschied der Tumorzellen zu normalen Zellen, das Abwerfen von Antigenen an der Tumorzelloberfläche oder die Bildung von Fibrin-Thrombozytenaggregaten um Tumorzellen in der Blutbahn.

Die Immuntherapie hat somit zum Ziel, die Tumorzellen so zu modifizieren, daß sie von den Immunzellen als fremd erkannt werden, und das Immunsystem so zu manipulieren, daß es auf die geringen Unterschiede zwischen normalen und Tumorzellen reagiert. Entscheidend für die Effektivität der Immunzellen ist eine möglichst geringe Tumorzellmasse. Mit monoklonalen Antikörpern gelingt es, Krebszellen mit hoher Selektivität zu eliminieren. Da die meisten Tumoren aber einen polyklonalen Aufbau mit heterogenem Antigenmuster besitzen, entziehen sich die Tumorzellen einer gezielten Therapie. Wenn auch Einzelfälle einer Spontanheilung klinisch manifester Tumoren bekannt sind und ohne die Möglichkeit der Zerstörung ausgestreuter Tumorzellen durch die Immunabwehr die Heilung von Krebserkrankungen ausgeschlossen wäre, so hat die Tumorimmunologie bisher nicht zum erhofften Fortschritt in der Krebstherapie geführt.

Vor 150 Jahren begann die Krebsforschung mit wissenschaftlichen Methoden. Neue Erkenntnisse werfen neue Fragen auf mit der Konsequenz einer fortschreitenden Spezialisierung in der Wissenschaft. Von der Grundlagenforschung wird die Lösung des Krebsproblems erwartet unter ständiger Wahrung des Kontaktes zur klinischen Praxis. Nach wie vor besitzt die operative Methode die größte Effektivität in der interdisziplinären Krebsbehandlung. So gilt der vor über 100 Jahren (1875) geprägte Satz des Chirurgen Nussbaum nach wie vor: «Der Krebs zieht sich durch das Leben des Chirurgen wie ein roter Faden». Die Ausführungen des Mitbegründers und ersten Vorsitzenden der Deutschen Gesellschaft für Chirurgie, Bernhard von Langenbeck, in seiner Eröffnungsansprache zum ersten Kongreß am 10. April 1872 haben ihre Gültigkeit behalten:

> Was die moderne Chirurgie insbesondere anbetrifft, so ist sie weit mehr bestrebt, zu erhalten als zu zerstören. Man hat eingesehen, daß es weniger wichtig ist, neue Operationen und Operationsmethoden zu erfinden, als die Mittel und Wege aufzusuchen, um Operationen zu vermeiden, oder, wo sie unvermeidbar sind, ihre Erfolge zu sichern. Sehen wir auf die neuere chirurgische Literatur, so stoßen wir, bei einer erfreulichen Vermehrung der chirurgischen Arbeitskräfte auf ein unbefangenes und sittlich ernstes Streben, die Wahrheit zu finden, und auf ein rapides Wachstum der in diesem Sinne durchgeführten wichtigen chirurgischen Arbeiten.

Die Aufgaben der Onkochirurgie liegen heute nicht in der Entwicklung neuer supraradikaler Eingriffe, sondern in der interdisziplinären Erarbeitung möglichst klarer Richtlinien für die Behandlung unter Beachtung aller die Prognose beeinflussender Faktoren für den Einzelfall sowie in der konsequenten Durchführung als richtig erkannter Prinzipien durch die Mitgestaltung von Organisationsformen für eine optimale Krebsbekämpfung.

Literatur

Bauer, K. H.: Das Krebsproblem. 2. Aufl. Berlin, Göttingen, Heidelberg: Springer-Verlag, 1963.

Becker, R., u. K. Höffken: Die Systemtheorie des Mammakarzinoms. München, Bern, Wien: Zuckschwerdt-Verlag, 1989.

Boss: Beitr. klin. Chir. 126, 642 (1921)

Böttcher, K.: Prognosefaktoren beim Mammakarzinom. Chirurg 63, 656 (1992).

Böttcher, K., J. R. Siewert, J. D. Roder, R. Busch, P. Hermanek u. H. J. Meyer: Risiko der chirurgischen Therapie des Magenkarzinoms in Deutschland. Chirurg 65, 298 (1994).

Broders, A. C.: Carcinoma in Situ Contrasted with Benign Penetrating Epithelium. JAMA 99, 1670 (1932).

Bross, J. D. J., u. L. E. Blumenson: Metastatic sites that produce generalized cancer. Identification and kinetics of generalizing sites; in: Weissl: Fundamental aspects of metastasis. Amsterdam 1976

Brunn, W. v.: Kurze Geschichte der Chirurgie. Berlin, Göttingen, Heidelberg: Springer-Verlag, 1928.

Brunn, W. v.: Geschichte der Chirurgie. Bonn: Universitätsverlag, 1948.

Davidson, N. E., u. M. D. Abeloff: Adjuvant Therapy of Breast Cancer. World J. Surg. 18, 112 (1994).

Denck, H., u. K. Karrer: Chirurgische Onkologie. Weinheim, Deerfield Beach, Basel: Edition Medizin, 1984.

DeVita, V. T., S. Hellmann u. S. A. Rosenberg: Cancer, Principles and Practice of Oncology. 3rd Edit. Philadelphia: Lippincott Company

Dieffenbach, J. F.: zitiert bei D. Rüster: Alte Chirurgie, Verlag Volk und Gesundheit, Berlin 1984

Eichfeld, U., A. Gläser, G. Schneider, J. Krauss, H. J. Pauer u. I. Schwarz: Die regionale zytostatische Extremitätenperfusion bei Patienten mit malignem Melanom und Weichteilsarkom – therapeutische Anwendungen und Ergebnisse. Zbl. Chir. 118, 63 (1993).

El-Ashry, D., u. M. E. Lippman: Molecular Biology of Breast Carcinoma. World J. Surg. 18, 12 (1994).

Engel, U., A. Kucharski u. C. Zornig: Eingeschränkte Radikalität bei differenziertem Schilddrüsenkarzinom. Chirurg 65, 1095 (1994).

Faure, J.-L.: zitiert in: Illustrierte Geschichte der Medizin (Band 5)

Fisher, B., u. S. Anderson: Conservative Surgery for the Management of Invasive and Non Invasive Carcinoma of the Breast. NSABP Trials. World J. Surg. 18, 63 (1994).

Foote, F. W., u. F. W. Stewart: Lobular Carcinoma in Situ: a Rare Form of Mammary Carcinoma. Amer. J. Path. 17, 491 (1941).

Frykberg, E. R., u. K. J. Bland: Management of in Situ and Minimally Invasive Breast Carcinoma. World J. Surg. 18, 45 (1994).

Gall, F. P., P. Hermanek u. J. Tonak: Chirurgische Onkologie. Berlin, Heidelberg, New York, London, Paris, Tokyo: Springer-Verlag, 1986.
Gläser, A.: Klinische Pathologie der Geschwülste.
Band I: Mesenchymale Weichteilgeschwülste, Geschwülste des peripheren und autonomen Nervensystems, Geschwülste des Skeletts.
Band II: Geschwülste der Haut.
Band III: Geschwülste des zervikofazialen Bereichs, Geschwülste der Kopfspeicheldrüsen.
Band IV: Geschwülste der Schilddrüse. Stuttgart: Fischer-Verlag, 1974–1984.
Gläser, A.: Fortschritte in der Tumorchirurgie. Zbl. Chir. 111, 1081 (1986)
Gläser, A.: Krebsoperationen. Leipzig, Berlin, Heidelberg: Johann-Ambrosius-Barth-Verlag, 1993.
Gulecke, N.: Beitrag zur Statistik des Mammakarzinoms. Arch. klin. Chir. 64, 530 (1901)
Hahn, S. H., S. E. Kern u. W.-H. Schmiegel: Molekularbiologische Veränderungen bei gastrointestinalen Tumoren. Dtsch. Ärztebl. 92, 37 (1995).
Heberer, G., R. K. Teichmann, H.-J. Krämling u. B. Günther: Results if Gastric Resection for Carcinoma of the Stomach. The European Experience. Wold J. Surg. 12, 374 (1988).
Henne-Bruns, D., I. Vogel u. B. Kremer: Ergebnisse der Leberresektion bei 113 Patienten mit Metastasen kolorektaler Karzinome. Zbl. Chir. 120, 83 (1995).
Herfarth, Ch., u. H. Buhr: Möglichkeiten und Grenzen der Medizin. Berlin, Heidelberg, New York, London, Paris, Tokyo, Hong Kong, Barcelona, Budapest. Springer-Verlag, 1994.
Juhl, H., H. Kalthoff, U. Krüger, A. Schott, H. W. Schreiber, D. Henne-Bruns u. B. Kremer: Immunzytologischer Nachweis disseminierter Tumorzellen in der Bauchhöhle und im Knochenmark von Pankreaskarzinom-Patienten. Chirurg 65, 1111 (1994).
Kaae, S., u. H. Johansen: Simple mastectomy plus postoperative irradiation by the method of McWhirter for mammary carcinoma. Ann. Surg. 170, 895 (1969)
Karsa, L. v., A. Lang u. G. Flatten: Krebsfrüherkennung. Köln: Deutscher Ärzte-Verlag, 1993.
Kleinschmidt, O.: Die Brustdrüse; in: P. Zweifel u. E. Payr: Die Klinik der bösartigen Geschwülste, Bd. III. Hirzel-Verlag, Leipzig 1927
Kraske: Versammlung deutscher Naturforscher und Ärzte, 1902.
v. Langenbeck, B.: Die deutschen Chirurgenkongresse seit der 50. Tagung; Herausgeber: K. H. Bauer u. G. Carstensen, Springer-Verlag, Berlin, Heidelberg, New York, 1983.
Linder, F.: Mammakarzinom. Langenbeck's Arch. klin. Chir. 345, 35 (1977).
McWhirter, R.: The value of simple mastectomy and radiotherapy in the treatment of cancer of the breast. Brit. J. Radiol. 21, 599 (1948)
Meyer, H. J., J. Jähne, H. Wilke u. R. Pichlmayr: Die präoperative (neoadjuvante) Chemotherapie im multimodalen Behandlungskonzept des Magenkarzinoms. Zbl. Chir. 120, 128 (1995).
Moynihan, Lord: Lymph node metastases. zit. nach Cady, B.; Arch. Surg. 119, 1067 (1984)
Moore, M. P., u. D. W. Kinne: Patient Selection Criteria for Conservation Surgery Versus Mastectomy: Memorial Hospital Breast Service Experience: World J. Surg. 18, 58 (1994).
Nordmann, O.: Aussprache zu G. Küntscher: Die Marknagelung von Knochenbrüchen. Arch. klin. Chir. 200, 442 (1940)
Osborne, M., u. R. M. Simmons: Salvage Surgery for Recurrence after Breast Conservation. World J. Surg. 18, 93 (1994).
Osteen, R. T.: Risk Factors and Management of Local Recurrence Following Breast Conservation Surgery. World J. Surg. 18, 76 (1994).
Page, D. L., u. R. A. Jensen: Evaluation and Management of High Risk and Premalignant Lesions of the Breast. World J. Surg. 18, 32 (1994).
Paget, J.: zit. nach I. M. Ariel: Breast cancer, a historical review; in: I. M. Ariel u. J. B. Cleary: Breast cancer. McGraw-Hill Book Company, 1986

Pichlmayr, R., u. H. J. Meyer: Value of Gastrectomy de Principe. In: Herfarth, Ch., u. P. Schlag: Gastric Cancer. Berlin, Göttingen, Heidelberg, New York, 1979.

Raven, R. W.: Principles of surgical oncology. Plenum Medical Book Company. New York, London 1977

Rosenberg, S. A.: Gene Therapy of Cancer. In: Important Advances in Oncology. Hrsg. V. T. DeVita, S. Hellmann u. S. Rosenberg. Philadelphia: Lippincott Company, 1992.

Rüster, D.: Alte Chirurgie. Berlin: Verlag Volk u. Gesundheit, 1984.

Sauerbruch, F.: Über die Ausschaltung der schädlichen Wirkung des Pneumothorax bei intrathorakalen Operationen. Zbl. Chir. 31, 146 (1904)

Schönfelder, M., W. Wildführ u. A. Gläser: On the microscopical and electronmicroscopical morphology of lymphocytic destruction of tumour cells in vitro. Pathologia Microbiologica 40, 251 (1974)

Shivas, A. A.: Concepts in tumor pathology for the surgeon; in: R. W. Raven: Principles of surgical oncology. Plenum Medical Book Company. New York, London 1977

Slisow, W., G. Marx, W. Staneczek u. P. Greiner: Die therapeutische Situation beim Magenkarzinom in der DDR 1976. Zbl. Chir. 110, 1361 (1985).

Slisow, W., G. Marx, W. Seifart u. W. Staneczek: Argumentation für eine regional-zentralisierte Behandlung beim Magenkarzinom. Zbl. Chir. 112, 27 (1987).

Thiersch, C.: Der Epithelkrebs, namentlich der Haut. Leipzig, 1865

Trendelenburg: zit. nach L. Koslowski: Chirurgisches Ethos in Vergangenheit und Gegenwart. Mitteilungen Dtsch. Ges. Chir. 1995, Heft 1.

Velpau: zit. nach Rüster, D.: Alte Chirurgie. Verlag Volk und Gesundheit. Berlin 1984

Veronesi, U., A. Luini, V. Galimberti u. S. Zurrida: Conservation Approaches for the Management of Stage I/II Carcinoma of the Breast: Milan Cancer Institute Trials. World J. Surg. 18, 70 (1994).

Virchow, R.: Die Zellularpathologie in ihrer Begründung auf physiologischer und pathologischer Gewebelehre. 20 Vorlesungen; 1858.

Walther, H. E.: Krebsmetastasen. Basel 1948.

Winiwarter: Beiträge zur Statistik der Karzinome mit besonderer Berücksichtigung auf die dauernde Heilbarkeit durch operative Behandlung. Stuttgart, 1878.

Wolff, J.: Die Lehre von der Krebskrankheit. Jena: Fischer-Verlag. 1. Band 1907, 2. Band 1911.

Wong, K., u. I. C. Henderson: Management of Metastatic Breast Cancer. World J. Surg. 18, 98 (1994).

Wood, W. C.: Integration of Risk Factors to Allow Patient Selection for Adjuvant Systemic Therapy in Lymph Node Negative Breast Cancer Patients. World J. Surg. 18, 39 (1994).

Zentralinstitut für Krebsforschung: Krebsinzidenz in der DDR, 1987. Berlin, 1991.

Zweifel, P., u. E. Payr: Die Klinik der bösartigen Geschwülste. Leipzig: Hirzel-Verlag, 1924 bis 1927. 3 Bände.

Ernst Schmutzer

Die Relativitätstheorie am Ende des 20. Jahrhunderts

1 Die moderne Physik unseres Jahrhunderts

Die traditionelle Einteilung der Physik in Theoretische Physik, Experimentelle Physik und Technische (Angewandte) Physik ist auch heute noch durchaus anwendbar. Der Theoretischen Physik – nicht zu verwechseln mit der Mathematischen Physik, die von ihrem Inhalt her primär in der Mathematik anzusiedeln ist – fallen dabei zwei wesentlich unterschiedliche Aufgaben zu:

- Auf der Basis der mathematisch formulierten bekannten und in der Praxis bewährten physikalischen Naturgesetze Zuarbeit für die Experimentalphysik zu leisten, insbesondere Versuche theoretisch zu konzipieren, Voraussagen für Meßergebnisse zu treffen oder auch neue Effekte vorauszusagen.
- Die Gültigkeitsgrenzen der bisher bekannten Naturgesetze (in Zusammenarbeit mit der Experimentalphysik) aufzuspüren, Wege in wissenschaftliches Neuland durch versuchsweises Postulieren eventueller neuer Naturgesetze zu erproben und Hinweise an die Experimentalphysik zwecks Verifikation oder Falsifikation zu geben. Diese Aktivität kann einen wissenschaftlichen Paradigmenwechsel auslösen und in dessen praktischer Auswirkung sprunghaft die Entstehung neuer Industrien induzieren, wie die historische Erfahrung der beiden letzten Jahrhunderte zeigt.

Bekanntlich war (abgesehen von der Thermodynamik und Statistik) die bis zur letzten Jahrhundertwende heranreichende Physik, nämlich die Newtonsche Mechanik und die Newtonsche Gravitationstheorie sowie die Maxwellsche Elektromagnetik/ Optik, zwar nicht in ihrer glänzend bewährten technischen Verwertung, wohl aber in der ihre Anwendungsgrenzen überschreitenden Grundlegung experimentell und theoretisch in eine offensichtliche Krise geraten, die unter dem Schlagwort «Krise der Klassischen Physik» die Gemüter und den Geist herausragender Forscher über eine längere Zeit bewegt hat. Die Widersprüche zwischen Theorie und Experiment traten vor allem an folgenden empfindlichen Stellen auf:

- Versagen der Ätherhypothese bei der Ausbreitung des von Doppelsternen kommenden Lichtes und beim Michelson-Versuch,
- Versagen der Newtonschen Mechanik bei ihrer Anwendung auf die Bewegung schneller Elektronen,

- Versagen der Newtonschen Gravitationstheorie bei der Erklärung der seit Jahrhunderten beobachteten Periheldrehung des Planeten Merkur,
- Versagen der Maxwell-Theorie bei der Erklärung des Spektrums der elektromagnetischen Hohlraumstrahlung (Wärmestrahlung).

Der Versuch der Auflösung dieser und noch weiterer hier nicht aufgeführter Widersprüche zwischen der überlieferten Theorie und den durch eine inzwischen gesteigerte Meßgenauigkeit erzielten experimentellen Meßergebnissen führte, durch die unermüdliche Arbeit der Forscher hart erkämpft, zu den beiden Hauptsäulen der modernen Physik unseres Jahrhunderts:

- der Relativitätstheorie, nach Vorarbeiten von W. Voigt, J. J. Larmor, H. A. Lorentz und H. Poincaré im wesentlichen von A. Einstein geschaffen;
- der Quantentheorie, für den Bereich der Teilchen als Quantenmechanik und für den Bereich der Felder als Quantenfeldtheorie konkretisiert.

Die dritte große Säule der Physik unseres Jahrhunderts sind die Thermodynamik und Statistik, die beide, immanent zusammengehörend, einen eigenen Entwicklungsweg gingen, der im Verbund mit der Quantentheorie weit in die Bereiche von Chemie (vor allem Quantenchemie), Biologie und Medizin hineinreicht.
Im Sinne einer zeitlichen Orientierung scheint es mir nützlich zu sein, den im Laufe unseres Jahrhunderts erzielten Erkenntnisfortschritt in der Relativitätstheorie und der Quantentheorie in einer historischen Übersicht zusammenzufassen:

1900: M. Planck entdeckt das Wirkungsquantum und leitet damit die Entwicklung der Quantentheorie ein.

1905: Unter maßgeblicher Fundierung durch A. Einstein entsteht die Spezielle Relativitätstheorie, deren mathematische Ausgestaltung H. Minkowski zur Erkenntnis der Vierdimensionalität der Raum-Zeit (ungekrümmte Raum-Zeit mit pseudo-Euklidischer Geometrie) führt.

1915: A. Einstein entwickelt die Allgemeine Relativitätstheorie, deren Hauptbestandteil die gegenüber I. Newton (absoluter 3-dimensionaler Ortsraum, absolute Zeit) neue Gravitationstheorie ist, deren Grunderkenntnis in der Krümmung der Raum-Zeit (pseudo-Riemannsche Geometrie) besteht. Dabei befinden sich die Raum-Zeit und die existierende Materie (als Quelle der Krümmungsstruktur) in einem immanenten dynamischen Wechselverhältnis.

1925: W. Heisenberg begründet die quantentheoretische Matrizenmechanik des Mikrokosmos.

1926: E. Schrödinger schafft die quantentheoretische Wellenmechanik des Mikrokosmos. (Matrizenmechanik und Wellenmechanik erweisen sich als inhaltlich äquivalent. Sie sind verschiedene Darstellungsformen der Quantenmechanik.)

1927: W. Heisenberg begründet die Unschärferelation zwischen Ort und Impuls eines Quantenteilchens, wodurch das Newtonsche Konzept der Bahnkurve eines Massenpunktes aus dem Mikrokosmos eliminiert wird.

1927 bis 1929: P. A. M. Dirac, W. Heisenberg, W. Pauli und P. Jordan entwickeln die Feldquantisierung der Bosonfelder (Felder mit ganzzahligem Spin).

1928: P. Jordan und E. Wigner begründen die Feldquantisierung der Fermionfelder (Felder mit halbzahligem Spin).

1928: P. A. M. Dirac schafft die speziell-relativistische Quantenmechanik, die den Konsistenzforderungen der Speziellen Relativitätstheorie genügt.

1946 bis 1949: S. Tomonago, J. Schwinger, R. P. Feynman und F. J. Dyson gelingt die speziell-relativistische Formulierung der Quantenfeldtheorie.

1957: W. Heisenberg legt sein Konzept einer nichtlinearen Spinortheorie als Grundlage einer Theorie der Elementarteilchen (Urmaterie-Gleichung) vor und aktiviert damit international stark eine intensive Befassung mit dem Elementarteilchenproblem der Materie. Zu diesem Themenkreis gibt es heute viele Lösungsversuche. Das Gesamtproblem ist aber trotz der Schaffung anerkannter Teiltheorien noch nicht gelöst.

Diese historische Übersicht zur Entstehung von Relativitätstheorie und Quantentheorie zeigt die immanente Verflechtung dieser beiden Hauptsäulen der Theoretischen Physik unseres Jahrhunderts: Quantentheorie ohne Relativitätstheorie überdeckt nur den niederenergetischen Bereich des Mikrokosmos. Relativitätstheorie ohne Quantentheorie bleibt auf den phänomenologischen Bereich der Natur begrenzt und dringt deshalb nicht bis in den Mikrokosmos vor.

Der Beitrag soll eine gewisse Bilanz der Relativitätstheorie am Ende des 20. Jahrhunderts ziehen. Eine analoge Bilanz zur Quantentheorie wäre zwar eine wertvolle Herausforderung, würde aber den Rahmen der gewählten Thematik sprengen. Es muß deshalb hier auf die Weiterführung der Quantentheorie verzichtet werden.

2 Relativitätstheorie

Die ursprüngliche Fundierung der Newtonschen Physik basierte auf Newtons Konzept eines absoluten Ortsraumes (mit den rechtwinkligen kartesischen Koordinaten $\{x, y, z\}$) und einer absoluten Zeit (Weltzeit t) unter Benutzung von Inertialsystemen (gleichförmig geradlinig bewegte Bezugssysteme) zur Beschreibung der physikalischen Realität. Inertialsysteme sind dabei Idealisierungen, die es in der wirklichen Welt nicht gibt, denn streng genommen unterliegt jedes Bezugssystem (Beobachter) Beschleunigungen, insbesondere natürlich auch auf unserer Erde durch deren Rotation. Zur richtigen Beschreibung der physikalischen Bewegung mußten deshalb in solchen Nichtinertialsystemen die Zentrifugal- und Corioliseffekte berücksichtigt werden.

2.1 Spezielle Relativitätstheorie

Die Spezielle Relativitätstheorie (Einstein 1905) ist auf die Benutzung von Inertialsystemen (Lorentz-Systeme) mit den 4-dimensionalen raumzeitlichen Koordinaten $\{x, y, z, ct\}$, die man Galilei-Koordinaten nennt (c Vakuum-Lichtgeschwindigkeit), festgelegt. Die 4-dimensionale Einheit von 3-dimensionalem Ortsraum und Zeit wurde von Minkowski entdeckt. Geometrisch gesprochen, besitzt diese speziell-relativistische Raum-Zeit (Minkowski-Raum) pseudo-Euklidische Geometrie, die das geometrische Fundament der Speziellen Relativitätstheorie bildet. Dabei weist das Präfix «pseudo» darauf hin, daß es zwar um die Euklidische Geometrie der Raum-Zeit geht, aber Raum und Zeit, obwohl 4-dimensional vereinigt, von verschiedenem Wesen sind, was in der unterschiedlichen Signatur von Raum und Zeit zum Ausdruck kommt.

Das physikalische Fundament der Speziellen Relativitätstheorie ist das Spezielle Relativitätsprinzip mit seiner grundlegenden Aussage, daß die physikalischen Naturgesetze in allen Inertialsystemen bei Benutzung von Galilei-Koordinaten die gleiche mathematische Form besitzen, also bei der Transformation (Umrechnung der Koordinaten) von einem Inertialsystem auf ein anderes – Lorentz-Transformation genannt – forminvariant (kovariant) sind. Aus diesem Tatbestand erklärt sich auch der synonyme Name Kovarianzprinzip für Relativitätsprinzip.

Auf der Basis der beiden Fundamentalpostulate: Vierdimensionalität der Raum-Zeit und Spezielles Relativitätsprinzip mit Lorentz-Transformation, konnten folgende grundlegende Erkenntnisse deduziert werden:

- Relativität des Längenbegriffes (Längenkontraktion),
- Relativität des Zeitbegriffes (Zeitdilatation),
- Relativität der Gleichzeitigkeit mit ihrer Konsequenz des bis in die Biologie reichenden «Zwillingsparadoxons»,
- Relativität des Massenbegriffes (Geschwindigkeitsabhängigkeit der Masse),
- Masse-Energie-Relation als grundsätzliche Verknüpfung von Masse (m) und Energie (E) in der Gestalt $E = mc^2$ (Bivalenz der friedlichen Nutzung oder der Menschenvernichtung).

Diese hier aufgeführten Schlußfolgerungen der Speziellen Relativitätstheorie sind mit sehr hoher Genauigkeit empirisch bestätigt (Schmutzer 1989, 1996).

2.2 Allgemeine Relativitätstheorie

Da die Spezielle Relativitätstheorie an Inertialsysteme gebunden ist, die Bezugssysteme der physikalischen Wirklichkeit aber Nichtinertialsysteme sind, war nach 1905 die Entwicklung der Physik in Nichtinertialsystemen – neben dem richtigen Verständnis der Quantenphänomene im Mikrokosmos – zu einer erstrangigen Herausforderung geworden, der sich Einstein in harter Arbeit fast ein Jahrzehnt lang stellte, bis ihm, unterstützt durch den Mathematiker M. Großmann, 1915 der Durchbruch gelang: die Allgemeine Relativitätstheorie (Einstein 1916) war geschaffen.

Einstein verallgemeinerte das Spezielle Relativitätsprinzip zum Allgemeinen Relativitätsprinzip dahin gehend, daß er die Forminvarianz (Kovarianz) der physikalischen Naturgesetze für allgemeine 4-dimensionale raumzeitliche Koordinatentransformationen forderte, sich also damit von der Einschränkung auf Inertialsysteme befreite und Nichtinertialsysteme zur allgemeinen Grundlage der Naturbeschreibung machte.

Gegen dieses Allgemeine Relativitätsprinzip ist später heftig polemisiert worden. Es wurde von Gegnern dieses Einsteinschen Gedankengutes sogar als physikalisch inhaltsleer bezeichnet, da die Kovarianz von Gleichungen bei allgemeinen Koordinatentransformationen trivialerweise immer erreichbar sei. Es gibt aber stichhaltige Gegenargumente zu dieser Position (Schmutzer 1968, 1996). Diese Polemik, die auf der Einsteinschen Seite maßgeblich von P. G. Bergmann, Ch. Möller, L. Infeld, E. Schmutzer u. a. sowie auf der Gegenseite von E. Kretschmann, V. Fock, A. D. Alexandrov, H. J. Treder u. a. geführt wurde, ging sogar so weit, daß Fock den Begriff «Allgemeine Relativitätstheorie» ablehnte und diese Theorie auf die Gravitationstheorie reduzierte (Fock 1960).

Bekanntlich war seit der Zeit von G. Galilei die im Schwerefeld der Erde beobachtete Erfahrung, daß im luftleeren Raum alle Körper gleich schnell fallen, empirisch gut gesichert. Diese Beobachtungstatsache erhielt nun eine wichtige Brückenfunktion auf Einsteins weiterem Weg zu einem tiefgründigen Verständnis der Gravitation.

Einstein wurde durch sein berühmt gewordenes Gedankenexperiment des fallenden Kastens klar, daß – in lokaler Betrachtung – hinsichtlich der physikalischen Einwirkung auf einen Körper die kinematische Beschleunigung und die gravitative Beschleunigung als äquivalent erscheinen und, streng genommen, nicht voneinander zu trennen sind. Gemäß diesem Konzept kam er zum «Äquivalenzprinzip von träger und schwerer Masse eines Körpers». Bekanntlich ist die träge Masse der Grund für das Trägheitsverhalten bewegter Körper, während die schwere Masse die gravitative Anziehung verursacht.

Auf Einsteins grüblerischem Weg zu einer neuen Gravitationstheorie spielte auch das Gedankenexperiment zur Physik im Bezugssystem einer rotierenden Scheibe eine prinzipielle Rolle: Durch die oben erwähnte Längenkontraktion mußte bei der Längenmessung in tangentialer Richtung wegen der Rotationsbewegung – im Unterschied zur Messung in radialer Richtung – die Längenkontraktion wirksam werden. Das hatte aber zur Konsequenz, daß das Verhältnis von Kreisumfang zu Kreisdurchmesser nicht mehr gleich $\pi = 3{,}14 \ldots$ sein konnte, was bekanntlich in der Euklidischen Geometrie gilt.

Überlegungen dieser und ähnlicher Art besaßen für Einstein die Stringenz: Kinematik $\rightarrow$ Gravitation $\rightarrow$ nichteuklidische Geometrie. Eine über die Euklidische Geometrie hinausgehende, um die letzte Jahrhundertwende stark erforschte Geometrie war die Riemannsche Geometrie, die Einstein zur Grundlage seiner neuen Gravitationstheorie nahm. Aus mathematischen Gründen war klar, daß zur Formulierung einer solchen Theorie, um der Kovarianzforschung des Allgemeinen Relativitätsprinzips zu entsprechen, der Tensorkalkül im allgemeinen und in geometrischen Fragen der Ricci-Kalkül im besonderen verwendet werden müßte.

Diese gesamte oben dargelegte Ideenkette mit ihrer inneren Zwangsläufigkeit gipfelte in Einsteins Formulierung seiner Gravitations-Feldgleichungen, die folgende wesentliche Merkmale aufweisen:

- Basis ist die gekrümmte 4-dimensionale Raum-Zeit mit pseudo-Riemannscher Geometrie, wobei zum Präfix «pseudo» dasselbe wie bei der pseudo-Euklidischen Geometrie zu sagen ist.
- Im Unterschied zur Newtonschen Gravitationstheorie, in der das Gravitationspotential als alleinige Feldfunktion auftritt, weist die Einsteinsche Gravitationstheorie 10 Feldfunktionen auf, die gerade die 10 Komponenten des metrischen Tensors sind, der wiederum in dem für die Längenmessung in der Raum-Zeit maßgeblichen Linienelement bestimmend ist.
- Die Struktur der Einsteinschen Gravitations-Feldgleichung ist so beschaffen, daß auf ihrer linken Seite die Feldfunktionen über Krümmungsgrößen eingehen, während auf der rechten Seite mittels der Einsteinschen Gravitationskonstanten als Kopplungskonstante der Energietensor der Materie mit seinen 10 Komponenten als Quelle auftritt. Dabei umfaßt der Energietensor die folgenden Eigenschaften der Materie: Energie, Spannung, Impuls und Energiefluß.
- Die Einsteinsche Gravitations-Feldgleichung stellt ein gekoppeltes System von 10 nichtlinearen partiellen Differentialgleichungen zweiter Ordnung für die 10 Feldfunktionen dar. Sie ist neben der Dirac-Gleichung für das Elektron/Positron (Spinormaterie) und neben den Maxwell-Gleichungen für das elektromagnetische Feld die empirisch am besten verifizierte Fundamentalgleichung der Physik. Gegenüber den eben genannten linearen Gleichungen ist sie wegen ihres nichtlinearen Charakters der bis heute bekannte eigentliche Prototyp einer Gleichung, die das in der Wirklichkeit ablaufende nichtlineare Naturgeschehen besonders tiefgründig widerspiegelt. Man kann davon ausgehen, daß eine zukünftige Elementarteilchentheorie von nichtlinearer Struktur sein wird. In dem Gesamtgefüge einer einheitlichen Feldtheorie der Materie (Gültigkeitsbereich von der Elementarteilchenphysik des Submikrokosmos über die terrestrisch-planetar-stellare Physik bis hin zur Kosmologie) wird die Einsteinsche Gravitationstheorie einen fundamentalen nichtlinearen Eckpfeiler bilden.
- Die Gewinnung strenger Lösungen der Einsteinschen Gravitations-Feldgleichung mit physikalischem Inhalt ist bisher nur in Einzelfällen gelungen, die aber dann von einer solchen immensen physikalischen Aussagekraft waren, daß jeweils ganze Spezialrichtungen der Relativitätstheorie entstanden sind: Schwarzschild-Lösung einer statischen Massenkugel mit der Konsequenz der Erklärbarkeit der Periheldrehung der Planeten sowie der Voraussage der Schwarzen Löcher; äußere Kerr-Lösung eines rotierenden Körpers, wobei wegen des Fehlens einer geeignet anschließbaren inneren Lösung die Frage der inneren Körperstruktur noch weitgehend ungelöst ist; Friedman-Lösung für ein homogenes isotropes Kosmosmodell, das die Basis für das Verständnis der astrophysikalisch gesicherten Erkenntnisse der Weltexpansion und der thermischen kosmologischen Hintergrundstrahlung als Relikt des Urknalls ist.
- Im Unterschied zur Newtonschen Theorie, in der die Bewegungsgleichung eines

Körpers (Lex secunda) und die Gravitations-Feldgleichung unabhängige Setzungen sind, folgt aus der Einsteinschen Gravitations-Feldgleichung durch mathematische Operationen die Bewegungsgleichung eines mechanischen Kontinuums und schließlich durch Grenzübergang zu einem Massenpunkt daraus die mechanische Bewegungsgleichung eines Probekörpers (keine Rückwirkung auf das äußere Feld). In Einsteins Theorie sind Feldgleichung und Bewegungsgleichung immanent miteinander verbunden, woraus grundlegende Aussagen folgen.
Im besonderen Fall eines Probekörpers («Testteilchen») im feldfreien Raum folgt als Bewegungsgleichung die Gleichung einer Geodäten, d. h., ein solcher Körper bewegt sich auf der kürzesten Linie in der Raum-Zeit.

- Obwohl bis heute keine strenge Lösung für eine zeitlich veränderliche inselartige Massenverteilung gefunden wurde, läßt sich durch Näherungslösungen aussagen, daß es bei einer solchen Art von Bewegung (mit nicht zu starker Symmetrie) zur Ausstrahlung von Gravitationswellen kommt.

Bei der Darlegung der Speziellen Relativitätstheorie wie auch der Allgemeinen Relativitätstheorie habe ich mich mit Absicht der verbalen Methode bedient, also auf die Wiedergabe von Formeln und die Angabe von Zahlenwerten bei Meßergebnissen verzichtet. Ich hätte sonst einen beachtlichen Aufwand an mathematischen und physikalischen Begriffserklärungen treiben müssen, die selbst den Lesern aus den der Theoretischen Physik benachbarten Gebieten große Schwierigkeiten bereitet hätten. Konkrete Informationen dazu können aber aus der angegebenen Literatur entnommen werden.

3 Physikalisch-philosophische Erkenntnisse der Relativitätstheorie und offene Fragen

In den vorangehenden Darlegungen wurden an verschiedenen Stellen fundamentale naturphilosophische Fragen tangiert: Vierdimensionalität der Raum-Zeit, Krümmung der Raum-Zeit (Riemannsche Geometrie), Wesen des Allgemeinen Relativitätsprinzips, Feld und Bewegung, Nichtlinearität in der realen Welt, Aspekte des Begriffes der Masse, Verhältnis zwischen Masse und Energie u. a. Im folgenden sollen einige weitere in diesem Zusammenhang relevante Themenkreise mit tiefer philosophischer Tragweite vorgestellt werden.

3.1 Erhaltungssätze

Die Erhaltungssätze der Physik sind für alle philosophischen Richtungen, die von der objektiven Existenz der Welt – ob im Sinne eines einmaligen Schöpfungsaktes oder einer permanenten Existenz – ausgehen, von fundamentaler Bedeutung. Aus den Erhaltungssätzen resultieren nämlich die im Wandel der Zeiten unveränderlichen Erhaltungsgrößen als Merkmale der stabilen objektiven Existenz der Welt.

Die Physiker wissen nun seit einer bedeutenden Arbeit von Emmy Nöther (später angelsächsisch Noether) aus dem Jahr 1918, daß jedem Erhaltungssatz der Physik eine Symmetrie (entweder eine Symmetrie von Raum und Zeit als äußere Symmetrie oder eine Symmetrie im physikalischen Objekt selbst als innere Symmetrie) zugrunde liegt. Die bekanntesten Erhaltungsgrößen der Physik des vorigen Jahrhunderts sind: Energie, Impuls, Drehimpuls, Schwerpunkt und elektrische Ladung. Dabei wurde der Energieerhaltung, zum Energieprinzip der Welt erhoben, eine Schlüsselrolle zugeschrieben.

Die Allgemeine Relativitätstheorie führt zu der Erkenntnis einer starken Relativierung der Erhaltungssätze. Lediglich Erhaltungsgrößen vom Typ einer Ladung bleiben unangetastet. Das betrifft hier die eben genannte elektrische Ladung und, wie es scheint, einige neu entdeckte Ladungsarten aus dem subatomaren Bereich (baryonische Ladung u. a.).

Dieser starken Relativierung unterliegt auch der Energiebegriff, dessen Degradierung trotz impliziter wissenschaftlicher Erkenntnis seit weit über einem halben Jahrhundert und trotz mannigfacher Publikmachung (SCHMUTZER 1968, 1989) von den Philosophen bisher kaum eine Beachtung geschenkt wurde. Nur unter stark einschränkenden Bedingungen an Symmetrien oder benutzte Koordinaten hat es überhaupt noch einen Sinn, von Energie als Erhaltungsgröße zu sprechen.

3.2 Relativität

Aus den vorstehenden Darlegungen wird ersichtlich, wie stark die Relativitätstheorie durch die von ihr gemachte Entdeckung der Relativierung tradierter physikalischer Begriffe in unser Naturverständnis eingreift. Es ist aber verfehlt, der oft propagierten These «Alles ist relativ» zu folgen, denn die Relativitätstheorie führte erstmalig zu einer besonders tiefen Einsicht in die Invarianzen der Natur, also in Naturzusammenhänge von absolutem Charakter, so daß man sie auch «Absolutitätstheorie» hätte nennen können, so merkwürdig das auf den ersten Blick auch klingen mag. Der historisch unter dem starken emotionalen Eindruck der Relativierung fest eingeprägter Begriffe der Newtonschen Physik entstandene Name «Relativitätstheorie» ist nach Meinung des Autors zwar nicht der realen Natur adäquat, aber sicherlich a posteriori nicht mehr abänderbar (SCHMUTZER 1968, 1989).

3.3 Fehlen eines Inertialsystems

In der Newtonschen Physik stellt der Ortsraum wegen seiner Absolutheitskonzeption ein absolutes Bezugssystem (Inertialsystem) dar, auf das, von Nichtinertialsystemen darauf umsteigend, relativ leicht Bezug genommen werden kann, um zu eindeutigen physikalischen Aussagen zu kommen. Die gekrümmte Raum-Zeit der Allgemeinen Relativitätstheorie erlaubt diese Möglichkeit prinzipiell nicht. Lediglich punktweise lokal läßt sich der Minkowski-Raum der Speziellen Relativitätstheorie (Tangentialraum) als eine Art lokales Inertialsystem für Aussagen verwenden. Der

Schritt von der Lokalität zur Globalität ist aber im Allgemeinfall nicht integrabel durchführbar, so daß ein globales Inertialsystem in der Allgemeinen Relativitätstheorie nicht existiert.

Diese Erkenntnis hat schwerwiegende Konsequenzen bis hin zu sehr praktischen Fragen. Auf eine Problematik dieser Art soll kurz hingewiesen werden: Lösen zwei Forscher in der Newtonschen Physik ein Problem in jeweils verschiedenen krummlinigen Koordinaten, so erhalten sie natürlich unterschiedliche mathematische Resultate, die aber durch Übergang zu rechtwinklig-kartesischen Koordinaten im absoluten Ortsraum physikalisch-inhaltlich identifizierbar werden. Wird die analoge Aufgabenstellung im Rahmen der Allgemeinen Relativitätstheorie vollzogen, so fehlt der absolute Bezugs-Ortsraum, so daß eine Umrechnung der Resultate nur auf direktem Weg möglich ist. Diese Aufgabenstellung ist aber mathematisch außerordentlich schwierig, wie die aktuelle Forschung zeigt. Daran liegt es auch, daß heute immer wieder vermeintlich strenge Lösungen der Einsteinschen Gravitations-Feldgleichung gefunden werden, die aber in anderen Koordinaten seit Jahren bereits bekannt sind.

3.4 Beschleunigung

Im Zusammenhang mit der philosophischen Deutung des Allgemeinen Relativitätsprinzips, worauf ich oben bereits hinwies, entstand vor Jahren ein heftiger Streit darüber, ob die Allgemeine Relativitätstheorie auch zur Erkenntnis der Relativität der Beschleunigung führt oder ob die Beschleunigung absoluten Charakter besitzt. Meine Arbeiten zu dieser Frage führten mich, zusammen mit anderen Forschern, zu der Einsicht, daß sich auch in der Allgemeinen Relativitätstheorie eindeutig kinematische Begriffe, zu denen auch die Beschleunigung (Bahnbeschleunigung, Rotation) gehört, prägen lassen, die lokal einen absoluten Aussagewert in bezug auf den punktweise angehefteten Minkowski-Raum haben, wodurch sich auch der von der jeweiligen Beschleunigung des Bezugssystems abhängige physikalische Ablauf der Prozesse in unserer Alltagserfahrung erklärt (Nichtexistenz der «Prozeß-Äquivalenz» in Bezugssystemen mit unterschiedlicher Beschleunigung).

3.5 Weitere Fragen

Es gibt noch viele weitere philosophierelevante Fragen der Relativitätstheorie, auf die hier nicht eingegangen werden kann, von denen aber wenigstens einige erwähnt werden sollen:

- Existiert eine Eindeutigkeit der Aussagen zu Messungen in der Allgemeinen Relativitätstheorie? Wie lassen sich 3-dimensionale physikalische Begriffe prägen, die einen unmittelbaren Bezug zum Experiment haben?
- Inwieweit ist das Machsche Prinzip in der Allgemeinen Relativitätstheorie realisiert, oder ist es als eine mit der heutigen Erkenntnis nicht vereinbare Idee zu verwerfen?

- Sind Raum und Zeit, philosophisch gesehen, auf der Stufe derselben objektiven Realitätskategorie zu sehen wie die übrige Materie (Körper, Teilchen, Quanten, Felder usw.), oder sind sie nur Anschauungsformen?
- Wie steht es um die objektive Realität der heute intensiv erforschten Räume von mehr als vier Dimensionen in den Feldtheorien vom Kaluza-Klein-Typ oder in der Projektiven Feldtheorie?

Zum Abschluß des Beitrages sollen diejenigen, die an dem heutigen Stand der quantitativen experimentellen Verifizierung der Relativitätstheorie interessiert sind, auf dazu erschienene Literatur hingewiesen werden: De Sabbata, V., und J. Weber 1977; Bertotti, B., de Filice, F., und A. Pascolini 1984; Brucco, U., Cianci, R., und E. Massa 1987; Cianci, R., de Ritis, R., Francaviglia, M., Marmo, G., Rubano, C., und P. Scudellaro 1991.

Literatur

Bertotti, B., de Felice, F., und A. Pascolini: General Relativity und Gravitation, Dordrecht 1984, 517 S.

Brucco, U., Cianci, R., und E. Massa: General Relativity and Gravitational Physics, Singapore 1987, 512 S.

Cianci, R., de Ritis, R., Francaviglia, M., Marmo, G., Rubano, C., und P. Scudellaro: General Relativity and Graviational Physics, Singapore 1991, 710 S.

De Sabbata, V., und J. Weber: Topics in Theoretical and Experimental Gravitation Physics, London and New York 1977, 343 S.

Einstein, Albert: Zur Elektrodynamik bewegter Körper, In: Ann. d. Physik, 17 (1905) S. 891–921

Einstein, Albert: Die Grundlage der allgemeinen Relativitätstheorie, In: Ann. d. Physik 49 (1916) S. 769–822

Fock, Vladimir: Theorie von Raum, Zeit und Gravitation (Übersetz. aus dem Russ.), Berlin 1960, 501 S.

Schmutzer, Ernst: Relativistische Physik, Leipzig 1968, 974 S.

Schmutzer, Ernst: Relativitätstheorie – aktuell. Ein Beitrag zur Einheit der Physik, 4. Aufl. Leipzig 1989, 180 S.; 5. Aufl. Stuttgart 1996

Wolfgang Buchheim †

Der Komplementaritätsbegriff Niels Bohrs und seine Ausstrahlung in die moderne Wissenschaft

Allgemeines zur Komplementarität nach Bohr

Komplementarität, speziell in der Atomphysik, wurde von N. Bohr im Anschluß an Rutherford und A. Sommerfeld eingeführt, um die klassische Physik als Bildersprache, für viele naturwissenschaftliche Disziplinen unentbehrlich, auf weiteren Gebieten der Naturwissenschaft gebrauchen zu können, auf denen Verständigungsschwierigkeiten auftreten. Diese haben ihren Grund darin, daß die Natur, z. B. im Bereich der Moleküle und Atome, sich in Phänomenen offenbart, die in der Makrowelt nicht beobachtet werden und

1. eigentümliche Züge von *Ganzheit*
2. einen *Dualismus* (z. B. den von Welle und Teilchen)

zeigen, der zur Verwendung einander ausschließender («komplementärer») Vorstellungen (Teilchen- bzw. Wellenbewegung) führt, wobei einer neuen Naturkonstante von der Dimension eines Drehimpulses, genannt «*h*», eine Schlüsselstellung zukommt, gleichbedeutend mit dem «Spin».

Nach Bohr gibt es determinierte Vorgänge, die beobachtbar bleiben, wenn hierbei die Beobachtung anderer Vorgänge unterbleibt. Solche werden nach Bohr «komplementär» genannt. Es zeigt sich hierbei, daß die in Jahrhunderten an Makrophysik entwickelte Sprache der Physik z. B. angesichts der Quantentheorie versagt, die uns eine physikalische Mikrowelt erschlossen hat.

Mikrophysik kann aber nicht auf die konventionelle Benutzung von einander ausschließenden Beobachtungen, Begriffen, Worten verzichten. Es wird gezeigt, daß auf den experimentellen und auch theoretischen Umgang mit einander ausschließenden Begriffen und Beobachtungsmethoden nicht verzichtet werden muß, wenn nur die Einschränkungen beachtet werden, die für die Ergebnisse resultieren.

A Die Komplementarität in der Atomphysik

Der Begriff Komplementarität (im folgenden mit K. abgekürzt), den N. Bohr nach dem ersten Weltkriege in die Physik eingeführt hat, verdankt seine – etwas zögernd und durchaus nicht sehr entschieden – vorgenommene Prägung der Umbruchsituation in den Naturwissenschaften, die 1896 durch die Becquerelsche Entdeckung der Radioaktivität eingeleitet wurde. Der Versuch, die Welt der Atome, ihre Struktur und Reaktionsweise mit den begrifflichen und anschaulichen Mitteln der klassischen Physik zu verstehen, wie ihn vor allem Bohr aufgrund neuer Erfahrungen mit Streuung hochenergetischer Teilchen von P. Lenard und E. Rutherford an Festkörpern unternahm, stieß zunächst auf große Schwierigkeiten. Das von N. Bohr um 1912 aufgestellte bekannte Atommodell («Planetenmodell» des Atoms), das A. SOMMERFELD [1] quantitativ streng als mechanisches Punktentladungssystem in Wechselwirkung mit elektro-magnetischer Wellenstrahlung zu behandeln suchte, zeigte drastisch, daß es mit eben diesen Bildern und Begriffen der klassischen Physik widerspruchsfrei und ohne Zusatzhypothesen nicht restlos zu beschreiben war. Immerhin erwiesen sich Begriffe der klassischen Mechanik wie *Teilchen, Ort, Zeitpunkt, Impuls, Energie, Drall* einerseits und elektromagnetische *Wellenlänge, Strahlungsfrequenz, Amplitude, Strahlungsdichte* andererseits nicht als völlig unbrauchbar, sondern lediglich als gewisser «Gebrauchsanweisungen» bedürftig, wenn logische Widersprüche vermieden bleiben sollten. Die Quintessenz dieser Gebrauchsanweisungen war das, was N. Bohr und seine Schüler, besonders H. A. Kramers und W. Heisenberg, schließlich «KOMPLEMENTARITÄT» nannten.

Dieser Terminus, den N. Bohr einer – lange miterwogenen – «Reziprozität», die vom mathematischen Standpunkt vielleicht zutreffender gewesen wäre, vorzog, rückte das Phänomen zwar in verwirrende Nähe des bereits vergebenen Adjektives «komplementär» im Sinne der bekannten Komplementärfarben (diese aber haben gerade mit der Bohrschen K. nichts zu tun). Ausschlaggebend aber für Bohr war, daß der Zug von *Ergänzung* zum Ausdruck gebracht werden sollte, der den aus der physikalischen Klassik übernommenen anschaulich total verschiedenen, ja sich geradezu ausschließenden Vorstellungen wie Teilchen und Wellenfeld, Ort und Impuls, Energiebereich und Zeitintervall u. a. inhärierte. Man konnte sie nämlich nicht einfach über Bord werfen, ohne diese ganze neue – und zunächst als *interimistisch* empfundene – «Atomphysik» zumindest auf der theoretischen Seite völlig zu paralysieren. H. G. SCHÖPF [2] hat die Rolle der K. als eines zunächst vor allem *heuristisch* gemeinten Instrumentes der Atomphysik in den Händen N. Bohrs wie folgt zu charakterisieren versucht:

> Das Komplementaritätsprinzip ist ein Sprößling der physikalischen Moderne. Genauer gesagt, es ist ureigene Schöpfung von N. Bohr. Aber dieser hat hier nichts Fertiges, ein für allemal in klaren Worten Definiertes geschaffen, sondern sich gleichsam eine begriffliche Waffe hergestellt, die er in einem unablässigen Kampf um das Verständnis der frappierenden Novitäten der neuen Physik immer wieder, aber in durchaus unterschiedlichem Kontext einsetzte. Und so bietet sich uns Bohrs Komplementaritätsbegriff etwas schillernd dar, fließend in seiner Bedeutung.
> Vielleicht ist dieses «schillernde Fließen» nach Schöpf aber gerade ein äußeres Kennzeichen für die große Flexibilität und Universalität, in der sich K. heute, mehr als 50 Jahre nach ihrer Einführung in die Physik, präsentiert, und für ihre unerschöpfliche Fruchtbarkeit als Diskussionsgrundlage.

Von Ergänzung als dem Wesen der K. war schon die Rede. Schon die ersten, zu Beginn unseres Jahrhunderts entdeckten Atomphänomene zeigten völlig unerwartete

Züge von *Ganzheit,* denen theoretisch mit klassischer Physik nicht beizukommen ist. Um dem nur statistisch beschreibbaren Charakter des radioaktiven Zerfalls gerecht zu werden, mußte die Physik bezeichnenderweise der Biologie entlehnte Begriffe wie «mittlere Lebensdauer» und «stationärer Zustand» einführen. Beide erwiesen sich als fundamental für die gesamte Mikrophysik weit über die natürliche Radioaktivität hinaus. Bei dem Versuch, z. B. die Atome und Moleküle als Verbundsysteme von Elektronen und positiv geladenen «Atomkernen» zu verstehen, stieß man auf stationäre *ausstrahlungsfreie* Zustände und das *«Pauli-Verbot»* der Mehrfachbesetzung dieser Zustände des Einzelelektrons, auch «Paulisches Ausschließungsprinzip» genannt. Aber auch «offene» (räumlich nicht abgeschlossene) Systeme, z. B. ein Lichtstrom, der beugende Hindernisse umfließt und, dahinter aufgefangen, in Elementarakten Fotoelektronen auslöst, weisen Ganzheitszüge auf. Einstein hatte 1905 der Wellenoptik, die bis dahin uneingeschränkt «die ganze Wahrheit» zu vertreten beanspruchte, den «korpuskularen Aspekt» des Lichtes im Sinne Newtons wieder hinzugefügt. Das führte zu dem fundamental neuen Begriff des *Lichtquants* («Photons»). Die Ganzheit dieses Lichtstromes, die die beiden miteinander verwobenen «komplementären» Aspekte eines «Wellenfeldes» und eines «Lichtquantenhagels» aufweist, zeigt sich dann sehr deutlich, wenn man etwa durch Kontrollmechanismen die «Bahnen» einzelner Photonen festzulegen versuchen würde. Die Folge ist dann der Verlust an Einfarbigkeit des Lichtes, verbunden mit der mehr oder minder vollständigen Zerstörung aller Interferenzerscheinungen, also der Intensitätsverteilung in der Auffangebene. Umgekehrt erfordert ungestörte Monochromasie und Interferenzfähigkeit des Wellenfeldes einen völligen Verzicht auf Vorherbestimmung von Ort und Zeitpunkt für das «Eintreffen» einzelner Lichtquanten in der Auffangebene. Quanten- und Wellenaspekt des Lichtes sind «komplementär». Diese Situation überträgt sich mutatis mutandis z. B. auf einen Elektronen- oder Protonenstrahl, ja sogar auf die Bestimmung der Elektronenverteilung im Atom oder Molekül zu einem bestimmten Zeitpunkt. Hier ist es die «Belichtung» mit einem «γ-Quanten-Hagel», die zu einer mehr oder minder weitgehenden Unbestimmtheit des energetischen Zustandes des Mikroobjektes und der Impulse der einzelnen Elementarteilchen führt, aus denen es besteht. Damit wird auch die scharf definierte, unveränderliche *chemische* Reaktionsfähigkeit des Atoms bzw. Moleküls aufgehoben.

An dieser Stelle wird es unaufschiebbar, die fundamentale Rolle genauer zu erläutern, die das *Wirkungsquantum,* jene von M. Planck 1900 entdeckte Naturkonstante $h = 6.652 \cdot 10^{-34}$ Joulesekunden, für die Komplementarität spielt. Ohne h sind die o. g. «Gebrauchsanweisungen» für die Beibehaltung klassischer Begriffe und Bilder in der Mikrophysik quantitativ schlechterdings nicht formulierbar! M. Planck konnte die Intensitätsverteilung im Spektrum der sogenannten «schwarzen» Strahlung auf statistische Thermodynamik nur unter der Bedingung zurückführen, daß die Energie, die zur Frequenz ν gehört, in «Energiequanten» $\varepsilon = h\nu$ aufgeteilt ist. Zunächst aber blieb h als eine im Rahmen der klassischen Physik höchst befremdlich wirkende Größe ziemlich unverstanden. Am weitesten drang A. Einstein, dessen Name meist nur in Verbindung mit der Relativitätstheorie genannt wird, schon vor Bohr im Verständnis der Rolle von h für die komplementären Eigenschaften der Strahlung vor, lange bevor der Begriff K. geprägt wurde. Er leitete 1907 die berühmte Plancksche Strahlungsformel auf der Basis der Lichtquantenvorstellung neu und höchst originell aus dem statistischen Gleichgewicht der Elementarprozesse von Emission und Absorption ab. Hierbei erwies sich *h*, ganz in Übereinstimmung mit der speziellen Relativitätstheorie und in Erweiterung der Planckschen Gleichung $\varepsilon = h\nu$ als Proportionalitätsfaktor zwischen Photonenimpuls *p* und Wellenzahl *k*

$$\mathrm{k} = \frac{p}{c} \mapsto p = \hbar k$$

(*c* Lichtgeschwindigkeit). A. Einstein und S. Bose brachten damals die zur Planck-Jeansschen Vorstellung von der elektromagnetischen Hohlraumstrahlung komplementäre eines «Lichtquantengases» auf. Dabei zeigte sich übrigens zum ersten Mal

1. die Bedeutung von *h* als *Zellengröße* im sogenannten «Phasenraum» der statistischen Teilchenmechanik und
2. das Fehlen der *Individualität* (Identität) bei Photonen: Sie sind nämlich nur zählbar, nicht benennbar oder sonst unterscheidbar.

Die Versuche der «Kopenhagener Schule» um N. Bohr und der «Münchener Schule» um A. Sommerfeld, die stationären diskreten Zustände der Atome zu verstehen, enthüllt die grundlegende Bedeutung von *h* für die o. g. «Gebrauchsanweisungen»: *h* erwies sich allmählich immer mehr als «Universalschlüssel» für das Verständnis der K. und damit der gesamten physikalischen Mikrowelt bis zur Physik der Atomkerne hin. Heute spricht man daher nicht mehr von Mikrophysik, sondern schlechthin von *«Quantenphysik»*. In der von N. Bohr und A. Sommerfeld noch ohne Kenntnis des Materiewellen-Phänomens damals aufgestellten «neuen» Atommechanik konnten mittels *h* «Zusatzbedingungen» für die Bahnelemente der Elektronen in diesem reinen Teilchenmodell des Atoms aufgestellt werden, die genau zu den diskreten, empirischen Energiestufen des H-Atoms führten. Hiermit offenbarte sich *h* als ein neues Ordnungselement, das die diskreten stationären Zustände der Atome und Moleküle durch ganze sogenannte «Quantenzahlen» n_k zu kennzeichnen und zu ordnen gestattete. Wenn p_k und q_k ein Paar sogenannter «kanonisch konjugierter» periodischer Variablen des klassischen Teilchenmodells des Atoms bedeuten, so lauteten diese Zusatzbedingungen

$$\oint p_k \, dq_k = n_k h.$$

$\oint$ bezeichnete dabei die Integration jeweils über eine volle Periode einer entsprechend zu wählenden (periodischen) Koordinate. In große Schwierigkeiten kam diese «naive» Atommechanik indessen bei der Beschreibung des *Energieaustauschs* mit dem elektromagnetischen Strahlungsfeld: Die stetige Abgabe und Aufnahme von Strahlungsenergie konnte nach Maxwellscher Elektrodynamik nur durch die Bahnbewegung und Umlaufsfrequenz der Elektronen jeweils in ihren stationären Zuständen bestimmt sein. In Wahrheit mußte sie aber nach den «Bohrschen Postulaten» gerade unstetig mit dem *Übergang* zwischen zwei stationären Zuständen verknüpft sein! Die Spektroskopie hatte ein erdrückendes Erfahrungsmaterial beigebracht, nach dem die Atome und Moleküle gerade derartige «Termspektren» zeigen. Bohr überbrückte diese Diskrepanz bis zur Aufstellung einer «neuen Quantenmechanik» 1925 durch BORN, HEISENBERG und JORDAN [3] in genialer Weise durch eine Art doppelter Betrachtungsweise, die er «Korrespondenzprinzip» nannte und die von Komplementarität scharf zu unterscheiden ist. Dieses Prinzip, das seine heuristische Bedeutung auch heute noch hat, erlaubt eine Analogisierung bzw. Zuordnung von quantentheoretischen Größen zu mit ihnen «korrespondierenden» klassischen.

In dieser interimistischen Zwischenphase von etwa 12–13 Jahren Dauer (1912 bis 1925) zeigte sich nun, daß das Wirkungsquantum eindeutig eine *paarweise* Zuordnung von Begriffen der klassischen Physik stiftet, die «komplementär» genannt wurden. Für solche Paare ist charakteristisch, daß die Dimension ihres Produktes die der Wirkung (Aktion) im physikalischen Sinne, also die von h ist: Energie $\times$ Zeit, Impuls $\times$ Länge, Drehimpuls (dem dimensionslosen Drehwinkel zuzuordnen) usw. Die Partner solcher «kanonisch konjugierten» Paare haben nun anschaulich und definitorisch überhaupt nichts miteinander zu tun. Sie stehen aber stets in einer durch h bestimmten quantitativen Beziehung zueinander.

Ausschlaggebend für Bohr, sie «komplementär» zu nennen, war, daß beide Partner jeweils benötigt werden, wenn eine vollständige Behandlung eines «Quantenphänomens» erfolgen soll. Sie stehen also im Verhältnis einer Ergänzung zueinander. W. HEISENBERG hat 1927 [4] mit Hilfe o. g. «Quantenmechanik» an dem Paar kanonisch konjugierter Impuls und Lagekoordinate nachgewiesen, daß h für solche «Ergänzungspaare» eine sogenannte «Unschärfe»- oder «Ungenauigkeits»-Relation zur Folge hat. Die «Kopenhagener Schule» gebrauchte gern den – etwas problematischen – Ausdruck «Unbestimmtheitsrelation». Er besagt, daß komplementäre Größen q und p, welche sie im einzelnen auch sein mögen, nicht gleichzeitig beliebig genau meßbar sind, sondern daß das Produkt ihrer – geeignet definierten – «Unschärfen» Δp bzw. Δq durch das Wirkungsquantum nach unten hin limitiert wird. Damit wurde eine meßtechnisch bzw. meßmethodisch sich auswirkende wichtige Eigenschaft von h aufgedeckt.

Natürlich geht «Unbestimmtheit» über bloße «Ungenauigkeit» wesentlich hinaus. Der Unterschied dürfte praktisch nicht ins Gewicht fallen, aber philosophisch-erkenntnistheoretisch zu beachten sein. Wie bekannt, lag hier ein Ansatzpunkt für die dialektisch-materialistische Kritik [5] am «physikalischen Idealismus» der Kopenhagener Schule, insbesondere C. F. v. Weizsäckers.

Die Unschärferelationen hatten für die sogenannte «naive» Bohr-Sommerfeldsche Atommechanik einige bemerkenswerte korrigierende Konsequenzen:

1. Der Begriff *«Bahn eines Elektrons» verliert* aufgrund der Unschärfe-Relation zwischen Ort und Impuls im Atom völlig *seinen Sinn.* Diese Aussage wird im Grunde durch die Verschärfung des o. g. Korrespondenzprinzips von Bohr in der Born-Heisenberg-Jordanschen Matrixmechanik in die Atommechanik («Matrizenmechanik») a priori mit den «Vertauschungsrelationen» (s. u.) hineingesteckt.
2. Der unstetige Übergang eines Mikrosystems zwischen den scharfen Energieniveaus der stationären Zustände, der sogenannte *«Quantensprung»* in alter Aus-

drucksweise, wird per Unschärfe-Relation zwischen Energie und Zeit zum *Paradoxon.* Je schärfer nämlich die ausgesandte Spektrallinie ist, um so zeitlich ausgedehnter müssen der Emissionsprozeß des zugeordneten Energiequants und die Länge des ausgestrahlten Wellenzugs sein.

3. Es gibt aufgrund der Unschärfe-Relation einen *kleinsten Drehimpuls* von der Größe (Spin)
$$\frac{1}{2}\hbar.$$
4. Jede physikalische *Beobachtung* stört das *Mikrogeschehen.* Das führt zur Untrennbarkeit bzw. einer *Relativierung* von Objekt und Beobachtungsmittel (nicht aber dem Beobachter als Individuum!), die im Gegensatz zur klassischen Physik in der Quantenphysik eine Einheit bilden. Beachtet man den Unterschied zwischen dem bloßen Beobachtungsmittel und dem Beobachter selbst, so wird man keineswegs notwendig zu einem «physikalischen Idealismus» bzw. zur Subjektivität der quantenphysikalischen Beobachtung, zu einer Integration von Objekt und Subjekt geführt, wie gelegentlich behauptet worden ist.

Zum Bohrschen K.-Begriff äußerte sich noch einmal W. HEISENBERG 1975 [6], also 50 Jahre nach Aufstellung einer rationellen, das Wirkungsquantum a priori berücksichtigenden neuen Quantenmechanik, rückblickend und zusammenfassend wie folgt:

> Der entscheidende Punkt in dieser neuen Deutung der Quantentheorie war die *Begrenzung* in der Anwendbarkeit der *klassischen* Begriffe. Diese Begrenzung ist in der Tat allgemein und wohl definiert. Sie gilt für die Begriffe des *Teilchenbildes* wie Ort, Geschwindigkeit, Energie ebenso wie für die Begriffe des *Wellenbildes,* nämlich Amplitude, Wellenlänge, Dichte. Die Flexibilität des mathematischen Schemas illustrierte Bohrs Begriff der «Komplementarität». Durch dieses Wort Komplementarität wollte Bohr die Tatsache charakterisieren, daß *ein* und *dasselbe* Phänomen manchmal durch sehr *verschiedene,* möglicherweise sogar sich *widersprechende* Bilder beschrieben werden kann, die in dem Sinn *komplementär* sind, als *beide Bilder notwendig* sind, wenn der Quantencharakter des Phänomens sichtbar gemacht werden soll. Die Widersprüche verschwinden, wenn die Begrenzung in den Begriffen in der richtigen Weise eingerechnet wird. So sprachen wir also über die Komplementarität zwischen Wellenbild und Teilchenbild oder zwischen den Begriffen Ort und Geschwindigkeit. In der späteren Literatur hat es Versuche gegeben, diesem Begriff der Komplementarität eine ganz präzise Bedeutung zu geben. Aber es entspricht zumindestens nicht dem Geist unserer Diskussionen im Kopenhagen des Jahres 1927, wenn man den unvermeidlichen Mangel an Präzision in unserer Sprache mit äußerster Präzision beschreiben möchte.

Im Extremfalle kann es nach Bohr sogar zu kausal völlig determinierten Vorgängen kommen, die aber *raumzeitlich* dann *völlig unbestimmt,* genau gesagt *nicht fixierbar,* verlaufen, weil jede raumzeitliche Fixierung z. B. von Elementarprozessen durch Beobachtung (Messung) den dynamisch-kausalen Ablauf in «nicht kontrollierbarer Weise» stören würde [7]. Beispiel hierfür ist die «Compton-Streuung» an freien oder nur schwach gebundenen Elektronen: Sie genügt genau dem Impuls- und Energiesatz wie der vollelastische Teilchenstoß in der Makromechanik, nur müssen Stoßzeitpunkt und Stoßort völlig offen bleiben. Umgekehrt bedeutet jede raumzeitliche Manipulierung («Lenkung») von Quantenphänomenen Störung ihres dynamisch-kausalen Ablaufs, der dann nur nach Wahrscheinlichkeitsgesetzen vor sich gehen kann. Beispiel hierfür wäre eine scharfe «Momentaufnahme» eines chemischen oder physiologischen, räumlich eng lokalisierten Prozesses, bei dem keine Einschränkung der Härte der verwendeten Strahlen, seien es nun Elektronen- oder Neutronenstrahlen, möglich ist. Hiermit hängt, wie man sofort sieht, der «bionegative» Charakter extrem genauer Feinstrukturbestimmungen an lebendem Gewebe engstens zusammen.

Wie aus dem bisher Gesagten wohl eindeutig hervorgehen dürfte, ist es die endliche, nicht mehr wie in der klassischen Physik zu vernachlässigende Größe von h, die jene neue Situation auf dem Felde der physikalischen Beobachtung schafft, die N. Bohr mit K. zu kennzeichnen versuchte. Er hat sich schon 1936 in einem Artikel «Kausalität und Komplementarität» hierzu selbst ausführlich geäußert [8].

Nach all dem Gesagten wäre es wohl angemessen, das *Wirkungsquantum als «Element des mikrophysikalischen Geschehens»* zu bezeichnen. Wie schon oben erwähnt, hatte A. Einstein 1905 bzw. 1907 eine erste *dualistische* Theorie in der Quantenphysik gegeben, nämlich für das Licht aller Wellenlängen. Er konnte sich dabei einerseits auf die lange bekannten optischen Interferenzerscheinungen, andererseits auf den von H. Hertz entdeckten fotoelektrischen Effekt stützen. Hiernach waren *Lichtquanten* und elektromagnetische *Lichtwellen* verschiedene Seiten ein und desselben *ganzheitlichen* Phänomens. L. de Broglie kam um 1924 auf die geniale Idee, die seit Jahrzehnten studierten *Korpuskularstrahlungen* kondensierter Materie (Elektronen, Protonen, Teilchen allgemein) könnten umgekehrt mit einem *Wellenphänomen* («ondes de phase») verbunden sein. E. Schrödinger griff 1925 diesen Gedanken auf und entwickelte in Analogie zur elektromagnetischen Strahlung eine *dualistische* Theorie der kondensierten *Materie* [9]. Sie stellte sich sofort als mathematisch «homomorph» in allen ihren Schritten und Konsequenzen mit der o. g. Born-Heisenberg-Jordanschen Matrixmechanik gebundener Systeme (Atome, Moleküle, Kristalle) heraus, führte aber weiter. Auf das Geratewohl wurde eine hypothetische *skalare Feldgröße* ψ («Schrödingerscher Feldskalar», «Wellenfunktion») eingeführt, für die es zunächst keinerlei empirische Anhaltspunkte gab. War die *Matrixmechanik* von Born und Heisenberg auf dem *Teilchen*aspekt der Materie aufgebaut und konnte sie den *Dualismus* Welle–Teilchen explizit noch *ignorieren,* machte die «Wellenmechanik» Schrödingers gerade diesen zu ihrem Hauptanliegen. Sie gestattete überdies, auch offene Systeme, z. B. die Streuung von freier Materiestrahlung an Atomen oder in Kristallen, zu behandeln. 1928 wurden schließlich die *hypothetischen* «Materiewellen» von Davisson und Germer tatsächlich *entdeckt,* und die de Brogliesche Gleichung zwischen Teilchenimpuls p und Materiewellenlänge, $p = p = h/\lambda$, wurde empirisch *bestätigt.*

Mit dem komplexwertigen «Feldskalar» führte Schrödinger eine völlig neue Auffassung der physikalischen Größe, nämlich als linearen «hermiteschen» Operator, der auf ψ wirkt, und zugleich einen neuen Zustandsbegriff in die Atomphysik ein. Dieses entspricht sehr weitgehend zwei fundamentalen Umständen, die bei jeder Messung im Mikrobereich auftreten:

1. Eine Messung ist ein *operativer* Vorgang.
2. Eine Messung hinterläßt im allgemeinen eine *Veränderung* des Zustandes des Systems (von ψ).

Die fundamentalen «Vertauschungsrelationen» der Matrixmechanik

$$p_k q_l - q_l p_k = \frac{\hbar}{i}\,\delta_{k,l} 1$$

mit die Einheitsmatrix

$$1 = \begin{pmatrix} 1 & 0 & 0 & \cdots \\ 0 & 1 & 0 & \cdots \\ 0 & 0 & 1 & \cdots \\ \vdots & \vdots & \vdots & \ddots \end{pmatrix}, \quad \delta_{k,k} = 1, \quad \delta_{j \neq k} = 0$$

zwischen kanonisch konjugierten Größen p und q eines klassischen Systemmodells (z. B. des Bohrschen Atommodells des Wasserstoffs) werden aufgrund der Auffassung von p_k und q_l als Differentialoperatoren

$$p_k \psi = \frac{h}{2\pi i}\,\frac{\partial \psi}{\partial q_k} \quad \textit{falls} \quad \psi = \psi(q)$$

bzw. in der Impulsdarstellung

$$q_k \psi \frac{h}{2\pi i}\,\frac{\partial \psi}{\partial p_k} \quad \textit{falls} \quad \psi = \psi(p)$$

per definitionem identisch für alle Funktionen $\psi(p)$ bzw. $\psi(q)$ erfüllt.
Zum Beispiel ist

$$(p_k q_l - q_l p_k)\psi(q) = \frac{\hbar}{i}\left\{\frac{\partial}{\partial q_k}(q_l \psi(q)) - q_l \frac{\partial}{\partial q_k}\psi(q)\right\} = \frac{\hbar}{i}\,\delta_{k,l}\psi(q)$$

und die Unschärferelation zwischen den mittleren Streuungen

$$\Delta p = \sqrt{\overline{(p - \bar{p})^2}}, \quad \Delta q = \sqrt{\overline{(q - \bar{q})^2}},$$

wobei $\bar{p}$ und $\bar{q}$ die Mittelwerte von p und q bezeichnen, ergibt sich als Lösung des Variationsproblems bezüglich $\psi(q)$

$$\delta\big((\Delta p)^2 (\Delta q)^2\big) = 0, \quad \mathrm{Min}\,(\Delta p \cdot \Delta q) = \frac{h}{4\pi}$$

zu

$$\Delta p \cdot \Delta q \geq \frac{h}{4\pi}.$$

Dies ist die *Unschärfe-* bzw. *Unbestimmtheitsrelation.*
Bei der Variation und den obigen Definitionen wurde die Normierung

$$\int dq\, \psi^*(q)\psi(q) = <\psi, \ <t, t> \ \psi> = 1$$

vorausgesetzt.

Nach M. Borns statistischer Deutung von ψ bedeutet

$$\bar{F} := E(F) = \int dq\, \psi^*(q) F \psi(q)$$

den Erwartungswert des Operators F, der einer Observablen F zugeordnet ist, im Zustande $\psi(q)$.
$\psi^*(q)$ ist zu $\psi(q)$ konjugiert komplex und $\int dq$ bedeutet Integration über alle Parameter q, von denen $\psi(q)$ abhängt.
Mit ψ wird ein neuer *Zustandsbegriff* in die Mikrophysik eingeführt, der in der klassischen Physik nicht seinesgleichen hat. Die observablen Größen sind über die zugeordneten Operatoren F für einen bestimmten Zustand jeweils nur als sogenannte «Erwartungswerte» im Sinne der Statistik definiert gemäß

$$\bar{F} = E(F) = \frac{\int dq \psi^*(q) F \psi(q)}{\int dq \psi^*(q) \psi(q)} = \frac{<\psi|F|\psi>}{<\psi|\psi>}$$

Die Operatoren F zu physikalischen Observablen F müssen hierbei *hermitisch* gewählt werden, d. h., es muß gelten

$$\int dq \psi^*(q) F \psi(q) = \int dq \psi(q) (F^* \psi^*(q)),$$

da die Erwartungswerte $\bar{F}$ *reelle* Zahlen sein müssen.
$\psi(q)$ genügt einer partiellen Differentialgleichung erster Ordnung hinsichtlich der Zeit t, die sich eindeutig aus der Hamilton-Jacobischen des klassischen Makromodells ableiten läßt. Es ist die berühmte «Schrödingersche Differentialgleichung» eines quantenphysikalischen Vorganges oder Systems.

In dieser «Wellenmechanik» nach E. Schrödinger [9], [10], wird ein Zustand, der nicht notwendig ein «stationärer» (d. h. ein sogenannter «Eigenzustand» der Energie) zu sein braucht, im allgemeinen eine *Überlagerung von Eigenzuständen* sein. Das heißt, die repräsentierende Wellenfunktion ist eine *Linearkombination* von anderen Lösungen der Schrödinger-Gleichung, die miteinander *interferieren.* Jede Messung einer Observablen F, bestehend in der Bildung ihres Erwartungswertes bezüglich ψ, führt zur Bildung eines *«Gemisches»*, es sei denn, ψ ist Eigenzustand von F. Dann – und nur dann – ist der Erwartungswert gleich einem Eigenwert, und ψ «Eigenfunktion» von F. Da alle Meßoperationen quadratische (hermitesche) Bildungen in ψ sind, ist die Reaktion des Systems auf eine Messung nicht einfach durch eine Summe von Einzelreaktionen mehr darstellbar, sondern die Interferenz der Mischungspartner verursacht *zusätzliche* objektivierbare *Effekte.* Man kann deshalb sagen, die Reaktion des Ganzen ist mehr als die Gesamtheit der entsprechenden Reaktionen der Partner. Symbolisch ausgedrückt, gilt für den Erwartungswert $\bar{F} = E(F)$ der Größe F im Zustande

$$\psi = \sum_j a_j \psi_j \quad \text{mit} \quad <\psi|\psi> = 1$$

die Beziehung

$$\bar{F} = <\sum_j a_j \psi_j |F| \sum_k a_k \psi_k> = \sum_j |a_j|^2 <\psi_j|F|\psi_j> + \sum_{i \neq k} a_j^* a_k <\psi_j|F|\psi_k>,$$

wobei die letzte Doppelsumme die Interferenzglieder enthält.

Die Schrödingerfunktion $\psi = \sum a_i \psi_i$ *repräsentiert eine mit den einzelnen* ψ_j *gleichberechtigte* (aber nicht identische!) *«potentielle»* Situation, solange nicht etwa durch irgendeine faktische «Maßnahme» Klarheit darüber geschaffen wird, welches (oder welche) ψ_i das Gemisch «faktisch» bilden. Bis dahin reagiert das System auf alle physikalischen Einwirkungen gemäß Mitnahme der Zusatzglieder der Doppelsumme. Die Glieder der Einfachsumme bedeuten eine statistische Mittelung z. B. über Eigenwerte F_i gemäß $F\psi_i = F_i \psi_i$ *(falls die* ψ_i auf eins normiert sind, $< \psi_i | \psi_i > = 1$, wenn die Phasenbeziehungen zwischen den Gemischpartnern aufgehoben sind (was z. B. durch Messung geschehen kann). Die $|a_i|^2$ bedeuten dann Wahrscheinlichkeiten für das alleinige Auftreten des Mischungspartners *i*. Nur wenn die ψ_i Eigenfunktionen von F sind, ist der Erwartungswert ein gewogenes arithmetisches Mittel der Eigenwerte F_i mit den stets positiven Zahlen $|a_i|^2$ als Gewichten, und die konkrete Messung von F liefert dann im Einzelfalle jeweils einen solchen Eigenwert.

Was also die Quantenphysik von der klassischen drastisch unterscheidet, ist, daß die *Unentschiedenheit* im Mischungsverhältnis von Einzelzuständen im Gemisch gewissermaßen ein *«tertium-non-exclusium»* darstellt, das in der klassischen Physik völlig fehlt. Diese könne, wie man gesagt hat, mit der *«zweiwertigen»* (aristotelischen) Logik bewältigt werden, die Quantenphysik aber nicht. Sie erforderte *«dreiwertige»* Logik; das «Sowohl als auch», die Unentschiedenheit zwischen zwei (oder mehreren) Möglichkeiten hat den Rang eines *wirksamen Fakts,* nicht mehr nur den eines Wissens- oder Kenntnisdefektes ohne objektive Auswirkungen [10], [11].

Der mit der ψ-Funktion eingeführte neue physikalische Zustandsbegriff und die Auffassung von Observablen als Operatoren auf ψ hat folgende, sehr weitreichende Konsequenzen:

1. Viele Eigentümlichkeiten des Mikrogeschehens und Effekte, die, klassisch betrachtet, völlig unbegreiflich sind, werden *verständlich.* Die Übereinstimmung der Theorie mit der Erfahrung gelangt zu einer im Atomaren noch nie zuvor erreichten Präzision. Diese betrifft insbesondere z. B.
   (a) die *Existenz* der «stationären» Energieniveaus der Atome und Moleküle;
   (b) die wohldefinierte *Größe, Struktur, Stabilität* und die *permanenten chemischen Eigenschaften* der *Atome* und *Moleküle;*
   (c) Eigenschaften der *Festkörper* wie elektronische *Leitfähigkeit,* Ferro- bzw. Antiferromagnetismus, Supraleitfähigkeit u. a.
2. Alle K.-Eigenschaften physikalischer Größen werden a priori durch die Definition ihrer *Operatoren* bezüglich ψ *garantiert,* in die das Wirkungsquantum «eingearbeitet» ist. Damit ist die Komplementarität im quantenphysikalischen Kalkül von selbst (quasi per definitionem) wirksam. Es ist nicht mehr nötig, von ihr expressis verbis zu sprechen; sie ist durch den mathematischen Formalismus gleichsam in einer höheren Ebene «aufgehoben».
3. Der eigentliche «mikrophysikalische Dualismus» besteht aus dieser Sicht im *komplementären* Charakter aller *kanonisch konjugierten* Parameter, die aus klassischen Modellen ableitbar sind. Der Welle-Teilchen-Dualismus erscheint verallgemeinert zum Gegensatz von *ψ-Feld* und *Operation* auf diesen.
   Er führt dann u. U. zu Größen, die in der *klassischen* Physik überhaupt *keine Ana-*

loga haben, z. B. zu «Erzeugungs»- und «Vernichtungs-Operatoren» u. a. Dieser Annullierung der K. im Formal-Theoretischen steht aber nach wie vor unabdingbar die Notwendigkeit gegenüber, die Ergebnisse der Theorie in der *konventionellen* Alltagssprache auszudrücken und damit Experimentatoren, Ingenieuren und anderen Anwendern der Quantenphysik *verständlich* machen zu können.

Mit dem letzten Punkt tangiert die K. das Problem der *Ausdrucksmittel*, insbesondere der «Sprache». Gelegentlich ist eine der Quantenphysik angepaßte Kunstsprache gefordert worden. Hierzu äußerte sich W. Heisenberg 50 Jahre nach Aufstellung der Quantenmechanik wie folgt [7]:

> Es hat andere Versuche gegeben, die traditionelle Sprache der Physik mit ihren klassischen Begriffen für die Beschreibung der Phänomene durch eine neue Sprache zu ersetzen, die dem mathematischen Formalismus der Quantentheorie besser *angepaßt* ist. Tatsächlich haben in den vergangenen 50 Jahren die Physiker es vorgezogen, die *traditionelle* Sprache zur Beschreibung ihrer Experimente zu benützen mit dem Vorbehalt, daß die Grenzen, die durch die Unbestimmtheitsrelation gesetzt sind, immer bedacht werden müssen. Eine präzisere Sprache hat sich nicht entwickelt, und sie ist wohl auch tatsächlich nicht nötig.

Nach Heisenberg braucht also auf das *Sprechen in komplementären Ausdrücken* nicht verzichtet zu werden. Es fragt sich dann aber, inwieweit die *Eindeutigkeit* der Übertragung aus der mathematischen Symbolsprache in schwierigen Fällen dann noch gewährleistet ist.

B Zur Ausstrahlung des Bohrschen Komplementaritätsbegriffs in die moderne Wissenschaft

Obige Bemerkung von W. Heisenberg läßt sich auch so verstehen, daß überall dort, wo es keinen «Kalkül» nach dem Muster der Quantentheorie gibt, K. ihren Sinn als *verbale* Verständigungsmöglichkeit über Ganzheiten in *komplementären Metaphern* behält. In diesem Sinne war N. Bohr der Überzeugung, daß K. ein sehr *allgemeiner Zug der Wirklichkeit* sei, den wir vielfach unbewußt berücksichtigen und der sich schließlich nun auch in der Physik durch die Auffindung eines Wirkungsquantums unerwartet bemerkbar gemacht habe. Wenn man diese Überzeugung, für die Bohr bekannte und recht überzeugende Beispiele anführt, teilt, so liegt es als nächster Schritt nahe, *Komplementarität außerhalb der Atomphysik und Chemie* zu suchen. Das vielleicht bekannteste Beispiel hierfür ist Bohrs Bemerkung, daß sich der Mensch «im großen Drama des Lebens» entweder in die Rolle des *Mitspielers* oder die des *Zuschauers* gedrängt sähe, aber nicht beide zugleich spielen könne. Auch Bohrs Bemerkungen über ein *limitierendes Walten* von K. im *Somatischen* bzw. *Psychosomatischen*, das besonders der *Arzt* zur Kenntnis nehmen sollte, betreffen die gegenseitige Einschränkung, die in den Unschärfe-Relationen zum Ausdruck kommt. Dem *Physiologen* ist geläufig, daß die Bestimmung von organischen Strukturen und die gleichzeitige Erhaltung von Lebensvorgängen an Lebewesen nur *eingeschränkt* miteinander *vereinbar* sind (s. den Vortrag von B. Lueken – H. Opitz), «Je töter die Katze, umso besser der Versuch» (B. Lueken). W. Heitler [12], einer der Begründer der Quantenchemie, sprach von einer «K. von lebloser und lebender organischer Materie», womit er wohl im Grunde dasselbe meinte. N. Bohr glaubte an eine K. bis weit in *geisteswissenschaftliche,* ja *religiöse* Bereiche hinein, indem er z. B. den großen *Weltreligionen* die Erkenntnis von Teilwahrheiten zuschreiben wollte, die sich aber komplementär zueinander hinsichtlich ihrer Erlangung verhielten.

Mißlich für die Aufsuchung von K. außerhalb der Quantenphysik ist, daß auch N. Bohr keine *universelle* und uneingeschränkt brauchbare *Definition von Komplementarität* gegeben hat (s. das o. a. Zitat von H.-G. Schöpf), aber andererseits in allen Disziplinen sich «Komplementationen» (Komplementierungen) zahlreich vorfinden. Unter solchen verstehen wir bloße Ergänzungen, denen die *gegenseitige Einschränkung* ihrer Gewinnungs- bzw. Erkennungsbedingungen nach dem Muster von Unschärfe-Relationen *fehlt.* Der Prototyp, der unglücklicherweise gerade den Terminus K. lieferte, sind die bekannten *Komplementärfarben.* Sie ergänzen sich bei Mischung zu Weiß oder Grau, sind aber im Spektrum als Komponenten völlig unabhängig voneinander erzeugbar und beobachtbar (meßbar). Doch sei bemerkt, daß das Phänomen «Farbe», Licht und Farbigkeit als Ganzes genommen, anscheinend ein echtes *Komplementaritäts-Problem* aufweist, das der bekannten unerquicklichen Farbenlehre-Polemik *Goethes* gegen *Newton* zugrunde liegen dürfte: die K. nämlich zwischen dem objektivierend-physikalischen und dem subjektiv-psychischen, physiologisch bedingten Aspekt des Phänomens. Goethe wollte bekanntlich diesen allein gelten lassen und verteidigte hartnäckig, und um der Wahrung der K. willen mit Recht, dessen Bedingungen, indem er den *bloßen physikalischen* Umgang Newtons mit Licht bereits leidenschaftlich ablehnte. Denn dieser, auf Farbmetrik, Farbobjektivierung abzielend, zerstörte gerade das, worauf es Goethe ankam und umgekehrt: Goethes «Einswerdung mit dem Phänomen» macht Analyse und metrische *Aussagen* über Farben und Farbigkeit im Sinne der Physik weitgehend *unmöglich!* Dieses Beispiel scheint uns insofern lehrreich, als es zeigt, daß *Komplementarität an der Grenzlinie zwischen Physik und angrenzenden Disziplinen* auftreten kann, wobei die beiden komplementären Aspekte in *verschiedenen* Wissensgebieten zuhause sind. Diese Situation scheint z. B. auch zwischen Physik und allgemeiner Biologie bzw. Medizin und anderen an die Physik «angrenzenden» Wissenschaften zu bestehen und, wie Bohr schon selbst bemerkt hat [8], jeweils sehr eng durch deren Methodiken bedingt zu sein. Vielleicht wiederholt sich hier, vielfältig und mutatis mutandis, die Situation, die in Abschnitt A für einen Strahlungsstrom irgendwelcher Art bezüglich der Elementarakte, die er auslöst, und seiner Ausbreitung geschildert wurde.

Was jene o. g. «angrenzenden» Disziplinen anlangt, die es alle noch mit «materiellen Objekten» in irgendeinem Sinne zu tun haben, so wurde die Sichtung von K. und Ausschau nach ihr aufgehalten oder vielleicht sogar z. T. behindert durch lange bestehende Meinungsverschiedenheiten über die Deutung des o. g. «quantenmechanischen Formalismus» unter den Physikern selbst. Mit der Operator-Auffassung der physikalischen Größen ist zwar die *Rolle von h präzisiert und automati-*

siert, h aber keineswegs eliminiert worden. Es erübrigt sich lediglich, nun von K. noch expressis verbis zu sprechen. Das leistete dem Irrtum Vorschub, sie habe sich sogar für die Atomphysik selbst wieder «erledigt». Die von Bohr aufgezeigte *Situation außerhalb der Physik ist völlig unverändert;* nur das – von ihm so meisterhaft geübte – Jonglieren mit einem etwas schillernden, flexiblen Begriff zu heuristischen Zwecken hat sich für die Atomphysik überlebt. Ungeachtet von Divergenzen, die ihre Wurzeln zutiefst im Philosophisch-Erkenntnistheoretischen haben (siehe den Vortrag von E. Rudolph), sollte man den von Bohr gegebenen Hinweisen noch immer – oder gerade wieder! – folgen, weil die *Aktualität* des Problems in Wahrheit durch eine Art «Separatfrieden» auf dem Boden der Physik *nur verdeckt,* aber *nicht aufgehoben* worden ist.

Wegweisend in dieser Hinsicht ist die «Transformation» der Bohrschen Komplementarität in eine solche von *«Individualität und Wechselwirkung»* nach L. de Broglie [13], weil dieses Begriffspaar *weit über die Physik hinaus Gültigkeit* behält, das Komplementaritätsproblem aber damit *explicite vom Wirkungsquantum gelöst* und bis in *makroskopische* Bereiche hinein *formulierbar* gemacht wird. Nach de Broglie erscheinen Individualität von Teilen und deren Gesamtheit, wenn diese zu einem Ganzen zusammentreten, als komplementär, sofern dieser Zusammentritt mit *quantenphysikalisch* zu beschreibender *Wechselwirkung* verbunden ist. Uneingeschränkte Kenntnisnahme der individuellen Züge («Strukturen») eines Ganzen ist also mit *Wechselwirkungen unvereinbar,* wenn diese mit *«Überlagerung» ihrer ψ-Funktionen* verbunden sind. Umgekehrt wird beim Zusammentritt von Teilsystemen zu einem Gesamtsystem («Ganzen») notwendig der maximal erzielbare Gewinn an Information über diese Teile um so geringer, je umfassender und stärker die Wechselwirkungen sind, die jenes Ganze ausmachen. Also nur zunehmend isolierte, aus ihrer *«Wechselwirkungs-Umwelt» herausgelöste* «Teile» sind *beliebig genau analysierbar* («beschreibbar»), im Extremfalle nur temporär und um den Preis ihrer eigenen völligen Desintegration zu «Elementarteilchen». Treten aber umgekehrt solche noch individualisierbaren «Bausteine» durch Wechselwirkungen, gleichviel welcher Art, zu einem *Ganzen* zusammen (wie z. B. Atome zu einem Molekül oder Kristallgitter, Moleküle zu Genen usw., schließlich lebende Zellen zu Organismen), so geht nach de Broglie ihre *Kennzeichenbarkeit,* im Extremfalle sogar ihre *Individualität* (Unterscheidbarkeit) verloren. Dafür weist das entstehende *Ganze* aber *neue,* den *Teilen nicht inhärierende* Züge und aus ihren *Attributen nicht erklärbare* Eigenschaften als Folge von Wechselwirkungen auf. Dieses alles sind tiefwurzelnde Konsequenzen des von Schrödinger eingeführten Feldes und des neuen Zustandsbegriffs der Quantenphysik.

In der Brogliesschen Fassung scheint die Bohrsche Komplementarität weit über das mikrophysikalische Geschehen hinauszureichen. Das Wirkungsquantum tritt als limitierende Größe, wie sonst überall in der eigentlichen Mikrophysik, dann *explicite nicht mehr in Erscheinung.* «Teil» und «Ganzes» bilden dafür ein neues, quasi-dialektisches, im Verhältnis der Komplementarität zueinander stehendes Begriffspaar. So verallgemeinert, müßte Komplementarität sich nämlich von den «Elementarteilchen» der Kernphysik und ihren Verbundsystemen, den Atomkernen, über die *Chemie,* die *Kristall-* und *Makromolekülphysik, Biophysik, Biochemie, Physiologie, Bio-*

logie, Ökologie usw. und über die organischen Lebensträger schließlich bis in die *Medizin, Psychologie, Soziologie, Verhaltensforschung* usw. auswirken, ohne daß die Spur des Wirkungsquantums *h* noch erkennbar wäre.

Ende des 19. Jahrhunderts machte W. WINDELBAND [14] darauf aufmerksam, daß die Wissenschaften selbst in «nomothetische» und «idiographische» eingeteilt werden können. Zu den ersteren zählen die *Naturwissenschaften* und die *Mathematik,* zu den ideographischen die sogenannten «beschreibenden». Auch dieser Gegensatz ist als Beispiel für Komplementarität anzusehen.

Diese Sicht eröffnet weite *überdisziplinäre Perspektiven,* wie Bohr selbst mehrfach, meist nur in kurzen Aperçus, angedeutet hat. Manche sprachen daher von der Komplementarität bereits als einer neuen «Denkstruktur» [15]. Andere wollten sie nur als neue «Erkenntnisform», als Kategorie wissenschaftlicher Beschreibung gelten lassen, womit aber ihr physikalisch-objektiver, letzten Endes durch *h* verbürgter Kern völlig verlorengeht und sie dann leicht in den Geruch des nur Subjektiven, Verbalen gerät: *Komplementarität gleichsam nur eine Weise, dialektisch über die Dinge zu reden.* Das ist sie aber auf dem Boden der Physik gerade nicht! Die Frage ist heute immer mehr, inwieweit das auch außerhalb von dieser zutrifft.

Bei einer solchen Fragestellung treten sehr ernste Schwierigkeiten auf, die zwar die Physik unter Einschränkung auf ihren ureigensten Geltungsbereich gemeistert hat, die sich aber sofort wieder einstellen, wenn die Grenzen der Anwendbarkeit von *Mathematik* über elementare Statistik hinaus überschritten werden. Es muß dann auf die *verbale Ebene* zurückgekehrt werden, auf der ja auch Bohr zunächst hatte beginnen müssen. Vor allem muß eine *überdisziplinär anwendbare, verbale* Definition von Komplementarität gefunden werden, die es gestattet, zahlreich überall auftretende mehr oder minder triviale *Komplementationen* von vornherein *auszuscheiden* und *echt komplementäre Zusammenhänge* im Sinne Bohrs *aufzufinden,* auf die die charakteristische, gegenseitige Einschränkung in der Schärfe von Aussagen (im Sinne der Heisenbergschen Unschärferelation) zutrifft.

Ein sich über mehrere Jahre erstreckendes interdisziplinäres Rundgespräch in der Mathematisch-naturwissenschaftlichen Klasse der Sächsischen Akademie der Wissenschaften zeigte, daß sich derartige Komplementationen in allen Disziplinen auffinden lassen, sich aufgrund rein verbaler Definitionen von K. aber nur schwer von echten Komplementaritäten unterscheiden lassen. An diesem Rundgespräch nahmen außer Vertretern der *Theoretischen Physik* und *Mathematik* solche der *Makromolekularphysik, Physikalischen Chemie, Chemie, Geographie, Geologie,* allgemeinen *Biologie, Ökologie, Biochemie, Molekularbiologie, Physiologie* und *Inneren Medizin* teil. Der Diskussion war als Leitlinie ein rein verbal gefaßter Definitionsversuch für die K. vorangestellt worden. (Eine W. Heisenberg zugeschriebene universelle Definition: «Komplementär ist alles, was sich zwar ausschließt, sich aber logisch nicht widerspricht» erschien für den naturwissenschaftlich-medizinischen Sektor zu allgemein, zu wenig praktikabel). Unser Definitionsversuch lautet etwa wie folgt:

«Komplementär» im erweiterten Sinne nach Bohr sollten *Aspekte; Informationen; Methoden; Ordnungen bzw. Beschreibungen objektivierbarer Wahrnehmungen; Reaktionen bzw. Verhaltensweisen von Dingen und Lebewesen* genannt werden, wenn

1. eine erschöpfende Kennzeichnung nur auf *mindestens zwei sich ergänzende Weisen,* z. B. durch *Bilder, Begriffssysteme* oder *«Sprachen»* im erweiterten Sinne des Wortes, erfolgen kann (Unvollständigkeit komplementärer Kennzeichnungen, *phänomenologische* Seite der Komplementarität);
2. die subjektiven oder objektiven Wahrnehmungsbedingungen, unter denen die Kennzeichnung in *einer* dieser «Sprachen» *erst möglich* wird, jeweils *für die andere nicht* oder *nur unvollkommen erfüllt* werden können (wechselseitige Ausschließlichkeit für die Erkenntnisvoraussetzungen für komplementäre Kennzeichnungen, *ontologische* Seite der Komplementarität).

Die unter diesem Leitstern geführten Diskussionen zeigten u. a. zweierlei recht deutlich:

1. Zahlreiche Komplementaritäten wurden wahrscheinlich *intuitiv richtig empfunden,* konnten aber *nicht stichhaltig* als solche *wirklich nachgewiesen* werden. Das gilt besonders für Geographie, Ökologie und auch Medizin, also zunehmend mit steigender Bedeutung des organischen Lebens. Hier erwies sich die *leitende verbale Definition* von K. als *zu wenig effektiv.*
2. Obgleich in allen genannten Disziplinen der *Gebrauch von quantifizierenden* Methoden der Wahrnehmung und Auswertung *im Steigen* begriffen ist, wurden solche *für den Nachweis* echter Komplementaritäten *kaum genutzt.*

Dieses führte den Verfasser auf das Problem eines *allgemeinen «Komplementaritäts-Testes»* aufgrund quantifizierter sogenannter *«reziproker» Parameter,* die in nichtphysikalischen Disziplinen die Rolle der komplementären in der Physik übernehmen. Damit kommt eine alte, schon von N. Bohr erwogene Bezeichnungsweise zur Geltung, die sicher weniger mißverständlich und mathematisch besser zu rechtfertigen ist als «komplementär». Für *reziproke* Parameter kann eine *«h-freie Unschärferelation»* aufgestellt werden, die erfüllt ist, sofern *echte Komplementarität* vorliegt. Voraussetzung ist, daß die beobachtbaren oder auch nicht beobachtbaren Gesetzmäßigkeiten, auf denen die Messung (Fixierung) dieser Parameter letzten Endes beruht, auf das bekannte sogenannte *Fourier-Integraltheorem* [16] abbildbar sind.

Einzelheiten, diese Entdeckung betreffend, wie auch die zahlreichen Meinungen, die im o. g. Rundgespräch vorgebracht und eingehend diskutiert wurden, sind in den «Abhandlungen» der Sächsischen Akademie der Wissenschaften zu Leipzig, Math.-nat. Klasse, herausgegeben vom Verfasser, erschienen 1983, zu finden [17].

Überall dort, wo ein Rückgriff auf quantifizierbare Parameter aber nicht möglich ist, bleibt die – nach W. Heisenberg (s. o.) sogar für die Quantenphysik selbst zutreffende – Lage bestehen: Komplementarität bzw. «Reziprozität» müssen mit *metaphorisch-gleichnishaft gebrauchten Worten* unserer *konventionellen Sprachen* zur Darstellung und Berücksichtigung gebracht werden, wie es auf allen Gebieten des geistigen Lebens, die keiner Mathematisierung ihrer Aussagen zugänglich sind, von jeher der Fall war. In Goethe-Gedenkjahren sei des gewaltigen Wortschatzes und der sprachbildenden und spracherhaltenden Kraft von *Goethes Gesamtwerk* auch im Hinblick auf die *«Ausstrahlungen»* des Komplementaritätsbegriffes in *an-*

dere Disziplinen besonders und dankbar gedacht. Sie alle werden bei ihrer verbalen Bewältigung auch von Goethe Hilfe erfahren, dessen Farbenlehre in Wahrheit wohl ein erstes, lehrreiches Beispiel für die verbindende Kraft des Komplementaritäts-Begriffes zwischen den Wissenschaften bleiben dürfte.

Literatur

[1] Sommerfeld, A.: Atombau und Spektrallinien, Bd. 1. Braunschweig: Vieweg & Sohn, 1919.
[2] Schöpf, H. G.: Das Bohrsche Komplementaritätskonzept im historischen Kontext der physikalischen Ideen. In: Beiträge zur Komplementarität. Hrsg. Wolfgang Buchheim. Berlin 1983. S. 10–21 (= Abhandlungen der Sächs. Akademie der Wissenschaften zu Leipzig, Math.-nat. Klasse, Bd. 55, H. 5).
[3] Born, M.; Heisenberg, W.; Jordan, P.: Zur Quantenmechanik. In: Zeitschr. f. Physik 34 (1925), S. 858–888; 35 (1926), S. 557–615.
[4] Heisenberg, W.: Über den anschaulichen Inhalt der quantentheoretischen Kinematik und Mechanik. In: Zeitschr. f. Physik 43 (1927), S. 172–198.
[5] Korch, H.: Zur Kritik des physikalischen Idealismus C. F. v. Weizsäckers. Berlin: Verlag d. Wissenschaften, 1959.
[6] Heisenberg, W.: Der entscheidende Schritt zur Unbestimmtheitsrelation. In: Phys. Blätter (1975) 5.
[7] Heisenberg, W.: Die physikalischen Prinzipien der Quantentheorie. 2. Aufl. Leipzig: Hirzel, 1941.
[8] Bohr, N.: Kausalität und Komplementarität. Erkenntnis (1936), S. 293–303; Atomphysik und menschliche Erkenntnis. Braunschweig: Vieweg & Sohn, 1958.
[9] Schrödinger, E.: Abhandlungen zur Wellenmechanik. 2. Aufl. Leipzig: Barth, 1928.
[10] Buchheim, W.: Die Schrödinger'sche Wellenmechanik als Beitrag zum quantenphysikalischen Naturverständnis. In: Nova Acta Leopoldina N. F. 52 (1980) Nr. 239.
[11] Weizsäcker, C. F. v.: Die philosophische Deutung der modernen Physik. In: Nova Acta Leopoldina N. F. 37/2 (1979) Nr. 207.
[12] Heitler, W.: Über die Komplementarität von lebloser und lebender Materie. Abhandlungen der Akademie der Wissenschaften und der Literatur Mainz, Abh. d. Math.-nat. Kl., 1976, Nr. 1.
[13] de Broglie, L.: Die Elementarteilchen. Individualität und Wechselwirkung. Hamburg: H. Goverts Verlag, 1943.
[14] Windelband, W.: Geschichte und Naturwissenschaft. 3. Aufl. 1904.
[15] Unsöld, A.: Die Evolution kosmischer, biologischer und geistiger Strukturen.
[16] Courant, R.; Hilbert, D.: Methoden der mathematischen Physik I. 2. Aufl. Berlin: Springer, . S. 65–68.
[17] Beiträge zur Komplementarität. Hrsg. von Wolfgang Buchheim. Berlin 1983. 62 S. (= Abhandlungen der Sächs. Akademie der Wissenschaften zu Leipzig, Math.-nat. Klasse, Bd. 55; H. 5).

Hermann Berg

Entwicklung der Physikalischen Chemie und Elektrochemie zur Biophysikochemie und Bioelektrochemie

1 Frühe Wurzeln

Wenn der Weg zur heutigen Biophysikochemie und Bioelektrochemie betrachtet wird, so müssen ihre frühen Wurzeln im Anfang des 19. Jahrhunderts Erwähnung finden. Seltsam ist, daß im kleinen Herzogtum von Carl August von Weimar (1762–1828) nicht nur geistesgeschichtliche Höhepunkte durch Johann Wolfgang von Goethe (1749–1832), Friedrich Schiller (1759–1805), Johann Gottfried Herder (1744–1803) u. a., sondern auch naturwissenschaftliche Glanzleistungen durch Johann Wolfgang Döbereiner (1780–1849) und Johann Wilhelm Ritter (1776–1810) erbracht wurden. In «Jena – Weimar der großen Stadt, die an beiden Enden viel Gutes hat» wirkte in jener Zeit eine solche Fülle an Genies, wie sie nirgends vorher oder nachher wieder in Deutschland aufgetreten ist.

Goethe, seit 1776 Staatsminister in Weimar, hat die Bedeutung beider Naturwissenschaftler erkannt und hat sie nicht nur materiell unterstützt, sondern wurde auch ihr geistiger Partner.

1.1 Der Chemiker

Döbereiner hatte durch systematische anorganische Analyse des bei Dornburg gefundenen Coelestins die Verwandtschaft von Kalzium, Strontium, Barium erkannt und durch seine «Triadenregel» eine Klassifizierung der Elemente angeregt, was etwa 50 Jahre später von D. I. Mendeleev (1834–1907) zum Periodensystem ausgebaut wurde. Für diese stöchiometrischen Untersuchungen entwickelte Döbereiner physikalisch-chemische Methoden wie die Mikro-Gasanalyse, die Schmelztechnologie von Gläsern etc. Seine herausragendste Entdeckung aber ist die Verbrennung eines Gemisches von Sauerstoff und Wasserstoff in Gegenwart von Platin 1823 (Döbereiner 1823). Das war die Geburtsstunde der Katalyse. Daraus entwickelte Döbereiner Anwendungen, z. B. das Feuerzeug und die Alkoholoxidation zu Essigsäure, ohne jedoch an eine kommerzielle Verwertung zu denken.

1.2 Der Physiker

Die Elektrochemie jener Zeit wurde geprägt vor allem durch Luigi Galvani (1737–1798), Alessandro Volta (1745–1827), Humphry Davy (1778–1829), Alexander von Humboldt (1769–1859), Hans Christian Oersted (1777–1851) und Michael Faraday (1791–1867). Als Begründer des wissenschaftlichen Galvanismus jedoch hat Johann Wilhelm Ritter (1796–1805 in Jena; Abb. 1) zu gelten.

Geleitet wurden seine Vorstellungen und Versuchsplanungen von der *Einheit* der Natur und der Allgegenwärtigkeit von Elektrizität und Magnetismus, der Polarität der Ladungen, Kräfte und Empfindungen, der *Symmetrie* in Strukturen und Reaktionen. Angeregt durch die Entdeckungen von A. Volta und L. Galvani, begann er als

Abb. 1: Johann Wilhelm Ritter (1776 bis 1810) in der Tracht der Bayrischen Akademie der Wissenschaften zu München (nach 1804).

Student – und das ist er in Jena eigentlich immer geblieben – mit galvanischen Experimenten. Nach etwa zehn Monaten rastlosen Forschens trug er seine Ergebnisse zum Thema «Über den Galvanismus; einige Resultate aus den bisherigen Untersuchungen darüber, und als endliches, die Entdeckung eines in der ganzen lebenden und toten Natur sehr tätigen Prinzips» der Naturforschenden Gesellschaft in Jena vor. Schon ein Jahr später erschien darüber sein erstes Buch «Beweis, daß ein beständiger Galvanismus den Lebensprozeß im Tierreich begleite» (Weimar 1798). Er kommt darin zu ungewöhnlichen Fragestellungen wie: Ist der Lebensprozeß etwa beständiger Galvanismus aus unzähligen vernetzten Ladungsketten? Wenn dem so ist, so folgert Ritter, bedeutet Gesundheit zweckmäßige Harmonie der Aktionen dieser Ketten, Krankheit aber Disharmonie.

Was ist die Ursache dieser Aktionen oder Spannungen?

Ritter kombiniert alle möglichen Ketten mit den verschiedenartigsten Polsubstanzen. Schließlich entsteht daraus die Spannungsreihe der Metalle zwischen Zink und Gold und ihr Zusammenhang mit der abgestuften Oxydierbarkeit durch Luftsauerstoff. Auch zwischen Metall und Nerv oder Muskel entstehen Spannungen durch chemische Reaktionen; damit gibt Ritter dem Galvanismus die richtige chemische Grundlage, weshalb er von Wilhelm Ostwald in seiner «Geschichte der Elektrochemie» (Leipzig 1896 – siehe Ostwald, Klassiker, Bd. 257, 1978) als dessen Begründer anerkannt wird. Besessen von dem Gedanken, daß elektrochemische Wirkungen auch Sinnesempfindungen hervorbringen können, ging er zu rücksichtslosen Selbstversuchen durch Anlegen steigender Spannungen an Zunge, Ohr, Nase und Auge über. Plus- und Minuspol erzeugen gegensätzliche Qualitäten, die seine Auffassung von der positiven und negativen Elektrizität als «dem universellen Reiz für alle Sinne» bestätigten.

Ritters Fähigkeiten, mit einfachen Mitteln zu experimentieren und dabei sehr genau zu beobachten, führten zu einer Reihe von Entdeckungen technischer Art:

1800 die Elektrolyse des Wassers unter stöchiometrischer Bestimmung von 2 H_2 und O_2 in den Glasglocken über den Polen,
1801 die Bewegung der Quecksilbersäulen im U-Rohr, wenn das überschichtete Wasser mit je einem Pol verbunden wird, als Grundform des Kapillarelektrometers (G. Lippmann 1875),
1802 die Ladungssäule als Vorform des Akkumulators,
1804/05 die Stromverhältnisse in verzweigten Leitern, als Vorläufer des Ohmschen Gesetzes (1827) und der Kirchhoffschen Verzweigungen (1882).

Nach der Auffindung der Infrarotstrahlung durch W. Herschel (1800) führten Symmetrieüberlegungen, die Ritter am Sonnenspektrum anstellte, zur Suche nach dem unsichtbaren Gegenstück mit Hornsilber als Sonde. Der Erfolg bestand in der Entdeckung der UV-Strahlung 1801. Elektrolyse des Wassers und Zerlegung des Lichtes enthielten für ihn das analoge Polaritätsprinzip.

Die Fülle seiner Entdeckungen und die fesselnde Form seiner Experimente brachten ihm die Gunst des Herzogs und die Unterstützung von Goethe ein, so daß er Vorlesungen halten durfte, ohne promoviert zu haben! Dieser unvorschriftsmäßige Aufstieg des Außenseiters erweckte die Mißgunst der Jenaer Philosophischen Fakultät, was zu Ritters Abschied 1805 beitrug. Ritters Vorstellungen einer umfassenden Naturerkenntnis basierten auf der Wirkung einer alle Materie durchströmenden Elektrizität, die auch eine Lebenskraft darstellt.

Am Ende seiner Jenaer Zeit legte er diese Gedanken in der Schrift «Das elektrische System der Körper» (Leipzig 1805) nieder. Seine Beobachtungen über Periodizitäten führten ihn zu dem Schluß, daß die Elektrizität und ihre materiellen Träger im Kosmos aufeinander abgestimmt schwingen. Dieses einheitliche elektrische System galt es zu erkennen, nachdem der Mensch gelernt hatte, die Hieroglyphen der Natur – als besonders typische sah er die Lichtenbergschen Staubfiguren an – zu entziffern.

In diesem Sinne glaubte sich Ritter am Ende seines kurzen Lebens 1810 im Besitz einer Urformel, worin alle Naturgesetze, Analogien und Metamorphosen enthalten seien.

Er vertraute diese Urformel seinem Freund H. Ch. Oersted an, mit dem er 1802 um den Nachweis einer Wechselwirkung zwischen Elektrizität und Magnetismus bemüht gewesen war. Erst 1820 sollte Oersted allein die Entdeckung des Elektromagnetismus gelingen.

Johann Wilhelm Ritter läßt sich als Forschertypus zu den «Romantikern» zählen. Dafür ist nach Wilhelm Ostwalds psychoanalytischem System charakteristisch: die Vielfalt schöpferischer Gedanken Ritters und die Breite der Problemstellungen, deren Lösungen häufig nicht zur letzten Klarheit gediehen sind und vielfach noch Irrtümer enthalten. Hier besteht Ähnlichkeit mit seinem Zeitgenossen H. Davy (1778 bis 1829), der jedoch erst 1807 mit elektrochemischen Untersuchungen begann und dann einige der Alkalimetalle entdeckte. Gegenüber Ritter, der bescheiden gelebt hat und arm gestorben ist (1810), brachte es Davy auf Grund seiner Fähigkeiten zum Präsidenten der Royal Society.

Ritter hingegen konzentrierte sich mit Besessenheit nur auf die Erforschung der Natur und wurde zum kreativsten Studenten in der Geschichte der Alma Mater Jenensis, der schon mit 22 Jahren zu diesen Erkenntnissen kam:

> Ich bemühte mich daher, alle Versuche und die daraus gezogenen Resultate einer genauen Prüfung zu unterwerfen, verwarf alle Folgerungen, denen andere Tatsachen widersprachen, und empfand es, daß es schmerzhaft sey, ein schönes hypothetisches Gebäude auf einmal niederstürzen zu sehen. Ich wurde immer kräftiger überzeugt, daß es nur *eine* wahre Theorie aller Naturerscheinungen geben könne, und daß diese alle, auch die kleinsten Umstände erklären müsse. Sobald sich der geringste wahre Widerspruch gegen eine Theorie findet, so kann die nicht die wahre seyn, man muß sie verlassen ...
> Wachsamkeit über seine Tätigkeit muß also das erste Erforderniß des Naturforschers, Bekanntschaft mit Thatsachen, mit den Producten der Thätigkeit der Natur, das zweyte, seyn. Das erste uns zu verschaffen, steht in unsrer Gewalt, und das zweyte können wir jeden Augenblick haben. Offen und frey handelt die Natur, ihre Werkstätte hat weder Türen noch Schlösser, Ruhetag hält sie auch nicht, denn rastlose Thätigkeit ist ihr Charakter.

Ritters bioelektrochemische Studien erstreckten sich gegen Ende auch auf Pflanzen wie die Reizleitung bei Mimosa pudica L. Aufgrund seiner chemischen Deutungen von Potentialen gilt er auch als Begründer der Bioelektrochemie in ihrer empirischen Form (RITTER 1986).

2 Die Vertiefung

Im 19. Jahrhundert erfolgte der Ausbau und die bedeutende Vertiefung der Erkenntnisse Ritters durch die fruchtbare Gemeinschaftsarbeit von Wilhelm Ostwald (1853–1932; Abb. 2) seitens der Physikalischen Chemie gemeinsam mit Svante Arrhenius (1859–1927) von der Elektrochemie sowie ihrer hervorragenden Schüler Walter Nernst (1864–1941), Wilhelm Böttger (1871–1949), Max Le Blanc (1865–1933) u. a.

Aus dem Leipziger Laboratorium kamen die grundlegenden Experimente und Theorien für die elektrolytische Dissoziation in positive und negative Ionen in wäßrigen Lösungen und ihre Elektrophorese einerseits und die Potentialbildung zwischen Ionen im Kontakt mit Elektroden sowie die Einstellung elektrochemischer Gleichgewichte (Nernstsche Gleichung) andererseits, wozu auch Hermann von Helmholtz (1821–1894) wesentliche Beiträge geliefert hat. Damit waren bereits wesentliche Voraussetzungen für die Erforschung biologischer Prozesse bereitgestellt.

Abb. 2: Wilhelm Ostwald (1853–1932) zur Zeit seiner Aufnahme in die Sächsische Akademie der Wissenschaften zu Leipzig (um 1887)

2.1 Wilhelm Ostwalds Gedanken zur Biosphäre

Generelle Vorstellungen zur heutigen Bioenergetik sind der Ostwaldschen Energetik zu verdanken, die Ostwald bereits 1903 zur Einweihung des von J. Loeb erbauten Biologischen Laboratoriums der Californischen Universität zu Berkeley und 1911 in der Abhandlung «Die Mühle des Lebens» (Ostwald 1911) entwickelte, nachdem er 1909 den Nobelpreis für die Theorie der Katalyse – 86 Jahre nach Döbereiners Entdeckung – erhalten hatte. Alle weiteren Überlegungen zum Phänomen des Lebens sind in der Stille seines Landhauses «Energie» in Großbothen bei Leipzig herangereift und erst nach seinem 70. Geburtstag zu Papier gebracht worden (Ostwald 1978).

Ostwald reiht die Biologie in die Mitte innerhalb der Pyramide der Wissenschaften ein, woraus ersichtlich wird, daß die Gesetze der Physik und Chemie für die Lebensprozesse gelten, wenn sie auch nicht eine erschöpfende Behandlung derselben erlauben.

Organismen werden als stationäre chemische Gebilde mit Assimilation und Reproduktion angesehen, die «freie Energie» aus der Umgebung entnehmen. Ostwald vergleicht sie mit einer Kerzenflamme und stellt den Unterschied zur Maschine heraus. Erst wenn diese ein selbstreproduzierender Automat wäre, bestünde eine Analogie. Von besonderer Bedeutung erscheint ihm die Koordination durch enzymatische Regelung und die Verhütung von z. B. nichtlinearen Temperaturstörungen, indem der gesunde Organismus einen Thermostaten bildet. Die Biologie ist für Ostwald eine autonome Wissenschaft, aber der Biologe «muß die Mittel und Wege der allgemeinen Chemie und Physik kennen, wenn er die Mittel und Wege des Organismus erfassen will».

Er stellt das Leben als einen auf die Zukunft gerichteten Prozeß dar, der zwar kausal abläuft, aber teleologisch (teleonomisch) geprägt ist. Die Wissenschaft ist ebenfalls zukunftsorientiert, indem sie mit Hilfe ihrer Gesetze rationale Voraussagen machen kann. Für Ostwald liegt die zu erforschende Wahrheit nicht in der Vergangenheit, sondern in der Zukunft. Daher haben für ihn Wissenschaft und Leben eine «prophetische Natur» auf der Basis der «Gesetzlichkeit des Geschehens».

Wilhelm Ostwald wendet sich gegen unlösbare Welträtsel. Für ihn ist das Leben erforschbar, ja sogar künstlich zu erzeugen. Eine Reizantwort des Organismus analysiert er als «Überheilung» (overshoot). Ostwald kam dazu einerseits von seinen autokatalytischen Untersuchungen, andererseits von Darwins Gedankengängen zur Arterhaltung. Als Reparaturvorgang steht die Überheilung im Fließgleichgewicht mit der Oxydation («Verbrennung») von Körpersubstanz. Wachstum, Übung, Gedächtnis u. ä. Leistungen werden eingeordnet. Die Überheilung bei Pharmakongaben wird als Wirklinie diskutiert und daraus u. a. eine Verallgemeinerung des Weber-Fechnerschen Gesetzes abgeleitet, wonach die Intensität der Empfindung (E) dem Logarithmus der Reizstärke (R) entspricht ($E = \text{const.} \log R$) womit das heute so bedeutsame Streßproblem berührt wird.

Wilhelm Ostwald weist häufig auf biologische Lösungsvorgänge und Organisationsprinzipien hin, wie sie heute in der Bionik und Biokybernetik erforscht werden. Er fordert eindringlich die Technisierung der Landwirtschaft und die biologische Energiegewinnung, was erst in den letzten Jahrzehnten verwirklicht wurde. Hinzu kommt die Steuerung und Organisation auch auf gesellschaftlichen Ebenen. Zahlreiche praktische Ansätze, z. B. für die Wissenschaftsorganisation, hat er ja selbst gegeben.

Angeregt durch de Candolle, ist er der festen Überzeugung, daß die Analyse von Genetik und Entwicklung genialer Menschen möglich ist. Er stellt die Frage nach einer Nutzbarmachung der hierbei zu erwartenden Erkenntnisse für die Allgemeinheit, ohne jedoch auf tiefere gesellschaftliche Zusammenhänge einzugehen. Seine Einteilungsvorschläge: «Klassiker – Romantiker» besitzen noch heute Bedeutung neben detaillierteren Unterscheidungen.

Vergegenwärtigen wir uns den Stand der Erforschung der Lebensprozesse, als W. Ostwald nach der Jahrhundertwende, insbesondere aber in den zwanziger Jahren, einen physikalisch-chemischen Zugang suchte, so sei an wichtige Meilensteine erinnert wie

1910 Th. Morgan: Chromosomentheorie der Vererbung,
1920 H. Driesch: Lebewesen: durch Lebenskraft gesteuerte physikochemische Maschine (Vitalismus),
1924 A. Oparin: Die Entstehung des Lebens (russ., engl. Übertragung erst 1938): physikochemische Reaktionen als Grundlage,
1927 H. Muller: Mutationen der Gene der Taufliege

Mit Ausnahme von A. Oparin, dessen weitgreifende Hypothese W. Ostwald nicht kannte, gab es noch keine Klarheit über den Gültigkeitsbereich der physikalischen und chemischen Gesetze in der Biologie. Erst 12 Jahre nach Ostwalds Tod veröffentlichte der theoretische Physiker Erwin Schrödinger (1887–1961), der sich auch mit allgemeinen wissenschaftlichen Problemen beschäftigte, sein berühmtes «What is life» (Cambridge 1944), das Physiker und Mathematiker in den fünfziger und sechziger Jahren zur Beschäftigung mit den Biowissenschaften angeregt hat.

Seine Essays zeigen uns deutlich, daß Wilhelm Ostwald zu Schlußfolgerungen gelangte, die auch heute noch in der Diskussion stehen und erst seit 1971 teilweise durch M. Eigen in eine quantitative Form (Hyperzyklus) gebracht worden sind.
Für diese Feststellung sollen stellvertretend drei Beispiele herausgehoben werden:

Ostwald stellt die *freie Energie* aus dem Sonnenlicht als das «Wasser» auf «die Mühle des Lebens» der Pflanzen in den Mittelpunkt. Schrödinger bevorzugt statt dessen den Boltzmannschen Entropiebegriff mit negativem Vorzeichen, um die hohe Ordnungsstufe eines Lebewesens zu charakterisieren, und spricht davon, daß die Pflanzen ihren stärksten Vorrat an «negativer Entropie» (Negentropie) vom Sonnenlicht beziehen. Neuerdings kommt Broda unabhängig wieder auf die «freie Energie» zurück, deren Änderung durch die Relation $\Delta G = \Delta H - T\Delta S$ mit der Entropieänderung ΔS bei der absoluten Temperatur T und der Enthalpieänderung ΔH verknüpft ist.
Weiterhin beschreibt Ostwald die Lebensvorgänge als *Fließgleichgewichte* im Gegensatz zu den Gleichgewichten in abgeschlossenen Systemen. Trotz dieser klaren Formulierung schon um die Jahrhundertwende schreibt die Nachwelt dem Zoologen Ludwig v. Bertalanffy (geb. 1901) diesen Begriff seit 1940 zu und übersieht Ostwalds Priorität.

Spezielle Phänomene der *Überheilung* (Wundheilungen, Allergien) waren zwar schon sehr lange bekannt, aber Ostwald gab eine allgemeine physikochemische Betrachtung als Überschuß der Gegenwirkung (overshoot). Selbst heute scheint keine exaktere Beschreibung möglich zu sein, was z. B. immer noch aus der Zuhilfenahme eines «Organgedächtnisses» hervorgeht, wie es damals schon E. Hering behauptet hat.

2.2 Wilhelm Ostwalds Bedeutung für die heutigen Biowissenschaften

Seit 1975 wurden entsprechende von ihm begründete Richtungen in den «Großbothener Gesprächen» vorgestellt:

1975 Ostwalds Erkenntnisse zur Kreativität und Organisation der geistigen Arbeit (H. Berg)
1976 Zur Entstehung von Erfindungen und Entdeckungen (M. v. Ardenne)
1977 Ostwalds Erkenntnisse über das Wesen des Lebens (H. Berg)
1979 Naturwissenschaft aus der Sicht eines Verhaltensbiologen (G. Tembrok)
1980 Schlüssel des Lebens (F. Jung)
1984 Stand und Perspektiven der Biotechnologie (F. Bergter)
1986 Biotechnologie als Schlüsseltechnologie, insbesondere in Japan (H. Berg)
1990 Zum Ursprung des Lebens (M. Eigen)
1991 Synergetik und Chaos – die Bedeutung dissipativer Strukturen (H. Linde)
1992 Elementarschritte bei der heterogenen Katalyse (G. Ertl)
1994 Das Grundgesetz der Natur: Sonnenenergie nutzen! (H. Tributsch)
1994 Zur Wirkung elektrischer Felder im Laboratorium und in der Umwelt (H. Berg).

Daraus lassen sich zukunftsorientierte Erkenntnisse ableiten, die stichwortartig gegenübergestellt seien:

W. Ostwald	Gegenwart
I Lebensprozesse	
– Reproduktion	– Selbstreproduktion bei Biopolymeren
– Assimilation	
– Fließgleichgewicht (1903)	
– Überheilung (Stressrespons)	
z. B. bei Ausheilung	
Muskeltraining	
Giftresistenz	– Proteinsynthese (L. Pauling)
Immunisierung	– DNA (H. Khorana)
Lerntraining	– Mutagenese u. Selektion (M. Eigen)
– Teleologie	– Proteinfunktion (J. Monod)
II Biologische Energiebeschaffung (Bioenergetik)	
– Photosynthese (Sonne)	– Photobiologie (O. Warburg)
– Agrikulturtechnisierung	– Biotechnologie: Proteine,
III Steuerung großer Energieflüsse	(Enzyme) Pharmaka, Wasserstoff, Methan
– durch kleine Schwellenenergie	etc. mittels Zellen oder zellfreien Enzymsystemen
– Katalyse – Autokatalyse	– Biosensoren
	– Feldbiologie (elektrische, magnetische)
IV Wirkungsoptimierungen in:	
Zelle analog zu Individuum	– optimal
Gewebe analog zu Fabrik	– Optimum angenähert
Organismus analog zu Staat	– Optimum nicht erreicht!

3 Tendenzen der modernen Bioelektrochemie und Bioenergetik

Die Einteilung der gegenwärtigen Bioelektrochemie und Bioenergetik richtet sich nach

- thermodynamischen und kinetischen Größen,
- Feldern (elektrische, magnetische und elektromagnetische),
- Ladungstransport und Polarisierung: Elektronen, Ionen, Dipolen.

Die mit optischen Methoden kombinierten Meßtechniken sind dieselben wie in der organischen und Festkörper-Elektrochemie, jedoch die Sensoren wurden so weit verkleinert, daß sie in einzelne Zellen eingeführt werden können, oder daß die Zelle selbst als Bestandteil eines Biosensors genutzt wird.

Das Hauptziel der Bioelektrochemie besteht in der Beschreibung und Modellierung von Lebensprozessen auf der Grundlage elektrochemischer Mechanismen und Theorien. Heutzutage verbreitert sich das Gebiet ständig – einschließlich molekularer Grundlagen der Elektrophysiologie –, weshalb bioelektrochemische Reaktionen in allen Biowissenschaften analysiert werden.

Die *Bioelektrochemie* heute läßt sich in drei Kategorien einteilen:

I Die Untersuchung lebender Systeme (Zellen, Gewebe, Organismus);
II Die Analyse von Zellkomponenten (Membranen, Polyelektrolyten, Effektoren, Metallkomplexen etc.);
III Die speziellen Methoden, Geräte, Anwendungen.

In der Kategorie I haben Redoxprozesse eine eminente Bedeutung:

1. für die Photosynthesen bei Pflanzen und Bakterien, wobei Photonen, Elektronen, Protonen mit elektrischen Feldern in der Thylakoidmembran als Kette vom Chlorophyll bis zum NADPH zusammenwirken. In der Bruttoreaktion wird CO_2 unter Wasserspaltung $6\ CO_2 + 6\ H_2O \rightarrow C_6H_{12}O_6 + 6\ O_2$ in Glukose überführt.
2. In der Atmungskette wird gegenläufig Wasserstoff vom Substrat – z. B. Glukose – schrittweise durch Pyridin- und Flavinenzyme mit Sauerstoff verbunden: $4\ H + O_2 \rightarrow 2\ H_2O$, wobei eine Spannungsdifferenz von 1,2 V durchlaufen wird.
3. Elektrische Potentiale übertragen Signalimpulse z. B. von Sinnesorganen in den Nervenbahnen zum und vom Gehirn. Potentialbildend wirken gegenläufige Permeationen von K^+- und Na^+-Ionen. Die dabei durch Kanäle fließenden Ströme im pico-Ampere-Bereich können mittels der patch-clamp-Methode bestimmt werden. Zwischen den Nervenzellen erfolgen Transformationen von elektrischen zu chemischen Energien in Transmittern. Verwandte Prozesse ermöglichen «elektrischen Fischen» in batterieähnlichen Organen wesentlich höhere Spannungen zu erzeugen, wie sie schon im alten Ägypten therapeutisch genutzt wurden.
4. Effekte elektrischer Felder *auf* Zellen und Organismen. In jüngster Zeit haben sich in der Bioelektrochemie – ausgehend von elektrophysiologischen Therapien zur schnelleren Knochenheilung – zwei Richtungen herausgebildet (Berg 1992, 1995):

4.1. starke Einzelpulse zur *Elektroporation* von Zellmembranen mit den Folgereaktionen Elektrofusion und Elektroinkorporation (von Pharmaka, DNA etc.),
4.2. schwache pulsierende elektromagnetisch induzierte Ströme oder kapazitative Ankopplung von Wechselströmen bewirken *Elektrostimulation* oder Hemmung von metabolischen Reaktionen.

In beiden Fällen werden Vorgänge ausgelöst wie Polarisationen in der Membrangrenzschicht, Dipolinduktion etc., woraus mannigfaltige Folgereaktionen resultieren:

- *Elektrofusion,* die 1979 bei Pflanzen- und Hefeprotoplasten eingesetzt hat (BERG 1988), entwickelte sich bald zu einem optimalen Werkzeug in der Genetik, weil alle Arten von Membranen verschmolzen werden können, sofern die Durchmesser der Zelle oder des Liposoms nicht kleiner als 1 µm betragen und ein guter Kontakt zwischen ihnen vorher z. B. durch Dielektrophorese hergestellt wurde. Die Elektrotransformation bei Eukarionten begann mit Lymphzellen der Maus durch ein Virus Plasmid; bei Prokarionten zuerst mit Bac. cereus Protoplasten durch das Plasmid pUB 110 (BERG 1988).
- *Elektrostimulation* hat – insbesondere nach dem 1. Weltkongreß über Elektrizität und Magnetismus in Biologie und Medizin (Orlando, Fl. 1992) – bei folgenden Prozessen: Proliferation, Membrantransport, Enzymaktivierung im Sekundärstoffwechsel, Biopolymersynthesen auf der genetischen Ebene (Genexpression), Hormonausschüttung etc. zu erstaunlichen Ergebnissen geführt, und zwar selbst bei magnetischen (B) und elektrischen (E) Feldstärken von nur $B < 1$ mT und $E < 1$ mV/cm, zumeist unter Verwendung von Helmholtz-Spulen bei Frequenzen < 100 Hz.

Während für die Elektroporation gesicherte Theorien existieren, steht man trotz einem Dutzend Modellen bei der Elektrostimulation noch in den Anfängen bezüglich des oder der Targets, insbesondere für Feldenergien im Bereich der thermischen Fluktuation (BERG 1992, 1995).

Bei der Kategorie II kombiniert man elektrochemische Messungen mit einer Vielzahl physikochemischer Methoden. Neben den Antibiotika beanspruchen Nukleinsäuren, Proteine, Lipide und Polysaccharide das größte Interesse.

Viel Sorgfalt wurde auf die Erforschung von Adsorption und Elektronenaustausch bei Nukleinsäuren und Proteinen gelegt (Berg, H., 1982), wobei alle Methoden der Polarographie zum Einsatz gelangten. Das Jenaer Modell basiert auf der Adsorption dehydratisierter Segmente, deren Übergang von der B-Form zu einer A-ähnlichen Form mit Basenfluktuation, währenddessen Adenin und Cytosin reduziert werden. Bei Proteinen wurde Mehrschichtenadsorption nachgewiesen. Entsprechende Vorgänge sind auch an Membranen vorstellbar.

Methoden und Anwendungen der Kategorie III sind hochspezialisiert auf bestimmte Reaktionen für kleinste Konzentrationen bis hinab zu Einzelmolekültechniken. Nur stichwortartig sollen einige genannt sein:

Ion-selektive Elektroden, Enzymelektroden, chemisch modifizierte Elektroden, Graphit-Fiber Ultramikroelektroden (8 µm Durchmesser),

Membranelektroden, immunselektive Elektroden, implantierbare Elektroden, Hormonelektroden, mikrobielle Sensoren, Elektrophorese, ionensensitive Feldeffekttransistoren, Magnetfeldsonden, Elektronenresonanz, kernmagnetische Resonanz.

Typische 50/60 Hz-Bereiche und deren Überlappung werden aus Tabelle 1 ersichtlich:

Tab. 1: Bereiche für magnetische (B) und elektrische Felder (E)

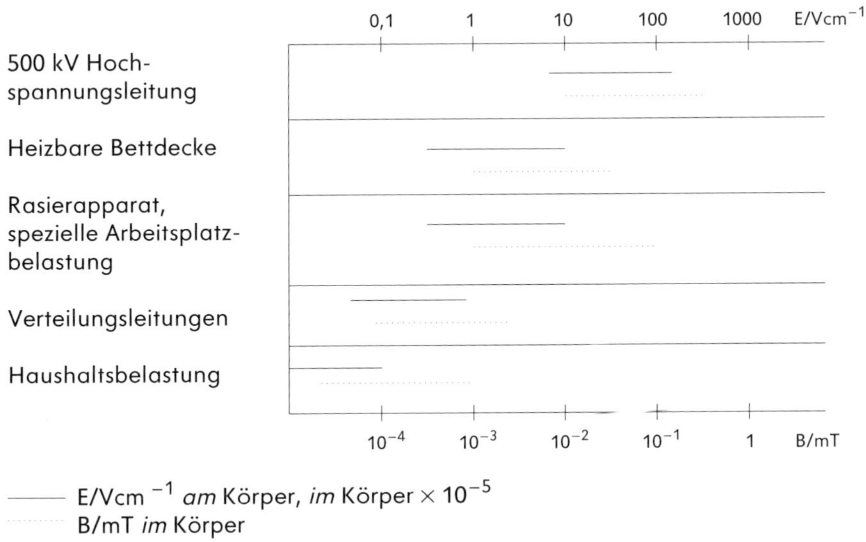

Es sollte bedacht werden, daß im Laboratorium bei Humanzellen mit $8 \cdot 10^{-2}$ mT Befeldung metabolische Veränderungen gemessen wurden. Darüber hinaus ergeben modulierte Hochfrequenzen ähnliche Effekte, was bei der Benutzung von Mobiltelephonen Auswirkungen haben kann.

Die bioelektrochemische Forschung wird durch mehrere Symposien jährlich, insbesondere von amerikanischen und europäischen Gesellschaften, vorangebracht.

Die Anzahl der Publikationen in führenden Zeitschriften wächst exponentiell. Darunter seien 3 spezialisierte Journale zur Vertiefung empfohlen:

- Bioelectrochemistry and Bioenergetics (Elsevier, Editor Hermann Berg) of the Bioelectrochemical Society;
- Bioelectromagnetics (Wiley-Liss, Editor Ben Greenebaum) of the Bioelectromagnetics Society and Society for Physical Regulation in Biology and Medicine;
- Electro- and Magnetobiology (Marcel Dekker, Editor Stephen Smith) of the International Society of Bioelectricity.

Hinzu kommen Serien von Symposien wie die Jenaer Symposien (Tab. 2), in deren Themen sich diese Entwicklung widerspiegelt.

Tab. 2: Die Jenaer Symposien, veranstaltet von der Abteilung Biophysikochemie des ZIMET, veranschaulichen die Entwicklung von der Elektrochemie und Physikalischen Chemie zur Bioelektrochemie:

I	Polarography in Chemotherapy, Chemistry and Biology (Akademie-Verlag, Berlin 1964)	Jena 1962
II	Physical Chemistry of Biogenic Macromolecules (Akademie-Verlag, Berlin 1964)	Schloß Dornburg 1963
III	Electrochemical Principles and Methods in Molecular Biology (Akademie-Verlag, Berlin 1966)	Jena 1965
IV	Molecular Mechanisms of Photodynamic Effects [studia biophysica 3 (1967)]	Jena 1967
V	Interaction of Biopolymers [studia biophysica 24/25 (1970)]	Jena 1970
VI	Conformational Transitions of Biopolymers [studia biophysica 40 (1973)]	Jena 1973
VII	Kinetics with Biopolymers [studia biophysica 57 (1976)]	Schloß Reinhardsbrunn 1976
VIII	Recognition between Biopolymers [studia biophysica 81 (1980)]	Weimar 1980
IX	Photodynamic and Electric Effects on Biopolymers and Membranes [studia biophysica 94 (1983)]	Weimar 1982
X	Molecularbiological Mechanisms of Antitumor Antibiotics [studia biophysica 104 (1984)]	Weimar 1984
XI	Bioelectrochemistry in Biotechnology [studia biophysica 119 (1987)]	Erfurt 1986
XII	Trends in Bioelectrochemistry of Biopolymers and Membranes [studia biophysica 130 (1989)]	Weimar 1988

Nachdem die Physiker seit langem mit Licht- und Röntgenstrahlen ins Innere der Natur vorgedrungen sind, eroffnen ihnen heute elektrische und magnetische Felder weitere ungeahnte Möglichkeiten!

Literatur*

Berg, Hermann: Polyelektrolyte und ihre Interaktionen in Biophysik. Hrsg. W. Hoppe, W. Lohmann, H. Markl, U. Ziegler. Berlin: Springer, 1982. S. 268–274.

Berg, Hermann: Electrofusion of Cells in Handbook of Modern Bioelectricity. Edit.: A. A. Marino, M. Dekker. New York 1988. S. 365–389.

Berg, Hermann: Low Frequency Electrostimulation of Cell Metabolism. Bioelectrochemistry and Bioenergetics 31 (1992), S. 1–25, und 38 (1995), S. 153–159.

Döbereiner, Johann Wolfgang: Ueber neu entdeckte höchst merkwürgige Eigenschaften des Platins und die pneumatisch-capillare Tätigkeit gesprungener Gläser. Jena: V. A. Schmid, 1823.

Ostwald, Wilhelm: Die Mühle des Lebens. Physikalisch-chemische Grundlagen der Lebensvorgänge. Leipzig 1911. 93 S.
Ostwald, Wilhelm: Gedanken zur Biosphäre. Ostwalds Klassiker der exakten Wissenschaften, Bd. 257. Hrsg. von Hermann Berg. Leipzig 1978. 84 S.
Ritter, Johann Wilhelm: Entdeckungen zur Elektrochemie, Bioelektrochemie und Photochemie. Ostwalds Klassiker der exakten Wissenschaften, Bd. 271. Hrsg. von Hermann Berg u. Klaus Richter. Leipzig 1986. 135 S.

* Die Thematik wird auch behandelt in
- den Sitzungsberichten der SAW 111, Heft 6 (1975):
  H. Berg, Polarographie und Photodynamik,
- den Abhandlungen der SAW 54, Heft 4 (1981):
  H. Berg, Der Formenwandel einer DNA-Doppelhelix in Lösung, an der Elektrode und seine molekularbiologische Bedeutung,
- den Sitzungsberichten der SAW 118, Heft 3 (1985):
  H. Berg, Zellfusion, Transformation und Pharmakainkorporation durch Elektrostimulation.

Werner Ries

Die Gerontologie – Vom Werden und Wirken einer Wissenschaft

1 Prolegomena

Es ist überliefert, daß an der Schwelle des Jahres 1900 das heraufziehende 20. Jahrhundert als das des Kindes und der Jugend begrüßt wurde. Ohne Zweifel hat diese Prophezeiung manche Erfüllung gefunden. Man denke nur an den beispiellosen Aufschwung des Sports, der mit der Wiedereinführung der Olympischen Spiele 1896 in Athen begann. Mit einer anderen Entwicklung hatte man allerdings nicht gerechnet, mit der um die Jahrhundertwende einsetzenden Verlängerung der mittleren Lebenserwartung. Die ständige Zunahme des Anteils betagter Menschen in Deutschland läßt sich in eindrucksvoller Weise an den sogenannten Lebensbäumen ablesen. Aus der einstigen Pyramidenform hat sich im Laufe der Zeit eine Figur entwickelt, die man als Bienenstock- oder Pilzform bezeichnet (Abb. 1). Das verheißene Jahrhundert der Jugend ist somit zum Jahrhundert der älteren Menschen geworden. Selbst die magische Lebensdauer von 100 Jahren wird immer häufiger erreicht. So ging im Jahre 1991 der Glückwunsch des Deutschen Bundespräsidenten zum hundertsten oder einem noch höheren Geburtstag an 3591 Personen, davon 528

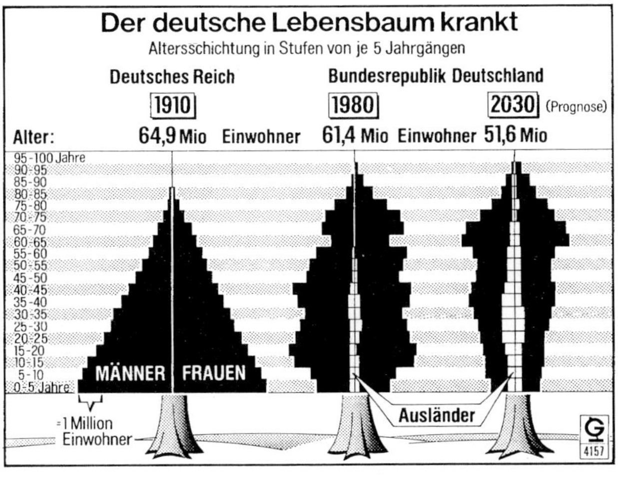

Abb. 1: Lebensbäume in Deutschland 1910, 1980, 2030 nach Prognose (Franke 1985)

Männer und 3063 Frauen, und im Jahre 2000, so wird prognostiziert, werden in unserem Lande mehr als 13000 Centenarians leben (LEHR 1992).

Der alte Traum von einem langen Leben wird somit für immer mehr Menschen zur Wirklichkeit. Gleichzeitig aber ergeben sich Probleme, die nicht nur den einzelnen und seine Umwelt betreffen, sondern fast alle Bereiche des gesellschaftlichen Lebens. So ist es kein Wunder, wenn sich die Blicke der Öffentlichkeit erwartungsvoll auf jene Wissenschaft richten, die sich mit den Phänomenen des Alterns und Alters auseinandersetzt. Von ihr, der Gerontologie, erwartet man entscheidende Beiträge zur Lösung anstehender Fragen.

Es ist demnach eine reizvolle Aufgabe, in diesem Jubiläumsband den Wurzeln dieser Wissenschaftsdisziplin nachzuspüren, zumal sich in das Buch ihrer Geschichte immer wieder Mitglieder der Sächsischen Akademie der Wissenschaften eingetragen haben, angefangen mit MORITZ WILHELM DROBISCH (1802–1896), einem ihrer Gründungsmitglieder.

2 Vorwissenschaftliche Beobachtungen und Betrachtungen

Das Alter mit seinen Erscheinungen und Auswirkungen hat die Menschheit zu allen Zeiten und in allen Kulturkreisen bewegt. Verständlicherweise prägten vor allem die großen Religionen mit ihrem Gedankengut das Bild vom betagten Menschen. So wird im Alten Testament die Weisheit des Königs Salomo (965–925 v. Chr.) gepriesen, die man seitdem als besonderes Merkmal des Alters betrachtet. Buddha (etwa 550–480 v. Chr.) ging in seinen Schriften auf die Phänomene Geburt, Alter und Tod ein und unterschied zwischen einem erfüllten Leben und dem bloßen Alter nach Jahren (LÜTH 1965). Dieser Anschauung entspricht ein oft zitierter Leitspruch, den die moderne Gerontologie auf ihre Fahnen geschrieben hat: «Add life to years not years to life».

Natürlich fragte man sich auch immer wieder nach den Ursachen des Alterns und entwickelte anhand bestimmter Beobachtungen zahlreiche Theorien, denen es allerdings meist an exakten Befunden mangelte. Insofern stellten sie entweder unzulässige Verallgemeinerungen aus willkürlich herausgegriffenen Tatsachen oder philosophisch gefärbte Deduktionen aus dem allgemeinen Denken und Wissen der jeweiligen Zeit dar (HOLLE 1972). Trotzdem verdienen viele dieser Überlegungen unsere Aufmerksamkeit, zumal ihre Denkansätze bis heute aktuell geblieben sind. Aristoteles (384–322 v. Chr.) sah die Ursachen des Alterns in einem Nachlassen der Körperwärme und damit der Summe aller Energien der Lebewesen. Diese Vorstellung von einer solchen Lebenskraft, der Entelechie, hat sich bis in unsere Tage bewahrt, etwa in der Postulierung eines nichtmateriellen Naturfaktors durch Hans Driesch (1867–1941), an den sich Max Bürger (1885–1956) bei der Konzipierung seines Begriffs Biomorphose anlehnte.

Auch die stets aktuellen Diskussionen über die Differenzierung zwischen Altern und Krankheit reichen bis in die Antike zurück. In den von späteren Ärzten gesammelten Schriften des Hippokrates (460–377 v. Chr.) finden sich Beobachtungen über die typischen Veränderungen des Menschen im Laufe des Lebens und den Verlauf einzelner Krankheiten unter Berücksichtigung des Alters. Während Hippokrates die Krankheiten als Begleiterscheinung des Alterns kennzeichnete, betrachtete Aristoteles Krankheit als vorzeitig erworbenes Alter, das Alter hingegen als natürliche Krankheit. Noch weiter gingen der Lustspieldichter Publius Terentius Afer (Terenz, um 195–159 v. Chr.) und der Philosoph Seneca (um 4 v. Chr.–65 n. Chr.). Dieser forderte zwar in seiner Schrift «De brevitate vitae» ein von Tätigkeit erfülltes Dasein im Alter, bezeichnete aber in einem seiner moralischen Briefe an den sizilianischen Prokurator Lucilius das Alter als unheilbare Krankheit. Gegen derartige Ansichten wandte sich später der in Pergamon geborene Arzt Galen (129–199). Auch er beschrieb zwar den Verlust der Körperwärme, bezeichnete aber die damit verbundene Leistungsminderung im hohen Lebensalter nicht als Krankheit, sondern betrachtete Altern und Tod als natürliche und notwendige Vorgänge.

Galen verdanken wir auch die wohl erste zusammenhängende Darstellung einer Gesundheitslehre für Greise. Im fünften Buch seiner Schrift «De sanitate tuenda» finden sich sowohl hygienisch-diätetische Vorschriften für den alternden Menschen als auch Hinweise auf therapeutische Maßnahmen bei Krankheiten des Alters. Die Hygiene des Alters sah er als ein Spezialfach an und nannte sie «Gerokomika». Dieser Schrift folgten im Laufe der Zeiten unzählige Publikationen, die Steudel (1965) als Literatur der Altersregimina bezeichnete. Dazu gehört nicht zuletzt der «Canon medicinae», den der arabische Arzt Ibn Sina (um 980–1037) unter dem Namen Avicenna veröffentlichte. Er wurde für viele Jahrhunderte das medizinische Standardwerk an den europäischen Universitäten und galt lange Zeit als das geriatrische Testament der Antike.

Im Mittelalter wurden derartige Vorstellungen dem Zeitgeist entsprechend immer mehr von pseudowissenschaftlichen, alchemistischen, astrologischen und abergläubischen Gedanken überwuchert. Gesucht wurde nun nach dem «Jungbrunnen» und dem «Lebenselexier» als Garant für ein langes Leben. Selbst Philippus Theophrastus Bombastus von Hohenheim (1493–1541), bekannt als Paracelsus, war nicht frei von solchen Empfehlungen. Zwar forderte er zum Erreichen eines langen Lebens die Anregung des Stoffwechsels und die Verbesserung der Schlackenentleerung, zugleich aber die Anwendung von Elixieren, zu denen er u.a. Perlen, Gold und Schwefel rechnete. In seinem Gesamtwerk bot Paracelsus somit eine Mischung von klugen Beobachtungen und spekulativen Vorstellungen, verständlich an der Zeitenwende vom Mittelalter zur Renaissance mit dem ungeahnten Aufschwung in Kunst und Wissenschaft, der nicht zuletzt auch die Erforschung von Alternsprozessen befruchtete.

So studierte Leonardo da Vinci (1452–1519) erstmals anatomische, besonders arteriosklerotische Veränderungen an den Leichen alter Menschen. In Rom erschien 1485 das erste gedruckte Buch über Hygiene des Alters aus der Feder des päpstlichen Arztes Gabriele Zerbi (1445–1505), das eine Ausarbeitung und Anpassung Galenischen Gedankenguts unter Berücksichtigung eigener Erfahrungen beinhaltet. Nach Ackerknecht (1961) sollte Zerbi als Pionier der Alternsforschung ebenso in Ehren gehalten werden wie der jüdische Arzt David de Pomis (1525–1593), der 1588 das erste systematische Werk über Greisenkrankheiten herausbrachte.

Mit der Aufklärung kam es im 18. Jahrhundert zu einer wahren Flut von Veröffentlichungen über das Alter und seine Krankheiten. Hervorzuheben ist das Werk «De senio eiusque gradibus et morbis» des deutsch-baltischen Arztes Johann Bernard Fischer (1685–1772) mit protokollarisch festgehaltenen Sektionsbefunden. Fischer wirkte als Generaldirektor des russischen Gesundheitswesens, aber auch als Leibarzt der Zarin Anna Iwanowna. Das genannte Buch hatte er 1754 anläßlich seiner Aufnahme in die Deutsche Akademie der Naturforscher Leopoldina geschrieben.

Gedankengänge der Gerokomika enthält auch die berühmt gewordene Rede des Holländers Gerhard van Swieten (1701–1772), die er am 11. April 1763 anläßlich der Einweihung eines neuen Gebäudes der Wiener Universität gehalten hat. Der große Arzt zählte zu den medizinischen Leuchten seiner Zeit, den die Habsburgerin Maria Theresia (1717–1780) nicht nur als Reorganisator des österreichischen Gesundheitswesens, sondern auch als Leibarzt nach Wien berufen hatte. In dem Vortrag van Swietens finden sich manche Passagen, die den Vorstellungen heutiger Alternsforscher entsprechen, insbesondere der Psychologen mit ihrer Ablehnung einer Defizittheorie des Alters.

Das gilt noch viel stärker für das 1797 erschienene Buch «Die Kunst, das menschliche Leben zu verlängern» von Christoph Wilhelm Hufeland (1762–1836). In diesem oft zitierten Werk betont der Autor die Bedeutung der Lebenskraft, der Entelechie, für die Lebensdauer und zählt die Faktoren auf, die seiner Ansicht nach für das Erreichen eines hohen Alters besonders geeignet sind, wie Enthaltsamkeit, Mäßigkeit, Reinlichkeit und glücklicher Ehestand. Anstelle der Gerokomie inauguriert er den Begriff Makrobiotik für eine präventive Altersmedizin. Mit Hufeland, der als Professor in Jena und an der Berliner Charité, aber auch als Leibarzt berühmter Zeitgenossen und der preußischen Königsfamilie wirkte, ging die Ära der auf Hippokrates und Galen fußenden alten Medizin zu Ende (Lüth 1965). Das beginnende Zeitalter der Naturwissenschaften hat Hufeland nicht mehr erlebt, aber viele seiner Gedanken sind bis heute lebendig geblieben.

3 Von der Empirie zur Forschung

Im 19. Jahrhundert vollzog sich in der Medizin durch die systematische Entwicklung und Anwendung naturwissenschaftlicher Methoden ein epochaler Wandel. Nicht zuletzt waren es deutsche Wissenschaftler, die das neue Zeitalter einläuteten. Bereits 1822 formulierte Carl Gustav Carus (1789–1869) die Anforderungen an eine künftige Bearbeitung der Naturwissenschaften, die spätere Gelehrte, wie der Physiologe Carl Ludwig (1816–1895) oder der Pathologe Rudolf Virchow (1821–1902), zu hoher Blüte brachten. Bahnbrechende Entdeckungen auf dem Gebiet der Grundwissenschaften, wie Anatomie, Physiologie und Pathologie, führten zusammen mit der aufkommenden Labormedizin zu entscheidenden Verbesserungen der diagnostischen Möglichkeiten. An dieser Entwicklung beteiligten sich folgerichtig bedeutende Kliniker dieser Zeit, wie z. B. der Internist Friedrich Theodor Frerichs

(1819–1885), dessen Bestreben es war, die innere Medizin aus einer formlosen Erfahrungswissenschaft in die Reihe der exakten Naturwissenschaften zu überführen.

Immer mehr lösten auch auf dem Gebiet der Alternsforschung systematische Studien die Zeit philosophischer Betrachtungen und deskriptiver Beobachtungen ab. Vor allem französische Ärzte waren es, denen mit dem «Hospice de Bicêtre» und vor allem der traditionsreichen «Salpêtrière» mit 2000 Betten hervorragende Arbeitsbedingungen geboten wurden. Die 1840 erschienenen «Recherches sur les maladies de la vieillesse» von Clovis René Prus (1793–1850) beruhten zum größten Teil auf der statistischen Auswertung des Krankengutes der beiden Hospitale. 1854 brachte Maxime Durand-Fardel (1816–1899) die erste französische Darstellung der Greisenkrankheiten heraus, in der 867 Seiten allein pathologisch-anatomischen Befunden gewidmet sind. Eine systematische Einteilung der Greisenkrankheiten lieferte im Jahre 1867 der Neurologe Jean Martin Charcot (1825–1893) mit seinen «Leçons cliniques sur les maladies des vieillards et les maladies chroniques». Entsprechende Arbeitsmöglichkeiten standen deutschen Ärzten zunächst nicht zur Verfügung. So vermißt man in der 1839 erschienenen Schrift «Die Krankheiten des höheren Lebensalters und ihre Heilung» des Ansbacher Gerichtsarztes Carl Cannstadt (1807–1856) noch eigene Befunde. Erst 1860 konnte sich Lorenz Geist (1807–1867) in seinem zweibändigen Werk «Klinik der Greisenkrankheiten» auf umfangreiche klinische Beobachtungen stützen. Geist wirkte im Hospital zum Heiligen Geist in Nürnberg, das bereits 1331 gestiftet worden war und den Ruf einer ersten geriatrischen Klinik genießt.

Allmählich begann auch die Zeit exakter Messungen von Alternsveränderungen. Hier verdient ein von den Chronisten der Gerontologie bisher nicht erwähnter Vortrag Beachtung, den der Mathematiker Moritz Wilhelm Drobisch (1802–1856) in der ersten Sitzung der Mathematisch-physischen Classe der neugegründeten Königlich Sächsischen Gesellschaft der Wissenschaften am 7. November 1846 in Leipzig gehalten hat. Drobisch setzte sich mit der Bestimmung des scheinbaren Alters auseinander und antizipierte damit ein in unseren Tagen aktuelles Forschungsthema, die Berechnung des biologischen Alters.

Die Erforschung von Alternsvorgängen wurde immer mehr zu einer Dömane der pathologischen Anatomie. Während noch Burkhard Wilhelm Seiler (1779–1843) in seiner 1799 veröffentlichten Dissertation über die Anatomie des Greisenalters keine eigenen Befunde vorlegen konnte, berichtete L. Geist über die Ergebnisse von 500 Greisenautopsien (1857–1860). Entscheidende Impulse gingen natürlich von Rudolf Virchow aus, auch wenn er selbst keine eigene Theorie des Alterns geschaffen hat. Aber die Befunde seiner Zellularpathologie sowie die Beschreibung von organischen Wandlungen, insbesondere der großen Gefäße, trugen wesentlich zur Erkennung von Alternswandlungen bei.

Allmählich rückte auch die Frage nach den Behandlungsmöglichkeiten des Alterns mit der erhofften «Verjüngung» in den Vordergrund. Am 1. Juni 1889 überraschte der französische Physiologe Charles Edouard Brown-Séquard (1817 bis 1894) die Welt mit einer Rede vor der Akademie der Wissenschaften in Paris. Er berichtete über Selbstversuche, bei denen er sich eine wäßrige Lösung von zerriebenen Hunde- und Meerschweinchenhoden eingespritzt und erhebliche Veränderungen seines Allgemeinzustandes, vor allem seiner Potenz, beobachtet habe. Nachprüfungen des als sensationell empfundenen Experiements führten allerdings nicht zu gleichen Resultaten, was auch Brown-Séquard später einräumen mußte. Trotz dieser Mißerfolge bleibt die Tatsache, daß er mit seinen Versuchen die Ära der Therapie des Alterns durch Verabreichung von bestimmten Wirkstoffen eingeleitet hat.

4 Geriatrie

Es ist verständlich, daß auf die um das Jahr 1900 einsetzende Verlängerung der mittleren Lebenserwartung und die sich daraus ergebenden Wandlungen der Bevölkerungsstrukturen die Medizin als erste Wissenschaft reagiert hat. Dabei konzentrierte sich ihr Interesse zunächst auf die Erkrankungen alter Menschen. So erschien 1909 ein «Lehrbuch der Greisenkrankheiten» von JULIUS SCHWALBE und 1914 die Monographie «Die Krankheiten des höheren Lebensalter» von HERMANN SCHLESINGER. Als Meilenstein in der Serie solcher Veröffentlichungen muß eine Arbeit des in die USA emigrierten Wiener Arztes IGNAZ LEO NASCHER angesehen werden, in der er den Begriff «Geriatrie» (geriatrics) inaugurierte (1909). Er verstand darunter die Altersheilkunde und stellte sie sinngemäß der Pädiatrie, der Kinderheilkunde, gegenüber. Das Altern, so Nascher, sei genau wie die Kindheit ein normaler Zustand und keine pathologische Phase des Erwachsenenalters. Altersbeschwerden seien in diesem Sinne krankhafte Vorgänge in einem im Abbau befindlichen Organismus. Nascher wird mit Recht als Vater des Begriffes Geriatrie bezeichnet (GRMEK 1958), auch wenn dieser als Benennung eines Fachgebietes bis heute teilweise unklar und umstritten geblieben ist, worauf noch einzugehen sein wird. Der Medizinhistoriker H. ACKERKNECHT (1961) spricht in diesem Sinne auch nur von einer «Spezialität», die in erster Linie nicht als Kind neuer Entdeckungen, sondern als Folge einer sozio-demographischen Zwangslage entstanden sei.

Auch die von Brown-Séquard begonnenen Bemühungen um eine «Verjüngung» wurden wieder aufgenommen. In der 1846 gegründeten Wiener Akademie der Wissenschaften berichtete am 5. 12. 1912 EUGEN STEINACH (1861–1944) über Versuche, den Samengang männlicher Ratten zu unterbinden, wonach die Tiere wieder munterer, freßlustiger und reinlicher wurden. Später ging er noch weiter und überpflanzte nach der genannten Operation die Hoden junger Tiere auf alte, wodurch sich deren Lebensdauer verlängert haben soll (1920). Die Experimente wurden von chirurgischer Seite auch auf Menschen ausgedehnt, selbst Ferdinand Sauerbruch (1875–1951) hat 1939 noch einmal die tierexperimentellen Verjüngungsexperimente Steinachs aufgegriffen. Anlaß hierzu mögen die Veröffentlichungen von SERGE VORONOFF (1866–1951) gewesen sein, der 1926 über Affenhodentransplantationen auf den Menschen berichtet hatte. Rückblickend kann man sagen, daß Steinach die von Brown-Séquard begonnenen Versuche einer Wirkstofftherapie mit anderen Methoden fortgesetzt hat. Die erhofften Erfolge einer solchen Behandlung blieben allerdings bis heute aus, obwohl nach wie vor entsprechende Bestrebungen in aller Welt zu beobachten sind.

In die Diskussionen um die Deutung der Alternsvorgänge griffen auch die Pathologen wieder ein. So setzte sich Robert Rössle (1876–1956) in zwei großen Abhandlungen (1917, 1923) unter dem Titel «Wachstum und Altern» mit den menschlichen Alternsveränderungen auseinander. Hier beschrieb er das Wachstum als Ergebnis des Werdeprozesses, das Altern als Ausdruck der vollendeten Reife und die Lebensdauer als eine Erscheinung, die sich aus dem Wechselspiel innerer ererbter und äußerer Entwicklungskräfte ergibt. Während er demnach die Phänomene Wachstum und Altern als unterschiedliche Vorgänge ansah, entwickelte ein anderer Wissenschaftler eine neuartige Konzeption, die von der Erforschung des Alters zur Alternsforschung und damit zum Begriff der Biomorphose führen sollte.

5 Alternsforschung und Biomorphose

Im Jahre 1926 erschien in Deutschland eine Arbeit des Internisten Max Bürger (1885–1966) unter dem Titel «Über den quantitativen Cholesterin- und Stickstoffgehalt des Knorpels in den verschiedenen Lebensaltern und seine Bedeutung in der Physiologie des Alterns». Diese Studien betrafen nicht nur alte Menschen, sondern Individuen aller Altersstufen vom ersten bis zum siebenten Dezennium. Sie entsprachen somit der Vorstellung, daß das Altern nicht nur als ein Phänomen der höheren Lebensjahre zu betrachten sei, sondern den Menschen während seines ganzen Lebens begleite. Dieser Gedanke findet sich in der erwähnten Arbeit zwar noch nicht verbis expressis, reifte aber in den kommenden Jahrzehnten immer mehr aus.

Bürger – seit 1937 Direktor der Medizinischen Universitätsklinik Leipzig – setzte seine Studien mit ungewöhnlicher Tatkraft fort. Im Jahre 1939 gründete er gemeinsam mit Emil Abderhalden (1877–1959), dem damaligen Präsidenten der Deutschen Akademie der Naturforscher Leopoldina, die «Zeitschrift für Altersforschung», das erste Journal auf der Erde, das sich ausschließlich mit den Problemen des Alters und seinen Krankheiten auseinandersetzte. Im Jahre 1947 erschien das Werk «Altern und Krankheit», das heute zu den Klassikern der internationalen Alternsforschung gerechnet werden muß. Hier definierte Bürger das Alterns als «jede irreversible Veränderung der lebenden Substanz als Funktion der Zeit» und charakterisierte den Prozeß des Alterns als «Leitmotiv in der Melodie des Lebens».

Auf der Suche nach einem wissenschaftlich fundierten Begriff für Altern prägte er 1956 das Wort «Biomorphose». Es entstand in gemeinsamen Überlegungen mit dem Altphilologen Franz Dornseiff (1888–1969), und der Gedanke ist nicht abwegig, daß beide Wissenschaftler als Mitglieder der Sächsischen Akademie in deren Sitzungen sich über diese Wortschöpfung unterhalten haben. Die Definition der Biomorphose lautete schließlich «Strukturelle und funktionelle Wandlungen des Organismus von der Befruchtung bis zum Tode». Folgerichtig wurde in diesem Sinne die «Zeitschrift für Altersforschung» anläßlich ihres Wiedererscheinens nach dem 2. Weltkrieg in «Zeitschrift für Alternsforschung» umbenannt (1955).

6 Gerontologie

Max Bürger wird in Deutschland oft als Nestor der Alternsforschung bezeichnet. Dieses Prädikat ist aus historischer Sicht zu relativieren, denn es gab auf diesem Gebiet in unserem Jahrhundert auch in anderen Ländern hervorragende Pioniere, wie den US-Amerikaner E. V. Cowdry, den Rumänen L. J. Parhon, den Russen A. A. Bogomolec und den Italiener E. Greppi, um nur einige Namen zu nennen. Sie alle haben sich große Verdienste um die Erforschung von Altern und Alter erworben und werden mit Recht in ihren Heimatländern als Vorreiter einer neuen Wissenschaftsdisziplin verehrt, für die sich allmählich der Dachbegriff Gerontologie durchsetzte. Die Herkunft des Wortes wird von URSULA LEHR (1992) dem russischen Psychologen N. A. RYBNIKOV zugeschrieben, der schon 1929 folgende Formulierung geprägt hat:

> Gerontologie, die Erforschung des Verhaltens im höheren Alter soll ein Spezialgebiet der Verhaltenswissenschaften werden. Das Ziel dieser Wissenschaft ist die Erforschung der Ursachen und Bedingungen des Alterns wie auch die Erforschung und sorgfältige Beschreibung regulär fortschreitender Verhaltensveränderungen, die zum Lebensalter in Verbindung stehen.

Der Begriff erreichte über diese ursprüngliche Fassung hinaus neue Dimensionen, als im Jahre 1950 eine weltumspannende Vereinigung, die «International Association of Gerontology», in Liège gegründet wurde. In der Satzung dieser Organisation steht die Förderung der gerontologischen Forschung über die sozialen, biologischen und medizinischen Probleme des Alterns an erster Stelle. Auf ihrem 2. Kongreß in St. Louis 1951 wurde dann das Programm der bis heute existierenden Sektionen Biologie, Geriatrie, Sozial- und Verhaltenswissenschaften festgelegt und der sich daraus ergebende interdisziplinäre Charakter der folgenden 15 internationalen Kongresse konsequent beibehalten (SHOCK 1988; THOMAE 1994). Die Gerontologie umfaßt in diesem Sinne Wissenschaftler aller Kategorien der Alternsforschung und ist somit Natur- und Geisteswissenschaft gleichermaßen. Verständlicherweise sind die inhaltlichen und formalen Grenzen einer solchen breit gefächerten Querschnittsdisziplin schwer zu fassen.

Das gilt nicht zuletzt für die Geriatrie, die – wie beschrieben – von NASCHER (1909) als medizinische Altersheilkunde inauguriert wurde. Sie ist demnach einem bestimmten Lebensabschnitt zugerechnet und nicht als «organspezifisches» Fachgebiet zu betrachten. Daraus ergeben sich hinsichtlich ihrer Institutionalisierung verschiedene Probleme. Zum einen verteilen sich typische Krankheiten des höheren Lebensalters, wie die degenerativen Gelenkleiden, der graue Star, die Prostatahypertrophie oder der Morbus Alzheimer, auf unterschiedliche Fachgebiete und erfordern die Behandlung durch den jeweiligen Spezialisten. Zum anderen verlangt die zunehmende Überalterung der Bevölkerung und damit auch die der Patienten vom behandelnden Arzt aller Fachrichtungen spezifische Kenntnisse auf dem Gebiet der Alternsforschung.

Da in der modernen Betreuung alter Menschen nicht nur Ärzte, sondern auch Psychologen, Soziologen und Vertreter der verschiedenen Altershilfsorganisationen tätig sind, kann der Begriff Geriatrie nicht mehr allein auf die Medizin bezogen werden. Geriatrie ist deshalb aus heutiger Sicht als Altersheilkunde zu definieren, die fachbezogen unter Mitwirkung nichtmedizinischer Fachvertreter ausgeübt wird. Voraussetzung für eine geriatrische Tätigkeit ist demnach eine fachspezifische Grundausbildung, die durch eine gezielte Weiterbildung ergänzt wird.

Bei den in Deutschland und anderen Ländern entstandenen geriatrischen Kliniken, Krankenhäusern und Krankenhausabteilungen handelt es sich meist um internistische oder psychiatrische Einrichtungen. Große Forschungszentren, die dem genannten Spektrum der interdisziplinären Gerontologie gerecht werden, haben sich nur in wenigen Staaten entwickelt. Genannt seien das lange Jahre von N. W. Shock geleitete «Gerontology Research Center» in Baltimore (USA), das von D. F. Cebotarev errichtete «Institut für Gerontologie» in Kiew (jetzt Ukraine), die «Fondation Nationale de Gerontologie» in Paris und das «Metropolitan Institute of Gerontology» in Tokyo. In Deutschland steht die Gründung einer vergleichbaren Einrichtung aus.

7 Alternsforschung heute

Die bisherigen Ausführungen lassen ahnen, wie weit die Felder gesteckt sind, auf denen sich die Gerontologen bewegen. Ihre Aufgaben sind mannigfaltig. So suchen sie nach den Ursachen des Alterns, studieren die Alternsveränderungen im weitesten Sinne, beschäftigen sich mit der Differenzierung von Altern und Krankheit, spüren den Determinanten der Langlebigkeit nach, bemühen sich um Therapieprinzipien zur Bekämpfung des Alterns und entwickeln Konzepte für die Betreuung alter Menschen im Sinne einer umfassenden Altenhilfe. Wichtige Areale dieses Spektrums verdienen unsere Aufmerksamkeit.

7.1 Hypothesen des Alterns

Wenn auch zu allen Zeiten versucht wurde, die Ursachen des Alterns zu ergründen, so kann von einer experimentellen Gerontologie erst seit einigen Jahrzehnten gesprochen werden. Als Wegbereiter und Exponent dieses Wissenschaftszweiges ist der ungarische Physiologe Fritz Verzár (1886–1979) anzusehen, der 1930 unter dem Druck politischer Verhältnisse seine Heimat verlassen mußte und in Basel 1956 das «Institut für experimentelle Gerontologie» gründete. Verzár und seine Schüler beschäftigten sich insbesondere mit einer Gerüstsubstanz des Bindegewebes, dem Kollagen, das sich im Laufe des Lebens «vernetzt» und als Ursache des Alterns angesehen wurde. Diese Vorstellung gilt heute als ein Teilgebiet der zahlreichen Hypothesen, die das Altern erklären sollen. Dazu gehören Programmhypothesen, die einen genetisch fixierten Ablaufplan als Ursache annehmen, Fehlerhypothesen, die das Altern auf veränderte Reproduktionsvorgänge lebenswichtiger Moleküle zurückführen, und Hypothesen, die Veränderungen im Zellstoffwechsel, verstärkte Abbauvorgänge und Umweltfaktoren als Ursachen des Alterns ansehen.

Obwohl in zahlreichen Untersuchungen wichtige Teilphänomene des Alterns erkannt und aufgeklärt wurden, hat sich bisher keine dieser sogenannten «single aspect theories» durchsetzen können. Es scheint daher nach Martin et. al. (1986) verfrüht, die vorgestellten Hypothesen in den Rang einer gesicherten Theorie des Alterns zu erheben. Eine solche müßte in der Lage sein, die Komplexität des Alterns in allen Ebenen des Organismus, in seinen Strukturen und Funktionen zu erklären. Sicher ist lediglich, daß sich Fehler und stochastische Faktoren einerseits sowie genetische Voraussetzungen andererseits nicht ausschließen, sondern miteinander in enger Wechselwirkung die Lebensdauer des Individuums bestimmen.

7.2 Alternsveränderungen

Die Zahl der Publikationen über die Alternsveränderungen des Menschen ist Legion. In mühevollen und aufwendigen Untersuchungen wurden von zahlreichen Arbeitsgruppen in aller Welt die organischen und funktionellen Wandlungen im Laufe des Lebens erforscht. Dies gilt aber nicht nur für die Medizin, sondern auch für die Psychologie, die in der Alternsforschung ebenfalls eine lange Tradition besitzt. Voraussetzungen entsprechender Arbeiten hat vor allem Wilhelm Wundt (1832–1920) geschaffen, der in Leipzig 1897 ein experiementelles Laboratorium für psychologische Untersuchungsmethoden gründete. Bemerkenswerterweise haben die Psycholgen, ähnlich wie Max Bürger, nicht nur das hohe Lebensalter, sondern den gesamten Prozeß des Alterns in ihre Forschungen einbezogen. Dies mag damit zusammenhängen, daß sie sich in früheren Studien mit den Alternsveränderungen in Entwicklungs- und Wachstumsphase auseinandergesetzt haben und ihnen die Einbeziehung entsprechender Daten offenbar keine konzeptionellen Probleme bereitet hat. Nicht zufällig spricht in diesem Sinne Ursula Lehr (1987) von einer Lebenslaufpsychologie.

Besonders hervorzuheben ist ferner, daß sich die Psychologen schon seit langem einer Untersuchungsmethodik bedienen, die in der medizinischen Alternsforschung weitgehend unbekannt war. Es handelt sich um die Längsschnitt- oder Longitudinalmethode, d.h. um den Vergleich ausgewählter Parameter an identischen Individuen oder Gruppen zu verschiedenen Zeitpunkten.

Eine der bedeutendsten Longitudinalstudien wurde von Urusla Lehr und Hans Thomae 1965 in Bonn begonnen und führte nicht zuletzt zu der Forderung nach einer differentiellen Gerontologie (1987). Statt Alternsnormen, wie sie durch Querschnittsanalysen in Hülle und Fülle aufgestellt wurden, sollte die Vielfalt von Alternsformen berücksichtigt und individuell präzisiert werden. Die Bonner Längsschnittstudie hat mit ihren Ergebnissen, ähnlich wie auch andere Arbeiten der internationalen Gerontopsychologie, zur Ablehnung der sogenannten Defizittheorie beigetragen, die den Abbau physischer und psychischer Prozesse im Laufe des Lebens vorwiegend negativ interpretiert und gleichlaufende Adaptationsmechanismen im menschlichen Organismus außer acht läßt.

Neben den Untersuchungen der Mediziner und Psychologen sind mathematisch fundierte Studien über den Alternsablauf hervorzuheben, wie sie etwa in den Arbeiten des Biophysikers Walter Beier über den Vitalitätsbegriff zum Ausdruck kommen. Auch in dieser Hinsicht gibt es eine lange Tradition. Man denke nur an die erwähnten Berechnungen von Drobisch (1848) oder die Arbeiten des belgischen Mathematikers Adolphe Quetelet (1796–1874), der Messungen des menschlichen Körpers durchführte, um den «Durchschnittsmenschen» (1835) zu erfassen.

7.3 Altern und Krankheit

Die schon in der Antike viel diskutierte Frage nach einer Differenzierung von Altern und Krankheit bewegt verständlicherweise auch die Alternsforscher unserer Tage. Mehrheitlich fordern sie, wie einst Galen, die Abgrenzung von orthologischen (normalen) und pathologischen Vorgängen im Sinne einer Petitio principii. Es ist aber nicht zu verkennen, daß sich die gesetzmäßigen Alternsveränderungen des menschlichen Organismus im Laufe des Lebens immer mehr mit pathologischen Prozessen überschneiden und vermischen. Diese fließenden Übergänge haben den Schweizer Gerontologen Bernhard Steinmann (1908–1981) zu dem Vorschlag veranlaßt, ganz allgemein von einer Biologie des Alterns zu sprechen (1963). Ähnliche Überlegungen liegen auch den Studien zur Bestimmung des biologischen Alters von Ries u. Sauer (1994) zugrunde.

Die Schwierigkeiten bei der Differenzierung von Altern und Krankheit im höheren Alter erklären sich nicht zuletzt mit der steigenden Anzahl krankhafter Störungen im Laufe des Lebens, der Multimorbidität. Nach Franke (1985) nehmen die bei einem Menschen erhobenen pathologischen Befunde fast proportional mit den Dezennien zu. Die Manifestation multipler Affektionen ist somit beim alten Menschen die Regel.

Um die Erkennung und Bekämpfung der medizinischen Risikofaktoren des Alterns haben sich ursprünglich in erster Linie Internisten bemüht. Ausgehend von den Intentionen Max Bürgers, waren es in Deutschland Friedrich Horst Schulz (1915–1987) an der Berliner Charité und René Schubert (1910–1976) in Nürnberg, die ihre Kliniken auf die Alternsforschung orientierten. Besondere Aufmerksamkeit wurde dabei der Prävention und Therapie von Herz- und Kreislaufkrankheiten gewidmet, wie u. a. die Arbeiten von Rolf Emmrich (1910–1974) in der Leipziger Nachfolge Bürgers belegen. Ausgangspunkt solcher Studien waren neue Erkenntnisse der Pathologen über die Entstehung der degenerativen Gefäßerkrankungen (Heinrich Bredt, 1906 bis 1989). Die Erfolge dieser Bemühungen haben nicht zuletzt, neben der Senkung der Säuglingssterblichkeit und der Niederkämpfung der Infektionskrankheiten, zur Verlängerung der mittleren Lebenserwartung beigetragen.

Aber auch in anderen medizinischen Fachgebieten gewann die Alternsforschung immer mehr an Bedeutung. Genannt seien in dieser Hinsicht die Arbeiten des Chirurgen Rudolf Nissen (1896–1981), des Orthopäden Peter Friedrich Matzen (1909 bis 1986) und des Ophthalmologen Rudolf Sachsenweger. In unseren Tagen rücken mit der steigenden Lebenserwartung bestimmte Hirnleistungsstörungen in den Vordergrund, wie z. B. die senile Demenz im Sinne des Morbus Alzheimer. Der Aufklärung derartiger Erkrankungen dienen interdisziplinäre Projekte, zu denen auch ein

Forschungsverbund in Leipzig gehört. Die Mitarbeiter dieser Arbeitsgruppe, wie z. B. der Neurochemiker Volker Bigl, fußen auf den Leistungen der Hirnforscher Paul Flechsig (1847–1929) und Richard Arved Pfeiffer (1877–1957) und hüten somit eine langjährige Tradition der Leipziger Universität und der Sächsischen Akademie der Wissenschaften.

7.4 Therapieformen

Es ist kein Wunder, daß die Gedanken der Menschen immer wieder um die Frage kreisen, ob und wie man die Lebensdauer verlängern könne, oder anders ausgedrückt, ob und wie eine Verjüngung möglich sei. Dieser Wunsch nach «ewiger Jugend» hat schon die Versuche von Brown-Séquard und Steinach beflügelt und ist in unseren Tagen aktueller denn je zuvor. Die erfolgreiche Behandlung mit bestimmten Wirkstoffen ist zur Hoffnung vieler Menschen geworden. Dies gilt etwa für die verschiedenen Formen der Zellulartherapie. Allerdings hat sich die Erwartung, durch Präparationen von tierischen Geweben eine Rejuvenation herbeiführen zu können, nicht erfüllt, ja sogar als gefährlich erwiesen. So wurden in letzter Zeit bei diesen Behandlungen ernsthafte Komplikationen, ja Todesfälle beobachtet. Die Zwischenfälle beruhten auf der Entwicklung artspezifischer und organspezifischer Antikörper, die zu allergisch-hyperergischen Reaktionen geführt hatten. Leider wird die Injektion von frisch gewonnenen Zellsuspensionen immer noch durchgeführt, obwohl von gerontologischer Sicht nachdrücklich auf deren Risiken hingewiesen wird (PLATT, 1994). Die Verabreichung der Zelltrockentherapeutika ist in Deutschland schon seit 1987 untersagt.

Die Wirksamkeit der vielfältigen, als Geriatrika bezeichneten Substanzen, die zu einer Revitalisierung führen sollen, ist umstritten. Das Problem liegt darin, daß infolge der Multimorbidität alter Menschen einwandfreie alternsabhängige Effekte schwer zu präzisieren sind. Zudem basieren zahlreiche und oft werbewirksam aufgemachte Behandlungsberichte nur allzuoft nicht auf den anerkannten Regeln einer exakten Arzneimittelprüfung. Insofern stehen viele Gerontologen solchen Präparaten skeptisch gegenüber und stufen subjektive Therapieerfolge als Placebowirkungen ein. Auf keinen Fall aber kann und darf die Anwendung solcher Geriatrika als Ersatz für die notwendige Therapie einer eindeutig diagnostizierten Krankheit erfolgen.

Bleibt die Erkenntnis, das eine «Basistherapie» des Alterns nicht möglich ist, da wir dessen Ursachen nicht kennen. Neuere Forschungsergebnisse, wie etwa die tierexperimentell beobachtete Verlängerung der Lebensdauer von Ratten nach Gabe von Antioxidantien, bieten zwar interessante Ansätze für eine Kausaltherapie, sind aber bisher nicht auf den Menschen übertragen oder gar praxiswirksam geworden.

Die bisherigen Ausführungen betreffen nicht die Arbeiten geriatrisch orientierter Kliniker, die sich auf der Grundlage exakter Studien um die Pharmakotherapie von Erkrankungen im höheren Alter bemühen. Die Ausarbeitung entsprechender Richtlinien in allen medizinischen Diziplinen ist eine hochaktuelle Aufgabe der gegenwärtigen Alternsforschung. Unter welchen Voraussetzungen der Wunschtraum von einem langen und gesunden Leben erreichbar ist, haben die Studien von HANS FRANKE (1985) bewiesen. Die in Abbildung 2 zusammengefaßten Determinanten einer Langlebigkeit zeigen, daß neben genetischen, somatischen und psychologischen auch ökologische und sozioökonomische Faktoren von großer Bedeutung sind. In diesem Sinne hat sich in den letzten Jahrzehnten der Wissenschaftszweig einer sozialen Gerontologie entwickelt. Die auf diesem Gebiet laufenden Forschungsprojekte gelten den Lebensbedingungen der alten Menschen im weitesten Sinne und erreichen somit politische Dimensionen.

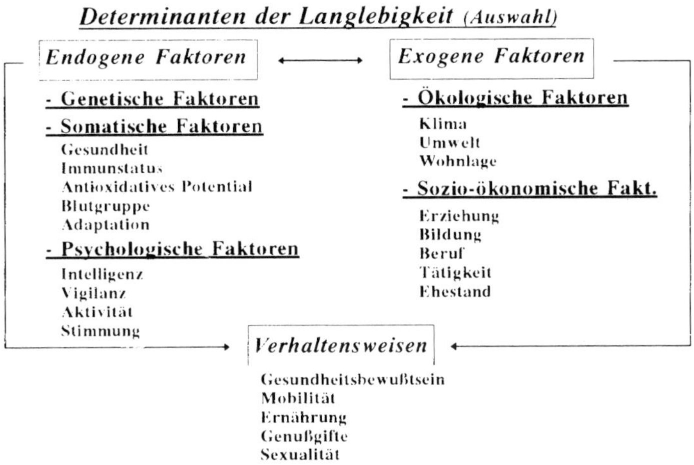

Abb. 2: Determinanten der Langlebigkeit (RIES u. SAUER 1994)

8 Ausblick

Die geschilderten Forschungsschwerpunkte der Gerontologie lassen eine faszinierende Vielfalt von Fragestellungen erkennen, wie sie für eine Querschnittsdisziplin typisch sind. Daraus ergeben sich aber auch zwangsläufig inhaltliche und organisatorische Probleme. Diese betreffen weniger solche Untersuchungen, die im Rahmen eines bestimmten Fachgebietes durchgeführt werden, als vielmehr diejenigen, die eine interdisziplinäre Zusammenarbeit erfordern. Derartige Vorhaben verlangen die Ausarbeitung einer gemeinsam anerkannten Konzeption und die Festlegung der einzusetzenden Methoden. Dazu bedarf es aber neben strukturellen Voraussetzungen der notwendigen Verständigungsbereitschaft und Konsensfähigkeit.

Ein anderes, von Kritikern der Gerontologie häufig vorgebrachtes Problem ist das Fehlen von spezifischen, nur für die Alternsforschung adäquaten Methoden, wie sie in anderen Fachgebieten üblich sind. Man denke nur an das EEG der Neurologen oder das EKG der Internisten. Dieser Mangel macht sich vor allem dann bemerkbar, wenn bei der Bearbeitung eines Themas gewissermaßen «Anleihen» an die Methoden anderer Disziplinen erforderlich sind. Auch in solchen Fällen besteht die Notwendigkeit einer kollegialen Zusammenarbeit, um Fehlentscheidungen zu vermeiden. Daß diese und andere Probleme überwunden werden können, haben in den letzten Jahrzehnten zahlreiche Studien bewiesen.

Die Botschaft, die von der «International Association of Gerontology» an eine Weltkonferenz der UN 1982 in Wien gerichtet wurde, belegt eindrucksvoll, daß die Gerontologen in aller Welt die Zeichen der Zeit verstanden haben und sich um die Lösung der aus der Überalterung der Bevölkerung entstehenden Probleme bemühen. Bleibt die Frage, ob und inwieweit sich auch die für das Wohl ihrer Staaten und Völker verantwortlichen Politiker dieser Herausforderung einer «graying world» stellen. Manche Äußerungen und Entscheidungen deuten in Deutschland auf ein zunehmendes Verständnis für die bestehenden und in Zukunft noch zunehmenden Probleme hin. Dafür sprechen die Diskussionen um die Sicherung der Renten, die Einführung einer Pflegeversicherung und nicht zuletzt der Erste Altenbericht, den das Bundesministerium für Familie und Senioren 1993 vorgelegt hat. Unabdingbar bleibt aber die Forderung nach einer Intensivierung der gerontologischen Wissenschaften in all› ihren Bereichen. Dazu gehört die Schaffung materieller und personeller Voraussetzungen für systematische Arbeiten in Forschung und Praxis. Dies gilt nicht zuletzt für die Förderung von Ausbildungsformen auf allen Gebieten des Hoch- und Fachschulwesens. Besonders im universitären Bereich besteht in dieser Hinsicht in Deutschland noch ein großer Nachholebedarf. Um so mehr ist es zu begrüßen, daß sich eine Gelehrten-Gesellschaft, wie die Sächsische Akademie der Wissenschaften zu Leipzig, seit Jahrzehnten für die Belange der Alternsforschung einsetzt und entsprechende Forschungsvorhaben unterhält.

Literatur

Ackerknecht, E. H.: Zur Geschichte der Geriatrie. Schweiz. med. Wschr. 91 (1961), S. 20–21.

Aristoteles: De generatione animalium. Zit. Steudel, J.: Historischer Abriß der Geriatrie. In: Handbuch der praktischen Geriatrie. Stuttgart: Enke, 1965.

Avicenna: Liber canonis. lib. 1 fen. 3 doctr. 3: Sermo universalis in vegendo senes. Venice 1595.

Beier, W.: Skalare und vektorielle Beschreibung der Alternsprozesse des Menschen. In: Beier, W., Laue, R., Leutert, G., Rotzsch, W., Schmidt, U. (Hrsg.): Prozesse des Alterns. Berlin: Akademie Verlag, 1989. S. 25–46.

Brown-Séquard, Ch. F.: Des effets graduits chez l'homme par des injections souscutanées d'un liquide retiré des testicules frais de cobayes et des chiens. Compt.-rend. Soc. Biol. 41 (1889), S. 415–422.

Bürger, M.: Über den quantitativen Cholesterin- und Stickstoffgehalt des Knorpels in den verschiedenen Lebensaltern und seine Bedeutung in der Physiologie des Alterns. Verh. dt. Gesellsch. inn. Med. 38 (1926), S. 352–358.

Bürger, M.: Altern und Krankheit. Leipzig: Thieme, 1947.

Bürger, M.: Biomorphose oder Gerontologie? Z. Alternsforsch. 10 (1957), S. 279–283.

Cannstadt, C.: Die Krankheiten des höheren Alters und ihre Heilung. Erlangen: Enke, 1839.

Carus, C. G.: Von den Anforderungen an eine künftige Bearbeitung der Naturwissenschaften. Verh. Ges. dt. Naturforsch. u. Ärzte. Leipzig: Fleischer, 1822.

Charcot, J. M.: Leçons sur les maladies des vieillards et maladies chroniques. Paris 1867.

Driesch, H.: Zur Problematik des Alterns. Z. Alternsforsch. 3 (1941), S. 26–43.

Drobisch, M. W.: Über die Begründung eines Gesetzes zur Bestimmung des scheinbaren Alters des Menschen aus äußeren Merkmalen und dem gesetzlichen Zusammenhang des scheinbaren Alters mit dem wirklichen. Ber. Verh. d. Königl. Sächs. Ges. d. Wiss. zu Leipzig 1 (1848), S. 105–115.

Durand-Fardel, M.: Traité clinique et pratique des maladies de vieillards. Paris: Baillière, 1854.

Erster Altenbericht: Bundesministerium für Familie und Senioren. Bonn 1993.

Fischer, J. B.: De senio ejusque gradibus et morbis necnon ejusdam aquisitione tractatus. Erfurt: Weber, 1754.

Franke, M.: Auf den Spuren der Langlebigkeit. Stuttgart, New York: Schattauer, 1985.

Galen: De sanitate tuenda. (Übers. E. Beintker). Buch 5: Über die Lebensführung der Greise. Stuttgart: Hippokrates, 1941.

Geist, L.: Klinik der Greisenkrankheiten. Erlangen: Enke, 1857–1860.

Grmek, M. D. On Ageing and Old Age. In: Bodenheimer, F. S., Weisbach, W. W.: Monographicae biologicae 5 (1958), S. 58–162.

Hippokrates: Sämtl. Werke (Übers. R. Fuchs). München: Lüneburg, 1895.

Holle, G.: Probleme der gegenwärtigen Alternsforschung. In: Handbuch der allgemeinen Pathologie, Bd. VI/4. Berlin, Heidelberg, New York: Springer, 1972.

Hufeland, Ch. W.: Die Kunst, das menschliche Leben zu verlängern. Jena: Academische Buchhandlung, 1797.

Lehr, U.: Wie wird man gesund alt? Fortschr. Med. 110 (1992), S. 613–616.

Lehr, U., Thomae, H. (Hrsg.): Formen des seelischen Alterns. Ergebnisse der Bonner Gerontologischen Längsschnittstudie (BOLSA). Stuttgart: Enke, 1987.

Leonardo da Vinci: s. Belt, E.: Leonardo da Vinci's Studies on the Aging Process. Geriatrics 7 (1952), S. 205–211.

Lüth, P.: Geschichte der Geriatrie. Stuttgart: Enke, 1965.

Martin, H., Leutert, G., Rother, P., u. W. Rotzsch: Hypothesen des Alterns – Stand und Probleme. Z. Alternsforsch. 41 (1986), S. 67–77.

Nascher, I. L.: Geriatrics. New York. Med. J. 90 (1909), S. 358–359.

Paracelsus: Sämtl. Werke I, II, III, IV. (Hrsg. B. Aschner). Jena: Fischer, 1926/32, Nachdruck 1981.

Platt, D.: Zelltherapeutika vom Markt nehmen. Editorial. Fortschr. Med. 112 (1994), S. 3, S. 58.

Pomis, D. de: Ennaratio brevis de senum affectibus praevacendis atque curandis. Venice 1588.

Quetelet, A.: Sur l'homme et le développement des ses facultés. Brüssel: Hayez, 1835.

Prus, C. R.: Recherches sur les maladies de la vieillesse. Mém. Acad. royale Med. 8 (1840), S. 1–27.

Ries, W., Sauer, I.: Biologisches Alter – Probleme und Bericht. Abhandlungen d. Sächs. Akad. der Wissenschaften, Math.-nat. Klasse, Bd. 57, H. 2. Berlin: Akademie Verlag, 1991.

Ries, W., Sauer, I.: Langlebigkeit. Sitzungsberichte d. Sächs. Akad. der Wissenschaften, Math.-nat. Klasse, Bd. 125, H. 4. Berlin: Akademie Verlag, 1994.

Rössle, R.: Wachstum und Altern. 1. Teil: Erg. allg. Path. u. Path. Anat. XVIII (1917), S. 677–817, 2. Teil: ebenda: XX (1923), S. 369–569.

Rybnikov, N. A. Das Problem der Psychologie des Alterns (russisch). Zhurnal Psikhologii i Psikhotekniki 2 (1929), S. 16–32.

Schlesinger, H.: Die Krankheiten des höheren Lebensalters. Bd. 1/2. Wien, Leipzig: Hölder, 1914/15.
Schwalbe, J.: Lehrbuch der Greisenkrankheiten. Stuttgart: Enke, 1909.
Seiler, B. W.: Anatomicae corporis humani senilis specimen. Erlangen: Med. Diss, 1799.
Seneca, L. A.: Von der Kürze des Lebens. In: Schumann, W.: Seneca. Mächtiger als das Schicksal. Leipzig: Dieterich'sche Verlagsbuchhandlung, 1942.
Shock, N. W.: The International Association of Gerontology 1950–1986. New York: Springer, 1988.
Steinach, E.: Verjüngung durch experimentelle Neubelebung der alternden Pubertätsdrüse. Berlin: Springer, 1920.
Steinmann, B.: Altern und Krankheit. Schweiz. med. Wschr. 93 (1963), S. 664–678.
Steudel, J.: Historischer Abriß der Geriatrie. In: Handbuch der praktischen Geriatrie. Bd. I. Stuttgart: Enke, 1965. S. 1–13.
Swieten, J. van: Über die Erhaltung der Gesundheit der Greise. (Übers. H. Glaser). Leipzig: Barth, 1964.
Terentius Afer, P.: Zit. Steudel, J.; s. dort.
Thomae, H.: Geschichte des Alterns und der Alternsforschung. In: Olbrich, E., Sames, K., Schramm, A.: Kompendium der Gerontologie. Landsberg/Lech: ecomed, 1994.
Verzár, F.: Experimentelle Gerontologie. Stuttgart: Enke, 1965.
Voronoff, S.: Verhütung des Alterns durch künstliche Verjüngung. Transplantation der Geschlechtsdrüsen von Affen auf den Menschen. Berlin: Eigenbrödler, 1926.
Zerbi, G.: Gerontocomica, silicet de senum cura atque victu. Roma: Eucharius Silveri, 1489.

Lothar Eissmann

Das quartäre Eiszeitalter im Spiegel sächsischer Erdgeschichtszeugnisse*

Solange die Erde steht, soll nicht aufhören Saat und Ernte,
Frost und Hitze, Sommer und Winter, Tag und Nacht.

1. Moses 8.22

1 Das Quartär – Heim- und Wirkungsstätte des Menschen

Das Quartär, je nach Interpretation, die letzten rd. 1,8 bis 2,3 Mill. Jahre Erdgeschichte, wird seiner Komplexität und geringen Transparenz wegen in den meisten deutschen geologischen Lehr- und Forschungsanstalten stiefmütterlich behandelt oder sogar aufs tote Gleis geschoben. Dennoch zählt es zusammen mit dem Tertiär zu den schillerndsten Systemen der Erdgeschichte. Es ist jüngere Klimageschichte, Geschichte der heutigen Tier- und Pflanzenwelt und vor allem des biologischen und kulturellen Aufstiegs des Menschengeschlechts; die Zeit, in der die Erde ihren letzten morphologischen Schliff erhielt, in der sich unsere Böden entwickelten und entwickeln, die Hauptquelle unserer Grundwässer und Baurohstoffe, der Entstehungszeitraum der Schichten, die die meisten unserer Häuser, Fabriken und Verkehrswege tragen und die am Ende wieder alles aufnehmen, wenn die irdische Bestimmung der materiellen Güter und ihrer Schöpfer erfüllt ist. Es ist – mit einem Wort – auf der größten Fläche der Erde die Heim- und Wirkungsstätte des Menschen.

In der Erkenntnis der großen, zunehmenden praktischen Bedeutung quartärer Sedimente, Strukturen und Prozesse sowie wegen der hervorragenden Aufschlußbedingungen ist der sächsischen, richtiger mitteldeutschen Quartärforschung in den letzten Jahren viel Ehre erwiesen worden. Es sei nur an die gut besuchten Lockergebirgsseminare, die seit den frühen achtziger Jahren in Leipzig stattfanden, und an die 27. Jahrestagung der Deutschen Quartärvereinigung, die im Herbst 1994 ebenfalls in Leipzig ausgerichtet wurde, hingewiesen. Das beglückt uns in doppelter Weise, da das Jahr 1994 für die mitteldeutsche Quartärforschung ein Jubiläumsjahr war. Vor 150 Jahren entdeckte einer der Mitbegründer der Sächsischen Akademie der Wissenschaften, der Leipziger Professor für Mineralogie und Geognosie, Carl

* Vortrag zur Öffentlichen Herbstsitzung der Sächsischen Akademie der Wissenschaften zu Leipzig, gehalten in Freiberg am 18. 11. 1994

FRIEDRICH NAUMANN, ausgedehnte Schliffmale in den Hohburger Bergen bei Wurzen, die bald als Gletscherschliffe erkannt wurden (Abb. 15). Dieses Ereignis markiert den Beginn der modernen Quartär- oder Eiszeitforschung in den sächsischen Ländern. Gleichzeitig wurde mit der Entdeckung induktiv ein Grundstein der Vereisungstheorie für Norddeutschland gelegt.

2 Die erdgeschichtliche Gegenwart – ein klimatisches Paradies

Angesichts der tiefgreifenden sozialen Widersprüche auf unserem Planeten und der gewaltigen Wohlstandsgefälle von Nord nach Süd und West nach Ost wird der mit der Klimaentwicklung befaßte Erdwissenschaftler oft gefragt, ob dafür nicht auch naturgegebene Faktoren eine größere Rolle spielen, wir uns vielleicht in einer Zeit besonderer klimatischer Ungunst der Natur befinden. Global gesehen, müßte darauf eine sehr differenzierte Antwort gegeben werden.

Der nördliche subtropische Trockengürtel Afrikas und Vorderasiens beispielsweise bot während der letzten Kaltzeit, der Weichseleiszeit, durch zeitweise höhere Niederschläge und leicht abgesenkte Temperaturen dem Menschen teils günstigere,

Abb. 1: Denkmal der Eiszeit: Gletschersteinpyramide in Leipzig-Stötteritz, errichtet im Jahre 1903

durch Perioden noch höherer Aridität, z. B. zwischen etwa 24 000 und 13 000 Jahren v. h., der Zeit der letzten großen Inlandvereisung auf der Nordhalbkugel, teils noch schlechtere Lebensbedingungen als in der jüngeren holozänen Gegenwart. In der gemäßigten Zone der Erde jedoch, vor allem der nördlichen, herrscht – wie noch zu zeigen sein wird – seit Jahrtausenden eine ausgeprägte Klimagunst, «das beste Klima, das sich der Mensch in seiner kurzen Kulturgeschichte hätte auswählen können», wie es ein Schweizer Klimaforscher, die Befunde aus dem Alpenraum zusammenfassend, formulierte.

2.1 Günstige Konfiguration der Erde im Planetensystem

Die Konfiguration unserer Erde im planetaren System, speziell ihr Abstand zur Sonne, ist in Verbindung mit der spezifischen Zusammensetzung der irdischen Materie für die Entwicklung von Leben, seine Erhaltung und Erneuerung die günstigste, die sich vorstellen läßt. Die Neigung der Erdachse zur Ekliptik oder Umlaufsebene um die Sonne schenkt der Nord- und Südhalbkugel den belebenden Wechsel der Jahreszeiten. Nicht auszudenken die Monotonie und «Ungerechtigkeit» in der Wärme- und Lichtverteilung auf einer Erde, deren Rotationsachse wesentlich steiler oder sogar senkrecht auf der Umlaufbahn stünde. Nur wenige Bogenminuten weniger oder mehr sind bei geringfügigen Änderungen der anderen Erdbahnelemente wie Exzentrizität und Präzession schon Thema der Eiszeitentstehung.

2.2 Allgemeine geologische und klimatische Bedingungen der letzten 100 000 Jahre

Wie sieht es mit dem Klima, den Böden, den Lagerstätten, der endogenen und exogenen Dynamik in den Gebieten der heutigen Hochkulturen aus der Sicht der letzten 100 000 Jahre, beisielsweise in der gemäßigten Zone Europas, aus?

Vor rund 100 000 Jahren – ein früher Homo sapiens durchstreift jagend und sammelnd neben dem Neandertaler Europa – endet das vorletzte Klimaparadies, die Eemwarmzeit (Abb. 6). Große, geschlossene Waldgebiete beginnen sich im Norden und von den Gebirgen her aufzulösen.

Vor rund 50 000 Jahren bedecken Tundren und Kältesteppen Europa bis Nordspanien, Mittelitalien und Griechenland. Wollhaarnashorn, Mammut, Moschusochse, Wildpferd und Rentier sind die Begleiter des in der periglazialen Landschaft ausharrenden Menschen, der einige Jahrzehntausende später, auf dem Höhepunkt und in der ausgehenden letzten Eiszeit, dem Gravettien und Magdalenien, schon meisterhaft die Tierwelt auf seine Höhlenwände und Geräte bannt. Der Mensch dieser jüngeren Altsteinzeit lebte unter den unwirtlichsten klimatischen Bedingungen, seit er den mitteleuropäischen Raum in der ausgehenden Elstereiszeit oder der Holsteinwarmzeit betreten hatte. Die jährliche Mitteltemperatur lag 10 bis 15 °C tiefer als heute. Im Sommer zerfiel der mehrere Dekameter tief gefrorene Boden an der Oberfläche zu Morast, über dem, wie in den heutigen feuchten Gründen des

Nordens, Myriaden von Insekten spielten. Ihre Plage für Mensch und Tier endete jeweils mit den ersten Frösten im späten Sommer. Im Herbst und Winter fegten eisigkalte, staubbeladene (Löß-) Winde aus der Gletscherregion über das offene Land. Man schätzt die damalige Besiedlungsdichte in Mitteleuropa auf einen Bewohner je 10 Quadratkilometer Fläche.

Etwa 15 000 bis 20 000 Jahre vor heute überziehen Inlandeise und Gebirgsgletscher rund 42 Mill. km^2 der Erdoberfläche. Gegenwärtig sind es 15 Mill. km^2. Auch die heute gemäßigte Zone der nördlichen Hemisphäre ist weithin eisbedeckt. In Europa liegt der Südrand des skandinavischen Inlandeises angenähert auf der Linie Berlin–Warschau–Moskau.

Nach dem Eisabbau, in der späten Weichselkaltzeit und dem frühen Holozän, steigen die Temperaturen verhältnismäßig rasch. Lagen die Jahresmitteltemperaturen um 10 000 Jahre vor heute in Mitteleuropa noch im Bereich von 0 °C, liegen sie 2000 Jahre später schon bei ca. 6 bis 8 °C und erreichen vor ca. 5 000 bis 7 000 Jahren, im Atlantikum, den Höchstwert der Nacheiszeit von 10 bis 12 °C. Dann geht, auch mit abnehmender Feuchtigkeit, die Temperatur unter leichten Schwankungen auf die gegenwärtige (Mitteldeutschland 8 bis 9 °C) zurück.

Natürlich kennen auch wir Geologen und Paläoklimatologen nicht den mittleren Barometerstand des Paradieses (LICHTENBERG hätte dafür einen Teil seines Lebens gegeben, wie er schreibt). Doch wir können mit Fug und Recht sagen, daß der Mensch der Gegenwart, d. h. der letzten 10 000 Jahre, in weiten Teilen der Erde klimatisch in einem Garten Eden lebt, wenn man darunter nicht gerade ein auch von Witterungsunbilden verschontes Schlaraffenland versteht. Das gilt in besonderem Maße für Mitteleuropa, und zwar nicht nur in klimatischer Sicht:

- Die aus eiszeitlichem und nacheiszeitlichem Substrat entstandenen Böden sind weithin leicht zu bearbeiten und fruchtbar;
- Grundwasser gibt es in zwar stark wechselnden, aber ausreichenden Mengen und in grundsätzlich, d. h. naturgegeben, guter Qualität;
- die endogene und exogene Dynamik sind unbedeutend: Erdbeben bedrohlich-katastrophenhafter Stärke sind aus historischer Zeit nicht bekannt, und es fehlen auch Hinweise darauf aus den jüngeren Bodenschichten. Der letzte Vulkanausbruch, der des Laacher Sees in der Eifel mit Auswirkungen bis Mitteldeutschland (Aschenfälle), erfolgte vor 11 200 Jahren. Und eine schon fast exotische Bemerkung: Der letzte Asteroideneinschlag mit wohl europaweiten katastrophalen Auswirkungen liegt 15,1 Mill. Jahre zurück (Einschlag von Nördlingen und Steinheim im Fränkischen Jura).

Die Warmzeiten mit ihrer weitgehend geschlossenen Vegetation in den gemäßigten Breiten sind exodynamisch beruhigte Abschnitte. Nur ein Wesen wie der Mensch kann die exodynamischen Prozesse, wie Abfluß der Niederschläge, Abtragung, Überschwemmung, Bergstürze und Winderosion, aktivieren, d. h. mitten in einer Warmzeit Bedingungen schaffen, wie sie vor allem in kaltzeitlich geprägten Offenlandschaften naturgegeben sind.

Soweit wir in der Lage sind, bedrohliche Überschwemmungen im Festlandsbereich aus den letzten 10 000 Jahren zu ermitteln, tragen sie vielmals schon das

Kainsmal des Menschen, stehen sie nämlich in Verbindung mit der Öffnung der Landschaft im jüngeren Neolithikum, der ersten großen Landnahme, der «Neolithisierung», und erreichen sie ihren Höhepunkt mit der Flußbegradigung und Gefälleerhöhung in den beiden letzten Jahrhunderten. Wir, die wir heute – mit Recht – den Abschlag jedes Baumes, jeden Eingriff in die Erde beklagen, vergessen zu leicht, daß unsere heutige mitteleuropäische Kulturlandschaft noch vor 6 000 Jahren eine weitgehend geschlossene Waldformation bildete und selbst vor 1 000 Jahren noch weithin waldbedeckt war. Die Abflußgeschwindigkeit wurde erhöht, die Abtragung des Bodens nahm zu, die Zahl der Überschwemmungen stieg, aber eine spürbare, katastrophale Klimaänderung blieb aus.

Die erd- und klimagebundenen Verhältnisse zumindest der gemäßigten Breiten der Erde scheiden als Mitverursacher der heutigen Menschheitskrise aus. Im Gegenteil, von der Natur ist auf vielen Millionen km^2 großen Flächen des Planeten zumindest seit 10 000 Jahren Vorsorge für eine harmonische, gedeihliche Entwicklung des Menschengeschlechts getroffen. Was nun allerdings die Körper und geistiges Wesen bestimmende Selektion unserer Spezies betrifft, so fällt in Europa die prägende Phase, die Zeit des frühen Homo sapiens, in eine der härtesten Perioden der jüngeren Erdgeschichte, die ausgehende vorletzte und beginnende letzte Eiszeit. Der Neandertaler geht in ihr zugrunde (oder geht teilweise im Homo sapiens auf). Edel, hilfreich und gut zu sein reichte in dieser Zeit, wo es ums tägliche nackte Überleben ging, sicher nicht aus. Da waren auch Eigenschaften gefragt, die wir hinreichend kennen: Egoismus des einzelnen und der Gruppe, Kraft, Mut, Aggressivität und Imponiergehabe. Diese Summe sind wir, damit sind wir auch ein großes Stück Eiszeitgeschichte. Wir wollen es mit diesen Andeutungen, die uns zugleich auch etwas entschuldigen, bewenden lassen und uns nun dem Thema im engeren Sinne widmen.

3 Vom Wandel des Klimas

3.1 «Kurzschluß»

Unter «Kurzschluß» faßte unlängst ein Feuilletonist seine Gedanken über Klimaänderungen so lichtenbergisch-aphoristisch zusammen, daß sie ein gutes Motto für alle Klimakunden der Vorzeit bilden könnten:

> Wenn früher die Deutschen unter einer Hitzewelle litten, stöhnten sie auch über dieselbe – an der Hitze war das Wetter schuld. Ein kalter Sommer ließ höchstens einmal die Boulevardpresse fragen, ob eine neue Eiszeit drohe. Jetzt ist es anders – jetzt wollen wir immer selber schuld sein. Ob es regnet, schneit oder nebelt, ob zuviel Ozon oder zuviel Wolken, ob es zu heiß, zu kalt, zu trocken oder zu naß ist, immer hat der Mensch seine Finger im Spiel. Unvergessen, wie im heißen Frühjahr 1993 die «Woche» schon den Beginn der globalen Klimakatastrophe nahen sah. Und wie danach prompt der Sommer ins Wasser fiel.

Dem Menschen fast alle Schuld an Witterungsunbilden und Klimavariationen zuzuschreiben, wie das heutzutage in vielen Medienbereichen zu lesen, zu hören und zu sehen ist, ist töricht und straft alle Befunde auch aus historischen und nicht nur geologischen Zeiten lüge – man denke an die kühlen und nassen Perioden der «Kleinen Eiszeit» im 16. bis 19. Jahrhundert, wo der Mensch noch eine passive oder nahezu passive Rolle auf der Erde spielte. Ebenso leichtfertig wäre es aber auch, seine heutigen Möglichkeiten der Einflußnahme auf das Klima zu bagatellisieren, wo er gerade dabei ist, einen beträchtlichen Teil der in nahezu 500 Millionen Jahren in der Erdkruste gebundenen festen und flüssigen Energieträger organischer Herkunft in wenigen Jahrhunderten wieder freizusetzen. Er dreht mit anderen Worten an einer Schraube, an der seit jeher auch die Natur dreht, d. h. er erzeugt Stoffe, die auf den Wärmehaushalt der Erde und ihrer Atmosphäre Einfluß nehmen und damit klimaändernd wirken können. Wie vor allem die relativ kurzfristigen Klimaschwankungen in der Erdgeschichte zeigen, bildet das Klima in gewissen Grenzen ein labiles System, so daß auch bei künstlichen Eingriffen (Vermehrung der Treibhausgase) in klimasensitiven Gebieten der Erde (Rand der Trockengürtel, der Dauerfrostzonen) erhebliche ökologische Veränderungen denkbar sind. Jedoch das Großklima der Erde in seiner erhabenen Autonomie qualitativ aus dem Gleichgewicht zu bringen, etwa im Sinne einer Veränderung von einer Warmzeit zu einer Kaltzeit, erscheint durch menschliche Einwirkung ausgeschlossen. Die Schwankungen, die wir aus den letzten 100 bis 150 Jahren in der gemäßigten Zone Europas kennen, liegen durchaus noch im Bereich natürlicher Variationen. Nirgends wird uns das so bewußt wie in den Hochgebirgen, wenn man auf den die heutigen Gletscher mehrere Dekameter überragenden Gletscherrandsedimenten von 1850 steht. Der markante Gletscherabbau setzte noch lange vor der Entwicklung des Otto- und Dieselmotors und der großen Heizkraftwerke ein, als die Beleuchtungsquellen noch aus Wachskerzen und Petroleumlampen bestanden und der häusliche Herd noch mit Holz oder heimischer Kohle betrieben wurde.

3.2 Erste Vorstellungen über Klimaänderungen und Eiszeiten

Der Gedanke, daß das Klima auf der Erde einem Wandel unterliegt, wurde bereits im 17. Jahrhundert von dem englischen Physiker und Mathematiker Robert Hooke geäußert. Einen starken Impuls erhielt die Klimaforschung durch die Ende des 18. Jahrhunderts einsetzenden Untersuchungen der Alpengletscher. Sie führten spätestens 1815 den Schweizer IGNAZ VENETZ zu der Erkenntnis, daß die Gletscher einst viel weiter talwärts reichten als gegenwärtig. Schließlich führte der Nachweis, daß es sich hierbei um ein weltweites Phänomen handelt, zum noch lange Zeit umstrittenen Postulat einer zurückliegenden Eiszeit.

Großen Anteil an der Entwicklung der Eiszeittheorie hatten der Schweizer LOUIS AGASSIZ (1840, 1841) und der in Freiburg geborene JOHANN DE CHARPENTIER (Publikationen 1835, 1841), der als Salinendirektor in der Schweiz wirkte. 1837 führte in einem Gedicht der Schweizer Botaniker und Geologe Karl Schimper den Begriff «Eiszeit» ein. Die in den 20er Jahren des vorigen Jahrhunderts in den Gelehrtenstuben und Salons geführte Diskussion über hinter uns liegende kalte Zeiten blieb selbstverständlich auch der Weimarer Gesellschaft nicht verborgen. 1841 schon stellte DE CHARPENTIER die Eiszeittheorie unter ein Motto aus GOETHES «Wilhelm Meisters Wanderjahren» der Ausgabe von 1829, wo es im 2. Buch, im «Bergfest», heißt:

> Zuletzt wollten zwei oder drei stille Gäste sogar einen Zeitraum grimmiger Kälte zu Hülfe rufen und aus den höchsten Gebirgszügen, auf weit in's Land hingesenkten Gletschern, ... schwere Ursteinmassen hinausgeschoben im Geiste sehen.

Am 5. November 1829 hatte GOETHE bereits die Vermutung geäußert, «daß eine Epoche großer Kälte wenigstens über Europa gegangen sei».* Plastischer kann man wohl kaum den Ernst der Beschäftigung mit einem Phänomen zum Ausdruck bringen, das in erster Linie ein eiszeitliches ist (Gletscher- oder Eisbergtransport), die Erklärung der fremden, nordischen Gesteine in Deutschland, wenn GOETHE Mephisto im 2. Teil des «Faust» sagen läßt:

> Noch starrt das Land von fremden Zentnermassen;
> Wer gibt Erklärung solcher Schleudermacht?
> Der Philosoph, er weiß es nicht zu fassen,
> Da liegt der Fels, man muß ihn liegen lassen,
> Zuschanden haben wir uns schon gedacht. (Faust II, 4)

Den Großherzog von Weimar, Karl August, schreibt ALEXANDER VON HUMBOLDT an Goethe 1828, habe noch in seinen letzten Stunden ein Eiszeitthema nicht losgelassen, nämlich wie von Schweden die Granitgeschiebe, also erratische Blöcke, in die baltischen Länder gekommen sind.

3.3 Die Eiszeitidee wird 1844 in Sachsen bestätigt

Mit Goethe, noch dazu reflektiert in Werken der Weltliteratur, hatte die Eiszeitidee einen Anker in den sächsischen Ländern gefunden. Noch in Goethes Sterbejahr äußert BERNHARDI, Professor an der Forstakademie zu Dreißigacker bei Meiningen, die Überzeugung, daß die Südgrenze der skandinavischen Findlinge in Deutschland der Südgrenze einer ehemaligen Gletscherbedeckung entspreche. Die Erratika hätten aber auch durch Eisberge transportiert worden sein können, was damals in Deutschland allgemein angenommen wurde. So gewinnt ein Ereignis Bedeutung, das kurz beschrieben sei: 1843 hatte der Freiberger Geologieprofessor BERNHARD VON COTTA (1844) mit Louis Agassiz, dem später berühmtesten Harvardprofessor des 19. Jahrhunderts, die Gletscherschliffe im Schweizer Jura bei Neuchatel besucht.

---

* Um welche zeitlichen Dimensionen es sich bei dem «eiszeitlichen Geschehen» in der Vergangenheit gehandelt hat, um Jahrzehnte, Jahrhunderte, Jahrtausende?, war in der Goethezeit noch völlig unklar. Man dachte wohl an relativ kurze Zeiten, an Jahrzehnte bis einige Jahrhunderte. Noch bis zur Mitte des 20. Jahrhunderts wurden die Zeiten der großen Vereisungen mit der Annahme von einigen Jahrzehntausenden stark überschätzt. Heute weiß man, daß die Vereisungsphasen geologisch relativ kurz waren. Während der letzten Eiszeit war Schonen um 25 000 Jahre vor heute noch nicht von Eis bedeckt, aber vor 20 000 Jahren lag das Eis schon bei Berlin, und um 12 000 Jahre vor heute war das mittlere und westliche Ostseegebiet schon weitgehend wieder eisfrei. Die Vereisungszeiten dauerten seit der Elstereiszeit wohl nur um 15 000 bis 20 000 Jahre.

Er schreibt:

> Da kam mir sogleich der Gedanke: sollten nicht an der südlichen Grenze der nordischen Geschiebe in Deutschland ähnliche Erscheinungen zu beobachten sein, wie sie von den Ausgangs- und Stationspunkten dieser Blöcke in Skandinavien usw. längst bekannt sind?

Wegen einer Erkrankung bittet von Cotta, wie eingangs kurz erwähnt, Carl Friedrich Naumann in Leipzig, sich der Sache anzunehmen. Ein Jahr später, 1844, entdeckt NAUMANN tatsächlich in den Hohburger Bergen ausgedehnte Schliffmale (die im übrigen gegenwärtig sehr gut erschlossen sind). Naumann ist sich zunächst nicht ganz sicher, wie sie entstanden sein könnten. Er nimmt auf Empfehlung von Cottas den in Freiberg studierenden jungen Schweizer Adolph von Morlot mit ins Gelände. Von Morlot ist augenblicklich davon überzeugt, daß die Schleifspuren von Gletschern herrühren. Noch im gleichen Jahr erscheint in Bern ein Büchlein mit dem Titel «Über die Gletscher der Vorwelt und ihre Bedeutung», in dem er schreibt, daß es ihm, nachdem ihm Naumann die Schliffflächen an den Porphyrkuppen bei Wurzen gezeigt hatte, nicht schwer war, «die Erstreckung des grossen skandinavischen Gletschers mit voller Sicherheit bis in die Nähe von Rochlitz nachzuweisen» (v. MORLOT 1844). Mit der Vorstellung der wichtigsten Indikationen einer ehemaligen Eisbedekkung (Schliffe [Abb. 15], Furchen, erratische Blöcke, Strudeltöpfe, orientiert abgerundete Bergformen) wird induktiv hier zum ersten Mal auch die Eisbedeckung des gesamten nordmitteleuropäischen Raumes bewiesen.

4 Einige notwendige Informationen über Eiszeiten im allgemeinen und das quartäre Eiszeitalter im besonderen

4.1 Die Erde ein Eiszeitplanet

Wenn eines der größten Ereignisse der jüngeren Naturgeschichte, auf dessen Höhepunkt Gegenden, «in welchen jetzt alljährlich der Frühling seinen Einzug hält und der Sommer und Herbst ihr Füllhorn ausschütten», wie NAUMANN (1847) dichterisch sagt, unter Inlandeis begraben werden, in den Bodenzeugnissen eines kleinen Landes gespiegelt werden soll, bedarf es einiger grundsätzlicher Informationen über Eiszeiten im allgemeinen und der quartären im besonderen.

Der normale Zustand der Erde ist ein eisfreier Planet mit einer Durchschnittstemperatur der unteren Erdatmosphäre von rund 25 °C. Nun existiert auf 70 % der Erdoberfläche ein Stoff, der um 0 °C gefriert. Sinkt die Temperatur der Atmosphäre, aus welchem Grund auch immer, um nur wenige Grad auf eine Mitteltemperatur von etwa 15°, beginnt das Wasser im Bereich der Polkappen zu gefrieren. Über die durch die Eisbildung erhöhte Albedowirkung wird bei hinzukommenden begünstigenden Faktoren die Abkühlung verstärkt. Ab Mitteltemperaturen der Erdatmosphäre um 10 bis 12° beginnen die Gletscher sich auch über heute gemäßigte Zonen der Erde auszudehnen, beispielsweise in Nordamerika und Eurasien.

Die Erde mit ihrem generell niedrigen Temperaturniveau der Atmosphäre und dem vielen Wasser ist daher wie kein anderer planetarer Himmelskörper für Eiszeiten anfällig: Sie ist der Eiszeitplanet. Tatsächlich kennen wir seit 2000 Mill. Jahren Eiszeiten, die im Abstand von einigen 100 Mill. Jahren wiederkehrten: das Huronische, Eokambrische, Spätordovizische (Sahara-Vereisung), Permokarbonische (Gondwana-Vereisung) und Quartäre Eiszeitalter.

4.2 Lange Vorlaufzeiten. Die Abkühlung im Tertiär anhand von Befunden in Mitteldeutschland

Eiszeiten im engeren Sinne, also Perioden, in denen die Vereisungen nicht auf die Polarregionen begrenzt bleiben, sondern auf die gemäßigten Zonen übergreifen, dürften jeweils eine lange Vorbereitungszeit besitzen.

Das Quartäre Eiszeitalter kündigte sich schon vor rund 35 Mill. Jahren, d. h. im Oligozän, mit der phasenhaften Vereisung der Antarktis an, und müßte daher eigentlich als «Känozoisches Eiszeitalter» bezeichnet werden. Prompt reagierten auf diese Abkühlung die Floren auch unserer Breiten, also Mitteldeutschlands. Im tieferen Oligozän (Haselbacher Flora) treten nach einer Zeit der absoluten Herrschaft paläotropischer, immergrüner Floren zum ersten Male in größeren Mengen laubwerfende, sogenannte arktotertiäre Pflanzen auf. Im Oberoligozän, d. h. vor etwa 25 Mill. Jahren, sanken die Temperaturen von vorher um 20 °C im Jahresmittel bei vermuteten Niederschlagsmengen um 2 000 mm pro Jahr erstmalig auf Jahresdurchschnittswerte um 10 bis 12°, also Temperaturen in der Nähe der gegenwärtigen Werte. Freilich wurden später die vorher höheren Temperaturen zeitweise nahezu wieder erreicht. Walther und Mai haben in ihrer jahrzehntelangen Forschungsarbeit über die in den Lausitzer und mitteldeutschen Tagebauen ans Licht gekommenen Floren einen 14- bis 15maligen Klimawechsel von subtropischen zu warmgemäßigten Klimaverhältnissen zwischen dem frühen Oligozän und dem Pliozän nachweisen können. Ihre wesentliche Erkenntnis: Temperatur und Niederschlag veränderten sich von einem höheren zu einem niedrigeren Niveau nicht stetig, sondern wellenförmig.

4.3 Der quartäre Abschnitt des Känozoischen Eiszeitalters – ein dreißigfacher Klimawechsel auf niedrigem Temperaturniveau

Das große Klimadrama beginnt nach niederländischer Auffassung (Zagwijn 1957) vor etwa 2,3 Mill. Jahren. Warmgemäßigte Floren noch mit Exoten werden in Mittel- und Nordeuropa von Kältesteppen abgelöst. Im letzten Drittel dieser Periode, den hinter uns liegenden 300 000–400 000 Jahren, erfährt diese Entwicklung eine gewaltige Steigerung. Zusätzlich zur Eisbedeckung von bisher rund 15 Mill. km^2 bauen sich auf einer Fläche von ca. 25 bis 30 Mill. km^2 mindestens dreimal so gewaltige Eiskalotten auf, die in Nordamerika bis zum 37., in Eurasien bis zum 50. Grad nördlicher Breite vordringen, d. h. bis London, Amsterdam, Düsseldorf, Zwikkau, Zittau, Krakau, Dnepropetrowsk, bis zum mittleren Ob und Nordural.

Früh schon, auch in Sachsen, wurden Hinweise registriert, daß das Klimageschehen im Quartär zyklisch verlief, daß es beispielsweise mehrere Vereisungsphasen gegeben hat. Der in Leipzig geborene Geologe und Geograph Albrecht Penck hat es als sein Hauptlebenswerk bezeichnet, den Gedanken der «Mehrheit der Eiszeiten» auf ein festes Fundament gestellt zu haben. Der größere Teil der Forscher blieb in den Anfangsjahren der sich etablierenden Eiszeittheorie Monoglazialist, z. B. in Sachsen Hermann Credner, der Direktor der Königlich-Sächsischen Geologischen Landesuntersuchung.

4.4 Vom Monoglazialismus zum Super-Polyglazialismus

Seit einigen Jahrzehnten hat sich das Blatt völlig gewendet. Aus dem Monoglazialismus hat sich über einen gemäßigten Polyglazialismus, der von 4 bis 7 Kaltzeiten, darunter drei oder vier großen Vereisungsperioden ausging, ein Super-Polyglazialismus entwickelt. Er fußt in erster Linie auf den Befunden der modernen Meeresforschung und der Anwendung moderner physikalisch-chemischer Methoden bei der Ermittlung relativer Temperaturen. Für die Quartärforschung am wichtigsten erwies sich die Sauerstoff-Isotopen-Methode des amerikanischen Nobelpreisträgers UREY (1947). Er hatte festgestellt, daß z. B. das Verhältnis von $^{18}O/^{16}O$ im Kalziumkarbonat von dessen Bildungstemperatur abhängt. «Ich hatte plötzlich ein geologisches Thermometer in der Hand», schrieb er. Untersuchungen planktonisch und benthonisch lebender Foraminferen und die Datierung des Alters der foraminferenführenden Schichten mit Hilfe paläomagnetischer und anderer Verfahren (Abb. 2) erbrachten für die letzten rund 1,8 Mill. Jahre (bis zur Obergrenze des geomagnetischen Olduvai-Events, einer gut reproduzierbaren Grenze) einen rund 30maligen Temperaturwechsel, der generell als Klimawechsel interpretiert wird. Geht man bis rund 2,5 Millionen Jahre zurück, sind es insgesamt etwa 50 Wechsel (SHACKLETON et al. 1990).

Vor allem pollenanalytische Untersuchungen in den Niederlanden, einem als gigantische Sedimentfalle wirkenden tertiären und quartären Senkungsgebiet, bestätigten zumindest den Trend der marinen Befunde auch für das Festland. Es werden seit rund 2,3 Mill. Jahren (nach dem Reuver, Oberpliozän) 14 quartäre Kalt- und dazugehörige Warmzeiten unterschieden, wovon 11 vor der ersten großen Inlandeisentfaltung in Europa liegen (Tab. 1). Die Kaltzeiten erweisen sich vegetationskundlich meist als Offenlandformationen, die Warmzeiten als Abschnitte mit warmgemäßigter Baumvegetation und der generellen Tendenz der Artenverarmung in Richtung auf die Gegenwart. Das gleiche gilt für die Fauna.

Abb. 2: Klimaschwankungen während der letzten 2,6 Mill. Jahre, gespiegelt in Sauerstoff-Isotopen-Kurven für benthonische und planktonische Foraminiferen mit Angabe warmzeitlicher Stadien und der Zeit nach paläomagnetischen Befunden.
Alter in Jahrtausenden vor heute, $\delta^{18}O$ in Promille, bezogen auf den PDB-Standard (oberkretazischer Belemnit der Peedee-Formation). Tiefseebohrung ODP 677. Die ausgewiesenen Stadien sind klimatisch vermutlich sehr heterogen, d. h. umfassen Erwärmungs- und Abkühlungsphasen verschiedener Ordnung (nach SHACKLETON et al. 1990, aus EHLERS 1994)

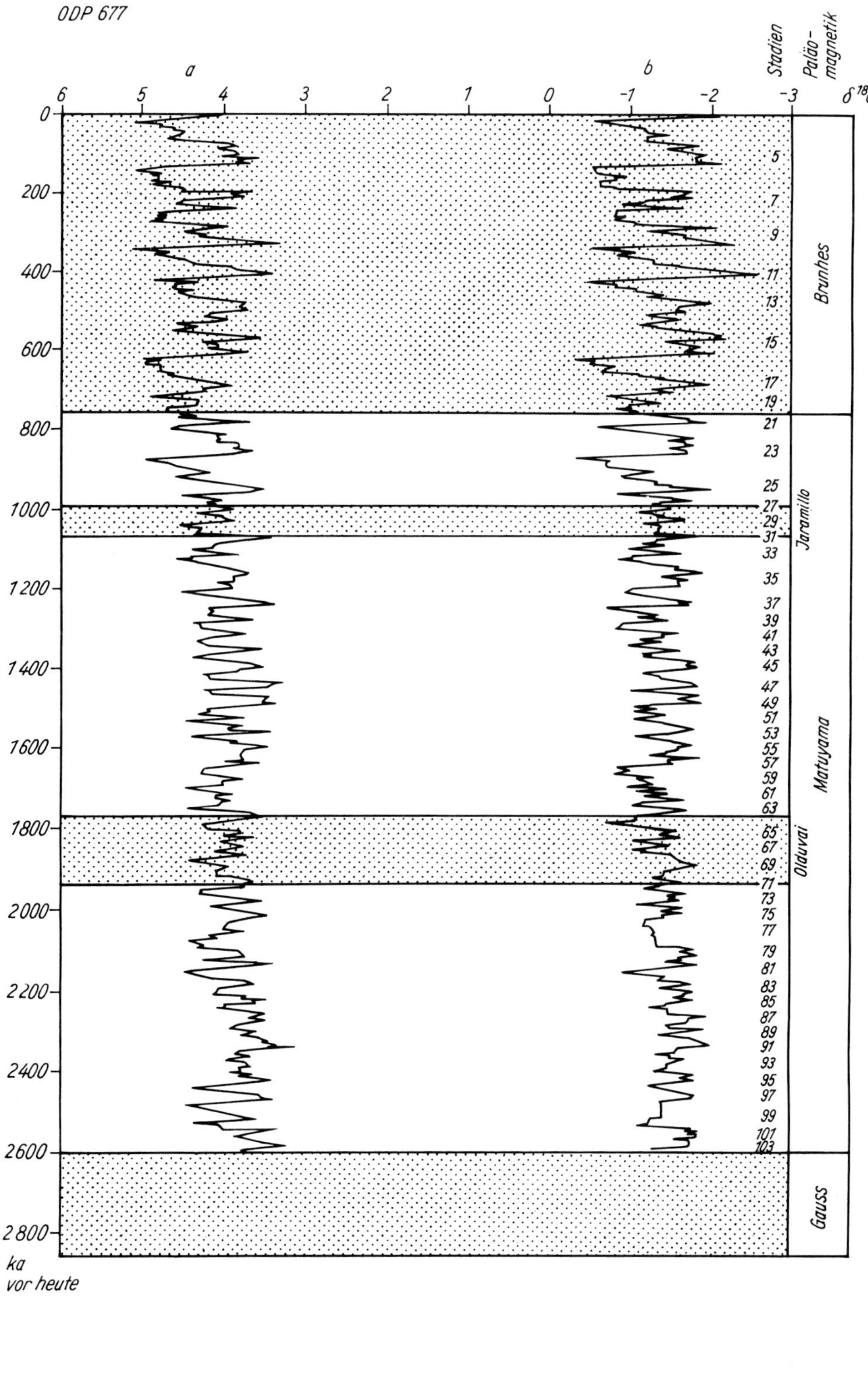
ODP 677
a
b
Stadien
Paläo-
magnetik
6
5
4
3
2
1
0
-1
-2
-3
δ18O
0
200
400
600
800
1000
1200
1400
1600
1800
2000
2200
2400
2600
2800
ka
vor heute
5
7
9
11
13
15
17
19
21
23
25
27
29
31
33
35
37
39
41
43
45
47
49
51
53
55
57
59
61
63
65
67
69
71
73
75
77
79
81
83
85
87
89
91
93
95
97
99
101
103
Brunhes
Jaramillo
Matuyama
Olduvai
Gauss

Festzustellen bleibt, daß der Zeitraum vor der ersten großen Inlandvereisung, der der Elstereiszeit, bei allen Fortschritten klimatisch wie paläogeographisch noch eine «Grauzone» bildet. Die Befunde der Meeresgeologie wie auch der Untersuchungen auf dem Festland sind in ihrer klimatischen Aussage noch in hohem Maße ambivalent. Es besteht guter Grund zu der Annahme, daß eine Reihe von Indikationen für ein kühles bis kaltes Klima durchaus nicht Kaltzeiten im Verständnis der jüngeren Eiszeiten entspricht, also längeren Abschnitten negativer jährlicher Mitteltemperaturen, frostgeprägter Offenlandschaften und stärkerer Gletscherentfaltung. Wirklichen Eiszeitcharakter in diesem Sinne hatten seit Beginn des Quartärs im niederländischen Verständnis wohl nur 6 bis 8 Abschnitte. Von einem Eiszeitalter in engerem Sinne ist erst seit der Elstereiszeit oder einer Kaltzeit davor zu sprechen. Auf dem Hintergrund einer nunmehr durchgreifenden, starken Abkühlung und Aridisierung, man möchte sagen: einer neuen Klima- und Umweltqualität, erscheinen in Eurasien erstmalig moderne kaltzeitliche Säugergemeinschaften mit Wollhaarnashorn, Mammut, Moschusochse und Rentier, z. B. in den Fundpunkten Bad Frankenhausen und Bornhausen (KAHLKE 1994). Vom Pazifik bis zum Atlantik überziehen das nördliche Eurasien Tundra und Kältesteppe.

5 Das Quartär in Mitteldeutschland, insbesondere in Sachsen und Sachsen-Anhalt

5.1 Die Großaufschlüsse – ein Eiszeitmuseum

Der mitteldeutsche und speziell der sächsische und sächsisch-anhaltinische Raum erwies sich in den letzten fünf Jahrzehnten durch seine Großaufschlüsse, die Braunkohlentagebaue, als eines der großen geöffneten Archive der quartären Klimageschichte und exogenen Dynamik im europäischen Festlandsbereich. Hier fand sich in Form von Sedimenten (Abb. 7, 8, 9, 12), Sedimentstrukturen (Abb. 13, 14), Floren – mehrfach in kompletter Entwicklungsfolge – und Faunen (Abb. 5, 6, 10) nahezu alles erschlossen, was in einer von Frostprozessen und Gletschereinwirkungen geprägten Landschaft mit Erwärmungsphasen lehrbuchmäßig zu erwarten ist.

5.2 Die einzelnen Quartärabschnitte (Tab. 2, Abb. 3)

5.2.1 Das ältere Quartär oder Frühpleistozän

Endet die Braunkohlenzeit mit einem Buchenklima, d. h. warmgemäßigt und relativ feucht, das noch vielen Pflanzen- und Tierexoten einen gedeihlichen Lebensraum bietet, so zeigen die ältesten Ablagerungen der nun folgenden Quartärzeit die Merkmale der Kälte: Große Rißstrukturen in Sedimenten treten in Erscheinung, die ursprünglich mit Eis gefüllt waren, sogenannte Eiskeile. Sie belegen nicht nur Kälte schlechthin, sie beweisen sogar mehrjährigen Frost, sogenannten Permafrost. Verbreitet treten in ihnen auch merkwürdige gekröseartige Strukturen auf, die nur in wassergesättigten Sedimentfolgen entstehen können. Sie werden mit Prozessen in sommerlichen Auftauböden in Verbindung gebracht und als Kryoturbationserscheinungen bezeichnet. Dazu zählen auch diapirische Aufstiegsstrukturen aus Braunkohle.

Mit Kurt Pietzsch bezeichnen wir den Zeitraum des frühen Quartärs bis zur letzten Warmzeit vor der ersten großen, elsterzeitlichen Inlandvereisung als Frühpleistozän. In diesem Zeitraum existierte in Mitteldeutschland noch ein aus der jüngeren Braunkohlenzeit ererbtes Flußsystem mit einem vom heutigen stark abweichenden Verlauf. Die Elbe nahm ihren Weg ins Tiefland durch die Lausitz (zuletzt Wolf u. Schubert 1992). Das östliche und mittlere Erzgebirge wurde mit Ausnahme des oberen Einzugsgebietes der Freiberger Mulde durch einen sogenannten Oschatzer Muldelauf via Döbeln, Oschatz und Torgau entwässert, wo sich dieser Fluß mit der Elbe vereinigte. Leipzig lag damals an der Saale, die in zwei Armen zusammen mit Ilm, Unstrut und Weißer Elster durch die Leipziger Tieflandsbucht floß und noch einen Arm der Zwickauer Mulde aufnahm. Dieses mitteldeutsche Elbe-Mulde-Saale-Flußsystem mündete in den Niederlanden in die Nordsee.

Die Flüsse dieser Zeit bewegten sich in Tälern, deren Böden selbst in den Hügelländern und Mittelgebirgen eine Breite von mehreren Kilometern erreichte. In wenigstens vier Phasen, die von 10 bis 20 m tiefen Flußeinschnitten unterbrochen wurden, ertranken die Täler in 10 bis 20 m mächtigen Schottern. Das ist Ausdruck dafür, daß die bislang überwiegende chemische Verwitterung nunmehr von einer intensiven physikalischen Verwitterung abgelöst wurde, einer Frostverwitterung. Der Frostschutt nahm solche Dimensionen an, daß die Schleppkraft der Flüsse überfordert wurde und er in den Tälern, mehr oder minder fluviatil aufbereitet, liegen blieb. Diese alten Schotterterrassen, wie wir sagen, sind arm an Pflanzenresten und tierischen Fossilien. Sie sind in einer offenbar weitgehend baumlosen Vegetation entstanden, wofür es einige palynologische Befunde gibt. Hinsichtlich der Großsäugerfauna des jüngeren Abschnitts dieser Zeit gibt es Hinweise auf frühe Rinder, Vorläufer des modernen Mammuts und Wollhaarnashorns.

Aus der Sicht der mitteldeutschen Schotterterrassenfolge kann auf wenigstens drei bis vier große Kaltzeiten im Frühpleistozän geschlossen werden, die wir mangels einer auch nur halbwegs sicheren Korrelation mit den Befunden im marinen Bereich und in den Niederlanden mit Mulde-, Wyhra- und Pleißekaltzeit bezeichnen (vgl. Kap. 4.4). Hunderte von nachgewiesenen ehemaligen Eiskeilen (Tagebaue Golpa-Nord, Gröbern, Espenhain) in der jüngeren Zeit der frühpleistozänen Schotterterrassen belegen für die Pleißekaltzeit besonders stark abgesenkte Temperaturen. Aus den dazwischenliegenden Warmzeiten sind aus Thüringen Fundplätze reicher Säuger- und Molluskenfaunen bekannt. Etwa im mittleren Abschnitt liegt die Fundstätte von Untermaßfeld bei Meiningen (Kahlke u. Mania 1994) mit Etruskischem Nashorn, Altelefanten der Entwicklungslinie Archidiskodon–Mammuthus und – das gilt als sensationell – mit zahlreichen Skelettresten eines älteren Flußpferdtyps (Hippopotamus amphibus antiquus). Dieses Flußpferd muß auf einem viele 100 km langen Landweg über den Rhein und Main das westliche Thüringen erreicht haben. Weitere reiche Säugerfundplätze aus dieser Zeit sind Voigtstedt bei Artern und Süßenborn bei Weimar.

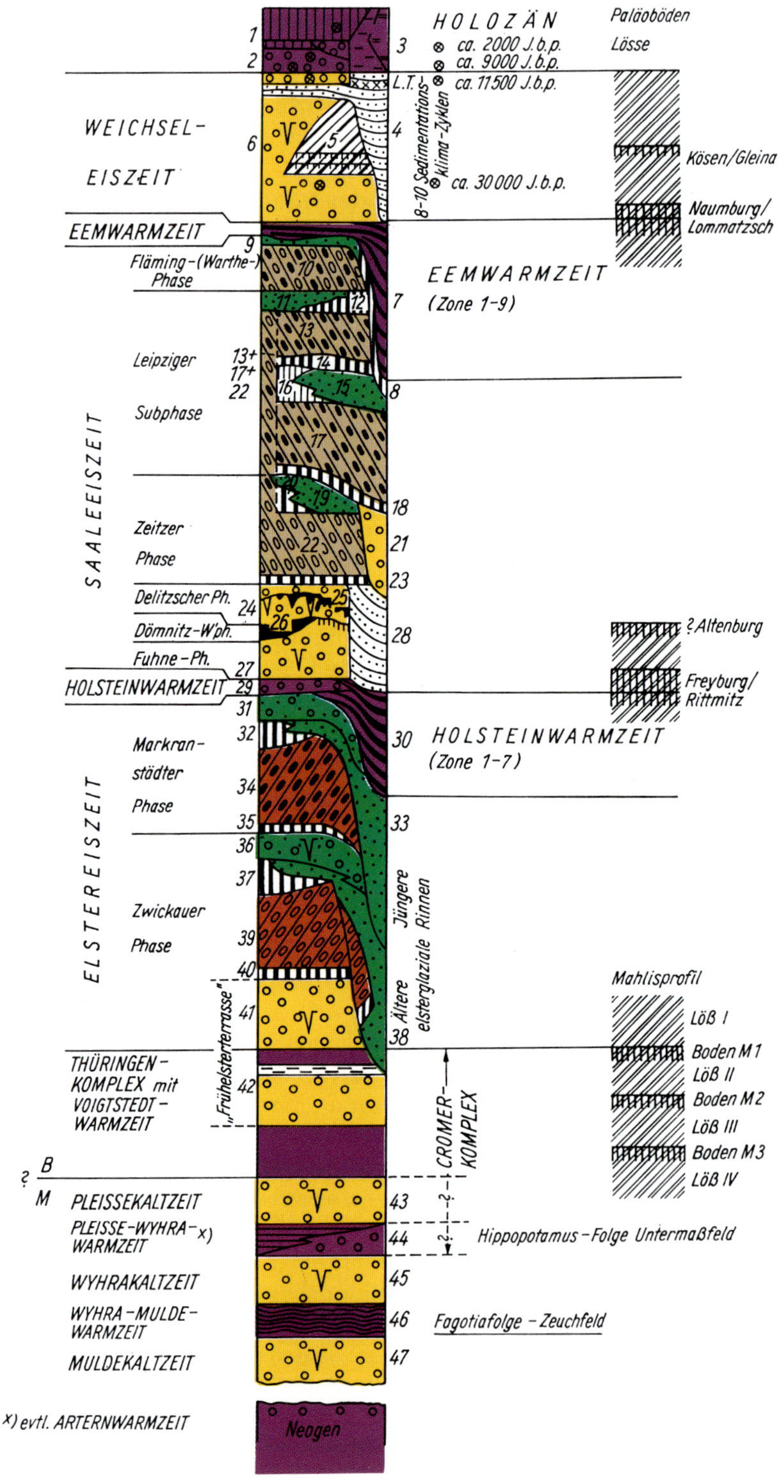
HOLOZÄN
Paläoböden
Lösse
ca. 2000 J.b.p.
ca. 9000 J.b.p.
L.T.
ca. 11500 J.b.p.
WEICHSEL-
EISZEIT
8-10 Sedimentations-Klima-Zyklen
ca. 30000 J.b.p.
Kösen/Gleina
EEMWARMZEIT
Naumburg/
Lommatzsch
Fläming-(Warthe-)
Phase
EEMWARMZEIT
(Zone 1-9)
Leipziger
Subphase
SAALEEISZEIT
Zeitzer
Phase
Delitzscher Ph.
Dömnitz-W'ph.
Fuhne-Ph.
? Altenburg
HOLSTEINWARMZEIT
Freyburg/
Rittmitz
Markran-
städter
Phase
HOLSTEINWARMZEIT
(Zone 1-7)
ELSTEREISZEIT
Zwickauer
Phase
Jüngere
Ältere
elsterglaziale Rinnen
Mahlisprofil
Löß I
Boden M1
Löß II
Boden M2
Löß III
Boden M3
Löß IV
„Frühelsterterrasse"
THÜRINGEN-
KOMPLEX mit
VOIGTSTEDT-
WARMZEIT
CROMER-
KOMPLEX
? B
M
PLEISSEKALTZEIT
PLEISSE-WYHRA- x)
WARMZEIT
Hippopotamus-Folge Untermaßfeld
WYHRAKALTZEIT
WYHRA-MULDE-
WARMZEIT
Fagotiafolge - Zeuchfeld
MULDEKALTZEIT
x) evtl. ARTERNWARMZEIT
Neogen

5.2.2 Elstereiszeit – der erste Höhepunkt des Vereisungsgeschehens

5.2.2.1 Frühe Elstereiszeit

Der erste Höhepunkt des Eiszeitdramas mit einer Eisexpansion bis Erfurt, Zwickau, Chemnitz, Bad Schandau und Zittau kündigte sich mit einer bis dahin nicht gekannten Talerweiterung und eskalierenden Schotterakkumulation an. Im Tiefland zwischen Saale und Elbe, um ein Beispiel zu nennen, ist mehr als ein Drittel der Fläche mit Flußschottern bedeckt (Abb. 4). Die Tieflandstäler der Saale und Weißen Elster sowie der Erzgebirgsflüsse, die sich im geographischen Verlauf noch weitgehend mit denen des Frühpleistozäns decken, erreichten Breiten bis zu 15 km. Die im Tiefland morphologisch wenig gegliederte, verwilderte, mit einer nur schütteren Ve-

Abb. 3: Die Schichten des Quartärs und ihre Lagebeziehungen im Tiefland des Saale-Elbe-Gebietes mit Ergänzungen aus Thüringen.
Die Mehrzahl der unterschiedenen Schichten widerspiegeln kleinere und größere Klimaschwankungen.
Holozän: 1 – Jüngerer (Haupt-) und Älterer Auelehm, 2 – Jüngerer und Älterer Aueschotter mit datierten Holzproben, 3 – Schluffe bzw. Mergel bis Seekreide und Torf (Füllungen kleiner Täler und Senken); *Weichseleiszeit:* 4 – deluviale, deluvial-fluviatile und limnische Sande, Schluffe und Mergel kleiner Täler und Senken unterschiedlicher Genese (u. a. in glazigenen Restbecken) mit Laacher-See-Tuff (L. T.); 5 – Lößkomplex mit Paläoböden; 6 – Flußschotter (Niederterrasse) mit datierten Pflanzenresten; *Eemwarmzeit:* 7 – limnische Schluffe, Mudden, Tone, untergeordnet Torf; *Saaleeiszeit:* 8 – spätsaaleeiszeitlicher Bänderton; 9 – glazifluviatile und fluviatile Sande und Kiese; 10 – Grundmoräne der Fläming- (Warthe-) Phase; 11–12 – glazifluviatile bzw. glazilimnische Sedimente; 13 – Zweite Saalegrundmoräne, obere Bank der Leipziger Subphase; 14–16 – Breitenfelder Horizont; 14 – Breitenfelder (Vorstoß-) Bänderton i. e. S.; 15 – glazifluviatile Sande und Kies; 16 – Breitenfelder (Rückzugs-) Bänderton i. w. S.; 17 – Zweite Saalegrundmoräne, untere Bank; 18–20 – *Bruckdorfer Horizont:* 18 – Bruckdorfer (Vorstoß-) Bänderton i. e. S.; 19 – glazifluviatile Sande und Kiese; 20 – Bruckdorfer (Rückzugs-) Bänderton i. w. S.; 21 – Pomßener Mischschotter; 22 – Erste Saalegrundmoräne; 13 + 17 + 22 – Erste und Zweite Saalegrundmoräne als eine Bank (nördlich Bitterfeld); 23 – Böhlen-Lochauer (Vorstoß-) Bänderton; 24–27 – *Hauptterrassen-Komplex:* 24 – Obere Schotter; 25 – Markkleeberger Kryoturbationshorizont; 26 – Schluffe und Feinsand (Stillwassersedimente mit Pflanzenresten); 27 – Untere Schotter; 28 – deluviale, solifluidale und limnische Feinsande und Schluffe in Strukturen unterschiedlicher Genese (u. a. in glazigenen Restbecken); *Holsteinwarmzeit:* 29 – meist feinkörnige Flußschotter; 30 – limnische Schluffe, Mudden, Mergel, Diatomeenerden, Torfe; *Elstereiszeit:* 31 – Mischschotter; 32 – Bänderschluffe und -tone; 33 – glazifluviatile Sande und Kiese; 34 – Obere Elstergrundmoräne; 35 – Miltitzer (Vorstoß-) Bänderton; 36 – Mischschotter; 37 – Bänderschluffe und -tone (Brösener Bänderton); 38 – glazifluviatile Sande und Kiese; 39 – Untere Elstergrundmoräne; 40 – Dehlitz-Leipziger (Vorstoß-) Bänderton; 41 – Flußschotter (Frühelsterterrasse i. e. S.); *Frühpleistozän:* 42 – Flußschotter mit Knautnaundorfer Schluffhorizont; 43 – Flußschotter (Untere frühpleistozäne Terrasse); 44 – Schluffe und Flußschotter; 45 – Flußschotter (Mittlere frühpleistozäne Terrasse); 46 – Schluffe, Sande (limnisch bis fluviatil); 47 – Flußschotter (Obere frühpleistozäne Terrasse); B/M-Brunhes-Matuyama-Grenze (730 000 J. v. h.) keilförmige Signatur: Eiskeilpseudomorphosen

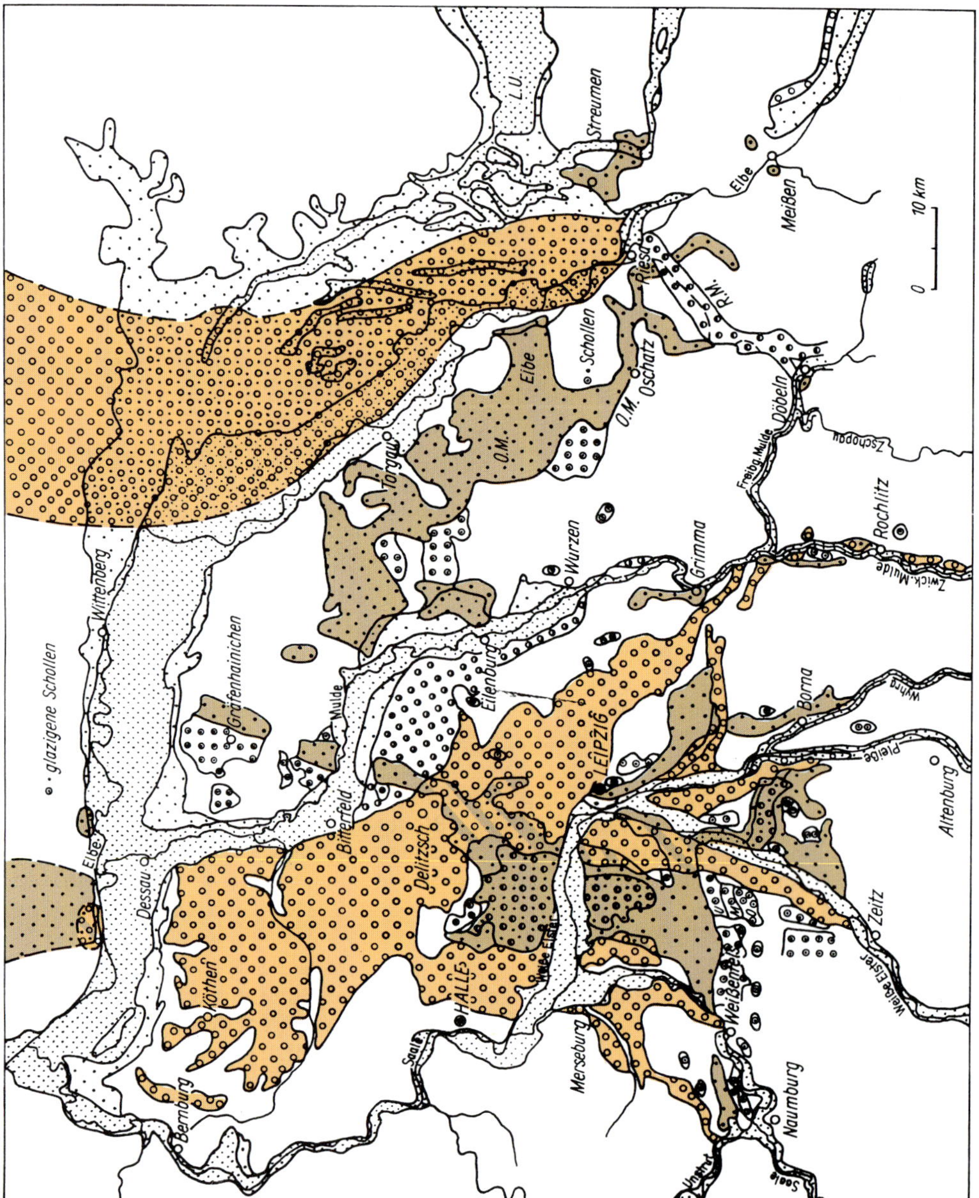

Holozän und Weichseleiszeit — Weichseleiszeit — Frühe Saaleeiszeit

Späte Elstereiszeit — Intraelstereiszeit — Frühe Elstereiszeit

Frühpleistozän (U = Untere, M = Mittlere, O = Obere Terrasse)

getationsdecke aus Gräsern, Moosen und etwas Buschwerk niedriger Weiden, Birken und Kiefern bedeckte Flußlandschaft überzog ein gebietsweise engmaschiges sibirisches Frostrißnetz. Sich vor allem in oberflächennaher Braunkohle bildende Eislinsen beulten die Erdoberfläche auf, die so gebietsweise von Hunderten von kleineren und größeren Buckeln überzogen war, in die beim späteren Ausschmelzen des Bodeneises Braunkohle diapirisch eindrang. Während der Sommermonate taute der mindestens 35 m mächtige Dauerfrostboden je nach Standort wenige Dezimeter bis gegen 3 m auf und verwandelte Talböden und Hochflächen in flachgründige Sümpfe (Abb. 14). In den Moospolstern siedelten kälteresistente Schnekken wie Succinea oblonga und Columella columella. Frühe Formen des Mammuts, Wollhaarigen Nashorns, Rentiers und Moschusochsen (Frankenhausen, vgl. Abb. 5) weideten die spärliche Vegetation ab.

Mit diesem vor allem in Flußschottern und den darin enthaltenen reichen Frostmarken gespiegelten Eiszeitabschnitt beginnt die «klassische norddeutsche Eiszeitfolge», die zumindest in Europa nirgends besser erschlossen ist als in den sächsischen Ländern und in Südbrandenburg. «Klassisch» darf diese Folge auch deshalb bezeichnet werden, weil die rund 300 000 bis 400 000 Jahre umfassende Sequenz hier vielfach wie die numerierten Seiten eines Buches unverwechselbar übereinander liegt (Abb. 7). Der preußische Geologe Konrad Keilhack hat daher schon kurz nach der Jahrhundertwende für die erste und zweite durch kontinentweise Vereisungen gekennzeichnete Kaltzeit die Namen von mitteldeutschen Flüssen entlehnt: Er nannte sie Elstereiszeit und Saaleeiszeit – Begriffe, die international längst ein fester Bestandteil der Eiszeitstratigraphie geworden sind.

5.2.2.2 Elstervereisung

Als das von Skandinavien kommende Eis die morphologisch stärker gegliederte mitteldeutsche Landschaft erreichte, begann es, wie die Mauer einer Talsperre, die Flüsse aufzustauen (Abb. 5). Es bildeten sich 30 bis 50 m tiefe Stauseen; der der Elbe

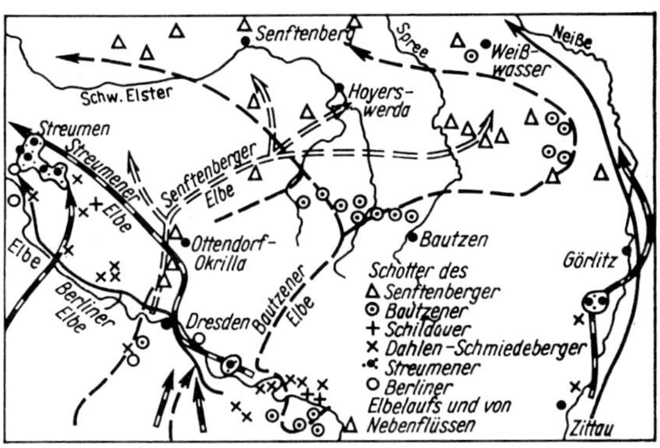

Abb. 4 (S. 174 mit Nebenkarte S. 175): Quartäre Flußsedimente (Schotterterrassen) in Nordsachsen und angrenzendem Gebiet (O. M. = Oschatzer, R. M. = Riesaer Muldelauf, L. U. = Lausitzer Urstromtal

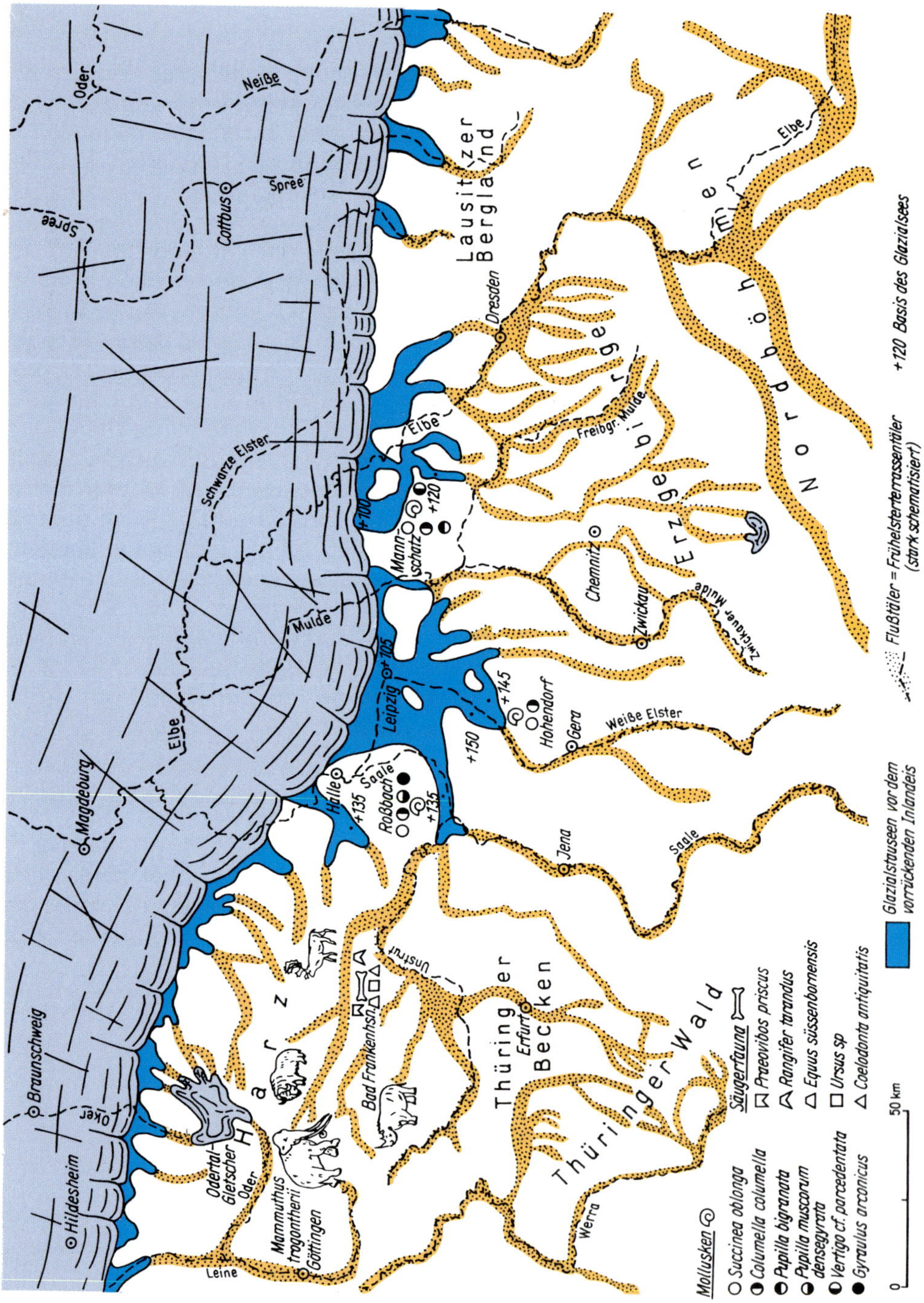

Abb. 5: Erster elstereiszeitlicher Inlandeisvorstoß in Mitteldeutschland. Die dargestellte nachgewiesene Großfauna bildet die älteste moderne kaltzeitliche Säugergemeinschaft in Mitteleuropa

Abb. 8: Die drei Hauptgrundmoränen des mitteldeutschen Raumes, Erste = Untere, Zweite = Obere Elstergrundmoräne bzw. -till und Saalegrundmoräne (-till) in einer Folge übereinander. Foto: ehemaliger Braunkohlentagebau Peres bei Borna

5.2.2.3 Mitteldeutsche Seenlandschaft

Die elsterzeitliche Vereisung hinterließ zahlreiche, bis über 100 m tiefe wannen- und rinnenförmige Zerstörungen des Untergrundes («Destruktionsstrukturen»), vergleichbar dem heutigen Eingriff des Menschen durch tiefe Tagebaue. Das führte nach dem Inlandeiszerfall zur Bildung einer ausgedehnten Seenlandschaft, der sogenannten Mitteldeutschen Seenplatte, mit dem nahezu 5000 km^2 großen Elbtalwannen-See zwischen Riesa, Wittenberg und Jüterbog (MÜLLER 1988). Die Landschaft dürfte nicht nur in bezug auf die Größe der Wasserflächen, sondern auch im Hinblick auf Formenfülle die gegenwärtigen inlandeisgeprägten Seengebiete im Norddeutsch-Polnischen Tiefland noch übertroffen haben. Der genannte riesige See nördlich von Riesa hatte die gleiche Funktion wie der mit 538 km^2 im Verhältnis dazu bescheidene heutige Bodensee, ebenfalls ein Glazialsee. Wie dieser das Klärbecken für den Alpenrhein bildet, nahm jener über Jahrzehntausende die gesamte Geröllfracht der Elbe auf.

5.2.3 Holsteinwarmzeit

5.2.3.1 Seesedimente und Vegetationsentwicklung

Die durch das Inlandeis der Elstereiszeit und seine Schmelzwässer geschaffenen Seen erhielten sich stellenweise wahrscheinlich mehr als 50 000 Jahre. Ihre besondere Bedeutung für die Eiszeitforschung besteht darin, daß sie als Fallen für Sedimente der nun folgenden Warmzeit fungierten. Über diese etwa 15 000–20 000 Jahre lange, zwischen 220 000 und 200 000 Jahren vor heute liegende Holsteinwarmzeit war bis vor wenigen Jahrzehnten in Mitteldeutschland so gut wie nichts bekannt. Jetzt kennen wir mehr als ein Dutzend Sedimentvorkommen aus dieser Zeit. Der untersuchte reiche Polleninhalt der Ablagerungen setzt uns in die Lage, die gesamte Florenentwicklung vom Beginn der Warmzeit über das klimatische Optimum bis zu ihrem Ende zu verfolgen. Nach einer Birken-Kiefern-Phase dominierten Laubwälder aus Haselstrauch, Eichen, Linden, Buchen, Eschen und Hainbuchen; jedoch waren auffälligerweise auch Nadelgehölze stark beteiligt, in der ersten Zeit stärker die Fichte, später die Tanne. Die Holsteinwarmzeit war im Optimum etwas wärmer und über längere Zeit auch etwas feuchter als die Gegenwart – so wuchsen Flieder, Feuerdorn und Buchsbaum.

5.2.3.2 Erstes Auftreten des Menschen

Die Holsteinwarmzeit hat für uns insofern eine besondere Bedeutung, als in ihr zum ersten Male im nördlichen Mitteleuropa der Mensch sicher nachzuweisen ist; betreten hat er den Raum vielleicht schon in der ausgehenden Elstereiszeit. Überregional bekannt geworden ist inzwischen die aus Travertin und Travertinsanden bestehende Fundstätte von Bilzingsleben bei Artern. In jahrzehntelanger Kleinarbeit fand darin Dietrich Mania nicht nur Tausende Artefakte von Hiebgeräten bis zu spezialisierten Werkzeugen aus Feuerstein, sondern auch 23 Schädelfragmente von zwei, eventuell auch drei Individuen und sieben Zähne eines frühen Menschen aus der europäischen Gruppe des Homo erectus. Es gibt gewisse Hinweise, daß dieser Mensch schon in der Lage war, durch Ritzlinien auf Knochen Informationen zu fixieren. In seiner Umgebung lebten Nashörner, Elefanten, Wildrinder – darunter der Wasserbüffel –, Bären, Löwen, Hirsche, Wildschweine, Rehe, Wölfe, Biber, Füchse, Dachse, Wildkatzen und sogar Makaken (Halbaffen).

5.2.4 *Saaleeiszeit*

5.2.4.1 Das Saalefrühglazial und seine Warmphasen

Bis zur nächsten, der saaleeiszeitlichen Vereisungsperiode vergingen schätzungsweise 50 000 Jahre. Dieses Saalefrüh- oder Saaleanaglazial war ein überwiegend kühler bis kalter Klimaabschnitt. Die Flußläufe hatten durch Landschaftsveränderungen während der Elstervereisung in der Eiszerfallsphase ganz andere Richtungen als vorher eingeschlagen; so floß damals die Vereinigte Mulde mitten durch das heutige Stadtgebiet von Leipzig. Die Elbe hatte erstmalig in ihrer langen Geschichte ihren heutigen Weg über Meißen und Riesa gefunden. Im Saalefrühglazial kam es wieder zu der von der frühen Elstereiszeit bekannten exzessiven Talerweiterung und intensiven Schotterakkumulation. Es entstand der sogenannte Hauptterrassenkomplex. Er führt Legionen von Dauerfrostmarken in Form ehemaliger Eiskeile (Abb. 13), die in mehreren Generationen übereinander entwickelt sind. Die von den Schottern eingeschlossene Säugerfauna besteht ganz überwiegend aus Kaltzeitformen: altertümlichen und modernen Mammuten, aus Wollhaarnashorn, Rentier, Moschusochse und Wildpferd.

Es mehren sich in den letzten Jahren die Hinweise, daß der Abschnitt zwischen der Holsteinwarmzeit und dem Beginn der Saalevereisung klimatisch nicht so einheitlich war wie früher angenommen. Wohl dominierten offenbar die kalten Abschnitte, sehr wahrscheinlich mit jahrhunderte- bis jahrtausendelangen Dauerfrostperioden, doch dürfte es auch Erwärmungsphasen gegeben haben, in denen sich wieder gemäßigte Mischwälder ansiedelten (z. B. Dömnitz- oder Wackenwarmphase). Im Saalefrühglazial ist mit einer grundsätzlich ähnlichen Entwicklung wie in der frühen Weichseleiszeit zu rechnen mit dem Unterschied, daß die älteren Erwärmungsphasen kurzzeitig das Temperaturniveau von Interglazialen erreicht haben.

5.2.4.2 Der Mensch im Saalefrühglazial

Die hier kurz behandelte Hauptterrasse ist wiederum von hoher Relevanz für die Vorgeschichte. Vor allem im Basisbereich der Hauptterrassenschotter finden sich immer wieder Hinterlassenschaften des Menschen in Form solitär oder gehäuft auftretender Feuersteinartefakte, darunter Geräte in Form von Faustkeilen, Klingen, Schabern und Sticheln. Weltbekannt geworden sind die reichen mittelpaläolithischen Abschlags- und Geräteinventare von Markkleeberg, die von F. Etzold und K. H. Jacob um die Jahrhundertwende entdeckt, von vielen Forschern vermehrt und von Grahmann (1955) und Baumann und Mania (Baumann et al. 1983) monographisch bearbeitet worden sind. Es sind inzwischen mehr als 10 000 Artefakte gefunden. A. Rudolph, W. Bernhardt und andere Laienforscher haben in den letzten Jahren ein Pendant in der Hauptterrasse der Weißen Elster bei Eythra entdeckt. Fast monatlich werden neue Funde gemeldet. Hersteller dürfte ebenfalls der Homo erectus gewesen sein, der durch die sogenannte Weichschlagtechnik seine Geräte aus Feuersteinknollen fertigte, die er angereichert an den Talhängen und am Grunde der alten Flußbetten fand.

5.2.4.3 Saalevereisung

Die Invasion des saaleeiszeitlichen Inlandeises begann vermutlich vor ca. 150 000 Jahren. Zu dieser Zahlenangabe ein Wort: Im Festlandsbereich ohne vulkanische Ereignisse besteht noch immer ein großer Mangel an absoluten Altersdaten. Die Sächsische Akademie der Wissenschaften führt daher methodische Untersuchungen durch, um mittels thermisch oder optisch stimulierter Radiolumineszenz absolute Altersdaten vor allem für die Zeit zu gewinnen, die uns mittels der ^{14}C-Altersdatierung nicht erreichbar ist. Die 150 000 Jahre-Datierung für den Beginn der vorletzten Vereisungsperiode zählt zu den neuesten Befunden dieser Altersgruppe (KRBETSCHEK 1994).
Das saaleeiszeitliche Inlandeis blieb in Mitteldeutschland nur wenige Zehnerkilometer hinter dem Außenrand der Elstervereisung zurück. Die Orte Wernigerode, Eisleben, Freyburg, Zeitz, Altenburg, Grimma, Döbeln, Meißen, Kamenz und Görlitz markieren grob die Marginallage des Eises. Schon lange werden für Mitteldeutschland mehrere Eisvorstöße unterschieden, die wir einer Zeitzer, Leipziger und Warthe-Phase zuordnen, wobei das Eis in der ersten oder Zeitzer Phase seine größte, in der Warthe-Phase seine geringste Ausdehnung erreichte. Während des Zerfalls des Salleinlandeises entstand das heutige mitteldeutsche Flußsystem.

Zu den überregional bemerkenswertesten Ergebnissen der mitteldeutschen Forschung der letzten Jahre zählt der Befund, daß zwischen den einzelnen Vereisungsphasen der Saaleeiszeit keine Warmzeit existierte und der Eiszerfall einschließlich einiger kleiner Aktivierungsphasen in nur wenigen Jahrtausenden erfolgte, vielleicht in nur 2 000 bis 3 000 Jahren. Möglicherweise hängt damit zusammen, daß eine der Elster- oder Weichseleiszeit vergleichbare Seenbildung ausblieb.

5.2.5 Eemwarmzeit

5.2.5.1 Beckenfolgen und Vegetationsentwicklung

Die Feststellung, daß es zwischen den Vereisungsphasen der Saaleeiszeit keine Warmzeit gab, beruht vor allem darauf, daß es in Mitteldeutschland, d. h. in einem Gebiet der maximalen Inlandeisentfaltung in Europa, gelungen ist, in vom Inlandeis gebildeten Sedimentfallen aller saaleeiszeitlichen Vereisungsphasen limnische Schichtsequenzen zu entdecken, in denen durch reiche Pollenbestände und Pflanzengroßreste die vollständige Vegetationsgeschichte zwischen der ausgehenden Saaleeiszeit und dem Beginn des Hochglazials der folgenden Kaltzeit, der Weichseleiszeit, überliefert ist (Abb. 9). Die lückenlose Pollensequenz zeigt das typische Bild der mitteleuropäischen Eemwarmzeit, d. h. der letzten Warmzeit vor der holozänen Gegenwart. Hierher gehören die westelbischen Vorkommen von Gröbern (Abb. 10), Grabschütz, Rabutz und Neumark-Nord, in der Niederlausitz die von Schönfeld, Klinge und Kittlitz.

Auf eine Birkenzeit (Zone 1) folgt eine Kiefernphase (Zone 2), in der die ersten thermophilen Gehölze erscheinen (Ulme, Eiche). Nach einer Kiefern-Eichen-Misch-

Abb. 9: Kaltzeit-Warmzeit-Kaltzeit-Folge im ehem. Braunkohlentagebau Gröbern bei Gräfenhainichen. Die eemwarmzeitlichen Sedimente erwiesen sich als eine reiche Fundstätte von Pflanzen, Mollusken, Ostrakoden und Säugetieren. Fundstelle des Schlachtplatzes eines Waldelefanten. Vollständige Pollen- und $^{16}O/^{18}O$-Folge von der späten Saaleeiszeit bis in die mittlere Weichseleiszeit

wald-Zeit (Zone 3) kommt es in einer Eichenmischwald-Hasel-Zeit (Zone 4a) zu einer starken Ausbreitung der Hasel. Bis zu dieser Zeit herrschen in Mitteldeutschland subkontinentale Bedingungen mit relativ kalten Wintern. Das klimatische Optimum mit stärker atlantisch getöntem Klima, d. h. höheren Niederschlägen, milderen Wintern, Mitteltemperaturen des kältesten Monats über 0 °C und Temperaturen des wärmsten Monats über 20 °C, wird durch das gemeinsame Auftreten von Efeu, Mistel und Stechpalme in der Hasel-Eiben-Linden-Phase (Zone 4b) sowie in der Hainbuchen-Zeit (Zone 5) angezeigt. Eine allmähliche Klimaverschlechterung läßt sich von der Hainbuchen-Tannen-Zeit (Zone 6a) über die Kiefern-Fichten-Tannen-Zeit (Zone 6b) bis zur borealen Kiefernzeit (Zone 7) verfolgen. In dieser Phase sind die thermophilen Gehölze völlig verschwunden; die Weichseleiszeit beginnt.

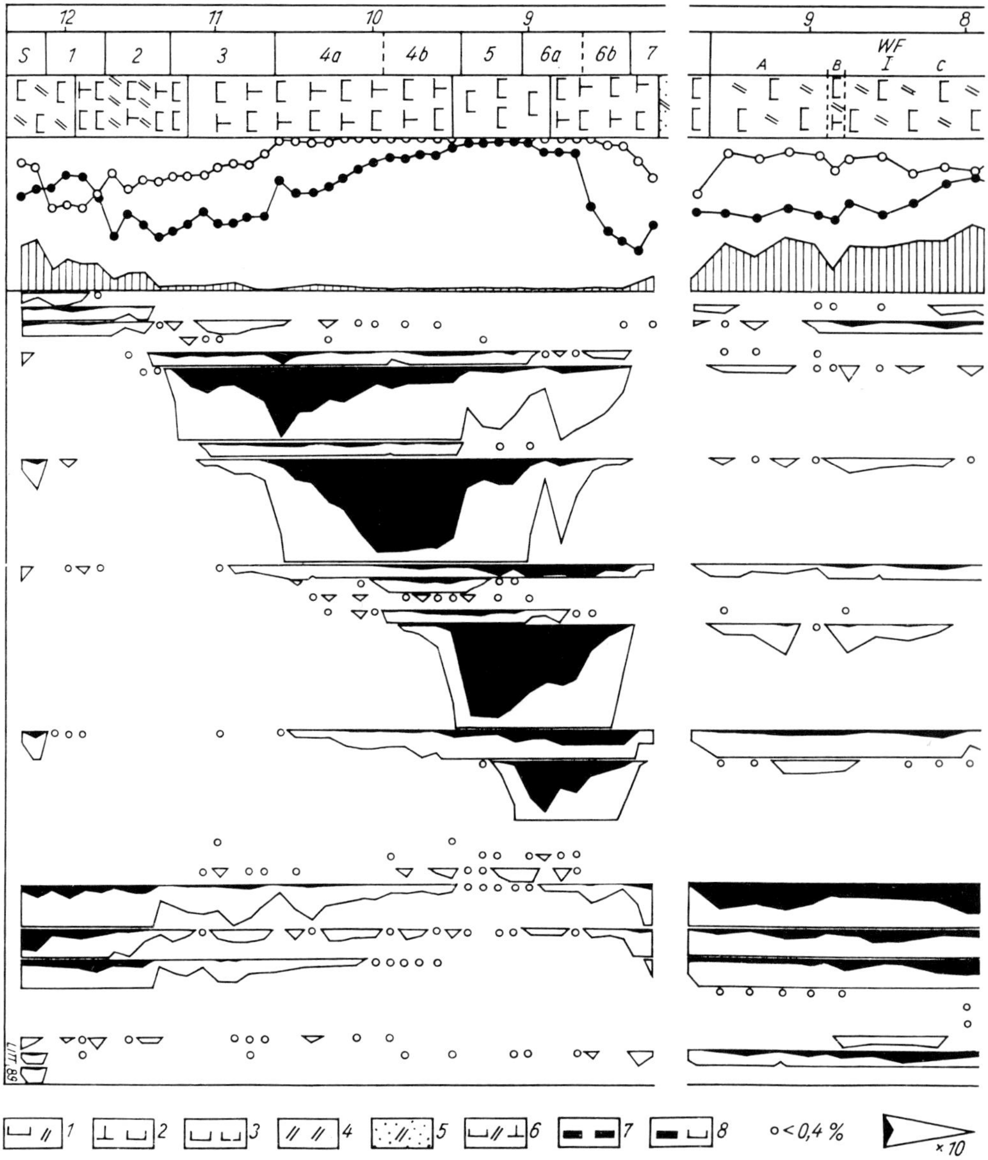

Abb. 10: Vereinfachtes Pollendiagramm der spätsaaleeiszeitlichen, eemwarmzeitlichen und frühweichseleiszeitlichen Schichtenfolge im Glaziärbecken von Gröbern im ehemaligen Braunkohlentagebau Gröbern bei Gräfenhainichen (nach LITT aus EISSMANN u. LITT 1994, vgl. auch Abb. 9).

Von unten nach oben: Nach dem waldfreien letzten Abschnitt der *Saaleeiszeit* (S) vollzieht sich die allmähliche Waldentwicklung der letzten oder *Eemwarmzeit* (1 bis 7). Zu Beginn und am Ende dominieren Birke und Kiefer, der mittlere Abschnitt ist von Eiche, Hasel, Ulme, Esche

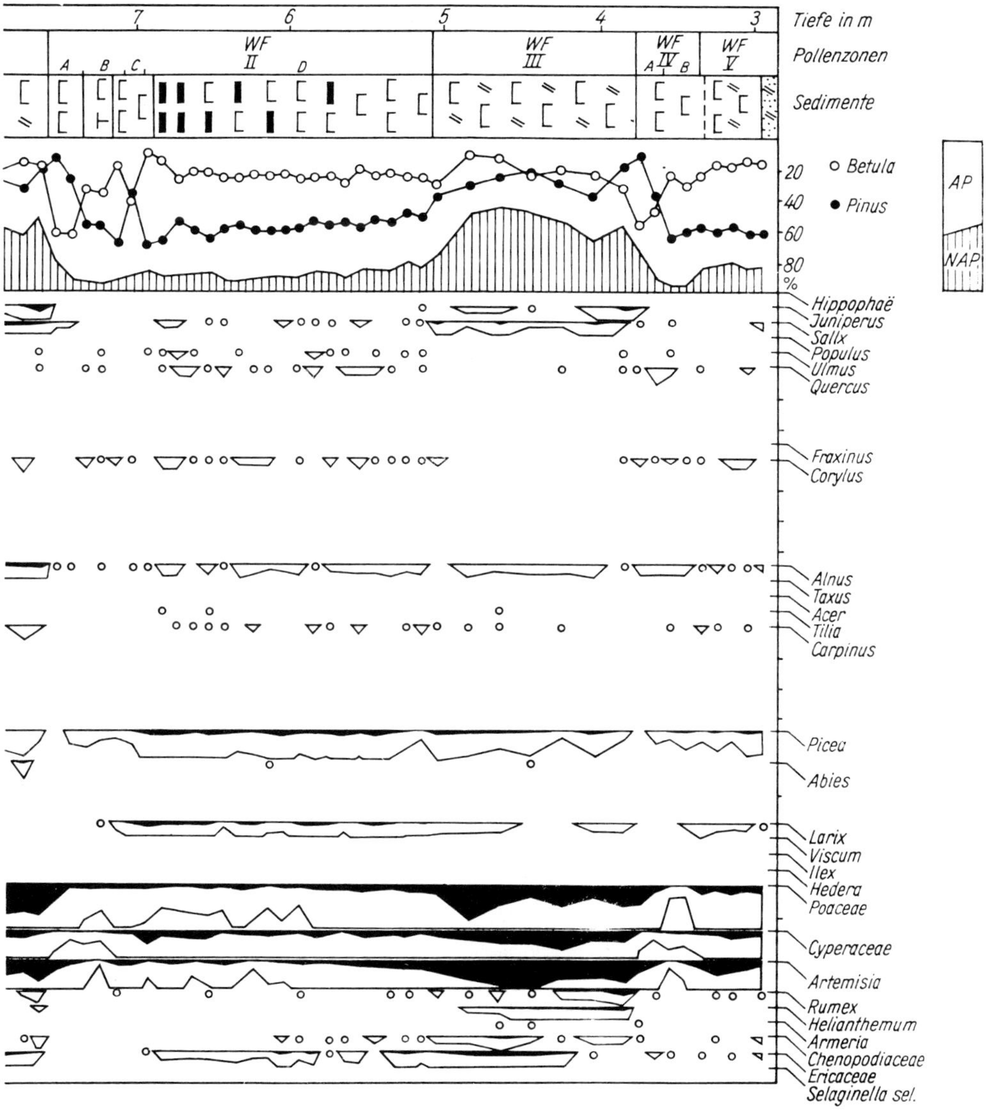

und Ahorn beherrscht, gegen dessen Ende Hainbuche und Tanne stärker in Erscheinung treten. In der folgenden frühen *Weichseleiszeit* (WF I bis V) sind drei weitgehend baumfreie Stadiale und zwei bewaldete (Birke, Kiefer, Fichte, Lärche) Interstadiale zu erkennen.

5.2.5.2 Fauna und Mensch — Elefantenschlachtplatz Gröbern

Reich sind die gut erforschten Mollusken-, Ostrakoden- und Wirbeltierfaunen der Eemwarmzeit (FUHRMANN 1990, FUHRMANN und PIETRZENIUK 1990). Von den Säugern wollen wir nur den Waldelefanten, das Waldnashorn, den Wisent, den Rothirsch und den Damhirsch nennen, von dem allein in Neumark-Nord mehr als 100 Individuen, darunter mehr als 30 vollständige Skelette geborgen worden sind (BENECKE et al. 1990, MANIA 1990). International wiederum sensationell war die in den 80er Jahren gemachte Entdeckung eines mittelsteinzeitlichen Elefantenschlachtplatzes

Abb. 11: Stoß- und Backenzähne eines Waldelefanten (Palaeoloxodon antiquus) in der eemwarmzeitlichen Sedimentfolge eines Seebeckens im Geiseltal im ehemaligen Braunkohlentagebau Neumark-Nord (Foto J. M. Lange, Archiv Eißmann)

(Abb. 11) im Eembecken von Gröbern bei Gräfenhainichen. Zwischen den Knochen fand sich ein reiches Dutzend Feuersteinartefakte, mit denen das Tier von Menschen einer frühen Sapiensform oder eines Neandertalertyps möglicherweise getötet, sicher aber zerlegt worden ist (LITT u. WEBER 1988).

Reiche Tier- und Pflanzenbestände führen auch die wohl ebenfalls eemwarmzeitlichen Travertinkalkvorkommen von Ehringsdorf, Taubach und Burgtonna in Thüringen. Vor allem in Ehringsdorf ist der Mensch durch reiche Artefaktekunde, bis zu neun übereinanderliegende Brandhorizonte und schließlich durch Skelettreste («Ehringsdorfer Mensch») nachgewiesen (STEINER, 1981).

5.2.6 *Weichseleiszeit und Holozän*

5.2.6.1 Sedimente und ihre klimatische Aussage

In der letzten Kaltzeit, der *Weichseleiszeit,* wurde der mitteldeutsche Raum nicht mehr vom Inlandeis erreicht. Es drang lediglich bis zur Linie Guben–Brandenburg–Schwerin–Kiel vor. Flußschotter, Fließ- und Schwemmerden, Gebirgsschutte einschließlich Blockströme und vor allem mächtige, vielgliedrige Löße sind die wichtigsten sedimentären Hinterlassenschaften dieser klimatisch wechselvollen Zeit. Dem in einer Kältesteppe von Winden aus westlicher bis nordöstlicher Richtung abgesetzten Lößteppich verdankt Mitteldeutschland seine weithin fruchtbaren Böden.

In Mitteldeutschland lassen sich in einigen Beckenfolgen (Königsaue, Geiseltal, Gröbern, Klinge u. a.) insgesamt bis zu mindestens 10 Klimaschwankungen auf niedrigem Temperaturniveau erkennen. Allerdings sind nur die früh- und spätglazialen klar abgrenzbar und paläoökologisch näher zu charakterisieren. Zu einer der überregional herausragenden Eem-Weichsel-Sequenzen mit mindestens 10 Klimazyklen gehört die von Königsaue bei Aschersleben (MANIA und TOEPFER 1973). Die Befunde basieren auf Untersuchungen der Sedimente und ihres Fauneninhaltes, besonders der Schnecken. Einen guten Einblick in die Entwicklung des Frühglazials liefern die Sedimentfolgen von Kittlitz (ERD 1973) und Gröbern (LITT 1990). Hier werden die warmzeitlichen Eemsedimente völlig konkordant von einer Sedimentfolge mit drei waldfreien Stadialen, vermutlich trockenen Kältephasen, und zwei Interstadialen, feuchteren Erwärmungsphasen mit borealer Bewaldung, überlagert. Der taigaartige Wald bestand aus Birken und Kiefern mit Lärchen und geringen Anteilen von Fichte. Die Sommer dieser Abschnitte waren relativ warm (Julitemperatur um 16 °C), die Winter kalt, die Vegetationszeiten kurz.

Das *Holozän,* der Abschnitt seit rund 10 000 Jahren, ist vor allem durch Flußsedimente in Form von Sanden und Kiesen (Auenschotter) und Lehmen (Auelehm) vertreten. Sie kleiden die kleinen und großen Täler am Boden deckenartig aus. Der Auelehm spiegelt größere Überflutungen mit Wässern wider, die beträchtliche Mengen Flußtrübe mit sich führten. Sie belegen die Öffnung der Landschaft durch den Menschen. Die Gliederung der Auelehme in der Vertikalen läßt vielfach eine deutliche Beziehung zu den Besiedlungsaktivitäten erkennen (LITT 1994). Wenngleich es auch feinkörnige Überflutungssedimente aus dem älteren Holozän gibt, treten sie verstärkt seit dem jüngeren Atlantikum auf. Hauptauelehmzeit ist der letzte Holozänabschnitt, das Subatlantikum.

Besondere Bedeutung für die klimatische Erforschung des Holozäns besitzen die relativ weit verbreiteten Moore in den Mittelgebirgsregionen und im Tiefland. Sie erlauben die Rekonstruktion der Vegetationsgeschichte seit der ausgehenden Weichseleiszeit. Wie eingangs schon kurz ausgeführt, erweist sich das Holozän, verglichen mit der Klimadramatik der vorangegangenen 80 000 Jahre, als eine extrem ruhige Zeit mit sanftem Klimagang. Das gilt auch dann, wenn Klimaveränderungen aus menschlicher Sicht rasch und gravierend erscheinen mögen. Aus den letzten 9 000 Jahren, seit Beginn des Boreals, sind weder Zeiten größerer Kälte noch Perioden stärkerer Trockenheit zu erkennen. Die Temperaturen lagen zwar vor rund 5 000 bis 7 000 Jahren – im Atlantikum – um etwa 1 bis 2° höher, sanken aber seither nie unter die gegenwärtige Mitteltemperatur des Tieflandes von 8 bis 9 °C. Solche Erscheinungen, wie die vieldiskutierte «Kleine Eiszeit» im 16. bis 19. Jahrhundert, eine Zeit mit längeren Abschnitten unverhältnismäßig kühler und feuchter Witterungsbedingungen mit nicht unerheblichen sozialen Auswirkungen vor allem in den Gebirgsländern, hat in den geologischen Erscheinungen unseres Raumes keinen erkennbaren Niederschlag gefunden, spiegelt sich aber beispielsweise durchaus in den untersuchten Baumringen anderer Regionen wider.

5.2.6.2 Erste isotopenchemische Befunde

Innerhalb der letzten Jahre wurden durch die Arbeitsgruppe Paläoklimatologie am Institut für Geophysik und Geologie der Universität Leipzig mit Unterstützung durch die Deutsche Forschungsgemeinschaft die authigenen Karbonate der Übergangszeit von der letzten Warmzeit (Eem) zur letzten Kaltzeit isotopengeochemisch untersucht (JUNGE u. BÖTTGER 1994). Die pollenanalytischen Befunde finden durch den Verlauf der ^{18}O-Werte im Karbonat eine vollständige Bestätigung. Die hieraus abgeschätzten relativen Temperaturänderungen betragen für den Übergang von der Eemwarmzeit zur ersten Kaltzeitphase der Weichseleiszeit (das sogenannte Herningstadial) etwa 6 bis 11 °C. Die Jahresmitteltemperatur dürfte damit schon in der ältesten Phase der Weichseleiszeit um den Gefrierpunkt gelegen haben.

5.2.6.3 Zum Tempo der Klimaänderung

Was die oft gestellte Frage nach der Geschwindigkeit der Klimaänderungen betrifft, so gibt es vorläufig weltweit keine exakten Antworten. Die Angaben über katastrophenhaften Klimawechsel schwanken zwischen wenigen Jahrzehnten bis Jahrhunderten und einigen Jahrtausenden. Hinweise auf «Klimastürze» aus Pollenprofilen der beiden letzten Warmzeiten Europas lassen auch andere als klimatische Erklärungen zu (Wind-, Brandkatastrophen, biologische Ursachen). Es ist zu hoffen, daß in wenigen Jahren durch verbesserte Methoden vor allem der Altersdatierung mehr Licht in dieses noch dunkle Kapitel gebracht wird. Nun ist es nicht so, daß wir nicht wenigstens die Größenordnung kennen würden, in der sich ein solcher Wechsel vollziehen kann. Zwischen dem Klimaoptimum der Eemwarmzeit mit Jahresmitteltemperaturen um 10 °C und der ersten Phase der Weichseleiszeit mit einer Jahresmitteltemperatur um etwa 0 °C liegt eine Zeitspanne von ca. 5000 bis 6000 Jahren, zwischen der letzten Laubwaldphase mit starker Nadelwaldbetonung und der ersten großen Temperatursenkung von vielleicht 2000 bis 3000 Jahren.

Schon etwas präzisere Angaben können wir bezüglich des Übergangs von der letzten Kaltzeit zur gegenwärtigen Warmzeit durch datierte Hölzer machen, die sich in großem Maße in den von Braunkohlentagebauen durchschnittenen Flußauen, z. B. der Pleiße und Mulde fanden. Für den Zeitraum zwischen ca. 11000 und 10000 Jahren vor heute, dem jüngsten Abschnitt der Weichseleiszeit bzw. der sogenannten Jüngeren Dryas, werden für das nördliche Eurasien noch Kaltzeitbedingungen mit verbreitetem Dauerfrostboden angenommen. Dünne, um einen Meter tiefe ehemalige Frostrisse fanden sich beispielsweise in solchen jungdryaszeitlichen Ablagerungen des Geiseltals (Krumpa). Es verwundert nicht, daß das datierte Holz dieser Zeitspanne nur von kälteresistenten Bäumen stammt: Kiefern, Weiden und Pappeln. Aber: um 8700 bis 8800 Jahre vor heute treten bereits Eichen in den Auen des Flachlandes auf, die offenbar rasch die Kiefernbestände aus den Tälern verdrängten. Diese Eichen erfordern Jahresmitteltemperaturen von etwa 6 bis 7 °C und Julitemperaturen von wenigstens 15 °C. Das heißt, daß in rund 1300 bis 1500 Jahren der Übergang von der letzten Kaltzeit zur heutigen Warmzeit vollzogen war. Diese Zeitspanne ist vergleichsweise länger als die Zeit, die seit Heinrich I., dem ersten deutschen König, verflossen ist, und kürzer als die Dauer des Ost- und Weströmischen Reiches.

6 Eiszeitursachen

Wenn man öffentlich über Eiszeitforschung diskutiert, ist häufig die erste Frage die nach der Ursache der Klimaschwankungen. Dabei entsteht zwangsläufig eine gewisse Verlegenheit. Diese Frage ist nämlich noch durchaus offen.

Grundsätzlich gibt es zwei Gruppen von möglichen *Ursachen: extraterrestrische* und *terrestrische* Ursachen. Es ist klar, daß auch Theorien aufgestellt werden, in der beide Ursachenkomplexe bzw. einzelne Phänomene daraus miteinander verbunden werden, die der multifaktoriellen Eiszeitentstehung.

Die *extraterrestrischen* Ursachen beziehen sich vor allem auf die Auswirkungen periodischer Veränderungen der Erdbahnelemente Exzentrizität, Schiefe der Ekliptik und Präzession. Des weiteren wird angenommen, daß das Sonnensystem durch seine Bewegung innerhalb der Galaxis in Staubwolken in einem der Spiralarme der Galaxie gerät, so daß die Gesamteinstrahlung herabgesetzt wird.

Die *terrestrischen Eiszeitursachen* werden in einem Komplex zahlreicher Faktoren gesehen, die in ihrem unterschiedlichen Aufeinandertreffen zu charakteristischen Klimaabläufen führen. Die wichtigsten sind:

- Kontinentaldrift, die Veränderungen der Nutzung der zugeführten Sonnenenergie mit sich bringt (Änderungen der Erd-Albedo);
- Änderung der Höhenverhältnisse auf der Erde in Verbindung mit Gebirgsbildungen oder auch epirogenen Hebungs- und Senkungsprozessen;
- Hebung von untermeerischen Schwellen, die zur Abriegelung oder Verlegungen von klimawirksamen Meeresströmungen führt (z. B. des Island-Faerör-Rückens);
- Festlandsbildung im Bereich der Polregionen – Antarktika (Inlandeis kann nur auf dem Festland entstehen);
- Öffnung der Drakepassage und der Straße von Tasmanien, beides führte zur Herausbildung der zirkumantarktischen Meeresströmung und damit zur Abkopplung der Antarktis vom Nord-Süd-Wärmeaustausch. Antarktika wird zum Kühlhaus der Erde;
- Aufstieg Zentralasiens und in der Folge Vereisung der Hochfläche Tibets auf einem Areal von 2,4 Mill. km^2 (die südliche Lage einer solchen Eiskalotte würde über die Albedowirkung zu einem beträchtlichen Wärmeverlust der Erde führen; KUHLE (1989) sieht darin einen Eiszeiten auslösenden Effekt); die ehemalige Existenz einer Eiskalotte in Tibet ist freilich mangels hinreichender Indikationen stark umstritten;
- Der vermutlich wichtigste Faktor ist die Senkung des CO_2-Gehaltes der Atmosphäre (das in Kaltzeiten entstandene Eis der gegenwärtigen Eiskalotten enthält deutlich weniger CO_2 als das in Warmzeiten gebildete).

Gegenwärtig deutet sich als wahrscheinlich an, daß sowohl periodische Änderungen, also Erdbahnelemente (Schrittmacher), als auch die primär nicht periodischen terrestrischen Ursachen zur Eiszeitentstehung beitragen. Das gesamte Känozoische Eiszeitalter wurde jedoch erst dann möglich, als im Zuge der Kontinentdrift Antarktika in seine heutige, polare Lage geriet.

7 Perspektiven der Eiszeitforschung

Unsere Erde ist rund vier Milliarden Jahre alt. Gott, andere mögen sagen, die Natur, hat uns – in Stein gegossen – wahrscheinlich diese ganze unendlich lange Zeit überliefert. Aber nur in Splittern, die über alle Kontinente verstreut sind. In Mitteldeutschland lassen sich gut 700 bis 1 000 Millionen Jahre mit mehr oder minder großen Lücken rekonstruieren. Was die letzten 50 Millionen Jahre betrifft, sind es in Sachsen und überhaupt im mitteldeutschen Raum nicht nur Bruchstücke oder Splitter. Es sind, wie zu sehen war, stellenweise ganze Bogen des Buches erhalten. Das gilt in besonderem Maße für das letzte Kapitel, in dem die Menschen- und jüngere Klimageschichte in Mitteleuropa niedergeschrieben ist. Ich vermute, daß namentlich in durch Auslaugung entstandenen Spezialsenken Thüringens und Sachsen-Anhalts große, zusammenhängende Abschnitte des ältesten Quartärs überliefert sind, die uns in die Lage versetzen können, die noch wenig befriedigende Korrelierung zwischen festländischer und mariner Entwicklung entscheidend zu verbessern. Auch sind genauere Antworten auf die Frage nach der Geschwindigkeit von Klimaänderungen zu erwarten. Versäumen wir also nicht, hier die Forschung weiterzuführen, die in seltener Harmonie zwei Dingen dient: unseren geistigen und körperlichen Durst zu stillen, die Frage nach der Herkunft und der Beschaffenheit der Welt unserer Ururväter zu befriedigen, der Landschaften, der Vegetation, der Fauna, des Klimas, und zugleich Grundlagen zur Bewältigung von Zukunftsproblemen zu erarbeiten. Ich nenne nur Grundwasser, Böden, Deponiestandorte, soweit sie die heute schon arg strapazierten oberen Schichten unserer Erde betreffen.

8 Statt einer Zusammenfassung: Das Leitmotiv der norddeutschen Erdentwicklung im Känozoikum

Das Leitmotiv der letzten 65 Millionen Jahre Erdgeschichte in Nord- und Mitteldeutschland, und überhaupt im nördlichen Mitteleuropa, ist der klimatisch gesteuerte wellenförmige Wechsel vom subtropischen zu warmgemäßigtem, gegen Ende von gemäßigtem zu kaltem Klima, und die Entfaltung von skandinavischen Gebirgsgletschern zu ausgedehnten Inlandeisschilden. Während des älteren, des tertiären Abschnitts liefen zeitlich quer durch diese Entwicklung mehrfach tektonisch und/oder klimatisch verursachte marine Überflutungswellen mit der maximalen Transgression im Mitteloligozän, in der das heutige Sächsisch-Thüringische Hügelland südlich Leipzig vom Meer erreicht wurde. Vor der jeweiligen Küstenregion dehnten sich weite, einförmige Moorlandschaften und wechselvolle Flußgebiete aus, die sich im Rhythmus des Meeresganges und epirogener Krustenbewegungen durchdrangen.

Der Algorithmus speziell der letzten rund 2 Millionen Jahre Erdgeschichte, des Quartärs, ist für die ersten vier Fünftel dieser Periode der wenigstens drei- bis viermalige klimagesteuerte, von Schwankungen niedrigerer Ordnung überlagerte Wechsel einer geschlossenen gemäßigt-warmzeitlichen Baumvegetation mit Dominanz der Laubwälder einerseits und einer baumarmen, zeitweise von periglazialen Prozessen geprägten offenen Landschaft mit weiten Flußniederungen andererseits. Nach dieser Phase der Entfaltung der Klimakontraste im Frühpleistozän folgt im letzten Abschnitt des Quartärs, den hinter uns liegenden letzten 300 000 bis 400 000 Jahren Erdgeschichte, eine Zeit klimatischen Wechselgeschehens in extrem großen Amplituden: Dreimal wird eine ganz Mittel- und weite Teile Nord- und Südeuropas bedeckende geschlossene Waldformation ausgelöscht und von einer Periglaziallandschaft mit zeitweiligen taigaartigen Waldformationen abgelöst, die schließlich von mächtigem Inlandeis überfahren und begraben wird. Mitteldeutschland wird in mehreren Schwankungen nur zweimal von Kontinentaleis erreicht. Daraus erwächst dieser Region die besondere Gunst, ein «klassisches Gebiet deutscher Eiszeitforschung» geworden zu sein: Während der Norden gänzlich unter Eis begraben war und sich dort komplizierte subglaziäre Prozesse abspielten, ging die Entwicklung im Periglazialraum, im Vorland des Eises, ohne Unterbrechung weiter. Die Hauptfa-

Abb. 12: Im Rhythmus der eiszeitlichen Jahreszeiten in einem Glazialsee am Rande des elstereiszeitlichen Inlandeises südlich von Leipzig entstandener Bänderton.
Die dunklen, tonigen Bänder sind im Winter, die hellen, schluffig-sandigen Lagen im Sommer sedimentiert worden. Die wechselnden Stärken der Schichten widerspiegeln wahrscheinlich wechselnde Abschmelzraten des Inlandeises im Sommer. In der rhythmischen Feinschichtung der Sommerlagen (Warven 2. Ordnung) sind Witterungsänderungen abgebildet. Foto: ehemaliger Braunkohlentagebau Peres (1979)

ziesbereiche der kaltzeitlichen Landschaft liegen hier also in enger Verzahnung neben- und übereinander, so daß ihre genetischen und zeitlichen Beziehungen klar zu erfassen sind, nicht zuletzt von der Natur gefördert dadurch, daß zwischen den kaltzeitlichen Sedimentfolgen warmzeitliche Ablagerungen mit vollständigen Vegetationssequenzen erhalten sind.

9 Ausklang: Ein literaturgeschichtlicher Vergleich

Geistes- und Naturgeschichte folgen mitunter ähnlichen Grundlinien. Gerade bei interdisziplinärer Betrachtung des Eiszeitphänomens bietet sich ein literaturgeschichtlicher Vergleich an:

Die große Vereisungsperiode der jüngeren Erdgeschichte ähnelt in ihrer gewaltigen Dynamik dem elisabethanischen Zeitalter, ist Shakespearesche Dramatik. Alles Frühere ist nur Vorbereitung, alles Spätere lahmes Nachlaufen – wie Stefan Zweig empfand. Und im Vergleich mit einem Drama entsprechen die ersten vier Fünftel des Eiszeitgeschehens, mehr als eineinhalb Millionen Jahre, den Akten 1 bis 3; sie sind Exposition und Verwicklung. Das letzte Fünftel, die letzten 300 000 bis 400 000 Jahre, erscheinen als rhythmisch-konvulsivisch gestalteter Höhepunkt und schließlich im Holozän als vorläufiger, versöhnlicher Ausklang in diesem Gewoge der Verdrängung und Rückkehr von Flora und Fauna einschließlich des Menschen und seiner Vorgänger.

Abb. 13: Zwei Ausfüllungen ehemaliger Eiskeile mit typischen staffelförmigen Randstörungen im ehemaligen Braunkohlentagebau Delitzsch-Südwest
Die saaleeiszeitlichen Anzeiger von Permafrost (Jahresmitteltemperaturen rund –6 bis –10 °C) beginnen in Schottern der Mulde-Hauptterrasse und enden in wohlgeschichteten Beckensedimenten der Elstereiszeit

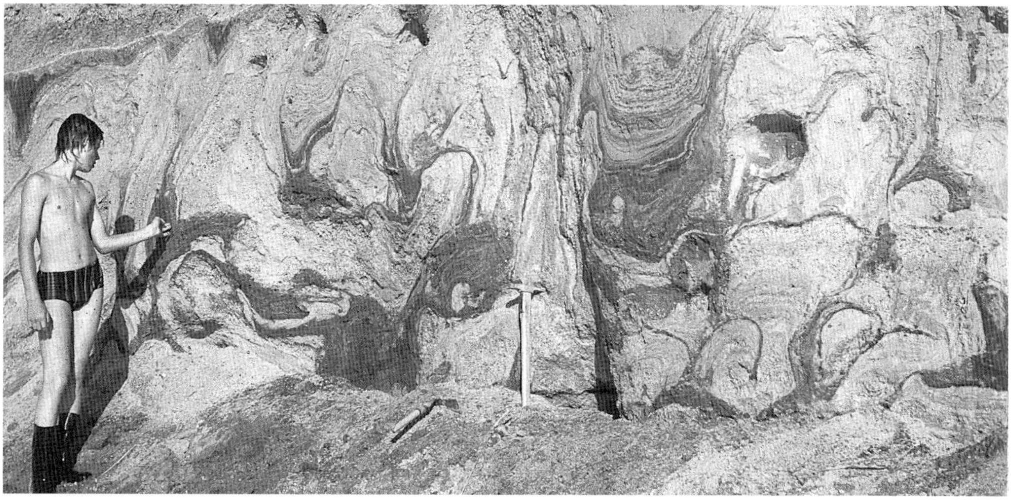

Abb. 14: Kryoturbationserscheinungen aus der Elstereiszeit als Indikatoren ehemaliger sommerlicher Auftauböden (Mollisole) über dauergefrorenem Untergrund.
Die Tiefe der Verbrodelungen der ursprünglich horizontal abgelagerten Schichten ist ein ungefähres Maß der Mächtigkeit des Auftaubodens im Eiszeitsommer. Foto: ehemaliger Braunkohlentagebau Kulkwitz-Miltitz bei Lausen. Oben Elstergrundmoräne, darunter Dehlitz-Leipziger Bänderton, Schlepp (in Taschen) und frühelstereiszeitliche Schotter der Saale mit (verbrodelten) Schlufflagen

Abb. 15: Rundhöcker mit Gletscherschliff auf Porphyrfels in den Hohburger Bergen bei Collmen-Böhlitz. Steinbruch «Holzberg» am SW-Hang des Großen Kewitschenberges. Die gesamte mehrere 100 m lange elliptische Felsoberfläche bildete eine geschlossene Schlifffläche mit Rundhöckern und Schliffkehlen. Das Foto zeigt einen nur wenige Quadratmeter großen Ausschnitt.

Tab. 1: Gegenwärtig gebräuchliche Gliederung des Quartärs in den Niederlanden, Norddeutschland und dem Alpengebiet.
Für den Zeitraum vor der Elstereiszeit noch immer stark hypothetisch (aus EHLERS 1994)

Magneto-Stratigraphie	Alter	Sauerstoff-Isotopenstadien	Chronostrat.	Niederlande	Norddeutschland	Alpen
Brunhes-Epoche			Jungpleist.	Weichsel-Kaltzeit	Weichsel-Eiszeit	Würm-Eiszeit
				Eem-Warmzeit	Eem-Warmzeit	Riß/Würm-Warmzeit
		5				
			Mittelpleistozän	Saale-Eiszeit	Saale-Eiszeit	Riß-Eiszei
					Wacken-Warmzeit	
					Fuhne-Kaltzeit	
				Holstein-Warmzeit	Holstein-Warmzeit	Mindel/Riß-Warmzeit
				Elster-Eiszeit	Elster-Eiszeit	Mindel-Eiszeit
				Cromer-IV-W. (Noordbergum)		Haslach/Mindel-W. (Unterpfauzenwald)
				Cromer-C-Kaltzeit		
				Cromer-III-W. (Rosmalen)		
				Cromer-B-Kaltzeit		Haslach-Eiszeit
				Cromer-II-W. (Westerhoven)		Günz/Haslach-Warmzeit
				Cromer-A-Kaltzeit		
	780 000	19				Günz-Eiszeit
Matuyama-Epoche			Altpleistozän	Cromer-I-W. (Waardenburg)		
				Dorst-Kaltzeit		
Jaramillo-Event	990 000	27		Leerdam-Warmzeit	Pinneberg-Warmzeit	
				Linge-Kaltzeit	Elmshorn-Kaltzeit	
	1 070 000	31		Bavel-Warmzeit	Uetersen-Warmzei	Donau/Günz-Warmzeit (Uhlenberg)
				Menap-Kaltzeit	Pinnau-Kaltzeit	Donau-Kaltzeit
				Waal-C-Warmzeit	Tornesch-Warmzeit (TC)	
				Waal-B-Kaltzeit	Kryomer (TB)	
				Waal-A-Warmzeit	Tornesch-Warmzeit (TA)	
			←	Eburon-Kaltzeit	Lieth-Kaltzeit	Biber-Kaltzeit
Olduvai-Event	1 770 000	64				
	1 950 000	71		Tegelen C5-6 Warmzeit		
				Tegelen C4e K. (Beerse Member)		
				Tegelen C1-3 Warmzeit	Ellerhoop-Warmzeit	
				Tegelen B Kaltzeit	Krückau-Kaltzeit	
				Tegelen A Warmzeit	Nordende-Warmzeit	
					Ekholt-Kaltzeit	
					Meinweg-Warmzeit	
				Prätegelen-Kaltzeit	Prätegelen-Kaltzeit	
	2 600 000	104	←			
Gauss-Epoche			Tertiär			

Tab. 2: Gliederung der quartären Schichten in Sachsen

HOLOZÄN			Mehrgliedrige **Auelehme** (atlantisch bis Gegenwart) über Flußschottern mit reicher Holzführung (^{14}C-Alter der Eichen zwischen 370 und 8790 Jahren): Schluff, Mergel, Karbonate, Torf; jüngere Dünen; *Der Mensch ein geologischer Faktor*: mächtige anthropogene Mixtite («Formation der Auffülle»), Braunkohlenbergbau, Tiefbau (Uranbergbau), Deponien
WEICHSEL-EISZEIT	Jüng.	spät	Schluff, Mergel, Karbonate (Seekreide, Travertin, Dauche), Torf, Flußschotter mit Kiefern (^{14}C-Alter ca. 11 000 bis 12 000 Jahre), ältere Dünen
	Ältere	früh bis hoch	Dreigliedrige **jüngere Lößfolge** mit Hauptflöß über Gleinaer Boden; Fließ- und Schwemmerden, im Mittelgebirge **Schuttdecken** (blockreiche Basis-, lokale Mittel-, lößführende Haupt- und blockreiche Oberlage, Blockfelder); ältere Dünen, Eiskeile Schotter der *Niederterrasse* und *Obere Talsande* des Lausitzer Urstromtales mit Mudde- und Schlufflagen (^{14}C-Alter > 40 000 und 20 000 bis 30 000 Jahre). Eiskeile
EEM-WARMZEIT			Feinsand, Schluff, Ton, Mudde, Torf, Diatomeenerde (Rabutz, Grabschütz, Mühlrose; Pollenzone 1–7 bzw. 9 belegt); älterer Lommatzscher Bodenkomplex
SAALE-EISZEIT	Jüngere	Fläming-Phase	Schmelzwassersand und -kies, fluviatil-glazifluviatiler Sand und Kies (**Untere Talsande** des Lausitzer Urstromtales); Flußschotter (z. T. «Höhere Niederterrasse»); ältere Dünen; jüngerer Saalefloß. *Entstehung des heutigen Gewässersystems* **Obere Saalegrundmoräne** (Warthemoräne der Niederlausitz) Vorschüttungsschmelzwassersand und -kies Schmelzwassersand und -kies; Bänderton (Rabutz), Schluff; Fließerden
		Leipziger Subphase	**Untere Saalegrundmoräne** (Drenthemoräne): **Zweite Saalegrundmoräne** Obere oder Breitenfelder Bank (jüngere Drenthemoräne) Vorstoßbänderton (Breitenfeld) Schmelzwassersand und -kies; Bänderton, Schluff **Zweite Saalegrundmoräne** Untere oder Delitzscher Bank (mittlere Drenthemoräne Vorstoßbänderton (Bruckdorf- Eutritzsch) Schmelzwassersand und -kies; Bänderton, Schluff — außerhalb der Eisbedeckung Aufschüttung von Fluß- und Mischschottern (Pomßener Schotter, jüngeres Tranitzer Fluviatil)
		Zeitzer Phase	**Erste Saalegrundmoräne** Hauptbank (ältere Drenthemoräne) Vorstoßbänderton (Böhlen); Vorschüttungssand und -kies (Großbothener Talsander, Hellerterrasse)
	Ältere Früh-saale	kalt (Delitzsch) gemäßigt (Dömnitz) kalt (Fuhne)	Komplex der Hauptterrasse, in der Niederlausitz incl. Tranitzer Fluviatil: mehrphasig akkumulierter Flußschotter mit zahlreichen Frostmarken (Eiskeile, Würge- und Tropfenböden), borealer bis kaltzeitlicher Flora, kaltzeitlicher Fauna, lokal jedoch auch warmzeitlichen Mollusken (Geiseltal) und Eichenstämmen (Delitzsch); Abschwemmassen, Fließerden; Löß; in Becken Feinsand, Schluff, Torf; Altenburger Boden (?)

HOLSTEIN-WARMZEIT			Schluff, Feinsand, **Mudde,** Torf, Diatomeenerde (Wölkau, Prellheide, Wildschütz, Rossendorf; Pollenzone 1 bis 7 belegt), Flußschotter; Rittmitzer Boden. *Der Mensch erscheint*
ELSTER-EISZEIT	Jüngere	Markranstädter Phase	Schmelzwassersand und -kies; Schmelzwasser-Fluß-Schotter («Spätelsterschotter»); Bänderton, Schluff; Fließerden; älterer Löß. Eiskeile. *Starke Änderungen des Gewässersystems* **Obere (Jüngere) Elstergrundmoräne** (jüngere Tiefrinnen) Vorstoßbänderton (Miltitz, Struppen, Oderwitz) Flußschotter (Möritzsch, Döbeln, Oderwitz, Torgau). Eiskeile
		Zwickauer Phase	Schmelzwassersand und -kies; Bänderton (Brösen); Schluff; Torf (Hainichen); älterer Löß **Untere (Ältere) Elstergrundmoräne** (ältere Tiefrinnen) Vorstoßbänderton (Leipzig) und Schmelzwassersand und -kies (Vorschüttungssande)
	Ältere	Frühelster	**Frühelsterterrasse** i.e.S. der Saale («Lützen – Leipziger Saaleterrasse»), des Streumener Elbelaufes u. a. Flüsse; älterer Löß I, Fließerden. Eiskeile
THÜRINGEN-KOMPLEX («Cromer»)			Diverse Schotter, z.T. entkalkt, älterer Löß II und III mit Paläo-böden von Mahlis; Verwitterung, stärkere Erosion
FRÜH-PEISTOZÄN	PLEISSE-KALTZEIT («Menap»)		Schotter der **Unteren frühpleistozänen Terrasse** der Saale («Großgörschener Terrasse»), des Dahlen-Schmiedeberger Elbelaufes u. a. Flüsse; älterer Löß IV, Fließerden, Eiskeile
	WYHRA-KALTZEIT («Eburon»)		Schotter der **Mittleren frühpleistozänen Terrasse** der Saale («Sitteler Terrasse»), des Schildauer Elbelaufes u. a. Flüsse; Fließerden. Eiskeile
	MULDE-KALTZEIT («Brüggen»)		Schotter der **Oberen frühpleistozänen Terrasse** der Saale («Sternhügelterrasse»), des Bautzener Elbelaufes u. a. Flüsse. Eiskeile
HÖHERES MIOZÄN BIS PLIOZÄN			Senftenberger Elbeschotter mit Driftblöcken (Eisschollen) und (?) kryogenen Störungen, Brandiser Schotter

Literatur*

Agassiz, L.: Untersuchungen über die Gletscher. Solothurn 1841.

Agassiz, L., Guyot, A., Desor, E: Études sur les glaciers et Système glaciaire ou recherches sur les glaciers, leur mécanisme, leur ancienne extension et le rôle qu'ils ont joué dans l'histoire de la terre. Neuchâtel 1840.

Baumann, W., Mania, D., Toepfer, V., Eißmann, L.: Die paläolithischen Neufunde von Markkleeberg bei Leipzig. Veröff. Landesmus. Vorgesch. Dresden 16, Leipzig 1983.

Benecke, N., Böhme, G., Heinrich, W. D.: Wirbeltierreste aus interglazialen Beckensedimenten von Gröbern (Kr. Gräfenhainichen) und Grabschütz (Kr. Delitzsch). Altenbg. naturwiss. Forsch., Altenburg 5 (1990), S. 231–281.

Bernhardi, A.: Wie kamen die aus dem Norden stammenden Felsbruchstücke und Geschiebe, welche man in Norddeutschland und den benachbarten Ländern findet, an ihre gegenwärtigen Fundorte? Jb. Min. etc., Heidelberg 3 (1832), S. 257–267.

* Ausführliches Literaturverzeichnis in Eißmann, L., Litt, T. (Hrsg.): Das Quartär Mitteldeutschlands. Ein Leitfaden und Exkursionsführer. Altenbg. naturwiss. Forsch., Altenburg 7 (1994), S. 431–456.

Charpentier, J. de: Sur la cause probable du transport des blocs erratiques de la Suisse. Annales des mines, 3. s., 8, Paris 1835 (Vortrag 1834 in Luzern).
Charpentier, J. de: Essai sur les glaciers et sur le terrain erratique du bassin du Rhône. Lausanne 1841.
Cotta, B. v.: Fels-Schliffe an Porphyr-Hügeln bei Kollmen. N. Jb. Min. etc., Stuttgart 1844, S. 558–561.
Credner, H.: Ueber Gletscherschliffe auf Porphyrkuppen bei Leipzig und ueber geritzte einheimische Geschiebe. Z. deutsch. geol. Ges., Berlin 31 (1879), S. 21–34.
Ehlers, J.: Allgemeine und historische Quartärgeologie. Stuttgart: Enke, 1994. 358 S.
Eißmann, L.: Die Begründung der Inlandeistheorie für Norddeutschland durch den Schweizer Adolph von Morlot im Jahre 1844. Abh. u. Ber. Naturkundl. Mus. «Mauritianum» Altenburg 8 (1974), S. 289–318.
Eißmann, L.: Die stratigraphischen und paläogeographischen Hauptbefunde im Saale-Elbe-Raum und ihre Bedeutung für die mitteleuropäische Quartärgeologie. Ethnogr.-Archäol. Z., Berlin 30 (1989), S. 596–635.
Eißmann, L.: Grundzüge der Quartärgeologie Mitteldeutschlands (Sachsen, Sachsen-Anhalt, Südbrandenburg, Thüringen). In: Eißmann, L., Litt, T. (Hrsg.): Das Quartär Mitteldeutschlands. Ein Leitfaden und Exkursionsführer. Altenbg. naturwiss. Forsch., Altenburg 7 (1994), S. 55–135.
Eißmann, L., Hänsel, C.: Klimate der geologischen Vorzeit. In: Hupfer, P. (Hrsg.): Das Klimasystem der Erde. Diagnose und Modellierung, Schwankungen und Wirkungen. Berlin: Akademie-Verlag, 1991.
Eißmann, L., Litt, T. u. a.: Klassische Quartärfolge Mitteldeutschlands von der Elstereiszeit bis zum Holozän unter besonderer Berücksichtigung der Stratigraphie, Palökologie und Vorgeschichte (Exkursion B1). In: Eißmann, L., Litt, T. (Hrsg.): Das Quartär Mitteldeutschlands. Ein Leitfaden und Exkursionsführer. Altenbg. naturwiss. Forsch., Altenburg 7 (1994), S. 250–356.
Erd, K.: Pollenanalytische Untersuchungen im Pleistozän der DDR. Z. geol. Wiss., Berlin 1 (1973)9, S. 1087–1103.
Etzold, F.: Beiträge zur Kenntnis der Steinzeit bei Leipzig und Merseburg. 1. Die Lagerungsverhältnisse der Artefakte führenden altdiluvialen Pleißeschotter bei Markkleeberg. Sitz.-ber. d. Naturforsch. Ges. Leipzig 43/44 (1916/17), S. 31–43.
Frenzel, B.: Die Klimaschwankungen des Eiszeitalters. Die Wissenschaft 129 (1967). 291 S.
Frenzel, B. (Hrsg.): Klimatische Probleme der letzten 130000 Jahre. Stuttgart: Fischer Verlag, 1991.
Fuhrmann, R.: Paläonthologische Untersuchungen am Interglazial von Grabschütz (Kreis Delitzsch). Altenbg. naturwiss. Forsch., Altenburg 5 (1990), S. 194–201.
Fuhrmann, R., Pietrzeniuk, E.: Die Ostrakodenfauna des Interglazials von Gröbern (Kreis Gräfenhainichen). Altenbg. naturwissen. Forsch., Altenburg 5 (1990), S. 202–227.
Furrer, G.: 25000 Jahre Gletschergeschichte, dargestellt an einigen Beispielen aus den Schweizerischen Alpen. Neujahrsblatt. Hrsg. v. d. Naturforschenden Gesellschaft in Zürich auf das Jahr 1991. Orell Füssli AG. 52 S.
Goethe, J. W. v.: Wilhelm Meisters Wanderjahre. In: W. A. I, $24^1/25^1$, Weimar 1895.
Grahmann, R.: The Lower Palaeolithic Site of Markkleeberg and other Comparable Localities Near Leipzig. Transact. Amer. Philos. Soc. Philadelphia, N. S., 45/46 (1955), S. 509–687.
Gürtler, D.: Kurzschluß. In: Wochenpost vom 4. 8. 1994.
Jacob, K. H.: Palöolithische Funde aus Leipzigs Umgebung. Prähist. Z. 3 (1911), S. 116–122.
Junge, F., Böttger, T.: Isotope Geochemical Studies on Carbonates of Quaternary Glacio-La-

custrine Lake Sediments as Indicator of Paleoenvironment. Isotopenpraxis 30 (1994)1, S. 9–21.

Kahlke, R. D.: Die Entstehungs-, Entwicklungs- und Verbreitungsgeschichte des oberpleistozänen Mammuthus-Coelodonta-Faunenkomplexes in Eurasien (Großsänger). Frankfurt: Kramer, 1994. 115 S. (= Abhandlungen der Senckenbergischen Naturforsch. Gesellschaft; 546).

Kahlke, R. D., Mania, D.: Komplexe Interglazialfundstellen Thüringens (Exkursion B 2). In: Eißmann, L., Litt, T. (Hrsg.): Das Quartär Mitteldeutschlands. Ein Leitfaden und Exkursionsführer. Altenbg. naturwiss. Forsch., Altenburg 7 (1994), S. 357–377.

Krbetschek, M.: Lumineszenz-Datierung quartärer Sedimente Mittel-, Ost- und Nordostdeutschlands. Diss. TU Bergakad. Freiberg 1995 (eingereicht 1994).

Kuhle, M.: Die Inlandvereisung Tibets als Basis einer in der Globalstrahlungsgeometrie fußenden, reliefspezifischen Eiszeittheorie. In: Petermanns geogr. Mitteilungen 113 (1989), S. 265–285.

Litt, T.: Pollenanalytische Untersuchungen zur Vegetations- und Klimaentwicklung während des Jungpleistozäns in den Becken von Gröbern und Grabschütz. Altenbg. naturwiss. Forsch., Altenburg 5 (1990), S. 92–105.

Litt, T.: Zur Paläoökologie und Stratigraphie des Jungquartärs im nordmitteleuropäischen Tiefland unter besonderer Berücksichtigung paläobotanischer Befunde des Elbe-Saale-Gebietes. Unveröff. Habil.-schr. Univ. Halle 1994.

Litt, T., Weber, T.: Ein eemzeitlicher Waldelefanten-Schlachtplatz von Gröbern, Kr. Gräfenhainichen. Ausgrabungen u. Funde, Berlin 33 (1988), S. 181–188.

Mania, D.: Stratigraphie, Ökologie und mittelpaläolithische Jagdbefunde des Interglazials von Neumark-Nord (Geiseltal). Veröffentlichungen des Landesmus. für Vorgeschichte in Halle. Halle 43 (1990), S. 9–130.

Mania, D., Mania, U., Vlcek, E.: Zu den Funden der Hominidenreste aus dem mittelpleistozänen Travertin von Bilzingsleben von 1987–1993. Ethnogr.-Archäol. Z., Berlin 35 (1994).

Mania, D., Toepfer, V.: Königsaue. Gliederung, Ökologie und mittelpaläolithische Funde der letzten Eiszeit. Veröff. Landesmus. Vorgesch. Halle, Berlin 26 (1973).

Morlot, A. v.: Ueber die Gletscher der Vorwelt und ihre Bedeutung. Bern 1844.

Müller, A.: Das Quartär im mittleren Elbegebiet zwischen Riesa und Dessau. Diss. Univ. Halle 1988.

Naumann, C. F.: Fels-Schliffe an Porphyr-Hügeln bei Kollmen. N. Jb. Min. etc., Stuttgart 1844, S. 557–558 und 561–562.

Naumann, C. F.: Über die Felsenschliffe der Hohburger Berge unweit Wurzen. Ber. Verh. sächs. Ges. Wiss. Leipzig I (1847), S. 392–410.

Penck, A.: Die Geschiebeformation Norddeutschlands. Z. deutsch. geol. Ges. Berlin 31 (1879), S. 117–203.

Pietzsch, K.: Geologie von Sachsen. Berlin 1962.

Schwarzbach, M.: Das Klima der Vorzeit. Stuttgart: Ferdinand Enke Verlag, 1974. 380 S.

Die Schweiz und ihre Gletscher. Hrsg. v. d. Schweizerischen Verkehrszentrale. Bern: Verlag Kümmerly und Frey, 1979. 191 S.

Shackelton, N. J., Berger, A., Peltier, W. A.: An alternative astronomical calibration of the lower Pleistocene timescale based on ODP Site 677. Transactions of the Royal Society of Edinburgh: Earth Sciences 81 (1990), S. 251–261.

Steiner, W.: Der Travertin von Ehringsdorf und seine Fossilien. Die Neue Brehm-Bücherei. Lutherstadt Wittenberg 1981. 200 S.

Urey, H. C.: Thermodynamic Properties of Isotopic Substances. Journ. Chem. Soc. 1947, S. 562–581.

Venetz, I.: Mémoire sur les variations de la température dans les Alpes de la Suisse. Denkschr. allg. schweiz. Ges. ges. Naturwiss., Lausanne 1 (1833)2, S. 1–33.

Wolf, L., Alexowsky, W.: Fluviatile und glaziäre Ablagerungen am äußersten Rand der Elster- und Saalevereisung; die spättertiäre und quartäre Geschichte des sächsischen Elbgebietes (Exkursion A 2). In: Eißmann, L., Litt, T. (Hrsg.): Das Quartär Mitteldeutschlands. Ein Leitfaden und Exkursionsführer. Altenbg. naturwiss. Forsch., Altenburg 7 (1994), S. 190–233.

Wolf, L., Schubert, G.: Die spättertiären bis elstereiszeitlichen Terrassen der Elbe und ihrer Nebenflüsse und die Gliederung der Elster-Kaltzeit in Sachsen. Geoprofil, Freiberg 4 (1992), S. 1–43.

Zagwijn, W. H.: Vegetation, Climate and Time Correlations in the Early Pleistocene of Europe. Geol. en Mijnbouw, N. S., s'Gravenhage 19 (1957), S. 233–244.

Günter Haase

Geotopologie und Geochorologie – Die Leipzig-Dresdener Schule der Landschaftsökologie

Die geographische Landschaftsforschung mit ihrer Untersuchung von Struktur, Funktionsweise und Dynamik des Naturraums und dessen anthropogen-technogener Überformung zu «Landschaften» (vgl. Haase u. Richter 1980) hat seit den 50er Jahren dieses Jahrhunderts eine außerordentlich rasche Entwicklung genommen. Seit Troll (1939, 1950) die Übernahme des ökologischen Forschungsansatzes in die naturwissenschaftlich ausgerichtete geographische Landschaftsforschung eingeleitet hat und ihr den Namen «Landschaftsökologie» gab, wurden die theoretisch-methodologischen Grundlagen ebenso wie die praktischen Arbeitsverfahren und -techniken entscheidend vorangetrieben.

Dabei hat sich neben dem klassischen Begriff «Landschaftsökologie» der von Troll (1970) bereits vorgeschlagene Begriff «Geoökologie» eingebürgert, in dem die Verbindung der geowissenschaftlichen (erd- und raumwissenschaftlichen) Perspektive mit der biowissenschaftlich-ökologischen deutlich zum Ausdruck kommt. Die Integration verschiedener Kompartimente und Prozesse in der «Landschaftssphäre» hat auch zu unterschiedlichen, sich aber auf den gleichen Objektbereich der irdischen Realität bezogenen Begriffen geführt. So wird der rein von den Naturkomponenten gesteuerte Bereich der Landschaft vielfach mit dem Begriff «Naturraum» belegt, während dessen anthropogen-technogene Überformung (Gestaltung) in der Kulturlandschaft kurz als «Landschaft» bezeichnet wird.

An dieser Entwicklung hatte die später als «Leipzig-Dresdener Schule» um Ernst Neef bezeichnete Gruppe von Landschaftsforschern einen hohen Anteil (vgl. Leser 1976,1992, Barsch 1992). Wesentliche Anregungen für das Landschaftsökologiekonzept sind dabei von Ernst Neef auch und gerade als Mitglied der Sächsischen Akademie der Wissenschaften zu Leipzig entwickelt worden. Er hat als Vizepräsident bzw. Sekretar der Mathematisch-naturwissenschaftlichen Klasse in der Zeit von 1960–1980 insbesondere die geo- und biowissenschaftlichen Beiträge zur Umweltforschung in der Akademie gefördert und dabei zahlreiche Vorstellungen zur Theorie und Methodologie der Landschaftsökologie und ihrer Anwendung in der landschaftsplanerischen Praxis vorgelegt. Er konnte in den 60er Jahren eine spezielle Arbeitsgruppe der Akademie in Dresden gründen, die seither wichtige Beiträge auf diesem Forschungsfeld leistet und wesentlich zum Ruf der Leipzig-Dresdener Schule der Landschaftsökologie beigetragen hat (Mannsfeld 1990).

Im folgenden werden einige Grundpositionen dieser Arbeitsrichtung dargestellt, die bis in die jüngste Zeit hinein eine vertiefende Klärung erfahren haben. Die Verbindung des Ökologie-Konzepts der Biowissenschaften mit dem Landschafts-Konzept der Physischen Geographie, wie es sich in der ersten Hälfte dieses Jahrhunderts herausgebildet hat (TROLL 1950, BOBEK u. SCHMITHÜSEN 1949, GRIGOREV 1963, NEEF 1955/56, 1967), erlaubt es, Untersuchungsobjekt und Betrachtungsperspektive der geo- und biowissenschaftlichen Landschaftsforschung klarer zu bestimmen als vorher. Diese Entwicklung hat zugleich Voraussetzungen für eine konsequentere Anwendung systemtheoretischer und kybernetischer Grundvorstellungen in der gegenwärtigen Landschaftsforschung geschaffen. SOČAVA (1974) bezeichnete diesen Prozeß als die Ablösung des «klassischen» Landschafts-Paradigmas der Mitte des 20. Jahrhunderts in der Geographie durch das System-Paradigma. Sein vorläufiger Höhepunkt ist mit der Entwicklung des Geoökosystem-Konzepts (HAASE u. RICHTER 1980, LESER 1983, LESER u. KLINK 1988) analog der Ökosystem-Konzeption in den Biowissenschaften gegeben.

Wesentlich dabei ist die Grundlegung der Landschaftsforschung durch einen ganzheitlichen, einen holistischen Ansatz, der durch die modellhaften Vorstellungen in den Arbeiten von RICHTER (1967, 1968) und von HERZ (1968) entwickelt und von NEEF sowie von der gesamten Leipzig-Dresdener Schule stets aufs neue bekräftigt worden ist (vgl. BARSCH, 1992). Das ist eine der fundamentalen Feststellungen der Landschaftsökologie und wurde in jüngster Zeit z. B. auch von NAVEH u. LIEBERMAN (1984), von FORMAN u. GODRON (1986) sowie aus der Perspektive der Ökosystemforschung von HABER (1993) aufs neue herausgestellt.

1 Struktur und Funktionsweise der Landschaft und ihres Naturraums

Die Erkundung der Landschaftsstruktur muß von eindeutigen und in ihren wesentlichen Aussagen einwandfrei reproduzierbaren Vorstellungen über Strukturen, Funktionsweise und Dynamik ihrer Objekte ausgehen. Dazu gehören sowohl Grundsätze über das Zusammenwirken der verschiedenen Geoökofaktoren innerhalb von Geoökokomplexen, ihre Beeinflussung und Gestaltung durch anthropogen-technogene Einwirkungen sowie auch Grundprinzipien über die horizontale und vertikale Gliederung des Objektes Landschaft, insbesondere ihres Naturraums.

Die Erfassung der vertikalen Gliederung des Naturraums und seiner Überprägung als Landschaft geht von den Vorstellungen vom Stockwerkbau des Naturraums aus, die vor allem von RICHTER (1980) und von NEUMEISTER (1979, 1981) gegeben worden sind. Danach besitzt die Naturlandschaft als (beliebig großer) «Ausschnitt aus der Erdhülle bzw. Geosphäre» eine sehr weitreichende vertikale Gliederung, die den komplizierten Schalenbau der Erdkruste auf der einen sowie die Schichten der Atmosphäre und des erdnahen Raumes auf der anderen Seite einbezieht (HERZ 1968). Innerhalb dieser «Sphärengliederung» und ihrer Integrationsprozesse erfaßt der intensive Berührungs- und Durchdringungsbereich von Atmosphäre und Lithosphäre nur wenige Meter bis 10er Meter beiderseits der Erdoberfläche. Das ist der Raum, in dem die Hydrosphäre, das Relief sowie Bedingungen für organisches Leben, die Existenz von Pedo- und Biosphäre gegeben und zugleich die gesellschaftlichen Aktivitäten im Rahmen der Wechselwirkung der Gesellschaft mit der Natur konzentriert sind, unabhängig davon, daß diese auch in bestimmtem Maße darüber hinaus reichen.

Ausschnitte aus dieser «Landschaftsspshäre» bzw. ihres naturräumlichen Anteils werden als Geokomplexe oder besser: Geoökokomplexe (Leser 1983) bezeichnet. Sie sind beherrscht von geophysikalisch-geochemischen Stoff- und Energieumsätzen, biologischen Stoff- und Energieumsätzen, die über physiologische Prozesse verlaufen, und von technischen Eingriffen in den Naturhaushalt, die ebenfalls über die beiden erstgenannten Prozeßgruppen wirksam werden. Im einzelnen lassen sich die Relationen im Geoökokomplex in eine Reihe spezifischer Prozeßgruppen und Umsatzformen auflösen, wie Richter (1968) am deutlichsten gezeigt hat. Prinzipiell bestehen im Geoökokomplex drei verschiedene Formen von *Wirkungsbeziehungen* (vgl. Haase u. Barsch 1977, Haase 1979):

- geophysikalisch-geochemische,
- ökologische (Organismus-Umwelt-Beziehungen) und
- technogene.

Es erscheint daher nicht zweckmäßig, die Gesamtheit der einen Geoökokomplex bestimmenden Relationen als «ökologische» zu bezeichnen, da ihnen nicht generell die mit dem Ökologie-Konzept verbundene Organismus-Umwelt-Beziehung zugrunde liegt (z. B. Ellenberg, Mayer u. Schauermann 1986). Ein großer Teil der das Wirkungsgefüge des Geoökokomplexes beherrschenden Relationen sind «geosynergetische» Beziehungen (Haase 1979), so daß die den Geoökokomplex prägende Struktur und Funktionsweise als ein «geosynergetisch-ökologisches Wirkungsgefüge» aufgefaßt werden muß, weshalb die Bezeichnung sinnvoll erscheint.

Neben der in der Literatur üblichen Behandlung dieses Wirkungsgefüges hat Neumeister (1987) eine weitere Darstellung dieses Zusammenhangs vorgeschlagen, die der Funktionsweise und der Dynamik von Geoökokomplexen noch besser gerecht wird und von allgemeinen naturwissenschaftlichen Begriffen ausgeht, die der synergetischen Betrachtungsweise in der Physik und dem ökologischen Ansatz in der Biologie besser angepaßt sind: Die Abbildung 1 weist auf drei Energiequellen des Naturhaushalts bzw. der Landschaft als Ausdruck der Wechselwirkungen zwischen Natur und Gesellschaft hin: die äußerst zeitvariable solare Energiezufuhr, die über geologische Zeiträume veränderliche tellurische Energiezufuhr und die gesellschaftliche Arbeit als bewußt eingesetzte und motivierte Energiezufuhr. Damit in Verbindung lassen sich drei unterschiedliche *Prozeßstrukturen* kennzeichnen:

- *dissipative* Prozeßstrukturen, in denen die aktiven Prozesse evolvierender Systeme innerhalb des Geoökokomplexes, die Selbstorganisation des geosynergetisch-ökologischen Wirkungsgefüges bei ständigem Energie- und Stoffaustausch mit ihrer Umgebung und die Selbsterneuerung vor allem der biotischen Kompartimente zum Ausdruck kommen;
- *gleichgewichtsnahe* Prozeßstrukturen, die den Anteil inerter Geomasse im Geoökokomplex mit «gefrorenen» Prozeßstrukturen (als «naturhistorisches» Element), die strukturbewahrenden Systemteile und damit das Bedingungsfeld für

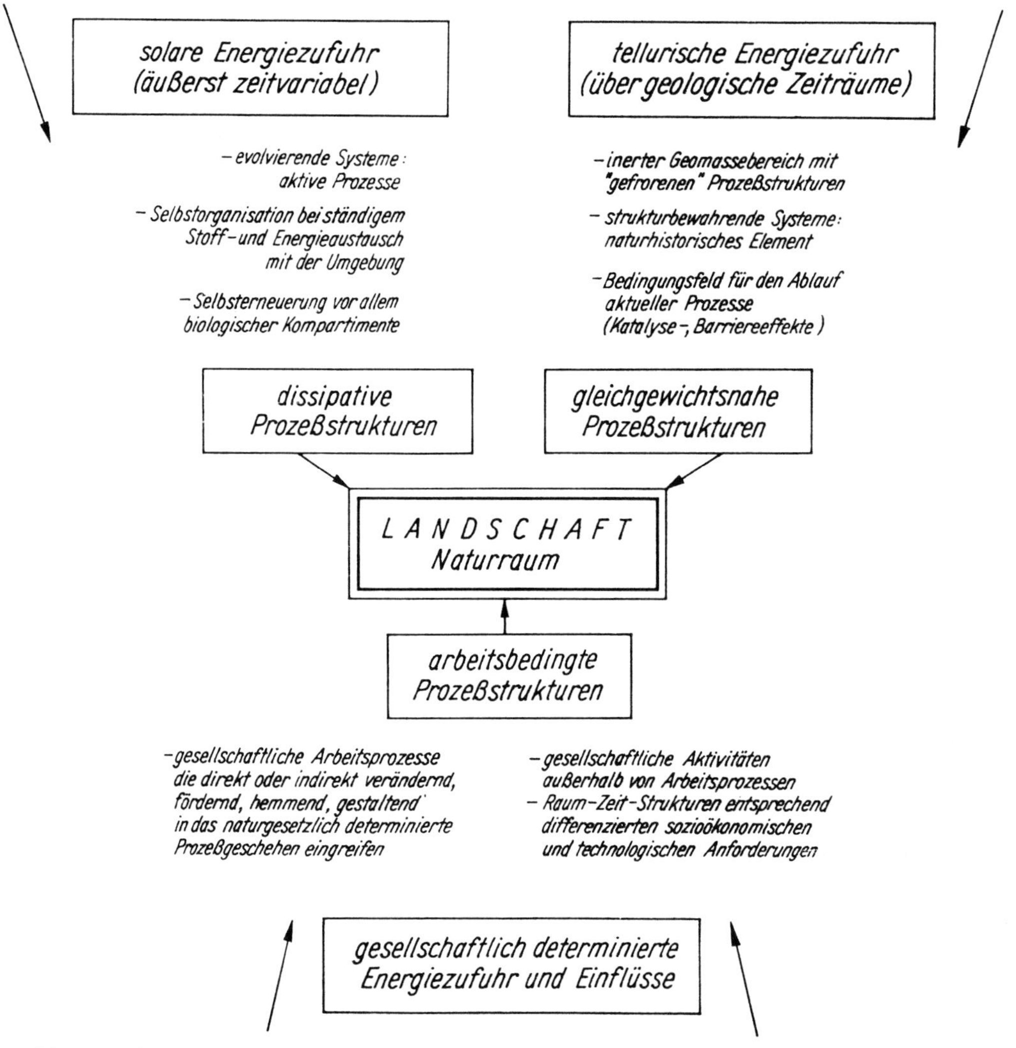

Abb. 1: Allgemeines Schema der Prozeßstrukturen im Naturraum bzw. der Landschaft (in Anlehnung an Neumeister 1987)

den Ablauf aktueller Prozesse (im Sinne von Katalyse- und Barriere-Effekten) bezeichnen, und

– *arbeitsbedingte* Prozeßstrukturen als Ausdruck gesellschaftlicher Arbeitsprozesse, die direkt oder indirekt verändernd, fördernd, hemmend, gestaltend in das naturgesetzlich determinierte Prozeßgeschehen im Geoökokomplex eingreifen und damit technisch bedingte Zeit-(Raum-)Strukturen entsprechend den sozio-ökonomischen und technologischen Anforderungen in das geosynergetisch-ökologische Wirkungsgefüge einbringen.

Geoökokomplexe werden nach den Verfahren der allgemeinen Systemtheorie vielfach als Systeme – Geosysteme, besser Geoökosysteme – interpretiert, untersucht und abgebildet. Damit sind moderne Arbeitstechniken, wie die Darstellung als Korrelations-, Prozeß- und Prozeß-Reaktionssysteme oder die graphische bzw. mathematische Modellierung, verbunden, die zu vertieften und schärfer quantifizierenden Aussagen über Geoökokomplexe führen (vgl. G. Schmidt 1979, Neumeister 1979, 1987, Aurada 1979, 1982, 1987, Klug u. Lang 1983, Mosimann 1984, Leser 1983, 1992).

Von ebenso großer Bedeutung für die theoretisch-methodologische Fundierung der Landschaftskunde war die Erkenntnis, daß die verschiedenen räumlichen Größenordnungen der Untersuchungsobjekte Untersuchungsverfahren und Darstellungsmittel erfordern. Sie führte an mehreren Forschungseinrichtungen – unabhängig voneinander – zur Formulierung einer Theorie der geographischen Dimensionen (vgl. Neef 1963, Haase 1964, Herz 1973). Daraus erwuchs die Vorstellung, daß in der Landschafts- bzw. Naturraumstruktur neben homogen zu setzenden Grundbausteinen, den topischen Raumeinheiten, vor allem heterogene, aus Verbänden topischer Bausteine bestehende Raumeinheiten veschiedener Größenordnung und Ausstattung existieren. Die Entwicklung der Geotopologie auf der einen und der Geochorologie auf der anderen Seite als tragenden Fundamenten der Landschaftsökologie neben der Behandlung regionischer Raumstrukturen gehört zu den bedeutenden Fortschritten in der Geographie der letzten beiden Jahrzehnte.

Die Theorie der geographischen Dimensionen erweist sich als eine zweckmäßige Klammer für die subtile, vornehmlich induktive und auf die Erfassung des Naturhaushalts orientierte Arbeitsweise. Die Geotopologie gibt mit der Hinwendung der geo-biowissenschaftlichen Landschaftsforschung zu vertieften empirischen Forschungsarbeiten im Gelände, an stationären Meßplätzen und im Laboratorium einen festen theoretischen Rahmen (Mosimann 1984). Während in der Geotopologie vor allem mit Hilfe von Feld- und Laborexperimenten sowie umfangreichen Beobachtungen, Messungen und Registrierungen, aber auch einzelnen Testkartierungen versucht wird, die Funktionsweise der in topischen Raumeinheiten verbundenen Kompartimente und deren prozessuale Verknüpfung zu erkennen, erhalten in der Geochorologie neben einzelnen Testgebietsuntersuchungen die groß- und mittelmaßstäbigen Kartierungen und Geofernerkundungsmethoden größeres Gewicht. Dabei spielen in beiden Arbeitsbereichen die Folgewirkungen anthropogen-technogener Einwirkungen auf den Naturraum und damit verbundene Veränderungen der Landschaftsstruktur eine besondere Rolle. Das Ziel ist, daraus Ansatzpunkte für die Regelung, Steuerung und Kontrolle solcher Prozesse zu gewinnen, die für die Anwendung und Beherrschung landeskultureller Maßnahmen von Bedeutung sind (Haase u. Richter 1980).

Im folgenden sollen die wichtigsten Aussagen dazu, vor allem zur Geotopologie und zur Geochorologie, zusammenfassend dargestellt werden, da sie einige der wesentlichen Aussagebereiche der Leipzig-Dresdener Schule der Landschaftsökologie enthalten.

2 Horizontale Strukturierung und Gliederung der Naturlandschaft in der geotopologischen Dimension

Für die Kennzeichnung und Abgrenzung einzelner, individueller Naturraumeinheiten als Repräsentanten der Landschaft sowie die Bestimmung der Kartierungseinheiten in Naturraumkarten der topischen Dimension ist die horizontale Gliederung des naturräumlichen Hauptstockwerks ausschlaggebend. Zahlreiche Einzelstudien haben die bereits in den 60er Jahren entwickelten Vorstellungen weiter vertieft, so daß gegenwärtig eine theoretisch hinreichend fundierte und weitgehend einheitlich angewendete methodische Grundlage vorliegt. Als ihre wesentlichsten Aussagen gelten:

1. Die horizontale Strukturierung des Naturraums gründet sich auf der Tatsache, daß innerhalb des «von Ort zu Ort variierenden Kontinuums der Landschaftssphäre» deutlich Stetigkeitsbereiche in der Werteverteilung einzelner Eigenschaften hervortreten, die von Grenzsäumen mit diskontinuierlicher und sich auf kleinem Raum verändernder Werteverteilung umgrenzt werden. Neef, Schmidt und Lauckner (1961), Haase (1963) und die forstliche Standortkartierung (Kopp 1969) leiteten aus den Erfahrungen mehrjähriger Feldarbeit und großmaßstäbiger Kartierungen die Grundlage für die Geotopologie ab. Auf diesen Erkenntnissen aufbauend, formulierte Herz (1975, 1980, 1994) das Arealprinzip der Struktur der Landschaftssphäre und des Naturraums.

2. Alle Raumeinheiten in der Landschaftssphäre (vor allem die naturräumlichen) besitzen die Eigenschaften eines «Areals». Nach Herz u. a. (1975) sind *Areale*

- Bereiche spezifischer Werteverteilung von Merkmalen innerhalb einer kontinuierlich variierenden Sphäre, und zwar
- Bereiche mit einheitlicher, von der Umgebung verschiedener Werteverteilung.
- Als einheitlicher Wertebereich wird jede einheitliche Anordnungsform eines Wertegefälles betrachtet ohne Rücksicht auf die absoluten oder relativen Wertespannen, die dabei auftreten. Landschaftliche bzw. naturräumliche Areale sind dementsprechend homogene Ausschnitte aus der jeweiligen Sphäre in bezug auf die Werteverteilung von Merkmalen, nicht nur im Hinblick auf einzelne Meßwerte an Meßpunkten. Als Grenzräume werden die zwischen Arealen vermittelnden Bereiche mit einer bestimmten Veränderung der Werteverteilung, vor allem mit diskontinuierlicher Werteverteilung, aufgefaßt.

3. Eines der wichtigsten Ergebnisse verschiedener landschaftsanalytischer Regionalstudien war die Herausarbeitung charakteristischer Merkmalskombinationen hinsichtlich der einzelnen Geoökofaktoren oder Geokompartimente sowie ihrer Beurteilung nach Nutzungseignung und -begrenzung (vgl. Haase 1964, 1967, R. Schmidt 1965, Barsch 1969 u. a.). Daraus leitete Herz (1984) das Korrelationsprinzip der Landschaftssphäre ab, welches besagt, daß bei Arealübereinstimmung von Merkmalen verschiedener Kategorie (unterschiedlicher Geokomponenten, Geoelemente, Geoökofaktoren) – die von der Arealidentität bis zur einfachen Lage- und Formtreue der Areale reichen kann – ein straffer Zusammenhang zwischen den betreffenden Merkmalen besteht.

Diese korrelaten Merkmale konstituieren als mehrfache Merkmalskombination den Typ eines Geoökokomplexes, eine Geoökokomplexform oder kurz: Geoform. In der Regel wird eine solche Geoform durch die Verknüpfung zahlreicher Eigenschaften an Beobachtungs- bzw. Meßplätzen (Standorten, Tesserae) erkannt und einem Typ zugeordnet. Nach dem Arealprinzip gilt die damit beschriebene Merkmalskombination als Inhalt bzw. als Ausstattung eines spezifischen Wertefeldes, also einer Raumeinheit.

4. Im Begriff der Merkmalskombination kommt die ganzheitliche (holistische) Grundperspektive der Landschaftsökologie am deutlichsten zum Ausdruck. So wie die modellhaften Darstellungen der Landschaft von RICHTER (1967), HERZ (1968), HAASE u. BARSCH (1977) oder LESER u. KLINK (1988) ausweisen, sind alle Geoökofaktoren als gleichberechtigte Komponenten (Merkmale) im Geoökokomplex zu betrachten. Dabei ist nicht nur eine «klassische» Geokomponenten-Gliederung anzuwenden, sondern die Dynamik eines Ausschnitts aus landschaftskennzeichnenden Integrationsprozessen und ihren Merkmalen, sowohl von «geoökologischen Strukturgrößen» als auch von «Prozeßgrößen» (nach LESER u. KLINK 1988) sowie auch alle anthropogen-technischen Wirkungen von Eingriffen in den Naturhaushalt zu zeigen. Die ausführlicheren Modelle der Naturlandschaft von MOSIMANN (1984), KLUG u. LANG (1983) und LESER (1992) bringen den Umfang einer landschaftsökologischen Merkmalskombination deutlich zum Ausdruck. Daraus wird ebenso klar, daß die Zusammenführung der Kompartimente und Geoökofaktoren zunächst über komplexe und komplizierte individuelle Typen erfolgen muß, bevor eine areale («metrische», vgl. HERZ u. a. 1975) Werteverteilung dieser Typeneigenschaften entwickelt werden kann. Damit soll die ganzheitliche systemare Betrachtungsweise angedeutet werden, die mit der alleinigen komponenten- oder geoelementbezogenen Werteverteilung bei weitem noch nicht erreicht wird.

In der Abbildung 2 sind wichtige Aussagen zur Erfassung und typenhaften Zusammenführung der Merkmalskombinationen von Geoökokomplexen dargestellt. Es ist ein kompliziertes Verfahren notwendig, um aus den einzelnen, an Meßpunkten bzw. Tesserae gewonnenen Merkmalsdaten die Typenbildung und danach die flächenhafte Ausgrenzung von Grundbausteinen der Landschaft bzw. des Naturraums zu gewinnen.

Aus diesen Ergebnissen leitet sich ab, daß Ranggleichheit der verwendeten Merkmale und deren Bedeutung für die Beschreibung der jeweiligen Merkmalskombination für unterschiedliche Größenordnungen von Naturräumen zu verschiedenen Merkmalsgruppierungen führt. Für Geoökotope und Geochoren unterschiedlicher Rangstufe (vgl. Abschnitt 4) gelten daher verschiedene kennzeichnende Merkmale.

5. Die Anwendung des Areal- und des Korrelationsprinzips bei der Erfassung der Arealstruktur von Naturräumen, also der Naturraumkartierung, erfordert eine befriedigende Bestimmung der geosynergetisch-ökologischen Homogenität von Ausschnitten aus der Landschaftssphäre bzw. ihrer naturräumlichen Teilstruktur. Im Terminologie-Entwurf (1973) wird geosynergetisch-ökologische Homogenität als Ausdruck für die Gleichwertigkeit der definierten Bedingungen (Merkmalskombination) in einer Flächeneinheit festgelegt. Geosynergetisch-ökologische Homogenität ist damit abhängig von der Streubreite (Toleranz) der Werteverteilung einer Merk-

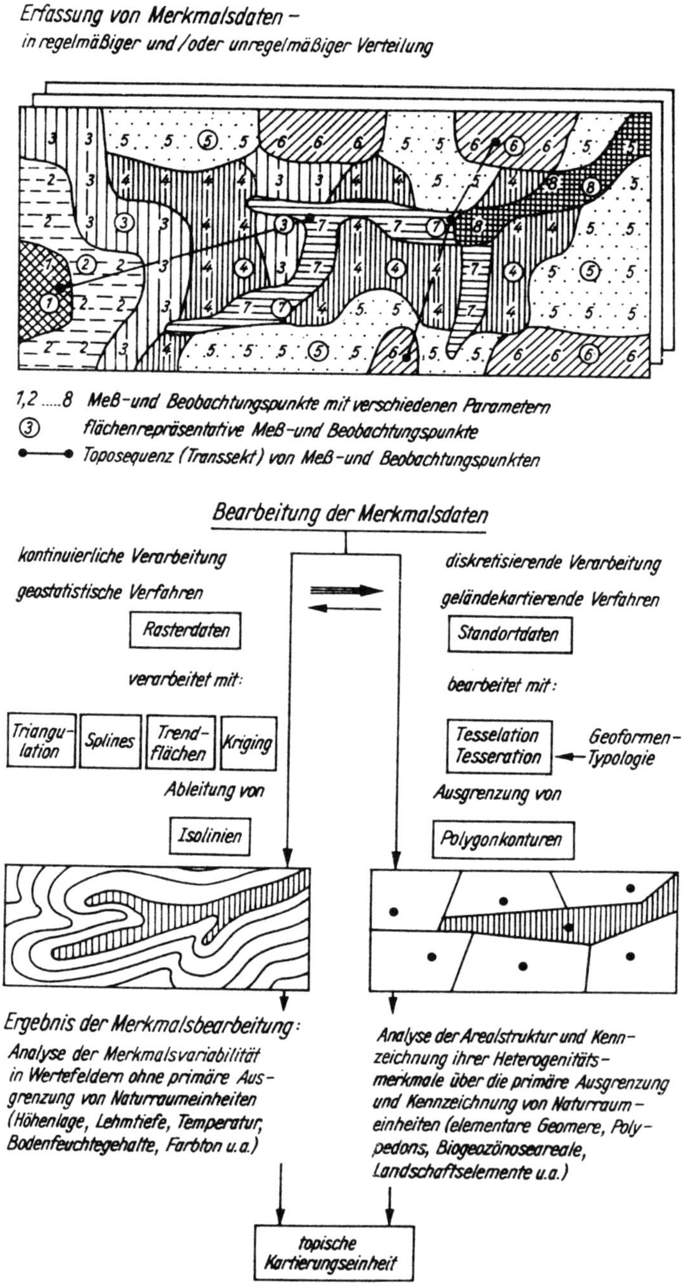

Abb. 2: Ableitung von geotopologischen Arealen aus Werteverteilungen

malskombination, die einen Geoökokomplex kennzeichnet. Daraus ergibt sich eine enge Wechselwirkung zwischen der Typenordnung bzw. Klassifikation von Geoökokomplexen und der Bestimmung der Homogenitätsbedingungen in der Landschaftsanalyse (HAASE 1979, HERZ u. a. 1980).

Aus diesen Grundvorstellungen leiten sich – nach im allgemeinen übereinstimmend formulierten Konventionen (vgl. HAASE 1979) – die topischen Naturraumeinheiten, die Geoökotope, als quasihomogene (homogen gesetzte) Grundeinheiten der horizontalen Gliederung, der Arealstruktur des Naturraums ab. Ihre Eigenschaften werden von Ausstattungstypen der topischen Dimension, den Geoformen, wiedergegeben. Zusammenfassend sind die Prinzipien der Arealstrukturanalyse in Abbildung 2 dargestellt.

Geoökotope werden nach dem Maßstab der gesellschaftlichen Nutzung der Landschaft bei großmaßstäbigen Naturraumerkundungen nicht weiter unterteilt. Dieser Zweckmäßigkeitsgrundsatz (NEEF 1955/56, HAASE 1967) beruht auf der Erfahrung, daß kleinere naturräumliche Strukturen weder bei der Landnutzung noch bei landeskulturellen Maßnahmen – von Sonderfällen abgesehen – beachtet werden. Die Untergrenze topischer Naturraumeinheiten liegt nach Erfahrungswerten bei 0,5 bis 1 ha (HAASE 1967).

3 Zur Gliederung der Naturlandschaft in der geochorologischen Dimension

Die Entwicklung der großmaßstäbigen Naturraumerkundung führte bereits in den 60er Jahren zu hinreichend belegten Vorstellungen über Naturraumeinheiten, die als Verbände bzw. Mosaike von topischen Grundeinheiten aufgefaßt werden können (NEEF 1963, HAASE 1964, BARSCH 1969).

Das wesentlichste Merkmal dieser Geochoren (eigentlich: Geoökochoren) ist ihre heterogene innere Struktur, bezogen auf die Gliederung in Tope und die Kennzeichnung durch Geoformen, sowie ihre deutliche Unterscheidbarkeit von benachbarten Arealen vergleichbarer Rang- und Größenordnung, bezogen auf das Inventar an Topen und deren Anordnungsmuster. Die Eigenschaften chorischer Naturraumeinheiten ergeben sich sowohl aus der Vergesellschaftung einer bestimmten Menge topischer Merkmalskombinationen (Geoformen), aus der sich die Ausstattung von Geochoren ableitet, als auch aus den Lagebeziehungen und der Anordnung der Tope, welche ihre Arealstruktur bestimmen (vgl. Abb. 3).

Beide Struktureigenschaften von Geochoren werden unter dem Begriff «Gefüge» zusammengefaßt; Geochoren sind stets Topgefüge (Topmosaike): Die Erkundung von Geochoren geht deshalb vornehmlich von der Analyse der Assoziierung (oder Aggregierung) von Topen zu höherrangigen chorischen Naturraumeinheiten aus (Assoziierungsprinzip, auch Gefügeprinzip bei HERZ u. a. 1975). Das schließt nicht aus, Geochoren bis zu einem gewissen Detaillierungsgrad auch deduktiv aus allgemein vorliegenden Unterlagen und Komponentenbearbeitungen abzuleiten und zu kennzeichnen, wobei die Verfahren der naturräumlichen Gliederung konsequent

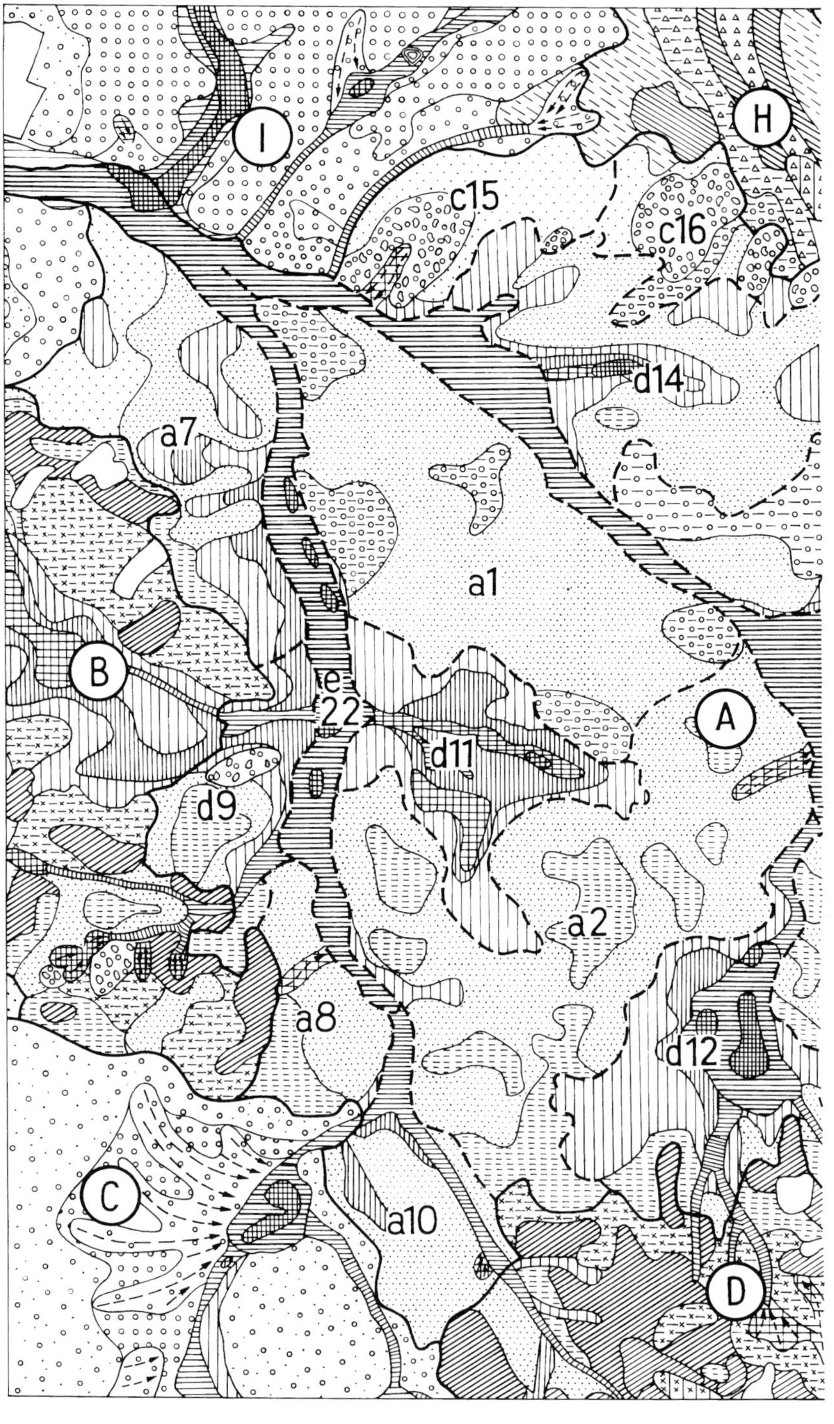

I
H
c15
c16
d14
a7
a1
B
e
22
A
d11
d9
a2
a8
d12
C
a10
D

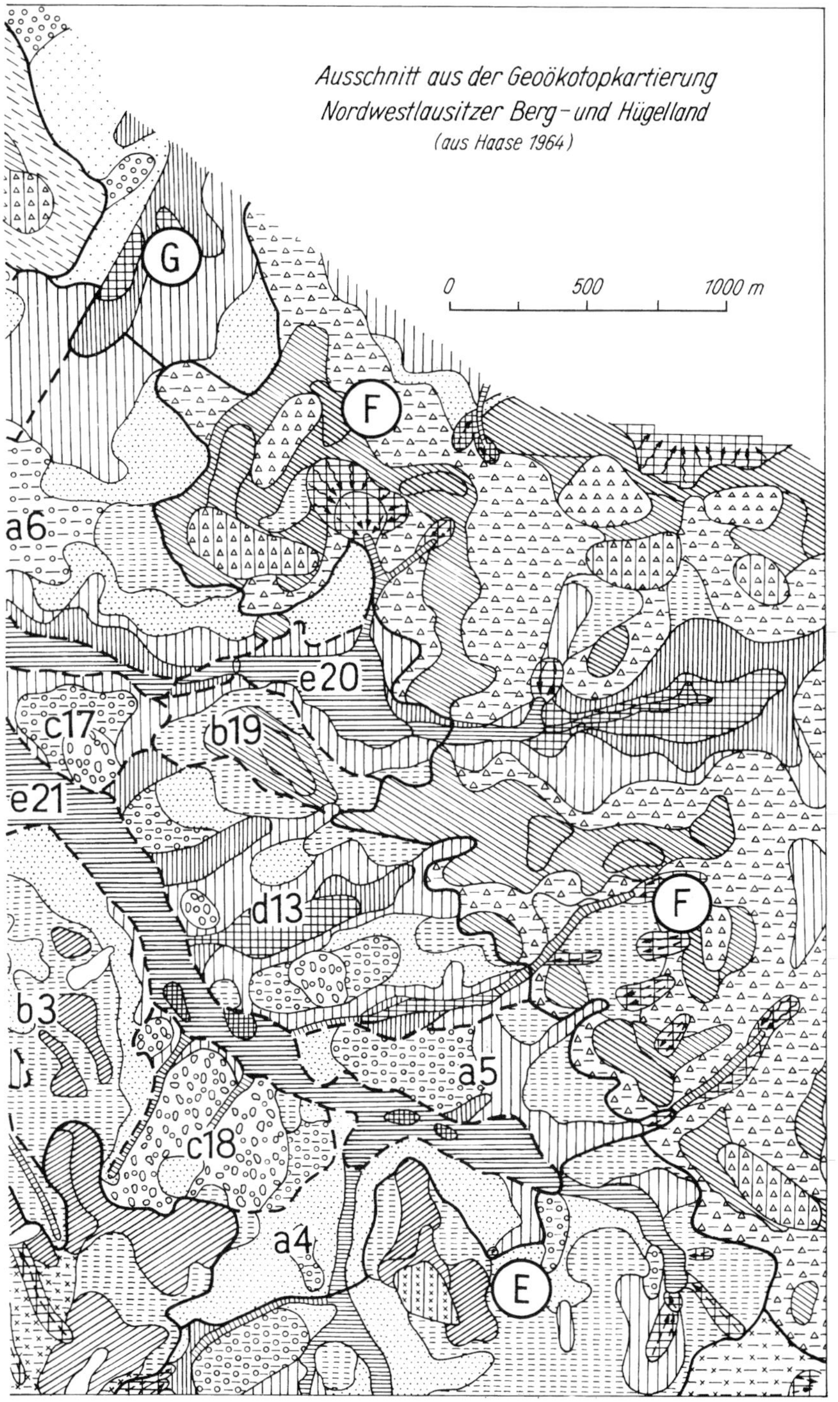

Abb. 3: Ausgrenzung von Nano- und Mesogeochoren auf topologischer Grundlage (nach HAASE 1964)

angewendet werden müssen (vgl. dazu Richter 1967, Richter u. Barsch 1974, 1978).

Die reproduzierbare Abgrenzung von Geochoren und das weitgehende Ausschalten subjektiver Kriterien bei der Naturraumkartierung im chorischen Bereich war lange Zeit durch Unklarheiten und z. T. kontrovers geführte Diskussionen gekennzeichnet. Die von Haase (1964) vorgeschlagenen Ordnungsregeln genügten den Anforderungen an ein Kartierungsverfahren, das reproduzierbare Ergebnisse sicherte, noch nicht. Eine straffere Fassung der *Inhaltsmerkmale von Geochoren* fördert deren objektivierte Abgrenzung wesentlich. Als allgemein gültige Regeln können deshalb formuliert werden:

- Geochoren besitzen ein von ihrer Nachbarschaft unterschiedliches und nach bestimmten Konventionen klar abgrenzbares Gefüge.
- Geochorengrenzen ergeben sich dort, wo sich benachbarte Tope (oder Topgefüge niederer Ordnung) im Inventar weder ähneln noch im Sinne dynamisch-genetischer Gruppierungen ergänzen und sich auch keine regelhaften Anordnungsmuster zu benachbarten Topen oder Topgefügen erkennen lassen.
- Solche Grenzen oder Grenzsäume werden dort gebildet, wo sich – innerhalb des kontinuierlichen horizontalen Zusammenhangs der Naturraumstruktur – nicht nur einzelne, sondern eine Reihe von Eigenschaften des Naturraums mehr oder minder stark verändern.
- Derartige Grenzsäume verweisen auf Bereiche geringer aktueller oder reliktischer dynamischer Beziehungen zwischen Topen. Invariante Merkmale des Naturraums sind für die Bestimmung solcher Bereiche daher von besonderem Gewicht.

Die Erfahrungen der geochorologischen Naturraumerkundung verweisen darauf, daß die Herausbildung eines von seiner Umgebung verschiedenen, in seiner inneren arealen Struktur nach bestimmten Regeln geordneten Gefüges von Geotopen vor allem auf landschaftsgenetische Ursachen bzw. Ursachenkomplexe zurückzuführen ist. Landschaftsgenetische Strukturen bedingen in vielen Fällen auch die räumliche Anordnung und die Intensität von aktuellen dynamischen Beziehungen zwischen benachbarten Geotopen, so daß ihnen ein höheres Gewicht bei der Ausgliederung und der Typisierung von Geochoren zukommt.

Dabei sind solche Fälle selten, wo nur ein (dominanter) landschaftsgenetischer Vorgang die wesentlichen Gefügemerkmale geschaffen hat. Derartige monogenetische chorische Gefüge weisen eine nahezu vollständige Übereinstimmung der aktuellen dynamischen Beziehungen zwischen den Topen mit den landschaftsgenetischen Formen auf und sind im jungpleistozän (spätweichselzeitlich) geprägten Tiefland NO-Deutschlands häufig anzutreffen. In allen anderen Gebieten bedingt die mehrzyklische und polygenetische Landschaftsentwicklung, daß in der Ausstattung von Choren ein Nebeneinander von mehr oder minder reliktischen und aktuell wirksamen Beziehungen im Haushalt der benachbarten oder verketteten Geotope vorkommt. Diese Choren werden dann mit Hilfe eines landschaftsgenetisch-dynamischen «Integrals» über mehrere Ursachenkomplexe gekennzeichnet (Neumeister 1966, Haase 1967).

4 Ordnungsstufen chorischer Naturraumeinheiten

Die Ergebnisse der geochorologischen Landschaftsanalyse bzw. Naturraumerkundung haben gezeigt, daß mehrere Ordnungsstufen (Dimensionsstufen) von Geochoren unterschieden werden können. Dabei wurden seit der grundlegenden Arbeit von NEEF (1963) über die geochorologische Arbeitsweise und das erste Kartierungsbeispiel von HAASE (1964) die Mikrochoren als unterste Rangstufe chorischer Naturraumeinheiten angesehen.

Die bereits von PAFFEN (1953), NEEF (1963) und HAASE (1967) gegebenen Hinweise auf die zu vermutende Untergliederung der Mikrochoren in elementare Geotopgefüge und bereits stärker heterogene, aus solchen elementaren Gefügen zusammengesetzte Mosaike wurden zunächst nicht aufgegriffen. Erst in den 70er Jahren erhielten diese Vorstellungen in der Leipzig-Dresdener Schule der Landschaftsökologie durch weitere Detailuntersuchungen und vor allem durch Beispielskartierungen mehr Gewicht. So wurden Begriffe wie «Physiotopgefüge», «Ökotopgefüge» und «Standortgefüge» vorgeschlagen (BARSCH 1969, I. SCHMIDT 1970, R. SCHMIDT 1973, u. a.). Bereits 1974 konnte als Arbeitshypothese die selbständige Existenz zweier rangunterschiedener chorischer Naturraumeinheiten im Bereich der bisherigen Mikrochore festgestellt werden.

Für Geochoren der untersten Ordnungsstufe wurde der an die eingeführte Bezeichnungsweise angelehnte Begriff «Nanochore» (HAASE 1974) festgelegt. «Mikrochoren» sind demzufolge die im hierarchischen Aufbau der Naturraumgliederung nächstfolgende höhere Ordnungsstufe (vgl. Abb. 4). Für die oberen Rangstufen der chorischen Dimension von Naturräumen wurden die bereits von NEEF (1963) geprägten Begriffe «Mesochore» und «Makrochore» beibehalten.

4.1 Nanogeochoren

Nanogeochoren (kurz: Nanochoren) sind heterogen zusammengesetzte Naturraumeinheiten mit den einfachsten Gefügemerkmalen. Als ihre wichtigsten Kennzeichen gelten:

1. Nanochoren stellen Verbände (Mosaike) mit einer sehr begrenzten Menge an topischen Grundeinheiten und diesen entsprechenden korrelativen Merkmalskombinationen (Geoformen) dar. Sie sind elementare Kombinationen von Topen und damit die Grundeinheiten der chorischen Gliederung des Naturraums. Nach den vorliegenden Kartierungserfahrungen enthalten Nanogeochoren im Durchschnitt 3 bis 6 verschiedene Geoformen und setzen sich aus 4 bis 10 einzelnen Geoökotopen zusammen.

2. Nanochoren besitzen ein einfach gebautes Anordnungsmuster der Geoökotope, das einer bestimmten Form der Verkoppelung der Geotope, einem Kopplungstyp zugeordnet werden kann. Diese arealstrukturelle Eigenschaft wird in der Literatur vielfach auch als «Gefügestil» bezeichnet, der sich zu «Gefügetypen» ordnen läßt (vgl. Abb. 5).

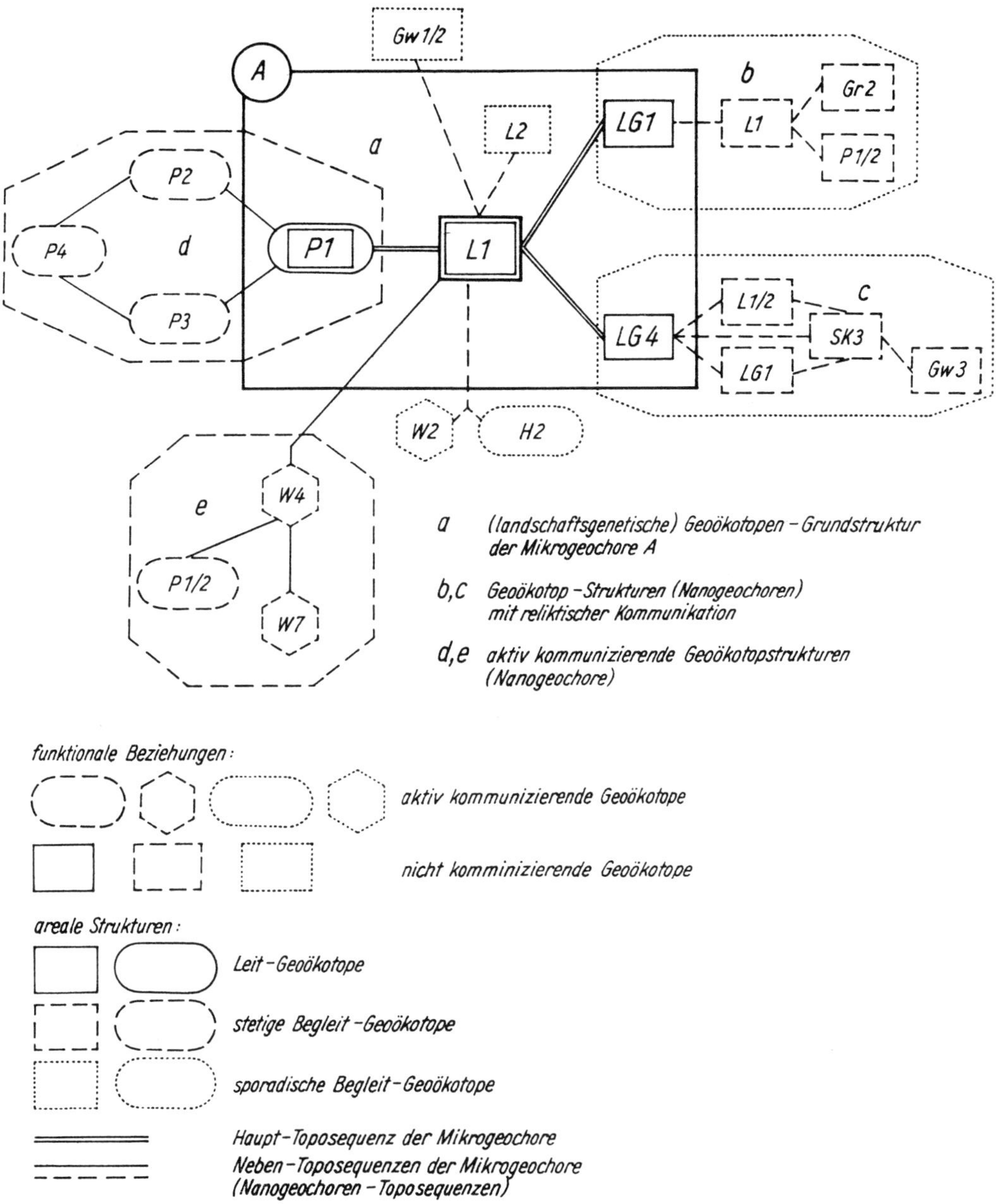

Abb. 4: Schema der Arealstruktur von Mikro- und Nanogeochoren, bezogen auf den Kartenausschnitt in Abb. 4 (nach HAASE u. a. 1990)

Abb. 5: Kopplungseigenschaften von Geoökotopen in Nanogeochoren (nach G. Haase, R. Schmidt, H. Kugler, H. Barsch)

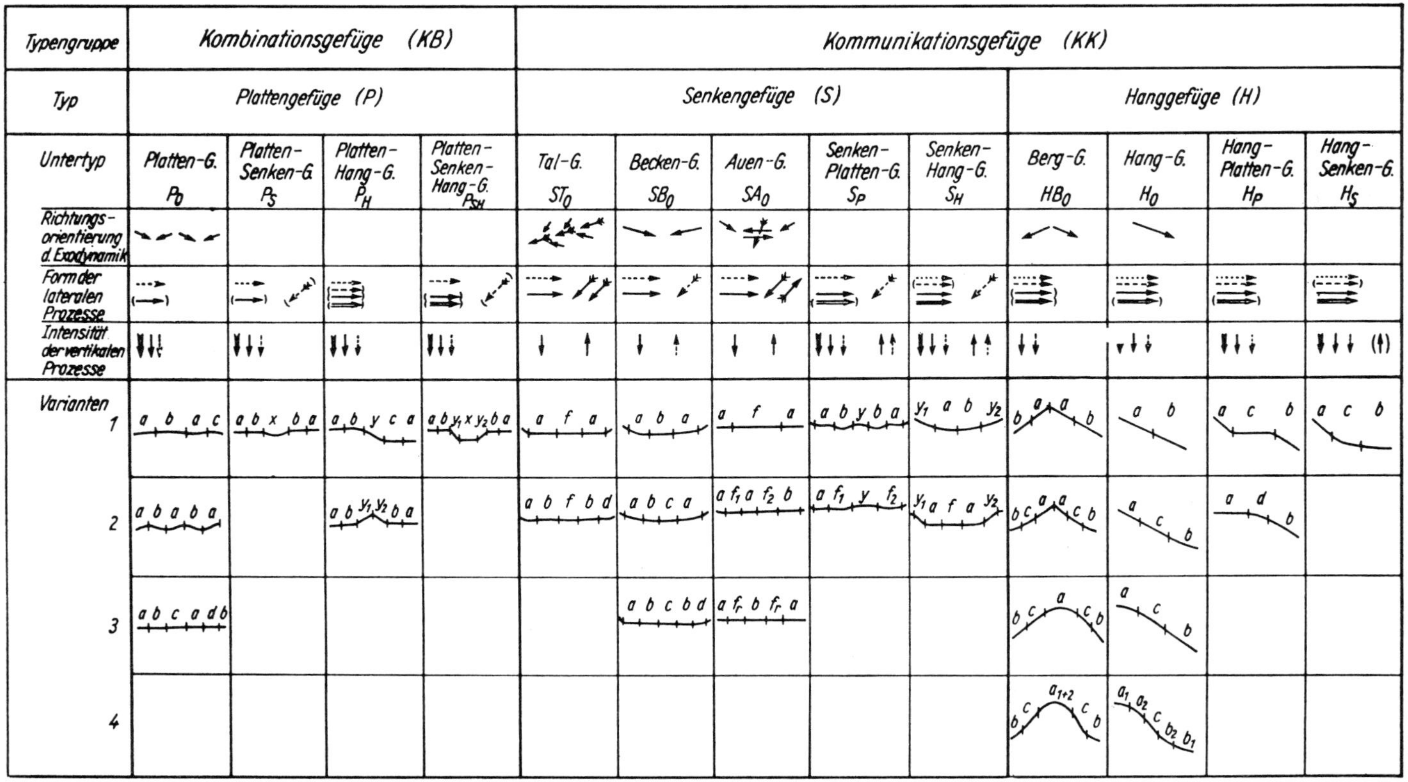
Typengruppe
Kombinationsgefüge (KB)
Kommunikationsgefüge (KK)
Typ
Plattengefüge (P)
Senkengefüge (S)
Hanggefüge (H)
Untertyp
Platten-G. P_0
Platten-Senken-G. P_S
Platten-Hang-G. P_H
Platten-Senken-Hang-G. P_{SH}
Tal-G. ST_0
Becken-G. SB_0
Auen-G. SA_0
Senken-Platten-G. S_P
Senken-Hang-G. S_H
Berg-G. HB_0
Hang-G. H_0
Hang-Platten-G. H_P
Hang-Senken-G. H_S
Richtungsorientierung d. Exodynamik
Form der lateralen Prozesse
Intensität der vertikalen Prozesse
Varianten
1
2
3
4

Mit der Angabe ihrer Kopplungseigenschaften erfolgt eine wichtige Information über das (mögliche) Nachbarschaftsverhalten und damit über die dynamischen Beziehungen innerhalb von Nanochoren. Topgefüge mit betont kommunizierender Verkopplung ihrer Elemente (im Sinne von RICHTER 1968) heben sich durch enge innere dynamische Verflechtungen von ihrer Umgebung ab. Das gilt vor allem für aktuell wirksame laterale Verflechtungen und solche, die nach technischen Eingriffen verändert, aber wieder regenerierbar sind (z. B. nach Meliorationen landwirtschaftlich genutzter Nanochoren). Reliktische dynamische Verflechtungen deuten auf die landschaftsgenetischen Ursachen der heute erkennbaren Kopplungseigenschaften von Topen hin.

Andere Nanochoren sind nur durch die Lageposition ihrer Tope als Gefüge zu kennzeichnen, weil ihre Bausteine vor allem vertikale dynamische Beziehungen und nur sehr geringe laterale Verknüpfungen aufweisen. Diese Nanochoren lassen sich zumeist auf Prozesse in der Landschaftsgenese zurückführen, die das Nachbarschaftsverhalten der Tope erklären.

Die Kennzeichnung von Nanogeochoren erfolgt deshalb vorrangig mit *Leitmerkmalen* wie

- der Geoformen- bzw. der Geoökotop-Kombination,
- der im Verband (Mosaik) auftretenden Leit- und Begleit-Geoformen bzw. -Geoökotope und
- dem Kopplungstyp der Geoökotope (einschließlich dessen Untergliederung).

Nanogeochoren haben sich bei verschiedenartigen Interpretationen als geeignete Naturraumeinheiten für die Bestimmung von Potentialeigenschaften und Eignungskriterien sowie die Bemessung von Behandlungsrichtwerten erwiesen. Die einfache, stets überschaubare Verknüpfung der topischen Einheiten in Nanochoren erleichtert und ermöglicht in vielen Fällen erst die Untersuchung, Quantifizierung und Modellierung chorischer Zusammenhänge über eine gezielt angesetzte chorische Prozeßforschung, die zur Bestimmung von Belastungsgraden sowie der Belastbarkeit von nanochorichen Gefügen führt, aber auch deren Tragfähigkeit für Nutzungsänderungen und –intensivierungen erkennen läßt. Das gilt vor allem für die Einschätzung der landwirtschaftlichen Standortbedingungen und die Planung bzw. Grobprojektierung von Meliorationsmaßnahmen.

4.2 Mikrogeochoren

Mikrogeochoren (kurz: Mikrochoren) sind im Vergleich zu Nanochoren höher assoziierte Verbände (Mosaike) von topischen Grundeinheiten des Naturraums. Sie vereinigen mehrere Nanogeochoren nach bestimmten Vernetzungsregeln und bilden sowohl nach dem Inventar umfangreichere als auch nach dem Anordnungsmuster vielfältiger gestaltete Topgefüge (vgl. Tabelle). Mikrochoren vereinigen entweder (nach R. SCHMIDT 1973)

- benachbarte und im Inventar ähnliche Nanochoren und Geotope,
- benachbarte und sich im Inventar ergänzende Nanochoren und Geotope oder

Tabelle: Ordnungsstufen chorischer Naturraumeinheiten nach Inventar, Strukturmerkmalen und Ausgrenzungskriterien (nach SCHMIDT, R. 1984, HAASE 1985)

Ordnungsstufe	Inventarbreite			Strukturmerkmale	Ausgrenzungskriterien
	Tope	Nanochoren	Mikrochoren		
Nanochore	5	–	–	• Top-Kombination • Kopplungstyp • Verbreitungsmuster der Tope	• geosynergetisch-ökologische Kombinationen und Ähnlichkeiten • aktuell-dynamische Prozesse
Mikrochore	12	3–4	–	• Top-Vergesellschaftung • Nanochoren-Kombination • einheitlicher Vernetzungstyp mit charakteristischem Anordnungsmuster	• Gefüge mit Ähnlichkeitsreihen und Gegensatzgruppen • landschaftsgenetische Zusammenhänge (einheitlicher Baustil, der das Relief-/Substratmuster und die Entwässerung prägt) • Grenzsäume mit minimalen Konfinitätsgraden
Mesochore unterer Ordnungsstufe	30	10–15	6	• Mikrochoren-Kombination bzw. Top-Vergesellschaftung mit deutlichen Leit-Geoformen • räumliche Gruppierung von Geochoren unterer Rangstufen	• Strukturkombination mit Ähnlichkeits- und Gegensatzgruppen • Proportionen und Amplituden dominanter Geokomplexe bzw. von Geokomponenten • landschftagenetisch bedingte geosynergetisch-ökologische Verwandtschaft in einigen wesentlichen Parametern
Mesochore oberer Ordnungsstufe	30–40	15–20	10–20	• Mikrochoren-Inventar mit dominanten (normhaften) Leit-Geoformen • räumliche Gruppierung von Geochoren unterer Rangstufen • räumlich geschlossene Kombination von Mesochoren unterer Ordnungsstufe	• oroklimatisch-morphogenetisch übergreifende Strukturierung • darin stark differenzierte Strukturkombination mit Ähnlichkeits- und Gegensatzgruppen • innere und äußere Lagebeziehungen

- benachbarte, im Inventar aber verschiedenartige, doch im Anordnungsmuster regelhaft verknüpfte Nanochoren und Geotope.

Die Haupteigenschaften von Mikrochoren lassen sich in den folgenden Punkten zusammenfassen:
1. Mikrochoren stellen Verbände (Mosaike) von topischen Grundeinheiten des Naturraums dar, die durch eine charakteristische Kombination von Nanochoren ebenso wie durch eine typische Vergesellschaftung zahlreicher Geoformen bzw. Geotope bestimmt werden können. Die *Ausstattung der Mikrochoren* wird durch das Inventar an Nanochoren und die entsprechende Geotop-Gesellschaft gekennzeichnet.
Nach R. SCHMIDT (1984) können z. B. unterschieden werden:

- Mikrochoren, die durch die Dominanz eines Nanochoren-Typs mit flächenhaft untergeordneten Begleittypen geprägt sind und daher ein begrenztes Geformen-Inventar aufweisen («homomorphe» Mikrochoren);
- Mikrochoren, die durch 2 bis 3 strukturell ähnliche Nanochoren-Typen bestimmt werden und deshalb ein ebenso begrenztes Geoformen-Inventar besitzen («mäßig heteromorphe» Mikrochoren);
- Mikrochoren, die durch 2 oder mehrere strukturell kontrastierende Nanochoren-Typen gekennzeichnet sind und ein breites Geoformen-Inventar haben («stark heteromorphe kontrastreiche» Mikrochoren);
- Mikrochoren, die 3 oder mehr Nanochoren-Typen aufweisen und deren Inventarglieder sowohl der Nanochoren-Kombination als auch der Geotop-Gesellschaft z. T. austauschbar sind; sie enthalten deshalb ein sehr breites Geoformen-Inventar mit mehreren «Gegensatzgruppen» («stark heteromorphe inventarbreite» Mikrochoren).

Nach den bisherigen Erfahrungen bei der Ableitung von Mikrochoren aus geotopologischen Kartierungen bilden 10 bis 20 Nanochoren-Individuen (Schwankungsbreite: 5–30), die 3 bis 5 Nanochoren-Typen angehören, eine mäßig bis stark heteromorphe Mikrochore. Homomorphe Mikrochoren sind demgegenüber viel einfacher zusammengesetzt; es gibt sogar Fälle, wo nur wenige, flächenmäßig große Nanochoren, die einem einzigen Nanochoren-Typ angehören, bereits eine Mikrochore bilden. Geoökotop-Gesellschaften von Mikrochoren werden im Durchschnitt aus 80 bis 100 Individuen zusammengesetzt (Schwankungsbreite: 30 bis >200), die im Mittel 12 bis 15 verschiedenen Geoformen angehören.

Die Flächengrößen der Mikrochoren sind regional offenbar deutlich verschieden. Im pleistozän bestimmten Tiefland kommen Mikrochoren mit Flächen über 100 km^2 vor. Innerhalb des Hügellandes und des unteren Berglandes sind – zumindest im Osten und der Mitte Deutschlands – über 80 % aller Mikrochoren kleiner als 20 km^2. Im Mittelgebirge ist hingegen ein Wechsel kleinerer Raumeinheiten (<10 km^2) mit größeren Arealen (25–40 km^2) charakteristisch. Die kleinsten Mikrochoren besitzen aber in allen Naturregionen Werte um 2 km^2.

2. Mikrochoren besitzen ein – im Vergleich zu Nanochoren – bedeutend breiteres Inventar an Geoformen, das nicht mehr in allen Fällen durch quantitative Parameter gekennzeichnet werden kann. Neben Summen- und Mittelwerten oder auch

Extremwerten sind die Merkmale der Geoformen-Gesellschaften wie auch des Inventars an Geoökotopen vor allem durch die Leittypen zu beschreiben, die das mikrochorische Topgefüge bestimmen.

Im allgemeinen genügen dafür 1 bis 2 Leittypen, nur in komplizierter gebauten Mikrochoren werden 3 oder noch mehr Leittypen benötigt. Diese sind durch stetige (häufig und/oder an charakteristischen Lagepositionen vorkommende) oder auch sporadische Begleittypen zu ergänzen (Haase 1964).

3. Mikrochoren sind durch ein differenziert gestaltetes Anordnungsmuster der Nanochoren und insbesondere der Geoökotope gekennzeichnet. Typen des Anordnungsmusters – abgeleitet aus dem Verteilungsbild der Tope und einigen Mensureigenschaften – sowie gefüge- und komponentenbezogene Flächenindices vermögen diese Eigenschaft gut zu beschreiben (vgl. Haase, Mannsfeld, Schmidt 1986).

In der Ausbildung des Anordnungsmusters von Mikrochoren spiegelt sich die Bedeutung der Landschaftsgenese für die Ausscheidung von mikrochorischen Naturraumeinheiten wider. Dabei braucht «gleichartige Landschaftsgense für die Ausbildung der Verkettungs- und Vernetzungsregeln» nicht monogenetische oder nur schwach polygenetische Entwicklung zu bedeuten, sondern setzt vor allem gleiche Prägungsform und -intensität innerhalb wenig veränderlicher Grenzen voraus. Zu solchen einheitlichen Prägungsformen führen sowohl die Ausbildung der Schuttdekken in den Mittelgebirgen, Lößakkumulation und spätere Denudation im Hügelland, die Herausbildung von Skulpturformen im triassischen Deckgebirge als auch die glazigene und glazifluviale Sedimentation im Jungmoränengebiet einschließlich der folgenden periglaziären Überformung. Herz (1973) charakterisierte daher die Mikrochoren-Ebene als eine durch «petromorphe Bildungsbedingungen» ausgezeichnete Rangstufe.

Aus den Erfahrungen leiten sich folgende *Leitmerkmale* für die Kennzeichnung von Mikrogeochoren ab:

- die Nanochoren-Kombination,
- die Geoformen- bzw. die Geoökotop-Gesellschaft,
- die im Verband (Mosaik) auftretenden Leit- und Begleit-Geoformen bzw. Leit- und Begleit-Geoökotope,
- der Anordnungsmuster-Typ der Tope,
- der geosynergetisch-ökologische Kontrast und die Arealheterogenität.

Mikrochoren besitzen gegenüber den Nanochoren eine spezifische Aussagequalität für die Interpretation der Naturraumausstattung und des Naturhaushalts gegenüber Nutzungsanforderungen. Infolge ihrer deutlich höheren Merkmalsvariabilität und Arealheterogenität vermitteln sie eine stark verallgemeinerte flächenhafte Kennzeichnung des Naturdargebots. Quantitative Aussagen über diese Strukturen haben normativen und damit betont ausgleichenden Charakter. Präzisere quantitative und qualitative Aussagen ergeben sich jedoch stets bei einem Bezug auf die nanochorischen Bausteine der Mikrochoren. In der mittelmaßstäbigen Naturraumerkundung haben daher sowohl die Nanochoren- als auch die Mikrochoren-Ausgrenzung spezifische Aufgaben zu erfüllen: Mikrochoren erlauben die bessere Vermittlung übergreifender, auf größere Raumeinheiten bezogener Angaben zum

Naturdargebot und dessen Nutzung. Mikrochoren sind Bezugseinheiten für planerische Überlegungen zur rationellen Nutzung von Naturdargeboten, während Nanochoren die Grundlage für Projektierung und Ausführung landeskultureller Maßnahmen bilden.

4.3 Mesogeochoren

Bereits NEEF (1963) hat als nächsthöhere Kategorie der chorischen Naturraumeinheiten die Mesochore (Mesogeochore) ausgewiesen und nach ihren wesentlichsten Merkmalen beschrieben. Danach ist die Mesochore ein räumlicher Verband aus mehreren, oft verschiedenartigen Mikrochoren, wo neben Typ und geosynergetisch-ökologischer Qualität auch der Flächenanteil und die räumlichen Proprotionen der Teilglieder für ihren Charakter von Bedeutung sind. Daraus ergeben sich die inneren Lagebeziehungen einer Mesochore, die in Verkettungs- und Vernetzungsregeln zu fassen sind (vgl. Tabelle).

Mesochoren bezeichnen landschaftsgenetisch weniger gleichgestaltete Naturräume als Mikrochoren. Wesentlich ist aber das enge räumliche Nebeneinander von genetisch oft verschiedenartigen Gliedern, welches auf gemeinsame Entwicklungstendenzen im größeren räumlichen Zusammenhang hinweist. In dieser Tatsache sind die äußeren Lagebeziehungen einer Mesochore begründet (HAASE 1964).

Die Lageeigenschaften einer Mesochore rufen geosynergetisch-ökologische Nachbarschaftswirkungen hervor, die ihren Teilgliedern eine bestimmte Verwandtschaft im Naturhaushalt sowie in einzelnen Komponenten-Eigenschaften verleihen. Sie werden z. B. in der makroklimatischen Lage, in Elementen des Wärme- und Wasserhaushalts und anderer ökoklimatischer Parameter wirksam. Paläoklimatisch lösten die Lagebeziehungen der Mesochoren ähnliche Wirkungen aus und tragen damit zu gleichartigen paläogeographischen Bedingungen innerhalb einer Mesochore bei, die sich in der Gegenwart in Ähnlichkeiten der Naturausstattung und von Naturprozessen äußert (HAASE 1964, R. SCHMIDT 1984).

Die bisherigen Erfahrungen verweisen darauf, daß die *Ausgrenzung* und *Kennzeichnung von Mesochoren* gesteuert wird durch

- die paläogeographische Entwicklung des Naturraums in ihrer Gesamtheit, also bezogen auf alle Geokomponenten,
- die morphogenetische Entwicklung und damit die Prägung der Substrateigenschaften,
- den orographischen Bau (Massenerhebung, Zerschneidungsgrad, Relieftyp) sowie die Lagebeziehungen innerhalb desselben und
- die klimatische Differenzierung mit besonderer Betonung der oroklimatischen Bedingungen (Niederschlagsregime, Höhenstufen, ökoklimatisches Regime).

Bereits die ersten umfangreichen Kartierungen chorischer Naturraumstrukturen (PAFFEN 1953; Handbuch der naturräumlichen Gliederung Deutschlands, Band 1, 1956, HAASE u. RICHTER 1965) zeigten, daß innerhalb der Dimensionsstufe der Mesogeochoren zwei Rangstufen zu unterscheiden sind:

- Mesochoren der unteren Ordnungsstufe,
- Mesochoren der oberen Ordnungsstufe.

Beide Rangstufen lassen sich vor allem durch die Bedeutung der Lageeigenschaften in der Gruppierung von Mikrochoren und die Einordnung der landschaftsgenetischen Merkmale in größere räumliche Zusammenhänge trennen. Das wird besonders deutlich bei der Ausscheidung von Mesochoren der unteren Ordnungsstufe, bei der sich zwei Grundformen erkennen lassen (HAASE u. RICHTER 1965, R. SCHMIDT 1984 – vgl. Tabelle).

Naturregionen mit deutlicher orographischer Gliederung, stark differenzierendem geologischen Bau und markanten Unterschieden im Gebietswasserhaushalt, wie z. B. Bergrücken, Einzelberggruppen, Tal- und Zerschneidungsbereiche im Mittelgebirge, Talmoore in Grundmoränenplatten u. a., unterscheiden sich deutlich von solchen ohne stärkere orographische Gliederung und einer nur geringen Differenzierung im Gesteins- und Substrataufbau, wie Grundmoränenplatten im pleistozänen Tiefland oder beispielsweise humusreiche Griserde-Parabraunerdeböden mit Buchenwald gegenüber Staugleyböden mit Fichtenwald in Luvlage im Mittelgebirge.

Neben den Lageeigenschaften als Hauptmerkmal der Arealstruktur von Meso(geo)choren bedingen die Ausstattung und das Inventar an topischen, nano- und mikrochorischen Einheiten – das stärker aus «Ähnlichkeits»- oder «Gegensatzgruppen» derselben bestehen kann – sowie insbesondere deren Verkettung bzw. Vernetzung und damit die «Anordnungsmuster» ihre Zuordnung.

Damit werden für Mesogeochoren eine Reihe von Eigenschaften herausgestellt, die ihre Zugehörigkeit zur chorischen Dimension von Naturraumeinheiten eindeutig belegen. Dennoch weisen sie, vor allem die Mesochoren der oberen Ordnungsstufe, bereits stärker individuelle Züge auf als Geochoren der unteren Dimensionsstufen, die bei einer Typenordnung beachtet werden müssen. Die Toleranzbreite der Parameter von Mesochoren-Klassen ist deshalb wesentlich größer als bei Mikrogeochoren (HAASE u. a. 1990).

4.4 Makrogeochoren und der Übergang zu regionischen Naturräumen

Die Dimensionsstufe der Makrogeochoren (kurz: Makrochoren) wurde von NEEF (1963) ausgeschieden, aber nicht im einzelnen begründet. Spätere Untersuchungen von HAASE (1973), HERZ (1973) und anderen haben zeigen können, daß ein Teil der Neefschen Makrochoren bereits zu Naturraumeinheiten der regionischen Dimension gestellt werden muß. Damit wird die Frage nach der Zweckmäßigkeit der Ausscheidung von Makrogeochoren überhaupt angeschnitten.

Die Arbeiten zur Landschaftsanalyse bzw. Naturraumerkundung in den chorischen Dimensionsstufen haben gezeigt, daß die Kennzeichnung von Naturräumen nach ihrem gesamten topischen Inventar an Aussagekraft dort verliert, wo die Mannigfaltigkeit der topischen Elemente so groß wird, daß deren gemeinsame Merkmalskombination nicht mehr mit den für diese Dimension verbindlichen Analyse- und Darstellungsformen ermittelt bzw. beschrieben werden kann. Das häufigkeitsstatistisch orientierte Verfahren der Typenbildung ergibt in diesem Schwellenbereich bei weiterer Aggregierung von chorischen Arealen nach bestimmten Ähnlichkeitsmerkmalen oder gemeinsamen Lagequalitäten keinen Erkenntniszuwachs. Mit der Arealvergrößerung ist eine ständige Erweiterung des Inventars an topischen und niederen chorischen Qualitäten, eine wesentliche Ausweitung der quantitativen Wertespannen (lithologische, klimatische, pedologische, hydrologische, bioökologische Parameter), eine Erhöhung des geosynergetisch-ökologischen Kontrastes und der Arealheterogenität (beides bezogen auf topische Einheiten) sowie der landschaftsgenetischen Zuordnung gegeben.

Das zwingt dazu, die Inhalte der größeren, nach bestimmten Kriterien als isomorph zu kennzeichnenden Raumeinheiten durch eine Auswahl bestimmter dominanter Merkmale zu beschreiben. Dabei werden vor allem für das Gesamtareal repräsentative Aussagen gefordert, die für eine große Spanne topischer Qualitäten gültige Rahmenbedingungen ihrer Struktur und Dynamik widerspiegeln. Damit ist ein gegenüber der chorischen Dimension qualitativ neues Aussageziel gegeben: Die Areale der regionischen Dimension werden nicht mehr nach ihrem Gefüge bestimmt, sondern nach allgemeineren, normhaften Gemeinsamkeiten. Dafür spielen geoökofaktorielle Bedingungen, die zumeist aus den Lageeigenschaften der Areale zu den tellurischen und solar-zonalen Wirkungsfeldern abzuleiten sind, eine weit größere Rolle als einzelne quantitative Parameter der Struktur und Dynamik des Geoökokomplexes.

Das wird auch im Analyseverfahren deutlich, indem in der chorischen Dimension die topographisch kontinuierliche Verkettung bzw. Vernetzung von Topen und Choren unterer Ordnungsstufe in Toposequenzen, in der regionischen Dimension die Abfolge von repräsentativen Topen in Chorosequenzen im Vordergrund stehen (HAASE 1973).

Die strukturell-funktionalen Inhalte von regionischen Naturraumeinheiten lassen sich am besten mit einer normativen Merkmalskombination, einem geosynergetisch-ökologischen Normtyp beschreiben. SOČAVA (1978) hat dafür den Begriff «Geom» eingeführt, der eine Verallgemeinerung von Ausstattungs- und Prozeßmerkmalen des Naturraums bezeichnet, in der vornehmlich das hydrothermische Regime, der Charakter des Reliefs sowie der Bodendecke und die Vegetationsausstattung berücksichtigt werden. Als *Kennzeichnungsmerkmale* verwendet SOČAVA (1978) dafür

- die Vegetationsformation als zusammenfassenden Ausdruck für die Pflanzendecke eines größeren Gebietes,
- einen morphogenetisch definierten Bodentyp als «Normtypus» des Charakters der Bodendecke, des Oberflächensubstrats und des Wasserhaushalts eines größeren Gebietes und
- die Modifikation eines Subzonenklimas, welche unter dem Einfluß der orographischen Struktur und der pedobiotischen Ausstattung eines größeren Gebietes entsteht.

Das Geom beschreibt unter einem «Normtyp» des Geokomplexes die Homogenitätsbedingungen, unter denen eine größere, eine regionische Naturraumeinheit als isomorph erkannt werden kann. Die Kennzeichnung von Makrogeochoren muß demzufolge durch Mittel erfolgen, die unterhalb dieser Homogenitätsbedingungen die Strukturierung des Naturraums wiedergeben. Haase (1973) hat diesen Übergang von chorischen zu regionischen Naturraumstrukturen mit einer Funktionsgleichung der Naturraumstruktur deutlich gemacht:

$$\text{NR-Struktur} = f\,[(S + G, R, W, K_L, V_S, Z_L, A) + (K_R, V_F, T, Z_R)].$$

Darin bedeuten:

- $S + G$ – das reliefprägende bodenbildende Substrat bzw. Gestein,
- R – die Reliefbedingungen,
- W – das «Zuschußwasser» (d. h. jene über die klimatisch gesteuerte normale Perkolation hinausgehenden Feuchtemengen, die Ursache für hydromorphe Naturprozesse sind),
- V_S – die am Standort existierende aktuelle Pflanzengemeinschaft,
- V_F – die Vegetationsformation (als Ausdruck des allgemeinen Typs der biologischen Stoffkreisläufe und der Biomasseproduktion),
- K_L – das Lokalklima (Meso- bzw. Mikroklima als Merkmal der am Standort gegebenen Wärme- und Energiebilanz),
- K_R – das Regionalklima bzw. Zonenklima (als Kennzeichen des allgemeinen thermischen und hygrischen Regimes),
- T – die morphotektonische und paläogeographische Struktur eines Gebietes,
- Z_L – die lokal wirksamen Zeitabschnitte und die davon bestimmte Zeitdauer der Landschaftsgenese,
- Z_R – die großräumig wirksame allgemeine Zeitdauer (und z. T. die wesentlichen Zeitabschnitte) der Landschaftsgenese,
- A – anthropogene (technogene) Eingriffe in die Naturraum-Ausstattung, in Naturprozesse und den Naturhaushalt (vgl. Haase 1973).

Im ersten Klammerausdruck sind alle engräumig, topologisch differenzierenden Naturraumeigenschaften und Geoökofaktoren zusammengefaßt, im zweiten jene Naturraummerkmale, die großräumige Unterschiede hervorrufen. Der zweite Klammerausdruck kann in einer Funktionsgleichung für die Naturraumstruktur chorischer Raumeinheiten als nicht differenzierender «Regions- bzw. Lagefaktor» (Y) zusammengefaßt werden:

$$\text{NR-Struktur «Choren»} = f\,[(S + G, R, W, K_L, V_S, Z_L, A) + (Y)].$$

Für die regionische Gliederung von Naturräumen sind jedoch diese Geoökofaktoren und Lagebeziehungen, wie es die Definition des Geoms nach Sočava (1978) ausweist, der bestimmende Ursachenkomplex. Alle chorisch differenzierenden Naturmerkmale sind dafür in der Variablen T entweder direkt enthalten oder können als «chorische Differenzierungsfaktoren» in einem Summenausdruck (X) zusammengeführt werden:

$$\text{NR-Struktur «Regionen»} = f\,[(K_R, V_F, T, Z_R) + (X)].$$

Daraus wird deutlich, daß mit der zunehmenden Aggregierung meso- und auch mikrogeochorischer Raumeinheiten zu Makrogeochoren die Bedeutung der «regionischen Integrationsfaktoren (Y)» an Gewicht gewinnt, die chorischen Differenzierungsfaktoren eine zunehmend untergeordnete Rolle spielen. Die Kennzeichnung von Makrochoren wurde aber bisher vornehmlich bei Bemühungen um die Naturraumgliederung größerer Gebiete, also vor allem auf deduktivem Wege, vorgenommen. Die hierarchische Ordnung von Naturraumeinheiten nach dem Gefügeprinzip, also durch fortschreitende Aggregierung, kann daher nur auf geringen Erfahrungen aufbauen.

Zusammenfassend zeigt sich, daß die für die Ordnungsstufe der Mesogeochoren herausgestellten Ausstattungs- und Arealstruktur-Merkmale auch im Niveau der Makrochore zur Kennzeichnung verwendet werden können. Die landschaftsgenetischen Eigenschaften und die davon in hohem Maße bestimmten «äußeren Lageeigenschaften» – beides schon weitgehend regionische Integrationsfaktoren – erhalten jedoch noch mehr Gewicht. Makrochoren sind deshalb Naturraumeinheiten, die sowohl durch *chorische Differenzierungsmerkmale* wie

- Geoformen- und Geoökotop-Vergesellschaftungen mit stark auf normhafte Merkmale ausgerichteten Leittypen,
- Nano- und Mikrochoren-Gruppierungen und deren dominante Geoökokomplex-Eigenschaften sowie stark verallgemeinerte Anordnungsmuster,
- Reliefeigenschaften und reliefprägendes Gestein, Ausgangsgestein und -substrat der Bodenbildung, Merkmale des gebietlichen Wasserhaushalts sowie die dominanten Formen der aktuellen Vegetationsdecke

als auch durch *regionische Integrationsmerkmale* wie

- die mit der Gliederung des Makroreliefs (KUGLER 1974) und großräumigen Strukturen der obersten Lithosphäre verbundenen orographisch-substratischen Bedingungen,
- die makroklimatischen, vor allem ökophysiologisch und hydrologisch wirksamen Wärme- und Wasserhaushaltsbedingungen,
- Zeiträume und Zeitdauer der paläogeographischen Prägung des naturräumlichen Hauptstockwerks und des Untergrundstockwerks

bestimmt werden.

Für die ehemalige DDR war – nach den ersten Arbeiten vor allem zum Handbuch der naturräumlichen Gliederung Deutschlands in den Jahren 1956 bis 1962 – von RICHTER u. BARSCH (1974, 1978) sowie von einem Kollektiv unter Leitung von H. RICHTER eine dem gegenwärtigen Kenntnisstand (1985) entsprechende Naturraumgliederung entwickelt worden, in der makrochorische und mesochorische (obere Ordnungsstufe) Naturraumeinheiten ausgewiesen und gekennzeichnet wurden.

Die in der Leipzig-Dresdener landschaftsökologischen Schule weiterentwickelten Grundsätze der Theorie der geographischen Dimensionen wurden mit diesen Ergebnissen vorerst abgeschlossen. In einer vom Sächsischen Staatsministerium für Umwelt und Landesentwicklung geförderten Arbeit bemüht sich zur Zeit die Arbeitsgruppe «Naturhaushalt und Gebietscharakter» der Sächsischen Akademie der Wissenschaften zu Leipzig in Dresden um eine Realisierung der Aufgabe, im Maßstab

1 : 50 000 eine komplette Naturraumgliederung und Kennzeichnung arealer Einheiten für den Freistaat Sachsen zu erarbeiten (vgl. MANNSFELD 1990, HAASE u.a. 1994). Auch in den anderen neuen Bundesländern der Bundesrepublik Deutschland wird die Methodik der Landschaftsökologie weiterhin ausgebaut und in Karten mittleren Maßstabs umgesetzt. Dabei werden wichtige Merkmale der Nutzung dieser Erkenntnisse weitergeführt. Damit sind die Ergebnisse der Leipzig-Dresdener Schule der Landschaftsökologie, die von unserem Mitglied Ernst Neef ihren Ausgang nahm, auch weiterhin Grundlage für moderne umweltorientierte Forschungsarbeiten.

Literatur

Aurada, K. D.: Ergebnisse geowissenschaftlich angewandter Systemtheorie (Vorhersage und Steuerung lang- und kurzfristiger Prozeßabläufe). Petermanns Geogr. Mitteilungen, 123 (1979) 4.

Aurada, K. D.: Zur Anwendung des systemtheoretischen Kalküls in der Geographie. Petermanns Geogr. Mitteilungen, 126 (1982) 4.

Aurada, K. D.: Strukturdifferenzierung und Prozeßbilanzierung in der Geographie auf der Grundlage des Geosystemkonzepts. In: Wiss. Abhandlungen der Geographischen Gesellschaft der DDR, Bd. 19, 1987.

Barsch, H.: Das Landschaftsgefüge des westbrandenburgischen Jungmoränengebietes – eine landschaftsökologische Untersuchung unter besonderer Berücksichtigung des Havelgebietes westlich Werder. Päd. Hochschule Potsdam. Diss. (B), 1969.

Barsch, H.: Landschaftsanalyse (Teil I bis III). Lehrbriefe f. d. Fernstudium der Lehrer, Potsdam 1973.

Barsch, H.: Naturraumtypen der Täler und Niederungen des Tieflandes der DDR. Hercynia, N. F., 12 (1975) 4.

Barsch, H.: Physical Geography in East Germany, 1949–1989. 40 Years After: German Geography. Development, Trends and Prospects 1952–1992. DFG Bonn, 1992.

Barsch, H., Billwitz, K. u. B. Reuter: Einführung in die Landschaftsökologie. Lehrmaterial zur Ausbildung von Diplomlehrern Geographie, Päd. Hochschule Potsdam, 1987.

Bobek, H. u. J. Schmithüsen: Die Landschaft im logischen System der Geographie. Erdkunde, III (1949) H. 2.

Ellenberg, H., Mayer, R., u. J. Schauermann: Ökosystem-Forschung – Ergebnisse des Sollingprojektes 1966–1986. Stuttgart 1986.

Finke, L.: Landschaftsökologie. Das Geographische Seminar. Braunschweig 1994, 2. Auflage.

Forman, R. T. T., u. M. Godron: Landscape Ecology. Wiley New York 1986.

Grigorev, A. A.: Teoretičeskije osnovyi sovremennoi fizičeskej geografii. Vsajmodejskoje nauk pri izučenii semli, Moskwa 1963.

Haase, G.: Landschaftsökologische Untersuchungen im Nordwest-Lausitzer Berg- und Hügelland. Univ. Leipzig, Diss. 1962.

Haase, G.: Hanggestaltung und ökologische Differenzierung nach dem Catena-Prinzip. Petermanns Geogr. Mitteilungen, 107 (1963) 1.

Haase, G.: Landschaftsökologische Detailuntersuchungen und naturräumliche Gliederung. Petermanns Geogr. Mitteilungen, 108 (1964) 1.

Haase, G.: Zur Methodik großmaßstäbiger landschaftsökologischer und naturräumlicher Erkundung. Wiss. Abhandlungen d. Geogr. Gesellschaft d. DDR, 5 (1967).

Haase, G.: Zur Ausgliederung von Raumeinheiten der chorischen und regionischen Dimension, dargestellt an Beispielen aus der Bodengeographie, Petermanns Geogr. Mitteilungen, 117 (1973) 2.
Haase, G.: Vortrag im Themenleiterkollektiv «Landschaftsökologie», 16. 11. 1974, Leipzig.
Haase, G.: Die Arealstruktur chorischer Naturräume. Petermanns Geogr. Mitteilungen, 120 (1976) 2.
Haase, G.: Bemerkungen zum Aufsatz von V. B. Sočava «Konzeptionelle Grundlagen und Leitlinien der klassifikatorischen Ordnung von Geosystemen». Geogr. Berichte, 22 (1977) 3.
Haase, G.: Entwicklungstendenzen in der geotopologischen und geochorologischen Naturraumerkundung. Petermanns Geogr. Mitteilungen, 123 (1979) 1.
Haase, G.: Die Naturraumtypenkarte der DDR im mittleren Maßstabsbereich: Aufgaben, Inhalte, Kartierungsverfahren. Wiss. Abhandlungen d. Geogr. Gesellschaft d. DDR, 19 (1985).
Haase, G.: Medium scale landscape classification in G. D. R. Landscape Synthesis, Part I, Geoecological foundations. Wiss. Beiträge d. Univ. Halle, Halle, 16 (1986).
Haase, G., u. H. Richter: Bemerkungen zum Entwurf der Karte «Naturräumliche Gliederung Nordsachsens 1 : 200 000». Exkursionsführer Symposium Naturräuml. Gliederung, Leipzig 1965.
Haase, G., u. H. Barsch: Allgemeine Darstellung des Geokomplexes in der Landschaftsforschung, 1977. (Darstellung in: Haase, G., Petermanns Geogr. Mitteilungen, 123 (1979) 1.)
Haase, G., u. H. Richter: Geographische Landschaftsforschung als Beitrag zur Lösung von Landeskultur- und Umweltproblemen. Sitzungsberichte d. Akademie d. Wiss. d. DDR, Mathemathik – Naturwissenschaft – Technik, 5 N. 1980.
Haase, G., Schlüter, H., u. a.: Zur inhaltlichen Konzeption einer Naturraumtypenkarte der DDR im mittleren Maßstab. Petermanns Geogr. Mitteilungen, 124 (1980) 2.
Haase, G., u. H. Richter: Current Trends in Landscape Research. GeoJournal, 7 (1983) 2.
Haase, G., Neumeister, H., u. K. D. Aurada: Natural Conditions and Problems of their Complex Utilization in the German Democratic Republic. GeoJournal, 8 (1984) 1.
Haase, G., Mannsfeld, K., u. R. Schmidt: Typen des Anordnungsmusters zur Kennzeichnung der Arealstruktur von Mikrogeochoren. Petermanns Geogr. Mitteilungen, 130 (1986) 1.
Haase, G., Barsch, H., Hubrich, H., Mannsfeld, K., u. R. Schmidt: Naturraumerkundung und Landnutzung. Geochorologische Verfahren zur Analyse, Kartierung und Bewertung von Naturräumen. Beiträge zur Geographie. Bd. 34, Berlin, 1990.
Haase, G., Sandner, E., Bastian, O., Bieler, J., Mannsfeld, K., u. M. Röder: Untersuchungen über Naturhaushalt und Gebietscharakter. Sächs. Akad. d. Wiss. zu Leipzig, Jahrbuch 1991–1992, Berlin 1994.
Haber, W.: Von der ökologischen Theorie zur Umweltplanung. GAIA, 2 (1993) No. 2.
Handbuch der naturräumlichen Gliederung Deutschlands, Lfg. 1–8, 1956–1962 Remagen.
Herz, K.: Großmaßstäbliche und kleinmaßstäbliche Landschaftsanalyse im Spiegel eines Modells. Petermanns Geogr. Mitteilungen, Erg.-H. 271, 1968.
Herz, K.: Beitrag zur Theorie der landschaftsanalytischen Maßstabsbereiche. Petermanns Geogr. Mitteilungen, 117 (1973) 2.
Herz, K.: Strukturprinzipien der Landschaftssphäre. Ein Beitrag zur Methodologie der Physischen Geographie. Geogr. Berichte, 19 (1974) 2.
Herz, K.: Der Arealbegriff der Landschaftsanalyse. Wiss. Z. Päd. Hochschule Dresden, thematische Reihe, 17 (1983).
Herz, K.: Die Evolution der Landschaftssphäre. Geogr. Berichte, 29 (1984) 2.
Herz, K.: Theoretische Grundlage der Arealstrukturanalyse. Wiss. Z. Päd. Hochschule Dresden, thematische Reihe, 18 (1984).

Herz, K.: Beziehungen zwischen Korrelationsdynamik und Autometamorphose der Landschaftseinheiten. Petermanns Geogr. Mitteilungen, 128 (1984) 2.

Herz, K.: Ein geographischer Landschaftsbegriff. Wiss. Z. Techn. Univ. Dresden, 43 (1994), 5.

Herz, K., Kaulfuss, W., Kramer, M., u. a.: Untersuchungen zur Arealstruktur bodenerosiver Prozesse. Wiss. Z. Päd. Hochschule Dresden, 6 (1980), Beiheft 3.

Herz, K., u. Mitarb. v. Kaulfuss, W., Kramer, M., u. K. H. Noack: Einführung in die Landschaftsanalyse. Lehrmaterial z. Ausbildung von Diplomlehrern Geographie, Päd. Hochschule Potsdam, 1975.

Herz, K., u. Mitarb. v. Kaulfuss, W., Kramer, M., u. K. H. Noack: Analyse der Landschaft. Studienbücherei Geographie für Lehrer, Bd. 6, Gotha/Leipzig 1980.

Klug, H., u. R. Lang: Einführung in die Geosystemlehre. Darmstadt 1983.

Kopp, D.: Ergebnisse der forstlichen Standortserkundung in der Deutschen Demokratischen Republik. Bd. 1: Die Waldstandorte des Tieflandes. 1. Lfg.: Standortsformen, Potsdam 1969.

Kopp, D.: Kartierung von Naturraumtypen auf der Grundlage der forstlichen Standortserkundung. Petermanns Geogr. Mitteilungen, 116 (1975) 2.

Kugler, H.: Das Georelief und seine kartographische Modellierung. Univ. Halle, Diss. (B), 1974.

Leser, H.: Landschaftsökologie. Stuttgart 1976. (2. Aufl. 1978, 3. Aufl. 1991).

Leser, H.: Geographie. (Das Geographische Seminar). Braunschweig 1980.

Leser, H.: Geoökologie. Geographische Rundschau, 35, (1983) H. 5.

Leser, H.: Zum Ökologie-, Ökosystem- und Ökotopbegriff. Natur und Landschaft. 59, (1984), 6.

Leser, H.: Landscape Ecology. 40. Years After: German Geography. Developments, Trends and Prospects 1952–1992. DFG Bonn 1992.

Leser, H., u. H. J. Klink (Hrsg.): Handbuch und Kartieranleitung Geoökologische Karte 1:25000. Selbstverlag Zentralausschuß f. dt. Landeskunde, Trier 1988.

Mannsfeld, K.: Die naturräumliche Ordnung als Grundlage für die Landschaftsdiagnose im mittleren Maßstab. In: Umweltforschung. Zur Analyse und Diagnose der Landschaft. Gotha 1984.

Mannsfeld, K.: 25 Jahre Geoökologische Forschungen der Sächsischen Akademie der Wissenschaften. Geogr. Berichte 35, Jg. 1990, H. 4.

Mosimann, Th.: Landschaftsökologische Komplexanalyse. Wiesbaden 1984.

Naveh, Z., u. H. S. Lieberman: Landscape Ecology. Theory and Application. Springer New York–Berlin–Heidelberg–Tokyo 1984

Neef, E.: einige Grundfragen der Landschaftsforschung. Wiss. Z. Univ. Leipzig, Math.-Nat. Reihe, 5 (1955/56).

Neef, E.: Elementaranalyse und Komplexanalyse in der Geographie. Leopoldina, Reihe 3, 8/9 (1962/63).

Neef, E.: Topologische und chorologische Arbeitsweisen in der Landschaftsforschung. Petermanns Geogr. Mitteilungen, 107 (1963) 4.

Neef, E.: Die theoretischen Grundlagen der Landschaftslehre. Gotha 1967.

Neef, E.: Über Geosysteme. 1. Kolloquium zu theoret. Fragen d. Phys. Geographie. Geogr. Gesellschaft d. DDR, Leipzig 1968.

Neef, E.: Der Ensemble-Charakter der Landschaft. Wiss. Mitt. Inst. f. Geogr. u. Geoökol. AdW d. DDR, 11 (1984).

Neef, E., Schmidt, G., u. M. Lauckner: Landschaftsökologische Untersuchungen an verschiedenen Physiotopen in Nordwestsachsen. Abhandlungen d. Sächs. Akademie d. Wiss., Math.-nat. Klasse, 47 (1961) 1.

Neumeister, H.: Die Bedeutung der äolischen Sedimente und anderer Periglazialerscheinungen für die Bodenentwicklung in der Umgebung von Leipzig. Univ. Leipzig, Diss., 1966.

Neumeister, H.: Das Schichtkonzept und einfache Algorithmen zur Vertikalverknüpfung von Schichten in der physischen Geographie. Petermanns Geogr. Mitteilungen, 123 (1979) 1.
Neumeister, H.: Schichten als Strukturelemente und das zeitliche Verhalten von Geosystemen. Petermanns Geogr. Mitteilungen, 125 (1981) 4.
Neumeister, H.: Geoökologie – geowissenschaftliche Aspekte der Ökologie. Jena 1987.
Paffen, K. H.: Die natürliche Landschaft und ihre räumliche Gliederung. Forsch. z. dt. Landeskunde, 68 (1953).
Richter, H.: Die naturräumliche Ordnungsstufe der Landschaftszonen. Leipziger Geogr. Beiträge, Leipzig 1965.
Richter, H.: Naturräumliche Ordnung. Wiss. Abhandlungen d. Geogr. Gesellschaft d. DDR, 5 (1967).
Richter, H.: Naturräumliche Strukturmodelle. Petermanns Geogr. Mitteilungen, 112 (1968) 1, (a).
Richter, H.: Beitrag zum Modell des Geokomplexes. Petermanns Geogr. Mitteilungen, Erg.-H. 271, 1968, (b).
Richter, H.: Eine naturräumliche Gliederung der DDR auf der Grundlage von Naturraumtypen. Beiträge z. Geogr. 29 (1978), Teil 1/2.
Richter, H.: Naturräumliche Stockwerkgliederung. Potsdamer Forsch., Wiss. Schr.-R. Päd. Hochschule Potsdam, Reihe B, 15 (1980).
Richter, H., u. Autorenkollektiv: Naturraumgliederung der DDR. Karte i. Maßstab 1 : 1 Mill., Leipzig 1985 (Manuskriptdruck).
Richter, H., mit einem Beitrag von H. Barsch: Eine naturräumliche Gliederung der DDR auf der Grundlage von Naturraumtypen (mit einer Karte 1 : 500 000). Beiträge z. Geogr., 29 (1978), Teil 1/2.
Richter, H., u. H. Barsch: Karte Naturraumtypen. Atlas DDR, Leipzig 1974.
Richter, H., u. H. Kugler: Landeskultur und landeskultureller Zustand des Territoriums. Wiss. Abhandlugnen d. Geogr. Gesellschaft d. DDR, 9 (1972).
Schmidt, G.: Systemtheoretische Betrachtungsweise und Anwendung der Systemtheorie in der Geographie. Petermanns Geogr. Mitteilungen, 123 (1979) 3.
Schmidt, I.: Landschaftsökologische Untersuchungen am Ostrand des Lausitzer Berglandes. Techn. Univ. Dresden, Diss. (A), 1970.
Schmidt, R.: Landschaftsökologisches Mosaik und naturräumliches Gefüge in der nördlichen Großenhainer Pflege. Techn. Univ. Dresden, Diss. (A), 1965.
Schmidt, R.: Bodengeographische und geoökologische Grundlagen für die Beurteilung der Agrarstandorte der DDR unter den Bedingungen der sozialistischen Intensivierung der Landschaft. Techn. Univ. Dresden, Diss. (B), 1973.
Schmidt, R.: Zum Vergleich chorischer Naturraumeinheiten im pleistozänen Tiefland und im Mittelgebirgsvorland der DDR. In: Umweltforschung. Zur Analyse und Diagnose der Landschaft. Gotha 1984.
Schmidt, R., u. R. Diemann: Richtlinien für die mittelmaßstäbige landwirtschaftliche Standortkartierung. Inst. f. Bodenkunde d. Akademie d. Landwirtschaftswiss. d. DDR, Eberswalde 1974.
Sočava, V. B.: Geographie und Ökologie. Petermanns Geogr. Mitteilungen, 116 (1972) 2.
Sočava, V. B.: Das Systemparadigma in der Geographie. Petermanns Geogr. Mitteilungen, 118 (1974) 3.
Sočava, V. B.: Konzeptionelle Grundlagen und Leitlinien der klassifikatorischen Ordnung von Geosystemen. Geogr. Berichte, 22 (1977) 3.
Sočava, V. B.: Vvedenie v ucenie o geosistemach. Novosibirsk 1978.
Solbrig, O. T.: Biodiversität. Wiss. Fragen und Vorschläge für die internationale Forschung. Man and Biosphere-Comitee. Bonn 1994.

Terminologie-Entwurf: Haase, G., Neef, E., Richter, H., Barsch, H., u. a.: Beiträge zur Klärung der Terminologie in der Landschaftsforschung. Geogr. Inst. d. Akademie d. Wiss. d. DDR, Leipzig 1973 (Manuskriptdruck).
Troll, C.: Luftbildplan und ökologische Bodenforschung. Z. d. Gesellschaft f. Erdkunde z. Berlin, 1939.
Troll, C.: Die geographische Landschaft und ihre Erforschung. Studium generale, III (1950).
Troll, C.: Landschaftsökologie (Geoecology) und Biocoenologie. Eine terminologische Studie. Rev. de Geol. Geoph. et Geogr. Ser. Geogr., 14 (1970), H. 1.

Beiträge von Akademiemitgliedern zur Entwicklung einzelner Fachgebiete aus der Mathematisch-naturwissenschaftlichen Klasse

Egon Fanghänel

Zum Beitrag der Ordentlichen Mitglieder der Sächsischen Akademie der Wissenschaften zu Leipzig zur Entwicklung der Organischen Chemie

Einleitung

Die Gründung der Sächsischen Akademie der Wissenschaften (SAW) als Königlich Sächsische Gesellschaft der Wissenschaften im Jahre 1846 fällt in eine Zeit der stürmischen Entwicklung der Chemie. Die berühmten wissenschaftlichen Schulen J. v. Liebigs (1803–1873) in Gießen und F. Wöhlers (1800–1882) in Göttingen zogen viele kreative und an der Naturforschung interessierte junge Menschen aus Deutschland und ganz Europa in den Bann dieser jungen, aufstrebenden Wissenschaft. Schüler Liebigs und Wöhlers, wie A. W. v. Hofmann (1818–1892), A. Kekulé (1829–1896), C. F. Gerhardt (1816–1856) und A. W. H. Kolbe, begründeten eigene wissenschaftliche Schulen, die zum stürmischen Erkenntnisfortschritt insbesondere der Organischen Chemie beitrugen.

In der Mitte des 19. Jahrhunderts war allgemein anerkannt, daß die Organische Chemie als die Chemie des Kohlenstoffs zu betrachten ist. Die Darstellung von Harnstoff, einem Vertreter der «organischen Körper», aus dem «unorganischen» Ammoniumcyanat durch Wöhler (1828) bewies, daß zur Bildung von organischen Stoffen, die bis dahin ausschließlich aus der Natur isoliert wurden, keine besondere Lebenskraft (vis vitalis) notwendig war, und begründete die organische Synthesechemie. Die Fähigkeit, die elementare Zusammensetzung organischer Verbindungen durch die von Liebig verbesserte Elementaranalyse in einfacher Weise bestimmen zu können, bildete ein solides Fundament zur wissenschaftlichen Untersuchung der «Metamorphosen» organischer Verbindungen. Die auf diesem Wege in der ersten Hälfte des 19. Jahrhunderts angehäuften wissenschaftlichen Fakten verlangten nach Ordnung, die mit Hilfe sich im wissenschaftlichen Streit entwickelnder Theorien zur Bildung organischer Verbindungen, ihrer Struktur und der Widerspieglung ihrer Zusammensetzung in chemischen Formeln schrittweise geschaffen wurde. An dieser Entwicklung hatten auch die ersten Vertreter der Organischen Chemie unter den Mitgliedern der Königlich Sächsischen Gesellschaft der Wissenschaften H. Kolbe und J. Wislicenus wesentlichen Anteil.

Im Rückblick auf die vergangenen 150 Jahre soll in diesem Aufsatz der Versuch unternommen werden, nachzuzeichnen, welchen Beitrag die Ordentlichen Mitglieder der Sächsischen Akademie der Wissenschaften zur Entwicklung der Organischen Chemie als Wissenschaftszweig geleistet und inwieweit ihre Forschungsergebnisse auch die Entwicklung der chemischen Industrie bis in die Gegenwart beeinflußt haben.

Als Quellen zu dieser Übersicht wurden neben Würdigungen der wissenschaftlichen Lebensleistungen der Wissenschaftler Betrachtungen zur Geschichte der Organischen Chemie (HJELT 1916), Lexika zu bedeutenden Chemikern (PÖTSCH 1988; ENGELS 1989) und Lehrbücher der Organischen Chemie (u. a. BEYER/WALTER 1991; BECKER et al. 1993; LANGENBECK 1955; FIESER 1957) herangezogen. Gerade in letzteren dokumentiert sich in Namensreaktionen und Zitaten zu chemiehistorisch bedeutenden Erkenntnissen und Entdeckungen der Anteil einzelner Forscher an dem über die Zeit hin gültig gebliebenen Erkenntnisfortschritt des Fachgebietes. Darüber hinaus soll auf Normen setzende Lehrbücher verwiesen werden, mit denen Mitglieder der Sächsischen Akademie der Wissenschaften die akademische Ausbildung der jeweiligen Zeit beeinflußten.

Da die ersten eigenständigen wissenschaftlichen Arbeiten eines Forschers häufig für seinen gesamten wissenschaftlichen Lebensweg bestimmend sind, werden in kurzer Form auch biographische Daten mitgeteilt, die u. a. das Lehrer-Schüler-Verhält-

Ordentliche Mitglieder der Sächsischen Akademie der Wissenschaften zu Leipzig, die der Allgemeinen Chemie (AC) und der Organischen Chemie (OC) zuzuordnen sind

Zuwahl	Name	Geburts- und Sterbejahr	Fachgebiet
1846	Erdmann, Otto Linné	1804–1869	AC
1849	Marchand, Richardt Felix	1813–1850	AC
1864	Knop, Johann August*	1817–1891	AC
1866	Kolbe, Hermann	1818–1884	OC
1885	Wislicenus, Johannes	1835–1902	OC
1887	Schmitt, Rudolf Wilhelm	1830–1898	AC
1889	v. Meyer, Ernst Siegmund	1847–1916	AC
1896	Beckmann, Ernst	1853–1923	AC
1896	Knorr, Ludwig	1859–1921	AC
1904	Hantzsch, Arthur	1857–1935	AC
1912	Paal, Carl	1860–1935	AC
1920	Scholl, Roland	1865–1945	OC
1924	Stobbe, Hans	1860–1938	OC
1931	Helferich, Burckhardt	1887–1982	AC
1949	König, Walter	1878–1964	OC
1954	Langenbeck, Wolfgang	1899–1967	OC
1955	Treibs, Wilhelm	1880–1978	OC
1958	Stather, Fritz*	1901–1974	OC
1971	Freimuth, Ulrich	geb. 1914	OC/LC**
1981	Fanghänel, Egon	geb. 1935	OC

* J. A. Knop (Landwirtschaftschemie) und F. Stather (Lederchemie) finden im nachfolgenden Überblick keine Berücksichtigung. ** LC = Lebensmittelchemie

nis erkennen lassen. Das Jahr der Zuwahl zur Sächsischen Akademie wurde als Ordnungsprinzip für die Würdigung der in der tabellarischen Übersicht zusammengestellten Mitglieder gewählt, die sowohl der Allgemeinen als auch der Organischen Chemie zugeordnet werden.

Lebensstationen und wissenschaftliche Charakterisierung der der Organischen Chemie zugehörigen und nahestehenden Mitglieder der Sächsischen Akademie

Otto Linné Erdmann (11. 4. 1804–9. 10. 1869) und Felix Marchand (25. 8. 1813–2. 8. 1850)

Unter den ersten Mitgliedern der Sächsischen Akademie hat sich O. L. Erdmann (Kolbe 1869, S. 449–458) Verdienste um die Organische Chemie erworben. Er war einer der markanten Persönlichkeiten der Universität Leipzig, an der er studiert, promoviert (1824) und danach – mit kurzen Unterbrechungen – bis zu seinem Tode als Professor für Technische Chemie (Berufung 1830) wissenschaftlich erfolgreich gewirkt hat. Er leitete diese Universität auch mehrmals als Rektor.

Seine Untersuchungen zum Indigo führten zu halogenierten Derivaten des Isatins und befruchteten die Forschungen anderer Wissenschaftler zum wichtigen Naturfarbstoff Indigo. Im Zusammenhang mit dem halogenierenden Abbau des Indigos gelang Erdmann die Entdeckung des Chloranils. Er setzte damit den Ausgangspunkt zur Klasse der später als Chinone charakterisierten Verbindungen. Mit der Gründung des «Journals für technische und ökonomische Chemie» (1928), das später in das «Journal für praktische Chemie» überging (1834) und ab 1839 von Erdmann gemeinsam mit R. F. Marchand herausgegeben wurde, besitzen wir im heute ältesten deutschen Publikationsorgan für Chemie ein Zeugnis von Erdmanns Bemühungen, die Entwicklung dieses Fachgebietes durch Verbreitung von Forschungsergebnissen zu befördern (Remane u. Weise 1992, S. 5–13). In Zusammenarbeit mit Marchand (Pötsch 1988, S. 289) bestimmte Erdmann die relativen Atommassen wichtiger Elemente und entwickelte eine verbesserte Methode für die quantitative Bestimmung von Stickstoff in organischen Verbindungen.

Marchand, der in Halle studierte (Medizin) und promovierte (1837), war nach einer Lehrtätigkeit in Berlin (Königl. Preußische Artillerie- und Ingenieurschule) von 1843 bis zu seinem Tode in Halle Professor für Chemie. Als Lehrbuchautor für Organische Chemie und Physiologische Chemie beeinflußte er ebenso wie Erdmann, der ein Lehrbuch für Chemie herausbrachte, das mehrere Auflagen erlebte, den universitären Unterricht.

Hermann Kolbe (27. 9. 1818–25. 11. 1884)

Während Erdmann und Marchand als typische Vertreter der Naturforscher ein breites Spektrum von sowohl anorganischen als auch organischen und analytischen Problemstellungen bearbeiteten, war Hermann Kolbe (v. Meyer 1884, S. 416–466) einer der bedeutenden Forscher speziell auf dem Gebiet der Organischen Chemie. Als glänzender Experimentator hat er die Entwicklung dieses Wissenschaftszweiges nachhaltig beeinflußt. Seine Verdienste um die Organische Chemie sind denen Liebigs an die Seite zu stellen.

H. Kolbe war Schüler von F. Wöhler und R. W. Bunsen (1811–1899), unter dem er 1843 in Marburg promovierte. Nach einem Aufenthalt in London, wo er mit E. Frankland (1825–1899) zusammentraf und für die Entwicklung der Organischen Chemie wichtige Untersuchungen zum Beweis der «Radikaltheorie» begann, sowie nach einer Tätigkeit als Redakteur des angesehenen, von Liebig und Wöhler begründeten «Handwörterbuchs der Chemie» in Braunschweig bei der Verlagsbuchhandlung Vieweg & Sohn erhielt er 1851 in Nachfolge von R. Bunsen die Professur für Chemie in Marburg und 1865 an der Universität Leipzig.

Bereits als Assistent von R. Bunsen gelang H. Kolbe mit der Elementarsynthese von Essigsäure über den Weg der Chlorierung von Schwefelkohlenstoff zu Tetrachlormethan, dessen Pyrolyse zu Tetrachlorethylen, sich anschließender Hydrolyse zu Trichloressigsäure und Reduktion zu Essigsäure eine Reaktionsfolge von grundlegender Bedeutung. Hierzu schreibt E. v. Meyer (1884, S. 422) in seiner Würdigung von H. Kolbe:

> Eine synthetische Beobachtung von gleicher Tragweite war seit der epochemachenden Entdeckung Wöhlers, dass Harnstoff sich künstlich darstellen lasse, in der chemischen Literatur nicht verzeichnet.

Zwei weitere bedeutende Beobachtungen des jungen Kolbe, die bis heute mit seinem Namen verbunden werden, sind die Darstellung von Nitrilen und ihre Verseifung zu Carbonsäuren und die Elektrolyse von Kaliumacetat zu Ethan (damals «Methyl») und Kohlendioxid. Die «Kolbesche Nitrilsynthese» der Alkylierung von Cyanid, die allerdings schon vor ihm bekannt war, ist eine der einfachen und vielseitig einsetzbaren C-C-Bindungsknüpfungen, die auch in der Gegenwart in der organischen Synthesechemie ihre Bedeutung besitzt und in jedem Lehrbuch der Organischen Chemie beschrieben wird.

Die Kolbesche Kohlenwasserstoffsynthese durch Elektrolyse der Salze von Carbonsäuren ist vor allem chemiehistorisch bezüglich Radikal- und Strukturtheorie der Organischen Chemie bedeutungsvoll. Kolbe – ein Verfechter der Radikaltheorie – glaubte mit der Bildung des «Methyls» einen Beweis für die Richtigkeit dieser Theorie erbracht zu haben und lehnte die Kekulésche Strukturtheorie, die auf der Vierbindigkeit des Kohlenstoffs und seiner Fähigkeit beruhte, sich kettenartig zu verbinden, vehement ab. C. Schorlemmer (1834–1892) gelang 1864 der Nachweis der Identität des von Kolbe angenommenen «Methyls» und des Ethans, womit ein wichtiger Beitrag zur allgemeinen Anerkennung der Strukturtheorie geleistet wurde (Pötsch 1988, S. 386). Die von Kolbe erstmalig angewendete Methode jedoch, durch Strom an den Elektroden einer Elektrolysezelle Redoxprozesse zur Synthese organischer Verbindungen zu nutzen (Baizer 1984, S. 935), findet heute großtechnische Anwendung z. B. in der elektrochemischen Dimerisierung von Acrylnitril zu Adiponitril, einem Grundstoff der Synthesefaser Nylon (Polyamid 66).

Beide kurz skizzierten Reaktionen wurden von H. Kolbe konzipiert, um die «Radikaltheorie», die auf J. v. Liebig und F. Wöhler zurückging, zu beweisen. «Radikale» wurden als «Elemente» der organischen Natur angesehen, in denen durch besondere Kräfte Atomgruppen zusammengehalten werden. Damit ist die wissenschaftliche Methodik Kolbes angesprochen, mit der er außerordentlich erfolgreich forschte. Er war bestrebt, eine chemische Theorie aufzustellen und auf ihrer Grundlage Voraussagen zu treffen, die er durch entsprechende Experimente auf ihre Richtigkeit zu überprüfen suchte. Er führte hierzu in seinem Lehrbuch der Chemie aus:

> Einer wissenschaftlichen chemischen Untersuchung müssen stets leitende Gedanken zugrunde liegen, jedem Versuch muß eine bestimmte Frage voraufgehen, worauf derselbe die Antwort liefern soll. (Meinel 1978, S. 90–91).

Das ist ein bis heute gültiges Konzept wissenschaftlichen Arbeitens.

Kolbe hat sich sowohl während seiner Marburger als auch seiner Leipziger Zeit streitbar – und nicht selten polemisch – in die damaligen Auseinandersetzungen um theoretische Konzepte zur Ordnung der Organischen Chemie sowie der Konstitution organischer Verbindungen geäußert. Obwohl er wie kein anderer durch seine experimentellen Arbeiten und seine theoretischen Vorstellungen zur Erkenntnis der Vierbindigkeit des Kohlenstoffs beigetragen hat, konnte er sich mit der Strukturtheorie nicht anfreunden und lehnte auch die sich daraus ergebende organische Stereochemie ab. Aus heutiger Sicht ist die Vehemenz und der polemische Charakter der Auseinandersetzungen nicht nachvollziehbar, da jede der damals entwickelten Theorien von experimentellen Ergebnissen ausging und ganz bestimmte Seiten der daraus abgeleiteten Vorstellungen verallgemeinerte.

So war es Kolbe trotz seines Beharrens auf einer von anderen Forschern abgelehnten und als überholt eingeschätzten Theorie möglich, die Verbindungstypen der sekundären und tertiären Alkohole vorauszusagen, da er in der von ihm verwendeten Formelsprache stets auch eine Widerspiegelung der Konstitution der Verbindungen sah und nicht nur ein formales Ordnungsprinzip, wie es z. T. anderen Theorien zugrunde lag. Als Anhänger einer modifizierten Radikaltheorie fiel ihm das Erkennen von chemisch begründbaren Analogien leichter als anderen Forschern. Er klärte so u. a. als erster die strukturellen Zusammenhänge von Milchsäure, die er als Hydroxypropionsäure charakterisierte, Alanin und Propionsäure auf. Analoge Beziehungen fand er für Glycolsäure, Glykokoll und Essigsäure. Er beschrieb die Analogien zwischen Carbonsäuren und Sulfonsäuren und postulierte solche für Ketone und Sulfone, indem er die organischen Verbindungen auf einfache anorganische Verbindungen wie die Kohlensäure und die Schwefelsäure zurückführte. In theoretisch fundierter Weise wurde das Analogieprinzip noch 100 Jahre später in einem der wichtigen Praktikumsbücher der Organischen Chemie, dem «Organikum» (Becker et al. 1962/1993) als didaktisch wertvolles Konzept mit großem Erfolg angewendet.

Von weiteren bedeutenden Forschungsergebnissen Kolbes, die ihre Wirkung bis in die Gegenwart erhalten haben, ist die in Marburg entdeckte Salicylsäuresynthese aus Natriumphenolat und Kohlendioxid besonders hervorzuheben. Diese Synthese hat später sein Schüler R. Schmitt durch Anwendung von Druck optimiert und in der Chemischen Fabrik Heyden, Radebeul, technisch realisiert. Die als Kolbe-Schmitt-Synthese in die chemische Literatur eingegangene Reaktion wurde zur Grundlage der technischen Gewinnung von Aspirin (Acetylsalicylsäure), das sich als «Jahrhundert-Pharmakon» erwiesen hat (ZÜNDORF 1992, S. 4–27). Neben seiner bekannten schmerz- und fiebersenkenden Wirkung findet es heute aufgrund seines Eingreifens in den Prostaglandinstoffwechsel erneut starkes medizinisches Interesse. Aspirin hemmt die Aggregation von Blutplättchen (Thrombozyten) und verzögert damit die Blutgerinnung, was bei der Behandlung und Vermeidung von Herzinfarkten von Bedeutung ist.

Neben der Beschäftigung mit der Salicylsäure fällt in die Leipziger Zeit Kolbes auch die Entdeckung des Nitromethans aus Nitrit und Chloressigsäure sowie die Darstellung von para-Hydroxybenzoesäure in Abwandlung der Salicylsäuresynthese aus Kaliumphenolat und Kohlendioxid.

Kolbe hat ein 3bändiges «Ausführliches Lehrbuch der Organischen Chemie» und ein «Kurzes Lehrbuch der Chemie» verfaßt und auf diesem Wege die akademische Lehre seiner Zeit stimuliert. In Nachfolge von O. L. Erdmann gab er seit 1870 das «Journal für praktische Chemie» heraus, in dem viele seiner in Leipzig durchgeführten Arbeiten – und die seiner Schüler – veröffentlicht wurden.

Johannes Wislicenus (24. 6. 1835–5. 12. 1902)

Es kann als Ironie des Schicksals angesehen werden, daß zum Nachfolger Kolbes mit J. Wislicenus (BECKMANN 1904, S. 4861–4946) ein Wissenschaftler nach Leipzig berufen wurde, der zu den bedeutenden Vertretern der Strukturtheorie gehörte, die von Kolbe so entschieden abgelehnt worden war.

Johannes Wislicenus arbeitete von 1857–59 als Assistent bei Heintz (1817–1880) in Halle, promovierte und habilitierte sich 1860 an der Universität Zürich, an der er ebenso wie am Polytechnikum dieser Stadt eine Professur innehatte. 1871 wechselte er zur Universität Würzburg, die er auch zweimal als Rektor leitete (1880–82), und wirkte von 1885 bis zu seinem Tode an der Universität Leipzig, an der er ebenfalls mit dem Rektoramt (1893) betraut wurde. An allen drei Wirkungsstätten – Zürich, Würzburg und Leipzig – hat Wislicenus die Entwicklung der Organischen Chemie nachhaltig beeinflußt.

In Zürich befaßte er sich auf der Grundlage der von ihm modifizierten Gerhardtschen Typentheorie mit der Struktur der Milchsäure und ihrer formelmäßigen Wiedergabe. Milchsäure war als optisch inaktive Gärungsmilchsäure und rechtsdrehende Fleischmilchsäure bekannt. Wislicenus bewies über die Cyanhydrinsynthese endgültig die Struktur dieser Verbindung und erkannte, daß die damals verfügbaren Möglichkeiten zur Strukturbeschreibung nicht ausreichten, um alle auftretenden Isomerien – im speziellen Fall das Auftreten von optisch aktiven und inaktiven Isomeren – zu erklären.

Die Ursache für diese Isomerie vermutete er – bei sonst gleicher Konstitution der Isomeren – in der unterschiedlichen Anordnung der Moleküle im Raum. Diese erstmalig 1869 geäußerte Auffassung (Vortrag zur Naturforscherversammlung in Innsbruck) wurde im Bericht zu einem in Zürich gehaltenen Vortrag auch schriftlich fixiert und war der Anstoß für van't Hoff (1852–1911), auf der Grundlage der Vierwertigkeit des Kohlenstoffs die Theorie des asymmetrischen Kohlenstoffatoms zu entwickeln, wodurch die bis heute gültige organische Stereochemie geschaffen wurde. J. Wislicenus erkannte die Tragweite der neuen Theorien des 22jährigen Niederländers, vermittelte die Übersetzung der Abhandlung vom Niederländischen ins Deutsche durch seinen Schüler F. Herrmann und unterstützte die Verbreitung dieser Arbeit durch ein Vorwort. Die in die Zukunft weisende theoretische Position, die J. Wislicenus mit der Förderung der organischen Stereochemie vertrat, stieß auf eine vernichtende Kritik von Kolbe (Kolbe 1877, S. 473):

> Ich würde von jener Arbeit keine Notiz genommen haben, wenn nicht unbegreiflicher Weise Wislicenus dieselbe ... als verdienstliche Leistung warm empfohlen hätte ... Wislicenus erklärt hiermit, daß er aus der Reihe der exacten Naturforscher ausgeschieden und in das Lager der Naturphilosophen ominösen Andenkens übergegangen ist, welche ein nur dünnes «Medium» noch von den Spiritisten trennt.

Dieses Zitat charakterisiert die Schärfe, mit der in der damaligen Zeit Auseinandersetzungen um theoretische Konzepte und z. T. in gleicher Weise um Prioritätsansprüche geführt wurden. Auch durch eigene Untersuchungen hat J. Wislicenus zur allgemeinen Anerkennung der organischen Stereochemie Wesentliches beigetragen. Auf der Grundlage von Vorstellungen, die van't Hoff und Le Bel (1847–1930) zur Isomerie von Fumarsäure und Maleinsäure formuliert hatten, beschäftigte er sich in Leipzig vor allem mit der Isomerie substituierter Ethylenderivate und konnte für sie das Auftreten der Stereoisomerie beweisen. Obwohl einige seiner stereochemischen Interpretationen – u. a. zu Additionsreaktionen an Fumar- bzw. Maleinsäure und auch an Dreifachbindungssysteme – später korrigiert wurden, hat er mit seiner berühmt gewordenen Abhandlung der Königlich Sächsischen Gesellschaft der Wissenschaften (Wislicenus 1887): «Über die räumliche Anordnung der Atome in organischen Molekülen und ihre Bestimmung in geometrisch-isomeren ungesättigten Verbindungen» der Strukturtheorie in der Organischen Chemie starke Impulse verliehen. In einer Würdigung von J. Wislicenus führte W. Ostwald (1853–1932) vor der Math.-phys. Klasse der Sächsischen Akademie hierzu aus (Ostwald 1903, S. 417–418):

> Haben sich auch nicht alle Vorstellungen widerspruchsfrei durchführen lassen, in welche er damals die Tatsachen zusammenzufassen gesucht hatte, so ist doch durch diese Forschungen ein großes Gebiet der Wissenschaft erschlossen worden, an dem die Chemiker vorher mit einer gewissen Scheu vorbeizugehen pflegten, weil man wußte, daß dort Widersprüche gegen die üblichen Auffassungen vorhanden waren.

Eingegangen in den Bestand der Organischen Chemie sind auch die von J. Wislicenus in Würzburg durchgeführten Untersuchungen zum Acetessigester, die sein hohes wissenschaftliches Anssehen begründet hatten. Er konnte die Alkylierung dieser Verbindung aufklären und hat die hydrolytische Spaltung substituierter Acetessigester zu Ketonen oder Carbonsäuren durch detaillierte Arbeitsvorschriften zu Standardverfahren der Organischen Chemie werden lassen.

Rudolf Schmitt (5. 8. 1830–18. 2. 1898)

Zwei Jahre nach Wislicenus wurde Rudolf Schmitt (v. MEYER 1898, S. 397–408) als erster Organiker einer Technischen Hochschule zum Mitglied der Sächsischen Akademie gewählt. R. Schmitt interessierten besonders die technisch-industriellen Aspekte der Chemie, was aus seinem beruflichen Werdegang verständlich wird. Er war Schüler und auch Freund von H. Kolbe, promovierte 1860 unter ihm in Marburg und habilitierte sich dort ein Jahr später. Nach Lehrtätigkeit in Kassel (Professur an der Höheren Gewerbeschule, 1864–68) und in Nürnberg (Industrieschule, 1869) nahm er einen Ruf als Professor für Chemie an der Technischen Hochschule Dresden an, an der er 23 Jahre die Ausbildung in Organischer Chemie leitete.

Für die damalige Zeit bedeutsam war seine 1860 in Marburg gemachte Beobachtung, daß sich Äpfel- und Weinsäure mit Iodwasserstoff zu Bernsteinsäure reduzieren lassen, wodurch die strukturelle Beziehung dieser wichtigen Pflanzensäuren zueinander aufgeklärt und zugleich eine Vermutung Kolbes bestätigt wurde. In der Folgezeit wendet sich Schmitt vor allem den aromatischen Verbindungen zu und konnte u. a. über die von P. Grieß (1829–1888) entdeckten «Diazokörper» die ersten aromatischen Fluorverbindungen, die Fluorbenzoesäure und das Fluorbenzol darstellen. Besondere Verdienste hat sich Schmitt um das Verständnis und die Optimierung der Kolbeschen Salicylsäuresynthese erworben (s. o.), die von ihm durch das Arbeiten unter Druck für die industrielle Produktion vorbereitet wurde. Die Kolbe-Schmitt-Reaktion (LINDSEY 1957, S. 583) wurde von ihm auch mit großem Erfolg für die Darstellung aromatischer und heteroaromatischer Hydroxycarbonsäuren herangezogen, die als Zwischenprodukte, wie z. B. die 2-Hydroxy-naphthoesäure, für die Farbstoffsynthese noch heute industrielle Bedeutung besitzen.

Ernst von Meyer (25. 8. 1847–11. 4. 1916)

Die wissenschaftlichen Arbeiten Ernst von Meyers (MOHR 1918, S. 1–36) auf dem Gebiet der Organischen Chemie standen unter dem Einfluß seines akademischen Lehrers H. Kolbe, mit dem er als Schwiegersohn auch persönlich eng verbunden war. E. v. Meyer promovierte in Leipzig unter Kolbe (1872) und habilitierte sich auch an dieser Universität (1874). Nach der Ernennung zum Extraordinarius (1878) und einer freiberuflichen Tätigkeit in Leipzig (1887–93) nahm er den Ruf als Nachfolger von R. Schmitt an die TH Dresden an (1893). Er leitete diese Hochschule auch dreimal als Rektor (1898–1900, 1912–13), worin die hohe Wertschätzung zum Ausdruck kommt, die er als Mensch und Wissenschaftler genoß.

E. v. Meyer bearbeitete erfolgreich die durch Natrium ausgelöste Dimerisierung von Alkylcyaniden zu alkylsubstituierten 2-Aminoacrylnitrilen und klärte auch die Trimerisierung der Nitrile zu trisubstituierten Aminopyrimidinen – den «Kyanalkinen» – auf, die von H. Kolbe entdeckt worden waren.

Besonders hervorzuheben ist die literarische Tätigkeit E. v. Meyers. Er veröffentlichte 1883 eine «Geschichte der Chemie», die in mehreren Auflagen und Übersetzungen erschien und nach E. MOHR (1918, S. 17) «als das Buch, das in jeder Hinsicht als seine beste Leistung zu bezeichnen ist», charakterisiert wurde. Darüber hinaus vervollständigte er (gemeinsam mit A. Weddige) den 3. Band des Kolbeschen Lehrbuchs der Organischen Chemie und bearbeitete die ersten zwei Bände neu. Verdienste erwarb er sich als Redakteur des Journals für praktische Chemie, das er, unter H. Kolbe beginnend, von 1879 bis zu seinem Tode (1916) betreute und das nach dem Tode von Kolbe durch sein Wirken wieder durch einen erweiterten Kreis von Wissenschaftlern Unterstützung fand.

Ernst Beckmann (4. 7. 1853–12. 7. 1923)

Unter den Chemikern der Sächsischen Akademie der Wissenschaften zeichnet sich Ernst Beckmann (Lockemann 1928, S.87A–130A) durch seine wissenschaftliche Vielseitigkeit aus. Er hat mit seinen Forschungsarbeiten nicht nur die Organische Chemie, sondern in gleicher Weise die Physikalische Chemie nachhaltig beeinflußt. Seine vielseitigen Interessen spiegeln sich auch in seinem Berufseinstieg und beruflichen Werdegang wider.

Nach mehrjähriger Tätigkeit als Apothekengehilfe in verschiedenen Orten Deutschlands nimmt E. Beckmann in Leipzig 1875 das Chemiestudium auf, schließt mit dem pharmazeutischen Staatsexamen ab (1877) und promoviert ein Jahr später unter H. Kolbe und E. v. Meyer mit einer Arbeit zur Oxidation von Dialkylsulfiden. Nach einem Aufenthalt an der Technischen Hochschule Braunschweig (1879–83), an der er sich für Chemie und Pharmazie habilitierte, kehrte er nach Leipzig zurück, um als Dozent unter Wislicenus und ab 1890 als a. o. Professor für Physikalische Chemie unter Ostwald tätig zu sein. Über die Stationen Gießen (1891) und Erlangen (1892–97, Professur für Pharmazeutische Chemie, Direktor der Staatlichen Untersuchungsanstalt für Nahrungs- und Genußmittel) fand er sich wieder in Leipzig ein, um die Professur für Angewandte Chemie von 1897–1912 wahrzunehmen. Seine wissenschaftliche Laufbahn beschloß er als Direktor des neugegründeten Kaiser-Wilhelm-Instituts für Physikalische Chemie und Elektrochemie in Berlin-Dahlem (1912–21). Gleichzeitig vertrat er diese Fachgebiete an der Berliner Universität.

In der Organischen Chemie ist Beckmanns Name mit der Umlagerung der Oxime in Carbonsäureamide verbunden (Beckmann-Umlagerung; Donaruma 1960; Gawley 1988). Er fand diese Reaktion bei der Behandlung von Benzophenonoxim mit Phosphor(V)chlorid, wobei Benzoesäureanilid erhalten wurde. Diese Entdeckung war der Ausgangspunkt umfangreicher Untersuchungen zu Struktur und Reaktivität der Oxime. Dabei entdeckte er auch die Isomerie unsymmetrisch substituierter Oxime, die von ihm anfänglich als Strukturisomerie gedeutet wurde. Später setzte sich durch die Arbeiten von A. Hantzsch die stereochemische Beschreibung der Verbindungen als cis/trans-Isomere durch.

Die Beckmann-Umlagerung hatte weitreichende Konsequenzen sowohl für die Theoretisch-organische Chemie, und zwar durch die spätere Aufklärung des stereoelektronisch beeinflußten Ablaufs der Reaktion, als auch für die organische Synthese und die chemische Großindustrie. So führte die Beckmann-Umlagerung von Cyclohexanonoxim zu ϵ-Aminocaprolactam, dessen Polymerisation von P. Schlack

(1897–1987) 1938 entdeckt wurde und zur Kunstfaser «Perluran» (Perlon, Polyamid 6) führte, die heute noch eine der wichtigsten Synthesefasern ist.

Die Beschäftigung mit den von ihm aufgefundenen isomeren Benzaldoximen regte Beckmann an, verbesserte Methoden der Molekulargewichtsbestimmung zu entwickeln, um zwischen einer möglichen Monomer- oder Polymer-Struktur dieser Isomeren entscheiden zu können. Die von E. Beckmann in diesem Zusammenhang geschaffenen Gerätschaften, u. a. das bekannte Beckmann-Thermometer, haben die physikalisch-chemische Forschung ungemein befruchtet. Nach Ostwald hat sich E. Beckmann damit um die Physikalische Chemie ein ähnliches Verdienst erworben, wie einst Liebig mit seiner vereinfachten Elementaranalyse um die Organische Chemie (LOCKEMANN 1953, S. 726).

Von vielen weiteren Arbeiten Beckmanns auf dem Gebiet der Organischen Chemie, die auch heute noch eine Widerspiegelung in Lehr- und Praktikumsbüchern finden, sind die Oxidation von Dialkylsulfiden zu Sulfonen mit Permanganat und die Oxidation von Alkoholen mit dem «Beckmannschen Chromsäure-Gemisch» zu nennen. Mit der Beobachtung, daß Natrium auch mit nicht enolisierbaren Ketonen zu farbigen Salzen zu reagieren vermag, hatte er den Schlüssel zu den «Metallketylen» und damit zu einer neuen Klasse von Kohlenstoffradikalen in der Hand, die später von W. Schlenk (1879–1943) bearbeitet wurde und große Aufmerksamkeit fand.

Der gegebene kurze Überblick zu den wissenschaftlichen Arbeiten E. Beckmanns verdeutlicht seine außerordentliche Kreativität. In einer wissenschaftlichen Würdigung wirft deshalb G. Lockemann die Frage auf, weshalb Beckmann keine große wissenschaftliche Schule begründet hat, und kommt zu dem Schluß (LOCKEMANN 1928, S. 103):

> Vielleicht ist darin die hemmende Ursache zu suchen, daß ihm, der sonst geradezu das Ideal eines akademischen Lehrers war, ein gewisser Einschlag des Schulmeisterlichen fehlte ... den einzelnen auf eine bestimmte Forschungsrichtung anzusetzen und ihn mit zielbewußter Strenge zu leiten, das lag nicht in seiner Art ... Vielleicht haben auch die Beispiele von Kolbe und Wislicenus, die den entgegengesetzten Typus verkörperten, auf Beckmann in gewisser Weise abschreckend gewirkt. Diese beherrschten die Wissenschaft fast autokratisch und zwangen ihre eigenen, streng gebundenen Anschauungen auch ihren Schülern auf.

Ludwig Knorr (2. 12. 1859–5. 6. 1921)

Ludwig Knorr (DUDEN u. KAUFMANN 1927, S. 1A–34A; SCHOLL R., 1923, S. 157–165) wurde als erster Vertreter der Universität Jena unter den Organischen Chemikern zum Ordentlichen Mitglied der Sächsischen Akademie der Wissenschaften gewählt. Der wissenschaftliche Werdegang von L. Knorr ist eng mit dem seines berühmten Lehrers, Emil Fischer, verbunden. Knorr arbeitete in München unter Fischer als Assistent (1880), ging mit ihm an die Universität Erlangen, wo er mit Arbeiten zu den gerade von Fischer entdeckten organischen Hydrazinen promovierte (1882) und sich auch habilitierte (1885). Danach folgte er seinem Lehrer, als dieser zum Nachfolger von J. Wislicenus nach Würzburg berufen wurde (1885). 1889 nahm L. Knorr einen Ruf als Nachfolger von J. A. Geuther (1833–1889), dem Entdecker des Acetessigesters, nach Jena an. Dieser Universität hielt er trotz anderer ehrenvoller Angebote bis zu seinem Lebensende die Treue.

L. Knorr hat durch seine Forschungsarbeiten vor allem die Chemie der Heterocyclen befruchtet, wie die Namensreaktionen «Knorrsche Pyrazolsynthese», «Knorrsche Pyrrolsynthese» und «Knorrsche Hydroxychinolinsynthese» unterstreichen. Bleibendes hat er darüber hinaus auf dem Gebiet der Keto-Enol-Tautomerie und zur Aufklärung der Konstitution des Morphins geleistet. Von außerordentlicher Tragweite erwies sich die Entdeckung des Phenyl-methyl-pyrazolinons, das durch Methylierung in das «Antipyrin» (1883) überführt wurde. Im Zusammenwirken mit den Höchster Farbwerken (W. Filehne) wurde es gemeinsam mit dem vom Antipyrin abgeleiteten «Pyramidon» (F. Stolz) zu einem der wichtigsten fiebersenkenden Mittel. Der große Erfolg dieser Stoffe stimulierte am Ende des vorigen Jahrhunderts die Suche nach synthetischen Heilmitteln außerordentlich stark und trug zur stürmischen Entwicklung der pharmazeutischen Industrie in Deutschland bei.

Die von L. Knorr erstmals erschlossene Substanzklasse der Pyrazolone fand später auch eine breite Nutzung in der Farbstoffproduktion und in der Farbfilmherstellung, indem dieser Grundtyp zum Ausgangsstoff für Azo- und Azomethinfarbstoffe wurde. Die Nutzung von Acetessigester für neue Synthesen – Arbeiten, die von Knorr in Erlangen begonnen und in Jena unter Einbeziehung von 1,4-Dicarbonylverbindungen fortgesetzt wurden – führte zu neuen Pyrrol-, Furan- und Chinolin-Derivaten, deren Darstellungsverfahren auch heute noch zum Grundbestand eines jeden Lehrbuches der Organischen Chemie gehören.

Wie bereits bei der Behandlung der wissenschaftlichen Arbeiten von J. Wislicenus deutlich wurde, führte die Beschäftigung mit dem Phänomen der Isomerie zum tieferen theoretischen Verständnis der Organischen Chemie. Neben der Stereoisomerie hatte sich Wislicenus auch mit Tautomerie-Erscheinungen – der Stellung bzw. Wanderung eines Protons im Molekül – auseinandergesetzt. L. Knorr gelang es mit seinen Untersuchungen, die Tautomerie als einen dynamischen Prozeß zwischen unterschiedlichen Isomeren zu charakterisieren, indem er einzelne Tautomere in kristalliner Form isolierte und ihre Umwandlung in Lösung oder in der Schmelze zum Tautomerengemisch studierte. Der Begriff Desmotropie für isolierbare Tautomere geht auf ihn zurück.

L. Knorr war es auch vergönnt, die Keto- und Enolform des Acetessigesters zu isolieren und auf diesem Wege die Gleichgewichtskonzentrationen beider Isomeren annähernd richtig abzuschätzen, womit seine damals nicht allgemein akzeptierten Vorstellungen zur Keto-Enol-Tautomerie in glänzender Weise bestätigt wurden und einen krönenden Abschluß fanden. Mit seinen umfangreichen Untersuchungen zur Konstitution des Morphins hat Knorr wesentliche Voraussetzungen geschaffen, daß die Struktur dieses wichtigen Alkaloids 1925 endgültig fixiert werden konnte. Ihm selbst war dieser große Erfolg nicht mehr vergönnt.

Arthur Hantzsch (7. 3. 1857–14. 3. 1935)

Arthur Hantzsch, Schüler von J. Wislicenus, wurde zwei Jahre nach dem Tod seines Lehrers (1902) zum Mitglied der Sächsischen Akademie gewählt (HEIN 1941, S. 147A–163A; MOORE 1936, S. 1051–1066).

A. Hantzsch begann seine wissenschaftliche Karriere als exzellenter Synthetiker – insbesondere auf dem Gebiet der Heterocyclenchemie – und wandte sich später der Untersuchung grundlegender Probleme der Stereochemie, der Tautomerie sowie der Zusammenhänge von Konstitution und Acidität bzw. Farbe organischer Verbindungen zu. Er führte in breitem Umfang physikalisch-chemische Untersuchungsmethoden in die organisch-chemische Forschung ein und kann deshalb als einer der ersten Vertreter der Physikalisch-organischen Chemie angesehen werden.

A. Hantzsch studierte Chemie am Polytechnikum in Dresden unter R. Schmitt, promovierte in Würzburg bei J. Wislicenus (1880) und habilitierte sich am Physikalisch-chemischen Institut der Universität Leipzig (1882) mit einer präparativen Arbeit zur Pyridinsynthese. Als Ordinarius wirkte er von 1885–1893 an der TH Zürich, von 1893–1903 in Würzburg als Nachfolger von E. Fischer und danach als Nachfolger von J. Wislicenus in Leipzig. Bereits dieser berufliche Werdegang läßt die hohe wissenschaftliche Wertschätzung, die A. Hantzsch in seiner Zeit genoß, deutlich werden.

Neben der «Hantzschschen Pyridinsynthese» aus Acetessigsäureester, Aldehyden und Ammoniak gehören die «Hantzschsche Thialzolsynthese» aus Chlorketonen und Thioamiden zum Grundbestand der Heterocyclenchemie. Auf der Grundlage dieser Synthesen werden heute im industriellen Maßstab Zwischenprodukte für Farbstoffe und Pharmaka gewonnen. Als ein Beispiel sei die Darstellung substituierter 1,4-Dihydropyridine genannt, die aufgrund ihrer Calcium-antagonistischen Wirkung zu den wichtigsten Pharmaka zur Behandlung von Herz-Kreislauf-Erkrankungen gehören (GOLDMANN u. STOLTEFUSS 1991, S. 1587–1605). Die bekannte Verwandtschaft von Benzol und Thiophen führte Hantzsch zum Vergleich der Eigenschaften von Pyridin und Thiazol, das er erstmalig darstellte. Im Bestreben, weitere Zusammenhänge zwischen Struktur und Eigenschaften von heterocyclischen Verbindungen aufzuklären, entwickelte er u. a. Synthesen für Oxazole, Imidazole und Selenazole.

Einen wesentlichen Beitrag leistete Hantzsch auch zur Theorie in der Organischen Chemie, indem er die Vorstellungen von Wislicenus zur Stereoisomerie der Ethylenderivate auf ungesättigte Stickstoffverbindungen übertrug. Auch wenn die von ihm als cis/trans-Isomerie richtig erkannte Isomerie der Oxime bezüglich der Zuordnung zur «syn»(cis)- und «anti»(trans)-Form später korrigiert wurde, erwies sich der Nachweis der eingeschränkten Drehbarkeit um die C-N-Doppelbindung als eine grundlegende Erkenntnis, die auch zur Aufklärung der komplizierten strukturellen und stereochemischen Verhältnisse der Diazokörper beitrug. Es wurde von Hantzsch nachgewiesen, daß aromatische Diazoniumsalze mit nucleophilen Reagenzien (Hydroxid, Cyanid, Sulfit) zu reaktiven syn(cis)-Diazoverbindungen reagieren, die sich in die stabileren anti(trans)-Isomere umlagern. Dieses Reaktionsmuster hat sich bis in die Gegenwart an unterschiedlichen Diazoverbindungen als richtig bestätigt (FANGHÄNEL et al. 1975, S. 631; 1977, S. 485; 1978, S. 422; 1981, S. 253).

Auf dem Gebiet der Tautomerie gelang Hantzsch am Beispiel des Phenylnitromethans der eindeutige Nachweis der Nitro-Acinitro-Tautomerie, wodurch die Vorstellungen zur Keto-Enol-Tautomerie eine Erweiterung erfuhren.

Kinetische Untersuchungen der Neutralisation von kationischen und anionischen Spezies der Organischen Chemie führten zur Definition von Pseudobasen und Pseudosäuren. Seine in diesem Zusammenhang vorgenommenen weiterführenden Untersuchungen zur Acidität von Säuren erbrachten die grundlegende Erkenntnis, daß sich Acidität nur gegenüber Basen manifestieren kann, führten zum Nachweis der Autoprotolyse starker Säuren und ermöglichten erstmalig die Isolierung von Acidiniumsalzen, in denen schwächere Säuren als Basen gegenüber starken Säuren fungieren. Die in diesem Zusammenhang erarbeiteten Erkenntnisse fanden später in der von J. N. Brönstedt (1879–1947) formulierten Säure-Basen-Theorie ihre Verallgemeinerung und führen unter Einbeziehung der chemischen Reaktivität in der Gegenwart bis hin zur Chemie der Superelektrophilen (Olah 1993, S. 805–968); Ergebnisse, die 1994 mit dem Nobelpreis gewürdigt wurden.
Auf der Grundlage seiner Untersuchungen zum Zusammenhang von Konstitution und Farbe in der Triphenylmethanreihe entwickelte A. Hantzsch Vorstellungen zur erweiterten Konjugation aromatischer Verbindungen, die dem Konzept der Mesomerie, wie es heute verwendet wird, sehr nahe kamen.

Diese wenigen ausgewählten Beispiele charakterisieren A. Hantzsch zu Recht als

> Pionier seiner Wissenschaft in des Wortes wahrster Bedeutung, der nicht nur direkt, sondern auch mittelbar in der vielfältigsten Weise die chemische Forschung gefördert und angeregt hat (Hein 1941, S. 163A).

Carl Paal (1. 7. 1860–11. 1. 1935)

Carl Paal (Helferich 1935, S. 207–212) kam im Zenit seiner wissenschaftlichen Laufbahn nach Leipzig (1912), um die Nachfolge von E. Beckmann auf dem Lehrstuhl für Angewandte Chemie zu übernehmen.

Er studierte in München und an der TH Berlin-Charlottenburg und promovierte unter E. Fischer in Erlangen (1884). An der dortigen Universität habilitierte er sich 1890 unter O. Fischer (1852–1932) und leitete von 1897–1912 als Ordentlicher Professor das Institut für Angewandte Chemie dieser Universität. In Leipzig wirkte er bis zu seiner Emeritierung im Jahre 1928.

Auf C. Paal gehen die ersten Synthesen der Furane, Thiophene und Pyrrole aus 1,4-Diketonen zurück, die als Paal-Knorrsche Synthesen zum Grundbestand der Heterocyclenchemie gehören. Auch durch Synthesen der Chinazoline und Indazole bereicherte er das Gebiet der Heterocyclenchemie. Die Beschäftigung mit dem Abbau der Eiweiße ließ ihn die Schutzkolloidwirkung von Eiweißabbauprodukten erkennen. Es gelang ihm, stabile kolloidale Lösungen von Schwermetalloxiden und von edlen Metallen darzustellen, die insbesondere im Falle des Silbers als haltbare lösliche Trockenpräparate medizinische Bedeutung erlangten. Für das kolloidale Palladium entdeckte er die Fähigkeit, Wasserstoff aufnehmen und auf ungesättigte Verbindungen übertragen zu können. C. Paal ist damit zu den wissenschaftlichen Pionieren der katalytischen Hydrierungen zu zählen, deren großtechnische Realisierung heute an der hohen Leistungsfähigkeit der chemischen und erdölverarbeitenden Industrie entscheidenden Anteil hat. In gleicher Weise hat Paal durch seine Beobachtung, daß die von ihm gewonnenen kolloidalen Edelmetallösungen auch Sauerstoff auf organische Substrate zu übertragen vermögen, die Oxidationschemie befruchtet.

Roland Scholl (30. 9. 1865–22. 8. 1945)

Mit Roland Scholl (K. MEYER 1965, S. 185–189) wird nach R. Schmitt der dritte Vertreter der Organischen Chemie der TH Dresden Mitglied der Sächsischen Akademie. R. Scholl, aus der Wislicenus-Familie stammend – J. Wislicenus war sein Onkel –, studierte in Würzburg und an der TH Zürich, wo er Vorlesungsassistent von A. Hantzsch war. Er promovierte in Basel (1890) und habilitierte sich an der Universität Zürich (1893). Über Karlsruhe (Extraordinarius, 1896–1907) und Graz (Ordinarius für Organische Chemie, 1907–1916) kam er nach Dresden, wo er als Direktor des Instituts für Organische Chemie bis zu seiner Emeritierung (1934) lehrte und forschte.

Der Name Scholl ist mit einem der erfolgreichsten Abschnitte der Teerfarbenindustrie, und zwar der Entwicklung der besonders licht- und waschechten Indanthrenfarbstoffe verbunden sowie mit der Synthese und Chemie vielkerniger aromatischer Kohlenwasserstoffe. Das besondere Verdienst von Scholl auf dem Gebiet der 1901 von R. Bohn (1866–1922) entdeckten Indanthrenfarbstoffe besteht in der Struktursicherung wichtiger Vertreter, wie dem Indanthron und Flavanthron, und der Entwicklung übersichtlicher Synthesen zu diesen Farbstoffen sowie von neuen Typen dieser Farbstoffklasse. Darüber hinaus entwickelte er das methodische Rüstzeug zur Darstellung hochkondensierter aromatischer Kohlenwasserstoffe wie die cyclisierende Dehydrierung geeigneter Ausgangsstoffe mit Aluminiumchlorid (Schollsche Reaktion) und die intramolekulare Cyclisierung von Carbonsäuren zu Ketonen mit Phosphorsäure-Phosphor(V)oxid-Gemischen, noch bevor die allgemeine Bedeutung der Polyphosphorsäure für diese Reaktionen erkannt wurde.

Als Glanzleistung Schollscher Kohlenwasserstoffsynthesen ist die erstmalige Darstellung von Coronen in einer Vielstufensynthese zu nennen sowie die des Dinaphthocoronens, das von allen bis dahin bekannten kondensierten Aromaten dem Graphit am nächsten stand. Unter heutiger Sicht könnte man R. Scholl damit als einen der Wegbereiter der Synthese neuer Kohlenstoffmodifikationen ansehen, die in der Gegenwart mit der Entdeckung der Fullerene besonderes wissenschaftliches Interesse gefunden haben (HIRSCH 1993, S. 1189–1192; SCHWARZ 1993, S. 1475 bis 1478).

Hans Stobbe (9. 6. 1860–3. 8. 1938)

In der Hierarchie der Leipziger Chemiker seiner Zeit stand Hans Stobbe (HELFERICH 1940, S. 115–118) wohl eher in der zweiten Reihe. In seiner wissenschaftlichen Wirkung, die bis in die Gegenwart reicht, ist er seinen berühmteren Kollegen ebenbürtig zur Seite zu stellen. H. Stobbe begann seine Laufbahn unter dem Einfluß von J. Wislicenus in Leipzig und hat diese Universität danach auch nie verlassen. Nach dem Studium an den Universitäten in Heidelberg, München, Straßburg und Leipzig promovierte er unter Wislicenus (1889), habilitierte sich 1894 und leitete ab 1904 als Professor die Organische Abteilung des chemischen Laboratoriums der Universität Leipzig.

Bereits seine ersten selbständigen Untersuchungen, in denen er sich mit der basischen Kondensation von Bernsteinsäureestern mit Aldehyden und Ketonen befaßte und die die Darstellung von β,γ-ungesättigten Carbonsäuren bzw. von 5-Ringlactonen ermöglichten, sind als «Stobbe-Kondensation» in die Literatur eingegangen und haben eine vielseitige Anwendung erfahren (Johnson u. Daub 1951, S. 1–73). Von diesem Arbeitsgebiet leiteten sich auch die substituierten Butadien-2,3-dicarbonsäureanhydride ab, die von H. Stobbe aufgrund ihrer unerwarteten Farbigkeit als Fulgide bezeichnet wurden. An dieser Verbindungsklasse beobachtete Stobbe das Phänomen der Phototropie (Photochromie), d. h. der vorübergehenden Farbvertiefung bei Bestrahlung mit Licht (Stobbe 1922, S. 161–250). Durch seine systematischen Untersuchungen zur Veränderung der Fulgide im Festkörper und in Lösung durch das «Reagenz» Licht sowie in gleicher Weise von anderen phototropen Verbindungstypen ist H. Stobbe als einer der ersten Photochemiker in Deutschland zu charakterisieren. Für die Phototropie machte er lichtinduzierte chemische Veränderungen verantwortlich, die durch thermische Rückreaktion oder durch Licht anderer Wellenlänge aufgehoben werden konnten. Dieses richtige Konzept wurde für die Farbvertiefung der Fulgide bei Bestrahlung endgültig erst 1968 aufgeklärt und als Beispiel eines allgemeinen Prinzips – der photochemischen Valenzisomerisierung – erkannt (Santiago u. Becker 1968, S. 3654–3658; Margerum u. Miller 1971, S. 595–600).

Das von H. Stobbe erstmalig systematisch bearbeitete Prinzip der Phototropie hat für die optische Informationsspeicherung eines mit Licht arbeitenden Computers der Zukunft aktuelle Bedeutung und ist deshalb Gegenstand intensiver Forschungen. Bedeutung haben Fulgide auch als chemische Aktinometer (Aberchrom™ 540) erlangt, mit welchen die Menge der Lichtquanten eines Photostromes bequem gemessen werden kann (Heller u. Langan 1981, S. 71–73). Die physiologische Relevanz der Phototropie hat Stobbe selbst erkannt. In seinem umfangreichen und grundlegenden Beitrag in den Abhandlungen der Sächsischen Akademie zu Phototropieerscheinungen verwies er im Zusammenhang mit lichtinduzierten reversiblen Potentialänderungen auf die Netzhaut des Auges (Stobbe 1922, S. 163).

H. Stobbe war ein seiner Zeit vorauseilender Forscher. Dies wird auch durch sein drittes Arbeitsgebiet, die Polymerisation von Styrol und einiger anderer ungesättigter Verbindungen, unterstrichen. Zur quantitativen Charakterisierung der fortschreitenden Polymerisation setzte er physikalische Untersuchungsmethoden wie Viskosität und Lichtbrechung ein und entdeckte auch die Möglichkeit, die Polymerisation durch Licht zu induzieren. Mit diesen Arbeiten gehört H. Stobbe zu den Pionieren der Polymerchemie und der später daraus hervorgegangenen Kunststoffindustrie. Das von ihm entdeckte Prinzip der Photopolymerisation ist heute eng mit den modernen Technologien der Mikroelektronik und der Drucktechnik verbunden (BÖTTCHER 1983, S. 76–99).

Nach seiner Emeritierung (1928) leitete H. Stobbe die Poggendorff-Redaktion und war verantwortlich für die Erarbeitung des VI. Bandes dieses bedeutenden bio-bibliographischen Werkes, das von der Sächsischen Akademie der Wissenschaften herausgegeben wird und mit dem Band VIII zur Jahrtausendwende seinen Abschluß finden soll.

Burckhardt Helferich (10. 6. 1887–5. 7. 1982)

Mit der Berufung von Burckhardt Helferich (FANGHÄNEL 1984, S. 212–228) zum Nachfolger von A. Hantzsch (1930) wurde das wissenschaftliche Profil der Organischen Chemie an der Universität Leipzig erstmals durch die Naturstoffchemie, und zwar die Chemie der Zucker und der sie spaltenden Enzyme bestimmt. Die Beschäftigung von B. Helferich mit diesem Gebiet geht auf seinen berühmten akademischen Lehrer E. Fischer zurück, unter dem er in Berlin promovierte (1911) und sich auch habilitierte (1920). Vor Leipzig lagen Berufungen an die Universitäten von Frankfurt (1922–25) und seiner Geburtsstadt Greifswald (1925–30). Nach Ende des 2. Weltkrieges verließ B. Helferich Leipzig und wirkte bis 1960 als Ordinarius an der Universität Bonn, die er auch als Rektor von 1954–55 leitete. Helferich war bis ins hohe Alter ein außerordentlich produktiver Forscher. Fast ein Drittel seiner umfangreichen wissenschaftlichen Ergebnisse, die in über 300 Originalarbeiten niedergelegt sind, publizierte er als Emeritus.
B. Helferich war einer der Pioniere der Glykosidchemie. Er synthetisierte mit der Gentiobiose das erste natürliche Disaccharid und entwickelte darüber hinaus ein umfangreiches Rüstzeug zur glykosidischen Verknüpfung von Monozuckern zu Di-, Tri- und Tetrasacchariden. Besonders zu nennen sind die Schutzgruppentechniken unter Verwendung von Trityl- und Mesylresten ebenso wie spezielle Glykosidierungsverfahren. Mit seinen synthetischen Arbeiten zum Aufbau höherer Zucker schuf er die Grundlagen für die Renaissance der Zuckerchemie in der Gegenwart, die eng mit den vielfältigen biochemischen Funktionen definierter höherer Zucker und von Glykoproteinen verbunden ist (PAULSEN 1990, S. 851–867; KUNZ 1993, S. 355–377; van BOECKEL 1993, S. 1741–1761).

Außer für den Aufbau komplexer Zucker hat B. Helferich auch Pionierarbeit zum Wirkungsmechanismus der enzymatischen Glykosidspaltung, insbesondere durch Süßmandelemulsin, geleistet. Hierbei hat sich die von ihm praktizierte Verknüpfung von Synthesechemie, über die strukturdefinierte Modellsubstrate zur Verfügung gestellt wurden, mit der quantifizierten Beschreibung der Enzymkatalyse als naturwissenschaftlich begründete Arbeitsmethode hervorragend bewährt. Auf diesem Wege wurden als Hauptenzym des Emulsins die β-D-Glucosidase ermittelt und weitere Enzyme, wie die α-D-Mannosidase und α-D-Galactosidase, nachgewiesen.

In seinem Spätwerk wandte sich Helferich – angeregt durch den Einsatz des Mesylrestes als Schutzgruppe – der Chemie von gesättigten und ungesättigten cyclischen Sulfonsäurederivaten zu und bereicherte, davon ausgehend, die Heterocyclenchemie durch neue Synthesen für 1,2-Thiazin-, Pyrrol- und Indolderivate. Aufbauend auf diesen Ergebnissen, wurden vom Autor ungewöhnliche Ringtransformationsreaktionen aufgefunden, die zu Bausteinen führen, welche für die Darstellung von High-Tech-Farbstoffen von Interesse sind (Fanghänel et al. 1995).

Walter König (26. 9. 1878–2. 2. 1964)

Unter den Farbenchemikern in Deutschland nimmt Walter König (Eistert 1953, S. 641–643) eine herausragende Stellung ein. Er war einer der ersten, der zum Problemkreis Konstitution und Farbe ein schlüssiges theoretisches Konzept entwickelte, das in seinen Grundaussagen auch heute noch gültig ist. W. König studierte an der TH Dresden, an der er promovierte (1903) und sich nach einem Industrieaufenthalt bei Bayer in Leverkusen auch habilitierte (1908). Als Ordinarius für Farben- und Textilchemie war er an dieser Hochschule bis weit über seine Emeritierung hinaus wissenschaftlich tätig.

W. König entdeckte – etwa gleichzeitig mit Th. Zincke (1843–1928) in Marburg – die Farbstoffklasse der Polymethine und entwickelte für diesen Farbstofftyp Herstellungsverfahren, die die spätere industrielle Anwendung dieser Verbindungen als Sensibilisatorfarbstoffe in der Silberhalogenidphotographie und den hohen Entwicklungsstand der Farbphotographie in der Gegenwart erst ermöglichten. Nach dem seinen Namen tragenden Orthoester-Verfahren wurden aus Methylheterocycliumsalzen und Orthoameisensäureester Trimethinfarbstoffe und unter Verwendung des β-Ethoxyacroleinacetals Pentamethinfarbstoffe zugänglich. Auf der Grundlage seines umfangreichen experimentellen Materials konnte König für die Polymethine fundamentale Zusammenhänge zwischen Konstitution und Farbe ableiten. Er fand, daß die Einfügung einer Vinylengruppe in die Methinkette die Verschiebung der Farbbande um einen konstanten Betrag nach längeren Wellenlängen hervorruft, und bewies, daß die zwei endständigen Gruppen an der Methinkette kationischer bzw. anionischer Polymethinfarbstoffe völlig gleichartig gebunden sind. Mit dem 1,5-Bisdimethylamino-pentamethiniumperchlorat gelang ihm zudem die Darstellung eines rein aliphatischen Farbstoffes, womit er zeigen konnte, daß aromatische Farbstoffe, für welche chinoide Strukturen als charakteristisch für ihre Farbigkeit angesehen wurden, nur ein Spezialfall eines allgemeineren Prinzips sind. In seinen Vorstellungen zu den Bindungsverhältnissen in Polymethinfarbstoffen kam er der Mesomerielehre – ähnlich wie A. Hantzsch – sehr nahe und gilt deshalb als einer ihrer Wegbereiter.

Wolfgang Langenbeck (21. 6. 1899–26. 3. 1967)

Den Blick für die Bedeutung der organischen Katalyse und ihrer engen Wechselwirkung zur Enzymkatalyse geschärft zu haben ist das besondere Verdienst von Wolfgang Langenbeck. In seinem «Lehrbuch der Organischen Chemie», das in 21 Auflagen erschienen ist und mehrere Jahrzehnte zu den Standardlehrbüchern für

Chemiker, Mediziner und Biologen gehörte, findet sich eine vorausschauende Feststellung, die sich in glänzender Weise bestätigt hat (LANGENBECK 1955, S.495, 538):

> Die Organische Chemie der Gegenwart und der Zukunft erhält ihr charakteristisches Gepräge durch die Katalyse.

Und weiter:

> Es gilt eine allgemeine Chemie der organischen Katalysatoren zu schaffen, die auch die natürlichen Enzyme mit umfaßt. Damit wird zugleich die Entwicklung neuer Zweige der organisch-chemischen Industrie vorbereitet.

W. Langenbeck (SCHELLENBERGER 1990, S. I–XV) promovierte unter A. Windaus (1876 bis 1959) in Göttingen mit einer Arbeit zur synthetischen Nutzung von Imidazolen (1923), arbeitete kurze Zeit unter K. Freudenberg (1886–1983) in Karlsruhe, ging zwei Jahre zu Studien in die USA, nahm danach eine wissenschaftliche Assistenz an der Universität Münster auf (1926) und habilitierte sich dort (1928). Weitere Stationen seines Weges als Ordinarius für Organische Chemie waren Greifswald (1936–40) und Dresden (1940–45), bevor er – nach einer zwischenzeitlichen Industrietätigkeit – an der Universität Rostock (1947) und später an der Universität Halle (1951) die Organische Chemie vertrat. 1951 wurde er Direktor des von ihm gemeinsam mit G. Rienecker (1904–1989) aufgebauten Instituts für Katalyseforschung der Akademie der Wissenschaften der DDR in Rostock, dessen Organische Abteilung er von 1952 bis zu seinem Tode leitete.

Durch seine Untersuchungen zu Fermentmodellen trug Langenbeck zur Klärung von Struktur-Wirkungsbeziehungen von organischen Kovalenz-Katalysatoren bei. In Anlehnung an Dehydrasen und Decarboxylasen entwickelte er für Modellreaktionen organische Katalysatoren, die über Zwischenverbindungen hoch wirksam waren. Besonders hervorzuheben sind in diesem Zusammenhang die oxidative Decarboxylierung von Aminosäuren durch Isatin und Isatin-Derivate sowie die Decarboxylierung von α-Ketosäuren durch Amine. Durch Zurückführung natürlich vorkommender katalytisch wirksamer Metallkomplexe, wie z. B. der Oxyhämoglobine, auf einfache Chelatkomplexstrukturen wurden ebenfalls hochaktive Chelatkatalysatoren für unterschiedliche Modellreaktionen entwickelt. Besonderer Wert wurde dabei auf die Aktivierung des Katalysators durch Ligandvariation gelegt, wobei in Anlehnung an die Enzyme dem Imidazol, das in Form des Histidins Bestandteil der Eiweiße ist, große Aufmerksamkeit geschenkt wurde.

Eingang in das Lehrbuchwissen haben auch die gemeinsam mit W. Pritzkow gewonnenen Erkenntnisse zum Mechanismus der technisch bedeutsamen Paraffinoxidation gefunden, indem α-Hydroperoxy-Ketone als Zwischenverbindungen auf dem Wege der Bildung von Fettsäuren und Fettsäureestern formuliert wurden.

Wilhelm Treibs (6. 11. 1890–20. 4. 1978)

Nach dem Weggang B. Helferichs von Leipzig prägte in den Nachkriegsjahren Wilhelm Treibs (MÜHLSTÄDT u. SCHMIDT 1960, S. 1–125), der 1951 die Leitung des Instituts für Organische Chemie übernommen hatte, Ausbildung und Forschung in organischer Chemie an der Leipziger Universität. W. Treibs promovierte bei Wienhaus in Göttingen mit einer Arbeit zur Terpenchemie (1917), und diesem Gebiet ist er als Forscher während seines gesamten beruflichen Werdegangs eng verbunden geblieben. Über Zwischenstationen, u. a. am KWI für Kohleforschung in Mülheim/Ruhr, einer erfolgreichen Industrietätigkeit und als Privatforscher im eigenen Laboratorium in Freiburg/Breisgau (1929–41), habilitierte er sich in Leipzig (1943) und begann mit Unterstützung von B. Helferich eine erfolgreiche Hochschullehrerlaufbahn an dieser Universität. Er verließ Leipzig erst nach seiner Emeritierung (1960) und war danach an der Universität Heidelberg als Gastprofessor weiterhin wissenschaftlich aktiv.

Die wissenschaftliche Bedeutung von W. Treibs liegt auf dem Gebiet der Terpenchemie sowie der Synthese und Charakterisierung nichtbenzoider Aromaten. Aus der großen Fülle der wissenschaftlichen Ergebnisse von W. Treibs zur Terpenchemie sind methodisch die Vanadinsäure-katalysierte Oxidation von Olefinen mit Wasserstoffperoxid sowie die acylierende Oxidation von Cycloolefinen und -ketonen mit Quecksilberacetat insofern besonders hervorzuheben, da Methoden zur Sauerstofffunktionalierung organischer Substrate bis heute ein hochaktuelles Gebiet der Forschung in der Organischen Chemie geblieben sind und er als einer der Wegbereiter dieser Entwicklung betrachtet werden kann.

Besondere Verdienste hat sich W. Treibs auch bei der Isolierung und Strukturaufklärung von Inhaltsstoffen der ätherischen Öle sowie bei ihrer Umwandlung in wertverbesserte Riechstoffe erworben. Die damit verbundenen Arbeiten führten über die Sesquiterpene auch zu den Azulenen. Diese Verbindungsklasse hat er durch umfangreiche Synthesen u. a. von cyclisch-kondensierten Azulenen, Azaazulenen und Pseudoazulenen ausgebaut und gleichzeitig zum Verständnis des Zusammenhanges von Struktur und Reaktivität auf dem Gebiet der nichtbenzoiden Aromaten entscheidende Beiträge geliefert. Zum Aufbau der Azulenstruktur wurde die Methode der Erweiterung des aromatischen Sechsringes unter Verwendung aliphatischer Diazoverbindungen durch deren «in-situ»-Erzeugung perfektioniert.

Sein umfangreiches Wissen zur Terpenchemie hat W. Treibs in die Neubearbeitung und -herausgabe des Standardwerkes «Die ätherischen Öle» von Gildemeister und Hoffmann eingebracht (Gildemeister 1956–1961).

Abschließende Bemerkungen

Blickt man zurück auf die vergangenen 150 Jahre akademischer Forschung in der Chemie, so läßt sich aus der Sicht der Sächsischen Akademie der Wissenschaften zu Leipzig zusammenfassend feststellen, daß von den Vertretern der Organischen Chemie dieser Akademie starke Impulse für die Entwicklung des Wissenschaftszweiges ausgegangen sind. Deutlich tritt dabei der dominierende Einfluß der Leipziger Vertreter dieses Fachgebietes hervor, wodurch die Sonderstellung der Leipziger Universität im mitteldeutschen Raum unterstrichen wird. Unter den Persönlichkeiten dieser Universität ragen auf dem Gebiet der Organischen Chemie H. Kolbe, J. Wislicenus und A. Hantzsch hervor, indem sie in ihrer Zeit die Diskussion zu neuen theoretischen Konzepten ihres Fachgebietes ungemein angeregt haben.

Weiterhin wird deutlich, daß die Mehrheit der betrachteten Mitglieder der Sächsischen Akademie in einem Lehrer-Schüler-Verhältnis zueinander stand, wodurch der prägende Einfluß starker Persönlichkeiten in der Wissenschaft auf den jeweiligen wissenschaftlichen Nachwuchs und den Fortschritt des Fachgebietes unterstrichen wird.

Wie an einigen Beispielen aufgezeigt werden konnte, hat sich der von den Mitgliedern der Akademie erarbeitete Erkenntnisfortschritt auch nachhaltig auf die Entwicklung der chemischen Großindustrie, die heute alle Bereiche unseres Lebens berührt, niedergeschlagen. Damit haben diese Wissenschaftler direkt und auch indirekt mit dazu beigetragen, daß auf unserer Erde in der Gegenwart Hungersnöte und Seuchen zurückgedrängt werden konnten und sich die Lebenserwartungen der Menschen in den entwickelten Industrieländern in den vergangenen 150 Jahren annähernd verdoppelt haben. Als selbstverständlich nutzen wir heute moderne Transportmittel und Kommunikationssysteme, auf modernes Wohnen und qualifizierte medizinische Betreuung und auf vieles andere, womit die chemische Produktion die Lebensqualität der Menschen in der Gegenwart beeinflußt, möchten wir nicht mehr verzichten. Vor 150 Jahren bestimmte vor allem die Suche nach den Gesetzmäßigkeiten der Stoffwandlung, die den gezielten Aufbau organischer Verbindungen und deren vorbestimmte strukturelle Veränderung ermöglichten, das Denken und Forschen der führenden Chemiker. Ihre dabei gewonnenen grundlegenden Erkenntnisse fanden häufig erst viel später eine praktische Nutzung durch die sich stürmisch entwickelnde chemische Industrie. In ihrem Streben nach wissenschaftlicher Erkenntnis waren die Mitglieder der Sächsischen Akademie der Wissenschaften als akademische Lehrer stets Vorbild für die studentische Jugend ihrer Zeit. Mögen auch wir, die wir heute an den Universitäten forschen und lehren, diesem Anspruch gerecht werden, und mögen zugleich unsere Forschungsergebnisse zur Verbesserung des Lebens zukünftiger Generationen dieser Erde beitragen.

Literatur*

Baizer, Manuel E.: Recent Developments in Organic Synthesis by Electrolysis. Tetrahedron 40 (1984), S. 935–969.

Becker, Heinz G. O., u. a.: Organikum – Organisch-chemisches Grundpraktikum. 19. Aufl. Berlin 1993. 786 S. (1. Aufl. 1962).

Beckmann, Ernst: Johannes Wislicenus. In: Ber. Dtsch. Chem. Ges. 37 (1904), S. 4861–4946.

Beyer, Hans, u. W. Walter: Lehrbuch der Organischen Chemie. 22. Aufl. Stuttgart 1991. 1030 S.

van Boeckel, Constant A. A., u. M. Petiton: Die charakteristische AT-III-Bindungsregion in Heparin: eine Leitstruktur für neue synthetische Antithrombotica. In: Angew. Chem. 105 (1993), S. 1741–1761.

Böttcher, Horst, u. J. Epperlein: Moderne photographische Systeme. 2. Aufl. Leipzig 1983, S. 76–99.

* Frau M. Köstler, Leiterin der Poggendorff-Redaktion der Sächsischen Akademie der Wissenschaften, wird herzlich für Literaturzuarbeit gedankt.

Donaruma, Guy L., u. W. Heldt: The Beckmann Rearangement. In: Org. React. 11 (1960), S. 1–156.
Duden, Paul, u. H. P. Kaufmann: Ludwig Knorr zum Gedächtnis. In: Ber. Dtsch. Chem. Ges. 60 (1927), S. 1A-34A.
Eistert, Bernd: Walter König zum 75. Geburtstag. In: Chemiker-Ztg. 77 (1953), S. 641–643.
Engels, Siegfried, u. R. Stolz (Hrsg.): ABC – Geschichte der Chemie. Leipzig 1989. 496 S.
Fanghänel, Egon, u. R. Hänsel, W. Ortmann, J. Hohlfeld: 1,2,3-Triazabutadiene. I. Untersuchungen zur cis-trans-Isomerie von Aryl-3-[3-methyl-benzthiazolinyliden-(2)]-triazenen. In: J. prakt. Chem. 317 (1975), S. 631–640.
Fanghänel, Egon, u. R. Hänsel, J. Hohlfeld: 1,2,3,-Triazabutadiene. V. Untersuchungen zum Mechanismus der thermischen cis-trans-Isomerisierung von substituierten 1-Aryl-3-[methylbenzthiazolinyliden-(2)]-triazenen. In: J. prakt. Chem. 319 (1977), S. 485–493.
Fanghänel, Egon, u. W. Ortmann, B. Tyskiewics, M. Tyskiewics: 1,2,3-Triazabutadiene. VII. Untersuchungen zum Mechanismus der fotochemischen cis-trans-Isomerisierung von 1-Aryl-3-[3-methyl-benzthiazolinyliden-(2)]-triazenen. In. J. prakt. Chem. 320 (1978), S. 422–432.
Fanghänel, Egon, u. J. Hohlfeld: 1,2,3-Triazabutadiene. XIV. Untersuchungen zur sauren Spaltung Z-E-isomerer 1-Aryl-3-[3-methylbenzthiazolinyliden-(2)]- und 1-Aryl-3-[1,3-di-methylbenzthiazolinyliden-(2)]-triazene. In: J. prakt. Chemie. 323 (1981), S. 253–261.
Fanghänel, Egon: Burckhardt Helferich. In: Jahrbuch 1981–1982 d. Sächs. Akad. d. Wissenschaften zu Leipzig. Berlin 1984. S. 212–228.
Fanghänel, Egon, u. A. Hucke, H. Hasan, A. Ullrich, R. Radeglia, O. Simonsen: Nitrosierung von 2-Aryl-3,5-dimethyl-1,1-dioxo-1,2-thiazinen – eine ungewöhnliche Ringtransformation zu mesoionischen Pyridaziniumsalzen. In: J. prakt. Chem. 337 (1995), S. 104–108.
Fanghänel, Egon, u. A. Hucke, C. Zachert: Synthese und Charakterisierung von Stilbazoliumsalzen mit mesoionischer 1,2-Diaziniumstruktur. In: J. prakt. Chem. 337 (1995), S. 347–350.
Fieser, F. Louis, u. M. Fieser: Lehrbuch der Organischen Chemie. 3. Aufl. Weinheim/Bergstr. 1957. 1268 S.
Gawley, Robert E.: The Beckmann Reactions: Rearrangements, Elimination-Additions, Fragmentations, and Rearrangements-Cyclizations. In: Org. React. 35 (1988), S. 1–420.
Gildemeister, E., u. F. R. Hoffmann: Die ätherischen Öle. 4., vollst. neu bearb. Aufl. Hrsg. von W. Treibs. Bd. 1–7. Berlin 1956–61.
Goldmann, Siegfried, u. J. Stoltefuß: 1,4-Dihydropyridine: Einfluß von Chiralität und Konformation auf die Calcium-antagonistische und agonistische Wirkung. In: Angew. Chem. 103 (1991), S. 1587–1605.
Hein, Franz: Arthur Hantzsch. In: Ber. Dtsch. Chem. Ges. 74 (1941), S. 147A-163A.
Helferich, Burckhardt: Carl Paal. In: Ber. Sächs. Akad. Wiss., Math.-phys. Kl. 87 (1935), S. 207–212.
Helferich, Burckhardt: Zum Gedächtnis an Hans Stobbe. In: Ber. Sächs. Akad. Wiss., Math.-phys. Kl. 92 (1940), S. 115–118.
Heller, H. G., u. J. R. Langan: A New Reusable Chemical Actinometer. In: EPA Newsletter, Oct. 1981, S. 71–73.
Hirsch, Andreas: Die Chemie der Fullerene: Ein Überblick. In: Angew. Chem. 105 (1993), S. 1189–1192.
Hjelt, E.: Geschichte der Organischen Chemie. Braunschweig 1916. 556 S.
Johnson, William S., u. G. H. Daub: The Stobbe Condensation In: Org. React. 6 (1951), S. 1–73.
Kolbe, Hermann: Otto Linné Erdmann. In: J. prakt. Chem. 108 (1869), S. 449–458.
Kolbe, Hermann: Zeichen der Zeit. In: J. prakt. Chem. [2] 15 (1877), S. 473–477.

Kunz, Horst, u. K. Rück: Kohlenhydrate als chirale Auxiliare in der stereoselektiven Synthese. In: Angew. Chem. 105 (1993), S. 355–377.

Langenbeck, Wolfgang: Lehrbuch der Organischen Chemie. 15. Aufl. Dresden 1955. 553 S.

Lindsey, Alan S., u. H. Jeskey: The Kolbe-Schmitt Reaction. In: Chem. Rev. (1957), S.583–620.

Lockemann, Georg: Ernst Beckmann. In: Ber. Dtsch. Chem. Ges. 61 (1928), S. 87A–130A.

Lockemann, Georg: Beckmann, Ernst Otto. In: Neue Deutsche Biographie. Berlin 1 (1953), S. 725–726.

Margerum, J. D., u. L. L. Miller: Photochromic Processes by Tautomerism. In: Techniques of Chemistry, Vol. III, Photochromism. Hrsg. von G. H. Brown. New York 1971. S. 595–600.

Meinel, Christoph: Die Chemie an der Universität Marburg seit Beginn des 19. Jahrhunderts. Marburg 1978. 669 S.

Meyer, Ernst v.: Zur Erinnerung an Hermann Kolbe. In: J. prakt. Chem. 30 (1884), S.416–466.

Meyer, Ernst v.: Zur Erinnerung an Rudolf Schmitt. In: J. prakt. Chem. 57 (1898), S.397–408.

Meyer, Kurt: Roland Scholl zum 100. Geburtstag. In: Mitt.bl. Chem. Ges. DDR 12 (1965), S. 185–189.

Mohr, Ernst: Zur Erinnerung an Ernst v. Meyer. In: J. prakt. Chem. [2] 95 (1918), S. 1–36.

Moore, T. S.: Arthur Rudolf Hantzsch. In: J. chem. Soc. 1936, S. 1051–1066.

Mühlstädt, M., u. H. Schmidt: Wilhelm Treibs zum 70. Geburtstag. Berlin 1960. 125 S.

Olah, George A.: Superelektrophile. In: Angew. Chem. 105 (1993), S. 805–825.

Ostwald, Wilhelm: Johannes Wislicenus. In: Ber. Königl. Sächs. Ges. Wiss., Math.-phys. Kl. 55 (1903), S. 411–420.

Paulsen, Hans: Synthese, Konformationen und Röntgenstrukturanalysen von Saccharidketten der Core-Regionen von Glykoproteinen. In: Angew. Chem. 102 (1990), S. 851–867.

Pötsch, Winfried, u. a.: Lexikon bedeutender Chemiker. Leipzig 1988. 469 S.

Remane, Horst, u. F. Weise: Zur Fusionierung des Journals für praktische Chemie mit der Chemikerzeitung. In: J. prakt. Chem. 334 (1992), S. 5–13.

Santiago, A., u. R. S. Becker: Photochromic Fulgides. Spectroscopy and Mechanism of Photoreactions. In: J. Am. Chem. Soc. 90 (1968), S. 3654–3658.

Schellenberger, Alfred: Wolfgang Langenbeck. In: Chem. Ber. 123 (1990), S. I–XV.

Scholl, Roland: Nachruf auf Ludwig Knorr. In: Ber. Sächs. Akad. Wiss., Math.-phys. Kl. 75 (1923), S. 157–165.

Schwarz, Helmut: Mechanismus der Fulleren-Entstehung. In: Angew. Chem. 105 (1993), 1475–1478.

Stobbe, Hans: Phototropieerscheinungen. In: Ber. Sächs. Akad. Wiss., Math.-phys. Kl. 74 (1922), S. 161–250.

Wislicenus, Wilhelm: Über die räumliche Anordnung der Atome in organischen Molekülen und ihre Bestimmung in geometrisch-isomeren ungesättigten Verbindungen. In: Abh. Königl. Sächs. Ges. Wiss., Math.-phys. Kl. 14 (1887/88), S. 1–77.

Zündorf, Uwe: Megastar Aspirin. Eine unendliche Geschichte. In: Research. Das Bayer-Forschungsmagazin 6 (1992), S. 4–27.

Horst Hennig

Otto Linné Erdmann, Leopold Wolf und Franz Hein – auf dem Wege zur modernen Koordinationschemie*

1 Einleitung

Unter den Chemikern, die die Sächsische Akademie der Wissenschaften zu ihren Mitgliedern zählt, finden sich namhafte Gelehrte, die wir aus heutiger Sicht den Anorganikern zuordnen würden bzw. deren Berufungsgebiet die anorganische oder technische anorganische Chemie ist:

		Zuwahl zur Akademie
Otto Linné Erdmann	1804–1869	1846
Richard Felix Marchand	1813–1850	1849
Theodor Scheerer	1813–1875	1855
Clemens Winkler	1838–1904	1890
Friedrich Strohmann	1832–1897	1891
Max Le Blanc	1865–1943	1907
Walter Hempel	1851–1916	1908
Arthur Simon	1893–1962	1948
Franz Hein	1892–1976	1951
Anton Lissner	1885–1970	1957
Leopold Wolf	1896–1974	1960
Viktor Ivanovic Spicyn	1902–1988	1966 (KM)**
Roland Paetzold	1931–1982	1977
Hans-Heinz Emons	*1930	1979
Zoltán Gábor Szábo	*1908	1979 (KM)
Horst Hennig	*1937	1985
Mitsuki Senda	*1929	1988 (KM)

Unter diesen wiederum waren einige, deren besonderes Interesse der Wechselwirkung von Metallionen mit anorganischen Molekülen oder Ionen bzw. organischen Verbindungen galt. Diese Wechselwirkungen führen zu Verbindungen, die sich in ihren chemischen und physikalischen Eigenschaften signifikant von den zur Zeit der Gründung der Akademie bereits gut verstandenen Metallsalzen unterscheiden und die als Koordinations- oder Komplexverbindungen bezeichnet werden, von denen

* Frau Dipl.-Chem. Margot Köstler, Leiterin der J. C. Poggendorff-Redaktion der Sächsischen Akademie der Wissenschaften, danke ich sehr herzlich für die tatkräftige Unterstützung und freundliche Beratung bei der Ausarbeitung dieses Manuskripts.

** KM = Korrespondierendes Mitglied.

sich auf Grund der Ausbildung von Metall-Kohlenstoff-Bindungen als weitere Spezifität die metallorganischen Verbindungen ableiten.

Schon frühzeitig wurde erkannt, daß bestimmte Metallsalzlösungen z. B. mit Cyanid oder Ammoniak Verbindungen zu bilden vermögen, die weder die Eigenschaften von freiem Cyanid (z. B. hohe Toxizität) noch die des Ammoniaks (z. B. charakteristischer Geruch, basische Eigenschaften in Wasser) aufweisen. Typische Vertreter waren beispielsweise die Blutlaugensalze oder die sogenannten Ammoniake bzw. Ammoniakate des Chrom(III) bzw. Cobalt(III); Verbindungen, die wir heute als Hexacyanoferrat(II)/(III) ($[Fe(CN)_6]^{4-/3-}$) bzw. Hexamminchrom(III) ($[Cr(NH_3)_6]^{3+}$) oder Hexammincobalt(III) ($[Co(NH_3)_6]^{3+}$) bezeichnen und die zu den klassischen und am meisten untersuchten Übergangsmetallkomplexen zählen.

Die intensive Beschäftigung mit diesen ungewöhnlichen Verbindungen führte Alfred Werner (1866–1919), einen Schüler des Mitglieds der Akademie, Arthur Hantzsch (1857–1935; Zuwahl 1904), zu der Erkenntnis, daß es sich hier um eine Stoffklasse handelt, die einer eigenständigen Betrachtung und Behandlung bedarf und die er als Koordinationsverbindungen bezeichnete. Die Untersuchungen von A. WERNER, deren Ergebnisse er 1905 in seinem grundlegenden Werk *«Neuere Anschauungen auf dem Gebiete der Anorganischen Chemie»* zusammenfaßte [1] und für die er 1913 mit dem Nobelpreis für Chemie für *«Arbeiten über Bindungsverhältnisse der Atome und Moleküle»* geehrt wurde, basierten auf den Erkenntnissen der Ionentheorie, die von Svante Arrhenius (Nobelpreis für Chemie 1903) unter wesentlicher Beteiligung des Mitglieds der Sächsischen Akademie Wilhelm Ostwald (1853–1932; Zuwahl 1887; Nobelpreis für Chemie 1909) experimentell und theoretisch begründet worden war und keine rechte Erklärung für eben die Verbindungen ermöglichte, die A. Werner als Koordinations- bzw. Komplexverbindungen klassifizieren konnte.

Auf der Grundlage der Ionentheorie konnte A. Werner auch frühe Erkenntnisse von Johannes Berzelius aufgreifen, der Verbindungen, die sich durch *«die Vereinigung mehrerer binärer Verbindungen bilden»* (z. B. von Eisen(III)chlorid und Kaliumcyanid zu rotem Blutlaugensalz, Kalium-hexacyanoferrat(III)) als solche *«höherer Ordnung»* bezeichnet hatte. Die grundlegenden Erkenntnisse von Alfred Werner stellten zugleich einen wichtigen Fortschritt in der zur damaligen Zeit allgemein interessierenden Frage der Struktur und Isomerie chemischer Verbindungen dar, der sich auf – ganz anderer stofflicher Grundlage – auch das Mitglied der Akademie Johannes Wislicenus (1835–1902; Zuwahl 1885) zugewandt hatte.

Damit sind wesentliche Grundgedanken der Koordinationschemie formuliert, die in den folgenden Jahrzehnten experimentell (Thermodynamik und Kinetik der Komplexbildung; Röntgenkristallstrukturanalyse) sowie theoretisch (Spektroskopie von Komplexverbindungen und Ligandenfeldtheorie; quantenchemische *ab initio* Rechnungen an einfachen Koordinationsverbindungen) ihre glänzende Bestätigung gefunden haben. Zu den Verbindungen, die das besondere Interesse von A. Werner fanden, zählten die vom Mitglied der Akademie O. L. Erdmann 1866 im von ihm begründeten *Journal für praktische Chemie* beschriebenen *«salpetrigsauren Kobaltoxydverbindungen»* [2], darunter das Triammintrinitrocobalt(III) ($[Co(NH_3)_3(NO_2)_3]$) sowie das *Erdmannsche Salz* ($NH_4[Co(NH_3)_2(NO_2)_4]$).

Das *Erdmannsche Salz,* vom Entdecker den von ihm gefundenen *salpetrigsauren Kobaltoxyden* zugeordnet, war neben den bereits genannten und zahlreichen weiteren Übergangsmetallverbindungen Anlaß zur Begründung der Koordinationschemie, und A. Werner selbst rechnete den Nachweis der Nichtelektrolyteigenschaften des weiteren genannten, von O. L. Erdmann erstmalig beschriebenen Cobalt(III)-Komplexes ($[Co(NH_3)_3(NO_2)_3]$) zu seinen schönsten und wichtigsten Entdekkungen.

Die Koordinationschemie hat sich seit dieser Zeit – unter späterer Abspaltung der metallorganischen Chemie und in gewisser Hinsicht auch der bioanorganischen Chemie – als eigenständige Subdisziplin der Chemie entwickelt. Durch die Spezifität ihres Untersuchungsgegenstandes trägt sie jedoch heute ganz wesentlich dazu bei, wieder eine ganzheitliche Sicht in der Chemie zu finden, wie sie ja bei den Mitgliedern der Akademie bis zu Beginn dieses Jahrhunderts ganz ausgeprägt vertreten war.

Diese Möglichkeit zur Zusammenschau ergibt sich aus der von A. Werner erkannten – und später in allen Punkten bestätigten – Besonderheit der chemischen Bindung von Metallionen (im weiteren Sinne auch von Nichtmetallionen) mit Anionen oder Neutralmolekülen. Diese erfolgt – vereinfachend dargestellt – durch Besetzung unbesetzter Elektronenzustände des Metallions mit freien Elektronenpaaren der Anionen bzw. Neutralmoleküle, die als Liganden bezeichnet werden und mit einem oder mehreren freien Elektronenpaaren am Zentralmetallion koordinieren können, wobei die Anzahl der in Bindungswechselwirkung stehenden Elektronenpaare als Koordinationszahl bezeichnet wird. Die Liganden können sowohl rein anorganischer als auch organischer Natur sein, sofern sie nur über ein zu koordinativer Bindung energetisch und sterisch geeignetes Elektronenpaar verfügen. Damit ergibt sich eine wichtige Brücke zwischen anorganischer und organischer Chemie, die aus der stofflichen Zusammensetzung bestimmter Komplexverbindungen, insbesondere aber metallorganischer Verbindungen, folgt. Die Beschäftigung mit der koordinativen Bindung zwischen Zentralionen und Liganden sowie die Bestimmung der vielfältigen Strukturen von Komplexverbindungen erfordert ein breites Arsenal physikalisch-chemischer und theoretischer Untersuchungsmethoden, wodurch sich intensive Wechselwirkungen zur physikalischen und theoretischen Chemie sowie zur Physik ergeben.

Doch nicht nur akademisches Interesse an dieser Verbindungsklasse hat Generationen von Chemikern herausgefordert (darunter eben auch namhafte Mitglieder der Akademie), sondern auch ihre industrielle Nutzung, die u. a. von der Pigmentherstellung (z. B. Berliner Blau) über die pharmazeutische Industrie (z. B. *cis*-Platin bei der Therapie bestimmter Karzinome) bis zur Komplexkatalyse in der chemischen Industrie (z. B. Herstellung von Essigsäure) reicht, hat der Koordinationschemie als integrierender Subdisziplin der Chemie zur besonderen Zuwendung zahlreicher Fachvertreter sowie auch von Verfahrenstechnikern und –ingenieuren verholfen.

Wesentliche Erkenntnisse über die biologische Wirkung von Spurenelementen und Metalloenzymen sind mit der Entwicklung der Koordinationschemie verbunden und mögen deren integrative und interdisziplinäre Funktion in den modernen Naturwissenschaften verdeutlichen.

2 Beiträge von Mitgliedern der Sächsischen Akademie der Wissenschaften zur Koordinationschemie

Unter den Mitgliedern der Akademie haben O. L. Erdmann, L. Wolf und F. Hein einen großen Teil ihrer Forschungen der Koordinationschemie und auch ihrer technischen Anwendung gewidmet. Vornehmlich diesem Teil ihres vielfältigen wissenschaftlichen und akademischen Wirkens sind die folgenden Porträts gewidmet. Der Autor dieses Beitrages (*1937; Zuwahl zur Sächsischen Akademie 1985) fühlt sich als Schüler von Leopold Wolf dieser Tradition der Sächsischen Akademie der Wissenschaften besonders verpflichtet.

2.1 Otto Linné Erdmann (1804–1869)

O. L. Erdmann wurde am 11. April 1804 in einer bekannten sächsischen Gelehrtenfamilie (seinem Vater verdankt Sachsen die Einführung der Pockenschutzimpfung) in Dresden geboren. Sein ungewöhnlicher Vorname, Linné, deutet die hohe Verehrung an, die der schwedische Botaniker in der Familie Erdmann genoß. Die häusliche Umgebung und womöglich auch das Gefühl der Verpflichtung durch den Vornamen führten O. L. Erdmann frühzeitig zu den Naturwissenschaften, insbesondere zur Botanik. Da ihm die damals übliche Gymnasialausbildung unzureichende Anregungen für seine naturwissenschaftlichen Neigungen vermittelte, verließ er mit 13 Jahren das Gymnasium und trat eine Lehre in einer Apotheke an. Hier entdeckte er sein Interesse an der Chemie. 1820 begann er an der damaligen Medizinisch-Chirurgischen Akademie zu Dresden ein Medizinstudium, das er 1822 an der Universität Leipzig fortsetzte. Dort begeisterte ihn der Physiker Ludwig Wilhelm Gilbert, der damals an der Leipziger Universität die Chemievorlesungen hielt, und er entschloß sich, sich künftig ausschließlich dieser, in stürmischer Entwicklung befindlichen Wissenschaft zuzuwenden.

Bereits im Jahre 1825, unmittelbar nach dem Tode von L. W. Gilbert, begann er seine eigenen Chemievorlesungen, die großen Zulauf unter den Studierenden fanden. 1827 wurde Erdmann an der Universität Leipzig zum außerordentlichen Professor berufen, und 1830 wurde ihm eine neu errichtete Professur für technische Chemie übertragen, die er nahezu 40 Jahre wahrnahm und die im Jahre 1842 zur Begründung des ersten chemischen Laboratoriums im Friedericianum führte. Für seine wissenschaftliche Entwicklung war eine kurzfristige Tätigkeit in einer Nickelhütte in Hasselrode im Harz von ganz besonderer Bedeutung, da sie seinen Blick für die Chemie und Metallurgie dieses Elements sowie für die des Cobalts schärfte.

Während Erdmanns Verdienste in der analytischen (u. a. Revision der damals akzeptierten Atommassen durch sehr sorgfältige gewichtsanalytische Untersuchungen gemeinsam mit dem Mitglied der Akademie R. F. Marchand) und technischen anorganischen Chemie (Beiträge zur Nickelverhüttung) sowie seine Bemühungen um die kulturelle Entwicklung der Stadt Leipzig und ihrer Universität – als deren mehrfacher Rektor er die noch heute genutzte Amtskette einführte – und seine Aktivitäten zur Nutzung sächsischer Steinkohle bei der Leipzig-Dresdner-Eisenbahn (Ersatz von englischem Koks durch Entschwefelung der sächsischen Steinkohle mittels Kalkhydrat – ein Verfahren, das erst kürzlich zum gleichen Zwecke wiederentdeckt und auch technisch bei der Braunkohleverbrennung in Kraftwerken angewandt worden ist) eine ausführliche Würdigung im Nachruf von H. Kolbe (1818–1884; Zuwahl zur Sächsischen Akademie 1866) finden [3], Verdienste, die heute nur dem eingeweihten Wissenschaftshistoriker bekannt sind, wird das *Erdmannsche Salz,* das bis heute den Namen seines Entdeckers festhält und in einschlägigen Lehrbüchern der anorganischen Chemie nach wie vor verwendet wird, wegen seiner damals unerkannten Spezifität nicht der Nennung als würdig befunden.

Ausgangspunkt für die Entdeckung dieses speziellen Cobalt(III)-Komplexes war die Beschäftigung mit den technischen Problemen der Nickelverhüttung, die ihn zu wissenschaftlichen Untersuchungen zur Nickelgewinnung und –reinigung führten. Die Ergebnisse dieser Untersuchungen sind auch Gegenstand seiner ersten Publikation, analytische Studien im Feld zwischen Mineralogie und Technologie. Seine Beiträge zur Analytik einer Vielzahl von Erzen, Mineralien und Hüttenprodukten verraten die meisterliche Beherrschung der damals überwiegenden gravimetrischen und volumetrischen Analysenmethoden, die er bis zu einer solchen Perfektion zu handhaben wußte, daß er gemeinsam mit R. F. Marchand zu den genannten Präzisierungen von Atommassen übergehen konnte, deren Ergebnisse nach anfänglichem Widerstand des Altmeisters J. Berzelius schließlich von der Fachwelt als verbindliche Größen akzeptiert wurden.

Neben einer Vielzahl weiterer wissenschaftlicher Untersuchungsgegenstände kommt Erdmann immer wieder zur Chemie des Nickels zurück, der sich – aus naheliegenden Gründen – alsbald die Beschäftigung mit der des Cobalts anschließt. So ist auch seine letzte wissenschaftliche Abhandlung den *«eigentümlichen Doppelsalzen von salpetrigsaurem Nickel- und Kobaltoxydul mit anderen salpetrigsauren Salzen»* gewidmet *(«Ueber einige salpetrigsaure Nickel- und Kobaltverbindungen»)* [2]. Diese Veröffentlichung betrifft die erstmalige Beschreibung von solchen Cobalt(III)-Komplexen, mit denen der Name dieses bedeutenden Chemikers bis heute in der Literatur verbunden ist. Von welchem Interesse nähere Kenntnisse über die Chemie des Nickels und Cobalts, einschließlich ihrer analytischen Bestimmung im Hinblick auf den mitteldeutschen Bergbau, waren, zeigt im übrigen auch der Umstand, daß sich im gleichen Band des *Journal für praktische Chemie* eine Arbeit von C. Winkler *«Zur colorimetrischen Bestimmung von Kobalt und Nickel»* der Erdmannschen Abhandlung anschließt.

Was hat es nun mit dem *Erdmannschen Salz* auf sich, und warum ist es bis heute Bestand selbst von Lehrbüchern der anorganischen Chemie geblieben? Für die mit der Entwicklung der Nickelverhüttung sehr wichtige analytische Bestimmung von Cobalt in Nickelerzen bzw. in metallischem Nickel war von Fischer das *salpetrigsaure Kobaltoxydkali* – heute als Kalium-hexanitrocobaltat(III), $K_3[Co(NO_2)_6]$, bezeichnet – wegen seiner Schwerlöslichkeit in Wasser als Fällungsreagens vorgeschlagen worden. Die analytische Anwendung dieses Cobalt(III)-Komplexes hatte aber ihre Tücken, da bei geringfügigen pH- bzw. Konzentrationsänderungen die Fällung entweder unvollständig blieb oder analoge Nickel-Komplexe gebildet wurden. Beides führte zu einer Verfälschung der Analysenergebnisse bzw. zu einer Vortäuschung der Anwesenheit von Cobalt in entsprechenden Nickelproben.

Dieses damals sehr gravierende Problem veranlaßte O. L. Erdmann, sich akribisch den Bildungsbedingungen verschiedener Cobalt- bzw. Nickelverbindungen in Gegenwart von Kalium-, Natrium- und Ammoniumnitrit zuzuwenden, und er konnte durch sehr sorgfältige Variation der experimentellen Bedingungen und mit Hilfe der von ihm meisterhaft beherrschten Elementaranalyse zeigen, daß neben dem gewünschten Hexanitrocobaltat(III) eine Anzahl weiterer *salpetrigsaurer Metalloxyde bzw. -oxydule* gebildet werden, die als die eigentliche Ursache für die Verfälschung der Cobaltanalysen anzusehen waren. Sein eigentliches Verdienst besteht aber aus heutiger Sicht darin, daß eine Vielzahl dieser Verbindungen in Substanz dargestellt und mit den damals üblichen Methoden auch charakterisiert werden konnte. Unter diesen isolierten und vielfach erstmalig dargestellten Verbindungen befand sich auch das *Erdmannsche Salz,* Ammoniumdiammintetranitrocobaltat(III), das vom Entdecker als *salpetrigsaures Diamin-Kobaltoxid mit salpetrigsaurem Ammoniumoxid* bezeichnet wurde.

Die Verbindung wird als braune, kristalline Substanz beschrieben, die nur mit konzentrierter Schwefelsäure in der Hitze salpetrige Säure bildet und mit Kaliumhydroxid lediglich ein Drittel des insgesamt gebundenen Ammoniaks unter Bildung des von ihm gleichfalls beschriebenen Kaliumsalzes zu substituieren vermag. Die detaillierte Beschreibung dieses, damals als anomal empfundenen Reaktionsverhaltens hält alle Merkwürdigkeiten fest, die A. Werner – im Kontext zu den Eigenschaften einer Anzahl weiterer *«eigentümlich»* reagierender Metallverbindungen – zur Begründung der Koordinationschemie führten. Das Dilemma, in dem sich Erdmann beim Versuch der formelmäßigen Beschreibung der von ihm isolierten Verbindung befand, spiegelt die von ihm gewählte Darstellung wider. Die von ihm angegebene Formel für das *Erdmannsche Salz* ist hier der heute üblichen gegenübergestellt:

Erdmannsches Salz:

Formel gemäß

Erdmann	$Co_2O_3 \between 2NH_3, 3NO_3 + NH_4O, NO_3$
IUPAC-Nomenklatur	$NH_4[Co(NH_3)_2(NO_2)_4]$

Die von Erdmann angegebene Formel gibt – übersetzt in die heute übliche Formelsprache, wie sie die IUPAC-Nomenklatur vorschreibt – sowohl die richtige stöchiometrische Zusammensetzung wieder als auch die von ihm gefundenen Eigenschaften. Sie läßt zugleich den Widerspruch erkennen, in dem er sich mit seinen Zeitgenossen bei der formelmäßigen Beschreibung von Komplexverbindungen befand: Die Angabe von Co_2O_3 bedeutet, daß es sich um eine Cobalt(III)-Verbindung handelt, die durch Kaliumhydroxid nicht ersetzbares NH_3 und durch Säuren nicht austreibbares NO_2^- (das von Erdmann aus damals gebräuchlichen Nomenklaturgründen als NO_3 bezeichnet wird) enthält, was durch die Angabe des Symbols $\between$ verdeutlicht wird. Die Separation von NH_4NO_3 (von ihm als NH_4O, NO_3 symbolisiert) durch ein +-Zeichen entspricht seiner Interpretation dieser Verbindung als *«ein Doppelsalz aus salpetrigsaurem Diamin-Kobalt-oxyd mit salpetrigsaurem Ammoniumoxid»* [2].

Diese präzise Beschreibung der Eigenschaften und der Synthese des *Erdmannschen Salzes,* die es auch heute noch jedem Chemiestudenten ermöglicht, diese Verbindung auf der Grundlage der Originalvorschrift herzustellen, macht aber noch nicht ihren besonderen Stellenwert aus, denn mit vergleichbarer Exaktheit ist zur gleichen Zeit auch von anderen Autoren eine Vielzahl weiterer Komplexverbindungen beschrieben worden. Das besondere Interesse an dieser Verbindung erklärt sich aus der zu dieser Zeit beginnenden Beschäftigung mit der Isomerie chemischer Verbindungen, und für Werner war das *Erdmannsche Salz* wegen der von ihm postulierten Oktaederstruktur für Koordinationsverbindungen der Koordinationszahl 6 von ganz besonderer Wichtigkeit, da seine Konstitution mit 2 NH_3- und 4 NO_2^--Liganden in der ersten Koordinationssphäre ($[Co(NH_3)_2(NO_2)_4]^-$) im Oktaeder zwangsläufig zu *cis-trans*-Isomerie führen muß. Die Trennung von *cis-trans*-Isomeren bzw. der Nachweis ihrer unterschiedlichen Reaktivität war eine wichtige experimentelle Bestätigung der Richtigkeit der Wernerschen Hypothesen zur Struktur und Bindung von Koordinationsverbindungen und trug zur allgemeinen Anerkennung der von ihm konzipierten Koordinationslehre bei. Insofern gilt das *Erdmannsche Salz,* neben einigen anderen Komplex-Verbindungen, nach wie vor als ein klassisches Beispiel für die Stereoisomerie anorganischer Verbindungen, zumal dieser Metallkomplex auch den Zugang zu spiegelbildisomeren Koordinationsverbindungen und zur Diskussion der Bindungsisomerisierung (Nitro-/Nitrito-Komplexbildung) eröffnete.

2.2 Leopold Wolf (1896–1974)

Leopold Wolf [4], [5] wurde am 23. November 1896 in Niederlungwitz bei Glauchau (Sachsen) geboren. Die väterliche Färberei war von nachhaltigem Einfluß auf Wolfs frühe Begeisterung für die Chemie und insbesondere auch für deren praktische Anwendungen. Aber, bedingt durch seine Einberufung zum aktiven Wehrdienst im 1. Weltkrieg, konnte er erst nach Rückkehr aus der französischen Kriegsgefangenschaft 1920 sein Chemiestudium an der Universität Leipzig beginnen. Hier faszinierte ihn insbesondere A. Hantzsch, der ihn 1923 zum persönlichen Assistenten bestellte. Diese Tätigkeit ermöglichte ihm die Anfertigung seiner Dissertation, die auf einem der vielfältigen Hantzschschen Arbeitsgebiete, der *Konstitution der homogenen Säuren,* angesiedelt war. Diese Vielfältigkeit, die sich unter anderem auch darin ausdrückt, daß A. Hantzsch sich keinesfalls an die damals schon umrissenen Grenzen der anorganischen, organischen oder physikalischen Chemie gebunden fühlte, gab u. a. auch Raum für die Beschäftigung mit koordinationschemischen Aufgaben (s. a. Porträt von F. Hein, Abschnitt 2.3), dem Problemkreis, dem sich L. Wolf im Verlaufe seiner weiteren Entwicklung dann überwiegend zuwenden sollte.

Zunächst aber wechselte L. Wolf 1930 – offenbar auch bedingt durch die Emeritierung von A. Hantzsch – in die Abteilung für Chemische Technologie des Chemischen Laboratoriums der Universität Leipzig, wo er, zunächst unter Berthold Rassow und später mit Johannes Scheiber, vorwiegend Untersuchungen zu angewandten chemisch-technologischen Problemen durchführte. Die spezielle Beschäftigung mit der elektrolytischen Verchromung, die insbesondere zur Aufklärung der sehr verwikkelten kathodischen Reduktionsvorgänge von wäßrigen Chromsäurelösungen beitrug, führte 1936 zur Habilitation auf diesem Gebiet. Die vorzüglichen Kenntnisse der Chemie des Chroms fanden dann auch immer wieder ihre Rückwirkung bei seinen späteren, rein koordinationschemischen Untersuchungen, wo dieses Element in den unterschiedlichsten formalen Oxidationsstufen als Zentralion Beachtung fand. Seine Ernennung zum außerplanmäßigen Professor für Chemie an der Universität Leipzig erfolgte im Januar 1945.

Nach dem Kriegsende begann die aktivste Phase im akademischen Wirken von L. Wolf. Nach kurzzeitiger Internierung in der Amerikanischen Besatzungszone (gemeinsam mit allen anderen verfügbaren Professoren und weiteren Wissenschaftlern der Universität Leipzig) durch die amerikanische Besatzungsmacht kehrte er am 2. Oktober 1945 nach Leipzig zurück und übernahm, neben der Geschäftsführung des Chemischen Laboratoriums, die kommissarische Leitung einer Anzahl weiterer verwaister Institute des naturwissenschaftlichen Bereiches der Philosophischen Fakultät der Universität. Mit der Gründung von Instituten wurde er 1951 zum ordentlichen Professor für Anorganische Chemie und zum Direktor des Instituts für Anorganische Chemie berufen. Damit fand eine Periode harter Arbeit des materiellen Wiederaufbaus (1951 konnte der Institutsneubau in der Liebigstraße bezogen werden) und der ideellen Konzipierung des chemischen Unterrichtsbetriebes an der Universität Leipzig einen gewissen Abschluß. Dieser Periode folgten 10 Jahre – eine vergleichsweise kurze Zeitspanne in einem akademischen Leben – fruchtbringender und nachhaltig wirkender Lehr- und Forschungstätigkeit bis zu seiner Emeritierung im Jahre 1961.

Unter seiner Inspiration entwickelte sich die anorganisch-chemische Forschung an der Universität Leipzig insbesondere auf zwei Gebieten: der Chemie und der Komplexchemie der Seltenen Erden sowie der Koordinationschemie von Übergangsmetallen. Dabei spielte die Koordinationschemie in Lösungen, d.h. die quantitative Erfassung von Komplexbildungsgleichgewichten, eine dominierende Rolle. Aber auch bei der Einführung anderer Methoden, wie z. B. des Ionenaustauschs und der Spektroskopie, wirkte L. Wolf bahnbrechend, was insbesondere auch in bezug auf seine frühzeitige experimentelle Zuwendung zur Röntgenkristallstrukturanalyse gilt. Daneben fand, gemäß der Tradition eines anorganisch-chemischen Instituts, die eigenständige Entwicklung der analytischen Chemie seine besondere Förderung und Unterstützung.

Sein akademischer Bildungsweg und seine Herkunft waren von prägendem Einfluß auf L. Wolfs Blick für praktische Anwendungen von akademischen Forschungsergebnissen. So ist es nur verständlich, daß ihn die komplexchemischen Untersuchungen an Seltenen Erden alsbald zu dem damals weltweit untersuchten Problem der sauberen Trennung dieser chemisch sehr ähnlich reagierenden Elemente führte. L. Wolf erkannte sehr rasch, daß die damals üblichen, sehr zeitaufwendigen, ungenauen und umständlich zu handhabenden Fraktionierungsmethoden zur Auftrennung der Seltenen Erden durch die Nutzung der Unterschiede ihrer Komplexbildungsgleichgewichte, insbesondere mit sogenannten Komplexonen und anderen mehrzähnigen Chelatbildnern, sehr viel effizienter gestaltet werden können. Detaillierte Gleichgewichts-, Extraktions- und Ionenaustauscheruntersuchungen führten schließlich zu einem Trennverfahren, das für die industrielle Gewinnung von reinsten Seltenen Erden aus Rohphosphaten geeignet war und im damaligen VEB Düngemittelkombinat Piesteritz seine technische Anwendung fand. Damit konnte L. Wolf ein weiteres schönes Beispiel für innovative industrielle Entwicklungen anfügen, die auf der Basis komplexchemischer Erkenntnisse beruhen, und es gelang ihm zugleich nachzuweisen, daß mitunter exotisch anmutende akademische Forschung (hier waren gleichsam 2 Exoten gepaart: Komplexchemie und Seltene Erden!) durchaus zu nützlicher Anwendung führen kann, wenn Grundlagenforschung nicht den Blick für praktische Notwendigkeiten verliert und wenn die Industrie sich bereit zeigt, das Risiko zu tragen, das stets der Begleiter von innovativen Entwicklungen ist. Wie sehr sich L. Wolf dieser Verantwortlichkeit verpflichtet fühlte, mag folgendes Zitat verdeutlichen:

> Die Untersuchungen galten sämtlich *grundsätzlichen* Fragen ebensowohl im rein wissenschaftlichen Interesse wie auch im Interesse der technisch so bedeutungsvoll gewordenen Auftrennung der Seltenen Erden durch die Methoden der Komplexelution. Sehr vieles bleibt noch zu tun [6].

Die grundlegenden Arbeiten von L. Wolf und seiner Schüler zur Trennung der Seltenen Erden sind von ihm 1959 in der *Österreichischen Chemikerzeitung* zusammenfassend dargestellt worden [6]. Diese Übersichtsarbeit läßt uns teilhaben an seinen Überlegungen, wie mit Hilfe heuristischer Prinzipien (die ja bekanntlich oftmals ein wichtiges und unersetzliches Hilfsinstrument der Chemie darstellen, das er meisterhaft zu handhaben wußte) versucht wird, zunächst das Trennproblem an den damals verfügbaren einfachen Sulfonsäure-Ionenaustauscherharzen durch eine umfassende Beurteilung der äußerst mannigfachen Komplexbildungs- und Säuredissoziationsgleichgewichte der Aquo-Komplexe aller 14 Elemente der Seltenen Erden in Korrelation zur sogenannten Lanthanidenkontraktion in seiner Komplexität zu erfassen.

Aus dieser Betrachtung folgte die Feststellung, daß die bis dahin übliche Beurteilung des Austauschverhaltens gemäß der Ionenladung von 3+ falsch ist und daß vielmehr quantitativ die *«komplexchemischen Individualitäten»* aller möglichen Aquo- bzw. Hydroxo-Komplexe zu berücksichtigen sind, was *«über die gesamte Übergangsreihe hinweg schwierig bzw. unmöglich ist»* [6]. Diese Schwierigkeit wird nun mit dem von L. Wolf konzipierten *Leipziger Arbeitsprogramm* dadurch umgangen, daß durch die Anwendung von Chelatbildnern versucht wird, die Koordination von Wasser und damit die Beteiligung einer nicht ohne weiteres zu beherrschenden Vielfalt von Komplexbildungs- und Säuredissoziationsgleichgewichten auszuschließen. Als besonders geeignete Chelatbildner werden dabei unterschiedlich N-substituierte Aminodiessigsäuren ausgewählt, die zu den Komplexonen zählen, mehrzähnige Chelatbildner darstellen und eine zuverlässige sowie elegante Trennung der Seltenen Erden auch unter technischen Bedingungen ermöglichen.

Neben dieser bahnbrechenden Leistung bei der industriellen Nutzung eines komplexchemischen Verfahrens zur Trennung der Seltenen Erden waren die weiteren Untersuchungsfelder der koordinationschemischen Forschung weit gespannt. Dabei fanden die methodischen Erfahrungen, die für die komplexchemische Trennung der Seltenen Erden erforderlich waren, ihre nutzbringende Ausdehnung auch auf ganz andere Gebiete der Koordinationschemie, sowohl die Liganden ebenso wie die Zentralionen betreffend. So konnten durch L. Wolf und seine immer zahlreicher werdenden Schüler Beiträge zur Komplexbildungstendenz mehrzähniger Liganden auf der Basis von Polyiminoessigsäuren, langkettigen Aminen, β-Dicarbonylverbindungen, β-Diketoaniliden sowie von Schiffschen Basen geleistet werden, wobei neben dem generellen Interesse an Komplexbildungsgleichgewichten zunehmend auch neuartige Liganden- und damit Komplexklassen erschlossen wurden. Damit konnten wesentliche Ergebnisse zum besseren Verständnis der Chemie der Metallchelate vorgelegt werden, einer speziellen Klasse von Koordinationsverbindungen, die sich von den klassischen Koordinationsverbindungen des Werner-Typs durch ihre Ringstruktur auszeichnen, die sich in besonders ausgeprägter Weise in den meisten Metalloenzymen wiederfindet.

Die von L. Wolf begonnenen Untersuchungen zu neuartigen Liganden- (erweitert um S- und auch Se-Donoren) und Komplexklassen sowie daraus folgende ungewöhnliche Reaktionen (z. B. template-Effekt, photochemische Aktivierung) und damit verbundene Erkenntnisse über die Struktur- und Bindungsverhältnisse von Übergangsmetallchelaten finden auch heute ihre Fortsetzung im Rahmen der Forschungen seiner Schüler, wobei auch hier applikative Aspekte der Koordinationschemie (z. B. Metallextraktion, Informationsaufzeichnung, Katalyse und Photokatalyse, diagnostische sowie therapeutische Anwendungen und Analytik) einen nicht unwesentlichen Teil ihrer wissenschaftlichen Aktivitäten ausmachen.

2.3 Franz Hein (1892–1976)

Franz Hein [7], [8], [9] wurde am 30. Juni 1892 in einer Künstlerfamilie – sein Vater war Kunstmaler und später Professor für Graphik und Buchgewerbe – in Grötzingen (Baden) geboren. 1912 begann er sein Chemiestudium an der Universität Leipzig, und bereits im Herbst 1914 wurde er Assistent bei A. Hantzsch, dem damaligen Direktor des Chemischen Laboratoriums der Universität Leipzig. Nach seiner Promotion zu Triphenylmethanderivaten sowie zu optischen Untersuchungen zur Konstitution von Wismutverbindungen im Jahre 1917 wurde er Oberassistent bei Carl Paal (1860–1935; Zuwahl zur Sächsischen Akademie 1912) am Laboratorium für Angewandte Chemie der Universität Leipzig. Das Thema seiner Habilitationsschrift *«Über die Polyphenylchrombasen und ihre Salze»* (Habilitation 1921) beinhaltet einen Schwerpunkt seiner wissenschaftlichen Untersuchungen, auf den er nach seiner Ernennung zum Vorstand der analytisch-anorganischen Abteilung des Chemischen Laboratoriums der Universität Leipzig und seiner schließlichen Berufung zum ordentlichen Professor an der Friedrich-Schiller-Universität Jena und zum Direktor des dortigen Instituts für Anorganische Chemie (1942) bis zu seiner Emeritierung im Jahre

1959 immer wieder unter den verschiedensten Gesichtspunkten zurückkommt und der zahlreiche seiner Schüler zu ganz eigenständigen Beiträgen auf dem Gebiet der Koordinationschemie bzw. metallorganischen Chemie inspiriert hat.

Neben den Heinschen *Chromphenylen,* über die wegen ihrer ganz besonderen Schlüsselstellung zur Chemie der erst 30 Jahre später erkannten π-Aromaten-Komplexe noch gesondert zu sprechen sein wird, verraten seine Untersuchungen zur Reaktivität von Metallalkylen, zur Synthese von organometallisch substituierten Eisencarbonylen sowie zur Isolierung von Chrom(I)-Komplexen etwas über seine Pionierrolle bei der Entwicklung der metallorganischen Chemie.

Bereits bei der Beschäftigung mit seinen frühen Arbeiten fällt auf, daß neben den außerordentlich originellen chemischen Untersuchungsgegenständen stets physikalisch-chemische Untersuchungsmethoden zur Charakterisierung der von ihm erschlossenen Stoffklassen herangezogen werden. Das betrifft nicht nur spektroskopische Methoden, sondern auch elektrochemische und magnetochemische sowie Dipolmomentmessungen und umfaßt damit die wichtigsten Verfahren zur Strukturermittlung chemischer Verbindungen, die dem Chemiker zur Zeit des aktiven Wirkens von F. Hein zur Verfügung standen.

Auch bei F. Hein ist das akademische Wirken an der Grenzlinie zwischen Koordinations- und Organometallchemie mit mitunter ganz pragmatischen Fragestellungen verknüpft. So konnte er u. a. über eine zur damaligen Zeit sehr elegante chemische Bestimmungsmethode für Wasserstoff mittels Silbersalzen und Kaliumpermanganat berichten und eine Synthesevorschrift zur Darstellung von 2,2'-Bipyridin mitteilen, einer Verbindung, deren leichterer Zugang damals für die analytische Bestimmung von Eisen von großem Interesse war. Zugleich ermöglichte aber die leichtere Verfügbarkeit des bis dahin als Rarität geltenden 2,2'-Bipyridins die systematische Untersuchung der Ligandeneigenschaften dieser Verbindung, die insbesondere auch durch seine Schüler den Zugang zu den sogenannten elektronenreichen Metallkomplexen (das sind solche Verbindungen, in denen den Zentralmetallionen ungewöhnlich niedrige, ja sogar negative formale Oxidationszahlen zugeordnet werden können) eröffnete.

Hauptuntersuchungsgegenstand blieb aber die Chemie der Koordinationsverbindungen, erkennbar auch an der 1950 erfolgten Veröffentlichung eines Standardwerkes der Koordinationschemie *«Chemie der Komplexverbindungen – Chemische Koordinationslehre»* [10], das auch heute noch (2. Auflage 1971) auf den Kenner, u. a. wegen der faszinierenden Fülle an exotischen Beispielen ungewöhnlicher Koordinationsverbindungen, seinen ganz besonderen Reiz ausübt.

Bezeichnend für die Bescheidenheit dieses hervorragenden Chemikers ist es, daß er seiner bedeutendsten Entdeckung, der Darstellung der ersten Metallaromaten-Komplexe im Jahre 1919 [11], kaum eine Zeile seiner *«Koordinationslehre»* widmet, während kein namhaftes Hochschullehrbuch der anorganischen bzw. metallorganischen Chemie auf eine eingehende Würdigung der ersten Synthese von Dibenzolchrom-Derivaten durch F. Hein verzichtet. Zu dieser Entdeckung kam F. Hein bei der Suche nach weiteren Verbindungen, die ähnlich dem Hauptgruppenelement Magnesium zu Metall-Kohlenstoff-Verbindungen führen. Dabei fand er bei der Umsetzung von Phenylmagnesiumbromid mit Chrom(III)-chlorid Verbindungen, die er als

Polyphenylchrom-Verbindungen bezeichnete. Die Eigenschaften dieser Verbindungen entsprachen nicht den Ergebnissen, die man bei der Ausbildung von Cr-C-Bindungen erwarten sollte. Es dauerte mehr als 30 Jahre, bis sich herausstellte, daß die Heinschen *Polyphenylchrom-Verbindungen* die ersten Vertreter einer neuen Stoffklasse waren, die heute als π-Aromaten-Komplexe bezeichnet werden.

Im Jahre 1951 entdeckten T. J. Kealy und P. L. Pauson bei einer ganz analogen Reaktionsweise, nämlich bei der Umsetzung von Cyclopentadienylmagnesiumbromid mit Eisen(III)-chlorid, die Bildung einer merkwürdigen Cyclopentadienyleisen-Verbindung, die gleichfalls nicht die erwartete Reaktivität von Fe-C-Bindungen aufwies und die als Ferrocen bezeichnet wurde. Die ungewöhnlichen Eigenschaften des Ferrocens, das sich hinsichtlich seiner Reaktivität eher wie ein aromatischer Kohlenwasserstoff als wie eine Grignard-Verbindung verhält, führte weltweit zu intensiver Suche nach den Ursachen für das ungewöhnliche Verhalten dieser Verbindung. Die Annahme einer sandwichartigen Einbettung eines Eisenatoms zwischen den beiden Cyclopentadienylringen unter Beteiligung ihrer π-Elektronen zur Bindung des Eisens erwies sich als zutreffende Erklärung für diese bis dahin nicht bekannte Möglichkeit der koordinativen Wechselwirkung zwischen Metallionen und ungesättigten organischen Molekülen.

Eingehende physikalisch-chemische Untersuchungen und quantenchemische Studien bestätigten in den folgenden Jahren dieses Bild, und E. O. Fischer (Nobelpreis für Chemie gemeinsam mit G. Wilkinson 1973) konnte auf dieser Grundlage ein außerordentlich erfolgreiches Konzept für den synthetischen Zugang neuer Klassen metallorganischer Verbindungen entwickeln. Auf der Grundlage dieses Konzepts gelang ihm im Jahre 1955 die Synthese von Dibenzolchrom, das sich in seiner oxidierten Form als identisch mit dem Heinschen Diphenylchrom(I)-Kation erwies, wie u. a. auch gemeinsame Experimente von E. O. Fischer und F. Hein, abwechselnd in München und Jena durchgeführt, ergaben. Auf die Bedeutung der frühen Heinschen Entdeckung der ersten π-Aromaten-Komplexe im Jahre 1919 hatten bereits 1954 H. H. Zeiss und M. Tsutsui hingewiesen.

Die zutreffende Kennzeichnung als *Sandwich-Verbindungen* für Ferrocen und das Dibenzolchrom(I)-Kation wird aus der schematischen Formelskizze deutlich:

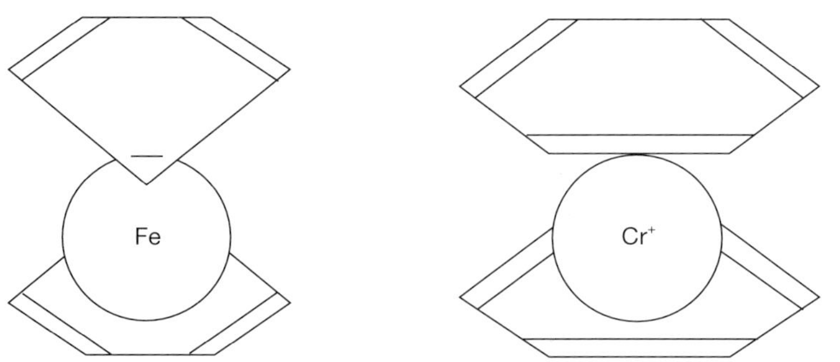

Sandwich-Struktur von

Ferrocen Dibenzolchrom(I)-Kation

F. Hein, der zu Recht zu den Pionieren der metallorganischen Chemie zu zählen ist, hat die von ihm vertretenen Arbeitsgebiete auf seine zahlreichen Schüler übertragen können, wobei sich eine Anzahl weiterer, neuer Forschungsgebiete wie u. a. die Elementorganochemie und Komplexkatalyse entwickeln konnte. Neben den Beiträgen zur Chemie der π-Aromaten-Komplexe hat auch die weitere Beschäftigung mit den σ-Arylmetall-Verbindungen zu beträchtlichem Erkenntniszuwachs geführt, so daß schließlich auch die Synthese der von F. Hein ursprünglich gesuchten σ-Phenylchrom-Verbindungen im Jenaer Arbeitskreis gelungen ist.

3 Zusammenfassung und Ausblick

Drei eher skizzenhafte Porträts aus der Reihe namhafter Gelehrter, die der Sächsischen Akademie der Wissenschaften angehörten, bestätigen, wie befruchtend sogenannte *merkwürdige* Entdeckungen auf die Wissenschaftsentwicklung wirken können und wie sie schließlich in eine industrielle Nutzung wissenschaftlicher Ergebnisse einmünden. Das Lebenswerk dieser Wissenschaftler belegt zudem in anschaulicher Weise, wie verschlungen die Wege von der Grundlagenforschung bis zur praktischen Nutzung sind, und bestätigt damit die Komplexität des Leibnizschen Mottos *«Theoria cum praxi»*, dem die Sächsische Akademie der Wissenschaften seit ihrer Gründung verpflichtet ist.

Literatur

[1] Werner, Alfred: Neuere Anschauungen auf dem Gebiete der Anorganischen Chemie. 4. Aufl. Braunschweig: Vieweg, 1920.

[2] Erdmann, Otto Linné: J. prakt. Chem. 97 (1866), S. 345.

[3] Kolbe, Hermann: J. prakt. Chem. 108 (1869), S. 449.

[4] Hoyer, Eberhard, u. Horst Hennig. In: Wußing, Hans (Hrsg.). Namhafte Hochschullehrer der KMU. Bd. 4. Leipzig 1983, S. 81.

[5] Wolf, Friedrich: Leopold Wolf (23. 11. 1896–6. 11. 1974). In: Jahrbuch 1973–1974 d. Sächs. Akad. Wiss. zu Leipzig. Berlin 1976, S. 283–285.

[6] Wolf, Leopold: Österr. Chem. Ztg. 60 (1959), S. 99.

[7] Herzog, Siegfried: Forschr. Chem. Forschg. 41 (1967), S. 190.

[8] Wolf, Friedrich: Franz Hein (30. 6. 1892–26. 3. 1976). In: Jahrbuch 1975–1976 d. Sächs. Akad. Wiss. zu Leipzig. Berlin 1979, S. 229–231.

[9] Uhlig, Egon: Z. Chem. 2 (1962), S. 161.

[10] Hein, Franz: Chemie der Komplexverbindungen – Chemische Koordinationslehre. 2. Aufl. Leipzig: Hirzel, 1971.

[11] Hein, Franz: Ber. Dtsch. Chem. Ges. 52 (1919), S. 195.

Heiner Kaden

Zur Entwicklung der Elektrochemie seit 1900 – Elektrochemiker in der Sächsischen Akademie der Wissenschaften zu Leipzig

1 Einleitung

Die Elektrochemie ist eine lebendige Wissenschaft, wie im traditionellen Jahresrückblick 1993 auf die Hauptgebiete der Chemie in der von der Gesellschaft Deutscher Chemiker herausgegebenen Zeitschrift «Nachrichten aus Chemie, Technik und Laboratorium» zu lesen ist (Schmickler 1994). Nimmt man den vorhergehenden Jahresrückblick hinzu (Schultze 1993), so wird ein anschauliches Bild entworfen, welche Vielgestaltigkeit das Spektrum der elektrochemischen Forschungsrichtungen angenommen hat, wie weit die Elektrochemie auf Nachbargebiete ausstrahlt und wiederum selbst durch diese beeinflußt wird. In der Tabelle sind Schwerpunkte der elektrochemischen Forschung zu drei Zeitpunkten des 20. Jahrhunderts einander gegenübergestellt (unter Hinweis auf Angaben der vorgenannten Autoren und Verwendung der weiteren in dieser Arbeit zitierten Literatur). Auch wenn eine solche Aufstellung keine Vollständigkeit aufweisen kann, erkennt man doch, daß die Elektrochemie heute wesentlich durch Wechselbeziehungen mit Nachbardisziplinen gekennzeichnet ist: mikroskopische, spektroskopische und biochemische Methoden sind heute in Kombination mit elektrochemischen Untersuchungen ebenso wichtig wie die Anwendung der Elektrochemie in der Technischen Chemie, der Metallurgie,

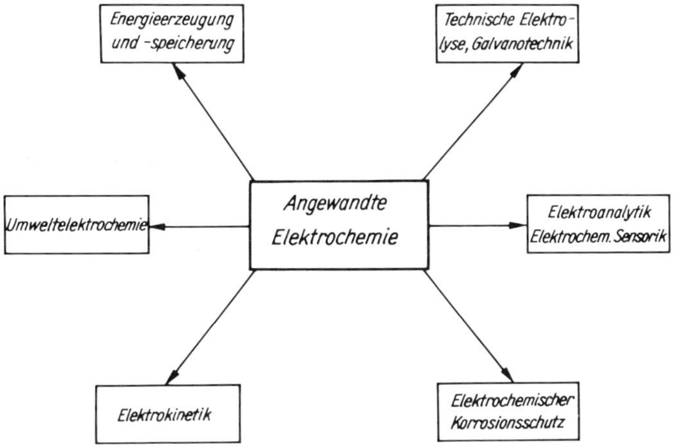

Abb. 1: Aktuelle Gebiete der angewandten Elektrochemie

Tabelle: Traditionelle und neue Forschungsschwerpunkte und Anwendungen der Elektrochemie

um 1900	um 1960	heute
Grundlagen:		
Elektrolytische Dissoziation Ionenwanderung Leitfähigkeit von Elektrolyten Elektromotorische Kräfte	Wechselwirkung Ion – Lösungsmittel Theorie der interionischen Wechselwirkung Polarisation von Elektroden Assoziation und Dissoziation von Elektrolyten Elektromotorische Kräfte Potentiometrische Messungen Potentialdifferenzen an Phasengrenzflächen Polarisation von Elektroden Elektrodenkinetik Elektrokatalyse Anodische Deckschichten Halbleiterelektroden	Mikro- und Nanoelektrochemie Untersuchungen an Einkristallelektroden mit spektroskopischen Methoden Abbildung einzelner Atome und Moleküle an nackten Elektroden, Adsorbatschichten und modifizierten Elektroden Bioelektrochemie Photoelektrochemie Leitfähige Polymere
Anwendungen:		
Galvanische Elemente Akkumulatoren Alkalichloridelektrolyse Kupferraffination	Elektroanalytische Methoden Korrosion und Passivität Organische Elektrosynthese Alkalichloridelektrolyse Schmelzelektrolyse Galvanotechnik Galvanische Elemente, bes. Brennstoffelemente	Solarzellen Hochtemperaturbrennstoffzellen Elektrochemische Sensoren Biosensoren Mikrosensoren, Mikrosystemtechnik Umweltelektrochemie (Analytik, Elektrolyseverfahren) LIGA-Technik (Kombination von Lithographie, Galvanoformung und Abformung)

der Galvanotechnik bis hin zur LIGA-Technik als aktuelles Verfahren der Mikrosystemtechnik sowie der elektrochemischen Analytik, der Elektrolyse und elektrochemischen Analytik für die Umwelttechnik (Abb. 1). Auch dringt sie immer mehr in Bereiche kleiner Dimensionen vor: die Begriffe Mikro- und Nanoelektrochemie, Mikro- und Ultramikroelektroden sowie Mikrosensoren sind Belege dafür.

Die Sächsische Akademie der Wissenschaften zu Leipzig hatte das Glück, bedeutende Elektrochemiker zu ihren Mitgliedern zählen zu können. Im vorliegenden Beitrag soll die Entwicklung der Elektrochemie im 20. Jahrhundert besonders anhand der wissenschaftlichen Leistungen, die von den Mitgliedern der Sächsischen Akademie Max Le Blanc, Robert Luther, Fritz Foerster, Alexander N. Frumkin, Carl Wagner, Erich Lange, Kurt Schwabe, Yacov M. Kolotyrkin und Hermann Berg erbracht wurden, untersucht werden. Wilhelm Ostwald, der in diese Reihe gehört, wird in einem anderen Beitrag dieser Publikation gewürdigt (BERG 1996).

Die Geschichte der Elektrochemie ist relativ selten in größeren eigenständigen Darstellungen zusammengefaßt worden. Aus jüngerer Zeit ist hierzu die empfehlenswerte Arbeit von Dunsch zu nennen (Dunsch 1985); davor muß man bis ins Jahr 1910 zurückgehen, um auf eine Monographie zur Geschichte der Elektrochemie zu treffen (Ostwald 1910). Interessante Einblicke in die Geschichte der Elektrochemie in Deutschland, vor allem mit Bezug auf die Entwicklung der Deutschen Bunsengesellschaft für Physikalische Chemie, bietet das Buch «100 Jahre Bunsen-Gesellschaft: 1894–1994» (Jaenicke 1994). Von den oben genannten Mitgliedern der Sächsischen Akademie der Wissenschaften zu Leipzig sind in diesem Band W. Ostwald, M. Le Blanc, F. Foerster, C. Wagner und E. Lange in ihrem Wirken als Mitglieder der Bunsen-Gesellschaft, z. T. in ausführlicheren Abschnitten, erwähnt.

Die Historie der Elektrochemie als Teildisziplin der Physikalischen Chemie und aus heutiger Sicht ist in der Monographie «The World of Physical Chemistry» (Laidler 1993) dargestellt. Vereinzelt gibt es in Nachschlagewerken oder in Lehrbüchern etwas ausführlichere Abhandlungen über die geschichtliche Entwicklung der Elektrochemie (Le Blanc 1933; McInnes 1939). Kurz und bündig schreibt letzterer, daß nach van't Hoff, W. Ostwald und W. Nernst der Eintritt in die moderne Elektrochemie erfolgt ist. Dagegen weist Bockris, nun 30 Jahre später, auf eine Stagnation der Elektrochemie seit 1910 hin, nach seiner Ansicht begründet durch die von W. Nernst beeinflußte einseitige Ausrichtung der Elektrochemie auf thermodynamische Grundlagen, die zu einer Isolation der Elektrochemie von der Festkörperphysik und der Quantenmechanik etwa bis 1960 – also über ein halbes Jahrhundert – geführt hat, wobei dies lediglich nicht zutreffend sei für die Elektrochemie in Rußland (Bockris 1972). Schließlich stellt Dunsch (1985, S. 110) fest, daß der größere Teil der Elektrochemiker bis in die vierziger Jahre noch in einer rein thermodynamischen Elektrochemie verharrte. Diesen Bewertungen soll im vorliegenden Artikel Beachtung geschenkt werden.

2 Grundzusammenhänge der Elektrochemie

Die Grundgesetze der Elektrochemie (Ionenleitung, Überführungszahlen, Ionenwanderung, Faradaysche Gesetze, elektromotorische Kräfte) sind bereits im 19. Jahrhundert erforscht worden. Dennoch sind neben der selbstverständlichen Verfeinerung der Meßmethoden und Vervollständigung des experimentellen Datenmaterials auch in der ersten Hälfte des 20. Jahrhunderts wesentliche Erkenntnisse eben auf diesem Sektor hinzugekommen. Dies betrifft u. a. die Stromleitung in Ionenkristallen, die entweder überwiegend durch Ionen oder durch Elektronen oder schließlich etwa zu gleichen Teilen durch beide erfolgen kann (Gemischtleiter). C. Wagner hat dieses Gebiet der Elektrochemie wesentlich bereichern können. Er begann Arbeiten über die Leitfähigkeit von Ionenkristallen 1928 am Chemischen Institut der Universität Jena, wo er 1933 zum ao. Professor ernannt wurde, und veröffentlichte darüber von 1933 bis 1937 mehrere Arbeiten in der Zeitschrift für physikalische Chemie (s. Schriftenverzeichnis C. Wagner, in Rapp 1978). Zwei Jahrzehnte später, inzwischen als Professor für Metallurgie am Massachusetts Institute of Technology in Cambridge (USA) tätig, griff er das Thema nochmals auf (Wagner 1956). Das überraschende Resumé ist, daß die Überführungszahl t = 1 für Ionenkristalle wie Silbersulfid nicht immer bedeutet, daß reine Ionenleitung vorliegt, sondern ein beträchtlicher Anteil elektronischer Leitfähigkeit beteiligt ist. Die Gültigkeit des Faradayschen Gesetzes wird hier durch sekundäre Diffusionsprozesse vorgetäuscht, wie Wagner durch interessante Messungen der EMK (elektromotorischen Kraft) in Zellen mit verschiedenen Metallsulfiden und -halogeniden nachweisen konnte. Ein sehr wesentliches Feld, das erst in diesem Jahrhundert erschlossen wurde, betrifft die Elektrochemie von Halbleiterelektroden, die für viele elektrochemische Prozesse eine Rolle spielen, so in Batterien (Bleiakkumulator, Edisonakkumulator) oder bei Korrosionsvorgängen. C. Wagner hat hierzu ebenfalls Beiträge erbracht; seine Arbeiten über die Zumischung von Chromoxid zu Nickeloxid ergaben wichtige Erkenntnisse über den Leitungsmechanismus in Deckschichten auf Nickel-Chrom-Legierungen und deren Verzunderung sowie die Variation der Leitfähigkeit in Halbleitern durch Beimischungen (doping).

3 Elektrochemische Thermodynamik

Die Messung von Spannungen galvanischer Ketten unterschiedlichsten Aufbaus, oft auch mit größter Präzision, ist stets ein bestimmendes Thema der elektrochemischen Forschung gewesen. Deshalb ist es nicht verwunderlich, daß dafür wesentliche Beiträge von mehreren der hier zu würdigenden Elektrochemiker vorliegen. Insbesondere ist Erich Lange zu nennen. E. Lange, 1896 in Hartha bei Waldheim/Sa. geboren – übrigens nahe bei Meinsberg, dem späteren Wirkungsort Kurt Schwabes, von dem noch zu sprechen sein wird – studierte Chemie an der Technischen Hochschule Dresden. Damals waren Fritz Foerster und Erich Müller als bedeutende Elektrochemiker an dieser Hochschule tätig, und sie mögen Langes Interesse für diesen Zweig der Physikalischen Chemie geweckt haben (Schwabe 1983). Zeitlebens hat sich Lange vornehmlich der Thermodynamik in der Elektrochemie gewidmet, was in zahlreichen Veröffentlichungen und einer Monographie unter diesem Titel zum Ausdruck kommt (Lange 1962). Viele Definitionen und Begriffe sowie die einheitliche Vorzeichengebung der Spannung elektrochemischer Zellen, die dem Elektrochemiker heute selbstverständlich sind, gehen auf seine Bemühungen zurück, auch wenn dies nicht mehr durch Zitieren seiner Veröffentlichungen gewürdigt wird.

Das Comité International de Thermodynamique et de Cinetique Electrochimiques (CITCE), dem er von seiner Gründung an angehörte und dessen Vizepräsident er von 1958 bis 1961 war, hat unter seiner Einflußnahme Symbolik, Nomenklatur und Systematik der Elektrochemie in den fünfziger und sechziger Jahren sehr verfeinert. Einige seiner Vorschläge, obwohl sie durchaus begründet waren, haben sich wegen der doch etwas komplizierten Handhabungs- und Schreibweise allerdings nicht durchsetzen können. Nicht unerwähnt soll bleiben, daß Lange durchaus die

Bedeutung der elektrochemischen Kinetik anerkannte und darüber eine längere Abhandlung verfaßt hat, wenn auch wiederum mehr von einem formalistischen Standpunkt aus (LANGE 1961).

Dem von Lange mehrfach theoretisch behandelten Problem von zweifachen und dreifachen Elektroden (LANGE 1952) hat sich Le Blanc lange zuvor in experimentellen Untersuchungen gewidmet. Max Le Blanc, von Schwabe als Mitbegründer der Elektrochemie in Deutschland hervorgehoben (SCHWABE 1971), trat 1906 die Nachfolge W. Ostwalds auf dem Lehrstuhl für Physikalische Chemie der Universität Leipzig an, nachdem er dort zuvor seit mehreren Jahren als Privatdozent gewirkt, ein Lehrbuch der Elektrochemie verfaßt (LE BLANC 1896–1925, insgesamt 12 Auflagen) sowie einige Zeit als Leiter der elektrochemischen Abteilung der Hoechster Farbwerke gewirkt hatte.

Über den ungewöhnlich großen Zeitraum von 18 Jahren (1920–1937) war Le Blanc Sekretär der mathematisch-naturwissenschaftlichen Klasse der Sächsischen Akademie. Seine bis heute zitierten Arbeiten aus der Zeit von 1925 bis 1933 über Elektroden dritter Art behandeln Systeme von der Art Metallelektrode/Lösung, in denen das potentialbestimmende Ion der Lösungsphase mit *zwei* festen Nachbarphasen im Gleichgewicht steht, beispielsweise

$$[\text{Zn-Oxalat}][\text{Ca-Oxalat}],\ Ca^{++}/Zn.$$

Wegen des Gleichgewichtes zwischen den beiden schwerlöslichen Salzen und der Aktivität der Ca^{++}-Ionen verhält sich die Elektrode damit wie eine Calciumelektrode, die zur Bestimmung der Calciumkonzentration herangezogen werden kann und deshalb einen Vorläufer der heutigen, vielfach verwendeten ionensensitiven Elektroden darstellt. Allerdings ist es dann doch nicht gelungen, Systeme aufzufinden, welche den an die Reproduzierbarkeit und Geschwindigkeit der Gleichgewichtseinstellung gestellten Bedingungen genügten.

Über Elektroden dritter Art hat auch Robert Luther am Leipziger Institut Ostwalds gearbeitet, besonders über den Zusammenhang zwischen thermodynamischen und elektrochemischen Daten. Eine nach ihm benannte Regel ermöglicht die Berechnung der Standardelektrodenpotentiale von Elektroden, die Ionen verschiedener,

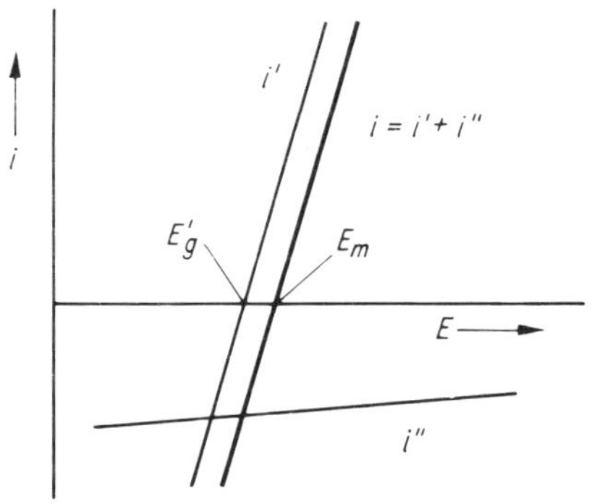

Abb. 2: Potentialbildung an Mischelektroden (nach C. WAGNER 1938)
Schematische Darstellung der Stromspannungskurven für die Auflösung von Metall in Säure. E Elektrodenpotential; E'_g Metall-Gleichgewichtspotential; E_m Mischpotential; das Wasserstoff-Gleichgewichtspotential liegt außerhalb der Zeichenfläche. i' als Funktion von E: Teil-Stromspannungskurve für die Metallauflösung; i'' Teil-Stromspannungskurve für den Vorgang $H_2 \rightleftarrows 2H^+ + 2e^-$; $i = i' + i''$ als Funktion von E: Summen-Stromspannungskurve. Stromstärken in anodischer Richtung positiv, in kathodischer Richtung negativ aufgetragen.

miteinander im Gleichgewicht stehender Oxydationsstufen bilden (Luthersche Gleichung). Robert Luther, 1868 in Moskau geboren, studierte an der Universität Dorpat Chemie, war einige Jahre Assistent am Technologischen Institut St. Petersburg, bevor er seine Studien in Leipzig fortsetzte, wo er 1896 bei W. Ostwald mit einer elektrochemischen Arbeit promovierte. Er konstruierte ein empfindliches, zur damaligen Zeit häufig verwendetes Kapillarelektrometer. In seiner Habilitationsarbeit wandte er sich dann photochemischen Problemen zu, die ihn zeitlebens beschäftigen sollten, insbesondere als Direktor des Photographischen Institutes der Technischen Hochschule Dresden. Eine ausführliche Würdigung seines Wirkens ist bei Staude zu finden (STAUDE 1955).

Eine der bedeutendsten Arbeiten von C. Wagner, die auch heute des öfteren als Zitat erscheint, beruht auf dem Studium mehrfacher Elektroden. In ihr wird zum ersten Mal der Begriff Mischpotential verwendet, dessen Entstehung aus der Bildunterschrift zu Abbildung 2 deutlich wird. Mischpotentiale erwiesen sich von großer Wichtigkeit für die Erklärung von Korrosionsvorgängen.

4 Potentiometrie

Die Anwendungsmöglichkeiten von EMK-Messungen sind außerordentlich vielseitig, vor allem in der analytischen Chemie. Hier soll auf die elektrometrische pH-Messung eingegangen werden, deren Entwicklung in besonderer Weise durch Kurt Schwabe gefördert wurde. Der pH-Wert ist wohl diejenige physikalisch-chemische Größe, die in chemischen, medizinischen und biologischen Laboratorien jeglicher Art am häufigsten gemessen wird, sofern Wasser und wäßrige Medien eine Rolle spielen. Schwabe hat die Bedeutung dieser Meßgröße für praktische Prozesse in der chemischen Industrie frühzeitig erkannt. Als er im Jahr 1934 als Chef des chemischen Labors in eine Zellstoff- und Papierfabrik nach Kriebstein/Sa. ging, interessierte ihn die pH-Messung im Zusammenhang mit technologischen Fragen der Papier- und Zellstoffverarbeitung. K. Schwabe, 1905 in Reichenbach/Vogtl. geboren, hatte Chemie an der Technischen Hochschule Dresden studiert und 1927 mit einer elektrochemischen Arbeit daselbst promoviert. 1933 konnte er sich mit einer ebenfalls elektrochemischen Arbeit («Über das anodische Verhalten der Metalle in gesättigter Lösung ihrer Salze») habilitieren. Nach 1945 war sein wissenschaftliches Wirken durch die Hochschullehrerlaufbahn an der Technischen Hochschule Dresden, der späteren Technischen Universität, und als Leiter des bis zum Jahr 1984 in seinem Besitz befindlichen Forschungsinstitutes Meinsberg (heute Kurt-Schwabe-Institut für Meß- und Sensortechnik e. V. Meinsberg) geprägt. Auf die Vielfalt seines Schaffens sind Emons und Berg ausführlich eingegangen (EMONS u. BERG 1986; dieser Würdigung ist auch ein vollständiges Verzeichnis seiner Veröffentlichungen, die bis 1985 erschienen sind, beigefügt).

Zur Zeit seines Antritts in Kriebstein waren zwar Begriff und prinzipielle Möglichkeit der Messung des pH-Wertes bereits bekannt. Dagegen stand die praktische Durchführung dieser Methode mit Glaselektroden noch in den Anfängen. Schwabe

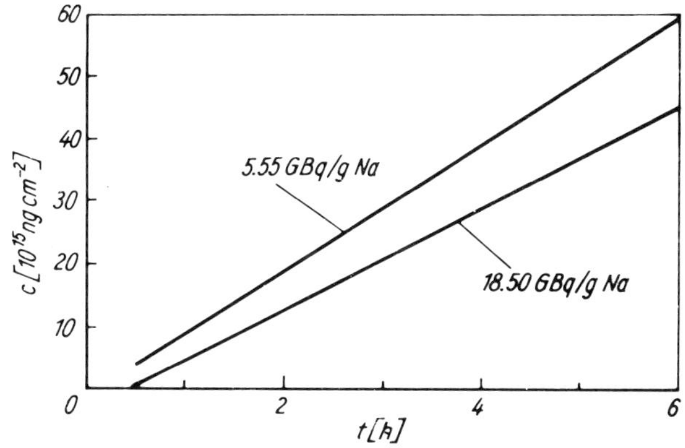

Abb. 3: Alkaliabgabe c von im Reaktor aktiviertem, pH-sensitivem Titanglas an eine angrenzende wäßrige Lösung in Abhängigkeit von der Zeit, ermittelt durch Messung der Radioaktivität in der Lösung. Es wurden zwei spezifische Aktivitäten der bestrahlten Gläser verwendet. Die Geschwindigkeit des Na^+-Austritts erwies sich als unabhängig vom pH-Wert der eingesetzten Lösungen.

hat sich seitdem über Jahrzehnte mit allen Aspekten der pH-Messung befaßt. Die zwei bis heute wohl am häufigsten zitierten Publikationen Schwabes überhaupt befassen sich mit den Grundlagen der pH-Messung. Um 1960 hatte Schwabe mit der Verwendung radioaktiver Isotope für chemische Untersuchungen begonnen, und es gelang ihm, durch Verwendung radioaktiv markierter Elektrodengläser bzw. Elektrolytlösungen ganz wesentliche Erkenntnisse über grundlegende Funktionen der pH-Glasmembranelektrode zu erhalten (Schwabe/Dahms 1961 u. Abb. 3). Diese Ergebnisse zusammen mit den Resultaten zahlreicher weiterer Untersuchungen über Glaselektroden faßte er später gemeinsam mit H. D. Suschke in einer vielbeachteten Übersichtsarbeit zusammen (Schwabe 1964). Schwabe hat in etwa fünfzig Jahren intensiver Forschungstätigkeit ein besonders umfangreiches wissenschaftliches Werk geschaffen (s. Emons 1986), in dem er mit zahlreichen Mitarbeitern, die seine Nähe wegen der außerordentlichen Ausstrahlung seiner Persönlichkeit suchten, viele wesentliche Gebiete der Elektrochemie bearbeitet und befruchtet hat. Von ihnen seien noch genannt die Polarographie und andere Methoden der Elektroanalytik, die Brennstoffelemente, die Theorie konzentrierter Elektrolytlösungen und, wie weiter unten erwähnt, Passivität und Korrosion.

Von 1965 bis 1980 war K. Schwabe Präsident der Sächsischen Akademie, und mit der ihm eigenen Energie und Hingabe an die wissenschaftliche Arbeit leistete er für sie in schwieriger Zeit Bedeutendes zur Wahrung ihrer Unabhängigkeit, soweit dies überhaupt möglich war. In dieser Funktion und zu vielen anderen Gelegenheiten wies er auf die Problematik des Umweltschutzes hin (Schwabe 1975). Ein vollständiger Überblick über seine Schriften und Leistungen, die ihn betreffenden Würdigungen und Nachrufe wird erst mit dem z. Z. in Bearbeitung befindlichen Band von Poggendorffs «Biographisch-literarischem Handwörterbuch der exakten Naturwissenschaften» zu erwarten sein.

5 Polarisation von Elektroden und Elektrodenkinetik

Die in den Anfängen der Elektrochemie überwiegende Betrachtung von Gleichgewichtszuständen an Elektroden wurde frühzeitig ergänzt durch Untersuchungen der Vorgänge, die an einer Elektrode bei der Elektrolyse ablaufen, d. h. beim Durchgang eines elektrischen Stromes. Eine große Fülle experimenteller Arbeiten zu diesem Gebiet der Elektrochemie stammt von Le Blanc, Robert Luther und Fritz Foerster. In dem umfassenden Werk Kremanns aus dem Jahr 1931 über Elektrolyse und Polarisation (KREMANN 1931) sind von Le Blanc mehr als 55, von Luther etwa 15 sowie von Foerster mehr als 100 Publikationen verzeichnet. Darunter befindet sich die Arbeit Le Blancs, in welcher der Begriff Zersetzungsspannung eingeführt wird (Abb. 4). Die genannten drei Autoren waren in den ersten Jahrzehnten des 20. Jahrhunderts in Leipzig und in Dresden tätig. Dies weist darauf hin, welch starker Einfluß auf die Entwicklung der Elektrochemie seit 1900 von W. Ostwald und seinen Schülern im Leipziger Institut für Physikalische Chemie und von Fritz Foerster an der Technischen Hochschule Dresden ausgegangen sein muß. Foerster übernahm im Jahr 1900 als Vierunddreißigjähriger das neugeschaffene Ordinariat für Elektrochemie und Physikalische Chemie an der Technischen Hochschule Dresden, etwa ein Jahr früher, als Le Blanc ein Institut für Elektrochemie an der Technischen Hochschule Karlsruhe gründete, dessen erster Direktor er wurde; wie schon erwähnt, wechselte Le Blanc später nach Leipzig über.

F. Foerster muß eine Persönlichkeit mit besonderen menschlichen Werten, liebenswürdig im Umgang mit seinen Mitarbeitern und höchst diszipliniert in der Hingabe an die wissenschaftliche Arbeit gewesen sein; dies spürt man beim Lesen des von Menzel verfaßten Nachrufes (MENZEL 1932) und des Vortrages von K. Schwabe, den er zu dem Gedenkkolloquium, das 1966 aus Anlaß des 100. Geburtstages von

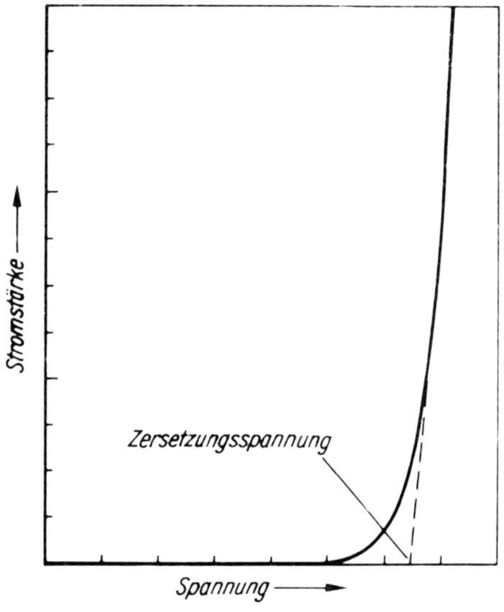

Abb. 4: Stromspannungskurve nach Le Blanc (aus: R. KREMANN 1931, S. 31)
Aus der zur Abszisse verlängerten Geraden kann auf den Wert jener Spannung extrapoliert werden, bei welcher gerade die Zersetzung eines Elektrolyten beginnt (sogenannte Zersetzungsspannung).

Foerster von der Technischen Universität Dresden veranstaltet wurde, gehalten hat (SCHWABE 1966). Wenn über Foerster in diesem Abschnitt geschrieben wird, so sollen damit seine Arbeiten über die kathodische Metallabscheidung besondere Erwähnung finden. Aus diesen Arbeiten resultierte die wesentliche Erkenntnis, daß die von Metall zu Metall sehr unterschiedliche Wasserstoffüberspannung die kathodische Abscheidung unedler Metalle überhaupt erst möglich macht, aber andererseits durch Variation des pH-Wertes und damit des H_2-Abscheidungspotentials die getrennte Abscheidung verschiedener Metalle gelingt. Diese Befunde haben erhebliche Bedeutung für die Galvanotechnik, die Elektrometallurgie und die Elektroanalytik, also für Gebiete, die sich zu Foersters Zeit im raschen Aufschwung befanden.

Ein zweites Gebiet, das durch Foerster entscheidend vorangebracht wurde, ist die Elektrolyse wäßriger Alkalichloridlösungen mit und ohne Diaphragma zur Erzeugung von Chlor und Natronlauge bzw. von Natriumhypochlorit, Natriumchlorat oder Natriumperchlorat. Gemeinsam mit Erich Müller, dem späteren Lehrer K. Schwabes, veröffentlichte Foerster eine Reihe experimenteller und theoretischer Arbeiten, in denen sämtliche kathodischen und anodischen Reaktionen bei der Elektrolyse von Alkalichloriden einschließlich ihres kinetischen Ablaufs gedeutet wurden. Foerster war auch der erste, der auf die Beteiligung adsorbierten Sauerstoffs bzw. instabilen, intermediär gebildeten höherwertigen Metalloxiden bei der anodischen Sauerstoffabscheidung hingewiesen hat (s. BAGOTZKY 1993, S. 479, und KREMANN 1931, S. 397).

Gegenstand der elektrochemischen Kinetik im eigentlichen Sinne sind der zeitliche Ablauf und der Mechanismus von Elektrodenprozessen. Auf die geschichtliche Entwicklung der Elektrodenkinetik, die besonders mit den Namen Julius Tafel, Max Volmer, K. F. Bonhoeffer und Jaroslav Heyrovsky verknüpft ist, geht Erdey-Grúz in einer gedrängten Darstellung ein (ERDEY-GRÚZ 1972, S. 13–16). Als ein prominentes korrespondierendes Mitglied der Sächsischen Akademie der Wissenschaften zu Leipzig ist hier Alexander N. Frumkin zu würdigen, der die Elektrochemie des 20. Jahrhunderts insgesamt maßgeblich mitgeprägt hat. Frumkin wurde 1895 geboren und studierte in Straßburg und Odessa Naturwissenschaften. 1922 kam er als Leiter der Abteilung für Oberflächenerscheinungen an das Physikalisch-Chemische Institut «Karpov» in Moskau, dessen Direktor er 1929 wurde. 1930 erhielt er den Lehrstuhl für Elektrochemie an der Moskauer Universität und leitete zuletzt das Institut für Elektrochemie der Akademie der Wissenschaften der damaligen UdSSR.

Frumkin befaßte sich zunächst mit elektrochemischen Vorgängen an den Grenzflächen eines Feststoffes zu einer Flüssigkeit bzw. zweier miteinander nicht mischbarer Flüssigkeiten. Daraus resultierten erstmals zuverlässige Informationen über elektrokapillare Kräfte; durch Messung von sogenannten Elektrokapillarkurven (s. Abb. 5) sind detaillierte Vorstellungen über die Struktur der elektrochemischen Doppelschicht entwickelt worden. Im Jahr 1928 leitete Frumkin eine neue Adsorptionsisotherme ab, die unter bestimmten Bedingungen mit der Temkinschen Isotherme übereinstimmt. Schon 1933 hat Frumkin nachgewiesen, daß die Kinetik elektrochemischer Reaktionen stark abhängig ist von der Struktur der elektrochemischen Doppelschicht an der Elektrodenoberfläche, und 1959 führte er zusammen mit L. N. Nekrasov die rotierende Ring-Scheibenelektrode in die experimentelle Technik der

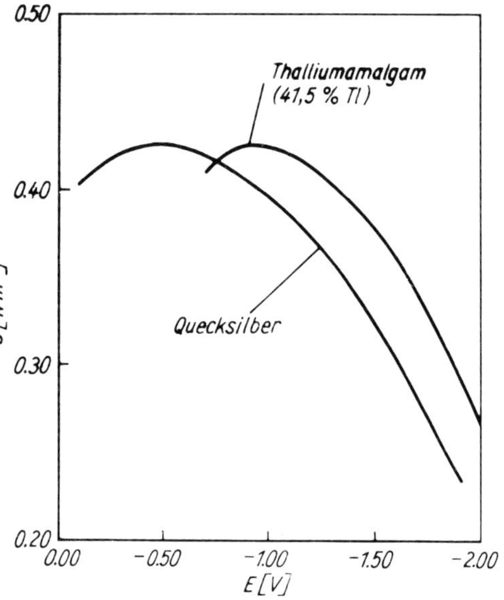

Abb. 5: Elektrokapillarkurven von Quecksilber und Thalliumamalgam in 0,5 mol/l Na_2SO_4 (nach: A. N. FRUMKIN 1965).

Elektrochemie ein. Berg hat sein umfassendes Schaffen eingehend gewürdigt (BERG 1979). Die Aktualität seiner Arbeiten kommt auch darin zum Ausdruck, daß 1979 und 1987 Neuausgaben seiner wichtigsten Publikationen herausgegeben wurden (Frumkin 1979; NIKOLSKIJ 1987).

K. Schwabe, auf dessen weitgespanntes Wirken für die Elektrochemie oben eingegangen wurde, hat ausgerechnet zu der Elektrodenkinetik als einem sich besonders rasch entwickelnden, modernen Zweig der Elektrochemie eine etwas distanzierte Stellung eingenommen, was ihm mancher seiner Schüler verübelt haben mag. Die nicht unkritische Einstellung Schwabes zur Elektrodenkinetik liest man aus dem Vorwort und einigen Passagen seines Lehrbuches zur Elektrochemie heraus (SCHWABE 1986). Dabei gelingt ihm eben in diesem Werk eine anwendungsnahe und verständliche Darstellung des Gebietes. Man wird Schwabe zugute halten müssen, daß er bei seiner ziel- und praxisorientierten Arbeitsweise und mehreren anderen, in seinem Institut bereits vertretenen Schwerpunkten elektrochemischer Forschung möglicherweise von einer zusätzlichen Orientierung auf die Elektrodenkinetik absehen wollte, um einer Zersplitterung entgegenzuwirken. Vielleicht hat auch seine Ungeduld, rasch zu praktisch wirksamen Ergebnissen zu gelangen, was er von der Elektrodenkinetik nicht erwartete, eine Rolle gespielt. Immerhin haben sich mehrere seiner Schüler später der Elektrodenkinetik zugewandt.

6 Korrosion und Passivität

«Neue Technologien – neue Korrosionsprobleme», so ist eine jüngst erschienene Arbeit in der renommierten Zeitschrift *Chemie-Ingenieur-Technik* beschrieben (HEITZ 1994), und es wird der Schluß gezogen, daß Korrosionsforschung und Korrosionsschutz-Technologie niemals zu einem Abschluß kommen. Zu ähnlichen prinzipiellen Einschätzungen gelangten zwei Mitglieder der Sächsischen Akademie, die sich in ganz besonderem Maß um die Elektrochemie der Korrosionsphänomene bemüht und verdient gemacht haben: Jacov Mikhailovitsch Kolotyrkin, geboren 1910 in der Nähe von Smolensk, studierte Chemie an der Moskauer Universität und promovierte dort mit einer elektrochemischen Arbeit. Seit 1938 arbeitete er am Karpov-Institut für Physikalische Chemie in Moskau, dessen Direktor er über mehrere Amtsperioden hinweg war. Von ihm stammen zahlreiche Arbeiten zur elektrochemischen Kinetik von Korrosionsprozessen, zum Verhalten von Metallen im passiven Zustand, und er entwickelte wissenschaftliche und technische Methoden des anodischen Schutzes von Metallen. Ein besonders schwieriges Gebiet, die anodische Passivität bzw. Korrosion von Edelmetallen, hat er durch originelle experimentelle Arbeiten bereichert. Abbildung 6 zeigt die partielle Auflösung von Ruthenium, das als dünne Schicht elektrolytisch auf einem Titanblech abgeschieden wurde – bei anodischer Polarisation –, wobei deutlich wird, daß die Auflösung erst in einem bestimmten Potentialbereich beginnt. Die Messungen wurden mittels radioaktiv markiertem Ruthenium durchgeführt. Diese Untersuchungen waren nicht nur für die Kenntnis des Edelmetallverhaltens aus theoretischer Sicht bedeutsam, sondern sie hatten einen durchaus praktischen Hintergrund. Ruthenium/Titanelektroden begannen um diese Zeit, die traditionellen Graphitelektroden der Alkalichloridelektrolyse abzulösen, womit die fast als revolutionär zu bezeichnende vollständige Wandlung dieses wichtigen Verfahrens der technischen anorganischen Chemie in ein umweltfreundliches Verfahren ohne Quecksilber und Asbest bei deutlich niedrigerem spezifischem Energieverbrauch einsetzte, womit sich auch K. Schwabe in

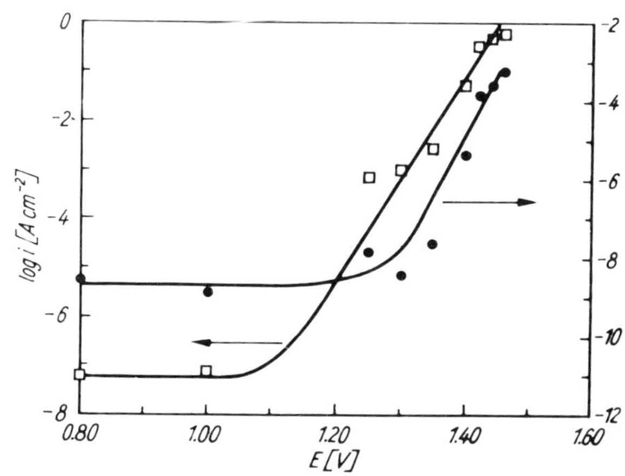

Abb. 6: Polarisationskurve (□) und Kurve der partiellen Auflösung von Ruthenium (●) in 3 mol/l $HClO_4$ bei 50 °C für eine Ruthenium/Titanelektrode (nach: Â. M. KOLOTYRKIN 1973).

einigen Arbeiten befaßt hat, hierbei allerdings im Hinblick auf Probleme der technischen Elektrochemie.

Schwabes Interesse an den Phänomenen von Passivität und Korrosion rührt bereits von der Zeit der Niederschrift seiner Habilitationsarbeit her, die er, wie eingangs erwähnt, 1933 in Dresden eingereicht hat. Die Breite der danach von ihm durchgeführten Untersuchungen über Passivität und Korrosion an verschiedenen Metallen unter dem Einfluß sehr unterschiedlicher Elektrolyte und Bedingungen mit vielseitigen Methoden ist so groß, daß sie im Rahmen dieser Arbeit nicht im einzelnen gewürdigt werden kann. Hierzu sei auf eine der letzten Originalmitteilungen Schwabes verwiesen, die er unter der Überschrift «Zur Entwicklung der Elektrochemie» als Manuskript des Vortrages aus Anlaß der Verleihung der Ehrendoktorwürde durch die Bergakademie Freiberg veröffentlicht hat (SCHWABE 1981).

C. Wagner hat sich in mehreren Arbeiten, vor allem in den siebziger Jahren, Fragen der Korrosion in wäßriger Phase bzw. in der Gasphase bei erhöhten Temperaturen angenommen, wobei er auf überraschende Analogien des Korrosionsvorganges in beiden Medien gestoßen ist. In anderen grundlegenden Arbeiten (WAGNER 1973) wurde von ihm die Kinetik der Bildung dünner Oxidschichten auf Metallen untersucht, speziell die Geschwindigkeit des Elektronen- und Ionentransports durch dünne und dicke Oxidschichten.

7 Bioelektrochemie

Zu den heute herausragenden, sich rasch entwickelnden Zweigen der Elektrochemie gehört zweifellos die Bioelektrochemie, in der sich mehrere Disziplinen, so Biophysik, Biochemie, Elektrophysiologie u. a., berühren. Hermann Berg, Mitglied der Sächsischen Akademie seit 1971, hat die Bioelektrochemie seit langem in besonderem Maß mitgestaltet. Er wurde 1924 in Greifswald geboren und studierte Chemie an der Technischen Hochschule Dresden, wo er 1953 bei K. Schwabe mit einer Arbeit über die Polarographie der Terpene promovierte. Seit 1954 ist er am Institut für Mikrobiologie und experimentelle Therapie Jena der Akademie der Wissenschaften, dem heutigen Institut für Molekulare Biotechnologie, Jena, tätig.

Zunächst wandte er sich der Photopolarographie zu, und zwar mit so großem Erfolg, daß er in der oben zitierten Monographie Bagotzkys als Begründer dieser speziellen Richtung genannt wird (BAGOTZKY 1993, S. 537). Danach hat Berg zahlreiche, überaus originelle Beiträge zur Bioelektrochemie erbracht, die zum Teil in einigen seiner jüngeren Publikationen zusammenfassend bewertet sind (BERG 1992, 1993[a], 1993[b]). Anläßlich des 70. Geburtstages von Berg veröffentlichte Stradinš eine Würdigung Bergs und seiner wesentlichen Arbeitsgebiete (STRADINŠ 1994). Hier sei besonders auf den ersten genetischen Nachweis der Elektrofusion von Protoplasten bei *Sacch. cerevisiae* und die Steigerung der Fusionsausbeute unter Wirkung von Biopolymeren (BERG 1985, 1991) hingewiesen. Insgesamt hat Berg weit mehr als 300 Arbeiten veröffentlicht, ein Beweis für seine außergewöhnliche Kreativität. Nicht unerwähnt darf bleiben, daß Berg seit 1987 als Herausgeber der renommierten Zeitschrift *Bioelectrochemistry and Bioenergetics* wirkt und als Organisator der *Jena Symposia on Biophysicochemistry* 1962 bis 1988, die großen internationalen Zuspruch gefunden haben, erheblich zum Fortschritt der Bioelektrochemie beigetragen hat.

8 Zusammenfassung

Im vorliegenden kurzen Abriß wurde versucht, die Entwicklung der Elektrochemie in unserem Jahrhundert an wenigen Beispielen und unter Rückgriff auf die Leistungen bedeutender Elektrochemiker, die Mitglieder der Sächsischen Akademie der Wissenschaften zu Leipzig waren, darzustellen. Die Schwerpunkte der Forschung lagen zu Beginn des Jahrhunderts auf den wissenschaftlichen Grundlagen der thermodynamischen Elektrochemie und des Stromdurchgangs durch Elektroden und Elektrolyte, woraus sich wichtige Erkenntnisse für technische Gebiete wie die Elektrometallurgie, die Galvanotechnik und die Elektrolyse der Nichtmetalle ableiteten. Später kam die Elektrodenkinetik hinzu, die wiederum wesentliche Impulse für die Korrosionsforschung erbrachte. Die Elektrodenkinetik war zweifellos das herausragende theoretische Teilgebiet der Elektrochemie im 20. Jahrhundert. Einen ungewöhnlichen Aufschwung erlebten die verschiedenen Zweige der Elektroanalytik einschließlich der elektrochemischen Sensoren, nicht zuletzt beeinflußt durch die Erfordernisse der Umweltforschung. Inzwischen sind als neue Schwerpunkte die Bioelektrochemie und methodisch orientierte Gebiete, gekennzeichnet beispielsweise durch den Einsatz der Rastertunnelmikroskopie, hinzugekommen. Von einem Stillstand der Elektrochemie über einen längeren Zeitraum, wie eingangs zitiert, kann man wahrlich in keiner Phase sprechen. Er bestand für die besagte Zeit nicht einmal für die Elektrodenkinetik, da sich die frühen Arbeiten von Volmer, Heyrovsky und anderen – an dieser Stelle nicht im einzelnen besprochen – bereits seit 1930 in Entwicklung befanden.

Die Elektrochemiker Max Le Blanc, Robert Luther, Fritz Foerster, Alexander N. Frumkin, Carl Wagner, Erich Lange, Kurt Schwabe, Yacov M. Kolotyrkin und Hermann Berg, auf welche als Mitglieder der Sächsischen Akademie hier besonders eingegangen wurde, haben wichtige Etappen dieser Entwicklung mitgestaltet und den Weg zu weiteren Forschungsarbeiten geebnet, und sie haben mit ihren Leistungen in Forschung und Lehre wesentlich zum Ansehen der Akademie beigetragen.

Literatur

Bagotzky, V. S.: Fundamentals of Electrochemistry. New York 1993. 589 S.
Berg, H.: Alexander Naumovich Frumkin (24. 10. 1895–25. 5. 1976). In: Jahrbuch 1975–1976 d. Sächs. Akademie d. Wissenschaften zu Leipzig. Berlin 1979, S. 261–263.
Berg, H.: Zellfusion, Transformation und Pharmainkorporation durch Elektrostimulation. Berlin 1985. 27 S. (= Sitzungsber. d. Sächs. Akad. d. Wiss., Math.-nat. Kl., Bd. 118, H. 3).
Berg, H. mit Zhang, L., u. Fiedler, U.: Modification of Electrofusion of Barley Protoplast by Membrane Active Agents. In: Bioelectrochem. Bioenergetics 26 (1991), S. 87–96.
Berg, H.: Basic Applications of Electric Fields on Biological Cells. In: Bioelectrochem. Bioenergetics 27 (1992), S. 89–97.
Berg, H.: Main Topics of Bioelectrochemistry and Bioenergetics in Life Sciences. In: Sensors and Actuators C1 (1993a), S. 99–109.
Berg, H.: Bioelectrochemical Field Effects: Electrostimulation of Biological Cells by Low Frequences. In: Modern Aspects of Electrochemistry 24. B. Conway et al. (Eds.). New York 1993b, S. 23–137.
Berg, H.: Entwicklung der Physikalischen Chemie und Elektrochemie zur Biophysikochemie und Bioelektrochemie. In diesem Band.
Bockris, J. O'M., Dracic, D. M.: Electro-Chemical Science. London 1972. 300 S.
Dunsch, L.: Geschichte der Elektrochemie. Leipzig 1985. 154 S.
Erdey-Grúz, T.: Kinetics of Electrode Processes. Budapest 1972. 482 S.
Emons, H.-H., Berg, H.: Kurt Schwabe (29. 5. 1905–4. 12. 1983). In: Jahrbuch 1983–1984 d. Sächs. Akademie d. Wissenschaften zu Leipzig. Berlin 1986, S. 193–219.
Foerster, F.: Elektrochemie wäßriger Lösungen. Leipzig 1922. 507 S.
Frumkin, A. N.: Zero Charge Potentials of Electrodes. In: Svensk Kemisk Tidskrift 77 (1965), S. 6–7.
Frumkin, A. N.: Nulladungspotentiale (russ.). Moskau 1979. 258 S.
Heitz, E.: Neue Technologien – neue Korrosionsprobleme. In: Chem.-Ing.-Techn. 66 (1994), S. 643–651.
Jaenicke, W.: 100 Jahre Bunsen-Gesellschaft: 1894–1994. Darmstadt 1994. 307 S.
Kolotyrkin, Â. M.: Use of Radioactive Indicator and electrochemical Methods for Determining Low Corrosions Rates. Electrochim. Acta 18 (1973), S. 593–606.
Kortüm, G.: Lehrbuch der Elektrochemie. Weinheim/Bergstr. 1966. 592 S.
Kremann, R., Müller, R.: Elektrolyse und Polarisation. In: Walden, P., Drucker, C.: Handbuch der allgemeinen Chemie, Bd. VIII, T. 2. Leipzig 1931. 835 S.
Laidler, K. J.: Electrochemistry. In: The World of Physical Chemistry. Oxford 1993, S. 195–231.
Lange, E.: Über elektrochemische Grundbegriffe III. In: Z. Physik. Chem. 200 (1952), S. 97–128.
Lange, E.: Allgemeine Grundbegriffe der elektrochemischen Kinetik. In. Z. Physik. Chem. 217 (1961), S. 42–70.
Lange, E., Göhr, G.: Thermodynamische Elektrochemie. Heidelberg 1962. 429 S.
Le Blanc, M.: Lehrbuch der Elektrochemie. 1. Aufl. Leipzig 1896. 226 S.
Le Blanc, M.: Lehrbuch der Elektrochemie. 11. u. 12. Aufl. Leipzig 1925. 391 S.
Le Blanc, M.: Elektrochemie. In: Ditter, R., Joss, G. et al.: Handwörterbuch der Naturwissenschaften, Bd. 3. 2. Aufl. Jena 1933, S. 418–428.
McInnes, D. A.: The Principles of Electrochemistry. New York 1939, S. 17–21.
Menzel, H.: Dem Andenken Fritz Foersters. In. Z. Elektrochem. angew. physik. Chem. 38 (1932), S. 1–7.

Nikolskij, B. N. (Hrsg.): A. N. Frumkin: Ausgewählte Arbeiten (russ.). Moskau 1987. 334 S.
Ostwald, W.: Die Entwicklung der Elektrochemie in allgemeinverständlicher Darstellung. Leipzig 1910.
Rapp, R. A.: Professor Carl Wagner – In Memorial. Corrosion (USA) 34 (1978), S. 219–225.
Schmickler, W.: Elektrochemie. In: Trends: Physikalische und Theoretische Chemie. In: Nachr. Chem. Tech. Lab. 42 (1994), S. 186–188.
Schultze, J. W.: Elektrochemie. In: Jahresrückblick Physikalische Chemie. In: Nachr. Chem. Tech. Lab. 41 (1993), S. 205–207.
Schwabe, K., Dahms, H.: Vergleichende Untersuchungen der elektromotorischen Eigenschaften und des chemischen Verhaltens von Glaselektroden mit Hilfe radioaktiver Indikatoren. 1. Untersuchungen im Gebiet des Alkalifehlers. In: Z. Elektrochem. 65 (1961), S. 518–526.
Schwabe, K., Suschke, H. D.: Theorie der Glaselektrode. In: Angew. Chem. 76 (1964), S. 39–49.
Schwabe, K.: Die Bedeutung Fritz Foersters für die Elektrochemie. In. Mitteilungsbl. Chem. Gesellsch. DDR 13 (1966), S. 161–165.
Schwabe, K.: Zur Geschichte der Sächsischen Akademie der Wissenschaften zu Leipzig. In: Autoren- und Sachregister der Abhandlungen und Berichte beider Klassen 1948–1970. Berlin 1971, S. 5–10.
Schwabe, K.: Analytische Probleme des Umweltschutzes. Berlin 1975, S. 5–28 (= Sitzungsber. d. Sächs. Akad. d. Wiss., Math.-nat. Kl., Bd. 111, H. 4).
Schwabe, K.: pH-Meßtechnik. 4. Aufl. Dresden 1976. 412 S.
Schwabe, K.: Carl Wagner (25. 5. 1901–10. 12. 1977). In: Jahrbuch 1977–1978 d. Sächs. Akademie d. Wissenschaften zu Leipzig. Berlin 1980, S. 258–260.
Schwabe, K.:Die Entwicklung der Elektrochemie. In: Neue Hütte 26 (1981), S. 36–40.
Schwabe, K.: Obituary: Erich Lange. In: Electrochim. Acta 28 (1983), S. 1015–1016.
Schwabe, K.: Physikalische Chemie, Bd. 2: Elektrochemie. 3. Aufl. Berlin 1986. 443 S.
Staude, H.: Luthers Leipziger Zeit und seine letzten Jahre in Dresden. In: Veröfflgn. Dt. Gesellsch. Photographie (1955) 1, S. 11–16.
Stradinš, J.: Laudatio to Hermann Berg on the Occasion of his 70th Birthday. In: Bioelectrochem. Bioenergetics 34 (1994), S. IX-X.
Wagner, C., Traud, W.: Über die Deutung von Korrosionsvorgängen und über die Potentialbildung an Mischelektroden. In: Z. Elektrochem. 44 (1938), S. 391–402.
Wagner, C.: Galvanische Zellen mit festem Elektrolyt mit gemischter Stromleitung. In. Z. Elektrochem. 60 (1956), S. 4–7.
Wagner, C.: The Formation of thin Oxide Films on Metals. In: Corrosion Science 13 (1973), S. 23–52.

Benno Parthier

Drei «sächsische Säulen» der deutschen Pflanzenphysiologie: Wilhelm Pfeffer, Wilhelm Ruhland, Kurt Mothes

1 Einleitung

Die drei Persönlichkeiten, deren biographische Porträts als Wissenschaftler, Hochschullehrer und Menschen im folgenden verglichen werden, zählten in Deutschland und darüber hinaus zu den führenden Pflanzenphysiologen ihrer Zeit. Alle drei waren bedeutetende Mitglieder der Sächsischen Akademie der Wissenschaften, aber geborener Sachse war nur einer unter ihnen – Kurt Mothes stammte aus dem vogtländischen Plauen. Bis auf eine fünfjährige Studien- und Doktorandenzeit in Leipzig hat er außerhalb, aber doch in der Nähe der Grenze Sachsens gewirkt. Dagegen prägten Wilhelm Pfeffer über 33 Jahre und Wilhelm Ruhland mehr als 22 Jahre lang als Lehrstuhlinhaber für Botanik die berühmte «Leipziger Schule» der Pflanzenphysiologie vom Ausgang des 19. Jahrhunderts bis zur Mitte des 20. Jahrhunderts.

Obgleich in mancher Hinsicht eine direkte fachlich-genealogische Linie vom pflanzenphysiologischen «Großvater» bis zum «Enkel» zwischen Pfeffer, Ruhland und Mothes (letzterer promovierte bei Ruhland) zu erkennen ist und Parallelen im wissenschaftlichen Bereich aufzuzeigen nicht schwerfällt, sollte man diese nicht überbewerten. Alle drei Gelehrten haben kraft ihrer überragenden wissenschaft-

Tabelle: Mitgliedschaften von Wilhelm Pfeffer, Wilhelm Ruhland und Kurt Mothes in deutschsprachigen wissenschaftlichen Akademien und ihre Zuwahljahre sowie Ehrendoktorate

Akademie	Pfeffer	Ruhland	Mothes
1. Deutsche Akad. Naturf. Leopoldina	1880	1935	1940*
2. Preußische/Deutsche Akad. d. Wiss.	1889	1937	1953
3. Göttinger Akad. d. Wiss.	1885	1951	–
4. Bayerische Akad. d. Wiss.	1880	1948	1966
5. Sächs. Akad. d. Wiss.	1887	1923	1954
6. Österreichische Akad. d. Wiss.	1904	–	1960
7. Heidelberger Akad. d. Wiss.	–	–	1965
8. Mainzer Akad. d. Wiss.	–	–	1971
Dr. h. c. (Anzahl)	5	1	6

(*Präsident 1954–1974)

lichen Persönlichkeiten in spezifischer Weise Zentren eines sich zunehmend differenzierenden und spezialisierenden Fachgebietes aufzubauen vermocht und eine Vielzahl von Schülern ausgebildet. In ihrer jeweiligen Schaffenszeit gehörten sie zu den Botanikern, die sich durch eigene Ausbildungsvielfalt mit entsprechend gefächertem Wissen auszeichneten und daher sowohl als Hochschullehrer wie auch im Forschungslabor als besonders attraktive Lehrer galten.

Aus den zugänglichen Unterlagen – im Falle Kurt Mothes kann sich der Autor auf langjährige persönliche Bekanntschaft und gemeinsame wissenschaftliche Tätigkeit beziehen – erschien es reizvoll, durch eine vergleichende Betrachung der Persönlichkeitsstrukturen und der wissenschaftlichen Kreativität zu Aussagen zu gelangen, die dem Anliegen der Sächsischen Akademie der Wissenschaften zu Leipzig mit ihrem Jubiläumsband «Wege und Perspektiven der Wissenschaft» entsprechen.

2 Drei kurze biographische Einzeldarstellungen

2.1 Wilhelm Pfeffer (1845–1920)

Wilhelm Friedrich Philipp Pfeffer (Abb. 1) wurde am 9. März 1845 im kurhessischen Städtchen Grebenstein bei Kassel geboren. Sein Vater war Apotheker wie dessen Vater ebenfalls. Wilhelm Pfeffer beendete dank eines vorzüglichen Privatunterrichts das Gymnasium bereits mit 15 Jahren, um als Lehrling in die väterliche Apotheke

Abb. 1: Wilhelm Pfeffer (1915)

einzutreten. Mit 18 Jahren studierte er an der Göttinger Universität, obgleich er kein Abitur abgelegt hatte. Er widmete sich der Chemie, hörte Vorlesungen bei Wöhler und wagte sich auf Grund der ausgezeichneten väterlichen Vorschulung bereits nach dem ersten Semester an seine Dissertation – für uns heute völlig unvorstellbar. Trotz seines außergewöhnlichen Bildungsganges befürworteten seine akademischen Lehrer, daß er nach vier Semestern mit einer Arbeit über Derivate des Glycerins promovieren konnte. Danach studierte er ein Semester Pharmazie in Marburg und absolvierte die pharmazeutische Staatsprüfung.

Mittlerweile hatte er sich stärker der Botanik zugewandt und siedelte 1869 nach Berlin über, um dort als Privatassistent in das Laboratorium von N. Pringsheim einzutreten. Von 1870 bis 1871 ging er an das Würzburger Institut zu Julius Sachs, der als der Begründer der deutschen Pflanzenphysiologie gilt. Hier traf Pfeffer auf einen nur 13 Jahre älteren kongenialen Lehrer, der einen starken Einfluß auf seine wissenschaftliche Entwicklung ausübte. Ihm vor allem ist es zuzuschreiben, daß Pfeffer sich jetzt mit Entschiedenheit der Pflanzenphysiologie zuwandte, wofür er durch seine chemische und physikalische Vorbildung prädestiniert erschien und mit seiner handwerklich-experimentellen Begabung wuchern konnte.

Nach der Habilitation 1871 eröffnete sich ihm eine Laufbahn als Hochschullehrer. Bereits 1873 wurde er Extraordinarius in Bonn; 1877 folgte er einem Rufe als Ordinarius für Botanik an die Universität Basel. Bereits 1878 siedelte er auf den botanischen Lehrstuhl der Universität Tübingen um. In dieser Tübinger Zeit, die bis 1887 dauerte, entfaltete er eine intensive und originelle wissenschaftliche Tätigkeit, die eine größere Zahl von Schülern anlockte und ihn als Forscher wie Hochschullehrer bekannt machte. In Tübingen heiratete er Henrika Volk. 1887 erhielt er den Ruf auf den Botanischen Lehrstuhl an die Universität Leipzig, durchaus nicht *primo loco*, sondern als Ersatzmann für die von der Universität gewünschten, aber ablehnenden gestandenen Fachkollegen. Die folgenden Jahrzehnte im neuen Leipziger Botanischen Institut waren von intensiver Arbeit und großen Erfolgen ausgefüllt. Eine Legion von Schülern aus aller Welt wollte unter dem immer berühmter werdenden führenden Pflanzenphysiologen Deutschlands arbeiten.

Im Laufe der Jahre wurden ihm viele äußere Anerkennungen, Ehrungen und Auszeichnungen zuteil. Er wurde Mitglied vieler Akademien (Tab.), Ehrenmitglied von Gesellschaften, und fünfmal wurde ihm der *Doctor honoris causa* angetragen. Hochdekoriert mit dem preußischen Orden *pour le mérite* für die Wissenschaft, verlieh ihm die sächsische Regierung den Titel eines Geheimrates. Trotz arbeitsmäßig bester äußerer Bedingungen und umringt von einem großen enthusiastischen Schülerkreis wurde Pfeffer mit zunehmendem Alter pessimistischer, melancholischer und unzugänglicher. Dieser Zustand verstärkte sich nach dem Verlust des einzigen Sohnes in den letzten Kriegswochen an der Front, so daß sein Tod am 31. Januar 1920 in Leipzig als Erlösung gedeutet werden mag.

Pfeffer kann mit Recht als der zu seiner Zeit führende Pflanzenphysiologe in der Welt bezeichnet werden. Seinem großen experimentellen Geschick und Einfallsreichtum standen seine theoretischen Arbeiten als erkenntnisstrategische Beiträge zur aufstrebenden Pflanzenphysiologie ebenbürtig zur Seite. Es gibt fast kein Feld dieses Wissenschaftszweiges, zu dem Pfeffer nicht wesentliche Erkenntnisse beigesteuert hat. Die Mechanik der Reizbewegung an Mimosenblättern waren Vorarbeiten zu den methodisch-experimentell bewundernswerten Untersuchungen an Staubfäden über die osmotischen Erscheinungen, mit denen er die Semipermeabilität pflanzlicher Membranen nachweisen konnte und van't Hoffs mit dem Nobelpreis ausgezeichnete Theorie der Lösungen begründen half. Erwähnenswert sind seine Untersuchungen zur Aufnahme von Farbststoffen in lebende Zellen, womit er die Vitalfärbung in die Pflanzenforschung einführte.

Grundlegende Untersuchungen führte er über die Plasmamembran- und die Vakuolenhaut, über reizphysiologische Phänomene wie licht- und temperaturabhängige, aber auch endogene Bewegungen von Pflanzenorganen, über Oxidationsvorgänge in der lebenden Zelle, über Erscheinungen der Enzymadaptation, über Assimilationsfragen und besonders über die Energetik der Pflanzenzellen durch. Nicht zuletzt waren die Gemeinsamkeiten der biologischen Grundvorgänge in Pflanze, Tier und Mikroorganismen ein praktiziertes Credo Pfeffers, Physiologie an möglichst einfachen Objekten zu erforschen, z. B. an Bakterien.

In über 100 Publikationen ist sein wissenschaftliches Werk der Nachwelt erhalten geblieben (FITTING 1920).

2.2 Wilhelm Ruhland (1878–1960)

Am 7. August 1878 wurde Wilhelm (ursprünglich Willy) Otto Eugen Ruhland (Abb. 2) als Sohn eines Oberrechnungsrates in Schleswig geboren. Da der Vater schon ein Jahr später nach Berlin versetzt wurde, wuchs Ruhland in Deutschlands Hauptstadt auf und besuchte das Köllnische Gymnasium, das er 1896 mit glänzen-

Abb. 2: Wilhelm Ruhland (1949)

dem Abitur abschloß. Er entwickelte bereits als Schüler frühzeitige Neigungen zur Pflanzenwelt und studierte an der Berliner Universität Botanik, Zoologie, Chemie (bei E. Fischer), Mineralogie und Geologie. Seine wichtigsten akademischen Lehrer waren der Systematiker A. Engler, der Physiologe und Ökologe S. Schwendener sowie P. Ascherson, ein bedeutender Florist – so daß er mit allen wichtigen Teilgebieten der Botanik in Berührung kam. Unter den Fittichen von Engler promovierte er

1899 über ein mykologisches Thema, als dessen Assistent habilitierte er sich 1902 mit einem Thema über Fruktifikationsvorgänge und entwicklungsgeschichtliche Probleme an Pilzen. 1905 wurde er wissenschaftlicher Mitarbeiter an der Biologischen Reichsanstalt für Land- und Forstwirtschaft in Berlin-Dahlem, wo er es bis zum Regierungsrat brachte. Vorsorglich habilitierte er sich 1909 ein zweites Mal an der Berliner Landwirtschaftlichen Hochschule.

Einem ersten Ruf auf das Extraordinariat für Botanik an die Universtiät Halle folgte er 1911, nahm jedoch als Artillerieoffizier in Frankreich und Rußland am ersten Weltkrieg teil. Nach Kriegsende erhielt er einen Ruf auf den Lehrstuhl der Botanik von der Universität Tübingen (1919), wo er unter relativ bescheidenen Arbeitsbedingungen in den drei folgenden Jahren lehrte und forschte. 1922 übernahm er das berühmte Pfeffersche Institut in Leipzig als direkter Nachfolger von Czapek, der nur kurze Zeit, unmittelbar nach Pfeffers Tod, im Amt war und unerwartet starb. 1922 heiratete Ruhland Lilly Freiin von Seckendorff, eine frühere Mitarbeiterin aus der Zeit in Tübingen. Er widmete dem Ausbau des Instituts viel Zeit, aber auch in Forschung und Lehre wurde ein Aufschwung deutlich erkennbar. Viele Gäste und Doktoranden wurden von Ruhlands physiko-chemisch orientierter Pflanzenphysiologie angezogen.

1924 gründete er «Planta» (mit H. Winkler), eine weitgehend pflanzenphysiologische Zeitschrift, die sich schnell einen sehr guten Ruf erwarb. 1926 folgte, zusammen mit K. von Frisch, R. Goldschmidt und H. Winterstein, die Reihe «Ergebnisse der Biologie». Nach kontinuierlicher und erfolgreicher Arbeit in den dreißiger Jahren wurde das Institut in Leipzig durch einen Bombenangriff 1943 völlig zerstört; Ruhland verlor dabei sein Privateigentum und besonders seine große Bibliothek. Der Verlust seiner Arbeitsstätte und seiner Wohnung war für ihn Anlaß, 1944 Leipzig zu verlassen, sein Amt aufzugeben und auf das Schloß Unterdeufstetten bei Crailsheim, dem elterlichen Sitz seiner Frau, überzusiedeln und sich der Landwirtschaft zu widmen.

Nach Kriegsende konnte er sich nicht entschließen, wieder nach Leipzig zurückzukehren, und übernahm die kommissarische Leitung des Botanischen Instituts der Universität Erlangen, das dem 69jährigen angeboten wurde. Drei Jahre blieb er als Honorarprofessor in Erlangen, bis er sich 1956 endgültig nach Unterdeufstetten zurückzog und sich der Herausgabe eines Handbuches der Pflanzenphysiologie widmete, das man als die Krönung seines wissenschaftlichen Lebenswerkes bezeichnen kann. Er verschied nach einer schweren Lungenentzündung am 5. Januar 1960 in Unterdeufstetten.

Ruhland war ein äußerst vielseitiger Wissenschaftler, der, aus der Systematik kommend (Pilze, Moose, auch höhere Pflanzen), über entwicklungsgeschichtliche Arbeiten und daraus folgende phytopathologische Problemstellungen in die Physiologie fand. In seinen Arbeiten zur chemischen Organisation der Zelle beschäftigte er sich schwerpunktmäßig mit der Permeabilität von Pflanzenzellmembranen und der Permeation von Stoffen in Zellen. Seine Ultrafiltertheorie, die ihn weltweit bekannt machte, nach der das Permeationsvermögen nicht dissoziierter Stoffe im wesentlichen von ihren Molekülvolumina bestimmt wird, stand im scharfen Gegensatz zur Lipoidlöslichkeits-Hypothese von Overton. Der Konstitution des Plasmas und der Plasmamembranen versuchte er mit physikalischen Mitteln (Gefrieren, Alterung) näherzukommen.

Ein zweites Arbeitsgebiet war die Physiologie der Atmung und des Säurestoffwechsels sowie der Stoff- und Energiewechsel in autotrophen und fakultativ heterotrophen Bakterien, gleichfalls Chemosynthesevorgänge in Knallgasbakterien. Stärke, Zucker und Glykoside in ihrer Bedeutung für die Pflanze interessierten ihn unter mehreren Aspekten. Intensiv wurden die Physiologie der organischen Säuren in grünen Pflanzen, besonders in Sukkulenten und Nitratpflanzen, und die Beziehungen zum N-Stoffwechsel untersucht. Anaerobe Gärung im wachsenden Meristemgewebe und Untersuchungen zur Kälterestistenz und Frosthärtung fesselten über viele Jahre sein Interesse.

Der dritte Sektor seiner Arbeiten galt der Entwicklung der Chloroplasten und deren Degeneration in Panaschüren. Ruhland konnte Plastiden auch in generativen Zellen von Pollenschläuchen nachweisen.

Seine Publikationsliste weist 120 Arbeiten aus, die z. T. mit Doktoranden gemeinsam publiziert wurden (Ullrich 1960).

2.3 Kurt Mothes (1900–1983)

Kurt Albin Mothes (Abb. 3) wurde als drittes Kind eines mittleren städtischen Beamten am 3. November 1900 in Plauen geboren. Nach dem Besuch einer Oberrealschule und Abschluß mit dem Notabitur 1918 sowie einem halben Jahr Apothekerlehre wurde er 1921 an der Universität Leipzig immatrikuliert. Dort studierte er Pharmazie, Pharmakologie, physiologische Chemie und Chemie, wurde aber auch einer der führenden Köpfe der Studentenorganisation «Die Helferschaft», die in den Inflationsjahren viele Studenten über ihre Existenzschwierigkeiten hinwegbrachte. 1925 promovierte Mothes bei Wilhelm Ruhland mit einer chemisch orientierten botanischen Dissertation über den Stickstoffstoffwechsel in höheren Pflanzen. Im gleichen Jahr trat er bei G. Karsten am Botanischen Institut der Universität Halle eine Assistentenstelle an, habilitierte sich 1928 mit einer Arbeit über Säureamide in Keimlingen, wandte sich dann stärker den Alkaloiden als sekundären Pflanzenstoffen zu, die in seinem weiteren wissenschaftlichen Leben eine große Rolle spielten.

1935 akzeptierte Mothes einen Ruf auf den Lehrstuhl für Botanik und Pharmakologie an der Universität in Königsberg. Trotz begrenzter Arbeitsmöglichkeiten baute er seine pflanzenphysiologisch-chemisch orientierten Arbeitsrichtungen weiter aus, bis das Kriegsende 1945 seine Karriere unterbrach und er in sowjetische Kriegsgefangenschaft geriet, aus der er 1949 entlassen wurde. Nach seiner Rückkehr fand er in Gatersleben im Institut für Kulturpflanzenforschung der damaligen Deutschen Akademie der Wissenschaftten eine Wirkungsstätte als Leiter der Abteilung Chemische Physiologie. Nach sehr erfolgreichen Jahren biochemischer und physiologischer Forschungsarbeit, aber bedingt durch einen bedauerlichen Konflikt mit dem Institutsdirektor Hans Stubbe, verließ er Gatersleben 1957 und versuchte zunächst, den Pfeffer-Lehrstuhl und das Botanische Institut in Leipzig wieder aufzubauen.

Die Berufungsverhandlungen endeten jedoch negativ, so daß er den ihm gleichfalls angebotenen Lehrstuhl für Allgemeine Botanik der Martin-Luther-Universität Halle-Wittenberg übernahm und zugleich von der Deutschen Akademie der Wissenschaften die Möglichkeit erhielt, in Halle ein zunächst als Arbeitsstelle gegründetes Institut für Biochemie der Pflanzen aufzubauen, das unter seiner Leitung bald weltweite Anerkennung fand. Gleichzeitig hatte er den Lehrstuhl für Pharmakognosie inne, und 1963 installierte er den ersten Lehrstuhl für Biochemie der Pflanzen in Deutschland. 1967 wurde er emeritiert und verlor auch die Leitung des Akademie-Instituts.

Kurt Mothes war seit 1929 mit Dr. Hilda Eilts, einer Germanistin und Kunsthistorikerin, verheiratet und hatte vier Kinder. Die beeindruckende Zahl seiner öffentlichen und wissenschaftlichen Ehrungen und Auszeichnungen soll hier nicht detailliert werden (Parthier 1983). Allen voran steht das Präsidentenamt (von 1954 bis 1974) der Deutschen Akademie der Naturforscher Leopoldina, die er mit neuen Ideen und bewundernswerter Tatkraft regenerierte und zu einer weltweit geachteten Akademie führte. Er war ähnlich wie Pfeffer Mitglied vieler in- und ausländischer Akademien und Gesellschaften sowie sechsfacher Ehrendoktor (Tab.). Am 12. Februar 1983 starb er bei Ahrenshoop an Herzversagen.

Abb. 3: Kurt Mothes (1980)

Seine wichtigsten wissenschaftlichen Untersuchungen zur Physiologie und Biochemie der Pflanzen lagen auf folgenden Gebieten: Synthese und Stoffwechsel von stickstoffhaltigen Verbindungen und, davon abgeleitet, Studien über hormon- und entwicklungsbedingte Veränderungen im Eiweißstoffwechsel. In diesem Zusammenhang wurde später der Nucleinsäure- und Proteinstoffwechsel in Chloroplasten mit enzymatischen und molekularbiologischen Methoden erfolgreich einbezogen. Ausgedehnte und methodisch moderne Arbeiten über Alkaloide (besonders Mutterkorn- und Mohnalkaloide) und andere Speicherformen des Stickstoffs wurden unter seiner Leitung unter chemischen, biochemischen, pharmakologischen und physiologischen Aspekten durchgeführt. Hormonwirkungen (speziell die der Cytokinine) und ausgedehnte Studien zur Korrelation zwischen verschiedenen Pflanzenorganen, besonders Wurzel-Sproß-Beziehungen, sowie zur Problematik der pflanzlichen Seneszenz rundeten ein reiches Lebenswerk ab, das u. a. in mehr als 340 Publikationen seinen Niederschlag gefunden hat (PARTHIER 1983).

3 Vergleichende Betrachtung: Gemeinsamkeiten und Unterschiede

3.1 Wesensart und Charakterzüge

Wenn man die von Wilhelm Ostwald (OSTWALD 1927) angeregte Einteilung bedeutender Wissenschaftler in «Klassiker» und «Romantiker» für zutreffend hält – abgesehen davon, daß «reine Typen» selten sind –, dann können wir Wilhelm Pfeffer als einen Prototyp des «Klassikers» bezeichnen und Kurt Mothes zu den «Romantikern» zählen. Die Unterschiede liegen nach Ostwald in der «Reaktionsgeschwindigkeit des Geistes»; diese sei bei den bedächtig wirkenden «Klassikern» langsam, bei den beweglichen «Romantikern» geschwind. Erstere, grüblerisch und kritisch-analytisch veranlagt, forschten mehr in die Tiefe, letztere mehr in die Breite und seien außerdem von Begeisterung erfüllt, die sie auf andere übertrügen.

> So zieht er [der «Romantiker»] alsbald einen größeren Kreis von Anteilnehmenden um sich zusammen, welche gern und dankbar die von ihm ausgehenden Einwirkungen aufnehmen und sich von seinem Enthusiasmus erfüllen lassen (OSTWALD 1927, S. 415).

Demzufolge gilt er als besserer Hochschullehrer als der stärker der forschenden Seite der Wissenschaft zugewandte «Klassiker».

Vieles davon trifft sowohl auf Pfeffer einerseits als auch auf Mothes andererseits zu. Hans Fitting, einer der engsten Mitarbeiter Pfeffers, schrieb in einem umfassenden und ausgewogenen Nekrolog:

> Pfeffer, schwerblütig und bedächtig, war immer ängstlich zurückhaltend bemüht, nach allen Seiten seine Position zu sichern, und stets besorgt, in den Vorlesungen wie in seinen wissenschaftlichen Arbeiten sich eine Blöße zu geben, oder, wie er es selbst nannte, sich zu blamieren... (FITTING 1920, S. 46).

Seine Meisterschaft zeigte sich in der weisen Beschränkung, die er sich bewußt auferlegte, übrigens bei einer gewissen Geringschätzung gegen andere Richtungen der Botanik. Gerühmt wird Pfeffers vorzügliches Gedächtnis und sein handwerkliches Geschick, sein akribischer Fleiß und seine von äußeren Ablenkungen unberührte, mit Gründlichkeit verbundene Hingabe an die wissenschaftliche Arbeit sowie zugleich seine Zähigkeit in der Verfolgung theoretisch im voraus als gangbar erkannter Wege. Sein angeborener Scharfsinn verlieh ihm jene Überlegenheit, die alle Oberflächlichkeit oder Scheinwissenschaft scharf zu verurteilen erlaubte.

Unter wissenschaftlichen Aspekten ist Wilhelm Ruhland mit Pfeffer vergleichbar. Ruhland war die Sorgfalt und Gewissenhaftigkeit in Person; alle von ihm selbst maschinenschriftlich geschriebenen Briefe hatte er vorher handschriftlich ausgearbeitet (Ullrich 1960, S. X). Er war in persönlichen Beziehungen zurückhaltend, fast scheu; das Geheimnis seiner Anziehungskraft war die «feine Ausstrahlung» in der Persönlichkeit dieses Hochschullehrers (Schumacher 1949). Auch er war wie Pfeffer weniger auf öffentliches Hervortreten und Repräsentieren bedacht (beide lehnten das ihnen angetragene Rektorenamt ab), was Kurt Mothes durchaus suchte. Dieser mag dem «Feuerkopf» unter den Pflanzenphysiologen ähnlich gewesen sein – Julius Sachs, dessen Temperament Wilhelm Pfeffers Wesensart antagonistisch gegenüberstand:

> Sachs war zweifellos der kühnere, der sich nicht scheute, mit lebhafter Phantasie erfaßte, anregende neue Gedanken auszusprechen und sie zur Geltung zu bringen, selbst wenn kritischen Augen ihre Einseitigkeit ... nicht entgehen konnte, eine Kämpfernatur ... während Pfeffer kühl und vorsichtig, methodisch vorausdenkend und vorsorgend in seiner Lebensführung, mit den Kräften ... Haus zu halten verstand (Fitting 1920, S. 46).

Auch Kurt Mothes zeichnete sich durch Phantasie, Kreativität und Intuition in allen Bereichen seines Lebens aus. Zupackend und mit zusammenführendem Optimismus sein Umfeld begeisternd, war er ein begabterer Wissenschaftsorganisator als ein emsiger Forscher im Laboratorium, für dessen Erfolgsbilanzen er sich mit allen Kräften einsetzte. Durch die Vielfalt seiner wissenschaftspolitischen und öffentlichen Aufgaben wurde er wesentlich stärker in der Kontinuität seiner wissenschaftlichen Arbeit abgelenkt als Pfeffer oder Ruhland. Mothes war ein Ideengeber *par excellence*, ein ebenso dynamisch wie emotional veranlagter Initiator, der im Streit eine scharfe Klinge zu führen wußte, wenn die Situation es erforderte.

Pfeffer und Ruhland wurden durch ihr wissenschaftliches Ansehen von ihren Schülern und Mitarbeitern in der Rolle des überragenden Chefs akzeptiert, Mothes war von seiner Aufgabe als *spiritus rector* zutiefst überzeugt und spielte sie bewußt aus, nicht zuletzt zum Vorteil seiner Mitarbeiter. – Neben einer von Stilempfinden und rhetorischer Überlegenheit geprägten Persönlichkeitsstruktur hatte er sich eine überraschende Schlichtheit und äußere Anspruchslosigkeit erhalten – Charakterzüge, die er mit den von ihm bewunderten Vorbildern Ruhland und Pfeffer teilte. Von letzterem heißt es:

> Sein schlichtes Wesen war jeder Eitelkeit abhold, und so mild er in seinem Urteil war, so abgeneigt war er jenen, bei denen die eigene Person allzusehr gegenüber der wissenschaftlichen Sache in den Vordergrund zu treten pflegte. Wissenschaftliche Polemik führte Pfeffer kaum; es war ihm die Zeit hierzu zu kostbar (Czapek 1920, S. 173).

Mut und Zivilcourage zeichneten Kurt Mothes in besonderem Maße aus. Solchen Eigenschaften hatten unter dem zentralistisch-restriktiven wissenschaftspolitischen System der DDR Wissenschaft und Leopoldina ihre relativen Freiräume zu verdanken. Situationen ähnlicher Art durchzustehen blieb Pfeffer, der über das Unglück des 1. Weltkrieges und dessen Ausgang nicht hinwegkam, sowie Ruhland unter dem NS-Regime erspart.

Gemeinsamkeiten lassen sich bereits in den Kinderjahren der drei Männer erkennen, denn dank der Väter oder Lehrer wurde bei Wanderungen in den heimatlichen Gefilden früh das Interesse an der Natur geweckt. Gemeinsam war ihnen ihre

Sammelleidenschaft für Pflanzen, Insekten und Mineralien, schließlich ihre Liebe zum Bergsteigen (während der junge Pfeffer bewundernswerte Höhen meisterte – u. a. als Nr. 5 das Matterhorn bestieg – erreichte der bejahrte Mothes noch erstaunlich viele hohe Gipfel der Alpen).

Keiner der drei Persönlichkeiten ist eine stärkere musische Neigung nachzusagen. Dennoch war bei Mothes ein Zug zu künstlerischer Hinwendung unverkennbar, besonders zur bildenden Kunst, während Pfeffer sein Leben völlig der Wissenschaft widmete:

> Wissenschaftliche Arbeit und wissenschaftliches Denken war ihm alles. Er war ganz Gelehrter, auch schon in seinen Studienjahren, und deshalb eigentlich immer allein. Sein Arbeitstag begann bis ins hohe Alter in peinlich gewissenhafter, rast- und ruheloser Aufmerksamkeit am frühesten Morgen, schon vor Tagesgrauen. An Gewissenhaftigkeit und Pflichtbewußtsein, an Gründlichkeit und Pünktlichkeit in allen Dingen, auch des täglichen Lebens, fand sich kaum seinesgleichen. Seine Ordnungsliebe, auch in der eigenen Lebensführung, war vorbildlich. Zu allem aber, was das Leben anderer Menschen schön und lebenswert macht, in Stunden der Müdigkeit oder der Krankheit, über Niedergeschlagenheit, Ermattung oder Langeweile hinweghilft, hatte er nur wenig Verhältnis; Kunst, in welcher Form auch immer, war ihm kein eigentliches Lebensbedürfnis, weder große Offenbarung, noch reiches inneres Erlebnis. Sein Sinn für Humor, für ablenkende anmutige Lebensfreuden war gering (FITTING 1920, S. 45/46).

Wilhelm Pfeffer, dessen stattlicher Erscheinung mit dem grauen, wallenden Vollbart und dem durchgeistigten Gesicht im Alter etwas Patriarchalisches anhaftete, sei nicht immer geschickt im Umgang mit den Menschen gewesen. Auch habe ihm der rechte Glaube an die Menschheit gefehlt; ein Zug zum Pessimismus sei unverkennbar gewesen. Seine Weltanschauung könnte man als nüchternen, kritischen Realismus bezeichnen, ohne jeden mystischen Einschlag. – Der geborene Philanthrop und Optimist Kurt Mothes besaß mehr als die Religiosität eines Naturwissenschaftlers. Beide einte jedoch ihre Bewunderung der Schönheit und Größe der Natur. Neben den Hochgebirgen hatten es ihnen besonders die Wälder angetan, in denen Mothes über Jahrzehnte auch zu jagen pflegte – eine für Pfeffer wie für Ruhland undenkbare Freitzeitbeschäftigung. Letzterer war ein begeisterter Autofahrer.

3.2 Konzeption und Organisation der Forschung

In den Laboratorien aller drei Wissenschaftler stand die reine Grundlagenforschung so stark im Vordergrund, daß gelegentliche Ansätze auf Anwendung der Ergebnisse hier nicht notiert sein sollen. Alle drei führten die in ihrer Zeit modernsten Methoden und Meßgeräte ein, wobei in Pfeffers Wirkungskreis die meisten Apparate noch selbst erdacht und konstruiert wurden. Auch in der Hingebung der Mitarbeiter an ihre Forschungsaufgaben dürften dank des vorbildlichen Arbeitsethos ihrer Lehrer trotz großer individueller Streubreite kaum Unterschiede bestanden haben. Dagegen waren die Tolerenzbreiten in Arbeitsorganisation und -disziplin unterschiedlich. Pfeffer galt als Musterbeispiel von pünktlichem Arbeitsbeginn; in den Instituten von Mothes galten diesbezüglich großzügige individuelle Freiheitsgrade – entscheidend war das Ergebnis, wann und wie auch immer es erbracht wurde. Die Selbstkontrolle entsprang der jeweiligen Arbeitsmoral des Mitarbeiters. Viel wesentlicher als diese letztlich äußeren Faktoren war das durch die Hauptperson bestimmte konzeptionelle Herangehen an die wissenschaftliche Tätigkeit und die Forschungsprogramme.

In drei entscheidenden Punkten der naturwissenschaftlichen Erkenntnisforschung wurde Pfeffers Talent offensichtlich: im Erfassen des Kerns der Problematik, in deren experimenteller Bearbeitung und ihrer theoretischen Durchdringung. Am Anfang stand die genaue Beobachtung eines Phänomens, das er einer originell ausgeklügelten Versuchsanordnung unterzog, wobei ihm sein handwerkliches Geschick zugute kam. Seine wie Ruhlands Publikationen zeichneten sich daher häufig durch methodische Neuerungen aus. Pfeffer versuchte konsequent, mit physikalischem Verständnis den mit physikalischen Methoden lösbaren Teilfragen der biologischen Probleme näher zu kommen, und gelangte zu erstaunlichen Erkenntnissen für die osmotischen Vorgänge, in der Reizphysiologie und in der Energetik. Hinter seinen reduktionistischen Denkansätzen stand der Wunsch, ein möglichst der Wirklichkeit nahe kommendes Modell zu konstruieren, z. B. das Modell einer Pflanzenzelle oder eines «Elementarorganismus»:

> ... es ist selbstverständlich, daß ohne ein eingehendes Studium einfacher Verhältnisse, ohne die tatkräftige Unterstützung von Seiten der Chemie und Physik ein erfolgreiches Vordringen in das wunderbare Getriebe des lebendigen Organismus gar nicht möglich ist (Pfeffer 1895, zit. bei CZAPEK 1915, S. 122).

An anderer Stelle formulierte er:

> ... wenn der Physiologe auf empirische Qualitäten baut, welche Resultanten aus verwikkelten Komponenten sind, so verfährt er nicht anders als der Physiker, dem häufig eine in Faktoren zerlegbare Größe als Ausgangspunkt der Forschung dient... (PFEFFER 1897).

Daß dieses dem damaligen Wissen entsprechende mechanistische Bild viele biologische Vorgänge so einfach nicht zu erklären vermochte, hat Pfeffer sehr wohl erkannt und versucht, wenigstens theoretsich-abstrakt weiterzukommen. Damit wurde er zum Gegenpol der meisten Biologen seiner Zeit, die vergleichend-deskriptiv, oft mit naturphilosophischen oder ökologischen Schlußfolgerungen ihre Wissenschaft betrieben. Nicht eine geheimnisvolle «Lebenskraft», sondern die Gesetze der Physik und Chemie könnten nach Pfeffer die Erkenntnisse in der Biologie voranbringen, doch übersah er die Komplexität biologischer Vorgänge nicht.

Auch bei Ruhland beruhte der Ausgangspunkt für das Studium physiologischer Probleme auf einer gründlichen Kenntnis der physikalischen und chemischen Grundlagen. Er stellte gleichfalls hohe Anforderungen an die Methodik und die Wahl des Untersuchungsmaterials. In der Erklärung seiner Ergebnisse wurde stärker verallgemeinert, und ökologische oder gar praktische Betrachtungen waren keine Seltenheit; dies erinnert an seine Zeit in der Biologischen Reichsanstalt in Berlin. Der Phantasie seiner Schüler räumte er relativ großen Spielraum ein.

Mothes' Denkweise war wohl biologischer als die seiner Vorbilder in dem Sinne, daß der statische Anteil in seinen Forschungsprogrammen geringer war als bei Pfeffer oder bei Ruhland. Die großen Stoffwechselzyklen waren aufgeklärt und die Enzymologie zum wissenschaftlichen Alltag geworden, so daß Untersuchungen zur

Stoffwechsel-Dynamik im Vergleich zur Analytik chemischer Strukturen zwingender erschienen. Der Einsatz der Isotopentechnik wurde zur Schlüsselmethode. Die Mitarbeiter waren gut beraten, selbständig zu arbeiten; denn im Gegensatz zur Pfeffer-Schule war der Institutsdirektor nicht mehr in der Lage, seinen Schülern methodische Hinweise zu geben, die über das von ihm noch selbst geübte instrumentelle Experimentieren hinausgingen. Mothes war jedoch in theoretischer Hinsicht stets auf der Höhe der Zeit in der Pflanzenphysiologie und -biochemie und lenkte strategisch zusammenführend, mit intuitivem Gespür für interessante Ansätze, die Vielfalt der laufenden Themen mit langer Leine. Die Mitarbeiter konnten ihre Phantasie spielen lassen und entschieden selbst, wie sie an die Problematik herangingen. Diese Form wissenschaftlichen Arbeitens kam dem Wesen von Kurt Mothes entgegen, besonders in den Jahren, in denen er mit vielen außerinstitutionellen Aufgaben belastet war.

Summa summarum: Der Erfolg gab ihm recht; die Verschmelzung von Chemikern und Biologen zu sich gegenseitig harmonisch ergänzenden biochemischen Arbeitsgruppen ist zweifellos eine große Leistung gewesen. Spektakuläre neue Befunde aus seinen Laboratorien blieben nicht aus, doch ob sie zeitrelativiert das Gewicht der Forschungsergebnisse aus Pfeffers Arbeitskreis erreichten, mag bezweifelt werden. Mothes selbst hat in dieser Hinsicht seine Vorbehalte im Lichte seiner glänzenden Vorträge mit vorzeigbaren Ergebnissen seiner Mitarbeiter unterdrückt. Dabei wog bei ihm die Idee oder die Hypothese mehr als bei Pfeffer das experimentelle Ergebnis. Auch teleologische Überlegungen an logisch richtigen Stellen waren ihm nicht fremd (PIRSON 1985).

3.3 Hochschullehrtätigkeit

Kurt Mothes hat gelegentlich betont, daß er ein «Mann der Universität» sei, obgleich die größere Gruppe seiner Schüler in den Forschungsabteilungen der Akademie-Institute arbeitete. Seinen wichtigsten Mitarbeitern dort legte er nahe, Vorlesungen an der Universität zu halten, um der Gefahr wissenschaftlicher Sterilität zu entgehen. Als Universitätsprofessor und Akademie-Institutsdirektor in Personalunion gelang es ihm leicht, die Angestellten beider Einrichtungen zu gemeinsamen Forschungsprojekten zusammenzuführen.

Er war ein begeisterter und begeisternder Hochschullehrer, der noch lange nach seiner Emeritierung Gelegenheit zu Spezialvorlesungen suchte und fand. Die Kunst der Vereinfachung in der Darstellung komplexer und komplizierter biologischer Vorgänge beherrschte er meisterhaft. Mit rhetorischem Geschick vermochte er die Breite und Tiefe seines Wissens den Zuhörern in einer Weise darzubringen, daß diese das Gefühl hatten, nicht belehrt, sondern bereichert worden zu sein. Ihre Neugier wurde geweckt. Seine Vorlesungen waren vom Allgemeinen zum Speziellen vorbildlich aufgebaut, gewürzt mit wissenschaftlichen «highlights» aus den neuesten Zeitschriftenheften. Als «roter Faden» diente eine Karteikarte; denn ein Manuskript hat er nie benötigt. – In den Prüfungen der Studenten oder Doktoranden war er eher nachsichtig als streng. Einpauken empfand er als Zeitverschwendung, Zensuren als notwendiges Übel. Sein Urteil bildete er sich aus dem Eindruck, den die Kandidatin oder der Kandidat mit der Beantwortung seiner Fragen hinterließ und ob eigenes Denken in die Antwort einfloß.

Gepriesen wurde auch Ruhlands rhetorische Begabung; gleichwohl war sie in Temperament und Dynamik völlig anders als die von Mothes. Die botanischen Hauptkollegs seien von geradezu nüchterner Sachlichkeit gewesen und erschlossen sich dem Hörer in ihrer vorzüglichen Stoffwahl und Gliederung erst richtig bei einer Nacharbeit (Ullrich 1960, S. VIII). Die Vorlesungen waren in reichem Maße mit Demonstrationsmaterial ausgestattet, wozu er viel mit seiner graphischen Geschicklichkeit beitrug. Seine vom Studium der alten Klassiker gewonnene Disziplin in Wort und Schrift wurde gerühmt (Renner 1948).

So lebhaft, anschaulich und verständlich Pfeffer als Forscher und in seinen Anleitungen zur Forschung gewesen ist, so schwach seien seine Auftritte im Kolleg empfunden worden (Fitting 1920, S.59). Seine schleppende und etwas schwer verständliche Ausdrucksweise und geringe Anschaulichkeit hinterließen im Auditorium Müdigkeit und glichen die vorbildlichen Demonstrationen nicht aus. Im Bestreben, die Probleme theoretisch von allen Seiten zu durchdringen, redete er über die Köpfe hinweg und fand kaum Kontakt zur Hörerschaft.

3.4 Schulenbildung und Schüler

Die «Pfeffer-Schule» der Pflanzenphysiologie war und ist sprichwörtlich. Sie war durchaus vergleichbar mit den berühmten Schulen der Chemiker und Physiker des vorigen Jahrhunderts, wie denen von Justus von Liebig, August Kekulé, Adolf von Baeyer, Emil Fischer, Robert Bunsen, u. a. m. Alle zeichneten sich aus durch eine gewisse Homogenität in den wissenschaftlichen Gebieten, in der unumschränkten ideellen und organisatorischen Führung durch einen überragenden Lehrer, der den Schlußstein einer am Fuße sehr breiten Personalpyramide bildete, und nicht zuletzt durch die Bemühungen des «Oberhirten», zumindest seine besseren «Schäfchen» auf möglichst viele freiwerdende Lehrstühle des Faches zu bringen.

Alle Kriterien trafen auf die Leipziger Schule Pfeffers zu. In der Festschrift zu seinem 70. Geburtstage und zugleich 50. Doktorjubiläum (Anonym 1915) wurden 265 Schüler aufgelistet, davon stammte ein Drittel aus den unterschiedlichsten Ländern der Welt. Ein großer Teil der Namen läßt sich nachträglich Botanik- oder Pflanzenphysiologie-Lehrstühlen in Deutschland zuordnen, und so mancher der jetzigen Ordinarien darf sich als wissenschaftlicher Enkel oder Urenkel Pfeffers bezeichnen. Diese pflanzenphysiologische Fruchtbarkeit führte logischerweise zur Zurückdrängung der anderen botanischen Disziplinen auf den klassischen Lehrstühlen durch die sich ausbreitende Familie der «Piperaceen» (Pfeffergewächse), wie der «Papst» der Morphologen, Karl von Goebel, die Erfolge Pfeffers ironisch kommentierte (zit. bei Bünning 1975). Ein markanter Seitensproß existiert noch in Japan.

Pfeffer hat viel Zeit, große Mühe und Sorgfalt auf die methodische und die konzeptionelle Ausbildung der in seinem Institut arbeitenden Schüler verwandt. Mit freundlicher Hilfsbereitschaft und heilsamer Kritik an den Experimenten und den Ergebnissen gebrauchte er diese beiden wichtigsten Instrumente seiner Erziehungsmethode, die offensichtlich nachhaltige Wirkung für die später selbständigen Pflanzenphysiologen zeitigte. Der zum geflügelten Wort erhöhte Satz: «Es kann so sein, es muß aber nicht so sein», hat der Verfasser in Vorlesungen und Praktika noch mehrfach aus dem Munde seines ersten Botanik-Professors, des langjährigen Pfeffer-Schülers JOHANNES BUDER (1884–1966) gehört. In väterlicher Güte nahm sich Pfeffer seiner Schüler auch menschlich an und verfolgte deren Lebensschicksale.

Im Gegensatz zu Pfeffer hielten Ruhland und in fortführender Weise Mothes vom Begriff «Schule» nicht viel. Für sie waren ihre Schüler

> ... junge Mitarbeiter, die fähig sind, dem wissenschaftlichen Denkbereich ihrer Lehrer zu entwachsen, die frühzeitig geistig selbständig werden und die – sei es selbst im wissenschaftlichen Gegensatz zu ihrem hochverehrten Lehrer – eigene Wege gehen (MOTHES 1968).

Ruhland war keine Chef-Natur, seine Schüler nannten ihn «Meister». Er schuf eine durch seine Ideen bewußt gestaltete schöpferische Atmosphäre, so daß RENNER (1948) fragte, ob es Ruhlands Schülern immer bewußt gewesen sei, in welch beneidenswertem Reichtum wissenschaftlichen Lebens sie sich bewegen durften.

Kurt Mothes, der oft anerkennend von den stimulierenden Beziehungen zwischen Lehrer und Schülern Ruhlands sprach, zu denen er sich zählte, hat seine Eindrücke über die wissenschaftliche Atmosphäre der Leipziger Pflanzenphysiologie in einem Brief anläßlich Ruhlands 80. Geburtstags anschaulich geschildert (MOTHES 1958):

> Die Atmosphäre des Leipziger Instituts ist für mich bis heute vorbildlich geblieben. Ich kann es Ihnen nicht gleichtun und bin nicht zum Nachahmen geartet, aber ich schätze an Ihrem Wirkungskreis ganz besonders die Möglichkeit, daß sich unter Ihrer starken wissenschaftlichen Führung selbständige Menschen entwickeln konnten. Die Begabungen können nicht gleich hoch sein, aber die wissenschaftlichen Charaktere haben sich in der geistigen Atmosphäre, die von Ihnen ausging, zu jenem Maß von Originalität entwickeln können, das uns durch Geburt gegeben ist. Ich glaube nicht erst heute, daß darin das Wertvollste und Schönste unseres Leipziger Instituts zu sehen ist. Sie waren uns durch Ihre Kritik und durch Ihre Anregung immer nah und durch Ihr Wesen immer fern genug, daß niemand verleitet war, Sie anzuhimmeln, sondern daß wir eine echte Verehrung für Sie, unseren großen Lehrer, entwickelten.

Diesem Muster des Lehrer-Schüler-Verhältnisses aus seiner Doktorandenzeit bei Ruhland ist Mothes zeitlebens gefolgt. Als sein Doktorand fühlte man sich zunächst wie ein Nichtschwimmer, der in tiefes Wasser geworfen wurde, nachdem man vom Chef ein Dissertationsthema erhalten hatte (oftmals war das erste nicht das endgültige) und mit wenigen Literaturhinweisen allein gelassen wurde. Nach Wochen erst erkundigte sich Mothes, wie es liefe. War die Antwort «gut», ließ der nächste Besuch im Labor deutlich länger auf sich warten als bei einer Antwort «schlecht». Selbständigkeit im Experimentieren war eine *conditio sine qua non*; bei der Auswertung der Ergebnisse gab sich Mothes semikritisch, aber jede Hilfe für die Überwindung möglicher Schwierigkeiten oder für notwendige methodische Fortbildung war gesichert.

Diesen Weg durch die von Mothes geleiteten Institute gingen allein in der hallischen Periode (1958–1968) weit mehr als hundert Schüler; etwa 25 davon haben den Professoren-Titel erworben. Die Auswahl seiner Schüler traf er weitgehend intuitiv nach individuellen Gesprächen. Phantasievolle Gesellen mochte er lieber als Lehrlinge, die abgesteckte Rahmen experimentell getreulich ausfüllten; deren Notwendigkeit hat er jedoch immer betont. Willkommen in seinem Wirkungskreis waren ihm starke Charaktere, am liebsten solche mit individuellen Gegensätzen. Unter seinem Einfluß entwickelte sich fast jede Knospe zur Blüte.

Alle drei akademischen Lehrer erzogen ihre Schüler zu Sparsamkeit und persönlicher Anspruchslosigkeit, worin sie selber Vorbilder waren. Pfeffers technischer Einfallsreichtum ließ auch seine Überzeugung erkennen, daß sich in der Beschränkung der Mittel der Meister zeige, und Mothes' Meinung war: «Ein Vogel im goldenen Käfig singt nicht gut.»

3.5 Wissenschaftliche und persönliche Ausstrahlung

Wilhelm Pfeffer war ein wissenschaftlicher Riese unter den Pflanzenphysiologen Deutschlands, und sein Name genoß weltweit einen hervorragenden Ruf. Er überragte seine zeitgenössischen Kollegen, weil in seiner Person Eigenschaften zusammentrafen, die einen Naturwissenschaftler in idealer Weise auszeichnen: experimentelle und theoretische Begabung, handwerkliches Können, analytisches und kritisches Denken, Hingabe an die Wissenschaft, vorzügliche Ausbildung. Und er ging neue Wege. Pfeffer hat die Pflanzenphysiologie nach Altmeister Julius Sachs als botanische Disziplin naturwissenschaftlich profiliert, modernisiert und Grundsteine gelegt für die sich später entwickelnde Biophysik, Biochemie und Molekularbiologie der Pflanzen. Sein Werk wurde nicht nur in Deutschland vielfältig fortgeführt und erweitert, sondern seine Schüler aus Europa, USA oder Japan gründeten moderne pflanzenphysiologische Institute in ihren Ländern und setzten Pfeffersche Traditionen fort, nachwirkend bis zur Jetztzeit. Die vielfach zum Ausdruck gekommene Wertschätzung des Präzeptors ist daher nicht nur als verbale Freundlichkeit anläßlich eines seiner Geburtstage oder als in Nekrologen übliche Huldigung zu verstehen.

Hans Fitting (1920) bezeichnete den Verstorbenen als «unbestrittenen Führer» und «Bahnbrecher» der Pflanzenphysiologie, «ganz der große Theoretiker, dessen Weitblick, Umsicht und Scharfsinn wir bewundern». Wilhelm Ruhland (1923, S. 109) schreibt, daß die Sächsische Akademie der Wissenschaften «eine ihrer größten Zierden» verloren habe; Pfeffer sei der «unbestrittene Führer» gewesen, *«zu welchem die Fachgenossen aller Erdteile verehrungsvoll aufblickten und Jünger aus allen möglichen Ländern ... sich glücklich schätzten, zu seinen Füßen lernen zu dürfen ..., unter seiner Leitung sich als Forscher die Sporen zu verdienen»*. «Imperator der Pflanzenphysiologie» nennt ihn Otto Renner (1948), und Erwin Bünning sieht Pfeffers Leistungen trotz des Zeitabstandes zu Recht als «... nach ihrem Umfang und Wert von keinem übertroffen», ... «aus der Sicht der modernen Biologie erscheinen diese Leistungen noch viel größer als es Zeitgenossen ahnen konnten» (Bünning 1975, S. 11).

Nach diesem «Urgestein» der Pflanzenphysiologie hatte es sein Leipziger Amtsnachfolger Wilhelm Ruhland nicht leicht, Pfeffers Fußtapfen des Ruhmes auszufüllen. Es wäre jedoch ungerecht, wissenschaftlich qualitative Unterschiede hervorzuheben. Auch Ruhlands Name hatte in Deutschland und in der Welt einen sehr guten Klang und sein Werk nicht minder. In mehrfacher Hinsicht, insbesondere jedoch in der streng naturwissenschaftlichen (physikalischen und chemischen) Orientierung der Pflanzenphysiologie, vertraten beide ebenbürtig strenge Auffassungen. Ruhlands Ausstrahlung in die wissenschaftliche Welt seiner Zeit und in die nachfolgenden Perioden war und ist über seine Schüler ähnlich nachhaltig wie die Pfeffers, ohne die quantitativen Unterschiede übersehen zu wollen. Nicht nur seine Ultrafiltertheorie behält den ihr gebührenden Platz in den Lehrbüchern (HÖXTERMANN 1991).

In seinem vielbändigen «Handbuch der Pflanzenphysiologie» (1958–1962), eine große editorische Leistung, vereinigte er alles pflanzenphysiologische Wissen seiner Zeit. Fortgesetzt und um moderne Gesichtspunkte erweitert von A. Pirson in Form einer «Encyclopedia», bleiben die gesicherten älteren und die vielen neuen Fakten einer durch die fulminanten methodischen Fortschritte sich unweigerlich aufsplitternden Disziplin gemeinsam gespeichert.

Das wissenschaftliche Werk von Kurt Mothes und seine Nachwirkungen wurden mehrfach bereits ausführlich gewürdigt (PARTHIER 1983, 1984, 1986; PIRSON 1985); daher möge eine knappe Einschätzung genügen, zumal eine Wichtung nach so kurzer historischer Zeitspanne problematisch ist. Mothes' Bedeutung ist in ihrer nationalen und internationalen Tragweite differenziert zu sehen. Für die nationale Wissenschaft Deutschlands bzw. der DDR war die universitäre und außeruniversitäre Gründung einer aus der Pflanzenphysiologie kommenden «Biochemie der Pflanzen» ein rechtzeitig und richtig gesetztes Zeichen, das seine Nachahmer fand. Dieses Fach, durch chemisch-analytische, chemisch-synthetische, biochemisch-enzymatische und molekularbiologische Methodik profiliert und durch Neubauten installiert, wurde durch seine Vorbildwirkung und die Besetzung von Lehrstühlen und Forschungsleiterstellen mit seinen Schülern erfolgreich entwickelt. Internationale Anerkennung blieb Lehrer wie Schülern nicht versagt. Man muß jedoch in eine bewertende Betrachtung von internationaler Dimension einbeziehen, daß sich der Schwerpunkt der Naturwissenschaften nach dem 2. Weltkrieg aus Deutschland verlagerte. Die weltweit führenden Institute entstanden vor allem in den USA, wohin zu reisen oder Verbindungen zu knüpfen für DDR-Wissenschaftler schwierig war.

Der personell überschaubaren Pflanzenphysiologie Pfeffers und Ruhlands, inzwischen in mehrere Teildisziplinen aufgegliedert, hat sich eine logarithmisch gewachsene Bearbeiterschar bemächtigt, die sich weltweit immer stärker zugunsten einer molekularen Betrachtung orientiert. Sind damit Pfeffers Wünsche erfüllt worden? Was umfaßt heute noch Pflanzenphysiologie? Aus solchen und anderen Gründen ist ein sinnvoller Vergleich über ein Jahrhundert hinweg kaum zu rechtfertigten.

Schließlich beschäftigt uns die bleibende Ausstrahlung der drei Persönlichkeiten als Wissenschaftler in ihren Wirkungskreisen (vgl. 3.4), als Hochschullehrer (vgl. 3.3), als Mensch und *homo politicus* in der Öffentlichkeit ihrer Zeit, unter den jeweiligen Umständen. Es ist überliefert, daß Pfeffer und Ruhland das öffentliche Leben zwar scheuten, wegen ihres ausgeprägten Pflichtgefühls jedoch der Wissenschaftspolitik oder der Universität ihre Mitarbeit nicht versagten. Beide vermittelten ihre menschlichen Stärken und wissenschaftlichen Erfahrungen vorbildhaft in den Laboratorien ihrer Arbeitskreise, in Hörsälen, Fakultäten und Akademien.

Mothes' Kämpfernatur wuchs mit seiner Konfrontation gegen die Deutschlandpolitik der SED der 50er und 60er Jahre und geriet dadurch in das Netz der konspirativen Aktivitäten des Staatssicherheitsdienstes, gegen ihn vor allem als Präsident der Leopoldina gerichtet (Parthier 1994). Seine Wahl zum Rektor der hallischen Universität wurde im Vorfeld parteigelenkt zweimal hintertrieben. Obwohl er keine politischen Ambitionen besaß, glaubte er, sich nicht verweigern zu dürfen. Er lebte in einem Staate, in dem er aus Verantwortungsgefühl sich der Wissenschaftspolitik nicht entziehen wollte. Dabei äußerte er sich öffentlich oft sehr kritisch als «Gewissen einer akademischen Elite», welche moralisch verpflichtet sei, allen wissenschaftsfremden Vorstellungen und Aktionen der Politik entgegenzutreten.

Auch Pfeffer war nicht ein «Zerrbild des deutschen Professors, der teilnahmslos den großen Tagesfragen gegenübersteht»; er sei wohl empfänglich gewesen für das Wirken der Politik und die Probleme des Vaterlandes, «freilich nicht als Vorlauter» (Bünning 1975, S. 14). Ruhlands öffentliche Zurückhaltung in der NS-Zeit spricht für seine integre Persönlichkeit.

Jene Zeiten sind wohl für immer vorbei, in denen einzelne Forscher wie Pfeffer, Ruhland oder Mothes profilbestimmend einen großen Wirkungskreis aufbauen und diesen dank ihrer wissenschaftlichen und menschlichen Qualitäten souverän führen konnten. Das beruht auf einer Vielzahl von Gründen, allgemeinen und personenspezifischen, von denen in dieser Abhandlung nur ein Bruchteil dargestellt werden konnte. In die wissenschaftshistorische Bedeutung dieser Männer nicht allein für die Pflanzenphysiologie, die Wilhelm Pfeffer unbestritten zugesprochen werden muß (Mägdefrau 1973, Bünning 1975), dürften kommende Generationen Wilhelm Ruhland und Kurt Mothes in vergleichbarer Weise einschließen.

Literatur

Anonym: Die Schüler Pfeffers und ihre in den Botanischen Instituten zu Tübingen und Leipzig unter seiner Leitung ausgeführten oder auf seine Anregung begonnenen Arbeiten. In: Jahrbücher Wiss. Bot. 56 (1915), S. 805–832.

Bünning, Erwin: Wilhelm Pfeffer. In: Wissenschaftl. Verlagsges. Stuttgart 1975, 166 S.

Czapek, Friedrich: Die Bedeutung von W. Pfeffers physikalischen Forschungen für die Pflanzenphysiologie. In: Naturwiss. 3 (1915) S. 120–124.

Czapek, Friedrich: Nekrolog für W. Pfeffer. In: Almanach für das Jahr 1920 d. Akad. d. Wiss. in Wien 70 (1920), S. 167–173.

Fitting, Hans: Wilhelm Pfeffer. In Ber. dtsch. Bot. Ges. 28 (1920), S. (30)–(63).

Höxtermann, Ekkehard: Wilhelm Ruhland und seine Leipziger «Schüler» in Berlin. In: NTM-Schriftenreihe Gesch. Naturwiss. Techn. Medizin Leipzig 28 (1991), S. 95–107

Mägdefrau, Karl: Geschichte der Botanik. Stuttgart 1973, 314 S.

Mothes, Kurt: [Ansprache zur Jahresversammlung der Leopoldina 1967 in Halle]. In: Nova Acta Leopoldina N.F. 33 (1968) 184, S. 11–28.

Mothes, Kurt: Brief vom 5. August 1958 an W. Ruhland. Leopoldina-Archiv, MM 4281.
Ostwald, Wilhelm: Große Männer. Studien zur Biologie des Genies. Akad. Verlagsges. Leipzig 1927.
Parthier, Benno: Kurt Mothes (1900–1983) – Leben und Werk. In: Biochem. Physiol. Pflanzen 178 (1983), S. 695–743.
Parthier, Benno: Kurt Mothes, 3. 11. 1900–12. 2. 1983. In: Jahrb. Sächs. Akad. d. Wiss. 1981–1982 (1984), S. 191–195.
Parthier, Benno: Der Wissenschaftler Kurt Mothes. In: Leopoldina (R. 3) (1986), S. 99–110.
Parthier, Benno: Die Leopoldina. Bestand und Wandel der ältesten deutschen Akademie. Halle 1994, 136 S.
Pfeffer, Wilhelm: Pflanzenphysiologie. Leipzig 1897.
Pirson, André: Kurt Mothes, 1900–1983. In Ber. dtsch. Bot. Ges. 98 (1985), S. 249–259.
Renner, Otto: Wilhelm Ruhland 70 Jahre alt. In: Z. Naturforschung 3b (1948), S. 141–144.
Ruhland, Wilhelm: Wilhelm Pfeffer, [Nekrolog] In: Ber. Verhandl. d. Sächs. Akad. d. Wissensch. zu Leipzig, Math.-phys. Kl. 74 (1922), S. 107–124.
Schumacher, Walter: Wilhelm Ruhland zum 70. Geburtstag. In: Planta 36 (1949), S. 1.
Ullrich, Hermann: Wilhelm Ruhland zum Gedenken. In: Handbuch d. Pflanzenphysiol. (Hrsg. W. Ruhland) Bd. XII (1960), S. V– XXXII.

Wolfgang Fritsche

Zur Entwicklung der Mikrobiologie aus der Botanik: Der Beitrag von Johannes Buder

Die Mikrobiologie, die Wissenschaft vom Wesen und der Bedeutung ein- und wenigzelliger Organismen, hat mehrere Wurzeln. Sieht man von frühen Entwicklungen ab, die zur Überwindung der Urzeugungshypothese und zu ersten mikroskopischen Beobachtungen von Bakterien führten, so ist die Mikrobiologie aus drei Gebieten hervorgegangen: der Gärungschemie, der Medizin und der Botanik. Die Ursprünge aus der Gärungschemie und der Medizin sind gut bekannt, sie sind eng mit dem Namen von Louis Pasteur und Robert Koch verbunden.

Die Ursprünge aus der Botanik sind weniger ins Bewußtsein getreten. Die Aufklärung der pflanzenphysiologischen Grundprozesse und die systemische Ordnung der Mannigfaltigkeit der Organismen veranlaßte viele Botaniker, Pilze und Bakterien in ihre Forschung einzubeziehen. Das spiegelt sich in der Literatur wider; frühe grundlegende Erkenntnisse der Mikrobiologie wurden in botanischen Lehrbüchern und Zeitschriften publiziert. Der Mykologe A. de Bary schrieb eines der ersten mikrobiologischen Lehr- bzw. Handbücher. Nachdem er in einem ersten, 1866 erschienenen Lehrbuch vor allem Pilze und Flechten behandelte, umfaßt eine Neufassung von 1884 die «Vergleichende Morphologie und Biologie der Pilze, Mycetozeen und Bacterien». F. Cohn begründete 1872 die Zeitschrift «Beiträge zur Biologie der Pflanzen», in deren ersten Bänden seine «Untersuchungen über Bakterien» erschienen. Cohn hatte 1857 den Bakterien eine pilzliche Natur zugeschrieben und prägte den Begriff Spaltpilze, Schizomycetes. 1872 führt er den Begriff Bakterien ein. In Cohns Beiträgen zur Biologie der Pflanzen wurde auch R. Kochs erste Arbeit über den Milzbrandbacillus (1876) veröffentlicht.

Im ausgehenden 19. Jahrhundert sind wesentliche Lebens- und Ernährungsformen der Mikroorganismen durch Botaniker und Agrarwissenschaftler aufgeklärt. Das Wesen der Luftstickstoffbindung durch die Symbiose von Knöllchenbakterien mit Leguminosen erkannte H. Hellriegel (1886). Die Isolierung dieser Rhizobien (1888) wie auch der Nachweis, daß es freilebende Luftstickstoff bindende Bakterien *(Azotobacter)* gibt (1901), verdanken wir M. W. Beijerinck. Er griff auch die Beobachtungen des Botanikers D. J. Ivanowski über ultrafiltrierbare Erreger der Tabakmosaikkrankheit (1894) auf und bezeichnete die später als Viren erkannten Krankheitserreger als «Contagium vivum fluidum» (1898). Die Differenzierung der zwei Ernährungsformen, Autotrophie für die Kohlendioxydassimilation, Heterothrophie für die Nutzung organischer Substanzen, geht auf A. B. Frank zurück (1892), der 1885 bereits die Mykorrhiza als Symbiose von Pilzen mit Pflanzenwurzeln beschrieben hat.

Die Lebens- und Ernährungsweise von einigen Bakteriengruppen, die durch massenhaftes Auftreten in Schwefelwasserstoff enthaltenden Teichen und Gräben auffielen, entzog sich lange einem tieferen Verständnis. Die an diesen Standorten auftretenden Schwefelbakterien gehören verschiedenen ökophysiologischen Gruppen an. Den Stoffwechsel einer dieser Gruppen, der farblosen Schwefelbakterien, klärte S. N. Winogradsky (1887) während eines Aufenthaltes am Botanischen Institut von de Bary in Straßburg auf. Winogradsky wählte zwei aquatische Bakterien, *Beggiatoa* und *Thiothrix*, für seine Untersuchungen aus. Diese großen, fädig wachsenden Bakterien lagern elementaren Schwefel in Tröpfchenform in den Zellen ab, wenn sie auf Schwefelwasserstoff enthaltenden Medien wachsen. Überträgt man sie aus diesen Medien in eine von Schwefelwasserstoff freie Lösung, so verschwinden die Schwefeleinlagerungen. Winogradsky erkannte, daß der Schwefel zu Sulfat oxidiert wird. Dieser Prozeß ist mit der Assimilation von Kohlendioxyd verbunden, wie Winogradsky in den folgenden Jahren an nitrifizierenden Bakterien nachwies, die Ammonium zu Nitrit und Nitrit zu Nitrat oxidieren. Aus dieser Fähigkeit bestimmter Bakteriengruppen, anorganische Verbindungen zu oxidieren, leitet Winogradsky 1890 das Konzept der Chemosynthese ab. Die Bedeutung faßt er sinngemäß mit folgenden Worten zusammen: Organische Stoffe werden auf der Erde durch Organismen nicht nur durch die Photosynthese, sondern auch durch den Prozeß der Chemosynthese produziert. Er leitete damit eine neue Phase der Mikrobiologie ein, die vom Verfasser nach der frühen ersten Entdeckungsphase und der anschließenden klassischen Periode als dritte Phase der Allgemeinen und Ökologischen Mikrobiologie bezeichnet wurde (Fritsche 1990).

An den Feuchtstandorten mit Schwefelwasserstoff kommen neben den farblosen Bakerien, die Schwefelverbindungen oxidieren, weitere Bakteriengruppen vor, die durch ihre Rotfärbung ins Auge fallen. Diese Purpurbakterien leben in etwas tieferen Gewässerschichten, die weitgehend sauerstoffrei sind. Die bestandsbildenden Gruppen dieser durch intrazelluläre Pigmente rot gefärbten Bakterien sind die Schwefelpurpurbakterien. Sie lagern elementaren Schwefel in den Zellen ab, der bei Schwefelwasserstoff-Mangel verschwindet. Winogradsky nahm an, daß sie die gleiche chemosynthetische Lebensweise wie die farblosen Schwefelbakterien haben; dem roten Pigment maß er keine Bedeutung bei. In den Jahren 1887–1888 hatte der Botaniker Th. W. Engelmann dem als Bakteriopurpurin bezeichneten Farbstoffkomplex eine dem Chlorophyll der höheren Pflanzen vergleichbare Rolle bei der Kohlendioxydassimilation beigemessen. Engelmann erkannte die Abhängigkeit der Purpurbakterien vom Licht, er konnte jedoch für die von ihm postulierte photosynthetische Kohlendioxydassimilation keine gleichzeitige Sauerstoffbildung nachweisen.

Zum Verständnis des damaligen Erkenntnisstandes und der Schwierigkeiten bei der Aufklärung der Lebensweise der Purpurbakterien ist es wichtig zu berücksichtigen, daß im 19. Jahrhundert bis in die dreißiger Jahre unseres Jahrhunderts die strikte Auffassung bestand, daß bei der Photosynthese Kohlendioxyd gespalten wird und der bei der Photosynthese entstehende Sauerstoff aus dieser Reaktion hervorgeht. Wie fest verankert diese Auffassung war, sei durch ein Zitat aus einem namhaften Lehrbuch von L. Jost (1904) belegt:

Die fundamentalste Tatsache bei der Assimilation des Kohlenstoffes durch die Autotrophen ist nun diese: die Kohlensäure wird durch die Chlorophyllkörner der lebenden Zelle unter Einwirkung des Sonnenlichtes zerlegt: Der Kohlenstoff wird unter Wasseraufnahme zur Bildung von Kohlenhydraten verwendet, der Sauerstoff wird frei und tritt aus der Pflanze heraus.

Die Erkenntnisse von Johannes Buder über Purpurbakterien

Das Mitglied unserer Akademie, Johannes Buder, wurde 1884 in Berlin geboren. Er studierte Naturwissenschaften in Berlin und ging bald nach der Promotion (1908) an das damals weltweit renomierteste Botanische Institut in Leipzig, das von W. Pfeffer geleitet wurde. Die Reizphysiologie der Pflanzen bestimmte das Lebenswerk Buders. Hierzu wählte er auf Grund der ihm eigenen großen Beobachtungsgabe geeignete biologische Objekte aus, die es ermöglichten, reizphysiologische Probleme mit originellen Versuchsanstellungen zu lösen. Für die Untersuchung der Lichtreize setzte er einzellige Algen, Purpurbakterien und mikroskopische Pilze (*Phycomyces* und *Pilobolus*) ein, für die später bearbeiteten Einflüsse der Erdgravitation (Geotropismus) neben Pflanzenwurzeln die Rhizoide der Armleuchteralge *Chara*. Die Hauptobjekte der Arbeiten in Leipzig waren die Purpurbakterien, auf die sich folgende Ausführungen konzentrieren werden. Der weitere Lebensweg führte J. Buder 1922 nach Greifswald, wo er die Leitung des Botanischen Instituts übernahm. 1928 folgte er einem Ruf nach Breslau; hier wirkte er bis zum Ende des zweiten Weltkrieges. Von 1947 bis 1956 hatte er den Lehrstuhl für Botanik in Halle inne, wo er 1966 starb. Zahlreiche Pflanzenphysiologen und Mikrobiologen, die in den vergangenen Jahrzehnten die entsprechenden Lehrstühle in Deutschland innehatten, gingen aus der Schule Buder hervor.

Die engen Beziehungen zwischen reizphysiologischen und bakteriologischen Untersuchungen gehen auf die Wesensart von Buder zurück, sich zunächst sehr tiefgründig mit den Eigenschaften der Versuchsobjekte auseinanderzusetzen. Zum Versuchsobjekt stellte er eine subjektive Beziehung her. Bei seinen Lehrveranstaltungen legte er uns Studenten nahe, erst dann mit einem Organismus zu experimentieren, «wenn er einem aus der Hand frißt».

Buder isolierte die Organismen aus der Natur und machte sich mit ihrem Habitat vertraut. Dabei durchforschte er die Mikroflora des Botanischen Gartens und der Umgebung von Leipzig. Seine Schriften zeigen, wie reich damals die Umgebung von Leipzig an Feuchtgebieten war. Bei diesen Arbeiten fand er neue Organismen. Eine seiner ersten Publikationen (Buder 1913) hat die Beschreibung von *«Chloronium mirabile»* zum Inhalt. Bei diesem «kleinen grüngefärbten Wesen» handelt es sich, wie Buder sehr sorgfältig beschreibt, nicht um einen Organismus, sondern um ein Konsortium verschiedener in Symbiose lebender Organismen. Er schreibt:

Die als Chloronien bezeichneten, wohl charakterisierten Organismen sind nicht einzellige, sondern mehrzellige Wesen. Sie bestehen aus einer farblosen zentralen, polar begeißelten und zahlreichen grünen peripheren Zellen.

Wir wissen heute, daß die peripheren Bakterien zur Gruppe der photoautotrophen Grünen Schwefelbakterien (*Chlorobium limicola*-Typ) gehören, das farblose zentrale Bakterium konnte bis heute nicht durch Reinkultur charakterisiert werden. Wie Buder bereits beschrieb, werden die unbeweglichen peripheren Bakterien zum Licht transportiert. Wie der Lichtreiz von den photosensiblen Bakterien auf das zentrale Bakterium übertragen wird, ist auch achtzig Jahre nach Buders Entdeckung unklar.

Wir verdanken Buder die Beschreibung der Reaktion der Geißelbewegung von *Thiospirillum jenense* auf Lichtreize (BUDER 1915) sowie die klare und bis heute gültige Differenzierung der an Standorten mit Schwefelwasserstoff vorkommenden ökophysiologischen Gruppen von Bakterien. In einer zusammenfassenden Arbeit (BUDER 1920) schreibt er unter eingehender Bezugnahme auf frühere Autoren:

> Wir müssen also auseinanderhalten:
> 1. Schwefelführende farblose Bakterien, *Thiobacteria*, z. B. *Beggiatoa* und *Thiothrix*;
> 2. schwefelführende Purpurbakterien = *Thiorhodaceae*, z. B. *Chromatium, Thiospirillum, Amoebobacter* u. a. m.;
> 3. schwefelfreie Purpurbakterien = *Athiorhodaceae*, z. B. *Rhodospirillum, Rhodobacillus, Rhodococcus* u. a. m.
>
> Die Gruppen 1 und 2 haben also den Besitz des Schwefels, die Gruppen 2 und 3 den des Farbstoffes gemeinsam.

In diesen Ausführungen soll nun näher auf die Arbeiten eingegangen werden, die wesentlich zum tieferen Verständnis der bakteriellen Photosynsthese der Purpurbakterien beigetragen haben (BUDER 1919 und 1920).

Bei den Untersuchungen zur Wirkung verschiedener Wellenlängen des Lichtes auf Purpurbakterien bediente sich Buder einer von ENGELMANN(1883) entwickelten Methodik, bei der das Spektrum des sichtbaren Lichtes und des angrenzenden Infrarotbereiches auf einen mikroskopischen Objektträger projiziert wird, so daß das Spektrum in einem Gesichtsfeld überblickt werden kann. Dabei vertiefte er Befunde von Engelmann, nach denen sich Purpurbakterien an bestimmten Stellen des Spektrums als relativ scharf begrenzte Banden ansammeln. In der Abbildung 1, die der Arbeit von BUDER aus dem Jahre 1920 entnommen ist, sind im unteren Spektrum die Bakterienansammlungen als graue Streifen erkennbar, augenfällig sind mehrere

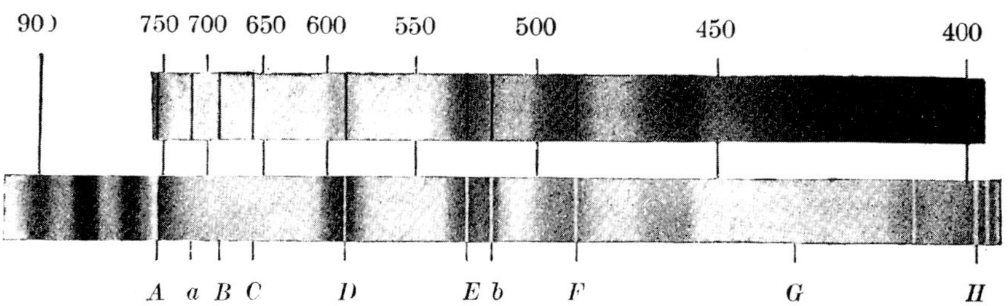

Abb. 1: Absorptionsspektrum lebender Purpurbakterien, darunter die Ansammlung der Bakterien im Spektrum. – Diese Abbildung ist der Publikation von BUDER: Die Naturwissenschaften 8, (1920), S. 264, entnommen.

dunkle und daher besonders dichte Bakterienansammlungen im Infrarotbereich. Die hellen Zonen wie auch die mit großen Buchstaben versehenen sehr schmalen Streifen sind bakterienfrei. Die Großbuchstaben zeigen die Fraunhoferschen Linien an. Sie erscheinen bei der verwendeten Methodik als dunkle Bereiche, vor denen die aktiv beweglichen Bakterien «zurückschrecken». Zwischen der Lichtabsorption und der Lichtempfindlichkeit bestehen Beziehungen, wie der Vergleich mit dem im oberen Teil der Abbildung 2 dargestellten Absorptionsspektrum der Bakterien zeigt. Buder (1920) stellte sich die Frage:

> Welchen Sinn hat nun die Anwesenheit der Farbstoffe und die große Lichtreizbarkeit der Purpurbakterien für ihren Haushalt? Denn daß diese Eigenschaft gänzlich belanglos, also eine zufällige Erscheinung und gleichsam nur zum Vergnügen der Reizphysiologen da sei, wird niemand ernsthaft glauben.

Buder steht bei der Beantwortung der Frage vor widersprüchlichen Ansichten seiner Zeit; einerseits der Auffassung von Engelmann, daß die Schwefelpurpurbakterien mit dem Bakteriopupurinkomplex Kohlendioxyd assimilieren, andererseits der Ansicht der chemosynthetischen Lebensweise durch Winogradsky. Gegen die Auffassung von Engelmann sprachen Versuche von Molisch (1907), nach denen keine Sauerstoffbildung bei den verschiedenen Purpurbakteriengruppen unter photosynthetischen Bedingungen nachweisbar war. Buder (1919) kommt nach eingehender Auseinandersetzung mit dem damaligen Erkenntnisstand und eigenen Erkenntnissen über die anaerobe Lebensweise der Schwefelpurpurbakterien zu einer Hypothese, die die Auffassungen von Engelmann und Winogradsky verbindet. Er nimmt an, daß der bei der photosynthetischen Kohlendioxydspaltung gebildete Sauerstoff für die chemosynthetische Oxidation des Schwefelwasserstoffs bzw. des Schwefels gebraucht wird und daher keine Sauerstofffreisetzung nachweisbar ist.

> Wir hätten dann also zwei Engergiequellen für die Gewinnung des Kohlenstoffs aus der Kohlensäure zur Verfügung: das Licht und die bei der Oxidation des H_2S zu S und SO_3 freiwerdende chemische Energie. Bisher scheint man sich nun gescheut zu haben, das Bestehen einer Photosynthese und Chemosynthese nebeneinander anzunehmen.

Buder beendet seine Ausführungen zu dieser Frage mit den Worten, daß hier fast noch alles der experimentellen Prüfung harrt.

Sehr tragfähig hat sich Buders ökologische Interpretation des Absorptionsspektrums der Purpurbakterien erwiesen. Es reicht, wie die Anreicherungsbanden auf Abbildung 2 zeigen, bis in den Infrarotbereich hinein. Weiterhin zeigen die Absorptionskurven des Farbkomplexes Bakteriopurpurin der Purpurbakterien im Vergleich zur Absorptionskurve des Chlorophylls in weiten Bereichen eine Gegenläufigkeit. Buder hat die Kurven aus den ihm damals zugänglichen Daten in Abbildung 2 zusammengestellt. Lassen wir Buder (1920) zu Wort kommen:

> Die Wasseroberfläche ist nun sehr häufig durch Algenwatten, Wasserlinsen und ähnliche Pflanzen völlig bedeckt, so daß Licht nicht nur in seiner Gesamtintensität, sondern auch in seiner qualitativen Zusammensetzung durch diese lebenden Filter wesentlich geändert wird. Es werden vor allem diejenigen Strahlen zurückgehalten, die das Chlorophyll absorbiert, und nur die von ihm durchgelassenen können zu den Wohnstätten der Purpurbakterien vordringen.

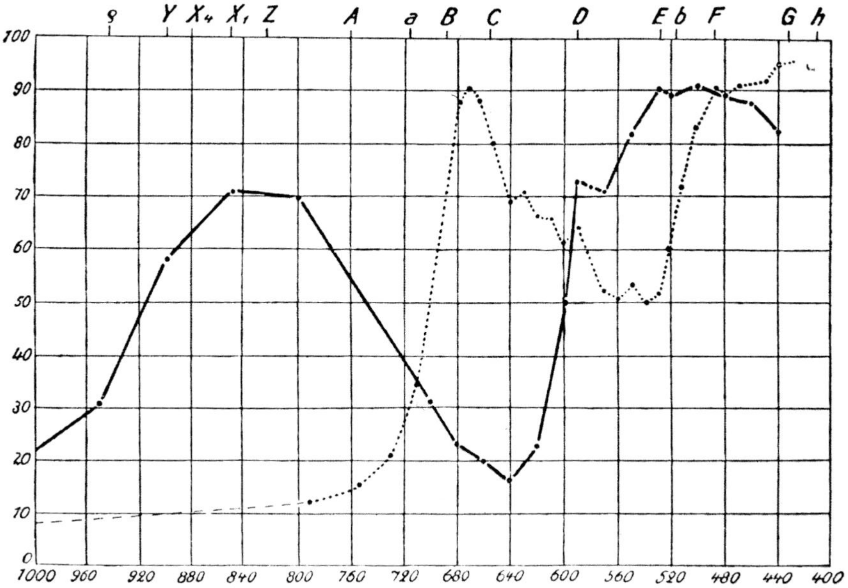

Abb. 2: Absorptionskurve des Bakteriopurpurins (ausgezogene Kurve) und des Chlorophylls lebender Blätter (punktierte Kurve). – Diese Abbildung ist der Publikation von BUDER: Die Naturwissenschaften 8, (1920), S. 264, entnommen.

> Vergleichen wir nun die Absorptionskurve des Chlorophylls mit der des Bakteriopurpurins, so fällt ihre fast durchgängige Gegenläufigkeit auf. Das Chlorophyll absorbiert besonders stark die Strahlen im Rot, im Blau und Violett, schwächt dagegen das Gelb und Grün viel weniger und läßt das äußerste Rot und vor allem das Infrarot fast ungeschwächt passieren. Unter diesen Umständen wird es nun verständlich, daß besonders Strahlen dieser Wellenlängen von den Purpurbakterien ausgenützt werden; denn gerade diese Spektralgebiete enthalten im flachen Wasser, das mit grünen Pflanzen bedeckt ist, die meiste Energie. Ihre eigenartige selektive Absorption setzt demnach die Purpurbakterien in den Stand, an solchen Stätten üppig zu gedeihen. Sie erweisen sich also hinsichtlich ihres Pigments als den Bedingungen ihres Standortes ausgezeichnet angepaßt.

Die heutigen Methoden führen zu detaillierteren Absorptionskurven; der damaligen Aussage von Buder bleibt jedoch nichts hinzuzufügen.

Aufklärung der Photosynthese durch vergleichende Biologie

Ansätze für die experimentelle Aufklärung der bakteriellen Photosynthese waren schwer zu finden. Neue Impulse kamen von theoretsicher Seite und führten zu einem grundlegend neuen Verständnis der Photosynthese. 1926 legten KLUYVER und DONKER mit der Schrift «Die Einheit der Biochemie» eine Konzeption vor, die sie aus der Analyse zahlreicher mikrobieller Stoffwechselreaktionen und neuen biochemischen Erkenntnissen ableiteten. Sie besagt, daß einer Vielzahl biochemischer Prozesse ein Wasserstofftransfer zugrunde liegt. Eine reduzierte Verbindung gibt Wasserstoff ab und wird dabei oxydiert. Gleichzeitig wird eine als Akzeptor fungierende Verbindung durch Wasserstoffaufnahme reduziert. Oxidationsprozesse sind nicht vom freien Sauerstoff abhängig.

Van Niel griff diese Konzeption auf. Ihm waren folgende Ergebnisse bei Experimenten von Buder gut bekannt:

- Schwefelpurpurbakterien wachsen anaerob auf Mineralmedien mit Kohlendioxid als einziger Kohlenstoffquelle, wenn sie belichtet werden. Das sprach für einen photosynthetischen Prozeß.
- Sie brauchen Schwefelwasserstoff, der über elementarem Schwefel zu Sulfat oxidiert wird.

Gegen Buders Interpretation der photosynthetischen Sauerstoffbildung für die Schwefelwasserstoffoxidation sprach, daß Sauerstoff auch dann nicht nachgewiesen werden konnte, wenn H_2S oder Schwefel verbraucht waren.

Van Niel (1932) führte auf der Grundlage der Konzeption von Kluyver und Donker stöchiometrische Untersuchungen mit Schwefelpurpurbaktieren durch und stellte folgende «Gleichung» für den photosynthetischen Prozeß auf:

$$2\,H_2S + CO_2 \longrightarrow 2\,S + H_2O + (CH_2O).$$

(CH_2O) symbolisiert die Biomasse, die bei der CO_2-Assimilation durch Wasserstofftransfer gebildet wird. Kohlendioxid fungiert in diesem Falle als Wasserstoffakzeptor. Diese Gleichung stimmt mit der für die pflanzliche Photosynthese überein:

$$2\,H_2O + CO_2 \longrightarrow O_2 + H_2O + (CH_2O).$$

Der Unterschied zwischen beiden Prozessen ist lediglich der, daß im ersten Fall der Wasserstoff zur Kohlendioxidreduktion und –assimilation aus dem Schwefelwasserstoff, im zweiten Fall aus dem Wasser stammt. Die Erkenntnis, daß die photosynthetische Kohlendioxidassimilation ein photosynthetischer Oxidations-Reduktionsprozeß ist, veranlaßte van Niel zur Aufstellung der folgenden allgemeinen Photosynthesegleichung:

$$2\,H_2A + CO_2 \longrightarrow 2\,A + H_2O + (CH_2O).$$

H_2A steht für den Wasserstoff-Donator, A für den oxidierten H-Donator. Diese Beziehung ist auch auf andere photosynthetische Wasserstoffdonatoren, z. B. organische Stoffe für die Photosynthese der schwefelfreien Purpurbakterien, übertragbar.

Durch die vergleichende Betrachung wurde gezeigt, daß bei der Photosynthese nicht Kohlendioxid, sondern Wasser, Schwefelwasserstoff oder ein anderer Wasserstoffdonator photochemisch gespalten wird. Die Purpurbakterien lieferten den Schlüssel zu dieser Erkenntnis. Der direkte Nachweis erfolgte später mit Sauerstoffisotopen.

Schlußbemerkungen

Die Ausführungen zur Entwicklung der Mikrobiologie haben von der Botanik über die Mikrobiologie zur Biochemie geführt. Erkenntnis erfordert Interdisziplinarität. Mit dieser Forderung leitete BUDER (1919) seine Arbeit über das Wesen der Purpurbakterien ein:

> Wie nicht anders zu erwarten, können die unterschiedlichen Forschungsrichtungen nicht völlig unabhängig nebeneinander hergehen. Je weiter die Erkenntnis fortschreitet, um so größer wird der Einfluß sein, den die Ergebnisse der einen auf die Wege und nächsten Ziele der anderen ausüben. Ist doch letzten Endes ein tieferes Eindringen in jedes organische Geschehen erst unter Berücksichtigung aller jener Gesichtspunkte denkbar; ja man könnte den Grad der Durchdringung der verschiedenen Forschungsrichtungen geradezu zum Maßstab für die Tiefe der erreichten biologischen Einsicht machen. Insbesondere gilt dies für die ökologische Betrachtungsweise. Will sie, die der spekulativen Deduktion freieren Spielraum gewährt als die übrigen Methoden, sich nicht darin verlieren, bloße Luftschlösser aufzubauen, so muß sie mit den Ergebnissen jener in engster Fühlung bleiben. Andererseits kann sie aber gerade dort, wo solche Ergebnisse noch ausstehen oder unsicher sind, unter Umständen erwünschte Hinweise und nützliche Fingerzeige für die Richtung geben, in der weitere physiologische, chemische, physikalische Studien vor allem vonnöten sind, und so die exakteren Richtungen durch nicht zu unterschätzende Anregungen beleben.

Mit diesen Bemerkungen weist Buder auf die Schlüsselrolle der ökologischen Betrachungsweise für die Erschließung biologischen Neulandes hin. Aus der Existenz von Mikroorganismen in bestimmten Habitaten kann auf Leistungen geschlossen werden. Mikroorganismen wirken auf die Ökosysteme ein. Veränderungen in den Ökosystemen lassen auf neue mikrobielle Aktivitäten schließen. Die Funktion mikrobieller Leistungen wird vielfach erst verständlich, wenn man Mikroorganismen und Habitat als eine Einheit betrachtet.

Literatur

Buder, J., 1913, *Chloronium mirabile*. Ber. dtsch. Bot. Ges. 31, (80)–(97). Die in Klammern gesetzen Seitenzahlen beziehen sich auf den Anhang des Bandes mit dem Bericht über die dreißigste Generalversammlung.

Buder, J., 1915, Zur Kenntnis des *Thiospirillum jenense* und seiner Reaktionen auf Lichtreize. Jb. Bot. 56: 529–584.

Buder, J., 1919, Zur Biologie des Bakteriopurpurins und der Purpurbakterien, Jb. Bot. 58: 525–628.

Buder, J., 1920, Aus der Biologie der Purpurbakterien. Die Naturwissenschaften 8: 261–268.

Engelmann, Th. W., 1883, *Bacterium photometricum*. Ein Beitrag zur vergleichenden Physiologie des Licht- und Farbensinnes. Pflügers Archiv ges. Physiol. 30: 95–241.

Fritsche, W., 1990, Mikrobiologie. Gustav Fischer Verlag Jena.

Jost, L., 1904, Vorlesungen über Pflanzenphysiologie. Gustav Fischer Verlag Jena.

Kluyver, A. J., Donker, H. J. L., 1926, Die Einheit in der Biochemie. Chemie der Zelle und Gewebe 13: 134–190.

Kluyver, A. J., and Van Niel, C. B., 1956, The Microbes Contribution to Biology, Harvard University Press, Cambridge, Mass.

Molisch, H., 1907, Die Purpurbakterien nach neuen Untersuchungen. Gustav Fischer Verlag Jena.

van Niel, C. B., 1932, On the Morphology and Physiology of the Purple and Green Sulphur Bacteria. Arch. Mikrobiol. 3: 1–112.

Winogradsky, S. N., 1887, Über Schwefelbakterien, Bot. Ztg. 45: 489–496.

Winogradsky, S. N., 1888, Beiträge zur Morphologie und Physiologie der Bakterien, Heft 1, Leipzig, A. Felix.

Artur Lösche †

Die Experimentalphysik des 20. Jahrhunderts im Spiegel der Sächsischen Akademie der Wissenschaften zu Leipzig

1 Vorbemerkungen

Um Mißverständnisse auszuschließen, seien einige Erläuterungen zur Überschrift vorangestellt. Mit Experimentalphysik ist nicht eine selbständige Disziplin gemeint, sondern ein Teil der Physik, dessen Entwicklung und Verständnis nicht ohne Kenntnis der theoretischen Physik möglich ist. Wenn hier trotzdem vorzugsweise die Experimentalphysik betrachtet wird, dann nur deshalb, weil sie die reine Theorie mit der Natur verbindet, die quantitativen Beziehungen zwischen den meßbaren Größen liefert und daher von vornherein an die Bedingungen der Meßbarkeit gebunden ist. Fortschritte der Physik beruhen auf einer gedanklichen Erfassung von Naturerscheinungen, sind also ohne Verbindung von theoretischer und experimenteller Physik nicht möglich.

Der Aufwand für physikalische Experimente ist seit langem so groß, daß er nicht mehr von vorübergehend zusammengesetzten Arbeitsgruppen bewältigt werden kann. Die Zeit, in der Physik in Privatsammlungen einzelner Gelehrter betrieben wurde, ist mit dem 19. Jahrhundert beendet. Heute gibt es Veröffentlichungen neuer Ergebnisse von wenigen Seiten, für die 450 Wissenschaftler als Autoren verantwortlich zeichnen. Eine Gelehrtengesellschaft, die keine eigenen Institute oder Laboratorien unterhält, wird also kaum aus sich heraus experimentelle physikalische Forschung betreiben können. Ihre Mitglieder sind – diese Bedingungen enthält das Statut jeder Akademie im heutigen Sinne – Gelehrte, die sich bereits durch Arbeiten ausgezeichnet haben. Viele Akademien sind regional verankert; auch aus diesem Grunde können sie nicht ein bestimmtes Fachgebiet vollkommen widerspiegeln. Um diese Grenzen wenigstens teilweise aufzulockern und eine gewisse Abrundung zu erreichen, werden Korrespondierende bzw. Auswärtige Mitglieder berufen. Dadurch kann ein Gebiet in größerer Vollkommenheit vertreten sein, als es etwa die Verzeichnisse der Ordinariate der Landesuniversitäten vermuten lassen. In jedem Fall ist also der Spiegel begrenzt.

Das wissenschaftliche Potential einer Akademie beruht auf der Gemeinschaft der Gelehrten, auf der Möglichkeit interdisziplinärer Diskussion. Neue Erkenntnisse und Gebiete entstehen heute meistens an den Schnittstellen «klassischer», althergebrachter Fächer. Diese liegen nicht mehr innerhalb einzelner Menschen, sondern zwischen ihnen.

Gustav Theodor Fechner (1801–1887), der 1835 das Physikalische Institut der Leipziger Universität im Augusteum am Augustusplatz gründete, mußte wenige Jahre danach wegen eines Augenleidens seine Tätigkeit als Physiker aufgeben. Aus seinen späteren Arbeiten entwickelte sich die Psychologie. Er gehört zu den Gründungsmitgliedern der heutigen Sächsischen Akademie der Wissenschaften (1846).

Wilhelm Gottlieb Hankel (1814–1899) studierte zunächst Chemie und habilitierte sich 1840 auf diesem Gebiet in Halle, ehe er 1848 als Ordinarius für Physik und Direktor des Physikalischen Institutes an die Universität Leipzig berufen wurde; im gleichen Jahr wurde er Mitglied der Sächsischen Akademie. So etwas ist heute kaum noch denkbar, in einer Zeit, in der z. B. Mathematik für künftige Chemiker, Physiker und Mathematiker in verschiedenen Vorlesungen dargeboten wird.

2 Zur Entwicklung der Physik

Die Physik des 19. Jahrhunderts befaßte sich fast ausschließlich mit der Verknüpfung von Erscheinungen; Mechanik, Optik, Thermodynamik, Akustik, Elektrik und die Kenntnisse über magnetische Felder entwickelten sich so weit, daß viele glaubten, das physikalische Weltbild sei abgeschlossen. Neue, im früheren Sinne revolutionäre Ideen, Relativitätstheorie und Quantenphysik, öffneten um die Jahrhundertwende die Tore zu völlig anderen Denkweisen und zu neuartigen Experimenten, die wiederum ungewohnte theoretische Vorstellungen erforderten. Wenn man die Entwicklung durch Stichworte kennzeichnen will, dann könnte man sie unter den Begriffen Teilchen- und Strukturphysik zusammenfassen.

Dieser Weg ist heute noch nicht zu Ende gegangen. Er begann kurz vor Weihnachten 1900 mit einem Vortrag von Max Planck über die Theorie der Wärmestrahlung, wobei das Wirkungsquantum eingeführt wurde. Wenn auch die Tragweite dieses Ansatzes damals von vielen noch nicht erkannt wurde, so erhielten diejenigen neue Argumente, die nach einer «körnigen» Struktur der Materie suchten. Von manchen Physikern und Chemikern wurden Atome und Moleküle damals nur als Hypothesen angesehen.

Wilhelm Hallwachs (1859–1922) untersuchte 1888 den 1887 von Heinrich Hertz entdeckten Effekt, bei dem die Funkenverzögerung durch Bestrahlung der Elektroden mit ultraviolettem Licht verringert wurde; er konnte zeigen, daß von einer charakteristischen Frequenz des bestrahlenden Lichtes an elektrisch geladene Teilchen aus der Elektrodenoberfläche austreten, die Philipp Lenard später als Elektronen erkannte. Diese Beobachtungen haben viel zur Theorie der Metalle beigetragen. Hallwachs wurde 1905 zum Mitglied der Sächsischen Akademie gewählt.

Die Analyse der Spektren von Gasen, die seit Bunsen und Kirchhoff (Mitte des 19. Jahrhunderts) zur Erkennung der chemischen Elemente benutzt wurde, zeigte – gestützt auf Untersuchungen von Rutherford – daß die Atome gar nicht unteilbar sind, wie es der Name eigentlich andeutet, sondern aus einem schweren, positiv geladenen Kern und Elektronen bestehen, die um den Kern kreisen. Die Zentrifugalkraft kompensiert dabei die elektrostatische Anziehung zwischen positiver und negativer Ladung. Rotierende Ladungen strahlen aber nach den Gesetzen der Elektrodynamik, d. h., sie geben Energie ab, und das Elektron würde nach sehr kurzer Zeit auf den Kern stürzen. Die klassische Physik ist nicht in der Lage, die stationären Zustände von Atomen ohne Zusatzhypothesen zu beschreiben. Erst Niels Bohr gelang es um 1911/12 unter Verwendung von zusätzlichen Postulaten, die aus der Quantentheorie abgeleitet wurden, ein Atommodell zu entwickeln, aus dem mit relativ großer Genauigkeit die Spektrallinien von atomarem Wasserstoff und ähnlichen Elementen berechnet werden konnten. Experimentell waren diese Werte bereits sehr genau bekannt, insbesondere seitdem Ernst Abbe (1840–1905, Mitglied der Sächsischen Akademie seit 1901) die Theorie der optischen Instrumente wesentlich verbessert hatte.

3 Die Arbeiten von Gustav Hertz

Um dieselbe Zeit untersuchten James Franck (1872–1964) und Gustav Hertz (1887–1975) in Berlin den Elektronenstrom durch Quecksilberdampf; sie wollten Grunderscheinungen von Gasentladungen aufspüren. Bei ihren Experimenten zeigte sich, daß die Stromstärke nicht kontinuierlich mit der Spannung zunimmt; bei diskreten Werten (z. B. 4,9 V, 9,8 V, ...) nimmt die Stromstärke wieder ab und kehrt ihren Verlauf erst bei weiterer Spannungserhöhung wieder um. Dieser Vorgang wurde zunächst der Ionisierung der Quecksilberatome zugesprochen. Franck und Hertz erkannten einen Zusammenhang zwischen den beobachteten Stufen und den Quantenvorstellungen. Ende 1911, Anfang 1912 erschienen zwei Notizen in den «Verhandlungen der Deutschen Physikalischen Gesellschaft»: Über einen Zusammenhang zwischen Quantenhypothese und Ionisierungsspannung; eine Verbindung mit der Bohrschen Theorie der Atomspektren wurde zunächst verworfen. Verfeinerungen der Versuchsanordnung zeigten, daß die Strommaxima mit dem Auftreten bestimmter Linien des Quecksilberspektrums verbunden waren, die damit gegebenen Spannungen also Anregungsenergien anzeigten. Es dauerte einige Jahre – inzwischen war der erste Weltkrieg ausgebrochen, und Gustav Hertz wurde schwer verwundet –, bis man erkannte, daß hier ein fundamentaler Zusammenhang vorlag, nämlich, daß man die Energiestufen eines Atoms auch mit einem Voltmeter ausmessen konnte. Hier hatte also eine verbesserte Versuchstechnik zur Bestätigung einer völlig neuartigen Theorie geführt, ohne daß man von Anfang an diesen Weg gesucht hätte.

Ausschlaggebend für die Erfolge waren bei Hertz u. a. seine umfassenden Kenntnisse physikalischer Zusammenhänge und seine scharfe Beobachtungsgabe. So fand er später nach ihm benannte Abschirmdubletts in der L-Serie von Röntgenspektren. Bei der Herstellung von Gasentladungslampen beobachtete er das Licht der positiven Säule des reinen Argons; trotz größter Bemühungen bei der Reinigung der Gase fand er immer wieder Linien des Quecksilberdampfes. Daraus schloß er auf eine sehr effektive Anregung der Quecksilberatome durch Argon. Auf diese Weise entstand die Argon-Quecksilber-Leuchtröhre, welche die bisherigen Helium-Quecksilber-Leuchtröhren an Lichtausbeute weit übertraf.

Diese Arbeiten führte Hertz Anfang der 20er Jahre in dem neu errichteten Labor für Grundlagenforschung der Philips-Glühlampen-Fabrik in Eindhoven durch. Argon wurde damals durch fraktionierte Destillation von verflüssigtem Stickstoff gewonnen. Hertz suchte nach anderen Methoden. Die Diffusion von Molekülen in Gasen oder Diaphragmen hängt von der Masse der Teilchen ab; die leichteren sind schneller. Andere hatten schon versucht, diesen Effekt zur Isotopentrennung auszunutzen, die Versuche aber wieder aufgegeben, weil der Trenneffekt zu klein war. Gustav Hertz gelang es, durch sinnvolle Hintereinanderschaltung vieler Trennstufen die Wirksamkeit zu vervielfachen. Er demonstrierte das Prinzip der Diffusionskaskade zunächst an einem 6stufigen Modell mit einfachem Briefpapier als Diaphragma und trennte damit Helium und Neon.

1925 ging Gustav Hertz als Ordinarius für Experimentalphysik an die Universität Halle; 1927 nahm er einen Ruf an die Technische Hochschule Berlin an. Hier setzte er die Trennversuche fort, baute 60- bis 80stufige Kaskaden mit Diaphragmen aus unglasiertem Ton, mit denen z. B. die Neon-Isotope mit den Massenzahlen 20 und 22 getrennt werden konnten. Trotzdem wurde die Diffusionskaskade damals nicht großtechnisch zur Trennung von Edelgasgemischen eingeführt, weil man damit nicht die Rentabilität der fraktionierten Destillation erreichte. Hertz stellte sich die Frage, ob man derartige Experimente, die offenbar keine praktische Bedeutung hatten, an einer technischen Hochschule weiterführen dürfe. 10 Jahre später wurde das Prinzip der Diffusionskaskade in den USA benutzt, um 235 U-Isotope anzureichern, die als Brennstoff für die ersten Uran-Meiler und Atombomben gebraucht wurden. Die praktische Verwertung einer genialen Idee ist also auch von ganz anderen Parametern abhängig und kann nicht absolut angegeben werden.

Gustav Hertz weigerte sich 1934, eine Loyalitätserklärung für Adolf Hitler zu unterzeichnen, man drohte, ihm die Prüfungserlaubnis zu entziehen. Um dem zu entgehen, legte er 1935 sein Hochschulamt nieder und übernahm die Leitung eines Forschungslaboratoriums der Siemens AG. Hier konnte er die Bearbeitung vieler grundlegender Ideen anregen; es sei nur an das Feldelektronen-Mikroskop und das Klystron erinnert.

Nach Kriegsende – sein Labor wurde im März 1945 durch Bombenvolltreffer zerstört – folgte er einer Einladung zu einem Forschungsaufenthalt in der Sowjetunion. In Sotschi an der Schwarzmeerküste arbeitete er an Problemen der Isotopentrennung in großtechnischem Maße. 1954 kehrte er nach Deutschland zurück.

Als er am 22. Dezember 1954 sein neues Amt als Direktor des Physikalischen Institutes der Universität Leipzig antrat, stand er bereits im 68. Lebensjahr. Für ihn, einen international bekannten Physiker, begann eine neue Schaffensperiode. Er beurteilte, regte an, wies auf größere Zusammenhänge nicht nur zwischen verschiedenen Wissenschaftsdisziplinen, sondern auch mit der Technik, der Praxis, hin. Das war eine Tätigkeit, die so recht zu den Aufgaben einer Akademie gehört. Mehrere Akademien wählten ihn zu ihrem Mitglied; am 24. 1. 1955 wurde er Mitglied der Sächsischen Akademie. In einem öffentlichen Vortrag stellte er sich 1956 der Leipziger Öffentlichkeit vor. Auch nach seiner Emeritierung 1961 sprach er mehrmals öffentlich über seine grundlegenden Arbeiten, zuletzt 1974 im 88. Lebensjahr.

Die Zeit der Mitarbeit in Akademien ist bei Gustav Hertz deutlich von seiner eigentlichen Schaffensperiode getrennt, in der er seine fundamentalen Ideen verfolgte. Hierbei spielen vor allem auch gesellschaftspolitische Gesichtspunkte eine Rolle, wie man diesem kurzen Lebenslauf entnehmen kann.

4 Weitere Physiker der Sächsischen Akademie

Zu den herausragenden Physikern der 1. Hälfte des 20. Jahrhunderts gehört Peter Debye (1884–1966), der in Zürich die Theoretische Physik vertrat, aber 1927 als Ordinarius für Experimentalphysik nach Leipzig berufen wurde; 1928 wurde er zum Mitglied der Sächsischen Akademie gewählt. Seine Arbeiten können hier nicht vollständig beschrieben werden, nur einige mögen seine Vielseitigkeit andeuten. In Zürich entwickelte er zusammen mit Scherrer ein Röntgenaufnahme-Verfahren, das für die Strukturaufklärung von Pulvern große Bedeutung hat. Zur Erreichung tiefer Temperaturen schlug er die Methode der adiabatischen Entmagnetisierung vor, die Giauque mit paramagnetischen Salzen gelang. Dieses Prinzip wird heute auch mit Kernspins realisiert, wobei man in den Temperaturbereich von 10^{-6} K kommt. Zur Erforschung von Molekülstrukturen gingen von ihm besonders viele Anregungen aus. Es war die Zeit, als der Molekülbegriff seine heutige Gestalt annahm. Dielektrische Untersuchungen verdünnter Lösungen gaben Hinweise auf polare Strukturen; mit Röntgen- und Elektronenstrahlinterferenzen wurden Atomabstände in Molekülen in gasförmigen Phasen bestimmt.

Debye ging 1934 nach Berlin, um das Kaiser-Wilhelm-Institut für Physik aufzubauen, verließ aber bei Kriegsbeginn Deutschland, da er seine holländische Staatsbürgerschaft nicht aufgeben wollte, und arbeitete in den USA weiter.

Sir James O. H. Chadwick (1891–1974) hat 1932 das Neutron entdeckt; er wurde im gleichen Jahr zum Korrespondierenden Mitglied der Sächsischen Akademie gewählt. Rutherford und andere hatten zwar schon Jahre früher ein derartiges neutrales Teilchen postuliert; es gelang aber erst Chadwick, aus Stößen, die in den Nebelkammern beobachtet wurden, dessen Masse zu bestimmen und damit die Existenz des Neutrons zu sichern.

Auch Hans Geiger (1882–1945) wurde 1932 zum Korrespondierenden Mitglied der Sächsischen Akademie gewählt; er hatte u. a. das Zählrohr entwickelt, das die ionisierende Wirkung von radioaktiven Strahlen ausnutzt, um diese nachzuweisen. Das Geiger-Müller-Zählrohr war am Anfang kernphysikalischer Untersuchungen eines der wichtigsten Instrumente der Strahlenmessung.

Gerhard Hoffmann (1880–1945) hatte bereits in Halle begonnen, das Duanten-Elektrometer, ein elektrostatisches Meßgerät zum Nachweis kleiner elektrischer Ladungen, so weit zu verbessern, daß man damit Höhenstrahlen nachweisen konnte. Diese Teilchen sehr hoher Energie, über deren Herkunft man zu jener Zeit sehr wenig wußte, lösen beim Eintritt in die Lufthülle der Erde durch Stöße mit Luftmolekülen Ionenschauer aus. Nach der Berufung als Ordinarius für Experimentalphysik an die Universität Leipzig 1937 setzte er diese Untersuchungen fort (Hoffmannsche Stöße); er wurde 1937 Mitglied der Sächsischen Akademie.

Wie schon gesagt, sind Strukturuntersuchungen typisch für die Physik des 20. Jahrhunderts. Dies fand auch in den Zuwahlen der Sächsischen Akademie ihren Niederschlag. Mitten im 2. Weltkrieg, 1943, wurde Helmuth Kuhlenkampff (1895–1971) Mitglied. Nach Studienjahren in Frankurt a. Main und München erhielt er 1936 einen Ruf als Ordinarius an die Universität Jena. Diese Zeit hatte 1945 ein Ende, als er der abziehenden amerikanischen Besatzung folgen mußte. Der Ruf nach Würzburg auf den ehemaligen Lehrstuhl von Conrad Röntgen entsprach seinen Interessen, die in erster Linie der Aufklärung der Elementarprozesse bei der Röntgenbremsstrahlung galten. Die Bestimmung der Energie- und Winkelverteilung sowie der Polarisation sind für die Anwendung von Bedeutung. Kuhlenkampff untersuchte aber auch die Höhenstrahlung und das zunächst schwer verständliche Absorptionsverhalten der harten Komponente. Seine Deutung als Folge der relativistischen Zeitdilatation beim Zerfall der Myonen war gleichzeitig eine Bestätigung der Lorentz-Transformation.

Ein Meister in der Anwendung der Röntgenstrahlen zur Strukturbestimmung von Kristallen, insbesondere von Metallen und intermetallischen Verbindungen, war Gustav E. R. Schulze (1911–1974), seit 1960 Mitglied der Sächsischen Akademie. Nach Studienjahren in Berlin und Göttingen, Assistentenzeiten in Berlin-Dahlem, Greifswald, Stuttgart und Dresden ging er mit der Abteilung Thermodynamik der Fa. Junkers Motorenbau Dessau einige Jahre in die Sowjetunion. Nach seiner Rückkehr erhielt er 1954 einen Ruf an die damalige TH Dresden und leitete bis zu seiner vorzeitigen Emeritierung wegen Krankheit im Jahre 1974 das Institut für Röntgenkunde und Metallphysik (später II. Institut für Experimentalphysik). Daß sein Gedankenkreis weit über das engere Fachgebiet hinausging, zeigt z. B. sein letzter Vortrag in der Akademie über «Die Rolle des Einfachheitsprinzips im physikalischen Weltbild».

Die Arbeiten zu Strukturproblemen, besonders auch zu Fragen der Kristalloberflächen, wurden und werden von Heinz Bethge (*1919) weitergeführt. Als wesentliches Werkzeug dient ihm das Elektronenmikroskop, das er vorzüglich beherrscht. Das erste Gerät, mit dem er arbeitete, hat er in seiner Assistentenzeit an der Universität Halle selbst konstruiert. Auf Grund dieser Erfahrungen konnte er auch ein 1 MV-Gerät vollendet ausnutzen; seit 1975 ist er Mitglied der Sächsischen Akademie.

In einer Zeit, in der zunehmend physikalische Erkenntnisse in technische Produkte umgesetzt werden, spielt der wissenschaftliche Gerätebau eine besondere Rolle. Die Sächsische Akademie war gut beraten, als sie 1965 Paul Görlich (1905–1986) zu ihrem Mitglied wählte. Nach dem Studium und kurzer Assistententätigkeit an der TH Dresden ging er zu Zeiß Ikon Dresden und baute dort ein Labor für Strahlungsempfänger auf. Dabei setzte er gewissermaßen die Arbeiten von Hallwachs fort und entwickelte z. B. die Cäsium-Antimon-Legierungskathoden, die wesentlich höhere Empfindlichkeiten als die Photozellen mit Rein-Metall-Kathoden haben. Von 1946 bis 1952 arbeitete er in Krasnogorsk bei Moskau und ging danach als wissenschaftlicher Leiter zum damaligen VEB Carl Zeiß nach Jena. Hier konnte er seine Vorstellungen über wissenschaftliche Geräte praktisch umsetzen.

Jena ist seit über 100 Jahren mit Optik und Spektroskopie verbunden. Dort hat Bernd Wilhelmi (*1938) Methoden zur Erzeugung extrem kurzer Lichtimpulse in der

Größenordnung Femto-Sekunde (10^{-16} s) entwickelt. In diesem Zeitintervall vollzieht das sichtbare Licht nur wenige Schwingungen. Hinter diesem Erfolg steckt viel Physik und optische Technik; die Anwendung auf spektroskopische Untersuchungen z. B. von Molekülen läßt neue Ergebnisse erwarten. Wilhelmi wurde 1988 zum Mitglied der Sächsischen Akademie gewählt.

Daß die Strukturforschung auch zu ganz neuartigen Qualitäten führen kann, hat Karl Alexander Müller (*1927) gezeigt. Er arbeitete im Züricher Labor von IBM zunächst hauptsächlich an Strukturen von Kristallen mit Hilfe der paramagnetischen Elektronenspin-Resonanz. Dabei stieß er auf eine Gruppe von keramischen Verbindungen, die ein merkwürdiges Verhalten der elektrischen Leitfähigkeit und der magnetischen Suszeptibilität zeigte: bereits bei rd. 100 K wurden sie supraleitend. Das erstaunte zunächst auch die Theoretiker; diese hatten berechnet, daß bei metallischem Leitungsmechanismus die Übergangstemperatur zur Supraleitung höchstens bei etwa 50 K liegen könne. Aber auch die Experimentatoren wurden gefordert, alle möglichen ähnlichen Verbindungen zu untersuchen, ob man nicht noch höhere Übergangstemperaturen fände. Hier hat sich ein Arbeitsgebiet entwickelt, das international sehr intensiv betrieben wird. K. A. Müller ist seit 1988 Korrespondierendes Mitglied der Sächsischen Akademie.

5 Von der Hypothese zum Analysenwerkzeug

Diese nicht vollständige Aufzählung von Akademiemitgliedern, die zur Lösung aktueller physikalischer Probleme des 20. Jahrhunderts beitrugen, scheint sehr heterogen zu sein. Doch die gegenseitige Befruchtung führt oft Gebiete zusammen, die, einzeln gesehen, relativ konträr zueinander sind. Es kommt hinzu, daß die Elemente von Strukturen selten selbst betrachtet werden können, daß man nur indirekt darauf schließen kann. Das hat zur Folge, daß man am Anfang einer Entdeckung selten das Ende sieht. Der Kernspin ist hierfür ein typisches Beispiel.

Bei der Analyse der Atomspektren waren die Ergebnisse der Messungen der theoretischen Interpretation immer einige Schritte voraus. Bereits 1922 zeigten Stern und Gerlach an der Ablenkung von Atomstrahlen (H, Na) in einem inhomogenen Magnetfeld, daß das Elektron einen Drehimpuls (Spin) haben muß, der $\frac{1}{2}\hbar$ (gelesen: «h quer») beträgt, also halbzahlig sein muß. (Bisher kam man in der Quantentheorie mit ganzzahligen Quantenzahlen aus.) Eine rotierende Elektronenladung erzeugt nach klassischen Vorstellungen ein magnetisches Dipolmoment, das mit seiner Umgebung Wechselwirkungen eingeht. Goudsmit und Uhlenbeck faßten 1926/27 die Erfahrungen, die man mit dieser Annahme machte, in Hypothesen zusammen, ohne daß man diese theoretisch erklären konnte. Damit ließen sich die Atomspektren und deren Veränderungen im Magnetfeld (Zeeman-Effekt) schon recht gut berechnen. Es blieben noch kleine «Buckel», Unsymmetrien, übrig, für die man zunächst noch keine Erklärung hatte.

Wolfgang Pauli nahm 1924 zur Erklärung dieser Hyperfeinstrukturen der Spektrallinien – man kannte diese bereits seit etwa 30 Jahren – an, daß auch die Atomkerne einen Spin hätten, also nicht nur kugelsymmetrische Ladungsanhäufungen wären. Das war zunächst eine reine Hypothese ohne jeden weiteren speziellen experimentellen Hinweis. Erst 1935/36 gelang es Schüler, Aufspaltungen von Spektrallinien zu messen, die man durch ein elektrisches Kernquadrupolmoment erklären konnte. Ein solches kann dann auftreten, wenn der Kernspin größer als $\frac{1}{2}$ ist. Lasarew und Schubnikow versuchten 1937 die magnetischen Kerndipolmomente von Wasserstoff bei sehr tiefen Temperaturen nachzuweisen, wobei sich nämlich der Kernparamagnetismus bemerkbar machen müßte. Die Versuche gelangen, und man erhielt aus der gemessenen Suszeptibilität die Größenordnung der Kerndipolmomente.

Gorter versuchte 1936 den Kern-Zeeman-Effekt direkt zu beobachten, indem er Übergänge zwischen benachbarten Niveaus anregte. Die dazugehörigen Frequenzen liegen im Hochfrequenzbereich. Experimente dieser Art hatte Grotrian bereits 1929 vorgeschlagen. Die Gorterschen Versuche mißlangen, weil – wie wir heute wissen – die Wechselwirkung des Kernspins mit den übrigen Freiheitsgraden des Gitters wegen der Reinheit der verwendeten Probe und der tiefen Temperaturen, bei denen die Experimente durchgeführt wurden, zu gering war. Rabi und Mitarbeiter benutzten, um Wechselwirkungen mit den Molekülen nicht berücksichtigen zu müssen, daher 1938/39 Molekülstrahlen. Sie konnten auf diese Weise die Resonanzfrequenz sehr genau messen. 1944/45 gelang es dann zwei Forschergruppen um Felix Bloch und Edwin M. Purcell, unabhängig voneinander, den Kernspinresonanzeffekt, man spricht auch von Kerninduktion, in kondensierter Materie nachzuweisen. Sie wandten einige Tricks an, um die an sich unbekannten Wechselwirkungen beliebig verändern zu können; darüber hinaus war auch die Meßtechnik inzwischen viel empfindlicher geworden. Es hat also 20 Jahre von der Hypothese bis zum ersten Nachweis der Folgerungen in Flüssigkeiten oder Festkörpern gedauert.

Nun begann ein intensives Studium dieses Effektes. Auch in Leipzig beschäftigte sich ab 1950/51 eine Gruppe von Diplomanden und Assistenten mit der Entwicklung von Meßgeräten und Spektrometern und möglichen Anwendungen. Bald war die NMR (nuclear magnetic resonance) aus der Molekülstrukturforschung nicht mehr wegzudenken, Kristalle wurden untersucht, Magnetfelder gemessen und gesteuert. Es wurden Erfahrungen gesammelt, so daß man 1973 begann, mit Hilfe der NMR Querschnittsaufnahmen von biologischen Objekten zu machen. 10 Jahre später waren Kernspintomographen kommerziell zu haben, und heute gehören diese Geräte zum Inventar jeder größeren Klinik wie auch manchen Arztes. Mit Hilfe der NMR kann man die Lage, Form und Zusammensetzung einzelner Organe im Menschen bestimmen, ohne den Körper zu öffnen oder einer Röntgenstrahlung auszusetzen. An dieser Entwicklung haben viele Disziplinen mitgearbeitet, Mediziner, Physiker, Computer-Spezialisten usw.

Die Leipziger Gruppe unter Leitung von Artur Lösche (1921–1995), Mitglied der Sächsischen Akademie seit 1965, hat sich vor allem mit der Analyse von ferroelektrischen und flüssigen Kristallen, mit Halbleiteruntersuchungen und apparativen Entwicklungen sowie mit der Kopplung der NMR mit anderen Resonanzerscheinungen beschäftigt. Klaus Arnold (*1942; Mitglied seit 1988) konzentriert sich auf biologisches Material, z. B. die Knorpelbildung in Gelenken. Robert Blinc (*1933, Korrespondierendes Mitglied seit 1975) untersucht in Ljubljana ferroelektrische und Flüssigkristalle; er ist ein ausgewiesener Spezialist der Festkörpertheorie und beschäftigt sich mit allen Arten von Kernspinwechselwirkungen.

Seit den ersten Vorstellungen von der möglichen Existenz von Kernspins sind 70 Jahre vergangen. Heute ist nicht nur deren Existenz bewiesen, was von großer Bedeutung für unsere Vorstellungen vom Aufbau der Atomkerne ist, sondern mit Hilfe der Kernspins werden Strukturuntersuchungen im weitesten Sinne durchgeführt. Der Chemiker und der Kristallograph, der Werkstoffkundler und der Mediziner benutzen sie, um Erkenntnisse zu gewinnen, wie sie von keiner anderen Methode erhalten werden. An diese Möglichkeiten hatte zu Beginn der Entwicklung noch niemand gedacht.

6 Nachklang

Die hier kurz umrissene Entwicklung mahnt zur Vorsicht bei Aussagen über den künftigen Weg der Physik; er wird nicht nur von der Physik, sondern auch von Nachbardisziplinen, der Technik und seit einigen Jahren auch vom Stand der Computer-Entwicklung bestimmt. In meiner Studienzeit wurde z. B. noch über mögliche Marskanäle diskutiert. Heute haben wir Karten vom Mond, einschließlich der Rückseite, und von Planeten, die Einzelheiten bis in die Größenordnung von einigen Quadratkilometern herab erkennen lassen, und Fernrohre umkreisen die Erde außerhalb der Atmosphäre, die uns Bilder großer Schärfe aus unvorstellbaren Weiten vermitteln. Man darf aber nicht nur von den Großunternehmungen der Wissenschaft, von riesigen Beschleunigern, künstlichen Weltraumlaboratorien u. ä. Neues erwarten, auch kleine, bisher kaum nachweisbare Teilchen wie z. B. Neutrinos können uns Aufschlüsse über bisher nicht bekannte Welten geben, wenn neue Detektoren höherer Empfindlichkeit gefunden werden. Wer weiß?

Eugen-Georg Woschni

Barkhausens Entdeckungen und ihr Einfluß auf die Entwicklung der Informationstechnik

Ein Überblick, dargestellt an typischen Beispielen

1 Einleitung

Heinrich Barkhausen wurde am 2. Dezember 1881 in Bremen geboren (Abb. 1). Er studierte Physik in Berlin, München und ab 1903 an der Universität Göttingen. Nach Abschluß seines Studiums und Promotion im Jahre 1906 sowie Habilitation im Jahre 1910 wurde er zum 1. 4. 1911 zum außerordentlichen Professor an der Technischen Hochschule Dresden berufen und gründete das «Institut für Schwachstromtechnik», das erste seiner Art in Deutschland.

Abb. 1 Heinrich Barkhausen

Mit Unterbrechung durch den 1. Weltkrieg, wo er sich als wissenschaftlicher Hilfsarbeiter zur Inspektion des Torpedowesens ebenfalls mit Problemen der Anwendung der Schwachstromtechnik beschäftigte, war er ununterbrochen bis zu seinem Tode im Februar 1956 an der Technischen Hochschule Dresden tätig. Er gründete hier eine «Schule der Schwachstromtechnik», aus der eine Generation von weltbekannten Fachleuten auf diesem Gebiet hervorging. Die Sächsische Akademie der Wissenschaften zu Leipzig wählte ihn 1943 zum «Ordentlichen Mitglied».

Der Verfasser hatte das Glück, als der letzte Schüler von Heinrich Barkhausen insbesondere sein 4bändiges Lebenswerk «Elektronenröhren» [1] nach seinem Tode weiter herausgeben zu dürfen (Abb. 2). Eine Würdigung der Persönlichkeit meines

EUGEN-GEORG WOSCHNI

LEHRBUCH DER ELEKTRONENRÖHREN

UND IHRER TECHNISCHEN ANWENDUNGEN

VON

PROF. DR. H. BARKHAUSEN†

Ehemal. Direktor des Instituts für Schwachstromtechnik an der Technischen Hochschule Dresden

Herausgegeben und überarbeitet von

PROF. DR.-ING. HABIL. E.-G. WOSCHNI

Direktor des Instituts für Informationsverarbeitung und Rechenelektronik an der Technischen Hochschule Karl-Marx-Stadt

1. Band: Allgemeine Grundlagen

Zwölfte Auflage

Mit 177 Bildern

S. HIRZEL VERLAG LEIPZIG

1969

Abb. 2 12. Auflage des «Lehrbuchs der Elektronenröhren», 1. Band

Lehrers Barkhausen wurde bereits in den Sitzungsberichten der Akademie 1988 [2] gegeben.

Im folgenden Beitrag soll gezeigt werden, welche Auswirkungen die Entdeckungen Barkhausens auf die verschiedenen Gebiete der Schwachstromtechnik auch bereits zu seinen Lebzeiten hatten und wie diese die weitere Herausbildung neuer Wissenschaftszweige, z. B. der Rechentechnik und Mikroelektronik, aber auch der Werkstofftechnik befördert haben. Damit soll zugleich anhand typischer Beispiele dargestellt werden, welche entscheidenden Auswirkungen sich für die Entwicklung von Wissenschaft und Technik ergeben haben.

2 Der Barkhausen-Effekt

Im Jahre 1917, während des 1. Weltkrieges, entdeckte Barkhausen einen bisher nicht bekannten Effekt, der seither seinen Namen trägt, und beeinflußte damit entscheidend die Entwicklung der Magnetwerkstoffe. Lassen wir ihn dies selbst schildern [3]:

Ich war als wissenschaftlicher Hilfsarbeiter bei der Marine in Kiel eingezogen. Wir bearbeiteten gerade die Aufgabe, Schiffe, besonders Unterseeboote, die die Minensperre in den Kieler Hafen durchfahren wollten, zur Anzeige zu bringen. Dazu hatten wir vor der Minensperre ein Kabel gelegt und ein Telefon über einen Verstärker angeschlossen. Wenn dann ein eisernes Schiff über dies Kabel fuhr, so erzeugte es in dem Kabel durch Induktion elektrische Ströme, die zwar äußerst klein waren, aber durch den Verstärker verstärkt, recht gut hörbar waren. Die Elektronenverstärker waren damals gerade erfunden worden, jene Wunderdinge, mit denen man beliebig schwache elektrische Ströme in beliebiger Größe verstärken kann. Um nun diese Einrichtung auf ihr richtiges Arbeiten zu prüfen, schalteten wir statt des Kabels eine Spule ein und bewegten statt des eisernen Schiffes einen permanenten Magneten. Als ich dann einmal zur Verstärkung der Wirkung einen Eisernkern in die Spule steckte, hörte ich bei jeder Bewegung des Magneten ein ganz merkwürdiges Geräusch – und da wunderte ich mich. Denn es war mir gleich klar, daß es sich um einen neuartigen Effekt handeln müsse, der nicht in den Verstärkern seine Ursache haben kann. Da kam mir der Gedanke, daß das Geräusch durch das Umklappen der Elementarmagnete hervorgerufen werden könnte.

In den Folgejahren wurden weitere Untersuchungen vorgelegt, u. a. wurde die Größe der Elementarbereiche zu 10^{-2} mm^3 und die Ummagnetisierungszeit zu 30 µs abgeschätzt [4].

Noch heute gehört die von Barkhausen entdeckte Methode unter Einbeziehung moderner Verfahren der Signalanalyse (Spektrum, Korrelationsfunktion) zu den Standardverfahren bei der Untersuchung von Magnetisierungsproblemen. Sie war der Ausgangspunkt zur Entwicklung neuer Materialien, wie z. B. kaltgewalzter Texturbleche mit erhöhten Induktionswerten und wesentlich kleineren Ummagnetisierungsverlusten, die insbesondere in der Starkstromtechnik wegen des höheren Wirkungsgrades und der geringeren abzuführenden Verlustwärme von großer volkswirtschaftlicher Bedeutung sind.

3 Der Barkhausen-Lautstärkemesser

Die Vielseitigkeit der Interessen Barkhausens kam auch zum Ausdruck, als er sich bereits in den 20er Jahren mit akustischen Problemen beschäftigte. Dabei ist immer wieder die allgemeinverständliche Art beeindruckend, mit der er seine neuen Erkenntnisse formulierte. So sagte er bei der Vorstellung eines «neuen Schallmessers für die Praxis» [5]:

Ich weiß nicht, ob Ihnen schon aufgefallen ist, daß wir für die Lautstärke irgendwelcher Schallquellen noch gar kein zahlenmäßiges Maß haben. Wir müssen uns mit allgemeinen

Redensarten wie ‹laut› oder ‹leise› begnügen ... Es ist zweifellos, daß die große Entwicklung der Beleuchtungstechnik der Erfindung des Photometers und der Festsetzung eines zahlenmäßigen Maßes, der ‹Hefner-Kerze›, mit zu verdanken ist ... Ich möchte Ihnen heute einen Apparat vorstellen, der beim Schall das gleiche leistet, wie das Photometer beim Licht.

Dabei handelt es sich um einen Lautstärkemesser, der mit einem Summer ein in der Amplitude mittels eines Potentiometers einstellbares Geräusch erzeugt, das subjektiv so stark wie das zu messende Geräusch empfunden wird. Am Potentiometer kann dann der Lautstärkepegel in der von ihm eingeführten Einheit «phon» abgelesen werden. Diese von ihm entwickelte subjektive Methode, deren Meßunsicherheit er ebenfalls untersuchte und zu 15% abschätzte, stellt noch heute ein wichtiges Meß- und Bewertungsprinzip in der gesamten Akustik bei der Untersuchung von Schall dar. Es wird z. B. auch heute noch für Hörprüfungen – um Verfälschungen durch den zu untersuchenden Patienten unmöglich zu machen, gegebenenfalls in Verbindung mit einem EEG, – verwendet.

4 Die Barkhausen-Kurz-Schwingungen

Bereits im Jahre 1917, als Barkhausen bei der Torpedo-Inspektion in Kiel tätig war, entdeckte er zusammen mit seinem Mitarbeiter K. Kurz – Nomen est Omen – einen bisher nicht bekannten Mechanismus zur Schwingungserzeugung, insbesondere mit kurzer Wellenlänge: «die Barkhausen-Kurz-Schwingungen». Bei einer Röhrenschaltung mit negativer Anodenspannung und positiver Gitterspannung entstanden Schwingungen, die er – typisch für Barkhausen – nicht als «Dreck-Effekt» für uninteressant hielt. Getreu seiner Grundeinstellung, sich über unerwartete Effekte «zu wundern» und nicht eher zu ruhen, bis der Entstehungsmechanismus geklärt war, erkannte er als auslösenden Effekt die Laufzeit der Elektronen zwischen den Elektroden. Seiner bereits vorn erwähnten anschaulichen Art bei der Beschreibung neuer Phänomene entsprechend, nannte er diese Schwingungen «Elektronentanzschwingung» und sprach von einem «Einordnen zum gemeinsamen Tanz» für den automatisch stattfindenden Sortiereffekt zwischen richtigphasigen und falschphasigen Elektronen, der Voraussetzung für das Zustandekommen der Selbsterregung ist.

Damit schuf Barkhausen die Grundlagen für eine Bauelemente-Familie – die sogenannten Laufzeitröhren (Klystron, Wanderfeldröhre, Magnetron) –, die auch heute noch von großer Bedeutung bei der Erzeugung hoher Frequenzen, insbesondere mit großer Leistung, sind. Moderne Halbleiterbauelemente, insbesondere auf der Basis von Gallium-Arsenid, sind zwar heute auch geeignet, um derartige Frequenzen zu erzeugen, jedoch nur mit geringer Leistung, da es bei Halbleitern nicht gelingt, die größeren Verlustleistungen abzuführen, wie dies bei Röhren mit einer Wasserkühlung möglich ist. Abbildung 3 zeigt dies nach einer Darstellung aus dem Jahre 1980 [6].

Kürzere Wellenlängen waren und sind von entscheidender Bedeutung für die Nachrichten- und Ortungstechnik. Mit der Verkleinerung der Wellenlänge verrin-

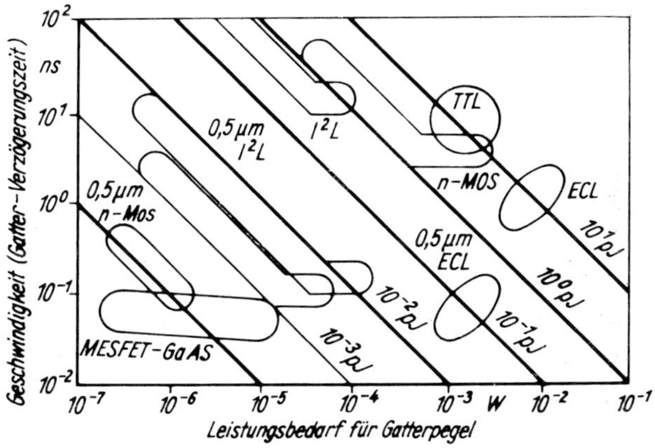

Abb. 3 Grenzen der Schaltgeschwindigkeit und der Leistung – Entwicklung des Geschwindigkeits- und Leistungsprodukts (nach: [6])

gern sich in gleichem Maße die Abmessungen der Antennen, und man kann bei technisch handhabbaren Antennen-Abmessungen eine bessere Richtwirkung der abgegebenen Strahlung erreichen. Aber auch die notwendigen Abmessungen der die Strahlung reflektierenden zu ortenden Ziele verkleinern sich, d. h., die Auflösung des Radarbildes, das die reflektierte Strahlung auf dem Bildschirm darstellt, wird feiner. Im 2. Weltkrieg führte bekanntlich die Tatsache, daß die Alliierten als erste über Sender mit kürzerer Wellenlänge verfügten, zu einem Vernichten fast der gesamten deutschen U-Boot-Flotte in kurzer Zeit. Die U-Boote konnten bis zu diesem Zeitpunkt nachts ohne Gefahr mit ihrem Schnorchel, der bis dahin für Radar-Geräte wegen des Durchmessers von einigen dm nicht erkennbar war, beliebig manövrieren. Als es gelang, die Wellenlänge der Radarstrahlung wesentlich unter den Durchmesser der Schnorchel zu senken – d. h. in das GHz-Gebiet –, wurden die Schnorchel nachts für Radargeräte sichtbar, so daß gezielt Wasserbomben geworfen werden konnten.

Der Drang zu immer höheren Frequenzen hat seit Erfindung der Barkhausen-Kurz-Schwingungen wegen der bei höheren Frequenzen möglichen Übertragung breitbandigerer Signale unvermindert angehalten. Da man für ein Telefongespräch eine Bandbreite von ca. 3 kHz benötigt, kann man durch eine Umsetzung der Gespräche auf höhere Frequenzen mittels einer Amplitudenmodulation die einzelnen Gespräche frequenzmäßig aufeinander «stapeln» – sog. Frequenzmultiplex – und z. B. bei einer Breitbandübertragung mit 300 kHz fast 100 derartige Gespräche über eine Leitung oder auch drahtlos über Richtfunkstrecken übertragen. Zum Vergleich sei vermerkt, daß man für einen konventionellen Fernsehkanal eine Bandbreite von 5 MHz benötigt, d. h., man könnte anstelle eines Fernsehkanals über 1000 Gesprächskanäle unterbringen. In dem enorm größeren Bandbreitenbedarf der Bildübertragung liegt auch das Problem beim «Bildtelefon», dessen Lösung für Videokonferenzen erst mit der Lichtwellenleiterübertragung bzw. beim normalen Telefon mit redundanzmindernden Kodierungen in Sicht ist.

Inzwischen ist diese Übertragung nach analogem Prinzip durch die Digitalübertragung abgelöst worden, bei der die Umsetzung der Nachricht in eine Folge von Spannungsimpulsen erfolgt (Puls-Code-Modulation; PCM). Dabei werden die verschiedenen Kanäle – z. B. Telefongespräche – nicht mehr frequenzmäßig, sondern zeitmäßig geschachtelt. Diese Zeitmultiplex-Verfahren werden heute für fast alle neuen Verbindungen eingesetzt. Sie haben den Vorteil einer größeren Unempfindlichkeit gegenüber Störungen und lassen sich mit den digitalen Schaltkreisen leichter realisieren. Außerdem spart man die teureren Frequenzfilter ein, die mit Spulen – und damit nicht mikroelektronik-kompatibel – aufzubauen sind. Allerdings benötigen diese Verfahren eine größere Bandbreite: Vorteile auf einem Gebiet sind stets mit Nachteilen auf einem anderen zu bezahlen.

Genügende Bandbreite steht bei den modernen Übertragungsverfahren mit Lichtwellenleitern zur Verfügung. Allerdings lassen sich bei Lichtwellen wegen der Dämpfung in der Atmosphäre keine Übertragungen durch Abstrahlung mehr realisieren. Lichtwellenleiter aus Spezialglas sind hier heute die Lösung, und mit ihnen kann das Feld der Breitbandkommunikation mit den Möglichkeiten der Bildübertragung z. B. für Fernkonferenzen, Teletext und Telefax erschlossen werden, die heute u. a. unter den Stichworten «Neue Dienste», «Kabelfernsehen» und «Multimedia» bekannt sind.

5 Weiterentwicklung nach dem Tode von Barkhausen

5.1 Einleitung

Die Entwicklung des Gebietes der Elektronik in Richtung auf die Mikroelektronik sowie deren Anwendung in der Nachrichtentechnik und Rechentechnik und heute auch in der Mikrosystemtechnik verlief nach Barkhausens Tode, d. h. seit der Mitte dieses Jahrhunderts, in rasantem Tempo. Hierfür ist vor allem die Zunahme des Integrationsgrades nach Abbildung 4 verantwortlich. Verbunden mit der Verkleinerung der Abmessungen ist eine Erhöhung der Schaltgeschwindigkeit und damit z. B. auch der Rechenleistung, wie folgende Abschätzung zeigt: Verantwortlich für die Zeitverzögerung beim Umschalten elektronischer Schaltkreise sind die unvermeidlichen Kapazitäten C, da diese Kondensatoren zur Umladung eine gewisse Zeit benötigen (entspricht Massen, die beschleunigt werden müssen, in der Mechanik). Nach Abbildung 5 sind hierfür RC-Glieder verantwortlich, speziell gebildet aus dem Innenwiderstand R der jeweils vorhergehenden Transistorstufe und dem Eingangskondensator C der folgenden Stufe. Nach der Systemtheorie folgt hieraus für die Antwort auf ein Einschalten, die sogenannte Übergangsfunktion h(t) [7; 8]

$$y(t) = 1 - e^{-t/T} \tag{1}$$

mit der Zeitkonstante

$$T = R\,C. \tag{2}$$

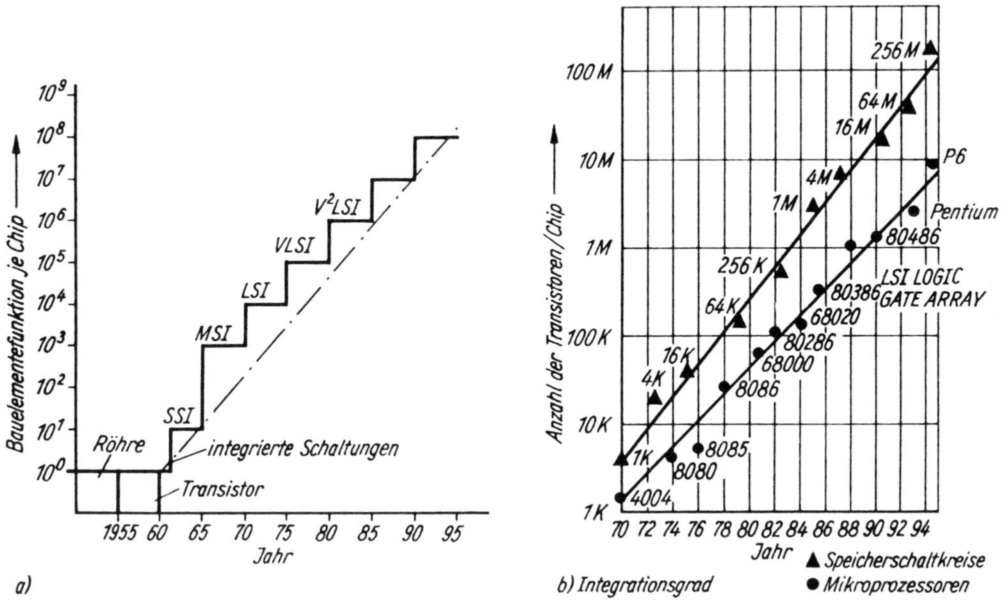

Abb. 4 Zunahme des Integrationsgrades a) Bauelementefunktionen je Chip b) Anzahl der Transistoren je Chip ▲ Speicherschaltkreise; ● Mikroprozessoren

Nach Gleichung (1) ist die Schaltung praktisch (genau genommen bis auf 5 %) nach der Einschwingzeit $t_E = 3\,T$ eingeschwungen, da $e^{-3} = 1/20 \triangleq 5\,\%$ ist. Eine Erhöhung der Schaltgeschwindigkeit und damit nach dem Abtasttheorem auch der höchsten zu verarbeitenden Frequenz f_{max} (sog. Grenzfrequenz) [7]

$$f_{max} = \frac{1}{2\,t_E} = \frac{1}{6T} \tag{3}$$

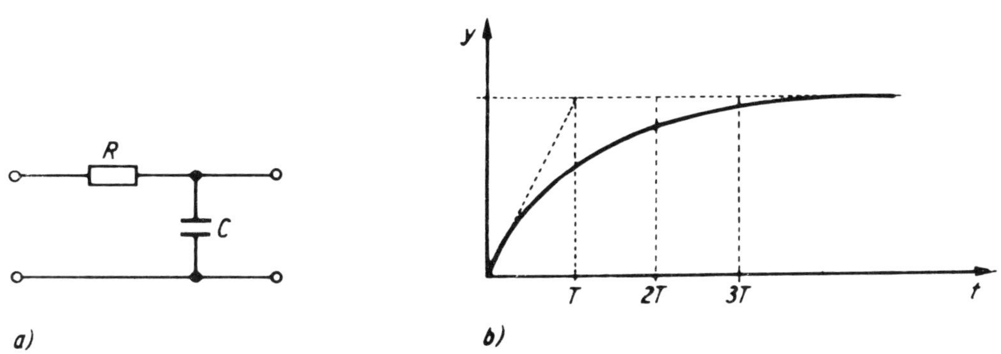

Abb. 5 Für die Schaltgeschwindigkeit verantwortliches RC-Glied
a) Schaltung b) Antwort auf eine Schaltfunktion (Übergangsfunktion)

hängt demnach von der Zeitkonstante T ab. Da der Widerstand R funktionsbedingt ist und nicht verkleinert werden kann, verbleibt zur Erhöhung der Schaltgeschwindigkeit nur die Verkleinerung der Kapazität C. Diese Kapazität setzt sich aus der Eingangskapazität (Basis-Emitter-Kapazität) des Transistors und den Kapazitäten der Zuleitungen zusammen. Entsprechend der Beziehung für die Kapazität

$$C = \epsilon \frac{A}{d} \tag{4}$$

ist bei gegebenem (festgelegtem) Abstand d eine Verkleinerung der Fläche A ausschlaggebend. Mit der Erhöhung des Integrationsgrades (vgl. Abbildung 4) verringern sich die Abmessungen und damit nach Gleichung (4) die Kapazität der Kondensatoren, was zu einer entsprechenden Erhöhung der Schaltgeschwindigkeit führt. Die Generationsfolge der Mikroelektronik beträgt 2–3 Jahre, wobei von Generation zu Generation die Abmessungen um den Faktor $1/\sqrt{2}$ verkleinert werden. Das bedeutet also, daß in dieser Zeit die Schaltverzögerung um den Faktor 1/2 – in Gleichung (4) gehen die Abmessungen mit dem Quadrat in die Fläche A ein –, d. h. die Schaltgeschwindigkeit um den Faktor 2 zunimmt, so daß eine Verzehnfachung der Schaltgeschwindigkeit etwa alle 7 Jahre folgt. Dies wird auch in Zukunft weiter anhalten. Zu demselben Wert kommt ebenfalls eine Untersuchung der Schaltgeschwindigkeiten seit Mitte dieses Jahrhunderts [9]. Auch die Entwicklung der Halbleiterspeicher nach der Tabelle zeigt dies [10]. Bei der Überprüfung der in Abschnitt 5.3 genannten Werte für die Steigerung der Rechenleistung kommt man ebenfalls zu demselben Ergebnis.

Die Erhöhung der Schaltgeschwindigkeit bzw. Grenzfrequenz durch den steigenden Integrationsgrad mit der Möglichkeit der Vereinigung von immer mehr Funktionen in einem Schaltkreis bei stark fallenden Preisen nach Abbildung 6 [10] führte zu einer Entwicklung der Informationstechnik, wie sie heute vor allem durch Mobilfunk,

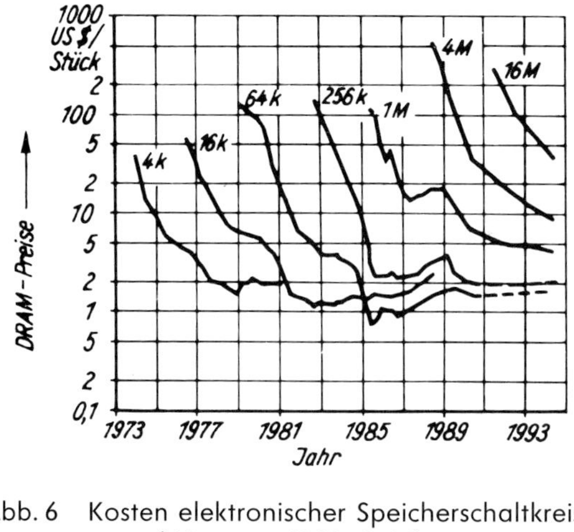

Abb. 6 Kosten elektronischer Speicherschaltkreise
(WOSCHNI 1992, S. 64)

Tabelle Entwicklung der Halbleiterspeicher (*Woschni* 1992, S. 45)

Bauelement	Prototyp	Strukturbreite in µm	Ausrüstungs-Technolgie
16 Mbit	1990	0,5	
64 Mbit	1993	0,3...0,35	EL, IL
256 Mbit	1995	0,2...0,25	RL, IL
1 Gbit	1998	0,18	RL, IL, QE
4 Gbit	2008	0,15	RL, IL, QE

QE Quanteneffekt-Bauelemente
EL Elektronenstrahl-Lithographie
RL Röntgenstrahl-Lithographie
IL Lithographie mit fokussierten Ionenstrahlen

Fernsehen, Rechentechnik, Breitbandverbindungen (Multimedia) und Satellitentechnik gekennzeichnet ist. Hierüber soll anhand von Beispielen anschließend überblicksmäßig berichtet werden.

5.2 Mobilfunk

Im Jahre 1991 wurde in Europa ein neues mobiles Kommunikationsnetz, das D-Netz, installiert. 18 europäische Länder haben sich dem GSM (Groupe Special Mobile)-Projekt angeschlossen, und in kürzester Zukunft wird die Möglichkeit bestehen, von jedem beliebigen Standort in einem dieser Länder aus mit seinem Mobiltelefon Gespräche zu führen bzw. unter der eigenen Rufnummer erreichbar zu sein. Da es sich beim GSM-Standard um ein völlig neues System handelt, konnte hier, ohne Rücksicht auf Kompatibilität zu bereits vorhandener Technik (wie z. B. bei neuen Fernsehnormen u. ä.), der zum Zeitpunkt der Einführung neueste Stand der Technik genutzt werden.

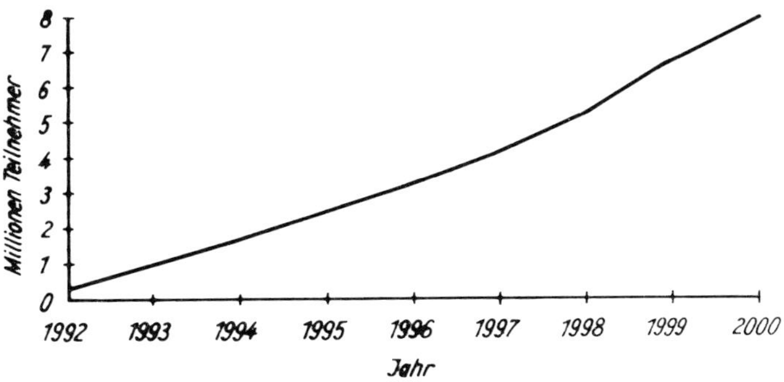

Abb. 7 Prognose der Entwicklung der Teilnehmerzahlen am Mobilfunk für Deutschland (nach: [11])

So besteht z. B. ein D-Netz-Mobiltelefon aus einer ganzen Reihe hochmoderner elektronischer Baugruppen, wie Sprachdecoder, Modulator, Fehlerschutzkodierer mit Block- und Faltungs-Kodes usw., die von raffinierten Codierungs-, Modulations- und Fehlerschutzverfahren Gebrauch machen, wie sie erst durch die digitale Signalverarbeitung realisierbar geworden sind. Durch einen immer höher werdenden Integrationsgrad der elektronischen Schaltungen und neue Herstellungstechnologien der Schaltkreise ist es möglich, Mobiltelefone zu bauen, die nur noch ca. 100 g wiegen. Zur weiteren Verkleinerung arbeitet man gegenwärtig daran, die gesamte Elektronik eines Mobiltelefons auf einem einzigen Chip unterzubringen; heute sind noch 5 Schaltkreise erforderlich.

Nach [11] ist weltweit mit einem schnellen Anwachsen der Teilnehmerzahlen für den Mobilfunk zu rechnen. Abbildung 7 zeigt die Prognose für Deutschland.

5.3 Entwicklung der Rechentechnik

Der erste leistungsfähige Elektronenrechner ENIAC aus dem Jahre 1946 benötigte mit fast 18000 Röhren und 15000 Relais bei einem Gewicht von 30 t eine elektrische Leistung von 174 kW [12]. Bereits 2 Jahre später stellte IBM mit dem Modell SS EC einen Rechner vor, der mit 12500 Röhren und 21400 Relais eine Rechenleistung von 3500 Additionen/s aufwies. Über etwa die gleiche Rechenleistung verfügte der UNIVAC 1 aus dem Jahre 1951, der jedoch neben nur 560 Röhren und 300 Relais 18000 Dioden enthielt und damit entscheidend weniger elektrische Leistung benötigte. Ein Jahrzehnt später, im Jahre 1961, verwendete der IBM STRETCH nur noch Transistoren (150000), einen Ferit-Kern-Speicher als Arbeitsspeicher und einen Magnettrommelspeicher. Der legendäre IBM 360 aus dem Jahre 1965 war bereits in Hybrid-Technologie aufgebaut und wies eine Rechenleistung bis zu 750000 Additionen/s auf. Damit hatte sich die Rechenleistung in einem Jahrzehnt um den Faktor 30 erhöht (vgl. auch übereinstimmende Aussagen unter Abschnitt 5.1). 1970 wurden die ersten Halbleiterspeicher eingesetzt sowie die Floppy-Disk-Technik entwickelt. Acht Jahre später, 1978, wurde in der IBM 3033 die Mehrschicht-Keramik-Technologie eingesetzt, und es stand der 64-kbit-Speicher-Chip zur Verfügung; die Rechenleistung stieg gegenüber 1953 auf das über 800fache. Parallel dazu wurden neben den Großrechnern Mikroprozessoren entwickelt, beginnend 1972 mit dem INTEL 8080.

Im Jahre 1981 erreichte man mit der IBM 3081 Schaltzeiten im µs-Bereich und damit eine Steigerung der Rechenleistung gegenüber 1953 auf das 1700fache. Es wurden 800000 Schaltkreise in 28 Baugruppen eingesetzt. Zur Abführung der Verlustwärme bei den dichtgepackten Bauelementen wurde Wasserkühlung in TCM-Technologie (Thermal-Conduction-Module) verwendet [10]. Bei der TCM-Technologie handelt es sich um ein Verfahren zur Multichipverdrahtung, bei dem eine dreidimensionale Schaltung dadurch entsteht, daß Keramikplatten mit aufgedruckten Leiterzügen und Löchern zur Durchkontaktierung aufeinandergepackt werden. Bis zu 33 Lagen ergeben einen Funktionsblock, bei dem auf der obersten Lage die Anschlußkontakte, darunterliegend Signalverarbeitungslagen und – eventuell durch Abschirmlagen getrennt – noch weiter unten die Lagen zur Signalverarbeitung angebracht sind. Die untersten Lagen dienen der Stromversorgung. Heliumfüllung und Wärmeleitstempel in Verbindung mit einer Wasserkühlung sorgen für die Wärmeabführung.

In den Jahren seit 1981 hielt die stürmische Entwicklung – bedingt vor allem durch die Erhöhung des Integrationsgrades und damit die Verkleinerung der Abmessungen – weiter an. 1988 erreicht IBM mit der 3090–300J gegenüber 1953 die 20 500fache Rechenleistung, 1990 standen der 16-MBit-Speicher sowie Plattenspeicher mit 3,78 GByte zur Verfügung. 1991 wurde mit der IBM ES 9000–900 eine Steigerung der Rechenleistung gegenüber 1953 auf das 30 000fache erreicht.

Neben den spektakulären Fortschritten auf dem Gebiet der Mikroelektronik und insbesondere der Schaltkreistechnik bis hin zur Speichertechnologie sind heute vor allem die Weiterentwicklungen auf dem klassischen «elektromechanischen» Gebiet charakteristisch, wie sie z. B. bei den Plattenlaufwerken zur Speicherung sehr großer Informationsmengen zutage treten:

Als typisches Beispiel sei das Plattenlaufwerk RA 90 der Digital Corp. genannt. Es handelt sich hierbei um einen Magnetplattenspeicher für 1,2 GByte Speicherkapazität, d. h. für eine Speicherkapazität, die ca. $2 \cdot 10^9$ Buchstaben entsprechend 10^6 Schreibmaschinenseiten entspricht. Um diese Informationsmenge auf einer Magnetplatte unterzubringen, wird ein Magnetkopf, auf der sich drehenden Magnetplatte durch den Aufwind schwimmend, in einer Flughöhe von 0,25 μm auf 0,64 μm genau positioniert. Ein anschauliches Bild der erforderlichen Präzision liefert eine Überhöhung im Maßstab 1:10 000: Entsprechend den Abmessungen des Magnetkopfes bedeutet dies ein Flugzeug vom Typ «Airbus», das mit einem Bodenabstand von 2,5 mm und einer Spurgenauigkeit von 6,4 mm über dem Boden schwebt! Dabei würde z. B. ein Fingerabdruck von 4 μm entsprechend 4 mm Höhe zum Absturz führen.

Um die Verbindungen zwischen den vorhergehend behandelten Gebieten und der Rechentechnik zu demonstrieren, mag noch ein Beispiel aus der Satellitenerkundung dienen: Um vom Satelliten mit Radar eine Auflösung von < 10 m auf der Erde zu erreichen, müßten Antennen von der Größenordnung 100 m beim Satelliten zur Verfügung stehen. Da dies technisch nicht realisierbar ist, liefert die Rechentechnik eine Lösung: Beim Vorbeiflug werden nacheinander bei z. B. 1 m Antennenlänge 100 Bilder gespeichert und verarbeitet, so daß die Auflösung der geforderten Antennenlänge entspricht.

Auf einen weiteren wichtigen Zusammenhang sei abschließend eingegangen. Die moderne digitale Rechentechnik verlangt Approximationen für Rechenoperationen. Wie das folgende Beispiel zeigt, besteht ein grundsätzlicher Zusammenhang zwischen der Approximationsgenauigkeit und der erforderlichen Rechenzeit: Eine bessere Approximation, d. h. ein kleinerer Approximationsfehler ist grundsätzlich nur mit einer größeren Rechenzeit zu erkaufen.

Als erstes Beispiel sei ein Integrationsprogramm behandelt: Nach Abbildung 8a wird anstelle der Fläche unter der Kurve x(t) als Näherung der Inhalt der jeweiligen Rechtecke verwendet, d. h., der Wert des Integrals y(t) beträgt

$$y(t) = y(t - T_A) + T_A\, x(t), \qquad (5)$$

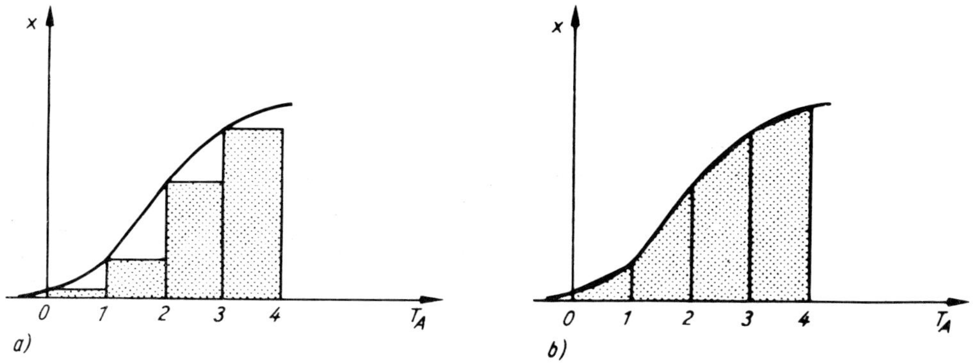

Abb. 8 Integration a) Rechteckapproximation b) Trapezapproximation

wobei T_A die Abtastzeit ist, die sich nach dem Abtasttheorem mit der höchsten Frequenz f_g (Grenzfrequenz) ergibt [7]:

$$T_A = 1/(2\, f_g). \tag{6}$$

Die nächstbessere Approximation erhält man, wenn nach Abbildung 8b der Trapezinhalt anstelle des Rechtecks verwendet wird:

$$y(t) = y(t - T_A) + \frac{T_A}{2}\,[x(t) + x(t - T_A)]. \tag{7}$$

Beim Vergleich der beiden Gleichungen (5) und (7) erkennt man, daß die Rechenzeit etwa um den Faktor Zwei zunimmt, da bei der Rechteckapproximation etwa die doppelte Zahl von Einzeloperationen erforderlich ist. Entsprechendes gilt bei der nächstbesseren Approximation durch eine Parabel.

Um die jeweilige Approximationsgenauigkeit abzuschätzen, betrachtet man z. B. den Frequenzbereich. Die Transformation der Gleichungen (5) und (7) in den Frequenzbereich mit der diskreten Fourier-Transformation liefert die Frequenzgänge [7] für die Rechteckapproximation

$$G(j\omega) = T_A \frac{1}{1 - e^{-j\omega T_A}} \tag{8}$$

und für die Trapezapproximation

$$G(j\omega) = \frac{1 + e^{-j\omega T_A}}{1 - e^{-j\omega T_A}}. \tag{9}$$

In Abbildung 9 sind die entsprechenden Frequenzgänge grafisch als Ortskurve dargestellt [7]. Man erkennt, daß die Trapezapproximation wesentlich geringere Abweichungen gegenüber der idealen Integration

$$G_{id}(j\omega) = 1/j\omega \tag{10}$$

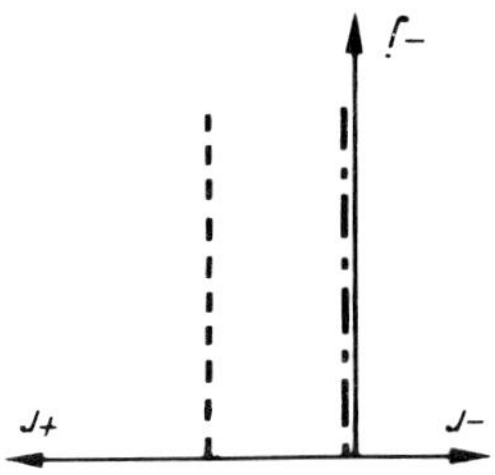

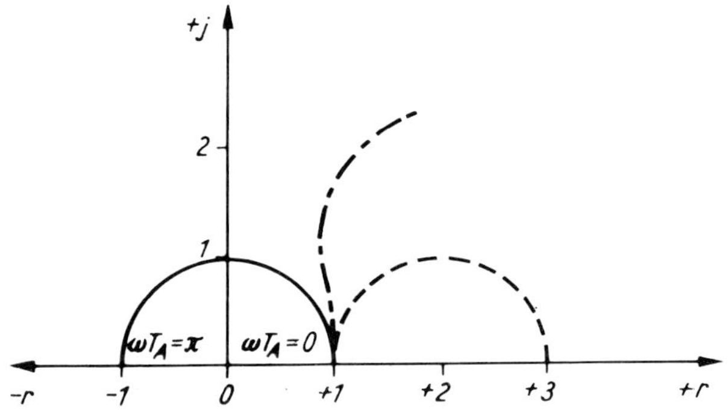

Abb. 9 Frequenzgang für die Rechteck-Approximation (- - - -), Trapez-Approximation (— - —) sowie idealer Frequenzgang der Integration (———)

Abb. 10 Frequenzgang für den Prediktor: ——— idealer Prediktor - - - - 1. Näherung — - — 2. Näherung

aufweist, da hier nur Amplitudenfehler, dagegen keine Phasenfehler wie bei der Rechteckapproximation auftreten.

Noch deutlicher werden diese Tatsachen bei dem – auch unter allgemeinen Gesichtspunkten sehr interessanten – Prediktionsproblem. Vorhersagen sind vom Prinzip her nicht kausal. Unter Nutzung des Verlaufs des Vorganges in der Vergangenheit lassen sich jedoch gewisse Vorhersagen machen, wie die folgenden Programme zeigen:

Der Rechner soll hier zu einer Zeit t den Wert ausgeben, den die Eingangsfunktion x zur Zeit $t + T_A$, d. h. um die Abtastzeit später haben wird:

$$y(t) = x(t + T_A). \tag{11}$$

Durch Fourier-Transformation gewinnt man hieraus den Frequenzgang des idealen Rechenprogramms für die Vorhersage

$$G_{id}(j\omega) = e^{+j\omega T_A}. \tag{12}$$

Diese ideale Funktion, die nach Abbildung 10 in dem durch das Abtasttheorem Gleichung (6) festgelegten Frequenzbereich $0 \leq \omega \leq \omega_A/2$ einen halben Kreisbogen darstellt, der in mathematisch-positiver Richtung durchlaufen wird und daher nicht realisierbar ist, kann nur approximativ realisiert werden.

Als erste Näherung bietet sich eine lineare Fortsetzung des Verlaufs von x(t) an, d. h. [7]

$$y(t) = x(t) + x(t) - x(t - T_A) = 2\,x(t) - x(t - T_A). \tag{13}$$

Der hierzu gehörende Frequenzgang 1. Näherung mit der Fourier-Transformation

$$G_1(j\omega) = 2 - e^{-j\omega T_A} \tag{14}$$

ist in Abbildung 10 gestrichelt eingezeichnet. Wie man der Abbildung entnehmen kann, ist nur im Bereich $\omega T_A \approx 0$ eine Übereinstimmung mit der idealen Funktion gegeben.

Zu einer besseren Näherung kommt man, wenn man nicht nur den letzten, sondern auch den vorletzten Funktionswert $x(t - 2T_A)$ einbezieht [7]:

$$y(t) = 3x(t) - 3x(t - T_A) + x(t - 2T_A). \tag{15}$$

Nunmehr lautet der Frequenzgang dieser 2. Näherung nach Fourier-Transformation

$$G_2(j\omega) = 3 - 3e^{-j\omega T_A} + e^{-j2\omega T_A}. \tag{16}$$

Für diese 2. Näherung ist der Verlauf als strichpunktierte Linie ebenfalls in Abbildung 10 eingezeichnet. Man erkennt die wesentlich bessere Annäherung an den idealen Verlauf, die allerdings hier ebenfalls – wie im vorhergehenden Beispiel – mit einer erhöhten Rechenzeit erkauft werden muß.

6 Schlußfolgerungen

Als Ergebnis der behandelten zwei Beispiele ergibt sich als zugleich richtungweisend für die gesamte Entwicklung der Rechentechnik und digitalen Echtzeit-Signalverarbeitung:

- Grundsätzlich ist eine Verringerung der Approximationsfehler nur durch erhöhte Rechenzeit zu erkaufen;
- nach dem Abtasttheorem Gleichung (6) muß die erforderliche Rechenzeit zur Realisierung des jeweiligen Algorithmus für Echtzeitbetrieb kleiner als die Abtastzeit T_A sein;
- Rechenzeit bedeutet Totzeit, die nach der Regelungstheorie grundsätzlich zu einer Stabilitätseinbuße führt, falls ein geschlossener Regelkreis vorliegt [7].

Damit ergibt sich als Schlußfolgerung dieser generellen Betrachtung, daß einer Erhöhung der Rechengeschwindigkeit eine Schlüsselrolle zukommt: Eine Erhöhung der Verarbeitungsbreite hat nur Sinn, falls die Verminderung der Approximationsfehler diese ausnutzen kann. Daher ist grundsätzlich der Übergang vom 16-Bit- zum 32-Bit- und 64-Bit-Rechner an eine wesentliche Erhöhung der Rechengeschwindigkeit gekoppelt, um die Vorteile einer größeren Wortlänge bei Echtzeit-Verarbeitung voll ausschöpfen zu können. Die oben abgeleiteten Tendenzen gewinnen daher auch unter diesem Aspekt besondere Bedeutung.

Literatur

[1] Barkhausen, H.: Lehrbuch der Elektronenröhren, Band 1 bis 4. Leipzig: Hirzel Verlag; in 12 Aufl. seit 1923.
[2] Woschni, E.-G.: Heinrich Barkhausen und die Entwicklung der Elektronik. Berlin 1988. 25 S. (= Sitz.-Ber. d. Sächs. Akad. d. Wiss. zu Leipzig, Math.-nat. Kl., Bd. 120, H. 7).
[3] Barkhausen, H.: Rede zum Richtfest des Institutes für Materialwissenschaften. Dresden 1952.
[4] Barkhausen, H.: Zeitschrift für Technische Physik 5 (1924), S. 518 ff.
[5] Barkhausen, H.: Ein neuer Schallmesser für die Praxis. Zeitschrift für techn. Physik 12 (1926), S. 599–601.
[6] Probing the News. Electronics, Jan. 1980, S. 84.
[7] Woschni, E.-G.: Informationstechnik. 3. Aufl. Berlin: Verlag Technik; Heidelberg: Hüthig-Verlag, 1988. 4. Aufl. Berlin: Verlag Technik, 1991.
[8] Woschni, E.-G.: Signal, System, Information – Exakte Theorie und Näherungen. Berlin 1992. 48 S. (= Sitz.-Ber. d. Sächs. Akad. d. Wiss. zu Leipzig, Math.-nat. Kl., Bd. 123, H. 4).
[9] Diebold Research Programm-Europa, Report Nr. E 146, Okt. 1976.
[10] Woschni, E.-G.: Lexikon der Mikroelektronik. Berlin, Offenbach: VDE-Verlag, 1992.
[11] VDI-Nachrichten 49 (1995), Nr. 2, vom 13. 1. 95.
[12] Wilkes, M. V.: The ENIAC. Electron. Engng. 19 (1947), April, S. 105.

Klaus Beyer

Leipziger Mathematiker in der Sächsischen Akademie der Wissenschaften 1900–1975*

Der Bericht beginnt mit dem Jahr 1899, in dem *Otto Hölder* Mitglied der Königlich Sächsischen Gesellschaft der Wissenschaften zu Leipzig wurde. Mit dem Namen Otto Hölders, der über die Hälfte seines Lebens in Leipzig wirkte, sind zahlreiche Begriffe und Sätze der Mathematik verbunden.

Ludwig Otto Hölder

Ludwig Otto Hölder wurde am 22. Dezember 1859 in Stuttgart als Sohn des Professors Otto Hölder geboren, der am dortigen Polytechnikum Französisch lehrte. Er studierte zunächst (ab 1877) in Stuttgart und ging dann nach Berlin, wo er von Weierstraß und Kronecker nachhaltige Anregungen empfing. In Tübingen setzte er unter P. du Bois-Reymond sein Studium fort und promovierte dort am 3.8.1882 mit der Arbeit «Beiträge zur Potentialtheorie» zum Dr. scient. nat.

Anschließend arbeitete er bei Klein in Leipzig. Da sich beide Männer in ihrer Arbeitsweise und mathematischen Auffassung zu sehr unterschieden, konnte es jedoch zu diesem Zeitpunkt zu keiner fruchtbaren Zusammenarbeit kommen; erst später wurden sie durch das gemeinsame Interesse an der Gruppentheorie wieder zusammengeführt. Außerdem war für Hölder in Leipzig keine Habilitation möglich, weil hierfür die Absolvierung eines humanistischen Gymnasiums vorausgesetzt wurde, er aber ein Realgymnasium besucht hatte. Er verließ daher Leipzig, promovierte am 23. Juli 1884 an der Philosophischen Fakultät Göttingen zum Dr. phil. und habilitierte sich dort mit «Zur Theorie der trigonometrischen Reihen» zum Privatdozenten. 1889 wurde er außerordentlicher Professor in Göttingen und erhielt noch im gleichen Jahr in Tübingen ein Extraordinariat. 1896 wurde er zum Nachfolger von Minkowski, der einen Ruf nach Zürich angenommen hatte, nach Königsberg auf den vormals Hilbertschen Lehrstuhl berufen und erhielt ab 1. April 1899 den inzwischen verwaisten Lieschen Lehrstuhl für Mathematik an der Universität Leipzig.

1899 wurde Otto Hölder zum Mitglied der Königlich Sächsischen Gesellschaft der Wissenschaften zu Leipzig gewählt. Im Frühjahr 1909 verlieh ihm der König von Sachsen den Titel «Geheimer Hofrat», von 1914 bis 1937 war er Mitglied der Fürst-

* Der Verfasser dankt den Autoren G. Eisenreich, H.-J. Girlich, H.-J. Roßberg, R. Kühnau, J. Focke, H. Beckert und H. Schumann für die freundliche Erlaubnis zu Kürzung und Einbeziehung ihrer Beiträge aus ‹100 Jahre Mathematisches Seminar der Karl-Marx-Universität Leipzig› [16] in diese Veröffentlichung.

lich Jablonowskischen Gesellschaft der Wissenschaften, der er von 1928 bis 1937 als Präsident vorstand. Daneben gehörte er von 1908 bis 1928 dem Herausgeberstab der Mathematischen Annalen an, die seiner Mitarbeit viel verdanken.

Bis in seine letzten Lebensjahre hinein (er starb am 29. 8. 1937 an den Folgen einer Operation) war Hölder unermüdlich im Interesse der Wissenschaft tätig. In Leipzig hielt er Vorlesungen über die verschiedensten Gebiete, von Differential- und Integralrechnung, Differentialgleichungen und Funktionentheorie über Algebra mit Galoisscher Theorie und Gruppentheorie, Variationsrechnung, projektive Geometrie, Differentialgeometrie, Mechanik, der sein besonderes Interesse galt, Vektor- und Tensorrechnung bis hin zur Zahlentheorie. Seine wissenschaftlichen Leistungen schlugen sich in der Lehre nieder und kamen seinen vielen Schülern zugute; ein großer Teil der vor dem Kriege tätigen Gymnasiallehrer Sachsens verdankt ihm seine mathematische Ausbildung. Wie damals üblich, wechselten die Leipziger Ordinarien in der Leitung des Instituts einander ab; so hat auch Hölder viele Jahre hindurch die Geschicke des Mathematischen Instituts gelenkt. Im Studienjahr 1918/19 hatte er das Rektorat an der Leipziger Universität inne.

Hölder war zurückhaltend und jeglicher bloßen Betriebsamkeit abhold; Kongresse wurden von ihm fast nie besucht. Seine ruhige, immer freundliche Art, sein hohes geistiges Niveau, sein aufrechter, makelloser Charakter und seine menschliche Liebenswürdigkeit wurden von allen, die ihn näher kannten, hochgeschätzt. Er wird als ein vorzüglicher und ungemein beliebter Dozent beschrieben.

Otto Hölder hat auf den verschiedensten Gebieten der Analysis, aber auch in der Algebra und Zahlentheorie, Geometrie, Mengenlehre und Mechanik sowie zu den Grundlagen der Mathematik bedeutsame Beiträge geleistet. Hölderbedingung, Höldersummation oder Höldersche Ungleichung sind heutzutage allgemein geläufig. Auch der für die Gruppentheorie grundlegende Begriff der Faktorgruppe geht auf Hölder zurück. Die bis auf Reihenfolge und Isomorphie eindeutige Bestimmtheit der Faktoren in einer Kompositionsreihe einer endlichen Gruppe ist als «Satz von Jordan-Hölder» in die Begriffsbildungen der allgemeinen Gruppentheorie eingegangen.

Felix Hausdorff

1907 wird *Felix Hausdorff* Mitglied der Sächsischen Akademie. HAUSDORFFS Name ist untrennbar mit der mengentheoretischen Topologie verbunden. In seinem Hauptwerk «Grundzüge der Mengenlehre» [1] prägt er die Definition des topologischen Raums:

Unter einem topologischen Raum verstehen wir eine Menge E, worin den Elementen (Punkten) x gewisse Teilmengen U_x zugeordnet sind, die wir Umgebungen von x nennen, und zwar nach Maßgabe der folgenden Umgebungsaxiome:
(A) Jedem Punkt x entspricht mindestens eine Umgebung U_x, jede Umgebung U_x enthält den Punkt x.
(B) Sind U_x, V_x zwei Umgebungen desselben Punktes x, so gibt es eine Umgebung W_x, die Teilmenge von beiden ist.

(C) Liegt der Punkt y in U_x, so gibt es eine Umgebung U_y, die Teilmenge von U_x ist.
(D) Für zwei verschiedene Punkte x, y gibt es zwei Umgebungen U_x, U_y ohne gemeinsamen Punkt.

Dieser nicht nur für die «reine», sondern für die gesamte Mathematik grundlegende Begriff trägt heute die Bezeichnung *Hausdorffscher Raum.*

Felix Hausdorff wurde am 8. November 1868 in Breslau als Sohn des Kaufmanns Louis Hausdorff geboren, der 1875 das Bürgerrecht der Stadt Leipzig erwarb. Nach der Reifeprüfung am Nicolai-Gymnasium in Leipzig schreibt sich Hausdorff am 18. April 1887 in die Matrikellisten der Leipziger Universität ein, um Naturwissenschaften und Mathematik zu studieren. Im dritten und vierten Semester setzt er sein Studium in Freiburg und in Berlin fort, um anschließend nach Leipzig zurückzukehren. Er besucht Vorlesungen bei Heinrich Bruns, Adolph Mayer, Sophus Lie, Carl Neumann und promoviert am 30.7.1891 mit der Dissertation «Zur Theorie der astronomischen Refraktion» zum Dr. phil. Im April 1895 reicht er die Schrift «Über die Absorption des Lichts in der Atmosphäre» mit dem Antrag auf Erteilung der venia legendi für Astronomie und Mathematik bei der Philosophischen Fakultät der Universität Leipzig ein.

Sein Start als Privatdozent war wenig verheißungsvoll. Zu den im Winterhalbjahr 1895/96 gehaltenen Vorlesungen «Figur und Rotation der Himmelskörper» und «Kartenprojektion», die im gedruckten Verzeichnis nicht mehr angezeigt werden konnten, fanden sich kaum Hörer ein. Dagegen mußte die 1896 begonnene Vorlesungsreihe über Versicherungsmathematik, «Politische Arithmetik» und mathematische Statistik wegen ihrer Resonanz zweimal wiederholt werden.

Am 6. Dezember 1901 wird Hausdorff zum außeretatmäßigen a. o. Professor ernannt. Er arbeitet jetzt fast ausschließlich auf dem Gebiet der Mengenlehre, zu der er wohl durch die persönliche Bekanntschaft mit Georg Cantor gekommen war. In den Leipziger Jahren erschienen neben den Noten «Der Potenzbegriff in der Mengenlehre» und «Über dichte Ordnungstypen» die «Untersuchungen über Ordnungstypen», die «Grundzüge einer Theorie der geordneten Mengen» und die Abhandlung «Die Graduierung nach dem Endverlauf». Auch der Hausdorff-Birkhoffsche Maximalkettensatz *«Jede Kette einer halbgeordneten Menge ist in einer maximalen Kette enthalten»* wird von Hausdorff 1907 formuliert und bewiesen.

1910 geht Hausdorff als Extraordinarius nach Bonn. 1913 wurde er zum Ordentlichen Professor an die Universität Greifswald berufen. Von dort ging er 1921 wieder nach Bonn, wo er bis zu seiner Zwangsemeritierung – Hausdorff war Jude – im Jahre 1935 wirkte. Bis 1938 konnte Hausdorff noch veröffentlichen, dann war ihm auch das verwehrt. Als schließlich die Deportation in ein Vernichtungslager drohte, nahm sich Hausdorff am 16. Januar 1942 das Leben, gemeinsam mit seiner Frau und deren Schwester.

Gustav Herglotz

1909 wird Gustav Herglotz zum Ordentlichen Professor für Mathematik nach Leipzig berufen. Gustav Herglotz wurde am 2. Februar 1881 in Wallern im Böhmerwald geboren. Sein Vater war dort Notar und verstarb früh. Mit mancherlei Entbehrungen ermöglichte die Mutter es ihm, ein Wiener Gymnasium zu besuchen und sodann (ab 1899) an der Universität Wien zu studieren. Im Jahre 1900 ging Herglotz zu Seeliger nach München, wo er auch mathematische Vorlesungen von Lindemann und Pringsheim hörte. 1902 promovierte er mit der von Seeliger angeregten Arbeit «Über die scheinbaren Helligkeitsverhältnisse eines planetarischen Körpers mit drei ungleichen Hauptträgheitsachsen». Im Jahre 1898 war nämlich der kleine Planet Eros entdeckt worden, der auffällige Helligkeitsschwankungen aufweist. Der Kandidat erklärte den Effekt, um dessen Deutung sich schon mehrere Fachgelehrte bemüht hatten, indem er eine Rotation und unregelmäßige Gestalt des Körpers annahm.

In den Jahren 1903 und 1904 verbrachte Herglotz zwei Semester in Göttingen. Dort kam es zur Zusammenarbeit mit H. Hahn und K. Schwarzschild, die zu einer gemeinsamen Note «Über das Strömen des Wassers in Röhren und Kanälen» führte. Auf Vorschlag Kleins habilitierte sich Herglotz 1904 mit einem Probevortrag «Über die periodischen und asymptotischen Lösungen des Dreikörperproblems» in Göttingen für die Fächer Mathematik und Astronomie. 1907 erhält er dort eine a. o. Professur für theoretische Astronomie. In den Göttinger Jahren interessierte sich Herglotz u. a. für die Theorie des elastischen Erdkörpers und die Fortpflanzung von Erdbebenwellen. 1908 folgt Herglotz schließlich einem Ruf an die TH Wien.

In Leipzig sah man sich im Sommer 1908 durch den Tod Scheibners und Adolph Mayers veranlaßt, nach einem neuen Ordinarius Ausschau zu halten. Da Herglotz noch sehr jung war, kann es nicht verwundern, daß die Wahl nicht sogleich auf ihn fiel. Da aber mehrere andere Kandidaten eine Berufung ablehnten, entschloß man sich, Herglotz zu berufen. Im Antrag an das Ministerium – Seeliger war damals Dekan – wird «außergewöhnliches Talent, umfassendes Wissen und zugleich entschiedene Gründlichkeit» hervorgehoben, ferner die «große Originalität und Vielseitigkeit» des Kandidaten betont.

Auch in Leipzig widmete sich Herglotz vielfältigen Themen. Es entstehen Arbeiten «Über die Mechanik des deformierbaren Körpers vom Standpunkt der Relativitätstheorie», zur geometrischen Deutung der Einsteinschen Feldgleichungen und zur Riemannschen Geometrie. Zur Enzyklopädie der Mathematik steuert Herglotz den Übersichtsartikel «Bahnbestimmung der Planeten und Kometen» bei. Auch funktionentheoretische Themen liegen in seinem Blickfeld. Die von ihm 1911 angegebene notwendige und hinreichende Bedingung für die Positivität des Realteils einer im Einheitskreis konvergenten Potenzreihe wird in der Literatur als Satz von Herglotz zitiert.

Mit der Schrift «Über die analytische Fortsetzung des Potentials ins Innere der anziehenden Massen» (1914) beteiligte sich Herglotz an einer der Preisaufgaben der Jablonowskischen Gesellschaft. Im Jahre 1774 hatte der in Leipzig wohnende polnische Fürst Josef Alexander Jablonowski die «Fürstlich Jablonowskische Gesellschaft» gestiftet. Ihr Ziel war die Beförderung wissenschaftlicher Forschungen auf dem Gebiet der Mathematik, Physik, Geschichte und Ökonomie und die «Verbesserung der Landeskultur». Zu diesem Zweck stellte sie wissenschaftliche Preisaufgaben, prämiierte sie und ließ sie drucken. Der Preis von 1913 betrug 1500,– M.

Nachdem Herglotz Berufungen nach Berlin und München abgelehnt hatte, nahm er schließlich 1925 den Ruf als o. Professor für reine und angewandte Mathematik und Nachfolger C. Runges nach Göttingen an. Er war damals mit drei großen Abhandlungen «Über die Integration linearer partieller Differentialgleichungen I–III» beschäftigt.

Die Verdienste von Gustav Herglotz liegen nicht allein in seinen hervorragenden Arbeiten mit einer Vielzahl eleganter Anwendungen auf Probleme der mathematischen Physik begründet, sie resultieren zu einem wesentlichen Teil aus seinen großen Erfolgen als akademischer Lehrer an den Universitäten Leipzig und Göttingen. Seine Studenten rühmen die glänzende Darstellungskunst seines Vortrags, die kaum zu überbietende Eleganz, Anschaulichkeit und Gründlichkeit sowie den analytischen Reichtum seiner Vorlesungen. Herglotz' meisterhafte Einführung in die Mechanik der Kontinua liegt als Vorlesungsausarbeitung in der Reihe «Teubner-Archiv zur Mathematik» [2] vor. Sie hat nichts an Aktualität eingebüßt.

Gustav Herglotz war seit 1914 Mitglied der Königlich Sächsischen Gesellschaft der Wissenschaften, seit 1925 Mitglied der Göttinger Gesellschaft der Wissenschaften und seit 1942 Korrespondierendes Mitglied der Bayerischen Akademie der Wissenschaften. *Gustav Herglotz* wurde nach einem Schlaganfall im Jahre 1947 emeritiert. Er starb am 22. März 1953 in Göttingen.

Leon Lichtenstein

1922 kam Leon Lichtenstein als Ordinarius für Mathematik und Mitdirektor des Mathematischen Seminars an das Mathematische Institut der Universität Leipzig. Ebenfalls 1922 erfolgte die Wahl Lichtensteins zum Ordentlichen Mitglied der Sächsischen Akademie der Wissenschaften.

Lichtenstein wurde am 16. Mai 1878 in Warschau geboren. Mit 16 Jahren kam er nach Deutschland und studierte an der Technischen Hochschule Berlin-Charlottenburg Maschinenbau und danach Elektrotechnik, wobei er noch gleichzeitig an der Universität Berlin mathematische Vorlesungen bei H. A. Schwarz, Frobenius, Schottky und Landau hörte. 1902 trat Lichtenstein als Elektroingenieur in die Firma Siemens und Halske ein; noch bis 1923, als er längst ein Mathematiker von Weltruf geworden war, ist er, natürlich in sehr beschränktem Umfang, in dieser Firma tätig gewesen.

1907 erwarb Lichtenstein an der TH Berlin den Titel eines Dr. Ing. und 1909 den Dr. phil. an der Universität Berlin, 1910 habilitierte er sich an der TH Charlottenburg. In seiner Habilitationsschrift bewies Lichtenstein den Satz, daß jedes hinreichend kleine, im wesentlichen stetig gekrümmte singularitätenfreie Flächenstück

auf einen Teil der Ebene zusammenhängend und konform abgebildet werden kann. 15 Jahre später hat er diesen Satz auf die konforme Abbildung beliebig großer Flächenstücke in die Ebene übertragen können anläßlich der Herleitung der Normalform für die allgemeine lineare elliptische Differentialgleichung zweiter Ordnung in der Ebene.
Neben einer Reihe industrieller Arbeiten für die Kabelindustrie und Luftfahrt – hier arbeitete er bei Prandtl am Institut für Aerodynamik – entfaltete Lichtenstein in der Folgezeit eine äußerst fruchtbare Forschungstätigkeit in der Potentialtheorie, Variationsrechnung, im Bereich Differentialgleichungen und der konformen Abbildungen. Bereits 1912 und 1913 hat Lichtenstein als erster logarithmische Potentiale bei lediglich quadratisch integrablen Dichten – die moderne Entwicklung vorausahnend – eingeführt und u. a. die quadratische Integrabilität der zweiten Ableitung der Lösung der Poissonschen Differentialgleichung bei quadratisch integrierbarer rechter Seite bewiesen, ferner die Gültigkeit der Hilbertschen Umkehrformel für den Cotangens-Kern bei lediglich quadratisch integrablen Randwerten.

1918 wurde Lichtenstein Extraordinarius, 1919 Ordentlicher Honorarprofessor an der TH Charlottenburg, und 1920 folgte er einem Ruf zum ordentlichen Professor für Mathematik an die Universität Münster. Er gründete 1918 die Mathematische Zeitschrift, deren Herausgeber er bis zu seinem Tode blieb. Nach dem Tode von K. Rohn bemühte sich O. Hölder darum, Lichtenstein als Nachfolger Rohns für Leipzig zu gewinnen. Nach anfänglichem Widerstand setzte ihn die Fakultät schließlich an die erste Stelle der Berufungsliste; am 1. April 1922 wurde Lichtenstein nach Leipzig berufen. In seiner Antrittsrede «Astronomie und Mathematik in ihrer Wechselwirkung» [3] zeichnete er ein faszinierendes Panorama fruchtbarer Beziehungen zwischen Mathematik und Astronomie und konzipierte ein Forschungsprogramm, welches von ihm und später von seinen Schülern z. T. verwirklicht werden konnte. Er begründete eine mathematische Schule, die über E. Hölder, H. Beckert und ihre Schüler bis heute das Profil des Leipziger Instituts mitbestimmt.

1918 begann Lichtenstein seine Untersuchungen über die Gleichgewichtsfiguren rotierender Flüssigkeiten; die schon erwähnte Antrittsrede bildete eine erste Zusammenfassung von Resultaten und war zugleich das Programm für die weitere Forschung. Bekanntlich ist für das Gleichgewicht einer etwa um die z-Achse mit der Winkelgeschwindigkeit ω rotierenden Flüssigkeitsmasse T notwendig, daß das Gesamtpotential der Einheitskräfte U(x,y,z) auf dem Rand S von T konstant ist:

$$U(x, y, z) = \gamma V(x, y, z) + \omega^2 (x^2 + y^2) = \text{const};$$

$V =$ Newtonsches Potential von T, $\gamma =$ Gravitationskonstante.
Als Lösung hiervon fanden bereits MacLaurin Rotationsellipsoide, die sich stetig mit der Winkelgeschwindigkeit ändern, und Jacobi später dreiachsige Ellipsoide in stetiger Abhängigkeit von ω. Poincaré hatte dann die Existenz von neuen Gleichgewichtsfiguren in der Nachbarschaft der Maclaurinschen und Jacobischen Ellipsoide behauptet. A. M. Ljapunov konnte derartige Existenzsätze beweisen; seine Untersuchungen waren allerdings schwer verständlich. Das mag Lichtenstein bewogen haben, den Problemkreis neu aufzugreifen. Er hat in einer ganzen Reihe größerer Abhandlungen neue Existenz- und Stabilitätssätze für die Verzweigung homogener

oder auch heterogener, rotierender Flüssigkeiten sowie für die Dynamik inkohärenter Medien aufgestellt. In der 1933, noch kurz vor seinem Tode, erschienenen Monographie «Gleichgewichtsfiguren rotierender Flüssigkeiten» [4] sind seine Arbeiten und die seiner Schüler zusammengefaßt.

In drei großen Abhandlungen (1925/28) über Existenzprobleme der Hydrodynamik löste Lichtenstein erstmalig das Anfangswertproblem für die Bewegungsgleichungen homogener und heterogener, inkompressibler idealer Flüssigkeiten für ein hinreichend kleines Zeitintervall. Dabei kann sich die Flüssigkeit in einem abgeschlossenen deformierbaren Gefäß befinden, in dem hinreichend reguläre Körper eingetaucht sind, oder sie kann den Außenraum derartiger Gefäße ausfüllen. 1933, kurz vor Lichtensteins Tod, haben W. Wolibner und Ernst Hölder unabhängig voneinander Beweise für die unbeschränkte zeitliche Fortsetzbarkeit der von Lichtenstein nur für ein kleines Zeitintervall konstruierten Lösungen des Anfangswertproblems der ebenen Bewegung einer inkompressiblen, homogenen Flüssigkeit veröffentlicht.

Bereits wenige Wochen nach der Machtergreifung der Nationalsozialisten begann eine üble antisemitische Hetze gegen Lichtenstein. Wie H. Schubert aus der Erinnerung berichtet, haben Lichtenstein und seine Frau daraufhin Leipzig verlassen und sind nach Polen gereist. Dort, in Zakopane, erlag er am 21. August 1933 einem Herzschlag.

Paul Koebe

1927 wurde Paul Koebe Ordentliches Mitglied der Math.-phys. Klasse der Sächsischen Akademie. Paul Koebe wurde am 15. Februar 1882 in Luckenwalde bei Berlin geboren. Nach der Reifeprüfung am Joachimsthalschen Gymnasium in Berlin studierte er im Sommersemester 1900 in Kiel, dann von 1900 bis 1905 in Berlin, daneben 1904 bis 1905 auch an der TH Berlin-Charlottenburg. 1903/04 war er dabei Mathematik-Stipendiat der Gustav-Magnus-Stiftung, was mit einem für die damalige Zeit namhaften Betrag verbunden war. Am 14. Juni 1905 promovierte er bei H. A. Schwarz mit der von diesem angeregten Dissertation «Über diejenigen analytischen Funktionen eines Arguments, welche ein algebraisches Additionstheorem besitzen». 1907 habilitierte sich Koebe in Göttingen, wo er dann von 1907 bis 1910 Privatdozent war. 1910 wurde er dort außerplanmäßiger a. o. Professor. 1911 kam er als planmäßiger a. o. Professor nach Leipzig. Schließlich wurde er 1914 Ordentlicher Professor und Direktor des Mathematischen Seminars in Jena. 1926 wurde P. Koebe nach Leipzig berufen. Hier in Leipzig ist er am 6. August 1945 gestorben.

Fast das gesamte mathematische Schaffen Paul Koebes steht im Zusammenhang mit dem Uniformisierungsproblem, das er gleichzeitig mit H. Poincaré löste. Die Lösung dieses Uniformisierungsproblems wurde von D. Hilbert 1900 in seinem bekannten Vortrag auf dem Internationalen Mathematiker-Kongreß in Paris als «äußerst wünschenswert» bezeichnet. Schon 1907 gelang dem damals erst 25jährigen Koebe der Durchbruch. Das Uniformisierungsproblem läuft im wesentlichen darauf hinaus, eine beliebige einfach zusammenhängende Riemannsche Fläche schlicht konform auf ein schlichtes Gebiet abzubilden. Das erfordert beträchtliche beweistechnische Zurüstungen, die auch für sich interessant sind. Dem heutigen Leser wird es ziemlich schwerfallen, sich anhand der Vielzahl der z. T. recht umfangreichen und einen anderen mathematischen Zeitgeist atmenden Koebeschen Arbeiten einen Überblick über die Uniformisierungstheorie zu verschaffen. Wohl auch aus solchem Gefühl heraus hat schon B. L. VAN DER WAERDEN in den Berichten der Sächsischen Akademie [5] eine knappe und übersichtliche Darstellung publiziert, die er P. Koebe zum 60. Geburtstag gewidmet hat.

In unmittelbarem Zusammenhang mit der Uniformisierungstheorie untersuchte Koebe konforme Abbildungen auf kanonische Gebiete. Hier ist zuerst das nach ihm benannte Kreisnormierungstheorem zu nennen, wonach sich jedes endlich vielfach zusammenhängende Gebiet – bis auf lineare Transformation in eindeutig bestimmter Weise – auf ein von Vollkreisen berandetes Gebiet schlicht konform abbilden läßt. Koebe bewies diesen wichtigen Satz – und eine Reihe ähnlicher – mit einem weitreichenden Beweisprinzip, der mit seinem Namen verbundenen Kontinuitätsmethode.

Von Koebe begründet wurde auch ein weiteres wichtiges Gebiet der Funktionentheorie: die Theorie der Extremalprobleme in Klassen schlichter konformer Abbildungen, und zwar mit dem heute nach ihm benannten Koebeschen Viertelsatz. Der Viertelsatz besagt in moderner Formulierung, daß für alle schlichten konformen Abbildungen von $|z| < 1$ mit regulärer Abbildungsfunktion w, die in $z = 0$ durch

$$w(z) = z + A_2 z^2 + A_3 z^3 + \dots$$

«Koebe-normiert» sind, der Abstand des Bildrands von $w = 0$ größer oder gleich 1/4 ausfällt; mit dem Gleichheitszeichen genau dann, wenn eine «Koebe-Funktion»

$$w(z) = z(1 + e^{i\alpha} z)^{-2}$$

vorliegt. In diesem Zusammenhang ergab sich auch die – erst 1985 von DE BRANGES [6] bewiesene – Bieberbachsche Vermutung $|A_n| \leqq n$ für die Entwicklungskoeffizienten.

Bartel Leendert van der Waerden

Nach der Emeritierung von Otto Hölder im Jahre 1928 wurde der junge niederländische Mathematiker Bartel Leendert van der Waerden auf den vakanten Lehrstuhl berufen und mit Wirkung vom 1. Mai 1931 zum Ordentlichen Professor der Mathematik an der Philosophischen Fakultät der Universität Leipzig ernannt. Van der Waerden, geboren am 2. Februar 1903 in Amsterdam, hatte nach einem Mathematikstudium an den Universitäten Amsterdam und Göttingen von 1919 bis 1925 am 24. 3. 1926 an der Amsterdamer Universität als Schüler von de Vries mit der Arbeit «De algebraiese grondslagen der meetkunde van heet aantal» zum Dr. phil. promoviert und sich am 26. 2. 1927 in Göttingen habilitiert, war 1926/27 an der Universität Hamburg, 1927/28 Assistent und Privatdozent an der Universität Göttingen und wurde am 6. Mai 1928 als Ordinarius nach Groningen berufen.

In Leipzig hat van der Waerden bis 1945 gewirkt; viele seiner (später über 250) Veröffentlichungen stammen aus der Leipziger Zeit. Van der Waerden hatte in Göttingen bei Emmy Noether Algebra gehört und war daher in scharfem begrifflichem algebraischem Denken geschult. Es nimmt daher nicht wunder, daß er sich in besonderem Maße für die algebraische Geometrie interessierte. Die italienische Schule hatte im Anschluß an Max Noether ein bewundernswürdiges Gebäude der algebraischen Geometrie errichtet, in seinen logischen Grundlagen stand es aber auf tönernen Füßen, und viele grundlegende Begriffe bereits waren nur unscharf definiert. Mit seinen Veröffentlichungen zur algebraischen Geometrie, in denen er herausarbeitete, daß zahlreiche Begriffsbildungen der Geometrie ihrem eigentlichen Wesen nach algebraisch sind und nur mit algebraischen Methoden scharf erfaßt werden können, hat van der Waerden deren Entwicklung maßgeblich mitbestimmt und die Notwendigkeit einer strengen Begründung bewußt gemacht. Im vorliegenden Rahmen kann nur auf die Arbeiten «Zur algebraischen Geometrie I–XV» aufmerksam gemacht werden, in denen van der Waerden 1933/38 eine systematische strenge Neubegründung der algebraischen Geometrie vorträgt.

Algebraische Geometrie, Algebra und Zahlentheorie hängen engstens miteinander zusammen. Hervorgegangen aus der Zusammenarbeit im Kreis um Emmy Noether sind 1930 und 1931 Band I und II der «Modernen Algebra» VAN DER WAERDENS [7] in der gelben Sammlung erschienen, die in der Leipziger Zeit ihre zweite Auflage erlebten und inzwischen in vielen Auflagen neu herausgegeben und in mehrere Sprachen übersetzt worden sind; meisterhaft geschriebene Bände, die seitdem zahlreichen Mathematikern als Einführung in die Algebra gedient haben und auch heute noch (nachdem der Titel inzwischen nur noch «Algebra» lautet), jedem wärmstens empfohlen werden können, der Algebra lernen will.

Van der Waerden wurde am 31. August 1934 in die Sächsische Akademie gewählt. Die Zuwahl gestaltete sich wegen seiner holländischen Staatsangehörigkeit schwierig; zumal seit einem Jahr die Nationalsozialisten an der Macht waren. In der Mathematisch-physischen Klasse sprachen Heisenberg und Debye für die Wahl van der Waerdens, bei der anschließenden Abstimmung wurden von den Anwesenden 14 Stimmen für und 6 gegen den Antrag abgegeben. Nach Kriegsende verließ van der Waerden Leipzig und war danach (1947) zunächst Gastprofessor an der John Hopkins University in Baltimore, dann 1948–51 Professor an der Universität Amsterdam und wirkte seit 1951 in Zürich. In Zürich ist er wenige Tage vor seinem 93. Geburtstag am 12. 1. 1996 gestorben.

Wilhelm Blaschke

Wilhelm Blaschke, der 1937 als Korrespondierendes Mitglied in die Sächsische Akademie gewählt wurde, gilt als einer der führenden Geometer des 20. Jahrhunderts. Während seiner «Wanderjahre» wirkte Blaschke auch zwei Jahre am Mathematischen Institut der Universität Leipzig.

Wilhelm Blaschke wurde am 13. September 1885 in Graz geboren. Nach dem Besuch des Grazer Gymnasiums studierte er zunächst vier Semester Bauingenieurwesen an der technischen Hochschule seiner Vaterstadt, danach an der Universität Graz zwei Semester Mathematik. Dieses Studium setzte er bei Wirtinger in Wien fort mit dem Ziel, Lehrer für Mathematik und darstellende Geometrie an einer höheren Schule zu werden. 1907 legte er die entsprechende Lehramtsprüfung ab. Nach der 1908 erfolgten Promotion ermöglichte es ihm ein Stipendium, seine Studien an verschiedenen Universitäten fortzusetzen und so seinen Gesichtskreis wesentlich zu erweitern. So konnte er in Bonn von E. Study, in Pisa von L. Bianchi und in Göttingen von dem glänzenden Mathematikerkreis um David Hilbert und Felix Klein die nachhaltigsten Eindrücke gewinnen. Blaschke habilitierte sich im Oktober 1910 in Bonn, wo er dann «bei einer Flasche guten Moselweins zum Privatdozenten erhoben» wurde [8].

Von 1911 bis zum Wintersemester 1912/13 wirkte Blaschke als Privatdozent in Greifswald, wo er durch F. Engel mit den Ideen Lies vertraut wurde. 1913 erhielt er einen Ruf als Extraordinarius nach Prag und von dort aus 1915 einen weiteren ebenfalls als Extraordinarius an die Universität Leipzig. 1917 wurde Blaschke als Ordinarius nach Königsberg und im Frühjahrssemester 1919 in der gleichen Stellung nach Tübingen berufen. Vom 1. Oktober 1919 an wirkte er als Ordentlicher Professor an der neu gegründeten Universität Hamburg. Blaschke verstand es, durch seine eigene Tätigkeit und durch die Berufung so herausragender Mathematiker wie E. Artin, E. Hasse und E. Hecke das Mathematische Seminar der Universität Hamburg in kurzer Zeit zu einem weltbekannten Zentrum mathematischer Forschung und Lehre zu entwickeln. Wilhelm Blaschke wurde am 30. September 1953 emeritiert. Er starb am 17. März 1962 in Hamburg.

In seiner Leipziger Zeit hatte sich Blaschke mit der Geometrie konvexer Bereiche beschäftigt, u. a. mit sogenannten Orbiformen, konvexen Bereichen konstanter Breite. Diese Arbeiten haben in den siebziger Jahren in Leipzig mit den Untersuchungen von J. Focke und R. Klötzler über n-Orbiformen – Querschnittsformen, die beim spitzenlosen Außenrundschleifen auftreten – eine interessante Fortführung erfahren.

Eberhard Hopf

1936 erreichte Werner Heisenberg im Bunde mit Hund und van der Waerden die Berufung des Mathematikers Eberhard Hopf, bis dahin Assistent Professor am Massachusetts Institute of Technology, als Nachfolger von Lichtenstein an die Universität Leipzig. In einem von Heisenberg, Hund, van der Waerden und Weickmann unterzeichneten Sondervotum zum Bericht des Dekans heißt es zur Begründung, daß sich

> in allen seinen Werken ... eine gründliche Beherrschung aller modernen Methoden der reellen Analysis, der mathematischen Physik, der theoretischen Astrophysik und großer Teile der angewandten Mathematik

zeigt. Heisenberg und van der Waerden veranlaßten 1938 auch die Wahl Hopfs zum Ordentlichen Mitglied der Sächsischen Akademie der Wissenschaften.

Eberhard Hopf wurde am 17.4.1902 in Salzburg geboren. Nach seiner Promotion bei Erhard Schmidt 1926 in Berlin wandte sich Hopf dem interessanten Problem des Strahlungsgleichgewichts in den äußeren Schichten der Sterne zu. Er leitete hier eine lineare Integralgleichung her, die mit der in der Hilbertschen Gastheorie identisch ist, und bestimmte zunächst den Strahlungszustand bei endlichem optischen Durchmesser, später auch bei unendlichem durch Zurückführung auf die Theorie singulärer Integralgleichungen vom Faltungstyp. Hierzu entwickelte E. Hopf 1931 in einer berühmten Arbeit mit N. Wiener eine Lösungstheorie über die Fourier-Laplace Transformation und bemerkenswerte funktionentheoretische Abschätzungen hinweg. In der Literatur werden Faltungsgleichungen über der Halbachse als Wiener-Hopf-Gleichungen bezeichnet. In dieser Anfangsperiode wandte sich Hopf gleichzeitig einer größeren Zahl von schwierigen Problemen zu. So bewies er in einer vielbeachteten Abhandlung u. a. die Analytizität zweimal H-stetig differenzierbarer Lösungen allgemeiner nichtlinearer elliptischer Differentialgleichungen im R^n. In der Theorie des restringierten Dreikörperproblems wandte er die Poincarésche Kontinuitätsmethode erfolgreich auf die Lösung des Hillschen Problems an und leitete für die periodischen Lösungen neue, nach gebrochenen Exponenten fortschreitende konvergente Reihenentwicklungen her.

Bekanntlich gehören die Maximumprinzipien bei partiellen Differentialgleichungen zu den wichtigsten und meistangewandten Sätzen. E. Hopf hat entscheidende Anteile an der endgültigen Erarbeitung des starken Maximumprinzips für die Lösungen elliptischer Gleichungen zweiter Ordnung, womit er bereits 1927 mit einer kurzen, aber wichtigen Arbeit hervortrat und 1952 das sogenannte Lemma von Hopf, wonach die innere Normalableitung einer Lösung $u(x)$ der linearen elliptischen Ungleichung $L(u) \leqq 0$ in einem Minimalpunkt wesentlich positiv ist, herleitete.

Unter seinen Arbeiten zur Ergodentheorie in den dreißiger Jahren sei hier auf die tiefliegenden Resultate über ergodische Strömungen längs geodätischer Linien auf Flächen konstanter negativer Krümmung hingewiesen und auf die Beweise des individuellen Ergodensatzes bei diskreten Markoff-Prozessen. Ferner verdankt man E. Hopf einen Beweis der bekannten Gibbsschen Hypothese über die Tendenz einer allgemeinen Bewegung zu einem statistischen Gleichgewichtszustand. Hopfs Ergebnisbericht 1937 «Ergodentheorie», wieder aufgelegt 1948 in den USA, bedeutete einen Meilenstein für die weitere Entwicklung der Ergodentheorie.

Seit 1932 wirkte E. Hopf am Massachusetts Institute of Technology (MIT), an dem von Norbert Wiener geleiteten Department. 1936 erfolgte die Berufung nach Leipzig. In dieser Zeit bereits begannen Hopfs Forschungen auf dem schwierigen Neuland einer mathematischen Theorie der Turbulenzerscheinungen. Zwischendurch trat Hopf auf anderen Gebieten hervor. Hier ist besonders seine berühmte Untersuchung aus dem Jahre 1942 über die Abzweigung einer periodischen Lösung von einer stationären Lösung eines Differentialgleichungssystems zu nennen, eine Methode, die heute in der Literatur als Hopf-Bifurkation bezeichnet wird. Nach Kriegsende übersiedelte E. Hopf wieder in die USA und war bis zu seiner Emeritierung Ordentlicher Professor an der Indiana University Bloomington.

1952 veröffentlichte E. HOPF schließlich seine fundamentale Abhandlung zur Turbulenztheorie «Statistical Hydrodynamics and Functional Calculus» [9], mit der ein aussichtsreicher Weg zur Lösung des Turbulenzproblems gewiesen wird. Er leitete darin die berühmte Hopfsche ϕ-Gleichung für die Fouriertransformierte eines sich gemäß der Navier-Stokesschen Differentialgleichungen entwickelnden Maßes über dem (unendlichdimensionalen) Lösungsraum dieser Gleichungen her. Daß es ihm in dieser Zeit nicht gelang, eine Existenztheorie für seine ϕ-Gleichung aufzustellen, ist in Anbetracht des damaligen Entwicklungsstands der nichtlinearen Existenztheorien verständlich. Ein erster Beweis zum Anfangswertproblem der Hopfschen ϕ-Gleichung wurde 1973 von C. FOIAS veröffentlicht [10]. Eberhard Hopf verstarb am 24. 7. 1963 in Bloomington, Indiana.

Ernst Hölder

Zu den markantesten Persönlichkeiten, die richtungweisend der mathematischen Forschung an der Universität Leipzig nach der Wiedereröffnung 1945 das Gepräge gegeben haben, gehört Ernst Hölder, der während des Krieges als wissenschaftlicher Mitarbeiter an die Anstalt für Luftfahrtforschung in Braunschweig dienstverpflichtet worden war und auf Betreiben von Friedrich Hund wieder nach Leipzig kam.

Ernst Hölder, Sohn von Otto Hölder, geboren am 2. April 1901, studierte von 1920–1926 Mathematik und Physik an den Universitäten Leipzig und Göttingen. Die originellen und glänzenden Vorlesungen von Gustav Herglotz haben später unverkennbare Spuren in zahlreichen Arbeiten von Ernst Hölder hinterlassen. Das starke Interesse für Physik führte Hölder indes im Verlauf seines Studiums zu Leon Lichtenstein. Angeregt durch die Arbeiten Lichtensteins, promoviert Hölder 1926 mit der Dissertation «Gleichgewichtsfiguren rotierender Flüssigkeiten mit Oberflächenspannung». In seiner Habilitationsschrift 1929 «Mathematische Untersuchungen zur Himmelsmechanik» beweist er u. a. erstmalig die Existenz von Gleichgewichtsfiguren rotierender Flüssigkeiten mit nur einer nicht durch die Rotationsachse gehenden Symmetrieebene.

Lichtenstein hatte in den Jahren 1925–28 das Anfangswertproblem der instationären Bewegungsgleichungen inkompressibler reibungsloser Flüssigkeiten für kleine Zeiten gelöst. Gleichzeitig mit W. Wolibner, der im ebenen Fall einen Existenzbeweis für diese Strömungen im Großen erbrachte, veröffentlichte Ernst Hölder 1933 eine Untersuchung, in der er die unbeschränkte zeitliche Fortsetzbarkeit der Lichtensteinschen Lösungen auf einem eleganten potentialtheoretischen Wege zeigen konnte. Zwischen dem zwei- und mehrdimensionalen Fall türmen sich in den globalen Existenztheorien bekanntlich auch bei zähen Strömungen große Schwierigkeiten auf, die in der Natur der Sache zu liegen scheinen.

Der plötzliche Tod Lichtensteins 1933 muß unter den obwaltenden Umständen Ernst Hölder schwer getroffen haben, verbanden ihn doch mit seinem hochgeschätzten Lehrer engste wissenschaftliche und freundschaftliche Beziehungen. Im Jahre 1935 veröffentlichte er eine Widmungsarbeit «Die Lichtensteinsche Methode für die Entwicklung der zweiten Variation, angewandt auf das Problem von Lagrange» in der polnischen Zeitschrift Prace Matematyczno-Fizyczne im Rahmen seiner neuen Forschungsthematik *Eigenwerttheorie kanonischer Differentialgleichungssysteme.* Eine Anwendung seiner Theorie auf die Stabknickung bei beliebig verteilten Längs- und kleinen Querkräften sowie bei Berücksichtigung der Längsdilatation veröffentlichte Ernst Hölder im Jahrbuch 1940 der deutschen Luftforschung.

Bei eindimensionalen Extremalintegralen sind die Beziehungen zur Geometrie der Gruppe der Berührungstransformationen schon in Hamiltons optischen Arbeiten erkennbar. Wie Ernst Hölder 1939 in den Jahresberichten der DMV [11] zeigte, kann man über die Einführung der Lieschen charakteristischen Funktion als Erzeugende einer eingliedrigen Gruppe von Berührungstransformationen hinweg und deren Deutung als Bahnkurven der kanonischen Differentialgleichungen und Extremalen des zugehörigen Lagrangeschen Variationsproblems zu einem einzigartig guten Überblick über die Bezirke der Jacobi-Hamiltonschen Theorie und deren Anwendungen gelangen. In seinen Leipziger Vorlesungen über partielle Differentialgleichungen erster Ordnung und Geometrische Optik ist er immer wieder auf den Gegenstand dieser Arbeit ausführlich eingegangen. Aus diesen Anregungen entstand die Leipziger Dissertation von J. Focke, die Ausgangspunkt weiterer Arbeiten zur geometrischen Optik geworden ist. Ähnliches gilt auch für die Untersuchungen von R. Klötzler zur Feldtheorie in der Variationsrechnung.

1938 gibt Ernst Hölder eine zur Poissonschen analoge Wellenformel für die Lösungen $u(t, x^1, x^2, x^3)$ der skalaren Wellengleichung bezüglich der Metrik $ds^2 = ds_0^2 - c^2dt^2$ an, wenn die Metrik ds_0^2 einen Raum konstanter Krümmung definiert. Für die Gültigkeit des Huygensschen Prinzips erweist sich das Verschwinden der skalaren Krümmung als notwendig. Die Frage nach der Richtigkeit der sog. Vermutung von Hadamard, wonach unter den normal hyperbolischen Differentialgleichungen gerader Raum-Zeit-Dimension die Wellengleichung bis auf sogenannte triviale Transformationen die einzige sei, für welche das Huygenssche Prinzip im strengen Sinn zutrifft, bildete das Thema der Dissertation von Paul Günther, die durch Hölder angeregt wurde. 1965 konstruiert P. Günther nichttriviale huygenssche Differentialgleichungen mit vier unabhängigen Variablen, womit sich die Hadamardsche Vermutung als falsch erweist. Günther widmete dem Gegenstand später die Monographie «Huygens' Principle and Hyperbolic Equations» [12].

Kurz nach Kriegsende wieder in Leipzig, wurde Ernst Hölder im August 1945 zum außerplanmäßigen und 1947 zum Ordentlichen Professor ernannt. 1948 wurde er Mitglied der Sächsischen Akademie und 1952 der Deutschen Akademie der Naturforscher (Leopoldina) in Halle.

Stets dem Andenken seines Lehrers verpflichtet, hat Ernst Hölder die Lichtensteinsche Forschungstradition am Leipziger Mathematischen Institut, dessen Direktor er von 1946 bis 1957 war, wachgehalten und hier einen großen Schülerkreis für die Mathematik begeistern können. Als im Laufe der Zeit die Pressionen an den ostdeutschen Universitäten härter wurden, sah Hölder keine Möglichkeit mehr, in Leipzig zu lehren. 1958 verließ er Leipzig, um in Mainz die Nachfolge von G. Kothe anzutreten. Ernst Hölder wurde 1969 in Mainz emeritiert und verstarb dort am 30. Juni 1990 im Alter von 89 Jahren.

Erich Kähler

«Das waren schöne und erfolgreiche Jahre», sagte Erich Kähler bei einem Besuch in seiner Geburtsstadt Leipzig im Frühjahr 1980 und meinte damit seine Arbeitsjahre als Ordentlicher Professor an der Universität Leipzig 1948–1958. Erich Kähler wurde am 16. Januar 1906 in Leipzig geboren, erhielt 1924 an der Leipziger Leibniz-Oberrealschule das Zeugnis der Reife, studierte von 1924–28 an der Leipziger Universität Mathematik, Astronomie und Physik und promovierte im Mai 1928 bei L. Lichtenstein zum Dr. phil. Ein Stipendium der Notgemeinschaft der Deutschen Wissenschaft half ihm nach dem Studium, bis er im Sommersemester 1929 vertretungsweise eine Assistentenstelle an der Universität Königsberg bekam. Vom Herbst 1929–1935 war er dann Assistent am Hamburger Mathematischen Seminar und erlangte im Februar 1930 mit seiner Habilitationsschrift «Über die Integrale algebraischer Differentialgleichungen» die venia legendi. Die Tätigkeit in Hamburg unterbrach er fast ein Jahr lang für einen Aufenthalt an der Universität Rom 1931/32, der durch ein Rockefeller-Stipendium ermöglicht wurde. Die Arbeit in Rom an der Quelle der italienischen algebraischen Geometrie prägte Kähler in starkem Maße. Von 1935 bis 1936 vertrat er in Königsberg eine Professur und wurde im Juli 1936 als Ordentlicher Professor an die Universität Königsberg berufen. Krieg und Kriegsgefangenschaft unterbrachen seine Arbeit als Forscher und Lehrer fast 8 Jahre lang.

Einen wesentlichen Teil seiner fruchtbaren mathematischen Schaffensperiode in den 30er Jahren nimmt die Beschäftigung mit dem Kalkül der Differentialformen ein. 1932 zeichnet Kähler eine Klasse von Metriken aus, für welche die «Kähler-Form» $\omega = -ig_{\alpha\bar{\beta}} - dz^{\alpha} \wedge dz^{\bar{\beta}}$ geschlossen ist: $d\omega = 0$; Räume mit dieser Eigenschaft heißen heute Kählersche Räume. In die Literatur als Satz von Cartan-Kähler ist die in seinem Buch «Einführung in die Theorie der Systeme von Differentialgleichungen» [13] beschriebene Integration eines von analytischen Differentialformen erzeugten Differentialideals eingegangen. Auch die Maxwellschen Gleichungen für die elektro-magnetischen Vorgänge im Vakuum werden, wie Kähler 1938 bemerkt, am besten in der Sprache der Differentialformen geschrieben.

1948, nach einer vorübergehenden Tätigkeit als Diätendozent an der Universität Hamburg, kam Kähler nach Leipzig zurück. Zu dieser Zeit arbeitet er mit aller Energie an seinem größten Werk, der «Geometria aritmetica» [14], einer Synthese von algebraischer Geometrie und Arithmetik. Seinen Leipziger Schülerkreis führt er mit einem umfangreichen Vorlesungszyklus in das Vorhaben ein: Im Sommersemester 1949 liest Kähler vierstündig über Algebraische Geometrie. Da die Vorlesung aber trotz großen Bemühens nur zur Darlegung idealtheoretischer und körpertheoretischer Grundlagen ausreicht, wird sie nachträglich in Mathematik I umbenannt und im Wintersemester 1949/50 als Mathematik II fortgesetzt, und zwar zehnstündig pro Woche. Kähler führte diese Vorlesungsreihe im Sommersemester 1950, im Wintersemester 1950/51 und im Sommersemester 1951 als Mathematik III, IV und V weiter.

1958 nahm Kähler einen Ruf an die Technische Universität Berlin an und war danach von 1964 bis zu seiner Emeritierung 1974 Ordentlicher Professor in Hamburg.

Erich Kähler ist Mitglied der Sächsischen Akademie seit 1949, der Deutschen Akademie der Wissenschaften zu Berlin seit 1955, der Leopoldina in Halle seit 1962 sowie der Accademia Nazionale dei Lincei in Rom ebenfalls seit 1962. Unter den späteren Arbeiten Erich Kählers sind der «Innere Differentialkalkül» (1962), der dem Graßmann-Kalkül der äußeren Differentialformen in Riemannschen Räumen den Clifford-Kalkül mit einer inneren Multiplikation und Differentiation hinzufügt, und die «Monadologie» (1975), mit der, wie es im Vorwort heißt, ein «Versuch vorgelegt wird, die Leibnizsche Monadologie mathematisch zu formulieren», hervorzuheben.

Herbert Beckert

Herbert Beckert, von 1951 bis zur Emeritierung 1985 Ordinarius am Mathematischen Institut der Universität Leipzig, zählt zu den Hochschullehrern, die durch ihren maßgeblichen Einfluß die Lehr- und Forschungstraditionen am Mathematischen Institut in schwieriger Nachkriegs- und der späteren DDR-Zeit bewahren und befördern halfen.

Herbert Becker wurde am 12. Oktober 1920 in Colmnitz geboren. Nach dem Abitur 1939 in Freiberg wurde er von 1939 bis 1945 zum Kriegsdienst eingezogen. 1942 und 1943 hatte er die Möglichkeit, je ein Trimester Physik und Mathematik an der Universität Leipzig zu studieren; nach Kriegsende setzt er das unter diesen Umständen begonnene Studium in Leipzig fort. Von Ernst Hölder angeregt, der in mehreren Arbeiten und in seinem Anfangsseminar am Mathematischen Institut der Universität Leipzig auf die Lewy-Friedrichsschen Untersuchungen über das Differenzenverfahren bei hyperbolischen Differentialgleichungen hingewiesen hatte, promovierte er 1947 zum Dr. phil. und habilitierte sich 1949 mit einer Schrift über quasilineare hyperbolische Systeme mit zwei unabhängigen Variablen.

In den dreißiger Jahren hatte J. Schauder Abschätzungen für die Lösungen linearer elliptischer Differentialgleichungen zweiter Ordnung hergeleitet, die für die Anwendbarkeit der a-priori-Methode bei nichtlinearen Gleichungen von grundlegender Bedeutung sind. In einer größeren Reihe von Arbeiten aus den Jahren 1951–55 erweiterte H. Beckert diese Abschätzungen auf Randwertaufgaben für lineare elliptische Systeme erster Ordnung über die für diese Systeme geltende Integralgleichungstheorie hinweg; u. a. wird gezeigt, wie die Abschätzungen für die bis dahin weitgehend unzugänglichen elliptischen Gleichungen höherer Ordnung nutzbar gemacht werden können. Als «Beckertsches Fenster» ist die von ihm 1960 beschriebene Tatsache in die Literatur eingegangen, daß sich die Lösungen der ersten Randwertaufgabe zu linearen elliptischen Differentialgleichungen im Gebietsinneren von einem beliebig klein wählbaren Randstück aus approximieren lassen. Das Resultat bildete den Ausgangspunkt der Leipziger Dissertation von A. Göpfert (1966) und gab den Anstoß zu umfangreichen weiterführenden Untersuchungen auf diesem Gebiet.

In engstem Zusammenhang zu den elliptischen Randwertaufgaben stehen die direkten Methoden der Variationsrechnung, denen, in Fortführung des Lichtensteinschen und Hölderschen Werks, das besondere Interesse Herbert Beckerts gilt. 1956 beginnend, erscheinen zahlreiche Arbeiten zu den grundlegenden Fragestellungen der Existenz- und Regularitätstheorie der Variationsrechnung. 1967 zeigt H. Beckert, wie das allgemeinste Variationsproblem beliebig hoher Ordnung und Variablenzahl als singuläres Problem in eine Schar gemischtfreier Variationsprobleme 2m-ter Ordnung mit regulären Extremalen eingebettet werden kann. Seine Untersuchungen über nichtlineare singuläre Störungen bezüglich der Lösungsnorm wurden später von seinem Schüler E. Miersemann fortgesetzt.

In der modernen Existenz- und Regularitätstheorie Lagrangescher Systeme wird die zweite Variation des Variationsintegrals bewußt in den Hintergrund gerückt, um die Existenz der Extremalen unter möglichst geringen Voraussetzungen über die Ableitungen des Integranden zu sichern; Mehrdeutigkeiten der Lösungsmannigfaltigkeit werden ausgeklammert. In der interessanten, dem Gedenken an Erhard Schmidt gewidmeten Arbeit «Variationsrechnung und Stabilitätstheorie» (1976) stellt H. Beckert dem die Analyse der Lösungsverzweigung gegenüber und beschreibt, wie man, gestützt auf die lokale Existenztheorie nichtlinearer Differentialgleichungssysteme unter komplementären Randbedingungen, die Lösungen längs Kurven im Datenraum eindeutig fortsetzen kann. Bei unbeschränkter Fortsetzbarkeit gilt ein Analogon des Monodromiesatzes.

An die Lichtensteinschen Untersuchungen der Gleichgewichtsfiguren rotierender Flüssigkeiten knüpfen Herbert Beckerts Arbeiten über permanente Wellen an. Der von ihm 1962 über den Schauderschen Fixpunktsatz entwickelte elegante Zugang zur Existenztheorie permanenter Schwerewellen in inkompressiblen Flüssigkeiten gestattete es ihm erstmalig, topologische Existenzbeweise für Kapillar-Schwerewellen und für die Kanaltheorie der Gezeiten (1963/65) anzugeben. Von seinen Schülern haben H. Hilbig, K. Beyer und E. Zeidler diese Untersuchungen fortgeführt.

In den siebziger Jahren wendet sich Herbert Beckert der Elastizitätstheorie allgemeiner Strukturen zu. In rascher Folge erscheinen zunächst Untersuchungen zu den Randwertaufgaben der Thermospannungstheorie inhomogener Komposita bei Verheftung, Gleitung und Ablösung der Materialien und ihre Regularitätstheorie. In einem Aufsatz aus dem Jahre 1972 wird die wichtige Frage nach der optimalen Steuerung der Stabilität eines nichtlinearen Systems von einem kleinen Randfenster her aufgeworfen und am Beispiel der Platte behandelt. 1975 erscheint die erste der großen Abhandlungen zur nichtlinearen Elastizitätstheorie. Die Beckertsche Theorie, eine Extrapolation der linearen Elastizitätstheorie ins Nichtlineare, geht nicht von einem problematisch postulierten analytischen Ausdruck für das elastische Potential, sondern von dessen zweiter Variation aus. Unter scharf umrissenen Voraussetzungen wird die elastische Deformation ins Nichtlineare für die drei Randwertaufgaben sowohl im statisch stabilen wie im instabilen Bereich streng beschrieben. 1982 konstruiert H. Beckert auch die Lösung des Anfangswertproblems der allgemeinen dynamischen Gleichungen im Rahmen seiner Theorie. Eine Zusammenfassung der Theorie und ihre Übertragung auf die nichtlineare Plattentheorie ist in den Sitzungsberichten der Sächsischen Akademie [15] erschienen. In diesem Zusammenhang ist die dem Andenken an E. Trefftz gewidmete Arbeit zur Trefftzschen linearen Schalentheorie zu erwähnen, in der H. Beckert Kornsche Ungleichungen für die er-

ste Randwertaufgabe herleitet, wodurch diese den klassischen Lösungstheorien und Näherungsmethoden der Funktionalanalysis zugänglich wird (1989).
Am Mathematischen Institut der Universität Leipzig hat Herbert Beckert im Laufe seiner aktiven Dienstjahre als Hochschullehrer ein breites Spektrum an Vorlesungen gehalten, sein begeisternder Vortrag führte Generationen von Studenten zur Mathematik. 1958–1969 als Direktor des Mathematischen Instituts konnte er dessen Unabhängigkeit gegen den Widerstand der Universität durchsetzen; später zerstörte die 3. Hochschulreform die bewährten Strukturen. Herbert Beckert hat auch in jener schwierigen Zeit die Hand stets schützend über seine Schüler gehalten. Herbert Beckert ist seit 1969 Mitglied der Deutschen Akademie der Naturforscher Leopoldina in Halle und wurde am 17.10.1975 in die Sächsische Akademie der Wissenschaften gewählt.

Literatur

[1] Hausdorff, F.: Grundzüge der Mengenlehre. Leipzig: Veit u. Comp., 1914.
[2] Herglotz, G.: Vorlesungen über die Mechanik der Kontinua. Leipzig: Teubner, 1985 (= Teubner-Archiv zur Mathematik).
[3] Lichtenstein, L.: Astronomie und Mathematik in ihrer Wechselwirkung. In: Leipziger Mathematische Antrittsvorlesungen. Leipzig: Teubner, 1987 (= Teubner-Archiv zur Mathematik).
[4] Lichtenstein, L.: Gleichgewichtsfiguren rotierender Flüssigkeiten. Berlin: Springer, 1933.
[5] Van der Waerden, B. L.: Topologie und Uniformisierung der Riemannschen Flächen. Ber. Sächs. Akad. Wiss. Leipzig, Math.-phys. Kl. 93 (1941), S. 147–160.
[6] de Branges, L.: A Proof of the Bieberbach Conjecture. Acta Math. 154 (1985), S. 137–152.
[7] Van der Waerden, B. L.: Moderne Algebra I/II. Berlin: Springer, 1930/31.
[8] Blaschke, W.: Reden und Reisen eines Geometers. Berlin: Dt. Verlag der Wissenschaften, 1957.
[9] Hopf, E.: Statistical Hydrodynamics and Functional Calculus. J. Rational Mech. Anal. 1 (1952), S. 87–123.
[10] Foias, C.: Statistical Study of Navier-Stokes Equations I/II. Rend. Sem. Mat. Univ. Padova 48 (1973), S. 219–348; 49 (1973), S. 9–123.
[11] Hölder, E.: Die infinitesimalen Berührungstransformationen der Variationsrechnung. Jahresber. DMV 49 (1939), S. 162–178.
[12] Günther, P.: Huygens' Principle and Hyperbolic Equations. Perspectives in Mathematics, Academic Press 1988.
[13] Kähler, E.: Einführung in die Theorie der Systeme von Differentialgleichungen. Leipzig: Teubner, 1934.
[14] Kähler, E.: Geometria aritmetica. Ann. Mat. pura appl. XLV (1958), S. 1–399.
[15] Beckert, H.: Nichtlineare Elastizitätstheorie. Sitzungsber. Sächs. Akad. Wiss. Leipzig, Math.-nat. Kl. 117 (1984) 2.
[16] Beckert, H., u. H. Schumann (Hrsg.): 100 Jahre Mathematisches Seminar der Karl-Marx-Universität Leipzig. Berlin: Dt. Verlag der Wissenschaften, 1981.

Lothar von Wolfersdorf

Der Beitrag J. Radons für die Entwicklung der Integralgeometrie und Computer-Tomographie

1 Die Radonschen Probleme

Unter dem Radonschen Problem im engeren Sinne versteht man die Aufgabe, eine (Punkt-) Funktion in der Ebene oder im (dreidimensionalen) Raum aus ihren Geraden- oder Ebenen-Integralen zu rekonstruieren. Dieses Problem scheint nach einem Zitat in einer Arbeit von H. B. A. Bockwinkel (1906) zuerst von dem bekannten holländischen Physiker H. A. Lorentz betrachtet worden zu sein, der eine Lösung für das dreidimensionale Problem fand (vgl. Cormack 1982; Deans 1983, S. 3–5).

Unabhängig von Lorentz beschäftigte sich der Österreichische Mathematiker Johann Radon aus rein mathematischen Gründen mit diesem Problem, wohl angeregt durch die Untersuchungen von Hermann Minkowski (1904–1906) und Paul Funk (1913) über das entsprechende Problem auf der Kugel. Am 30. April 1917 wurde in einer Sitzung der Königlich Sächsischen Gesellschaft der Wissenschaften zu Leipzig die Arbeit von Radon (1917) zur Veröffentlichung in den Verhandlungsberichten angenommen, die in der Folgezeit einen großen Einfluß auf die Entwicklung der Mathematik und später besonders ihrer Anwendungen erlangt hat und deren Würdigung sich dieser Beitrag zum Jubiläumsband der Akademie als Aufgabe gestellt hat (siehe auch Schmetterer 1987).

In der genannten Arbeit behandelt Radon zunächst ausführlich das besagte Problem, eine Punktfunktion $f(P)$, $P = (x, y)$, in der Ebene aus den zugehörigen Geradenfunktionen $F(g)$, den Integralwerten von f längs beliebiger Geraden g, zu bestimmen. Die Zuordnung der Funktion f zu den Geradenfunktionen F ist eine lineare Funktionaltransformation $F = Rf$, die heute allgemein als *Radon-Transformation* bezeichnet wird. Das Radonsche Problem besteht dann in der Umkehrung dieser Transformation. Dafür leitet Radon in eleganter Weise eine explizite Umkehrformel her, indem er das Problem wie bei Funk auf eine Abelsche Integralgleichung zurückführt, die er mit einer eigenständigen Methode behandelt. Neben diesem «Radonschen Problem» betrachtet Radon, angeregt von Wilhelm Blaschke, auch das dazu *duale Problem,* eine Geradenfunktion $F(g)$ aus ihren Punktmittelwerten $f(P)$ zu bestimmen. In seiner Arbeit geht Radon weiterhin auf Verallgemeinerungen dieser Problemstellungen ein, insbesondere auf die Betrachtung nichteuklidischer Ebenen und des n-dimensionalen Falls. Schließlich formuliert Radon die allgemeine Fassung des Problems, eine auf einer beliebigen Fläche S mit einem irgendwie darauf erklärten Bogendifferential ds definierte Punktfunktion f aus ihren Integralwerten $\int f\,ds$ längs der Kurven C einer zweifach unendlichen Kurvenschar auf S zu erhalten. Diese allgemeine Form des Radonschen Problems bestimmt heute wesentlich den Inhalt der modernen Integralgeometrie als mathematischer Disziplin, wie er von I. M. Gelfand (GELFAND et al. 1966) definiert wurde.

Das Radonsche Problem steht in engem Zusammenhang mit *partiellen Differentialgleichungen,* speziell mit dem Anfangswertproblem für hyperbolische Differentialgleichungen. Auf den letzteren Zusammenhang hat zuerst PHILOMENA MADER (1927), eine Schülerin von Gustav Herglotz, aufmerksam gemacht und die Radonsche Lösung des Problems für beliebige Dimension n aus der Lösung eines zugeordneten Anfangswertproblems für die Wellengleichung hergeleitet. Herglotz selbst hat in seinen Göttinger Vorlesungen 1931 diese Lösungsmethode in geänderter eigenständiger Form dargestellt (vgl. HERGLOTZ 1985). Später hat FRITZ JOHN (1934, 1955) mit einer für den Fall $n = 3$ schon von Radon angedeuteten Methode, die den Zusammenhang der Radonschen Probleme mit der Theorie des Newtonschen Potentials ausnutzt, eine andere elegante Herleitung von Lösungsformeln für die beiden Radonschen Probleme gegeben. Darüber hinaus hat JOHN (1955) die Umkehrformeln der Radonschen Probleme und des entsprechenden Problems mit gegebenen Kugelmittelwerten zur Lösung des Anfangswertproblems für homogene hyperbolische Differentialgleichungen mit konstanten Koeffizienten zur Konstruktion der Fundamentallösung linearer elliptischer Differentialgleichungen mit analytischen Koeffizienten und zum Studium von Differenzierbarkeitseigenschaften der Lösungen elliptischer Systeme benutzt. Damit hat John die Basis für eine breite Anwendung der allgemeinen Radonschen Probleme in der Theorie der partiellen Differentialgleichungen gelegt.

Über den Kreis der Mathematiker hinaus ist die Arbeit von Radon aber vor allem durch die *Anwendungen* in den Naturwissenschaften und der Technik sowie besonders der Medizin bekannt geworden. (Zu den Anwendungen in der Medizin und Biologie, der Optik, Elektronenmikroskopie und Radioastronomie, Geophysik und zerstörungsfreien Materialprüfung siehe z. B. die Monographien HERMAN 1979, 1980 und DEANS 1983.) Zunächst sei erwähnt, daß im Anschluß an Lorentz und auf Anregung von Paul Ehrenfest der holländische Physiker George Uhlenbeck 1925 die von Lorentz für $n = 3$ gefundene Integraldarstellung der Lösung des Radonschen Problems auf allgemeine ungerade n verallgemeinert hat und weitere unabhängige Untersuchungen des Radonschen Problems von verschiedenen Wissenschaftlern gemacht worden sind, so von Harold Cramér und Harold Wold (CRAMÉR, WOLD 1936) in der Wahrscheinlichkeitsrechnung (siehe auch RÉNYI 1952) und auch im Jahr 1936 von dem bekannten armenischen Astronomen Viktor A. Ambartzumjan beim Studium eines von Arthur Eddington aufgeworfenen Problems der Bestimmung der Geschwindigkeitsverteilung von Sternen (siehe dazu und für das Folgende wieder CORMACK 1982; DEANS 1983, S. 3–5). Weiterhin tritt das Radonsche Problem im Jahr 1956 bei der Anwendung des Tomographie-Prinzips in der Radioastronomie bei Ronald N. Bracewell (BRACEWELL 1956; BRACEWELL/RIDDLE 1967) auf sowie Ende der 60er und Anfang der 70er Jahre in der Elektronenmikroskopie bei der Durchstrahlung von Proben in verschiedenen Richtungen (CROWTHER et al. 1970; KLUG 1971 und WAINSCHTEIN 1970, 1971) und ebenfalls in der Optik (siehe CORMACK 1980). Dabei erhält Ambartzumjan die Lösung des Radonschen Problems für die Dimensionen 2 und 3 in derselben Form wie bei Radon, während Bracewell Fourier-Methoden anwendet.

Nachdem schon 1947 die polnischen Mathematiker Jacek Szarski und Tadeusz Wazewski, angeregt durch einen Krakauer Arzt, in einer unbeachtet gebliebenen Arbeit das Radonsche Problem in der Anwendung auf die Röntgenuntersuchung des menschlichen Kopfes mittels Tomogrammen diskutiert hatten, wurden die mathematischen Grundlagen für die Anwendung dieses Verfahrens, der heutigen *Computer-Tomographie,* in den frühen 60er Jahren durch den (Strahlen-)Physiker Allan M. Cormack gelegt (CORMACK 1963, 1964). Der bis dahin erreichte Stand der Computer-Technik ermöglichte es dann dem Mediziner Godfrey N. Hounsfield im Jahr 1970, den ersten Computertomographen zu bauen, der ein genügend exaktes Bild lieferte, um von Wert für die medizinische Diagnostik zu sein. Dabei benutzte Hounsfield unabhängig von Cormack ein eigenständiges einfaches Rechenverfahren zur numerischen Umkehrung der Radon-Transformation. Es ist bekannt, daß Hounsfield und Cormack im Jahr 1979 für ihre Arbeiten zur Computer-Tomographie gemeinsam den Nobel-Preis für Medizin erhielten.

Die Geschichte des Radonschen Problems und seiner Anwendungen in der Tomographie ist auch *wissenschaftshistorisch* von Interesse. Die Arbeit von RADON aus dem Jahr 1917 blieb lange Zeit nur einem begrenzten Kreis von Mathematikern bekannt. Erst um das Jahr 1972 herum wurde erkannt, daß Radons Arbeit grundlegend für das Rekonstruktionsproblem aus Projektionen ist. Die Erfindung der Computer-Tomographie jedoch geschah unabhängig von ihr, obwohl von Beginn an die Mathematik eine zentrale Rolle in der Tomographie gespielt hat. Aber Bracewell und Cormack kannten die Radonsche Arbeit nicht, und Hounsfield entwickelte seine Methode zunächst auch ohne die Kenntnis der Arbeiten von Cormack.

Die Bedeutung von Radons Arbeit für die Entwicklung der Tomographie liegt darin begründet, daß sie den Grundstein für eine exakte mathematische Behandlung des Rekonstruktionsproblems und damit für die Entwicklung immer effektiverer Algorithmen darstellt. Die Radonsche Arbeit behandelt ein innermathematisches Problem. Ihre Bedeutung für die Anwendungen in den späteren Jahren belegt überzeugend die Wichtigkeit solcher Untersuchungen der «reinen» Mathematik, nicht nur für die Entwicklung der Mathematik selbst. Das Leibnizsche Prinzip «theoria cum praxi», dem sich die Sächsische Akademie im besonderen Maße verpflichtet fühlt, wird hier überzeugend demonstriert.

2 Der Mathematiker Johann Radon

Ehe wir zum Inhalt der Radonschen Arbeit aus dem Jahr 1917 kommen, soll kurz auf den wissenschaftlichen Werdegang von J. Radon eingegangen werden. Radon wurde 1887 in Tetschen (Böhmen) geboren. Nach einem Studium an der Universität Wien lehrte er Mathematik an den Technischen Hochschulen in Brünn (1911) und Wien (1912), wo er Assistent bei E. Czuber war. Er war Professor an verschiedenen Universitäten Deutschlands: an der Universität Hamburg (1919), in Greifswald

(1922), in Erlangen (1925) und in Breslau (1928). Radon hatte gute Beziehungen zu den Leipziger Mathematikern. Mit G. Herglotz und W. Blaschke stand er in privater Kommunikation über die Probleme seiner Arbeit von 1917. Blaschke veranlaßte auch seine Berufung nach Hamburg. Im Jahr 1945 kehrte er von Breslau endgültig nach Österreich zurück, wo er von Ende 1946 bis zu seinem Tode im Jahr 1956 an der Universität Wien als Ordinarius tätig war und 1952 zum Dekan der Philosophischen Fakultät, 1954 zum Rektor der Universität Wien gewählt wurde. Seit 1947 war er Wirkliches Mitglied der Österreichischen Akademie der Wissenschaften, von 1952 bis 1956 Sekretär ihrer mathematisch-naturwissenschaftlichen Klasse. L. Schmetterer, Korrespondierendes Mitglied der Sächsischen Akademie, war lange Jahre Assistent bei Radon.

Neben der Arbeit von 1917 seien von Radons Arbeiten auf dem Gebiet der Analysis die bekannte große Arbeit zur Maßtheorie von 1913, seine Habilitationsschrift und die zwei bedeutenden Arbeiten zur Funktionalanalysis und Potentialtheorie in den Sitzungsberichten der Österreichischen Akademie der Wissenschaften von 1919 angeführt. Eine ausführliche Würdigung von J. Radon als Analytiker und Geometer wird von Schmetterer in dem 1990 erschienenen Aufsatz gegeben, wo insbesondere auch die Ergebnisse von Radons Dissertation aus dem Gebiet der Variationsrechnung sowie zwei bedeutsame Arbeiten zu einer Klasse konvexer Kurven und zur affinen Geometrie in den Berichten der Sächsischen Akademie von 1916 und 1918 besprochen werden.

3 Umkehrformeln der Radon-Transformation

3.1 Die Formeln von Radon

Bei dem (ersten) *Radonschen Problem* ist eine Punktfunktion $f(P) = f(x, y)$ in der Ebene aus ihren geradlinien Integralwerten $\int_g f(P)\,ds$, s Längenkoordinate auf der Geraden g, zu bestimmen. Besitzt die Gerade g die Gleichung $x \cos\varphi + y \sin \varphi = p$ mit dem (vorzeichenbehafteten) Abstand p vom Nullpunkt und der Richtung senkrecht zur Richtung des Polarwinkels φ, so sind also die Werte der Funktion

$$F(p,\varphi) = \int_{-\infty}^{\infty} f(p \cos \varphi - s \sin\varphi,\, p \sin \varphi + s \cos \varphi)\, ds$$

oder in Vektorschreibweise mit dem Richtungsvektor $\Theta = (\cos \varphi, \sin \varphi)$, den Vektoren $\xi = (x, y)$ und dem Liniendifferential $d\xi = ds$

$$F(p,\Theta) = \int_{\xi \cdot \Theta = p} f(\xi) d\xi, \quad \xi \cdot \Theta = x \cos \varphi + y \sin \varphi,$$

gegeben. Die Funktion F erfüllt die Symmetriebeziehung $F(p, \varphi) = F(-p\,; \varphi + \pi)$ bzw. $F(p, \Theta) = F(-p, -\Theta)$. Die Zuordnung $F = Rf$ heißt heute die *Radon-Transformation* von f.

Rf existiert, wenn *f* eine stetige Funktion ist, die außerhalb einer beschränkten Menge verschwindet oder allgemeiner sich für $(x, y) \to \infty$ mindestens wie eine Potenz $(x^2 + y^2)^{-k}$, $k > \frac{1}{2}$ verhält. Radon selbst gibt die noch etwas schwächere Bedingung an, daß das über die ganze Ebene erstreckte Integral

$$\iint \frac{|f(x, y)|}{\sqrt{x^2 + y^2}}\, dx\, dy$$

konvergiert und die Mittelwerte von *f* auf Kreisen vom Radius *r* um jeden Punkt der Ebene für $r \to \infty$ verschwinden.

Radon bildet den Mittelwert von *F* über alle Geraden mit dem Abstand *q* von $P = (x, y)$

$$F_P(q) = \frac{1}{2\pi} \int_0^{2\pi} F(x \cos \varphi + y \sin \varphi + q,\ \varphi)\, d\varphi = \frac{1}{2\pi} \int_{S^1} F(\xi \cdot \Theta + q,\ \Theta)\, d\Theta,$$

wobei S^1 die Einheitskreislinie mit dem Bogendifferential $d\Theta = d\varphi$ bezeichnet.

Die berühmte *Radonsche Umkehrformel* für die eindeutig bestimmte Lösung des Radonschen Problems lautet dann

$$f(P) = -\frac{1}{\pi} \int_0^{\infty} \frac{dF_P(q)}{q},$$

wobei das Integral als Stieltjes-Integral zu verstehen ist und auch als Grenzwert eines gewöhnlichen Integrals angegeben werden kann:

$$f(P) = \frac{1}{\pi} \lim_{\epsilon \to 0} \left(\frac{F_P(\epsilon)}{\epsilon} - \int_{\epsilon}^{\infty} \frac{F_P(q)}{q^2}\, dq \right).$$

Der Beweis von Radon (siehe dazu auch NATTERER 1986, S. 23–25) beruht darauf, das Doppel-Integral

$$\iint_{x^2 + y^2 > q^2} \frac{f(x, y)}{\sqrt{x^2 + y^2 - q^2}}\, dx\, dy$$

auf zwei verschiedene Arten auszurechnen. Daraus folgt die Integralgleichung vom Abelschen Typ

$$2 \int_q^{\infty} \frac{r\bar{f}(r)}{\sqrt{r^2 - q^2}}\, dr = F_0(q),$$

wobei F_0 der obige Mittelwert F_P im Nullpunkt und $\bar{f}$ der Mittelwert von *f* über die Kreislinie vom Radius *r* im Nullpunkt

$$\bar{f}(r) = \frac{1}{2\pi} \int_0^{2\pi} f(r \cos \varphi,\ r \sin \varphi)\, d\varphi$$

sind. Letzterer reduziert sich für $r = 0$ auf $f(0)$, woraus die Umkehrformel für den Nullpunkt folgt.

Weiterhin beweist Radon, daß umgekehrt zu einer vorgegebenen hinreichend glatten symmetrischen Geradenfunktion F die nach der Umkehrformel gebildete Punktfunktion f die gegebene Funktion F als geradlinige Integralwerte besitzt. Radon beschreibt auch den analogen Lösungsweg für die Umkehrformel im n-dimensionalen Fall, bei dem eine Punktfunktion $f(P) = f(x_1, \ldots, x_n)$ aus ihren wie oben definierten Integralmittelwerten $F(p, \Theta)$, $\Theta = (\Theta_1, \ldots, \Theta_n) \in S^{n-1}$ über alle Hyperebenen $\Theta_1 x_1 + \ldots + \Theta_n x_n = p$ zu bestimmen ist. Dabei ergibt sich, daß nach Bildung des entsprechenden Mittelwertes F_P von F zur Berechnung von f bei geradem n eine Anzahl von Differentiationen und eine Integraloperation, bei ungeradem n jedoch nur eine Anzahl von Differentiationen nötig sind.
Das *zweite Radonsche Problem* besteht darin, aus den vorgegebenen Punktmittelwerten $F_P(0)$ einer hinreichend glatten symmetrischen Geradenfunktion F, d.h. aus

$$S(x,y) = \frac{1}{2\pi} \int_0^{2\pi} F(x \cos \varphi + y \sin \varphi, \varphi)\, d\varphi = \frac{1}{2\pi} \int_{S^1} F(\xi \cdot \Theta, \Theta)\, d\Theta,$$

diese Geradenfunktion F zu bestimmen. Die zugehörige Transformation $S = BF$ ist bis auf den Faktor $1/2\pi$ gleich der zu R *dualen Transformation* R^*, welche geometrisch als Operator der *Rückprojektion* (der für festes φ auf einer Geraden definierten Funktion F in die ganze Ebene) gedeutet werden kann (vgl. z. B. LOUIS 1989, S. 168; DEANS 1983, S. 132–134). R und R^* bilden ein duales Paar im Sinne der Integralgeometrie, weil R über alle Punkte auf einer Geraden und R^* über alle Geraden durch einen Punkt integriert.

Radon leitet für dieses Problem die Lösung

$$F(0,0) = -\frac{1}{2\pi} \int_{-\infty}^{\infty} \frac{dx}{x} \int_{-\infty}^{\infty} S_x(x, y)\, dy$$

her, wobei das Integral nach x als Cauchyscher Hauptwert zu verstehen ist. Und er zeigt, daß auch umgekehrt die zu einer vorgegebenen hinreichend glatten Punktfunktion f nach der Umkehrformel gebildete Geradenfunktion F diese Funktion f als Punktmittelwert S besitzt.

Es sei bemerkt, daß beide Umkehrformeln von Radon den Operator H der *Hilbert-Transformation*

$$(Hg)(s) = \frac{1}{\pi} \int_{-\infty}^{\infty} \frac{g(t)}{s-t}\, dt$$

enthalten. Insbesondere läßt sich die erste Radonsche Formel in der Form $f = (1/4\pi)\, R^*\, H(\partial F/\partial p)$ schreiben (vgl. LOUIS 1986, S. 170; DEANS 1983, S. 134).

3.2 Die Formeln von Radon und John sowie Mader und Herglotz

Einem Hinweis von W. Blaschke folgend, gibt Radon in seiner Arbeit noch eine weitere Methode zur Lösung der beiden Aufgaben an, die einen von G. Herglotz bemerkten Zusammenhang mit dem *Newtonschen Potential* ausnutzt. Insbesondere für die Dimension $n = 3$ ist diese Methode sehr einfach. Der Punktmittelwert S der Ebenenfunktion F stellt in diesem Falle das Newtonsche Potential des mit der Massendichte $(1/2)f$ belegten Raumes dar. Das ergibt für das erste Radonsche Problem unmittelbar die Lösung

$$f(x, y, z) = -\frac{1}{2\pi}\Delta S = -\frac{1}{8\pi^2}\Delta \int_{S^2} F(\xi\cdot\Theta, \Theta)\,d\Theta, \qquad \xi = (x, y, z),$$

wobei Δ der Laplacesche Operator für den dreidimensionalen Raum und die Integration über die Oberfläche der Einheitskugel S^2 mit dem Oberflächenelement $d\Theta$ zu erstrecken ist. Für das zweite Radonsche Problem erhält man eine analoge Lösung. Die Formel für f läßt sich auch durch das schon von H. A. Lorentz (für den Nullpunkt) angegebene Integral mit dem Integranden $\partial^2 F/\partial p^2$ ausdrücken (vgl. Deans 1983, S. 111).

In Verallgemeinerung dieser Methode für ungerade Dimension $n \geq 3$ erhält Fritz John (John 1934, S. 513–514) die Lösungen der beiden Radonschen Aufgaben in der Gestalt

$$f(\xi) = c_n \Delta^{(n-1)/2} S(\xi), \qquad S(\xi) = \frac{1}{\omega_n}\int_{S^{n-1}} F(\xi\cdot\Theta, \Theta)\,d\Theta,$$

wobei $\xi = (x_1, \ldots, x_n)$ ist, und

$$F(p, \Theta) = c_n \int_{\xi\cdot\Theta = p} \Delta^{(n-1)/2} S(\xi)\,d\xi, \qquad \psi_\nu = \frac{(-1)^{(\nu-1)/2}}{(\nu-2)!\,\omega_{n-1}},$$

mit dem Maß $\omega_n = 2\pi^{n/2}/\Gamma(n/2)$ der Oberfläche der n-dimensionalen Einheitskugel S^{n-1} und Δ dem Laplaceschen Operator in n Dimensionen. In seinem Buch (John 1955, S. 9–13) gibt John eine ausführliche neue Herleitung der Lösung des ersten Radonschen Problems für glatte Funktionen $f \in C_1$, die außerhalb einer beschränkten Menge verschwinden, sowohl für ungerade als auch für gerade n. Diese Herleitung beruht auf einer Darstellung einer Funktion $f(\xi)$ als Linearkombination von gewissen Funktionen ebener Wellen (vgl. auch Deans 1983, S. 108–119).

Die interessante Lösung des ersten Radonschen Problems von Philomena Mader (Mader 1927) führt die Bestimmung von f aus F auf die Lösung $\Phi(\xi, t)$ des Anfangswertproblems für die *Wellengleichung* $\partial^2\Phi/\partial t^2 = \Delta\Phi$ mit den Anfangsbedingungen $\Phi(\xi, 0) = 0$, $D_t\Phi(\xi, 0) = f(\xi)$ zurück. Unter Zuhilfenahme der Formel für Φ (vgl. Courant/Hilbert 1968, S. 399) beweist Mader die Formeln

$$f(\xi) = A_n D_t^n\, \Phi_0(\xi, t)|_{t=0}, \qquad A_n = \frac{(-1)^{\frac{n-2}{2}}}{\pi(n-2)!\,\omega_{n-1}},$$

für gerades n und

$$f(\xi) = B_n D_t^n \Phi_1(\xi, t)|_{t=0}, \qquad B_n = \frac{(-1)^{\frac{n-1}{2}}}{2(n-2)!\,\omega_{n-1}},$$

für ungerades n mit den Funktionen

$$\Phi_0(\xi, t) = \int_{-\infty}^{\infty} F_\xi(q) \log|q-t|\,dq, \qquad \Phi_1(\xi, t) = \int_{-\infty}^{\infty} F_\xi(q)\,\mathrm{sign}\,(q-t)\,dq,$$

wobei

$$F_\xi(q) = \frac{1}{\omega_n} \int_{S^{n-1}} F(\xi \cdot \Theta + q, \Theta)\,d\Theta$$

der Mittelwert der Ebenenintegrale F über alle Tangentialebenen der Kugel vom Radius $|q|$ und Mittelpunkt ξ ist.

Herglotz (HERGLOTZ 1985, S. 234–241) modifiziert diese Formeln, indem er f durch die $(n-1)$.te Ableitung nach t der Funktionen $D_t\Phi_0 = \pi H F_\xi$ und $D_t\Phi_1 = -2F_\xi$ (*für* $\xi = 0$) ausdrückt. Dabei gibt er eine elegante unabhängige Herleitung der Lösung des Anfangswertproblems der Wellengleichung, die allein die Ebenenintegrale der Anfangsfunktion f enthält.

Insbesondere diese Formeln von Herglotz machen den schon von Radon erkannten und von Mader betonten Unterschied der Lösung für gerade und ungerade Dimension n deutlich. Das Radonsche Problem ist für ungerade Dimension *lokal* in dem Sinne, daß die Funktion f in einem gewissen Punkt bestimmt ist durch die Integrale, die über Hyperebenen durch eine Umgebung dieses Punktes verlaufen. Für gerade Dimension ist das nicht der Fall, weil die Hilbert-Transformation nicht lokal ist. Dieser Sachverhalt ist verwandt mit den Verhältnissen des *Huygensschen Prinzips* bei der Wellengleichung, das nur in Räumen ungerader Dimension $n \geq 3$ gilt (vgl. COURANT/HILBERT 1968, S. 169–170).

3.3 Anwendung der Fourier-Transformation

Heute wird die Umkehrformel für die Radon-Transformation in der Regel mit Hilfe der Fourier-Transformation hergeleitet (HELGASON 1965, S. 159–165; LUDWIG 1966, S. 50–59; NATTERER 1986, S. 18–21). Das ergibt die Lösung $f = R^{-1} F$ von $Rf = F$ in der Form (NATTERER 1986, loc. cit.)

$$f = \frac{1}{2}(2\pi)^{1-n} I^{-\alpha} R^* I^{\alpha-n+1} F, \qquad F = Rf,$$

wobei der zu R duale Operator der Rücktransformation R^* wie oben die Bildung des Punktmittelwertes S (ohne den Vorfaktor $1/\omega_n$) bedeutet und der lineare Operator des sogenannten Riesz-Potentials I^α durch die Beziehung $(I^\alpha f)^\sim(\xi) = |\xi|^{-\alpha} \tilde{f}(\xi)$ zwischen den Fourier-Transformierten (mit $\sim$ bezeichnet) von f und $I^\alpha f$ definiert ist sowie $\alpha < n$ sei. Einfache Lösungsausdrücke erhält man für

$\alpha = 0$ und $\alpha = n-1$, diese werden «in gefilterter Form» zur numerischen Inversion von R in der Computer-Tomographie verwendet (vgl. Abschnitt 5.2). Mit Hilfe des Ausdrucks für R^* läßt sich die Lösungsformel für $\alpha = 0$ auch in der expliziten Form

$$f(\xi) = \frac{1}{2}(2\pi)^{1-n}\begin{cases} (-1)^{(n-2)/2} \int\limits_{S^{n-1}} HF^{(n-1)}(\xi\cdot\Theta, \Theta)\, d\Theta & \text{für gerades } n \\ (-1)^{(n-1)/2} \int\limits_{S^{n-1}} F^{(n-1)}(\xi\cdot\Theta, \Theta)\, d\Theta & \text{für ungerades } n \end{cases}$$

schreiben, wobei sich die $(n-1)$.te Ableitung auf das erste Argument von F bezieht.

Der Beweis der Lösungsformeln benutzt den sogenannten *Projektionssatz,* der einen Zusammenhang zwischen der Fourier- und Radon-Transformation beinhaltet. Die Herleitung wird meistens für die Funktionen $f \in \mathcal{S}(R^n)$, dem Schwartzschen Raum der schnell fallenden unendlich oft differenzierbaren Funktionen auf R^n, oder dessen Teilraum $\mathcal{D}(R^n)$ der unendlich oft differenzierbaren Funktionen auf R^n mit kompaktem Träger geführt, wobei sich Funktionen f und F mit kompaktem Träger entsprechen (siehe Natterer 1986; S. 37; Deans 1983, S. 184).

3.4 Die Methode der Reihenentwicklung

Zur Auflösung von Integralgleichungen 1. Art, insbesondere der Umkehrung von Integraltransformationen, benutzt man oft Reihenentwicklungen der gegebenen und gesuchten Funktionen nach (möglichst orthogonalen) Funktionensystemen. Bei der Umkehrung der n-dimensionalen Radon-Transformation erweist es sich als zweckmäßig, die gesuchte Funktion f und die gegebene Funktion $F = Rf$ nach Kugelflächenfunktionen in den Variablen $\xi/|\xi|$ bzw. Θ zu entwickeln (Ludwig 1966, S. 70–73; Deans 1983, S. 100–105, S. 151–163; Natterer 1986, S. 25–30). Die von $r = |\xi|$ bzw. p abhängigen Entwicklungskoeffizienten von f und F hängen über eine Transformation vom Abelschen Typ zusammen, welche im Kern die Gegenbauerschen Polynome enthält. Diese «Gegenbauersche Transformation» läßt sich in expliziter Form umkehren und liefert so eine neue wichtige Inversionsformel für die Radon-Transformation.

Für die Anwendungen ist besonders der Fall $n = 2$ von Interesse, der in den grundlegenden Arbeiten von A. M. Cormack zur Computer-Tomographie (Cormack 1963, 1964) behandelt wurde (siehe auch Marr 1974). In diesem Fall sind die Entwicklungen nach Kugelflächenfunktionen einfach (in Exponentialform geschriebene) trigonometrische Fourier-Reihen in der Variablen φ, und die Gegenbauerschen Polynome reduzieren sich auf Tschebyschewsche Polynome erster Art. Für den Spezialfall einer nur von r abhängigen Funktion f erhält man diese in Form der bekannten Lösung der Abelschen Integralgleichung. (Vgl. auch Gorenflo/Vessella 1991, Kap. 6.6.).

Zur praktischen Berechnung der Entwicklungskoeffizienten von f ist es zweckmäßig, diese ebenfalls nach Orthogonalfunktionen in r zu entwickeln, was zu einer entsprechenden Reihendarstellung der Entwicklungskoeffizienten von f nach einem Funktionensystem in der Variablen p führt. Günstig ist dabei, wenn sich auch dieses

Funktionensystem als Orthogonalsystem erweist. Im Fall des Einheitskreises $0 < r < 1$ verwendet man zu diesem Zweck für f die sogenannten Zernike-Polynome mit den Tschebyschewschen Polynomen zweiter Art für F und im Fall der ganzen Ebene für f modifizierte Laguerresche Polynome mit Hermiteschen Polynomen für F (CORMACK 1964; DEANS 1983, S. 163–171).

4 Die Arbeit von Radon und die Entwicklung der Integralgeometrie

4.1 Zum Begriffsinhalt der Integralgeometrie

Die Integralgeometrie ist aus geometrischen Fragen entstanden, die aus der Wahrscheinlichkeitsrechnung stammen. Dort spricht man von *geometrischen Wahrscheinlichkeiten,* wenn – wie bei dem bekannten Buffonschen Nadelproblem – die betrachteten Möglichkeiten von stetigen Veränderlichen abhängen (CZUBER 1884; PÓLYA 1917; SANTALÓ 1976). Die Untersuchung der Wechselbeziehungen zwischen den bei solchen Problemen der Wahrscheinlichkeitsrechnung auftretenden Integralen bilden den Gegenstand der Integralgeometrie (BLASCHKE 1955). Mathematischer Inhalt dieser klassischen Integralgeometrie ist die Berechnung von in Integralform gegebenen invarianten Maßen, welche die integralgeometrische Anzahl einer Menge von kongruenten Figuren darstellen (vgl. SCHNEIDER/WEIL 1992; AMBARTZUMJAN et al. 1993).

Ausgehend von den beiden genannten Problemen von H. Minkowski und von J. Radon, entwickelte sich neben der klassischen Integralgeometrie ein gewissermaßen analytischer Zweig der Integralgeometrie, der sich mit *Integraltransformationen geometrischer Natur* befaßt. Die allgemeine Definition der Probleme der Integralgeometrie in diesem Sinne wurde auf der Basis der Radonschen Formulierung von I. M. Gelfand und seinen Mitarbeitern gegeben (GELFAND et al. 1966, S. VII; GELFAND et al. 1982, S. 39 sowie GINDIKIN 1987). Ein integralgeometrisches Problem ist danach zunächst ein Problem, welches die Bestimmung einer in den Punkten eines Gebiets definierten Funktion aus ihren Integralen längs Familien von Kurven oder auf allgemeinen Flächenmannigfaltigkeiten in dem Gebiet beinhaltet. Allgemein wird in der Integralgeometrie die Abbildung von Funktionen, die auf einer Menge geometrischer Objekte definiert sind, in Funktionen, die auf einer anderen solchen Menge definiert sind, untersucht. Die analytischen Probleme der Integralgeometrie bestehen dann in der Untersuchung der Abbildungseigenschaften dieser Transformation, insbesondere der Beschreibung ihres Bildbereichs und der Konstruktion des inversen Operators, d. h. der Herleitung von Umkehrformeln.

Eine Charakterisierung des Bildbereichs der Radon-Transformation wird durch die *Helgason-Ludwigsche Konsistenzbedingung* gegeben (HELGASON 1965, S. 159; LUDWIG 1966, S. 56; siehe auch HELGASON 1980; NATTERER 1986), nach der eine gerade Funktion $g(p, \Theta) \in \mathcal{S}(R \times S^{n-1})$ die Radon-Transformierte einer Funktion $f \in \mathcal{S}(R^n)$ ist, wenn ihre k-ten Momente über p homogene Polynome vom Grad k in

Θ für alle $k = 0, 1, \ldots$ sind. Die Radon-Transformation ist eine stetige Abbildung in entsprechenden L_2-Räumen, jedoch ist ihre Umkehrabbildung nicht stetig in diesen Räumen, sondern nur in geeigneten Sobolev-Räumen (siehe NATTERER 1986, S. 42).

Die Radon-Transformation läßt sich in verschiedener Hinsicht verallgemeinern. Zunächst ist die Übertragung von euklidischen auf *nichteuklidische Räume* in natürlicher Weise möglich, wie schon Radon in seiner Arbeit bemerkt hat. Im elliptischen Fall kann man das Radonsche Problem auf eine Aufgabe in der Kugelgeometrie zurückführen, indem man in der bekannten Weise ein diametrales Punktepaar der Kugel als Punkt der elliptischen Ebene deutet. Man erhält dann das oben genannte Minkowskische Problem, eine Funktion auf einer Kugel aus ihren Integralen über Großkreisen zu rekonstruieren. Das Problem wurde von Minkowski und Funk (FUNK 1913, S. 283) durch Entwicklung nach Kugelfunktionen bzw. Zurückführung auf eine Abelsche Integralgleichung gelöst. Die von Radon angegebene Lösung in der hyperbolischen Ebene ist ganz analog zur Radonschen Umkehrformel gebaut, mit dem hyperbolischen Sinus von q anstelle von q im Nenner. Die allgemeine Integralgeometrie in Räumen konstanter Krümmung wurde von S. Helgason (siehe HELGASON 1959, 1964, 1965, 1980, Kap. III) sowie I. M. Gelfand und seinen Mitarbeitern (siehe GELFAND et al. 1966, Kap. V) ausgearbeitet. Im hyperbolischen Fall negativer konstanter Krümmung sind dabei die Integrale der Funktion f über alle möglichen zu den Hyperebenen analogen Hyperflächen, den sogenannten Horosphären oder Grenzflächen, zu bilden. Helgason gab auch verschiedene Verallgemeinerungen und Varianten der Radon-Transformation auf der Grundlage eines einheitlichen gruppentheoretischen Zugangs in homogenen Räumen an, der insbesondere zu einer allgemeinen Definition der *integralgeometrischen Dualität* führt (HELGASON 1964, 1980, Kap. II).

Für allgemeine Untersuchungen der Radon-Transformation ist es vorteilhaft, deren Definition auf verallgemeinerte Funktionen (Distributionen) zu erweitern (LUDWIG 1966, S. 63–66; GELFAND et al. 1966, Kap. I, II; HELGASON 1980, Kap. I, § 5). Insbesondere läßt sich mit Hilfe von Distributionen in eleganter Form die Umkehrformel für die Radon-Transformation ableiten (GELFAND/SCHILOW 1960, S. 84–85; GELFAND et al. 1966, S. 8–12). Das Radonsche Problem kann als die klassische Formulierung der Aufgabe aus der Theorie der Distributionen angesehen werden, die Diracsche δ-Distribution in ebene Wellen zu zerlegen.

Es soll noch kurz auf eine wichtige unmittelbare Verallgemeinerung der Radon-Transformation eingegangen werden, die *k-Ebenen-Transformation* oder k-dimensionale Radon-Transformation, bei der das Integral einer Funktion f im R^n über einen k-dimensionalen affinen Teilraum des R^n, $0 < k < n$, gebildet wird (HELGASON 1959, 1980, Kap. I, § 6, 1987; SOLMON 1976; SMITH et al. 1977; CALDERÓN 1983; GELFAND et al. 1967, 1982). Das ist für $k = n - 1$ die Radon-Transformation, für $k = 1$ die in der Computer-Tomographie ebenfalls wichtige (n-dimensionale) *X-Strahl-* oder *Röntgen-Strahl-Transformation*

$$Pf(\xi, \Theta) = \int_{-\infty}^{\infty} f(\xi + t\Theta)\, dt, \qquad \Theta \in S^{n-1},$$

wobei das Integral über die Geraden durch ξ mit der Richtung Θ erstreckt wird (siehe NATTERER 1986, S. 9ff.). Auf die k-Ebenen-Transformation lassen sich viele Eigenschaften der Radon-Transformation übertragen, insbesondere die Umkehrformeln. Es gibt aber auch Unterschiede wie bei der Charakterisierung des Bildbereichs im «flachen Fall» $k < n - 1$.

4.2 Integralgeometrie und inverse Probleme

Das Radonsche Problem und allgemein das Problem der Integralgeometrie stellt in seiner geometrischen Fragestellung eine *inverse Aufgabe* dar, die sich in analytischer Form als eine Integralgleichung 1. Art ausdrückt. So untersuchte Fritz John (JOHN 1934) Integralgleichungen der Gestalt

$$\int_V f(\xi + \eta) Q(\eta) d\omega_\eta = g(\xi), \qquad \xi = (x_1, \ldots, x_n), \eta = (y_1, \ldots, y_n),$$

wo V eine geschlossene Hyperfläche des R^n mit konvexem Innengebiet bzw. das Innengebiet der Fläche und $d\omega$ das Oberflächen- bzw. Volumenelement ist sowie Q eine willkürlich vorgegebene Ortsfunktion. Für $Q \equiv 1$ entspricht diese Gleichung dem Problem der Integralgeometrie für die Schar von zu V kongruenten parallelen Hyperflächen. John zeigt, daß sich die Auflösung dieser Gleichung zurückführen läßt auf die beiden Radonschen Probleme und auf den Spezialfall der Bestimmung einer Lösung der Gleichung, die nur von einer Koordinate abhängt. Die letzte Aufgabe kann ihrerseits auf eine Volterrasche Integralgleichung 1. Art und danach 2. Art mit stetigem Kern zurückgeführt werden. In (JOHN 1935) ergeben sich bei allgemeinen von endlich vielen Parametern abhängenden Flächenscharen mit einem willkürlichen analytischen Flächenelement $Qd\omega$ Volterrasche Integralgleichungen 1. Art in mehreren Variablen, die sich nicht mehr auf solche 2. Art zurückführen lassen.

Wichtige Spezialfälle sind die *Integralgleichungen,* die bei der Bestimmung einer Funktion aus ihren Kugelmittelwerten auftreten (JOHN 1934, 1935, 1955, Kap. VI; COURANT/HILBERT 1968, S. 425–427; LAVRENTIEV et al. 1970, S. 19–21; CORMACK/QUINTO 1980; FAWCETT 1985). Die Integralgleichung zur Bestimmung einer Funktion auf der Kugeloberfläche durch ihre Integrale über jede Halbkugel läßt sich wie bei der Bestimmung einer Funktion auf der Kugeloberfläche durch ihre Großkreisintegrale auf eine Abelsche Integralgleichung zurückführen (FUNK 1916). Analoge Probleme für Rotationsellipsoide und allgemeinere Klassen von analytischen Rotationsflächen, darunter Paraboloiden und Kardioiden, und für bezüglich Verschiebungen invariante Kurven und Flächen werden in (LAVRENTIEV et al. 1970; ROMANOV 1974; CORMACK 1981, 1987) behandelt, insbesondere hinsichtlich Fragen der Existenz und Eindeutigkeit der Lösung. Die Tatsache, daß bei Vorgabe der Integralwerte über Kreise und Kugeln von einem festen Radius die Eindeutigkeit der Lösung verloren gehen kann, wurde schon von Radon bemerkt und die Eindeutigkeitsfrage in diesem Fall von JOHN (1935, 1955 loc. cit.) genauer untersucht.

Die Eindeutigkeitsfrage spielt auch bei dem allgemeinen, für die Reflexionstomographie wichtigen *Problem von Pompeiu* (POMPEIU 1929), eine Funktion im R^n aus ihren Integralwerten über alle starren Bewegungen eines n-dimensionalen Gebietes im R^n zu bestimmen, eine wesentliche Rolle (siehe dazu WILLMS/GLADWELL 1994, S.4–5). Die Untersuchung dieser Probleme der Integralgeometrie ist vor allem deshalb wichtig, weil sich verschiedene mathematische und physikalische Fragestellungen, insbesondere *inverse Probleme* für partielle Differentialgleichungen vom hyperbolischen Typ, auf diese Aufgaben zurückführen lassen. Schon von JOHN (1934, S. 489, 490) wird darauf hingewiesen, daß sich eine Integralgleichung der obigen Form ergibt, wenn beim Vorliegen einer entsprechenden Integraldarstellung für die Lösung des Anfangswertproblems einer partiellen Differentialgleichung mit der Zeit t als Parameter die Werte der Lösung für einen festen Zeitpunkt $t = 1$ vorgegeben sind. Speziell ist das bei der bekannten Gleichung von Darboux

$$\Delta v - \frac{n-1}{t} v_t - v_{tt} = 0$$

mit den Anfangswerten $v(x, 0) = f(x)$, $v_t(x, 0) = 0$ der Fall, welche die Gleichung für die sphärischen Mittelwerte der Anfangsfunktion f darstellt und durch die sich die Lösung des Anfangswertproblems für die Wellengleichung $\Delta u = u_{tt}$ ausdrücken läßt (vgl. JOHN 1955, S. 88, 89; COURANT/HILBERT 1968, S. 411–415).

In den Monographien von LAVRENTIEV et al. 1970; ROMANOV 1974; LAVRENT'EV et al. 1986 sowie bei FAWCETT (1985) werden eine ganze Reihe für die Anwendungen wichtiger inverser Probleme der *Koeffizientenbestimmung* bei hyperbolischen Differentialgleichungen in linearisierter Form und verschiedenen Problemstellungen durch Zurückführung auf entsprechende integralgeometrische Probleme behandelt. Darunter sind das inverse dynamische Problem für die Telegrafengleichung und das inverse kinematische Problem der Geophysik (der Laufzeitanalyse in der Seismik) zu nennen. Schließlich sei erwähnt, daß das Radonsche Problem als ein Grenzfall des inversen Streuproblems für die Wellengleichung in der Born-Rytovschen Näherung für große Frequenzen aufgefaßt werden kann (vgl. NATTERER 1986, S. 5–8).

4.3 Zusammenhang mit partiellen Differentialgleichungen

Eine wichtige Motivation für die Mathematiker, die Radon-Transformation zu untersuchen, war die Möglichkeit, mit ihrer Hilfe die Lösungen partieller Differentialgleichungen zu studieren. Die Integranden in den Umkehrformeln der Radon-Transformation stellen für festes Θ Funktionen einer *ebenen Welle* dar, d. h. Funktionen, die auf jeder Hyperebene aus einer Schar von parallelen Hyperebenen konstant sind. Abgesehen von zusätzlichen Differentiationen oder der Anwendung des Laplace-Operators geben die Umkehrformeln eine stetige Zerlegung der Ortsfunktion f in ebene Wellen an. Da eine ebene Welle durch eine Funktion von einer reellen Variablen (entlang der Normalen zu den Hyperebenen) beschrieben wird, können die Umkehrformeln der Radon-Transformation in manchen Fällen benutzt werden, um ein Problem in n Raumdimensionen auf ein Problem in einer Raumdimension zurückzuführen.

Dieses Prinzip wurde, beginnend mit Untersuchungen von Herglotz (HERGLOTZ 1926, 1928), F. Bureau 1936 und I. G. Petrowskij 1937 zum Beispiel in den Arbeiten von JOHN 1955; COURANT/LAX 1955; LUDWIG 1966 sowie BOROWIKOV 1959 und PISKOREK 1973 zur effektiven Lösung des Cauchyschen Anfangswertproblems und zur Konstruktion von Fundamentallösungen hyperbolischer Differentialgleichungen mit konstanten Koeffizienten angewendet. Im Vergleich zu der bekannten Absteigemethode von Hadamard für die Lösung des Cauchyschen Problems (vgl. COURANT/HILBERT 1968, S. 391) liefert die Anwendung der Radon-Transformation einen direkten Zugang zu den Lösungsformeln, der einheitlich für alle Dimensionen n ist. Auch auf elliptische Differentialgleichungen ist das Prinzip anwendbar (JOHN 1955).

Eine andere wichtige Anwendung der Radon-Transformation betrifft *ultrahyperbolische Differentialgleichungen,* bei denen im Gegensatz zu den hyperbolischen Gleichungen mehrere zeitliche Ableitungen der höchsten Ordnung auftreten. So genügt die Röntgenstrahl-Transformierte $Pf(\alpha, \beta, \gamma, \delta)$ einer Funktion f im R^3 für die Geraden in der Parameterdarstellung $x = \alpha t + \beta$, $y = \gamma t + \delta$, $z = t$ der Differentialgleichung

$$\frac{\partial^2 P f}{\partial\alpha\partial\delta} - \frac{\partial^2 P f}{\partial\gamma\partial\beta} = 0.$$

In einer bekannten Arbeit (JOHN 1938) hat John gezeigt, daß diese partielle Differentialgleichung das Bildgebiet der Transformation P charakterisiert. John konstruierte mit Hilfe dieses Zusammenhangs globale Lösungen der ultrahyperbolischen Gleichung in vier Variablen

$$\frac{\partial^2 g}{\partial x^2} + \frac{\partial^2 g}{\partial y^2} - \frac{\partial^2 g}{\partial z^2} - \frac{\partial^2 g}{\partial w^2} = 0,$$

die der obigen Gleichung bei einer Variablensubstitution äquivalent ist. Verallgemeinerungen dieses Ergebnisses auf die k-Ebenen-Transformation mit $k < n - 1$ wurden von Gelfand und seinen Mitarbeitern (GELFAND et al. 1982) angedeutet und vollständig bewiesen von F. Richter und in gewissem Maße auch von E. Grinberg sowie F. Gonzales, man vergleiche dazu den Übersichtsartikel von Helgason (HELGASON 1991).

5 Die Arbeit von Radon — eine Wurzel der Computer-Tomographie

5.1 Computer-Tomographie und zugehörige Integraltransformationen

Die Computer-Tomographie (CT) ist bekanntlich eine Strahlungs-Technik, die in der diagnostischen Medizin eingesetzt wird, um nicht-invasiv Informationen über die Morphologie des Patienten zu erhalten. Dabei wird ein Querschnitt des menschlichen Körpers, z. B. des Gehirns, mit einem dünnen Röntgenstrahlbündel durchstrahlt, dessen Intensitätsverlust von einem Detektor gemessen und mit Hilfe eines mathematischen Rekonstruktionsalgorithmus durch einen Computer zu Querschnittsbildern verarbeitet wird, um ein zweidimensionales Bild zu erzeugen. Dieses wird dann auf einem Schirm dargestellt. Berechnet wird der Absorptionskoeffizient $f(x)$ in der entsprechenden Querschnittsebene, welcher der Gewebedichte entspricht. Zu den verschiedenen Arten der CT und den medizinischen und physikalischen Aspekten ihrer Anwendung vergleiche man wieder die Monographien von Herman 1979, 1980; Deans 1983 sowie die Arbeiten von Oelssner 1983; Lösche 1992 und die darin angegebene Literatur.

Das grundlegende mathematische Modell der beschriebenen *Transmissionstomographie* im ebenen Fall beruht auf der Annahme, daß die relative Intensitätsabnahme des Strahls $-\Delta I/I$ im Punkt x proportional dem Absorptionskoeffizienten $f(x)$ und der Weglänge Δx ist: $\Delta I/I = -f(x)\Delta x$. Daraus folgt für das Verhältnis I_1/I_0 der gemessenen Intensität nach Durchlaufen des Körpers I_1 zur Ausgangsintensität I_0 des Strahlenbündels L, das wir uns als eine Gerade vorstellen, mit $\Delta x \to 0$ die Beziehung

$$I_1/I_0 = \exp\left(-\int_L f(x)\,dx\right),$$

worin das Geradenintegral der Funktion f über die Geraden L auftritt. Die Rekonstruktion von f aus allen diesen Integralen führt also auf die Umkehrung der Radon-Transformation im ebenen Fall (Siehe hierzu und für das folgende: Natterer 1986, S. 1–5, und Louis/Natterer 1983). Die Radon-Transformation im ebenen (2D) und räumlichen (3D) Fall tritt auch in der *Nuklear-Magnetischen Resonanz-Zeugmatographie* (NMR), früher Kernspintomographie genannt, auf, bei der die Dichte f des Kernspins im Körperinneren durch Anlegen räumlich variabler Magnetfelder bestimmt wird und je nach Meßprozeß Linien- oder Ebenen-Integrale gemessen werden.

In der 3D-Transmissionstomographie wird man auf die in Abschnitt 4 behandelte *Röntgenstrahl-* oder *X-Strahl-Transformation* geführt. Bei anderen Abtastgeometrien treten Modifikationen der Radon- und der X-Strahl-Transformation auf. So wird anstelle der von Hounsfield und Cormack benutzten Parallelgeometrie heute die wegen der schnelleren Geschwindigkeit effizientere ebene *Fächerstrahl-* und räumliche *Kegelstrahl-Geometrie* angewendet, die entsprechende Transformationen wie die *Divergent-X-Strahl-Transformation* (Hamaker et al. 1980) ergibt.

In der Nuklearmedizin wird die Verteilung einer radioaktiven pharmazeutischen Substanz in einem Körperquerschnitt aus der Messung der Strahlung außerhalb des Körpers gesucht. Diese *Emissionscomputertomographie* (ECT) führt die Messung der Strahlung längs einer Geraden (single particle ECT, SPECT) zur *gedämpften Radon-Transformation,* in der ein exponentieller Dämpfungsfaktor mit dem Integral über den Absorptionskoeffizienten μ des Körpers auftritt. Für konstantes μ in einem konvexen Gebiet ist das die (konstant gedämpfte oder) *exponentielle Radon-Transformation,* für die Umkehrformeln und Konsistenzbedingungen bekannt sind (Tretiak/Metz 1980; Natterer 1979, 1986, S. 46–53; Hertle 1988). Die gedämpfte Radon-Transformation wiederum ist ein Spezialfall der *verallgemeinerten Radon-*

Transformation mit einer allgemeinen glatten positiven Gewichtsfunktion als Faktor (QUINTO 1980; BEYLKIN 1984; FINCH/HERTLE 1987). Ein wichtiger Spezialfall der Emissionstomographie entsteht, wenn die Quellen die Teilchen paarweise in entgegengesetzte Richtungen ausstoßen und die Strahlung in entgegengesetzten Richtungen gleichzeitig gemessen wird. Bei dieser *Positron-Emissions-Tomographie* (PET) ergibt sich bei bekannten Absorptionskoeffizienten μ wieder die Radon-Transformation für *f*. Schließlich ist die *Ultraschall-Tomographie* zu nennen, die auf ein inverses Problem der Bestimmung des Brechungsindex aus der Laufzeitfunktion für jeweils zwei Punkte der Oberfläche des Objekts führt und analog wie bei dem entsprechenden Problem der Seismik in linearer Näherung ein Problem der Integralgeometrie wird.

5.2 Mathematische Probleme in der Computer-Tomographie

Das grundlegende mathematische Problem der CT ist die effektive Durchführung der *Umkehrung der Radon-Transformation,* d. h. der Berechnung von *f* aus der Radonschen Integralgleichung $Rf = F$. Die Hauptschwierigkeit bei der Entwicklung geeigneter Rekonstruktionsalgorithmen besteht darin, daß von *F* in der Praxis nur endlich viele und dazu fehlerbehaftete Werte bekannt sind. Das ist auch deshalb problematisch, weil die Umkehrung der Radon-Transformation ein schlecht gestelltes Problem ist, so daß kleine Fehler in *F* große Fehler in der gesuchten Lösung *f* hervorrufen können und *f* bei endlich vielen Werten von *F* im allgemeinen nicht eindeutig bestimmt ist. Allgemeine mathematische Probleme in der CT sind daher: Eindeutigkeit, Stabilität und Genauigkeit der Lösung und als Hauptproblem die Entwicklung von effektiven Rekonstruktionsalgorithmen (LOUIS/NATTERER 1983; NATTERER 1984, 1985, 1986; LOUIS 1989; SMITH et al. 1977; SHEPP/KRUSKAL 1978; HERMAN/NATTERER 1981). Die mathematischen Probleme in der CT können hier nicht im einzelnen diskutiert werden, dazu sei auf die angegebene Literatur verwiesen. Es sollen nur einige allgemeine Gesichtspunkte und Resultate betrachtet werden, die im engen Zusammenhang mit der Radonschen Arbeit stehen. Dabei beziehen wir uns in der Bezeichnung auf den ebenen Fall.

Die *(vollständige) Radon-Transformation,* bei der die Integrale über alle Geraden gegeben sind, stellt insbesondere für stetige Funktionen mit kompaktem Träger eine umkehrbar-eindeutige Abbildung dar. Die entsprechenden Umkehrformeln für die Radon-Transformation setzen voraus, daß die Werte der Funktion *F* im ganzen Bereich der Variablen (p, Θ) gegeben sind. In diesem Fall ist theoretisch zunächst nur die *Inkorrektheit* der Radon-Transformation zu beachten, die jedoch nicht sehr ausgeprägt ist. In der Praxis kann aber in Abhängigkeit von der Abtastgeometrie (Parallel-, Fächerstrahl-Geometrie) nur eine endliche Anzahl von Integralwerten gemessen werden. In diesem Fall entsteht die Frage nach der Eindeutigkeit der Lösung. Insbesondere ist die Radon-Transformation nicht eindeutig umkehrbar, wenn *F* nur in endlich vielen Richtungen Θ bekannt ist. Es existieren Funktionen im Nullraum der Radon-Transformation, sogenannte Geister. Jedoch werden durch diese Nichteindeutigkeit im wesentlichen nur hohe Frequenzen in der

Fourier-Transformierten der Lösung verfälscht. Tatsächlich existieren trotz der Nichteindeutigkeit effektive Rekonstruktionsalgorithmen, die diese stark oszillierenden Funktionen unterdrücken.

Bei den *Rekonstruktionsalgorithmen,* die in der Form an die verschiedenen Abtastgeometrien anzupassen sind, kann man zwei Haupttypen unterscheiden: Algebraische Verfahren und Verfahren vom Faltungstyp. Zu den ersteren zählt die von Hounsfield benutzte Algebraische Rekonstruktionstechnik (ART). Bei den algebraischen Verfahren wird die Radonsche Integralgleichung irgendwie diskretisiert, und das entstehende Gleichungssystem unter möglicher Ausnutzung seiner Struktur durch direkte, meist iterative, Algorithmen gelöst. Die Faltungsverfahren benutzen die Fouriersche Umkehrformel der Radon-Transformation (vgl. Abschnitt 3.3) und dazu eine Filterung der Rücktransformation. Diese gefalteten Rücktransformationen können als eine geschickte Auswertung der Radonschen Umkehrformel angesehen werden. Effektive Algorithmen, die direkt auf der Radonschen Umkehrformel mit verschiedeenn Approximationen beruhen, sind z. B. bei HERMAN/NAPARSTEK (1977) angegeben.

Bei vielen Anwendungen kann F nicht im ganzen Bereich der Variablen (p, Θ) gemessen werden. Das führt zu Problemen mit unvollständigen Daten, wie dem *äußeren* und *inneren Problem,* bei denen F nur für $|p| \geq a$ bzw. $|p| \leq a$ gegeben ist (und f für $r \geq a$ bzw. $r \leq a$ berechnet werden soll), und *Problemen mit eingeschränktem Winkel,* bei denen F nur in einem Winkelbereich $[-\varphi, \varphi]$, $0 < \varphi < \frac{\pi}{2}$, oder sogar nur in einigen einzelnen Richtungen bekannt ist. Man vergleiche zu diesen für die Praxis der CT wichtigen Problemen die Arbeiten von NATTERER (1984, 1986); LOUIS (1986); QUINTO (1988); RAMM (1992); NATTERER (1993).

Die grundlegenden theoretischen mathematischen Probleme in der Computertomographie sind die Probleme der modernen Integralgeometrie, wie sie von Gelfand (loc. cit.) definiert wurden. Damit besteht ein enger Zusammenhang zwischen den beiden Disziplinen, die sich gegenseitig befruchten. Dazu sei zum Beispiel auf den Sammelband (GELFAND/GINDIKIN 1990) und die Arbeit (GONCHAROV 1988) hingewiesen.

Literatur

Ambartzumjan, Ruben V., Mecke, Joseph, u. Dietrich Stoyan: Geometrische Wahrscheinlichkeiten und Stochastische Geometrie. Berlin 1993.

Beylkin, Gregory: The Inversion Problem and Applications of the Generalized Radon Transform. In: Communications on Pure and Applied Mathematics 37 (1984), S. 579–599.

Blaschke, Wilhelm: Vorlesungen über Integralgeometrie. 3. Aufl. Berlin 1955.

Borowikov, W. A.: Fundamentallösungen linearer partieller Differentialgleichungen mit konstanten Koeffizienten (Russ.). In: Trudy Moskovskogo Matematitscheskogo Obschtschestva 8 (1959), S. 199–257.

Bracewell, Ronald N.: Strip Integration in Radio Astronomy. In: Australian Journal of Physics 9 (1956), S. 198–217.

Bracewell, R. N., Riddle, A. C.: Inversion of Fan-Beam-Scans in Radio Astronomy. In: Astrophysical Journal 150 (1967), S. 427–434.
Calderón, Alberto P.: On the Radon Transform and some of its Generalizations. In: Conference on Harmonic Analysis. Belmont, Calif. 1983, S. 673–689.
Cormack, Allan M.: Representation of a Function by its Line Integrals with some Radiological Applications. In: Journal of Applied Physics 34 (1963), S. 2722–2727.
Cormack, Allan M.: Representation of a Function by its Line Integrals with some Radiological Applications II. In: Journal of Applied Physics 35 (1964), S. 2908–2913.
Cormack, Allan M.: Early Two-Dimensional Reconstruction and Recent Topics Stemming from it. Nobel Prize Adress. In: Science 209 (1980), S. 1482–1486.
Cormack, Allan M.: The Radon Transform on a Family of Curves in the Plane. In: Proceedings of the American Mathematical Society 83 (1981), S. 325–330.
Cormack, Allan M.: Computed Tomography. Some History and Recent Developments. In: Proceedings of Symposia in Applied Mathematics 27 (1982), S. 35–42.
Cormack, Allan M.: Radon's Problem for some Surfaces in R^n. In: Proceedings of the American Mathematical Society 99 (1987), S. 305–312.
Cormack, Allan M., Quinto, Enrico T.: A Radon Transform on Spheres through the Origin in R^n and Applications to the Darboux Equation. In: Transactions of the American Mathematical Society 260 (1980), S. 575–581.
Courant, Richard, Hilbert, David: Methoden der mathematischen Physik II. Berlin 1968.
Courant, Richard, Lax, Anneli L.: Remarks on Cauchy's Problem for Hyperbolic Partial Differential Equations with Constant Coefficients in Several Independent Variables. In: Communications on Pure and Applied Mathematics 8 (1955), S. 497–502.
Cramér, Harold, Wold, Harold: Some Theorems on Distribution Functions. In: Journal of the London Mathematical Society 11 (1936), S. 290–294.
Crowther, R. A., De Rosier, D. J., u. A. Klug : The Reconstruction of a Three-Dimensional Structure from Projections and its Application to Electron Microscopy. In: Proceedings of the Royal Society of London A 317 (1970), S. 319–340.
Czuber, Emanuel: Geometrische Wahrscheinlichkeiten und Mittelwerte. Leipzig 1884.
Deans, Stanley R.: The Radon Transform and some of its Applications. New York 1983.
Fawcett, John A.: Inversion of N-Dimensional Spherical Averages. In: SIAM Journal of Applied Mathematics 45 (1985), S. 336–341.
Finch, David V., Hertle, Alexander: The Exponential Radon Transform. In: Contemporary Mathematics 63 (1987), S. 67–73.
Funk, Paul: Über Flächen mit lauter geschlossenen geodätischen Linien. In: Mathematische Annalen 74 (1913), S. 278–300.
Funk, Paul: Über eine geometrische Anwendung der Abelschen Integralgleichung. In: Mathematische Annalen 77 (1916), S. 129–135.
Gelfand, I. M., Gindikin, S. G. (Ed.): Mathematical Problems of Tomography. Translation of Mathematical Monographs 81 (1990), American Mathematical Society.
Gelfand, I. M., Gindikin, S. G., u. M. I. Graev: Integral Geometry in Affine and Projective Spaces. In: Journal of Soviet Mathematics 18 (1982), S. 39–164.
Gelfand, I. M., Graev, M. I., u. S. J. Schapiro: Integralgeometrie auf k-dimensionalen Ebenen (Russ.). In: Funkcionalny analiz i ego priloshenija 1 (1967), S. 1–31.
Gelfand, I. M., Graev, M. I., u. N. Ya. Vilenkin: Generalized Functions, Vol. 5. Integral Geometry and Representation Theory. New York 1966.
Gelfand, I. M., Schilow, G. E.: Verallgemeinerte Funktionen (Distributionen)I. Berlin 1960.
Gindikin, S. G.: Integral Geometry as Geometry and as Analysis. In: Contemporary Mathematics 63 (1987), S. 75–107.

Goncharov, A. B.: Methods of Integral Geometry and Recovering a Function with Compact Support from its Projections in Unknown Directions. In: Acta Applicandae Mathematicae 11 (1988), S. 213–222.

Gorenflo, Rudolf, Vessella, Sergio: Abel Integral Equations, Lecture Notes in Mathematics 1461. Berlin 1991.

Hamaker, C., Smith, K. T., Solmon, D. C. u. S. L. Wagner: The Divergent Beam X-ray Transform. In: Rocky Mountain Journal of Mathematics 10 (1980), S. 253–283.

Helgason, Sigurdur: Differential Operators on Homogeneous Spaces. In: Acta Mathematica 102 (1959), S. 239–299.

Helgason, Sigurdur: A Duality in Integral Geometry; some Generalizations of the Radon Transform. In: Bulletin of the American Mathematical Society 70 (1964), S. 435–446.

Helgason, Sigurdur: The Radon Transform on Euclidean Spaces, Compact Twopoint Homogeneous Spaces and Grassmann Manifolds. In: Acta Mathematica 113 (1965), S. 153–180.

Helgason, Sigurdur: The Radon Transform. Boston 1980.

Helgason, Sigurdur: Some Results on Radon Transforms, Huygens› Principle and †-ray Transforms. In: Contemporary Mathematics 63 (1987), S. 151–177.

Helgason, Sigurdur: Geometric and Analytic Features of the Radon Transform. In: Mitteilungen der Mathematischen Gesellschaft Hamburg 12 (1991) No. 4, S. 977–988.

Herglotz, Gustav: Über die Integration linearer partieller Differentialgleichungen mit konstanten Koeffizienten I, II, III. In: Berichte über die Verhandlungen der Sächs. Akademie der Wissenschaften zu Leipzig, Math.-physische Klasse 78 (1926), S. 93–126, S. 287–318; 80 (1928), S. 69–114.

Herglotz, Gustav: Vorlesungen über die Mechanik der Kontinua. Ausarbeitung von Ronald B. Guenther und Hans Schwerdtfeger. Teubner-Archiv zur Mathematik, Band 3. Leipzig 1985.

Herman, Gabor T. (Ed.): Image Reconstruction from Projections: Implementation and Applications. Berlin 1979.

Herman, Gabor T.: Image Reconstruction from Projections. The Fundamentals of Computerized Tomography. New York 1980.

Herman, Gabor T., Naparstek, A.: Fast Image Reconstruction Based on a Radon Inversion Formula Appropriate for Rapidly Collected Data. In: SIAM Journal for Applied Mathematics 33 (1977), S. 511–533.

Herman, Gabor T., Natterer, Frank (Ed.): Mathematical Aspects of Computerized Tomography. Lecture Notes in Medical Informatics, Vol. 8. Berlin 1981.

Hertle, Alexander: The Identification Problem for the Constantly Attenuated Radon Transform. In: Mathematische Zeitschrift 197 (1988), S. 13–19.

John, Fritz: Bestimmung einer Funktion aus ihren Integralen über gewisse Mannigfaltigkeiten. In: Mathematische Annalen 109 (1934), S. 488–520.

John, Fritz: Abhängigkeiten zwischen den Flächenintegralen einer stetigen Funktion. In: Mathematische Annalen 111 (1935), S. 541–559.

John, Fritz: The Ultrahyperbolic Differential Equation with Four Independent Variables. In: Duke Mathematical Journal 4 (1938), S. 300–322.

John, Fritz: Plane Waves and Spherical Means Applied to Partial Differential Equations. New York 1955.

Klug, Aaron: Applications of Image Analysis Technique in Electron Microscopy III. Optical Diffraction and Filtering and Three-Dimensional Reconstruction from Electron Micrographs. In: Philosophical Transactions of the Royal Society of London, Ser. B, 261 (1971), S. 173–179.

Lavrent'ev, M. M., Romanov, V. G., u. S. P. Shishatskii: Ill-Posed Problems of Mathematical Physics and Analysis. Providence 1986.

Lavrentiev, M. M., Romanov, V. G., u. V. G. Vasiliev: Multidimensional Inverse Problems for Differential Equations. Berlin 1970.

Lösche, Artur: Nuklearmedizinische Resonanzverfahren in Biologie und Medizin – Physikalische Grundlagen. In: Nova Acta Leopoldina N. F. 60 (1992), Nr. 266, S. 13–23.

Louis, Alfred K.: Incomplete Data Problems in X-ray Computerized Tomography. In: Numerische Mathematik 48 (1986), S. 251–262.

Louis, Alfred K.: Inverse und schlecht gestellte Probleme. Stuttgart 1989.

Louis, Alfred K., Natterer, Frank: Mathematical Problems of Computerized Tomography. In: Proceedings of the Institute of the Electrical and Electronics Engineers (IEEE) 71 (1983), S. 379–389.

Ludwig, Donald: The Radon Transform on Euclidean Space. In: Communications on Pure and Applied Mathematics 19 (1966), S. 49–81.

Mader, Philomena: Über die Darstellung von Punktfunktionen im *n*-dimensionalen euklidischen Raum durch Ebenenintegrale. In: Mathematische Zeitschrift 26 (1927), S. 646–657.

Marr, R. B.: In the Reconstruction of a Function on a Circular Domain from a Sampling of its Line Integrals. In: Journal of Mathematical Analysis and Applications 45 (1974), S. 357–374.

Natterer, Frank: On the Inversion of the Attenuated Radon Transform. In: Numerische Mathematik 32 (1979), S. 431–438.

Natterer, Frank: Einige Beiträge der Mathematik zur Computer-Tomographie. In: Zeitschrift für Angewandte Mathematik und Mechanik (ZAMM) 64 (1984), T252-T260.

Natterer, Frank: Numerik des Radonschen Problems. In: Jahresbericht der Deutschen Mathematiker-Vereinigung 87 (1985), S. 108–126.

Natterer, Frank: The Mathematics of Computerized Tomography. Stuttgart, Chichester 1986.

Natterer, Frank: Tomography with Few Data. In: G. Anger u. a.: Inverse Problems: Principles and Applications in Geophysics, Technology, and Medicine. Berlin 1993, S. 275–283.

Oelßner, Wilhelm: Computertomographie. Eine Übersicht. Berlin 1983. 35 S. (= Abhandlungen der Sächs. Akademie der Wissenschaften zu Leipzig, Math.-naturwiss. Klasse, Bd. 55, H.2).

Piskorek, Adam: Radon-Transformation und hyperbolische Differentialgleichungen der mathematischen Physik. In: Methoden und Verfahren der mathematischen Physik Bd. 10. Hrsg. von Bruno Brosowski und Erich Martensen. Mannheim 1973, S. 85–97.

Pólya, Georg: Über geometrische Wahrscheinlichkeiten. In: Sitzungsberichte der Kaiserl. Akademie der Wissenschaften Wien 126 (1917), S. 319–328.

Pompeiu, Dimitri: Sur certains systèmes d'équations linéaires et sur une proprieté intégrale des fonctions de plusieurs variables. In: Comptes Rendus de l'Académie des Sciences Paris 188 (1929), S. 1138–1139.

Quinto, Enrico Todd: The Dependence of the Generalized Radon Transform on Defining Measures. In: Transactions of the American Mathematical Society 257 (1980), S. 331–346.

Quinto, Enrico Todd: Tomographic Reconstruction of Incomplete Data – Numerical Inversion of the Exterior Radon Transform. In: Inverse Problems 4 (1988), S. 867–876.

Radon, Johann: Über die Bestimmung von Funktionen durch ihre Integralwerte längs gewisser Mannigfaltigkeiten. In: Berichte über die Verhandlungen der Königl. Sächs. Gesellschaft der Wissenschaften zu Leipzig, Math.-physische Klasse 69 (1917), S. 262–277.

Ramm, Alexander G.: Inversion of the Radon Transform with Incomplete Data. In: Mathematical Methods in the Applied Sciences 15 (1992), S. 159–166.

Rényi, Alfred: On Projections of Probability Distributions. In: Acta Mathematica Academia Scientia Hungarica 3 (1952), S. 131–141.

Romanov, V. G.: Integral Geometry and Inverse Problems for Hyperbolic Equations. Berlin 1974.

Santaló, Luis A.: Integral Geometry and Geometric Probability. Reading 1976.
Schmetterer, Leopold: Johann Radon (1887–1956). In: Internationale Mathematische Nachrichten 153 (1990), S. 16–22.
Schmetterer, Leopold: Die Radontransformation. In: Collected Works J. Radon. Hrsg. v. d. Österreich. Akademie der Wissenschaften. Wien 1987, Vol. 2, S. 3–6.
Schneider, Rolf, Weil, Wolfgang: Integralgeometrie. Stuttgart, Leipzig 1992.
Shepp, Lawrence A., Kruskal, Joseph B.: Computerized Tomography: The New Medical X-ray Technology. In: American Mathematical Monthly 85 (1978), S. 420–439.
Smith, Kernan T., Solmon, Donald C., u. Sheldon L. Wagner: Practical and Mathematical Aspects of the Problem of Reconstruction Objects from Radiographs. In: Bulletin of the American Mathematical Society 83 (1977), S. 1227–1270.
Solmon, Donald C.: The X-ray Transform. In: Journal of Mathematical Analysis and Applications 56 (1976), S. 61–83.
Tretiak, O., Metz, C.: The Exponential Radon Transform. In: SIAM Journal for Applied Mathematics 39 (1980), S. 341–354.
Wainschtein, B. K.: Finding the Structure of Objects from Projections. In: Kristallografiya 15 (1970), S. 894–902 (Russ.), Soviet Physics Crystallography 15, S. 781–787.
Wainschtein, B. K.: Synthesis of Projecting Functions. In: Soviet Physics Doklady 16 (1971), S. 66–69.
Willms, N. B., Gladwell, G. M. L.: Saddle Points and Overdetermined Problems for the Helmholtz Equation. In: Zeitschrift für Angewandte Mathematik und Physik (ZAMP) 45 (1994), S. 1–26.

Hans Jürgen Rösler

Die Beziehungen der Geo- und Montanwissenschaften zur Sächsischen Akademie der Wissenschaften und zur Bergakademie Freiberg

1 Einleitung

Wenn von der Geschichte der Sächsischen Akademie der Wissenschaften zu Leipzig und speziell von der Gründung der Akademie im Jahre 1846 gesprochen wird, fällt mit Sicherheit der Name eines Mannes, der außerhalb der Naturwissenschaften wenig bekannt ist, innerhalb der Geowissenschaften jedoch einen guten Klang hat, der von Carl Friedrich Naumann. Sein Name wird, abgesehen von sonstigen Verdiensten, besonders deshalb immer in die Erinnerung zurückgerufen, weil er zu den angesehenen Gründungsmitgliedern der Akademie gehörte und damit deren Profil von Anfang an weitgehend mitbestimmte.

Dies war in gewisser Hinsicht beachtlich, da er gerade erst vier Jahre zuvor nach Leipzig berufen worden war und sich offensichtlich von Anfang an sehr aktiv in die wissenschaftliche und gesellschaftliche Arbeit einbinden ließ. Er hatte viel in seinem neu einzurichtenden Institut zu tun, hatte erstmals einen eigenen Lehrstuhl, korrespondierte brieflich mit vielen Gelehrten und war Mitglied der Jablonowskischen Gesellschaft; außerdem gab er in kurzen Abständen neue Auflagen seiner gesuchten Kristallographie-, Mineralogie- und Geologie-Lehrbücher heraus – eine erstaunliche Aktivität des damals knapp 50jährigen Wissenschaftlers.

Nun war Naumann beileibe kein enger Spezialist, dem man viel Zeit und Muße zubilligen konnte. Er war im Gegenteil ein Geowissenschaftler breitester Veranlagung, dessen meist intensiv bearbeitete Fachgebiete von der Kristallographie über die Mineralogie, Petrographie, Geologie, Paläontologie bis zu deren angewandten Disziplinen reichte. Andererseits erklärt eine fast 20jährige Lehrtätigkeit, vor allem an der Bergakademie Freiberg, viele seiner Eigenschaften, insbesondere die Vielseitigkeit. Naumann war einer der letzten Werner-Schüler, worauf seine geologischen, mineralogischen und montanistischen Kenntnisse beruhten und aufbauten, und er war Zeitgenosse, Kollege und Schüler der berühmten, in Freiberg ausgebildeten Kristallographen Friedrich Mohs und Christian Samuel Weiss, denen er viele seiner Grundkenntnisse in diesem Fach verdankte, die er weiterentwickelte.

Diese kurz aufgeführten Tatsachen gaben dem Autor dieses Beitrages Anlaß, über den Geowissenschaftler Naumann hinaus einige Gedanken zum Werden der Geowissenschaften und der verwandten Bergbauwissenschaften im (wettinisch-) sächsischen Raum zu entwickeln und die Beziehungen zur Bergakademie Freiberg, speziell zu den vom Verfasser vertretenen Disziplinen Mineralogie und Geochemie, anklingen zu lassen. Es ist verständlich, daß diese Aussagen nicht ausgewogen sind und einen sehr persönlichen Charakter tragen, daß sich andererseits aber am Ende eines Lebens doch gewisse Maximen herausfiltern lassen, die zum Nachdenken anregen.

2 Die frühe Entwicklung der Geo- und Montanwissenschaften im sächsischen Raum

Als im 12. Jahrhundert Silbererze in Sachsen entdeckt wurden, war dies der Anfang eines Aufblühens Freibergs zur größten und reichsten Stadt des Landes. Aber nicht nur Freiberg, sondern der ganze wettinisch-sächsische Staat war Nutznießer dieses unerwarteten Wohlstands. Mit der Erschließung des Erzgebirges kam es zu einem wirtschaftlichen Aufschwung vieler Lebenszweige, die im 16. Jahrhundert beispielsweise im Schaffen des Naturwissenschaftlers und Technikers Georgius Agricola ihren Höhepunkt erreichten. Agricola, dessen 500jähriges Jubiläum seines Geburtstages wir kürzlich begangen haben, war der erste wissenschaftlich denkende Bergmann. Er demonstrierte die anfängliche Einheit der Montanwissenschaft und der sich ausbildenden Mineralogie, als deren Schöpfer er später bezeichnet wurde. Unter Mineralogie begriff man damals etwa alles das, was wir heute unter Geowissenschaften zusammenfassen. Zu dieser und späterer Zeit entwickelte sich auch im Mansfeldischen und anderswo ein (sedimentärer) Erzbergbau weiter, der die Geologie und Paläontologie förderte.

In den folgenden Jahrzehnten und Jahrhunderten begann nun eine Epoche, in der der aufgeklärte Bürger, insbesondere aber der Adel, seine Umwelt sorgfältiger zu beobachten begann, das, was ihm auffiel, sammelte und sich aufgrund dieses Fundus Gedanken über bestimmte (materielle) Dinge und Entwicklungen machte. Er dachte z. B. über das Alter der Erde oder die Natur der Fossilien nach, und er überlegte sich, ob die Erdentwicklung nicht so zu denken sei, wie wir sie heute beobachten, nämlich aktualistisch. So war, vereinfacht dargestellt, der Stand der Wissenschaft im 17. und 18. Jahrhundert. Die gegenseitige Beziehung und Verwobenheit aller Tätigkeiten des Menschen brachte es mit sich, daß die Gedanken und Möglichkeiten (Theorien) andernorts geprüft wurden und sich dementsprechend mehr oder weniger gleichartig und gleichzeitig in den höherentwickelten Ländern zu entfalten begannen.

Eine gewisse Ausnahme bildete dabei aber Sachsen. Das Streben nach praktischer Wirksamkeit und Weiterentwicklung der Natur- und Technikwissenschaften war hier stärker spürbar als anderswo, und so kam es (nach manchen Diskussionen) 1765 zur Gründung der ersten Technischen Hochschule der Welt, der Bergakademie Freiberg. Daß auch in anderen Ländern Europas ähnliche Bedingungen herrschten, zeigt nach dieser «Initialzündung» die in den nächsten Jahrzehnten einsetzende Flut weiterer Neugründungen wie Berlin, Kongsberg, Schemnitz, Petersburg, Paris, Madrid usw. Das bestätigt jedoch nur die Tatsache, daß Sachsen zu den Geburtsländern der Montan- und Geowissenschaften gehört.

Die Bergakademie sollte der ökonomischen Förderung des sächsischen Berg- und Hüttenwesens dienen. Es war eine weitere Verwissenschaftlichung des Montanwesens vorgesehen, die der teilweisen Stagnation der Bergbauförderung und des hüttenseitigen Ausbringens entgegenwirken sollte. Der Tätigkeit eines der Großen zu Anfangszeiten der Bergakademie, nämlich Abraham Gottlob Werners, ist es zu verdanken, daß neben diesen Hauptaufgaben den Geowissenschaften ein besonderer Platz eingeräumt und Werner zum eigentlichen Vater der Mineralogie wurde. Nicht umsonst sagte unser ehemaliges Mitglied, der Dresdener Geologe GEINITZ, später zu Beginn seiner Vorlesungen in scherzhaftem Ton: «die Wissenschaft ist universal, die Mineralogie aber ist sächsisch». Werner war Lehrer von Hunderten in- und ausländischer Berg- und Hüttenleute. Er war dies im wahrsten Sinne des Wortes, da er selbst, entsprechend den Gepflogenheiten der Zeit, Bergbaukunde, Eisenhüttenwesen und Mineralogie vortrug, die Mineralogie systematisch und inhaltlich weiterentwickelte, geologische Theorien (den Neptunismus!) entwarf und vertrat, die geologische Kartierung mitbegründete und sich als Universalgenie besonderen Typs darstellte. Es ist wirklich erstaunlich, wie ein kleinbürgerlicher Wissenschaftler in diesem von adligen Personen (von Herder, von Trebra, von Oppel, von Ohain, von Beust u. v. a.) beherrschten «Bergstaat» sich behaupten und eine unbestritten führende Stellung einnehmen konnte – es zeugt von seiner herausragenden Persönlichkeit!

Von den vielen Nachfolgern Werners seien hier nur einige erwähnt: der Kristallograph Mohs (Mohs'sche Härteskala!), der Mineraloge Breithaupt, dem wir das Konzept von der Mineralparagenese verdanken, des weiteren der Hüttenmann Lampadius, der Physiker und das spätere Mitglied der Sächsischen Akademie der Wissenschaften zu Leipzig F. Reich und viele andere.

Der Freiberger Bergbau hat sich mit Unterbrechungen bis zur Mitte des 19. Jahrhunderts großartig entwickelt; die unterirdischen Baue hatten ein riesiges Ausmaß angenommen, einen gleichfalls bemerkenswerten Umfang erreichten die Hüttenwerke. Die vielen, seit Hunderten von Jahren bestehenden neuen Bergorte wie Schneeberg, Annaberg, Marienberg und viele andere warfen reichlich Gewinn ab. Auch die zur Energiegewinnung aus dem östlichen Erzgebirge in einem großartigen System herangeführten Aufschlagwässer mit ihren Bergteichen machen noch heute einen tiefen Eindruck auf den Besucher. Aber trotzdem mußte man zu der Auffassung gelangen, daß in Freiberg und Umgebung ein gewisser, vielleicht selbstgefälliger Stillstand eingetreten war.

Leipzig bildete seit vielen Jahrzehnten die leitenden Bergbeamten im Rechts- und Verwaltungswesen aus und stützte durch sein Handelskapital den Bergbau. Jena (bzw. Sachsen-Weimar) hatte regionale Sorgen mit seinen montanistischen Ambitionen, obwohl in Thüringen viele Wissenschaftler der «Zweiten Reihe» als aktiv-stimulierende Geowissenschaftler und Bergleute tätig waren, z. B. in Gotha, Weimar und Ilmenau die Gelehrten Füchsel, von Fichtel, von Gümbel, von Hoff, Lehmann, Walch, Wallerius sowie die Werner-Schüler von Schlotheim und Voigt. Das preußische Halle als «Ausland» engagierte sich im Harzer Bergbau und seiner Umgebung mit prinzipiell den gleichen Sorgen, zumal die dortigen Bergbeamten zu einem großen Teil in Freiberg ausgebildet waren.

Wenn man die Entwicklung in ihrer gesamten Breite betrachtet, muß man jedoch feststellen, daß zu Anfang des 19. Jahrhunderts weiterhin viel Empirie und qualitative Beobachtung den Fortschritt bestimmten. Die Bergbau- und Geowissenschaften befanden sich, bei aller Anerkennung grandioser Erkenntnisse und Erfolge, immer noch weitgehend im Stadium des Suchens und der Diskussion grundlegender Positionen (Aktualismus, Evolution, Katastrophentheorie usw.) auf dem Wege zu den Methoden und Gesetzen ihrer Wissenschaften.

3 Die Rolle der Sächsischen Akademie der Wissenschaften in den Geo- und Montanwissenschaften von deren Gründung bis zum Jahre 1945

Zur Gründung der Sächsischen Akademie der Wissenschaften soll hier nur Weniges und Allgemeines gesagt werden, da alles Übrige sicher an anderer Stelle und besser ausgeführt wird. Nach den Wirren der Napoleonischen Kriege und der folgenden zeitweisen Unterdrückung neuzeitlicher Ideen setzte sich der verstärkt auftretende v. a. materielle Aufschwung über alle diese genannten Beschränkungen hinweg. Die Tatsache, daß sich die Wissenschaften aufgliederten und auf praktische Anwendungen hinsteuerten, führte dazu, daß viele neue geowissenschaftliche Lehrstühle (vgl. Tabelle) und geowissenschaftliche Gesellschaften entstanden, wie z. B. die Deutsche Geologische Gesellschaft 1848. Auch die Kommunikation nahm seit über 100 Jahren ständig zu und führte zur Gründung und Herausgabe einer Unzahl von Zeitschriften, Abhandlungen und Büchern. Dazu kam, daß sich der Rohstoff- und Energiebedarf, z. B. die Versorgung mit Steinkohle, neue Wege zur Befriedigung suchte. Dadurch wurde dem Erzbergbau seine überragende Stellung streitig gemacht und durch geologische Kartierung die Höffigkeit auf bestimmte Rohstoffe erhöht. Weiterhin war man bemüht, durch Förderung der reinen Naturwissenschaften (Mathematik, Physik, Chemie) bessere wissenschaftliche Grundlagen für die Entwicklung der angewandten Disziplinen zu bieten. Das war auch – so erkannten es weitblickende Wissenschaftler – die Stunde der Gründung regionaler Gesellschaften, wie der Königlich Sächsischen Gesellschaft der Wissenschaften, der nachmaligen Sächsischen Akademie der Wissenschaften zu Leipzig.

Wie bereits angedeutet, war die Anfangszeit der Sächsischen Akademie auch durch einige Freiberger Wissenschaftler geprägt, nämlich F. Naumann als Gründungsmitglied sowie den Physiker F. Reich und den Chemiker Th. Scheerer. Die beiden letzteren wurden 1853 bzw. 1854 hinzugewählt, höchstwahrscheinlich auf Empfehlung von Naumann. Es trat dann, aus Freiberger Sicht, eine fast 100jährige «dünnbesetzte» Zeit, ein «Interregnum Fribergensis» ein, wenn man von der Wahl des Freiberger Mechanikers und kurzzeitigen Direktors der Bergakademie Zeuner (1885), des Chemikers Cl. Winkler (1890) und des Lagerstättenforschers und Geologen Beck (1919) absieht. Diese lange Pause war wahrscheinlich auch die Folge einer gewissen Stagnation, die durch die teilweise «überzogene» Bewahrung der Freiberger Tradition begründet ist. Auch die Bedeutung und der Preis des Silbers, auf das sich der Ruhm und Ruf Freibergs weitgehend gründete, ließ nach, da in dieser Zeit in den meisten Ländern die Umstellung von der Silber- auf die Goldwährung stattfand.

C. F. Naumann (Bild 1) lehrte in Leipzig Mineralogie und Geologie. Er war schon in Freiberg als Wissenschaftler mit weitgefächerten Kenntnissen bekannt, der u. a. den ersten eigenständigen Lehrauftrag für Kristallographie wahrnahm und sich in Leipzig den hochaktuellen und von dem Freiberger Geologen von Cotta unterstützten geologischen Kartierungsaufgaben widmete, bis sie dann von Credner in die 1872 gegründete Geologische Landesanstalt hauptamtlich übernommen wurden. Trotz dieser intensiven Kartierungspraxis arbeitete er als Hochschullehrer an seinen vorzüglichen Mineralogie-Lehrbüchern, die für viele Jahrzehnte als «Naumann-Zirkel» zu den Standardwerken auf diesem Sektor gehörten. Der entscheidende Fortschritt ist dabei u. a. die Einführung von Kristallindizes, die in ihrer einfachen Handhabung die Erfassung einer Kristallform ermöglichen.

Sein Freiberger Kollege F. Reich (Bild 2) hatte eine hervorragende internationale Ausbildung genossen und war in seiner Heimatstadt einer der angesehensten Wissenschaftler neben dem Mineralogen Breithaupt und dem Geologen von Cotta. Er befaßte sich neben seinen physikalischen Lehr- und Forschungsaufgaben – er war mit Richter der Entdecker des Elements Indium – auch intensiv mit einem Umweltproblem, nämlich der Hüttenrauchverseuchung im Freiberger Raum und gibt damit einen der vielen Beweise, daß ein bedeutender, vorzugsweise theoretisch arbeitender Wissenschaftler auch aktiv in praktische Probleme eingreifen kann, wenn es erforderlich ist. Seine damaligen Ergebnisse konnten durch unsere Arbeiten zum gleichen Thema voll bestätigt werden.

Der dritte im Bunde war der Chemiker Th. Scheerer. Auch er war durch seine skandinavischen Aktivitäten international ausgewiesen und über 20 Jahre Lehrstuhlinhaber. Er ist als einer der bemerkenswerten Mineralanalytiker bekannt, der viel zum Gegenstand der Mineralogie beigetragen hat. In die Geschichte der Element- und Mineralentdecker ist er ebenso eingegangen wie sein Nachfolger Cl. Winkler (Bild 3), der gleichfalls zum Ordentlichen Mitglied gewählt wurde. Er war der Entdecker des Elements Germanium in dem Mineral Argyrodit, das bei Freiberg gefunden wurde. Es war damals für Freiberg eine ähnlich großartige Zeit wie die von Heisenberg und anderen zur Kulmination geführte in Leipzig.

Nach 1870 hatte der Mechaniker G. A. Zeuner den Auftrag und war mit Erfolg bemüht, die durch das inzwischen aufgehobene sogenannte Direktionsprinzip geleitete Bergakademie in eine dem normalen universitären Stil entsprechende Hochschule umzuwandeln. Es ist anzunehmen, daß vor allem wegen dieser Verdienste die Berufung in die Sächsische Akademie erfolgte, obwohl Zeuner auch ansonsten ein hervorragender Fachmann war. Die später (1918) vollzogene Wahl von R. Beck (Bild 4) betraf einen verdienten Geologen, der durch seine geologischen Kartierungsarbeiten und Lagerstättenbeschreibungen Aufmerksamkeit erregt hatte; er arbeitete mit Credner eng zusammen.

Während der gesamten Zeit von der Gründung der Akademie bis zum 2. Weltkrieg waren auf dem Gebiet der Geowissenschaften die Leipziger Fachkollegen am aktivsten und progressivsten. Man kann jedes der in der Tabelle aufgeführten Mit-

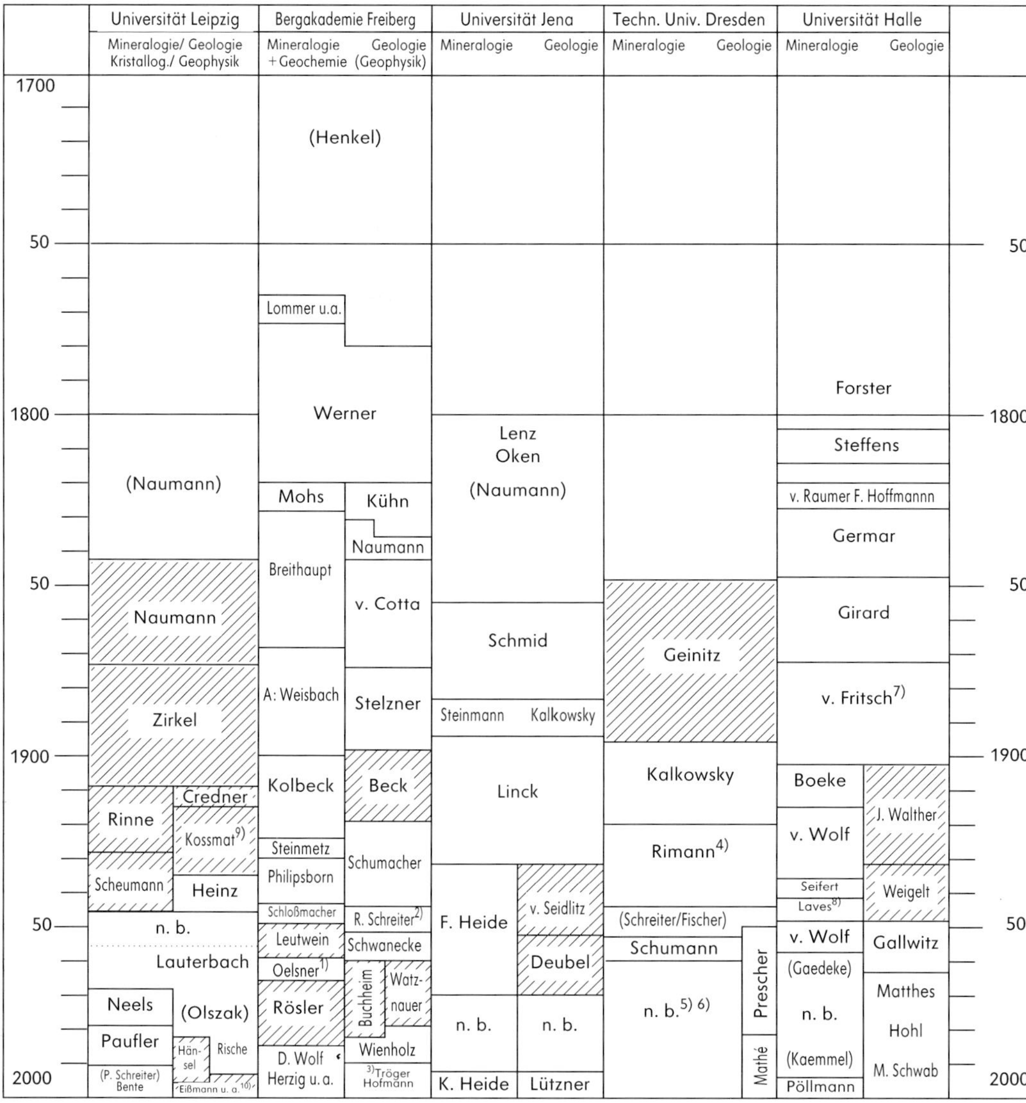

Tabelle Übersicht über die Entwicklung der Geowissenschaften (hauptsächlich Geologie, Mineralogie) im sächsischen Bereich anhand der Besetzung der Lehrstühle. Die in die Sächsische Akademie gewählten Wissenschaftler sind schraffiert dargestellt. Bei einer Aufgliederung sind auf der linken Seite die mineralogischen, auf der rechten die geologischen aufgeführt (n. b. = nicht besetzt; die hochgestellten Ziffern verweisen auf die Erläuterungen zur Tabelle).

Erläuterungen zur Tabelle: Es werden nur die wesentlichen Fakten fixiert.

1) O. W. Oelsner, Ordinarius für Erzlagerstättenlehre 1956–1963 (1958–1963 Direktor des Institutes für Mineralogie und Lagerstättenlehre), ab 1964 L. Baumann, ab 1992 P. Herzig (Lagerstättenlehre)

2) Einrichtung eigenständiger geowissenschaftlicher Lehrstühle an der Bergakademie Freiberg (nach den beiden Weltkriegen)

A: *Mineralogisches Institut*
Geochemie: 1985–1989 B. Voland, ab 1991 P. Beuge
Petrologie: 1987–1993 W. Schmidt, dann D. Werner (i. V.)
Technische Mineralogie: seit 1992 R. Heimann

B: *Geologisches Institut*
Brennstoffgeologie: O. Stutzer ab 1927, 1934–1944 A. Jurasky und K. Krejci-Graf, 1953–1957 R. Hunger, ab 1963 G. Roselt, ab 1970 R. Vulpius. 1959–1968 war die Erdölerkundung durch R. Meinhold und A. N. Snarsky vertreten.
Paläontologie: A. H. Müller 1950–1958, ab 1960 P. Jordan, ab 1968 J. Schneider
Hydrogeologie: ab 1968 G. Milde, 1975–1990 P. Jordan, ab 1992 E. Merkel
Historische Geologie: K.-A. Tröger 1960–1995
Strukturgeologie: ab 1971 J. Hofmann

C. *Geophysikalisches Institut*
Angewandte Geophysik: ab 1940 O. Meisser, ab 1946 W. Buchheim, ab 1951 O. Meisser, ab 1964 H. Militzer, ab 1968 W. Porstendorfer, ab 1990 Chr. Oelsner, B. Forkmann u. a.
Theoretische Physik und Geophysik: ab 1951 O. M. W. Buchheim, 1978–1991 R. Rösler
Bohrlochgeophysik: 1969–1989 J. Schön, dann H. Lindner

3) Nichtgeowissenschaftliche Akademie-Mitglieder von der Bergakademie Freiberg (mit Jahr der Zuwahl)

a) Ferdinand Reich (1854), Physik;
b) Theodor Scheerer (1855), Chemie (Mineralchemie);
c) Gustav Zeuner (1885), Maschinenkunde;
d) Clemens Winkler (1890), Chemie;
e) Ernst Diepschlag (1949), Hüttenwesen;
f) Karl Kegel (1949), Bergbau;
g) Georg Spackeler (1950), Bergbau;
h) Anton Lissner (1950), Chemie;
i) Erich Rammler (1958), Brennstofftechnik;
j) Herbert Krug (1978), Kohleveredlung;
k) Hans-H. Emons (1979), Technische Chemie;
l) Klaus Fröhlich (1985), Physik.

4) H. Gallwitz (Geologie) und W. E. Tröger (Petrologie) waren Professoren bei Rimann; W. Petraschek (Lagerstätten) bei Kalkowsky

5) Zeit der kommissarischen Zuordnungen, z. B. zur Ingenieurgeologie, Hydrologie, Geographie, Metallphysik, zum Staatlichen Museum für Mineralogie und Geologie

6) Geologienahe Mitglieder der SAW von der TU Dresden (außer Geographen)

a) K. F. Busch (1977), Hydrologie;
b) D. Uhlmann (1981), Hydrobiologie;
c) H. J. Fiedler (1991), Bodenkunde (Tharandt).

7) Mitarbeiter war der bekannte Autor der «Minerale des Harzes» O. Luedecke, Mitglied der Leopoldina

8) 1960 wurde Laves Mitglied der Leopoldina

9) Der Vorgänger von Kossmat war 1912–1913 H. Stille

10) Institutsdirektor seit 1992 F. Jakobs (Allgem. Geophysik); dazu H. G. Meyer (Ing.- und Umweltgeophysik), H. Korn (Theor. Geophysik), L. Eißmann (Geologie), A. Müller (Paläontologie)

Abb. 1
O. M. Carl Friedrich Naumann
(30. 5. 1797–26. 11. 1873)
Professor für Mineralogie und Geologie an der Bergakademie Freiberg und der Universität Leipzig
(1836–1842; 1842–1873)

Abb. 2
O. M. Ferdinand Reich
(19. 2. 1799–27. 4. 1882)
Professor für Physik an der Bergakademie Freiberg
(1827–1859)

Abb. 3
O. M. Clemens Winkler
(26. 12. 1838–8. 10. 1904)
Professor für Chemie an der Bergakademie Freiberg
(1873–1902)

glieder (Credner, Zirkel, Kossmat, Rinne, Scheumann usw.) betrachten, sie gehören alle zu einer Reihe von Persönlichkeiten, die die Wissenschaften nachhaltig förderten. Die Kartierungsleistungen von Credner, Kossmat und Pietzsch sind über den regionalen Rahmen hinaus vorbildlich gewesen. Entsprechend haben auf dem mineralogisch-petrologischen Sektor F. Zirkel (Sekretar 1904/05), F. Rinne und K. H. Scheumann Bleibendes geleistet und waren würdige Vertreter der Akademie. Über diese allgemeine Laudatio hinaus seien einige Worte zu diesen beiden letztgenannten Wissenschaftlern erlaubt.

F. Rinne wurde nach jahrzehntelanger akademischer Tätigkeit in Göttingen, Berlin und vor allem an der Technischen Hochschule Hannover sowie ausgedehnten weltweiten Reisen 1909 als Nachfolger von Zirkel nach Leipzig berufen. Er hatte sich in einer auf physikochemischer Basis betriebenen Sicht der Mineralogie und Petrologie betätigt und die moderne röntgenographische Untersuchungsmethode zu seiner bevorzugten Forschungs- und Arbeitsmethode erhoben, wobei er sich der Mitarbeit des Röntgenspezialisten Schiebold versicherte. Rinne besaß die Gabe, alles Neue in sein Fachgebiet einzubauen und das Wesentliche für den Fortschritt herauszufinden und anzuwenden. Für dieses Bestreben, die klassische Periode der Mineralogie zu verlassen, zeugt z. B. die Berufung des Physikochemikers Boeke mit seiner neuartigen und tiefgründigen Kalisalzforschung. Rinne ist vielfach national und international ausgezeichnet worden, war Präses (1927/28) der Jablonowskischen Gesellschaft und 1920 in die Sächsische Akademie gewählt worden, wo er zeitweilig auch stellvertretender Sekretar seiner Klasse war.

Eine ähnliche positive Rolle spielte der Nachfolger Rinnes, Karl Herrmann Scheumann, mit seinen überwiegend petrologischen Forschungen. Besonders auf dem Gebiet der Metamorphite (z. B. der Granulite) verstand er es, durch komplexe Anwendung mineralogischer und physikochemischer Methoden zur genetischen Interpretation der untersuchten Gesteine vorzustoßen und, wie Rinne, ausgezeichnete Schüler zu erziehen. Dazu gehört auch die Einbeziehung ausländischer Mitglieder wie des Schweizers P. Niggli. Seit 1930 Mitglied der Sächsischen Akademie, war Scheumann nach der Bombardierung des Leipziger Instituts 1943 in den folgenden Jahren oft Gast in Sachsen, vor allem in Freiberg und Leipzig. Mit ihm erlischt für längere Zeit die petrographische Tradition in Leipzig; sie wurde nach dem Kriege erst von unserem Mitglied Adolf Watznauer und anderen in Freiberg wieder aufgenommen.

4 Die Rolle der Sächsischen Akademie der Wissenschaften und der Bergakademie Freiberg in den Geo- und Montanwissenschaften von 1945 bis heute

Nach dem verlorenen letzten Krieg und dem damit verbundenen politischen Wandel taten sich Probleme in den wiedereröffneten Akademien der Wissenschaften auf, die schon jahrzehntelang unterschwellig in der Diskussion waren, nämlich die der Einbeziehung der angewandten, insbesondere technischen Disziplinen in die Akademienplanung. Speziell im Osten Deutschlands breitete sich materialistisches Gedankengut immer stärker aus und förderte damit, direkt oder indirekt, die Bereitschaft zu einer Entscheidung. Die bisherigen Versuche der Emanzipation wurden in Form von Themen für Preisschriften, von zeitweiligen Arbeitsgruppen und vor allem von Vorträgen eingebracht, eine weitere Akzeptierung der Technik in den wissenschaftlichen Akademien als eigenständige wissenschaftliche Körperschaft gab es aber kaum. Andererseits dehnten sich die Technikbereiche immer mehr aus und drängten danach, in die Diskussion mit den Natur- und Gesellschaftswissenschaften eingreifen zu können, um vor allem den materiellen Wohlstand des Volkes zu fördern. Es ist schon verwunderlich, daß die besten Vertreter von technischen Berufen, die sich anerkannterweise seit langem zur Wissenschaft entwickelt haben (und denen man zum großen Teil seinen eigenen Lebensstandard verdankt), so lange von diesen Gremien ferngehalten wurden.

Es gab nach Kriegsende ein Angebot von zahlreichen hochangesehenen Technikern, zunächst in den beiden bereits existierenden Zentren der Technikwissenschaften, der Technischen Hochschule Dresden und der Bergakademie Freiberg. Außerdem waren die Leipziger Geowissenschaften durch die Zerstörung ihrer Institute und die vorhergehende Verlagerung der Geologischen Landesanstalt 1937 von Leipzig nach Freiberg erheblich geschwächt, was zur Folge hatte, daß sich das Reservoir der unzerstörten Bergakademie anbot und auch genutzt wurde, wobei sicher die enge Verflechtung der Geowissenschaften mit den weitgehend technisch/technologischen Montanwissenschaften von großer Bedeutung war. Es sollen daher im folgenden vor allem die Freiberger Verhältnisse dargestellt werden.

Die nachstehenden Vertreter des Berg- und Hüttenwesens wurden in die Sächsische Akademie der Wissenschaften gewählt; sie werden mit dem Jahr ihrer Zuwahl aufgeführt:

- Ernst Diepschlag, Hüttenwesen, 1949
- Karl Kegel (Bild 5), Bergbaukunde, 1949
- Georg Spackeler (Bild 6), Bergbaukunde-Tiefbau, 1950
- Erich Rammler (Bild 8), Brennstofftechnik, 1958
- Herbert Krug, Kohleveredlung, 1978.

Die genannten Freiberger Wissenschaftler und Akademiemitglieder sind inzwischen alle verstorben. Die ersten vier gehörten der Vorkriegsgeneration an und stellten sich nach dem Krieg noch einmal als weltberühmte Vertreter ihres Fachs und als Hochschullehrer zur Verfügung. Insbesondere Karl Kegel und Erich Rammler förderten über mehrere Jahrzehnte die industrielle Nutzung vor allem der Braunkohle sowie die Kohleveredlung in Forschung und Lehre. Neben diesen Vertretern der montanwissenschaftlichen Disziplinen gehörten auch Freiberger Chemiker und Physiker während dieser Zeit zur Sächsischen Akademie, wie A. Lissner (Bild 7), Zuwahl 1957; H.-H. Emons 1979 und K. Fröhlich 1985. Es muß erwähnt werden, daß daneben auch Techniker anderer Hochschulen in die Sächsische Akademie gewählt wurden, wie z. B. von Dresden F. Obenaus, H. Barkhausen, E. Heidebroek, M. Schubert u. a., von Chemnitz E.-G. Woschni (1985), von Ilmenau D. Hülsenberg (1986).

Wie für die Montanwissenschaften z. B. die Tagebautechnik an weltweiter Bedeutung gewann, so war auch für die Geowissenschaften eine qualitativ neue Entwicklung angebrochen, und moderne Richtungen entstanden aus dem traditionellen Ansatz. Auf dem Gebiet der Geologie wurden revolutionierende globaltektonische Methoden, verbesserte stratigraphische Modelle (beispielsweise der Metamorphite des Proterozoikums) und anregende paläontologische Bilder entworfen und genutzt. Durch den intensiven Abbau des Urans und der Braunkohle bedingt, konnte die Stratigraphie der jüngsten Ablagerungen, d. h. der Kreide, des Tertiärs und Pleistozäns, sehr weit vorangetrieben werden. Die Lagerstättenkunde versuchte, durch neue Theorien ein besseres Bild von den Bedingungen besonders der aszendenten hydrothermalen Lagerstättenbildung zu gewinnen, wobei insbesondere paragenetische Studien und moderne plattentektonische Ansichten herangezogen wurden.

Ebenso stark entwickelten sich auch die Geophysik und die Mineralogie. Die «angewandte» Geophysik nahm unter R. Lauterbach, O. Meisser und unserem 1995 verstorbenen Mitglied W. Buchheim (Bild 9) eine außerordentliche Entwicklung, besonders was die Nutzung in der Praxis der Erdölerkundung und anderer mineralischer Rohstoffe, so auch der Braunkohle, betraf.

Auch an der Mineralogie läßt sich der generelle Wandel gut demonstrieren. Während gelegentlich die Meinung geäußert wurde, diese Wissenschaft befinde sich in einer «Auslaufphase», sie habe die ihr zugewiesene Aufgabe weitgehend erfüllt,

Abb. 4
O. M. Richard Beck
(24. 11. 1858–18. 8. 1919)
Professor für Geologie an der Bergakademie Freiberg (1894–1919)

Abb. 5
O. M. Karl Kegel
(18. 5. 1876–5. 3. 1979)
Professor für Bergbaukunde an der Bergakademie Freiberg (1922–1941; 1945–1949)

Abb. 6
O. M. Georg Spackeler
(1. 2. 1883–6. 6. 1960)
Professor für Bergbaukunde an der Bergakademie Freiberg (1947–1952)

Abb. 7
O. M. Anton Lissner
(21. 8. 1885–6. 2. 1970)
Professor für Chemie und chem. Kohleveredlung an der Bergakademie Freiberg (1945–1953)

Abb. 8
O. M. Erich Rammler
(9. 7. 1901–6. 11. 1986)
Professor für Brikettierung und techn. Kohleveredlung an der Bergakademie Freiberg (1947–1957)

Abb. 9
O. M. Wolfgang Buchheim
(18. 10. 1909–2. 1. 1995)
Professor für Theoretische Physik und Geophysik an der Bergakademie Freiberg (1950–1975)

stellte sich zunehmend heraus, daß z. B. noch nie so viele neue Minerale entdeckt wurden wie bisher, was sicher besseren Untersuchungsmethoden zuzuschreiben ist, und daß die Aufklärung von Struktur und Chemismus einen immer größeren Arbeitsbereich erschließt. Im weiteren Sinne öffnete sich diese Wirksamkeit immer stärker der Technischen und Synthetischen Mineralogie, der Umweltmineralogie, der Mineralogie der außerirdischen Materie und vielen anderen Teilgebieten, die heute schon in Instituten und Forschungsprofilen verankert sind.

Doch scheint diese Suche nach neuen Aufgaben nicht das Wesentliche an der perspektivischen Entwicklung dieses Faches zu sein. Sie liegt vielmehr in der Beach-

Abb. 10
O. M. Fritz Deubel
(9. 9. 1898–16. 12. 1966)
Professor für Geologie an
der Universität Jena
(1949–1963)

tung der Bewegung der Bausteine der Materie und ihrer Verfolgung in geochemischer Sicht. Nicht die alleinige Erforschung des statischen Zustandes der irdischen Materie (und das sind im wesentlichen die Minerale) ist heute unsere Aufgabe und unser Ziel, sondern die Dynamik, Bildung und Umbildung der Minerale durch die chemischen Elemente und Isotope in Zeit und Raum. In Freiberg bauten diese Lehr- und Forschungsrichtung Leutwein, Watznauer und deren Nachfolger auf und versuchten, diese progressiven Ansichten auch in unsere Gelehrten-Gesellschaft einzubringen. Bis zum Jahre 1989 konnten die Hochschulen Dresden, Leipzig und Jena (unser O. M. F. Deubel, Bild 10) diese Entwicklung bedauerlicherweise kaum ausreichend unterstützen, zumal sich im Osten Deutschlands die Kristallographie von den Geowissenschaften weitgehend gelöst hatte.

Eine gewisse Sonderstellung nimmt die Geographie in den Geowissenschaften ein. Sie hat eine gute Tradition in der Sächsischen Akademie und wird an anderer Stelle dieser Publikation behandelt.

5 Die weitere Entwicklung der Montan- und Geowissenschaften

Die durch die politische Wende ermöglichte Neubesetzung von geowissenschaftlichen Lehrstühlen im Osten Deutschlands in Jena, Leipzig, Halle, Potsdam und eventuell auch in Dresden und Rostock eröffnet die Notwendigkeit, sich verstärkt Gedanken über die Zukunft der Geowissenschaften zu machen. Die Montanwissenschaften sind nur in der jetzigen Technischen Universität Bergakademie Freiberg angesiedelt, daran wird sich auch kaum etwas in absehbarer Zeit ändern.

Die getrenntstaatliche Entwicklung hat sich in gewisser Hinsicht auch auf die Geowissenschaften ausgewirkt. Während sich in der Bundesrepublik unter den Fittichen der Mineralogie die Einzelwissenschaften (Kristallographie, Mineralogie, Geochemie, Lagerstättenlehre) vereinigten und entwickelten, wurde in Ostdeutschland (der ehemaligen DDR) die Kristallographie in physikalischen und chemischen Sektionen mehr oder weniger teilselbständig, und an den Universitäten Berlin, Jena, Rostock, Leipzig und Halle wurde die geowissenschaftliche Ausbildung, im wesentlichen seit der 3. Hochschulreform 1968, weitgehend eingestellt. Auch in Freiberg wurde die Mineralogieausbildung für fast 10 Jahre unterbrochen. Eine Sonderstellung nahm die Geophysik in Leipzig und die Geologie in Greifswald ein, da in beiden Orten eine teilweise Lehre dieser Fächer möglich war.

Zu den Freiberger geowissenschaftlichen Fachrichtungen wurde schon einiges gesagt. Aus der Ausbildungs- und Forschungsverpflichtung zu DDR-Zeiten resultiert, daß neue Institute, Lehrstühle, Lehrbücher und Forschungsberichte entstanden und ein aktives gesellschaftliches Leben betrieben wurde, wobei Art und Niveau sich weitgehend an den ökonomischen Aufgaben der Lagerstätten- und Rohstoffsuche orientierte. Wenn man heute diese Entwicklung betrachtet, kann man dies mit einem weinenden und einem lachenden Auge tun: Neben manchem Positiven wurde die Arbeit der Geowissenschaftler durch Maßnahmen wie übertriebene Geheimhaltung und materielle sowie internationale Benachteiligung behindert.

Was kann man in Zukunft besser machen, wohin geht der Weg der *Geo-* und *Montanwissenschaften* allgemein und speziell im Bereich der Sächsischen Akademie der Wissenschaften?

Der *Bergbau* wird sich, bedingt durch die extrem zurückgehende Betätigung im eigenen Lande, verstärkt der Felsmechanik, der Tiefbohrtechnik, der Umwelt- und Sanierungstechnik, neuen Gewinnungs- und Förderverfahren sowie der Ökonomie dieser Verfahren zuwenden. Auch die Ausbildung von Ausländern wird, bei einer klugen Politik, ihre Bedeutung behalten. Man sollte aber auch die guten Erfahrungen der Vergangenheit, z. B. auf dem Gebiet der Tagebautechnik, nicht ganz vergessen. Analoges gilt für das Hüttenwesen, das sich ebenfalls einer Restriktion gegenübersieht und nur durch neue Werkstoffe und Verfahren seinen Platz behaupten kann. Stichworte wie Pyrometallurgie, bessere Formtechnik, spezifische Werkstoffe und Reinstprodukte mögen die Richtung andeuten, in die die Entwicklung gehen wird.

Die *Geologie* wird ihre traditionellen stratigraphisch-tektonisch-paläontologischen Arbeitsfelder, auch im regionalen Rahmen, weiter betreuen und entwickeln.

Sie wird sich, insbesondere mit der Lagerstättengeologie, neue Gebiete erschließen, bevorzugt im marinen Bereich. Ihre angewandten Zweige haben sich schon weitgehend wirtschaftlich etabliert und werden dies in Zukunft verstärkt tun. Die Hydrogeologie wird weltweit mit modernen Methoden (Isotopenmessung, Radioaktivität usw.) unentbehrlich, die Ingenieurgeologie hat ein riesiges Aufgabenfeld, insbesondere im Tunnel-, Talsperren- und Autobahnbau. Die Umweltgeologie ist schon seit langem ein «Zugpferd» für die Wichtung der Geologie. Auf allen Gebieten wird die wissenschaftliche Verflechtung mit den mathematischen, Natur- und Montanwissenschaften den Grad des Fortschritts bestimmen.

Die *Geophysik* hat in den vergangenen Jahrzehnten eine großartige Entwicklung, besonders auf dem Gebiet der Erkundungsgeophysik, von den beiden Zentren Freiberg und Leipzig aus genommen, die höchstwahrscheinlich in diesem Umfang nicht fortgesetzt werden kann. Es ist schwer zu sagen, worin die Zukunft der Geophysik liegt, ob im petrophysikalischen, bohrlochphysikalischen und umweltgeophysikalischen Bereich oder in der allgemeinen Geophysik mit den stets tragfähigen Gebieten der Stations- und Observationsgeophysik, der Wetter- und kosmischen Physik.

In bezug auf die *Mineralogie* (oder besser die mineralogischen Wissenschaften) ist in Freiberg in den letzten Jahrzehnten eine passable Startposition geschaffen worden. An der Bergakademie bestand und besteht innerhalb einer Fachrichtung Mineralogie – Geochemie eine Forschungsrichtung, in der die sachgerechte Unterstützung der Geologie-, Umwelt-, Lagerstätten- und Isotopenforschung sowie der allgemeinen und speziellen Mineralogie und Petrologie gegeben ist, und es existiert nach wie vor eine kristallographisch betonte Forschungsrichtung, die technische Mineralogie, die außergewöhnliche Paragenesen untersucht (HP/HT) und versucht, sie synthetisch zu simulieren. Die analytische Geräteausstattung ist in den letzten Jahren sprunghaft angestiegen und erlaubt die Realisierung neuer Möglichkeiten. Es ist daran zu erinnern, daß schon oft die Verbesserung der Methodik, besonders der analytischen Technik, den Fortschritt der Wissenschaft bestimmt hat; als Beispiel sei nur die Entdeckung von etwa 10 chemischen Elementen durch die neu aufgekommene optische Spektralanalyse genannt. Eine Erweiterung des wissenschaftlichen und methodischen Spektrums durch neu eingerichtete Lehrstühle an unseren Hochschulen ergibt, wie bereits angedeutet, weitere Potenzen, so für die Erforschung außerirdischer Produkte (Meteoriten, Mond- und Planetenmaterial usw.) und von Industriewerkstoffen.

In den nachfolgenden Abschnitten werden die höffigsten *Hauptrichtungen für mineralogische Arbeiten* zusammengefaßt, ohne auf sie vertieft einzugehen. Sie werden unter dem Aspekt betrachtet, in der Mineralogie insbesondere die Materialkunde der natürlichen und auch künstlich gebildeten Stoffe (Festkörper) zu sehen, in der alle mineralogischen Fächer wie Kristallographie, (spezielle) Mineralogie, Petrologie, Lagerstättenlehre und Technische Mineralogie ihre Aufgabe haben:

- Der *kristallographische* Ast der Mineralogie ist förderungswürdig, da er die Grundlage für fast alle anderen Zweige schafft. Die Beziehungen von Feinstruktur und Kristallchemie zu den Eigenschaften der Minerale und Kristalle ist eine der Grundkenntnisse, um Stoffe zu erzeugen und zu nutzen. Die künstliche Erzeugung von Mineralen, Kristallen und polykristallinen Werkstoffen mit dem Ziel, «Werkstoffe nach Maß» herzustellen, ist eine teilweise schon verwirklichte Vision. Die Kenntnis der Bildungsbedingungen ermöglicht es, auch zur Entstehung natürlicher Lagerstättenkörper und Gesteine Aussagen zu machen, die dann auf nicht bekannte Bedingungen wie in Tiefbohrungen und auf anderen Himmelskörpern Anwendung finden.

- Bei der *geologisch* ausgerichteten Mineralogie werden alle Minerale und Mineraleigenschaften erforscht, die zur Deutung der Mineralbildungsbedingungen (Genetische Mineralogie) maßgebend sind. Alle physikalischen, chemischen und anderen Eigenschaften (Baufehler, Spurenelemente, Mischkristallbildungen usw.) werden genutzt, um dazu Aussagen zu machen. Hierzu steht eine große Palette von Untersuchungsmethoden zur Verfügung, die von mikroskopischen und emissionsspektrographischen über Röntgenstrahlanalysen bis zur instrumentellen Analytik, wie beispielsweise der Elektronenstrahlmikroanalyse, reicht. Die Rohstofforschung mit ihrem bleibenden Tätigkeitsfeld gehört als angewandter Zweig hierher.
- Die *geochemisch* orientierte Mineralogie kann als Chemie der Erde bezeichnet werden. Sie gibt einen modernen Einblick in die Migration der Elemente und Isotope und damit die Möglichkeit, gemeinsam mit der Geologie Elementkonzentrationen vorherzusagen. Das wird in der Lagerstättensuche nach Erdöl, Erzen, Salzen, Erden und Industriemineralen ebenso ausgenutzt wie z. B. in der Umweltgeochemie und der Altersbestimmung. Gerade die letztgenannte Teilaufgabe ist als Isotopen-Altersdatierung gar nicht mehr aus der geowissenschaftlichen Arbeit wegzudenken. Aber auch die Elementverteilung in Wässern, Gasen und organischer Materie wird zunehmend mehr aus den unterschiedlichsten Gründen, z. B. der Umweltschädigung, untersucht.

Die Sächsische Akademie der Wissenschaften hat, wie die Tabelle zeigt, während der gesamten Zeit ihres Bestehens Geowissenschaftler in ihre Reihen gewählt und sie in den Rahmen der Naturwissenschaftler, der Mathematiker, Physiker, Chemiker, Biologen und Geographen gestellt. Mögen die Montanwissenschaftler ebenso wie die eingangs genannten anderen Technikwissenschaftler in der Sächsischen Akademie im weiterhin fruchtbaren Austausch zu einer Synthese ihrer Auffassungen gelangen.

Herrn Prof. em. Dr. O. Wagenbreth (Freiberg) danke ich herzlich für ausführliche Diskussionen. Es unterstützten mich weiter die Herren Prof. Dr. Schreiter, Prof. Dr. Eißmann und Dr. Börngen (Leipzig), Prof. Dr. Lützner und Doz. Dr. Franke (Jena), Doz. Dr. Kaemmel (Halle), Dr. Mathé † (Dresden) sowie die Kollegen der Bildstelle der Bergakademie Freiberg. Für aufwendige redaktionelle Hilfe bin ich Frau Dr. Haase, Herrn Hübner und Frau Liebig besonders verbunden. Allen Genannten gebührt mein Dank.

Literatur

Baumgärtel, H.: Aus der Geschichte der Bergakademie Freiberg. 2. Aufl. Freiberg: Bergakademie Freiberg, 1957. 43 S.

Behringer, C.: Geschichte der Geologie und des geologischen Weltbildes. Stuttgart 1954.

Binde, G.: Friedrich Rinne und Karl Hermann Scheumann. Freiberg 1983. Belegarbeit, Maschinenmanuskript.

Franke, H.: Die Entwicklung der Mineralogie im Zeitraum von 1782–1832 (in Jena). In: Wiss. Ztschr. Friedrich-Schiller-Univ. Jena, Math.-naturwiss. R. 25 (1976) 2.

Geinitz, H. B.: Ausspruch, in der Vorlesung vom Oktober 1867 an der Polytechnischen Schule in Dresden geäußert und mündlich kolportiert. – In englisch zitiert als «Science is international, but mineralogy is Saxon» von dem norwegischen Lagerstättenkundler J. H. L. Voigt; in: A Review of Geological Advance in Engineering and Mining World, Oktober 1930 (schriftliche Mitteilung von Herrn Dr. H. Prescher, Dresden).

Groth, P.: Entwicklungsgeschichte der geologischen Wissenschaften. Berlin 1926.

Grunert, P., Grunert, S., Mathé, G., u. Schneider, H.: 150 Jahre Geologische Wissenschaften im Dienst der Technik an der TU Dresden. In: Wiss. Ztschr. TU Dresden, Dresden 40 (1991) 1.

Guntau, M.: Gedanken zu einhundert Jahren Geologie in Deutschland – 1770–1870. In: Leben und Wirken Deutscher Geologen im 18. und 19. Jahrhundert. Hrsg.: H. Prescher. Leipzig 1954.

Kaemmel, Th. u. Gaedeke, R.: Zur Geschichte der Mineralogie an der Martin-Luther-Universität Halle-Wittenberg in der 1. Hälfte des 20. Jahrhunderts. In: Hercynia N. F., Leipzig 22 (1985) 1, S. 7–12.

Leutwein, F.: Fritz Deubel (9. 9. 1898–16. 12. 1966). In: Jahrbuch 1966–1968 Sächs. Akademie der Wissenschaften zu Leipzig. Berlin 1970. S. 340–343.

Leutwein, F.: Karl Hermann Scheumann (25. 2. 1881–28. 4. 1964). In: Jahrbuch 1963–1965 Sächs. Akademie der Wissenschaften zu Leipzig. Berlin 1967. S. 310–313.

Mineralogie und Technik. Bd. 2. Hrsg. DMG. Essen 1975.

Naumann, C. F.: Grundriß der Krystallographie (F. Mohs gewidmet). Leipzig 1826.

Rösler, H. J.: Das Leben und das wissenschaftliche Werk von Friedrich Leutwein. Berlin 1992. 31 S. (= Sitzungsber. d. Sächs. Akad. d. Wiss., Math.-nat. Kl., Bd. 123, H. 5).

Rösler, H. J.: Geowissenschaften und Geochemie. Berlin 1985. 24 S. (= Sitzungsber. d. Sächs. Akad. d. Wiss., Math.-nat. Kl., Bd. 118, H. 1).

Schiffner, C.: Aus Dem Leben Alter Freiberger Bergstudenten. Freiberg: Verlag Mauckisch, 1935/1938. Bd. 1 u. 2.

Wagenbreth, O.: Der sächsische Mineraloge und Geologe Carl Friedrich Naumann (1797–1873). In: H. Prescher: Geologen der Goethezeit, Bd. 29. Abh. Mus. Min. Geol., Dresden, Leipzig 1979.

Wagenbreth, O.: Georgius Agricola – Montanwesen und Wissenschaftsgeschichte von der Renaissance bis zur Gegenwart. In: Erzmetall 47 (1994) 12, S. 702–710.

Wrana, J. (Hrsg.): Festschrift 200 Jahre Bergakademie Freiberg. Leipzig: Deutscher Verlag für Grundstoffindustrie, 1965.

Christian Hänsel und Michael Börngen

Von Heinrich Wilhelm Brandes bis Vilhelm Bjerknes – entwicklungsbestimmende Leipziger Beiträge zur Wetter- und Klimakunde

1 Die Wetter- und Klimakunde Sachsens zu Beginn des 19. Jahrhunderts

Für die Wetter- und Klimakunde vollzieht sich im 19. Jahrhundert der gravierende Übergang von der Erfassung physikalisch definierter Zustandsgrößen der Atmosphäre über deren Interpretation bis hin zu ersten theoretischen und experimentellen Darstellungen der Dynamik der Wetterprozesse und der Genese des Klimas. Die Verfügbarkeit über Meßgeräte für Luftdruck und -temperatur und die verbreiteten Bemühungen um vergleichbare Messungen und Beobachtungen sind wesentliche Voraussetzungen dieser Phase der Wissenschaftsentwicklung. In zunehmenden Maße fördernd wirken die aufkommenden wissenschaftlichen Gesellschaften.

Zu den ältesten präinstrumentellen meteorologischen Aufzeichnungen im kursächsischen Raum gehören die aus dem Hause Philipp Melanchtons (1497–1560) in Wittenberg, die des Arztes Heinrich Milichius in Jena für den Zeitraum 1553 bis 1559 und die von Kurfürst August (1526–1586) veranlaßten Dresdener Beobachtungen im Zeitabschnitt von 1576 bis 1582. Erste instrumentelle Beobachtungen in deutschen Landen führt Gottfried Wilhelm Leibniz (1646–1716) – wohl auf Anregung von Edmé Mariotte (um 1620–1684) – im Jahre 1678 in Hannover durch und veranlaßt weitere durch die Mitglieder der Societät der Wissenschaften, so auch in Halle durch den Medizinprofessor Friedrich Hoffmann (1797–1836).

Frühe Forderungen nach Durchführung vergleichbarer Beobachtungen im Rahmen von Stationsnetzen finden neben zahlreichen erfolglosen Versuchen eine vorbildliche Verwirklichung in der «Societas Meteorologica Palatina», die das erste internationale Beobachtungsnetz überhaupt organisiert und in den Jahren 1778 bis 1792 betreibt. Im sächsisch-thüringischen Raum bilden die von J. W. v. Goethe geförderten «Anstalten für Witterungskunde» ein Beobachtungsnetz im Zeitraum 1821 bis 1832, und von Dresden aus richtet der Direktor des Königlichen Mathematisch-physikalischen Salons, Wilhelm Gotthelf Lohrmann (1796–1840), ein Beobachtungsnetz im Königreich Sachsen ein, das auf der Grundlage einheitlicher Instrumente und Beobachtungsverfahren saubere und vergleichbare Daten von 1828 ab bis zum Tode Lohrmanns gewinnt (Schreiber 1889, Hellmann 1926, Pleiss 1955/56, Körber 1987, Hänsel u. Börngen 1994).

Neben der frühen beobachtenden Wetter- und Klimaforschung entwickelt sich die akademische Wissenschaft von der Atmosphäre. Zu den herausragenden Wissenschaftlern jener Zeit im sächsischen Raum gehört der Professor für Chemie und Hüttenkunde an der Bergakademie Freiberg, Wilhelm August Lampadius (1772–1842). Mit seiner Monographie «Systematischer Grundriß der Atmosphärologie», Freiberg 1806, und weiteren bemerkenswerten Schriften (z. B. LAMPADIUS 1817) dokumentiert er systematisch und gründlich aufbereitet das meteorologische Fachwissen seiner Zeit in klarer, moderner und weitsichtiger Darstellungsweise.

Die im Jahre 1846 gegründete «Königlich Sächsische Gesellschaft der Wissenschaften zu Leipzig», die spätere Sächsische Akademie der Wissenschaften zu Leipzig, bildet in der Folge in enger Verbindung mit der Leipziger Universität einen Hort der Pflege der Wetter- und Klimakunde von internationalem Rang. In gleichem Maße gilt das für die ältere, bereits im Jahre 1774 in Leipzig von dem polnischen Fürsten Josef Alexander Jablonowski (1712–1777) ins Leben gerufene «Fürstlich Jablonowskische Gesellschaft zu Leipzig»*

2 Heinrich Wilhelm Brandes – die erste Wetterkarte und die Begründung der synoptischen Meteorologie

Heinrich Wilhelm Brandes, geb. 27.07.1777 in Groden, gest. 17.05.1834 in Leipzig; Mitglied der Jabl. Ges. ab 1828. Er studiert 1796/98 in Göttingen (u. a. bei Georg Christoph Lichtenberg), ist von 1801 bis 1811 als Deichconducteur und -inspektor an der Weser und danach als Mathematikprofessor an der neugegründeten Universität Breslau tätig. 1826 folgt Brandes einem Ruf nach Leipzig, als Professor für Physik die Nachfolge des zwei Jahre zuvor verstorbenen Ludwig Wilhelm Gilbert (1769–1824) anzutreten. Er stirbt im Amte des Rektors der Leipziger Universität.

Schon in seiner Anstellung als Professor für Mathematik an der Universität Breslau bearbeitet Brandes neben den Teilgebieten der Mathematik, Physik und Astronomie auch aktuelle Fragen der Meteorologie. Er erkennt als erster die Periodizität der Häufung der Sternschnuppen im August, untersucht die Strahlenbrechung durch die Erdatmosphäre, stellt erstmalig mit einem Fraunhoferschen Heliometer Beobachtungen an, publiziert über Geometrie, Trigonometrie, höhere Analysis, verfaßt populärwissenschaftliche Schriften: «Die vornehmsten Lehren der Astronomie, deutlich dargestellt in Briefen an eine Freundin» (BRANDES 1811–1816), «Unterhaltungen für Freunde der Physik und Astronomie» (BRANDES 1829). Die Wissenschaft vom Wetter bereichert er neben Untersuchungen spezieller atmosphärischer Erscheinungen als Begründer der synoptischen Methode und als Schöpfer der ersten Wetterkarte.

In einem Brief vom 1. Dezember 1816 an seinen Amtsvorgänger Gilbert legt Brandes seine Vorstellungen und Absichten dar:

> Wenn man etwas genauere Nachrichten von der Witterung auch nur für ganz Europa zusammenbringen könnte, so müßte sich unstreitig viel lehrreiches ergeben. Könnte man Charten von Europa für alle 365 Tage des Jahres nach der Witterung illuminiren, so würde

* Im folgenden werden meist die Abkürzungen Sächs. Ges., SAW bzw. Jabl. Ges. verwendet.

> sich doch wohl ergeben, wo zum Beispiel die Grenze der großen Regenwolke lag, die im Juli (1816, d. Verf.) ganz Deutschland und Frankreich bedeckte ... Mögen diese nach dem Wetter illuminirten Charten auch manchem lächerlich vorkommen, so glaube ich doch, man sollte einmal auf die Ausführung dieses Gedankens bedacht seyn; so viel ist wenigstens gewiß, daß 365 Chärtchen von Europa mit blauem Himmel und mit dünnen und dunkeln Wolken oder Regen illuminirt, in denen jeder Beobachtungsort mit einem Pfeilchen bezeichnet wäre, welches die Richtung des Windes anzeigte, und mit einigen gut gewählten Andeutungen der Temperatur – dem Publicum mehr Vergnügen und Belehrung gewähren würden, als Witterungstafeln. (Brandes 1817)

Ehe er in den «Beiträgen zur Witterungskunde» (Brandes 1820) mit der Witterungsgeschichte des Jahres 1783 erstmals eine solche synoptische Interpretation des meteorologischen Geschehens über Europa liefert, informiert Brandes im Brief an Gilbert vom 23. März 1819 über Stand und erste Ergebnisse seiner mühevollen Datenbearbeitung:

> Halten Sie es mir zu gut mein verehrter Freund, wenn ich Sie in diesem Schreiben blos mit Nachrichten über das unterhalte, womit ich jetzt beschäftigt bin, und wenn ich glaube, daß einige Worte darüber auch für die Leser Ihrer Annalen Interesse haben, vielleicht selbst dazu dienen würden, mir Hülfsmittel bei der Fortsetzung meiner Arbeit zu verschaffen. (Brandes 1819)

Zu den Gegenständen, die durch seine Untersuchungen noch nicht genügend aufgehellt sind, zählt er den raum-zeitlich unterschiedlichen Wechsel der Temperatur, allerdings mit einer Entdeckung, die erst ein Jahrhundert später als «Luftmassengrenze», als «Wetterfront», Gemeingut der wetterdienstlichen Praxis wird:

> Zu anderen Zeiten scheint dagegen die Wärme oder Kälte fortschreitend von einem Ende Europa's bis zum anderen, später und später einzutreten. ... Aber auch völliger entschiedene Resultate glaube ich gefunden zu haben ... Ich finde nämlich, daß bei auffallend tiefen Barometerständen sich das Centrum dieses mangelnden Luftdruckes angeben läßt, ... (Brandes 1819)

Wenngleich Brandes die Druckfeld-Windfeld-Beziehung als Strömung zum Zentrum tiefen Drucks, als «in diesen Kessel hineinstürzende Luftmasse» deutet, beschreibt er bereits die zyklonale Rotation der Luftströmung am Beispiel eines Tiefs über der Schweiz vom 12. März 1783 im Sinne des barischen Windgesetzes, das erst Jahrzehnte später in exakter Form Eingang in die dynamische Meteorologie findet.

Auf dem wissenschaftlichen Wege bis dorthin leistet einer «seiner vorzüglichsten Schüler» an der Breslauer Universität, Heinrich Wilhelm Dove (1803–1879), bahnbrechende Arbeit, die besonders mit der Abhandlung «Über das Gesetz der Stürme» (Dove, H. W., 1841) die Idee Brandes' einen gewichtigen Schritt weiterführt. Dove ehrt seinen Lehrmeister Brandes, indem er ihm seine Dissertation «De Barometri Mutationibus», Berlin 1826, widmet (Dove, A., 1904).

Der verbalen Interpretation des Witterungsverlaufs im Jahre 1783 in den «Beiträgen zur Witterungskunde» (Brandes 1820) – eine vermutlich entworfene Wetterkarte hierzu ist nicht überliefert – folgen in der Dissertation zum Amtsantritt in Leipzig «De Repentinis Variationibus in Pressione Atmosphaerae Observatis» (Brandes 1826) die ersten kartographischen Darstellungen des Druck- und Windfeldes, die ersten synoptischen Wetterkarten überhaupt (Abb. 1). Mit beiden Werken ist die

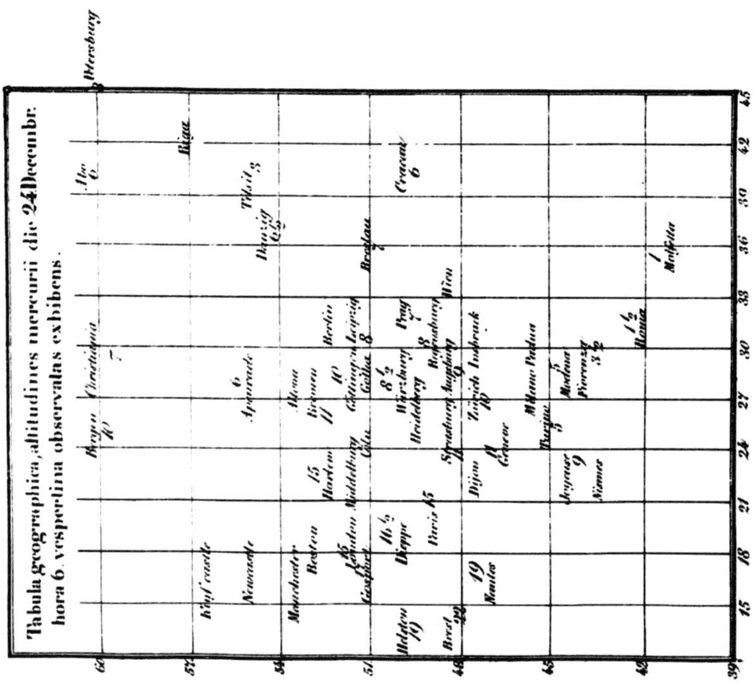
Tabula geographica, altitudines mercurii die 24 Decembr.
hora 6. vespertina observatas exhibens.

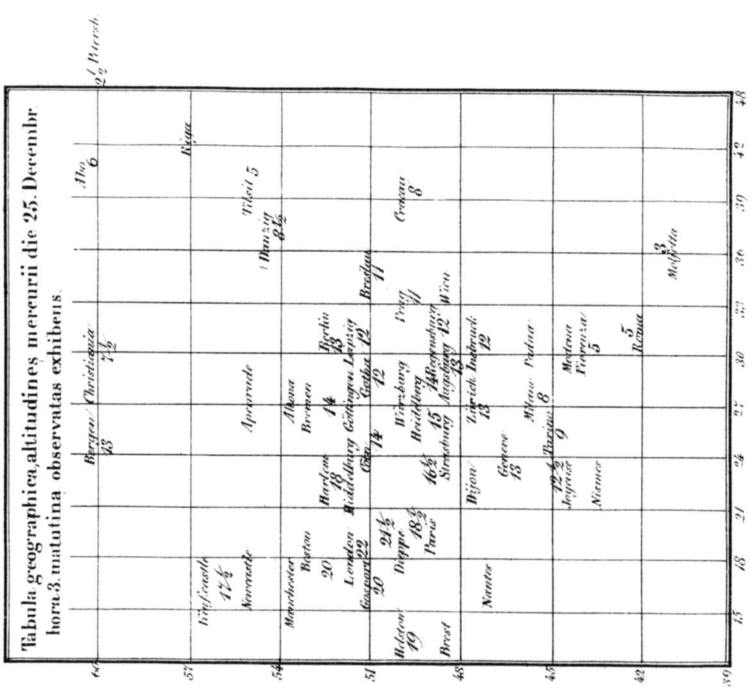
Tabula geographica, altitudines mercurii die 25. Decembr.
hora 3. matutina observatas exhibens.

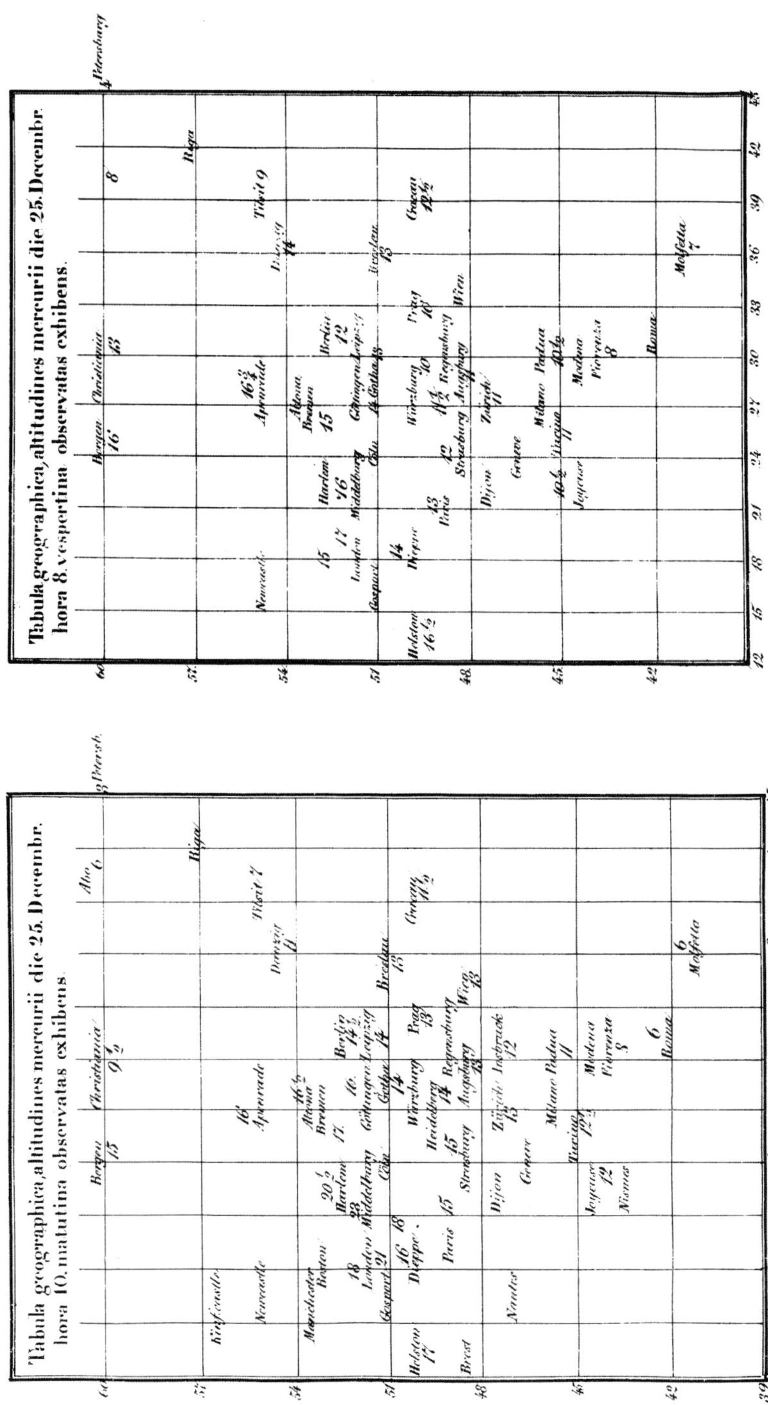

Abb. 1 Die ersten synoptischen Wetterkarten von H. W. Brandes. Zahlenangaben bedeuten negative Abweichungen vom mittleren Luftdruck in Pariser Linien (1 Pariser Linie ≙ 2,256 mmHg), a) 24. 12. 1821, 6 Uhr abends, b) 25. 12. 1821, 3 Uhr morgens, c) 25. 12. 1821, 10 Uhr morgens, d) 25. 12. 1821, 8 Uhr abends. Aus: Brandes 1826

synoptische Methode in der Meteorologie begründet und so weit ausgeführt, wie es angesichts des Standes der Naturwissenschaft und Technik möglich erscheint. Die Tragweite dieser Leistung ist damals kaum erkennbar gewesen, trotz solcher Anerkennungen wie Goethes Bemerkung:

> Eine frische Aufmunterung genoß ich zuletzt durch Herrn Brandes und dessen Beiträge zur Witterungskunde. Hier zeigt sich, wie ein Mann, die Einzelheiten ins Ganze verarbeitend, auch das Isolierteste zu nutzen weiß. (GOETHES Werke 1981, s. auch DANN 1965)

Das Ausgangsmaterial für die das Jahr 1783 betreffenden synoptischen Untersuchungen bilden die Beobachtungen der Societas Meteorologica Palatina, die vor allem über den europäischen Raum zwischen Ural und Pyrenäen verteilt sind. Der Plan einer gewissen Wiederbelebung dieses Beobachtungsnetzes durch Brandes und Georg Wilhelm Muncke (1772–1847), eine europäische Zeitschrift mit regelmäßigen monatlichen Meßwerttabellen herauszugeben, bleibt – wahrscheinlich durch Brandes' frühen Tod – unverwirklicht (HELLMANN 1883).

Zur Unterstützung seiner meteorologischen Arbeiten nutzt Brandes die wissenschaftlichen Preisausschreiben der Jabl. Ges., deren Mitglied er von 1828 ab bis zu seinem Tode gewesen ist. Die erste Preisaufgabe wetterkundlichen Inhaltes stellt er für das Jahr 1829 mit der Forderung, Beziehungen zwischen Erdbeben, Vulkanausbrüchen und Barometer- sowie Witterungsänderungen durch Sammlung entsprechender Beobachtungen zu untersuchen. Eine zweite Preisaufgabe (für das Jahr 1832) fordert die Untersuchung des ungewöhnlichen Witterungsverlaufs im Jahre 1829 (UBL, Handschriftenabteilung [a], s. auch HÄNSEL u. BÖRNGEN 1994). Eine dritte, für das Jahr 1835 formulierte Preisaufgabe wird durch den Tod Brandes' nicht mehr wirksam. Ihr Inhalt dokumentiert jedoch die konsequente Fortsetzung und Zielstrebigkeit seiner Arbeiten zur synoptischen Methode:

> Da es, um die Ursachen der größeren und mit der Witterung zusammenhängenden Wechsel des Barometerstandes kennen zu lernen, wichtig ist, daß man die Fälle, wo das Barometer einen ungewöhnlich hohen oder ungewöhnlich tiefen Stand erreichte, nach allen in der Nähe und Ferne beobachteten Umständen sorgfältig untersuche; so verlangt die Gesellschaft, daß für mehrere Zeitpuncte, da ein sehr hoher oder sehr tiefer Barometerstand in irgend einer Gegend beobachtet worden, nicht bloß die gleichzeitigen Barometerstände für andere Orte zusammengestellt werden und von dem Zustande der Witterung Nachricht gegeben werde, sondern daß man auch die Frage genauer zu beantworten suche, an welchem Orte der ungewöhnliche Barometerstand seinen Ursprung gehabt zu haben scheine, wo im Fortgange der Zeit die Abweichung vom mittleren Stande am meisten betragen habe und wie sie in benachbarten und entfernten Orten beobachtet sei, und endlich, was in der Witterung naher oder entfernter Gegenden als Ursache oder als Wirkung dieses ungleichen Luftdruckes angesehen werden dürfe. (UBL, Handschriftenabteilung [b])

Ein halbes Jahrhundert später gedenkt Wilhelm v. Bezold (1837–1907) in einem Vortrag vor der Versammlung der Meteorologischen Gesellschaft des «lange Zeit hindurch nur viel zu wenig gewürdigten Brandes» und überlegt: «Was würde Brandes wohl dazu sagen, wenn er sehen könnte, wie heute an so und so viel Centralstellen Europa's und anderen Theilen der Erde solche Karten gezeichnet werden, die sich auf einen Augenblick beziehen, der erst wenige Stunden verflossen ist?» (v. BEZOLD 1885).

3 Carl Friedrich Naumann – die Erkenntnis der Inlandvereisung und der Beginn der Paläoklimatologie

Carl Friedrich Naumann, geb. 30. 05. 1797 in Dresden, gest. 26. 11. 1873 ebenda; Mitglied der Jabl. Ges. seit 1844 und Gründungsmitglied der Sächs. Gesellschaft. Er studiert «mineralogische Wissenschaften» in Freiberg, Leipzig und Jena, erlangt hier 1819 die philosophische Doktorwürde. Nach einer Norwegenreise habilitiert er sich 1823 und erhält an der Universität Leipzig eine Dozentur. 1826 folgt Naumann einem Ruf als Professor der Kristallographie an die Bergakademie Freiberg, wo er zudem 1835 die Professur für Geognosie erhält. Als 1842 die Leipziger Universität Naumann die neugeschaffene außerordentliche Professur für Mineralogie und Geognosie anträgt, kehrt er nach Leipzig zurück.

Die Wechselwirkung von Wetter, Witterung und Klima mit der Litho- und Biosphäre ist bereits früher Gegenstand wissenschaftlicher Untersuchungen (u. a. LAMPADIUS 1806). Darin eingeschlossene Schlußfolgerungen auf Klimamerkmale und Klimaänderungen in der Vorzeit finden sich schon im 17. Jahrhundert, in einer frühen Phase der Geologie und der Paläontologie.

Zu Anfang des 19. Jahrhunderts gibt es einen anhaltenden Meinungsstreit, auf welche Weise die erratischen Blöcke transportiert worden sein könnten. Zunehmend werden, z. B. von Ignatz Venetz (1788–1859), Johann de Charpentier (1786–1855) und Louis Agassiz (1807–1873), Gletscher mit einstmals viel größerer, weit ins Festland reichender Ausdehnung für die Verfrachtung verantwortlich gemacht. In Mitteldeutschland äußert wohl erstmals A. Bernhardi von der Forstakademie Dreißigacker (bei Meiningen) die

> Annahme, dass einst das Polareis bis an die südlichste Grenze des Landstriches reichte, welcher jetzt von jenen Felstrümmern bedeckt wird, dass dieses, im Laufe von Jahrtausenden, allmählich bis zu seiner jetzigen Ausdehnung zusammenschmolz. (BERNHARDI 1832)

Dieser Inlandeistheorie stehen die Theorie der Rollsteinflut von Leopold von Buch (1774–1853) und besonders die im Jahre 1835 vorgestellte Drifttheorie des englischen Geologen Charles Lyell (1797–1875) gegenüber, wonach Gesteinsbrocken auf im Meer schwimmenden Eisschollen transportiert werden. Im Jahre 1843 lernt Bernhard von Cotta (1808–1879) in der Schweiz auf einer Exkursion Gletscherschliffe, Indizien einer großen Vergletscherung, kennen. Da er vermutet, daß auch an der südlichen Grenze der nordischen Geschiebe in Deutschland ähnliche Erscheinungen zu beobachten sind, wendet er sich nach Leipzig an Carl Friedrich Naumann.

Im Frühjahr 1844 entdeckt Naumann in den Hohburger Bergen tatsächlich geschliffene und geschrammte Felsflächen (Abb. 2), mit die ersten, die in Zentraleuropa nachgewiesen werden, glaubt anfangs jedoch nicht an deren Entstehung durch vorzeitliche Gletscherbedeckung (NAUMANN 1844). Im Juni des gleichen Jahres besucht Naumann den Aufschluß zusammen mit dem jungen Schweizer Adolph von Morlot (1820–1867), der zu diesem Zeitpunkt in Freiberg Geologie studiert. Morlot vermutet sofort die Wirkung großer skandinavischer Gletscher und legt seine Ansichten in einer kleinen Publikation (v. MORLOT 1844) nieder, die damals allerdings kaum beachtet wird. Wenige Jahre später werden die Felschliffe im 1. Band der Berichte und Verhandlungen der Sächsischen Gesellschaft von NAUMANN (1848) eingehend beschrieben, wobei dieser nun ebenfalls der glaziären Deutung den Vorzug gibt. Ein entscheidender Durchbruch zur Anerkennung der Inlandeistheorie wird jedoch erst gegen Ende des 19. Jahrhunderts erreicht; zu groß ist vorerst die Autorität der wissenschaftlichen Gegner (EISSMANN 1974, 1984).

Kurz vor seinem Tod setzt sich Carl Friedrich Naumann nochmals mit dem Für und Wider einer weiträumigen Vergletscherung auseinander:

> Bedenkt man, dass die allseitig frei aufragenden Hohburger Porphyrhügel seit Jahrtausenden den Einwirkungen der Atmosphäre und der Schwerkraft, des Frostes und der Verwitterung ausgesetzt gewesen sind, und dass die späteren Eingriffe des Menschen ... doch zunächst überall gegen die Oberfläche gerichtet waren, so wird man sich nicht wundern, dass sie blos stellenweise bis auf den heutigen Tag ihre alte Oberfläche erhalten haben, wie solche zu jener Zeit beschaffen gewesen sein mag, als das räthselhafte Agens seine Wirksamkeit beendigt hatte, deren Spuren noch hier und da in den Schliff- und Erosions-Flächen zu erkennen sind. ... Fragen wir nun, welche Ursache diese Abschleifung hervorgebracht hat, ... Für die horizontalen oder wenig geneigten Flächen, welche im Allgemeinen glatt und nur schwach geritzt sind und auf denen der firnisähnliche Überzug niemals angetroffen wird, welcher die vertikalen Flächen nicht selten auszeichnet, könnte man an die Wirkung von Flugsand denken, ... Da aber die so geschliffenen Flächen den Gletscherschliffen täuschend ähnlich sind, so könnte man sie auch für solche erklären. Und in

Abb. 2 Gletscherschliffe am Fuße des Spielberges bei Collmen-Bölitz. Foto von H. Rast

der That bekannte sich der erste junge Geolog aus der Schweiz, den ich nach den Hohburger Bergen führte, der verstorbene A. v. Morlot, mit solcher Zuversicht zu dieser Ansicht, dass er bald nachher eine kleine Broschüre (Über die Gletscher der Vorwelt und ihre Bedeutung, Bern 1844) drucken liess, in deren ersten Zeilen die Schlifflächen der Hohburger Porphyre ganz unzweifelhaft als die Wirkungen eines ehemaligen grossen skandinavischen Gletschers vorausgesetzt werden. ... Lyell, in dessen Gesellschaft ich die Hohburger Berge besuchte, äusserte keine bestimmte Ansicht über die Deutung der Erscheinung. Albert Heim aus Zürich hat sich in einer Notiz über dieselben Berge dahin ausgesprochen, dass dort drei verschiedene Erscheinungen combiniert und derselben Ursache zugeschrieben worden seien, welche getrennt gehalten werden müssen ... (Naumann 1874)

Nur für wenige Schliffflächen gibt Heim (1849–1937) zu, daß er sie nicht von echten Gletscherschliffen unterscheiden könnte. Ihre Verbreitung wäre aber zu gering, um an eine allgemeine Vergletscherung dieser Gegend während der Diluvialzeit glauben zu können.

Im Hinblick auf die Drifttheorie meint Naumann:

Schwimmende Eisschollen, welche Steine mit sich führen, können unmöglich solche Skulpturen hervorbringen; keine Brandung und kein Wellenschlag wird sie so regelmäßig entweder hin und her oder schräg auf und nieder bewegen, dass dadurch an den Felswänden theils horizontale, theils bis zu 20 und 30° geneigte Systeme von vollkommen parallelen Furchen und Riefen ausgearbeitet werden können. (ebenda)

Der Prozeß des Umdenkens beginnt knapp zwei Jahre nach Naumanns Tod, als Otto Martin Torell (1828–1900) in der Sitzung der Deutschen Geologischen Gesellschaft vom 3. November 1875 einen lebhaft diskutierten Vortrag hält, in dem er die Gültigkeit der Inlandeistheorie für Norddeutschland anhand von Gletscherschliffen und -schrammen aus dem Rüdersdorfer Muschelkalk beweist (Beyrich u. a. 1875). Doch dies schmälert keineswegs die Verdienste der Entdecker der Schliffe in den Hohburger Bergen:

Mit ihren auch heute noch stichhaltigen Indizien sind A. von Morlot und C. F. Naumann die ersten, die den schon vorher gelegentlich geäußerten Gedanken (I. Venetz, J. de Charpentier, L. Agassiz, A. Bernhardi) einer früheren Gletscherbedeckung auch des mitteleuropäischen bzw. norddeutschen Tieflandes auf ein festes wissenschaftliches Fundament gestellt haben. (Eissmann 1975)

Es soll nicht unerwähnt bleiben, daß einige Schliffe sich doch als Windschliffe erwiesen haben und in jüngerer Zeit zur Rekonstruktion der pleistozänen atmosphärischen Zirkulation benutzt worden sind (s. Händel u. Hänsel 1980).

Der Durchbruch der Inlandeistheorie fällt zusammen mit dem Beginn der geologischen Kartierung Sachsens durch die 1872 in Leipzig gegründete Königlich-Sächsische Geologische Landesuntersuchung, deren Mitarbeiter die Eiszeitforschung im heimatlichen Raum bald maßgeblich förderten. Die Leitung der genannten, ab 1924 als Sächsisches Geologisches Landesamt bezeichneten Einrichtung liegt bis zum 1937 erfolgten Umzug nach Freiberg hauptsächlich in den Händen von Hermann Credner (1841–1913, Mitglied der Sächs. Ges. seit 23. 04. 1881) und Franz Kossmat (1871–1938, Mitglied seit 12. 12. 1914). Credner, bis etwa zum Jahr 1875 noch Anhänger der Drifttheorie, schließt sich, wohl auch unter dem Einfluß seines damaligen Schülers und engagierten Mitarbeiters, dem späteren Mitbegründer der Geomorphologie, Albrecht Penck (1858–1945), spätestens von 1880 ab, den neuen

Vorstellungen an. Die Kenntnis von der quartären Entwicklung Nordwestsachsens wird in der Folgezeit vor allem von Franz Etzold (1859–1928) und Rudolf Grahmann (1888–1962) ausgebaut und in den Schriften der SAW publiziert (GRAHMANN 1925, 1928).

4 Die Leipziger Physiker und Astronomen – Pflege, Entwicklung und Förderung der Physik des Planeten Erde

Neben Heinrich Wilhelm Brandes tragen vor und nach ihm zahlreiche Mitglieder der Fürstlich Jablonowskischen Gesellschaft wie auch der Königlich Sächsischen Gesellschaft der Wissenschaften, die als Physiker und Astronomen an der Leipziger Universität wirken, zur Entwicklung der Geowissenschaften, speziell der Physik der Atmosphäre, bei.

Eine Professur für Physik wurde in Leipzig Mitte des 16. Jahrhunderts geschaffen und zunächst von Scholasten eingenommen. Erst vom Anfang des 18. Jahrhunderts ab erhalten experimentell arbeitende Gelehrte diese Physikprofessur. Der vielleicht bedeutendste Vertreter der frühen Experimentalphysik ist Johann Heinrich Winkler (1703–1770), «einer der ersten, der sich um Elektrizität verdient machte», wie Goethe schreibt, der während seiner Studentenzeit in Leipzig dessen Vorlesungen besucht hat. Wahrscheinlich hat Winkler (um 1750) unabhängig von Benjamin Franklin (1706–1790) die Einführung von Blitzableitern empfohlen.

Mit der Entwicklung der Physik in der 1. Hälfte des 19. Jahrhunderts und dem Anwachsen der seit 1785 staatlich finanzierten Apparatesammlung erwächst die Forderung nach geeigneten Räumlichkeiten für Forschung und Lehre. Es ist wieder Heinrich Wilhelm Brandes, der sich erfolgreich um die Unterbringung des «Physikalischen Cabinets» im Neubau des Augusteums bemüht und damit die Gründung des ersten eigenständigen Physikalischen Institutes der Universität Leipzig vorbereitet (SCHREIER 1985). Die Verwirklichung seiner Pläne – im Sommer 1835 werden die neuen Räume bezogen – hat Brandes leider nicht mehr erlebt.

Erster Direktor dieses Physikalischen Instituts ist Gustav Theodor Fechner (1801–1887, Professur 1834–1839*, Mitglied der Jabl. Ges. und Gründungsmitglied der Sächs. Ges.). Fechner, der uns heute vor allem als Wegbereiter der experimentellen Psychologie bekannt ist, berücksichtigt in Arbeiten zur mathematischen Statistik auch meteorologische Beobachtungswerte (FECHNER 1861, 1874).

Im Jahre 1843 wird Wilhelm Eduard Weber (1804–1891), einer der «Göttinger Sieben», nach Leipzig berufen. Er nimmt durch die «Göttinger Stiftung» entscheidend Einfluß auf die Gründung der Sächs. Ges. der Wissenschaften und richtet mit deren Unterstützung im unweit vom Physikalischen Institut gelegenen Professorengarten ein magnetisches Observatorium ein. Als sich der Weggang Webers (1849) abzeichnet, beabsichtigt die Philosophische Fakultät die frei werdende Professur ur-

* Nachdem ein Augenleiden Fechner zwang, seine Professur niederzulegen, hat die Philosophische Fakultät interessanterweise Karl Wilhelm Hermann Brandes (1814–1843), Sohn von Heinrich Wilhelm Brandes, die Erlaubnis erteilt, bereits vor Erlangung der venia legendi die Physikvorlesungen zu halten (BRUHNS, 1878).

sprünglich mit Ferdinand Reich (1799–1882) aus Freiberg, Ehrendoktor der Universität Leipzig und Mitglied der Sächs. Ges. von ihrer Gründung an, zu besetzen. Möglicherweise erhoffte sie sich durch Reich, der sowohl über Drehwagenmessungen als auch über die Niederschlagsverhältnisse Freibergs geschrieben hatte, die Fortführung der geophysikalischen Arbeitsrichtung. Nach Reichs Ablehnung werden Heinrich Wilhelm Dove, Philipp von Jolly (1809–1884) und Wilhelm Gottlieb Hankel (1814–1899) vorgeschlagen, von denen schließlich letzterer berufen wird. Hankel (Direktor 1849–1887, Mitglied der Sächs. Ges. ab 14. 11. 1849) hat sich vorrangig mit Elektrizität, auch mit atmosphärischer Elektrizität befaßt (Hankel 1856).

Eine gebührende Förderung erhält die Geophysik, speziell die Physik der Atmosphäre, durch Otto Wiener (1862–1927, Direktor von 1899 bis 1927, Mitglied der Jabl. Ges. und der Sächs. Ges. ab 31. 07. 1899). Wiener verwendet große Aufmerksamkeit auf die Anwendungen der Physik, vor allem werden Fragen der Flugtechnik und Luftfahrt gefördert (UAL, PA 319, Bl. 18). Von ihm selbst sowie von Ludwig Schiller (1882–1961) werden, zum Teil in Zusammenarbeit mit dem Leipziger Verein für Luftfahrt, Untersuchungen über den Luftwiderstand von Ballonen und Windmessungen in verschiedenen Höhen durchgeführt. Vorlesungen im Fach Meteorologie hält der Honorarprofessor Arthur von Oettingen (1836–1920, Mitglied der Sächs. Ges. ab 20. 07. 1901). Diese Beachtung der Physik der Atmosphäre mündete schließlich in die Gründung des Geophysikalischen Instituts im Jahre 1913 ein.

Den für die Entwicklung der Wissenschaften unentbehrlichen Gedankenaustausch unterstützen Leipziger Physiker auch durch die Herausgabe der «Annalen der Physik». In dieser u. a. von Ludwig Wilhelm Gilbert (Professur 1811–1824), Gustav Heinrich Wiedemann (1826–1899, Direktor 1887–1899) und Paul Drude (1863–1906, Direktor des 1894 gegründeten Theoretisch-Physikalischen Instituts 1894–1900) betreuten Zeitschrift werden beispielsweise die oben zitierten Brandesschen Briefe veröffentlicht.

Zu den Förderern der Physik des Planeten Erde zählen neben zahlreichen Physikern gleichermaßen die Astronomen der Leipziger Universität. Namhafte Vertreter dieses Fachs hatten bereits seit Mitte des 15. Jahrhunderts an der Leipziger Universität studiert oder gelehrt. Eine eigene Sternwarte wird allerdings erst in den Jahren 1787 bis 1791 auf dem Turm der Pleißenburg errichtet und drei Jahre später in Betrieb genommen. Die wissenschaftlichen Pläne stammen von dem Physiker Karl Friedrich Hindenburg (1741–1808, Professur 1786–1808) und dem Mathematiker Georg Heinrich Bortz (1714–1799), beide Mitglieder der Jabl. Ges. (ab 1780 bzw. ab 1774), letzterer Präsident von 1782 bis 1801.

Zu den außerhalb der astronomischen Beobachtungsaufgaben liegenden Betätigungsfelder der Observatoren gehören Mathematik, Geodäsie, Erdmagnetismus und Meteorologie, also Disziplinen, die besonders zur damaligen Zeit in enger Berührung mit der Astronomie stehen. Das gilt in hohem Maße für Carl Brandan Mollweide (1774–1825), der u. a. das nach ihm benannte, zu den unechten Zylinderprojektionen gehörende Kartennetz entwickelt.

August Ferdinand Möbius (1790–1868), wohl einer der bekanntesten Observatoren der Sternwarte, wird 1844 in die Jabl. Ges. aufgenommen und gehört zu den Gründungsmitgliedern der Königlich Sächs. Ges. der Wissenschaften. Möbius, ab

1844 erster Ordinarius für Astronomie an der Leipziger Universität, leistet wichtige Beiträge zu Geometrie und Topologie («Möbiusches Band» als Modell einer einseitigen Fläche). Entsprechend einer Verabredung zwischen Weber und Möbius beteiligt sich die Leipziger Sternwarte in den Jahren 1834 bis 1841 an magnetischen Terminbeobachtungen (BRUHNS 1878). Heinrich Louis d'Arrest (1822–1875), der 1848, mit Übernahme des neugeschaffenen Direktorpostens durch Möbius, als Observator angestellt und bereits im Alter von 27 Jahren am 14. 11. 1849 zum Ordentlichen Mitglied der Sächs. Ges. gewählt wird, berichtet im Jahre 1851 vor der Gesellschaft über erste Ergebnisse der an der magnetischen Warte angestellten Messungen.

Von allen Leipziger Astronomen hat am meisten aber Carl Christian Bruhns (1830–1881) zur Entwicklung der Wetterkunde beigetragen. Obwohl sich Bruhns' Nachfolger Heinrich Bruns (1848–1919, Direktor 1882–1919, Mitglied der Sächs. Ges. ab 04.08.1884) stärker auf die Astronomie beschränkt hat (BRUNS 1909), stammen auch von ihm gewichtige Beiträge zur Entwicklung der Geowissenschaften, z. B. seine Abhandlung über die Figur der Erde (BRUNS 1878). Weithin unbekannt ist sein Engagement für die Gründung des Geophysikalischen Instituts an der Leipziger Universität.

5 Carl Christian Bruhns – das sächsische meteorologische Beobachtungsnetz und die Gründung der Internationalen Meteorologischen Organisation

Carl Christian Bruhns, geb. 22. 11. 1830 in Plön (Schleswig-Holstein), gest. 25. 07. 1881 in Leipzig; Mitglied der Sächs. Ges. seit 22.03.1869. Frühzeitig an Sternkunde interessiert, ist er anfangs als Mechaniker und danach, dank seiner mathematischen Begabung und der wohlwollenden Förderung von Johann Franz Encke (1791–1865), als Assistent an der Berliner Sternwarte tätig. Zum 1. April 1860 wird Bruhns als Professor an die Leipziger Universität berufen, nachdem die Philosophische Fakultät die Meinung namhafter Gelehrter eingeholt hatte, darunter die von Encke und Alexander von Humboldt (1769–1859).

Die erste Aufgabe für Carl Christian Bruhns nach seinem Amtsantritt in Leipzig stellt sich mit dem notwendig gewordenen Neubau der Universitätssternwarte, die im Jahre 1861 im damals am Stadtrand gelegenen Johannistal (jetzt Stephanstraße 3) den Betrieb aufnimmt. Unter zielstrebiger Leitung erringt dieses modern ausgerüstete Institut bald durch astronomische, geodätische und meteorologische Ergebnisse hohes Ansehen im In- und Ausland (MÜNZEL u. ILGAUDS 1994). Zu dem internationalen Ruf tragen auch Bruhns' wissenschaftshistorische Schriften und die Herausgabe einer dreibändigen Humboldt-Biographie bei. Für die Meteorologie wird Bruhns in dreierlei Hinsicht nachhaltig wirksam:

- durch die Organisation und die Leitung des sächsischen meteorologischen Beobachtungsnetzes,

- durch die Einrichtung eines Büros für Wetterprognosen und
- durch die Vorbereitung der Gründung der Internationalen Meteorologischen Organisation.

Nach dem Zerfall eines früheren sächsischen Beobachtungsnetzes, das in damals beispielhafter Weise von Lohrmann im Jahre 1828 gegründet und bis zu seinem Tod geführt worden ist (LOHRMANN 1839, PLEISS 1955/56), gibt es mehrere Vorstöße zu einer Wiederbelebung, die jedoch vorerst ergebnislos bleiben. Bald geben die gegen Ende der 50er Jahre des 19. Jahrhunderts häufigen verderblichen Frostschäden in den sächsischen Staatsforsten Unterstützung:

> Das Finanzministerium hat mit Rücksicht auf die in den letzten Jahren mehrfach vorgekommenen und für die sächsischen Staatsforsten so verderblichen Frostschäden den Entschluß gefaßt, an verschiedenen Puncten zusammenhängende Beobachtungen zur Ermittlung der Witterungs- und Temperaturzustände anstellen zu lassen, bei welchen ... vorzugsweise gewisse Krankheiten der Waldbäume entstehen. (Sächsisches Landeshauptarchiv [c])

So bereitet schließlich der Geheime Regierungsrat Dr. Hülsse (1812–1876) im Auftrag des Sächsischen Ministeriums des Inneren zusammen mit dem Gymnasiallehrer Karl Traugott Sachse (1815–1863) und den Professoren Gustav Eduard Lösche (1821–1879), Dresden, Hermann Krutzsch (1819–1896), Tharandt, und Carl Christian Bruhns sowie in Konsultation mit Geheimrat Professor Heinrich Wilhelm Dove, Berlin, einen Entwurf für ein Sächsisches Beobachtungsnetz vor (Sächsisches Landeshauptarchiv [a] und [c]). Unter der Leitung von Bruhns beginnt es im Dezember 1863 mit über 20 Stationen zu arbeiten und zählt in der Folge zu den dichtesten und stabilsten meteorologischen Beobachtungsnetzen überhaupt (s. auch SCHREIBER 1889). In der Leipziger Universitätssternwarte wird eine meteorologische Station 1. Ordnung eingerichtet und als «Meteorologisches Institut» ausgewiesen. Nach Bruhns' Tod (1881) wird diese Einrichtung unter Paul Schreiber (1848–1924) nach Chemnitz, später (1905) nach Dresden überführt, wo sie 1907 die Bezeichnung «Sächsische Landeswetterwarte» erhält. Heinrich Bruns, der neue Direktor der Sternwarte, läßt es aber zu, daß die hiesigen meteorologischen Beobachtungen bis Ende 1909 nebenamtlich von seinen Assistenten weitergeführt werden.

Weniger bekannt, jedoch wissenschaftshistorisch bemerkenswert, ist die Einrichtung eines «Meteorologischen Bureaus für Wetterprognosen» in Leipzig (im Gebäude Burg-, Ecke Schulstraße, Abb. 3), das am 1. Juli 1878 nach Erlaß der Königlich Sächsischen Staatsregierung vom 9. Mai 1878 die Arbeit unter Leitung von Alexander von Danckelmann (1855–1919) aufnimmt, um «Maßnahmen zuverlässiger Wettervoraussagen für das Königreich Sachsen» zu versuchen (Sächsisches Landeshauptarchiv [b], BRUHNS 1879). Das geschieht durch Übertragung der meteorologischen Depeschen der Deutschen Seewarte Hamburg auf die regionalen Bedingungen Sachsens. Der «Dresdener Anzeiger» vom 30. Juni 1878 kündigt die am nächsten Tag beginnenden Wetterprognosen an und informiert:

> Grundlage derselben bildet die Kenntnis des gleichzeitig über Orte eines großen Teiles von Europa herrschenden Witterungszustandes. Auf die Erkenntnis des jüngst Vergangenen werden die Schlüsse für die nächste Zukunft gezogen.

Abb. 3 In dem heute nicht mehr existierenden Gebäude Schulstraße, Ecke Burgstraße (Abb. 3a) war von 1878 bis 1882 das «Meteorologische Bureau für Witterungsprognosen» untergebracht. Auf dem vergrößerten Ausschnitt (Abb 3b) ist dies anhand der Ladentafel gut zu erkennen. Aus: Fotomappe «Das alte und neue Leipzig»

In einem Nachruf auf Bruhns (NN 1881) wird eingeschätzt: «Dieser Versuch (eines Wetterprognosedienstes, d. Verf.) war einer der ersten, der in Europa auf diesem schwierigen Gebiete gemacht wurde» und das «freilich nicht ohne sehr berechtigte schwere Bedenken».

Besondere Würdigung verdienen Bruhns' erfolgreiche Bemühungen um eine internationale meteorologische Kooperation. Die Gründungsversammlung der Internationalen Meteorologischen Organisation, des Vorläufers der heutigen Meteorologischen Weltorganisation im Verbund der UNO, findet vom 2. bis 16. September 1873 in Wien statt. Die Vorbereitung hierzu trifft Bruhns zusammen mit dem Schweizer Heinrich von Wild (1833–1902), damals Direktor des Physikalischen Zentralobservatoriums in St. Petersburg, und dem Österreicher Carl Jelinek (1822–1876), Direktor der Zentralanstalt für Meteorologie und Erdmagnetismus in Wien, ein Jahr zuvor in Leipzig. Am Rande der 45. Versammlung Deutscher Naturforscher berufen sie vom 14. bis 16. August eine erste Meteorologenkonferenz (mit 52 Teilnehmern) ein. Diskussionen zu meteorologischen Sachfragen auf der Basis eines vorher verteilten Fragenkatalogs legen den Grundstein für die unerläßliche Weltorganisation der Meteorologie und Klimatologie (Bruhns 1872).

6 Vilhelm Bjerknes – die Einführung der Physik in die Wettervorhersage und das Zyklonenmodell

Vilhelm Bjerknes (Abb. 4), geb. 14. 03. 1862 in Kristiana (Oslo), gest. 09. 04. 1951 in Oslo; Mitglied der Sächs. Ges. ab 24. 05. 1913. Bjerknes studiert u. a. bei Heinrich Hertz (1857–1894) in Bonn und arbeitet danach als Dozent und Professor an schwedischen und norwegischen Hochschulen. Von 1913 bis 1917 wirkt Bjerknes als Professor für Geophysik und Direktor des Geophysikalischen Institutes an der Universität Leipzig. Nach seiner kriegsbedingten Rückkehr nach Norwegen erreicht er in Bergen und Oslo eine dominierende internationale Geltung seiner Meteorologenschule.

Die traditionelle Pflege der Geowissenschaften durch die Physiker und Astronomen der Universität Leipzig gipfelt in der Gründung eines eigenständigen Geophysikalischen Institutes, dessen Arbeitsschwerpunkt zunächst auf die Physik der Atmosphäre ausgerichtet ist.

Die Aktivitäten zur Institutsgründung beginnen offenbar gegen Ende des Jahres 1910, indem der Direktor des Physikalischen Instituts, Otto Wiener, in einem Brief vom 18. November 1910 an den Dekan der philosophischen Fakultät «im Einverständnis mit Kollegen Bruns», dem Direktor der Universitätssternwarte, für die nächste Fakultätsratssitzung einen entsprechenden Antrag stellt (UAL, PA 319, Bl. 1). Ein späterer Begründungsentwurf (Dezember 1910) durch Heinrich Bruns trägt die Unterschriften von Wiener, Theodor Des Coudres und Joseph Partsch für deren Zustimmung. In der Begründung heißt es u. a.:

Aus der allgemeinen Erdkunde hat sich im Laufe der Zeit immer bestimmter die Geophysik als eine gesonderte und selbständige Disziplin herausgelöst, und zwar als die Lehre von denjenigen irdischen Vorgängen, deren erfolgreiche Untersuchung nur mit dem Rüstzeug des mathematisch geschulten Physikers durchzuführen ist. Dahin gehört vor allem die Dynamik der Atmosphäre ... (UAL, PA 319, Bl. 3).

In den gemeinsamen Bemühungen um die Institutsgründung ist die Aktivität von Bruns stärker auf die Institution, die von Wiener stärker auf die Besetzung des Lehrstuhls ausgerichtet. In einem Brief an den Dekan vom 14. 06. 1911 schlägt Wiener die Berufung von V. Bjerknes vor:

Seine Arbeiten sind alle so wohl durchdacht und ausgereift, daß man sie als klassisch bezeichnen kann. Nach meiner Kenntnis ist er der Hervorragendste der ganzen Welt auf dem Gebiete der dynamischen Meteorologie. An die richtige Stelle gesetzt, würde er eine neue Epoche der Meteorologie herbeiführen (UAL, PA 319, Bl. 13).

Schließlich richtet die philosophische Fakultät am 23. Mai 1912 ein Schreiben an das Königliche Ministerium des Kultus und öffentlichen Unterrichts in Dresden, in dem neben dem bevorzugten Vilhelm Bjerknes noch Alfred Wegener (1880–1930) genannt wird, «wenn er auch gegen einen Bahnbrecher wie Bjerknes bei weitem zurückzustellen ist» (UAL, PA 319, Bl. 27). Die Dringlichkeit der Besetzung eines Lehrstuhls für Geophysik an der Leipziger Universität wird mit Verweis auf bisher nur ein geophysikalisches Institut in Deutschland, nämlich in Göttingen, begründet, wo Emil Wiechert (1861–1928) insbesondere Seismologie betreibt.

Abb. 4 Zu Ehren des 100. Geburtstages von Vilhelm Bjerknes brachte die norwegische Post einen Satz Sonderbriefmarken (2 Werte) heraus.

Am 1. Januar 1913 nimmt Vilhelm Bjerknes seine Tätigkeit an der Universität Leipzig auf. Als Hydrodynamiker aus der Schule seines Vaters und beseelt von der Idee, die theoretische Thermo-Hydrodynamik mit der beobachtenden Meteorologie zu verflechten, konzentriert er sich in Leipzig allein auf die Zentralaufgabe der Meteorologie, auf die Wettervorhersage. «Bei der Begründung des Instituts steuerte ich gegen die Lösung eines einzigen Problems, des Problems von der Wettervorhersage» sagt BJERKNES (1938) später rückblickend. Seine Antrittsvorlesung am 8. Januar 1913, «Die Meteorologie als exakte Wissenschaft», die sein Programm einer rein wissenschaftlichen Behandlung des Prognosenproblems umreißt, endet mit dem Ausblick:

> Ich würde aber mehr als froh sein, wenn ich die Arbeit so weit führen könnte, daß ich durch jahrelange Rechnungen das Wetter nur von einem Tag auf den anderen ausrechnen könnte. Wenn nur die Rechnung stimmte, so wäre der wissenschaftliche Sieg errungen. Die Meteorologie wäre dann eine exakte Wissenschaft, eine wirkliche Physik der Atmosphäre geworden. Und wenn wir erst so weit wären, würden sich auch schon praktische Folgen einstellen. (BJERKNES 1913)

Auf der Grundlage meteorologischer Abhandlungen von Hermann v. Helmholtz (1821–1894) lautet für Bjerknes die zentrale Frage, ob Zyklonen als Wellen anfangen können. Zu Bjerknes' ersten Bearbeitungen dieses Paradoxons gehört sein Bericht in den Abhandlungen der Sächs. Ges. «Über thermodynamische Maschinen, die unter Mitwirkung der Schwerkraft arbeiten» (BJERKNES 1916).

Wegen der kriegsbedingten Behinderungen, besonders der Einberufung hochqualifizierter Mitarbeiter, verläßt Bjerknes im Frühjahr 1917 Leipzig und folgt einem Ruf nach Bergen. Ein dichtes meteorologisches Beobachtungsnetz an der norwegischen Küste führt dort zur Feststellung von Diskontinuitätslinien in den Wetterkarten, den starkgradientigen atmosphärischen Übergangszonen, die allmählich in die Polarfront- oder Luftmassenmeteorologie mündet. Damit liegt der Ausgangspunkt für die «schwierige Ausarbeitung der mathematischen Theorie der Zyklonenbildung» vor.

> Und schließlich: die praktische Wettervorhersage, die sich auf dieser Grundlage entwickelte, verlief sozusagen von selbst nach dem von Anfang an aufgestellten Programm: die Ortsveränderungen der bewegten Luftmassen zu bestimmen, und die Zustände, in denen sie anlangen. (BJERKNES 1938)

Frühe Erörterungen über «ein prognostisches Prinzip der dynamischen Meteorologie» liegen als gleichbetitelter Bericht der Sächs. Ges. vor (BJERKNES 1917). Auf der Grundlage einer Eulerschen Entwicklung des Stromfeldes zielt diese Untersuchung auf eine dynamische Bestimmung der Fortbewegungsgeschwindigkeit eines unveränderlichen Stromfeldes ab, aber mit dem Hinweis auf eine «denkbare Anwendung auf die Wettervorhersage» für solche Fälle.

Eine bemerkenswerte, zunehmende Praxisbezogenheit des Theoretikers Bjerknes weist sein Vortrag «Wettervorhersage» auf dem skandinavischen Geophysikerkongreß am 28. August 1918 in Göteborg aus. Gleichzeitig liefert er eine Information über den Stand der Wissenschaftsentwicklung:

> Die Aufgabe (der Wettervorhersage, d. Verf.) reduziert sich deshalb auf zwei speziellere:
> 1. Die praktische: die Beschaffung der nötigen konkreten Daten durch die Beobachtungen.
> 2. Die theoretische: die Ausarbeitung der Methoden, um das in den Gleichungen enthaltene Wissen auf die Beobachtungen anwendbar zu machen.
>
> Stellen wir diese Aufgabe in ihrer meist zugespitzten Form als eine rein mathematische Aufgabe, so haben wir keine Hoffnung, sie in naher Zukunft gelöst zu sehen. Wenn wir sie aber in mehr praktische Formen überführen, so verfolgen wir in Wirklichkeit den Weg weiter, den die Meteorologen betraten, als sie synoptische Karten dem Studium der atmosphärischen Verhältnisse zugrunde legten. (BJERKNES 1919)

Mit der Beschreibung der wesentlichen Strukturen einer Zyklone, der Konvergenzlinien und des Warmluftsektors erkennt BJERKNES (ebenda): «Offenbar stehen wir hier am Anfang einer Zyklonentheorie, die auf wirkliche Kenntnis der Erscheinungen begründet sein wird».

Über die Beziehungen der Bergener und der Leipziger Meteorologenschule im Zeitabschnitt des Übergangs zu den neuen (dreidimensionalen) Methoden der Wetteranalyse und -vorhersage sagt Bjerknes (1938) anläßlich seines Besuches in Leipzig zur 25-Jahr-Feier des Geophysikalischen Institutes:

> Auf Grundlage der im Druck vorliegenden Dokumente läßt sich somit kein gerechtes Urteil fällen über die gegenseitigen Anteile Leipzigs und Bergens an dem Enderfolg, ja selbst nicht über die persönlichen Verdienste der einzelnen Teilnehmer. Dazu ist diese Umwälzung in der modernen Meteorologie in allzu extraordinärer Weise verlaufen. Nur wer alles selbst durchgemacht hat, ist hier einigermaßen urteilsfähig. Und ich bin der schließlich einzige, der alles persönlich mitgemacht oder durchgemacht hat. Als solcher sage ich: Wie unscheinbar von außen gesehen der Anteil Leipzigs an den Enderfolgen in Bergen scheinen kann, so ist dieser Anteil nicht bloß groß, sondern für den Enderfolg unentbehrlich gewesen.

7 Die «Leipziger Meteorologenschule»

Vilhelm Bjerknes begründet in der nur kurzen Zeit seines Wirkens am Geophysikalischen Institut eine Leipziger Meteorologenschule, die bis zum Ende des 2. Weltkrieges weit über Deutschlands Grenzen hinaus die Wissenschaftsentwicklung der Meteorologie mitbestimmen wird.

Bjerknes nennt in einem Brief (vom 19. April 1917) an das Ministerium für Kultus und öffentlichen Unterricht seinen Mitarbeiter Robert Wenger (1886–1922) als einzigen Nachfolger, wenn die Ausrichtung des Institutes weitergeführt werden soll (UAL, PA 319, Bl. 36–39). Leider bleibt auch Wenger durch seinen frühen Tod am 20. 01. 1922 eine nur kurze Zeit erfolgreicher Institutsleitung. Aus mehreren Vorschlägen Otto Wieners, der die Leitung des Geophysikalischen Institutes ad interim übertragen bekommt, wird am 3. August 1922 ein Berufungsvorschlag an das zuständige Ministerium gerichtet, in dem in Übereinstimmung mit einer Empfehlung von V. Bjerknes an erster Stelle Ludwig Weickmann, München, steht, gefolgt von Albert Defant, Innsbruck, und Wilhelm Schmidt, Wien (UAL, PA 1033, Bl. 8–17). Weickmann (1882–1961) tritt am 1. Oktober 1923 das Direktorat des Geophysikalischen Institutes an und besetzt den Lehrstuhl für Geophysik. Am 1. Juli 1925 wird er Ordentliches Mitglied der SAW, von 1940 an bis zum Ende des zweiten Weltkrieges erster Inhaber des neugeschaffenen Präsidentenamtes. Im Februar 1937 wird er an Stelle des ausgeschiedenen Peter Debye (1884–1966) zum Mitglied der Jabl. Ges. gewählt.

Den Vorstellungen der Gründer des Geophysikalischen Institutes folgend, bezieht Weickmann mit dem Neubau eines Geophysikalischen Observatoriums am Collmberg bei Oschatz die Physik der festen Erde in sein Ausbildungs- und Forschungsprogramm ein, betreibt jedoch mit Schwerpunkt weiterhin Meteorologie. Die eigenen Forschungen über «Wellen im Luftmeer» (Weickmann 1924) haben sich als unhaltbare Hypothese für eine Vorhersagemethode erwiesen. Den internationalen Ruf der Leipziger Schule begründen sein ungewöhnliches Talent für die

Abb. 5 Ludwig Weickmann (links) zusammen mit Kapitän Hugo Eckener (rechts) in der Gondel des Luftschiffes «Graf Zeppelin». Nach einem Originalfoto aus dem ehem. Geophysikalischen Institut

Wissenschaftsorganisation und seine herausragende Persönlichkeit als Hochschullehrer.

Im Jahre 1931 wird er Mitglied, später (1935) Präsident der Internationalen Aerologischen Kommission und bereitet dort maßgeblich das Internationale Geophysikalische Jahr 1932 vor, nachdem er vorher selbst aktiv an der Polarforschung teilgenommen hat, unter anderem an der Expedition des Vermessungsschiffes «Meteor» im Sommer 1930 und an der epochalen Polarfahrt des Luftschiffes «Graf Zeppelin» im Juli 1931 (Abb. 5).

Unter seiner mehr als zwei Jahrzehnte währenden Institutsleitung promovieren in Leipzig 90 Doktoranden, von denen eine große Anzahl bedeutsame Ämter im In- und Ausland besetzen und internationalen wissenschaftlichen Ruf genießen. Als enger Mitarbeiter sagt P. Mildner (1941) über Weickmann:

Er ist nicht nur als wissenschaftlicher Forscher, als anregender und mitreißender akademischer Lehrer auch für weiteste Kreise hervorgetreten, sondern hat sich auch mehrfach in Krieg und Frieden als geschickter Organisator von ungewöhnlichem Weitblick und außerordentlicher Energie an verantwortungsvoller Stelle ausgezeichnet.

Im Nachruf auf Weickmann resümiert Buchheim:

> In Ludwig Weickmann verliert die Geophysik eine der letzten Persönlichkeiten mit umfassender Gesamtschau dieses Gebietes, die heute angesichts der fortschreitenden Vertiefung der Spezialgebiete Meteorologie, Ozeanologie, Seismologie, Geomagnetik, Aerologie usw. unwiederbringlich verloren scheint. (Unveröffentlichtes Manuskript der Gedenkrede i. d. SAW; s. auch Buchheim 1964)

Nach dem Ende des zweiten Weltkrieges stehen Bemühungen um den Erhalt des Geophysikalischen Institutes und der Leipziger Meteorologenschule im Widerstreit mit persönlichen Schicksalen der Lehrstuhlinhaber: Max Robitzsch (1887–1952) übernimmt verheißungsvoll am 30. 3. 1950 den Lehrstuhl für Geophysik, wird am 17. 07. 1950 Ordentliches Mitglied der SAW und versucht als Aerologe vor allem dieses moderne Forschungsgebiet zu betreiben (Robitzsch 1953). Bereits am 10. 6. 1952 verhindert der Tod die Erfüllung seiner weitreichenden Pläne. Die Nachfolge im Direktorat tritt im Februar 1955 Karl Schneider-Carius (1896–1959) an. Nachdem das frühere Ordinariat Geophysik in zwei Lehrstühle (für Meteorologie und für Geophysik, letztere jetzt im Sinne von Physik der festen Erde) geteilt worden ist, besetzt Schneider-Carius den Lehrstuhl für Metorologie, Gerhard Fanselau (1904–1982) den für Geophysik. Schneider-Carius gründet im Jahre 1957 das Maritime Observatorium in Zingst (Ostsee), vollzieht damit einen folgerichtigen Schritt zur Verwirklichung der Gründungsidee des Geophysikalischen Institutes, planetare Physik zu betreiben. Die meteorologische Forschung betrifft im wesentlichen die Aerologie und die Physik der troposphärischen Grundschicht; am Geophysikalischen Observatorium Collm werden experimentelle Untersuchungen zur Physik der Hochatmosphäre begonnen. (Hänsel 1960; Hänsel u. Lauterbach 1983; Hupfer u. v. Petersson 1963; Koch u. Schminder 1963, Kortüm 1963).

Der plötzliche Tod von Schneider-Carius am 1. 12. 1959 bringt eine erneute Zäsur mit sich. Horst Philipps (1905–1962), langjähriger Gastprofessor für theoretische Meteorologie in Leipzig und Direktor des Meteorologischen Dienstes der DDR, bekommt als Externer ab Januar 1961 den Lehrstuhl für Meteorologie übertragen. Das Institut wird kommissarisch von Friedrich Kortüm (1912–1993) geleitet. Am 8. November 1962 stirbt Philipps unerwartet. Der Lehrstuhl für Meteorologie bleibt unbesetzt, bis im Rahmen einer «Hochschulreform» (1968/70) das Geophysikalische Institut zusammen mit allen anderen geowissenschaftlichen Instituten an der Universität Leipzig aufgelöst und die Ausbildung in diesen Fächern eingestellt wird. Die Mitarbeiter und die Einrichtungen des Geophysikalischen Institutes werden in den neuen Verband der Physik, die Sektion Physik, eingegliedert.

Nach dem Beitritt der ehemaligen DDR zur Bundesrepublik Deutschland leben die Geowissenschaften als selbständige Struktureinheiten und Ausbildungsfächer wieder auf, der Zukunft wie der Tradition gleichermaßen verpflichtet.

Literatur

Bernhardi, A.: Wie kamen die aus dem Norden stammenden Felsbruchstücke und Geschiebe, welche man in Norddeutschland und den benachbarten Ländern findet, an ihre gegenwärtigen Fundorte?. In: Jahrbuch f. Mineralogie etc. 3 (1832), S. 257–267.

Beyrich, E, Rammelsberg, C, Weiss, E.: Protokoll der November-Sitzung. In: Z. d. Deut. Geol. Ges. 27 (1875), S. 958–962.

v. Bezold, W: Über die Fortschritte der wissenschaftlichen Witterungskunde während der letzten Jahrzehnte. In: Meteor. Z. 2 (1885), S. 313–324.

Bjerknes, V.: Die Meteorologie als exakte Wissenschaft. Antrittsvorlesung, geh. am 8. Jan. 1913 in der Aula der Univ. Leipzig. Braunschweig 1913. 16 S.

Bjerknes, V.: Über thermodynamische Maschinen, die unter Mitwirkung der Schwerkraft arbeiten. Leipzig 1916. 33 S. (= Abh. d. Math.-phys. Kl. d. Königl. Sächs. Ges. d. Wiss. zu Leipzig, Bd. 35, H. 1).

Bjerknes, V.: Ein prognostisches Prinzip der dynamischen Meteorologie. In: Ber. über d. Verhandl. d. Königl. Sächs. Ges. d. Wiss. Leipzig, Math.-phys. Kl., 69 (1917), 278–305.

Bjerknes, V.: Wettervorhersage. In: Meteor. Z. 36 (1919), S. 68–75.

Bjerknes, V.: Leipzig – Bergen. Festvortrag zur 25-Jahrfeier des Geophysikalischen Instituts der Universität Leipzig. In: Z. f. Geophysik 14 (1938), H. 3/4, S. 49–62.

Brandes, H. W.: Die vornehmsten Lehren der Astronomie, deutlich dargestellt in Briefen an eine Freundin. Leipzig 1811 (1. u. 2. Teil), 1813 (3. Teil), 1816 (4. Teil). VIII, 217; VI, 306; 366; 249 S.

Brandes, H. W.: Aus einem Schreiben des Professor Brandes, meteorologischen Inhalts. In: Ann. Phys. 55 (1817), S. 112–114.

Brandes, H. W.: Einige Resultate aus der Witterungs-Geschichte des Jahres 1783, und Bitte um Nachrichten aus jener Zeit; aus einem Schreiben des Professor Brandes an Gilbert. In: Ann. Phys. 61 (1819), S. 421–426.

Brandes, H. W.: Beiträge zur Witterungskunde. Leipzig 1820. 411 S.

Brandes, H. W.: De Repentinis Variationibus in Pressione Atmosphaerae Observatis „Dissertation". Leipzig 1826. 66 S.

Brandes, H. W.: Unterhaltungen für Freunde der Physik und Astronomie. Erster Theil. Leipzig 1829. 253 S.

Bruhns, C. C.: Bericht über die Verhandlungen der Meteorologen-Versammlung zu Leipzig. Leipzig 1872.

Bruhns, C. C.: Die Astronomen der Sternwarte auf der Pleißenburg in Leipzig. Leipzig 1878. 104 S.

Bruhns, C. C.: Über das Meteorologische Bureau für Witterungsprognosen im Königreich Sachsen. Leipzig 1879. 32 S.

Bruns, H.: Die Figur der Erde. Ein Beitrag zur europäischen Gradmessung. Berlin 1878. 49 S. (= Pulication d. königl. preuss. geodät. Inst.).

Bruns, H.: Die Universitätssternwarte. In: Festschrift zur Feier des 500jährigen Bestehens der Universität Leipzig (4 Bände). Leipzig 1909, Band III, S. 121–127.

Buchheim, W.: Ludwig Weickmann 15. 8. 1882 – 29. 11. 1961. In: Sächsische Akademie der Wissenschaften zu Leipzig, Jahrbuch 1960–1962. Berlin 1964, S. 385–388.

Dann, G. E.: Rudolph Brandes, Wilhelm Brandes und Heinrich Wilhelm Brandes als Meteorologen und ihre Beziehung zu Goethe. Eine Richtigstellung. In: Deutsche Apotheker-Zeitung Nr. 47 (1965), S. 1657–1664.

Dove, A.: Heinrich Wilhelm Dove. In: Allgemeine Deutsche Biographie, Bd. 48. Leipzig 1904, S. 51–69.

Dove, H. W.: Über das Gesetz der Stürme. – In: Ann. d. Physik u. Chemie von Poggendorff; 52. Leipzig 1841.

Eißmann, L.: Die Begründung der Inlandeistheorie für Norddeutschland durch den Schweizer ADOLPH VON MORLOT im Jahre 1844. In: Abh. u. Ber. Naturkundl. Mus. «Mauritianum» Altenburg 8 (1974), S. 289–318.

Eißmann, L.: Das Quartär der Leipziger Tieflandsbucht und angrenzender Gebiet um Saale und Elbe. In: Schriftenreihe f. Geol. Wiss., Heft 2, 1975.

Eißmann, L.: Über Gletscherschliffe, Gletscherbewegungen und Inselberge in Sachsen. Mit einer Skizze über Albrecht Pencks frühes Wirken in Sachsen zu seinem 125. Geburtstag. In: Abh. u. Ber. Naturkundl. Mus. «Mauritianum» Altenburg 11 (1984), S. 114–151.

Fechner, G. T.: Ueber die Correctionen bezüglich der Genauigkeitsbestimmung der Beobachtungen, der Bestimmung der Schwankungen meteorologischer Einzelwerthe um ihren Mittelwerth, und der psychophysischen Maassbestimmungen nach der Methode der mittleren Fehler. Mit einem Zusatz von Wilhelm Scheibner. In: Ber. über d. Verh. K. Sächs. Ges. Wiss. 13 (1861), S. 57–113.

Fechner, G. T.: Ueber den Ausgangswerth der kleinsten Abweichungssumme, dessen Bestimmung, Verwendung und Verallgemeinerung. Leipzig 1874. 176 S. (= Abh. d. Math.-phys. Kl. d. Königl. Sächs. Ges. d. Wiss. zu Leipzig, Bd. 11, Nr. 1).

Goethe, J. W. v.: Wolkengestalt nach Howard. In: Goethes Werke in 12 Bänden. Berlin u. Weimar 1981 (Bibliothek deutscher Klassiker), Bd. 12, S. 285.

Grahmann, R.: Diluvium und Pliozän in Nordwestsachsen. Leipzig 1925. 82 S. (= Abh. d. Sächs. Akad. d. Wiss. zu Leipzig, Bd. 39, Nr. 4).

Grahmann, R.: Über die Ausdehnung der Vereisungen Norddeutschlands und ihre Einordnung in die Strahlungskurve. In: Ber. d. math.-phys. Kl. d. Sächs. Akad. d. Wiss. zu Leipzig, Bd. 80 (1928), S. 134–163.

Händel, D., u. Hänsel, C.: Die Windschliffe auf dem Kleinen Berg bei Hohburg (Bezirk Leipzig) und ihre regionalklimatologische Aussage. In: Geophys. Veröff. d. KMU Leipzig, Bd. 2, H. 2, 1980, S. 239–246.

Hänsel, C.: In Memoriam Karl Schneider-Carius. Wiss. Z. KMU Lpz. 9. Jahrg., Math.-nat. Reihe H. 3 (1960), S. 469–472

Hänsel, C., u. Börngen, M.: Sächsisch-thüringische frühe Beiträge zur Wetter- und Klimakunde. Leipzig 1994. 25 S. (= Sitz.-Ber. Sächs. Akad. d. Wiss. zu Leipzig, Bd. 125, H. 3).

Hänsel, C., u. Lauterbach, R.: Karl Schneider-Carius (1896–1959). In: Namhafte Hochschullehrer der Karl-Marx- Universität, Nr. 4. Leipzig 1983, S. 69–73.

Hankel, W.G.: Ueber die Messung der atmosphärischen Elektricität nach absolutem Maasse. In: Abh. d. Königl. Sächs. Ges. d. Wiss. zu Leipzig 3 (1856), S. 379–600.

Hellmann, G.: Repertorium der deutschen Meteorologie. Leipzig 1883. 995 S.

Hellmann, G.: Die Entwicklung der Meteorologischen Beobachtungen in Deutschland von den ersten Anfängen bis zur Einrichtung staatlicher Beobachtungsnetze. In: Abh. Preuß Akad. Wiss., Phys.-math. Kl. 1 (1926), S. 1–25.

Hupfer, P., u. v. Petersson, H.: Das Maritime Observatorium Zingst des Geophysikalischen Instituts der Karl-Marx-Universität. In: Veröff. d. Geophys. Inst. d. Karl-Marx-Universität Leipzig, II. Serie, Bd. XVIII, H. 1., S0.35–56, 1963.

Koch, H., u. Schminder, R.: Zum 30. Jahrestag der Gründung des Geophysikalischen Observatoriums Collm. In: Veröff. d. Geophys. Inst. d. Karl-Marx-Universität Leipzig, II. Serie, Bd. XVIII, H. 1., S0.17–34, 1963.

Körber, H.-G.: Vom Wetteraberglauben zur Wetterforschung. Leipzig 1987. 231 S.

Kortüm, F.: Das Geophysikalische Institut der Karl-Marx-Universität in der Zeit von 1949 bis 1962. In: Veröff. d. Geophys. Inst. d. Karl-Marx-Universität Leipzig, II. Serie, Bd. XVIII, H. 1., S. 7–16, 1963.

Lampadius, W. A.: Systematischer Grundriß der Atmosphärologie. Freyberg 1806. 392 S.

Lampadius, W. A.: Beyträge zur Atmosphärologie. Freyberg 1817. 253 S.

Lohrmann, W. G.: Beiträge zur Meteorologie des Königreiches Sachsen. Dresden 1839. 74 S. (= Mitt. d. Statist. Vereins f. d. Königreich Sachsen; 11).

Mildner, P.: Versuch einer Würdigung der Persönlichkeit Professor Dr. Ludwig Weickmanns. Manuskript f. Phil. Fak. Univ. Lpz., 5. 11. 1941. In: UAL, PA 1033, Bl. 99–110.

v. Morlot, A. (1844): Über die Gletscher der Vorwelt und ihre Bedeutung. Bern 1844. 18 S.

Münzel, G., u. Ilgauds, H.-J.: Zur Erinnerung an die älteste deutsche Universitätssternwarte. 200 Jahre Universitätssternwarte Leipzig. In: Die Sterne 70 (1994), S. 228–237.

Naumann, C. F.: Fels-Schliffe an Porphyr-Hügeln bei Kollmen. In: Neues Jahrbuch f. Mineralogie etc., Jg. 1844, S. 557–558 u. 561–567.

Naumann, C. F.: Über die Felsenschliffe der Hohburger Porphyrberge unweit Wurzen. In: Ber. über d. Verh. K. Sächs. Ges. Wiss. 1 (1848), S. 392–410.

Naumann, C. F.: Über die Hohburger Porphyrberge in Sachsen. In: Neues Jahrbuch f. Mineralogie etc., Jg. 1874, S. 337–361.

NN: Carl Christian Bruhns. In: Z. d. österr. Ges. f. Meteor., 16 (1881), S. 409–410.

Pleiß, H.: Die ersten wetterkundlichen Beobachtungen in Sachsen und die Verdienste Wilhelm Gotthelf Lohrmanns um die Meteorologie. In: Wiss. Zeitschrift der TH Dresden 6 (1955/56), H. 5, S. 927–940.

Robitzsch, M.: Die Erforschung der Atmosphäre, ihre Methodik und ihre Probleme. Leipzig 1953. 30 S. (= Ber. d. Sächs. Akad. d. Wiss. Leipzig, Bd. 100, H. 7).

Sächsisches Landeshauptarchiv, Akten des Ministeriums des Innern, Bd 4, Sekt. XVIII, Akten Nr. 15687 [a], 15688 [b] u. 15715 [c].

Schreiber, P.: Die Theilnahme Sachsens an den meteorologischen Forschungen. In: Ges. Isis in Dresden, 1889, Abt. 2., S. 1–22.

Schreier, W.: Die Physik an der Leipziger Universität bis zum Ende des 19. Jahrhunderts. In: Wiss. Zeitschrift der Karl-Marx-Universität, Math.-Nat. R., 34 (1985), H. 1, S. 5–19.

Universitätsarchiv Leipzig (UAL), Personalakten (PA) 319 und 1033.

Universitätsbibliothek Leipzig (UBL), Handschriftenabteilung, Nachlaß d. Jabl. Ges. Nr. 251, Akte 2. 4. 2.1, Mappe 3 [a] und Akte 2. 4. 2.2. [b].

Weickmann, L.: Wellen im Luftmeer. Nähere Untersuchungen über Gesetzmäßigkeiten im Gange und in der Verteilung des Luftdruckes. Erste Mitteilung. Symmetriepunkte des Luftdruckganges. Der Luftdruck als zusammengesetzte Schwingung. Leipzig 1924. 46 S. (= Abh. d. Sächs. Akad. d. Wiss. zu Leipzig, Math.-phys. Kl., Bd. 39, Nr. 2).

Beiträge von Akademiemitgliedern zur Entwicklung einzelner Fachgebiete aus der Philologisch-historischen Klasse

Werner Coblenz †

Prähistoriker in der Sächsischen Akademie der Wissenschaften zu Leipzig – ihre Beiträge zur Geschichtsforschung*

Die Beschäftigung mit dem Altertum geht mehrere Jahrhunderte zurück, erfaßte aber lange Zeit allein die Kulturen des klassischen Altertums. Deren Vertretung hat an den Universitäten und in den wissenschaftlichen Akademien eine längere Tradition. Das hängt auch mit dem humanistischen Bildungsideal und der damit verbundenen Förderung zusammen. Die Hinwendung zu älteren Abschnitten wurde durch das Fehlen schriftlicher Quellen und den Mangel sicherer ethnischer Bestimmung früher Kulturen behindert.

Die prähistorische Archäologie ist zweifellos diejenige historische Wissenschaft, bei der nicht das geschriebene Wort im Mittelpunkt steht, sondern die Überreste der materiellen Kultur das zentrale Quellenmaterial bilden. Zu dessen Erforschung müssen auch naturwissenschaftliche Fächer und Methoden herangezogen werden, bei chronologischen Untersuchungen etwa beginnend mit stratigraphischen Beobachtungen und endend mit neueren Verfahren wie der Dendrochronologie oder der Radiokarbondatierung. Selbstverständlich werden zur Absicherung eines Zeitgerüstes auch Ergebnisse der historischen Forschung und der klassischen Archäologie herangezogen. Wegen der engen Verbindung des Faches mit naturwissenschaftlichen Disziplinen, an erster Stelle mit der Geologie und der Anthropologie, wurde eine Eingliederung in den großen Rahmen der Geisteswissenschaften lange Zeit erschwert, obwohl die anfangs bestehende enge Verknüpfung mit der Ethnologie eine Angleichung hätte ermöglichen sollen. Zum Lehrfach hat sich die prähistorische Archäologie in Deutschland spät entwickelt. An der Universität Leipzig konnte erst im Jahre 1934 ein entsprechendes Institut gegründet werden. Eine Mitgliedschaft von Fachvertretern in der Sächsischen Akademie der Wissenschaften war daher vor dem Ende des zweiten Weltkrieges kaum möglich.

Vorläufer einer systematischen Altertumsforschung in Sachsen lassen sich allerdings weit zurückverfolgen (Bierbaum 1927, S. 15–36). Schon G. Agricola (1494–1555) trat gegen den Aberglauben von «selbstgewachsenen Töpfen» auf, als die man Relikte vergangener Kulturen im Boden ansah (Gummel, 1938, S. 11). Er schrieb 1546, daß es sich um Urnen handele, «worin die alten Germanen, dem Christenthume noch nicht zugewandt, die Asche der verbrannten Leichname aufbewahrten». Die ersten uns bekannt gewordenen Ausgrabungen fanden 1587 bei Zahna und Marzahna bei Wittenberg statt. Von P. Albinus, ebenfalls einem Erzgebirgler (1534–1598), stammt offenbar aus dem gleichen Jahre der wohl älteste erhalten gebliebene deutsche Ausgrabungsbericht. Kurfürst August, der eigentliche Begründer der Dresdner Sammlungen, äußerte gleichfalls 1587 Interesse an

* Postum bearbeitet von OM Karl Peschel, Jena.

den Grabungen in seinen Landen und deren Ergebnissen. Dann blieb es im wesentlichen ruhig um die heimischen Altertümer. Die 1697 in Leipzig entstandene «Deutsche Gesellschaft» befaßte sich erst später mit älterer Geschichte und schuf dann auch bald eine eigene Sammlung. Das gleiche tat die 1779 gegründete «Oberlausitzer Gesellschaft der Wissenschaften» in Görlitz. Der «Königlich Sächsische Verein zur Erforschung und Erhaltung vaterländischer Altertümer» wirkte seit 1824 von Dresden aus ebenso wie in Leipzig der «Sächsische Verein zur Erforschung und Bewahrung vaterländischer Altertümer». Im Vordergrund stand zumindest anfangs die Sprache.
Inzwischen hatten die Archaeologica auch für Sachsen an Bedeutung gewonnen. Zu nennen sind hier besonders G. Klemm (1802–1867) – der bekannte Dresdner Kulturforscher und Bibliothekar – und sein älterer Freund K. B. Preusker (1786–1871) (BIERBAUM 1937, S. 3–24; COBLENZ 1986, S. 51–70). Während letzterer 1853 seine reichhaltige Sammlung sächsischer Sammlungsobjekte dem Staat ausdrücklich «zur öffentlichen Nutzung» zur Verfügung stellte und damit den Grundstock eines sächsischen Vorgeschichtsmuseums schuf, mißlangen die Versuche G. Klemms, nach seiner Erblindung (1865) die bedeutenden prähistorischen Bestände seiner Sammlung dem Land zu erhalten und dem Staat zu verkaufen, um seinen beschwerlichen Lebensabend zu sichern. Das offenkundige Desinteresse sowohl der Leipziger Universität als auch des Dresdner Ministeriums verhinderten die Erfüllung dieses Wunsches. Ein Petersburger Kaufangebot lehnte P. Klemm entschieden ab, um die Funde nicht außer Landes gehen zu lassen. So kam nach seinem Tode, als Angebote an den sächsischen Staat abermals erfolglos geblieben waren, die einmalige Sammlung an das Britische Museum nach London.
Sächsische Altertümersammlungen kleineren Umfanges gab es schon an vielen Stellen, eine Staatssammlung fehlte noch. Als H. B. Geinitz (1814–1900) im Jahre 1867 die Pariser Weltausstellung besucht hatte, wurden die Anregungen der dortigen «Galerie de l'histoire du travail» mit einem dazu herausgegebenen zwölfbändigen Werk Ausgangspunkt zur Herauslösung einer prähistorischen Abteilung aus dem Gesamtverband der Königlich Mineralogisch-Geologischen Sammlung. Dieser Teil wurde 1874 anläßlich der Dresdner Tagung der Deutschen Gesellschaft für Anthropologie, Ethnologie und Urgeschichte der Öffentlichkeit zugänglich gemacht. 1892 wurde die Sammlung als Überblick über die Prähistorie Sachsens im Wallpavillon des Zwingers aufgestellt und seit 1938 als selbständiges Landesmuseum für Vorgeschichte fortgeführt.
Was die Belange der Bodendenkmalpflege angeht, so wurden nach verschiedenen, auch vom Königshause unterstützten Bestrebungen 1896 von J. V. Deichmüller Entwürfe zu entsprechenden Maßnahmen vorgelegt und zu deren Erfassung 1900 ein «Archiv urgeschichtlicher Funde aus Sachsen» gegründet. Dieses wirkte in Personalunion mit der prähistorischen Sammlung und erfaßte die unbeweglichen (feste Bodenaltertümer wie Burgwälle, Hügelgräber und dgl. mehr) sowie die beweglichen Kulturreste (Funde) aus ur- und frühgeschichtlicher Zeit. Nach fast zehnjährigem Kampf konnte in Sachsen erst im Januar 1934 das «Gesetz zum Schutze von Kunst-, Kultur- und Naturdenkmalen (Heimatschutzgesetz)» durchgesetzt werden. Zugleich wurde das Amt des «Landespflegers für Bodenaltertümer in Sachsen» (Landesarchäologie) aus der Taufe gehoben. Die ältesten Denkmale erhielten damit den dringend notwendigen Schutz vor Veränderung und Zerstörung, bewegliche Kulturwerte fielen unter das Verbot einer Verbringung außerhalb der Landesgrenzen.
Nach Auflösung der Länder in der ehemaligen Deutschen Demokratischen Republik wurde für deren Gesamtbereich im Mai 1954 die «Verordnung zum Schutze und zur Erhaltung der ur- und frühgeschichtlichen Bodenaltertümer» erlassen, die bis zum Inkrafttreten eines neuen sächsischen Denkmalschutzgesetzes (jetzt für ur- und frühgeschichtliche Ob-

jekte sowie Bau- und Kunstdenkmale) im März 1993 Gültigkeit behalten sollte. Die Personalunion des Landesarchäologen mit dem Museumsverantwortlichen blieb auch jetzt erhalten und hat sich somit ein volles Jahrhundert bewährt.
Eine Vertretung des Faches an der Leipziger Alma Mater ließ infolge der Grundeinstellung universitärer Einrichtungen zu der jungen Fachdisziplin recht lange auf sich warten. Der Direktor des Ethnologisch-Anthropologischen Instituts, K. Weule, ging zwar schon in den ersten Jahrzehnten unseres Jahrhunderts auf urgeschichtliche Probleme in Lehre und Forschung ein. Bald nach dem I. Weltkrieg bemühte sich der Leiter der prähistorischen Abteilung des Leipziger Völkerkundemuseums, J. Richter, über ein Jahrzehnt lang auch um entsprechende Stoffvermittlung, was im Seminar Kötzschkes für Landesgeschichte und Siedlungskunde Unterstützung fand (Hoffmann 1985, S. 281). Erst im Juni 1933 hatte endlich die sächsische Staatsregierung nach der bereits seit 1929 tätigen «Kommission zur Förderung der prähistorischen Forschung an der Universität» Wege für die Schaffung eines Extraordinariats eingeleitet, zu dessen Besetzung es zum 1. April 1934 mit der Person K. Tackenbergs kam. Damit war die Verbindung zur Sächsischen Akademie der Wissenschaften, wenn auch zunächst nur lose, ermöglicht. Bis Kriegsende bestimmte Tackenberg trotz seines frühen Abgangs nach Bonn 1937 das Geschehen im Leipziger Universitätsinstitut weitgehend mit, konnte aber erst nach dem II. Weltkrieg und dann als Korrespondierendes Mitglied in die Akademie aufgenommen werden. Das erfolgte nicht zuletzt wohl wegen seiner stets bewiesenen konsequenten Haltung gegenüber dem Amt Rosenberg, dessen jeweilige Wunschvertreter für den von ihm verlassenen Lehrstuhl er in Abneigung gegen nationalsozialistische Geschichtsideologien und offenbare Geschichtsfälschungen sowie wegen mangelnder Beherrschung des «historischen Handwerkszeugs» ablehnte (Coblenz 1994 und 1995; Hoffmann 1987 und 1988).

Das allgemeine Interesse auch an der schriftlosen Zeit der Geschichte in den «barbarischen Ländern» erstarkte erst mit dem vorigen Jahrhundert. Mit der Bildung von Vereinigungen und Museumsabteilungen stieg aber auch die Zahl der Sammler von heimischem Kulturgut. Die Bergung der Quellen erfolgte allerdings meist ohne die notwendige wissenschaftliche Dokumentation, und das Sammeln von «Raritäten» befriedigte lediglich die Leidenschaft einzelner. Trotz allem sind die damals schon zu beobachtenden staatlichen Bemühungen um Schutz und Erforschung von Zeugen der ältesten Geschichte und Kultur nicht zu übersehen, wie das sächsische Beispiel lehrt. So wurde in der von K. Lamprecht 1896 gegründeten Sächsischen Kommission für Geschichte – der Vorläuferin der Historischen Kommission – die Frage nach dem Verhältnis von Sorben und Deutschen frühzeitig behandelt, wenn zunächst auch noch ohne Hinzuziehung archäologischer Quellen. Diese Bemühungen wurden seit 1906 mit der Gründung des Seminars für Landesgeschichte und Siedlungskunde an der Universität Leipzig verstärkt fortgeführt. Hier ist vor allem dessen Direktor, das spätere Akademiemitglied R. Kötzschke, zu nennen (Hoffmann 1985, S. 271–283). Aus historischer Geographie und Landesgeschichte hatte sich die Landeskunde herausgebildet, und Kötzschke bezog bald auch archäologische Forschungen mit ein, ohne selbst in dieser Richtung tätig zu sein. Er hat, wie wir gesehen haben, zweifellos auch Verdienste um die Einführung der Ur- und Frühgeschichte als Lehrfach an der Universität Leipzig. Dazu kam dann eine rege fachliche und persönliche Zusammenarbeit mit K. Tackenberg. Vorher hatten sich die siedlungsarchäologischen Bestrebungen Kötzschkes im wesentlichen auf den Komplex Haus, Hof und Dorf beschränkt, auf die Geschichte der germanischen Stämme nach den literarischen Zeugnissen und auf die Frage Slawen und Deutsche und die damit zusammenhängende ostdeutsche Kolonisation. In seinen Lehrveranstaltungen und auf Exkursionen bezog er allerdings auch die ur- und frühgeschichtlichen Denkmale mit ein.

Ordentliche Mitglieder der Sächsischen Akademie der Wissenschaften zu Leipzig, über deren Arbeit hier berichtet werden soll, wurden nacheinander Martin Jahn, Friedrich Behn, Gotthard Neumann, Werner Coblenz und Karl Peschel. Als Korrespondierende Mitglieder sind der Leipziger Akademie verbunden Kurt Tackenberg, Albert Egges van Giffen, Jaroslav Böhm, Witold Hensel, Josef Poulik, Bohuslav Chropovsky und Bernhard Hänsel.

Kurt Tackenberg

Der erste Prähistoriker, der hier zu nennen ist, war der Inhaber des 1934 gegründeten Extraordinariates für Vorgeschichte an der sächsischen Landesuniversität Kurt Tackenberg (30. 6. 1899–10. 11. 1992, Korresp. Mitglied seit 19. 10. 1959; vgl. Coblenz 1994 und 1995). Der geborene Schlesier hatte bereits kurz vor Studienabschluß in Halle als Hilfsassistent Einblick in die Zusammenhänge der mitteldeutschen Vorgeschichte gewonnen. Nach der Einrichtung eines Seminars mit Bibliothek und Lichtbildarchiv sowie der Gründung einer Studiensammlung konnten neben Vorlesungen auch bald praktische Übungen abgehalten werden. In der interdisziplinären Arbeit förderte Tackenberg die Verbindung mit dem Seminar für Geschichte und behandelte dort zusammen mit R. Heimpel die Germania des Tacitus. Mit dem Germanisten Th. Frings betrieb er die Erforschung möglicher Zusammenhänge zwischen Sprache und archäologisch faßbaren Ethnien. Für seinen mutigen Kampf um eine unabhängige Wissenschaft spricht eine Übung über Irrlehren in der Vorgeschichte, die nicht nur von fachfernen Journalisten und anderen Laien verbreitet wurden, sondern leider auch von einigen die Zeitströmung nutzenden jungen Fachprähistorikern im Umkreis des Reichsamtsleiters H. Reinerth innerhalb der Dienststelle des «Beauftragten des Führers für die Überwachung der gesamten geistigen und weltanschaulichen Schulung und Erziehung der NSDAP» (Amt Rosenberg).

In seinen Lehrveranstaltungen behandelte Tackenberg Themen aus dem gesamten europäischen Raum ebenso intensiv wie die seines neuen und engeren mitteldeutschen Wirkungsgebietes. Entsprechend den kulturellen Bindungen innerhalb der vorrömischen Zeit seit dem Neolithikum bevorzugte er die mittel- und osteuropäischen Bereiche, ohne die Beziehungen zu den älteren Perioden und zu den klassischen Kulturen im Süden und Südwesten zu vernachlässigen. Aus frühgeschichtlicher Zeit wurden Fragen der Germanen, Slawen und Wikinger behandelt. Insgesamt ging es dabei nicht nur um die Klärung chronologischer Fragen, sondern vor allem um die oft weiträumigen Beziehungen zwischen den Kulturen und Völkern.

Die praxisbezogene studentische Ausbildung erfolgte in enger Verbindung mit dem Landespfleger für Bodenaltertümer in Sachsen bei zahlreichen Rettungsgrabungen im mittel- und nordwestsächsischen Raum. Dazu gehörten Untersuchungen der gefährdeten slawischen Befestigung auf dem Dechantsberg bei Nossen, des bronzezeitlichen Gräberfeldes bei Brandis, der großen jungsteinzeitlichen Siedlung in der Harth bei Zwenkau, der befestigten bronzezeitlichen Siedlung auf dem Staupen bei Westewitz und der Wälle auf dem Wachberg bei Taucha. Im Rahmen einer Landesaufnahme begann Tackenberg mit seinen Studenten die Erfassung aller archäologischen Objekte des Leipziger Raumes. 1936 gründete er mit dem Landespfleger für Bodenaltertümer die Zeitschrift «Sachsens Vorzeit». 1937 wurde Tackenberg zum Aufbau eines größeren Fachinstitutes an die Universität Bonn berufen und war dann nach dem Ende des zweiten Weltkrieges in Münster außerordentlich erfolgreich tätig. Die enge Verbindung zur Sächsischen Akademie der Wissenschaften hielt er bis zu seinem Lebensende aufrecht.

Martin Jahn

Martin Jahn (20. 9. 1888–11. 9. 1974, o. Mitglied seit 1. 7. 1948; vgl. Coblenz 1976) kam 1946 nach Halle aus seiner alten Wirkungsstätte an der Breslauer Universität, wo er von 1934–1945 das Fach vertreten hatte. Er gehörte noch der Gründergeneration des Faches an. Seit 1926 hatte er bis zum kriegsbedingten Erlöschen die verantwortliche Redaktion der Zeitschrift «Nachrichtenblatt für Deutsche Vorzeit» inne. In Halle übernahm er nicht nur das dortige Landesmuseum für Vorgeschichte, sondern begann im Oktober des gleichen Jahres auch mit Lehrveranstaltungen an der Universität. Die Verbindung von Museum und Universitätsinstitut kam der studentischen Ausbildung in jeder Beziehung zugute. Auch das erste Lehrheft für den Geschichtsunterricht an den Oberschulen in der damaligen Sowjetischen Besatzungszone entstammt seiner Feder (Jahn 1948) und konnte sich noch aller späteren geschichtsideologischen Zwänge enthalten. Sein Verdienst ist auch die Anfang der fünfziger Jahre erfolgte Gründung einer «Arbeitsgemeinschaft zur Erforschung der Frühgeschichte der Landwirtschaft», in der interdisziplinär verschiedene historische und naturwissenschaftliche Fächer vereint wirkten. Unter diesem Vorzeichen stand zunächst auch die mehrjährige Forschungsgrabung auf dem Taubenberg bei Wahlitz.

Schon 1949 konnte Jahn als erster im Osten Deutschlands eine vorgeschichtliche Zeitschrift fortsetzen, die «Jahresschrift für mitteldeutsche Vorgeschichte». Bis zu seiner Emeritierung im Jahre 1958 erschienen die Bände 33–42. Daneben führte er auch die Monographienreihe «Veröffentlichungen des Landesmuseums für Vorgeschichte in Halle» mit den Bänden 14–16 (1955–1957) fort. Ferner gründete er eine neue Reihe, die «Arbeiten aus dem Institut für Vor- und Frühgeschichte der Martin-Luther-Universität Halle-Wittenberg», von denen er die ersten 8 Hefte zwischen

1952 und 1958 herausgab. Er bemühte sich erfolgreich um die «Bibliographie zur Vor- und Frühgeschichte Mitteldeutschlands», die ein reines Akademieunternehmen war. Zu deren Bearbeitung konnte er die emeritierten Direktoren der Landesmuseen in Halle und Dresden, W. Schulz und G. Bierbaum, gewinnen, deren jahrzehntelange Tätigkeit als Landesarchäologen die Gewähr für beste Ergebnisse boten. Diese Arbeiten wurden 1949 in Angriff genommen (Jahn 1958 und 1961). Die Länder Sachsen-Anhalt und Thüringen bearbeitete W. Schulz (1955, 1959 und 1962) und legte auf 1137 Seiten 12608 Titel vor. G. Bierbaums sächsische Bibliographie (1957, 1969 und 1970) enthielt auf 1333 Seiten 16287 einzelne Titel. Von beiden Bearbeitern wurde das gesamte heute noch greifbare Schrifttum vom 16. Jahrhundert an erfaßt. Den einzelnen Titeln folgt eine kurze Inhaltsangabe. Der jeweilige Überblick reicht vom ersten Auftreten des Menschen in unserem Gebiet bis ins hohe Mittelalter und schließt die Beiträge der Anthropologie, Geologie, Zoologie, Botanik, Volks- und Völkerkunde sowie der Geschichte, Sprachwissenschaft und Geographie mit Siedlungskunde, Flurnamen und Wüstungen ein, soweit sie für den Fortschritt und die Erkenntnisse der prähistorischen Archäologie von Bedeutung sind.

Jahns Beiträge im Rahmen der Leipziger Akademie betrafen Fragen der Siedlungsarchäologie und der daraus abgeleiteten Möglichkeiten und Grenzen ethnischer Deutungen (Jahn 1952) und den Komplex Warentausch – Handel (Jahn 1956). Bald folgten eine Zusammenfassung über den ur- und frühgeschichtlichen Bergbau im europäischen Raum (Jahn 1960) und ein Vortrag über regionale Erscheinungen der sogenannten Gesichtsurnen, die nicht nur in Oberitalien, sondern in der frühen Eiszeit ebenso am Südufer der östlichen Ostsee mit ihrem Hinterland weit verbreitet waren (Jahn 1964). Nur wenige Jahre nach seiner Emeritierung im 70. Lebensjahr wechselte M. Jahn seinen Wohnsitz und konnte deshalb nur noch als auswärtiges Mitglied unserer Akademie tätig sein. Auch seine älteren, in Schlesien entstandenen Werke wie etwa über den Reitersporn (1921) oder die Kelten in Schlesien (1931) behielten bis in unsere Zeit ihren hohen wissenschaftlichen Wert. Seine «Bewaffnung der Germanen in der älteren Eisenzeit» (1916), die auf einer Berliner Dissertation bei G. Kossinna beruht, ist bis heute nicht ersetzt.

Friedrich Behn

Friedrich Behn (14. 2. 1883–15. 8. 1970, o. Mitglied seit 14. 2. 1949; vgl. Neumann 1972) übernahm, von Darmstadt kommend, 1949 den Lehrstuhl für Vor- und Frühgeschichte an der Leipziger Universität, wurde daselbst 1954 emeritiert, wirkte aber bis 1962 weiter erfolgreich am Institut, um dann, achtzigjährig, wieder nach seinem ursprünglichen Wohnort Mainz zurückzukehren. Der geborene Neuruppiner kam von der klassischen Archäologie her, wirkte beim Römisch-Germanischen Zentralmuseum in Mainz, um danach als staatlicher Denkmalpfleger für Hessen und Rheinhessen tätig zu sein. Während dieser praktischen Arbeit wurde er zu einem der Pioniere auf dem Gebiet heimischer Archäologie. Das zeigt sich auch in seinen älteren Publikationen, die zunächst Probleme der klassischen Kulturen beinhalten, dann aber Fragen der Hausurnenkultur und auch die Urgeschichte von Hessen-Starkenburg zum Thema hatten. Daneben entstanden bereits in den ersten Jahrzehnten seiner Tätigkeit Übersichten über die Kunst und Kultur der Vorzeit, über Musik des Altertums und zur Hausforschung. Die genannten Fragenkomplexe beschäftigten ihn bis in das Alter.

Behn verband auch während seiner Lehrtätigkeit die Theorie aufs engste mit der praktischen Geländetätigkeit und plante am Anfang seiner Leipziger Schaffensperiode sogar die Zusammenfassung des Lehrstuhls mit der Landesarchäologie und dem Sächsischen Landesmuseum; ein Versuch, der am Widerstand aus der Landeshauptstadt scheitern mußte. Seinem Interesse und dem Wunsch zur Erarbeitung einer sächsischen Geschichte entspricht auch die Tätigkeit in der Historischen Kommission der Leipziger Akademie. Unter seiner Leitung standen Geländeforschungen u.a. in der Harth bei Zwenkau, die umfangreiche Hausgrundrisse aus der jungsteinzeitlichen Bandkeramik und der vorchristlichen Eisenzeit ergaben. Die Ausgrabungen auf dem Matthäikirchhofgelände in der Leipziger Innenstadt galten nicht nur der Untersuchung mittelalterlicher Keramik, sondern ergaben bis in unsere Zeit wertvolle Erkenntnisse über die Anfänge der Stadt Leipzig. Diese 1950 begonnenen Arbeiten wurden im Rahmen der Aktivitäten der Leipziger Akademie durchgeführt und befruchteten im Verein mit der Stadtkernforschung in Magdeburg die wissenschaftliche Erkundung alter deutscher Stadtkerne und den Gedankenaustausch mit den deutschen Landen jenseits der damaligen Staatsgrenze. Neben Diplomarbeiten und Dissertationen des Leipziger Lehrstuhls berichten zwei umfangreiche Bände über die reichen Ergebnisse (Behn 1960; Küas 1976). Im Rahmen der Sächsischen Akademie der Wissenschaften wurden auch Untersuchungen – von F. Behn angeregt – in der Klosterkirche Paulinzella und im zugehörigen Bezirk durchgeführt (Möbius 1958).

Das Plenum unterrichtete F. Behn zunächst über vorgeschichtliche Felsbilder im Osten (Behn 1950). Die Verbindung zu noch neuzeitlichen volkskundlichen Gebräuchen am Beispiel von Masken stellte er durch Hinweise und Vergleiche mit vorgeschichtlichen Sitten her (Behn 1955). Nicht ohne Rückgriffe auf frühere Bauten bis in die Vorzeit standen seine Ausführungen über das deutsche Bauernhaus (Behn 1957). Auf die Frage der Felsbilder kam er noch einmal zurück. Unter Berücksichtigung aller damals bekannten Beispiele aus Südfrankreich, Spanien, Karelien, England, Nordafrika, aus dem Sudan und Südafrika stellte er diese jeweils als «Elementargedanken der Menschheit» dar, die man nicht aus einer gemeinsamen Wurzel herleiten oder in gegenseitige Abhängigkeit voneinander bringen kann. Dazu sind auch die zeitlichen Unterschiede vom Pleistozän bis zu den Metallzeiten zu groß. Wohl aber bleibt die Vorstellung von der zauberischen Kraft der gemeinsame Grundgedanke aller Darstellungen. Eine unerwartet hohe Zunahme des Felsbildmaterials hat seit Behns Darstellungen Anfang 1960 die archäologischen Quellen zwar außerordentlich erweitert, viele Fragen aber noch offengelassen (Behn 1962).

Seine Bestrebungen zur Popularisierung der archäologischen Wissenschaft waren besonders ausgeprägt, und so erschienen von ihm u.a. so viel beachtete Werke wie «Ausgrabungen und Ausgräber» (seit 1955 in mehreren Ausgaben), «Aus europäischer Vorzeit» (1957), «Vorgeschichtliche Welt» (1962) oder «Kultur der Urzeit»

(1968), teilweise zusätzlich als fremdsprachige Ausgaben. Neben der Behandlung überregionaler Themen vernachlässigte er die heimischen Wissenschaftsbelange keineswegs und gründete dazu mit seinem Universitätsinstitut 1959 die Publikationsreihe «Forschungen zur Vor- und Frühgeschichte», die auch nach seiner Emeritierung noch eine Zeitlang fortbestand.

Gotthard Neumann

Gotthard Neumann (8.6.1902–29.4.1972, o. Mitglied seit 7.12.1964; vgl. COBLENZ 1974) blieb als Thüringer seit Jugend her stets der landesgeschichtlichen Forschung seiner Heimat verbunden. Die Studien bei dem Mediävisten E. Stengel in Marburg unterstützten seine Ambitionen und zeitigten Möglichkeiten einer gegenseitigen Überprüfung von geschriebenen und archäologischen Quellen des frühen Mittelalters. Da Thüringen am Schnittpunkt vieler archäologischer Kulturen in Mitteleuropa liegt, bildet es einen Schlüssel für den Vergleich der chronologischen Systeme, besonders zwischen dem Süden und dem Norden. G. Neumann betrieb intensiv die Schaffung einer tragfähigen Quellenbasis, bewies dabei archäologischen Ordnungssinn und war bestrebt, chronologische Sicherheit als Voraussetzung für historische Aussagen auch für die Perioden ungeschriebener Geschichte zu gewinnen.

Sein praktischer Berufseinsatz begann beim Staatlichen Museum für Mineralogie, Geologie und Vorgeschichte in Dresden. Hier erwarb er sich bei der Ausgrabung der «Slawenburg Köllmichen» große Verdienste, erforschte darüber hinaus noch metallzeitliche Gräberfelder und schuf das erste sächsische archäologische Freilichtmuseum in Gävernitz. Nach dreijähriger Tätigkeit in Sachsen folgte er zum 1.11.1930 einem Ruf an das damalige Germanische Museum der Universität Jena, wo ihm 1934 eine außerordentliche Professur übertragen wurde. Nach Kriegsdienst und dessen Folgen mußte er 1947 zunächst als technischer Mitarbeiter am vorher von ihm geleiteten Institut wieder fachlich wirken, bis ihm 1953 eine Professur mit vollem Lehrauftrag und 1956 eine solche mit Lehrstuhl übertragen wurde. Seine Emeritierung erfolgte 1967.

Auch G. Neumann verband die Lehre mit der praktischen Geländeforschung, baute verantwortlich die staatliche Bodendenkmalpflege in Thüringen auf und war maßgeblich an Ausarbeitung und Durchsetzung des dortigen Ausgrabungsgesetzes von 1932 beteiligt. Wesentliche Forschungsgrabungen dienten der Ausbildung des studentischen Nachwuchses und bezogen alle Zeitstufen vom Paläolithikum bis zur Frühgeschichte ein. Für das Mittelalter kamen ihm seine außerordentlich reichen landesgeschichtlichen Kenntnisse zugute. Erwähnt seien hierzu etwa seine Kyffhäuser-Studien (1940). Noch während seiner Arbeit für das Archiv urgeschichtlicher Funde aus Sachsen hatte er für den Anfang der Metallzeiten die böhmisch-mitteldeutschen Beziehungen untersucht und dabei die Rolle Sachsens als Paßland für die Kulturen der Glockenbecher und der Aunjetitzer erstmals herausgestellt (NEUMANN 1929). Von Jena aus nahm er Goethes prähistorische Sammlung auf und veröffentlichte sie 1952. Auch seine Studien zu den beiden Gleichbergen fanden außerordentliche Beachtung und gaben nach ersten Veröffentlichungen in den Jahren 1953/54 Veranlassung zur zusammenfassenden Darstellung der heimatkundlichen Bestände im Gebiet von Haina und Römhild/Thüringen (NEUMANN 1963). Seine nur kurze Mitgliedschaft in der Historischen Kommission der Sächsischen Akademie der Wissenschaften seit 1966 diente hauptsächlich der gemeinsamen Erforschung des sächsisch-thüringischen Raumes. Sein letzter Vortrag im Plenum der Akademie galt den Kelten in Thüringen, nachdem er eine Studie über die Fibeln vom Kleinen Gleichberg vorgelegt hatte, die erst nach seinem Tode erschienen ist (NEUMANN 1973 und 1974). Leider sind seine Gedanken zur Bronzezeit in Thüringen und im Osterland lediglich als Vortragsresümee gedruckt worden (NEUMANN 1970). Er brachte dort neue Ergebnisse und Gedanken über Verbreitung und Einflüsse, Chronologie und Ökologie, deren Weiterbearbeitung er sich noch so sehr gewünscht hatte.

Werner Coblenz

Der Verfasser (24.5.1917–7.6.1995, o. Mitglied seit 18.12.1972) kommt aus der archäologischen Feldforschung, war als sächsischer Landesarchäologe tätig, daneben als Honorarprofessor an der Leipziger Universität. Im Rahmen der Historischen Kommission arbeitete er schon seit Ende der fünfziger Jahre speziell an den ersten Entwürfen für einen Atlas zur sächsischen Geschichte, in dem auch archäologische Fragen erörtert werden. 1978 übernahm er die Leitung der Historischen Kommission, half ihr beim Wiederaufbau und bearbeitete den Abschnitt Ur- und Frühgeschichte sowie die Darstellung der Siedlungsvoraussetzungen in der «Geschichte Sachsens» von 1989. Wenn auch die Sammlung und Erforschung archäologischer Quellen in den sächsischen Landen im Mittelpunkt der wissenschaftlichen Arbeit stehen mußte, so war dabei die internationale und interdisziplinäre Einbindung der sächsischen Archäologie keinesfalls zu vernachlässigen, sondern wurde entsprechend den zeitlich allerdings unterschiedlichen Möglichkeiten wesentlich ausgebaut. Davon zeugt auch die Zuwahl Korrespondierender Mitglieder in unsere Akademie, die aus den alten Bundesländern jedoch erst in den letzten Jahren möglich war.

Zwei Schwerpunkte wurden zunächst deutlich herausgehoben: die Aufarbeitung der Lausitzer Kultur im östlichen Mitteleuropa unter Berücksichtigung der befestigten Niederlassungen und die archäologische Durchdringung des frühen und hohen Mittelalters in seiner wesentlichen Ergänzungsfunktion zu dem bisher lediglich aus schriftlichen Quellen erarbeiteten Bild. Zur Gewinnung einer verbesserten Kenntnis über die bronze- und früheisenzeitliche Lausitzer Kultur wurde 1967 von Dresden aus eine Arbeitsgemeinschaft gegründet, die sich aus Fachgelehrten der damaligen Tschechoslowakei, Polens und ganz Deutschlands zusammensetzte, bisweilen ergänzt durch führende Spezialforscher aus den skandinavischen Ländern. Die nachfolgenden Symposien in Forschungszentralen der beteiligten Gebiete sind jeweils in Berichtsbänden vorgelegt worden und verdeutlichen den steigenden Bestand an

Bodenurkunden und den jeweiligen Erkenntnisfortschritt. Im Rahmen von Akademieveranstaltungen wurde dem damaligen Bau von Befestigungen und ihrer Funktion in Mitteleuropa nachgegangen (Coblenz 1984).

Die sächsische Mittelalterarchäologie profitierte wesentlich von Staatsjubiläen unserer slawischen Nachbarländer – Böhmen, Mähren, Slowakei sowie ein Teil Ostsachens im Verbande des 1100jährigen Großmährischen Reiches; Teile Ostdeutschlands als Westbereich des 1000jährigen polnischen Staates. Die Vorbereitung verlangte aber auch eine entsprechende Beteiligung bei der Aufarbeitung des sächsischen Fundmaterials und, soweit klare Zusammenhänge bestanden, deren Deutung und Publikation in den Fachorganen unserer östlichen Nachbarländer. Auch in den Arbeiten der Sächsischen Akademie schlug sich diese Tätigkeit zur Erforschung der mittelalterlichen Geschichte deutlich nieder. So wurden slawische und frühdeutsche Burgen mit ihrer Funktionsänderung nach der Unterwerfung des Landes beschrieben und die vielfach burgenabhängige Stadtentwicklung aufgezeigt (Coblenz 1979). Im erweiterten Rahmen wurde dabei auch das östliche Mitteleuropa mit einbezogen (Coblenz 1980).

Von der archäologischen Landesforschung konnte im Rahmen der interdisziplinären Zusammenarbeit die gesamte Münzgeschichte Sachsens wohl als erster Großregion Deutschlands aufgearbeitet und vorgelegt werden (Haupt 1974). Diese vom Landesmuseum für Vorgeschichte in Dresden herausgegebene Arbeit diente ebenso zur Vertiefung der Geschichtserkenntnis wie die vom gleichen Institut eingeleitete Aufnahme und Vorlage des slawischen Ortsnamengutes im Arbeitsbereich unserer Akademie (Eichler 1985, 1987 und 1994).

Nicht unerwähnt bleiben darf die jahrzehntelange hilfreiche Mitarbeit der Mitglieder unserer Mathematisch-naturwissenschaftlichen Klasse bei der Erforschung eiszeitlicher Stationen, so besonders von Markkleeberg durch Herrn L. Eißmann und zur Klärung bodenkundlicher Fragen an Objekten vom Neolithikum bis zum slawisch-deutschen Mittelalter durch Herrn H. J. Fiedler. Selbst bei einer relativ jungen Wissenschaft sollte die Forschungsgeschichte nicht unberücksichtigt bleiben, und so war es nicht nur äußere Pflicht, des Pioniers der sächsischen Urgeschichtsforschung Karl Preusker anläßlich seines 200. Geburtstages zu gedenken und seine damals überragenden Beobachtungen und Ergebnisse als Grundlage und Anregung hervorzuheben (Coblenz 1986).

Karl Peschel

Karl Peschel (geb. 6.6.1934, o. Mitglied seit 11.3.1994) trat an der Universität Jena die Nachfolge seines Lehrers G. Neumann an und betreut die große Sammlung des Instituts in der thüringischen Universitätsstadt. Die Ausbildung des geborenen Dresdeners in den Fächern Ur- und Frühgeschichte, klassische Archäologie und Geschichte bestimmen seine wissenschaftlichen Arbeitsgebiete, die im wesentlichen die letzten fünf Jahrhunderte v. Chr. und die ersten Jahrhunderte danach betreffen, den sächsisch-thüringischen Raum weit überschreiten und keltische sowie germanische Siedlungsvorgänge in den Mittelpunkt stellen (Peschel 1978). Im Auftrage seines Lehrers hatte er vorher bereits die keramischen Bestände vom Kleinen Gleichberg bei Römhild vorgelegt und analysiert. Rettungs- und Forschungsgrabungen zur jüngeren Steinzeit, Bronzezeit und Hallstattzeit verpflichteten K. Peschel auch zur wissenschaftlichen Aufarbeitung allgemeiner prähistorischer Probleme vor allem in Thüringen, wovon seine überaus umfangreiche Publikationstätigkeit beredtes Zeugnis ablegt.

Alle prähistorischen Archäologen, die als Ordentliche und Korrespondierende Mitglieder der Sächsischen Akademie der Wissenschaften eng verbunden sind, waren lange Zeit auf Grund ihrer Verdienste um das Fach auch Mitglieder des Deutschen Archäologischen Instituts. In auswärtigen Akademien fanden von den o. Mitgliedern als dortige Korrespondierende noch M. Jahn (Deutsche Akademie der Naturforscher Leopoldina in Halle) und W. Coblenz (Bayerische Akademie der Wissenschaften und British Academy) zusätzliche Anerkennung.

Jaroslav Böhm

Gleichzeitig mit K. Tackenberg wurde am 19. 10. 1959 Jaroslav Böhm (8. 3. 1901 bis 6. 12. 1962) zum Korrespondierenden Mitglied gewählt. Als damals führender Vertreter der Archäologie in der Tschechoslowakei und wissenschaftlicher Organisator einer Zusammenarbeit zwischen den sich nach dem zweiten Weltkrieg ausbildenden beiden Wirtschafts- und Militärblöcken erwarb er sich außerordentliche Verdienste. Er galt als einer der Väter der von vielen anderen Fächern beneideten «europäischen Prähistorikerfamilie». Seine Integrationsfähigkeit wirkte sich selbst noch bis über den Ozean positiv aus und konnte die von den Politikern angestrebte Isolierung hier und da aufhalten. Immer wieder verstand er es, auch die ost- und westdeutschen Kollegen zu gemeinsamen Aussprachen zusammenzuführen. Er leitete den Wiederaufbau einer systematischen Feldforschung in unserem südöstlichen Nachbarland ein, behandelte selbst alle Zeitstufen unter Bevorzugung der älteren Metallzeiten und führte die Untersuchungen zur Geschichte des ältesten Staatswesens auf dem Boden unserer Nachbarn, des Großmährischen Reiches. Sein früher Tod (Behn 1964) vereitelte die Erfüllung seiner Pläne, die dann in Prag von Jan Filip, in Brünn für das Kerngebiet des alten Großmähren von Josef Poulik, in dessen slowakisch-ungarischen Teil von Anton Točik und Bohuslav Chropovsky fortgeführt und abgeschlossen wurden.

Albert Egges van Giffen

Albert Egges van Giffen (14. 3. 1884–31. 5. 1973, Korr. Mitglied seit 5. 12. 1960; vgl. Coblenz 1976) ist als niederländischer Reichsantiquar, Museumsmann und Lehrer in die europäische Forschungsgeschichte eingegangen; durch die Verbindung mit Biologie, Zoologie und Geologie schuf er neue Methoden in Praxis und Theorie. Er gründete in Groningen das erste Labor der Welt für die Untersuchung radioaktiven Kohlenstoffs und kämpfte unermüdlich um die wissenschaftliche Anerkennung seiner neuen Arbeitsweise. Seine Wurtengrabungen regten die norddeutsche Küstenforschung an und setzten neue, europäische Maßstäbe. Auch Irland, Frankreich und Ungarn profitierten in hohem Maße von seiner Teilnahme an Grabungen und deren Auswertung. Als Direktor des von ihm 1920 begründeten Biologisch-Archäologischen Instituts der Universität in Groningen wirkte er als Pionier bei der Aufklärung von Umwelt und Lebensweise der vergangenen Jahrtausende. Seine enge Verbindung zur deutschen Forschung hielt er bis zu seinem Ende zu unserem Nutzen aufrecht.

Josef Poulik

Josef Poulik (geb. 6.8.1910, Korr. Mitglied seit 9.11.1974) ist seit der Vorkriegszeit mit der Archäologie Mährens aufs engste verbunden und hat sich nach allgemeinen Überblicken besonders um die nachchristlichen Kulturerscheinungen des 1. Jahrtausends verdient gemacht. Das von ihm geschaffene Forschungszentrum in Mikulčiće wurde zum Mittelpunkt wissenschaftlicher Unternehmungen zu allen Fragen des Großmährischen Reiches. Seine Bedeutung für die Arbeiten unserer Akademie liegt in der Hilfe bei der Erforschung geschichtlicher Zusammenhänge der zweiten Hälfte des ersten Jahrtausends und des Zusammenlebens, aber auch der Auseinandersetzung zwischen Slawen einerseits und Spätgermanen sowie frühen Deutschen andererseits. Seine Aufgeschlossenheit und die freundschaftlichen und fachlichen Beziehungen trugen wesentlich zur Aufhellung der Rolle des slawischen Bevölkerungsteils im frühgeschichtlichen Deutschland bei, ganz im Sinne seiner Vorgänger an der Prager Akademie J. Böhm und J. Filip.

Witold Hensel

Witold Hensel (geb. 29.3.1917, Korr. Mitglied seit 8.2.1985) hat sich besonders um die Erforschung der Frühgeschichte des östlichen Mitteleuropa große Verdienste erworben. Als Warschauer Lehrstuhlinhaber und Direktor des Instituts zur Erforschung der materiellen Kultur an der Polnischen Akademie der Wissenschaften überblickte er auch die gesamte urgeschichtliche Zeit seines Heimatlandes. Seine Arbeiten zur slawischen Archäologie erfaßten auch den russischen Raum, den Balkan, Ungarn, Österreich, die ehemalige Tschechoslowakei und Deutschland sowie die Beziehungen zu den südlichen Teilen Skandinaviens. Im Bemühen um die Aufhellung der nunmehr über 1000 Jahre zurückliegenden ersten polnischen Staatsgründung leitete er großangelegte Feldforschungen in den altpolnischen Machtzentren ein. Ähnliche Vorgänge der Bildung von Städten und kirchlichen Zentren wie im deutschen Osten förderten die Zusammenarbeit zwischen unseren benachbarten Ländern und führten zu zahlreichen Publikationen und gemeinsam veranstalteten Tagungen. Veröffentlichungen im Bereich unserer Akademie spiegeln diese Aktivitäten wider.

Bohuslav Chropovsky

Bohuslav Chropovsky (geb. 6. 8. 1926, Korr. Mitglied seit 13. 5. 1988) hat die engen Beziehungen seines Vorgängers als Direktor des Archäologischen Instituts der Slowakischen Akademie der Wissenschaften, Anton Točik, eines Schülers der Leipziger Universität, zu Mittel- und Ostdeutschland bewußt fortgeführt und auch als Universitätsprofessor zusätzlich gefördert. Der gegenseitige Wissenschaftleraustausch hatte schon vor Jahrzehnten für beide Länder, die Slowakei und Sachsen, erfreuliche Ergebnisse gezeitigt und zur Aufarbeitung von Forschungskomplexen geführt, deren Veröffentlichung bisweilen auch den «Ortsfremden» übertragen werden konnte.

Bernhard Hänsel

Bernhard Hänsel (geb. 24. 5. 1937, Korr. Mitglied seit 16. 4. 1993), Lehrstuhlinhaber an der Freien Universität Berlin, ist als geborener Dresdener mit der Ur- und Frühgeschichte seiner Heimat seit frühester Jugend vertraut. Das gilt nicht nur für die Feldforschung, sondern auch für die museale Arbeit und die Bemühungen um die Verbreitung wissenschaftlich begründeter Ergebnisse. Im Vordergrund seiner Arbeiten steht die Verbindung von Theorie und Praxis. Neben seinen Untersuchungen in Bayern und Schleswig-Holstein als ehemaligen Wirkungsstätten zog es ihn aus Gründen zunächst der Überprüfung unserer vergleichenden und absoluten Chronologie nach dem Südosten Europas, nach Nordgriechenland, an die Theißmündung und an die untere Donau. Thematisch greifen seine Arbeiten inzwischen sehr viel weiter. Alle Forschungen betreibt er multidisziplinär und im Rahmen einer europäischen Zusammenarbeit. Seit 1982 gibt er die Publikationsreihe «Prähistorische Archäologie in Südosteuropa» heraus. Der erste Band galt Fragen der mykenischen Kultur zwischen 1600 und 1000 (Hänsel 1982). Im Berliner Weltkulturjahr gestaltete er eine große Ausstellung zur homerischen Zeit und ihren Helden mit prachtvollen Originalfunden und einer vorzüglichen geschichtlichen Deutung (Hänsel 1988).

Die bisherigen Ergebnisse prähistorischer Forschung im Rahmen der Sächsischen Akademie, meist in Verbindung mit der archäologischen Landesforschung und den Universitätsinstituten, berechtigen zu weiteren großen Hoffnungen und sind ein gutes Beispiel für die Zusammenarbeit mit anderen geisteswissenschaftlichen Fächern und den als Partnern unentbehrlichen naturwissenschaftlichen Disziplinen. Es erweist sich auch hier wiederum die Notwendigkeit der Nutzung vieler Einzelwissenschaften – ein Hauptinhalt jeglicher Akademiearbeit – zur Erreichung maximaler Forschungsfortschritte, zumal die laufend größere Aufspaltung in Spezialdisziplinen die Gefahr immer größerer Einseitigkeit mit sich zu bringen droht. Aus vielfacher Sicht überprüfte Forschungsergebnisse erhöhen den Wahrscheinlichkeitsgrad auf der Suche nach historischer Objektivität.

Literatur

Agricola, Georgius: De natura fossilium, liber VII. Basel 1546 (deutsche Übersetzung von E. Lehmann, Freiberg 1810).

Behn, Friedrich: Vorgeschichtliche Felsbilder in Karelien und Westsibirien. Berlin 1950 (= Berichte über die Verhandlungen der Sächsischen Akademie der Wissenschaften zu Leipzig, Phil.-hist. Klasse, Bd. 98, H. 2).

Behn, Friedrich: Vorgeschichtliches Maskenbrauchtum. Berlin 1955 (= Berichte über die Verhandlungen der Sächsischen Akademie der Wissenschaften zu Leipzig, Phil.-hist. Klasse, Bd. 102, H. 1).

Behn, Friedrich: Die Entstehung des deutschen Bauernhauses. Berlin 1957 (= Berichte über die Verhandlungen der Sächsischen Akademie der Wissenschaften zu Leipzig, Phil.-hist. Klasse, Bd. 103, H. 3).

Behn, Friedrich: Zur Problematik der Felsbilder. Berlin 1962 (= Abhandlungen der Sächsischen Akademie der Wissenschaften zu Leipzig, Phil.-hist. Klasse, Bd. 54, H. 1).

Behn, Friedrich (Hrsg.): Stadtkernforschung in Leipzig. Die Ausgrabungen auf dem Matthäikirchhof. Teil 1 (= Forschungen zur Vor- und Frühgeschichte 4). Leipzig 1960.

Behn, Friedrich: Jaroslaw Böhm. 8. 3. 1901–6. 12. 1962. In: Jahrbuch der Sächsischen Akademie der Wissenschaften zu Leipzig 1960–1962, 1964, S. 416.

Bierbaum, Georg: Zur Geschichte der Altertumsforschung in Sachsen. In: Bautzener Geschichtshefte 5, 1927, S. 15–36.

Bierbaum, Georg: Karl Preusker (1786–1871), sein Leben und Wirken für die vorgeschichtliche Denkmalpflege in Sachsen. In: Sachsens Vorzeit 1, 1937, S. 3–24.

Bierbaum, Georg: Bibliographie zur Vor- und Frühgeschichte von Sachsen. Teil 1 und 2. Vom 16. Jahrhundert bis gegen Ende des 19. Jahrhunderts. Berlin 1957.
  Teil 3a. Gegen Ende des 19. Jahrhunderts bis über Mitte des 20. Jahrhunderts. Land, Bewohner, Kultur, Zeitabschnitte. Berlin 1969.
  Teil 3b. Gegen Ende des 19. Jahrhunderts bis über Mitte des 20. Jahrhunderts. Denkmalpflege, Allgemeines, Verzeichnisse. Berlin 1970 (= Abhandlungen der Sächsischen Akademie der Wissenschaften zu Leipzig, Phil.-hist. Klasse, Bd. 48, H. 2; Bd. 55, H. 1a und 1b).

Coblenz, Werner: Gotthard Neumann. 8. 6. 1902–29. 4. 1972. In: Jahrbuch der Sächsischen Akademie der Wissenschaften zu Leipzig 1971–1972, 1974, S. 316–332.

Coblenz, Werner: Albert Egges van Giffen. 14. 3. 1884–31. 5. 1973. In: Jahrbuch der Sächsischen Akademie der Wissenschaften zu Leipzig 1973–1974, 1976, S. 454–472.

Coblenz, Werner: Martin Jahn. 20. 9. 1888–11. 9. 1974. In: Jahrbuch der Sächsischen Akademie der Wissenschaften zu Leipzig 1973–1974, 1976, S. 472–488.

Coblenz, Werner: Ein Beitrag der Burgenarchäologie in Sachsen zur Geschichte des Mittelalters. In: Jahrbuch der Sächsischen Akademie der Wissenschaften zu Leipzig 1975–1976, 1979, S. 136.

Coblenz, Werner: Zur Archäologie von Burg und Stadt im östlichen Mitteleuropa. In: Jahrbuch der Sächsischen Akademie der Wissenschaften zu Leipzig 1977–1978, 1980, S. 158–163.
Coblenz, Werner: Zum Burgenbau und zur Burgfunktion im bronzezeitlichen Mitteleuropa. In: Jahrbuch der Sächsischen Akademie der Wissenschaften zu Leipzig 1981–1982, 1984, S. 94 (hier nur Erwähnung).
Coblenz, Werner: Karl Preusker (1786–1871), der Begründer der sächsischen Volksbibliotheken und Gewerbeschulen als Pionier der Vorgeschichtsforschung in Sachsen. In: Jahrbuch der Sächsischen Akademie der Wissenschaften zu Leipzig 1985–1986, 1988, S. 92 (hier nur Erwähnung; unter dem Titel: Karl Preusker als Heimat- und Altertumsforscher, in: Karl Preusker und seine Zeit, Großenhain 1986, S. 51–70).
Coblenz, Werner: Kurt Tackenberg. 30. 6. 1899–10. 11. 1992. In: Jahrbuch der Sächsischen Akademie der Wissenschaften zu Leipzig 1991–1992, 1994, S. 357–360.
Coblenz, Werner: Kurt Tackenberg als erster Professor für Vorgeschichte an der Universität Leipzig. In: Gedenkschrift für Kurt Tackenberg. Universität Münster (im Druck) 1995.
Eichler, Ernst: Slawische Ortsnamen zwischen Saale und Neiße. Bd. 1–3. Bautzen 1985, 1987 und 1994.
Gummel, Hans: Forschungsgeschichte in Deutschland. Berlin 1938 (= Die Urgeschichtsforschung und ihre historische Entwicklung, Bd. 1).
Hänsel, Bernhard (Hrsg.): Prähistorische Archäologie in Südosteuropa. Bd. 1: Südosteuropa zwischen 1600 und 1000 v. Chr. Berlin 1982.
Hänsel, Bernhard: Das mykenische Hellas. Heimat der Helden Homers. Berlin 1988 (Berlin – Kulturstadt Europas 1988).
Haupt, Walther: Sächsische Münzkunde. Text- und Tafelband. Berlin 1974, mit Nachauflage 1978.
Hoffmann, Edith: Rudolf Kötzschke und die Ur- und Frühgeschichtsforschung an der Universität Leipzig. In: Zeitschrift für Archäologie 19, 1985, S. 271–283.
Hoffmann, Edith: Die Anfänge der Ur- und Frühgeschichtsforschung an der Universität Leipzig. In: Jahrbuch für Regionalgeschichte 14. 1987, S. 65–88.
Hoffmann, Edith: Aus der Geschichte des Leipziger Universitätsinstituts für Ur- und Frühgeschichte. In: Slovenská Archeológia 36, 1988, S. 85–92.
Jahn, Martin: Allgemeine Vorgeschichte, Teil 1. Berlin 1948.
Jahn, Martin: Die Abgrenzung von Kulturgruppen und Völkern in der Vorgeschichte, Berlin 1953. (= Berichte über die Verhandlungen der Sächsischen Akademie der Wissenschaften zu Leipzig, Phil.-hist. Klasse, Bd. 99, H. 3).
Jahn, Martin: Gab es in vorgeschichtlicher Zeit bereits einen Handel? Berlin 1956 (= Abhandlungen der Sächsischen Akademie der Wissenschaften zu Leipzig, Phil.-hist. Klasse, Bd. 48, H. 4).
Jahn, Martin: Bibliographie zur Vor- und Frühgeschichte Mitteldeutschlands. In: Jahrbuch der Sächsischen Akademie der Wissenschaften zu Leipzig 1954–1956, 1958, S. 137–142. Dgl. Jahrbuch 1957–1959, 1961, S. 219–221. Weiteres unter den Bearbeitern Bierbaum, G., und Schulz, W.
Jahn, Martin: Der älteste Bergbau in Europa. Berlin 1960 (= Abhandlungen der Sächsischen Akademie der Wissenschaften zu Leipzig, Phil.-hist. Klasse, Bd. 52, H. 2).
Jahn, Martin: Früheisenzeitliche Gesichtsurnen und Szenendarstellungen im Weichselmündungsgebiet. In: Jahrbuch der Sächsischen Akademie der Wissenschaften zu Leipzig 1960 bis 1962, 1964, S. 205 f.
Küas, Herbert: Das alte Leipzig in archäologischer Sicht. Berlin 1976.
Möbius, Friedrich: Abschlußbericht zur zeichnerischen und photographischen Aufnahme der

Klosterkirche Paulinzella einschließlich des Klosterbezirkes in den Jahren 1955/56. In: Jahrbuch der Sächsischen Akademie der Wissenschaften zu Leipzig 1954–1956, 1958, S. 152–162.
Neumann, Gotthard: Die Gliederung der Glockenbecherkultur in Mitteldeutschland. In: Prähistorische Zeitschrift 20, 1929, S. 3–69.
Neumann, Gotthard: Die Entwicklung der Aunjetitzer Kultur in Mitteldeutschland. In: Prähistorische Zeitschrift 20, 1929, S. 70–144.
Neumann, Gotthard: Vor- und Frühgeschichte. In: Das Gleichberggebiet (Werte der deutschen Heimat, Bd. 6). Berlin 1963, S. 14–57, 185–226.
Neumann, Gotthard: Friedrich Behn. 14. 2. 1883–15. 8. 1970. In: Jahrbuch der Sächsischen Akademie der Wissenschaften zu Leipzig 1969–1970, 1972, S. 368f.
Neumann, Gotthard: Die Gliederung der Bronzezeit in Thüringen und im Osterland. In: Jahrbuch der Sächsischen Akademie der Wissenschaften zu Leipzig 1966–1968, 1970, S. 124f.
Neumann, Gotthard: Die Fibeln vom Kleinen Gleichberge bei Römhild. Berlin 1973 (= Abhandlungen der Sächsischen Akademie der Wissenschaften zu Leipzig, Phil.-hist. Klasse, Bd. 64, H. 3).
Neumann, Gotthard: Die keltischen Kulturen auf dem Boden der DDR. In: Jahrbuch der Sächsischen Akademie der Wissenschaften zu Leipzig 1971–1972, 1974, S. 155–157.
Peschel, Karl: Anfänge germanischer Besiedlung im Mittelgebirgsraum. Sueben – Hermunduren – Markomannen. Berlin 1978.
Schulz, Walther: Bibliographie zur Vor- und Frühgeschichte von Sachsen-Anhalt und Thüringen, Teil 1. Vom 16. Jahrhundert bis zur Mitte des 19. Jahrhunderts. Berlin 1955.
Teil 2a: I. Allgemeiner Teil. II. Archäologie und Ergänzungswissenschaften: Umwelt, Mensch, Archäologie, 1866–1953. Berlin 1959.
Teil 2b: Historische Überlieferung, Ortsnamenüberlieferung, Volksüberlieferung, Darstellungen, bis 1953. Register. Berlin 1962 (= Abhandlungen der Sächsischen Akademie der Wissenschaften zu Leipzig, Phil.-hist. Klasse, Bd. 47, H. 1; Bd. 50, H. 1a und 1b).

Karlheinz Blaschke

Rudolf Kötzschke – Sein Werk und seine Nachwirkung

Die Universität Leipzig erlebte um die letzte Jahrhundertwende und das bald darauf folgende fünfhundertste Jubiläum ihres Bestehens im Jahre 1909 eine Blütezeit.[1] In vielen Wissenschaften hatte sie Spitzenvertreter ihres Faches aufzuweisen. Die großen Namen jener Zeit reichen von der Medizin mit dem Neurologen Adolf Strümpell und dem Gynäkologen Paul Zweifel über den Geologen Hermann Credner, den Geographen Friedrich Ratzel und den Chemiker und Nobelpreisträger Wilhelm Ostwald bis zu dem Nationalökonomen Karl Bücher, dem Psychologen Wilhelm Wundt, dem Juristen Adolf Wach, dem Slawisten August Leskien und dem Germanisten Eduard Sievers. Die Geschichtswissenschaft verfügte mit Erich Brandenburg, Karl Lamprecht, Erich Marcks und Gerhard Seeliger über herausragende Vertreter ihres Faches. Wer um diese Zeit als junger Wissenschaftler in die Alma Mater Lipsiensis eintrat, um ein Gelehrtenleben zu beginnen, konnte mannigfacher fruchtbarer Anregungen sicher sein. Rudolf Kötzschke gehörte zu ihnen.

Er wurde am 8. Juli 1867 in Dresden geboren und erlebte somit in seiner Jugend diese aufstrebende Großstadt mit ihrer kulturgesättigten Atmosphäre und ihrem vom königlichen Hof, von der aufwachsenden Industrie und den zunehmenden politischen Gegensätzen geprägten gesellschaftlichen Verhältnissen. Als Sohn eines Kammermusikus stand er dem musischen Leben der Stadt nahe, sein ursprünglicher Berufswunsch lag in der gleichen Richtung, ließ sich aber mit Rücksicht auf seine schwache körperliche Verfassung nicht verwirklichen. Die Feinsinnigkeit seines Wesens, die bis zum Ende an ihm zu spüren war, kann als bleibendes Erbe von Veranlagung und Umwelt seiner Jugendzeit betrachtet werden.[2]

An der sächsischen Landesuniversität Leipzig studierte Kötzschke klassische Philologie, germanische Sprachwissenschaft, Sanskrit, Geographie und Geschichte, während eines Semesters hielt er sich in Tübingen auf. Bei der Breite seines Studienganges läßt sich die Geschichte noch nicht als Hauptfach bezeichnen, so daß man ihn auch nicht einem bestimmten Historiker als seinem «Lehrer» zuordnen kann. Einen stärkeren Einfluß übte auf ihn der seit 1886 in Leipzig lehrende Friedrich Ratzel aus. Nach dem Abschluß des Studiums 1890 ging Kötzschke in den Schuldienst nach Dresden, aber schon 1894 holte ihn der 1891 nach Leipzig berufene Karl Lamprecht, der große Wissenschaftsorganisator mit seinem sicheren Blick für die Auswahl besonderer Begabungen, wieder nach Leipzig, um ihm die Ausgabe der Urbare der Abtei Werden an der Ruhr zu übertragen. In der 1896 von Lamprecht ins Leben gerufenen Königlich Sächsischen Kommission für Geschichte wurde er als wissenschaftliche Hilfskraft angestellt, als Assistent Lamprechts habilitierte er sich

1899. Er kann nicht als dessen Schüler bezeichnet werden, eher dürfte es sich um ein kollegial-freundschaftliches Verhältnis zu dem nur elf Jahre Älteren gehandelt haben. Die engen Beziehungen zwischen beiden Männern ergaben sich aus Gemeinsamkeiten der geschichtswissenschaftlichen Methode, woraus bei beiden die Hinwendung zur Landesgeschichte folgte. Man spürt noch die Gedankenwelt des 1897 verstorbenen Wilhelm Heinrich Riehl, wenn Kötzschke 1902 den für sein ganzes weiteres Lebenswerk programmatischen Satz schrieb:

> Aus der Landesgeschichte heraus ist die allgemeine deutsche Volksgeschichte zu gestalten, aus der geschichtlichen Heimatkunde erwächst die deutsche geschichtliche Landes- und Volkskunde.

Als diese Gedanken veröffentlicht wurden, war der berühmte Methodenstreit in der deutschen Geschichtswissenschaft voll entbrannt, in dessen Mitte die kämpferische Persönlichkeit Lamprechts stand.[3] Er hatte eine Grundlagenkrise in der traditionellen Geschichtswissenschaft festgestellt, die von der Herausforderung durch die im 19. Jahrhundert siegreiche Naturwissenschaft entstanden war. Das führte bei ihm zur Annahme historischer Regelmäßigkeiten, die er aus der Begegnung mit seinem Leipziger Universitätskollegen Wilhelm Wundt und dessen «Völkerpsychologie» zu sozialpsychologischen Gesetzmäßigkeiten in der Geschichte weiterentwickelte. Gegen den traditionellen Inhalt der Geschichtswissenschaft mit ihrer vorwiegenden Ausrichtung auf die Haupt- und Staatsaktionen setzte er seine neue Auffassung von Kulturgeschichte als Totalität sozialer, wirtschaftlicher, politischer und geistiger Erscheinungen. Der Einfluß des vier Jahrzehnte in Leipzig tätig gewesenen, 1894 verstorbenen Begründers der Historischen Schule der Nationalökonomie Wilhelm Roscher ist dabei unverkennbar.

Der wissenschaftlich fruchtbare, aber menschlich unerfreuliche Methodenstreit mit den Hauptgegnern Georg von Below und Gerhard Seeliger berührte den jungen Kötzschke sicher nur wenig, zumal er von seiner Wesensart her nicht zum Theoretisieren, Systematisieren und schon gar nicht zum Polemisieren neigte. Für ihn war die wissenschaftliche Atmosphäre anregend, in der er sich entwickeln konnte. Ratzel hatte mit seiner Anthropogeographie einen Schritt von der rein naturwissenschaftlichen Sicht der Erdkunde zu den Sozialwissenschaften und zur Geschichte getan, Lamprechts umfassender Begriff der Kulturgeschichte schloß auch geographische Gesichtspunkte ein. Beide in Leipzig tätigen Männer öffneten sich mit ihrer Wissenschaft somit aufeinander zu. Die Gründung des Historisch-Geographischen Instituts durch Ratzel 1898 war eine Frucht dieser Begegnung. Kötzschke arbeitete darin als Assistent.

Kurz vorher war im Grenzbereich von Geographie und Geschichte ein in die Zukunft weisender methodischer Fortschritt dadurch erzielt worden, daß der bis 1901 in Tübingen wirkende Rechtshistoriker Friedrich von Thudichum die flächendekkende Bearbeitung historisch-statistischer Grundkarten vorschlug. Sie sollten im Maßstab 1:100000 nur das Gewässernetz, die Ortslagen, die Ortsnamen und die Gemarkungsgrenzen enthalten und zur Eintragung historischer Forschungsergebnisse dienen, die einen Bezug zum geographischen Raum aufweisen. Obwohl namentlich Gerhard Seeliger die Grundkarten heftig ablehnte, setzte sich dieses neue, außerordentlich nützliche Hilfsmittel allgemein durch, so daß es heute aus der landesgeschichtlichen Forschung nicht mehr wegzudenken ist. Der Gesamtverein der deutschen Geschichts- und Altertumsvereine nahm sich der Sache an und richtete in Leipzig eine Zentralstelle für Grundkarten ein, zu deren Leiter Kötzschke berufen wurde. Im Jahre 1903 wurde dieser Mitglied der Königlich Sächsischen Kommission für Geschichte, zu deren führendem Kopf er sich bald entwickelte, wenn er auch erst 1939, schon im höheren Alter, bis zum Vorsitzenden aufrückte. Die Konferenz landesgeschichtlicher Publikationsinstitute ernannte ihn 1903 zu ihrem Sekretär, 1924 zu ihrem Vorsitzenden. Als nach dem Ersten Weltkrieg die Bearbeitung eines Geschichtlichen Atlasses von Deutschland in Angriff genommen wurde, übertrug man dem inzwischen in der historischen Kartographie bestens erfahrenen Kötzschke die Leitung.

So war er bis in den Anfang des neuen Jahrhunderts hinein in mancherlei neue, wegweisende Arbeitszusammenhänge eingetreten und hatte dabei Beachtung und Anerkennung gefunden. Als es dem unermüdlichen Wissenschaftsorganisator Lamprecht gelang, das Seminar für Landesgeschichte und Siedlungskunde an der Universität Leipzig im Jahre 1906 zu gründen, war für das Amt des Direktors niemand besser geeignet als Kötzschke, der unter Berufung zum a. o. Professor die neue Aufgabe übernahm.[4] Er hatte damit im Alter von 39 Jahren den festen Ort erreicht, der ihm als Grundlage für alle künftige Entfaltung diente. Er stand jetzt an der Spitze des ersten Instituts an einer deutschen Universität, das sich der Landesgeschichte, der Siedlungskunde und der historischen Landeskunde widmete. Diese Führungsrolle Leipzigs und der sich neu aufbauenden Kötzschke-Schule gilt es festzuhalten.

Rudolf Kötzschke hat von der Gründung «seines» Instituts an noch 43 Jahre lang gelebt, wovon er infolge der besonderen Zeitumstände mit Ausnahme weniger Jahre bis zu seinem Tode die Leitung innegehabt hat. Er war ein Mann mit einem weiten Horizont, dessen wissenschaftliche Leistungen über die Siedlungsgeschichte und die sächsische Landesgeschichte hinausgingen. 1906 erschienen seine «Quellen und Grundbegriffe der historischen Geographie Deutschlands» und die «Grundzüge der deutschen Wirtschaftsgeschichte». 1924 brachte er eine «Allgemeine Wirtschaftsgeschichte des Mittelalters» heraus; an der methodisch weiterführenden, 1936 veröffentlichten Gemeinschaftsarbeit über «Kulturräume und Kulturströmungen im mitteldeutschen Osten» war er beteiligt, 1937 verfaßte er mit seinem Schüler Wolfgang Ebert die «Geschichte der ostdeutschen Kolonisation». Von bleibendem Wert ist seine bis zum Jahre 1994 wieder neu aufgelegte, zusammen mit Hellmut Kretzschmar erarbeitete «Sächsische Geschichte» aus dem Jahre 1935.

Unter seiner Leitung war Leipzig *das* deutsche Zentrum für Landesgeschichte, Siedlungskunde und Geschichte der ostdeutschen Kolonisation, das auch auf Ausländer anziehend wirkte. Im Jahre 1908/09 hörte der in Leipzig sich aufhaltende Marc Bloch, der mit der Begründung der Zeitschrift «Annales» 1929 eine bis heute schulebildende Tat vollbrachte, Vorlesungen bei Kötzschke, der einen großen Schülerkreis um sich versammelte. Er hat 124 Dissertationen und eine Habilitation betreut, worunter sich viele grundlegende, weiterführende Arbeiten befinden. Unter den später namhaft gewordenen Historikern aus diesem Kreis ragt Walter Schlesinger als der bedeutendste hervor.

Kötzschkes langes Leben fiel in eine Zeit tiefer Umbrüche mit geradezu katastrophaler Bedeutung für die deutsche Geschichte. Die Folgen des als Diktat empfundenen Friedensvertrages von Versailles waren eine Herausforderung gerade auch an die ostdeutsche Siedlungsgeschichte. Die Gebietsverluste im Osten des Reiches wurden nicht nur als schwerwiegende Ereignisse politisch-staatlicher Territorialgeschichte, sondern als Gefährdung des deutschen «Volks- und Kulturbodens» empfunden, wie die neue Begrifflichkeit nun lautete. Wilhelm Heinrich Riehl hatte von «Land und Leuten» gesprochen, die Geopolitik des frühen 19. Jahrhunderts sah den Zusammenhang von «Raum und Volk», die Siedlungsgeschichte beschäftigte sich mit «Boden und Bauerntum». So war es nur natürlich, daß der aus dem national und konservativ eingestellten Bürgertum stammende Kötzschke mit seinen siedlungsgeschichtlichen Forschungen national-deutsche, «vaterländische» Positionen bezog. Er hielt sich dabei von politisch-propagandistischen Verzerrungen frei, mit denen die Volks- und Kulturbodenforschung der Zwischenkriegszeit schon vor 1933 z. T. belastet war, und betrieb weiterhin eine streng wissenschaftliche Forschung mit einer nationalpolitischen Zielstellung. Wenn es ihm dabei auch um den Nachweis der geschichtlichen Leistung des deutschen Volkes im mitteleuropäischen Osten ging, so war das in der damaligen zeitgeschichtlichen Lage verständlich.[5]

Unsere Gegenwart schätzt seit dem Ende des Zweiten Weltkrieges die damaligen Vorgänge anders ein, weil die daraus abgeleiteten Folgen bekannt sind. In jenen Jahren aber ging es um das Aufbegehren der Wissenschaft gegen das Versailler System, das als Unrecht der Geschichte gegenüber dem deutschen Volk empfunden wurde und das sich ja überhaupt und ganz allgemein nicht als Glanzleistung staatsmännischer Weitsicht erwiesen hat. Dem vom Ausgang des Ersten Weltkrieges und seinen Folgen für das deutsche Volk tief getroffenen Siedlungs-, Volks- und Heimatforscher Kötzschke ging es in keinem Falle um Rückeroberung, sondern um Wiederaufstieg aus Niederlage und Erniedrigung.

Damals wurde das Konzept der «Volksgeschichte» geboren, die in bewußter Abwendung von der politischen, auf die staatlichen Strukturen gerichteten Geschichte gerade die außerstaatlichen und nichtstaatlichen Lebensäußerungen des Volkes in den Blick nahm. Man kann sie als einen Seitentrieb der Lamprechtschen Kulturgeschichte mit einer betonten Beziehung zum Land, zum Raum, zum Boden und zur Siedlung ansehen. Dabei führten die Folgen des Kriegsausgangs mit der Gründung slawischer Nationalstaaten an der deutschen Ostgrenze zur stärkeren Beachtung des deutschen Grenzlandes im Osten, wo die unklaren Regelungen von Versailles mit den Volksabstimmungen und Freikorpskämpfen den «Grenzkampf» hervorgerufen hatten. So sah sich ein Mann wie Kötzschke, ohne es zu wollen, in folgenschwere politische Entwicklungen hineingestellt.

Neben diesen nach außen gerichteten Interessen des Landes- und Siedlungshistorikers bedrängte ihn eine innere Erscheinung, die im deutschen Volke nach der Niederlage von 1918 zu verzeichnen war. Er meinte, dem allgemeinen Werteverfall, dem Pessimismus und der Orientierungslosigkeit eine erneute Besinnung auf die Werte der Heimat entgegenstellen zu sollen, die ihm von seinen engen Beziehungen zu den kleinen historischen Räumen, zum Boden und zum Dorf als Elementen des Volkslebens vertraut war. So traten nun Heimat, Land und Volk und die Verwurzelung des Menschen in seiner Heimat stärker in seinen Gesichtskreis. Er sah die Heimat als eine Ganzheit aus Land, Siedlung, Volkstum, Kultur und Sprache und machte sie zum Gegenstand interdisziplinärer Forschung. Im Ergebnis dieser Anstöße gründete er 1927 das Institut für Heimatforschung, das er mit seinem Institut für Landesgeschichte verband.[6]

Neben Kötzschke fühlten sich zu jener Zeit andere Männer auf dem Felde historisch-geographisch-politischer Wissenschaften aufgerufen, um in einer als nationalpolitischen Notstand empfundenen Lage mit den Mitteln ihrer Wissenschaft zur Selbstbesinnung und zum Wiederaufstieg des deutschen Volkes beizutragen. Es entstand die Deutsche Stiftung für Volks- und Kulturbodenforschung, die ihren Sitz in Leipzig nahm. Es ist für den nur mit leisen Tönen auftretenden Kötzschke bezeichnend, daß er in dieser Organisation keine Führungsrolle übernahm, obwohl er ihrem sachlich-wissenschaftlichen Gehalt engstens verbunden war. Mit dem Begriff vom Volks- und Kulturboden war abermals ein Abrücken von einer vorrangig staatlich-politisch bestimmten Geschichtswissenschaft erfolgt, das als Antwort auf die neue deutsche Ostgrenze zu verstehen ist: Jenseits der nach Westen verlegten Staatsgrenze blieben deutsche Siedelgebiete unter fremder staatlicher Hoheit, blieb deutscher «Volks- und Kulturboden» als Gegenstand deutscher Geschichte und Volksforschung. Dabei ist die Hinwendung zum «Volk» und eben nicht zur «Gesellschaft» zu beachten, obwohl mit der Teilnahme von Hans Freyer die Nähe zur Soziologie dargelegt wurde.

Es ging bei diesen Bestrebungen um eine fachwissenschaftliche Auseinandersetzung mit den historisch begründeten Legitimitätsansprüchen der neuen osteuropäischen Staaten. Immerhin wurde die polnische Geschichtswissenschaft als «Waffe der Nation» eingesetzt, um die umwälzende politische Neuordnung im Osten Europas zu rechtfertigen. Von Deutschland aus wurde das als eine antideutsche Wissenschaftsfront empfunden, der die Auffassung entgegengesetzt wurde, die deutsche Ostsiedlung des hohen Mittelalters sei eine deutsche Wiederbesiedlung von Gebieten gewesen, die sich schon einmal in den Händen germanischer Völker befunden hatten. Auch Kötzschke verwendete diesen Begriff in seinem wissenschaftlichen Vokabular, was unter den Bedingungen seiner Zeit verständlich ist, aber einer sachlichen Überprüfung nicht standhält. Die Deutschen des 12. und 13. Jahrhunderts waren nicht die Rechtsnachfolger der im Osten Europas in grauer Vorzeit ansässig gewesenen Goten und Vandalen.

Diese Gegebenheiten im Grenzbereich von Politik, Weltanschauung und Wissenschaft wurden hier so ausführlich abgehandelt, um das verführerische Angebot an die Volksgeschichte deutlich zu machen, das sich mit der NS-Machtergreifung 1933 ergab: Der Mythos vom Blut und Boden und die Berufung auf die deutsche Ostkolonisation des hohen Mittelalters als Begründung für den deutschen Marsch nach dem Osten schienen Brücken anzubieten, auf denen ein Mann wie Kötzschke mit seiner ganzen bisherigen Forschungsarbeit schnellen Zugang zu den neuen Herren im Lande hätte finden können. Das ist jedoch nicht geschehen. Er hat zwar bestimmte Teile der NS-Geschichtsauffassung, soweit sie seine Wissenschaft betrafen, als Parallelbestrebungen angesehen und mit ihnen eine gleiche Interessenlage zu erkennen geglaubt. Von daher rühren seine Äußerungen aus dem Jahre 1937 über die neuen Möglichkeiten, die sich für seine Forschungen unter den Bedingungen der herrschenden Weltanschauung ergaben.[7] Er hoffte von dorther auf eine Förderung seiner wissenschaftlichen Forschung, aber er bot niemals diese seine Forschung zur Unterstützung politischer Ziele an.

Er hat sich weltanschaulich nicht angepaßt und hat sich vor allem persönlich nicht für die NS-Bewegung engagiert. Wie weit er Distanz zum neuen Regime hielt, zeigt schon die Tatsache, daß die damals von ihm vergebenen Dissertationsthemen keinerlei Anpassung zeigen.[8] Wie bei vielen Angehörigen des national-konservativen Lagers ergab sich auch für Kötzschke, von dieser Grundeinstellung ausgehend, eine gewisse inhaltliche Übereinstimmung mit der NS-Weltanschauung und ihrer Anwendung auf die deutsche Geschichte, aber der streng sachlich-wissenschaftliche Geist seiner Arbeit blieb stets erhalten. Er hat sich nicht vereinnahmen lassen. Rudolf Kötzschke und sein Institut blieben abseits vom lauten Gedröhn des weltanschaulichen Kampfes. Sein in dieser Hinsicht wesentlich aktiverer Nachfolger Adolf Helbok, der das Institut von 1935 bis 1941 leitete, blieb in Leipzig ohne tiefere Wirkung.[9]

Im Jahre 1935 trat Kötzschke mit 68 Jahren in den Ruhestand. Sein zwei Jahre später veröffentlichter Rechenschaftsbericht über die gesamte Zeit seiner Institutsleitung ist in seiner schlichten Sachlichkeit frei von jeglichen Konzessionen an die damals herrschende Weltanschauung. Er gibt Kunde von einem beeindruckenden Lebenswerk, das sich damals aber doch noch nicht erfüllt hatte. Der Altmeister mußte sich noch zweimal stark engagieren: zuerst nach dem Weggang von Adolf Helbok 1941 und dann wieder 1945, als sein zweiter Nachfolger, Walter Schlesinger, von den kommunistischen Machthabern entlassen wurde. So übernahm er mit 78 Jahren nochmals die Leitung seines Instituts und den Lehrbetrieb, den er, körperlich sichtlich geschwächt, trotz alledem durchhielt, stets von seiner Ehefrau begleitet. In den Seminaren wirkte er persönlich anregend, immer engagiert und sich mitunter zu mitreißender Rede steigernd. Er hat in diesen letzten Jahren noch mehrere Dissertationen und die Habilitation von Herbert Helbig betreut. Ein neuer Schülerkreis begann sich um ihn zu sammeln. An dem in der Druckerei zerstörten sächsischen Flurkartenatlas hat er von vorn zu arbeiten angefangen und die Einleitung abgeschlossen. Am 3. August 1949 ist er in Leipzig im Alter von 82 Jahren verstorben.

Im Gegensatz zu seiner weit ausstrahlenden wissenschaftlichen Wirksamkeit und seiner Leistung für die sächsische Geschichte ließen die formalen Würdigungen lange auf sich warten. Lamprecht hatte ihm sein Institut und die a. o. Professur verschafft, aber nach dessen frühem Tode blieb die folgerichtige Weiterentwicklung stecken. Kötzschke hat bei seiner stillen, sensiblen Wesensart zweifellos niemals auf sich aufmerksam gemacht oder sich gar nach vorn gedrängt. Erst im Jahre 1930 wurde ihm das persönliche Ordinariat verliehen, ohne daß gleichzeitig sein Lehrstuhl entsprechend aufgewertet wurde.

Die bleibende wissenschaftliche Leistung Rudolf Kötzschkes liegt hauptsächlich auf zwei Feldern. Das ist zum einen die sächsische Landesgeschichte mit der Heimatgeschichte als tragfähigem Unterbau. Auf diesem Gebiet hat er selbst und mit den vielen von ihm angeregten Arbeiten eine neue höhere Ebene der Erkenntnis erreicht.[10] Das andere ist die allgemeine Siedlungsgeschichte im östlichen Mitteleuropa, vorwiegend im ländlich-dörflichen Bereich. Hier hat er eine Typologie der Formen entwickelt und in einem «fertigen» Zustand hinterlassen, sofern in der Geschichte jemals etwas fertig ist. Dank seiner Forschungen können die Dorfformen im östlichen Mitteleuropa heute als im Grundsätzlichen als abgeschlossen erfaßt und in ihrer ethnischen, chronologischen und funktionalen Zuordnung als geklärt betrachtet werden.[11] Für die städtische Siedlungsgeschichte und die Formensprache der Stadtgrundrisse hat er sich dagegen kaum interessiert.

Nach Kötzschkes Tode setzte bald der Abbau des von ihm geschaffenen Instituts ein. Seine Professur wurde nicht wieder mit einem Landeshistoriker besetzt, das Institut wurde vom damaligen Leipziger Vorgeschichtler Friedrich Behn mit verwaltet. 1951 wurde es zu einer Abteilung des Instituts für Deutsche Geschichte degradiert; das formal immer noch selbständige Institut für Heimatforschung verschwand völlig. Die Assistenten der Abteilung Heimatgeschichte wurden in die allgemeinen Aufgaben des Instituts einbezogen und damit der eigentlichen landesgeschichtlichen Arbeit mehr und mehr entzogen. Der Direktor dieses Instituts, Heinrich Sproemberg, hatte keine Beziehung zur sächsischen Geschichte und zur Siedlungsgeschichte. In einer Schrift zum Gedenken an die Gründung des Instituts für Landesgeschichte vor 50 Jahren erklärte er im Jahre 1956: «... wir hoffen, gestützt auf die wissenschaftlichen Nachwuchskräfte, auch die großen Aufgaben im Geiste Rudolf Kötzschkes erfolgreich in Angriff nehmen zu können.»[12] Die dabei mehrfach von ihm verwendete Vokabel «Ostexpansion» aus der SED-Geschichtswissenschaft hatte freilich mit diesem Geiste nichts zu tun.

Die von Sproemberg gemeinten Nachwuchskräfte waren Gerhard Heitz und Karl Czok. Heitz schrieb 1959, daß «... die ganze Widersprüchlichkeit Kötzschkes in der Ostexpansionsfrage ... zeigt, wie weit ein Forscher wie Kötzschke der faschistischen Strömung Tribut zollte». Seiner Meinung nach weise das Werk Kötzschkes deutlich die Tendenzen zur ideologischen Drapierung und Vorbereitung einer Aggression auf, Siedlungs- und Sozialgeschichte seien zur Geschichte der nordischen Rasse, die geographische Grundlagenforschung sei zur Geopolitik gemacht worden.[13] Karl Czok hielt es in seinem Habilitationsvortrag von 1963 für «... notwendig, daß bei dieser Arbeit die Auseinandersetzung mit der bürgerlichen Landesgeschichtsforschung begonnen wurde, denn das Leipziger Seminar hat in ihr über Jahrzehnte eine geradezu führende Stellung innegehabt».[14] Außerdem polemisierte er gegen die «deutsche bürgerliche Landesgeschichtsschreibung während der Epoche des Imperialismus» und gegen den «geographischen Determinismus», also gegen die gerade von Kötzschke so bewußt betriebene interdisziplinäre Forschung im Grenzbereich von Geschichte und Geographie.[15] An anderer Stelle bezeichnete er das grundlegende, in mehreren Auflagen erschienene Werk Albert von Hofmanns «Das deutsche Land und die deutsche Geschichte» als «Machwerk». Mit dem von Sproemberg beschworenen «Geist Rudolf Kötzschkes» war es also bei den damaligen Nachwuchskräften der Landesgeschichte nicht weit her.

Wer damals im DDR-Hochschulwesen Karriere machen wollte, mußte sich gegen die «bürgerliche» Landesgeschichte abgrenzen und den «geographischen Determinismus» verurteilen. So ist es nicht verwunderlich, daß von den SED-Historikern keine Siedlungsgeschichte betrieben wurde, sie blieb lediglich der Vorgeschichte und der sprachlich orientierten Namenforschung vorbehalten.[16] Für eine Geschichtsauffassung, die den Klassenkampf zur alleinigen Triebkraft der Geschichte gemacht hatte, war eine Beschäftigung mit geographischen Bedingungen des geschichtlichen Lebens nicht nur unfruchtbar, sondern gefährlich, weil sie das monokausale Prinzip und damit das ganze Dogma in Frage gestellt hätte.

Wenn man die damaligen Vorgänge um die Beurteilung des Erbes von Rudolf Kötzschke in Leipzig aus dem Abstand der seither verflossenen drei bis vier Jahrzehnte beurteilt, dann muß es als unaufrichtig bezeichnet werden, wenn die SED-Historiker mit erhobenem Zeigefinger die von ihnen unterstellte Faschismus-Nähe anprangerten, während sie selbst zu Apologeten des Klassenkampfes und damit zu Dienern einer Ideologie wurden.[17] Kötzschke war kein Parteimitglied und hat sich stets von politischen Aktivitäten ferngehalten, während sie selbst Mitglieder einer terroristischen Partei waren und blieben, auch nachdem der Charakter dieser Partei seit dem 17. Juni 1953 und dem 13. August 1961 für jeden denkenden Menschen offen zu erkennen war. Kötzschke hat sich mit seinem wissenschaftlichen Werk niemals der herrschenden Macht prostituiert, er war ein Vorbild in bezug auf das wissenschaftliche Ethos.

Der Abbau der als bürgerlich diffamierten Landesgeschichte ging in Leipzig auch nach den gutgemeinten Worten Sproembergs weiter. Bereits 1960 entstand bei westdeutschen Beobachtern der Eindruck, daß das Kötzschke-Institut beseitigt worden sei, woraufhin Karl Czok 1961 diese Klage als unbegründet zurückwies.[18] Die 3. Hochschulreform der DDR beseitigte die Universitätsinstitute, in der neugeschaffenen Sektion Geschichte war von Landesgeschichte in irgendeiner Form nicht mehr die Rede. Als die Sektion 1972 in das neue Universitätshochhaus umzog, gelang es gerade noch, die nach dem Zweiten Weltkrieg wieder aufgebaute Bibliothek des alten Kötzschke-Instituts durch Übernahme in das Staatsarchiv Leipzig als geschlossenen Bestand zu retten. Eine jahrelange Kampagne gegen die Landesgeschichte hatte zu einer systematischen Demontage des Gegenstandes und des Begriffs geführt. Es war verpönt, überhaupt noch von Landesgeschichte zu sprechen. Wer es dennoch tat, stellte sich als ideologischer Nonkonformist bloß.

Wenn somit nach dem Ableben Kötzschkes die institutionelle Mitte der landesgeschichtlichen Arbeit schließlich eines langen Todes gestorben war, so blieben doch noch Kräfte im Lande lebendig, um die Arbeit in seinem Sinne weiterzuführen. Die zentrale Institution fehlte zwar, aber von den Rändern her wurde die Arbeit von solchen Institutionen fortgesetzt, die sachlich benachbarte Aufgaben wahrnahmen.[19] Dazu gehören das Dresdener Staatsarchiv, das Landesmuseum für Vor- und Frühgeschichte in Dresden, das Institut für Denkmalpflege in Dresden und die neu eingerichtete Arbeitsgruppe der deutsch-slawischen Forschungen zur Namenkunde und Siedlungsgeschichte an der Universität Leipzig. In Dresden führten sächsische Volkskundler in einer kleinen Arbeitsgruppe und im Anschluß an das Museum für sächsische Volkskunst Forschungen weiter, die in Beziehung zur Heimatgeschichte standen. Insgesamt aber kann von einer tatkräftigen Fortsetzung des Werkes von Rudolf Kötzschke seit Mitte der 50er Jahre nicht mehr gesprochen werden. Seinen älteren Schülern Walter Schlesinger und Herbert Helbig verwehrte die SED-Personalpolitik jede Wirksamkeit in Leipzig, so daß sie ihren alten sächsischen Wirkungsbereich verlassen mußten. Jüngere Nachwuchskräfte wandten der DDR den Rücken zu, weil sie unter dem stärker werdenden ideologischen Druck meinten nicht durchhalten zu können. Ein bescheidener Rest blieb im Lande und war bemüht, schlecht und recht eine als unaufgebbar angesehene Tradition fortzuführen, auch wenn es immer schwerer wurde, sich gegen die systematische Demontage von Gegenstand und Begriff der Landesgeschichte zu behaupten. Die jahrelange Kampagne gegen sie wirkte sich auf die wissenschaftliche Arbeit lähmend aus.

Bei alledem ist es bemerkenswert, daß es gerade in Leipzig als einzigem Wissenschaftsstandort in der damaligen DDR seit den frühen 60er Jahren zur Ausbildung einer Art von Ersatz für die verpönte Landesgeschichte gekommen ist, indem hier das Konzept der marxistischen Regionalgeschichte entwickelt wurde. Man kann wohl davon ausgehen, daß eben hier die mehr als ein halbes Jahrhundert lang tätig gewesene Kötzschke-Schule in so starkem Maße nachwirkte und ihre sachlichen Gegebenheiten so überzeugend waren, daß sich auch die Vertreter einer revolutionären, antibürgerlichen Geschichtswissenschaft ihrem Einfluß nicht entziehen konnten. Allerdings wäre es falsch, den Übergang von der Landesgeschichte zur marxistischen Regionalgeschichte nur als einen Austausch der Wörter zu verstehen, denn tatsächlich ging es um ein ganz anderes Verständnis der Geschichte auf regionaler Ebene unterhalb der Nationalgeschichte, wobei die Existenz einer solchen Ebene nun einmal nicht zu leugnen ist.[20]

Die marxistische Regionalgeschichte wurde praktisch getrieben, aber sie hat es nie zu einer eigenen Theorie, einer Methode oder zur Formulierung eines überzeugenden Systems gebracht.[21] Sie hat im wesentlichen durch ihre Negation von sich reden gemacht, durch die Ablehnung dessen, was sie nicht sein wollte und nach dem Selbstverständnis der SED-Geschichtswissenschaft auf keinen Fall sein durfte. So wie das politische System der DDR nach der Abschaffung der Länder 1952 zentralistisch aufgebaut war, so folgte auch die Geschichtsideologie dem zentralistischen Prinzip, demzufolge es keine Eigenständigkeit und keine geschichtliche Identität der Länder geben durfte. In diesem Sinne gibt es mehrfache Äußerungen, zuletzt in der «Geschichte Sachsens», die zu einer Zeit erschien, als im August 1989 die Botschaftsflüchtlinge von Prag und Budapest bereits das Ende der DDR und damit die Wiederherstellung der Länder einläuteten.[22] So läßt sich die Herausbildung der marxistischen Regionalgeschichte zwar aus dem Leipziger Wirkungsfeld Kötzschkes verstehen, aber von einer Nachfolge Kötzschkes und einer inhaltlichen Fortführung der Landes- und Siedlungsgeschichte in seinem Sinn konnte nicht die Rede sein.

Dabei hätten an sich günstige Voraussetzungen für eine schöpferische Weiterentwicklung der Leipziger Tradition bestanden. Karl Lamprecht wurde von SED-Historikern positiv und freundlich beurteilt, wie es entsprechende Äußerungen von Ernst Engelberg 1959 und Karl Czok 1963 bezeugen, nachdem sich bereits Franz Mehring 1893/94 als Zeitgenosse Lamprechts wohlwollend-kritisch über dessen Werk ausgesprochen hatte. Selbst der SED-Chef Walter Ulbricht lobte 1960 Lamprecht in einer Rede vor der Universität Jena, weil dieser die Frage nach den Gesetzmäßigkeiten in der Geschichte gestellt und den wirtschaftlichen und sozialen Verhältnissen größere Beachtung geschenkt hatte.[23] Auf diesem Boden wäre eine fruchtbare Begegnung zwischen der herkömmlichen Landesgeschichte und der materialistischen Geschichtsauffassung möglich gewesen, wenn die tonangebenden SED-Historiker nicht in ihrer primitiven Festlegung auf die Vorherrschaft ihrer enggefaßten Ideologie befangen gewesen wären. Mit ihrer Polemik gegen einen angeblichen geographischen Determinismus, gegen die undifferenziert verstandene deutsche Ostforschung und gegen den «Partikularismus» verbauten sie sich selbst den Weg zur Weiterführung des Erbes von Rudolf Kötzschke. Das wurde noch im Jahre 1989 so ausgedrückt:

> Den revolutionären Schlußstrich unter diese Territorialentwicklung setzte die Herrschaft der Arbeiterklasse, indem sie im Osten Deutschlands eine unteilbare demokratische Republik schuf, die auch die Länder als Relikte der territorialstaatlichen Entwicklung beseitigte. Für die marxistische Geschichtswissenschaft stellten sich die Länder als eine historische Kategorie dar, die mit ihrer Existenz an die beiden Gesellschaftsformationen des Feudalismus und des Kapitalismus gebunden sind.[24]

Das war die Stimme der «Sieger der Geschichte», die in ihrem Sinne an ein «Ende der Geschichte» glaubten. Die «Geschichte Sachsens» von 1989 nahm für sich in Anspruch, «im Auftrag der Historischen Kommission der Sächsischen Akademie der Wissenschaften zu Leipzig» veröffentlicht worden zu sein, ohne daß ein solcher Auftrag tatsächlich jemals zustande gekommen ist. Der 1956 von Heinrich Sproemberg beschworene Geist Rudolf Kötzschkes läßt sich weder in dieser Form noch im Inhalt des Werkes wiederfinden, das in seinen Schlußteilen zu einer reinen Glorifizierung des SED-Regimes ausartet.

Um so erstaunlicher war es, daß sofort nach der Wende 1989/90 der Lehrstuhl für Regionalgeschichte an der Universität Leipzig mit einem Male als «Seminar für Sächsische Landesgeschichte» auftrat und die ungebrochene Fortsetzung der landesgeschichtlichen Forschungstradition der Kötzschke-Schule für sich in Anspruch nahm.[25] Das Jahrbuch für Regionalgeschichte, dessen Begründer und Herausgeber deutlich genug gegen die «konzeptionslose bürgerliche historische Landeskunde» polemisiert hatte, trat plötzlich als «Jahrbuch für Regionalgeschichte und Landeskunde» auf. In einem Verlagsprospekt im Herbst 1991 erschien Karl Czok als Traditionsträger der Kötzschke-Schule, als ob er sich nie an der Demontage der «bürgerlichen» Landesgeschichte und der historischen Landeskunde beteiligt hätte. Mit diesem Opportunismus wurden die Grenzen des Erträglichen erreicht. Gleichzeitig wird es dabei aber auch deutlich, wie stark die Lebensleistung und die wissenschaftliche Konzeption Kötschkes weiterwirkte, so daß die SED-Historiker nach der für sie desillusionierenden Revolution von 1989 schnell ihre Zuflucht zu der Berufung auf den jahrzehntelang Geschmähten nahmen.

Außerhalb der ehemaligen DDR war die Nachwirkung Kötschkes nie in Frage gestellt. Ähnlich wie die Schüler des Bauhauses nach ihrer Vertreibung aus Dessau und schließlich aus ganz Deutschland in die Welt hinausgingen und dort anregend wirkten, brachten namhafte Mitglieder der Kötzschke-Schule ihre in Leipzig erhaltenen Kenntnisse in die deutsche Geschichtswissenschaft der Nachkriegszeit ein: Walter Schlesinger in Westberlin, Frankfurt und Marburg, Herbert Helbig und Heinz

Quirin in Westberlin, Werner Emmerich in Bayreuth. Die Neubesinnung auf das Lebenswerk Karl Lamprechts in jüngster Zeit hat auch der Person Rudolf Kötzschkes erneute Beachtung verschafft. Bei Luise Schorn-Schütte (1984)[26] und Roger Chickering (1993)[27] wird Kötzschke vielfach als Mitarbeiter und Fortsetzer Lamprechts genannt.

Eine jüngst erschienene Untersuchung über «Volksgeschichte» zwischen 1918 und 1945 widmet der Deutschtumsforschung an der Universität Leipzig breiten Raum und stellt dabei die Bedeutung Kötzschkes als eines um sachbezogene Forschung bemühten Mannes heraus.[28] Während der damals 23jährige Marc Bloch 1908/09 Vorlesungen bei Kötzschke gehört hatte, die «von größter Bedeutung für seine Bildung» waren,[29] ergab eine Anfrage in der Redaktion der «Annales» in Paris 1994 die Auskunft, der Einfluß Kötzschkes auf die heutige französische Historiographie und die Annales selbst «n'est pas très forte». Sein Name sei bekannt, aber seine Arbeiten würden außer bei den Spezialisten der einschlägigen Themen nicht zitiert.

In die Sächsische Akademie der Wissenschaften wurde Kötzschke erst mit 68 Jahren zugewählt, als er aus dem aktiven Dienst ausschied.[30] Seine Zuwahl dürfte damit zusammenhängen, daß der damals gewählte wesentlich jüngere Hermann Heimpel nicht gut an dem älteren Kötzschke vorbei berufen werden konnte. Der Verlust der gesamten Aktenüberlieferung bis zum Bombenangriff auf Leipzig am 4. Dezember 1943 macht es unmöglich, den in der Akademie obwaltenden Stimmungen auf die Spur zu kommen, die sicher noch von den Zeiten Lamprechts her auf dessen Verbündeten Kötzschke nachwirkten. Er hat dann in der Akademie zwei Vorträge gehalten, die in den Abhandlungen erschienen sind: «Die Anfänge des deutschen Rechts in der Siedlungsgeschichte des Ostens (ius teuthonicum)» 1941, und «Salhof und Siedelhof im älteren deutschen Agrarwesen» 1939. Obwohl er von der Sache her längst der führende Kopf in der Sächsischen Kommission für Geschichte geworden war, wurde ihm erst 1939 die Leitung übertragen, nachdem sich die Reihe der alten Leipziger «Großordinarien» erschöpft hatte.

Die Sächsische Akademie der Wissenschaften hat bei ihrem 150jährigen Jubiläum einen doppelten Grund, ihrem einstigen Mitglied Rudolf Kötzschke die gebührende Aufmerksamkeit zu widmen. An ihm wird es einerseits deutlich, wie stark die Geschichte der Akademie in diesem Jahrhundert und das Leben und Wirken ihrer Mitglieder in die zeitgeschichtlichen Vorgänge eingebunden waren. Von den 150 Jahren lagen 63 in der Zeit der beiden Diktaturen, von denen auch Sachsen heimgesucht worden ist. Hier stellt sich die Frage nach dem Verhalten der Akademie. Was ist, wer ist «die Akademie»? Es sind immer Menschen, die in Anpassung, Verstrickung oder Distanz zum jeweiligen politischen Regime ihren Weg gegangen sind, die in vorauseilendem Gehorsam den Mächtigen mehr gedient haben, als es notwendig gewesen wäre, oder die den immer noch gegebenen Spielraum zu eigenverantwortlichem Handeln genutzt und die Kraft zur Selbstbehauptung aufgebracht haben. Das Verhältnis von Wissenschaft und politischer Macht hat jeder selbst für sich zu bestimmen, er kann sich darin bewähren oder zum Knecht der Herrschenden werden. Die Veröffentlichung der ersten und letzten marxistischen «Geschichte Sachsens» 1989 im Auftrage der Historischen Kommission der Sächsischen Akademie der Wissenschaften zeigt an, wie weit die Anpassung gehen konnte. Auch die Frage, wer unter dem zweifellos vorhanden gewesenen Druck der SED in die Akademie zugewählt wurde und wer nicht, warum die einen und die anderen nicht, gehört in diesen Zusammenhang. Sie steht nicht auf den Ruhmesblättern der Akademiegeschichte der letzten 50 Jahre.

Gerade deshalb ist der zweite Gesichtspunkt so wichtig: Rudolf Kötzschke steht in der Geschichte der Sächsischen Akademie der Wissenschaften als Verkörperung einer wissenschaftlichen Tradition, die von der Suche nach der Wahrheit bestimmt wird und darum auch Maßstäbe setzt für die Beurteilung eben dieser Akademiegeschichte. So konnte die Begegnung mit dem alten Gelehrten in einer Zeit des Umbruchs, der Ungewißheit und der Orientierungslosigkeit nach dem Ende des Zweiten Weltkrieges für junge Nachwuchskräfte ein Vorbild setzen, Werte vermitteln und eine nachahmenswerte Haltung anbieten, die sich in der sittlichen Bewährung ausdrückt.

Anmerkungen

1 Karl-Marx-Universität Leipzig 1409–1959. Beiträge zur Universitätsgeschichte, 2 Bde., Leipzig 1959.

2 Biographische Skizzen und Nachrufe sind erschienen: NDB XII, S. 415 f.; – Historikerlexikon. Von der Antike bis zum 20. Jahrhundert, hrsg. von Rüdiger vom Bruch und Rainer A. Müller, München 1991, S. 170 f.; – Hellmut Kretzschmar: Blätter für Deutsche Landesgeschichte 89 (1952), S. 343 ff.; – Walter Schlesinger, HZ 170 (1950), S. 450 ff.; – ders. in: VSWG 38 (1950), S. 298 ff.; – ders. in: ZfO 1 (1952); – Herbert Helbig, ZRG germ. Abt. 67 (1950), S. 254 ff.; – ders.: Forschungen und Fortschritte 26 (1950), S. 52 ff.; – ders.: Rudolf Kötzschke und seine Arbeiten zur deutschen Landeskunde, in: Berichte zur deutschen Landeskunde 9, Heft 1 (1950), S. 31–37; – Manfred Hellmann: Zum 100. Geburtstag von Rudolf Kötzschke, ZfO 16 (1967); – Walter Schlesinger: Zum 100. Geburtstag Rudolf Kötzschkes, in: Bll. f. dt. LG 103 (1967), S. 85 ff.; – Werkeverzeichnis in der Festschrift «Von Land und Kultur», Beiträge zur Geschichte des mitteldeutschen Ostens zum 70. Geburtstag Rudolf Kötzschkes, hrsg. von Werner Emmerich, Leipzig 1937, S. 9–14; Nachträge bis 1949 in: Zum 50. Jahrestag der Gründung der Abteilung Landesgeschichte, von Heinrich Sproemberg unter Mitwirkung von Hellmut Kretzschmar, Leipzig 1956, S. 2 f.

3 Ernst Engelberg: Zum Methodenstreit um Karl Lamprecht, in: Joachim Streisand (Hrsg.), Die bürgerliche Geschichtsschreibung von der Reichseinigung von oben bis zur Befreiung Deutschlands vom Faschismus. Berlin 1965, S. 136–152; – Karl Czok: Der Methodenstreit und die Gründung des Seminars für Landesgeschichte und Siedlungskunde 1906 an der Universität Leipzig. Zum 60. Jahrestag der Gründung der Abteilung Landesgeschichte, in: Jb. f. Regionalgeschichte Bd. 2, Weimar 1967, S. 24; – Vgl. auch Karl Lamprecht, Zur universalgeschichtlichen Methodenbildung. Abh. d. Phil.-hist. Klasse der Sächsischen Akademie der Wissenschaften 27 (1909), S. 33–63, wieder abgedruckt in: Abstand und Nähe. Vorträge im Rückblick, hg. von Helga Bergmann, Berlin 1996, S. 51–71.

4 Wieland Held, Die Gründung des Seminars für Landesgeschichte und Siedlungskunde an der Universität Leipzig vor 90 Jahren. Der Weg einer wissenschaftlichen Einrichtung durch die politischen Zeitläufte im 20. Jahrhundert. Demnächst in: Neues Archiv für sächsische Geschichte Bd. 67, 1996.

5 Vgl. hierzu jetzt: Willi Oberkrome: Volksgeschichte. Methodische Innovation und völki-

sche Ideologisierung in der deutschen Geschichtswissenschaft 1918–1945 (Kritische Studien zur Geschichtswissenschaft Bd. 101). Göttingen 1993, besonders S. 126ff. und 183ff.

6 Rudolf Kötzschke: Das Seminar für Landesgeschichte und Siedlungskunde an der Universität Leipzig, in: NASG 57. Bd. (1936), S. 200–216, hier 213.

7 Ebenda, S. 216; vgl. auch Rudolf Kötzschke: Sachsen als Grenzland in der Geschichte, in: Politische Erziehung, Heft 12 (1933/34); – ders.: Nationalgeschichte und Landesgeschichte, in: Thüringisch-sächsische Zeitschrift für Geschichte und Kunst, XIII. Bd. (1923/24), S. 2–22.

8 Liste der unter Kötzschke angefertigten Dissertationen bei Herbert Helbig: Fünfzig Jahre Institut für deutsche Landes- und Volksgeschichte (Seminar für Landesgeschichte und Siedlungskunde) an der Universität Leipzig, in: Ber. z. dt. Landeskunde, 19. Bd. (1957), S. 59.

9 Esther Ludwig: Das Seminar für Landesgeschichte und Siedlungskunde an der Universität Leipzig und seine Direktoren Rudolf Kötzschke und Adolf Helbok im Prozeß der faschistischen Gleichschaltung (1933–1937), ungedr. Dipl.-Arbeit Universität Leipzig, Sekt. Geschichte, 1990.

10 Vgl. hierzu Rudolf Kötzschke und Hellmut Kretzschmar: Sächsische Geschichte. Dresden 1935.

11 Vgl. hierzu Rudolf Kötzschke und Wolfgang Ebert: Geschichte der ostdeutschen Kolonisation. Leipzig 1937; Rudolf Kötzschke: Ländliche Siedlung und Agrarwesen in Sachsen. Aus dem Nachlaß herausgegeben von Herbert Helbig (Forschungen zur deutschen Landeskunde Bd. 77). Remagen 1953.

12 Zum 50. Jahrestag (wie Anm. 2).

13 Gerhard Heitz: Rudolf Kötzschke (1867–1949). Ein Beitrag zur Pflege der Siedlungs- und Wirtschaftsgeschichte in Leipzig, in: Karl-Marx-Universität Leipzig (wie Anm. 1), Bd. 2, S. 269ff.

14 Karl Czok: Der Methodenstreit (wie Anm. 3).

15 Nach Meinung von Karl Czok war die Landesgeschichte mit dem Konzept des geographischen Determinismus «bemüht, vom Erkennen gesellschaftlicher Widersprüche und vom Klassenkampf abzulenken». Karl Czok: Der Methodenstreit (wie Anm. 3).

16 Karlheinz Blaschke: Leistungen und Aufgaben der Siedlungsgeschichte in der Deutschen Demokratischen Republik. In: Genetische Siedlungsforschung in Mitteleuropa und seinen Nachbarräumen, hrsg. von Klaus Fehn u. a., Bonn 1988, S. 163–176.

17 In seinem Akademievortrag vom 12. Juni 1981 zitierte Karl Czok eine Formulierung Kötzschkes über den Zusammenhang von Boden und Kulturentwicklung und diffamierte diese sachliche Feststellung als «jene Auffassung, die im Faschismus durch Geo- und Rassenpolitik pervertiert worden ist». Karl Czok: Über Traditionen sächsischer Landesgeschichte. Sbb. der Sächsischen Akademie der Wissenschaften zu Leipzig, Phil.-hist. Klasse, Bd. 123, Heft 4, Berlin 1983, S. 7.

18 Karl Czok: Zu Problemen der deutschen Landesgeschichte, in: Wiss. Zs. Karl-Marx-Universität Leipzig, 10. Jg. (1961), Ges.- u. Sprachwiss. Reihe, Heft 4, S. 514.

19 Vgl. hierzu Karlheinz Blaschke: Die landesgeschichtliche Arbeit in Sachsen. In: Annali dell' Istituto storico italo-germanico in Trento VII (1981), S. 155–197, besondes S. 187ff.

20 Karl Czok: Die Bedeutung der Regionalgeschichte in Deutschland und ihre Erforschung in der Deutschen Demokratischen Republik. Sächsische Heimatblätter, 8. Jg. (1962), Heft 3, S. 182ff.; ders.: Zu den Entwicklungsetappen der marxistischen Regionalgeschichtsforschung in der DDR, in: Jb. f. Regionalgeschichte Bd. 1 (1965), S. 9–24; Karlheinz Blaschke: Probleme um Begriffe – Beobachtungen aus der Deutschen Demokratischen Republik zum Thema «Regionalgeschichte», in: Informationen zur modernen Stadtgeschichte, 1986, Heft 1, S. 10–15.

21 Helga Schultz: Zu Inhalt und Begriff marxistischer Regionalgeschichtsforschung, in: ZfG, 33 Jg. (1985), S. 875–887.

22 Geschichte Sachsens, hrsg. von Karl Czok, Weimar 1989, S. 11f.

23 Karl Czok: Der Methodenstreit (wie Anm. 3), S. 12.

24 Ebenda, S. 12; So kam es von dieser Sicht her folgerichtig «im Jahre 1952 zum Abschluß sächsischer Landesgeschichte», ebenda S. 18.

25 Helmut Bräuer: Zur historischen Forschung in Sachsen: Herkunft, Situation, Aufgaben, in: Bayerische Blätter für Volkskunde, Jg. 17 (1990), 4/90, S. 221–228, hier S. 226.

26 Luise Schorn-Schütte: Karl Lamprecht. Kulturgeschichtsschreibung zwischen Wissenschaft und Politik. Schrr. d. Hist. Komm. bei der Bayerischen Akademie der Wissenschaften, Bd. 22, Göttingen 1984; dies.: Karl Lamprecht. Wegbereiter einer historischen Sozialwissenschaft, in: Deutsche Geschichtswissenschaft um 1900, hrsg. von Notker Hammerstein, Stuttgart 1988, S. 153–191.

27 Roger Chickering: Karl Lamprecht. A German Academic Life (1856–1915), New Jersey 1993.

28 Willi Oberkrome: Volksgeschichte (wie Anm. 5).

29 Historikerlexikon (wie Anm. 1), S. 29.

30 Vgl. hierzu Sächsische Akademie der Wissenschaften zu Leipzig, Verfasser- und Sachregister 1896–1948 der Abhandlungen und Berichte, Phil.-hist. Klasse, Berlin 1957, S. 13.

Walter Zöllner

Martin Lintzels Betrachtungen zur deutschen Katastrophe

Die 300-Jahr-Feier der Martin-Luther-Universität Halle-Wittenberg 1994 und das bevorstehende Jubiläum der Sächsischen Akademie lenken den Blick auf jene Angehörige dieser Wissenschaftsinstitutionen, die deren Schicksal mitgestaltet haben. Neben der wissenschaftlichen Leistung interessiert dabei naturgemäß insbesondere ihr Anteil an der Wissenschaftspolitik und ihre Stellungnahme zum politischen Geschehen der Zeit. Der 50. Jahrestag der Beendigung des 2. Weltkrieges, dessen Folgen ja bis in unsere Tage hineinreichen, legt es nahe, sich in dem Zusammenhang eben diesem Jahre 1945 und den ersten Nachkriegsjahren zuzuwenden. Auch der Zusammenbruch des zweiten deutschen Staates, im Ergebnis jener damals eingeleiteten Entwicklung entstanden, mit vielen, den Ereignissen um 1945 ähnlichen Phänomenen, wie sie die Bedingungen des zweiten unconditional surrender insbesondere für die Älteren in Ostdeutschland mit sich brachten, deutet in diese Richtung.[1]

Zu den Personen, deren Wirken unter solchen Aspekten interessant ist, gehörte Martin Lintzel, der seine akademischen Jahre zumeist an der Universität Halle als Mediävist verbracht hat.[2] Er war ein Schüler des Rechts- und Verfassungshistorikers Albert Werminghoff, promovierte 1924 und habilitierte sich 1927. Danach wirkte er als Privatdozent, wurde 1935 Außerordentlicher Professor für deutsche Rechts- und Verfassungsgeschichte in Kiel und 1936 für Mittlere und Neuere Geschichte in Halle, Ende 1943 schließlich Ordinarius für Mittlere und Neuere Geschichte, ebenfalls in Halle. 1946 erfolgte die Neuberufung durch die Provinzialverwaltung, da man die von Hitler (als Reichsstatthalter) und Göring (als Ministerpräsident) ausgestellten Urkunden begreiflicherweise nicht mehr anerkennen wollte.

Mit Leipzig, mit Universität und Akademie, hatte Lintzel erst nach dem 2. Weltkrieg mehr zu tun. Bei der Neubesetzung der Professur für Mittelalterliche Geschichte stand er 1947 vor Herbert Grundmann und Walter Schlesinger zur Diskussion.[3] Er lehnte jedoch ab, wohl um der neuen Entnazifizierungswelle, die im Bundesland Sachsen besonders rigoros durchgeführt wurde, zu entgehen. Auch für eine Vertretung stellte er sich nicht zur Verfügung.[4] Vielleicht hat dabei eine gewisse Abneigung gegen die Verhältnisse an der Leipziger Universität mitgespielt, wo bereits im Frühjahr 1947 eine erhebliche Anzahl der neu berufenen Professoren der SED angehörte.[5]

Lintzel hat sich auch für die Förderung des bis dahin außerhalb der Universität arbeitenden und umstrittenen Heinrich Sproemberg eingesetzt, der zwischen 1950 und 1958 die Leipziger Mediävistik prägte.[6] Dieser war zunächst in der Verwaltung der Provinz Sachsen tätig und bemühte sich im Frühjahr 1946 um eine Lehraufgabe an der halleschen Universität. Lintzel befürwortete einen Lehrauftrag und war auch bereit, ein Habilitationsverfahren für Sproemberg zu unterstützen.[7] Einige Jahre später hatte er dann mit Sproemberg noch einmal zu tun, als im Herbst 1950 dessen Aufnahme in die Sächsische Akademie angeregt wurde. Dieses Mal stellte er sich allerdings nicht vor Sproemberg.[8]

Der Sächsischen Akademie gehörte Lintzel seit 1948 an; am 1. Juli 1948 erfolgte die Zuwahl zum Ordentlichen Mitglied der Philologisch-historischen Klasse.[9] Er war damit einer aus der geringen Zahl hallescher Professoren, die in jenen Jahren Zugang zur Akademie erhielten. Lintzel scheint insgesamt drei Vorträge gehalten zu haben: «Liebe und Tod bei Heinrich Kleist» (12. Dezember 1949),[10] «Die Entstehung des Kurfürstenkollegs» (17. September 1951)[11] und «Heinrich I. und die fränkische Königssalbung» (13. Dezember 1954)[12]. Wohl nicht vorgetragen wurden die 1953 als Verhandlungsbericht publizierten «Miszellen zur Geschichte des 10. Jahrhunderts»[13]. Als besonderes Akademieprojekt betreute Lintzel darüber hinaus die Habilitationsschrift des halleschen Heimathistorikers Erich Neuss über die Entstehung der Klasse der Lohnarbeiter in Halle. Er vertrat die Sächsische Akademie 1953 bei der Jahressitzung der Zentraldirektion der Monumenta Germaniae Historica in München.[14]

Wenden wir uns nun dem eigentlichen Thema zu. Die Aufzeichnungen, um die es hier geht, bestehen aus acht Stücken, die sich in Lintzels Nachlaß (heute: Geheimes Staatsarchiv Berlin, Preußischer Kulturbesitz) befinden und sich über den Zeitraum vom August 1945 bis zum November 1947 erstrecken.[15] Sie sind zwar in dem seinerzeit von Annerose Schneider zusammengestellten Schriftenverzeichnis erwähnt,[16] eine nähere, systematische Beschäftigung mit ihnen hat jedoch bis heute (wenn ich von kurzen Bemerkungen zum Inhalt, die ich in einem anderen Zusammenhang gemacht habe, einmal absehe) nicht stattgefunden.

Wie sind die einzelnen Aufzeichnungen beschaffen? Man muß vom Verarbeitungsgrad her vier Gruppen unterscheiden:

1. Zettelnotizen,
2. Fragmente für geplante zeitgeschichtliche Veröffentlichungen,
3. Vortragsmanuskripte (die mehr oder minder ausgearbeitet sind),
4. Gutachten.

Die Stücke sind bis auf die letzte Gruppe handschriftlich (Bleistift oder Tinte) gehalten und in der Regel schwer zu entziffern; es wurde Papier von unterschiedlicher Qualität und unterschiedlichen Formaten verwendet (meist Schulhefte oder Schulheftpapier). Es gibt neben den Haupttexten Randnotizen (teilweise als Einfügung gedacht), Korrekturen, Streichungen und Datierungen. Die Verfasserschaft wird durch die Schrift und durch die individuelle Gedankenführung verdeutlicht.

Die Zettelnotizen der ersten Gruppe, wohl 1946 entstanden, sollten Materialien zu den geplanten Arbeiten über das 3. Reich bereitstellen.[17] Sie sind bis auf ein Stück keinem konkreten Thema zuzuordnen.

Ergiebiger sind die Aufzeichnungen aus Gruppe II. Das älteste, im August 1945 geschriebene Stück trägt den Titel dieses Beitrages.[18] Die Randdaten (9.8.45, 11.8.45) deuten auf das allmähliche Fortschreiten des Manuskripts hin. Das Ganze sollte, wie die Einleitung zeigt, eine Beurteilung des NS-Regimes bringen und war durch die Aufforderung eines Verlages (nach Meinung von A. Schneider eventuell Unger & Domröse in Berlin)[19] veranlaßt worden, eine Geschichte des 3. Reiches zu schreiben. Mehr als vier Teile hat Lintzel nicht geschafft; die Arbeit ist also ein Torso geblieben, der mehr den Charakter einer Selbstverständigung besitzt, als daß er wirklich die Basis zu einer historischen Darstellung hätte bilden können. Sicherlich wären in dieser Zeit, nur wenige Monate nach der Kapitulation, auch nur sehr subjektive Reflexionen über den Gegenstand möglich gewesen.

Das nächste Stück der Gruppe II ist «Zur Lage» überschrieben und gibt als Entstehungsdatum den 22. März 1946 an.[20] Auch hierbei handelt es sich wieder um ein Fragment, dessen erster und einziger Teil die «Ursachen für die Entstehung des 3. Reiches» behandeln wollte. Ergänzungen ergeben sich aus einem Blatt der Zettelnotizen aus der Gruppe I.[21] Neben einem Exposé des 1. Teils der Arbeit «Zur Lage» enthält das Stück noch eine Disposition des geplanten 2. Teils mit der Überschrift «Ursachen der Erhaltung des 3. Reiches».

Ein drittes Stück stammt vom 11. und 16. Februar 1947 und nennt sich «Verantwortlichkeiten».[22] Es ist ein, vielleicht als in etwa abgeschlossen anzusehender Artikel über die Haltung der deutschen Generalität in der Fritschaffäre 1938. Dieser wurde veranlaßt durch einen Beitrag von Heinrich Rosenberger (ehemaliger Chef der Wehrmachtsrechtsabteilung) in der Zeitschrift «Deutsche Rundschau», in dem dieser seine Erinnerungen an die damaligen Vorgänge mitgeteilt hatte.

Aus der gleichen Zeit (Datumsangabe 1. Januar 1947) stammt die Einleitung zu einem Theaterstück «Die Familie Michael», das die besonders in Prolog und Epilog vertretenen Meinungen Lintzels verdeutlichen sollte.[23] «Die Familie Michael» stellt ein antifaschistisches (von Lintzel «satirisch» genanntes) Trauerspiel in Prosa dar, welches deutsches Schicksal in einer Kleinstadt am 31. August und 1. September 1939 zum Inhalt hat. Es blieb ungedruckt und ungespielt; der Verfasser hatte es Verlagen und Theatern angeboten, war aber immer auf Ablehnung gestoßen. Er führte das nicht auf Kritik an der künstlerischen Qualität des Stückes, sondern auf den Inhalt zurück, den man damals schon nicht mehr aufführen wollte. Die Einleitung zur «Familie Michael» besteht aus drei Teilen: Nach dem Vorwort werden die «Schuld des Hitlerregimes» und die «Schuld des deutschen Volkes» behandelt. An anderer Stelle des Nachlasses hat sich noch ein zweites Vorwort zur «Familie Michael» erhalten, das auf den 11. Februar 1947 datiert ist.[24] Die «Familie Michael» steht in der Tradition dramatischer Versuche zur Zeitgeschichte, die Lintzel schon während der Revolution von 1918 begonnen hatte. Hier wollte er die damaligen Vorgänge in antiker Verkleidung gestalten.[25]

In die dritte Gruppe der zeitgeschichtlichen Aufzeichnungen Martin Lintzels sind zwei Vorträge einzuordnen. Die beiden Vorträge wurden sicherlich nicht auf die Initiative des Verfassers hin konzipiert. Wahrscheinlich meinte Lintzel, daß er sich als Universitätsprofessor, der wie die anderen halleschen Professoren bis zum Sommer 1946 Gehalt bezogen hatte, ohne dafür kontinuierlich Vorlesungen zu halten (zwar Eröffnung der Universität am 25. Februar 1946, aber Abbruch der Geschichtsvorlesungen im Juni 1946), einer solchen Aufforderung aus aktuellem Anlaß nicht entziehen könne. Der erste Vortrag nannte sich «Das Geschichtsbild der Demokratie»[26] und war Teil einer von der «Deutschen Verwaltung für Volksbildung» der Sowjetischen Besatzungszone angeregten Vorlesungsreihe, an der neben Universitätsprofessoren auch Vertreter des öffentlichen Lebens der Provinz Sachsen beteiligt waren.[27]

Im Traditionsverständnis der späteren Sektion Marxismus-Leninismus, der Trägerin der Zwangsindoktrination der Studenten, galt diese Reihe als Beginn des «gesellschaftswissenschaftlichen Grundlagenstudiums» in Halle. Da Lintzel damals der einzige Geschichtsordinarius war, konnte auch nur er diese Thematik mit einigermaßen historischer Weite und Tiefe abhandeln. Was Lintzel nicht an ideologischem Beiwerk bringen konnte, vermittelten andere Referenten wie Bernard Koenen, der Sekretär der KPD bzw. SED in der Provinz Sachsen. Der Vortrag ist in zwei Dispositionsfassungen und einer Inhaltsangabe überliefert, wahrscheinlich also gar nicht vollständig ausgearbeitet worden.

Der zweite Vortrag, wohl vom November 1947, ist «Ansprache» betitelt.[28] Er gehört in das Vorfeld der am 25. November in London eröffneten Konferenz der Außenminister der vier Besatzungsmächte (Bidault, Bevin, Marshall und Molotov) über die deutsche Frage und dementsprechend in die Volkskongreßkampagne der SED, die überall in der Sowjetischen Besatzungszone Reden sowie individuelle und kollektive Stellungnahmen hervorbrachte.[29] Wenn man sich die Mühe machte, all diese Stellungnahmen miteinander zu vergleichen, würde man wahrscheinlich feststellen, daß Martin Lintzels «Ansprache» zu den eigenwilligsten und seltsamsten dieser Verlautbarungen gehörte. Die Universität Halle hatte pflichtgemäß eine Stellungnahme zur Konferenz abgegeben. Der Festredner Lintzel erklärte rundheraus, daß man sich natürlich über den Sinn solcher Stellungnahmen keine Illusionen machen dürfe, trotzdem sei das Ganze nicht töricht, da man zu politischen Grundfragen wie der deutschen Spaltung nicht schweigen dürfe. Das Ergebnis der Konferenz gab Lintzel recht.

Die vierte Gruppe zeitgeschichtlicher Materialien im Lintzelschen Nachlaß ist mit seiner Stellungnahme zur Erneuerung des Geschichtsunterrichts in der Provinz Sachsen bzw. der Sowjetischen Besatzungszone vertreten.[30] Ein solches Gutachten hatte der Leiter der Abteilung für Volksbildung in der Provinzialverwaltung, Präsidialdirektor Halle, am 4. Mai 1946 von Lintzel erbeten,[31] der schon vier Tage später antwortete. Vielleicht wurde die Anfrage von H. Sproemberg veranlaßt, der sich damals in der Provinzialregierung mit Fragen der Neuordnung des Geschichtsunterrichts befaßte.[32] Das Dokument ist allerdings nicht isoliert, sondern im Zusammenhang mit den Vorbereitungen der Zonenverwaltung für Volksbildung (und damit der Sowjetischen Militäradministration) zu sehen, im Herbst 1946 die Lehre in Geschichte an den allgemeinbildenden Schulen und an den Universiäten wiederaufzunehmen.[33]

Zu diesem Zweck wurden von den nichtbelasteten Universitätshistorikern Gutachten eingeholt; es waren «Richtlinien für den Unterricht in deutscher Geschichte» veröffentlicht worden, die auf Materialien des Nationalkomitees «Freies Deutschland» beruhten und von der KPD im Frühjahr 1946 entwickelt worden waren. Vom 21. bis 23. Mai 1946 wurde schließlich in Berlin eine Historikertagung abgehalten, an der neben Vertretern der Sowjetischen Militäradministration in Deutschland, der Deutschen Verwaltung für Volksbildung und des Parteivorstandes der SED Rektoren und Delegationen der ostdeutschen Universitäten (Ausnahme aus den Westzonen: Markov aus Bonn) teilnahmen.[34] Auch Lintzel beteiligte sich; er war auch Mitglied einer Arbeitsgruppe, die einen Lehrplan für mittelalterliche Geschichte zur Verwendung an den Universitäten erarbeiten sollte. Die Tagung wurde von Theodor Brugsch, dem 2. Vizepräsidenten der Deutschen Verwaltung für Volksbildung geleitet, das Hauptreferat «Die gegenwärtige Lage Deutschlands und ihre Bedeutung für die Geschichtswissenschaft» hielt Anton Ackermann vom SED-Zentralsekretariat, prominenter Verfechter der These vom deutschen Weg zum Sozialismus.

Die Gedanken und Überlegungen, die Martin Lintzel in den vorgenannten Materialien zu Papier gebracht hat, sind nicht nur dem deutschen Schicksal zwischen 1933 und 1945 allgemein, sondern auch dem eigenen Erleben geschuldet. Dieses Erleben war der Alltag unter dem NS-Regime, insbesondere der Zustände an den Universitäten und dessen, was man als NS-Hochschulpolitik bezeichnen kann. Es bedeutete weniger den Reflex auf eine nationalsozialistische Geschichtswissenschaft, die trotz einzelner Versuche praktisch nicht existierte (Gründe: nur sechs Jahre Entwicklungszeit, rechte Ideologien bieten zu wenig «Wissenschaftlichkeit»). Wohl gab es verschiedene Historiker, die dem Rasse- und Volkstumskult huldigten und das – in der Regel sehr äußerlich – in ihren Werken zum Ausdruck brachten. Viele Gelehrte allerdings priesen Hitler und seine geschichtliche Sendung und rechtfertigten seine Außenpolitik.

Karen Schönwalder hat das ja in ihrer vor vier Jahren erschienenen Arbeit «Historiker und Politik» minutiös aufgelistet.[35] Schlimmer war freilich der ständige Politisierungsdruck im akademischen Alltag, wo oft Scharfmacher und Scharlatane den Ton angaben. Lintzel erlebte das in den Jahren der NS-Herrschaft in Berlin an der «Deutschen Hochschule für Politik» sowie an den Universitäten Halle und Kiel; seine dortigen Erfahrungen haben sein individuelles Bild vom Nationalsozialismus geprägt, ein Bild, das zum Schluß regelrecht von Haß bestimmt war.[36]

An der Politikhochschule, wo Lintzel 1933 einen Lehrauftrag wahrnahm, erfuhr er von vielen Protagonisten des neuen Regimes wie von dem berüchtigten Antisemiten Johann von Leers und dem Wissenschaftsexperten Rosenbergs Alfred Baeumler. In Halle wurde er Zeuge der vor allem von der Studentenschaft in der Schlußphase der Weimarer Republik getragenen Nazifizierung der Universität mit Vertreibung mißliebiger Professoren, Beseitigung der akademischen Selbstverwaltung, Zulassungsbeschränkungen und allseitiger Einmischung der NSDAP-Funktionäre – das alles mit der Belohnung durch die Schirmherrschaft des Reichsleiters Rosenberg. In Kiel sah sich Lintzel heftigen Angriffen der schleswig-holsteinischen Gaustudentenführung ausgesetzt, die ihn auf Grund seiner Antrittsvorlesung beschuldigte, ein Parteigänger des politischen Katholizismus zu sein.

Die übelsten Erfahrungen machte er nach einem Vortrag auf dem 38. Philologentag, der im Oktober 1934 in Trier abgehalten und von der Propaganda zur bevorstehenden Saarabstimmung überschattet wurde. Als ausgewiesener Kenner der altsächsischen Geschichte war er von den Tagungsorganisatoren als Referent zu dem Thema «Karl der Große und Widukind» eingeladen worden. Damit geriet er in eine damals aktuelle Kampagne der Rosenbergleute hinein, deren Ziel die nationalsozialistische Umdeutung der deutschen Geschichte war. In Gegenwart der NS-

Pädagogen Krieck und Schemm verwahrte sich Lintzel gegen die romanhafte Neuinterpretation historischen Geschehens. Sinngemäß erklärte er, daß die politisierende Geschichtsbetrachtung, die in der Geschichte nur den aktuellen politischen Nutzen suche, das Ende jedes wissenschaftlichen Verständnisses historischen Geschehens sei.

Wie man eine solche Haltung, ein solches Bekenntnis zur Wissenschaft in einer schlimmen Umgebung, hinter der ein terroristisches Regime stand, als Kompromißbereitschaft in der Form bezeichnen kann (wie jüngst Joachim Petzold in einem Aufsatz «Die Auseinandersetzung zwischen den Lampes und den Hampes»), ist mir unverständlich.[37] Für die Trierer Ausführungen wurde Lintzel monatelang in der NS-Presse angegriffen; das hielt bei ihm die Erinnerung an jene Vorgänge dauerhaft fest.

Doch begeben wir uns nun zum Inhalt jener Reflexionen über das 3. Reich und die Ursachen seiner Entstehung. «Wie konnte es geschehen?» (so der Titel einer Schrift des Sozialdemokraten Max Fechner) und «Wie soll es weitergehen?» – das waren Fragen, die in den ersten Nachkriegsjahren von Politikern, Militärs, Kirchenvertretern, Wissenschaftlern und Künstlern der verschiedensten Richtungen breit und nachhaltig diskutiert wurden.[38] Das Verlangen, mit dem Nationalsozialismus ein für alle Mal abzurechnen, sich über Schuld und Mitschuld an den Verbrechen der gestürzten Diktatur klarzuwerden, und die Notwendigkeit, ein neues, jetzt dauerhaft demokratisches Deutschland aus den Trümmern des untergegangenen zu errichten, waren grundlegende Gemeinsamkeiten, welche die verschiedenen politischen und weltanschaulichen Gruppierungen zunächst bis zu einem gewissen Grade verbanden – in allen Besatzungszonen.

Inhaltlich zeigten sich freilich bereits deutliche Unterschiede, die im Osten Deutschlands zu einer abermaligen Fehlentwicklung führten, bei der der kommunistische Führungsanspruch (begünstigt durch den anbrechenden «Kalten Krieg») die nichtkommunistischen demokratisch gesinnten Personen und Gruppen erst zurück- und dann völlig verdrängte oder zur bloßen Akklamation bei allen wesentlichen Entscheidungen verdammte.

Auch nicht wenige Historiker beteiligten sich an den genannten Diskussionen, sahen sie sich einmal gewissermaßen ex officio dazu herausgefordert, zum anderen aber, weil der «Zunft» Mitschuld an der Entwicklung zum Nationalsozialismus gegeben wurde. Bisweilen war auch offizielle Aufforderung der Anlaß, wie im Falle des angeführten Historikertreffens, des ersten im Nachkriegsdeutschland überhaupt. In diesen allgemeinen Zusammenhang gehören auch Martin Lintzels Niederschriften aus dem Nachlaß. Ich möchte die hier zu findenden Erörterungen systematisch, also stückübergreifend, behandeln.[39]

1 Was heißt «deutsche Katastrophe»?

Man muß trotz der immer deutlicher werdenden Kriegsfolgen eindeutig sagen: Nicht der verlorene Weltkrieg bedeutete die deutsche Katastrophe, sondern das gesamte 3. Reich. Für das Zustandekommen und die Praxis dieses 3. Reiches trägt das deutsche Volk die Hauptverantwortung. «Wir durften das 3. Reich nicht haben!»[40] Daher müsse man mit dem Naziregime schonungslos abrechnen und dabei vor allem vor der eigenen Tür kehren, trotz mancher Begünstigungen, die das 3. Reich auch aus dem Ausland erfahren hat.

2 Das 3. Reich – eine spezifisch deutsche Erscheinung?

Eine solche These sei entschieden abzulehnen. Das 3. Reich ist vielmehr als Schulbeispiel dafür anzusehen, was in der Menschheit an Negativem vorhanden ist. Das müsse freilich nicht immer so bleiben, wenn die Deutschen in Erkenntnis ihrer Verantwortung daran arbeiten.

3 Die Ursachen für die Entwicklung und Machtübernahme des Nationalsozialismus

- Die Mentalität des deutschen Volkes im Kaiserrreich und in der 1. Republik: Politische Unfähigkeit sowie mangelnde politische und geschichtliche Bildung waren weit verbreitet, es fehlte an Gefühl für Rechtlichkeit, Anstand und Sauberkeit. Wäre das bei der breiten Masse des Volkes in Ordnung gewesen, hätte man die Nazis schon 1933 als politische Scharlatane und Banditen erkennen und ihnen jede Unterstützung verweigern müssen. Die Gewalt der Nazis wurde für ein Zeichen ihres Jugendcharakters gehalten.
- Die propagandistische Tarnung der NS-Bewegung verdunkelte für viele deren wahren Charakter. Ihre Agitation gegen Korruption, für Recht und Moral, für Ehe und Familie, für Frieden und Sozialismus sprach das Volk an. Die Schriften Hitlers und Rosenbergs waren unverständlich und wurden nicht gelesen.
- Eine wichtige Ursache schien für Lintzel in der übertriebenen Kommunistenfurcht zu liegen; die Angst vor dem Linksterror trieb die Bevölkerung dem Rechtsterror in die Arme. Die geschwächte bürgerliche Mitte und die Sozialdemokratie schienen die Kommunisten nicht aufhalten zu können.
- Der Weimarer Parlamentarismus hatte versagt, insbesondere trifft die Mittelparteien schwere Schuld. Auch die Wählerschaft ist für dieses Versagen verantwortlich zu machen; sie verstand nicht, daß nur ruhige Regierungsarbeit, nicht aber ein «Straßenkrieg» eine Lösung der Krise bringen konnte. Diese Kritik bedeutete freilich nicht eine grundsätzliche Ablehnung des parlamentarischen Systems, sondern beinhaltete u. a. die Forderung nach Verbesserungen.

- In der wirtschaftlichen Not um 1930 erkannten viele nicht, daß diese vor allem eine Folge des verlorenen Krieges war.
- Das Versagen der westlichen Demokratien: Sie unterstützten die parlamentarischen Regierungen Deutschlands nur wenig und trugen damit wesentlich zur Schwächung der Weimarer Republik bei. Später versagten sie mit ihrer Appeasementpolitik und der Tolerierung der Judenverfolgungen.
- Der Versailler Vertrag enthielt viele Fehler. Unglücklich waren insbesondere die vielen Nadelstiche in den Bestimmungen, die ständige Demütigungen bedeuteten (Kriegsschulderklärung, Korridor, Anschlußverbot Österreichs). Das gab der nationalistischen Propaganda in Deutschland ständig neue Nahrung. Die Alliierten beachteten beim Abschluß nicht, daß sie es mit einer verständigungsbereiten deutschen Regierung zu tun hatten. Trotzdem hielt Lintzel den Vertrag für besser, als sein Ruf war. Die territorialen und Reparationsbestimmungen waren nicht ungerecht, letztere freilich undurchführbar. Es gab viel Positives im Vertrag, etwa den Minderheitenschutz.

4 Die deutsche Sonderentwicklung als eine Quelle für das Aufkommen des Nationalsozialismus

Zu dieser damals intensiv diskutierten Frage finden sich bei Lintzel nur Reflexionen über das Bismarckreich, in dem er Anfänge der schicksalsträchtigen deutschen Fehlentwicklung zu entdecken glaubte, und über Demokratie in Deutschland. Ein Hauptfehler der Politik Bismarcks war die Annexion Elsaß-Lothringens, welche den Grund für die verhängnisvolle außenpolitische Konstellation am Vorabend des 1. Weltkrieges legte und Deutschland neben Polen und Dänen eine neue nationale Minderheit brachte. Die Stabilität des damals begründeten politischen Systems war zu sehr an die Person Bismarcks geknüpft; seine Nachfolger vermochten das nicht zu bewahren. In diesem Zusammenhang findet sich auch das bemerkenswerte Urteil voller Allgemeingültigkeit: «Wo würde man hinkommen, wenn man alles Unrecht und alle gewaltsamen Annexionen, die vor ein paar Jahrhunderten geschehen sind, revidieren wollte?»[41]

Die Demokratie werde einen schlechten Neubeginn haben, da sie in der deutschen Geschichte nur eine geringe Rolle gespielt habe. Als demokratische Bewegungen der älteren Zeit sah Lintzel nur den Bauernkrieg und die Revolution von 1848. Freilich sei damit «nicht viel Staat zu machen».[42] Die Demokratie von 1918 und die neue von 1945 verdankten die Deutschen den Siegern, nicht sich selbst.

5 Reichswehr, Wehrmacht, Vorgeschichte des 20. Juli

Die Verantwortung der Generalität für das Zustandekommen und Funktionieren des Hitlerregimes, ein ebenfalls oft angesprochenes Problem, wird von Lintzel am Beispiel der Blomberg/Fritsch-Krise behandelt. An dem Vorgang sei allein das Verhalten der Wehrmachtsführung von Interesse. Es zeigte sich schon hier, daß die Generäle einem falschen Ehrenkodex anhingen, eine falsche Loyalität gegenüber den Inhabern der Staatsgewalt an den Tag legten. Sie machten mit, obwohl sie die wirklichen Gegebenheiten im Nazireich kannten. Hitler hätte vom Offizierskorps als schwerere Belastung als Frau Blomberg empfunden werden müssen. Ein Putsch oder Totalverweigerung wäre notwendig gewesen, aber nichts geschah.

Lintzel verkannte freilich nicht die Problematik des Widerstandes im NS-Reich. Wie man an vielen Beispielen vom Altertum bis zur Gegenwart sehen könne, sei es schwer, eine etablierte Diktatur zu beseitigen. Der Repressionsapparat der Nazis erwies sich als perfekt (Unterdrückungsorgane, Denunziantensystem, gleichgeschaltete Medien). Es waren lediglich kleine Oppositionsgruppen möglich, eine Revolution nicht. Für Militärputsche gab es nur bei besonderen außenpolitischen Konstellationen eine Chance.

6 Versäumnisse des Geschichtsunterrichts

Ihm wird in Krisenzeiten immer eine Mitschuld zugeschoben, wobei seine Leistungsfähigkeit, unabhängig von den bestimmenden politischen Rahmenbedingungen, regelmäßig überschätzt wird. In der Analyse des nationalsozialistischen Geschichtsunterrichts (zu dessen Zielsetzung sich sogar Hitler selbst geäußert hatte) kam Lintzel zu folgender Bewertung: Er habe eine katastrophale Unkenntnis geschichtlicher Dinge und grundlegende Mängel an geschichtlichem Verständnis produziert. Schlimmste Wirkung aber sei gewesen, daß falsche Wertmaßstäbe vermittelt wurden. Letztes Kriterium für die Beurteilung geschichtlicher Vorgänge war der reine Machtstandpunkt – ein verhängnisvoller Irrtum. Das habe dazu geführt, daß alle Politik allein durch den Erfolg gerechtfertigt worden sei. Diese Haltung war auch das Produkt «einer außerhalb der Schule liegenden Schulung in HJ-Lagern, Schulungskursen aller Art und publizistischer Beeinflussung».[43]

7 Zur Situation der Deutschen nach 1945 – Deutschland unter alliierter Besetzung

Lintzel sah Deutschland nach dem Ende des NS-Regimes in der schlimmsten Krise seiner Geschichte. Die Einheit und damit die Existenz des deutschen Volkes stünden auf dem Spiel. In Ost und West vollziehe sich eine verhängnisvolle Sonderentwicklung. So etwas gab es in der deutschen Staatsgeschichte seit dem Vertrag von Verdun (843) noch nie, trotz der sehr unterschiedlichen Staatsstruktur. Föderalistische Zeiten waren häufig, immer aber blieben irgendwelche gesamtdeutschen Gemeinschaftsinstitutionen bestehen. Das ist 1945 zum ersten Mal anders; ein deutsches Spitzengremium fehlt. Die unterschiedliche Besatzungspolitik wirke auch auf das Verhältnis der Deutschen untereinander ein, man verstehe sich bereits kurze Zeit nach Kriegsende nicht mehr. Eine Präferenz für eines der in der Sowjetischen Besatzungszone und den Westzonen unterschiedlich angebotenen ordnungspolitischen Modelle läßt sich in Lintzels Materialien nicht entdecken; der drohende Verlust der Einheit scheint andere Überlegungen verdeckt zu haben.

8 Der einzelne und die Gemeinschaft: Schuld und Verantwortung, Selbstbesinnung, wider die NS-Nostalgie, wider das Vergessen

Bei allen Überlegungen zur Nachkriegssituation müsse auch dem einzelnen klar sein: Was in Deutschland und mit Deutschland geschieht, ist die Folge dessen, was in Deutschland und durch Deutschland in der Welt geschehen ist. Die Weltgeschichte ist das Weltgericht; alle Völker müssen die Taten ihrer Regierungen büßen und eventuelle völkerrechtliche Konsequenzen tragen.

Für Lintzel ist die Schuldfrage kein primär völkerrechtliches Problem, sondern ein historisches, politisches und psychologisches. Trotz der Berücksichtigung vieler Momente, die gegen eine Kollektivschuld sprechen, hielt er das deutsche Volk als Ganzes doch für mitschuldig am Aufkommen und Wirken des Nationalsozialismus. Das Anerkennen dieser Schuld sei die Grundvoraussetzung für jeden Neuanfang. Wenn auch der einzelne nicht unbedingt Schuld auf sich geladen habe (Problematik des Mitläufers, Idealismus bei einzelnen NS-Leuten), müsse er doch Verantwortung für das Geschehen fühlen und tragen.

Allerdings glaubte Lintzel bereits im August 1945 Zeichen beginnender NS-Nostalgie (das Wort war damals noch nicht üblich) bemerken zu müssen. Überwogen zum Zeitpunkt der Kapitulation noch das negative Bild über die NS-Zeit und die klare Schuldzuweisung an die führenden Nationalsozialisten, so sei nunmehr angesichts der immer spürbarer werdenden Folgen des verlorenen Krieges eine Verklärung Hitlers zu bemerken, der gegen jene Katastrophe gekämpft habe, welcher man sich nun ausgesetzt sehe. Die Frage nach dem Weg in die Katastrophe werde schon gar nicht mehr gestellt oder mit falschen Erklärungen (Verrat, Sabotage, neue Dolchstoßlegende) beantwortet.

9 Perspektiven der Deutschen

Nach der Selbstbesinnung ist ein Gesinnungswandel notwendig. Er, nicht die schlechten Erfahrungen mit einem politischen System, sei die Basis der Umkehr der Deutschen. Sie müßten dem Macht- und Gewaltdenken abschwören und sich zu Menschlichkeit und Frieden bekennen. Nicht Demokratie an sich könne das politische Ziel sein, sondern ihre Verbindung mit Gerechtigkeit und Friedensliebe. Es ist also eine innere Wandlung zu Humanität und Liberalität erforderlich. Damit kann – wenn wir dafür heute übliches Vokabular verwenden – eine pluralistisch strukturierte, die Menschenrechte achtende Zivilgesellschaft entstehen.

Nur diese innere Umkehr gibt den Deutschen das Recht, an die Siegermächte Forderungen zu stellen. Das wird aber nicht so leicht geschehen; es ist notwendig, das deutsche Volk zum selbständigen Denken zu erziehen, an dem es in Deutschland immer gehapert hat. Vor allem scheint eine intensive Aufklärung der Bevölkerung über den Nationalsozialismus erforderlich zu sein.

Wie kann denn eine solche Erziehung erreicht werden? Hierfür sind eine gründliche, bedächtige, sachliche, gerechte, wahrheitsgetreue, nicht erneut einseitige Unterrichtung und Diskussion notwendig. Man muß den Geschmack an der geschichtlichen Wahrheit restituieren. Es wird wenig erreicht werden, wenn «Kampf» (Hitler) und «Mythus» (Rosenberg) einfach durch antifaschistische Literatur ersetzt werden und man alles andere verbietet. Man kann politische Schlagworte nicht einfach austauschen.

Auch der neue Unterricht in der Geschichte (worunter Lintzel wohl den an allgemeinbildender und Hochschule gleichermaßen verstand) kann zu dieser Erziehung wesentlich beitragen. Hier werden nicht nur die Erweiterung und Vertiefung der geschichtlichen Kenntnisse gefordert (verbunden mit Fähigkeiten, das historische Material kritisch und sachlich zu betrachten), sondern vor allem neue Maßstäbe der Geschichtsdeutung verlangt. «Recht, soziale Gerechtigkeit, ethische, religiöse, kulturelle Gesichtspunkte, ein friedlicher Ausgleich zwischen den Völkern müssen die entscheidenden Mäßstäbe sein, nach denen wir urteilen.»[44]

Also auch hier heißt es: Weg von der Anbetung von Macht und Gewalt, von der Toleranz gegenüber Unrecht.

Dabei galt Lintzel im Sinne von Jacob Burckhardt, den er im besonderen Maße schätzte, die Macht an sich als böse, die Politik verdächtig. Gegenüber allem Geschichtlichen sei Skepsis geboten, es könne nicht mehr ein so naives oder verkrampftes Verhältnis zur Geschichte geben wie bisher.[45]

10 Wohin treibt die Menschheit?

Zu diesem Thema finden sich vor allem im jüngsten Dokument von Ende 1947 Bemerkungen. Sie sind von den wachsenden Spannungen zwischen den Siegermächten, von der Gefahr eines Atomkrieges bestimmt. Am Horizont zeichnet sich nach der deutschen Katastrophe eine Menschheitskatastrophe ab. Nur die innere Umkehr kann die Welt davor bewahren. Die Deutschen haben von einem neuen Krieg nichts zu erhoffen. Solche pessimistischen, warnenden Töne waren in jener Zeit häufig zu vernehmen, man denke etwa an die Worte, die ein Jahr später Theodor Frings bei der Wiedereröffnung unserer Akademie sprach.[46]

Wenn man für Martin Lintzels zeitgeschichtliche Betrachtungen in den ersten Nachkriegsjahren Vergleichbares bei der deutschen Historikerschaft sucht, bietet sich in erster Linie Friedrich Meineckes Buch «Die deutsche Katastrophe» von 1946 an. Der Geschichtsschreiber des Historismus kam zwar aus einer ganz anderen Generation als Lintzel (er hatte schon 1932 seine Lehrtätigkeit an der Berliner Universität beendet), doch verband beide eine liberale Grundhaltung. Ob die beiden nach dem Kriege Kontakt hatten, läßt sich nicht sagen. Gekannt haben dürfte Lintzel Meineckes Buch spätestens ab 1947 (seitdem im damaligen Historischen Seminar der halleschen Universität vorhanden).[47] Daß Meinecke den jüngeren Lintzel schätzte, zeigt die Tatsache, daß er ihn an die neu gegründetete Freie Universität Berlin holen wollte, deren erster Rektor er war.

Natürlich unterschieden sich die Darlegungen zu den aktuellen Problemen, vor allem in der Form und im Materialumfang. Meinecke hat ja schließlich ein abgerundetes Buch geschrieben, Lintzel meist nur Fragmente geboten; er bezweifelte im August 1945 sogar, daß es überhaupt eine pragmatische Geschichtsdarstellung über das 3. Reich geben könne. Meinecke holte für seine Vorgeschichte der nationalsozialistischen Herrschaft weit aus und suchte erste Ansätze im Preußen Friedrich Wilhelms I., wo eine kulturfähige und eine kulturwidrige (penetranter Militarismus) preußische Tradition entstanden sei; letztere habe im Bismarckreich auch das bürgerliche Leben infiltriert.

Eigenartigerweise spielt das Militarismusproblem bei Lintzel keine Rolle; vielleicht war es für ihn im Komplex «Macht und Gewalt» verborgen. Meinecke sah ähnlich wie Lintzel auch ein internationales Bedingungsgefüge des Nationalsozialismus; er erblickte es in den zwei Wellen des 19. Jahrhunderts: Nationalismus/Imperialismus und Sozialismus, die sich getrennt entwickeln oder vereinigen konnten.

In der Diskussion über die «Wege zu Erneuerung» finden sich viele Gemeinsamkeiten, vor allem hinsichtlich der Auffassung, daß das deutsche Volk in erster Linie eine innere Erneuerung, die Befreiung von der «inneren Fremdherrschaft» nötig habe. Auch Meinecke wünschte eine Volkserziehung; er wollte sogar die Umerziehungsbemühungen der Besatzungsmächte unterstützen, um sie vor schematischen Übertreibungen zu bewahren. Breiter als bei Lintzel kam bei ihm das Problem von Mitläufertum und Anpassung zur Sprache. Viele protestierten innerlich, beugten sich aber um der Existenz willen äußerlich, meinte er. Wie Lintzel wollte auch Meinecke eine Revision des herkömmlichen Geschichtsbildes: Es sollte den Deutschen eine seelische Wiederansiedlung in den Regionen ihrer großen Kultur ermöglichen und sie über die Ruinen des Bismarckreiches auf den Pfad der Goethezeit zurückführen.[48]

Wie war die Resonanz der zeitgeschichtlichen Gedanken Lintzels in der damaligen Öffentlichkeit? Eine Reaktion auf die Vorträge ist bisher nicht bekanntgeworden. Daß der Vortrag zur Außenministerkonferenz mit dem vorangestellten Bekenntnis zur parteipolitischen Neutralität der Universität die SED-Aktivisten begeistert hat, ist wohl nicht anzunehmen. Auch auf der erwähnten Historikerkonferenz der Sowjetischen Besatzungszone hat Lintzel gesprochen und dort eine Meinung vorgetragen, die den in den Nachlaßmaterialien niedergelegten Auffassungen entsprach.[49] Er schloß seinen dortigen Beitrag mit der Aufforderung, sich auf die liberalen Traditionen des 19. Jahrhunderts, auf Männer wie Schlosser und Rotteck zu besinnen. Das veranlaßte den ersten Berliner Nachkriegsrektor und späteren Präsidenten der Berliner Akademie, den Altphilologen Johannes Stroux, zu der Replik, daß es jetzt nicht darauf ankomme, ein «Zurück» zu fordern, sondern ein «Wohin» zu formulieren. Die jetzt für die Geschichtswissenschaft zur Debatte stehenden Fragen seien anders gerichtet. Stroux verstand Lintzels Gedanken nicht oder wollte sie nicht verstehen.

Auch sonst verstand man ihn immer weniger. Die 1948 verstärkt einsetzende Stalinisierung schob die für einen demokratischen Neuaufbau bereiten und gegenüber der Politik der Sowjetischen Militäradministration in vielen Dingen durchaus aufgeschlossenen bürgerlichen Professoren zur Seite – das wurde bereits an anderer Stelle angedeutet.[50] Auch die öffentliche Diffamierung war alsbald zur Stelle. Nur ein Jahr nach Lintzels «Ansprache» zur Londoner Konferenz, im gleichen Jahr, in dem er in die Sächsische Akademie aufgenommen wurde, veröffentlichte das Zentralorgan der Freien Deutschen Jugend, die «Junge Welt», einen Brandartikel über die Zustände an der halleschen Universität.[51] Lintzel wurde darin als reaktionär handelndes «Professorenüberbleibsel» beschimpft, das für die Studenten, die sich noch nicht zum Fortschritt durchgerungen hätten, eine große Gefahr darstelle und deshalb ersetzt werden müßte. Das war der Stil einer neuen Zeit, die so bemerkenswerte Analogien zu dem einer überwunden geglaubten hervorbrachte. Das war der Stil der frisch erweckten Jungradikalen, die an den ostdeutschen Universitäten immer mehr den Ton angaben bzw. es wenigstens versuchten.

Zusammenfassend läßt sich sagen, daß Martin Lintzels Betrachtungen zur deutschen Katastrophe ein beeindruckendes Zeugnis zeitkritisch-liberalen Denkens der Umbruchszeit zwischen 1945 und 1947 darstellen. Sie gehören, darin bin ich mir sicher, zu dem wertvollen geistigen Vermächtnis, das frühere Mitglieder unserer heutigen Sächsischen Akademie hinterlassen haben.

Anmerkungen

1 Dieser Beitrag beruht auf einem vor dem Plenum der Sächsischen Akademie am 28. Oktober 1994 gehaltenen Vortrag. Für die unkomplizierte Materialbereitstellung danke ich dem Geh. Staatsarchiv Berlin (Preußischer Kulturbesitz), für anderweitige Unterstützung Frau Dr. A. Schneider (Berlin).

2 Zu M. Lintzel allgemein meine Würdigung in: Wiss. Beitr. d. Martin-Luther-Universität Halle-Wittenberg. Halle 62 (1986) 60, S. 83 ff.

3 Hoyer, S.: Die historischen Institute der Universität Leipzig von 1948 bis 1951. In: Zeitschr. f. Gesch.-wiss. 42 (1994) 9, S. 810.

4 Feige, H.-U.: Zur Entnazifizierung des Lehrkörpers an der Universität Leipzig. In: Zeitschr. f. Gesch.-wiss. 42 (1994) 9, S. 795 ff.

5 Ebenda, S. 807 f.

6 Heitz, G. u. M. Unger: Heinrich Sproemberg. 1889 bis 1966. In: Wegbereiter der DDR-Geschichtswissenschaft. Biographien. Berlin 1989, S. 300 ff. Zu Sproemberg jetzt auch: Didczuneit, V./Unger, M./Middell, M.: Geschichtswissenschaft in Leipzig: Heinrich Sproemberg, Leipzig 1994 (= Leipziger Beiträge zur Wissenschaftsgeschichte und Wissenschaftspolitik).

7 GStA PK I. HA Rep. 92, Nachlaß Lintzel (M), III/21, Bl. 22r–22v.

8 Ebenda, Bl. 23r–26r (mit ebenfalls ablehnenden Stellungnahmen von E. Hohl u. Fr. Rörig).

9 Sächsische Akademie der Wissenschaften zu Leipzig. Jahrbuch 1949–1953. Berlin 1954, S. 14.

10 Gedruckt in: Berichte über die Verhandlungen der Sächsischen Akademie der Wissenschaften zu Leipzig, Phil.-hist. Kl., Bd. 97, H. 8. Berlin 1950; auch: Ausgewählte Schriften in zwei Bänden. Bd. 2. Berlin 1961, S. 533 ff.

11 Gedruckt in: Berichte ..., Bd. 99, H. 2. Berlin 1952; auch: Ausgewählte Schriften. a.a.O., S. 431 ff.
12 Gedruckt in: Berichte ..., Bd. 102, H. 3. Berlin 1955; auch: Ausgewählte Schriften. a.a.O., S. 983 ff.
13 Berichte ..., Bd. 100, H. 2. Berlin 1953; auch: Ausgewählte Schriften. a.a.O., S. 220 ff.
14 Neuss, E.: Entstehung und Entwicklung der Klasse der besitzlosen Lohnarbeiter in Halle. Berlin 1958 (= Abhandl. d. Sächs. Akademie d. Wiss. zu Leipzig, Phil.-hist. Kl., Bd. 51, H. 1).
Baethgen, F.: Monumenta Germaniae Historica. Bericht für das Jahr 1952/53. In: Deutsches Archiv 12 (1954/55), S. 1.
15 GStA PK I. HA Rep. 92, Nachlaß Lintzel (M).
16 Ausgewählte Schriften. a.a.O., S. 621.
17 Nachlaß Lintzel (vgl. Anm. 15), V/79, Bl. 103r–106v.
18 Ebenda, V/75, Bl. 50r–62v.
19 Schriftliche Mitteilung an den Verfasser.
20 Nachlaß Lintzel (vgl. Anm. 15), V/77, Bl. 93r–96r.
21 Ebenda, V/79, Bl. 104r.
22 Ebenda, V/78, Bl. 97r–101r.
23 Ebenda, VI/10, Bl. 69r–81r. Drei Fassungen des Stückes sind in Bl. 1r–67r (handschriftliches Manuskript) und Bl. 361r–384r überliefert.
24 Ebenda, V/78, Bl. 102r.
25 Ebenda, VI/2.
26 Ebenda, V/80, Bl. 11r–15v.
27 Vgl. Rupieper, H.-J.: Wiederaufbau und Umstrukturierung der Universität 1945–1949. In: Martin-Luther-Universität. Von der Gründung bis zur Neugestaltung nach zwei Diktaturen. Hrsg. v. G. Berg u. H.-H. Hartwich. Opladen 1994, S. 107 f.
Der Titel des Lintzelschen Vortrages ist hier irrig wiedergegeben.
28 Nachlaß Lintzel (vgl. Anm. 15), III/18, Bl. 138r–147r.
29 Vgl. u.a. Kleßmann, Chr.: Die doppelte Staatsgründung. 5. Aufl. Bonn 1991, S. 202 ff. (= Schriftenreihe der Bundeszentrale für politische Bildung; Bd. 298).
30 Nachlaß Lintzel (vgl. Anm. 15), III/31, Bl. 84r–87v; 2. Exemplar Bl. 89r–92v, beide Stücke sind Kopien.
31 Ebenda, III/31, Bl. 83r.
32 Vgl. Heitz/Unger. a.a.O., S. 305.
33 Vgl. die Materialzusammenstellung bei Zumschlinge, M.: Geschichte der Historiographie der DDR. Das Einwirken von Partei und Staat auf die Universitäten von 1945 bis 1971. Pullach 1994, S. 60 ff.
34 Huschner, A.: Deutsche Historiker 1946. In: Zeitschr. f. Gesch.-wiss. 41 (1993) 10, S. 884 ff.
35 Schönwalder, K.: Historiker und Politik. Geschichtswissenschaft im Nationalsozialismus. Frankfurt/M., New York 1992 (= Historische Studien; 9).
36 Vgl. Zöllner, W.: Die Universität Halle am Ende der Weimarer Demokratie und unter der NS-Diktatur unter besonderer Berücksichtigung der Geschichtswissenschaft. In: Martin-Luther-Universität. Von der Gründung bis zur Neugestaltung nach zwei Diktaturen. Hrsg. v. G. Berg u. H.-H. Hartwich. Opladen 1994, S. 91 ff.
37 Zeitschr. f. Gesch.-wiss. 42 (1994) 2, S. 101.
38 Vgl. dazu etwa Funke, M.: 1945: Ein Fragment namens Deutschland. In: Aus Politik und Zeitgeschichte. Beiträge zur Wochenzeitung Das Parlament, B. 1–2/95, 6.1.1995, S. 14 ff.
39 Lintzel hat sich dabei wohl als politisch engagierter, mit historischen Kenntnissen ausgerüsteter Zeitzeuge und nicht als Zeithistoriker im heutigen Wortsinn gesehen: «In der

Wissenschaft bin ich mittelalterlicher Historiker», schrieb er im Sommer 1946 (vgl. Ausgewählte Schriften. a. a. O., S. 613, Anm. 1).

40 Nachlaß Lintzel (vgl. Anm. 15), V/78, Bl. 102r.

41 Ebenda, V/75, Bl. 60r.

42 Ebenda, V/80, Bl. 13v.

43 Ebenda, III/31, Bl. 84r–84v.

44 Ebenda, III/31, Bl. 86v–87r, Zitat Bl. 86r.

45 Die relativierende Skepsis gegenüber dem Geschichtlichen spiegelt sich vor allem im Vortrag «Das Geschichtsbild der Demokratie» wider (vgl. Anm. 26).

46 Sächsische Akademie der Wissenschaften zu Leipzig. Jahrbuch 1949–1953. a.a.O., S. 30.

47 In 2. Aufl. Wiesbaden 1946, in Halle später unter die «Rotkreuz-Literatur» (eingeschränkte Benutzbarkeit) eingeordnet.

48 Es ist in vielfältiger Hinsicht aufschlußreich, die Sicht von Meinecke, Lintzel u. a. mit der eines jüngeren Gelehrten aus dem Blickwinkel der späten 70er Jahre zu vergleichen, so bei Th. Nipperdey, 1933 und die Kontinuität der deutschen Geschichte. In: Nachdenken über deutsche Geschichte. Essays. 2. Aufl. München 1991, S. 225 ff.

49 Vgl. Huschner. a. a. O., S. 901.

50 Am «Tag der Zeitgeschichte» der halleschen Jubiläums-Festveranstaltungen (25. 10. 1994) zitierte der ehemalige SMAD-Mitarbeiter Semirjaga aus sowjetischen Akten. Daraus war ersichtlich, daß die für Hochschulfragen zuständigen sowjetischen Stellen Lintzel Achtung entgegenbrachten.

51 Jacobus, H.: Von Bürokraten, Studenten und guten Vorsätzen. In: Junge Welt. Ausgabe A, 17. 11. 1948, S. 7.

Rolf Lieberwirth

Rechtsgeschichte an der Sächsischen Akademie der Wissenschaften in Vergangenheit und Zukunft

Vertreter der deutschen wie der römischen, aber auch der kirchlichen Rechtsgeschichte gehörten regelmäßig zu den Mitgliedern der Sächsischen Akademie der Wissenschaften zu Leipzig. So zählte zu den 37 Gründungsmitgliedern der Königlich Sächsischen Gesellschaft der Wissenschaften zu Leipzig im Jahre 1846 auch der damals 54jährige ordentliche Professor der «Litterargeschichte und Quellenkunde des römischen Rechts» Gustav Friedrich Hänel[1].

Gustav Friedrich Hänel

Er entstammte einer Leipziger Großkaufmannsfamilie. Während die beiden älteren Brüder die kaufmännische Tradition fortführten, konnten sich die beiden jüngeren wissenschaftlichen Berufen zuwenden. Gustav Hänel entschied sich für die Rechtswissenschaft und studierte dieses Fachgebiet in Leipzig und in Göttingen. Durch Gustav Hugo[2] in Göttingen und Christian Gottlieb Haubold[3] in Leipzig, beide hervorragende Vertreter der Historischen Rechtsschule[4], wurde sein Interesse für die geschichtlichen Grundlagen des römischen Rechts geweckt. Er wählte ein Thema aus diesem Bereich und schrieb darüber, wie in Leipzig damals üblich, zwei Dissertationen, auf deren Grundlage er am 18. April 1816 in Leipzig zum Doktor promoviert wurde.

Angeregt von Friedrich Carl von Savignys 1815 erschienenen beiden ersten Bänden zur «Geschichte des römischen Rechts im Mittelalter»[5], faßte Hänel den Entschluß, die voriustinianischen Rechtsquellen und ihre späteren Bearbeitungen in den germanischen Reichen zu erforschen und unter modernsten philologischen Gesichtspunkten zu edieren. Die Verwirklichung dieses Planes wurde zur Lebensarbeit. Nach seiner Berufung zum außerordentlichen Professor im Jahre 1821 verbrachte er allein sieben Jahre in zahlreichen Archiven, Bibliotheken, Privatsammlungen und Antiquariaten vieler europäischer Staaten auf der Suche nach allen für seine Forschungen wichtigen Handschriften. Danach begann eine mühevolle Editionsarbeit, in deren Ergebnis 1837 die erhaltenen Bruchstücke des «Codex Gregorianus» und Hermogenianus sowie bis 1842 das umfassende Werk des «Codex Theodosianus»[6] erschienen sind.[7]

So genau wie Hänel seine Forschungen durchführte, so genau nahm er auch die Lehr- und Verwaltungsarbeit in der Juristischen Fakultät, in der er seit 1838 als ordentlicher Professor wirkte. Das gleiche trifft auch auf seine Tätigkeit in der Sächsischen Gelehrtengesellschaft zu. Nachdem er 1849 seine umfassende Edition der «Lex Romana Visigothorum»[8] abgeschlossen hatte, die noch 1962 nachgedruckt wurde, stellte er seine Forschungsergebnisse in der Sächsischen Gesellschaft der Wissenschaften regelmäßig zur Diskussion, soweit es seine Verpflichtungen an der und für die Universität zuließen. Für die Amtszeit 1853/54 wählte ihn die Universität zu ihrem Rektor und anschließend für drei Legislaturperioden zu ihrem Vertreter in der Ersten Kammer des sächsischen Landtages, wo er als Mitglied einer Kommission 1862 an der Schlußredaktion des Bürgerlichen Gesetzbuches für das Königreich Sachsen von 1863 mitwirkte.

Gustav Hänel hat während seiner mehr als dreißigjährigen Mitgliedschaft in zehn Mitteilungen und Erläuterungen über ungedruckte und ungenutzte Handschriften berichtet, die er erworben hat oder die von ihm aufgefunden wurden. Sie stellen interessante Quellen für die Geschichte des byzantinisch-römischen, des germanischen und des kanonischen Rechts dar.[9] Noch ein Jahr vor seinem Tode (1878) hat er mit 85 Jahren über eine ihm gehörende Handschrift des Decretum Gratiani berichtet. Er besaß überhaupt sehr viele Handschriften, die er zusammen mit seiner umfangreichen Bibliothek der Leipziger Universitätsbibliothek vermacht hat. Hänel gehörte zu den fleißigen Berichterstattern unter den Juristen, die sich sonst als «wenig mittheilungslustig» gezeigt haben.[10]

Theodor Mommsen

Ein mangelndes Informationsbedürfnis ist allerdings Theodor Mommsen nicht vorzuwerfen, der am 24. Februar 1849 als Jurist in die Königlich Sächsische Gesellschaft der Wissenschaften zugewählt, jedoch dort später ausschließlich als Vertreter der römischen Altertumskunde gewürdigt wurde.[11] Nach dem Studium der Rechtswissenschaften und nach erfolgreicher Promotion in Kiel hielt sich Mommsen[12] drei Jahre zu epigraphischen Forschungen in Frankreich und Italien auf, was ihm durch ein Reisestipendium des dänischen Königs ermöglicht wurde. Mit 31 Jahren nahm er an der Universität Leipzig seine Tätigkeit als außerordentlicher Professor der Rechte auf und wurde schon ein Jahr später in die dortige Gelehrtengesellschaft gewählt. Als Demokrat 1850 im Königreich Sachsen aus politischen Gründen entlassen, folgte Mommsen 1852 einem Ruf als Professor für Römisches Recht an die Universität Zürich, ging zwei Jahre später nach Breslau und 1858 nach Berlin, wo er die Leitung des Corpus inscriptionum latinarum bei der Preußischen Akademie der Wissenschaften übernahm. Im Jahre 1851 wurde er zum Professor für Alte Geschichte an die Berliner Universität berufen.

Er wirkte ferner an weiteren editorischen Großunternehmungen verantwortlich mit, so als Leiter der Abteilung «Auctores antiquissimi» bei den Monumenta Germaniae historica, am Corpus nummorum, am Codex Theodosianus sowie fördernd am Thesaurus linguae latinae. Von seinen Veröffentlichungen erregte die «Römische Geschichte» wegen der lebendigen Darstellung und durch den Ideenreichtum großes Aufsehen. Neben zahlreichen anderen Veröffentlichungen war auch sein «Römisches Staatsrecht» von grundlegender Bedeutung.

Obwohl Mommsen nur kurze Zeit in Leipzig gewirkt hat, blieb er der Gelehrtengesellschaft stets treu verbunden. Bis 1861 hat er allein 24 Berichte vorgetragen und veröffentlicht, mußte jedoch später wegen zu vieler anderweitiger Verpflichtungen seine Mitarbeit in Leipzig einstellen. So war er von 1863 bis 1866 und von 1873 bis 1879 Mitglied des Preußischen Landtags, von 1881 bis 1884 des Reichstags. Von seinen vielen Ehrungen sind die Ehrenbürgerschaft von Rom im Jahre 1896 und der Nobelpreis für Literatur im Jahre 1902 besonders hervorzuheben. Doch die Verbundenheit mit der Leipziger Gelehrtengesellschaft hielt er nach wie vor aufrecht. Als Theodor Mommsen 1903 im 86. Lebensjahre verstarb, verlor die philologisch-historische Klasse ihren großen Senior.

Seit 1850, als Mommsen die Leipziger Universität verlassen mußte, waren die Juristen praktisch nur mit Gustav Hänel in der Sächsischen Gesellschaft der Wissenschaften vertreten. Erst am 12. Dezember 1854 erfolgte die Zuwahl von zwei weiteren Juristen: Eduard Albrecht und Carl Georg von Wächter. Beide waren zur Zeit ihrer Wahl Persönlichkeiten, die weit über den deutschen Bereich hinaus bekannt waren.

Wilhelm Eduard Albrecht

Wilhelm Eduard Albrecht entstammt einer wohlhabenden Kaufmannsfamilie aus Elbing. Er nahm 1818 seine juristischen Studien an der Universität Königsberg auf und wandte sich ein Jahr später nach Göttingen, wo er sich besonders Karl Friedrich Eichhorn anschloß, der oft als der «Vater der deutschen Rechtsgeschichte» bezeichnet wird.[13] Nach seiner Promotion im Jahre 1822 hielt sich Albrecht ein Jahr in Berlin auf, um Savignys Vorlesungen zu hören. Dort schloß er auch Freundschaft mit Gustav Homeyer[14]. An seiner Heimatuniversität Königsberg habilitierte er sich 1824, nahm im selben Jahr dort die Vorlesungstätigkeit auf und erhielt am 26. August 1825 die Ernennung zum außerordentlichen Professor für Deutsches Recht. Im Jahre 1828 erschien in Königsberg sein epochemachendes Werk «Die Gewere als Grundlage des älteren deutschen Sachenrechts», worauf er ein Jahr später, noch nicht dreißig Jahre alt, an seiner Fakultät zum ordentlichen Professor berufen wurde.

Als in Göttingen der germanistische Lehrstuhl Eichhorns frei wurde, schlug dieser seinen Schüler Albrecht zum Nachfolger vor, der dann auch am 29. Oktober 1829 zum ordentlichen Professor des Deutschen sowie des Staats- und Kirchenrechts berufen wurde. Hier fand Albrecht seine eigentliche geistige Heimat, die er doch bald wieder verlassen mußte, weil er den von Dahlmann entworfenen Protest an das Universitäts-Kuratorium gegen den Staatsstreich des hannoverschen Königs vom 5. Juli 1837 mitunterschrieben hatte. Er gehörte also zu den berühmten Göttinger Sieben, die durch königliches Reskript vom 11. Dezember 1837 ohne Untersuchung ihres Amtes enthoben wurden.

Die Reaktion auf diesen Willkürakt war im deutschen Bereich außerordentlich groß. Albrecht wurde schon zehn Tage später von der Philosophischen Fakultät in Königsberg zum Ehrendoktor promoviert. Am 27. Dezember 1837 übersandte ihm seine Heimatstadt Elbing eine zustimmende Adresse, die den Elbingern einen Verweis des preußischen Innenministers einbrachte. In Leipzig wurde der Göttinger Verein gegründet. Dort fand Dahlmann mit Duldung der sächsischen Regierung gastliche Aufnahme, und er veranlaßte auch, daß sich Albrecht nach Leipzig wandte, wo 1838 auch die von ihm verfaßte Schrift «Die Protestation und Entlassung der sieben Göttinger Professoren» erschien. Das sächsische Ministerium gestattete Albrecht, als Privatdozent Vorlesungen zu halten, bis er schließlich am 21. Oktober 1840 zum ordentlichen Professor des Deutschen Rechts ernannt wurde. Trotz vieler Rufe, die in den folgenden Jahren an ihn ergingen, blieb er aus dankbarer Verbundenheit in Leipzig und las dort über Privatrecht, Handelsrecht, Kirchenrecht und insbesondere Staatsrecht.

Die revolutionären Ereignisse von 1848 brachten ihn wieder in die politische Öffentlichkeit. Zunächst wirkte er als Staatsrechtler in Verfassungsausschüssen mit und dann als Abgeordneter der Nationalversammlung. An dieser Tätigkeit fand er wenig Befriedigung, weshalb er am 17. August 1848 sein Mandat niederlegte und die akademische Tätigkeit wiederaufnahm, 1850 erneut unterbrochen wegen eines Verfassungsverstoßes der sächsischen Regierung, gegen den er mit einem Antrag im Senat erfolgreich protestierte, indem er vorschlug, keinen Vertreter in den Landtag zu entsenden. Disziplinarverfahren und Verweis waren die Folge, was allerdings seinem Ansehen in keiner Weise geschadet hat.

Am 12. Dezember 1854 wurde diese verdienstvolle Persönlichkeit in die Königlich Sächsische Gesellschaft der Wissenschaften aufgenommen. Berichtet und veröffentlicht hat er dort nicht, wie sich überhaupt seine wissenschaftlichen Publikationen seit 1828 nur noch auf Rezensionen beschränkten, was wohl den unruhigen persönlichen Verhältnissen zugeschrieben werden muß. Der zunehmend kränkelnde Gelehrte kam um seine Entlassung nach, die ihm am 1. April 1868 auch gewährt wurde. Im Jahre 1869 erfolgte die Ernennung zum lebenslänglichen Mitglied der Ersten sächsischen Kammer. Nur noch einmal hat er im Wintersemester 1871/72 für den mit ihm eng befreundeten Gerber gelesen, nachdem dieser Minister geworden war. Als er am 22. Mai 1876 verstarb, setzte er die Universität Leipzig zur Erbin seines beträchtlichen Vermögens ein.

Karl Georg von Wächter

Zeitgleich mit Albrecht wurde Karl Georg von Wächter[15] in die Sächsische Gelehrtengesellschaft aufgenommen. Als Sproß einer alten württembergischen Beamtenfamilie 1797 in Marbach geboren, konnte er nach seiner schulischen Ausbildung nicht Medizin studieren, wie er gern wollte, sondern mußte auf Anordnung des Königs wie sein Vater Jurist werden. So nahm er an der Landesuniversität Tübingen das Studium der Rechte auf. Hier schloß er sich besonders Eduard Schrader[16] an, einem Hauptvertreter der Historischen Rechtsschule. Nach Abschluß seiner Studien in Tübingen ging er für ein Semester nach Heidelberg, um Justus Thibaut[17] und Karl Theodor Welcker[18] zu hören. Nach glänzend bestandenen Examina im Jahre 1818 wurde er ein Jahr später – noch nicht zweiundzwanzig Jahre alt – zum außerordentlichen Professor der Rechte in Tübingen und drei Jahre später (1822) dort auch zum ordentlichen Professor berufen. Im selben Jahr erfolgte die Promotion zum Doktor der Rechte, und schließlich hielt er seine Habilitationsrede zum Eintritt in den Akademischen Senat.

In den Jahren 1825/26 erschien mit dem zweibändigen «Lehrbuch des römisch-teutschen Strafrechts» sein erstes großes Hauptwerk. Mit achtundzwanzig Jahren wurde er 1825 zum Rektor gewählt, versah dieses Amt drei Jahre, um anschließend als Vizekanzler tätig zu sein. Im Jahre 1832 lehnte er einen Ruf an die neugegründete Universität Zürich ab, kam aber im selben Jahr der Aufforderung nach, als Strafrechtler an der Leipziger Universität zu wirken. Bevor er im Frühjahr 1833 nach Leipzig ging und dort sogar mit einem Fackelzug empfangen wurde, promovierte ihn die Tübinger Philosophische Fakultät zum Ehrendoktor der Philosophie. In Leipzig erreichten ihn Rufe nach Erlangen und nach Bonn, die er jedoch ablehnte. Als man ihn aber ersuchte an die Heimatuniversität zurückzukehren, versagte er sich nicht, wurde dort festlich empfangen sowie zum Ehrenbürger von Tübingen ernannt. Hier begann er mit den Vorarbeiten für sein großes Handbuch des im Königreich Württemberg geltenden Privatrechts.

Da er in der Zeit des politischen Liberalismus als konservativ galt, wurde er von der württembergischen Regierung als Kanzler der Universität und als außerordentlicher Regierungsbevollmächtigter eingesetzt. Als Kanzler vertrat er verfassungsmäßig die Universität in der Abgeordnetenkammer, die ihn, 1839 vom König mit dem persönlichen Adel versehen, im selben Jahre für eine sechsjährige Wahlperiode und dann 1845 noch einmal zum Kammerpräsidenten wählte. Im Frühjahr 1848 war er Mitglied des Vorparlaments und legte sein Präsidentenamt in der Kammer nieder, 1851 auch das Kanzleramt an der Universität. Noch im gleichen Jahr nahm er die Berufung zum Präsidenten des Oberappellationsgerichts der vier Freien Städte (Hamburg, Bremen, Lübeck und Frankfurt am Main) an, das als der angesehenste Gerichtshof in Deutschland zur Zeit des Deutschen Bundes galt.

Diese Entscheidung scheint er bald bereut zu haben, weil sie ihm kaum Möglichkeiten für wissenschaftliche Arbeiten ließ. Er signalisierte im Juni 1852 seine Bereitschaft nach Dresden, einen Ruf an die Leipziger Universität anzunehmen, was auch umgehend in die Wege geleitet wurde. In Leipzig wirkte er noch über ein Vierteljahrhundert sehr erfolgreich. Neben seiner Lehrtätigkeit war er Mitglied des Sächsischen Staatsrates und des Staatsgerichtshofs. Als Wächter im Dezember 1854 in die Sächsische Gelehrtengesellschaft gewählt wurde, war das für ihn eine Ehrung unter vielen anderen, für die Gesellschaft aber eine Ehrenpflicht gegenüber einem so verdienstvollen Politiker und Wissenschaftler. Eine aktive Mitarbeit war von ihm bei seinen zahlreichen Aufgabengebieten nicht erwartet worden.

Im Jubiläumsjahr der Universität Leipzig 1859 versah er das Amt des Rektors. Beim Festakt wurde ihm von König Johann das Großkreuz des Verdienstordens verliehen. Er wurde Stadtverordneter und Ehrenbürger von Leipzig. Auf dem ersten Juristentag in Berlin 1860 wurde er zum Präsidenten gewählt. 1862 trat er als Ordinarius primarius an die Spitze der Leipziger Juristenfakultät und des Spruchkollegiums. Im Februar 1867 erfolgte seine Wahl zum Abgeordneten der Stadt Leipzig in den konstituierenden Reichstag des Norddeutschen Bundes. Die Ernennung zum Wirklichen Geheimen Rat mit dem Titel Excellenz erreichte ihn 1869. Zu dieser Zeit las er noch vor einer außerordentlich großen Zuhörerschaft. Doch nach seinem 75. Geburtstag schwanden seine Kräfte zusehends. Kurz vor seinem Tode am 15. Januar 1880 wurde ihm noch der erbliche Adel verliehen.

Von Wächter war ein hervorragender Gelehrter ebenso wie auch Praktiker. In eine bestimmte rechtswissenschaftliche Schule ist er nicht einzuordnen. Dafür war er zu vielseitig interessiert. Die Sächsische Gelehrtengesellschaft kann auf ihr Mitglied sehr stolz sein, aber einen wissenschaftlichen Gewinn, der sich in Berichten und Diskussionen niederschlug, hatte sie von ihm nicht.

Andreas Ludwig Jacob Michelsen

Mit dem Staats- und Völkerrechtler Andreas Ludwig Jacob Michelsen wurde am 12. April 1855 der fünfte Jurist in die Leipziger Gelehrtengesellschaft gewählt. Vermutlich kam die Zuwahl des 54jährigen nicht so sehr wegen seiner Leistungen in den von ihm vertretenen Fächern, sondern wegen seiner erfolgreichen Forschungen zur thüringischen Landesgeschichte zustande. Allerdings hat er darüber vor den Mitgliedern ebenfalls nur wenig berichtet.

Moritz Voigt

Am 11. Februar 1871 – also erst nach einem Zeitraum von sechzehn Jahren – wurde wieder ein Jurist, der Romanist Moritz Voigt[19] zum ordentlichen Mitglied gewählt. Der 1826 geborene Leipziger hat seinen wissenschaftlichen Weg an der Heimatuniversität begonnen, wo er Gustav Hänel zu seinen Lehrern zählen konnte. In Leipzig hat er sich 1853 habilitiert und wurde 1864 als außerordentlicher Professor an die Leipziger Juristenfakultät berufen. Aus seiner Hand flossen im Rahmen der Gelehrtengesellschaft immerhin achtzehn interessante Beiträge zur römischen Rechtsgeschichte.

Karl Friedrich Wilhelm Gerber

Am 1. Juli 1872 wurde Karl Friedrich Wilhelm Gerber[20] zum vierten Ehrenmitglied der Sächsischen Gesellschaft der Wissenschaften gewählt. Bevor er im Oktober 1871 zum sächsischen Kultusminister ernannt worden war, galt er als hervorragender Rechtslehrer der Leipziger Universität. Der 1823 geborene Thüringer machte, ähnlich wie Wächter, eine glänzende wissenschaftliche und politische Karriere. Nach dem Studium der Rechtswissenschaften in Leipzig und Heidelberg wurde er an der Ruperto-Carola zwei Monate vor seinem 20. Geburtstag zum Doktor der Rechte promoviert und schon ein Jahr danach habilitiert. Mit 21 Jahren folgte er 1844 einem Ruf als außerordentlicher Professor der Rechte an die Universität Jena und 1847 als ordentlicher Professor nach Erlangen. Im Jahre 1851 wurde er Nachfolger Wächters in Tübingen, wo er ebenfalls als Vizekanzler und ab 1855 als Kanzler fungierte. Im selben Jahre fand auch die Adelsverleihung statt. Von 1857 bis 1861 war er Vertreter Württembergs bei den Konferenzen zur Schaffung eines allgemeinen deutschen Handelsgesetzbuches.

Im Jahre 1863 nahm er einen Ruf der Universität Leipzig an, die Professur für deutsches Privatrecht, für Staatsrecht und für Kirchenrecht in Lehre und Forschung zu vertreten. In Leipzig erwies er sich ebenfalls als ein hervorragender Lehrer. 1865 und 1866 war er Rektor der Universität. Sein Geschick in schwierigen Verhandlungen innerhalb und außerhalb der Universität bewog 1871 den König, ihn zum sächsischen Kultusminister zu ernennen. Neben diesem Amt übernahm er 1876 als Generaldirektor die Leitung der Königlichen Sammlungen für Kunst und Wissenschaft, um schließlich ab April 1891 den Vorsitz des Gesamtministeriums zu führen. Gleichzeitig wurde er mit der Würde eines Sächsischen Ordenskanzlers versehen. Nur fünf Monate später ist er am 23. September 1891 plötzlich verstorben. Gerber war wohl der letzte Vertreter der Historischen Rechtsschule klassischer Prägung.

Von den ersten Mitgliedern der Sächsischen Gesellschaft der Wissenschaften aus dem Bereich der Rechtswissenschaften, speziell der Rechtsgeschichte, waren Eduard Albrecht 1876 und Gustav Hänel 1878 verstorben. Dafür wurde am 3. März 1879 Johann Ernst Otto Stobbe[21] zugewählt.

Johann Ernst Otto Stobbe

Der 1831 geborene Ostpreuße studierte 1849 an seiner Heimatuniversität Königsberg zunächst Philologie, bald aber Rechtswissenschaften, wo er sich besonders von Paul Johannes Merkel[22] angezogen fühlte. Seine juristischen Studien schloß er 1853 mit der Promotion ab und schlug ohne weitere Staatsprüfungen die akademische Laufbahn ein. Nach weiteren Studien in Leipzig bei Albrecht und in Göttingen bei Georg Waitz[23] habilitierte sich Stobbe 1855 in Königsberg und wurde ein Jahr später dort außerordentlicher und ordentlicher Professor für Deutsches Recht. 1859 ging er nach Breslau und von dort 1872 nach Leipzig als Nachfolger von Gerber,[24] der im Oktober 1871 sächsischer Kultusminister geworden war.

Stobbe war ein Vertreter der Historischen Rechtsschule und hat sich einen Namen besonders mit seiner zweibändigen «Geschichte der deutschen Rechtsquellen» gemacht. Im Rahmen der Leipziger Gelehrtengesellschaft hat er nichts berichtet und veröffentlicht. Vielleicht lag das daran, daß er in dieser Zeit zu sehr mit seinem Handbuch des deutschen Privatrechts beschäftigt war, das von 1871 bis 1885 in fünf Bänden erschien. Wenige Wochen vor seinem 56. Geburtstag ist er am 19. Mai 1887 verstorben.

Rudolf Sohm

Am 13. Juni 1892 wählte die Sächsische Gesellschaft der Wissenschaften Rudolf Sohm[25] zu ihrem ordentlichen Mitglied. Er war 1841 in Rostock als Sohn eines Rechtsanwalts geboren worden, so daß es für ihn und seine beiden Brüder selbstverständlich war, dasselbe Fach zu wählen. Er begann seine juristischen Studien an der Heimatuniversität und studierte je ein Semester in Berlin und in Heidelberg. Seine Rostocker Dissertation (1864) geriet schon zu einer von der Juristenfakultät gekrönten Preisschrift. Nach der Promotion ging er nach München, um seine Kenntnisse im deutschen Privatrecht und in der Rechtsgeschichte bei Paul Roth[26] zu vertiefen. Dort schrieb er auch seine Habilitationsschrift über die Entstehung der Lex Ribuaria, mit der er 1866 in Göttingen für Deutsches Recht habilitiert wurde. In Göttingen begann er 1870 auch seine akademische Laufbahn als außerordentlicher Professor, nahm aber im selben Jahre noch einen Ruf nach Freiburg im Breisgau an. Über Straßburg(1872) gelangte er schließlich als Nachfolger von Stobbe nach Leipzig zu seiner endgültigen Wirkungsstätte.

Von Hause aus Germanist, leistete er mit den «Institutionen des römischen Rechts» (15. Aufl. 1917) auch Hervorragendes als Romanist und mit seiner «Kirchengeschichte im Grundriß» (19. Aufl. 1917) gleichviel als Kanonist. Ab 1891 war er an der Gesetzesredaktion des Bürgerlichen Gesetzbuches beteiligt und sorgte zusammen mit Otto von Gierke[27] dafür, daß in diese Kodifikation auch deutsche Rechtsideen und -institute aufgenommen wurden.

Im Jahre 1916, ein Jahr vor seinem Tode, ist dieser juristische Universalgelehrte mit dem Orden Pour le mérite der Wissenschaften ausgezeichnet worden. Auch Sohm hat zum Ansehen der Leipziger Gelehrtengesellschaft beigetragen, doch er gehört eben auch zu denen, die in ihrem Rahmen nichts oder – das trifft auf Sohm zu – nur weniges veröffentlicht haben, was der Sekretar der philologisch-historischen Classe Otto Ribbeck[28] am Anfang seiner Festrede zum 50jährigen Jubiläum der Gelehrtengesellschaft im Jahre 1896 mit Bedauern feststellt. Das Jubiläumsjahr erlebten nur noch Mommsen, Voigt und Sohm, und es sollten 5 Jahre vergehen, bis der nächste Jurist in die Sächsische Gesellschaft der Wissenschaften zugewählt wurde.

Ludwig Mitteis

Am 6. Juni 1901 fiel die Wahl auf einen der großen Rechtshistoriker, auf Ludwig Mitteis[29]. In Laibach 1859 geboren, verbrachte er die Zeit der Ausbildung in Wien, wo er auch das Studium der Rechtswissenschaften begann, in Leipzig fortsetzte, aber zur Promotion (1881) und Habilitation (1884) nach Wien zurückkehrte. Im Jahre 1887 folgte er einem Ruf als außerordentlicher Professor an die Universität Prag. Dort wurde er 1891 ordentlicher Professor, ging dann in dieser Eigenschaft an die Universität Wien, um schließlich 1899 für Leipzig gewonnen zu werden.

Ludwig Mitteis gilt als der Begründer der juristischen Papyruskunde und hat es verstanden, den Blick auf die außerrömischen antiken Rechtsordnungen zu lenken. Von 1895 bis Ende 1921 war er die unbestritten erste Autorität in der Welt für die juristische Behandlung der griechischen Papyri. Durch ihn wurde Leipzig zum Zentrum der juristischen Papyrologie, an dem zahlreiche hochqualifizierte Wissenschaftler in der Seminargemeinschaft von Ludwig Mitteis eine ergänzende Ausbildung in diesem neuen Fachgebiet erhielten.[30]

Im Rahmen der Gelehrtengesellschaft veröffentlichte er einen Beitrag zur Geschichte der Erbpacht im Altertum[31] und berichtete ferner zu vier Themen aus seiner Arbeit mit den Papyri.[32] Als Mitteis am 26. Dezember 1921 verstarb, schrieb sein Schüler und seit dem 31. Juli 1917 Akademiekollege Paul Koschaker den Nekrolog.[33]

Paul Koschaker

Paul Koschaker[34], 1879 in Klagenfurt geboren, setzte nach dem Studium der Rechte in Graz und hier im Jahre 1903 erfolgter glanzvoller Promotion sub auspiciis imperatoris seine Ausbildung an der Leipziger Juristenfakultät als Assistent von Mitteis und Strohal fort. Nach Graz zurückgekehrt, habilitierte er sich 1905 und kam über die Universitäten Innsbruck, Prag und Frankfurt/Main am 1. April 1915 auf den Lehrstuhl seines verstorbenen Landmannes Emil Strohal[35] für Römisches und Bürgerliches Recht nach Leipzig, wo er nun Kollege seines Lehrers Ludwig Mitteis wurde und ab 1921 dessen Arbeit fortsetzen konnte. Koschaker war ein begeisternder Lehrer und eine überragende Forscherpersönlichkeit. Als Begründer der systematischen Erforschung der Keilschriftrechte fand er bei Assyrologen und Juristen gleichermaßen Anerkennung, die sich in der Mitgliedschaft in mehr als zehn Akademien und Gelehrtengesellschaften sowie in fünf Ehrendoktoraten, darunter auch das selten verliehene der Universität Oxford widerspiegelt.

Im Jahre 1935 ging Koschaker von Leipzig auf Savignys Lehrstuhl nach Berlin, um «das römische Recht in seinem Existenzkampf zu verteidigen»[36]. Aus Gesundheitsgründen übernahm er 1941 den Lehrstuhl für Römisches und Bürgerliches Recht in Tübingen. Trotz Emeritierung im Jahre 1946 wirkte er in den folgenden Jahren noch als Gastprofessor in München, Halle sowie mit großem Erfolg 1949/50 in Ankara und hielt Gastvorlesungen in Bonn, Leiden, Zürich und Basel, wo ihn 1951 der Tod ereilte.

Neben dem Nekrolog auf Ludwig Mitteis, gesprochen am 1. Juli 1922, hat Koschaker zweimal über seine Forschungen zu keilschriftlichen Rechtsurkunden berichtet. Im Jahre 1933 war er stellvertretender Sekretar der philologisch-historischen Klasse.[37]

Richard Schmidt

Zusammen mit Paul Koschaker wurde am 31. Juli 1917 auch Richard Schmidt in die Sächsische Gelehrtengesellschaft gewählt. Er war 1913 aus Freiburg i. Br. als Nachfolger von Karl Binding[38] nach Leipzig auf den Lehrstuhl für juristische Enzyklopädie, Strafrecht und Staatsrecht berufen worden, nachdem er schon 1890 bis 1891 zum Lehrkörper der Leipziger Juristenfakultät gezählt hatte. Als Ordinarius hat er in Leipzig zwei Jahrzehnte bis zu seiner Emeritierung sehr erfolgreich gewirkt. Am 31. März 1944 ist er in Leipzig verstorben.

Schmidt war ein Vertreter der Rechtswissenschaft von ausgeprägter Eigenart, der sich von den Theorien des reinen Rechtspositivismus oder der Begriffsjurisprudenz freihielt. Als profunder Kenner der Geschichte versuchte er das Wesen des Rechts in seinem Gesamtzusammenhang zu sehen. Seine «Allgemeine Staatslehre» ist von seinen zahlreichen Schriften besonders hervorzuheben. Seine Mitarbeit in der Sächsischen Akademie der Wissenschaften begann mit dem Nachruf auf Rudolf Sohm. Im Jahre 1924 hielt er einen Vortrag über den Volkswillen als realen Faktor des Verfassungslebens und Daniel Defoe und im Jahre 1932 einen weiteren über die Bürokratisierung des modernen England und ihre Bedeutung für das heutige deutsche Behördensystem.

Alfred Schultze

Als 1920 mit Alfred Schultze[39] ein weiterer bedeutender Rechtshistoriker in die inzwischen zur Sächsischen Akademie der Wissenschaften zu Leipzig (1919) umbenannte Leipziger Gelehrtengesellschaft gewählt wurde, waren dort wieder vier Juristen als ordentliche Mitglieder tätig. Alfred Schultze, 1864 in Breslau geboren, hat in seiner Heimatstadt die Schulen durchlaufen, an der dortigen Universität auch das Studium der Rechtswissenschaften absolviert, nur in den Sommersemestern durch Abstecher nach Genf und Heidelberg unterbrochen. In Breslau legte er das Referendarexamen (1883) und die Assessorprüfung (1891) ab. Zwischendurch wurde er von der Breslauer Juristenfakultät zum Doktor beider Rechte promoviert und 1891 auch habilitiert. Mit seiner berühmt gewordenen Schrift «Über die langobardische Treuhand» wandte er sich endgültig der Rechtsgeschichte und dem kirchlichen Recht zu.

Seine Hochschullehrertätigkeit begann er als außerordentlicher Professor 1895 in Halle und 1896 in Breslau. Ein Jahr später wurde er als ordentlicher Professor nach Jena berufen, wo er, wie es Tradition war, auch als Oberlandesgerichtsrat wirkte. Sein weiterer Weg führte ihn 1904 nach Freiburg i. Br. Dort lehrte er mit Erfolg über ein Jahrzehnt und übte im Kriegsjahr 1914/15 das Amt des Rektors aus.

Schließlich trat er am 1. Oktober 1917 an der Universität Leipzig die Nachfolge von Rudolf Sohm an. Als er am 1. April 1934 emeritiert wurde, konnte er auf eine sehr erfolgreiche akademische Laufbahn zurückblicken. Er wurde zum Geheimen

Hofrat ernannt und neben der Sächsischen Akademie als Mitglied in weitere wissenschaftliche Gesellschaften (Berlin, München, Wien und Bologna), Kommissionen und Institute berufen. Das Hochstift Meißen wählte ihn zum Domherrn, und die Theologische Fakultät in Leipzig verlieh ihm schließlich die Ehrendoktorwürde. Trotz mancher Gebrechen und Verlusts seines Heims sowie seiner Bücher arbeitete er ungebrochen wissenschaftlich weiter. Nach 1945 stellte er sich Universität und Fakultät wieder zur Verfügung. Als Einundachtzigjähriger hielt er noch einmal Vorlesungen über deutsche Rechtsgeschichte. Doch schon am 3. Juli 1946 ist er sanft entschlafen. Die Wiedereröffnung der Sächsischen Akademie der Wissenschaften, an der er zu Fragen des germanischen Erbrechts vortrug und über altnordisches, westgotisches und angelsächsisches Eherecht berichtete, konnte er nicht mehr erleben.

Seit 1920 wurde zwölf Jahre lang kein Jurist als ordentliches Mitglied in die Sächsische Akademie der Wissenschaften zugewählt. Allerdings erfolgte 1929 die erste Zuwahl eines Rechtshistorikers als korrespondierendes Mitglied, wie überhaupt in den folgenden Jahren nach und nach eine Reihe von korrespondierenden Mitgliedern aus dem Kreise bekannter Rechtshistoriker in die Gelehrtengesellschaft aufgenommen worden sind.

Karl von Amira

Im Jahre 1929 wurde Karl von Amira[40] als korrespondierendes Mitglied in die Sächsische Akademie gewählt. Im Revolutionsjahr 1848 in Aschaffenburg geboren, durchlief er die übliche Ausbildung. Nach dem Abitur nahm er in München das Rechtsstudium auf, das er mit der Ersten Staatsprüfung abschloß. Er beendete 1873 auch den Vorbereitungsdienst, ohne aber das Assessorexamen abzulegen, weil ihm an einer wissenschaftlichen Laufbahn mehr gelegen war. Als Schüler von Konrad Maurer[41] wandte er sich speziell dem nordgermanischen Recht zu. Mit Themen aus diesem Gebiet promovierte (1873) und habilitierte (1874) ihn die Münchner Juristenfakultät. Schon ein Jahr später berief ihn die Freiburger Juristenfakultät auf einen Lehrstuhl, den er 17 Jahre innehatte, um 1892 als Ordinarius wieder nach München zu gehen, wo er bis zu seinem Lebensende im Jahre 1930 wirkte.

Im Bereich der nordischen Rechtsgeschichte hat er ebenso bahnbrechend geforscht wie auf dem von ihm begründeten Gebiet der Rechtsarchäologie. Die Sächsische Akademie unterstützte seine Forschungen zur Herausgabe einer Faksimile-Ausgabe der Dresdener Bilderhandschrift zum Sachsenspiegel.

Im Jahre 1932 erfolgten zwei Zuwahlen. Zum einen wurde mit Heinrich Siber am 22. Februar ein ordentliches Mitglied in die Gelehrtengesellschaft aufgenommen und danach mit Otto Lenel ein korrespondierendes.

Heinrich Siber

Der 1870 in Ihleburg bei Magdeburg geborene Heinrich Siber[42] fühlte sich mit Leipzig eng verbunden. Sein Studium absolvierte er während der großen Zeit der Leipziger Juristenfakultät. Dort wurde er 1893 zum Doktor der Rechte promoviert und fünf Jahre später habilitiert. Im Jahre 1901 war er zum außerordentlichen Professor an der Leipziger Juristenfakultät berufen worden, folgte jedoch zwei Jahre später einem Ruf als Ordinarius für Römisches und Deutsches bürgerliches Recht an die Universität Erlangen, um schließlich nach zehn Jahren am 1. Oktober 1911 als Nachfolger von Eduard Hölder[43] nach Leipzig zurückzukehren.

Siber galt als «der letzte große Pandektenjurist». Für die Amtsperiode 1926/27 wurde er zum Rektor gewählt. Als er 1935 die Altersgrenze erreicht hatte, wollte er eigentlich noch weiterlehren, was ihm jedoch vermutlich wegen seiner kritischen Einstellung zum herrschenden System verwehrt wurde. Trotzdem ehrte ihn die Leipziger Juristenfakultät 1940 mit einer Festschrift. Nach 1945 reaktiviert, also zum dritten Mal an die Leipziger Juristenfakultät berufen, las er trotz Emeritierung am 29. Juli 1950 bis 1951 in Leipzig in ungeminderter Frische Römisches Recht. Kurz vor seinem Tode verlieh ihm die Philosophische Fakultät der Universität Erlangen die Ehrendoktorwürde. Vor dem Krieg hat er im Rahmen der Akademie drei wichtige Abhandlungen zum Römischen Recht veröffentlicht, danach verständlicherweise nichts mehr.

Otto Lenel

Der 1849 geborene romanistische Rechtshistoriker Otto Lenel[44] war Professor der Rechte in Kiel, Marburg, Straßburg und Freiburg i. Br. Er galt «in seiner Zeit in der ganzen Welt als der erste Gelehrte seines Faches» (Pringsheim 1957). Dieses Urteil basiert auf der von ihm vorgenommenen Rekonstruktion des prätorischen Ediktes und der in den justinianischen Digesten kompilierten Klassikerfragmente.[45] Auch auf dem Gebiet des Zivilrechts hat er Bedeutendes geleistet und ist besonders auf dem Gebiet der Rechtsgeschäftslehre hervorgetreten. Im Jahre 1935 ist er verstorben.

Im Jahre 1934 erfolgte erneut die Zuwahl von drei Rechtshistorikern als korrespondierende Mitglieder der Sächsischen Akademie der Wissenschaften zu Leipzig: des romanistischen Rechtshistorikers Moriz Wlassak und der beiden Germanisten Claudius Freiherr von Schwerin und Herbert Meyer.

Moriz Wlassak

Der 1854 in Brünn geborene Wlassak[46] begann seine akademische Laufbahn 1879 als Professor der Rechte in Czernowitz, ging dann 1882 nach Graz, 1884 nach Breslau, 1895 nach Straßburg und 1901 nach Wien. Seine Untersuchungen zum Römischen Zivilprozeßrecht fanden große Anerkennung. Die Mitgliedschaft in der Akademie währte nur fünf Jahre. Im Jahre 1939 ist er verstorben.

Claudius Freiherr von Schwerin

Claudius Freiherr von Schwerin[47], 1880 in Passau geboren, begann mit 18 Jahren das Studium der Rechtswissenschaften in München. Dort legte er auch am 29. Juli 1904 die Erste juristische Staatsprüfung ab und wurde etwa gleichzeitig zum Doktor der Rechte promoviert. Am 9. August 1907 wurde er mit der Schrift «Die altgermanische Hundertschaft» habilitiert. Seine Privatdozentenzeit verbrachte er in München, folgte 1914 jedoch einem Ruf als Extraordinarius nach Berlin, wo er als erster in Deutschland einen Lehrauftrag für skandinavische Rechtsgeschichte und für geltendes skandinavisches Recht erhielt. 1917 ging er bis zum baldigen Ende des Krieges als Ordinarius nach Straßburg, fand aber schon im Dezember 1918 in gleicher Eigenschaft Aufnahme in die Freiburger Fakultät.

Am 1. Juli 1935 wurde er nach München auf den Lehrstuhl seines großen Meisters Karl von Amira berufen, mit dem ihn über ein Vierteljahrhundert währende freundschaftliche Beziehungen verbanden. Neben der Sächsischen Akademie ehrten ihn auch die Bayrische und die Heidelberger Akademie sowie die Schwedische Gesellschaft der Wissenschaften zu Uppsala mit ihren Mitgliedschaften. Im Jahre 1939 wurde er zum Ehrenmitglied der Islenzka Bókmentafjelag ernannt.

Für die Wissenschaft ist Claudius Freiherr von Schwerin zu früh dahingegangen. Das gilt für seine Forschungen zum skandinavischen Recht, aber auch – und das berührt die Sächsische Akademie besonders – für seine wichtigen Vorarbeiten zur Sachsenspiegelglosse.

Herbert Meyer

Der 1875 in Breslau geborene und dort aufgewachsene Herbert Meyer[48] studierte seit 1893 zunächst Deutsche Philologie in Straßburg und seit 1895 die Rechte in seiner Heimatstadt Breslau, wo er 1900 auch zum Doktor der Rechte promoviert und 1903 für Deutsches Recht habilitiert wurde. Zu seinen Lehrern zählte auch Alfred Schultze. Als dieser von Jena nach Freiburg i. Br. ging, nahm Meyer als außerordentlicher Professor seine erste Hochschullehrertätigkeit in Jena auf, kehrte jedoch zwei Jahre später wieder nach Breslau zurück. 1918 folgte er dann einem Ruf nach Göttingen, wo ihn auch die Wahl zum korrespondierenden Mitglied der Sächsischen Akademie der Wissenschaften erreichte, zu der vermutlich Alfred Schultze die Anregung gegeben hat. Er war zweifellos ein sehr bekannter Rechtshistoriker mit verdienstvollen Veröffentlichungen, wie etwa dem «Mühlhäuser Reichsrechtsbuch», der in anderen Arbeiten aber dem germanischen Recht zuviel Gewicht einräumte. Am 5. März 1941 ist er in Berlin, wohin er 1939 berufen worden war, verstorben.

Während des 2. Weltkrieges wurden im Jahre 1941 zwei Gelehrte der Leipziger Juristenfakultät als ordentliche Mitglieder in die Akademie gewählt, von denen der eine schon als Strafrechtler einen großen Ruf besaß, aber eben auch mit rechtshistorischen Themen Aufmerksamkeit erregt hatte, während der andere zwar schon als Vertreter des Römischen Rechts und seiner Geschichte hervorgetreten war, jedoch erst nach dem Kriege zu umfassender wissenschaftlicher Wirksamkeit gelangte und entsprechend große Anerkennung fand. Die Zugewählten waren Eberhard Schmidt[49] und Franz Wieacker[50].

Eberhard Schmidt

Der 1891 in Jüterbog geborene Eberhard Schmidt nahm im Mai 1910 an der Universität der nahegelegenen Hauptstadt das Studium der Rechtswissenschaft auf, promovierte 1913 an der berühmten Berliner Juristenfakultät, von der er 1920 auch habilitiert wurde. Wenn er sich auch unter dem Einfluß von Franz von Liszt[51] und von James Goldschmidt in erster Linie dem Strafrecht und dem Strafprozeß zugewandt hatte, war er sich stets bewußt, daß die Geschichte auch für den Rechtswissenschaftler ein wichtiger Lehrmeister ist. Das zeigt sich in seiner wissenschaftlichen Entwicklung.

Im Jahre 1921 folgte er einem Ruf als Ordinarius an die Berliner Juristenfakultät. Über Kiel (1926) und Hamburg (1929) kam er 1935 nach Leipzig, um sich dann endgültig für Heidelberg zu entscheiden. Neben der Sächsischen Akademie der Wissenschaften haben ihn die Göttinger und die Heidelberger Akademie zu ihrem ordentlichen und die Österreichische Akademie sowie die Deutsche Gesellschaft für Psychiatrie und Nervenheilkunde in Marburg zu ihrem korrespondierenden Mitglied gewählt. Er ist ferner Ehrendoktor der Medizinischen Fakultät der Universität Göttingen.

Seine «Einführung in die Geschichte der deutschen Strafrechtspflege» gilt als das Standardwerk der deutschen Strafrechtsgeschichte und Strafprozeßgeschichte. Als Schüler von Liszt hat er dessen weltberühmtes, in viele Sprachen übersetztes «Lehrbuch des deutschen Strafrechts» bis zur 26. Auflage (1932) betreut. Mit dem ärztlichen Strafrecht als weiterem Forschungsgebiet fand er mit seinen Veröffentlichungen unter den Medizinern große Anerkennung. Als er am 17. Juni 1977 verstarb, war eine große Forscher- und Lehrerpersönlichkeit dahingegangen. Im Rahmen der Akademie veröffentlichte er 1943 «Rechtssprüche und Machtsprüche der preußischen Könige im 18. Jahrhundert».

Franz Wieacker

Der 1908 in Stargard (Pommern) geborene Franz Wieacker wählte die Rechtswissenschaft zu seinem Fachstudium, war aber stets bemüht, seine historischen und philologischen Kenntnisse zu erweitern, um sie in die Grundfachrichtung mit Gewinn einbringen zu können. Er studierte zunächst an den Universitäten Tübingen, Göttingen und München, um dann seine Ausbildung durch ergänzende Studien in Palermo und Rom abzurunden. Schon früh entschied er sich für die Wissenschaft.

Im Jahre 1932 habilitierte die Freiburger Juristenfakultät den erst Vierundzwanzigjährigen und erteilte ihm die venia legendi für Bürgerliches und Römisches Recht. Wenig später übernahm er Lehrstuhlvertretungen in Frankfurt/M. und in Kiel, seit 1935 auch in Leipzig, wo er dann am 1. Januar 1937 zum außerordentlichen Professor für Römisches und Deutsches bürgerliches Recht und zwei Jahre später zum ordentlichen Professor für dieselben Fachgebiete berufen wurde. Sieben Jahre, die meisten schon im Kriege, lehrte er in Leipzig. Rufe nach Straßburg und Berlin lehnte er aus politischer Vorsicht ab. Bei den Luftangriffen auf Leipzig verlor er nicht nur seine persönliche Habe, sondern auch die Arbeitsmöglichkeiten. Nach dem Kriege wirkte er an der Universität Freiburg i. Br. und zuletzt an der Göttinger Georgia Augusta.

Sein umfassendes Wissen auf dem Gebiet des Römischen Rechts spiegelt sich in zahlreichen Schriften wider. Sein grundlegendes Werk «Die Privatrechtsgeschichte der Neuzeit», weist ihn als einen Rechtshistoriker von europäischem Rang aus. Er war Mitglied des Ordens Pour le mérite für Verdienste um die Wissenschaft und um die Künste sowie Ehrendoktor der Universitäten Glasgow, Florenz, Freiburg i. Br. und Uppsala. Er war ferner Mitglied zahlreicher in- und ausländischer Akademien. 53 Jahre gehörte er der Sächsischen Akademie der Wissenschaften zu Leipzig zunächst als ordentliches, dann als auswärtiges und zuletzt als korrespondierendes Mitglied an. Dieser Gelehrtengesellschaft fühlte er sich zeitlebens verbunden, was nicht nur in seiner Teilnahme an der 125-Jahrfeier der Akademie 1971 in Leipzig zum Ausdruck kam, sondern auch in der regelmäßigen Übersendung seiner zahlreichen Veröffentlichungen an die Bibliothek der Akademie.

Als die Sächsische Akademie der Wissenschaften zu Leipzig am 8. Dezember 1948 offiziell wiedereröffnet werden konnte, waren die Reihen ihrer Mitglieder durch Tod und Emigration erheblich gelichtet, so daß zunächst an Zuwahlen gedacht werden mußte, was bei dem großen Substanzverlust, den die deutsche Wissenschaft erlitten hatte, nicht leicht zu realisieren war. Noch im Vorfeld der Wiedereröffnung fanden Zuwahlen statt, bei denen mit Erwin Jacobi[52] am 1. Juli 1948 ein verdienter Rechtslehrer als ordentliches Mitglied zugewählt und zugleich als Sekretar der philologisch-historischen Klasse eingesetzt wurde. Dieses ehrenvolle Amt hat er noch als Einundachtzigjähriger bis zu seinem Tode im März 1965 ausgeübt.

Erwin Jacobi

Der in Zittau 1884 geborene und aufgewachsene Jacobi begann in München mit dem Studium der Rechtswissenschaft, wo ihn Karl von Amira und der Nationalökonom Lujo von Brentano sehr beeindruckten. Doch bald setzte er seine Studien in Leipzig fort. Dort fand er in Karl Binding, Ludwig Mitteis, Rudolf Sohm, Otto Mayer und Adolf Wach hervorragende Lehrer und Förderer. Nach den beiden juristischen

Staatsprüfungen und der bei Emil Friedberg angefertigten kirchenrechtlichen Dissertation (1907) habilitierte er sich auf Anregung von Ulrich Stutz 1912 in Leipzig für Kirchenrecht.

Die Leipziger Fakultät nahm ihn 1916 als außerordentlichen Professor für Verwaltungsrecht und für sächsisches Staatsrecht in ihre Reihen auf. 1920 ging er als Ordinarius für Öffentliches Recht nach Greifswald. Doch schon nach einem Semester kehrte er wieder nach Leipzig zurück und übernahm den Lehrstuhl für Staats-, Verwaltung-, Arbeits- und Kirchenrecht, den er bis 1933 innehatte. Von 1933 bis 1945 zwangsweise in den Ruhestand versetzt, stand er nach Kriegsende sofort wieder für den Neuaufbau zur Verfügung, wofür er als Rektor (1947/48), als Dekan (1949 bis 1959) und zu gleicher Zeit als Sekretar der philologisch-historischen Klasse sein Bestes gab. Seine Forschungsergebnisse auf den Gebieten des Kirchenrechts, des Staatsrechts und ganz besonders des Arbeitsrechts fanden große Anerkennung, wie ihm überhaupt sein erfolgreiches wissenschaftliches Wirken viele Ehrungen eintrug.

Für die Sächsische Akademie der Wissenschaften hat er sich als Sekretar in hervorragender Weise eingesetzt. Unter seiner Amtsführung sind fünf allseits anerkannte Rechtslehrer zugewählt worden.

Hans-Otto de Boor

Zunächst wurde Hans-Otto de Boor[53] als ordentliches Mitglied in die Sächsische Akademie der Wissenschaften aufgenommen. Dieser, 1886 in Schleswig geboren, begann nach der Schulzeit mit dem Studium der Geschichte und Kunstgeschichte, um sich schließlich der Rechtswissenschaft zuzuwenden. Er legte die beiden juristischen Staatsprüfungen ab und wurde von der Greifswalder Juristenfakultät habilitiert, 1919 aber nach Göttingen umhabilitiert. Als Ordinarius für Bürgerliches Recht und Zivilprozeß lehrte er ab 1921 in Frankfurt am Main, wurde 1934 nach Marburg und ein Jahr später nach Leipzig berufen, wo er fünfzehn Jahre sehr erfolgreich gewirkt hat. Auch in der Praxis war sein Urteil in Gesetzgebungsfragen sehr gefragt. Internationale Anerkennung fand er auf dem Gebiet des Urheber- und Verlagsrechts. Als er 1950 nach Göttingen zurückkehrte, hinterließ er der Sächsischen Akademie einen ausgefeilten Entwurf einer Satzung, die dann 1954 in Kraft trat.

Arthur Baumgarten

Am 19. Juli 1948 wählte die philologisch-historische Klasse Arthur Baumgarten[54] zu ihrem korrespondierenden Mitglied. Der 1884 in Königsberg i. Pr. geborene und aufgewachsene Baumgarten wandte sich nach der Schulzeit dem Studium der Rechtswissenschaft zu und besuchte die Universitäten Tübingen, Genf, Leipzig und Berlin, wo er 1909 bei dem berühmten Strafrechtslehrer Franz von Liszt den Doktorgrad erwarb. Im selben Jahr wurde er Extraordinarius in Genf, folgte 1920 aber einem Ruf als Ordinarius an die neugegründete Universität Köln, um schließlich 1923 wieder in die Schweiz zurückzukehren und in Basel den Lehrstuhl für Strafrecht und Strafprozeß zu übernehmen. 1930 konnte ihn die Universität Frankfurt am Main nur eine kurze Zeit für sich gewinnen, weil er im Sommer 1933 Deutschland verließ, um nicht einem faschistischen Land zu dienen. In Basel wurde eigens für ihn ein Lehrstuhl für Rechtsphilosophie und allgemeine Rechtslehre geschaffen.

Er wandte sich mehr und mehr der Rechtsphilosophie zu, weil sie enge Beziehungen zur Strafrechtswissenschaft aufweist. Doch die intensive Beschäftigung mit der Philosophie führte bei ihm auch zu einem Wandel vom bürgerlichen zu einem sozialistischen Wissenschaftler. Nach dem Krieg nach Deutschland zurückgekehrt, um eine neue Ordnung mit aufbauen zu helfen, wandte er sich nach einem kurzen Zwischenspiel in den Westzonen der östlichen Besatzungszone zu und kam Einladungen zu Gastvorlesungen zugleich in Berlin und Leipzig von 1946 bis 1948 nach. Im Jahre 1949 übersiedelte der hochangesehene Gelehrte dann endgültig nach Berlin und übernahm an der Humboldt-Universität bis zu seiner Emeritierung das Ordinariat für Völkerrecht. Mit Recht wurden ihm für seine wissenschaftlichen Leistungen vielfache Ehrungen wie Mitgliedschaften in Akademien und Ehrendoktorate zuteil. Er verstarb 1966.

Galten die letzten Zuwahlen Wissenschaftlern, die in erster Linie Vertreter des geltenden Rechts waren und sich nur ausnahmsweise historischen Problemen zuwandten, so wurden in den folgenden Zuwahlen ausgewiesene Rechtshistoriker berücksichtigt.

Gerhard Buchda

Am 15. September 1958 war Gerhard Buchda[55], Professor für deutsche Rechtsgeschichte und Handelsrecht an der Friedrich-Schiller-Universität Jena, als ordentliches Mitglied in die Sächsische Akademie der Wissenschaften aufgenommen worden.

Im Jahre 1901 in Roda, dem heutigen Stadtroda i. Thür. geboren, verlebte er seine Jugend in seiner engeren Heimat. Seiner schulischen Ausbildung folgte eine kaufmännische in Hannover; doch er kehrte, wie so oft in seinem Leben, wieder nach Stadtroda zurück und studierte an seiner Heimatuniversität Jena Rechtswissenschaft. Er schloß seine Ausbildung mit den beiden juristischen Staatsprüfungen und der Doktorpromotion ab, wandte sich endgültig der Wissenschaft zu und habilitierte sich in Jena am 12. Mai 1934 für deutsche Rechtsgeschichte. Doch erst im Herbst 1937 erhielt er einen Ruf als Extraordinarius für Deutsches bürgerliches Recht und Handelsrecht an die Martin-Luther-Universität Halle-Wittenberg. Am 6. Juli 1939 erfolgte die Berufung in das Ordinariat, das er schon als Privatdozent und dann als Extraordinarius innehatte.

Viel Zeit für Forschungsarbeit blieb ihm unter den schon kriegsbedingten Verhältnissen und unter der Last des Dekanats nicht. Trotzdem konnten sich die wissenschaftlichen Ergebnisse sehen lassen, zumal er sich den wenig behandelten Fragen der Rechtsprechung, insbesondere den Rechtsbelehrungen und der Spruchtätigkeit zuwandte. Später, nachdem ihn seine Jenenser Fakultät zum Ordinarius für Rechtsgeschichte und Handelsrecht berufen hatte (1949), konzentrierte er sich in seinen Forschungen auf die deutsche Prozeßrechtsgeschichte, insbesondere auf den sächsischen Prozeß.

Vom 16. April 1966 bis zu seinem Tode am 20. Dezember 1977 leitete Gerhard Buchda die Historische Kommission bei der Sächsischen Akademie der Wissenschaften und vier ihrer Unternehmungen mit großer Umsicht. Diese nicht unerhebliche Belastung und die sehr aufwendigen Arbeiten am dritten Band der «Pößnecker Schöffensprüche» sowie die Beiträge für die Societé Jean Bodin machten es ihm offensichtlich unmöglich, seine interessanten Vorträge vor dem Plenum in den Berichten der Akademie zu veröffentlichen.

Gertrud Schubart-Fikentscher

Etwa ein Jahr später, am 7. Dezember 1959, fand eine weitere Zuwahl, diesmal der Rechtshistorikerin Gertrud Schubart-Fikentscher[56], statt. Ihr Weg in die Wissenschaft war ungleich schwerer als der ihrer männlichen Fachkollegen. Sie wurde 1896 in Zwickau/Sa. geboren, wo sie auch ihre Kindheit verbrachte. Im Kriegsjahr 1916 ging sie nach Berlin, um sich ganz der sozialen Arbeit zu widmen. 1921 legte sie die staatliche Prüfung als Wohlfahrtspflegerin mit sehr gutem Erfolg ab und wurde noch im selben Jahre als Leiterin der Jugendgerichtshilfe Berlin-Mitte eingesetzt.

Aus den praktischen Rechtsfragen entstand bei ihr der Wunsch nach einem abgeschlossenen juristischen Studium. Da sie nicht die Reifeprüfung abgelegt hatte, meldete sie sich beim Preußischen Kultusministerium zum sogenannten Kulturexamen, das ihr das anschließende Studium der Rechtswissenschaft an der Berliner Universität ermöglichte. Danach legte sie beim berühmten Kammergericht die Referendarprüfung ab. Am 17. Dezember 1928 schloß sie die Ehe mit Wilhelm Schubart, einem Papyrologen von Weltruf. Da ihr als verheirateter Frau der Justizdienst versperrt war, widmete sie sich nun ganz der wissenschaftlichen Arbeit.

Gegenstand ihrer Forschungen war auf Anregung von Ernst Heymann das Brünner Schöffenbuch. Aus dem Studium dieser Rechtsquelle schälte sich das Thema ihrer Dissertation heraus. Am 23. Juni 1933 wurde sie von der Berliner Juristenfakultät zum Doktor beider Rechte promoviert. Doch ein weiterer Weg in die akademische Laufbahn blieb ihr als Frau zunächst versagt. In den ersten Monaten nach Kriegsende habilitierte sie sich auf Anraten von Alfred Schultze an der Leipziger Juristenfakultät, wurde dort als Dozentin für Rechtsgeschichte eingesetzt, bis sie 1948 von der Rechts- und Staatswissenschaftlichen Fakultät der Martin-Luther-Universität Halle-Wittenberg auf den Lehrstuhl für Bürgerliches Recht und Rechtsgeschichte berufen wurde. Wenig später wurde sie zum Dekan gewählt.

Neben den zu jener Zeit nicht leichten Amtsgeschäften traf sie sehr intensive Vorbereitungen zur Feier des 300. Geburtstages von Christian Thomasius, dem geistigen Begründer der Universität Halle, im Januar 1955. Mit ihren wissenschaftlichen

Beiträgen gab sie einen entscheidenden Anstoß zu weiteren Forschungen über diese Gelehrtenpersönlichkeit und sein Werk, was ihr sehr viel Anerkennung einbrachte. Noch mit 80 Jahren hielt sie 1976 in der öffentlichen Sitzung der Sächsischen Akademie der Wissenschaften einen vielbeachteten Vortrag über «Christian Thomasius als Hochschullehrer». Überhaupt fühlte sie sich mit der Sächsischen Gelehrtengesellschaft auf das engste verbunden. Bald nach ihrer Zuwahl übernahm sie den Vorsitz der Historischen Kommission, den sie bis zum 15. April 1966 innehatte. Ferner übte sie eine Zeitlang das Amt des stellvertretenden Sekretars der philologisch-historischen Klasse aus, und schließlich hat sie regelmäßig ihre neuesten Forschungsergebnisse vorgetragen und in den Sitzungsberichten veröffentlicht.

Herbert Petschow

Am 10. Dezember 1962 wurde als korrespondierendes Mitglied der philologisch-historischen Klasse Herbert Petschow[57], ordentlicher Professor der antiken Rechtsgeschichte an der Ludwig-Maximilians-Universität München und Gastprofessor der altorientalischen Rechtsgeschichte an der Universität Leipzig, zugewählt.

Der gebürtige Dresdener studierte von 1930 bis 1934 an der Universität Leipzig Rechtswissenschaft und legte die erforderlichen Staatsprüfungen ab. Auf Anregung von Martin David und Paul Koschaker beschäftigte er sich mit dem Studium und dann mit der Erforschung der frühesten keilschriftlichen Quellen. Das entsprechende philologische Rüstzeug erwarb er sich bei den Assyrologen Franz Heinrich Weissbach und Benno Landsberger. Bei Paul Koschaker promovierte er 1939 mit einer Dissertation über neubabylonische Kaufformulare. Eine weitere wissenschaftliche Zusammenarbeit war durch den Ausbruch des Krieges nicht mehr möglich. Danach arbeitete er neben seiner praktischen Berufstätigkeit in der Freizeit an seinen Forschungen weiter. Mit der Monographie «Neubabylonisches Pfandrecht» habilitierte er sich 1956 an der Universität Leipzig. Da in Leipzig keine weiteren Entwicklungsmöglichkeiten mehr bestanden, folgte er einem Ruf als Gastdozent an die Universität München, wo er 1959 eine Berufung auf den neugegründeten Lehrstuhl für antike Rechtsgeschichte am Leopold-Wenger-Institut erhielt. Von 1960 bis 1978 wirkte er als Gastprofessor an der Leipziger Universität, stets um den Wiederaufbau der einst in Leipzig blühenden Altorientalistik und altorientalischen Rechtsgeschichte bemüht.

In Anerkennung seiner wissenschaftlichen Leistungen wurde er 1962 zum ordentlichen Mitglied der Bayrischen Akademie der Wissenschaften gewählt und im selben Jahr zum korrespondierenden Mitglied der Sächsischen Akademie. Seiner Heimat, besonders der Stadt und Universität Leipzig, fühlte er sich immer eng verbunden, und es verging keine öffentliche Akademie-Sitzung in Leipzig, an der er nicht als Vertreter der Bayrischen Akademie und zugleich als korrespondierendes Mitglied der Sächsischen Akademie teilgenommen hat.

Ausblick

Seit der Gründung der Sächsischen Akademie der Wissenschaften zu Leipzig sind 21 Juristen als ordentliche und 8 als korrespondierende Mitglieder sowie einer als Ehrenmitglied in diese Gelehrtengesellschaft aufgenommen worden.[58] Die meisten von ihnen haben sich in ihren Forschungen schwerpunktmäßig rechtshistorischen Fragen zugewandt, mußten sich aber entsprechend ihrer Ausbildung und ihrer Lehraufträge stets auch mit Problemen des geltenden Rechts auseinandersetzen.

Einige, wie Erwin Jacobi und Hans-Otto de Boor, haben sich schließlich mit dem geltenden Recht beschäftigt, aber in einer außerordentlich schwierigen Zeit zur Konsolidierung der Sächsischen Akademie der Wissenschaften beigetragen. Auch in Zukunft wird der Rechtshistoriker in der Gelehrtengesellschaft seinen Platz haben; doch er wird ein auf dieses Fach spezialisierter Volljurist sein, der gegebenenfalls in natur- oder technikwissenschaftlichen Kommissionen ebenso einsetzbar ist wie etwa in der Historischen Kommission, solange die Fächer des geltenden Rechts und der Wirtschaft nicht generell oder als eine selbständige Klasse in die Akademiearbeit einbezogen werden. Auf jeden Fall muß ein Rechtshistoriker zur Betreuung der Arbeitsstelle «Sachsenspiegel-Glosse» zur Verfügung stehen, damit diese wichtige Aufgabe einem guten Abschluß zugeführt werden kann.

Anmerkungen

1 Zum Folgenden Ernst Landsberg. In: ADB XLIX, 751ff.
2 Arno Buschmann: Hugo, Gustav. In: Handwörterbuch zur deutschen Rechtsgeschichte (HRG), Bd. 2 (1978), Sp. 252ff.
3 Erich Döhring: Geschichte der deutschen Rechtspflege seit 1500. Berlin 1953, S. 402.
4 Hans Thieme: Historische Rechtsschule. In: HRG, Bd. 2 (1978), Sp. 170ff.
5 Bis 1831 erschienen weitere vier Bände; die 2. Aufl. (1834–51) umfaßte sieben Bände; über Savigny zuletzt H. Kiefner: HRG, Bd. 4 (1990), Sp. 1313ff.
6 Hans Peter: Codex Theodosianus. In: HRG, Bd. 1 (1971), Sp. 627ff.
7 Das Gesamtwerk ist aufgeführt im Sächsischen Schriftsteller-Lexikon von Wilhelm Haan, Leipzig 1875, S. 117ff.
8 H. Siems: Lex Romana Visigothorum. In: HRG, Bd. 2, Sp. 1940ff.
9 Rede des Sekretars der philologisch-historischen Classe Otto Ribbeck «Zur fünfzigjährigen Jubelfeier der Königl. Sächs. Gesellschaft der Wissenschaften zu Leipzig am 1. Juli 1896», Leipzig 1896, S. XXVff.
10 O. Ribbeck a. a. O.
11 O. Ribbeck a. a. O., S. XXIX.
12 Jan Schröder: Theodor Mommsen (1817–1903). In: Deutsche Juristen aus fünf Jahrhunderten, 3. Aufl. Heidelberg 1989, S. 195ff.
13 Karl Friedrich Eichhorn. In: Deutsche Juristen ..., a. a. O., S. 75ff.
14 Deutsche Juristen a. a. O., S. 344.
15 Zum Folgenden Ferdinand Elsener: Der Jurist Carl Georg von Wächter (1797–1880). In: Beiträge zur Geschichte der Universität Tübingen 1477 bis 1977, Tübingen 1977, S. 471ff.

16 F. Elsener a. a. O., S. 486, Anm. 11.
17 Jan Schröder: Anton Friedrich Justus Thibaut. In: Deutsche Juristen aus fünf Jahrhunderten, 3. Aufl. Heidelberg 1989, S. 297ff.
18 Deutsche Juristen ..., a. a. O., S. 369.
19 Ludwig Mitteis über Voigt. In: Berichte der Phil.-hist. Classe d. Sächs. Ges. d. Wiss., Bd. 57.
20 Würdigung als Rechtshistoriker bei B. Koehler: Karl Friedrich Wilhelm Gerber. In: HRG, Bd. 1 (1971), Sp. 1530ff.
21 Zum Folgenden Bernd-Rüdiger Kern: Johann Ernst Otto Stobbe. In: HRG, Bd. 4 (1990), Sp. 1998ff.
22 Über Merkel vgl. Adalbert Erler: Paul Johannes Merkel. In: HRG, Bd. 3 (1984), Sp. 495f.
23 Adalbert Erler: Waitz, Georg. In: HRG, Bd. 5 (1995), Sp. 1103f.
24 B. Koehler (Anm. 20) gibt Ostern 1871 als Ernennungsdatum zum Kultusminister an, während Emil Friedberg: Die Leipziger Juristenfakultät. Ihre Doktoren und ihr Heim. Leipzig 1909, S. 106, Oktober 1871 angibt.
25 Zum Folgenden Uwe Kai Jacobs: Rudolf Sohm. In: HRG, Bd. 4 (1990), Sp. 1687ff.
26 Sten Gagnér: Paul Roth. In: HRG, Bd. 4 (1990), Sp. 1160ff.
27 H. G. Isele: Otto von Gierke. In: HRG, Bd. 1 (1971), Sp. 1684ff.
28 Vgl. Anm. 9.
29 Deutsche Juristen aus fünf Jahrhunderten (Anm. 12), S. 354.
30 Rolf Lieberwirth: Die Rechtshistoriker an der Leipziger Juristenfakultät. In: Festschrift für Hans Thieme zu seinem 80. Geburtstag, hrsg. von Karl Kroeschell, Sigmaringen 1986, S. 400.
31 Abhandlungen der Königl. Sächs. Gesellschaft der Wissenschaften zu Leipzig, Bd. 20 (1903), Nr. 4.
32 Berichte der Königl. Sächs. Ges. d. Wiss., Bd. 62 (1910), S. 61–126, 249–269, 270–278.
33 Berichte der Königl. Sächs. Ges. d. Wiss., Bd. 74 (1922), Heft 2, S. 21–29.
34 Gerhard Ries: Paul Koschaker. In: NDB 12, S. 608ff.; Erwin Jacobi: Paul Koschaker. In: Jahrbuch der Sächsischen Akademie der Wissenschaften zu Leipzig 1949–1951, S. 54f.
35 Kurze Lebensdaten bei Friedberg (Anm. 24), S. 108.
36 Karl-Heinz Below und Adam Falkenstein: Paul Koschaker (1879–1951). In: ZRG Rom A 68 (1951), S. IXff.
37 Sächsische Akademie der Wissenschaften zu Leipzig: Verfasser- und Sachregister 1896–1948 der Abhandlungen und Berichte, Phil.-hist. Klasse, bearbeitet von Adalbert Plott, Berlin 1957, S. 13f.
38 Jan Schröder: Karl Binding (1841–1920). In: Deutsche Juristen aus fünf Jahrhunderten, 3. Aufl. Heidelberg 1989, S. 39ff.
39 Gertrud Schubart-Fikentscher: Alfred Schultze. In: ZRG Germ A 65 (1947), S. XXVIIff.
40 Gertrud Schubart-Fikentscher: Karl von Amira. In: HRG, Bd. 1 (1971), Sp. 146ff.
41 Deutsche Juristen aus fünf Jahrhunderten, 3. Aufl. Heidelberg 1989, S. 353.
42 Franz Wieacker: Heinrich Siber. In: ZRG Rom A 68 (1951), S. XXff.; Erwin Jacobi. In: Jahrbuch der Sächsischen Akademie der Wissenschaften zu Leipzig 1949–1951, S. 55f.
43 Eduard Hölder: Selbstdarstellung. In: Festgabe der Deutschen Juristen-Zeitung zum 500jährigen Jubiläum der Universität Leipzig (1909), Sp. 177ff.
44 Leopold Wenger: Otto Lenel †. In: ZRG Rom A 55 (1935), S. VIIff.; Fritz Pringsheim: Römisches Recht in Freiburg nach 1900. In: Aus der Geschichte der Rechts- und Staatswissenschaften zu Freiburg i. Br., hrsg. von Hans Julius Wolff, 1957, S. 115ff.
45 Elmar Bund: Otto Lenel (1849–1935). In: Deutsche Juristen aus fünf Jahrhunderten, S. 351.

46 Leopold Wenger: Moriz Wlassak †. In: ZRG Rom A 60 (1940), S. IXff.

47 Bernhard Rehfeldt: Claudius Freiherr von Schwerin † 13. Juni 1944. In: ZRG Germ A 50 (1950), S. 492ff.

48 Ernst Heymann: Herbert Meyer †. In: Zeitschrift der Savigny-Stiftung für Rechtsgeschichte, Germ A 62 (1942), S. XIIIff.

49 Rolf Lieberwirth: Eberhardt Schmidt 16. 3. 1891–17. 6. 1977. In: Jahrbuch der Sächsischen Akademie der Wissenschaften zu Leipzig 1977–1978, Berlin 1980, S. 328f.

50 Rolf Lieberwirth: Die Rechtshistoriker an der Leipziger Juristenfakultät. In: Festschrift für Hans Thieme, Sigmaringen 1986, S. 393f.; Gerald Wiemers: Zum Tode von Franz Wieacker am 17. Februar 1994. In: Universität Leipzig, Heft 2/94, S. 19f.

51 Gerd Kleinheyer u. Jan Schröder: Deutsche Juristen aus fünf Jahrhunderten, 3. Aufl. Heidelberg 1989, S. 169–173.

52 Gerhard Buchda: Erwin Jacobi 15. 1. 1884–5. 4. 1965. In: Jahrbuch der Sächsischen Akademie der Wissenschaften zu Leipzig 1963–1965, S. 344–349.

53 Erwin Jacobi: Hans-Otto de Boor 9. 9. 1886–10. 2. 1956. In: Jahrbuch der Sächsischen Akademie der Wissenschaften zu Leipzig 1954–1956, S. 264–265.

54 Gerhard Buchda: Arthur Baumgarten 31. 3. 1884–27. 11. 1966. In: Jahrbuch der Sächsischen Akademie der Wissenschaften zu Leipzig 1966–1968, S. 351–355.

55 Rolf Lieberwirth: Gerhard Buchda 22. 10. 1901–20. 12. 1977. In: Jahrbuch der Sächsischen Akademie der Wissenschaften 1977–1978, S. 283–286.

56 Rolf Lieberwirth: Gertrud Schubart-Fikentscher 23. 12. 1896–24. 3. 1985. In: Jahrbuch der Sächsischen Akademie der Wissenschaften 1985–1986, S. 232–236.

57 Manfred Müller: Herbert P. H. Petschow 26. 12. 1909–28. 6. 1991. In: Jahrbuch der Sächsischen Akademie der Wissenschaften 1991–1992, S. 343ff.

58 Zur Zeit werden zwei ordentliche und zwei korrespondierende Mitglieder in den Listen der Sächsischen Akademie geführt.

Ernst Ullmann

Die Königlich Sächsische Gesellschaft der Wissenschaften zu Leipzig und die Entwicklung der Kunstgeschichtswissenschaft

1 Die Konstituierung des Faches und die Ausbildung seiner Methoden

Im Jahre 1875 berief die Königlich Sächsische Gesellschaft der Wissenschaften zu Leipzig den Kunsthistoriker Anton Springer zu ihrem ordentlichen einheimischen Mitglied. Sie erkannte damit die wissenschaftlichen Leistungen des Gelehrten an, der 1873 auf den neu eingerichteten Lehrstuhl für mittlere und neuere Kunstgeschichte an der Philosophischen Fakultät der Universität Leipzig berufen worden war, und nahm den jüngsten Zweig der historischen Wissenschaften in ihre philologisch-historische Klasse auf. Erst um die Jahrhundertmitte hatte die Kunstgeschichte Eingang an den Universitäten gefunden; bis dahin lag die Auseinandersetzung mit älterer und neuerer Kunst in den Händen von Künstlern, Sammlern und Kunstkennern, von Archäologen, Historikern und Philosophen.

In Leipzig war zunächst daran gedacht worden, den neuen Lehrstuhl an der Theologischen Fakultät einzurichten, um «den Studierenden die Möglichkeit zu geben, das Studium auf dem Gebiet der kirchlichen Kunst zu vertiefen».[1] Der Wunsch, nicht nur die kirchliche, sondern die gesamte mittlere und neuere Kunst in der Lehre vertreten zu sehen, gab den Ausschlag dafür, daß der Lehrstuhl an die Philosophische Fakultät vergeben wurde. Springer war, wie andere Gelehrte am Beginn der Universitätskunstgeschichte auch, erst auf Umwegen zum Fach gekommen. Am 13. Juli 1825 in Prag geboren, hatte er Geschichte studiert, sich journalistisch betätigt und war in die revolutionären Ereignisse der Jahre 1847/48 in vielfältiger Weise verstrickt. Als er 1848 seine Vorlesung «Die Geschichte des Revolutionszeitalters» hielt, konnte selbst das größte Auditorium des Prager Klementinums nicht die Scharen seiner Hörer fassen. Nach Jahren der Verdächtigung, Bespitzelung und Verfolgung konnte er von 1852–1872 in Bonn zunächst als Privatdozent, dann als Professor Kunstgeschichte lehren. 1872 war Springer an die neu gegründete Universität in Straßburg gegangen; dort erreichte ihn der Ruf nach Leipzig. Er folgte ihm, weil er in Leipzig «ein größeres Feld der Wirksamkeit und in dem dortigen Museum einen vorzüglichen wissenschaftlichen Apparat für sein Lehrfach» zu finden hoffte, während «die Errichtung eines solchen Museums in Straßburg ... mehrere Jahre dauern» würde.[2]

Den Ausschlag für Springers Wahl aus dem Kreise von neun Kandidaten hatten seine umfangreichen Forschungen und seine rege schriftstellerische Tätigkeit gegeben. Sein Amt trat Springer mit der Vorlesung «Über das Gesetzmäßige in der Entwicklung der bildenden Künste» an.[3] In ihr formulierte er seine Auffassung von den Aufgaben der Kunstgeschichte. Er präzisierte, was für ihn von Anfang an feststand, daß nämlich «die Natur und die Gesetze künstlerischer Tätigkeit nur auf dem Wege historischer Forschung ergründet werden» kann.[4]

Bereits 1855 hatte er in seinem «Handbuch der Kunstgeschichte» geschrieben, diese

> ... soll die Erscheinung des Schönen in ihrer zeitlichen Bewegung darstellen, die innere notwendige Entwicklung des künstlerischen Ideals schildern, die Lebensgeschichte der einzelnen Kunstgattungen liefern, sie soll aber auch gleichzeitig von der Phantasietätigkeit der mannigfaltigen Völker ein anschauliches Bild entwerfen und den Zusammenhang derselben mit den übrigen geschichtlichen Lebenskreisen aufweisen.[5]

Einer seiner Schüler, Harry Graf Kessler, hat später geschildert, mit welcher Intensität in Springers Vorlesungen und Seminaren um die künstlerische Form gerungen wurde.[6] Er habe weniger eine Einführung in die Kunst geboten als eine Untersuchung ihres Formwandels. So führte er seine Schüler zum Kern jeder Kunst, zwang sie, ihre Aufmerksamkeit auf die Form zu konzentrieren. Diese unbeirrbare Einstellung brachte Kunsthistoriker hervor, die Jahrzehnte als gewissenhafteste Experten und zuverlässigste Museumsdirektoren galten.

In der Antrittsvorlesung führte er seine Gedanken weiter:

> Die Kunstgeschichte darf die Künstler nicht auflösen in wesenlose Schatten ihrer Zeit, sie muß und soll aber, was sie von dieser empfangen und was sie ihr zurückgegeben, erklären und hervorheben, darüber freilich nicht die Schilderung ihrer eigenartigen Wirksamkeit vergessen. ... Den äußeren Ursprung nachzuweisen genügt uns nicht, so schwierig es auch in vielen Fällen sein mag, ... für die historische Betrachtung ist auch die Enthüllung der inneren Zusammenhänge von durchgreifender Wichtigkeit. Nicht die Beschreibung allein, auch seine Entwicklung von den ersten Keimen an strebt sie an, der Abspiegelung der Natur des Meisters in seinem Werke, dem Zusammenhange zwischen beiden forscht sie nach.[7]

Springer setzte gegen Kennerschaft und romantische Spekulation faßbare Tatsachen, diese sollten, wie in den Naturwissenschaften, der Boden kunstwissenschaftlicher Arbeit sein. Dabei war die künstlerische Form genau zu beschreiben und nach ihrer Herkunft zu befragen, denn eben diese Form war es, die den Gegenstand der Kunstgeschichte von dem anderer historischer Fächer abgrenzte. Ganz entsprechend ist auch zunächst von der «Lebensgeschichte der einzelnen Kunstgattungen» – nicht Künstler! – die Rede. Danach folgt die Frage nach dem «Zusammenhang ... mit den übrigen geschichtlichen Lebenskreisen», dabei erst richtet sich das Interesse auf den Künstler, der gleichsam im Schnittpunkt zwischen allgemeiner Geschichte und Werkgeschichte gesehen wurde.[8]

In seinem Vortrag vor der Königlich Sächsischen Gesellschaft der Wissenschaften zu Leipzig am 23. April 1879 griff er zunächst auf die bereits 1860 veröffentlichten «Iconographischen Studien»[9] zurück, begründete sie, fragte nach ihren literarischen Quellen und kam schließlich zu neuen Ergebnissen. Von den ikonographischen Studien mußte er feststellen, daß sie wohl die allgemeinste Zustimmung, aber kaum nennenswerthe Nachfolge» fanden. «Die jüngste Strömung in unserer kunstgeschichtlichen Literatur (Springer hatte ihr selbst den Weg geebnet! E. U.) erscheint diesen Forschungen wenig günstig. Die Erörterung, wie sich die künstlerischen Formen entwickelt haben, ihr Ursprung, ihre Beziehung zu bestimmten technischen Vorgängen und ihre mannigfachen Umbildungen nehmen das Interesse der Kunstforscher vorwiegend in Anspruch ... Die wissenschaftliche Erkenntnis muss ... das Ziel anstreben, den Zusammenhang zwischen der bildenden Kunst und der lebendigen, lichten Cultur des Mittelalters, wie sie uns namentlich in den literarischen Denkmälern entgegentritt, zu erhärten und das Walten bestimmter Gesetze und Regeln bei der Schöpfung wenigstens der grösseren Bilderkreise zu beweisen.[10]

Springer hat diesen Grundsatz anläßlich der Habilitation von Heinrich Brockhaus hervorgehoben: «Vom Lehrer der Kunstgeschichte müssen vorzugsweise zwei Dinge gefordert werden: Eine umfassende, verständnisvolle Kenntnis der Monumente verbunden mit der Fähigkeit, dieselben ästhetisch und historisch zu deuten. Zum Zweiten ist eine vollkommene Beherrschung der literarischen Quellen notwendig.»[11]

Springer bleibt bei seinem Vortrag nicht im allgemeinen, er hebt – neben den allgemein bereits beachteten kirchlichen Schriften – die Predigtliteratur hervor, geht vor allem auf das «speculum ecclesiae», die Predigtsammlung des Honorius Augustodunensis, ein und zeigt vorbildlich am Beispiel eines heimischen Denkmals, der Goldenen Pforte in Freiberg, wie diese Schriftquelle zur Deutung eines Kunstwerks des hohen Mittelalters genutzt werden kann. Er ebnet dabei Wege, die später von Abby Warburg, Erwin Panofsky und anderen Vertretern der Ikonologie beschritten wurden.

Springers Vortrag von 1879 faßte die Entwicklung der Methoden der Kunstgeschichte zusammen, kritisierte Gefahren drohender Einseitigkeit und bot den Entwurf der Kunstgeschichte des 20. Jahrhunderts. Standen am Anfang seiner kunsthistorischen Arbeiten zusammenfassende Darstellungen ganzer Epochen, etwa im «Leitfaden der Baukunst des christlichen Mittelalters» von 1854 oder im «Handbuch der Kunstgeschichte» von 1855 und den «Iconographischen Studien» von 1860, so nahm er später Untersuchungen zur italienischen und deutschen Renaissance auf, kehrte aber auch immer wieder zum Mittelalter zurück. In den Schriften der Königlich Sächsischen Gesellschaft der Wissenschaften fand das Niederschlag im Abdruck seines Vortrages der öffentlichen Gesamtsitzung vom 14. 11. 1884 über den «Physiologus des Leonardo da Vinci» und der Abhandlung «Die Genesisbilder in der Kunst des frühen Mittelalters mit besonderer Rücksicht auf den Ashburnham-Pentateuch».[12] In der Leonardo-Studie weist er, im Gegensatz zur damals allgemeinen Meinung vom radikalen Bruch der Renaissance mit dem Mittelalter, das Nachleben und Weiterwirken mittelalterlichen Bild- und Gedankengutes in der Kunst des Leonardo nach.

In seinem letzten Werk, der ein Jahr nach seinem Tode erschienenen Monographie «Albrecht Dürer», faßte er die kunsthistorischen Methoden zusammen und kommt zu der für diese Zeit überraschenden Erkenntnis:

Die großen Schöpfungen der italienischen Renaissance waren weder für das Volk bestimmt – sie waren ihm auch selten zugänglich – noch auf das volle, freie Verständnis desselben berechnet. Erst Dürer wagte mit kühnem Geiste den Versuch, das volkstümliche

Wesen der Kunst mit der Forderung eines geläuterten Formensinnes zu verbinden. Darauf beruht seine geschichtliche Bedeutung.[13]

Die besonderen Verdienste um die Entwicklung der Kunstgeschichte und die Ausarbeitung ihrer wissenschaftlichen Arbeitsmethoden hat bereits Springers Nachfolger Hubert Janitschek (1846–1893), auch er ordentliches Mitglied der Königlich Sächsischen Gesellschaft der Wissenschaften zu Leipzig, gewürdigt:

Es glückte noch keiner Wissenschaft, gleich in ihren Anfängen mit fester Methode einzusetzen ... Der Kunstgeschichte, dem jüngsten Zweige der Geschichtswissenschaft, ist es nicht besser ergangen. Von den verschiedensten Gebieten kamen ihre Bearbeiter her; ... ein jeder trat mit anderen Wünschen und Forderungen an die Kunstgeschichte heran und ein jeder suchte auf eigenem Wege diesen Wünschen und Forderungen Rechnung zu tragen. Anders wurde die Sache erst, als die Kunstgeschichte an den Universitäten ein Heimrecht suchte. Konnte sie dies nur, indem sie überzeugte, daß alles Wissen von der Vergangenheit Stückwerk bleibe, solange nicht zu der Geschichte vom politischen Handeln, von Recht, Religion, Philosophie und Dichtung sich die Geschichte der Kunst geselle, so mußte sie sich auch über die Zuverlässigkeit ihrer Forschungsmethoden ausweisen. Damit war der Kampf, den die Kunstgeschichte um ihr legitimes Heimrecht an Universitäten führte, zugleich der Kampf um ihre Wissenschaftlichkeit. In diesem erfolgreich durchgeführten Kampf nimmt Anton Springer die erste Stelle ein. Sein Wirken als Lehrer und Forscher ist unlösbar verbunden mit der Entwicklung der Kunstgeschichte aus tastenden Anfängen zu einer methodischen Wissenschaft.[14]

Springer war einer der ersten, die die Kunstwissenschaft als streng historische Wissenschaft auffaßten und die künstlerische Form als spezifischen und deshalb einzig möglichen Ausgangspunkt für ihre Untersuchungen analysierten. Da er es aber für erforderlich hielt, das Werk vor allem älterer Kunst zu deuten, suchte und fand er in den literarischen Quellen das dafür allein taugliche Mittel. Er hat damit eine Arbeitsweise praktiziert, die für den Leipziger Lehrstuhl verbindlich werden sollte.

Springer standen für seine Arbeit während der letzten zwei Jahrzehnte im wesentlichen nur die Leipziger Kunstsammlungen zur Verfügung, außer einer vor allem aus gesundheitlichen Überlegungen unternommenen Italienreise im Jahre 1882 – sein körperlicher Zustand erlaubte keine weitere Reise – war er, der den Namen «eremita lipsiensis» erhalten hatte, auf seine Erinnerungen und alte Aufzeichnungen angewiesen, wie sein Sohn Jaro berichtete.[15] Für seine Arbeit war dem lebhaften Redner und streitbaren Gelehrten, auch wenn dies im einzelnen kaum nachweisbar ist, die Gelehrte Gesellschaft ein besonders willkommener Rahmen für geistigen Austausch und anregenden Disput.

Seine zahlreichen Schüler, darunter namhafte Kunsthistoriker wie Adolf Goldschmidt, Konrad Lange, Alfred Lichtwark, Harry Graf Kessler, Gustav Pauli, Friedrich Sarre und Woldemar von Seidlitz

und der ehrenvolle Platz, den fortan die Kunstgeschichte an deutschen Universitäten einnahm, zeugen von der Wichtigkeit der Werke dieses Mannes ... Seine Arbeit ist grundlegend geworden. Die Kunstgeschichte hatte ein solides Fundament erhalten, auf dem sowohl die Formanalyse als auch die geistesgeschichtliche Methode aufbauen konnte.[16]

2 Das Verhältnis zu den Nachbarwissenschaften und die kunsthistorischen Grundbegriffe

Hubert Janitschek (1846–1893), der Anton Springer 1892 an den Leipziger Lehrstuhl gefolgt und im gleichen Jahr als ordentliches Mitglied der Königlich Sächsischen Gesellschaft der Wissenschaften zu Leipzig ausgewählt worden war, blieb nur ein Jahr des Wirkens. In Tropau 1846 geboren, hatte er in Prag und Wien studiert und an dem von Eitelberger gegründeten und geleiteten Österreichischen Museum gearbeitet, sich mit italienischer Renaissance ebenso befaßt wie mit der mittelalterlichen Kunst im Norden – als Ordinarius für Kunstgeschichte in Straßburg war er dort schon einmal Springers Nachfolger. Das wissenschaftliche Ansehen des Sechsundvierzigjährigen war bereits so groß, daß ihm die Fakultät den Vorzug gab vor Georg Dehio, Carl Justi, Rudolph Rahe, August Schmarsow, Robert Vischer und Franz Wickhoff. In der Beurteilung durch die Fakultät heißt es u. a.:

> Janitschek zeichnet sich ... durch die enge Einfühlung aus, welche er zu den anderen geschichtlichen Fächern hinüber bis zur Sozialgeschichte, ja bis zur Geschichte der materiellen Bewegungen unterhält. Diese Richtung ... gestaltet sein Wirken im Verband der geschichtlichen Universitätsdisziplinen besonders fruchtbar, wie von Straßburg her betont wird ... Seine Untersuchungen beruhen durchweg auf umfassender Bewertung des Denkmalvorrates; mit Scharfsinn durchgeführt, haben sie für die Blütezeit der frühkarolingischen Malerei wie für einzelne Erscheinungen namentlich der deutschen Renaissance Ergebnisse gefördert, welche als für längere Zeit abschließend bezeichnet werden können.[17]

Seinem Vorgänger fühlte sich Janitschek eng verbunden; wäre ihm ein längeres Leben beschieden gewesen, er hätte an der Universität wie in der Wissenschaftlichen Gesellschaft dessen Arbeit fortgeführt.

Ihm folgte ein Gelehrter, der ganz im Sinne Springers am methodischen Fundament der Kunstgeschichte weiterbaute: August Schmarsow (1853–1936). Er erhielt den Vorzug vor Heinrich Wölfflin und Robert Vischer. Entscheidend war wohl die Stimme Karl Lamprechts, der in seiner Beurteilung nach einer Würdigung verschiedener Arbeiten Schmarsows, von denen er besonders jene über Melozzo da Forli hervorhob, schrieb:

> Im Ganzen wird von der ungemein fruchtbaren Arbeit Schmarsows geurteilt werden dürfen, daß sie die italienische Kunstgeschichte wesentlich gefördert hat und daß sie unter die besten Leistungen der modernen kunstgeschichtlichen Forschung zu rechnen ist. Als akademischer Lehrer zeichnet sich Schmarsow durch den großen Ernst in der Auffassung des Berufes und durch systematische Ausbildung der Lehrmethoden aus; ...[18]

Und auch als Schmarsow 1894 als ordentliches Mitglied der Königlich Sächsischen Gesellschaft der Wissenschaften zu Leipzig zugewählt wurde, hat sicher die Stimme Lamprechts besonderes Gewicht besessen. Schmarsow seinerseits hat dann gemeinsam mit Lamprecht für die Gründung der Historischen Kommission gewirkt.[19]

Der in Schildfeld in Mecklenburg Geborene hatte schon früh den Wunsch, bei Jakob Burckhardt in Basel Kunst- und Kulturgeschichte zu studieren. Ärztliche Bedenken verhinderten dies. Schmarsow ging nach Straßburg, wo er Springer anzutreffen hoffte. Da dieser aber nach Leipzig gegangen war, wurde schließlich Carl Justi in Bonn Schmarsows Lehrer. Nach einer Tätigkeit als wissenschaftlicher Hilfsarbeiter am Berliner Kupferstichkabinett, einem Studienurlaub in der Toskana, in Umbrien und Rom folgte die Habilitation in Göttingen und 1885 eine Berufung nach Breslau. Nach einem erneuten Florenzaufenthalt trat er 1893 sein Amt in Leipzig mit der Vorlesung «Das Wesen der architektonischen Schöpfung» an; ähnliche Gedanken trug er in erweiterter Form in der öffentlichen Gesamtsitzung am 23. April 1896 unter dem Thema «Über den Werth der Dimensionen im menschlichen Raumgebilde» vor.[20]

Mit diesen Überlegungen wies Schmarsow nicht nur der Forschung neue Wege, sondern übte auch einen nachhaltigen Einfluß auf die in der Folge entstehende Architektur aus, ja er nahm in gewissem Grade die theoretische Begründung der modernen Baukunst seit dem Jugendstil vorweg. Durch die Besinnung auf die schöpferischen Kräfte im Werk des Architekten brach er den formalistischen Bann und erklärte dem Historismus und der Stilimitation den Kampf. So fruchtbar diese Gedanken Schmarsows waren, nur wenige Gelehrte, etwa Lichtwark, haben sich zu ihnen bekannt, in der Kunstgeschichte sind sie mißverstanden oder bewußt mißdeutet worden – nichtsdestoweniger wurde auf sie zurückgegriffen, allerdings ohne die Quelle zu nennen.[21]

Ihm und seinen Schülern aber erschloß die neue Auffassung von Architektur den Zugang zu den künstlerischen Werten der Spätgotik und des Rokoko; beide galten als Spätphasen und Verfallsperioden. Der Spätgotik sprach er nicht nur einen künstlerischen Eigenwert zu – darin sind ihm später Kontrahenten wie Dehio gefolgt –, sondern er setzte sie in der Einsicht, daß hier die gleiche soziale Schicht tragend wurde, zur italienischen Renaissance in Beziehung. Die Auffassung vom Eigenwert von Spätgotik und Rokoko ist heute kunsthistorisches Gemeingut, gegen den Bezug zur Renaissance sträubt sich eine, im Grunde noch immer der Wölfflinschen Formanalyse verpflichtete Kunstbetrachtung.

Schmarsow hatte seine Auffassung von der Kunstgeschichte und deren Methoden bereits vor seiner Berufung nach Leipzig in der Schrift «Die Kunstgeschichte an unseren Hochschulen» dargelegt:

> Der Gegenstand, dessen Geschichte «die Kunstgeschichte» erforschen und darstellen will, ist ein völlig anderer als jene Ereignisse und Tatsachen der Vergangenheit, die wir nicht mehr vor Augen haben ... Die Schöpfungen der Kunst sind Tatsachen, sinnlich sichtbare Erscheinungen, die gegenwärtig ... vor Augen stehen ... müssen, wenn wir ihnen ihre Geschichte abfragen, das Verständnis ihres Zusammenhanges gewinnen sollen. Kunstwerke stehen für die Beobachtung des Forschers da wie Naturwerke ... Das Kunstwerk selbst ist etwas Endgültiges, Bleibendes in all seiner historischen Bedingtheit ...[22]

Dabei ist ihm nur eine historische Auffassung akzeptabel, «die jedes (Kunstwerk, E. U.) in seiner Eigenart anerkennt, an seinem Ort und zu seiner Zeit, in seinem notwendigen Zusammenhang gelten läßt, wie es ist»[23], eine Haltung, die nicht immer und nicht von jedem Wissenschaftler vertreten wurde. «Exakte Beobachtung, vergleichende Anatomie der Formen, der Einzelglieder wie der Gesamtorganismen ...» stehen am Anfang kunsthistorischer Forschung, danach muß die Formanalyse weitergeführt werden zur Stilgeschichte.

> Die Geschichte des Meisters erster Größe erweitert sich zur Geschichte seiner Schule, die Geschichte dieser Schule in ihrem Zusammenhang mit anderen Schulen ringsum zur Geschichte einer ganzen Periode ... Es handelt sich ... um die Erkenntnis des pragmatischen Zusammenhangs von einem Werk zum anderen, um die genetische Erklärung nicht aus jenen allgemeinen Kulturmächten ... oder aus Nachbargebieten ..., sondern aus den eigensten Faktoren im Leben der bildenden Künste bis hinein in ihre handwerklichen Bedingungen zur Herstellung der sichtbaren Erscheinung, in welcher uns die Phantasiearbeit entgegentritt.[24]

Ziel ist es, «einen Einblick in die Bedingungen und Gesetze der historischen Entwicklung zu geben, das Erblühen einer Kunst im Schoße des Volkslebens zu beobachten».[25] Unabdingbar dabei ist eine historische Auffassung, «welche für die Durchforschung ... alle Perioden der Geschichte als gleichberechtigt anerkennt ... Neben der Gleichberechtigung aller Perioden besteht wissenschaftlich auch die Gleichberechtigung aller Nationen ...».[26] Damit wehrte er sich nicht nur gegen die noch immer bestehende ungleiche Bewertung einzelner Stilperioden, sondern auch, wie er selbst schrieb, gegen eine «selbstgefällige Deutschtümelei». Schließlich betonte er:

> Wahrhaft gebildete Männer sollen wissen, wo die Quellen unseres geistigen Lebens liegen, welche die Voraussetzungen unserer Gegenwart sind, aber auch das Ziel und Wege kennen, wo wir hinauswollen.[27]

Die Leipziger Jahre wurden die produktivsten des Gelehrten, allein in den Abhandlungen und Berichten der Königlich Sächsischen Gesellschaft der Wissenschaften bzw. der Sächsischen Akademie der Wissenschaften hat er 17 Beiträge veröffentlicht![28] Das erste Jahrzehnt in Leipzig brachte eine Reihe kunsttheoretischer Untersuchungen hervor: «Zur Frage nach dem Malerischen» (1896), «Barock und Rokoko, eine kritische Auseinandersetzung über das Malerische in der Architektur» (1897), «Plastik, Malerei und Reliefkunst» (1899) und die sechs Vorträge «Unser Verhältnis zu den bildenden Künsten» (1903).[29] In Auseinandersetzung mit Auffassungen der Wiener Schule und der zeitgenössischen Künstlerästhetik versuchte er, die Spezifik der einzelnen Kunstgattungen darzulegen und von der physischen und psychischen Organisation des Menschen her zu erklären. Die umfangreiche Arbeit «Barock und Rokoko» ging von einer Kritik des Werkes «Renaissance und Barock» Wölfflins[30] aus, und es entstand ein grundlegendes Werk über den italienischen und französischen Barock.

Schließlich folgte als Ergebnis der Auseinandersetzung mit der zeitgenössischen Kunstkritik und Künstlerästhetik, mit Alois Riegls Werk «Die spätrömische Kunstindustrie»[31] und als Zusammenfassung der eigenen, in Seminaren immer wieder geprüften Ansichten das Buch «Grundbegriffe der Kunstwissenschaft am Übergang vom Altertum zum Mittelalter»[32]. Gegenstand der Untersuchungen ist wiederum das Wesen der einzelnen Künste, ihre Spezifik und ihr gegenseitiges Verhältnis. Dabei ist sich Schmarsow dessen bewußt, daß «die Grundbegriffe ... immer abhängig von den herrschenden Vorstellungen über das Wesen der Kunst und die Natur des künstlerischen Schaffens» sind.[33] Ihm ist die Kunst eine schöpferische Auseinandersetzung des Menschen mit der Welt, in die er gestellt ist.

> Zu dieser Auseinandersetzung gehören immer zwei Pole: Subjekt und Objekt. Der Beitrag des menschlichen Subjekts ist ein selbstverständliches und unveräußerliches Ingrediens des menschlichen Kunstschaffens seit den elementaren Anfängen. Er ist naturnotwendig und normal, während wir mit der Bezeichnung subjektiv doch das willkürliche oder unwillkürliche Abweichen vom Normalen, als etwas nicht allgemein Gültiges, nicht objektiv Bindendes zu charakterisieren pflegen.[34] [Als Naturalismus aber muß man] die vollständige Hingabe an die Naturnachahmung bezeichnen, die auf das Recht des Vorstellungsinhalts und der Ideenarbeit des Menschen möglichst verzichtet, sich also von der Naturerscheinung als solcher abhängig macht und die Natur als Gesetzgeberin anerkennt, der sich der Menschengeist unterordnet. Damit rühren wir an die Grenze, wo die menschliche Kunst aufhört.[35]

Die Erkenntnis der Gesetzmäßigkeiten im Bereich der Kunst bleibt auch später sein wichtigstes Anliegen, besonders den Kompositionsgesetzen spürt er nach. In den Berichten bzw. Abhandlungen der Sächsischen Akademie der Wissenschaften legte er dazu vor: «Ghibertis Kompositionsgesetze an der Nordtür des Florentiner Baptisteriums», «Kompositionsgesetze romanischer Glasgemälde in frühgotischen Kirchenfenstern», «Kompositionsgesetze frühgotischer Glasgemälde» und «Robert van der Kampine und Roger van der Weydens Kompositionsgesetze des Mittelalters in der nordeuropäischen Renaissance». Er publizierte auch «Kompositionsgesetze des Mittelalters» und «Gotik in der Renaissance».[36]

Innerhalb der Gelehrten Gesellschaft waren es offensichtlich Wilhelm Wundt und Karl Lamprecht, die Schmarsow in besonderer Weise beeindruckt und angeregt haben. Schmarsow und Lamprecht, die zunächst durch ihr Verhältnis zur Kulturgeschichte verbunden waren, dürften bereits gemeinsam Anregungen von Julius Weizsäcker empfangen haben, der beider Lehrer war. Die unterschiedliche Auffassung von Kunst aber führte beide bald wieder auseinander. Schmarsow überwand seine frühen kulturgeschichtlichen Tendenzen, wie sie in der Arbeit zu Melozzo so offenkundig waren[37], und beteiligte sich nun an der Ausarbeitung der formanalytischen und stilkritischen Methode. Er folgte darin Springer und ging ähnliche Wege wie Wickhoff, Riegl und Wölfflin. Bei seiner Suche nach der psycho-physischen Bestimmtheit der Kunst empfing Schmarsow nachhaltige Anregungen von Wilhelm Wundt, mit dessen «Völkerpsychologie» er sich eingehend und um eine Verständigung bemüht auseinandersetzte.[38]

Die Vertreter der Kunstgeschichte, die mit Mühe gerade ihre Selbständigkeit errungen hatten, betrachteten Schmarsows theoretische Bemühungen sowie den Versuch, das Fach philosophisch zu durchdringen und mit den Einsichten der modernen Psychologie zu verbinden, mit Skepsis und zunehmender Ablehnung. Nur wenige erkannten Schmarsows Leistung an, so Paul Frankl, der Schmarsow neben seinen eigenen Lehrer Wölfflin stellte und sich in seinem Werk «Das System der Kunstwissenschaft» auf ihn berief.[39]

Schmarsows Wirkung belegen auch namhafte Schüler: Rudolf Friedrich Kautzsch, Oskar Wulff, Werner Weisbach, Paul Schubring, Felix Becker, Wilhelm Pinder, Wolfgang Balzer, G. N. Tschubinaschwili, Karl Friedrich Suter, Johannes Jahn und Willy Drost seien in der Reihenfolge ihrer Promotion genannt. Für die anhaltende Wirkung Schmarsows spricht eine Bemerkung Nikolaus Pevsners. In seinem, aus seiner

Dissertation hervorgegangenen Buch «Leipziger Barock. Die Baukunst der Barockzeit in Leipzig» heißt es:

> Endlich gedenke ich auch an dieser Stelle mit der wärmsten Dankbarkeit der mittelbaren und unmittelbaren Förderung, die ich meinen Lehrern verdanke: Wilhelm Pinder und Franz Studniczka, Rudolf Kautzsch und Leo Bruhns, denen ich vielleicht, wenn auch nicht mehr auf Grund genossener Ausbildung, so doch auf Grund seiner für die ganze wissenschaftliche Methode dieses Buches vorbildlichen Arbeiten über das Wesen des Barockstils, August Schmarsow anfügen darf.[40]

Noch ein Vertreter der Kunstwissenschaft aber hat seinen Ausgang bei Schmarsow genommen: Aby Warburg, der wie kaum ein zweiter die Kunstgeschichte des 20. Jahrhunderts prägen sollte. Er war bereits während Schmarsows Breslauer Zeit in sein Seminar gekommen und hatte ihn 1888/89 nach Florenz begleitet, als Schmarsow wegen Anfeindungen von seiten des Fürstbischofs mit acht Schülern dort vor den Originalen arbeitete. Sein Wirken dort sollte auch das Deutsche Kunsthistorische Institut in Florenz vorbereiten. Warburg verdankt Schmarsow die nachdrückliche Hinführung zur italienischen Renaissance und die Hinwendung zur neuen Welle der Psychologie.[41]

«Mit weitem Horizont und großer Universalität hat August Schmarsow ... die Kunstgeschichte zu einer neuen Grundlage geführt.»[42] Als August Schmarsow am 19. 1. 1936 in Baden-Baden verstarb, fand

> ein Gelehrtenleben sein Ende ..., wie es in so universalistischer Entfaltung von jüngeren Generationen im allgemeinen nicht mehr gelebt wird. Denn Schmarsow hat das Ganze seiner Wissenschaft in sich getragen, soweit das einem Menschen möglich ist. Das bedeutet nicht nur umfassendes Tatsachenwissen und Tatsachenforschung, sondern immer wieder vollzogene Besinnung auf die Grundlagen dieser Wissenschaft, immer neues Durchdenken dessen, was Kunst ist und wie und nach welchen Gesetzen diese Uranlage des Menschen sich zu Werken formt.[43]

3 Die kunsthistorische Praxis und das Museum

So reich auch der schriftliche Nachlaß Springers und Schmarsows ist, sollte nicht vergessen werden, was Schmarsow in seiner Selbstbiographie geschrieben hat: «Einem akademischen Lehrer geschieht jedoch immer Unrecht, wenn er nur nach seinen gedruckten Schriften und nicht nach seiner Lehrtätigkeit beurteilt wird; denn eben diese nimmt oft den besten Teil seiner Lebenskraft in Anspruch.»[44] Neben der Lehre war das Museum das Bewährungsfeld der jungen Kunstwissenschaft.

1891 war Theodor Schreiber (1848–1912) als ordentliches Mitglied zugewählt worden. Der Universitätsprofessor für klassische Archäologie und Religionsgeschichte hatte 1886 die Leitung des Städtischen Museums der bildenden Künste zu Leipzig übernommen; seine Vorgänger Hermann Riegel (1834–1900), Max Jordan (1837–1906) und Hermann Lücke (1838–1907) hatten Leipzig bald wieder verlassen, da sie trotz kunsthistorischer Vorbildung unter der Doppelherrschaft von Kunstverein und Stadtrat kaum zu fruchtbarer Arbeit kamen. Theodor Schreiber, gestützt auf seine Universitätsprofessur, war dank der Hilfe seines Assistenten und späterem Kustos Julius Vogel (1862–1927), der vor allem die Sammlung der Handzeichnungen förderte und sich um den Erwerb und die Würdigung der Werke Max Klingers verdient machte, erfolgreicher und hatte das Amt bis zu seinem Tode inne.

1898 wählte die Königlich Sächsische Gesellschaft der Wissenschaften den Archäologen Georg Treu (1843–1921) zu, der Direktor der Skulpturensammlung der Dresdener «Königlichen Sammlungen für Kunst und Wissenschaft» war, und 1917 die Kunsthistoriker Karl Woermann (1844–1933) und Woldemar von Seidlitz (1850–1922), dieser Generaldirektor der Sammlungen, jener Direktor der Gemäldesammlung im Ruhestand. Männer wie die genannten waren es, die den deutschen Museen ihre Gestalt gaben und die Forschung, Museumsarbeit und Lehre miteinander verbanden.

Beide, Karl Woermann, Sproß einer Hamburger Großkaufmanns- und Reederfamilie, und Woldemar von Seidlitz, der einer sächsisch-baltischen Adelsfamilie entstammte, kamen erst auf Umwegen zur Kunstgeschichte; dem Wunsche ihrer Familien folgend, absolvierten sie zunächst ein praktisches Fachstudium. Karl Woermann studierte ab 1863 in Heidelberg Jura, legte das Doktorexamen ab und führte fünf Jahre eine Rechtsanwaltpraxis. Zwei große Reisen – die erste nach Südostasien, Ägypten und Südengland, die zweite nach England, Frankreich und Amerika – sollten ihn mit Wirtschaft, Staats- und Rechtsleben vertraut machen, vermittelten ihm aber so starke Kunsterlebnisse, daß der Vater einem Wechsel zur Kunstgeschichte zustimmte. 1871 legte Woermann in Heidelberg das philosophische Doktorexamen ab und habilitierte sich ein Jahr später. Eine neuerliche Reise von Jahresdauer führte ihn nach Italien, Griechenland und Kleinasien. Im Herbst 1873 wurde er zum Professor für Kunst- und Literaturgeschichte an die Düsseldorfer Kunstakademie berufen.

Alfred Woltmann, mit dem er seit seinen Heidelberger Tagen befreundet war, lud ihn zur Mitarbeit an der vom A. E. Seemann Verlag in Leipzig geplanten «Geschichte der Malerei» ein; er sollte den Abschnitt über antike Malerei schreiben. Nach Woltmanns frühem Tode im Jahre 1880 führte Woermann das dreibändige Werk zu Ende.[45] 1878 hatte er seine vierte große Reise absolviert, die ihn durch ganz Europa führte. Als ihn 1882 die Sächsische Regierung an die Dresdener Gemäldegalerie berief, neben deren Leitung er bis 1895 auch das Kupferstichkabinett betreute, hatte er seine endgültige Aufgabe gefunden. Neben der umfangreichen Museumsarbeit fand er immer wieder Zeit für eigene Publikationen. Mit 65 Jahren erbat er 1910 die Versetzung in den Ruhestand, er wollte ohne andere Belastung jenen großen Auftrag erfüllten, der ihm vom Bibliographischen Institut zu Leipzig übertragen worden war: eine «Geschichte der Kunst aller Völker und Zeiten».

Zur Vorbereitung der Arbeit führte ihn 1911/12 eine fünfte Jahresfahrt nach Spanien und Frankreich, wo er diesmal vor allem vorgeschichtliche Kunstwerke studierte. Bis 1922 brachte er dann die sechs Bände der «Geschichte der Kunst aller Völker und Zeiten» heraus.[46]

In den Abhandlungen der Sächsischen Akademie der Wissenschaften erschien von ihm die große Studie «Shakespeare und die bildenden Künste»[47]. Karl Woermann, der in Düsseldorf auch die Literaturgeschichte gelehrt und der mehrere Gedichtbände veröffentlicht hatte, beschloß damit sein Werk. Leo Bruhns, auch er ordentliches Mitglied der Sächsischen Akademie der Wissenschaften und Leipziger Ordinarius für Kunstgeschichte, schrieb in seinem Nachruf:

> Ein Sechsundachtzigjähriger hat seiner ausgedehnten und tiefen Bildung hier noch einmal ein Denkmal gesetzt – sein Name wird aber doch vor allem von seinem Hauptwerk lebendig erhalten werden, denn kein zweites Volk Europas besitzt eine Kunstgeschichte, die von einem einzigen verfaßt dem ganzen Erdkreis gerecht würde.[48]

Der sechs Jahre jüngere Woldemar von Seidlitz ging gleich nach seiner Promotion zum Nationalökonom im Jahre 1874 zur Kunstgeschichte über; Anton Springer in Leipzig wurde sein Lehrer. Ein Studienaufenthalt in Italien rundete die Ausbildung ab. Nach 1878 arbeitete er unter Friedrich Lippmann am Berliner Kupferstichkabinett und trat mit Studien über Michael Wolgemut, Sebald Beham und die altmailändischen Meister Zenale und Butinone hervor. 1885 wollte er sich als Dozent an einer Universität niederlassen, vielleicht als Nachfolger Lübkes in Karlsruhe, als er den Ruf erhielt, als Vortragender Rat in die Generaldirektion der «Königlichen Sammlungen für Kunst und Wissenschaft» in Dresden einzutreten. Vierunddreißig Jahre, bis zu seiner Pensionierung 1919, sollte er dieses Amt ausfüllen.

Seine bevorzugten Arbeitsgebiete waren die Malerei der Dürerzeit, die italienische Hochrenaissance mit Raphael und Leonardo, die holländische Malerei des 17. Jahrhunderts mit ihrem Hauptmeister Rembrandt und die japanische Kunst, besonders dem japanischen Farbholzschnitt galt seine ganze Aufmerksamkeit. In welchem Maße von Seidlitz sich für die zeitgenössische Moderne engagierte, belegt allein schon die Aufmerksamkeit, die er der Gründung und Leitung der modernen Kunstzeitschrift «Pan» widmete, die 1895–1900 in Berlin erschien. Karl Woermann fand in ihm stets einen Helfer gegen den Geschmack konservativer Hof- und Künstlerkreise, wenn es um den Erwerb moderner Malerei ging.

Nach dem Ausscheiden aus seinen Ämtern konzentrierte sich Woldemar von Seidlitz auf ein groß geplantes Werk, zu dem er seit längerem Vorbereitungen getroffen hatte: «Die Kunst Dresdens vom Mittelalter bis zur Neuzeit». Das sächsische Ministerium des Kultus und öffentlichen Unterrichts hatte den Auftrag dazu erteilt. War zunächst an eine Geschichte der Dresdener Sammlungen gedacht, so wuchs die Arbeit bald über den vorgegebenen Rahmen hinaus zu einer Kunst- und Kulturgeschichte Sachsens. Vier Bände, die die Entwicklung bis zum Anfang des 18. Jahrhunderts verfolgen, erschienen bis 1922.[49] Am Ende seines Lebens trug er sich mit dem Gedanken, ein Werk über Lord Byron zu schreiben.

> Sein ganzes Leben hat er in den Dienst des Wahren, des Schönen und des Guten, der Wissenschaft, der Kunst und des lebendigen Wirkens gestellt. [So schrieb Karl Woermann in seinem Nachruf.] Eine seltene Selbstbeherrschung, die bei aller Herzenswärme keinen Ausbruch leidenschaftlicher Erregung zuließ, gab allem, was er sprach, tat und schrieb, eine wohltuende Ruhe und Klarheit, die Freunde und Gegner bezwang.[50]

Woldemar von Seidlitz und Karl Woermann, auf ihre eigene Weise auch Theodor Schreiber und Georg Treu, die beiden Archäologen, haben auf dem Felde des Museumswesens Grundlegendes und Bleibendes geleistet; sie gaben Kunstsammlungen von internationalem Rang ihre Gestalt und wiesen der Museumsarbeit den

Weg in die Zukunft. Ihre Forschungen standen keineswegs hinter denen anderer Fachkollegen zurück; sie vermochten vor allem aus ihrem Überblick heraus große Zusammenhänge zusammenfassend darzustellen. Die beiden Universitätslehrer Anton Springer und August Schmarsow – Hubert Janitschek war in Leipzig nur ein Jahr des Wirkens vergönnt – haben vor allem dem Fach seine wissenschaftlichen Arbeitsmethoden gegeben, seinen Charakter als historische Wissenschaft betont und, nachdem Anerkennung und Selbständigkeit errungen waren, es gegen andere Disziplinen geöffnet. Ihnen war unerschütterliche Überzeugung und Verpflichtung, was Karl Woermann am Ende seines Wirkens leistete: die «Geschichte der Kunst aller Völker und Zeiten».

Ihre Schüler, von denen einige der Sächsischen Akademie der Wissenschaften angehörten, haben ihr Vermächtnis bewahrt. Drei Beispiele mögen zum Schluß die Kontinuität kunsthistorischer Arbeit an der einstigen Königlichen Gesellschaft der Wissenschaften und heutigen Sächsischen Akademie der Wissenschaften zu Leipzig belegen. Gleichsam als Vermächtnis seines Lebens hinterließ Anton Springer seine Dürer-Monographie. Er hatte damit ein Thema angeschlagen, zu dem alle seine Nachfolger ihre Stimme erhoben haben. Aus der großen Zahl sei nur auf Wilhelm Pinder verwiesen, der den Begriff der «deutschen Kunst der Dürerzeit» prägte, und auf Theodor Hetzers «Dürers Bildkunst».[51] Johannes Jahn referierte aus Anlaß von Dürers 500. Geburtstag über den Stand der Dürer-Forschung vor dem Plenum der Sächsischen Akademie der Wissenschaften zu Leipzig.[52] Auch konnte der Verfasser jüngst vor der Sächsischen Gelehrten Gesellschaft über Selbstbildnisse und autobiographische Schriften Dürers vortragen.[53]

Ein anderes Beispiel: Eine der frühesten Schriften über den Naumburger Dom und seine Bildwerke stammt von August Schmarsow.[54] Johannes Jahn, der ein bemerkenswertes Buch über die Schmuckformen des Domes vorgelegt hat, sprach vor dem Plenum der Sächsischen Akademie der Wissenschaften über die Erschließung der Bildwerke des Naumburger Meisters[55], und Ernst Schubert, der selbst entschieden neue Kenntnisse zu Naumburg publiziert hat, referierte kürzlich über «Die Erforschung der Bildwerke des Naumburger Meisters».[56]

Und schließlich ist die kunsthistorisch-musikwissenschaftliche Kommission der Akademie bemüht, die Forschungen zur Geschichte der Kunst in Sachsen wieder aufzunehmen, zu der Woldemar von Seidlitz schon vor sieben Jahrzehnten Wertvolles geschrieben hat, Eberhard Hempel und Walter Hentschel erfolgreich forschten und Johannes Jahn in den fünfziger Jahren eine gelungene Ausstellung auf der Meißener Albrechtsburg organisierte. Nicht zuletzt die Traditionen der Sächsischen Akademie der Wissenschaften zu Leipzig sind es, die die Kontinuität kunsthistorischer Arbeit auch in Zukunft gewährleisten werden, so wie sie sie in der Vergangenheit ermöglicht haben.

Anmerkungen

1 Personalakte Anton Springer. Archiv der Universität Leipzig, Nr. 909.
2 Ebenda.
3 Springer, Anton: Über das Gesetzmäßige in der Entwicklung der bildenden Künste. Leipzig 1873.
4 Janitschek, Hubert: Anton Springer als Kunsthistoriker. In: Springer, Anton: Aus meinem Leben. Berlin 1892, S. 360.
5 Springer, Anton: Handbuch der Kunstgeschichte. Stuttgart 1855, S. 13.
6 Kessler, Harry Graf: Gesichter und Zeiten. 1935.
7 Springer, Anton: Über das Gesetzmäßige. a. a. O.
8 Ders.: Handbuch. a. a. O.
9 Ders.: Iconographische Studien. In: Mittheilungen der k. k. Centralcommission zur Erforschung und Erhaltung der Baudenkmale. Wien. V. Bd.
10 Springer, Anton: Die Quellen der Kunstdarstellungen im Mittelalter. Leipzig 1879, S. 1–40 (= Ber. über die Verhandl. der Königl. Sächs. Gesellsch. der Wissenschaften, Phil.-hist. Cl., Bd. 31).
11 Personalakte Heinrich Brockhaus. Archiv der Universität Leipzig, Nr. 352.
12 Springer, Anton: Leitfaden der Baukunst des christlichen Mittelalters, 1854; ders.: Handbuch. a. a. O.; ders.: Iconographische Studien. a. a. O.
Ders.: Die Quellen. a. a. O.; ders.: Die Psalter-Illustrationen im frühen Mittelalter mit besonderer Rücksicht auf den Utrechtpsalter. Ein Beitrag zur Geschichte der Miniaturmalerei. Abh. d. Königl. Sächs. Gesellsch. d. Wiss., Phil.-hist. Cl. 8 (1880), S. 187–296; ders.: Über den Physiologus des Leonardo da Vinci. Ber. d. Königl. Sächs. Gesellsch. d. Wiss., Phil.-hist. Cl. 36 (1884), S. 244–271; ders.: Die Genesisbilder in der Kunst des frühen Mittelalters mit besonderer Rücksicht auf den Ashburnham-Pentateuch. Abh. d. Königl. Sächs. Gesellsch. d. Wiss., Phil.-hist. Cl. 9 (1884), S. 663–733; ders.: Der Bilderschmuck in den Sacramentarien des frühen Mittelalters. Abh. d. Königl. Sächs. Gesellsch. d. Wiss., Phil.-hist. Cl. 11 (1889), S. 337–378.
13 Springer, Anton: Albrecht Dürer. 1892, S. 160.
14 Janitschek, Hubert: Anton Springer als Kunsthistoriker. a. a. O., S. 358–359.
15 Springer, Jaro: In: Springer, Anton: Aus meinem Leben. a. a. O.
16 Kultermann, Udo: Geschichte der Kunstgeschichte. Der Weg einer Wissenschaft. München 1990, S. 119.
17 Personalakte Hubert Janitschek. Archiv der Universität Leipzig, Nr. 609.
18 Personalakte August Schmarsow. Archiv der Universität Leipzig, Nr. 933.
Schmarsow, August: Melozzo da Forli. 1886.
19 Darauf wies mich freundlicherweise Herr Dr. phil. Gerald Wiemers hin, dem ich dafür herzlich danke.
20 Schmarsow, August: Das Wesen der architektonischen Schöpfung. Leipzig 1894; ders.: Ueber den Werth der Dimensionen im menschlichen Raumgebilde. Ber. d. Königl. Sächs. Gesellsch. d. Wiss., Phil.-hist. Cl. 48 (1896), S. 44–61.
21 So polemisierte z. B. Georg Dehio zunächst heftig gegen Schmarsow und dessen Schüler Erich Haenel – Dehio, Georg: Über die Grenzen der Renaissance gegen die Gotik. In: Kunstchronik, N. F. 9 (1899/1900), Sp. 273–277 u. 305–310 – um dann später – ders.: Geschichte der deutschen Kunst, Bd. II. Berlin, Leipzig 1921, S. 137, 139 u. 163 – etwa der Bewertung der Spätgotik durch Schmarsow zu folgen, ohne diesen aber auch nur zu erwähnen.

22 Schmarsow, August: Die Kunstgeschichte an unseren Hochschulen. Berlin 1891, S. 69.
23 Ebenda, S. 51.
24 Ebenda, S. 49.
25 Ebenda, S. 58.
26 Ebenda, S. 50 u. 52.
27 Ebenda, S. 57.
28 Schmarsow, August: Über den Werth der Dimension. a. a. O.; ders.: Ghibertis Kompositionsgesetze an der Nordtür des Florentiner Baptisteriums. Abh. d. Königl. Sächs. Gesellsch. d. Wiss., Phil.-hist. Cl. 18 (1899) 4; ders.: Der Meister E. S. und das Blockbuch Ars moriendi. Ber. d. Königl. Sächs. Gesellsch. d. Wiss., Phil.-hist. Cl. 51 (1899); ders.: Reformvorschläge zur Geschichte der deutschen Renaissance. Ber. d. Königl. Sächs. Gesellsch. d. Wiss., Phil.-hist. Cl. 51 (1899); ders.: Der Freskenschmuck einer Marienkapelle in Subiaco. Ber. d. Königl. Sächs. Gesellsch. d. Wiss., Phil.-hist. Cl. 53 (1901); ders.: Die oberrheinische Malerei und ihre Nachbarn um die Mitte des XV. Jahrhunderts (1430–1460). Abh. d. Königl. Sächs. Gesellsch. d. Wiss., Phil.-hist. Kl. 22 (1904) 2; ders.: Federigo Barocci. Ein Begründer des Barockstils in der Malerei. Abh. d. Königl. Sächs. Gesellsch. d. Wiss., Phil.-hist. Kl. 26 (1909) 4; ders: Federigo Baroccis Zeichnungen. Eine kritische Studie. 1–3. 1. Die Zeichnungen in der Sammlung der Uffizien zu Florenz. Abh. d. Königl. Sächs. Gesellsch. d. Wiss., Phil.-hist. Kl. 26 (1909) 5. 2. Die Zeichnungen der übrigen Sammlungen Italiens. 1910. Abh. d. Königl. Sächs. Gesellsch. d. Wiss., Phil.-hist. Kl. 28 (1911) 3. 3. Die Zeichnungen in den Sammlungen außerhalb Italiens. a) Westl. Hälfte Europas. 1911. Abh. d. Königl. Sächs. Gesellsch. d. Wiss., Phil.-hist. Kl. 29 (1913) 2. b) Östl. Hälfte Europas. 1914. Abh. d. Königl. Sächs. Gesellsch. d. Wiss., Phil.-hist. Kl. 30 (1915) 1; ders.: Juliano Florentino, ein Mitarbeiter Ghibertis in Valencia. 1911. Abh. d. Königl. Sächs. Gesellsch. d. Wiss., Phil.-hist. Kl. 29 (1913) 3; ders.: Wer ist Gherardo Starnina? Ein Beitrag zur Vorgeschichte der italienischen Renaissance. 1912. Abh. d. Königl. Sächs. Gesellsch. d. Wiss., Phil.-hist. Kl. 29 (1913) 5; ders.: Joos van Gent und Melozzo da Forli in Rom und Urbino. 1912. Abh. d. Königl. Sächs. Gesellsch. d. Wiss., Phil.-hist. Kl. 29 (1913) 7; ders.: Das Franziskusfenster in Königsfelden und der Freskenzyklus in Assisi. Ber. d. Sächs. Akademie d. Wiss., Phil.-hist. Kl. 71 (1919) 2; ders.: Kompositionsgesetze romanischer Glasgemälde in frühgotischen Kirchenfenstern. 1916. Abh. d. Sächs. Akademie d. Wiss., Phil.-hist. Kl. 33 (1919) 2; ders.: Peruginos erste Schaffensperiode. 1915. Abh. d. Sächs. Akademie d. Wiss., Phil.-hist. Kl. 31 (1920) 2; ders.: Kompositionsgesetze frühgotischer Glasgemälde. Abh. d. Sächs. Akademie d. Wiss., Phil.-hist. Kl. 36 (1921) 3; ders.: Robert van der Kampine und Roger van der Weyden. Kompositionsgesetze des Mittelalters in der nordeuropäischen Renaissance. Abh. d. Sächs. Akademie d. Wiss., Phil.-hist. Kl. 39 (1928) 2.
Für diese Zusammenstellung habe ich Herrn Michael Hübner zu danken.
29 Schmarsow, August: Zur Frage nach dem Malerischen, sein Grundbegriff und seine Entwicklung. Leipzig 1896; ders.: Barock und Rokoko. Eine kritische Auseinandersetzung über das Malerische in der Architektur. Leipzig 1897; ders.: Plastik, Malerei und Reliefkunst. Leipzig 1899; ders.: Unser Verhältnis zu den bildenden Künsten. Sechs Vorträge über Kunst und Erziehung. Leipzig. 1903.
30 Wölfflin, Heinrich: Renaissance und Barock. München 1888.
31 Riegl, Alois: Spätrömische Kunstindustrie. Wien 1901.
32 Schmarsow, August: Grundbegriffe der Kunstwissenschaft. Am Übergang vom Altertum zum Mittelalter kritisch erörtert und in systematischem Zusammenhange dargestellt. Leipzig, Berlin 1905.
33 Schmarsow, August: Grundbegriffe. a. a. O., S. 1.

34 Ebenda, S. 8, Anm. 1.
35 Ebenda, S. 249/250.
36 Schmarsow, August: Kompositionsgesetze der Kunst des Mittelalters, 1.–4. Bd. Bonn u. Leipzig 1915–1922; ders.: Gotik in der Renaissance. Stuttgart 1921.
37 Schmarsow, August: Melozzo da Forli. a. a. O.
38 Schmarsow, August: Kunstwissenschaft und Völkerpsychologie. Ein Versuch zur Verständigung. In: Zeitschr. f. Ästhetik u. allg. Kunstwissenschaft 2 (1907), S. 305–339 u. 469–500.
39 Frankl, Paul: Das System der Kunstwissenschaft. Brünn, Leipzig 1938. Die gänzlich neu bearb. Fassung: Frankl, Paul: Zu Fragen des Stils. Hrsg. v. E. Ullmann. Leipzig, Weinheim 1988.
40 Pevsner, Nikolaus: Leipziger Barock. Die Baukunst der Barockzeit in Leipzig. Dresden 1928; unveränd. Nachdr. hrsg. v. E. Ullmann. Leipzig 1990, Vorwort.
41 Gombrich, E. H. u. Aby Warburg: An Intellectual Biography. With a Memoir on the History of the Library by F. Saxl. London 1970, S. 40–42, 140.
42 Kultermann, Udo: Geschichte der Kunstgeschichte. a. a. O., S. 166.
43 Jahn, Johannes: August Schmarsow zum Gedächtnis. In: Zeitschr. f. Ästhetik u. allg. Kunstwissenschaft 30 (1936) 2, S. 179.
44 Jahn, Johannes (Hrsg.): Die Kunstwissenschaft der Gegenwart in Selbstdarstellungen. Leipzig 1923, S. 138.
45 Woltmann, Alfred u. Karl Woermann: Geschichte der Malerei von den ältesten Zeiten bis zum Ausgang des 18. Jahrhunderts. 4 Bde. Leipzig 1879–1889.
46 Woermann, Karl: Geschichte der Kunst aller Völker und Zeiten. 6 Bde. Leipzig 1915–1922.
47 Woermann, Karl: Shakespeare und die bildenden Künste. 1930. Abh. d. Sächs. Akademie d. Wiss. 41 (1931) 3.
48 Bruhns, Leo: Nachruf auf Karl Woermann. Ber. d. Sächs. Akademie d. Wiss., Phil.-hist. Kl. 85 (1933) 3, S. 15–24.
49 Seidlitz, Woldemar von: Die Kunst in Dresden vom Mittelalter bis zur Neuzeit. 4 Bde. Dresden 1920–1922.
50 Woermann, Karl: Woldemar von Seidlitz. Ein Nachruf. Ber. d. Sächs. Akademie d. Wiss., Phil.-hist. Kl. 74 (1922) 2, S. 7–20.
51 Pinder, Wilhelm: Vom Wesen und Werden deutscher Formen. Bd. III: Die deutsche Kunst der Dürerzeit. 2. Aufl. Frankfurt a. M., Köln 1953.
Hetzer, Theodor: Die Bildkunst Dürers. Schriften Theodor Hetzers. Hrsg. v. Gertrude Berthold. Bd. 2. Mittenwald, Stuttgart 1982.
52 Jahn, Johannes: Entwicklungsstufen der Dürerforschung. Berlin 1971 (= Sitzungsber. d. Sächs. Akademie d. Wiss., Phil.-hist. Kl., Bd. 115, H. 1).
53 Ullmann, Ernst: Albrecht Dürer – Selbstbildnisse und autobiographische Schriften als Zeugnisse der Entwicklung seiner Persönlichkeit. Berlin 1994 (= Sitzungsber. d. Sächs. Akademie d. Wiss., Phil.-hist. Kl., Bd. 133, H. 3).
54 Schmarsow, August: Meisterwerke Deutscher Bildnerei des Mittelalters. I. Die Naumburger Domskulpturen. Mit photographischen Aufnahmen von E. v. Flottwell. Magdeburg 1892.
55 Jahn, Johannes: Schmuckformen des Naumburger Domes. Aufnahmen von Erich Kirsten. Leipzig 1944; ders.: Die Erschließung der Bildwerke des Naumburger Meisters. Ein Beitrag zur Geschichte der Kunstwissenschaft. Berlin 1964 (= Sitzungsber. d. Sächs. Akademie d. Wiss., Phil.-hist. Kl., Bd. 109, H. 4).
56 Schubert, Ernst: Die Erforschung der Bildwerke des Naumburger Meisters. Berlin 1994 (= Sitzungsber. d. Sächs. Akademie d. Wiss., Phil.-hist. Kl., Bd. 133, H. 4).

Literaturauswahl

Gemäldegalerie Neue Meister, 19. u. 20. Jahrhundert. Staatliche Kunstsammlungen Dresden 1987.

Jahn, Johannes: Die Kunstgeschichte der Gegenwart in Selbstdarstellungen. Leipzig 1924.

Kessler, Harry Graf: Gesichter und Zeiten. 1935.

Kultermann, Udo: Geschichte der Kunstgeschichte. Der Weg einer Wissenschaft. München 1990.

Magirius, Heinrich: Geschichte der Denkmalpflege, Sachsen. Berlin 1989.

Museum der Bildenden Künste Leipzig. Meisterzeichnungen. Hrsg. v. Dieter Gleisberg, kommentiert v. Karl-Heinz Mehnert. Leipzig 1990.

Schmarsow, August: Die Kunstgeschichte an unseren Hochschulen. Berlin 1891.

Springer, Anton: Aus meinem Leben. Berlin 1892. Mit einem Beitrag ‹Anton Springer als Kunsthistoriker› von Hubert Janitschek.

Ullmann, Ernst: Die ersten fünf Dezennien der Kunstgeschichte an der Alma mater Lipsiensis. In: ... die ganze Welt im kleinen ..., Kunst und Kunstgeschichte in Leipzig. Hrsg. v. E. Ullmann. Leipzig 1989.

Waetzoldt, Wilhelm: Deutsche Kunsthistoriker, 2. Bde. 1921–1924.

Kurt Rudolph

Carl Friedrich Georg Heinrici und die Religionsgeschichte

Als Albert Hauck am 14. November 1915 die Gedächtnisrede auf Georg Heinrici vor der Königlich Sächsischen Gesellschaft der Wissenschaften zu Leipzig hielt, sprach er einleitend über drei verschiedene Arten, wie bedeutende Männer auf ihre Zeitgenossen und die Späteren wirken. Einmal nannte er den, der allein durch seine Leistung wirkte unter Hintansetzung seiner Person, dann denjenigen, der durch seine Person beeindruckt, und schließlich diejenigen,

> die sich ohne viel Geräusch entwickeln und indem sie ihre Arbeit fördern, wie von selbst zu neuen Ausblicken oder zu vergessenen Rückblicken geführt werden: sie wirken, indem sie auf neue Bahnen weisen oder alten Wahrheiten neue Kraft verleihen.[1]

Hauck stellt Heinrici in die Reihe der zuletzt Genannten, womit er ohne Zweifel auch heute noch recht hat. Auch seine anschließende zweifelnde Frage, ob eines von Heinricis Werken noch nach hundert Jahren gelesen wird, hat ihre Berechtigung gefunden: Kaum ein Religionshistoriker, Theologe, vor allem Neutestamentler, zitiert ihn noch, vielleicht kennt er nur seinen Namen und den einen oder anderen Titel seiner Arbeiten. «Und doch ist keine von ihnen vergeblich geschrieben», fährt Hauck fort, «sie sind nicht Werke für immer wie *Schleiermachers* Christlicher Glaube, aber sie bilden Räder in dem Uhrwerk der Wissenschaft, das sich vorwärts bewegt.»[2] Auch dies läßt sich heute, am Ende des 20. Jhs., durchaus feststellen. Sein Name ist mehrfach in der Geschichte der Erforschung des Neuen Testaments von W. G. Kümmel genannt, und Passagen aus seinen Studien werden zitiert.[3] Als seine Verdienste werden dabei hervorgehoben: die erstmalige größere Heranziehung hellenistischer Parallelen zur Sprache des Paulus und des griechischen Genossenschaftswesens zur Erklärung der paulinischen Gemeinden (vor allem in Korinth). Kümmel bezeichnet daher Heinrici als einen Vorläufer der Göttinger Religionsgeschichtlichen Schule.[4] Man muß das cum grano salis verstehen, wie wir noch sehen werden. Auf jeden Fall hat Heinrici das Erklärungsfeld der frühchristlichen Literatur, in erster Linie der kanonisierten des Neuen Testaments, sehr erweitert und der religionsgeschichtlichen Betrachtung Wege geebnet, die heute nicht mehr bestritten werden. Als ein Vertreter der theologischen Generation des 19. Jhs., die noch bei Schülern Schleiermachers studierten und die noch ganz bewußt Theologen mit einer engen Bindung an die evangelische Kirche waren, bilden seine Arbeiten eine Übergangsperiode zu der nachfolgenden Zeit der historisch-kritischen, religions- und traditionsgeschichtlichen Forschung. Dies gilt vor allem für die Leipziger Universität, an der Heinrici von 1892 bis zu seinem Tode tätig war. Sein Nachfolger war einer seiner Leipziger Schüler, Johannes Leipoldt (1880–1965), der seine Tradition in einem neuen, offeneren Stil fortsetzte durch eine stärkere religionshistorische Betrachtung und durch die notwendige Einbeziehung der Rabbinica. Da Leipoldt mein theologischer Doktorvater war, habe ich selbst noch ein Stück der alten «Leipziger Schule» mitbekommen.[5]

Mein Beitrag kann nicht alle Seiten von Heinricis Werk betrachten, dafür fühle ich mich auch nicht zuständig. Als Religionshistoriker haben mich seine diesbezüglichen Arbeiten und Ansichten wiederholt beschäftigt, obwohl ich seinen theologischen Positionen nicht folgen kann. Im alten Streit zwischen den beiden Disziplinen nimmt er zwar eine vermittelnde Position ein, aber sie ist letztlich nicht historisch, sondern mehr religiös und dogmatisch begründet. Doch dazu wird noch am Schluß einiges zu bemerken sein. Im folgenden sei zunächst etwas über Leben und Wirken Heinricis gesagt, dann zu seinen eigentlichen religionsgeschichtlichen Arbeiten, abschließend zum Problem von «Hellenismus, Christentum und die Religionsgeschichte».

1 C. F. Georg Heinricis Leben und Wirken[6]

Heinrici stammte aus Ostpreußen bzw. dem Memelland, wo er am 14. März 1844 in Karkeln (Kreis Heydekrug) geboren wurde. Sein Vater war Pfarrer, später Konsistorialrat und Superintendent in Gumbinnen, wo der Sohn auch das Gymnasium besuchte. Es wird berichtet, daß er schon früh einen «wissenschaftlichen Trieb» zeigte. Dementsprechend begann er 1862 mit dem Studium der Theologie und Philosophie in Halle, das er 1866 mit einer lateinisch abgefaßten philosophischen Dissertation über den reformierten Schweizer freikirchlichen Theologen und religiösen Individualisten Alexandre Vinet (1797–1847)[7] abschloß (Alexandri Vineti sententia de individuo, societate civitate, ecclesia). In Halle war vor allem F. A. G. Tholuck für seine Entwicklung entscheidend. Der Wechsel an die Berliner Universität bedeutete auch einen Wechsel seines Interessengebietes zum Neuen Testament und der frühen Kirchengeschichte. 1868 erwarb er den Lic. theol. Von Einfluß waren hier der Kirchenhistoriker C. W. Niedner, die Systematiker I. A. Dorner und A. C. Twesten (Schüler und Nachfolger Schleiermachers) und der antihegelianische Aristoteliker F. A. Trendelenburg. Die folgenden fünf Jahre war das Domkandidatenstift in Berlin seine Wirkungsstätte als Inspektor und Hilfsprediger am Berliner Dom. In dieser Zeit bereitete er seine Habilitation vor, die 1871 mit der Arbeit «Die valentinianische Gnosis und die heilige Schrift» für das Fach neutestamentliche Exegese erfolgte. Schon zwei Jahre später wurde er als a. o. Professor für Neues Testament nach Marburg berufen. 1874 erhielt er das dortige Ordinariat und 1875 den Dr. theol. h. c. Die Berufung in das königliche Konsistorium zu Kassel mit gleichzeitiger Ernennung zum Konsistorialrat im Nebenamt unterstreicht seine kirchliche Bindung. Mehrfach war er in Marburg Dekan der Theol. Fakultät (1877, 1881, 1887) und 1884/85 Rektor magnificus der Philippina. Als 1892 Theodor von Zahn von Leipzig erneut nach Erlangen berufen wurde, wählte man Heinrici zu seinem Nachfolger. Am 1. Oktober

1892 trat er sein Amt an der sächsischen Landesuniversität an, der er bis zu seinem Tode treu blieb. 1911/12 wurde er auch hier Rector magnificus. In dieser Eigenschaft hat er sich sehr für die Etablierung der von Karl Lamprecht initiierten geisteswissenschaftlichen Forschungsinstitute eingesetzt.[8] Seine wissenschaftlichen Verdienste führten 1909 zur Aufnahme in die Königlich Sächsische Gesellschaft der Wissenschaften zu Leipzig. Die ev.-luth. Landeskirche ernannte ihn 1901 zum Königlich Sächsischen Geheimen Kirchenrat, nachdem er bereits 1900 Mitglied der Landessynode in Dresden geworden war. 1911 übernahm er den Vorsitz der sogenannten Meißner Theologischen Konferenz, eine Art Vorläufer der Evangelischen Akademie. Seine kirchlichen Aktivitäten führten ihn auch immer wieder in die preußischen Länder, besonders zu theologischen Vorträgen. Am 29. September 1915 erlag Heinrici einem Herzleiden, das zuerst bei seinem letzten Rektorat aufgetreten war.[9] Seine Ruhestätte liegt in der «Professorenecke» des Leipziger Südfriedhofes.

Einige Worte noch zu den familiären Verhältnissen. Heinrici war in erster Ehe mit Ellen Wilkinson, einer Enkelin seines Berliner Lehrers A. C. Twesten (1789–1876), verheiratet. Dies hat auch für seine wissenschaftliche Beschäftigung insofern eine Bedeutung gehabt, als er dadurch in den Besitz der Korrespondenz Twestens kam und 1889 eine Biographie desselben «nach Tagebüchern und Briefen» veröffentlichte. Nach dem Tode seiner ersten Frau heiratete er zum zweitenmal, diesmal Paula Eck, die Tochter eines hohen preußischen Regierungsbeamten. Aus den beiden Ehen sind sechs Kinder entsprossen, drei Töchter und drei Söhne. Die Schüler Heinricis berichten von der großen Gastfreundschaft der Familie zu den Studenten. Fast jeden Donnerstag fanden sich Studenten an ihrem Tisch zusammen. «Heinrici hatte von Anfang an das ehrliche Bestreben, mehr zu sein als nur der Vertreter der Wissenschaft auf einem Lehrstuhl der Universität».[10] Auf seine starke kirchliche Bindung und Tätigkeit wurde schon verwiesen. Sie sind ihm von seinen beiden Berliner Lehrern Dorner (1809–1884) und Twesten vermittelt worden, da beide die Beziehung der Theologie zur Kirche bewußt verstärkten.[11]

Die Lehrtätigkeit an den beiden Universitäten, denen er als Ordinarius angehörte, zeigt die Breite seines Lehrangebotes.[12] Im Mittelpunkt stehen natürlich die exegetischen Vorlesungen und Seminare, aber immer wieder werden außerkanonische Literatur und zunehmend archäologische Themen einbezogen. Regelmäßig wird in Marburg (zuerst im WS 1876/77) «Enzyclopädie und Methodologie der Theologie» angekündigt (nicht mehr in Leipzig), worüber auch eine Buchveröffentlichung vorliegt.[13]

In seinem ersten Marburger Semester (WS 1873/74) hielt Heinrici Lehrveranstaltungen über das Johannes-Evangelium, Paulinische Theologie und «Exegetische Übungen in lateinischer Sprache, unentgeltlich». Im weiteren Verlauf stehen der Apostel Paulus, seine echten oder unechten Briefe und seine Theologie im Mittelpunkt, daneben die Synoptiker, die sogenannten katholischen Briefe, der Hebräerbrief (zuerst WS 1890/91), Neutestamentliche Theologie (SS 1879) oder «Biblische Theologie des Neuen Testaments» (zuerst SS 1881), Kanongeschichte des Neuen Testaments (zuerst SS 1880), Einleitung in das Neue Testament oder «Historisch-kritische Einleitung in das Neue Testament» (so SS 1883) und Übungen zu biblisch-theologischen Begriffen (seit WS 1884/85). Daneben stehen anfänglich auch allgemeine theologische Themen, wie Geschichte der Homiletik (einmalig SS 1874), Einleitung in die Dogmatik (WS 1879/80), Einleitung in die Theologie (WS 1874/75, später durch die Enzyklopädie abgelöst) und exegetische Übungen über den Ursprung des Bösen (SS 1875). Recht turnusmäßig hat Heinrici Seminare über Jesus Sirach (SS 1880), die Weisheit Salomos (SS 1876, 1878, 1884) und Philos «Buch von der Weltschöpfung» (De opificio mundi; WS 1876/77, 1878/79, 1880/81) gehalten. Wie bemerkt, tritt ziemlich plötzlich die Beschäftigung mit frühchristlicher Archäologie auch im Lehrbetrieb auf: zuerst im WS 1880/81, dann seit dem WS 1887/88 unter dem Namen «Christliche Kunstgeschichte» oder «Altchristliche Kunstgeschichte» (WS 1891/92), einmal als «Geschichte der byzantinischen Kunst» (WS 1888/89). Wie A. Hauck berichtet, war Heinrici ein feingeistiger Sammler von älterer Kleinkunst und Liebhaber der älteren Kunstperioden, nicht der Moderne.[14]

Das Lehrprogramm der Leipziger Zeit veränderte sich nicht sehr. Auch stehen die neutestamentlichen Schriften, besonders die Paulinen, voran. Neu ist natürlich, daß er anfänglich mit seinem Kollegen C. R. Gregory die «Übungen des akademisch-theologischen Vereins» abhält (von 1893–97 dann allein). In gleicher Weise arbeitet er mit dem «Exegeticum (oder: Biblio-theologicum) der Lausitzer Predigergesellschaft» zusammen. Neu sind Vorlesungen über das «Leben Jesu» (WS 1894/95), eine Leipziger Tradition, die ich noch erlebte; ferner «Geschichte des apostolischen Zeitalters» (WS 1900/01, SS 1902, 1904, 1906, 1908). Seminare zu den Reden und Gleichnissen Jesu,[15] zu den Berichten über die Auferstehung Jesu (zuerst WS 1895/96), zur Offenbarung des Johannes und ihren eschatologischen Parallelen (SS 1893; die Apokalypse tritt mehrfach als Lehrveranstaltung auf) sowie zur Eschatologie (WS 1898/99). Mehrfach fällt die Beschäftigung mit der Apostelgeschichte auf, vornehmlich mit dem Leben des Paulus (zuerst SS 1895; zuletzt WS 1912/13). «Geschichte und Theorie der Schriftauslegung» wird im WS 1898/99 angekündigt.[16] Nicht mehr gehalten hat Heinrici Lehrveranstaltungen zur christlichen Archäologie in Leipzig, wie auch die allgemein theologischen Themen wegfielen, die hier an der größeren Fakultät von anderen Professoren betreut wurden oder nicht zum traditionellen Lehrprogramm gehörten.

Die Lehrtätigkeit Heinricis, die teilweise auch in seine Veröffentlichungen eingegangen ist, zeigt ihn als einen Exegeten des Neuen Testaments, der alle Seiten desselben behandelte und dabei zunehmend auch die «Umwelt» ins Spiel brachte. Welche Wertschätzung ihm von seiten seiner Kollegen entgegengebracht wurde, und zwar quer durch alle Fronten der theologischen Richtungen seiner Zeit, bringt die ihm zu seinem 70. Geburtstag (s. Bild) gewidmete Festschrift zum Ausdruck, die 1914 unter dem Titel «Neutestamentliche Studien» in der bekannten Leipziger Hinrichsschen Buchhandlung erschien.[17] Herausgeber waren seine beiden Schüler Adolf Deißmann und Hans Windisch. Versammelt sind hier 26 Beiträge bekannter deutscher Exegeten und Kirchenhistoriker wie W. Bauer, Wolf W. Graf von Baudissin, Carl Clemen, M. Dibelius, E. von Dobschütz, W. Heitmüller, P. Feine, E. Klostermann, R. Knopf, P. Krüger, J. Leipoldt, H. Lietzmann, W. Lütgert, O. Schmitz, C. Schmidt, A. Seeberg, B. und J. Weiß und die Herausgeber. Darunter bemerkenswert auch Vertreter der Religionsgeschichte wie Graf Baudissin, C. Clemen, W. Heitmüller und J. Weiß. Die Schar der Gratulanten, darunter viele Kollegen und Schüler

C. F. Georg Heinrici

aus den deutschen Landen, besonders Sachsen, umfaßt sieben Seiten mit zwei Kolumnen. Heinricis Wirkung ist also recht beträchtlich gewesen und bestätigt die oben zitierte Feststellung seines Leipziger Kollegen Hauck.

2 Die religionsgeschichtlichen Beiträge

Ohne Zweifel hat sich Heinrici in erster Linie als bewußt protestantischer Exeget verstanden, der in der Tradition Luthers die heilige Schrift als die maßgebende Offenbarung Gottes an seine Gemeinde auszulegen hat. Die dazu nötige wissenschaftliche, d. h. in erster Linie philologische Ausbildung war bindende Voraussetzung, aber auch die Zugehörigkeit zur christlichen Gemeinde der unabdingbare Rahmen für das Verständnis. Die kirchliche Tradition hatte nur so lange ihre Berechtigung, als sie nicht gegen die klaren Aussagen des Neuen Testaments verstieß; insofern war die Bibelauslegung das entscheidende Kriterium für die Wahrheit des Glaubens. Für Heinrici war dabei entscheidend, daß er Form und Inhalt dieser biblischen und christlichen Überlieferung auseinanderzuhalten bemüht war. Die Form war für ihn durchaus Teil der Welt, in der die Schriften entstanden waren, daher war er unermüdlich bestrebt, ihre Herkunft zu erkunden, vor allem aus dem zeitgenössischen griechisch-römischen Kontext, aber auch aus dem sogenannten Alten Testament (weniger dem Judentum, das er zeitgemäß irrtümlich nur als «Spätjudentum» bezeichnete).

Andererseits ging es ihm aber auch um das Feststellen oder Festhalten des unverwechselbar Christlichen, das sich trotz der äußeren Schale für ihn deutlich machen ließ. Insofern war er, wie sich Ernst von Dobschütz ausdrückt, «offenbarungsgläubiger Schrifttheologe», der die «Originalität der christlichen Gedanken» durchaus nicht preisgeben wollte trotz eifrigen Bemühens, ihre Form zu erklären.[18] Daher hat er sich gegen die zu seiner Zeit aufkommende «religionsgeschichtliche Methode» gewandt, die nach ihm Form und Inhalt nicht zu trennen vermochte und zu schnell aus der äußeren Abhängigkeit auch auf eine sachliche, innere schloß. Er sah darin einen Mißbrauch der dem Exegeten zur Verfügung stehenden Mittel und Kenntnisse. Wie wir schon gesehen haben, steckten dahinter seine ihm in seiner Jugend- und Studienzeit vermittelten religiösen und theologischen Fundamente.

Trotz dieser in erster Linie «biblisch-theologischen» Ausrichtung seiner Arbeit hat Heinrici für die Auslegungsgeschichte der frühchristlichen Überlieferung eine wichtige Rolle gespielt. Seine großen, faszinierenden Kenntnisse der griechischen und lateinischen Literatur, die heutigen Exegeten kaum noch zur Verfügung stehen dürften, befähigten ihn immer wieder, «überraschende Analogien» zu den neutestamentlichen Schriften, besonders zu den paulinischen, zu entdecken.[19] Darüber informieren seine Kommentare zu den beiden Korintherbriefen.[20] Er entwickelte diese Beziehungen häufig an der Geschichte der im Neuen Testament vorhandenen Begriffe (auch zu den Mysterien!) und Literaturformen.[21] Insofern kann man Heinrici sicherlich zu den Ahnen der neueren Form- und Begriffsgeschichte zählen. Eine andere Seite dieser Forschungen war die schon genannte Heranziehung des antiken Vereinswesens, das zuerst E. Renan thematisiert hatte. Heinrici interessierte sich für den Ursprung der urchristlichen Gemeindeverfassung, die sich nicht nur auf die jüdische Synagoge zurückführen ließ, besonders in Korinth.[22] Dabei betonte er, daß Paulus sich dieses vorliegende teils patriarchalische, teil republikanische Element für seine Gemeindegründung dienstbar gemacht habe, ohne daß die «spezifische Eigentümlichkeit des christlichen Prinzips und das daraus erwachsene christliche Leben» beseitigt worden sei.[23] Damit war Heinrici ohne Zweifel für die weitere Exegese bahnbrechend und hat einer soziologischen Betrachtung den Weg geebnet, auch wenn das i. e. S. erst sehr viel später geschah. Ein weiteres Eingehen auf die Studien zu den Korintherbriefen, die für ihn sehr zentral waren, und damit zu Paulus überhaupt, kann hier nicht erfolgen.

Das gleiche gilt für seine Arbeiten zur frühchristlichen Literatur, deren Werden er unter literarhistorischem Gesichtspunkt verfolgte unter Hervorhebung ihrer Eigenarten.[24] Das Neue Testament gehörte nach ihm in die hellenistische Literatur, seine Briefe sind vom zeitgenössischen Briefstil geprägt, seine Sprache von der Koinē (er nennt es «Christengriechisch»), seine Überlieferung von einer «schulmäßigen Erfassung», die ethischen Regeln verraten Gnomen und Weisheitsliteratur. Aber trotz der oft verwirrenden literarischen Verhältnisse bleibt der gemeinsame Tenor, die «religiöse Idee» grundlegend. Im Verhältnis zum Alten Testament nimmt Heinrici ein «Alttestamentliches Urevangelium» an. Weder eine Verschriftlichung noch eine kanonische Sammlung war zunächst für die Kirche eine Lebensfrage; das lebendige Wort war die eigentliche autoritative Form der Überlieferung. Erst Gnosis und Montanismus zwangen zur Aussonderung und literarischen Dokumentation, die zwischen Justin und Irenäus erfolgte. Als Ort der frühen Traditionsbildung sieht Heinrici das syrische Antiochia.[25] Er sieht sich in der Kanonbildung von den Kirchenvätern bestätigt, besonders von Eusebius. Daher hat er dessen Angaben in seiner Kirchengeschichte näher untersucht, wobei er erstmalig ein Zeugnis des griechischen Arztes und Philosophen Galen für das Problem der frühchristlichen Pseudepigraphie heranzog.[26]

In diesen Zusammenhang gehören auch Heinricis erstmalige Edition der dem Petrus von Laodicea (7. Jh.) zugeschriebenen Katene des Matthäusevangeliums, eine entsagungsvolle und wenig gewürdigte Leistung,[27] die Veröffentlichung der Leipziger griechischen Papyrusfragmente der Psalmen aus dem 4. Jh.[28] und die Beschäftigung mit den griechisch-byzantinischen «Gesprächsbüchern» (Aporien oder Erotapokriseis), die er teilweise aus Sammelhandschriften edierte, mit der Absicht, wie er schreibt,

> Zeugnisse für die Durchschnittsbildung und die geistigen und theologischen Interessen der alten Kirche zu sammeln, um dadurch in noch recht dunkle Abschnitte der Geschichte der Schriftauslegung und Schriftausnutzung ein wenig mehr Licht zu bringen.[29]

Für alle diese Beiträge erhoffte er sich den Austausch mit den klassischen Philologen und eine sachliche Behandlung der anstehenden kritischen Probleme.[30]

Heinrici hat am Anfang seiner akademischen Laufbahn mit seiner Habilitationsschrift ein Thema angerührt, das schon des längeren von der Kirchengeschichte (J. L. von Mosheim, A. Neander, F. C. Bauer, J. A. Möhler, R. A. Lipsius u. a.) näher beleuchtet worden war, doch fehlte eine kritische Untersuchung der gnostischen Schriftbenutzung. Die Studie über «Die valentinianische Gnosis und die Heilige Schrift» von 1871 bedeutete einen echten Fortschritt in der Untersuchung der gnostischen Fragmente, soweit sie die Kirchenväter bewahrt hatten. Erst drei Jahre später veröffentlichte Adolf Harnack seinen quellenkritischen Beitrag zur häresiologischen Überlieferung.[31] Heinricis Arbeit bietet mehr, als der Titel sagt, es ist eine auch heute noch lesenswerte Einführung in die valentinische Gnosis, die leider noch nicht nachgedruckt worden ist. Natürlich ist sie in ihrem Urteil über die gnostische Exegese heute veraltet. Heinrici sieht zu wenig die Gemeinsamkeiten in der Allegorie bei den Kirchenvätern (z. B. Origenes) und den Gnostikern; beide treiben eine mehr oder weniger willkürliche «dogmatische Exegese».[32] Andererseits erkannte er sehr klar, daß hier ein von Haus aus fremdes Gewächs sich der christlichen Überlieferung bemächtigte. Der Versuch, die Gnosis auf biblischen Boden zu verpflanzen, ist allerdings schon älter und gehört in die Anfänge dieser Bewegung, wie wir inzwischen wissen. Die sorgfältige Behandlung der Quellen nach den häresiologischen Angaben und den Fragmenten läßt Heinrici die Unterschiede zwischen dem Schulgründer Valentinos und seiner Schule erkennen; seine Charakteristik der Fragmente Valentins ist recht treffend.[33] Auch die neue Auffassung von Gnosis in der valentinischen Schule wird richtig interpretiert.[34] Die Exegese der Bibel bestätigt nur die «Festigkeit der Speculation»; sie bildete die vornehmliche Autorität für die Gnostiker. Heinrici beobachtete auch, daß die Gnostiker das Neue Testament zitieren, wie bisher nur die Apologeten bzw. Kirchenväter das Alte Testament.[35] Das Ergebnis seiner Untersuchung wird im wesentlichen durch die heutige, sehr verbesserte Quellenlage bestätigt: im Alten Testament überwiegt die Benutzung der Genesis, im Neuen Testament Johannes, Epheser- und Kolosserbrief, Matthäus, Lukas, Galaterbrief.[36] Die überlieferungsgeschichtliche Bedeutung für die neutestamentlichen Schriften hat er sorgfältig beachtet, da sie dieselben noch immer im Fluß zeigen. Die von F. C. Baur und A. Hilgenfeld vertretene Auffassung, daß bereits im Neuen Testament gnostische Züge vorhanden seien, wurde von Heinrici mit der Begründung abgewiesen, daß hier sehr unterschiedliche Grundprinzipien vorliegen und die Gnosis die Schrift nur sekundär benutzt habe, außerdem sei sie später und betrachte das Neue Testament (besonders Johannes und Kolosserbrief) bereits als apostolische Autorität.[37]

Heinrici hat das Thema Gnosis nicht weiter in extenso verfolgt, doch gibt es hin und wieder Hinweise in seinen späteren Arbeiten, daß er seine diesbezüglichen Kenntnisse nutzbringend anbrachte. So hat man den Eindruck, daß er in seiner Schilderung der Zustände in der korinthischen Gemeinde, die er durch die Mission des Apollos aus Alexandria verunsichert sah, an gnostische Ideen dachte, indem er diesen alexandrinisch-jüdischen Import als an der «Erkenntnis» orientiert sah: Das Evangelium wurde diesen hellenistischen Christen als «Weisheit Gottes» dargestellt, in deren Mysterien sie eingeweiht seien, wodurch eine Aufspaltung der Gemeinde in «Eingeweihte» bzw. «Vollkommene» und Nicht-Eingeweihte eintrat; die «Vollkommenen» waren es kraft besonderer Offenbarung oder einer Weihe, die als Eintritt in diesen Zustand notwendig wurde.[38] Heinrici verwendete allerdings dafür den Ausdruck Gnosis nicht. Anders steht es mit seiner religionsgeschichtlichen Skizze «Zur Geschichte der Psyche».[39] Hier setzte er als Hintergrund des bekannten Märchens die zentrale Erlösungslehre des 2. Jhs., die Gnosis, an, und zwar in ihrer valentinischen Ausprägung. Das Schicksal der Psyche hat in seinen leitenden Gedanken «eine Familienähnlichkeit» mit dem Sophiamythos. Auch das Christentum habe sich dieser Erlösungslehre teilweise angepaßt, ohne allerdings seine Eigenart zu verlieren. Man sieht, wie Heinrici nahe an die späteren Gedanken von R. Reitzenstein kommen konnte.[40]

Gegen Ende seines Lebens hat Heinrici noch einmal eine der Gnosis verwandte Schriftengruppe näher in ihrer Relevanz für das Neue Testament untersucht. Die Ergebnisse wurden erst nach seinem Tode von Ernst von Dobschütz unter dem Titel «Die Hermes-Mystik und das Neue Testament» 1918 aus dem Nachlaß publiziert. Dieses Werk war eine Frucht der im Zusammenhang mit der Gründung des Königlichen Forschungsinstituts für Vergleichende Religionsgeschichte an der Leipziger Theologischen Fakultät (1914) geplanten Corpus Hellenisticum Novi Testamenti (CHNT). Damit sollte das alte bahnbrechende Werk von Joh. Jacob Wettstein (1693–1754) erneuert werden.[41] Sicherlich war Heinrici als der erste Direktor der in diesem Institut bestehenden neutestamentlichen Abteilung der bestgeeignete Theologe für dieses große Projekt. Leider hat der 1. Weltkrieg eine Fortführung verhindert. J. Leipoldt, der Nachfolger Heinricis, hat unabhängig davon eigene Arbeiten dieser Art, unter stärkerer Berücksichtigung der Rabbinica, im Laufe seines langen Lebens veröffentlicht. Erst nach dem 2. Weltkrieg wurde die Idee des CHNT wieder aufgenommen, und zwar von G. Delling, einem Schüler Leipoldts, der seit 1953 in Halle/S. lehrte, und dem niederländischen Neutestamentler W. C. van Unnik (bis zu seinem Tode 1978 Prof. in Utrecht).[42] In einer eigenen Reihe «Studia ad CHNT» erscheinen seit 1970 Arbeiten im Leidener Brill-Verlag. Ein weiteres Zentrum hat sich inzwischen durch H. D. Betz an der University of Chicago gebildet.

Heinrici hat über seine Arbeit am Corpus Hermeticum noch am 7. Februar 1914 vor der Königlich Sächsischen Gesellschaft der Wissenschaften berichtet. Der Bericht wurde allerdings nicht mehr fertiggestellt; er bestand in dem nachgelassenen Manuskript, an dem Heinrici bis zuletzt gearbeitet hatte.[43] Es ist heute nicht einfach, über seine «Hermesmystik» zu urteilen, da sowohl die textlichen als auch interpretatorischen Grundlagen sich sehr verändert haben, ja schon zu seiner Zeit sehr im Flusse waren. Abgesehen von den Editionsanfängen bei R. Reitzenstein[44], begann erst seit 1938 eine heutigen Ansprüchen genügende Textausgabe der Hermetica und aller relevanten Fragmente zu erscheinen.[45] Heinrici ging es primär nicht um die Hermetica als solche, sondern darum, Analogien zum Neuen Testament zu suchen und ihr «Verhältnis zum Urchristentum» zu beantworten.[46] Quellenkritische Untersuchungen, wie sie R. Reitzenstein, J. Kroll und dann vor allem W. Bousset durchgeführt haben, lagen ihm fern. In einer kurzen Einleitung (S. 1–14) äußert er seine Ansichten über das Corpus dieser «Offenbarungsliteratur», das er als ein typisches Produkt des «synkretistischen Hellenismus» ansieht, daher literarisch und inhaltlich keine Einheit bietend. Entstanden schon im 1. Jh. (der Hrsg. weist das zurück), verbreitet im 2. Jh., abgeschlossen im 4. Jh., hat diese «Offenbarungsgnosis» zwar Quellen aus dem Orient entnommen, ist aber hellenistisch, nicht ägyptisch, sondern eher eine Analogie zum Neuplatonismus. Im eigentlichen Hauptteil versucht Heinrici, die einzelnen Stücke inhaltlich zu beschreiben, ohne allerdings einen Zusammenhang herzustellen und nicht immer den Kern treffend (S. 15–162). Abgesehen von den Stobaeus-Fragmenten, dem sog. lateinischen Asclepios, bespricht er auch die neun Stücke bei Pitra (S. 138–147) und die Hermesschriften bei den Kirchenvätern (S. 148–161). Im Mittelpunkt steht die Herausarbeitung der termini technici dieser Literatur (*dynamis, gnosis, agnosia, logos, Licht, Leben, Wiedergeburt* etc.). Natürlich hat Heinrici das Schwanken zwischen dualistischen und monistischen bzw. monotheistischen Zügen festgestellt, aber keine Konsequenzen daraus gezogen wie dann W. Bosset.[47] Zum Poimandres-Traktat (CH I) zieht er daher die valentinische Gnosis heran, da hier der Fall des Urmenschen in einem dualistischen Rahmen erscheint (S. 21 f.).

Ein besonderes Anliegen ist es, biblische Spuren, besonders christliche, zu entdekken (S. 71 ff., 116, 147). Zum 14. Stück (Asclepius) bemerkt er daher, daß die «Grundvorstellung der Mystik» von der Güte des Vatergottes in der Fassung mit christlichen Gedanken zusammentrifft, «aber ihre Begründung und ihre Ziele sind denselben fremd» (S. 72). In ähnlicher Weise ist der dritte Abschnitt, «Die Hermesmystik und das Urchristentum», angelegt (S. 163–213). Heinrici möchte dabei der Frage nachgehen, ob auch das frühe Christentum eine «synkretistische Religion» gewesen sei; eine Problemstellung, die seit dem 18. Jh. aufgekommen ist und zu seiner Zeit erneut aktuell wurde. Er sieht die Zusammenhänge zwischen einigen neutestamentlichen Schriften und den Hermetica in der Begrifflichkeit, aber versteht ihre Orientierung als sehr verschieden (S. 167). Letztlich ist das Christentum in der Erlösungsvorstellung überlegen, da es die letzte Offenbarung sei. Die Frage, ob die Übernahme der Begriffe auch einen neuen Gehalt mit sich brachte, eine Umformung oder gar Entfremdung einer originalen Grundanschauung bedeutete, sucht die Untersuchung der zentralen Vorstellungen in beiden Bereichen zu beantworten

(S. 168ff.). Abgesehen von einzelnen neutestamentlichen Texten, wie dem Johannes-Evangelium, das den Hermetica am nächsten steht (S. 193f.), ist Heinrici der festen Meinung, daß eine Ableitung der christlichen Vorstellungen aus dieser Literatur nicht möglich sei. Das Christentum sei keine enthusiastische, dualistische, mystische und sakramentale Religion, sondern primär ethisch orientiert. Man sieht in dieser Argumentation, daß Heinrici eher dogmatisch im Sinne des 19. Jhs., weniger religionshistorisch argumentierte. Sicherlich sind die Unterschiede deutlich, aber jede frühchristliche Vorstellung als «originär» darzustellen, ist unhistorisch, da es ja keine «reinen» Religionen gibt, alle sind irgendwie «synkretistisch», ihrer Herkunft und weiteren Geschichte verbunden: ihr «Wesen» liegt in ihrer Geschichte und nicht jenseits davon.[48] Wenn man den Begriff der Offenbarung allerdings als einen überhistorischen Glaubensbezug im Sinne einer religiösen Weltanschauung auffaßt, dann hat er in der Religionswissenschaft nichts zu suchen. Wir werden auf dieses Problem zum Schluß noch einmal zu sprechen kommen.

Abgesehen von dem eben genannten Problem, hat das Nachlaßwerk Heinricis eine ganze Reihe von Mängeln, die der Herausgeber entweder nicht gesehen hat oder aus Pietät nicht ändern wollte. Richard Reitzenstein hat diese wohl am deutlichsten in seiner langen Rezension zur Sprache gebracht.[49] Heinrici hat natürlich Reitzenstein mehrfach ungerecht zitiert, vor allem seine Verdienste um die Hermetica zu wenig berücksichtigt. Es kann hier nicht darum gehen, die schweren Vorwürfe Reitzensteins gegen das Buch im einzelnen zu wiederholen, sie treffen auch in erster Linie den oder die Herausgeber, die sich dazu entschlossen, das unfertige Manuskript zu publizieren, und nicht den Versuch unternahmen, die inzwischen geleistete Forschungsarbeit zu berücksichtigen. Darüber helfen auch nicht die Nachträge des Herausgebers hinweg, da sie nur einiges zur Sprache bringen (S. 212–227). Wie schon angedeutet, ist die Textgrundlage bei Heinrici ungenügend, ganz zu schweigen von der Textkritik und der Kenntnis der Überlieferungsgeschichte der Hermetica. Verschiedentlich kann man ihm falsche Angaben, Korrekturen und Übersetzungen nachweisen. Manche Urteile, besonders in den lexikalischen Untersuchungen, sind recht willkürlich und voreingenommen. Dies demonstriert Reitzenstein besonders bei den Versuchen, christliche Herkunft nachzuweisen. «Berechtigt jede Nuance uns die völlige Unabhängigkeit der Begriffsbildung bei zwei Individuen anzunehmen, so gibt es keine Dogmengeschichte, ja im Grunde keine Geistesgeschichte.»[50] Heinrici hat es unterlassen, zwischen Wortform, Bild der Vorstellung und dem «religiösen Grundempfinden» zu unterscheiden. Das letztere sei im Hellenismus nicht immer dasselbe, trotz der gemeinsamen Wort- und Bilderwelt. Wenn das Christentum dies aufweise, so sei es noch lange nicht «seiner Eigenart entfremdet».[51] Den Hermetica jegliches sittliches Empfinden abzustreiten, entspricht nicht den Tatsachen.

> Pflichtmäßige Apologetik ist selten schöpferisch, und die Aufgabe, eine Art Schutztruppe gegen die bösen Religionsgeschichtlicher heranzuziehen, ist schwerlich die letzte und höchste Aufgabe eines Forschungsinstituts für Religionsgeschichte.»[52]

In der Forschungsgeschichte dieser graeco-ägyptischen Literatur ist die «Hermesmystik» Heinricis zwar kein Höhepunkt gewesen – das hat er auch nicht angestrebt –, aber die Nachweise biblischer Bezüge sind in der Folgezeit von anderen Forschern aufgenommen worden, besonders von C. H. Dodd für die alttestamentlich-jüdischen Elemente,[53] bis hin zu einer der letzten Studien, die den Poimandres überhaupt als ein «paganisiertes Evangelium» zu erweisen sucht.[54]

3 Hellenismus, Christentum und die Religionsgeschichte

Heinrici war kein Religionshistoriker, sondern ein bewußter theologischer Interpret der frühchristlichen Überlieferung, der sich allerdings ebenfalls sehr des «irdischen Gewandes» dieser Tradition in den Kleidern ihrer Zeit bewußt war. Seine lebenslange Beschäftigung mit der hellenistischen Welt hat ihn daher wiederholt auch auf den Plan geholt, wenn es um die Fragen ging, die sich aus dieser Beziehung von «Hellenismus und Christentum» stellen, und wie sie für einen Christen und Theologen seiner Zeit zu beantworten sind. In verschiedenen Vorträgen und Schriften hat er sich mit diesen Problemen, wie sie vor allem die sogenannte religionsgeschichtliche Methode der Göttinger Schule aufwarf, auseinandergesetzt: ob das Christentum eine Mysterienreligion gewesen sei,[55] ob man heute noch Christ sein kann,[56] ob die Lebenslehre Jesu noch zeitgemäß sei?[57] Auch eine eigene Schrift zum Verhältnis von Theologie und Religionswissenshaft stammt aus seiner Feder (1902).

Sehr aufschlußreich ist die kleine Schrift «Hellenismus und Christentum», die 1902 in der Reihe «Biblische Zeit- und Streitfragen» erschien. Als Motto steht auf dem Titel: Distinguamus! Entsprechend ist die Durchführung des Themas. Das Verhältnis der beiden Welten, die er (recht unhistorisch) en bloc gegenüberstellt, ist nach ihm ambivalent: Ablehnung des Heidentums geht Hand in Hand mit der Aufnahme hellenischer Weisheit, wie die Apologeten, Clemens Alexandrinus und Eusebius zeigen. Der Hintergrund für dieses Doppelverhältnis wird allerdings auf der heidnischen Seite recht schwarz gemalt, trotz der Gestalten von Sokrates und Plato. Der hellenistischen Frömmigkeit, die vom Heil und der Erlösung der Seele bestimmt ist und die in ihrer Vielfalt vorgeführt wird, ermangelt die enge Verbindung von Glaube und Sittlichkeit; sie habe keine wirkliche Quelle des Lebens mehr sein können, da sie in Phrasentum, Mantik und Theurgie verfallen gewesen sei.[58] Das Christentum dagegen verwirklicht das, was die griechisch-römische Welt vergeblich anstrebte, so wie es schon die frühen Apologeten gesehen hatten: es sei frei von Mythologie und Verbindung zum Staat, besitze keine Sakramente (wenigstens in den Anfängen) und theurgische Praktiker, hat vor allem eine enge Verbindung von Religion und Sittlichkeit aufzuweisen. Heinrici sah daher im Christentum, wie schon ausgeführt, eine «originale Religion», obwohl es als irdische Erscheinung in ihrer Schriftstellerei keinen Unterschied zum Hellenismus gibt.[59] Ihre Missionare sprachen die Sprache der Zeit! Aber die zentralen Aussagen des Neuen Testaments, wie die Opferidee, die Präexistenz Christi, die Wunder und die Auferstehung sind davon unberührt und von der Umwelt unbeeinflußt.[60] Im Grunde ist nur die Peripherie von der Umwelt berührt, nicht die spezifischen christlichen Wahrheiten. Wenn es Ähnlichkeiten gibt, dann sind die Motive verschieden. Das Neue Testament ist die Erfüllung der alttestamentlichen Prophetie, aber das Ende des hellenistischen Heidentums.

Man könnte diese Auffassung als einen religionshistorischen Doketismus bezeichnen, da sie zwar das zeitgenössische Gewand der christlichen Religion akzeptiert, aber es nur als scheinbares versteht, das das «Wesen» nicht berührt: so wie der überirdische Geistchristus im irdischen Jesus von Nazareth zeitweise Platz nimmt.[61] Selbstverständlich hat die christliche Überlieferung in ihren zeitgenössischen Formen ihre neuen Ideen transportiert und zur Geltung gebracht, sonst gäbe es ja kein Christentum. Daran hat keiner der damaligen Religionshistoriker, die ja alle meist auch Theologen oder Christen (wie z. B. auch Reitzenstein) waren, je gezweifelt; die Frage war und ist nur, ob die Sonderstellung der christlichen «Heilswahrheiten» mit Hilfe der Geschichte als unableitbar nachgewiesen werden könne, um damit ein sturmfreies Terrain des Glaubens und der Dogmatik abzusichern. Heinrici hat den berühmten Satz von Lessing offensichtlich nicht beherzigt, daß nämlich zufällige Geschichtswahrheiten nie der Beweis von notwendigen Vernunftwahrheiten werden können.[62]

In seiner Streitschrift gegen die religionsgeschichtliche Schule von 1902 hat Heinrici sich daher ablehnend mit dem Anliegen derselben beschäftigt.[63] Es nimmt nicht wunder, wenn er dabei vor allem Ernst Troeltschs Aufsatz über die historische und dogmatische Methode in der Theologie von 1900 aufs Korn nimmt. Er konstatiert wohl die strikte Trennung von historischen und Glaubensfragen, behauptet aber andererseits, daß die Heilswahrheiten unableitbare Fakten der Geschichte sind, auf die sich der Glaube bezieht. Der Glaube schafft aus den unableitbaren Tatsachen also Heilstatsachen.[64] Insofern gibt es Grenzen der Forschung, wenn es um diese Tatsachen geht, die das Christentum begründen. Da die Theologie die Hüterin des Wahrheitsbesitzes der Kirche sei, habe sie die Aufgabe, diese Wahrheit auch im Sinne der Wissenschaft zu erweisen, sonst wäre sie keine Wissenschaft, aber im Hinblick auf ihre Verpflichtung gegenüber der Kirche habe sie auch Rücksicht auf deren Bedürfnisse zu nehmen, d. h., «das Allerheiligste» und die «fromme Gewöhnung verlangt Schonung».[65] Trotzdem habe die Theologie die Kirche zu warnen und sie in Unruhe zu versetzen: so ist ihre Aufgabe seit der Reformation zu sehen, denn mit ihr erwachte die biblische Kritik, die Theologie wurde zur Wissenschaft vom Christentum und primär zur biblischen Theologie.[66] In diesem Zusammenhang bemerkt Heinrici, daß er sich bei seiner Mitarbeit an den Problemen der Beziehungen des Urchristentums mit der antiken Kultur

> wissenschaftlich nicht beengt gefühlt habe durch die Überzeugung, daß die neutestamentlichen Schriften eine Sonderstellung und Sonderbearbeitung beanspruchen, auch wenn man nicht behauptet, daß sie vom Himmel gefallene Bücher seien».[67]

Gerade der Vergleich bringe die Unterschiede zutage und rücke den

> spezifischen Wert der neutestamentlichen Schriften in helleres Licht. ... Man wird ihnen nicht gerecht, wenn man sie hineinwirft in den trüben, seichten Strom (! K. R.) der spätjüdischen und der apokryphischen Literatur verwandten Charakters.[68]

Hier ist, wie schon oft bei ihm, ein recht einseitiges Urteil gefällt, für dessen Kriterium nicht historische Tatsachen, sondern eben dogmatische und religiöse Voraussetzungen maßgebend sind. Im Grunde genommen möchte Heinrici das in Anspruch nehmen, was Lessing entschieden bestritten hat: Aus der Geschichte sind keine Normen oder fertige Heilstatsachen zu entnehmen. Diese Debatte ist auch heute kein aktuelles Thema für die Universitätstheologie mehr, sondern war ein Nachzugsgefecht des 19. und frühen 20. Jhs.

Heinrici setzte in diesen seinen Ausführungen voraus, daß die Religionswissenschaft bzw. Religionsgeschichte nur dann eine Relevanz für die Theologie besitzt, wenn sie als apologetisch einsetzbar ist.[69] So hat er ihre Funktion schon in seiner «Theologischen Enzyklopädie» von 1893 bestimmt: als theologische Hilfswissenschaft (§ 43: 5) oder als «philosophische Theologie» und Apologetik (§ 59 pass.).

> Wird die historische Theologie (Exegese, Kirchengeschichte) auf Kosten der normativen zum Mittelpunkt genommen, so ist die sachgemäße Konsequenz, die Theologie überhaupt zur Religionsgeschichte zu machen (§ 5: 2).

Dies ist zu seiner Zeit 1876 in den Niederlanden geschehen und hat dort zu dem bekannten duplex ordo an den theologischen Fakultäten geführt, der heute noch besteht (staatliche Disziplinen sind Exegese, Kirchengeschichte, Moral bzw. Ethik, Religionswissenschaft, Religionsphilosophie; kirchliche Fächer Dogmatik, Ethik und Praktische Theologie). In Deutschland haben ähnliche Versuche keinen Erfolg gehabt, insbesondere durch den Protest A. Harnacks.[70] Die Religionsgeschichte hatte sich inzwischen mehr und mehr zu einer eigenen Disziplin entwickelt, unabhängig von der Theologie, und sich an den Hochschulen bereits in den Philosophischen Fakultäten etabliert. Ihre Betrachtung der Entstehung und Entwicklung des Christentums oder richtiger der «Christentümer» hatte die von der Religionsgeschichtlichen Schule gewiesenen Wege weiterverfolgt, so daß heute ein viel differenzierteres Bild des frühen Christentums vorliegt als zur Zeit Heinricis, ganz zu schweigen von den apologetischen Tendenzen.[71] Auch in den jüngeren theologischen Darstellungen hat sich sehr viel geändert.

> Der Versuch, die heutige christliche Vielfalt auf einen gemeinsamen Nenner, das heißt auf einen einheitlichen und maßgebenden Ursprung zurückzuführen, erweist sich als eine unhistorische Betrachtungsweise.»[72]

So hat sich zwar das Erbe von Heinrici in dieser Weise als nicht tragfähig erwiesen, aber mit seiner Öffnung der Exegese zur hellenistischen «Umwelt» und der sorgfältigen Heranziehung ihrer Literatur, wie sie schon J. J. Wettstein im Auge hatte, hat diese Seite seiner Forschungen sicherlich eine Wirkung gehabt, gerade auch wenn manche seiner Auffassungen auf Widerspruch gestoßen sind. Das von ihm hochgehaltene «distinguamus» hat auch für die Religionswissenschaft ein Leitfaden bei den komparativen Forschungen zu sein, allerdings nicht von theologisch-dogmatischen Werturteilen geleitet.

Anmerkungen

1 Worte zum Gedächtnis an Georg Heinrici. In: Berichte über die Verhandlungen der Sächs. Gesellschaft der Wissenschaften zu Leipzig. Phil.-hist. Klasse, 67. Bd., Leipzig 1915, S. 121–131 (Zitat S. 121).

2 Ebd. S. 222.

3 W. G. Kümmel: Das Neue Testament. Geschichte der Erforschung seiner Probleme, München 1958 (Orbis Academicus. Problemgeschichten der Wissenschaften in Dokumenten und Darstellungen), S. 267f. (Zitate aus Heinricis Kommentar zum 2. Kor. von 1887), S. 410f. (aus «Ist das Christentum eine Mysterienreligion?» 1911).

4 Ebd. 310 und in Neue Deutsche Biographie. Band 8 (1969), S. 434f. Zur Religionsgeschichtlichen Schule s. G. Lüdemann u. M. Schröder: Die Religionsgeschichtliche Schule in Göttingen. Göttingen 1987; G. Lüdemann: Die Religionsgeschichtliche Schule. In: B. Möller (Hrsg.): Theologie in Göttingen. Göttingen 1987, S. 325–361; K. Rudolph: Geschichte und Probleme der Religionswissenschaft. Leiden 1992, S. 412–420.

5 Es sei mir eine persönliche Bemerkung gestattet, die diese Tradition unterstreicht. Von J. Leipoldt erhielt ich für die schriftliche Hausarbeit zum 1. Theologischen Examen an der Universität Leipzig das Thema gestellt: «Die Genossenschaft der Jobakchoi und die christliche Gemeinde in Korinth im Hinblick auf ihren Gottesdienst untersucht», die ich im März 1953 einreichte (maschinenschriftl. 75 S. mit einer deutschen Übersetzung der Jobakchoigesetze nach Dittenberger, Sylloge III^3, Nr. 1109). Ich weiß nicht, ob sich Leipoldt dabei an seinen Lehrer Heinrici erinnerte, der solche Studien als einer der ersten in Deutschland begann, wie ich dann gleich feststellte. Die Heranziehung des von Heinrici neubearbeiteten Meyerschen Kommentars zum 1. Kor. von 1896 war damals noch selbstverständlich. Im übrigen ist Leipoldt meiner Erinnerung nach in seinen Kollegs wenig auf Heinrici eingegangen. – Zur Leipziger Religionsgeschichte s. meine verbesserungsbedürftige Studie: Die Religionsgeschichte an der Leipziger Universität und die Entwicklung der Religionswissenschaft, Berlin 1962 (SB SAW, Phil.-hist. Klasse 107: 1); Kurzfassung: «Leipzig und die Religionswissenschaft», in: Geschichte und Probleme (s. Anm. 4), S. 323–339. Über Heinricis Rolle bei der Einrichtung der von Karl Lamprecht initiierten geisteswissenschaftlichen Forschungsinstitute s. Anm. 8.

6 Ich benutze dafür außer dem schon genannten Nachruf von A. Hauck die Angaben in: A. Hinrichsen: Das literarische Deutschland. 2. Aufl. 1891; Das litterarische Leipzig 1897; Wer ist's? Leipzig 1912 (6. Ausgabe); Catalogus Professorum Academicae Marburgensis von 1827–1910, Marburg 1927; NDB 8, 1969, S. 434f. (s. o. Anm. 4); F. M. Baitz (Hrsg.), Biographisch-bibliograph. Kirchenlexikon, Hamm/W. 1990, S. 688; A. von Dobschütz: In: G. Heinrici: Die Hermesmystik und das Neue Testament. Leipzig 1918, S. VII–XVII, mit der ausführlichsten Bibliographie ebd. XIX– XXII; G. Kittel: In: Deutsch-Evang. Monatsblätter für den gesammten dt. Protestantismus, 6. Jg. Leipzig 1915, S. 547–551; G. H. Franke: Neues Sächs. Kirchenblatt, 23. Jg., Nr. 3, Leipzig 1916, Sp. 33–36. Die Archive der Theol. Fakultät der Universität Leipzig und der SAW aus dieser Zeit sind im 2. Weltkrieg vernichtet worden. Das Dresdner Staatsarchiv wurde nicht herangezogen. Das Marburger Univ.-Archiv gibt nichts Wesentliches für Heinrici her (Lieder zur Abschiedsfeier für H.; Tischordnung für den Rektoratsball u. ä.), ebenso das Hess. Staatsarchiv (Berufungsurkunden, Dekanats- und Rektoratsannahmen). Ich verdanke meinen beiden sächsischen Hilfsassistenten, Arndt Sander und Kai Thierbach, viel Hilfe bei der Beschaffung dieser und anderer Unterlagen für meine Studie.

7 Vgl. RGG^3 VI, Sp. 1405f. «Das, was Heinrici an Alexander Vinet fesselte, war ohne Zweifel die Feinheit und die klare Eigenart dieses edeln Geistes» (Hauck, a. a. O., S. 124). In der

persönlichen Frömmigkeit, soweit dies aus den schriftlichen Arbeiten sichtbar wird, war H. sicherlich zeitlebens von Vinet beeinflußt.

8 Vgl. K. Rudolph: Die Religionsgeschichte (s. Anm. 5), S. 112ff., S. 117. Heinrici wurde selbst der erste Direktor der neutestamentlichen Abteilung des Königlichen Forschungsinstituts für vergleichende Religionsgeschichte an der Theol. Fakultät.

9 A. Hauck: a. a. O., S. XVIII.

10 Franke: Neues Sächs. Kirchenblatt. 23. Jg. (1916), Nr. 1, Sp. 35.

11 Vgl. Heinricis Artikel über A. D. C. Twesten in: Herzog – Hauck, RE, 2. Aufl., Band 16 (1885), S. 97–108; 3. Aufl., Band 20 (1908), S. 171–177; und die «Erinnerungen an Isaac August Dörner». In: Deutsch-Evangelische Blätter 9 (1884), S. 631–638.

12 Quelle dafür sind die Vorlesungsverzeichnisse der Universitäten Marburg und Leipzig für die Jahre 1873–1915. Ich danke Herrn stud. theol. Arndt Sander für seine Hilfe bei der Durchsicht.

13 Theologische Enzyclopädie, Freiburg/B. 1893 (Grundriß der theol. Wissenschaften I/1); aus Heinricis Feder stammt auch der gleichnamige Artikel in Herzog – Hauck, RE 3. Aufl., Bd. 5 (1898), 351–364. Es ist die letzte Publikation eines solchen Werkes in Deutschland. Die aus dem Nachlaß herausgegebene «Theologische Enzyklopädie» von R. Bultmann (Tübingen 1984) zeigt, wie lange diese Vorlesungstradition in Marburg wirkte. Nach H. Stephan – M. Schmidt, Geschichte der evangelischen Theologie in Deutschland seit dem Idealismus. 3. Aufl., Berlin 1973, S. 382, hatte diese Art der Präsentation der Theologie um die Jahrhundertwende keine Chance mehr; sie wurde abgelöst durch wissenschaftliche Einleitungen.

14 a. a. O., S. 123. Eigene Veröffentlichungen dazu liegen m. W. nicht vor, abgesehen von Rezensionen relevanter Literatur (z. B.: Zur Deutung der Bildwerke altchristlicher Grabstätten. Eine kritische Besprechung von V. Schultzes Archäologischen Studien. In: Theol. Stud. u. Kritiken 1882, S. 720–746) und dem ikonographisch-archäologischen Material in seinen neutestamentlichen und frühchristlichen Arbeiten.

15 Vgl. den Art. «Gleichnisse Jesu» in: Herzog – Hauck, RE, Band 4 (1899), S. 688–703.

16 Vgl. den gleichzeitigen Artikel «Biblische Hermeneutik», ebd. Bd. 7 (1899), S. 718–750.

17 Neutestamentliche Studien. Georg Heinrici zu seinem 70. Geburtstag (14. März 1914), dargebracht von Fachgenossen, Freunden und Schülern, Leipzig 1914 (Untersuchungen zum Neuen Testament. Hrsg. von H. Windisch, Heft 6). Mit einem vorzüglichen Foto.

18 a. a. O., S. IX; vgl. auch Hauck: a. a. O., S. 125f., S. 128

19 Vgl. von Dobschütz: a. a. O. (s. Anm. 6), S. VIII.

20 Das erste Sendschreiben des Apostels Paulus an die Korinthier, Berlin 1880; Das zweite Sendschreiben des Apostels Paulus an die Korinthier, Berlin 1887; H. A. W. Meyer: Kritisch-exegetisches Handbuch über den ersten Brief an die Korinther. 6. Aufl., neubearbeitet von G. H., Göttingen 1881 (Kritisch-exegetischer Kommentar über das Neue Testament, 5. Abt.); Der zweite Brief an die Korinther. Neubearbeitet von G. H., Göttingen 1883 (Kritisch-exegetischer Kommentar über das Neue Testament, begründet von H. A. W. Meyer, VI. Abt., 8. Aufl.).

21 Vgl. dazu: Die Bergpredigt quellenkritisch und begriffsgeschichtlich untersucht. Leipzig 1900 (Beiträge zur Geschichte und Erklärung des Neuen Testaments II); Die Bergpredigt begriffsgeschichtlich untersucht, Leipzig 1905 (Beiträge III, S. 1–98).

22 Die Christengemeinde Korinths und die religiösen Genossenschaften der Griechen. In: Ztschr. f. wiss. Theologie 19 (1876), S. 465–526; Zur Geschichte der Anfänge der paulinischen Gemeinden. In: ebd. 20 (1877), S. 89–130; Zum genossenschaftlichen Charakter der paulinischen Gemeinden. In: Theol. Studien u. Kritiken 1881, S. 505–524. Näheres auch in den genannten Kommentaren: Erstes Sendschreiben, S. 21ff.; Neubearbeitung von Meyers Kommentar zum 2. Korintherbrief, S. 31ff.

23 Zum genossenschaftlichen Charakter, S. 509; Zu den Unterschieden, s. ebd., S. 517 f.; Erstes Sendschreiben, S. 25–27.

24 Die urchristliche Überlieferung und das Neue Testament. In: Theologische Abhandlungen, Carl von Weizsäcker zu seinem 70. Geburtstag gewidmet, Tübingen 1892, S. 323–352; Die Entstehung des Neuen Testaments, Leipzig 1899; Der litterarische Charakter der neutestamentlichen Schriften, Leipzig 1908.

25 Ich folge hier den Ausführungen in: Die urchristliche Überlieferung (1892).

26 Das Urchristentum in der Kirchengeschichte des Eusebius, Leipzig 1894 (Beiträge zur Geschichte und Erklärung des Neuen Testaments I), besonders S. 70–78; abgedruckt bei N. Brox (Hrsg.), Pseudepigraphie in der heidnischen und jüdisch-christlichen Antike, Darmstadt 1977 (Wege der Forschung Bd. 484), 74–81.

27 Aus der Hinterlassenschaft des Petrus von Laodicea, Leipzig 1905 (Beiträge III, S. 99–120); Des Petrus von Laodicea Erklärung des Matthäusevangeliums, Leipzig 1908 (Beiträge V). Der Versuch Heinricis, hier ein Kommentarwerk des sonst unbekannten Autors zu erweisen, hat sich nicht bestätigen lassen; s. Altaner/Stuiber: Patrologie, 8. Aufl. 1978, S. 526 (Lit.).

28 Die Leipziger Papyrusfragmente der Psalmen, Leipzig 1903 (Beiträge IV).

29 Zur patristischen Aporienliteratur. Abh. d. Kgl. Sächs. Gesellschaft d. Wiss. zu Leipzig, Phil.-hist. Kl. 27, No. 24, Leipzig 1909, S. 843–860; Griechisch-byzantinische Gesprächsbücher und Verwandtes aus Sammelhandschriften. Ebd., Phil.-hist. Kl. 28, No. 8, Leipzig 1911; Nachträgliches zu den «Griechisch-byzantinischen Gesprächsbüchern». Ber. über die Verhandlungen d. Kgl. Sächs. Ges. d. Wiss., Phil.-hist. Kl. 64, No. 3, Leipzig 1912. Der großen Rolle dieser «Reflexliteratur» für die Sagen- und Legendenforschung war sich H. sehr bewußt, und er hat in den Noten dazu entsprechende Verweise gemacht. Er nannte sie recht treffend «eine christliche Haggada, die in gleicher Weise wie die jüdische fabuliert» (Griechisch-byzantinische Gesprächsbücher, S. 18, mit Verweis auf L. Ginzberg: Die Haggada bei den Kirchenvätern. Amsterdam 1899).

30 So im Vorwort zum ersten Band der Beiträge (s. Anm. 26).

31 Zur Quellenkritik der Geschichte des Gnostizismus, in: Ztschr. f. die hist. Theologie 1874, S. 143–226; es handelt sich um eine Habilitation in Leipzig im gleichen Jahr.

32 A. Hauck wiederholt das Urteil von Heinrici merkwürdigerweise in seinem Nachruf (a. a. O. [s. Anm. 1], S. 124). Es muß korrekterweise bemerkt werden, daß Heinrici durchaus die Schwächen der allegorisch-alexandrinischen Exegese in der Polemik sah: sie sind kein sicheres Mittel (S. 185 f.).

33 Vgl. S. 65 f. und 74 f. Anders C. Markschies in seiner Forschungsgeschichte über Valentinus in: A. Böhlig/C. Markschies, Gnosis und Manichäismus, Berlin 1994 (NZNW 72), S. 64 f.

34 Ebd. S. 161–180, bes. S. 170 ff.

35 Ebd. S. 180 f.

36 Ebd. S. 183 ff. und der Anhang S. 191 f. mit einer Übersicht.

37 Ebd. S. 187 f.

38 Das erste Sendschreiben des Apostel Paulus an die Korinthier, S. 35–44.

39 Preußische Jahrbücher 90 (1897), S. 390–417; abgedruckt bei G. Binder/R. Merkelbach (Hrsg.), Amor und Psyche, Darmstadt 1968 (Wege der Forschung 126), S. 56–86 (mit einigen Anm. der Herausgeber). Ich benutze die Originalausgabe. Für das folgende s. S. 410 ff.

40 Das Märchen von Amor und Psyche bei Apuleius, Leipzig 1912; teilweise abgedruckt bei Binder/Merkelbach, a. a. O., S. 87–158.

41 Vgl. dazu Kümmel: Das Neue Testament (s. Anm. 3), S. 52–54. Das Werk von J. J. Wettstein, das 1751/52 in zwei Bänden als Novum Testamentum Graecum editionis receptae

cum lectionibus variantibus ... necnon commentario pleniore ... opera et studio» in Amsterdam erschien, enthält hauptsächlich textkritisches Material, aber auch eine bis heute unerreichte Sammlung von Parallelenstellen aus der klassischen und jüdischen Literatur.

42 Vgl. W. C. van Unnik: Corpus Hellenisticum Novi Testamenti. In: JBL 63 (1964), S. 17–33; G. Delling: Zum CHNT. In: ZNW 54 (1963), S. 1–15. Große Verdienste um die Weiterführung des CHNT hat H. D. Betz (Chicago), der als Schüler von Herbert Braun seit seiner Dissertation über Lukian von Samosata und das Neue Testament (Berlin 1961) überwiegend an dem Thema Hellenismus und frühes Christentum arbeitet (Plutarch, Magische Texte u. a.); vgl. jetzt seine Gesammelten Schriften Band I: Hellenismus und Urchristentum, Tübingen 1990. Vgl. auch meine Angaben dazu in Geschichte und Probleme, S. 303f.

43 So der Hrsg. S. VII und XV.

44 Poimandres: Studien zur griechisch-ägyptischen und frühchristlichen Literatur. Leipzig 1904 (anastat. Neudruck 1922), S. 328–360 (es handelt sich um die Edition der Traktate I, XIII, XVI–XVIII).

45 A. D. Nock et A.-J. Festugière: Hermes Trismegiste. Vol. I (1938), II (1946), III (1954), IV (1954), Paris 6. bzw. 4. Aufl., 1983, 1980.

46 Vgl. S. XIV (Bemerkung auf einem losen Blatt) und S. 13.

47 Gött. Gel. Anzeigen 1914, S. 697–755 (Rez. von J. Kroll: Die Lehren des Hermes Trismegistos. 1914); abgedruckt in: W. Bousset, Religionsgeschichtliche Studien. Hrsg. von A. F. Verheule. Leiden 1979, S. 97–159.

48 Vgl. dazu meinen Aufsatz «Synkretismus: vom theologischen Scheltwort zum religionswissenschaftlichen Begriff», in: Geschichte und Probleme, S. 193–215 (mit Lit.).

49 Gött. Gel. Anzeigen 1918, S. 241–274

50 Ebd. S. 266.

51 Ebd. S. 267ff.

52 Ebd. S. 274. R. meint hier das damalige Leipziger Institut, das ja auch von Nathan Söderblom als erstem Ordinarius für Religionsgeschichte in Leipzig mitgeleitet wurde. Vgl. dazu Religionsgeschichte an der Leipziger Universität (s. Anm. 5), S. 117–123.

53 The Bible and the Greeks, London 1935, 2. ed. 1954, Part II: Hellenestic Judaism and the Hermetica.

54 Jörg Büchli: Der Poimandres. Ein Paganisiertes Evangelium, Tübingen 1987 (WUNT 2. Reihe 27). B. nennt Heinrici als e. A. Vorläufer (S. 3). Das Buch gipfelt in der These, daß CH I «wesentlich» ein Teil der christlichen Gnosis sei und kein Gewächs einer heidnischen Gnosis (S. 210). Auch Heinrici hat die Berührungen mit dem Valentinianismus (wie schon E. Krebs 1910 nachzuweisen versuchte) bemerkt, aber nicht solche Schlüsse daraus gezogen. Eine Auseinandersetzung mit der m. E. abwegigen These von B. steht im einzelnen noch aus; auch sie hat offenbar einen theologisch-apologetischen Hintergrund und ist der unhistorischen Auffassung, daß die christliche Literatur des 2. Jhs. so dominant war, daß man ein Gegenevangelium schaffen mußte. Im übrigen ist die Quellenbenutzung nicht gerade überzeugend (besonders chronologisch). Zur Kritik verweise ich bereits auf die Sätze von Eduard Norden, Agnostos Theos, Leipzig 1923, S. 5; weiterhin auf die Rezension von B. Pearson in der Relig. Studies Review 14 (1988), S. 254 f., und die kurze Replik bei G. Fowden: The Egyptian Hermes, Princeton 1986, 2. ed. 1993, S. XVII.

55 Ist das Christentum eine Mysterienreligion? In: Internationale Wochenschrift für Wissenschaft, Kunst und Technik 5 (1911), No. 14, S. 417–430; vgl. die Auszüge bei Kümmel, a. a. O. (s. Anm. 3), S. 410f.

56 Dürfen wir noch Christen bleiben? Leipzig 1901.

57 Ist die Lebenslehre Jesu zeitgemäß? Leipzig 1904.

58 Vgl. die Zusammenfassung, S. 24f.
59 Vgl. ebd. S. 28; dies wird in den folgenden Seiten vorgeführt.
60 Vgl. 33ff. mit teilweise bizarren Argumenten. Die Auferstehung Jesu sei eine objektive Tatsache, die der Glaube der Jünger voraussetze, «die das persönliche Erleben der Gewißheit ermöglicht: Jesus lebt!»
61 Vgl. zu dieser Frage frühchristlicher Christologie den Beitrag des Verfassers: «Christlich» und «Christentum» in der Auseinandersetzung zwischen ‹Kirche› und ‹Gnosis›. In: Apocryphon Severini presented to Soeren Giversen. Aarhus 1993, S. 192–314.
62 Über den Beweis des Geistes und der Kraft (1777), Art. VIII (Inselausgabe: Schriften III, 1967, S. 309). Vgl. dazu A. Schilson: Lessings Christentum. Göttingen 1980, S. 25ff.
63 Theologie und Religionswissenschaft, Leipzig 1902.
64 So ebd. S. 11 und die vorausgehenden Argumentationen.
65 Ebd. S. 21.
66 Ebd. S. 23, 26. Vgl. auch Heinricis Rektoratsrede in Marburg vom 19. Oktober 1984 «Von Wesen und Aufgabe der evangelisch-theologischen Facultäten», Marburg 1885.
67 Theologie (s. Anm. 63), S. 28.
68 Ebd. S. 29.
69 So ebd. S. 4, Leitsatz 8.
70 Vgl. dazu vom Autor: Religionsgeschichte an der Leipziger Universität (s. Anm. 5), S. 60ff.
71 Vgl. z. B. die Studie des Autors: Das frühe Christentum als religionsgeschichtliches Phänomen. In: Geschichte und Probleme (s. Anm. 4), S. 301–320; eine kürzere engl. Fassung in: B. Pearson (ed.), The Future of Early Christianity. Essays in Honor of Helmut Koester. Minneapolis 1991, S. 9–19. Das statische Bild der älteren theologischen Forschung vom Christentum auf dem Hintergrund der zeitgenössischen «Umwelt», die gelegentlich ihre «Einflüsse» ausübt, ist heute nicht mehr historisch haltbar. Schon H. Gunkel sprach 1903 vom Christentum als einer «synkretistischen Religion», was von R. Bultmann 1949 ausdrücklich bestätigt wurde (Das Urchristentum im Rahmen der antiken Religionen, Zürich, S. 195ff.).
72 So F. Vouga in seiner vorzüglichen «Geschichte des frühen Christentums». Tübingen/Basel 1994, S. 281. Vgl. auch die bahnbrechende Arbeit von H. Koester/James M. Robinson: Entwicklungslinien durch die Welt des frühen Christentums. Tübingen 1971; ferner die Monographien von K. M. Fischer: Das Urchristentum, Berlin 1985 (Kirchengeschichte in Einzeldarstellungen I/1), und K.-W. Tröger: Das Christentum im zweiten Jahrhundert. Berlin 1988 (ebd. I/2).

Elke Blumenthal

Ägyptologie in der Akademie[1]

Mitglieder

Seit es eine Sächsische Akademie der Wissenschaften gibt, gehören Ägyptologen – mit kurzen Unterbrechungen – zu ihren Mitgliedern, und mit einer Ausnahme waren alle Leipziger Professoren der Ägyptologie in ihr vertreten. Zwar ist die Akademie älter als der 1874 von der klassischen Archäologie abgelöste «Aegyptologische Apparat», doch war ein ägyptologisch tätiger Leipziger Philologe 1846 an ihrer Gründung beteiligt. In Jena existierte die Ägyptologie nur wenige Jahre, in Halle ist sie erst neuerdings und nur als Teildisziplin der Orientarchäologie institutionalisiert, und so mag es erlaubt sein, die folgende Betrachtung auf den Schauplatz Leipzig zu beschränken.

Im Unterschied zu der Berliner Akademie, die auch kleine Fächer wie die Ägyptologie in bedeutenden eigenen Einrichtungen förderte (Grapow 1950; 1954), konnte ihre Leipziger Schwester «keine eigenen Forschungsinstitute betreiben», sondern mußte sich damit begnügen, «ihren Mitgliedern durch interdisziplinären Erfahrungsaustausch, durch Diskussionen und Kolloquien Anregungen für ihre Forschungsarbeit in den Hochschuleinrichtungen» zu geben, und konnte «materielle Unterstützung ... kaum gewähren». Daher bestand «seit je ... eine fruchtbare Bindung an die Universität Leipzig und ihre reich ausgestatteten Institute. Die Universität gab den räumlichen und wissenschaftlichen Hintergrund, auf dem auch Arbeiten der Akademie entstehen und gedeihen konnten».

Dieses Urteil, das der damalige Präsident Kurt Schwabe 1971 zum 125jährigen Akademiejubiläum abgab (Schwabe 1971, S. 7.9.6), trifft auch auf die Ägyptologie und die Ägyptologen zu, obwohl deren Leipziger Institut nur nach dem Maßstab ihrer marginalen Bedeutung im akademischen Leben und der jeweiligen Zeitläufte als «reich ausgestattet» bezeichnet werden konnte und kann.

Es wäre unangemessen, in dieser Situation die Entwicklung der Fachrichtung im Rahmen der Akademie als Forschungsgeschichte zu schreiben und an den mehr oder weniger zufällig in ihren Schriftenreihen publizierten Arbeiten festzumachen. Ich möchte daher im folgenden den Blick zwar auf die ägyptologischen Mitglieder und ihre Rolle in der Akademie lenken, zugleich aber versuchen, auch die Bedeutung der Akademie für die Entwicklung des Faches vor Ort darzustellen. Selbst wenn ich mich dabei auf den wissenschaftlichen Bereich konzentriere und es Berufeneren überlasse, meine Vorgänger als Inhaber von Akademieämtern zu würdigen, scheint mir die 150jährige Wechselbeziehung produktiv und mannigfaltig genug, um Anregungen zur Neubesinnung über Stellung und Aufgaben der Akademie in der Gegenwart beizutragen, die seit der politischen «Wende» von 1989 im Gange und besonders im Jubiläumsjahr geboten ist.

Gustav Seyffarth

Gustav Seyffarth, der erste Gelehrte in Deutschland, der Vorlesungen über die damals erst ansatzweise verständliche Sprache des alten Ägypten hielt, gehört zu der Gründergeneration der Sächsischen Akademie. Unter den 13 bzw. 11 Leipziger Professoren, die 1845 in zwei Anläufen die Initiative ergriffen und ein «Gesuch ... um Begründung einer Königlich Sächsischen Gesellschaft der Wissenschaften» an das Sächsische Kultusministerium in Dresden gerichtet hatten, fehlt zwar sein Name, aber der «Bericht des Vereins zur Gründung einer Königlich Sächsischen Gesellschaft der Wissenschaften» vom 29. März 1846 und auch das spätere Dankschreiben an den günstig gestimmten König samt dem Entwurf der künftigen Statuten tragen seine Unterschrift.[2] So befand er sich auch unter den berufenen Mitgliedern, mit denen am 1. Juli 1846 die Philologisch-historische Klasse konstituiert wurde.

Am 13. Juli 1796 in Übigau bei Torgau geboren, hatte Seyffarth in Leipzig Theologie und alte Sprachen studiert und versah seit 1825 eine Nominalprofessur für Philosophie. Unter dem Einfluß seines Lehrers, des klassischen Philologen Friedrich August Wilhelm Spohn (1792–1824), hatte er sich mit Leidenschaft der Entschlüsselung des hieroglyphischen Schriftsystems zugewandt, die nicht erst seit dem sensationellen Fund des dreisprachigen Inschriftensteins von Rosette 1799 die Gelehrten und Gebildeten in Europa beschäftigte. Neben vielen Irrtümern hätten die beiden Leipziger einige richtige Erkenntnisse in die Diskussion einzubringen gehabt, doch konnten sie sich nicht dazu entschließen, sich überhaupt auf eine Diskussion einzulassen und anzuerkennen, daß Jean-François Champollion in Paris 1822 der entscheidende Durchbruch zur Entzifferung gelungen war. Auch nach Spohns Tod beharrte Seyffarth lebenslang unbelehrbar auf dem Stand seiner frühen Jahre und isolierte sich, verstärkt durch die zunehmende Verhärtung und Aggressivität seines Charakters, mehr und mehr von der wissenschaftlichen Öffentlichkeit. So wurde er trotz unbestreitbarer Verdienste, wie dem Kopieren ägyptischer Texte in europäischen Museen und der Anschaffung des ersten ägyptischen Originals für die Universität Leipzig, schon vor seiner vorzeitigen Emeritierung 1855 in der Fachwelt kaum noch beachtet (Blumenthal 1981, S. 3–7; dies., Koptische Studien, 1990, S. 96–99; dies., H. L. Fleischer, 1990, S. 93–101; dies., 1991).

Seinem Alter nach war Seyffarth Angehöriger der Orientalistengeneration, von der Moritz Wilhelm Drobisch, der stellvertretende Sekretär der mathematisch-physischen Klasse, in seiner Festrede am 1. Juli 1846 zu sagen wußte, sie habe «die weiten Strecken Asiens durchmessen, Schriftzüge entziffert, deren Bedeutung verloren schien, verstummten Sprachen Verständniss abgewonnen und reiche Schätze der Poesie und Geschichte zu Tage gefördert». Aber anders als seine Generationsgenossen stand Seyffarth weiterhin «vorzugsweise im Dienste der biblischen Exegese» (Berichte I d. Kgl. Sächs. Gesellschaft, 1846–1847, S. 36), die er jedoch nicht auf der Höhe seiner Zeit praktizierte. Vielmehr war es, «als gehöre es (gemeint ist sein Erstlingswerk, E. B.) in eine überwundene Epoche und als habe jene höchste Errungenschaft der Wissenschaft, welche in seiner unmittelbaren Nähe eine ihrer gesegnetsten Heimstätten besaß, die philologische und historische Kritik,[3] nur geringen Einfluß auf ihn geübt. Seine Methode ist die des vorigen Jahrhunderts.» Dieser Mangel an Quellenkritik, den Georg Ebers, Seyffarths Nachfolger in Leipzig, in seinem überaus toleranten Nachruf beklagte (Ebers 1887, S. 196), kennzeichnet auch Seyffarths ersten und einzigen Vortrag vor der Philologisch-historischen Klasse der Akademie «über das Laterculum des Eratosthenes» am 29. August 1846. Die chronologischen Schlußfolgerungen, die der Autor aus den Nachrichten des griechischen Schriftstellers über die ältesten Könige Ägyptens zog, waren schon damals sachlich wie methodisch veraltet; überdies war der Vortrag zu lang und konnte nur im Auszug abgedruckt werden (Seyffarth 1846/47). Von nun an bis zu seiner Auswanderung in die USA ist Seyffarth offenbar in der Akademie verstummt; danach wurde er als Auswärtiges Mitglied geführt, bis er am 17. November 1885 in New York starb.

Georg Ebers

Mit Georg Ebers wurde am 15. Dezember 1877 ein bereits angesehener Ägyptologe in die Sächsische Akademie gewählt. Der am 1. März 1837 Geborene hatte in seiner Heimatstadt Berlin bei Richard Lepsius, dem Vollender des Champollionschen Entzifferungskonzepts, studiert, in Jena promoviert und habilitiert und dort von 1869 bis 1870 eine ägyptologische Professur innegehabt, die einzige, die jemals dort bestand (Poethke 1980). 1870 wurde er als erster Professor für Ägyptologie nach Leipzig berufen und gründete 1874 den Ägyptologischen Apparat, auf dessen Ausstattung mit ägyptischen Originalwerken und Kopien von Originalen er so großen Wert legte, daß er die Sammlung bald nicht nur für den akademischen Unterricht benutzen, sondern stundenweise auch dem Leipziger Publikum zur Besichtigung öffnen konnte. Allerdings lähmte eine schwere Krankheit Ebers' Aktivitäten zunehmend, so daß er sich 1889 vorfristig in den Ruhestand versetzen lassen mußte, und noch im selben Jahr verlegte er seinen Wohnsitz nach Tutzing am Starnberger See, wo er am 7. August 1898 starb (Blumenthal 1981, S. 8–14; dies., Koptische Studien, 1990, S. 99–104; dies., H. L. Fleischer, 1990, S. 101–103; Fischer 1994).

Ebers war 1895 Mitglied der Bayerischen Akademie der Wissenschaften geworden; der Sächsischen Akademie blieb er als Auswärtiges Mitglied verbunden. Den erst seit drei Jahren üblichen Nachruf verfaßte hier aber nicht der soeben zugewählte Georg Steindorff, der seinem Vorgänger schon wenige Tage nach seinem Tode in einer Leipziger Zeitung ein Denkmal gesetzt hatte (Steindorff 1898), sondern der Berliner Adolf Erman, Ebers' wohl bedeutendster Schüler und Mitglied der Preußischen Akademie; der Text wurde am 14. November 1898 in der Gesamtsitzung beider Klassen von Eduard Sievers, dem Germanisten, verlesen; er endet mit den Worten:

> Als er 1858 seine aegyptischen Studien begonnen hatte, war die Aegyptologie eine junge Wissenschaft, die in Deutschland überhaupt nur von zwei Gelehrten gepflegt wurde und an der die Wenigsten Antheil nahmen. Als er die Augen schloss, war seine Disciplin innerlich und äusserlich gefestigt, die Zahl der Arbeitenden hatte sich fast verzehnfacht, in den weitesten Kreisen war das Interesse für das alte Aegypten erwacht und lange angestrebte wissenschaftliche Pläne begannen sich zu verwirklichen. Er durfte sich sagen, dass das nicht zum kleinsten Theile sein Werk war. (Berichte 51, 1899, S. 222–223)

Dieses positive Gesamturteil hinderte Erman freilich nicht daran, an anderer Stelle Ebers' Forschungsleistungen herabzusetzen und seine Verdienste auf die des bedeutenden Lehrers der gesamten jüngeren Ägyptologengeneration in Deutschland und des ungewöhnlich lauteren, gütigen und hilfreichen Menschen zu verkürzen. Auch bei anderen scheinen die vielen populärwissenschaftlichen Bücher und das Romanschaffen, vor allem die Ägyptenromane «Eine ägyptische Königstochter» (1864) und «Uarda» (1876), das Bild des Wissenschaftlers Ebers eher verdunkelt zu haben. Doch beweist gerade der von ihm 1873 in Ägypten entdeckte und für die Leipziger Universitätsbibliothek gekaufte große medizinische Papyrus, den er mit seinem Namen versah und vorbildlich publizierte (EBERS 1875), nicht nur Spürsinn und Qualitätsempfinden, sondern auch die Fähigkeit, das bei Richard Lepsius und dessen Kontrahenten Heinrich Brugsch in Berlin Erlernte produktiv auf ein noch unerschlossenes Arbeitsgebiet anzuwenden. So legte er die Fundamente, auf denen später Erman und die anderen Philologen der École de Berlin bis heute gültige grammatikalische Erkenntnisse aufbauen konnten. Die beiden Leipziger Akademieabhandlungen[4] über den «Papyrus Ebers. Die Maasse und das Kapitel über die Augenkrankheiten» (EBERS 1889) bestätigen diese Bewertung. Ebers scheint darüber nicht vorgetragen zu haben und ebensowenig über das Thema seiner ersten Abhandlung, denn sie trägt nur das Impressum über die Manuskriptabgabe «Vom Verfasser übergeben den 20. Januar 1884. Der Abdruck vollendet den 22. April 1884» (EBERS 1884; man beachte das damals allgemein übliche Drucktempo bei höchster Qualität der Erzeugnisse!). Auch diese Veröffentlichung gilt einem Leipziger Aegyptiacum, dem prachtvollen mumiengestaltigen Holzsarg des Hed-bast-iru, mit dessen Erwerbung Gustav Seyffarth 1842 den Grundstock des späteren Ägyptischen Museums gelegt, dessen Inschriften er aber gänzlich mißverstanden hatte.

Georg Steindorff

Von den Aktivitäten der einzelnen Mitglieder innerhalb der Akademie läßt sich kaum ein Bild gewinnen, da deren Akten im Zweiten Weltkrieg verbrannt sind. Das trifft auch auf den am 1. August 1898 in die Philologisch-historische Klasse gewählten Georg Steindorff zu, der als langjähriger Angehöriger – er starb am 28. August 1951 – und speziell als stellvertretender Sekretär seiner Klasse von 1927 bis 1932 zweifellos eine wichtige Rolle gespielt hat. Besonders in den Jahren 1927, 1929 und 1931, in denen der Klassensekretär, August Fischer, turnusgemäß im Wechsel mit dem Sekretär der Mathematisch-physischen Klasse den Vorsitz der Gesamtakademie übernahm, war sein Stellvertreter vermutlich besonders belastet. Es waren

Jahre drastischer Mittelkürzungen und heftiger Auseinandersetzungen mit dem zuständigen Ministerium, an denen gewiß auch die stellvertretenden Sekretäre beteiligt waren, obschon sie namentlich nicht in Erscheinung traten.[5]

Der Verlust der Unterlagen bzw. das Fehlen wichtiger Jahrgänge in den Akten des Dresdner Volksbildungsministeriums sind im Fall Steindorffs um so bedauerlicher, als er im Dritten Reich wegen seiner jüdischen Herkunft aus der Akademie ausgeschlossen werden sollte. Die Nachricht ist nicht aktenkundig, daß es speziell Steindorffs drohende Relegierung war, die Theodor Frings 1937 bewogen hat, sein Amt als Sekretär der Philologisch-historischen Klasse zur Verfügung zu stellen, das er nach Fischers und Steindorffs Verzicht 1933 übernommen hatte (Schwabe 1971, S. 6). Aber sie belegt die erzwungene Politisierung der Akademie und die Zivilcourage einzelner Mitglieder, sich ihr zu widersetzen. Zu ihnen gehörte auch der nachmalige Vorsitzende Sekretär Ludwig Weickmann, der sich schützend vor Steindorff stellte und ihm zu seiner Auswanderung in die USA im März 1939, buchstäblich in letzter Stunde, behilflich war.[6] Dennoch war wohl der Schlußsatz des Nachrufs, den die Akademie dem Emigrierten in ihrem ersten Nachkriegs-Jahrbuch widmete, als unausgesprochenes Schuldbekenntnis gemeint: «Das Ausland hat ihm die Treue gehalten, die Deutschland und auch die Universität Leipzig nicht zu verteidigen wußten» (Jahrbuch d. Sächs. Akademie 1949–1953, S. 57). Eine neue Existenz aufzubauen und im hohen Alter noch einmal wissenschaftlich produktiv zu werden, konnten ihm Freunde in den Vereinigten Staaten ermöglichen. Die Vertreibung aus dem einst so geliebten Deutschland und der Tod eines Bruders und einer Schwester, die der Naziherrschaft zum Opfer gefallen waren, hinterließen unheilbare Wunden (Blumenthal 1981, S. 15– 31).

Bedauerlich ist die schlechte Aktenlage auch im Hinblick auf Steindorffs Nachfolger im Ägyptologischen Institut seit 1934, Walther Wolf. Daß er, der ein geistig selbständiger, solider Gelehrter war und – für die staatliche Obrigkeit ein gewichtiger Pluspunkt – dem nationalsozialistischen System damals nahestand, seinen Vorgänger nicht auch in der Akademie beerbte, könnte am Widerstand der Mitglieder gescheitert sein, aber wohl auch daran, daß Wolf bereits mit Beginn des Zweiten Weltkriegs zur Wehrmacht eingezogen wurde und bis Kriegsende nur zu kurzen Urlauben nach Leipzig kam; danach ist er nicht mehr an seine alte Wirkungsstätte zurückgekehrt (Blumenthal 1981, S. 32–34).

Steindorff, am 12. November 1861 im anhaltinischen Dessau geboren, hatte bei Adolf Erman in Berlin eine vorzügliche Ausbildung genossen, in Göttingen promoviert, in Berlin habilitiert und war Direktorialassistent Ermans am Berliner Ägyptischen Museum gewesen, bevor er 1893 nach Leipzig berufen wurde. Wiewohl als Philologe vor allem des Koptischen ausgewiesen, konzentrierte er sich von nun an auf archäologische Arbeit und kunst- und kulturgeschichtliche Themen. Zunächst begab er sich zu Forschungsreisen bzw. von 1903 bis 1931 zu Ausgrabungen nach Ägypten; von beiden zeugen seine überlieferten Akademieschriften. Die eine ist ein «Vorläufiger Bericht über seine im Winter 1899/1900 nach der Oase Sîwe und nach Nubien unternommenen Reisen», der in der Außerordentlichen Sitzung des 18. Juni 1900 erstattet wurde (Steindorff 1900), der andere Sitzungsbericht mit dem Titel «Die Ägypter in Äthiopien» behandelt Ergebnisse seiner Grabungen in Aniba, dem pharaonischen Verwaltungssitz in der unternubischen Provinz, in ihrem historischen Kontext. Er wurde am 5. November 1932 gehalten und als Resumé veröffentlicht (Steindorff 1932), während die Abhandlung «Die ägyptischen Gaue und ihre politische Entwicklung» auf einem Vortrag vor dem Berliner Internationalen Kongreß für Historische Wissenschaften vom August 1908 beruhte und der Akademie anscheinend nicht vorgetragen worden war (Steindorff 1909).

Mit Ankäufen, die er von seinen Reisen, und mit den Erträgen der Fundteilungen, die er von seinen Grabungen mitbrachte, dazu mit Geschenken von Kollegen des In- und Auslands und von Leipziger Kunstfreunden gelang es Steindorff schon vor dem Ersten Weltkrieg, in Leipzig ein ägyptisches Universitätsmuseum aufzubauen, das in Deutschland trotz erheblicher Zerstörungen in den Bombardements des Zweiten Weltkriegs noch immer seinesgleichen sucht. Den Enthusiasmus, den er bei anderen erweckte, muß er selbst ausgestrahlt haben, wenn er sich neben den akademischen Lehraufgaben, dem Aufbau und der Leitung des Museums, neben Grabungen und Forschungen, Universitätsämtern sowie zahlreichen anderen wissenschaftsorganisatorischen Verpflichtungen mit hohem Einsatz der Popularisierung der ägyptischen Kultur in Wort und Schrift widmete. So erscheint er geradezu «als der große Verkünder Ägyptens an unsere eigene Welt und Zeit. Niemand sollte dieses Amt gering achten. Denn von seiner Ausübung hängt weit mehr ab als die äußerliche öffentliche Geltung des Faches mit all den Lebensnotwendigkeiten, die sie im Gefolge hat. Es hängt davon ab auch der innere Rang Altägyptens als einer Bildungsmacht, der es offenkundig in die Nähe der klassischen Antike rückt» (Morenz 1954, S. V). Von diesem Ethos getragen, vermochte Steindorff sogar – versöhnlicher Ausklang – nach dem Ende der nationalsozialistischen Diktatur aus der Ferne freudigen Anteil an dem Neuaufbau der Leipziger Ägyptologie und einer kleinen Ausstellung seines Museums zu nehmen (Morenz 1954, S. VI) und den Abschluß des von ihm seit Beginn mitbetreuten Berliner Ägyptischen Wörterbuchs zu begrüßen (Erman – Grapow 1953, S. 71–72).

Siegfried Morenz

Die Wiedergeburt der Leipziger Ägyptologie nach der Zerstörung von Institut und Teilen des Museumsbestands im Bombenkrieg und nach dem Ausbleiben des bisherigen Direktors wird Siegfried Morenz verdankt, der zugleich ihre Kontinuität verbürgte. Leipziger von Geburt und Überzeugung, geboren am 22. November 1914, hatte er in seiner Vaterstadt evangelische Theologie studiert, vornehmlich bei dem Alttestamentler Albrecht Alt und dem Neutestamentler Johannes Leipoldt – beide Akademiemitglieder –, und nebenbei bei Wolf ägyptologische Studien und bei Leipoldt Koptisch getrieben. Seine Dissertation an der Philosophischen Fakultät im Jahre 1941 hatte der Edition eines koptischen Textes gegolten, seine Habilitationsschrift von 1946 «Ägyptens Beitrag zur werdenden Kirche» untersucht.

Als wissenschaftliche Hilfskraft hatte der soeben Promovierte bereits während des Krieges das Ägyptologische Institut in Wolfs Abwesenheit weitergeführt und auf seine Anordnung das bewegliche Museumsgut in die sächsische Provinz ausgelagert, um es vor den Bombenangriffen zu bewahren. Nach Kriegsende brachte er, zunächst unter dem kommissarischen Direktoriat des klassischen Archäologen Bernhard Schweitzer – auch er Mitglied der Sächsischen Akademie –, das Institut in neuen Räumen unter, baute dort die zurückgeholte Hälfte des sichergestellten Museumsbestandes auf (die andere galt als verschollen) und schuf mit der rasch wachsenden internationalen Wertschätzung seiner fachlichen Leistungen sich selbst und dem inzwischen von ihm geleiteten Institut eine stabile Position an der nunmehrigen Karl-Marx-Universität. So konnte hier, entgegen der offiziellen Politik, weltanschaulich freie, weltoffene Wissenschaft gelehrt und gelernt und den Stürmen mehrerer sozialistischer Hochschulreformen getrotzt werden.

Selbst Morenz' fünfjährige hauptberufliche Lehrtätigkeit an der Universität Basel, beginnend unmittelbar nach dem Bau der Berliner Mauer im August 1961, mit dem der Eiserne Vorhang zwischen Ost und West endgültig gefallen schien, vermochte ihn nicht von seiner Heimatverbundenheit zu entpflichten; er nahm in dieser Zeit die Leipziger Institutsgeschäfte im Nebenamt wahr und kehrte 1966 ganz an seinen Ausgangspunkt zurück, wo er, aus einer Fülle von Arbeiten und Vorhaben gerissen, am 14. Januar 1970 unerwartet starb (Meyer 1972; Blumenthal 1981, S. 33–34. 36–38; 1995).

Der Sächsischen Akademie war Morenz verbunden, seit er am 14. März 1955 zu ihrem Mitglied gewählt worden war. In den Jahren 1958 bis 1961 diente er ihr als stellvertretender Sekretar der Philologisch-historischen Klasse, nach seiner Rückkehr aus der Schweiz bis zu seinem Tode als Vizepräsident. Man würde ihm nicht gerecht, wenn man diese Seite seiner Tätigkeit im Sinne der eingangs begründeten Abstinenz völlig ausblendete, doch sind aus jüngerer Zeit so viele Akten und andere Zeitzeugnisse vorhanden, daß sie gesondert untersucht und in akademiegeschichtliche Zusammenhänge gestellt werden müßten. So soll es hier bei einer pauschalen Feststellung bleiben: Morenz wollte innerhalb der Akademie und durch sie politisch wirken und hat es auch getan. Nach der Ära aristokratischer Distanziertheit unter Theodor Frings hat er sich im Zusammenwirken mit dem Präsidenten Kurt Schwabe darum bemüht, pragmatische Formen des Einflußnehmens vor allem auf wirtschaftspolitische Entscheidungen des Staates zu finden und gleichzeitig die Freiheit des Geistes in Akademie und Universität zu wahren oder wiederherzustellen.

> Wenn eine Prognose richtig und wichtig ist, so ist es die, daß das Wohl der Menschheit wie der einzelnen Staaten und Völker vom Entstehen einer echten Partnerschaft der Regierenden mit den Gelehrten abhängt. Das zu erreichen ist nicht leicht, weil es neu ist und von beiden Seiten ein noch nicht recht gewohntes Verhalten fordert: vom Regierenden den Verzicht auf den Stil des Anordnens und der Forderung, schon gefaßten Beschlüssen zuzustimmen, vom Gelehrten den Verzicht auf vieles, was die alte Studierstube an Vorteilen und auch an objektiven Vorzügen bot. Diese Partnerschaft darf nicht auf persönliche Verbindungen Einzelner beschränkt bleiben, sie muß zum System werden. Daß sie das noch längst nicht ist, verpflichtet uns zu gemeinsamen Anstrengungen. Dazu gehört Mut zu neuen Wegen und Respekt vor alledem, was uns gemeinsam anvertraut ist. (Jahrbuch d. Sächs. Akademie 1966–1968, S. 90).

Allen, die diese kühnen Sätze in Morenz' «Bericht des Vizepräsidenten über den Stand der Arbeiten» in der Öffentlichen Sitzung vom 20. April 1968 hörten, stockte damals der Atem, denn mit dem ehrlich gemeinten Angebot zur Zusammenarbeit wurden die Grundprinzipien der angesprochenen Staatsmacht in Frage gestellt. Fünf Wochen später, am 30. Mai, wurde, nur wenige Meter vom damaligen Tagungsort entfernt, die spätgotische, unversehrt erhaltene Universitätskirche ohne andere Gründe als die des ideologischen Prestiges gesprengt; nach drei weiteren Monaten, am 21. August, marschierten die Truppen der Staaten des Warschauer Vertrages in die Tschechoslowakei ein, um das Experiment eines «Sozialismus mit menschlichem Antlitz» zu zertreten, auf das Morenz seine Vision gegründet hatte. Von diesen Enttäuschungen hat er sich nicht mehr erholt.

Im Unterschied zu den älteren Ägyptologen und ihren gelegentlichen Forschungsberichten ist Morenz' wissenschaftliches Lebenswerk eng mit der Akademie verbunden. Mehrere seiner Monographien sind hier erschienen, und in den regelmäßig gehaltenen Vorträgen werden die Etappen seiner thematischen und methodischen Interessen erkennbar. Der «Jungfernvortrag» vom 17. Dezember 1956, «Ägyptische Trinitäten. Ihre Voraussetzungen und ihr Fortwirken», der nie veröffentlicht wurde,[7] wurzelt in den theologiegeschichtlichen Interessen des Verfassers und ist, wie auch die am 14. September 1959 vorgestellten, gemeinsam mit seinem Schüler Dieter Müller unternommenen «Untersuchungen zur Rolle des Schicksals in der ägyptischen Religion» (Morenz, Schicksal, 1960), Teil einer religionsphänomenologischen Suchbewegung, deren Ergebnisse er in seinem Standardwerk «Ägyptische Religion» zusammenfaßte, das 1960 in der Stuttgarter Serie «Die Religionen der Menschheit» erschien. 1964 folgte als Gegenstück die Darstellung einer religionsgeschichtlichen Entwicklungslinie anhand eines einzelnen Phänomens, der «Heraufkunft des transzendenten Gottes in Ägypten», der ein Vortrag vom 15. Oktober 1962 zugrundelag (Morenz, Gott, 1964).[8] Morenz' dritter religionshistorischer Vortrag vor der Akademie, gehalten am 16. Mai 1966, «Ägyptischer Totenglaube im Rahmen der Struktur ägyptischer Religion» (Jahrbuch d. Sächs. Akademie 1966–1968, S. 114–115), war zuvor schon auf einer Tagung des Eranos-Kreises im schweizerischen Ascona diskutiert und ist auch in dessen Jahrbuch veröffentlicht worden (Morenz 1965/1967).[9] In ihm hat der Autor seine persönliche Spielart des Strukturalismus erprobt, mit der er komplexe historische Phänomene durch charakteristische Leitbegriffe, «Strukturen», systematisierte und generalisierte.

Nur am Rande kann auf den bereits in der Öffentlichen Gesamtsitzung vom 15. November 1958 erstatteten «Bericht des Herrn Morenz über rückgeführte Kunstschätze des Leipziger Ägyptischen Museums» verwiesen werden (Morenz, Bericht, 1961), der nicht eigentlich ein wissenschaftlicher Vortrag war, sondern ein Appell an die verantwortlichen Universitätsdienststellen, für eine angemessene Unterbringung des Museums zu sorgen, nachdem die Regierung der UdSSR die 1945 von ihrem Auslagerungsort in die Sowjetunion gebrachten, in Leipzig längst als Kriegsverluste abgeschriebenen Bestände zusammen mit anderem Kulturgut aus den großen Sammlungen von Berlin und Dresden zurückgegeben hatte.

War hier das Publikum der Öffentlichen Leibnizsitzung als Forum für ein hochschulpolitisches Anliegen in Anspruch genommen worden, so wurde ihm fünf Jahre später, in Morenz' Festrede am 16. November 1963, einer der großen Gegenstände seines Schaffens dargeboten, «Die Begegnung Europas mit Ägypten». Die Druckfassung von 1968 stellt in einem von der Antike bis zur Gegenwart gespannten Bogen die Summe von Morenz' Erkenntnissen dar, nachdem die Jahre zuvor geplante gemeinsame Publikation mit dem Kunsthistoriker Heinz Ladendorf, mit Morenz 1955 in die Akademie aufgenommen, aber 1958 aus Leipzig vertrieben, nicht zustande gekommen war (Morenz 1968). Das von seinem Verfasser kurz «Eurypten» genannte Buch widmete er «Kurt Mothes und Kurt Schwabe, den Forschern mit weiten Horizonten, den Hütern wissenschaftlichen Geistes in Dankbarkeit», den Präsidenten der Deutschen Akademie der Naturforscher Leopoldina in Halle/S. und der Sächsischen Akademie, denen er sich in seinem Streben besonders nahe wußte. Die zweite, erweiterte und verbesserte Auflage, die innerhalb der «Bibliothek der Alten Welt» 1969 in Zürich herauskam (Morenz, Begegnung, 1969), ist «Genio loci Pragensi» zugeeignet, dem Geist, der in dem Jahr seit Erscheinen der ersten Ausgabe entmachtet, verfolgt und in den Untergrund gedrängt worden war. Neben der Huldigung für die tapferen Tschechen und Slowaken enthält die Widmungsformel mit der Anspielung auf die Inschrift des Schlangensteins im Park an der Ilm auch ein Bekenntnis des Autors zu dem humanen Geist von Weimar, dem Goethe dies Denkmal gesetzt hatte.

Zum letzten Mal hat Morenz am 24. März 1969 vor der Akademie gesprochen, und noch einmal war es ein Aufbruch in unerschlossenes Territorium. «Prestige-Wirtschaft im alten Ägypten» war in der Arbeitsgemeinschaft für Kultur- und Sozialanthropologie in Basel angeregt und erstmals vorgestellt worden; gedruckt wurde der Beitrag in den Sitzungsberichten der Bayerischen Akademie der Wissenschaften, die Morenz 1968 zu ihrem Mitglied gewählt hatte (Morenz, Prestige-Wirtschaft, 1969). Mit der aus der Ethnologie entlehnten Strukturlinie «Prestige-Wirtschaft» wollte der Autor einer geplanten Gesamtdarstellung des Pharaonenreiches den Boden bereiten, die auch nur in Umrissen zu skizzieren ihm nicht mehr vergönnt war.

Aufgaben

Interdisziplinärer Austausch

Eine kleine Wissenschaftsdisziplin wie die Ägyptologie, die in Hochschulen und Akademien gewöhnlich nur mit *einem* Fachvertreter besetzt ist, kann auf interdisziplinären Austausch, wie ihn eine Akademie ermöglicht, nicht verzichten. Mit seinen häufigen Vorträgen hat vor allem Morenz die Gelegenheit genutzt, seine Sache allgemeinverständlich vorzustellen und Anregungen aus benachbarten, aber auch aus entfernten Fächern aufzunehmen. «Jedesmal hat der Verfasser aus Fragen und auch Hinweisen Gewinn gezogen», beschreibt er diese Erfahrungen. «Daß Vertreter vieler Fächer Anteil am Danke dafür haben, darf als beglückendes Zeichen für die drängende Kraft wissenschaftlicher Integration festgehalten werden.» (Morenz, Prestige-Wirtschaft, 1969, S. 3–4). Er seinerseits profitierte von den Darbietungen und Diskussionen der anderen einschließlich der Naturwissenschaftler, obwohl in den 60er Jahren nicht alle Vorträge im Plenum stattfanden. «Ganz einfach: Ich rede mit den Kollegen», pflegte er auf die Frage nach der Herkunft seines fächerübergreifenden, oft auch speziellen Wissens zu antworten, und tatsächlich setzte er derart neugewonnene Erkenntnisse gern unmittelbar in Form von Metaphern oder Analogien um.

Die engsten Kontakte ergaben sich für die Ägyptologen von Haus aus zu den anderen Altertumswissenschaftlern und Orientalisten. Bei Steindorff waren das mit Sicherheit der Papyrologe Ulrich Wilcken, sein Studiengenosse aus Berlin, der Gräzist Friedrich Hultsch, der sich mit ptolemäischem Rechnungs-, Gewichts- und Münzwesen befaßte (Hultsch 1895; 1898; 1903), und der Rechtshistoriker Ludwig Mitteis, der über ptolemäischen Grundbesitz referierte (Mitteis 1910). Es ist aber auch bekannt, daß Steindorff Zugang zu der Sitzung der Mathematisch-physischen Klasse vom 21. Juni 1937 bekam, in welcher der Mathematik-Historiker Bartel van der Waerden über «Arithmetik und Rechentechnik der Ägypter» referierte.[10] Morenz' Verbindungen zu Fachnachbarn lassen sich an gemeinsamen Publikationen schon vor seiner Akademiezeit (1953 mit Johannes Leipoldt «Heilige Schriften», 1954 mit dem Zentralasienwissenschaftler Johannes Schubert «Der Gott auf der Blume») und an seiner Mitarbeit in Festschriften von älteren Kollegen ablesen, denen er in der Akademie wiederbegegnen sollte: der Althistoriker und Papyrologe Wilhelm Schubart, der Alttestamentler Albrecht Alt, der klassische Archäologe Bernhard Schweitzer, der Papyrologe Friedrich Zucker, der Indologe Friedrich Weller und später der Kunsthistoriker Johannes Jahn, der 1957 noch nicht Mitglied war, als seine Festschrift erschien.[11]

Ein noch beredteres Zeugnis für Morenz' wissenschaftliche Weite legen die zahlreichen Würdigungen von Gelehrten des eigenen Faches und benachbarter Wissensgebiete ab. Schon Ebers hat seinem Vorgänger Seyffarth ein Denkmal gesetzt (Ebers 1887) und ebenso Steindorff seinem Vorgänger Ebers (Steindorff 1898), sich auch an dessen Festschrift beteiligt (Steindorff 1897) und eine Auswahl seiner Schriften veröffentlicht (Ebers 1900). Morenz wiederum hat Steindorff nach seinem Tod einen Nachruf (Morenz 1954) und zum 100. Geburtstag einen Gedenkartikel und eine Gedenkveranstaltung gewidmet (Morenz, Steindorff, 1961),[12] und auch das auf seine Veranlassung am 16. November 1957 zugewählte Korrespondierende Mitglied der Akademie, den Wiener Ägyptologen und Ausgräber Hermann Junker, mit einem Grußwort (Morenz 1958) und zwei Nekrologen geehrt (Morenz 1962; ders., Junker, 1964).[13] Fast noch eindrucksvoller ist die Reihe der nichtägyptologischen Mitglieder, denen Morenz so nahe stand, daß er ihren Persönlichkeiten und Lebensleistungen gerecht zu werden vermochte: Wilhelm Schubart, vormals Nestor der im übrigen weitgehend verödeten Leipziger Altertumswissenschaft (Morenz, Schubart, 1961),[14] dessen Festschrift er auch herausgegeben hatte (Morenz [Hrsg.], 1950), die eigenen Lehrer Albrecht Alt (Morenz Alt I, 1956; Alt II, 1956) und Johannes Leipoldt (Morenz, Leipoldt, 1950; 1955; 1960; 1965; 1966; 1970) und der als Gelehrter wie als Universitätspolitiker von ihm hochverehrte klassische Archäologe Bernhard Schweitzer (Morenz, Schweitzer, 1970). Bei dem Nekrolog für Theodor Frings, den Morenz in der Öffentlichen Sitzung vom 30. November 1968 vortrug (Jahrbuch d. Sächsischen Akademie 1966–1968, S.82) und als soeben hinzugewähltes Korrespondierendes Mitglied der Bayerischen Akademie in deren Jahrbuch veröffentlichte (Morenz, Frings, 1969), war es ihm nicht nur darum zu tun, den großen Germanisten, sondern mehr noch den einstigen Sekretär und späteren Präsidenten im Bewußtsein zu erhalten, der sich unter den Diktaturen des Dritten Reiches und des DDR-Regimes für die wissenschaftliche und politische Integrität der Akademie eingesetzt hatte.

Publikationen

Die Akademie erlaubt ihren Mitgliedern, ihre Forschungen einem wissenschaftlichen Auditorium vorzustellen, und ermöglicht gleichzeitig, sie zu veröffentlichen. Von beidem haben die Leipziger Ägyptologen Gebrauch gemacht, wenn auch in unterschiedlichem Grade. Nicht alle haben regelmäßig Vorträge gehalten, nicht alle Vorträge wurden gedruckt, und die Mehrzahl der Abhandlungen hatte der Klasse nur zur Genehmigung vorgelegen, nicht aber als Rede. Um die Jahrhundertwende, als sich die Ägyptologie ihren Markt erst schaffen mußte, hatte dieser publizistische Freiraum große Bedeutung und – auf andere Weise – auch in den Jahrzehnten der DDR, weil damals geisteswissenschaftliche Bücher, zumal solche ohne die vorgeschriebene ideologische Prägung, kaum veröffentlicht werden konnten. Da es den Mitgliedern gestattet ist, in die Abhandlungen auch Arbeiten von Nicht-Mitgliedern einzubringen, sind sowohl die Untersuchung von Ludwig Borchardt, damals wissenschaftlicher Attaché beim Kaiserlichen Generalkonsulat in Kairo, über den Beamtentitel «Gottesvater» (Borchardt 1905) und drei große Monographien von Kurt Sethe, Professor in Göttingen, später Mitglied der dortigen und der Berliner Akademie, als Sitzungsberichte bzw. Abhandlungen der Sächsischen Akademie erschienen: die «Ägyptische Inschrift auf den Kauf eines Hauses» (Sethe 1911) und die Standardwerke über «Nominalsatz» (Sethe 1916) und «Demotische Urkunden zum ägyptischen Bürgschaftsrechte» (Sethe 1920), eine Veröffentlichung, durch die angesichts «ihres Umfangs und trotz der Ungunst der Zeiten» die Akademie Sethe und seinen Mitautor, den Göttinger Rechtshistoriker Josef Partsch, «zu tiefestgefühltem Dank» verpflichtete (Sethe 1920, S. VI).

Auch Morenz hat sich diese Chance nicht entgehen lassen. Jüngere Kollegen hat er an seinen Publikationen beteiligt (Morenz, Schicksal, 1960; ders., 1968), Dissertationen von Schülern zum Druck verholfen (Müller 1961; Blumenthal 1970), dazu «Altägyptische Höllenvorstellungen» seines Basler Nachfolgers Erik Hornung (Hornung 1968) in die Abhandlungen aufnehmen lassen und die Habilitationsschrift der 1989 gestorbenen Leipziger klassischen Philologin Ilse Becher über «Augustus und Ägypten. Studien zur Religionspolitik und Propaganda in augusteischer Zeit» (1969) dafür vorgesehen; leider ist es zu einer Druckfassung nie gekommen.

Mit Recht hat der Präsident Kurt Schwabe in seiner Festansprache von 1971 davor gewarnt, allzu hohe Erwartungen auf die Finanzkraft der Akademie zu richten (s. S. 523). Doch hat sie, zumindest in älterer Zeit, über Mittel verfügt, um wissenschaftliche Vorhaben zu unterstützen. Davon hat vor allem Georg Steindorff profitiert. Seine Forschungsreise nach Ägypten in die Oasen der libyschen Wüste und in das unternubische Niltal vom Oktober 1899 bis zum April 1900 wurde von der Sächsischen Akademie, dem Verein für Erdkunde in Leipzig, der Berliner Wörterbuchkommission und privaten Gönnern getragen (Steindorff 1900). Sie war eine archäologische Pionierleistung in weitgehend unerschlossenem Gebiet und erbrachte reiches Material an Notizen, Plänen, Zeichnungen, Abschriften und Abklatschen von Inschriften, 800 archäologische und ethnologische Photographien und für das Leipziger Ägyptische Museum Kleinfunde, zwei großplastische Köpfe, davon einen von einer Statue der Königin Nofretete, und die Anwartschaft auf einen monumentalen königlichen Inschriftenstein, die später durch die Lieferung beachtlicher Reliefs von den ägyptisch beeinflußten Pyramiden afrikanischer Könige in Meroe eingelöst wurde (Blumenthal 1978).

Ein zweites Mal hat die Akademie Steindorff mit 3000 bzw. 1500 RM in den Jahren 1926 und 1927 unterstützt, damit Leipzig sich an den Ausgrabungen der Österreichischen Akademie unter Hermann Junker auf dem pyramidenzeitlichen Beamtenfriedhof von Giza beteiligen und bei der Fundteilung berücksichtigt werden konnte (Blumenthal 1981, S. 20–21). Auch zu den Druckkosten der Publikation von Steindorffs letztem großen Grabungsprojekt im unternubischen Aniba steuerte neben der Notgemeinschaft für die Deutsche Wissenschaft und den Erben des Stuttgarter Industriellen Ernst von Sieglin, der schon die Forschungsreise von 1899/1900 mitfinanziert hatte, auch die Sächsische Akademie einen Anteil bei (Steindorff 1936, S. IX), vielleicht aus dem Fonds, der ihr bei der Auflösung des Forschungsinstitutes für Orientalistik und anderer Institute der ehemaligen «König Friedrich August Stiftung für wissenschaftliche Forschung» zugefallen war (Blumenthal 1981, S. 26).

Nach dem Zweiten Weltkrieg waren auch diese Quellen erschöpft. Immerhin gelang es Morenz, zeitweilig seinen Schüler und Lehrbeauftragten, den Alttestamentler Herbert Donner, mit Forschungsmitteln der Akademie auszustatten und in den Jahren 1958 bis 1960 eine Arbeitsstelle «Untersuchungen zu den Beziehungen Ägyptens, Syriens und Griechenlands» einzurichten. Sie war mit seinem Schüler Dieter Müller besetzt, der in diesen Jahren an den Studien über den ägyptischen Schicksalsbegriff (Morenz, Schicksal, 1960) und an Morenz' Monographie zur ägyptischen Religion mitarbeitete und seine Dissertation über die griechischen Isis-Aretalogien verfaßte (Müller 1961).

Interakademische Zusammenarbeit

Über diese Arbeitsstelle wurde ebenso regelmäßig in den Öffentlichen Sitzungen berichtet (Jahrbuch d. Sächsischen Akademie 1957–1959, S. 110, 124, 221–222; 1960–1962, S. 162) wie über die Fortschritte der Arbeit am Corpus Vasorum, eines der Unternehmen der deutschen Akademien innerhalb der Union Académique Internationale. Morenz hatte, zuerst neben dem klassischen Archäologen Herbert Koch, nach dessen Tod 1962 allein, als zuständiger Verantwortlicher der Sächsischen Akademie für dieses Vorhaben fungiert, bei dem es gilt, die Bestände an antiken Vasen im Einzugsbereich zu erfassen und zu publizieren.

Noch in einem weiteren überregionalen Gremium hat Morenz die Sächsische Akademie vertreten, und das mit besonderem Einsatz. Den Platz in dem Redaktionsausschuß der Monatsschrift «Forschungen und Fortschritte» hatte er von dem 1960 verstorbenen Altphilologen Franz Dornseiff übernommen, und er behielt ihn, bis die Zeitschrift 1968 eingestellt wurde. Sie verstand sich als «Nachrichtenblatt der Deutschen Wissenschaft und Technik» für eine gebildete Leserschaft und wurde im Auftrag der Akademien von Berlin, Göttingen, Heidelberg, Leipzig und München herausgegeben. Dabei kam es Morenz besonders darauf an, mit fundierten Beiträgen anderer und vielen eigenen dem ostdeutschen, seit dem Bau der Berliner Mauer 1961 weitgehend isolierten Leserkreis Forschungsergebnisse zu erschließen, ehe oder nachdem sie in Fachzeitschriften erschienen waren, und mit Würdigungen um die Wissenschaft verdienter Zeitgenossen Gegenbilder zum standardisierten sozialistischen Menschentyp lebendig zu halten.

Das Corpus Vasorum war nicht das einzige interakademische geisteswissenschaftliche Projekt, für das die Akademie Mitverantwortung trug. Sie gehörte auch zu dem 1893 gegründeten Kartell der deutschsprachigen Akademien für den Thesaurus Linguae Latinae, und sie wirkte ebenfalls von Anfang an in der Kommission mit, die das Wörterbuch der ägyptischen Sprache vorbereitete und herausgab.[15] Vermutlich hatte Steindorff bereits an den Vorüberlegungen Adolf Ermans von 1895 teilgenommen; 1896 waren Georg Ebers in seiner Funktion als Mitglied der Bayerischen und Richard Pietschmann als Vertreter der Göttinger Akademie hinzugezogen worden, denn das Wörterbuch sollte eine Gemeinschaftsaufgabe der vier deutschen Akademien und nicht an das Kartell gebunden werden, das außer ihnen auch die Österreichische Akademie in Wien einschloß.

Im Februar 1897 richteten die vier ein «Immediatgesuch» zur Finanzierung an den deutschen Kaiser, das im Mai mit 70000 M für zunächst elf Jahre bewilligt wurde und die Akademien verpflichtete, sich an den weiteren Kosten zu beteiligen. Ebers konnte die Zustimmung seiner Akademie noch 1896 erwirken (Fischer 1994, S. 173), Pietschmann bekam anfangs Schwierigkeiten mit den «Kartellisten», und in Leipzig zeigte sich die Akademie zwar aufgeschlossen, mußte aber die Genehmigung der Sächsischen Staatsregierung abwarten, die ihrerseits nicht ohne eine offizielle Anfrage seitens der Reichsregierung in Berlin über den Leipziger Antrag entscheiden wollte.[16] Erst am 29. Oktober hatte der Reichskanzler das Auswärtige Amt in Berlin von der Petition der vier Professoren informiert und dabei besonders deren Argument hervorgehoben, daß angesichts der archäologischen Vorherrschaft der staatlicherseits geförderten Briten und Franzosen in Ägypten die Deutschen ihre ägyptologischen Leistungen vor allem auf die theoretische Grundlagenforschung konzentrieren müßten. Doch bereits am nächsten Tag war eine Abschrift des Briefes im Dresdner Außenministerium eingetroffen und mit einem zustimmenden Votum an das Ministerium des Cultus und öffentlichen Unterrichts weitergeleitet worden. Minister von Seydewitz antwortete mit dem Dringlichkeitsvermerk «Bald!» am 3. November, er werde seinerseits zustimmen und der Sächsischen Akademie, wie erwartet, die Wahl Steindorffs in die Wörterbuch-Kommission nahelegen, «wobei das Min. von der Voraussetzung ausgeht, daß durch die Teilnahme des Dr. Steindorff an den Kommissionsarbeiten der diesseitigen Staatskasse keinerlei Aufwand erwachsen wird». Auch wurde das Außenministerium «ausdrücklich darum gebeten, in seiner dem Auswärtigen Amt zu Berlin zu erteilenden Erwiederung der oben ausgesprochenen Voraussetzung noch gedenken zu wollen». Von finanziellen Zuschüssen ist also keine Rede, aber mit gleicher Post erging die Empfehlung an die Sächsische Akademie, Steindorff für die Kommission zu ernennen. Die Entscheidung, längst durch Ermans Korrespondenz mit Otto Riebeck, dem Vorsitzenden Sekretär, vorbereitet, fiel dort am 4. Dezember wunschgemäß aus, obwohl Steindorff noch nicht Mitglied war. Am übernächsten Tag wurde der Bescheid dem Kultusministerium in Dresden mitgeteilt, und dieses verständigte das Außenministerium sofort nach Posteingang am 9. Dezember mit einem erneuten Seydewitzschen «Bald» und der Bitte, das Auswärtige Amt zu unterrichten.

Die Kommission freilich hatte sich bereits im Sommer konstituiert, ohne auf die «Gemiehdlichkeit» der ministeriellen Verständigungsprozesse Rücksicht zu nehmen.[17] Erman hatte das Vorhaben im September dem Internationalen Orientalistentag in Paris vorgestellt, einen Aufruf der vier Gründungsväter zur Mitarbeit verlesen, der später prominenten Fachkollegen zugeschickt werden und in den wichtigsten orientalistischen Zeitschriften erscheinen sollte, und die Unterstützung des Kongresses erhalten. Bereits am 21./22. November hatte die erste Kommissionssitzung bei Ebers in München stattgefunden. «Auf die Conferenz freue ich mich, wie lange nicht auf was es auch sei, und es geht mir, Gott Lob, recht erträglich», hatte der Schwerkranke im Vorfeld an Erman über die Aussicht geschrieben, zwei seiner Schüler und seinen Leipziger Nachfolger zu Gast zu haben.[18] Als die Kommission am 23. Oktober 1898 das nächste Mal zusammentrat, war er schon nicht mehr am Leben und sein Platz von dem Sprachwissenschaftler Ernst Kuhn besetzt, später nacheinander von den Ägyptologen Friedrich Wilhelm von Bissing und Wilhelm Spiegelberg. An Pietschmanns Stelle trat 1923 Kurt Sethe, der schon vor seiner Berufung auf die Göttinger Professur seit Beginn an den Beratungen teilgenommen und viel für das Wörterbuch getan hatte. Nachdem er noch im selben Jahr als Ermans Nachfolger an die Universität nach Berlin zurückgekehrt war, folgte ihm Hermann Kees, der freilich kaum Gelegenheit mehr fand, aktiv für seine Akademie zu wirken. Damals nämlich hatte es sich eingebürgert, Fachkollegen zu kooptieren, die nicht von den Akademien beauftragt waren, sich aber in vielen Jahren um die Verzettelung der Texte verdient gemacht hatten: 1918 Hermann Junker in Wien, Kurt Sethe in Göttingen, Heinrich Schäfer in Berlin und Wilhelm Spiegelberg, damals noch in Straßburg, und später die Ausländer James H. Breasted, Alan H. Gardiner und Hans O. Lange.

So war aus der Kommission mehr und mehr ein «Ehrenausschuß» geworden,[19] zumal die Hauptverantwortung seit 1904 sukzessive auf eine «Ägyptologische Kommission» der Preußischen Akademie übergegangen war, der außer Erman lange Zeit der Althistoriker Eduard Meyer und der Altphilologe Wilhelm Schulze sowie die jeweiligen Akademiesekretäre angehörten. Da die anderen Akademien entgegen den ursprünglichen Intentionen so gut wie nichts zu den Unkosten beisteuerten, hatte sie mit Fug und Recht auch die Finanzhoheit ausgeübt. Als Erman 1937 starb und sein engster Mitarbeiter Hermann Grapow, seit 1907 wissenschaftliche Hilfskraft, nach langen Kämpfen seit 1922 fester Mitarbeiter und gleichfalls Kommissionsmitglied, ihm in der Leitung nachfolgte, war die alte Wörterbuchkommission längst funktionslos geworden. Die Anfänge, in denen die vier Gründungsmitglieder mit ihrem Spiritus rector und Vorsitzenden Erman die Statuten für das Projekt entworfen, Gelder geplant, beantragt und verwaltet, die Texte zur Auswertung bestimmt, beschafft, kollationiert und verzettelt und mit ihrem Namen und ihrem Vorbild Fachkollegen aus aller Welt zur Mitarbeit gewonnen hatten, lagen vierzig Jahre zurück. Auch die Richtlinien für die weiteren Schritte waren festgeschrieben, nachdem die – von Steindorff angeregte[20] – Entscheidung gefallen war, Text- und Belegstellenbände zu trennen, und nachdem die fünf autographierten ägyptisch-deutschen Textbände in den Jahren 1925 bis 1931 und der erste Band mit den Nachweisen des Belegmaterials 1935 erschienen waren. Ein weiterer Belegstellenband folgte noch 1940; die übrigen drei, das deutsch-ägyptische Wörterverzeichnis und das rückläufige Wörterverzeichnis sollten erst nach dem Zweiten Weltkrieg 1951 bis 1963, noch unter Grapows Regie, herauskommen.

Um den mannigfachen Anforderungen gerecht zu werden, war die Kommission in ihrer Anfangszeit alljährlich, bei Bedarf auch öfter, reihum an den Akademieorten zusammengetreten, während sie kleinere Fragen in der Zwischenzeit durch Rundbriefe geregelt hatte. Allmählich aber waren die Zirkulare zuungunsten der Sitzungen in den Vordergrund gerückt, besonders seit die Kommission einer weiteren Funktion enthoben worden war. Im Jahre 1899 hatte der Reichskanzler auf Antrag der deutschen Akademien dem Kaiserlichen Generalkonsulat in Kairo einen wissenschaftlichen Attaché zugeordnet, der über ausländische archäologische Aktivitäten berichten, die deutschen unterstützen und nicht zuletzt Inschriftenmaterial für das Wörterbuch bereitstellen sollte. Er war dem Auswärtigen Amt unterstellt, aber der Wörterbuchkommission berichtspflichtig. Um seine Position zu stärken, hatte sich die Kommission dafür eingesetzt, daß Ludwig Borchardts Posten im Etat verankert und daß er seit 1907 in ein «Kaiserlich Deutsches Institut für ägyptische Altertumskunde» mit Direktoren- und Assistentenstelle überführt wurde. Auch nach der Gründung dieses Vorläufers des Deutschen Archäologischen Instituts, Abteilung Kairo, hatte die Kommission ihre Aufsichtspflicht behalten und Steindorff, der seit 1903 selbst Grabungserfahrung besaß, seine Funktion als ihr Sachverständiger ausgeübt.[21] Er wurde denn auch 1925 in den neugegründeten eigenen Verwaltungsausschuß übernommen (Kaiser 1979; 1982).

Eine der wenigen Grundsatzentscheidungen, um derentwillen die Mitglieder der Wörterbuchkommission nach diesen strukturellen Veränderungen – nun in der erweiterten Besetzung – am 13. November 1927 noch einmal zusammengerufen worden waren, hatte die Gestaltung der Zitaten- und Ergänzungsbände betroffen;[22] die eigentliche Arbeit an dem Manuskript war längst inmitten der Hunderte von Zettelkästen vor Ort in Berlin geschehen. So war es nur folgerichtig, daß die Philosophisch-historische Klasse der Preußischen Akademie sich in ihrer Sitzung vom 7. Oktober 1937 darauf einigte, keinen Nachfolger für Erman zu benennen, und damit das Schicksal der Wörterbuchkommission besiegelte. Doch wurde Kees als Vertreter der anderen Akademien, die ja weiterhin auf dem Titelblatt als Mitherausgeber erschienen, von dem noch immer bestehenden Akademien-Kartell in die «Ägyptologische Kommission» berufen;[23] sie führte die Geschäfte fort, bis die Arbeit am

Ägyptischen Wörterbuch nach dem Ende des Zweiten Weltkrieges auf eine neue Grundlage gestellt wurde.

Das Engagement der Sächsischen Akademie am Ägyptischen Wörterbuch beschränkte sich nicht auf Steindorffs vor allem am Anfang zweifellos produktive Mitgliedschaft in der Kommission. Allerdings hielt sie sich – trotz der anfänglichen Bereitschaft, ab 1898 für sechs Jahre je 1000 M zur Verfügung zu stellen[24] – mit finanziellen Zuschüssen zurück. So sah sich Steindorff gezwungen, ungeachtet ihres bereits geleisteten Beitrags zu der Expedition von 1899/1900 von der Wörterbuchkommission insgesamt weitere 700 M für die Nutzung von mitgebrachten Abschriften und Papierabklatschen von Inschriften zu erbitten.[25] Auch als 1921 Zuwendungen von je 1000 RM von den beiden anderen beteiligten Akademien in Berlin eingingen, scheint sich die Leipziger versagt zu haben.[26] Doch hat sich die Philologisch-historische Klasse nicht nur Steindorffs alljährlich zu erstattende Berichte angehört, sondern auch an den Kommissionsentscheidungen mitgewirkt. So beantwortete der Indogermanist Karl Brugmann, der Steindorff während der Forschungsreise 1899/1900 vertrat, Ermans Zirkulare, wobei er beispielsweise vor der allzu freizügigen Verteilung der Belegstellen-Zettel mit den Texten und Übersetzungen an Fernerstehende warnte.[27] 1905 nahm der Indologe Ernst Windisch Steindorffs Kommissionsverantwortung zeitweise wahr, derselbe, der bereits 1898 als amtierender Vorsitzender Sekretär Erman vertraulich hatte wissen lassen, er persönlich bedaure, daß die Sächsische Akademie zwar die Finanzierung des Thesaurus Linguae Latinae, nicht aber das Ägyptische Wörterbuch unterstütze, weil er dieses für das weit wichtigere Vorhaben halte.[28] Jetzt meinte Windisch, eine neue Geldforderung an den Reichskanzler sei zu hoch bemessen, mußte sich aber von Erman belehren lassen, daß er nicht zurückgehen könne, «denn schlechter als wir unsere Mitarbeiter bezahlen, kann man wissenschaftliche Arbeit wohl nicht honorieren».[29] Das betraf selbstverständlich nur die sogenannten «Hilfsarbeiter», damals nahezu die gesamte jüngere Ägyptologenelite. Die Professoren, allen voran Erman, arbeiteten ohne Entgelt.

Mit dem Beginn des Ersten Weltkrieges blieben die Staatsgelder gänzlich aus. Abgesehen von einer großen Spende, die Erman in den zwanziger Jahren von einer amerikanischen Stiftung bekam, trug die Berliner Akademie seitdem die Lasten nahezu allein. So war es nur konsequent, daß die Wörterbuchkommission am 8. Juli 1918 auf Steindorffs Antrag beschloß, alle ihr gehörenden Bestände an Photos, Abschriften und Belegstellen-Zetteln der Preußischen Akademie zu übereignen, eine Regelung, in die 1919 die Abklatsche einbezogen wurden und die auch die noch heute bei den Akademien verwahrten Zettelkästen und -mappen betrifft.[30] Von den Abklatschen, die Steindorff 1898 im Britischen Museum genommen,[31] und denen, die er 1899/1900 aus Amarna, Theben, den Oasen der Libyschen Wüste und dem nubischen Niltal mitgebracht hatte, scheinen die meisten in das Berliner Abklatscharchiv gekommen zu sein (Köpstein 1994, S. 48), doch fehlen die des Ramose-Grabes in Theben, die 1904 von Günther Roeder in Leipzig für das Wörterbuch ausgewertet wurden, und die im gleichen Zusammenhang erwähnten Abdrücke von den Inschriften des thebanischen Senenmut-Grabes und von Grabtexten in Sakkara.[32] Vielleicht waren sie vorläufig in Leipzig verblieben und 1943 mit dem Institut beim

Bombenangriff verbrannt, weil Steindorff sie zunächst zurückbehalten hatte, um sie für die vorgesehene «Sammlung ägyptischer Texte» in Übersetzungen aus Wörterbuchmaterialien zu verwenden; bereits in der Kommissionssitzung am 23. Oktober 1898 hatte er sich generell die Lizenz dafür gesichert.[33] Der Band ist zwar nie zustande gekommen, doch ist aus der Idee wohl die 1903 begonnene Textedition der «Urkunden des ägyptischen Altertums» erwachsen, die Steindorff herausgab, wenn er auch selbst keinen der Bände bearbeitet, sondern sie den Kollegen überlassen hat, die sich der Textaufnahme für das Wörterbuch intensiver widmeten.

Selbstverständlich war auch Steindorff gleich zu Beginn der Kommissionsarbeit ein Aufgabengebiet für die Textverzettelung zugefallen: der Große Papyrus Harris und der Papyrus d'Orbiney, die sich im Britischen Museum befinden, dazu Inschriften der 19. und 20. Dynastie.[34] Den Papyri (und anderem Textgut) galten London-Reisen von 1898 und 1901;[35] die Inschriften scheint er, wenn man nicht die von ihm beigesteuerte Turiner Königsinschrift des Haremhab vom Ende der 18. Dynastie einbezieht (Erman – Grapow 1953, S. 37), nicht in Angriff genommen zu haben. Mit insgesamt 136 Zetteln in den Jahren 1898 und 1900, 44 Zetteln 1901 und 1902[36] und denen, die von den ihm 1906 zugewiesenen Berliner Särgen des Mittleren Reiches[37] gewonnen wurden (Erman – Grapow 1953, S. 37), stand er weit hinter dem entsagungsvollen Einsatz von Erman, Sethe, deren Berliner Mitarbeitern und den anderen Fachgenossen zurück, die dafür ehrenhalber in die Kommission aufgenommen worden sind. Auch an der Ausarbeitung und Endredaktion des Wörterbuch-Manuskripts war Steindorff nicht beteiligt. Seine Stärke lag zweifellos mehr im Konzeptionellen und Organisatorischen als in der philologischen Kärrnerarbeit.

Ausblick

Die Leipziger Ägyptologen in der Sächsischen Akademie vertreten vier wissenschaftsgeschichtliche Generationen: Seyffarth die leidenschaftlichen Protagonisten der Gründerzeit, Ebers die historischen Enthusiasten, Steindorff steht für Positivismus und Pragmatismus, Morenz für geistesgeschichtliche und methodenkritische Aufbrüche; einiges davon spiegelt sich in ihren Beiträgen zum Schrifttum der Akademie wider. Mit Ausnahme von Seyffarth standen alle auf der Höhe der Forschung ihrer Zeit und haben zum Ansehen der Akademie beigetragen. Sie ihrerseits bot ihnen ein Forum für interdisziplinären Austausch, Publikationsmöglichkeiten für sich und andere, förderte Forschungsprojekte und delegierte in übergreifende akademische Verantwortung.

Die Beziehungen zwischen Akademie und Ägyptologie sind mit Morenz' Tod wohl unterbrochen, aber nicht gänzlich abgebrochen worden. Der damalige Präsident Kurt Schwabe hat die 1970 durchweg junge Leipziger Ägyptologenschaft beraten und ermutigt, ja sich bei übergeordneten Instanzen mit dem Gewicht seiner Person und seines Amtes dafür eingesetzt, daß das bedrohte Institut erhalten blieb. 1988 hielt mit dem damals in Halle tätigen Koptologen Peter Nagel ein Morenz-Schüler Einzug als Ordentliches Mitglied, 1991 wurde Elke Blumenthal zugewählt, die der Akademie als Morenz' Schülerin und Nachfolgerin, aber auch durch das bisher uneingelöste Versprechen eines zweiten Bandes ihrer 1970 in den Abhandlungen erschienen Dissertation verbunden war. Ihr erster Plenarvortrag am 9. Oktober 1992 behandelte «Kuhgöttin und Pharao – ein altägyptisches Bildmotiv» (Jahrbuch d. Sächsischen Akademie 1991–1992, S 171–172), der am 13. Januar 1995 gehaltene zweite «Thomas Manns Joseph und die ägyptische Literatur».

Nachdem im Anschluß an die politische Wende im Osten Deutschlands nicht zuletzt die nach 1989 gewählten Mitglieder im Sinne von Morenz versucht haben, aktuelle politische Herausforderungen anzunehmen und an der demokratischen Orientierung der Akademie mitzuwirken, gilt es nun, auch an ältere Traditionen anzuknüpfen. Für die Ägyptologie bedeutet das, einen Leipziger Beitrag zu den nach langer Unterbrechung mit Hilfe der Computertechnik begonnenen Arbeiten an einer Neuausgabe des ägyptischen Wörterbuchs auf dem Stand der modernen Sprach- und Textwissenschaft zu leisten, welche die neugegründete Berlin-Brandenburgische Akademie verantwortet (REINEKE 1993). Die Sächsische Akademie hat im Jahr 1994 ihr erstes Friedrich-Weller-Stipendium dafür zur Verfügung gestellt, daß ein Leipziger Doktorand daran arbeiten konnte, und ebenso das Ägyptologische Institut für 1995 die aus Mitteln der Volkswagen-Stiftung finanzierte Arbeitskraft einer Doktorandin. Diese Kooperation könnte die Basis dafür bilden, daß sich die Akademie mit einer eigenen Arbeitsstelle an diesem auf breite Zusammenarbeit angelegten Vorhaben erneut beteiligt und dabei ihr charakteristisches lexikographisches Profil um eine weitere Komponente bereichert. Die privilegierte Existenz einer Akademie ist ja kein Selbstzweck, sondern verpflichtet dazu, nach aktuellen Forschungsaufgaben zu suchen und sie da wahrzunehmen, wo sie sich stellen.

Verzeichnis der zitierten Archivalien

Berlin-Brandenburgische Akademie der Wissenschaften. Archiv

BBAW Ägypt. Wb. Nr. 2 (alte Zählung: 1435/2)
BBAW 1435/1. 3. 4.5
BBAW II–VIII 238.239

Berlin-Brandenburgische Akademie der Wissenschaften.
Altägyptisches Wörterbuch. Archiv

BBAW Wörterbuch-Archiv Korr.-Mappe Steindorff

Haupt-Staatsarchiv Dresden

StA Dresden Min. f. Volksb. 10272/3. 5. 6

Anmerkungen

1 Dr. Gerald Wiemers, dem Leiter des Universitätsarchivs Leipzig und langjährigem Archivar der Sächsischen Akademie, danke ich für Auskünfte, Hinweise und Beratung.
2 StA Dresden Min. f. Volksb. 10272/3.
3 Gemeint ist wohl vor allem die Schule seines Lehrers Gottfried Hermann, erster Sekretär der Philologisch-historischen Klasse und «Vorsitzender Secretär der Gesellschaft», d. h. ihr Gründungspräsident.
4 Auch seine einzige Bayerische Akademieschrift ging aus dieser Quelle hervor (Ebers 1897).
5 Vgl. StA Dresden Min. f. Volksb. 10272/6.
6 Mitteilung von G. Wiemers.
7 Vgl. den Kurzbericht in DLZ 78, 1957, Sp. 373–374.
8 Vgl. den Neuabdruck im Jubiläumsband II (Bergmann) 1996.
9 Vgl. auch den Kurzbericht in DLZ 87, 1966, Sp. 1044–1046, und Morenz 1967.
10 Mitteilung von G. Wiemers; vgl. den Kurzbericht in Sitzungsberichte der Sächs. Akademie der Wissenschaften, Math.-phys. Kl., Bd. 89 (1937), S. 171–172.
11 Zur Bibliographie Morenz vgl. Heller 1972; dies. bei Meyer 1972.
12 Sie wurde in der Öffentlichen Leibniz-Sitzung am 18. 11. 1961 vom Präsidenten Frings angekündigt und fand am 20.11. statt (Jahrbuch d. Sächs. Akademie 1960–1962, S. 168).
13 Dem 1942 gestorbenen amerikanischen Ägyptologen George Reisner und dem 1949 gestorbenen englischen Althistoriker, Archäologen und Ägyptologen Percy E. Newberry, die 1929 bzw. 1932, d. h. zu Steindorffs Zeit, Korrespondierende Mitglieder geworden waren, hat die Akademie noch keine Nachrufe gewidmet. Vgl. aber Steindorff 1942.
14 Zur Lage vgl. den besorgten Artikel Morenz, S., Einheit, 1955.
15 Zum folgenden vgl. Erman – Grapow, 1953, und die im Anhang verzeichneten Akten des Archivs der Berlin-Brandenburgischen Akademie der Wissenschaften (BBAW), des Archivs des Ägyptischen Wörterbuchs der BBAW und des Haupt-Staatsarchivs Dresden, aus denen jeweils nur markante Sachverhalte und Zitate eigens nachgewiesen werden. Dem Leiter der Arbeitsstelle Altägyptisches Wörterbuch, Professor Dr. W. F. Reineke, Berlin, danke ich für die Erlaubnis, das nichtöffentliche Wörterbucharchiv zu benutzen.
16 Vgl. den Vorgang StA Dresden Min. f. Volks. 10272/5, Bl. 287–300; zitierte Stellen: Bl. 298.
17 BBAW Ägypt. Wb. Nr. 2 (Brief Steindorffs an Erman vom 10. 11. 1897).
18 Ebenda (Brief vom 11. 11. 1897).
19 BBAW 1435/3 (8. 7. 1918); BBAW II–VIII 239, Bl. 29–30 (Schreiben Ermans vom 29. 5. 1930).
20 BBAW II–VIII 238, Bl. 118f.
21 BBAW 1435/3; BBAW II–VIII 238.
22 BBAW 1435/4 (13. 11. 1927).
23 BBAW II–VIII 239, Bl. 85 (Protokoll der Sitzung vom 26. 11. 1937).
24 BBAW 1435/1 (Brief Steindorffs an Erman vom 24. 11. 1896).
25 BBAW Wörterbuch-Archiv Korr.-Mappe Steindorff.
26 BBAW II–VIII 238, Bl. 185.
27 BBAW 1435/5 (Schreiben vom 5. 2. 1900).
28 BBAW Ägypt. Wb. Nr. 2 (Schreiben vom 25. 2. 1898). Zur Unterstützung des Thesaurus Linguae Latinae, der Septuaginta-Edition und anderer übergreifender Vorhaben vgl. StA Dresden Min. f. Volksb. 10272/6, Bl. 144 (Schreiben vom 19. 3. 1931).
29 BBAW 1435/5 (Brief Windischs vom 15.5., Antwort Ermans vom 16. 5. 1905).

30 BBAW 1435/3 (8.7.1918); BBAW II–VIII 238.
31 BBAW Wörterbuch-Archiv Korr.-Mappe Steindorff. Dort ist auch von 100 Blatt Papier die Rede, das für Abklatsche oder Kopien bestimmt gewesen sein dürfte und von Erman zur Verfügung gestellt wurde.
32 BBAW 1435/3 (8./9.10.1904); BBAW Wörterbuch-Archiv Korr.-Mappe Steindorff.
33 BBAW 1435/4. Die Abklatsche, die Ebers 1872/1873 auf seiner Ägyptenreise mit dem Berliner Kollegen Ludwig Stern angefertigt hat und die heute einen Kasten der Abklatschsammlung füllen (Köpstein 1994, S.46), waren gewiß auch für eigene Zwecke, vielleicht als Anschauungsmaterial für den akademischen Unterricht, gedacht, sind aber entweder von Ebers selbst, aus seinem Nachlaß oder später von Steindorff nach Berlin gegeben worden.
34 BBAW 1435/3 (21./22.11.1897).
35 1901 reiste er für 30 Tage mit Erman und brachte hefteweise Kopien mit: BBAW 1435/5 (27.1.1901); BBAW Wörterbuch-Archiv Korr.-Mappe Steindorff.
36 BBAW 1435/3 (6./7.10.1900; 16.11.1902).
37 BBAW 1435/3 (27./28.10.1906).

Verzeichnis der zitierten Literatur

Blumenthal, Elke: Untersuchungen zum ägyptischen Königtum des Mittleren Reiches. Bd. 1. Die Phraseologie. Berlin 1970. 471 S. (= Abhandlungen d. Sächs. Akademie d. Wissenschaften zu Leipzig, Phil.-hist. Kl., Bd. 61, H. 1).

Blumenthal, Elke: Die Leipziger Reliefs aus Meroe. In: Zeitschr. f. ägypt. Sprache 105 (1978), S.85–93, Taf. III-IV.

Blumenthal, Elke: Altes Ägypten in Leipzig. Zur Geschichte des Ägyptischen Museums und des Ägyptologischen Instituts an der Universität Leipzig. Leipzig [1981]. 58 S., 10 Taf.

Blumenthal, Elke: Heinrich Leberecht Fleischer und die Leipziger Ägyptologie. In: Zeitschr. f. ägypt. Sprache 117 (1990), S.93–103.

Blumenthal, Elke: Koptische Studien in Leipzig im Laufe des 19. Jahrhunderts. In: Carl-Schmidt-Kolloquium an der Martin-Luther-Universität 1988. Hrsg. von Peter Nagel. Halle (Saale) 1990. S.95–104 (= Wiss. Beiträge d. Martin-Luther-Universität Halle-Wittenberg; 23).

Blumenthal, Elke: Ein Leipziger Grabdenkmal im ägyptischen Stil und die Anfänge der Ägyptologie in Deutschland. In: Prophetie und geschichtliche Wirklichkeit im alten Israel. Festschrift für Siegfried Herrmann zum 65. Geburtstag. Hrsg. von Rüdiger Liwak u. Siegfried Wagner. Stuttgart, Berlin, Köln 1991. S.9–28.

Blumenthal, Elke: Morenz, Siegfried. In: Neue Deutsche Biographie, Bd. 18. Hrsg. von d. Histor. Komm. d. Bayer. Akademie der Wissenschaften. Berlin 1995. (im Druck)

Borchardt, Ludwig: Der ägyptische Titel «Vater des Gottes» als Bezeichnung für «Vater oder Schwiegervater des Königs». Leipzig 1905. 17 S. (= Ber. über d. Verhandl. d. Königl. Sächs. Gesellsch. d. Wissenschaften, Phil.-hist. Kl., Bd. 57, S.254–270).

Ebers, Georg: Papyros Ebers. Das hermetische Buch über die Arzeneimittel der alten Ägypter in hieratischer Schrift ... Mit hieroglyphisch-lateinischem Glossar von Ludwig Stern. 2 Bde. Leipzig 1875. 36 S., 63 S., 110 Taf.

Ebers, Georg: Der geschnitzte Holzsarg des Ḥaṭbastru im Aegyptologischen Apparat der Universität zu Leipzig. Leipzig 1884 (= Abhandl. d. Königl. Sächs. Gesellsch. d. Wissenschaften, Phil.-hist. Kl., Bd. 9, H. 3).

Ebers, Georg: Gustav Seyffarth, sein Leben und der Versuch einer gerechten Würdigung seiner Thätigkeit auf dem Gebiete der Aegyptologie. In: Zeitschr. d. Deutschen Morgenländischen Gesellsch. 41 (1887), S. 193–231.

Ebers, Georg: Papyrus Ebers. Die Maasse und das Kapitel über die Augenkrankheiten. Erster Theil: Die Gewichte und die Hohlmaasse des Papyrus Ebers. Zweiter Theil: Das Kapitel über die Augenkrankheiten im Papyrus Ebers. Leipzig 1889. 204 S. (= Abhandl. d. Königl. Sächs. Gesellsch. d. Wissenschaften, Phil.-hist. Kl., Bd. 11, H. 2–3).

Ebers, Georg: Die Körpertheile. Ihre Bedeutung und Namen im Altägyptischen. München 1897. 96 S. (= Abhandl. d. Bayer. Akademie d. Wissenschaften. 1. Klasse, Bd. 21, 1. Abh.).

Ebers, Georg: Aegyptische Studien und Verwandtes. Zu seinem Andenken gesammelt. Stuttgart, Leipzig 1900. 9, 517 S., 1 Taf.

Erman, Adolf, Grapow, Hermann: Das Wörterbuch der ägyptischen Sprache. Zur Geschichte eines großen wissenschaftlichen Unternehmens der Akademie. Berlin 1953. 80 S. (= Deutsche Akademie der Wissenschaften zu Berlin. Vorträge u. Schriften; H. 51).

Fischer, Hans: Der Ägyptologe Georg Ebers. Eine Fallstudie zum Problem Wissenschaft und Öffentlichkeit im 19. Jahrhundert. Wiesbaden 1994. 16, 447 S., 2 Taf. (= Ägypten und Altes Testament; Bd. 25).

Grapow, Hermann: Die Begründung der Orientalischen Kommission von 1912. Aus der Geschichte der Akademie in den letzten fünfzig Jahren. Berlin 1950. 29 S. (= Deutsche Akademie der Wissenschaften zu Berlin. Vorträge u. Schriften; H. 40).

Grapow, Hermann: Die Erforschung der altägyptischen Kultur im Rahmen der Akademie. Berlin 1954. 32 S. (= Deutsche Akademie der Wissenschaften zu Berlin. Vorträge u. Schriften; H. 55).

Heller[-Onasch], Angela: Siegfried Morenz. Verzeichnis seiner Schriften. In: Zeitschr. f. ägypt. Sprache 99 (1972), S. IV-X.

Hornung, Erik: Altägyptische Höllenvorstellungen. Berlin 1968. 39 S., 7 Taf. (= Abhandl. d. Sächs. Akademie d. Wissenschaften zu Leipzig, Phil.-hist. Kl., Bd. 59, H. 3).

Hultsch, Friedrich: Die Elemente der ägyptischen Theilungsrechnung. Leipzig 1895. 192 S. (= Abhandl. d. Königl. Sächs. Gesellsch. d. Wissenschaften, Phil.-hist. Kl., Bd. 17; H. 1).

Hultsch, Friedrich: Die Gewichte des Alterthums nach ihrem Zusammenhange dargestellt. Leipzig 1898. 13, 205 S. (= Abhandl. d. Königl. Sächs. Gesellsch. d. Wissenschaften, Phil.-hist. Kl., Bd. 18, H. 2).

Hultsch, Friedrich: Die ptolomäischen Münz- und Rechnungswerte. Leipzig 1903. 60 S. (= Abhandl. d. Königl. Sächs. Gesellsch. d. Wissenschaften, Phil.-hist. Kl., Bd. 22, H. 3).

Kaiser, Werner: Abteilung Kairo. In: K. Bittel u. a.: Beiträge zur Geschichte des Deutschen Archäologischen Instituts 1929 bis 1979. Teil 1. Mainz 1979. S. 93–116 (= Das Deutsche Archäologische Institut. Geschichte u. Dokumente; Bd. 3).

Kaiser, Werner: 75 Jahre Deutsches Archäologisches Institut Kairo 1907–1982. Mainz 1982 (= Deutsches Archäologisches Institut Kairo. Sonderschriften; Bd. 12).

Köpstein, Silvia: Das Abklatscharchiv beim Wörterbuch der ägyptischen Sprache. Teil 1. Berlin 1994. 91 S. (= Berlin-Brandenburg. Akademie der Wissenschaften. Mitteilungen aus der Arbeit am Wörterbuch der ägyptischen Sprache; H. 3).

Meyer, Rudolf: Siegfried Morenz (22. 11. 1914–14. 1. 1970). In: Jahrbuch 1969–1970 d. Sächs. Akademie d. Wissenschaften zu Leipzig. Berlin 1972. S. 235–238 mit Anhang: Angela Heller[-Onasch]: Bibliographie Siegfried Morenz, S. 238–247.

Mitteis, Ludwig: Über die privatrechtliche Bedeutung der ägyptischen *βιβλιοθήκη ἐγκτήσεων*. Leipzig 1910. S. 249–263 (= Ber. über d. Verhandl. d. Königl. Sächs. Gesellsch. d. Wissenschaften; Bd. 62).

Morenz, Siegfried (Hrsg.): Aus Antike und Orient. Festschrift Wilhelm Schubart zum 75. Geburtstag. Leipzig 1950. 165 S.

Morenz, Siegfried: Johannes Leipoldt 70 Jahre. In: Forschungen und Fortschritte 26 (1950), S. 315.

Morenz, Siegfried: Georg Steindorff 12. November 1861 – 28. August 1951. In: Zeitschr. f. ägypt. Sprache 79 (1954), S. V-VI.

Morenz, Siegfried: Die Einheit der Altertumswissenschaften. Gedanken und Sorgen zum 100. Geburtstag Eduard Meyers. In: Das Altertum 1 (1955), S. 195–205.

Morenz, Siegfried: Zum 75. Geburtstag von Prof. Dr. Dr. Johannes Leipoldt. Forscher von hohem Rang. In: Neue Zeit. Berlin 20. 12. 1955.

Morenz, Siegfried: Albrecht Alt (20. 9. 1883–24. 4. 1956). In: Jahrbuch 1954–1956 d. Sächs. Akademie d. Wissenschaften zu Leipzig. Berlin 1956. S. 266–268.

Morenz, Siegfried: Albrecht Alt. 20. September 1883 – 24. April 1956. In: Zeitschr. f. ägypt. Sprache 81 (1956), S. I–III.

Morenz, Siegfried, Hintze, Fritz: Grußwort an Hermann Junker zum 29. November 1957. In: Zeitschr. f. ägypt. Sprache 82 (1958), S. V-VII.

Morenz, Siegfried: Johannes Leipoldt 80 Jahre. In: Forschungen und Fortschritte 34 (1960), S. 380.

Morenz, Siegfried (unter Mitarb. v. Dieter Müller): Untersuchungen zur Rolle des Schicksals in der ägyptischen Religion. Berlin 1960. 36 S. (= Abhandl. d. Sächs. Akademie d. Wissenschaften zu Leipzig, Phil.-hist. Kl., Bd. 52, H. 1).

Morenz, Siegfried: Bericht des Herrn Morenz über rückgeführte Kunstschätze des Leipziger Ägyptischen Museums (Entstehung und heutiger Stand der Sammlung). In: Jahrbuch 1957–1959 d. Sächs. Akademie d. Wissenschaften zu Leipzig. Berlin 1961. S. 126–130, 4 Taf.

Morenz, Siegfried: Wilhelm Schubart. 21. August 1873 – 9. August 1960. In: Zeitschr. f. ägypt. Sprache 86 (1961), S. I-II.

Morenz, Siegfried: Zum 100. Geburtstag von Professor Dr. Georg Steindorff. Ausgräber und Forscher in Ägypten. In: Leipziger Volkszeitung, 12. 11. 1961, S. 8.

Morenz, Siegfried: Ein Leben für die Aegyptenwissenschaft. Zum Tode von Hermann Junker. In: Basler Nachrichten, 13./14. 1. 1962, S. 21.

Morenz, Siegfried: Die Heraufkunft des transzendenten Gottes in Ägypten. Berlin 1964. 57 S. (= Sitzungsber. d. Sächs. Akademie d. Wissenschaften zu Leipzig, Phil.-hist. Kl., Bd. 109, H. 2); wiederabgedruckt in: Morenz 1975, S. 77–119, und im Jubiläumsband II.

Morenz, Siegfried: Hermann Junker (29. 11. 1877–9. 1. 1962). In: Jahrbuch 1960–1962 d. Sächs. Akademie d. Wissenschaften zu Leipzig. Berlin 1964. S. 403–405.

Morenz, Siegfried: Wissenschaft und Menschenliebe. Zum Gedenken an Professor D. Dr. Johannes Leipoldt, den Lehrer und Freund. In: Der Christ in unserer Zeit. Berlin, 13. 3. 1965, S. 5.

Morenz, Siegfried: Johannes Leipoldt. 20. Dezember 1880 – 22. Februar 1965. In: Zeitschr. f. ägypt. Sprache 92 (1966), S. VII–VIII.

Morenz, Siegfried: Ägyptischer Totenglaube im Rahmen der Struktur ägyptischer Religion. In: Eranos Jahrbuch 34 (1965). Zürich 1967. S. 399–446; wiederabgedruckt in: Morenz 1975, S. 173–213.

Morenz, Siegfried: Ägyptischer Totenglaube im Rahmen der Struktur ägyptischer Religion. In: Forschungen und Fortschritte 41 (1967), S. 48–54.

Morenz, Siegfried: Die Begegnung Europas mit Ägypten. Mit einem Beitrag von Martin Kaiser: Herodots Begegnung mit Ägypten. Berlin 1968. 246 S., 20 Taf. (= Sitzungsber. d. Sächs. Akademie d. Wissenschaften zu Leipzig, Phil.-hist. Kl., Bd. 113, H. 5).

Morenz, Siegfried: Die Begegnung Europas mit Ägypten. Mit einem Beitrag von Martin Kaiser: Herodots Begegnung mit Ägypten. 2. Ausg. (erw. u. verb.). Zürich, Stuttgart 1969. 320 S., 20 Taf. (= Die Bibliothek der Alten Welt).

Morenz, Siegfried: Theodor Frings 23.7.1886–6.6.1968. In: Bayerische Akademie der Wissenschaften. Jahrbuch 1969. München 1969. S. 195–202.

Morenz, Siegfried: Prestige-Wirtschaft im alten Ägypten. München 1969. 61 S. (= Sitzungsber. d. Bayer. Akademie d. Wissenschaften, Philosoph.-hist. Kl., 1969, H. 4).

Morenz, Siegfried: Johannes Leipoldt. 20. Dezember 1880 – 22. Februar 1965. In: Bulletin de la Société d'Archéologie Copte 19 (1967–1968), 1970, S. 1–6.

Morenz, Siegfried: Bernhard Schweitzer (3.10.1892–16.7.1966). In: Jahrbuch 1966–1968 d. Sächs. Akademie d. Wissenschaften zu Leipzig. Berlin 1970. S. 376–377.

Morenz, Siegfried: Religion und Geschichte des alten Ägypten. Gesammelte Aufsätze. Hrsg. von Elke Blumenthal u. Siegfried Herrmann unter Mitarb. von Angela Onasch. Weimar 1975.

Müller, Dieter: Ägypten und die griechischen Isis-Aretalogien. Berlin 1961. 96 S. (= Abhandl. d. Sächs. Akademie d. Wissenschaften zu Leipzig, Phil.-hist. Kl., Bd. 53, H. 1).

Poethke, Günter: Georg Ebers und Jena. In: Zeitschr. f. ägypt. Sprache 107 (1980), S. 71–76.

Reineke, Walter F.: Das Wörterbuch der Ägyptischen Sprache. Stand, Probleme, Perspektiven. In: Berlin-Brandenburg. Akademie der Wissenschaften. Mitteilungen aus der Arbeit am Wörterbuch der Ägyptischen Sprache 1 (1993), S. 31–42.

Schwabe, Kurt: Zur Geschichte der Sächsischen Akademie der Wissenschaften zu Leipzig. In: Autoren- und Sachregister der Abhandlungen und Berichte beider Klassen 1948–1970. Berlin 1971. S. 5–10.

Sethe, Kurt: Ägyptische Inschrift auf den Kauf eines Hauses aus dem alten Reich. Leipzig 1911 (= Ber. über die Verhandl. d. Königl. Sächs. Gesellsch. der Wissenschaften, Phil.-hist. Kl., Bd. 63, H. 6).

Sethe, Kurt: Der Nominalsatz im Ägyptischen und Koptischen. Leipzig 1916. 106 S. (= Abhandl. d. Königl. Sächs. Gesellsch. der Wissenschaften, Phil.-hist. Kl., Bd. 33, H. 3); wiederabgedruckt in: Sethe, Kurt: Leipziger und Berliner Akademieschriften. Leipzig 1976. S. 79–182.

Sethe, Kurt: Demotische Urkunden zum ägyptischen Bürgschaftsrechte vorzüglich der Ptolemäerzeit. Mit einer rechtsgeschichtlichen Untersuchung von Josef Partsch. Leipzig 1920. VIII, 812 S., 68 Taf. (= Abhandl. der Sächs. Akademie der Wissenschaften, Phil.-hist. Kl., Bd. 32).

Seyffarth, Gustav: Über das Laterculum des Eratosthenes. Leipzig 1848. S. 71–78 (= Ber. über die Verhandl. d. Königl. Sächs. Gesellsch. der Wissenschaften; Bd. I-II/1846/47).

Steindorff, Georg: Eine neue Art ägyptischer Kunst. In: Aegyptiaca. Festschrift für Georg Ebers zum 1. März 1897. Leipzig 1897. S. 122–141, 1 Taf.

Steindorff, Georg: Georg Ebers. In: Leipziger Neueste Nachrichten, 12.8.1898, 2. Beilage.

Steindorff, Georg: Vorläufiger Bericht über seine im Winter 1899/1900 nach der Oase Sîwe und nach Nubien unternommenen Reisen. Leipzig 1900. S. 209–239 (= Ber. über die Verhandl. d. Königl. Sächs. Gesellsch. der Wissenschaften, Phil.-hist. Kl., Bd. 52).

Steindorff, Georg: Die ägyptischen Gaue und ihre politische Entwicklung. Leipzig 1909. 38 S. (= Abhandl. der Kgl. Sächs. Gesellsch. d. Wissenschaften, Phil.-hist. Klasse, Bd. 27, Nr. 25).

Steindorff, Georg: Die Ägypter in Äthiopien. In: Verzeichnis der Mitglieder der Sächs. Akademie ..., Sitzungsprotokolle. Leipzig 1932. S. XLVI-XLVII (= Ber. über die Verhandl. der Sächs. Akademie der Wissenschaften, Phil.-hist. Kl., Bd. 84, H. 7).

Steindorff, Georg: Aniba. 2 Bde. Glückstadt 1935–1937. 20 S., 253 S., 97 Taf., 5 Pläne; 8 S., 260 S., 12 S., 105 Taf., 46 Pläne.

Steindorff, Georg: George Andrew Reisner. In: Bulletin of the Museum of Fine Arts. Boston 40, No. 241 (1940), S. 92–93.

Manfred Taube

Forschungen über Süd-, Ost- und Zentralasien in der Geschichte der Sächsischen Akademie

Die Asienwissenschaften, unter denen hier die Disziplinen zusammengefaßt werden sollen, die sich mit den Sprachen und Kulturen der Völker zwischen dem Atlantik und dem Arabischen Meer befassen (also ausschließlich des Vorderen Orients), sind in der Königlich Sächsischen Gesellschaft der Wissenschaften, der heutigen Sächsischen Akademie der Wissenschaften, seit ihrer Gründung durch eine Kette hervorragender Gelehrter vertreten. Sie waren geprägt durch ihre Herkunft, ihre Ausbildung, aber auch durch die persönlichen und historischen Umstände, die der wissenschaftlichen Arbeit nicht immer förderlich waren; trotzdem haben sie alle ihren Teil beigetragen zur Entwicklung ihrer Spezialgebiete, und manche von ihnen werden durch innovative Fragestellungen, durch die Ausrichtung auf unerforschte, bis dahin nicht behandelte Gebiete oder auch durch ihre in mühevoller und geduldiger «Kleinarbeit» geschaffenen Standardwerke einen bleibenden Rang in der Geschichte ihrer Wissenschaften behalten.

Diese Spezialdisziplinen konzentrieren sich einerseits um den chinesischen Kulturraum im weitesten Sinne, andererseits um den indischen Subkontinent, während die angrenzenden Gebiete – Japan, Zentralasien, Hinterindien – zwar keineswegs von der Arbeit ausgeklammert waren, aber als eigene Disziplinen erst später, zum Teil erst nach der Mitte unseres Jahrhunderts Anerkennung fanden. Um der Übersichtlichkeit willen werden in der folgenden Skizze der Entwicklung dieser Wissenschaften im Rahmen der Geschichte der Sächsischen Akademie die Sinologie und die Indologie getrennt behandelt, obgleich sie durch viele Fäden miteinander verknüpft sind und sich gegenseitig stark beeinflußten und befruchteten.

Zu Beginn sei jedoch eines Mannes gedacht, der nicht Sinologe oder Indologe war, der auch nicht einer Universität des sächsischen Raumes angehörte, sondern der als ausgebildeter Jurist erst als Regierungsrat, später als Präsident des Landtages von Sachsen-Altenburg tätig war, aber dessen wirkliche Liebe immer seinen sprachwissenschaftlichen Studien galt und der dadurch in der Geschichte der Asienwissenschaften einen maßgebenden Platz eingenommen hat: Hans Conon von der Gabelentz (1807–1874), der 1846 zu den Gründungsmitgliedern unserer gelehrten Gesellschaft gehörte und dem im gleichen Jahr die Leipziger Universität den Titel «honoris causa philosophiae doctor et bonarum artium magister» verlieh. Als reiner Autodidakt war er durch seine Untersuchungen zur mandschurischen und mongolischen Grammatik, zur mongolischen Epigraphik und Literaturwissenschaft sowie seine grammatischen Abrisse zum Samojedischen (heute als Nenzisch bezeichnet), zu melanesischen und anderen Sprachen zu einem international bekannten und anerkannten Gelehrten geworden.

In seiner damals einmaligen orientalischen Bibliothek auf «Schloß Poschwitz», einem kleinen Herrensitz nördlich von Altenburg, wo er seinen Studien nachging, arbeiteten zeitweise Wissenschaftler der verschiedensten Gebiete: aus Herrnhut die Missionare Heinrich August Jäschke (1817–1883), dessen Wörterbuch und Grammatik der tibetischen Sprache bis heute benutzt werden, und Heinrich August Zwick, Autor des großen kalmückischen Lexikons, der fast 20 Jahre bei dem aus Zentralasien in das Steppengebiet an der unteren Wolga gekommenen Nomadenvolk gelebt hatte; aus Halle der Indogermanist Friedrich August Pott (1802–1887), aus Leipzig der Sanskritist Hermann Brockhaus, ein Schulfreund von der Gabelentz', wie auch der Arabist Heinrich Leberecht Fleischer (1801–1888). Diese vier – Pott, Brockhaus, Fleischer und von der Gabelentz – waren 1845 maßgeblich an der Gründung der Deutschen Morgenländischen Gesellschaft beteiligt. Schon vorher war neben dem Bonner Indologen Christian Lassen (1800–1876) von der Gabelentz unter den ersten Herausgebern der «Zeitschrift für die Kunde des Morgenlandes» (Göttingen, 1837–1850), später ersetzt durch die 1847 begründete «Zeitschrift der Deutschen Morgenländischen Gesellschaft», das älteste bis heute fortgeführte orientalistische Fachorgan.

Weitere Besucher auf Poschwitz waren der Innsbrucker Mongolist Bernhard Jülg (1825–1886), der englische Missionar und Sinologe Alexander Wylie (1815–1887), der aus Schanghai als erster Europäer ein Exemplar der «Geheimen Geschichte der Mongolen» mitbrachte, der japanische Buddhologe Aloshi Terada, aus Petersburg Franz Anton Schiefner (1817–1879) und aus Barnaul im Gebiet der südsibirischen Turkvölker Friedrich Wilhelm Radloff (als russischer Staatsbürger auch als Vasilij Vasil'evič Radlov publizierend, 1837–1918).

Sinologie und Verwandtes

Georg von der Gabelentz

Georg von der Gabelentz (1840–1893), der älteste Sohn von Hans Conon, war – seinem Vater durchaus ähnlich – in vielen Sprachen zu Hause, als Schwerpunkt seiner Forschungen wählte er jedoch, als einer der ersten in Deutschland, das Chinesische. Er war der erste Inhaber einer Professur für ostasiatische Sprachen (1878) zunächst an der Leipziger, ab 1892 an der Berliner Universität und vertrat ab 1885 als erster die Sinologie an der Sächsischen Akademie. Als seine zentrale Aufgabe betrachtete er die Erschließung der Struktur der chinesischen Sprache, und seine «Chinesische Grammatik» (Leipzig 1881) bildet einen so markanten Meilenstein in der Entwicklung der Sinologie, daß sie noch 1953 und 1960 neue Auflagen erlebte. Diese Grammatik

> wird ihre grundlegende Bedeutung auch dann noch bewahren, wenn sie in manchen ihrer Theile veraltet und durch neuere Untersuchungen vervollständigt und berichtigt sein wird. Man wird über sie hinausgehen, nicht aber sie umgehen können

(so sein Schüler WILHELM GRUBE, später Ordinarius in Berlin, in Zeitschrift d. Deutschen Morgenländ. Gesellschaft 36, 1882, S. 719).

Neben der Sinologie hat Georg von der Gabelentz in Leipzig die Japanologie vertreten, ebenso taucht das Mandschurische immer wieder in den Vorlesungsverzeichnissen auf, allerdings vorwiegend als Hilfswissenschaft der Sinologie, und darüber hinaus hat er sich auch mit dem Tibetischen beschäftigt, das er – entgegen der damals vorherrschenden Meinung – als Grundlage der Vergleichung in der indonesischen Sprachwissenschaft erkannte. Außerdem befaßte er sich – seinem Vater folgend – mit austronesischen Sprachen; allerdings ließen die damals zugänglichen Materialien, von Missionaren zusammengestellte Wörterverzeichnisse und Sprachproben sowie die Evangelien-Übersetzungen, keine ins Detail gehenden Untersuchungen zu.

Seine Kenntnisse von Sprachen der verschiedensten Struktur ermöglichten ihm, auch in die Diskussionen der allgemeinen Sprachwissenschaft einzugreifen. Er konnte die Gedanken der Junggrammatiker befruchten, die von 1875 an unter Führung von Karl Brugmann (1849–1919), August Leskien (1840–1916) und Eduard Sievers (1850–1932) in Leipzig ihre Schule etablierten; seine Arbeiten wurden sowohl von dem Sprachtheoretiker Hermann Paul (1846–1921) als auch von dessen Schweizer Schüler F. de Saussure (1857–1913) verwertet. Andererseits ging er in seinem Werk über «Die Sprachwissenschaft – ihre Aufgaben, Methoden und bisherigen Ergebnisse» (Leipzig 1891) über die junggrammatischen Vorstellungen hinaus, indem er sich gegen deren Bevorzugung der lautlichen Ebene der Sprachbeschreibung, aber auch gegen die Bevorzugung der diachronischen Sprachbetrachtung unter Vernachlässigung der synchronen Komponente und der systemhaften Zusammenhänge wandte.

August Conrady

Nachfolger von Georg von der Gabelentz, sowohl an der Sächsischen Akademie (ab 1916) als auch an der Leipziger Universität (1897 a. o., 1922 o. Prof.) wurde August Conrady (1864–1925), Enkel des Königsberger Indologen Peter von Bohlen (1796–1840). Wie für seine Vorgänger war auch für ihn die Weite seines Blickes charakteristisch: Seine Habilitation galt noch den Fächern Sanskrit, Tibetisch, Buddhismus, doch danach wandte er sich der Sinologie zu, verlor aber nie den Kontakt mit den Nachbardisziplinen, wobei für ihn weniger die altaischen als vielmehr andere sinotibetische Sprachen im Vordergrund standen. Bahnbrechend wurde hier seine Arbeit über «Eine indochinesische Causativ-Denominativ-Bildung» (Leipzig 1896), in der erstmals ein bestimmtes grammatisches Phänomen in den verschiedensten indochinesischen Sprachen einer akribischen Untersuchung unterzogen wird.

Hatte bei Conradys Lehrern die linguistische und philologische Arbeit im Vordergrund gestanden, so hat er selbst die Sinologie und die benachbarten Fächer auf eine wesentlich breitere Grundlage gestellt. Mit seinem Abriß in Ullsteins Weltgeschichte (Bd. 3, Berlin 1910) beförderte er einen entscheidenden Wandel in der Erforschung der Geschichte Chinas: Während man sich zuvor weitgehend mit der Übersetzung der Quellen begnügt hatte, war Conrady bestrebt, mit den Methoden des Historikers, aber ebenso unter Verwendung der Erkenntnisse der vergleichenden Völkerkunde, Einblick in das geschichtliche Werden zu gewinnen. Auch sonst hatten bei ihm und seinen Schülern ethnographische und kulturhistorische Themen einen festen Platz sowohl in der Lehre («Der ostasiatische Kulturkreis», «Die Nachbarvölker des alten China» usw.) als auch in der Forschung. In diesem Rahmen erfolgten damals auch die ersten Schritte zur Einrichtung einer Abteilung für ostasiatische Geschichte an Carl Lamprechts (1856–1915) Institut für Cultur- und Universalgeschichte.

Die Übernahme der Methoden strenger Quellenanalyse und textgenetischer Untersuchungen für die Bearbeitung historiographischer und kulturgeschichtlicher Texte und die Verbindung von sprach- und kulturgeschichtlicher Forschung wurde zum Kennzeichen der «Leipziger Sinologen-Schule», von der man damals zu sprechen begann, und wirkte hier über die Sinologie hinaus auch auf benachbarte Fächer.

Zu den Absolventen dieser «Schule» gehörte Berthold Laufer (1874–1934), der bereits 1897 mit der Bearbeitung eines tibetischen Textes (Klu 'bum bsdus pai sñiṅ po, Berlin 1897) promovierte; ein Jahr darauf ging er in die Vereinigten Staaten und erarbeitete hier unter anderem als erste zusammenfassende Darstellung eine «Skizze der mongolischen Literatur» (in: Keleti Szemle 3, Budapest 1907) sowie wichtige Publikationen zur tibetischen Paläographie und Phonologie (zum Beispiel: Bird Divination among the Tibetans, T'oung Pao 2/15, Paris 1914).

Andere Schüler Conradys waren der Leipziger Buddhologe Friedrich Weller (1889–1980) und der Sinologe Bruno Schindler (1882–1964), die gemeinsam die Asia Major herausgaben, eine der durch die Qualität ihrer Beiträge international führenden Fachzeitschriften, ferner Gustav Haloun (1898–1976), der später in Cambridge wichtige Arbeiten zur zentralasiatischen Geschichte verfaßte, Eduard Erkes (1891–1958), der nach 1945 in Conradys Sinne die Leipziger Ostasienwissenschaft wieder aufbaute, sowie Johannes Schubert (1896–1976), erster Inhaber einer Professur für Tibetologie an einer deutschen Universität (Leipzig 1953).

Erich Haenisch

1925 wurde Erich Haenisch (1880–1966), aus einer Berliner Beamtenfamilie gebürtig und Schüler des Berliner Sinologen Wilhelm Grube (seinerseits Schüler von der Gabelentz'), auf den Leipziger Lehrstuhl für Ostasiatische Sprachen berufen und 5 Jahre später zum Mitglied der Sächsischen Akademie gewählt. Seine Publikationen waren vor allem der Erschließung des polyglotten Schrifttums des chinesischen Reiches und seiner Minderheiten gewidmet. Voraussetzung dafür waren weitreichende Sprachkenntnisse, die es ihm erlaubten, neben den chinesischen Quellen auch mandschurische, mongolische, kalmückische und mitunter selbst tibetische und osttürkische Texte in seine Arbeiten einzubeziehen. Außerdem kamen ihm seine ausgedehnten Forschungsreisen zugute: Er war der letzte Sinologe, der den konfuzianischen Kaiser- und Beamtenstaat noch aus eigener Anschauung kannte, und er war der erste deutsche Wissenschaftler, der in der Mongolei wissenschaftliche Forschungs- und Sammeltätigkeit durchführte.

Als herausragende Leistungen seien seine Arbeiten zur Historiographie genannt: die textkritische Erschließung der Chronik Erdeni-yin tobči des Sayang Sečen, von der er nicht nur die älteste mongolische, sondern auch die mandschurische Fassung zugänglich machte und selbst die chinesische Version in seine Untersuchungen einbezog. Hervorgehoben sei ferner seine Edition und Kommentierung von Dokumenten zum Gorkha-Krieg, Frucht seiner Archivstudien in China, sowie seine Bearbeitung der mehrsprachigen Wörterspiegel. Seine größte Leistung bilden jedoch seine Forschungen zur «Geheimen Geschichte der Mongolen», als deren Ergebnis er 1938 als erster eine Textausgabe dieser ältesten mongolischen Chronik vorlegen konnte – bis heute die einzige, die zumindest einen kleinen textkritischen Apparat enthält –, außerdem ein Wörterbuch, ebenfalls bis heute durch nichts ersetzt, und schließlich seine kommentierte Übersetzung und zahlreiche Artikel zu damit verbundenen Einzelfragen.

Seine sinologischen Arbeiten galten vor allem den Antinomien zwischen konfuzianischer Ethik und Tagespolitik – Fragen, die ihn besonders in der Zeit des Faschismus, nicht nur theoretisch, beschäftigten. Mehrfach trat er öffentlich für verfolgte oder behinderte Kollegen ein, so für Bruno Schindler, der wegen seiner jüdischen Herkunft Deutschland verlassen mußte, für Eduard Erkes, der wegen seiner SPD-Zugehörigkeit 1933 aus der Leipziger Universität entfernt wurde und nicht mehr in seinem Beruf arbeiten durfte, oder für Erich Everth, Direktor des Instituts für Zeitungskunde, der wegen seines Auftretens für Pressefreiheit aus der gleichen Universität entlassen wurde. Er versuchte sogar – allerdings vergeblich – bei der Schutzhaftbehörde die Freilassung seines bedeutenden französischen Kollegen Henri Maspéro aus dem Konzentrationslager Buchenwald zu erwirken.

Neben seinen Forschungsarbeiten hat Erich Haenisch nie die mit der Stellung an der Universität verbundenen Lehraufgaben vernachlässigt, deren Frucht seine vierbändige, vielerorts bis heute im Unterricht verwendete Einführung in die klassische chinesische Schriftsprache (1931–1957) war. Erwähnenswert ist schließlich auch, daß er der erste war, der in Leipzig Chinesen zur Vermittlung der modernen chinesischen Sprache heranzog. 1932 folgte Erich Haenisch einem Ruf nach Berlin.

Eduard Erkes

Eduard Erkes (1891–1958) hatte nach seiner Promotion 1913 bei Conrady und vor seiner Universitätslaufbahn am Leipziger Völkerkundemuseum gearbeitet; erst als Assistent, später, von 1921 an, als Kustos der ostasiatischen Sammlung. Aber daneben war er nach seiner Habilitation mit einer Schrift über «Das Weltbild des Huainan-tse» (Leipzig 1917) schon ab 1917 als Privatdozent und ab 1928 als a. o. Professor am Seminar für ostasiatische Sprachen tätig. Die Jahre 1930–1932 verbrachte er größtenteils in China. Wegen seiner Zugehörigkeit zur SPD wurde ihm 1933 erst die Lehrbefugnis entzogen und kurz darauf auch von seiten des Museums gekündigt. Zu den wenigen, die damals die Kontakte zu dem «Buchhandlungsgehilfen» Erkes nicht abbrachen, gehörten Erich Haenisch, der offen für Erkes Partei ergriff, und sein Schüler Herbert Franke (*1914), später Ordinarius für Sinologie in München und Präsident der Bayerischen Akademie der Wissenschaften.

Erst 1945 wurde E. Erkes sowohl am Museum wieder eingestellt als auch wieder in den Beamtenstand berufen. 2 Jahre darauf erhielt er das Ordinariat, und 1950 wählte man ihn als Mitglied in die Sächsische Akademie. In diesen Jahren widmete sich Erkes dem Wiederaufbau des Leipziger – etwas später auch des Berliner – Ostasiatischen Instituts, an dem nicht nur die Sinologie und Japanologie fortgeführt, sondern auch die Mongolistik und die Tibetologie sowie die Indonesienkunde etabliert wurden.

Aus seiner Doppeltätigkeit am Völkerkundemuseum und an der Universität ergab sich, daß bei Erkes, der in diesem Punkte seinem Lehrer Conrady folgte, die philologischen Forschungen eng mit ethnographischen Fragestellungen verknüpft waren, eine außerordentlich fruchtbare Verbindung, wie zahlreiche Artikel von ihm zeigen. Zentrale Themen waren dabei einmal die Glaubensvorstellungen der Chinesen (Der Totemismus bei den Chinesen und ihren Nachbarvölkern, 1917; Chinesisch-amerikanische Mythenparallelen, 1926; The God of Death in Ancient China, 1938; Der schamanistische Ursprung des chinesischen Ahnenkults, 1950), zum anderen die Paläographie und die chinesische Geschichte. Vor allem auf diesem Gebiet hatte er sich während seiner Amtszeit häufig mit der in der DDR herrschenden Ideologie auseinanderzusetzen. Erkes' Auffassung über die sozialökonomische Entwicklung Chinas, daß nämlich China keine Sklaverei und infolgedessen auch keinen Feudalismus im europäischen Sinne gehabt hatte, aber ebenso seine Meinung über die Rolle des Staates und die konfuzianische Ideologie wichen von den «offiziellen» Darstellungen doch erheblich ab.

Daß auch die internationale Fachwelt nicht nur seinem aufrechten Charakter, sondern auch seinem wissenschaftlichen Werk ihre Anerkennung zollte, zeigt die Festschrift, die seinem 65. Geburtstag gewidmet war, aber erst 1960, also schon nach seinem Tode, erschien.

Indologie

Hermann Brockhaus

Als 1841 in Leipzig, wie schon zuvor an anderen deutschen Universitäten, als Folge der romantischen Indienbegeisterung und einer Anregung des Sächsischen Ministers des Cultus und des öffentlichen Unterrichts folgend, ein indologischer Lehrstuhl eingerichtet wurde, berief man Hermann Brockhaus (1806–1877) als ersten Ordinarius. Als 3. Sohn des vor allem durch sein Conversations-Lexikon bekannten Verlegers Arnold Brockhaus noch in Amsterdam geboren, war er mit den Eltern nach Altenburg verzogen (später heiratete er übrigens Richard Wagners jüngste Schwester Ottilie). Wie sein Schulfreund Georg von der Gabelentz gehörte er zu den keiner «Schule» verpflichteten Autodidakten.

In drei Bereichen der Indologie wirkte er bahnbrechend: Er publizierte mit dem Schauspiel Prabodhacandrodaya (Leipzig 1835–1845) die erste wissenschaftliche Textedition eines indischen Werkes zusammen mit den wichtigsten Kommentaren und einer Übersetzung. Mit seiner Veröffentlichung des «Katha Sarit Sagara. Die Märchensammlung ... aus Kaschmir» (skr. und dt., Leipzig–Paris 1839, Leipzig 1862, 1866), eine der Grundlagen für Theodor Benfeys späteres Hauptwerk «Pantschatantra» (1859), und einer kleineren Abhandlung über die «25 Erzählungen eines Vetāla» (in den Berichten der Phil.-hist. Klasse der Sächsischen Gesellschaft der Wissenschaften, 1853) sowie einigen weiteren einschlägigen Beiträgen wurde er einer der Initiatoren der Erforschung des gewaltigen Gebiets der indischen Märchenliteratur. Und indem er in den Beiträgen der Sächsischen Gesellschaft der Wissenschaften seine Arbeit über «Die Algebra des Bhāskara» (1852) herausbrachte, in der nicht nur die Grundrechenarten, sondern auch das Quadrieren und Radizieren, das Rechnen mit der Null und mit Klammerausdrücken behandelt werden, eröffnete er den Weg für die Erforschung der indischen Wissenschaftsgeschichte. Aber auch auf iranistischem Gebiet setzte er mit seiner Edition des Vendidād Sāda (Leipzig 1850) und mit der kritischen Ausgabe der Lieder des Hafiz (Leipzig 1854, 1860) neue Maßstäbe.

Zu den bedeutendsten Schülern von Brockhaus gehörten Max Müller (1823–1900) und August Conrady sowie die Iranisten Friedrich Spiegel und Eduard Sachau. Zumindest genannt seien hier auch einige sächsische Gymnasiallehrer, die ihre Spuren in der Sanskrit-Philologie zurückließen: Hermann Kellner (1839–1916), Gymnasialprofessor in Zwickau, der außer einer Elementargrammatik des Sanskrit (Leipzig 1868) und einer Ausgabe des Nala (Leipzig 1868, 3. Auflage [!] 1885) im «Programm» seines Gymnasiums 1872 Ausführungen zur Mṛcchakaṭikā veröffentlichte; Heinrich Uhle (geb. 1842) von der Dresdner Kreuzschule, dessen Name durch seine Editionen der Vetālapañcaviṃśatī (Leipzig 1881 und 1914 in den Sitzungsberichten der Königlich Sächsischen Gesellschaft) für immer mit der indischen Märchenforschung verbunden bleibt, und Richard Fritzsche (geb. 1851), Rektor des Gymnasiums in Schneeberg, der «das verborgene Verdienst [hat], die Korrektur von Graßmanns [bis heute benutztem] Wörterbuch zum Ṛgveda gelesen zu haben» (so Windisch 1920, S. 215), und dessen Artikel «Über die Anfänge der Poesie», erschienen als «Beigabe zum Osterprogramm» des Königlichen Gymnasiums zu Chemnitz», für die Erforschung der vedischen Mythologie bedeutsam wurde.

Otto Böhtlingk

Otto Böhtlingk (1815–1904), als Sohn einer Lübecker Familie in Petersburg geboren, aber zunächst holländischer, erst gegen Ende seines Lebens russischer Staatsangehöriger, erhielt seine Ausbildung in den damaligen Zentren der deutschen Indologie: in Berlin bei Franz Bopp (1791–1867) und in Bonn bei August Wilhelm Schlegel (1767–1845). In Bonn erschien als eine seiner ersten Arbeiten die editio princeps von Kālidāsas Śakuntala (1842), unter anderem mit Material, das ihm Brockhaus zur Verfügung stellte, und etwas später, 1845, die Textausgabe der 8 Bücher der Sanskritgrammatik des Pāṇini (1839, 1840). Sie verhalf ihm 1842 zu einem Ruf an die St.-Petersburger Akademie, wo er zunächst eine bis in unsere Zeit verwendete Sanskrit-Chrestomathie zusammenstellte (1845). Bald darauf begann er die Arbeiten für ein umfassendes sanskritisch-deutsches Wörterbuch, wobei ihn neben vielen anderen Fachkollegen vor allem der Tübinger Professor Rudolf Roth unterstützte. Parallel dazu sammelte er Tausende von Sprüchen indischer Weisheit, die er kritisch bearbeitete und übersetzte (St. Petersburg 1863–1865).

Während diese Arbeiten noch im Gange waren, erhielt er 1868 die Genehmigung, einem Ruf nach Jena zu folgen, wo damals, 1873–1913, Berthold Delbrück (1842–1922) das Ordinariat innehatte; etwas später 1885, kam er nach Leipzig, und im Jahre darauf wurde er Mitglied der Sächsischen Akademie. In Jena konnte er sein großes Sanskrit-Wörterbuch zum Abschluß bringen (St. Petersburg 1852–1875), 7 Bände mit insgesamt 9478 zweispaltigen Seiten im Großquart – «ein Riesenwerk und ein Meisterwerk; es sucht seines gleichen auf dem Gebiet der wissenschaftlichen Lexikographie» – so DELBRÜCKS (1904) immer noch gültige Einschätzung im Nachruf der Akademie. Bis heute ist dieses Werk nicht übertroffen, und zusammen mit dem «Sanskrit-Wörterbuch in kürzerer Fassung» (ebenfalls 7 Bände, St. Petersburg 1879–1889, mit zahlreichen Ergänzungen und Verbesserungen) bildet es nach wie vor die Grundlage aller philologischen und linguistischen Arbeiten der Indologen.

Daneben fand er noch Zeit und Kraft zu anderen Forschungen; erwähnt seien seine Übersetzung des schwer verständlichen, kulturhistorisch wichtigen Schauspiels Mṛcchakaṭikā (St. Petersburg 1877), seine in den Bänden 42 und 43 der Berichte der Sächsischen Gesellschaft der Wissenschaften erschienenen Übersetzungen von Upaniṣaden (mit textkritischen Bemerkungen) und sein Werk «Über die Sprache der Jakuten» (Grammatik, Texte und Wörterbuch, St. Petersburg 1851, russ. 1853, Neuauflage 1964), mit dem er einen wichtigen Beitrag sowohl zur Turkologie als auch zur allgemeinen Sprachwissenschaft leistete.

Ernst Windisch

1877 wurde Ernst Windisch (1844–1918), ein Lehrerssohn aus Dresden, auf den Lehrstuhl seines Lehrers Brockhaus berufen, nachdem er zuvor erst als Hilfslehrer an der Thomasschule, später auf Veranlassung von Brockhaus in London an der Katalogisierung der indischen Bestände und schließlich, bereits als Hochschullehrer, in Heidelberg und Straßburg gearbeitet hatte. Die Hauptthemen seiner Arbeiten lagen auf linguistischem, philosophischem und literaturgeschichtlichem Gebiet. Wenn auch «Der griechische Einfluß im indischen Drama» (in: Verhandlungen des 5. Orientalistenkongresses, Berlin 1881) vielleicht nicht so groß war, wie er annahm, so hat er doch mit seiner Fragestellung einen Meinungsstreit ausgelöst, der bis heute nicht endgültig abgeschlossen ist.

Entscheidender für die weitere Entwicklung der Indologie und hier speziell der Leipziger Traditionen wurden seine Arbeiten, mit denen er der Buddhologie einen festen Platz innerhalb der Asienwissenschaften zuwies. Die in den Abhandlungen der Sächsischen Gelehrten-Gesellschaft erschienenen Beiträge «Māra und Buddha» (1895) und «Buddhas Geburt und die Lehre von der Seelenwanderung» (1908) gelten bis heute als grundlegende Untersuchungen der Beziehungen zwischen

Buddhismus und Christentum, seine Arbeit über «Die Komposition des Mahāvastu» (1909) aber wurde methodologisch beispielhaft für die Erforschung der Geschichte des buddhistischen Kanons. Auf linguistischem Gebiet gehörte er zum Kreis der «Junggrammatiker» um Brugmann, Leskien und Sievers. Auf dem 14. Internationalen Orientalistenkongreß (Algier 1905) trug er neue Erkenntnisse «Über den sprachlichen Charakter des Pali» vor, jener Mischsprache, in der ein großer Teil der buddhistischen Literatur abgefaßt ist. Im Rahmen der allgemeinen Sprachwissenschaft beschäftigte er sich vor allem mit italischen und keltischen Sprachen.

Aber sein umfangreichstes, wohl auch am häufigsten zitiertes Werk wurde die Darstellung der «Geschichte der Sanskrit-Philologie und indischen Altertumskunde» (Straßburg 1917, Berlin–Leipzig 1920), in der er die Breite seines Gesichtsfeldes und seine Belesenheit in großartiger Weise zum Ausdruck bringen konnte – bis heute eine fast unerschöpfliche Quelle unseres Wissens.

Wilhelm Pertsch

Auch Wilhelm Pertsch (1832–1899), aus Coburg gebürtig, hatte eine indologische und außerdem eine iranistische Ausbildung erhalten, und zwar in Berlin und Tübingen bei Albrecht Weber und Rudolf Roth. Er promovierte 1854 mit einer vedistischen Arbeit, nachdem er bereits vorher einen modernen Sanskrittext und ein Verzeichnis der Versanfänge der Ṛksaṃhitā herausgegeben hatte. Aber seine Anstellung 1855 an der Herzoglichen Bibliothek in Gotha lenkte sein wissenschaftliches Wirken in andere Bahnen und ließ ihn den indologischen Bereich nur noch gelegentlich streifen. Er weitete seine Sprachenkenntnisse auf einen weiten Raum des Orients aus und schrieb mit bewundernswerter Akribie die großen Kataloge der persischen, türkischen und arabischen Handschriften, nicht nur für die Friedensteinschen Sammlungen in Gotha, sondern auch für die Königliche Bibliothek Berlin, und schon diese Leistung rechtfertigte voll seine Aufnahme in die Sächsische Akademie (1888).

Johannes Hertel

Johannes Hertel (1872–1955) war nach seinem Studium bei Ernst Windisch zunächst als Oberlehrer am Realgymnasium in Döbeln tätig; bereits in dieser Zeit griff er in die von Windisch ausgelöste Diskussion um den «Ursprung des indischen Dramas und Epos» (1904) ein, ehe er 1919 das Leipziger indologische Ordinariat übernahm. Sein Hauptinteresse galt der indischen Erzählungsliteratur. Die entscheidenden Arbeiten zur Textgeschichte der großen indischen Märchensammlungen, Hitopadeśa, Tantrākhyāyika, Pañcatantra, stammen aus seiner Feder (Das Pantschatantra – seine Geschichte und seine Verbreitung, 1914), wobei er auch auf die Fassungen in Gujarātī, in Braj Bhākā und in Marāṭha eingeht und die Westwanderungen dieser Stoffe über die Pahlavī, die persischen und arabischen, hebräischen und syrischen Rezensionen bis nach Europa verfolgt. Während die Märchenforschung für immer mit seinem Namen verbunden bleiben wird, fanden seine iranistischen Arbeiten, vor allem zum Avesta, die in der zweiten Hälfte seines Lebens im Mittelpunkt seines Interesses standen, nicht die Anerkennung der Fachwelt.

Friedrich Weller

Friedrich Weller (1889–1980), einer der letzten großen «Polyhistoren» der Orientalistik, wurde als Sohn eines Geigenbauers in Markneukirchen im sächsischen Vogtland geboren. Er hatte vor allem bei Ernst Windisch und August Conrady studiert, stand also sowohl in den sinologischen als auch in den indologischen Leipziger Traditionen. Als seine zentrale Aufgabe betrachtete er die Erhellung der buddhistischen Literaturen. Zahlreiche indische buddhistische Werke liegen heute in Indien selbst nur in späten Fassungen oder überhaupt nicht mehr vor, sind aber in Übersetzungen ins Tibetische, Mongolische, Chinesische und andere Sprachen erhalten geblieben.

Viele dieser Texte – Lalitavistara, Bodhicaryāvatāra, Kāṣyapaparivarta usw. – hat Weller mit einer kaum zu überbietenden Genauigkeit quellenkritisch untersucht, sprachlich, sachlich und logisch analysiert, herausgegeben und übersetzt. Diese Leistung erscheint um so bewundernswerter, als er – wie seine Vorgänger – die ihn interessierenden Werke noch mit der Hand abschreiben mußte und selbst viele Druckvorlagen handschriftlich anfertigte. Die Methoden der Quellenkritik haben sich inzwischen weiter verfeinert; auch liegt uns heute, dank zahlreicher in den letzten Jahrzehnten bekanntgewordener Textfassungen und der vor allem in Indien publizierten Nachdrucke, wesentlich mehr Material für quellenkritische Untersuchungen vor, so daß uns manche Einzelheit genauer erkennbar ist. Es bleibt jedoch Wellers Verdienst, eine entscheidende Grundlage für alle weiterführenden Arbeiten gelegt zu haben.

Daß er daneben auch andere Bereiche der Indologie nicht vernachlässigte, zeigen unter anderem seine Beiträge zur Vedistik (Versuch einer Kritik der Kaṭhopaniṣad, Berlin 1953). Vor allem aber bemühte er sich, die Indologie als Altertumswissenschaft zu überwinden. Während sich in England bereits im 19. Jh. eine Indienkunde im umfassenden Sinne etabliert hatte, nicht nur aus wissenschaftlichem Interesse, sondern auch aus praktischen Erwägungen heraus, standen in Deutschland die mittelindischen und erst recht die neuindischen Sprachen sowie ebenso die neuere Geschichte und Kultur, von Ausnahmen abgesehen, außerhalb des Interesses. Weller betonte dagegen in seinen Lehrveranstaltungen immer wieder, daß man die Indologie aus dem 7. Himmel Brahmas auf die Erde holen müsse, und er war auch der erste, der einen indischen Lektor nach Leipzig rief.

Einen schweren Einschnitt erfuhr Wellers Schaffen durch die Machtergreifung der Faschisten. Seine Zusammenarbeit mit dem Juden Bruno Schindler, seine Zugehörigkeit zu den Freimaurern und sogar die Publikation einzelner seiner Werke in Englisch waren Grund für Anfeindungen. Seinem internationalen Ansehen und den Bemühungen Johannes Hertels ist es zu danken, daß er nach dessen Emeritierung 1937 auf den Leipziger indologischen Lehrstuhl berufen wurde. Aber als ihn die

Sächsische Akademie 1943 zum Ordentlichen Mitglied wählte, erhob der sächsische Gauleiter Martin Mutschmann persönlich Einspruch, so daß seine offizielle Aufnahme erst im Juni 1945, auf der ersten Gesamtsitzung nach dem Zusammenbruch des faschistischen Regimes, erfolgen konnte.

Aber auch die Herrschaft der Sozialistischen Einheitspartei Deutschlands war nicht dazu angetan, seine Ängste vor der staatlichen Gewalt zu mindern. «Aus diesen vier Wänden geht nichts hinaus», sagte er uns oft, und: «Ein Aberglaube verdrängt den anderen – welch ein Fortschritt!» Sehr bedrückend empfand er, daß der Gedankenaustausch mit den meisten seiner deutschen und ausländischen Kollegen infolge der offiziellen Abgrenzung vom «kapitalistischen Ausland» nur mit großen Einschränkungen und Schwierigkeiten möglich war. Er blieb eben doch ein «bürgerlicher» Gelehrter, obwohl sein Wirken in der DDR offiziell mit dem Nationalpreis 2. Klasse gewürdigt wurde. Die damit verbundene Geldsumme tastete er nicht an und vermachte sie testamentarisch der Sächsischen Akademie, wo sie nun den Grundstock der «Friedrich-Weller-Stiftung» bildet. Seine gut ausgestattete Bibliothek hinterließ er wegen der Behinderung und Beschränkung seines Faches in jenen Jahren ebenfalls der Sächsischen Akademie und nicht der hiesigen Alma mater.

Richard Hauschild

Als letzter ist Richard Hauschild (1901–1972) zu nennen, der, in einer bei Gera beheimateten Bauernfamilie geboren, während seiner Gymnasialzeit von dem Geraer Oberstudienrat Dr. Rudolf Rau, dem Vater des Weller-Schülers und späteren Marburger Indologen Wilhelm Rau, auf die altindische Sprache und Kultur gelenkt wurde. Er studierte in Tübingen, Leipzig und Jena neben der klassischen und germanistischen auch die orientalische Philologie, speziell Indologie und Iranistik, in die ihn vor allem J. Hertel einführte. Nach seiner Promotion mit einer kritischen Ausgabe und inhaltlichen Analyse der Śvetāśvara-Upaniṣad war er zunächst als Lehrer tätig, und erst nach den schweren Kriegs- und Nachkriegsjahren wurde er 1951 an die Jenenser Universität berufen.

Hier konnte er sich endlich seinen indologischen, iranistischen und indogermanistischen Interessen widmen. Ihm verdanken wir eine ausführliche Würdigung des Kaisers Aśoka (1955), eine gründliche Einzeluntersuchung zum Veda, nämlich über «Das Selbstlob des somaberauschten Gottes Agni (Ṛgveda X, 119)» [1954] sowie – auf iranistischem Gebiet – eine anregende Arbeit zu Fragen der awestischen Texttradition und Metrik (Die Tirade von der Wagenwettfahrt des Königs Haosravah und des Junkers Neremanah, 1959). Vor allem aber ist sein Name verbunden mit der Bearbeitung des 1905 erstmalig erschienenen Handbuchs des Sanskrit von Albert Thumb, dessen Textteil er zu einer stattlichen Sanskrit-Chrestomathie mit einem umfassenden Glossar erweiterte (Heidelberg 1953) und in dessen Grammatik er die gesamte ihm in jenen Nachkriegsjahren zugängliche Sekundärliteratur einarbeitete (Heidelberg 1958, 1959).

Überblickt man die Entwicklung der Asienwissenschaften in den zurückliegenden anderthalb Jahrzehnten anhand der Werke ihrer in der Sächsischen Akademie vertretenen Repräsentanten, so zeigt sich einerseits – wie in anderen Disziplinen – der Weg von der breit angelegten, viele Sprachen verschiedenster Strukturen umfassenden Forschung zu immer stärkerer Spezialisierung, der Weg von der Untersuchung der Sprachen und der engen Kontakte zur allgemeinen Sprachwissenschaft zu einem immer tieferen Eindringen in die Geschichte und die Kulturen der Völker Asiens. Zum anderen wird deutlich, wie sich diese Disziplinen, die Sinologie etwas eher als die anderen Fachrichtungen, von reinen «Buchwissenschaften» zu umfassenden, komplexen Wissenschaften entwickelten, welche sich nicht mehr nur oder vorwiegend mit alten Texten, sondern mit der Gesamtkultur der behandelten Länder – von ihren Anfängen bis zur Gegenwart – befassen.

Während in den sinologischen und zentralasiatischen Fächern die Verknüpfung mit historischen und ethnographischen, aber auch mit auf den mündlichen Traditionen beruhenden Fragestellungen zunehmend an Bedeutung gewann, ist im indologischen Bereich eine Ausdehnung von der Vedistik zu den großen Religionen, speziell dem Buddhismus, zu erkennen. Manches, was mit Einzelforschungen zu Spezialthemen begann, zum Teil im Schatten anderer Disziplinen, hat sich inzwischen zu selbständigen komplexen Wissenschaftsgebieten entwickelt, die heute in ihrer Verbindung die Asienwissenschaften ausmachen. Den hier genannten Mitgliedern der Sächsischen Akademie ist es geschuldet, daß der Name Leipzigs, wie auch der seiner Universität, in den Ländern des Orients bis heute einen so guten Klang hat, der einen manchmal selbst in entlegenen Gebieten des asiatischen Kontinents ganz unerwartet erreicht.

Literatur

Bauer, Wolfgang: E. Haenisch 1880–1966. In: Zeitschr. d. Deutschen Morgenländischen Gesellschaft 117 (1967), S. 205–210 (mit Bibl. nach 1960).

Delbrück, B.: Nekrolog auf O. Böhtlingk. In. Ber. über d. Verhandl. d. Königl. Sächs. Gesellsch. d. Wiss., Phil.-hist. Kl. 56 (1904), S. 253–258.

Eduard Erkes in memoriam. [Hrsg. von J. Schubert. Leipzig 1960]. 239 S. (mit Bibl.)

Erkes, Eduard: A. Conrady zu seinem 90. Geburtstag. In: Wiss. Zeitschr. d. Karl-Marx-Univ. Leipzig, Ges.- u. sprachwiss. R. 4 (1954/55), S. 199–205.

Erkes, Eduard: Georg von der Gabelentz. In: Wiss. Zeitschr. d. Karl-Marx-Univ. Leipzig, Ges.- u. sprachwiss. R. 3 (1953/54), S. 385–392.

Erkes, Eduard, u. Bruno Schindler: Zur Geschichte der europäischen Sinologie. In: Ostasiatische Zeitschrift 5–6 (1916–1918), S. 105–115.

Franke, Herbert: Erich Haenisch zum 80. Geburtstag. In: Studia Sino-Altaica. Festschrift für E. Haenisch. Wiesbaden 1961. S. 1–3 (S. 3–11: Bibl. zsgest. von Wolf Haenisch).

Franke, Herbert: Sinologie an deutschen Universitäten. Wiesbaden 1968. 58 S.

Grube, Wilhelm: Georg von der Gabelentz. In: ADB 50 (1904) 246. Lfrg., S. 548–555 (mit Bibl.).

[Haenisch, E.]: Studia Sino-Altaica. Festschrift für Erich Haenisch zum 80. Geburtstag. Hrsg. von Herbert Franke. Wiesbaden 1961. VI, 223 S. (mit Bibl. bis 1960).

Hans Georg Conon von der Gabelentz – Erbe und Verpflichtung [Vorträge des Gedächtnis-Symposiums 1978]. Hrsg. von E. Richter u. M. Reichardt. Berlin 1979. VIII, 243 S. (= Linguist. Studien. Reihe A. Arbeitsberichte, 53) (mit Bibliographie).

Heissig, Walter: Mongolistik an deutschen Universitäten. Wiesbaden 1968. 30 S.

Hertel, Johannes: Nekrolog auf August Conrady. In: Ber. über d. Verhandl. Sächs. Akad. Wiss., Phil.-hist. Kl. 77 (1925), S. 7*–14*.

Hertel, Johannes: Nekrolog auf Ernst Windisch. In: Ber. über d. Verhandl. Sächs. Akad. Wiss., Phil.-hist. Kl. 73 (1921) 2, S. 9*–24*.

Leskien, A.: Hans Conon von der Gabelentz. In: ADB 8 (1878), S. 286–288 (mit Bibl.).

Lewin, Günter: Fortschrittliche Traditionen der Sinologie an der Leipziger Universität. In: Wiss. Zeitschr. d. Karl-Marx-Univ. Leipzig, Ges.- u. sprachwiss. R. 28 (1979), S. 15–32.

Mayrhofer, Manfred: Richard Hauschild (2. 12. 1901–15. 2. 1972). In: Jahrbuch 1971–1972 Sächs. Akademie d. Wissenschaften zu Leipzig. Berlin 1974. S. 307–311 (S. 311–315: Bibl. zsgest. von W. Morgenroth).

Mehlig, Johannes: Ernst Windisch (1844–1918). In: Bedeutende Gelehrte in Leipzig. Hrsg. von M. Steinmetz. Bd. 1. Leipzig 1965. S. 63–72.

Mehlig, Johannes: F. Weller – ein Leben für die buddhistische Forschung. In: Buddhist Yearly 1966. Halle/Saale 1966. S. 35–58.

Mylius, Klaus: Bedeutende Traditionen der Indologie an der Universität Leipzig. In: Wiss. Zeitschr. d. Karl-Marx-Univ. Leipzig, Ges.- u. sprachwiss. R. 28 (1979), S. 47–66.

Pelliot, Paul: August Conrady. In: T'oung Pao 24 (1926), S. 131–132.

Poppe, Nikolaus: Erich Haenisch als Mongolist. In: Ural-Altaische Jahrbücher 32 (1960), S. 157–160.

Průšek, Jaroslav: Erich Haenisch (27. 8. 1880–21. 12. 1966). In: Jahrbuch 1966–1968 Sächs. Akademie d. Wissenschaften zu Leipzig. Berlin 1970. S. 355–356.

Rau, Wilhelm: Friedrich Weller (1889–1980). In: Zeitschr. d. Deutschen Morgenländischen Gesellschaft 132 (1982), S. 1–21 (mit Bibl.).

Schindler, Bruno: Johannes Hertel. In: Asia Major 8 (1933), S. 1–22 (mit Bibl. 1895–1931).

Schindler, Bruno: Der wissenschaftliche Nachlaß A. Conradys. In: Asia Major 3 (1926), S. 104–115.

Taube, Erika: Erich Haenisch – ein Beispiel für Zivilcourage. In: Sinologische Traditionen im Spiegel neuer Forschungen. Hrsg. von R. Moritz. Leipzig 1993. S. 179–189.

Taube, Manfred: F. Weller (22. 7. 1889–19. 11. 1980). In: Jahrbuch 1979–1980 Sächs. Akademie d. Wissenschaften zu Leipzig. Berlin 1982. S. 237–253.

Taube, Manfred: Georg von der Gabelentz – seine Herkunft und seine Zeit. In: Jahrbuch des Museums für Völkerkunde zu Leipzig 34 (1982), S. 16–36.

Taube, Manfred: Tibetologie und Mongolistik an der Universität Leipzig. In: Wiss. Zeitschr. d. Karl-Marx-Univ. Leipzig, Ges.- u. sprachwiss. R. 28 (1979), S. 33–46.

[Weller, Friedrich]: Asiatica. Festschrift F. Weller. Hrsg. von J. Schubert u. U. Schneider. Leipzig 1954. XIX, 902 S. (S. XI–XIX Bibl. 1915–1953).

Weller, Friedrich: Johannes Hertel (13. 3. 1872–27. 10. 1955). In: Jahrbuch 1954–1956 Sächs. Akademie d. Wissenschaften zu Leipzig. Berlin 1958. S. 259–262 (mit Bibl. ab 1932 zsgest. von U. Schneider).

Windisch, Erich: Nekrolog auf Wilhelm Pertsch. In: Ber. über d. Verhandl. d. Königl. Sächs. Gesellsch. d. Wiss., Phil.-hist. Kl. 51 (1899), S. 235–237.

Windisch, Ernst: Geschichte der Sanskrit-Philologie und indischen Altertumskunde. Straßburg 1917. Berlin, Leipzig 1920, S. 1–208, 209–460 (= Grundriß der indo-arischen Altertumskunde, 1. Bd., H. B).

Ernst Eichler

Die Slavistik in der Sächsischen Akademie der Wissenschaften bis 1945

Die Einbeziehung der slavischen Völker mit ihren Sprachen und Literaturen in den Forschungshorizont geht mit der Herausbildung einer selbständigen Wissenschaft, der Slavistik, der slavischen Philologie, parallel. In der wissenschaftlichen Sprachforschung wurden die slavischen Sprachen schon früh beachtet; seit wann man den Terminus «wissenschaftlich» nun gebrauchen soll, ist umstritten.[1] So hatte der Berliner Gelehrte Johann Leonhard Frisch (1666–1743), der Leibniz in der russischen Sprache unterwies, auch den Slavinen in seinen vergleichenden Forschungen Aufmerksamkeit geschenkt und sie in mehreren Abhandlungen kundig behandelt, so daß sie selbst der kritische Mitbegründer der wissenschaftlichen Slavistik, der Tscheche Josef Dobrovský (1753–1829), günstig beurteilte.[2] Dasselbe gilt für die Begründer der vergleichenden Grammatik der indogermanischen Sprachen, für Franz Bopp (1791–1867)[3] und auch für August Schleicher (1821–1868), der 1863 Mitglied der Leipziger Gelehrtengesellschaft wurde – der erste Sprachwissenschaftler, der einen beträchtlichen Teil seines Schaffens den slavischen und baltischen Sprachen widmete, wie seine Studien zum Altkirchenslavischen, zum Tschechischen und Polabischen und auch zum Litauischen zeigen.[4]

Diese Übersicht kann weder das gesamte Schaffen noch die Biographien der Gelehrten, schon aus Raumgründen, eingehend darlegen. Auch beschränkt sie sich auf nicht mehr lebende Slavisten, denn die Zeit nach dem zweiten Weltkriege, die ganz neue Bedingungen für die Slavistik brachte, die einer ausführlichen Analyse bedürften, sollte erst nach zeitlichem Abstand bewertet werden, um Licht und Schatten zu verdeutlichen. Zeitlicher Abstand läßt bekanntlich vieles deutlicher und klarer erscheinen.

Der erste Gelehrte, der in der Königlich Sächsischen Gesellschaft der Wissenschaften aktiv wirkte und international mit weit wirkenden Publikationen und mit wichtigen, bahnbrechenden Erkenntnissen zum Slavischen wie Baltischen hervortrat, war der Mitbegründer der junggrammatischen Leipziger Schule, der Slavist August Leskien (1840–1916), der 1877 zum Mitglied der Gesellschaft gewählt wurde.[5] Empfohlen von dem enzyklopädisch an sein Fach herangehenden Wiener Gelehrten, dem Slovenen Franz von Miklosich (1813–1891), wurde er 1870 auf die neu begründete Professur für slavische Sprachen an der Leipziger Universität berufen; vorher war er als Nachfolger Schleichers in Jena tätig gewesen.

Leskien sah die slavischen und baltischen Sprachen als wertvolle Quellen für die Erkenntnis der vergleichenden Grammatik der indogermanischen Sprachen an und legte – auch für den akademischen Unterricht – mit seinem «Handbuch der altkirchenslavischen Sprache» und seiner «Grammatik der altbulgarischen Sprache» ein tragfähiges Fundament für das Studium der ältesten schriftlich bezeugten slavischen Schriftsprache, fundiert durch die gründliche Kenntnis der damals bekannten Quellen, die er mit Methoden durchleuchtete, die er beim Studium der klassischen Philologie in Kiel, Leipzig und Göttingen kennengelernt hatte und anwandte. Ganze Generationen von Slavisten schöpften ihre Kenntnis aus «dem Leskien» bis heute. In den Schriften der Königlich Sächsischen Gesellschaft publizierte er eine Reihe slavistischer und baltischer Abhandlungen, so zu Fragen der Quantität, die bis heute ihre Bedeutung bewahrten. Sein Forschungshorizont blieb nicht an den von den Junggrammatikern bevorzugten Analysen der vergleichenden Lautlehre mit dem Ziel der Rekonstruktion der indogermanischen Ursprache stehen, sondern erfaßte durchaus auch allgemeine, globale Probleme wie die der allgemeinen Sprachtypologie und einer «Weltsprache», die er zusammen mit Karl Brugmann, ebenfalls Mitglied der Sächsischen Gesellschaft, erörterte.

Leskien darf als bedeutendster Begründer der deutschen Slavistik gelten; sein Kreis, den er um sich scharte – bezeichnenderweise stark aus slavischen Ländern kommend und dort bis heute prägend – suchte die Gesamtheit des Faches im Auge zu behalten und auszubauen, wobei der Sprache das Primat zukam. Dennoch blieb die Brücke zur Literatur und Literaturwissenschaft von Anfang an im Blickfeld, denn Leskien widmete sich, zum Beispiel zusammen mit Karl Brugmann, auch den literarischen Texten, so etwa den litauischen Märchen, die er zusammen mit ihm an Ort und Stelle sammelte und edierte. Dies entsprach durchaus dem Konzept der Junggrammatiker, die den Blick auf die konkreten Sprachverhältnisse richteten. Umfangreichere Forschungen zur Literatur hat er nicht angestellt, eher waren ihm die literarischen Zeugnisse Fundamente für sprachliche Erörterungen. An Ort und Stelle, in Litauen und in Kroatien, beobachtete er das Sprachleben und zeichnete die Texte auf – so schuf er die Basis für eine Synthese von Vergangenheit und Gegenwart, von Rekonstruktion und unmittelbarem Sprachleben.

Hierin hatte er dann in der deutschen Slavistik nicht allzuviele Nachfolger, allenfalls in Reinhold Olesch (1910– 1990), der 1948 nach Leipzig berufen wurde und es 1953 wieder verließ; auch er hatte Linguistik und Heuristik ganz verbunden, wie auch sein Lehrer Max Vasmer, auf den wir noch ausführlich zu sprechen kommen.

Leskien hatte mit seiner bahnbrechenden Abhandlung, die in dem vielbedeutenden Jahr 1876 erschien, «Die Declination im Slavisch-Litauischen und Germanischen» in den «Preisschriften der Fürstlich Jablonowskischen Gesellschaft» zu Leipzig als Nr. XIX behandelt und damit einen umfangreichen Einblick in seine Vorstellungen von der Außenwelt der Gesetze der indogermanischen Lautentsprechungen auf einen wichtigen Bereich, den der Auslaute und der Endungen, vermittelt. In vielem stimmten ja die Gesetze, die die Junggrammatiker herausgestellt hatten, gerade im Bereich des Auslautes (der Endungen) mit dem der Wurzeln (der heutigen Wurzellexeme) nicht überein. Somit stellten sich die Fragen der möglichen Wirksamkeit der Gesetze, ihrer Abweichungen und der Wirkungen der Analogie als Ausweg. Zum Schluß formulierte Leskien das Ergebnis seiner Analysen so:

> Ich kann ... das Resultat der vorstehenden Abhandlung in wenig Worten zusammenfassen: es ist nur negativ; eine eigenthümliche Entwicklung der Declination als Gemeingut des Slavisch-litauischen und Germanischen lässt sich ... nicht mit Sicherheit nachweisen, und von dieser Seite hat sich mir nichts, was für eine besonders nahe Beziehung des Slavisch-litauischen zum Germanischen spräche, ergeben (S. 157).

Die Einleitung zu diesem Werk enthält wichtige Darlegungen und neue Erkenntnisse zur Ausgliederung der slavischen Sprachen mit einer fundierten, fein überlegten und argumentierenden Kritik an Johannes Schmidts Studie «Zur Geschichte des indogermanischen Vocalismus II», in der er sich gleichfalls über die verwandtschaftlichen Verhältnisse der slavischen Sprachen geäußert hatte. Es dominiert bei Leskien die richtige und auch heute noch gültige Vorstellung nicht von starren Sprachgrenzen, sondern von dialektalen Übergängen (vor allem im Bereich der Dialekte), so daß die Sprachen nur bedingt nach Himmelsrichtungen gegliedert werden können. Mag sein, daß die Erscheinungsform der Schriftsprache heute hier eine andere Gliederung begünstigt, doch sollte man Leskiens Hinweisen folgen, der schwerlich der heute sich immer stärker durchsetzenden willkürlichen und in kulturhistorischer Sicht unhaltbaren Trennung in «Ost-, West- und Südslavistik» zugestimmt hätte. Der Titel der Abhandlung, die die Deklination als wichtige Erscheinung der Flexion, also als der Grammatik zugehörend, behandelte, läßt nicht vermuten, wie sehr Leskiens Einteilung zur Innovation beigetragen hat und die Vorstellungen von der Ausgliederung der slavischen Sprachen wesentlich dynamisierte.

Leskiens theoretische Vorstellung von Sprache und Sprachleben war nicht mehr weit entfernt von den Gedanken der strukturellen Bedingtheit, wie sie später in der strukturellen Sprachwissenschaft der Prager Schule seit den 20er Jahren – nur wenige Jahre nach Leskiens Tod – sehr deutlich hervortreten sollte, die seine wissenschaftlichen Ambitionen in Lehre[6] und Forschung bestimmte. Die slavischen Sprachen und das Litauische in ihrer ältesten Ausformung und Bezeugung durch das Altbulgarische werden nach bestimmten Erscheinungen tief komparatistisch erfaßt, so zum Beispiel die Quantität und Betonung im Serbischen und der Ablaut in den Wurzelsilben des Litauischen (1884) oder die Bildung der Nomina in dieser Sprache (1891), gefolgt von Studien zur slavischen Syntax, die Leskien behandeln wollte, die er aber nicht mehr fertigstellen konnte und die als zweiter Band der bis heute unübertroffenen «Serbokroatischen Grammatik» geplant waren (1914, zwei Jahre vor seinem Tode erschienen), wie Leskien in seinen an die Fachgenossen gerichteten Briefe bezeugte. (Das vom Verfasser geplante Archiv zur Geschichte der Leipziger Slavistik wird hier noch viele Aufschlüsse bringen.)

Jedenfalls kann man leicht ersehen, daß Leskien nicht nur die historische Betrachtung, die Historizität[7], vertrat, sondern daß er zumindest eine Synthese mit der Gegenwartssprache (übrigens auch ganz im Sinne der Junggrammatiker, die ja den Wert der gesprochenen Sprache betonten) anstrebte, sich auch prognostischen Erwägungen nicht verschloß und in seinen Arbeiten zur serbischen und kroatischen Volksdichtung sowie den litauischen Volksliedern (ebenfalls mit Brugmann) aktuelles Sprachleben erhellte.

Nach dem Tode Leskiens am 20. September 1916 folgte ihm der Slovene Matija Murko (1861–1952) auf dem Leipziger Lehrstuhl und 1918 auch in der Sächsischen

Akademie der Wissenschaften.[8] Er wirkte in Leipzig nur bis 1920 und nahm dann einen Ruf nach Prag an. In seiner Leipziger Antrittsvorlesung[9] beleuchtete er die Aufgaben der deutschen Slavistik und plädierte für ihren Ausbau. Über seinen Vorgänger Leskien äußerte sich Murko darin mit hoher Anerkennung:

> Er gründete eine ganze Schule slavischer Grammatiker, die zahlreiche unmittelbare und mittelbare Schüler zählt ... Dabei war Leskien nicht bloß Grammatiker, sondern pflegte auch die ältere und neuere Philologie und die Volkskunde. So repräsentierte auch er eine glückliche Vereinigung von Linguistik und Philologie, wie sie für die Wissenschaft segensreich ist und im Universitätsbereich aufrechterhalten werden muß ...

Das Thema, das beide Gelehrte fesselte, war die Erforschung der Volkspoesie bei den Südslaven. Diesem wichtigen Forschungsbereich widmete Murko auch seinen einzigen Vortrag in der Sächsischen Akademie, den er am 1. Mai 1920 hielt und der der Bedeutung der Reformation und Gegenreformation für das geistige Leben der Südslaven gewidmet war. 1927 veröffentlichte er dazu ein eigenes Buch, das großen Widerhall fand. Wie auch Leskien wurde Murko schon vorher zum Mitglied der Fürstlich Jablonowskischen Gesellschaft gewählt und stellte 1920 eine wichtige Preisaufgabe: «Die landschaftlichen und mundartlichen Grundlagen der polnischen Schriftsprache». Sie wurde von dem Berliner Slavisten Alexander Brückner (1856–1939) erfüllt. Auch als Murko schon in Prag wirkte – er bezeichnete Böhmen als «die wahre Heimat der slavischen Philologie im weitesten Sinne des Wortes» – blieb er mit Leipzig, so auch mit seinem Nachfolger Max Vasmer, aufs engste verbunden.

Max Vasmer (1886–1962)[10] wurde im Jahre 1920 nach manchen Auseinandersetzungen in der Leipziger Fakultät, die ihr nicht zur Ehre gereichen, auf Murkos Vorschlag hin nach Leipzig berufen und 1923 in die Sächsische Akademie gewählt.

In der Sächsischen Akademie trat Vasmer, da er ja 1925 Leipzig schon wieder verlassen hat und einem Ruf nach Berlin als Nachfolger A. Brückners folgte, nur zweimal auf. Zusammen mit dem Germanisten Eduard Sievers befaßte er sich mit den «Altslavischen Verstexten von Kiev und Freising». Sievers wandte hier die von ihm entwickelte schallanalytische Methode an und arbeitete mit Vasmer und dem Baltisten Georg Gerullis (1888–1945) zusammen. Man versuchte, den sprachgeschichtlichen Inhalt der «Klangformen» zu eruieren; Vasmer hat diese Richtung später nicht mehr verfolgt. Eine entsprechende Abhandlung erschien in den Berichten der Akademie im Jahre 1925. Am 2. Mai 1925 sprach Vasmer über ein weiteres Thema, das ihn schon seit längerer Zeit fesselte, nämlich über die slavischen Ortsnamen in Griechenland, die ihn schon seit seinem Aufenthalt in Athen und seinen Studien über die griechisch-slavischen Beziehungen im appellativischen Bereich lebhaft beschäftigten. Erst 1944 ist dann sein auch heute noch nicht übertroffenes Werk über die slavischen Ortsnamen in Griechenland, ein klassisches Werk der Onomastik, das zweimal nachgedruckt wurde, herausgekommen.

In den wenigen Leipziger Jahren hat Vasmer der deutschen Slavistik maßgebende Anregungen vermittelt, wie auch sein Schriftenverzeichnis[11] ausweist. Er versuchte, trotz großer finanzieller Schwierigkeiten, die damals auch die Hochschullandschaft beherrschten, das von ihm geleitete Slavische Institut der Universität

Leipzig zu einem Zentrum der slavistischen Forschung auszubauen, und regte zahlreiche Arbeiten, u.a. Dissertationen, an, die die verschiedensten Themen behandelten.[12] In der Zeit zwischen 1920 und 1925, seinen Leipziger Jahren, widmete sich der aus Dorpat kommende Ordinarius Themen, die ihn auch später immer wieder fesselten: der Ortsnamenforschung und Altertumskunde, den Fragen der slavischen Urheimat und der Wortforschung im ganzen, die später in seinem Hauptwerk, dem nun schon klassischen, unübertroffenen «Russischen etymologischen Wörterbuch» (3 Bände, 1953–1958), das später auch in einer vierbändigen russischen Ausgabe erschien, gipfelte.

Zusammen mit seiner unermüdlichen Mitarbeiterin Margarete Woltner (1897–1985), später Ordinaria in Bonn, begründete er in Leipzig auch ein neu konzipiertes Organ des internationalen wissenschaftlichen Austausches, die *Zeitschrift für slavische Philologie,* deren erster Band im Jahr seines Weggangs nach Berlin, 1925, herauskam und sofort viel Aufsehen erregte, da er aktuell und näher am wissenschaftlichen Geschehen war mit seinen brandneuen, frischen Beiträgen nicht nur aus Deutschland, sondern ebenfalls aus den slavischen Ländern, u.a. auch aus dem russischen Sprachbereich. Dies ist auf die hohe Anerkennung zurückzuführen, die Vasmer schon damals, noch keine 50 Jahre alt, international genoß. Auch der erste Band des «Grundrisses der slavischen Philologie und Kulturgeschichte», den Vasmer zusammen mit Reinhold Trautmann (bis 1926 in Königsberg tätig, vorher in Prag) herausgab, erschien 1925 – unter starker Mitwirkung seiner aktiven Stütze Margarete Woltner.

Die historische Völkerkunde Osteuropas beschäftigte Vasmer ganz besonders: es ist ihm gelungen, anhand der Lehn- und Ortsnamenforschung die Grenzen der Völkerverbände darzustellen und mit Hilfe der «Ausschlußmethode» das vermutlich älteste Siedlungsgebiet der Slaven, meist als Urheimat (ein problematischer Terminus) bezeichnet, abzustecken. In den von ihm begründeten «Veröffentlichungen des Baltischen und Slavischen Instituts an der Universität Leipzig», die er zusammen mit Georg Gerullis herausgab, erschienen 1923 die wichtigen «Untersuchungen über die ältesten Wohnsitze der Slaven» in ihrem ersten Teil, welche die wichtige Frage der iranischen Reste in Südrußland behandelten und einer Lösung näherbrachten; in Berlin wurden diese Untersuchungen fortgesetzt.[13]

Es darf eingefügt werden, daß Vasmer in einem Gespräch, das der Verfasser im August 1957 mit ihm in seinem Westberliner Institut führte, die Bedeutung der Leipziger Zeit besonders hervorhob. Wichtige theoretische Positionen dieser seiner Schaffensperiode sollen im folgenden kurz umrissen werden, um auch der Behauptung entgegenzutreten – die man bei der Durchsicht seines Schriftenverzeichnisses haben könnte –, Vasmer sei theoretischen Erwägungen ganz abhold gewesen.

Will man den Erkenntnisfortschritt und die Wirkung der altertumskundlichen Forschungen Max Vasmers richtig beurteilen, so gilt es zu beachten, daß sein wissenschaftliches Werk sich einerseits kaum auf eine Disziplin eingrenzen läßt und andererseits der geographische Raum, auf den sich seine Untersuchungen beziehen, außerordentlich weit gespannt ist; er reicht vom Finnischen Meerbusen bis zum Mittelmeer, Tausende von Kilometern also in Luftlinie, und umfaßt gleichsam Europa in der Grenzzone zwischen Mittel- bzw. Südeuropa und Osteuropa. In den zahlreichen wissenschaftlichen Studien, die auf die historische Völkerkunde dieses Raumes bahnbrechend wirkten, nimmt die historische Namenkunde eine wichtige Stelle ein, weil vielfach die bedeutsamen Fragestellungen, die Vasmer behandelte, nur mit Hilfe der vorsichtigen Interpretation des überlieferten Sprachmaterials, das vielfach überwiegend oder allein aus Eigennamen bestand, gelöst werden konnten.

Um einen tieferen Einblick in Vasmers Werk zu bekommen, wählen wir am besten einen bestimmten Raum aus, der auch gegenwärtig im Mittelpunkt des Interesses der Forschung steht. Hier bietet sich das Gebiet der slavischen Hinterlassenschaft im heute deutschen Sprachgebiet an. Versucht man derzeitig eine Einschätzung der Methoden und der Ergebnisse vor allem der slavistischen Namenforschung zu geben, so kann man die möglichen Feststellungen leicht mit Vasmers Erkenntnissen vergleichen und wird hier bald den Erkenntnisfortschritt ersehen, den Vasmers Arbeiten zu ihrer Zeit, in einem Zeitraum von einem halben Jahrhundert, bedeuteten.

Doch diese Blickrichtung bedeutete keine Einengung, denn Vasmer schöpfte vor allem aus dem weit schweifenden Blick über die ganze Slavia und ihren Beziehungen zu ihren Nachbarn die Sicherheit, auch diffizile Fragen der deutsch-slavischen Namenlandschaft zwischen Ostsee und Adria zu betrachten und bis heute gültige Antworten zu geben. Von Beginn seiner Publikationstätigkeit an, die sich vor allem in seinen «Greko-slavjanskie êtjudy» (Teil I–III, St. Petersburg 1906–1909) erstmalig manifestierte, wandte sich Vasmer lexikologischen Themen zu, in diesem Falle den griechischen Entlehnungen im Russischen in ihrer ganzen sozialen Staffelung. Das Phänomen der Wortentlehnung und die etymologischen Fragen überhaupt zogen ihn in ihren Bann, und er bemühte sich in diesen Studien auch um die Lösung onomastischer Fragen. In dieser Zeit zwischen seiner Erstveröffentlichung (1906) und etwa 1920, als in Dorpat Vasmers Studie über osteuropäische Ortsnamen erschien und er nach Leipzig ging, traten die Eigennamen als wichtige Zeugnisse der Völkerberührungen immer stärker in den Vordergrund.

Welchen methodologischen Grundsätzen folgte Vasmer bei seinen onomastischen Untersuchungen, und zu welchen bleibenden Resultaten gelangte er?

1. An erster Stelle muß die theoretische Orientierung seiner onomastischen Forschungen genannt werden. Bei einem nur kurzen Blick könnte es erscheinen, daß sich der Lexikologe, vor allem der Etymologe Vasmer nur mit dem einzelnen Wort, also mit Einzelfragen, und weniger mit den großen Zusammenhängen des lexikalischen Systems befaßte. Doch Vasmer formulierte bereits in seinen «Êtjudy» und in seinen kritischen Übersichten seine Erkenntnisse über den Bedeutungswandel. Diese Probleme beschäftigten ihn sehr, weil er bei der Betrachtung von griechischen Entlehnungen im Russischen auf die verschiedenartigsten semantischen Beziehungen zwischen dem Lehnwort und seiner Entstehungsquelle gestoßen war. Vasmer unterschied in Weiterführung seiner früheren Klassifikation drei Typen des Bedeutungswandels: 1. den regulären Bedeutungswandel, 2. den kontaminationellen und 3. den Kontaktwandel, verwies aber auch auf den orientierenden Charakter dieser Klassifizierung, denn oft lassen sich diese drei Kategorien nur schwer voneinander trennen.

In Vasmers Lehnwortforschungen, die natürlich mehr auf die Appellativa als auf die Nomina propria zielten, wurde sein Bemühen um theoretische Fundierung deutlich. Er verarbeitete sprachtheoretische Untersuchungen jener Zeit, die sich im Zusammenhang, teilweise in Auseinandersetzung mit den Auffassungen der Junggrammatiker, vor allem der Bedeutung der Wörter zugewandt hatten und die auch die Psychologie als eine Nachbarwissenschaft der Sprachwissenschaft zur Klärung von Bedeutungsvorgängen heranzogen. Einerseits nahmen Psychologen wie Wilhelm Wundt selbst zum Bedeutungswandel Stellung (so in seiner berühmten «Völkerpsychologie», auf die sich auch Vasmer beruft), andererseits prüften Sprachwissenschaftler wie Berthold Delbrück selbst die Möglichkeit psychologischer Behandlung dieses Grundproblems der Lexikologie, so in seinem Buch «Grundfragen der Sprachforschung mit Rücksicht auf Wilhelm Wundts Sprachpsychologie».

Es ist für Vasmers Publikationen charakteristisch, daß er nur selten unmittelbar zu diesen Problemen das Wort ergriff, und wenn er sich dazu veranlaßt sah, dann in Verbindung mit Einzelfragen. Die Titel seiner Veröffentlichungen überdecken auf diese Weise gleichsam seinen durchaus vorhandenen Willen, zu theoretischen Problemen der Linguistik Stellung zu nehmen. Vasmer hob hervor, daß, wie der Lautwandel, auch der Bedeutungswandel Gesetzmäßigkeiten unterworfen ist, die aber durch das Zusammenwirken mannigfaltiger Faktoren in vielen Fällen nicht mehr klar erkennbar seien; dabei orientierte Vasmer u. a. auch auf die Heranziehung der Kulturgeschichte im Sinne des Konzeptes «Wörter und Sachen». Die Formulierung von theoretischen Erkenntnissen waren eine organische Folge von Vasmers Lehnwortstudien, denn oft veränderte sich die Bedeutung des Lehnwortes beträchtlich im Verhältnis zum Ausgangswort, deshalb unterstützte Vasmer auch entschieden Hugo Schuchardts Forderung, die Lehnwörter durch mehrere Sprachen hindurch bis zu ihrem Ursprungswort zu verfolgen. Dies rüstete den jungen Vasmer für eine so anspruchsvolle Aufgabe wie die, ein russisches etymologisches Wörterbuch zu schaffen, also für eine Sprache, die vielfältige Lehnwortschichten in sich aufgenommen hat.

Ohne Zweifel waren Vasmers theoretische Erkenntnisse, an einem reichen Material nicht nur aus den slavischen Sprachen gewonnen, ein Beitrag zur Weiterentwicklung der Bedeutungsforschung, auch wenn der positivistische Ausgangspunkt vorherrschend blieb. Bei der Beurteilung einzelner Deutungsversuche von Eigennamen, so in seinem umfangreichen Bericht über die Namenforschung im östlichen Deutschland[14], kritisierte Vasmer unerbittlich vor allem solche Etymologen, die «bedeutungsgeschichtliche Sprünge» voraussetzen, und lehnte sie ab.

2. Mit dieser theoretischen Orientierung hängt eng das methodologische Rüstzeug zusammen, das Vasmer dem Forscher empfiehlt, will dieser methodische Fortschritte bei der Behandlung des Namengutes generell und im deutschen Sprachgebiet im besonderen erreichen. Er fordert die Berücksichtigung: 1. der Kenntnis der lautlichen Veränderungen der westslavischen Sprachen, 2. der Erkenntnisse der deutschen Mundartforschung, 3. der Lautentsprechungen und 4. der genauen urkundlichen Belege wie der heutigen mundartlichen Aussprache. Diese Forderungen waren zwar den Forschern lange genug bekannt, werden aber immer noch recht häufig selbst von soliden Autoren im einzelnen nicht überlegt genug erfüllt, so daß es zu Fehleinschätzungen kommt, die die Onomastik kompromittieren.

Die erwähnten Forderungen Vasmers deuten auf sein interdisziplinäres Konzept in mehrfacher Hinsicht: Einmal geht es um das Zusammenwirken zwischen Sprachgeschichte und Dialektologie innerhalb der Sprachwissenschaft, zum anderen aber auch um die Zusammenarbeit zwischen Sprachwissenschaft und Geschichte, zu deren Erhellung die Ortsnamenforschung vor allem im Bereich der historischen Völkerkunde beiträgt.

Gegenüber nationalen Steitfragen blieb Vasmer stets ablehnend und urteilte sachlich über das Für und Wider der Zuordnung zu dieser oder jener Sprache. So plädierte er nicht selten – etwa bei der Beurteilung der slavischen Spuren auf der Insel Hiddensee – für den deutschen Ursprung slavisch anmutender Namen ebenso wie für den nichtslavischen, z. B. turkotatarischen, baltischen oder iranischen Ursprung mancher russischer Gewässer- und Ortsnamen. Vasmer machte die weite osteuropäische Namenwelt für die Geschichte der Völker dieses Raumes erst richtig nutzbar und schöpfte vor allem aus den russischen Ortsnamenverzeichnissen «Spiski naselennych mest», die er wohl als erster umfassend auswertete und sie zugleich zur Grundlage seiner umfangreichen Sammlung der russischen Gewässer- und Ortsnamen machte, die später in den beiden großen, einzig dastehenden Wörterbüchern der russischen Gewässer- und Ortsnamen – von ihm angeregt und von seinen Schülern bearbeitet und vollendet – niedergelegt sind.

Er war auf diese Weise in der Lage, nicht nur die ursprünglichen Wohnsitze der Slaven, sondern auch der Iraner in Südrußland, der Balten und der Finnen, besonders in ihren ethnischen Beziehungen zu den Slaven, zu umreißen und den evidenten Wert der Toponyme überzeugend herauszustellen. Sein imposantes Gemälde der wechselvollen Beziehungen der Völker reicht von der Elbe-Saale-Linie bis an den Ural, von Finnland im Norden bis Griechenland, denn die slavischen Namen Griechenlands beschäftigten ihn von seinem Leipziger Akademievortrag zu diesem Thema in den 20er Jahren bis in die Kriegszeit, als sein Buch über dieses Thema erschien, das bis heute unübertroffen ist und Vasmers umfangreiche Kenntnisse der slavischen wie griechischen Namenwelt präsentiert.

3. Vasmer war ein Meister der Schichtung des Namenmaterials, der onomastischen Stratigraphie. Er verband diese Kunst mit seinem Bestreben, der Geschichtswissenschaft zu dienen und vor allem Licht in die ältesten und älteren Bevölkerungsverhältnisse Mittel- und Osteuropas zu bringen und verfehlte Auffassungen, die auf einer unwissenschaftlichen Interpretation des Namenmaterials als des ältesten Zeugnisses sprachlichen Lebens in diesem Raum beruhten, entschieden mit unerbittlicher Kritik zurückzuweisen. Gerade weil sich Vasmer bei griechischen Autoren gut auskannte, war er in der Lage, Fehldeutungen überzeugend zurückzuweisen, vor allem in seiner klassischen Arbeit «Germanen und Slawen in Ostdeutschland in alter Zeit» (1933) und auch eine realistische Einschätzung der Wikingerspuren an der Ostseeküste und den angrenzenden Landschaften zu geben, die bis heute kaum erschüttert worden ist. Die Tatsache, daß Vasmers wohlfundierte Herausschälung der alten Namenschichten des mittel- und osteuropäischen Raumes oft nur in kleineren Arbeiten oder gar in Literaturübersichten wie in derjenigen über die slavische Namenforschung in Ostdeutschland, Böhmen/Mähren oder Österreich enthalten sind, führte offenbar dazu, daß sie nicht immer umfassend genug ausgewertet, ja oft unterschätzt worden sind.

Der Blick auf die Namenschichten war es, an den sich Vasmer hielt, doch initiierte er durchaus auch die Bearbeitung des Materials nach Landschaften. Vasmer ist mit seinen stratigraphisch-ethnischen Untersuchungen über das alte Namenmaterial Mittel- und Osteuropas zugleich ein Vorläufer der Alteuropatheorie Hans Krahes und seiner weiteren Entwicklung durch Wolfgang P. Schmid und anderer Forscher. Die von ihm als nordillyrisch angesehenen Namen, die oft Parallelen mit dem Mittelmeerraum aufweisen, können heute zum großen Teil der sogenannten alteuropäischen Namenschicht zugesellt werden, so daß ihr von Vasmer immer wieder hervorgehobener indogermanischer Charakter klar bestätigt wird. Daß Vasmer seine Etymologien in einen breiten indogermanischen Kontext, entsprechend seiner seltenen Erudition in diesem Wissenschaftsbereich, stellen konnte, verlieh diesen Erkenntnissen Sicherheit und bedeutete einen bleibenden Erkenntnisfortschritt nicht nur der Onomastik, sondern auch der Sprachwissenschaft und Geschichtsforschung, und zugleich einen Beitrag zu einer von nationalen Überspitzungen freien Interpretation.

Im zweiten Teil der von Herbert Bräuer herausgegebenen zweibändigen Auswahl sind 12 Positionen vereinigt, die mit «Westslaven in Ost- und Mitteldeutschland» betitelt sind. Darunter ist der kritische Bericht über die slavische Ortsnamenforschung in Ostdeutschland 1914–1927 mit einem Umfang von knapp 70 Seiten der gewichtigste, nicht nur wegen seiner Länge, sondern auch wegen der darin angeschnittenen und zum Teil auch gelösten Fragen. Vasmer erweist sich hier als ausgezeichneter Kenner des Forschungsstandes, hat jedoch später diesen Bericht nicht weitergeführt. In seinen Kritiken wandte sich Vasmer vor allem methodischen Fragen und der Rekonstruktion des Namenschatzes zu, indem einzelne Namen und ihre Zuordnung zu bestimmten slavischen oder auch nichtslavischen Lexemen im Vordergrund standen, während die Frage der Herausschälung von ganzen Namentypen und ihrer soziologischen Aussage (nach der zum Beispiel der Historiker Heinrich Felix Schmid fragte) bei Vasmer fast ganz beiseite blieb; andererseits entsprechen Vasmers Rekonstruktionen vollauf den Regeln der slavischen Namenbildung.

Wenn heute manche Sprachwissenschaftler die Auffassung vertreten, die Eigennamen seien ein Sonderbereich der Lexik, der von einigen Spezialisten untersucht werden soll, so ist Vasmers Werk und sein konsequentes Eintreten für eine volle Integration dieser in der Kommunikation unentbehrlichen Komponente des Wortschatzes uns heute ein Vorbild.

Von 1925 bis 1940 gehörte der Sächsischen Akademie kein ordentliches Mitglied, das die Slavistik vertreten konnte, an. Trautmann wirkte zwar – sogar als Präses – in der Fürstlich Jablonowskischen Gesellschaft und bemühte sich dort mit einigem Erfolg, slavistische Pläne zu verfolgen, doch er wurde erst 1940 in die Akademie gewählt. Die Gründe dafür sind nicht aufgeklärt. Wahrscheinlich liegen sie in Trautmanns Interesse für die Sorben und ihre Sprache; so stellte er in der Jablonowski-Gesellschaft eine Preisaufgabe, die die slavischen (sorbischen, «wendischen») Ortsnamen Sachsens zum Inhalt hatte, wogegen das Dresdner Ministerium entschiedenen Einspruch erhob.[15] Man wird Trautmanns Schaffen zwischen 1926, als er in Leipzig seine Professur als Ordinarius antrat, und 1940, als er endlich in die Sächsische Akademie gewählt wurde, nicht von seinem späteren Werk von 1940 bis zu seinem Tode trennen können.

Wie seine Vorgänger Leskien, Murko und Vasmer hatte auch Trautmann seine spezifischen Arbeitsbereiche und setzte neue Akzente. Er sagte sein entschiedenes

Wort über den Stand und die Aufgaben der Slavistik in einer mit dem Historiker Heinrich Felix Schmid (1896–1963), der in Leipzig bei Murko und Vasmer studiert und bei letzterem promoviert hatte, publizierten Programmschrift (1927).[16] Er suchte vor allem – wie etwa Murko –, sowohl die Sprachen als auch die Literaturen zu erfassen, und die in der Akademie erschienenen Abhandlungen legen dafür Zeugnis ab. Wir können in diesem Zusammenhang auf eine in den Sitzungsberichten erschienene Darstellung von Trautmanns Werk, ergänzt durch einen wichtigen Beitrag von Gerald Wiemers und die Bibliographie seiner Arbeiten, verweisen[17], und damit kann die Würdigung seiner ausstrahlenden Tätigkeit mit ihren Besonderheiten etwas kürzer ausfallen.

Trautmann befaßte sich in stärkerem Maße als seine Vorgänger mit den westslavischen Sprachen. Während seiner Prager Zeit erschien 1916 seine Edition der Alttschechischen Alexandreis mit Einleitung und Glossar in der Heidelberger Sammlung slavischer Lehr- und Handbücher (III. Reihe) bei Winter; dann schlug er, im Jahre 1925 schon in seiner Geburtsstadt Königsberg tätig, eine Brücke von Prag zu seinem neuen Wirkungsort mit seiner Abhandlung über unbekannte Drucke des Mikuláš Konáč. In Leipzig widmete er sich bald dem Sorbischen und gab 1928 in den Leipziger «Slavisch-Baltischen Quellen und Forschungen» den Wolfenbütteler Niedersorbischen Psalter heraus. Er faßte schon bald die komplexe Bearbeitung der slavischen Ortsnamen in Ostdeutschland ins Auge und nahm mit dem Germanisten Theodor Frings und dem Historiker Rudolf Kötzschke Verbindung auf; so bahnte er den Dialog an, doch gelang es ihm nicht, die Bearbeitung der Ortsnamen Sachsens in Gang zu bringen, weil seine Absichten als wendenfreundlich eingeordnet wurden und er auf diese Weise mit den nationalsozialistischen Machthabern in Konflikt geriet.

Dafür wandte er sich jedoch dem elb- und ostseeslavischen Sprachgebiet und seinen Ortsnamen zu und hielt in der Sächsischen Akademie zu diesem Thema einen Vortrag, der erst nach Kriegsende in Vasmers «Zeitschrift für slavische Philologie» (Bd. 19, 1947) erschien. 1950 konnte er in der Sächsischen Akademie als Abhandlung eine Neubearbeitung der slavischen Ortsnamen Mecklenburgs und Holsteins publizieren, nachdem die in Buchform vorbereitete Arbeit 1939 zwar zur Auslieferung bereitgestellt war, aber diese dann untersagt wurde. Mit diesem Buch hat Trautmann eine hervorragende Leistung, die die Forschung der künftigen Jahrzehnte bestimmte und weiterhin maßgeblich beeinflußte, vollbracht. Die prägnante, meist zutreffende und unangefochtene Analyse ebenso wie die zweiteilige Darstellung «Die Elb- und Ostseeslavischen Ortsnamen», die 1948/49 in den Abhandlungen der Deutschen Akademie der Wissenschaften zu Berlin, deren Mitglied Trautmann geworden war, erschien – ebenfalls heute schon ein klassisches Werk der deutschen Slavistik –, ist bis heute unübertroffen.

Trautmann wird auch genannt, wenn man an die altrussische Chronistik denkt, denn er übertrug die altrussische Nestorchronik ins Deutsche (1931), versah sie mit kundigen Kommentaren und machte sie auf diese Weise dem des Russischen Unkundigen, vor allem in Deutschland, zugänglich. Grundsätzliche Bedeutung behielt auch das umfangreiche Buch über die Volksdichtung der Großrussen, das im I. Teil die altrussischen Bylinen (Heldenlieder) behandelte (1935); diese waren auch das

Thema von Trautmanns Leipziger Antrittsvorlesung. Bedeutend waren auch Trautmanns Studien über das Werk des russischen Dichters Turgenev. Im Jahre 1944 sprach Trautmann in der Akademie über die Form und den Gehalt der Novellen dieses großen russischen Dichters und ließ die Abhandlung 1942 in den Schriften der Sächsischen Akademie erscheinen.[18]

Trautmann war einer der letzten Slavisten, denen es gelungen ist, Sprach- und Literaturwissenschaft, die Volksdichtung inbegriffen, im Spektrum ihrer Lehr- und Forschungstätigkeit zu repräsentieren und den alten Ganzheitsanspruch der slavischen Philologie, wie sie lange vor allem an deutschen Universitäten vertreten wurde, aufrechtzuerhalten – allerdings in einer individuell geprägten Darstellungsform, die dann kaum Nachfolger fand.

Die Slavistik stand nach 1945 vor neuen Aufgaben, Erfordernissen und Möglichkeiten, aber auch wiederum bekannten Begrenzungen, so daß das Schaffen der nach 1945 in der Akademie tätigen Slavisten wie Rudolf Fischer, Werner Peukert, Rudolf Růžička, Heinz Schuster-Šewc u. a. eine spätere eingehende Behandlung erfordert. Dies würde zugleich einen wichtigen Beitrag zu einer noch zu schreibenden Gesamtgeschichte der deutschen Slavistik im allgemeinen und der Slavistik in Sachsen im besonderen bedeuten – vorausgesetzt, daß es gelingt, die erhaltenen Quellen in den Archiven im In- und Ausland aufzubereiten und die seit den 70er Jahren durchgeführten Forschungen zur Geschichte der Slavistik, die auch in entsprechenden Kolloquia über die Akademiemitglieder Leskien, Trautmann, Murko und Vasmer ihren Ausdruck fanden, zu einer Gesamtdarstellung zu verdichten. Jedenfalls war seit Leskiens Zuwahl im Jahre 1877 in die damalige Königlich Sächsische Gesellschaft der Wissenschaften die Slavistik in der Sächsischen Akademie ständig präsent und wird es auch künftig bleiben.

Anmerkungen

1 Vgl. allgemein zu den hier genannten Gelehrten: Slawistik in Deutschland von den Anfängen bis 1945. Ein biographisches Lexikon. Hrsg. von Ernst Eichler, Edgar Hoffmann, Peter Kunze, Horst Schmidt, Gerhart Schröter und Wilhelm Zeil. Bautzen 1993; Zeil, Wilhelm: Slawistik in Deutschland. Köln, Weimar, Wien 1994, jeweils mit zahlreichen Literaturangaben.

2 Vgl. Eichler, Ernst: Die slawistischen Studien des Johann Leonhard Frisch. Berlin 1967; mit Abdruck der Kritik Dobrovskýs an den Abhandlungen Frischs über die slavischen Sprachen. Vgl. auch: Eichler, Ernst: Josef Dobrovský und Leonhard Frisch. In: Ost und West in der Geschichte des Denkens und der kulturellen Beziehungen. Festschrift für Eduard Winter zum 70. Geburtstag. Berlin 1966. S. 401–406.

3 Vgl. Lötzsch, Ronald: Franz Bopp und die slawischen Sprachen. In: Linguistische Studien. Zentralinstitut für Sprachwissenschaft. Akad. d. Wiss. Berlin. Reihe A 162 (1987), S. 53–78.

4 Vgl. Dietze, Joachim: August Schleicher als Slawist. Berlin 1966.

5 Vgl. Eichler, Ernst: August Leskiens Wirken für die Slawistik. In: Zeitschrift f. Slawistik 26 (1981), S. 168–191; Schröter, Gerhart: Bibliographie der Veröffentlichungen August Leskiens. In: Ebd., S. 280–283.

6 Vgl. Eichler, Ernst; Schröter, Gerhart (Hrsg.): August Leskiens Vorlesungen zur vergleichenden Grammatik der slawischen Sprachen. Berlin 1991.

7 Vgl. den Beitrag Rudolf Růžičkas in diesem Band.

8 Vgl. Wiemers, Gerald: Matija Murko im Spannungsfeld der Leipziger Universität. In. Eichler, Ernst u. Gerald Wiemers: Zwei Beiträge zur Geschichte der Slawistik. Berlin 1988, S. 29–54, hier auch zu Murkos Wirken in der Jablonowskischen Gesellschaft und in der Sächsischen Akademie der Wissenschaften.

9 Vgl. Murko, Matthias: Die slavische Philologie in Deutschland. In: Internationale Monatsschrift für Wissenschaft, Kunst und Technik 12 (1917).

10 Vgl. Wiemers, Gerald: Vasmer und die wissenschaftlichen Gesellschaften in Leipzig. In: Zeitschrift f. Slawistik 31 (1985), S. 642–653; Eichler, Ernst: Max Vasmers Wirken in Leipzig (1921 bis 1925). In: Lětopis Instituta za serbski ludospyt. Jahresschrift des Instituts für sorbische Volksforschung, Reihe B 32 (1986), S. 54–59.

11 Das Schriftenverzeichnis Max Vasmers ist enthalten in: Festschrift für Max Vasmer zum 70. Geburtstag am 28. Februar 1956. Zusammengestellt von Margarete Woltner und Herbert Bräuer. Berlin 1956, S. 1–22.

12 Vgl. Hübner, Karl: Arbeiten zur Geschichte der Leipziger Slawistik 1917–1948 (unter M. Murko, M. Vasmer und R. Trautmann). Diplomarbeit. Universität Leipzig 1968 (Maschinenschr.).

13 Vgl. Vasmer, Max: Schriften zur slavischen Altertumskunde und Namenkunde. Hrsg. von Herbert Bräuer. Bd. I–II. Berlin 1971.

14 Vgl. Vasmer, Max: Die slavische Ortsnamenforschung in Ostdeutschland. In: Zeitschrift f. slav. Philologie 6 (1929), S. 173–204, 464–495 (Schriften ... [s. Anm. 13]), Bd. II, S. 646–702.

15 Vgl. Wiemers, Gerald: Reinhold Trautmann und die Leipziger wissenschaftlichen Gesellschaften. In: Eichler, Ernst: Reinhold Trautmann und die deutsche Slawistik. Berlin 1984.

16 Vgl. Schmid, Heinrich Felix; Trautmann, Reinhold: Wesen und Aufgaben der deutschen Slavistik. Ein Programm. Leipzig 1927. Damit eröffnete Trautmann die neue Reihe «Slavisch-Baltische Quellen und Forschungen».

17 Vgl. Eichler, Ernst: Reinhold Trautmann und die deutsche Slawistik. Berlin 1994.

18 Vgl. Trautmann, Reinhold: Zu Form und Gehalt der Novellen Turgenjews. Leipzig 1942.

Eberhard Brüning

Die Akademiemitglieder Richard Wülker, Max Förster und Levin L. Schücking und ihr Beitrag zur Entwicklung der deutschen Anglistik*

Im Jahre 1864 nahm Karl Elze, der spätere erste Ordinarius für englische Philologie an der Universität Halle, die Feierlichkeiten zum dreihundertsten Geburtstag William Shakespeares zum willkommenen Anlaß, um mit Nachdruck auf die Notwendigkeit hinzuweisen, «die englische Sprache und Literatur in die wissenschaftliche Sphäre und auf das Gebiet des wahrhaft gelehrten Betriebes zu erheben».[1] Elze schloß seine Festschrift *Die englische Sprache und Literatur in Deutschland* mit dem eindringlichen Appell an die Öffentlichkeit:

> Jubelfeste feiern und Denkmäler setzen ist sehr schön, allein wir haben dieses Feld in der jüngsten Zeit mit einer wahren Leidenschaft abgeärntet. Es wird hohe Zeit, daß wir auch etwas thun, um unsern Nachkommen eine kleine Veranlassung zum Jubiliren übrig zu lassen ... Nicht sowohl ein spezieller Shakespeare-Cultus ist es, was unsere Zeit in Bezug auf ihre englische Studien als Bedürfniß empfindet, sondern die Herbeiführung eines neuen Stadiums durch Gründung einer wissenschaftlichen Schule, durch Erhebung der bis jetzt empirisch betriebenen Sprachmeisterei zu einem gleichberechtigten Gliede der philologischen Wissenschaft.[2]

Nun, es sollten noch zehn Jahre ins Land gehen, ehe diese programmatischen Forderungen Elzes Realität wurden. Heidelberg, Leipzig, Halle und Berlin waren die ersten deutschen Universitätszentren, die sich in den Jahren 1874–1876 der Errichtung von unabhängigen Extraordinariaten oder Ordinariaten der englischen Philologie rühmen konnten.[3]

Datiert vom 24. Dezember 1875, wird in einem offiziellen Schreiben des Königlichen Ministeriums des Kultus und öffentlichen Unterrichts zu Dresden an die Philosophische Fakultät der Universität Leipzig die Ernennung des Privatdozenten Dr. phil. Richard Paul Wülcker zum außerordentlichen Professor für englische Sprache und Literatur ausgesprochen. Wülker (er schrieb sich seit den 80er Jahren ohne «c») hat am 17. Juni 1876 dieses vom Ministerium angewiesene Extraordinariat durch seine öffentliche Vorlesung in der Aula rite angetreten und den damals üblichen Eid geleistet. Zum 31. Mai 1880 schließlich erfolgte die Ernennung zum ordentlichen Professor mit Sitz und Stimme in der Philosophischen Fakultät der Universität Leipzig. Damit war auch an der Leipziger Alma mater die akademische Respektabilität einer neuphilologischen Wissenschaftsdisziplin erreicht, die, in den folgenden

* Der vorliegende Aufsatz fußt in wesentlichen Partien auf der Publikation des Verfassers «Humanistische Tradition und progressives Erbe der Leipziger Anglistik/Amerikanistik». Berlin 1977. 61 S. (= Abhandlungen der Sächs. Akademie der Wissenschaften zu Leipzig, Phil.-hist. Klasse, Bd. 67, H. 1).

Jahrzehnten sich rasch entfaltend, zu einem essentiellen Bestandteil des geisteswissenschaftlichen Potentials deutscher Universitäten geworden ist. Gerade an der Leipziger Universität wurde im Kontinuum der Besetzung des anglistischen Lehrstuhls durch die Professoren Dr. Richard Paul Wülker (1875–1910), Dr. Max Förster (1910–1925), Dr. Levin Ludwig Schücking (1925–1944) sowie durch ihre Mitarbeiter in den siebzig Jahren bis zum Ende des 2. Weltkrieges ein nicht unbedeutender Beitrag zur Entwicklung der anglistischen Forschung und studentischen Ausbildung auf nationaler wie internationaler Ebene geleistet.

Alle drei Anglisten waren zudem hochgeschätzte Mitarbeiter der Sächsischen Akademie der Wissenschaften zu Leipzig – Wülker seit 15. Oktober 1888, Förster seit 14. November 1912 und Schücking seit 28. Februar 1927 –, die durch eine Reihe von hervorragenden wissenschaftlichen Vorträgen und Publikationen zum Ansehen dieser Gelehrtengesellschaft beigetragen haben.

Richard Wülker (1845–1910)[4]

RICHARD WÜLKER schrieb 1878 im ersten Band der von ihm begründeten und herausgegebenen Zeitschrift für englische Philologie «Anglia» anläßlich des Todes seines alten Marburger Lehrers Christian Michael Grein, zwar bedrückt von diesem Verlust für die gelehrte Welt, aber wohl nicht ohne Stolz: «Doch unsere jetzt noch junge wissenschaft, die englische philologie, schreitet rüstig vorwärts.»[5] Diese schon so frühzeitig getroffene Feststellung und zugleich Prognose sollte sich als durchaus berechtigt erweisen, und es stellt sich die Frage, welchen Anteil hat die Leipziger Anglistik – besonders aber der erste Ordinarius für englische Sprache und Literatur an der Universität Leipzig und erste Anglist der damaligen Königlich Sächsischen Gesellschaft der Wissenschaften zu Leipzig – an dieser Entwicklung?

Das, was Wülker (Abb. 1) auf seinem Wissenschaftsgebiet geleistet oder auch nicht geleistet hat, vermag uns aber auch Aufschlüsse zu vermitteln über den Stand neuphilologischer Forschung und Lehre dieser Zeit und dieser sächsischen Landesuniversität, die sich gerade in der zweiten Hälfte des 19. Jahrhunderts zu einem weltweit beachteten Zentrum modernen Denkens und effektiven Forschens in einer ganzen Reihe von geisteswissenschaftlichen Disziplinen entwickelt hatte. Zudem war Wülker einer der ersten deutschen Ordinarien überhaupt, der auch einen entsprechenden anglistischen Werdegang aufzuweisen hatte. 37 Jahre wirkte er an der Leipziger Universität und war 22 Jahre ordentliches Mitglied der Akademie – ein beträchtlicher Zeitraum, in dem er als Hochschullehrer und Forscher nicht nur das wissenschaftliche Klima und die Qualität seines Fachbereiches, sondern auch die Richtung und wesentliche Aspekte für die Arbeit seiner Nachfolger bestimmte, auch wenn diese durch Studiengang und wissenschaftlichen Lebenslauf nicht unmittelbar Leipzig verpflichtet waren. Allein die große Zahl der von ihm inspirierten und betreuten Dissertationen ist ein aussagestarker Beweis für die nationale wie internationale Anziehungskraft des von ihm geleiteten Ordinariats. Viele bedeutende amerikanische Gelehrte und einflußreiche Hochschullehrer, wie Thomas Marc Par-

Abb. 1 Porträt Richard Wülker (nach einer zeitgenössischen Photographie)

rott von der Princeton University, Frank Ellsworth Spaulding von der Yale University, Lane Cooper von der Cornell University oder der langjährige Rektor der Vanderbilt University James Hampton Kirkland, haben um die Jahrhundertwende mit anglistischen Arbeiten in Leipzig promoviert.[6]

Wülkers Engagement für die Anglistik erstreckte sich keineswegs nur auf universitäre oder akademische Belange, sondern er setzte sich auch zielstrebig für die Verbesserung des neusprachlichen Unterrichts an der Schule ein. Bereits 1878 gründete er den Akademisch-Neuphilologischen Verein Leipzig. Der Leipziger Verein für neuere Philologie wie auch der Sächsische Neuphilologenverband haben ihm später die Ehrenmitgliedschaft angetragen. Ohne Zweifel hat er sich große Verdienste erworben «in dem Bemühen, durch den Verein der neuen Sprachen das Band zwischen Schule und Universität und zwischen Praxis und Wissenschaft enger zu knüpfen», wie Adolf Birch-Hirschfeld auf der öffentlichen Sitzung der Königlich Sächsischen Akademie der Wissenschaften vom 10. November 1910 in seiner Rede «Zum Gedächtnis an Richard Wülker» formulierte.[7]

Als eine weitere Pioniertat für die deutsche Anglistik erwies sich zudem Wülkers Gründung der Fachzeitschrift «Anglia», die er von 1874 bis 1890 selbst leitete und die sich schon sehr bald zu einem führenden, weltweit geachteten wissenschaftlichen Publikationsorgan der deutschen Anglisten profilierte. Schließlich und gewiß nicht letztlich positionierte sich der Leipziger Gelehrte in der Wissenschaftsgeschichte seines Faches als Verfasser der ersten deutschen Gesamtdarstellung der englischen Literatur auf wissenschaftlicher Grundlage (1896).

Wenn FRIEDRICH BRIE 1930 in seinem Rückblick auf 50 Jahre deutsche Wissenschaftsentwicklung «Englische Philologie» mit vollem Recht sagen konnte, «Klassische Philologie, Germanistik, vergleichende Sprachwissenschaft und Romanistik haben an der Wiege der deutschen Anglistik Pate gestanden»[8], so trifft das auch fast ohne Einschränkung auf Wülker zu. 1845 in Frankfurt a. M. als Sohn eines Kaufmanns geboren, beabsichtigte Richard Paul Wülker zunächst klassische Sprachen zu studieren, hörte aber bereits während seiner Militärzeit in Berlin (1867) an der dortigen Universität Vorlesungen bei dem Germanisten Müllenhoff. Als er dann 1868 nach Leipzig ging, gelangte er hier unter den Einfluß so berühmter Hochschullehrer wie Friedrich Zarncke, Rudolf Hildebrand und Adolf Ebert, die in ihm ein lebhaftes Interesse für die Germanistik und Romanistik weckten.

Zarncke und Ebert waren von nachhaltiger Wirkung auf Wülker, förderten systematisch die wissenschaftliche Entwicklung des jungen Gelehrten und setzten sich auch entschieden für seine Berufung als Professor für englische Sprache und Literatur ein. Auf Zarnckes Anregung geht auch die 1872 erschienene Doktorarbeit Wülkers, *Das Evangelium Nicodemi in der abendländischen Literatur,* zurück, die sowohl auf einen späteren Schwerpunkt seiner Forschung – die altenglischen Literaturdenkmäler – hinweist als auch bereits zu erkennen gibt, wie offen sein Blick stets für die Nachbardisziplinen war und wie deutlich er das Beziehungsverhältnis besonders zwischen den einzelnen Literaturen des Mittelalters sah. Diese Dissertation blieb nicht ohne Resonanz. In seinem Bewerbungsschreiben für die Professur schreibt der nach einem längeren Englandaufenthalt zurückgekehrte RICHARD WÜLKER 1875 selbstbewußt an das Ministerium in Dresden:

> Meine Schrift – Das Evangelium Nicodemi in der abendländischen Literatur – veranlaßte die Directoren der Early English Text Society mich, bereits vor anderthalb Jahren, aufzufordern, Mitarbeiter an ihrer Sammlung Altenglischer Texte zu werden, während vorher kein Nichtengländer herangezogen worden war. Nachdem ich nun sämtliche Handschriften der Englischen Bearbeitungen des Evangeliums Nicodemi an Ort und Stelle verglichen habe, wird demnächst zum Drucke dieser Schrift für besagte Gesellschaft geschritten werden.[9]

Noch während er an der Dissertation arbeitete, hatte Wülker seine durch den Krieg von 1870/71 unterbrochenen Studien in Marburg fortgesetzt, wo er von den beiden Altmeistern der deutschen Anglistik Christian Michael Grein und Bernhard ten Brink in das nunmehr selbständige Fachgebiet «Englische Philologie» eingeführt wurde. Durch das Vorbild und den Einfluß dieser beiden Gelehrten wurde Wülker in der bereits von Zarncke gewiesenen Hauptrichtung seiner Forschungen bestärkt. Erneut auf Drängen Zarnckes ließ er sich dann 1873 als Privatdozent in Leipzig nieder, nachdem seine Habilitationsschrift *Übersicht über die neuangelsächsischen Sprachdenkmäler* durch Zarncke, Ebert und den Altphilologen Georg Curtius eine günstige Beurteilung gefunden hatte. Mit Grein pflegte Wülker auch später noch einen intensiven und fruchtbaren Kontakt, so daß dieser ihm die Zusammenarbeit für sein großes Lebenswerk – die *Bibliothek der angelsächsischen Poesie und Prosa* – antrug und ihn zu seinem wissenschaftlichen Nachlaßverwalter bestimmte. Wülker hat in unermüdlicher Tätigkeit zum Teil mit weiteren Mitarbeitern diese Sammlungen der ältesten Schriftdenkmäler der englischen Sprache bis 1898 bzw. 1905 abgeschlossen.[10]

Der Leipziger Anglist hatte jedoch schon zu Beginn der 80er Jahre die einschlägige Primär- und Sekundärliteratur zum angelsächsischen Schrifttum so weit aufgearbeitet, daß er darangehen konnte, erstmalig die Fülle des verstreuten bibliographischen Materials zu systematisieren und kritisch zu werten. Das Ergebnis war das für die weitere Forschung äußerst nützliche Handbuch *Grundriß zur Geschichte der angelsächsischen Literatur. Mit einer Übersicht der angelsächsischen Sprachwissenschaft* (1885). Das altenglische oder angelsächsische Schrifttum beschäftigte Wülker bis zu seinem Lebensende, auch wenn seit den 90er Jahren eine merkliche Akzentverschiebung zur neueren Zeit der englischen Literaturentwicklung hin erfolgte. In diesem Zusammenhang sei auch auf die in den Berichten über die Verhandlungen der Königlich Sächsischen Gesellschaft der Wissenschaften zu Leipzig abgedruckten Vorträge *Die Bedeutung einer neuen Entdeckung für die angelsächsische Literaturgeschichte* (1888) und *Die Entstehung der christlichen Dichtung bei den Angelsachsen* (1893) hingewiesen.

Weitet man den Blick über Wülker hinaus, so wird offenbar, daß dieser erste Ordinarius für englische Philologie an der Leipziger Universität sich mit seinen Arbeiten der 70er und 80er Jahre in völliger Übereinstimmung mit dem damaligen positivistischen Wissenschaftstrend auf philologischem Gebiet befand. In einer Art Arbeitsteilung mit anderen zeitgenössischen Pionieren der deutschen Anglistik, wie ten Brink, Zupitza, Brandl, Hoops oder Kölbing, hat Wülker mit ungeheurem Fleiß, persönlichem Einsatz und wissenschaftlicher Akribie die frühen englischen Schriftdenkmäler – und damit die Anfänge der englischen Literatur – gesichtet, systematisiert und auch den kleinsten Beleg erfaßt.[11] Es war eine Phase des Quellenstudiums, Textvergleiches, der Textkritik und -edition, die nicht zuletzt auch ihre internationale Bedeutsamkeit dadurch erlangte, daß im Heimatland dieses Schrifttums selbst erst um die gleiche Zeit – und da auch noch zögernd und vereinzelt – die Beschäftigung damit nach eben diesen neueren wissenschaftlichen Gesichtspunkten begann. Wülker reiste mehrere Male nach England, um in London, Oxford und Cambridge die dort befindlichen Handschriften zu überprüfen, und er fuhr nach Vercelli in Oberitalien, von wo aus er die photographische Nachbildung des angelsächsischen *Codex Vercellensis* (1894 veröffentlicht) zurückbrachte «und damit die zuverlässige textliche Unterlage für eine Anzahl wichtiger engl. Denkmäler allgemein zugänglich gemacht hat»[12].

Dies war also echte wissenschaftliche Kärrnerarbeit, und es wäre verfehlt, zu diesem Zeitpunkt von bloßer «Stoffhuberei» zu sprechen. Denn hier wurden Voraussetzungen geschaffen für weiterführende und theorieträchtige Arbeiten. Die streng historische, vergleichend textkritische Methode, das Ausgehen von geschichtlich belegbaren und urkundlich sauber ausgewiesenen Fakten, die Neigung zum Deskriptiven bei gleichzeitiger vorsichtiger Abstinenz von allem Spekulativen bestimmten auch die Arbeiten Wülkers zur neueren englischen Literatur, so etwa in dem

Akademie-Vortrag *Über Gedichte Lord Byron's* (1897), in dem er die Echtheit einiger unter Byrons Namen publizierter Gedichte untersuchte,[13] oder in dem am 14. November 1889 zur Feier des Todestages von Leibniz vorgelegten Aufsatz *Die Shakspere-Bacontheorie,* in dem er nicht nur die Entwicklung der sogenannten Bacontheorie ausführlich dokumentierte, sondern sie auch überzeugend widerlegte und wissenschaftlich exakt nachwies, daß Shakespeare tatsächlich der Verfasser der ihm zugeschriebenen Dramen war.[14]

Wülker war jedoch nicht bei dem Ausgangspunkt aller älteren Anglisten, den altenglischen Sprachdenkmälern, stehengeblieben. Er hatte, so wie er in seiner Lehrtätigkeit den ganzen Bogen von den Anfängen bis zur Gegenwart der englischen Literaturentwicklung umspannte, auch in der Forschung den Weg zur neueren Zeit gefunden und sogar kühn ein Projekt in Angriff genommen, das schließlich sein Opus maximum werden sollte. Die Bedeutung der *Geschichte der englischen Literatur von den ältesten Zeiten bis zur Gegenwart* (1896; zweite neubearbeitete und vermehrte Auflage 1906/07 unter Mitarbeit von Ernst Groth, *Die englische Literatur der Gegenwart,* und Ewald Flügel, *Die nordamerikanische Literatur*) kann man sicherlich nur richtig ermessen, wenn man sie in den Zusammenhang des damals Vorhandenen und wissenschaftlich auf diesem Gebiet Möglichen stellt. Was die generelle Einschätzung anbelangt, so kann man getrost dem Urteil von Wülkers streng, aber stets objektiv urteilenden Zeitgenossen Eugen Kölbing folgen, der seine ausführliche Rezension in den «Englischen Studien» mit dem Satz begann:

> Diese prächtig ausgestattete publication repräsentirt die erste vollständige englische litteraturgeschichte, welche, auf wissenschaftlicher grundlage ruhend, den bedürfnissen eines allgemein gebildeten leserkreises entgegenkommen will.[15]

In der Tat, außer Bernhard ten Brinks unvollendet gebliebener *Geschichte der englischen Litteratur* (1877, 1. Band: Bis zu Wiclif's Auftreten) lagen wissenschaftlich ernstzunehmende Gesamtdarstellungen der englischen Literatur in Deutsch nicht vor. Zwar ist auch in diesem Werk die positivistische Grundhaltung unverkennbar, aber die Einbeziehung kulturhistorisch-landeskundlicher Gesichtspunkte bewahrte Wülker letztendlich vor jeglicher blickverengenden Verknöcherung. Zum Teil recht ausführlich geht er zumeist eingangs der einzelnen Perioden seiner Literaturgeschichte auf die jeweiligen politischen, sozialen und kulturellen Verhältnisse Englands ein und setzt diese in Beziehung zu den literarischen Phänomenen. Natürlich überwiegen noch die biographischen Details, die Angaben zur Werkgeschichte, die Inhaltswiedergabe und Textproben. Es fehlt oft die notwendige Synthese und Wertung. Dennoch hat BIRCH-HIRSCHFELD in seiner Gedächtnisrede vor der Königlich Sächsischen Gesellschaft der Wissenschaften völlig berechtigt Wülkers literaturhistorisches Lebenswerk einen «wichtigen Beitrag zu dem Grundbau der englischen Philologie» genannt und es als einen «zuverlässigen Führer» bezeichnet, «der uns in die reichen Gemächer und die mannigfachen Kammern des Schatzhauses der englischen Dichtung hineinführt»[16].

Obgleich gerade bei den vielen Veröffentlichungen zu den altenglischen Sprachdenkmälern sprachliche Probleme berührt werden und seine Habilitationsschrift *Übersicht über die neu-angelsächsischen Sprachdenkmäler* sprachlichen Untersuchungen gewidmet ist, obwohl er eine Neuausgabe von Wrights *Anglo-Saxon and Old English Vocabularies*[17] veranlaßte und sein Vorlesungszyklus die historische Grammatik wie auch die Grammatik der englischen Gegenwartssprache mit besonderer Berücksichtigung der Syntax umfaßte, lag Wülkers Beitrag zur Anglistik nicht auf dem Gebiet der Sprachwissenschaft. Seine eigentliche Domäne war die Literatur. Bemerkenswert und hervorzuheben ist jedoch, daß er auch im neueren Bereich niemals seine Wissenschaftsgegenstände aus zweiter Hand oder aus der Übersetzungsliteratur bezog, sondern immer zum Original griff. Überhaupt maß er der Beherrschung der englischen Gegenwartssprache größte Bedeutung zu. In dem von Zarncke abgefaßten Bericht an das Königliche Ministerium des Kultus und öffentlichen Unterrichts in Dresden heißt es denn auch nicht zufällig:

> Hervorzuheben ist noch, daß Herr Dr. R. Wülcker sich nicht auf seine Kollegvorträge beschränkt, sondern auch Übungen eingerichtet hat, auch dabei sowohl auf die ältere Sprache wie auf die neuere sein Augenmerk richtend. Mit Recht geht er von der Voraussetzung aus, daß für einen Lehrer des Englischen an unseren Gymnasien und Realschulen nicht die gelehrte Kenntnis der älteren Sprache genügen könne, sondern daß vor allem für ihn auch die leichte Handhabung des neueren Englisch, ganz besonders der neueren englischen Umgangssprache notwendig sei. Herr Dr. R. Wülcker ist durch mehrmaligen längeren Aufenthalt in England bemüht gewesen, sich selber die volle Kenntnis dieser letzteren zu verschaffen.[18]

Die hohe Beachtung, die Wülker der Gegenwartssprache schenkte und die für die älteren Anglisten durchaus noch keine Selbstverständlichkeit war, erstreckte sich auch auf seine Schüler und Mitarbeiter. Auf Wülkers und des Romanisten Birch-Hirschfeld Betreiben konnten schließlich 1898 Planstellen für «akademische Sprachlehrer» geschaffen werden, die man vorwiegend mit «native speakers» besetzte. Endlich gelang es 1906, nicht zuletzt aufgrund der Unterstützung durch Sievers, ein zusätzliches Extraordinariat einzurichten, in dem nun vorwiegend Sprachwissenschaftler wirkten. Der erste und wohl auch bedeutendste anglistische Linguist auf diesem Leipziger Lehrstuhl war Max Deutschbein, der spätere Ordinarius in Halle und Marburg.

Max Förster (1869–1954)[19]

Richard Wülker war am 8. Februar 1910 nach kurzer Krankheit in Leipzig verstorben, und die Philosophische Fakultät bemühte sich sofort, für den vakanten Lehrstuhl einen würdigen Nachfolger zu finden – und zwar nach folgenden Prinzipien:

> Bei der Fülle verschiedenartiger Aufgaben, welche die Vertretung des englischen Faches an einer großen Universität wie Leipzig stellt, konnten für die Fakultät nur solche Gelehrte ernstlich in Frage kommen, die sich bereits als Forscher wie als Lehrer allseitig bewährt haben und zugleich, noch in der Vollkraft des Mannesalters stehend, auch für die Zukunft weitere tüchtige Leistungen erhoffen lassen; von denen sich ferner mit Sicherheit erwarten läßt, daß sie der sprachlichen wie der literaturgeschichtlichen Seite ihres Faches gleichmäßig gerecht zu werden vermögen, und die insbesondere auch die neuenglische Sprache vollkommen beherrschen.[20]

Abb. 2 Porträt Max Förster
(nach einem Gemälde von Frau Dora Förster, ca. 1929)

Nach abschlägigen Bescheiden durch die vorgeschlagenen Professoren Johannes Hoops (Heidelberg) und Karl Luick (Wien) gab der Hallenser Ordinarius Max Förster im Mai 1910 seine Zusage für die Berufung auf den Leipziger Lehrstuhl und kündigte sogleich für das Wintersemester 1910/11 folgende Lehrveranstaltungen an: 1) Die Hauptströmungen der englischen Literatur im 19. Jahrhundert (seit 1830); 2) Einführung in das Altenglische (Angelsächsische); 3) Übungen zur englischen Wortkunde (Etymologie und Semasiologie).

Max Förster (Abb. 2), von 1910 bis 1925 Nachfolger Wülkers auf dem anglistischen Lehrstuhl der Universität Leipzig, hat gerade in seiner Leipziger Zeit immer wieder vor einer einseitigen Festlegung der philologischen Disziplinen – insbesondere auf die Sprachwissenschaft – gewarnt und sich gegen jegliche methodische Enge in ihren Teilbereichen ausgesprochen. Er scheute dabei auch nicht die Kontroverse mit dem berühmten Eduard Sievers.[21] Daher erklären sich aber auch die gelegentlich seinen wissenschaftlichen Untersuchungen vorangestellten polemischen Bemerkungen. So heißt es einleitend zu FÖRSTERS Artikel *Keltisches Wortgut im Englischen* in der Festschrift für Felix Liebermann (1921):

> Zwei Wissenschaften, die slavische und die keltische Philologie, haben in Deutschland die ihrer Wichtigkeit gebührende Pflege bisher nicht gefunden, weil sie von Anfang an von der vergleichenden Sprachwissenschaft ins Schlepptau genommen waren und sich von deren Bevormundung bis auf den heutigen Tag noch nicht frei gemacht haben ... Den Sprachvergleicher interessiert nur die Grammatik dieser Sprachen, so daß die tiefeinschneidenden und weittragenden Probleme der slavischen und keltischen Literatur- und

Kulturgeschichte nur vereinzelt Beachtung fanden. Und auch die grammatische Betrachtung richtete sich ganz nach den Bedürfnissen der Linguistik: fast nur die ältesten Sprachzustände wurden studiert, und die lebende Sprache mit dem Quellborn ihrer Dialekte beiseite geschoben.[22]

Der Titel des 1921 in den Sitzungsberichten der Sächsischen Akademie der Wissenschaften veröffentlichten Untersuchung *Das Problem der keltischen Lehnwörter im Englischen nach der geographischen, völkischen, sprachpsychologischen, chronologischen, lautgeschichtlichen und kulturhistorischen Seite* spricht für sich und «deutet auf die Vielseitigkeit seiner in den folgenden Jahrzehnten in zahlreichen Publikationen angewandten Betrachtungsweise hin»[23], die sich schließlich in seinem Hauptwerk, *Der Flußname Themse und seine Sippe. Studien zur Anglisierung keltischer Eigennamen und zur Lautchronologie des Altbritischen* (1941), noch einmal glänzend manifestieren sollte. Förster war in der germanischen, keltischen, klassischen und romanischen Philologie fast ebenso bewandert wie in der Anglistik und besaß umfassende Kenntnisse auf dem Gebiet der Religions- und Kirchengeschichte, der Volkskunde und Kulturgeschichte.[24] Er war ein Mann des philologischen Details, der zwar die Darstellung größerer Zusammenhänge selbst mied und dennoch sich der Vorzüge übergreifender und wertender Darstellungen wohl bewußt war, so wenn er etwa Birch-Hirschfelds französische Literaturgeschichte in seiner Gedenkrede vor der Königlich-Sächsischen Gesellschaft der Wissenschaften *Zum Gedächtnis an Adolf Birch-Hirschfeld (1849–1917)* als das Werk aus der Feder eines deutschen Romanisten pries, der «zu den wenigen gehört, die eine große Synthese überhaupt gewagt haben»[25].

Max Förster hat sowohl als Ordinarius für englische Philologie an der Leipziger Universität als auch als ordentliches Mitglied der Sächsischen Gelehrtengesellschaft das wissenschaftliche Leben als Forscher und Hochschullehrer wesentlich bereichert. So begründete und leitete er die *Anglistische Abteilung der Sächsischen Forschungsinstitute in Leipzig* (1919–24, 3 Bände) und die *Leipziger Beiträge zur englischen Philologie* (1919ff., ab Bd. 5: *Beiträge zur Englischen Philologie*). Ebenfalls in seine Leipziger Zeit fällt sein starkes Interesse für die Shakespeare-Forschung. Als Mitherausgeber des Jahrbuches der Deutschen Shakespeare-Gesellschaft (1908–1918) hat er durch eine Vielzahl von Beiträgen zur Mehrung des Ansehens dieses traditionsreichen deutschen Publikationsorgans für die wissenschaftliche Beschäftigung mit dem größten Briten beigetragen.[26] Wie schon vor ihm Wülker hat auch er sich mit der sogenannten Bacon-Theorie («die Afterwissenschaft philologischer Kabalistik») auseinandergesetzt,[27] und sein Aufsatz *Shakespeare und Deutschland* im Shakespeare-Jahrbuch von 1921 ist ein bis heute bemerkenswerter Beitrag zur Rezeptionsforschung. Später wirkte er lange Zeit als 1. Vizepräsident der Shakespeare-Gesellschaft.

Nur sehr ungern hat die Philosophische Fakultät der Universität Leipzig diesen vielseitig gebildeten und engagierten Gelehrten aus ihrer Mitte entlassen, als er im Jahre 1925 einem Ruf an die Universität München folgte.[28] Denn Förster hatte in überzeugender Weise die Konsolidierung der jungen Wissenschaftsdisziplin Anglistik einschließlich der Keltistik an der Universität vorangetrieben und vor allem ihr philologisches Fundament durch die Einbeziehung kulturgeschichtlicher Elemente verbreitert. Ebenso wie sein Vorgänger Wülker war auch er ein ausgezeichneter Pädagoge mit großer Aufgeschlossenheit gegenüber den Belangen der Studenten, der Lehrer und der interessierten Öffentlichkeit. Vorträge vor dem Allgemeinen Deutschen Neuphilologen-Verband und Artikel in den «Leipziger Neuesten Nachrichten» legen davon ein nicht minder beredtes Zeugnis ab wie die von ihm herausgegebenen Text- und Lesebücher für die Hand des Studenten und Schülers. Das kleine *Altenglische Lesebuch für Anfänger,* das er 1913 für seine Leipziger Studenten zusammenstellte, erlebte noch 1963 seine 7. Auflage. Lebensnah und praxisorientiert gab er im Vorwort dazu seiner Überzeugung Ausdruck,

> daß unsere künftigen Lehrer der neuenglischen Sprache und Kultur auf einem so vielseitigen, umfangreichen und schwierigen Wissensgebiet sich Erkenntnis anzueignen haben, daß die Erlernung der altenglischen Sprache für sie nicht mehr Selbstzweck sein kann, sondern in erster Linie der Einsicht in die Entwicklung der englischen Schriftsprache zu dienen hat.[29]

Das populärste Werk auf dem Gebiet der anglistischen Studienhilfen und Lesebücher überhaupt ist der unter der Kurzformel «Herrig – Förster» allgemein bekannte Band *British Classical Authors with Biographical Notices,* eine Lektüreauswahl, die Förster 1905 auf der Basis von L. Herrigs Lesebuch völlig neu bearbeitete und die 1930 ihre 100. Auflage erlebte. Ganze Generationen von Studenten und Schülern sind durch dieses Werk an die englische und amerikanische Literatur im Originaltext herangeführt worden. Förster hatte die Vorlage so bearbeitet, «daß das stete Erinnern an die Chronologie den Sinn für historische Entwicklung bei den Schülern schärft und daß zweitens das Werk auch als literarhistorisches Nachschlagebuch benutzt werden kann»[30]. Im übrigen ging es ihm bei Auswahl und Anordnung des Materials darum, «dem Charakteristischen und dem Schönen in demselben Maße gerecht zu werden und zugleich nach Möglichkeit Beziehungen zur Gesamtkultur des modernen England und zur heimischen deutschen Literatur zu berücksichtigen»[31]. Damit findet ein weiteres Mal dieser sich durch das gesamte Lebenswerk Försters ziehende methodologische Gesichtspunkt von der kulturgeschichtlichen und international vergleichenden Einbettung sprachlicher und literarischer Phänomene einen bis in die schulische Praxis reichenden wissenschaftlichen Niederschlag.

Es ist hier nicht der Platz, um den gesamten Lebens- und Schaffensweg dieser Gelehrtenpersönlichkeit nachzuzeichnen. Zahlreiche ausländische Gelehrten-Gesellschaften (darunter die British Academy) wählten den Sächsischen Geheimen Hofrat zu ihrem Mitglied. Die Yale University hatte eigens für ihn 1934 eine Gastprofessur für englische Sprachgeschichte eingerichtet, die er allerdings auf Betreiben seines Münchener Nachfolgers nach 1936 von deutscher Seite her nicht mehr wahrnehmen durfte.[32] 1953 erhielt er das Große Bundesverdienstkreuz.

Levin Ludwig Schücking (1878–1965)[33]

Max Försters hohes wissenschaftliches Ansehen und die Integrität seines Charakters, die sich jeder tendenziösen Einflußnahme von außen widersetzte, zeigten nicht zuletzt im Zusammenhang mit den Berufungsvorverhandlungen für seine Nachfolge auf dem Leipziger Lehrstuhl in hervorragendem Maße Wirkung. Denn ihm ist es in erster Linie zu verdanken, daß Levin L. Schücking von Breslau nach Leipzig berufen werden konnte, obgleich es in der Fakultät Kräfte gab, die jenen wegen seiner bekannten pazifistischen und demokratischen Gesinnung gern von der Berufungsliste abgesetzt hätten.[34]

Mit Levin L. Schücking (Abb. 3), der im Herbst 1925 auf den Leipziger anglistischen Lehrstuhl berufen und knapp eineinhalb Jahre später der Sächsischen Akademie der Wissenschaften zugewählt wurde, hatte Leipzig den bisher bedeutendsten Vertreter der Anglistik erhalten. Bereits im Mai 1933 konstatierten die beiden Dekane der Philosophischen Fakultät gegenüber dem Ministerium für Volksbildung zu Dresden bei ihrem Einspruch gegen die aus ideologischen Gründen in Erwägung gezogene «Beurlaubung» Schückings: «Professor Schücking ist heute wohl unbestritten der erste Kopf der anglistischen Wissenschaft in Deutschland, und er ist

Abb. 3 Porträt Levin L. Schücking
(nach einem Gemälde von Walter Tiemann, 1940)

auch in England als führender deutscher Vertreter der Anglistik anerkannt.»[35] Auch Altpräsident THEODOR FRINGS formulierte in seinem Nachruf auf Schücking im Jahre 1965: «Das Lebenswerk des ehemaligen Professors der englischen Sprache und Literatur an der Universität Leipzig ist umfassender als das aller Anglisten der letzten Jahrzehnte.»[36]

Schückings beachtliches und vielseitiges Lebenswerk ordnet sich im wesentlichen drei Wissenschaftskreisen zu: der altenglischen Sprache und Literatur, Shakespeare und dem elisabethanischen Drama sowie der kulturhistorisch-soziologischen Literaturbetrachtung, wobei letztere als methodisches Prinzip auch die vorgenannten im starken Maße durchdringt. Im großen und ganzen setzt sich auch in Schücking die Leipziger Traditionslinie, wie sie von Wülker und Förster geprägt worden war, thematisch und methodisch fort, aber ungleich jenen vermochte er energischer und selbständiger den Weg, den sie gewiesen, aber zum Teil nur zögernd selbst beschritten hatten, zu gehen.

Vieles, ja wenn nicht überhaupt alles im späteren Entwicklungsweg des Anglisten Schücking erklärt sich aus der allgemeinen Wissenschaftssituation um die Jahrhundertwende. Als Schücking sein Studium aufnahm, war an den meisten deutschen Universitätseinrichtungen in allen philologischen Teilbereichen noch immer die von den Naturwissenschaften inspirierte positivistische Methode vorherrschend. Dieser Positivismus in der sprach- und literaturwissenschaftlichen Forschung hatte sich nach einer Reihe beachtenswerter Anfangserfolge jedoch in den Händen dogmatischer akademischer Schulen vor allem durch seinen Ausschließlichkeitsanspruch ganz offensichtlich als ein Hemmschuh für die Wissenschaftsentwicklung herausgestellt, so daß sich in zunehmendem Maße sensible und kunstfreundliche junge Gelehrte davon abgestoßen fühlten. Wie stark die Abneigung Schückings gegen diese Wissenschaftsmethode war, widerspiegeln aufs eindringlichste seine auffallend scharfen Formulierungen dazu in den Alterserinnerungen aus dem Jahre 1958:

> Man muß um das Jahr 1900 herum Student an einer Hochburg des Positivismus, wie etwa Göttingen, gewesen sein, um den ganzen Jammer und das Seelenbeengende, ja Entwürdigende einer Lehre empfunden zu haben, die alle Versuche, über die bloße Ermittlung von Tatsachen herauszukommen, mit unverhohlener Abneigung betrachtete und sich mit der Stellung von Aufgaben begnügte, die der Philologie seitens eines geistreichen Ungarn die Bezeichnung «die Wissenschaft des Nichtwissenswerten» eintrug.[37]

Ja, der Achtzigjährige zögerte nicht, im nachhinein seine eigene Habilitationsschrift, *Die Grundzüge der Satzverknüpfung im Beowulf* (1904), «als ein typisches Beispiel jener Gattung besonders leerer Produkte der oben charakterisierten positivistischen Richtung» zu verdammen und sie als «eine klägliche Vergeudung von Arbeit, Druckerschwärze und Papier» zu bezeichnen.[38]

Aus dieser ausgemachten Frontstellung zum Positivismus erwuchs also Schückings Hinwendung zur Soziologie der Literatur und zu den Problemen der literarischen Geschmacksbildung. Auf der Suche nach neuen Arbeitsmethoden, die «die öde, im luftleeren Raum geübte philologische Problematik» abzuschütteln in der Lage waren, gelangte er allmählich zu einer Interpretation der Literatur, die «die Phänomene aus einem kulturhistorisch-soziologischen Untergrund hervorwachsen» lassen wollte.[39] Er knüpfte also an das an, was gerade auch ein Gelehrter wie Max Förster im Sinne hatte, als er erklärte, es sei notwendig, «die großen Klassiker der Neuzeit ... in den Zusammenhang der Kulturentwicklung ihres Zeitalters, ihres Volkes einzureihen oder in ihrer charakteristischen Eigenart zu erfassen»[40].

Schücking ging allerdings da viel weiter und war in seiner Fragestellung durchaus originär und wegweisend. Für ihn wurde die Literaturgeschichte zum Teil der allgemeinen Kulturgeschichte. In seinem grundlegenden Aufsatz *Literaturgeschichte und Geschmacksgeschichte. Ein Versuch zu einer neuen Problemstellung* (1913), der dann zehn Jahre später zu dem Buch *Die Soziologie der literarischen Geschmacksbildung* (1923) erweitert wurde und 1931, noch einmal bearbeitet und vermehrt, in Leipzig erschien, hat er bündig sein Anliegen formuliert:

> Es bleibt also nur möglich, von dem Gesichtspunkt auszugehen, den der Charakter der Literaturgeschichte als ein Teil der Kulturgeschichte, als ein Bestandteil des jeweiligen geistigen Gehalts der Vergangenheit an die Hand gibt. *Was wird zu einer bestimmten Zeit in den verschiedenen Teilen des Volkes gelesen,* und warum wird es gelesen, das sollte die Hauptfrage der Literaturgeschichte sein.[41]

Es überrascht keineswegs, daß diese neue Theorie der literarischen Betrachtung und Bewertung vor allem auch im Ausland starke Beachtung fand. *Die Soziologie der literarischen Geschmacksbildung* wurde ins Englische, Slowakische, Italienische und Spanische übersetzt. Als erste Übersetzung überhaupt war aber bereits 1928 die ins Russische erfolgt.

Besonders alle bedeutenden Arbeiten Schückings in den Jahren seiner Wirksamkeit an der Leipziger Universität zeigen die Anwendung seiner kulturhistorisch-soziologischen Methode auf den konkreten literarischen Gegenstand in zunehmender Perfektion. Und das bezieht sich auf solche gewichtigen Publikationen zu den älteren Perioden wie die großangelegte Darstellung der *Englischen Literatur im Mittelalter,* die er dem Walzelschen Handbuch der Literaturwissenschaft (1927) beisteuerte, oder die vielbeachtete Untersuchung *Heldenstolz und Würde im Angelsächsischen. Mit einem Anhang: Zur Charakterisierungstechnik im Beowulfepos,* 1933 in den Abhandlungen der Sächsischen Akademie der Wissenschaften erschienen, die sich zum Ziele setzte, ein Grundphänomen der altenglischen Gesellschaftsethik aufzuhellen. Es bezieht sich aber ebenso auf seine Arbeiten zu Shakespeare und seiner Zeit, die – wie er selbst bekannte – den eigentlichen Schwerpunkt seiner Leipziger Periode darstellen. Das umfaßt die Herausgabe sämtlicher Werke Shakespeares (1925–29) sowie doppelsprachiger Einzelwerke, ebenso wie die Szene um Szene vorgehende Gesamtinterpretation des *«Hamlet» (Der Sinn des Hamlet. Kunstwerk – Handlung – Überlieferung,* 1935) oder die berühmte Vorlesung *The Baroque Character of the Elizabethan Tragic Hero,* die Schücking 1938 vor der British Academy in London hielt und die er dann später zu dem Buch *Shakespeare und der Tragödienstil seiner Zeit* (1947) erweiterte. Auch die drei gründlichen Spezialuntersuchungen *Zum Problem der Überlieferung des Hamlet-Textes* (1931), *Die Zusätze zur Spanish Tragedy* (1938) und *Über einige Nachbesserungen bei Shakespeare (Titus Andronicus, Richard III., Hamlet, Julius Caesar, Love's Labour's Lost,* 1943), die alle in den Berichten über die Verhandlungen der Sächsischen Akademie der Wissenschaften veröffentlicht wurden, müssen in diesem Zusammenhang genannt werden.

In geradezu paradigmatischer Weise aber hat Schücking in seiner Schrift *Die Familie im Puritanismus. Studien über Familie und Literatur im 16., 17. und 18. Jahrhundert* (1929) demonstriert, wie er sich eine soziologische Literaturbetrachtung, angewandt auf eine komplexe und größere Zeiträume tangierende Thematik, konkret vorstellte. In einer großen synthetischen Zusammenschau wird der Wandel literarischer Ausdrucksformen im England des 18. Jahrhunderts erklärt und dokumentiert aus den Lebensidealen und Verhaltensweisen des Puritanismus und damit verbunden des neuen bürgerlichen Lebensstils. Erstmals wurde hierbei «die von der Wissenschaft bisher total vernachlässigte, überaus reiche und gehaltvolle Literatur der *Conduct Books*» berücksichtigt.[42]

Auch Levin L. Schücking war – wie alle seine Vorgänger auf dem Leipziger Lehrstuhl – kein Gelehrter der stillen Studierstube, sondern bis hin zu seiner wissenschaftlichen Diktion betont lebens- und praxisorientiert. Den Problemen von Universität und Schule schenkte er große Aufmerksamkeit. Einen besonderen Hinweis verdient der Vortrag *Die Kulturkunde und die Universität* (1927), weil sich hier das ganze Wesen seiner integren, humanistischen Persönlichkeit sowie seine klare und nüchterne Haltung gegenüber extremen und bilderstürmenden «Reformbewegungen» des neusprachlichen Unterrichts, wie sie sich vor allem in den 20er Jahren austobten, trefflich offenbart. So wendet er sich zunächst energisch gegen jede «gelehrte Untermauerung des Chauvinismus» und definiert dann seinen Kulturbegriff:

> Man kann den Nobelpreis erhalten, d.h. grundlegende wissenschaftliche Leistungen aufweisen und doch ein Barbar sein. Kultur im höchsten Sinne ist eben nicht etwas Intellektuelles oder wie die Kunst im Phantasieleben Beheimatetes, sondern dasjenige praktische Verhalten, von Mensch zu Mensch, das man als Humanität oder Menschlichkeit bezeichnet. Diese Menschlichkeit, die im Gegensatz zur Brutalität oder Bestialität steht und die sich in der Achtung vor dem Wert der menschlichen Einzelpersönlichkeit und ihren angeborenen Rechten bekundet, hat eine lange Entwicklung hinter sich, deren Betrachtung lehrreicher und bildender als irgendeine andere Seite der Geschichte ist. In neuerer Zeit tritt sie etwa in der Entfaltung der Demokratie, des sozialen Gedankens, der Frauenemanzipation, der Friedensbewegung u. a. zutage.[43]

Zieht man die Bilanz des Wirkens von Richard Wülker, Max Förster und Levin L. Schücking als Ordinarien für Anglistik an der Leipziger Universität und als ordentliche Mitglieder der Sächsischen Akademie der Wissenschaften zu Leipzig, so zeigt sich eine erstaunliche Kontinuität in Lehre und Forschung, eine organische Entfaltung der thematischen Schwerpunkte und methodologischen Auffassung sowie eine aufsteigende Linie undogmatischen, demokratischen und innovativen Denkens und Handelns nicht nur im streng abgegrenzten fachwissenschaftlichen Bereich, sondern auch im allgemeinen gesellschaftlichen Bezugsfeld, in das sich die Gelehrtenpersönlichkeit gestellt sah.

Die Konsolidierung der Anglistik (einschließlich der aus ihr hervorgegangenen Amerikanistik) als akademische Wissenschaftsdisziplin in Deutschland, an der die drei Vorgenannten einen hervorragenden Anteil hatten, vollzog sich in einem langwährenden und hartnäckigen «Befreiungskampf» gegen die wissenschaftstheoretische und -methodische Bevormundung durch solche Mutter- oder Nachbardisziplinen wie die indogermanische und vergleichende Sprachwissenschaft, die klassische Philologie, die Romanistik und die Germanistik mit ihrer Vorliebe für die linguistische Seite und die älteren Perioden der nationalen Kulturentwicklung. Jedoch führte die prononcierte Frontstellung gegen den weithin vorherrschenden Historismus und Positivismus keineswegs zu extremen Alternativhaltungen. Die folgenden nüchternen Mahnworte Schückings hätten ebensogut aus dem Munde Wülkers oder Försters kommen können:

> Vor allem aber wird es sich darum handeln, den an sich sympathischen Kampf gegen den Positivismus in den richtigen Grenzen zu halten. Es klingt sehr gut: Nicht Kenntnis, sondern Erkenntnis! Nicht Wissen, sondern Fähigkeit zur Fragestellung! Aber Erkenntnis setzt zunächst einmal eine gewisse Kenntnis, die Fähigkeit zur Fragestellung setzt auch Wissen voraus.[44]

Diese Art von «common sense» bewahrte denn auch jene weltoffenen, pragmatisch-empirisch orientierten, humanistischem Gedankengut und demokratischen Zielvorstellungen verpflichteten Gelehrten in den zahlreichen Methoden- und Richtungskämpfen ihrer Zeit vor den verführerischen Irrwegen und Fallgruben einer irrationalen Lebensphilosophie bzw. nationalistisch-völkisch geprägten Geistesgeschichte ebenso wie vor einer partei-ideologisch ausgerichteten dogmatisch-marxistischen oder vulgärsoziologischen Betrachtungsweise. Schüler Schückings, wie Bogislav von Lindheim und Walther Martin, haben nach 1945 durchaus im Sinne solcher integren Gelehrtenpersönlichkeiten wie Wülker, Förster und Schücking weitergewirkt und gewiß nicht ohne Erfolg auch dadurch den Entwicklungsweg der nachfolgenden Leipziger anglistisch-amerikanistischen Wissenschaftlergeneration markiert. So konnte trotz aller nicht zu übersehenden Anpassungen und verbalen Zugeständnisse an die staatstragende Ideologie in Forschung und Lehre auch während der vierzig Jahre DDR eine Traditionslinie aufrecht erhalten werden, die sich im grundsätzlichen noch immer als zukunftsträchtig erweist.

Anmerkungen

1 Elze, Karl: Die englische Sprache und Literatur in Deutschland. Eine Festschrift zur dreihundertjährigen Geburtstagsfeier Shakespeare's. Dresden 1864, S. 90.

2 Ebenda, S. 92.

3 Der erste Professor für englische Philologie an einer Universität des damaligen Deutschen Reiches war allerdings der Niederländer Bernhard ten Brink, der 1873 an die neue Universität Straßburg berufen wurde.

4 Zur Biographie und Bibliographie siehe Haenicke, Gunta/Thomas Finkenstaedt: Anglistenlexikon 1825–1990. Augsburg 1992. S. 365f. (= Augsburger I & I Schriften, Bd. 64).

5 Wülcker, Richard: Christian Michael Grein (1825–1877). In: Anglia, Bd. 1 (1878), S. 353.

6 Siehe Verzeichnis der an der Philosophischen Fakultät der Universität Leipzig angenommenen anglistischen und amerikanistischen Dissertationen und Habilitationsschriften von 1875 bis 1975. In: Brüning, Eberhard: Humanistische Tradition und progressives Erbe der

Leipziger Anglistik/Amerikanistik. Berlin 1977, S. 35–49. (= Abhandlungen der Sächs. Akademie der Wissenschaften zu Leipzig, Phil.-hist. Klasse, Bd. 67, H. 1).

7 Birch-Hirschfeld, Adolf: Zum Gedächtnis an Richard Wülker. Leipzig 1910, S. 493. (= Berichte über die Verhandlungen der Königl. Sächs. Gesellschaft der Wissenschaften zu Leipzig, Phil.-hist. Klasse, Bd. 62, H. 11).

8 Brie, Friedrich: Englische Philologie. In: Aus fünfzig Jahren deutsche Wissenschaft. Die Entwicklung ihrer Fachgebiete in Einzeldarstellungen. Hrsg. von Gustav Abb. Berlin etc. 1930, S. 216.

9 Personalakte Wülker. Archiv der Universität Leipzig.

10 Grein, Christian Michael/Richard Wülker: Bibliothek der angelsächsischen Poesie. 4 Bde. Leipzig 1857–1898; Grein/Wülker: Bibliothek der angelsächsischen Prosa. 14 Bde. Leipzig 1872–1905.

11 Vgl. Deutschbein, Max: Nachruf für Richard Paul Wülker. In: Englische Studien, Bd. 42 (1910), S. 154.

12 Birch-Hirschfeld, Adolf, 1910, S. 496.

13 Wülker, Richard: Über Gedichte Lord Byron's. Leipzig 1898. (= Berichte über die Verhandlungen der Königl. Sächs. Gesellschaft der Wissenschaften zu Leipzig, Phil.-hist. Klasse, 1897, II).

14 Wülker, Richard: Die Shakspere-Bacontheorie. Leipzig o. J. (= Berichte über die Verhandlungen der Königl. Sächs. Gesellschaft der Wissenschaften zu Leipzig, Phil.-hist. Klasse, 1889).

15 Englische Studien, Bd. XIII (1896), S. 304.

16 Birch-Hirschfeld, Adolf, 1910, S. 500.

17 Anglo-Saxon and Old English Vocabularies by Thomas Wright. Edited and collated by Richard Wülcker. Part I: Texts. Part II: Indices. London 1883.

18 Personalakte Wülker. Archiv der Universität Leipzig.

19 Haenicke, Gunta/Thomas Finkenstaedt, 1992, S. 97–99.

20 Personalakte Förster. Archiv der Universität Leipzig (Schreiben des Dekans Stieda an das K. Min. des Kultus u. öffentl. Unterrichts vom 4. März 1910).

21 Siehe dazu Personalakte Philipp August Becker. Archiv der Universität Leipzig (Separatvotum von Eduard Sievers am 2. März 1917 und Stellungnahme der Philosophischen Fakultät dazu).

22 Förster, Max: Keltisches Wortgut im Englischen. In: Texte und Forschungen zur englischen Kulturgeschichte. Festgabe für Felix Liebermann. Halle 1921, S. 119.

23 Clemen, Wolfgang: Nachruf auf Max Förster (8. 3. 1869–10. 11. 1954). In: Jahrbuch der Bayerischen Akademie der Wissenschaften. München 1955, S. 182.

24 Ebenda, S. 181.

25 Förster, Max: Zum Gedächtnis an Adolf Birch-Hirschfeld (1849–1917). Leipzig 1917, S. 13. (= Berichte über die Verhandlungen der Königl. Sächs. Gesellschaft der Wissenschaften zu Leipzig, Phil.-hist. Klasse, Bd. 69, H. 8).

26 Siehe dazu Bibliographie der wissenschaftlichen Veröffentlichungen Max Försters. Besorgt von Herbert Schöffler. Bochum-Langendreer 1939 (= Kölner Anglistische Arbeiten, Bd. 35) und: Das Spätwerk Max Försters. Eine Bibliographie von Theodor Göhler. In: Anglia, Bd. 74 (1956).

27 Siehe u. a. Wirklich? Nicht Shakespeare? Eine Antwort von Universitätsprofessor Dr. Max Förster. In: Dresdner Anzeiger, 15. Februar 1912; Förster, Max: Shakespeare und Deutschland. In: Shakespeare-Jahrbuch, Bd. LVII (1921), S. 9.

28 Schon 1921 zeigte Förster der Fakultät an, daß er einen Ruf nach Göttingen erhalten habe. In einem Brief des Dekans der Philosophischen Fakultät vom 17. Juni 1921 an das

Ministerium in Dresden wird die Bitte ausgesprochen, alles zu tun, um Förster an der Universität zu halten. Personalakte Förster. Archiv der Universität Leipzig.

29 Förster, Max: Altenglisches Lesebuch für Anfänger. Heidelberg 1913, S. VII.

30 Herrig, L.: British Classical Authors. With biographical notices. On the basis of a selection by L. Herrig. Edited by Max Förster. Braunschweig, Berlin und Hamburg 1905, S. IX.

31 Ebenda, S. VI.

32 Siehe Haenicke, Gunta/Thomas Finkenstaedt, 1992, S. 98.

33 Ebenda, S. 295–297.

34 Personalakte Schücking. Archiv der Universität Leipzig (Niederschrift über die Sitzung der Berufungskommission vom 10. 12. 1924).

35 Ebenda. Schücking gehörte in Leipzig zu dem Anti-Nazikreis um den Inselverleger Kippenberg, den Graphiker und Maler Tiemann und die Thomas-Kantoren Straube und Ramin und war 1933–1945 verschiedenen Repressalien und Amtseinschränkungen ausgesetzt.

36 Frings, Theodor: Nachruf auf Schücking. In: Jahrbuch der Sächs. Akademie der Wissenschaften zu Leipzig 1963–1965, S. 334.

37 Schücking, Levin L.: Memorabilia. In: Anglia, Bd. 76 (1958), S. 2.

38 Ebenda, S. 6.

39 Ebenda, S. 13.

40 Förster, Max: Universität und Schule. In: Germanisch-Romanische Monatsschrift, 1., H. 1 (1909), S. 70.

41 Schücking, Levin L.: Literaturgeschichte und Geschmacksgeschichte. Ein Versuch zu einer neuen Problemstellung. In: Germanisch-Romanische Monatsschrift, 5 (1913), S. 363f.

42 Schücking, Levin L.: Memorabilia, 1958, S. 21.

43 Schücking, Levin L.: Die Kulturkunde und die Universität. In: Die neueren Sprachen, Bd. XXXV, H. 1 (1927), S. 8.

44 Ebenda, S. 10.

Beiträge zu gegenwärtigen Forschungsarbeiten von Akademiemitgliedern

Rudolf Růžička

Historie und Historizität der Junggrammatiker

0. Der Anflug anekdotischer Zufälligkeit, den das Dezimalsystem als Jubiläumsanreiz an sich hat, zerstreut sich schnell, wenn dieses Centenarium der Junggrammatiker die vielerorts noch ungebrochene Lebendigkeit ihres Wissenschaftsparadigmas[1] erlebt.

Als auf etwa ein halbes Dutzend sehr junger Grammatiker der Name Junggrammatiker mit mildem Spott und leicht herablassend fiel, waren sie betroffen, aber keineswegs verlegen. Sie ließen ihn sich gefallen, fanden Gefallen daran, und ihr Selbstbewußtsein war genügend in Ordnung, um den spitzen Namen im Vorbeigehen aufzufangen und zu ihrem Gütezeichen, zu ihrem code de l'honneur zu machen.

Die Junggrammatiker, gelegentlich mit der Benennung «Jungtürken»[2] ausgezeichnet auf ihrem viel weniger explosiven Tätigkeitsfeld, schleuderten allerdings der linguistischen Welt ein explosives Credo entgegen, dem gegenüber sich Noam Chomskys «Syntactic Structures» vergleichsweise tolerant ausnehmen. In dem programmatischen Prolog zum 1. Band der «Morphologischen Untersuchungen», der fünfbändigen zentralen Publikation der Junggrammatiker, schreiben Karl Brugmann (29 Jahre) und Hermann Osthoff (31 Jahre):

> Nur derjenige vergleichende sprachforscher, welcher aus dem hypothesentrüben dunstkreis der werkstätte, in der man die indogermanischen grundformen schmiedet, einmal heraustritt in die klare Luft der greifbaren wirklichkeit und gegenwart, um sich hier belehrung zu holen über das, was ihn die graue theorie nimmer erkennen läßt, und nur derjenige, welcher sich für immer lossagt von jener früherhin weit verbreiteten, aber auch jetzt noch anzutreffenden forschungsweise, nach der man die sprache nur *auf dem Papier* betrachtet, alles in terminologie, formelwesen und grammatischen schematismus aufgehen läßt und das wesen der erscheinungen immer dann ergründet zu haben glaubt, wenn man einen *Namen* für die Sache ausfindig gemacht hat: – nur der kann zu einer richtigen vorstellung von der lebens- und umbildungsweise der sprachformen gelangen und diejenigen methodischen principien gewinnen, ohne welche man überhaupt bei sprachgeschichtlichen forschungen keine glaubwürdigen Resultate erreichen kann und ohne welche im besonderen ein vordringen in die hinter der historischen sprachüberlieferung zurückliegenden zeiträume einer meerfahrt ohne compass gleicht.[3]

Das klingt im linguistischen Raum der Zeit vermessen, aber ist wohl bemessen in seiner methodischen Dimension: Es ist der Appell, die frühesten bezeugten Sprachzustände und die darauf beruhende Konstruktion und Rekonstruktion zu ersetzen oder zu ergänzen durch die relativ bekannten oder wenigstens beobachtbaren und erkundbaren modernsten Stadien der indoeuropäischen Sprachen in ihrer gesprochenen Form, das «echte naturwüchsige reflexionslose Alltagssprechen», und durch sichere Aufzeichnungen der Sprache *näherer* Vergangenheit. Es war die Forderung nach einem zugänglichen, verläßlicheren Experimentierfeld. Die Junggrammatiker sprachen mit rabiater Resolutheit, weil sie wußten, daß in ihrer Hand lag, was wir heute die Errichtung eines Wissenschaftsparadigmas nennen, aber sie wußten nicht, daß es eins werden würde, das beispiellosen Konsensus finden sollte. «Die Doktrin der Junggrammatiker war das anerkannte Modell der Sprachwissenschaft während des letzten Viertels des neunzehnten Jahrhunderts»[4]. Die Intuition ihrer Mission schärfte sich an den heftigen Kontroversen, dem ungestümen Verlauf der Auseinandersetzungen, dem gewaltigen Echo, das sie fanden und das *hier* die Gewähr gab, daß es sich um mehr als eine kurzlebige Modeerscheinung handelte.

1.1. Der Name, der sie vereint, «Junggrammatiker», tut nicht viel zur Sache. Aber ohne sein Zutun hätte der Anschein der Einheitlichkeit ihrer Ansichten nicht so starke Suggestivität erreicht. Die Ontogenese des Namens ist anekdotisch gesichert.[5] Georg Curtius, ihr Gegner und Partner, hatte gelegentlich seinen Schüler Karl Brugmann und andere junge Leute, die die Grenzen der Forschung verändern wollten und methodische Rigorosität verlangten, ohne sich dem Rat und der Führung der erfahrenen Älteren anzuvertrauen, scherzhaft als «junge Grammatiker» und Junggrammatiker bezeichnet. Brugmann kommt 1900 in den «Indogermanischen Forschungen» noch einmal auf sein Vorwort des ersten Bandes der «Morphologischen Untersuchungen» zurück, das er allein geschrieben, aber zusammen mit Osthoff, dem Mitherausgeber, unterschrieben hatte. «Dieser (Osthoff R. R.) – so bemerkte Brugmann – hat sich darauf beschränkt, eine oder zwei meiner Perioden, die zu lang ausgefallen waren, in zwei Sätze auseinanderzulegen und, auf meinen Wunsch natürlich, seinen Namen mit unterzusetzen». In diesem Vorwort wird zum ersten Male von der «junggrammatischen Richtung» gesprochen. Brugmann wollte, wie er sagte, «Ausdrücke wie Gesinnungsgenossen, Freunde und alles solches vermeiden, was danach schmecken konnte, als wollten wir eine Partei konstituieren». Er hatte von August Leskien beiläufig erfahren, daß «Freund Zarnckes Humor» in einem schriftlichen Gutachten über Rudolf Kögels Doktordissertation diesen zu den Junggrammatikern gerechnet habe:

> In jugendlicher Unerfahrenheit und Leichtfertigkeit machte ich mir (so erzählt BRUGMANN) das Scherzwort in meinen Stilnöten zu Nutzen, nicht ahnend, was ich anrichtete, vor allem nicht, wie der Ausdruck, obwohl ich ihn nur in Anführungszeichen gab und damit als in fremder Werkstatt geprägt kennzeichnete, von einigen Mißvergnügten würde ausgebeutet werden, um uns und andere zu einer «Sekte» zu stempeln, die geräuschvoll aus der allgemeinen Landeskirche ausgetreten sei.

1.2. Die Junggrammatiker ragen in ihrer Zeit in der linguistischen Welt heraus, sie haben Leipzig zum unbestrittenen, wenn keineswegs unangreifbaren Zentrum der Sprachwissenschaft gemacht. Ihre Ideen sind nicht wie Pilze über Nacht aus der

Erde geschossen. Sie werden vorbereitet in einer langen Reihe von Denkern, die seit dem 17. Jahrhundert immer deutlicher identifiziert werden können. Aber das Gedankengebäude, das sie dann schließlich errichteten, das Paradigma ist ihre eigene, eine vollendete Leistung. Das Epitheton, das Karl Voßler über sie ausstreute, die «Dachdecker um Hermann Osthoff», war witzig aber wirkungslos. Die bestechenden Erfolge in der Beschaffung riesiger Faktenmengen und die Entscheidungen zu klaren und mutigen Hypothesen, die in ihrem Kreise gefallen sind, bestimmen den Rang ihrer Selbständigkeit.

2.1. Um *Geschichte* und *Vergleichung* der Sprachen kreisen die Ideen und Interessen in der *Vorgeschichte* der Junggrammatiker, die selbst am leichtesten den zähen Mythos zerstört, als sei sie auch die *Vorgeschichte* der Sprachwissenschaft. Und die Desintegration der Junggrammatiker bedeutet keine Umwälzung der sprachwissenschaftlichen Szenerie; aus ihren Reihen und Kritikern kommen die führenden Köpfe des linguistischen Strukturalismus, Baudouin de Courtenay, Ferdinand de Saussure, Leonard Bloomfield.

2.2. Sprachgeschichte und Vergleichung, wie sie die Junggrammatiker betreiben, bewegen sich vorwiegend im indoeuropäischen Raum, und wo sie darüber hinausgreifen, z. B. in ugro-finnische Sprachen, ist ihnen der Glanz des Ruhmes nicht sogleich gefolgt, es blieb zunächst weithin unbekannt. Die indoeuropäische Hypothese aber greift viel weiter zurück, als die Junggrammatiker selbst zu wissen schienen. Vor 290 Jahren hielt der Stockholmer Andreas Jäger seine öffentliche Magistervorlesung an der Universität Wittenberg. Sie und ihre Drucklegung tragen den Titel: «De lingua vetustissima Europae, Scytholettica et Gothica» (Wittenberg 1680).

> Eine alte Sprache, einst in einem abgelegenen Gebiete des kaukasischen Gebirge gesprochen, die sich in mehreren Wellen über Eurpa und Asien ausgebreitet hatte, verstummte und hatte keine Denkmäler hinterlassen. Aber sie hatte als ‹Mutter› eine Schar von Tochtersprachen hervorgebracht, von denen viele ihrerseits Mütter weiterer Töchter wurden. Zu den Abkömmlingen der alten Sprache gehören Persisch, Griechisch, Italisch, die slavischen Sprachen, Keltisch und schließlich Gotisch und die anderen germanischen Sprachen.[6]

Noch fehlen die indischen Sprachen, deren verwandtschaftliche Entdeckung später zur Stern-, nicht zur Geburtsstunde der indogermanischen Sprachwissenschaft mit Sir William Jones werden wird.

Jägers zitierte Feststellung würde mit etwas gutem Willen von einem heutigen Linguisten hingenommen werden. Er wäre verwundert, daß die Ursprungssprache mit solcher Sicherheit in den Kaukasus verlegt wird und daß sie den Namen «Skythisch» erhält – ein Schlüsselwort in Jägers Ideen. Die neue genealogische Vorstellungswelt, in der auch das Ereignis des Todes einer Sprache festgehalten wird, ist von vielen Metaphern verschleiert. Auf Jägers Vortrag wird 1742 mit großem Verständnis resümierend zurückgekommen in den «Beiträgen zur kritischen Historie der Deutschen Sprache, Poesie und Beredsamkeit» VIII und auch in den «Critischen

Versuchen angefertigt durch Einige Mitglieder der Deutschen Gesellschaft in Greifswald»[7]. Dort heißt es:

> Hätte dieses (die Aktionen der Hamiten in Babel, R. R.) seine Richtigkeit, so bliebe kein Zweifel übrig, daß Japhets Sprache unverändert bey den Scythen, als seinen Nachfolgern geblieben sey, bis sie mit der Zeit in verschiedene Dialekte vertheilet worden, und die, nach dem Unterschied der von den scythischen Völkern vorgenommenen Veränderungen, in Europa üblich gewesene phrygische (aus der sich das Griechische entwickelte, R. R.), alte italiänische, celtische, gothische, und slavonische Sprache hervorgebracht hätte. Diese machen die Anzahl der in Europa üblich gewesenen Sprachen aus, und die in einer jeden vorkommenden Wörter stimmen so mit einander überein, daß man nothwendig auf eine genaue Verwandtschaft und auf einen gleichen Ursprung derselben von einer Hauptsprache zu schlüssen, Recht hat.

Jägers Vision gemeinsamer Herkunft verschiedener Sprachen, in der Namen und Sitz der Muttersprache traumhaft erscheinen, war wandelbar zu einer Hypothese und konnte empirisch befestigt, methodisch ausgerüstet werden. Das war im Grunde simpel: sichtbare, auffällige Ähnlichkeiten der Lautform und intuitive Ähnlichkeiten der Bedeutung dem Zufall zuzuschreiben, widerstrebte es einem immer mehr, je dichter die Ähnlichkeiten in paralleler Korrespondenz auftraten. So wurden gemeinsame Herkunft, genetische Identität, als Grund der Entsprechungen ertastet. Erst 1767 und zum ersten Male stellte der Franzose Père Cœurdoux, Jesuitenmissionar aus Pondicherry, Vergleiche an und Gleichungen auf, die systematisch genannt werden können. Er schickte ein entsprechendes *mémoire* an das Französische Institut in Paris, das 1768 vor der Académie Française verlesen wurde.[8] Er verglich Verbformen von «SEIN» des Lateinischen und des Sanskrit, z. B. *sum* und *ásmi*, und verwarf jeden Gedanken, die Ähnlichkeit könne durch Entlehnung entstanden sein. Aber Cœurdoux' Arbeit bleibt 40 Jahre unveröffentlicht und ist kaum bekannt, als 1786, genau 100 Jahre nach Jägers Vortrag, Sir WILLIAM JONES, englischer Orientalist, Oberrichter in Bengalen, in einem Vortrag in Kalkutta vor der Asiatischen Gesellschaft, die er als Organisation des englischen Kolonialismus gegründet hatte und deren Vorsitzender er war, beiläufig eine geschichtliche Mitteilung machte. Der Vortrag war viel mehr mit anderen Angelegenheiten befaßt als mit Sprachen. Dem Text dieser Mitteilung ist der Rang eines Kanonischen Konzepts der indoeuropäischen Sprachfamilie und der vergleichenden Sprachwissenschaft zugefallen:

> Wie altertümlich Sanskrit auch sein mag, es hat einen wunderbaren Bau; es ist vollkommener als das Griechische, reichhaltiger als das Lateinische und übertrifft beide an erlesener Verfeinerung, während es bezüglich der Wurzeln der Wörter und der grammatischen Formen zu beiden eine stärkere Affinität aufweist als durch Zufall hätte entstehen können; diese ist so stark, daß kein Philologe alle drei betrachten könnte, ohne zu glauben, daß diese Sprachen einer gemeinsamen Quelle entsprangen, die vielleicht nicht mehr existiert. Ebenso besteht ein wenn auch nicht so zwingender Grund für die Annahme, daß auch das Gotische und das Keltische ... derselben Herkunft sind wie das Sanskrit, auch das Altpersische könnte man mit dieser Familie vereinigen.[9]

Jones, der in Bengalen Sanskrit gelernt hatte, übertraf Jäger vor allem mit dem Einsatz dieser Sprache.

Die überwältigende Evidenz von Ähnlichkeiten zwischen dem Indischen und den bekannten europäischen Sprachzweigen mußte als unumstößlicher Beweis der Verwandtschaft, der genetischen Identität – wie es B. A. Serebrennikov ausdrückt – hingenommen werden. Die Beweisführung, die William Jones der Sprachwissenschaft eröffnet, bahnt allerdings einer überzeugenden Methodologie den Weg nur langsam. Dreißig Jahre später – wir kommen darauf zurück – wird Franz Bopp für die Entdeckungen des William Jones und seine eigenen einen methodologischen Rahmen anfertigen und erklärende Hypothesen vorbringen, an denen sich die Kontroversen der vergleichenden Sprachwissenschaft verschärfen und von denen die Position der Junggrammatiker deutlicher abgehoben werden kann.

Der Vorsprung und Vorrang, den die indoeuropäischen Sprachen in der komparativen und historischen Linguistik gewonnen haben, hat natürlich nichts mit inneren Qualitäten dieser Sprachen zu tun. Der Grund ist einfach der, daß viele dieser Sprachen sehr alte aufgezeichnete Texte haben. So können die Ähnlichkeiten immer weiter zurückverfolgt werden, bis sie sich zur nahen Gewißheit genetischer Identität verstärken oder auch sich verlieren und somit den Schein ihrer Gemeinsamkeit.

3.1. Das genealogische Konzept, Geschichtlichkeit in diesem Verständnis, ist, wie leicht gezeigt werden konnte, zu einer festen Verbindung mit der Vergleichung, der Komparativität, geschlossen. Aber diese beiden Leitbegriffe hatten auch den Anspruch auf Eigenständigkeit geltend gemacht.

G. W. Leibniz empfahl die *Vergleichung* von Sprachen, die im 18. Jahrhundert neben der Sammlung von Wörtern den charakteristischen Trend der empirischen Linguistik ausmacht, mit den Worten, daß «... nichts *mehr* Licht in die Erforschung des Ursprungs der Völker bringe als der Vergleich von Sprachen»[10]. Den noch das ganze 17. Jahrhundert unerschütterten Glaubenssatz, daß das Hebräische die erste und älteste Sprache sei, entkräftete Leibniz spöttisch mit der Bemerkung, daß man dann auch einem gewissen Goropius Glauben schenken müsse, der 1580 in Antwerpen in einer Arbeit den Beweis antrat, daß Niederländisch *die* Sprache ist, die im Paradies gesprochen wurde.[11] Leibniz' moderne linguistische Vorstellungen blieben lange in seiner Dissertation *De originibus gentium* verborgen:

> Das Studium der Sprachen darf keinen anderen Prinzipien als denen der exakten Wissenschaften folgen. Warum mit dem Unbekannten anstelle des Bekannten beginnen? Es sollte für jeden klar sein, daß wir mit dem Studium der modernen Sprachen beginnen sollten, die in unserer Reichweite liegen, um sie zu vergleichen ..., ihre Unterschiede und Affinitäten zu entdecken, um dann zu denen fortzuschreiten, die ihnen in früheren Zeiten vorangegangen sind, und so ihre Verwandtschaftsverhältnisse und ihren Ursprung zu zeigen, und dann schließlich aufzusteigen zu den ältesten Zungen, deren Analyse uns zu den einzigen vertrauenswürdigen Konklusionen führen muß.[12]

Die Junggrammatiker haben diese Worte Leibnizens nahezu nachgesprochen. Francis Bacons rigoroses induktives Konzept empirischer Prozeduren kann in Leibnizens Worten nicht übersehen werden. Aber erst 200 Jahre nach Bacon, 1833, glaubt der Indogermanist AUGUST FRIEDRICH POTT die Ideen des englischen Materialisten verwirklicht: «... sein (Bacons, R. R.) Weg, d.h. sorgfältige Beobachtung und unermüdliche Aufsuchung von Analogien und Gesetzen ... ist endlich mit Glück auch in der Sprachwissenschaft betreten»[13].

Vergleichung und genealogische Historizität begegnen sich unausweichlich schon bei Leibniz. Aber sein Interesse greift weiter, er sucht über die Sprache Zugang zur kognitiven Funktion des menschlichen Intellekts. «Ich glaube wirklich, daß die Sprachen der beste Spiegel des menschlichen Geistes sind und daß eine genaue Analyse der Bedeutung der Wörter besser als alles andere zeigen würde, wie der Verstand funktioniert.»[14]

3.2. Leibnizens sprachphilosophisches Interesse wurde besonders vom multinationalen und multilingualen Rußland des 18. Jahrhunderts angezogen. Die große Erkundung Rußlands und Sibiriens unter Peter erstreckte sich – und das nicht ohne die anregende und ermutigende Initiative von Leibniz – auch auf viele Sprachen des Landes. Der Göttinger Historiker Schlözer sagte von J. E. Fischer, einem der bedeutendsten Sprachforscher dieser Zeit, der an der zweiten Kamtschatka-Expedition 1740–1748 teilgenommen hatte, daß er den Weg, den Leibniz einst mit großer Voraussicht wies, als erster gangbar gemacht hat (... viam ... quam *Leibnitius* olim magno animo cepit, tu primus patefecisti)[15]. Fischers größtes Werk, das Vocabularium Sibiricum, das erste finnisch-ugrische etymologische Wörterbuch, übertrifft an Zahl und Richtigkeit alle Wörterbücher dieser Art und stellt die bedeutendste Leistung der wortsammelnden Linguistik des 18. Jahrhunderts dar. In Fischers Tätigkeit und in der des Historikers Tatiščev, der vor allem nichtrussische Sprachen des Uralgebiets in geschickter Feldarbeit mit enquête-Techniken untersuchte, gipfelte die erste Periode der Wortsammlungen des 18. Jahrhunderts.[16] 1773 wandte sich G. L. C. BACMEISTER auf Initiative der Zarin Katharina, die sich schon als Großfürstin für das Projekt eines Universalglossars interessiert hatte, an die Gelehrten der Welt «... bei der Sammlung von Sprachmaterial behilflich zu sein»[17]. Der Appell Bacmeisters – idea et desideria de colligendis linguarum speciminibus – enthielt eine Liste von einzutragenden Wörtern, 22 Satzmuster und einige Hinweise, wie das Material zu sammeln sei. Als Bacmeister seinen Appell 1784 erneuerte und weiteres Material einforderte, hatte die Zarin persönlich die Arbeit an einem Wörterbuch aufgenommen. Sie stellte eine Stichwortliste von 280 einzutragenden Wörtern auf, die sie in 200 Sprachen übersetzt haben wollte. Sie ließ es sich nicht nehmen, eigenhändig und sachverständig die Äquivalente jedes Stichworts für verschiedene Sprachen festzusetzen und abzuschreiben. Nach 9 Monaten ermüdete sie bei dieser Arbeit und übergab ihr Material zusammen mit der Sammlung des Berliner Gelehrten P. Nikolai an Peter Simon Pallas mit dem Auftrag, das Wörterbuch zu vollenden. So entstanden die Vocabularia Comparativa, deren erste Auflage in Russisch und Lateinisch erschien. Katharina selbst bemühte sich um die zweite Auflage des Wörterbuchs, die 1790–91 von Jankovics de Mirijevo, einem geborenen Ungarn, herausgebracht wurde. Die Wortsammlungen überschritten die Grenzen des Indoeuropäischen vor allem zum Finno-Ugrischen.

4.1. Vergleichung und Geschichtlichkeit der Sprachen, das waren die beiden *Leitbegriffe,* deren empirische Fundierung und Explikation die Junggrammatiker bewältigen wollten. An ihnen erstrahlte der Glanz ihrer bestechenden Erfolge und an ihnen scheiterten ihre Kräfte. Bevor wir Vergleichung und Historizität wieder zusammenführen und gemeinsam in den Blick nehmen, soll nach der Vergleichung auch der zweite Leitbegriff der damaligen Sprachwissenschaft, die Historizität, in das Verständnis seiner Zeit gestellt werden. Wir greifen exemplarisch einen der ganz Großen der Sprachgeschichte heraus, auf dessen Schultern die Junggrammatiker stehen, Jacob Grimm.

1819 erscheint der erste Band seiner deutschen Grammatik, mit einer langen Vorrede, die man mit Telegdi[18] das Manifest der historischen Sprachwissenschaft nennen kann. Wilhelm von Humboldt schreibt über diese Vorrede[19]: «Ich kann mit Wahrheit sagen, daß mich nie etwas über Sprache Geschriebenes so durch die Wahrheit der Behauptungen und die Schönheit des Ausdrucks angezogen hat.» Er bezieht sich dabei aber vermutlich nur auf einen Abschnitt, der sich an Grimms eigentliche Vorrede anschließt und überschrieben ist: «Einige Hauptsätze, die ich aus der Geschichte der deutschen Sprache gelernt habe.» Gerade diesen Abschnitt hat Grimm in die zweite Ausgabe nicht mehr aufgenommen, da er «unreife Erörterungen» enthalte.[20] An der schonungslosen Aburteilung der Schulgrammatik, des «fast sinnlosen Elementarunterrichts», auf den – ohne wirkliche Abschwächung – in der zweiten Auflage die Schulgrammatik eingeschränkt wird, läßt sich die Schärfe der Grimmschen Auffassung verspüren, daß es «keine Grammatik der einheimischen Sprache für Schulen und Hausbedarf gebe». In der Vorrede zum ersten Band des «Deutschen Wörterbuchs» 1854 spitzt sich diese Ansicht zu: die Grammatik sei, im Unterschied von dem allen Leuten dienenden Wörterbuch, ihrer Natur nach für Gelehrte. Die grammatische Kunst, wie sie bisher ausgeübt wurde, sei außerstande, die gegenwärtige Struktur der Sprache zu begreifen. Sie nimmt die Formen der Sprache unmittelbar hin und kann sie so nicht verstehen. «... um sie zu verstehen, ihnen den Schein des Zufälligen und Willkürlichen abzustreifen, müssen wir sie auf andere Formen, die ihnen zugrunde liegen, zurückführen, ... sie von jenen *ableiten.*» Durch «Ableitung» im Marxschen Sinne wird ein Gegenstand im Weg des Denkens reproduziert (und eben dadurch begriffen), «... er erscheint im Denken als Prozeß der Zusammenfassung, als Resultat»[21].

Die *wissenschaftliche* Darstellung der gegenwärtigen Struktur besteht also in ihrer Ableitung. Aber die Ableitung ist für Jacob Grimm nicht die ihn vertiefende *Reproduktion* des Gegenstands. Sie ist für ihn in der geschichtlichen Entwicklung *tatsächlich gegeben, sie liegt vor* und braucht nur dingfest gemacht zu werden. Hauptzweck seines Werkes sei es gewesen, den Beweis zu führen, daß «... die heutigen Formen unverständlich seien, wo man nicht bis zu den vorigen, alten und ältesten hinaufsteige, daß folglich die gegenwärtige grammatische Struktur nur geschichtlich aufgestellt werden dürfe.»[22] Jean Pauls Versuch, eine Regel für die Bildung der Komposita im Deutschen auf Grund des gegenwärtigen Sprachgebrauchs zu formulieren, ist nach Grimm zum Scheitern verurteilt. «Jean Pauls Regel sei gänzlich falsch, könne nicht zutreffen, weil er die Sprache wie etwas von heute betrachte, in dem Irrtum befangen sei, die Sprache der Gegenwart habe ihre Regel in sich ...»[23] Das Wort «historisch» verstand Grimm noch in einer anderen Nuance, in der es Ausdrücken wie *rational* und *philosophisch* gegenüberstand. «Historie» ist hier synonym mit «Empirie». Dieser Gebrauch läßt sich bis auf Aristoteles zurückverfolgen. Die aristotelische Historia Animalium (*αἰ περὶ τὰ ζῷα ἱστορίαι*) ist ein vorläufiges Werk, eine Materialsammlung zur vergleichenden Anatomie und Physiologie. «Vernunfterkenntnisse werden – heißt es in KANTS Logikvorlesungen – historischen Erkenntnissen entgegengesetzt. Jene sind Erkenntnisse aus Prinzipien, ex principiis, diese Erkenntnisse aus Daten (ex datis)[24]». Kant benutzte übrigens für seine Vorlesungen über Logik G. F. Meiers Auszug aus der Vernunftlehre (Halle 1752). Warum er nicht seine eigene Logik vortrug, ist leicht zu sagen: er durfte nicht.

> Noch im Jahre 1778 – so ist in ERNST CASSIRERS Kant-Monographie zu lesen – ... erging an die Professoren der Königsberger Universität ein ministerieller Erlaß, der die freie Gestaltung des akademischen Unterrichts ausdrücklich verbietet und den engsten Anschluß an ein bestimmtes Lehrbuch fordert ... Die Professoren möchten, wenn sie soviel Weisheit besäßen, ihren Autor verbessern – das Lesen über eigene Dictata aber müsse schlechterdings abgeschafft werden.[25]

Die Synonymie von Historia und Empirie bleibt bis ins 19. Jahrhundert hinein lebendig. A. F. POTT, einer der Begründer der Indogermanistik, spricht von einer «bloß historischen Betrachtung des Erforschten»; dieser unzulänglichen Betrachtung stellt er als die eigentlich wissenschaftliche «das Begreifen des tatsächlichen Befundes nach Wesen und inneren Gründen» entgegen. Und doch lobt er Grimm für seine historische Exposition der Lautveränderungen in den germanischen Sprachen, die «mehr Wert haben als manche philosophische Grammatik voll einseitiger und leerer Abstraktionen». In der Qualifizierung «*bloß* historisch» verrät sich eine rationalistische Geringschätzung der empirischen Erkenntnis. Selbst bei W. HUMBOLDT finden sich Sätze wie diese: «Das Sprachverfahren kann auch nicht bloß historisch geschildert werden». Und JOHANN HEINRICH MEIEROTTO legte der Berliner Akademie, der er seit 1786 angehörte, eine Abhandlung vor mit dem Titel: «Das bloß Historische in einer Sprache macht sie besonders schwer». Meierotto scheint geglaubt zu haben, daß die Aneignung einer fremden Sprache besonders durch die Einzelheiten, die nur faktisch festgestellt, deren Gründe aber nicht eingesehen werden können, erschwert sei.[26]

1884 kann der Philosoph W. WINDELBAND in seinem Aufsatz «Was ist Philosophie?» den Gebrauch von «historisch» im Sinne von «empirisch» als veraltet erklären. Aber zu Grimms Zeit war dieser Gebrauch durchaus geläufig. Das Dasein der Deponentia wie lateinisch *loquor* erklärt sich Grimm dadurch, daß das entsprechende Aktivum außer Gebrauch gekommen ist. Es ist also eine historische (d. h. faktisch-zufällige), nicht im Begriff (d. h. der Bedeutung) der Wörter beruhende (und damit notwendige) Entwicklung.[27] Natürlich geht es Grimm um die Erklärung der Fakten der gegenwärtigen Sprache, aber er sieht diese Erklärung nicht in einer Theorie, die ihre tieferen, verhüllten Zusammenhänge bloßlegt. Die Erklärung sind ihm *andere* Fakten, die Fakten der Vergangenheit. Der erfolgreiche Rückgriff auf vergangene Fakten selbst ist die Erklärung. Das bedeutet nicht, daß Grimm die *philosophische* Problemstellung völlig versperrt gewesen wäre. Er kennt die *philosophische* Grammatik, aber er ist sich sicher, daß ihre unumgängliche Grundlage nur durch die *historische* (auf die Fakten gerichtete) Forschung geschaffen werden könne. Die «philosophische» Grammatik, besser bekannt als «allgemeine» Grammatik war eine vorwiegend in Frankreich ausgebildete Idee. Im Artikel «Grammaire» der Enzyklopädie, der von Beauzée und Douchet gezeichnet ist, heißt es:

> Die allgemeine Grammatik ist eine Wissenschaft (science), weil sie sich nur auf die vernünftige Betrachtung der umwandelbaren und allgemeinen Prinzipien der Rede beschränkt; eine besondere Grammatik (grammaire particulière) ist eine Kunst, weil sie die praktische Anwendung der willkürlichen und gewohnheitsmäßigen Institutionen einer besonderen Sprache auf die allgemeinen Prinzipien der Rede ins Auge faßt.

Grimm hat das theoretische Verhältnis der historischen zur philosophischen Grammatik offengelassen, aber es ist de facto die erstere, die ihm als die wahrhaft wissenschaftliche gilt. Ein Sprachzustand ist nicht aus sich selbst, sondern nur aus der Geschichte, aus der Entwicklung, deren Ergebnis er ist, zu verstehen, das ist die dominierende Position der Sprachwissenschaft des 19. Jahrhunderts. Genau dieser Gedanke wird anscheinend seit den 80er Jahren des vergangenen Jahrhunderts von F. D. Saussure grundsätzlich verworfen. Jacob Grimm konstatierte Lautübergänge als Anfangs- und Endstadium. Kausalbeziehungen anzugeben, wagte er nicht, aber negierte sie auch nicht. Befangen in den Voraussetzungen, die ihn befähigten, ungeheures Wissen über germanische Sprachen *selbst* zusammenzutragen, verdrängte er die tiefere Historizität, die er ahnte, in irrationale Sphären der Volksseele, des Genius der Sprache. Als Grimm seinem Freund und einstigen Lehrer an der Universität Marburg, F. C. von Savigny, dem Begründer der «historischen Rechtsschule», den ersten Band der «Deutschen Grammatik» widmet, bekräftigt er in der Widmung seine Idee, «... einmal aufzustellen, wie auch in der Grammatik die Unverletzlichkeit und Notwendigkeit der Geschichte anerkannt werden müsse». Aber diese Notwendigkeit ist für Grimm noch keine für die Vernunft durchschaubare Notwendigkeit sprachlicher Veränderung, es ist nur die äußere Notwendigkeit, die sich in der sprachlichen Tätigkeit durchsetzt, vom Bewußtsein hinzunehmen, aber rational nicht explizierbar ist. «Leben und Gang» der Sprache sind der Wirksamkeit des «unermüdlich schaffenden», des «unergründlichen» Sprachgeists zu danken.[28] Der Begriff des Sprachgeists mag in seiner vermutbaren Einheitlichkeit als Keim die Einheit der Sprache als System verbergen.

4.2. Das notorisch positivistische Konzept *junggrammatischer* Historizität wird *positiver* ausfallen, weil es sich rigoros und rational artikuliert. *Seine* Negation ist deshalb leichter als die der dunklen Vorstellungen Jacob Grimms. Bevor wir endlich und endgültig zu den Junggrammatikern kommen, muß ein schon angekündigter letzter vorbereitender Schritt getan werden. Er führt noch einmal zur Vergleichung, zu der methodischen Zubereitung, die sie erfahren hat und von der sich erst die junggrammatische Behandlung von Vergleich und Geschichte scharf genug abheben läßt. Franz Bopp und August Schleicher sind die herausragenden Gestalten, die wir damit in unsere Historie aufnehmen und so an den zweifachen Sinn der Vergleichung erinnern. Sie hat zum einen leicht philosophischen Charakter, ist universalistisch mit Whorfschen Tönen, wenn wir es etwas anachronistisch sagen. Sie soll dann verstehen helfen, wie der Mensch denkt, wie seine kognitiven Strukturen und deren Gesetzmäßigkeiten angelegt sind. Das waren unter vorgreifend modernen Gesichtspunkten schon Leibnizens Pläne bei Sprachvergleichen. Zum anderen ist Vergleichung von Sprachen mit ihrer Geschichte zusammengeschlossen. Diese Komparativistik etablierte sich als langlebiges Forschungsprogramm vor allem in Deutschland. Die Entwicklung nationalstaatlicher Ideologie und eine günstige kaderpolitische Konstellation trugen dazu bei.

Der ehemalige Sanskritstudent in Paris, der theoretische und praktische Linguist W. v. Humboldt, preußischer Minister des Kultus und des öffentlichen Unterrichts, errichtete einen Lehrstuhl für Sanskrit und Vergleichende Philologie an der Berliner Universität, ein Beispiel, dem andere deutsche Staaten folgten. Für diesen Lehrstuhl empfahl Humboldt seinen ehemaligen Sanskrit-Lehrer Franz Bopp, den er in London, als Humboldt dort außerordentlicher Gesandter war, näher kennengelernt hatte.[29] Die Institutionalisierung der vergleichenden Sprachwissenschaft war ohne Beispiel in Europa. Franz Bopp hat nach dem denkbar kompetentesten Urteil von Antoine Meillet das Verdienst, «Ideen eine präzise Form gegeben zu haben, die sonst steril geblieben wären; er habe die vergleichende Grammatik gefunden, als er das Indoeuropäische zu erklären suchte, so wie Christoph Columbus Amerika entdeckte, als er den Weg nach Indien suchte»[30]. Bopps gewagteste Spekulationen haben – nach Mounin – für den Erfolg der vergleichenden Grammatik mehr getan als der solide Teil seines Werks.[31] Und Filipp Fedorovič Fortunatov, der bedeutendste russische Sprachvergleicher, erinnert daran, daß Bopp das vergleichende Studium der indoeuropäischen Sprachen geschaffen habe und die Erfolge, die auf diesem Gebiet nach ihm erzielt wurden, vor allem Bopp zu danken seien, denn *er habe den richtigen Weg* gezeigt, den die Linguistik ... einschlagen müßte.[32]

In FRIEDRICH VON SCHLEGELS Buch «Über die Sprache und Weisheit der Inder»[33] lassen sich Idee und Terminus «vergleichende *Grammatik*» zum ersten Male vernehmen, und in diesem Buch findet sich auch ein Satz, der wie ein Stichwort von Bopp aufgenommen wird:

> Jener entscheidende Punkt aber, der hier alles aufhellen wird, ist die innere Struktur der Sprachen oder die vergleichende Grammatik, welche uns ganz neue Aufschlüsse über die Genealogie der Sprachen auf *ähnliche* Weise geben wird, wie die vergleichende Anatomie über die höhere Naturgeschichte Licht verbreitet hat.

Als Bopp diesen von Schlegel entworfenen Plan auszuführen begann, löste sich sein beobachtender Realismus ein wenig vom *romantischen* Konzept des Indoeuropäischen, dessen Entwicklung sich Schlegel als fortlaufende Zerstörung der vollendeten Harmonie ihres ursprünglichen Zustands darstellt.[34] Der stufenweisen Korruption des ursprünglichen sprachlichen Mechanismus wirken nach Bopp Tendenzen eines Neu- und Wiederaufbaus entgegen. Das romantische Ethos geschichtlicher Tiefe, das überwältigende Interesse an den ältesten Schätzen poetischer, literarischer, religiöser Texte war ihm eher fremd. Bopp war kein Sprachhistoriker. Aber er ging der Rekonstruktion von Proto-Formen, die ihm die bezeugten Entsprechungen seiner Vergleichung logisch aufdrängten, nicht aus dem Weg. Erst 50 Jahre später, 1868, wird August Schleicher die letzte praktische Konsequenz der Rekonstruktion ziehen und eine Fabel in der indogermanischen Ursprache rekonstruktiv zusammensetzen, – eine krönende Erfolgsdemonstration der Vergleichung, keine zu verspottende Absurdität.

Franz Bopp schwebte allerdings vor, daß die komparative Rekonstruktion aus den Trümmern der bezeugten indoeuropäischen Sprachen eine Proto-Morphologie erstehen lassen könnte, in der die Laut-Bedeutungs-Relationen in ihren Erstformen freigelegt wären: «... wie im Sanskrit ähnliche Modifikationen der Bedeutung durch ähnliche Modifikationen der Form angezeigt werden ...»[35]. So hatte noch niemand die indoeuropäische Morphologie angesehen und behandelt. F. Bopp provozierte und antizipierte Diskussionen, die in der modernen Linguistik noch ausgetragen werden, z. B. – in heutiger Sprache gesagt – über den Geltungsbereich von Operatoren wie beispielsweise der Negation: wenn er z. B. die *Nicht*-Gegenwart die hervorstechendste Eigenschaft der *Vergangenheit* nennt, so daß nur das Präsens-Morphem, nicht das Verb, in dem es sich befindet, von der Negation erfaßt wird. Oder wenn er die gegenwärtigen Diskussionen über Vagheit und Unbestimmtheit der Semantik natürlicher Sprachen mit den Worten andeutet:

> Die Sprache drückt nie etwas vollständig aus, sondern hebt überall nur das am meisten hervorstechendste oder ihr so erscheinende Merkmal hervor ... somit dreht sich die Sprache in einem Kreis der Unvollständigkeit herum, bezeichnet die Gegenstände unvollständig durch irgend eine Eigenschaft, die selber unvollständig angedeutet ist.[36]

Bopps großer theoretischer Vorgriff der semantischen Argumentationen war erkauft mit einer Vernachlässigung der phonetischen. Aber kaum jemand, der diese vergleichende Grammatik praktizierte, scheint Einwendungen aus Gründen formaler, d. h. phonetischer Plausibilität der Ableitungen Bopps gemacht zu haben.

4.3. Die Reaktion gegen Franz Bopp und seine Schule setzte gegen 1860 ein. Bopps Abschwächung der sprachlichen Verfallsvorstellungen Friedrich von Schlegels war nicht stark genug, um ihm die Kritik seltsamer Widersprüchlichkeit zu ersparen. Rudolf Westphal stellt in seiner «Philosophisch-historischen Grammatik der deutschen Sprache» (Jena 1869) die Frage:

> Erst durch Depravation und Corruption soll es gekommen sein, daß die Endungen in ihrem Gegensatz zueinander als Träger logischer oder metaphysischer *Kategorien dastanden* und als solche mindestens dieselben Ansprüche auf Schönheit, ja auf unsere Bewunderung erheben, wie die bestimmten mathematischen Functionen folgenden Krystallformen der anorganischen Welt?

Anders gesagt, wenn alle Veränderung nur als Verfall erscheint, wie kann dann den Tochtersprachen System und Struktur zuerkannt werden, wie kann «... jener in sich so ganz und gar consequente Organismus der Endungen (des Verbs, R. R.) ..., der doch sicherlich ein festes und vernünftiges Princip zeigt, entstanden sein?»[37]

5.1. Vor dem Hintergrund der gewagten, aber vorwärtsweisenden Hypothesen Bopps und der Nachwirkung romantischer Mystifikation vollzog sich die entscheidende Wendung zum Paradigma der Junggrammatiker. Sie bestand darin, die Rekonstruktion einer (der) Protosprache als Modell semantischer Hypothesen oder Theoriefragmente im Rahmen der Morphologie aufzugeben und sie jetzt als Modell einer Theorie zu verstehen, in deren Zentrum das *Lautgesetz* stand, ein Begriff allerdings, dessen erste Verwendung Bopp in den Mund gelegt wird. Die neuen Hypothesen sollten die phonetischen und morphologischen Merkmale der einzelnen Tochtersprachen historisch erklären. Dazu brauchte man das Modell einer Proto-Sprache. Wenn sie auf dem Weg fortlaufender Rekonstruktion erreicht wurde, war die Erklärung vollendet. Das *semantische* Interesse an ihr war weitgehend erloschen. Die positiven, greifbaren Fakten der Denkmäler, der gesprochenen Sprache und der Mundarten wurden Grundlage der Entdeckung der sensationellen Lautgesetze der 60er und 70er Jahre.

Es ist schlechterdings unmöglich, das Team der Junggrammatiker nach der Einheitlichkeit ihrer Ansichten aufzustellen. Erklärte Gegner sind ihrer Idee gelegentlich gerechter geworden als erklärte Mitglieder, z. B. Wilhelm Scherer, dessen Geringschätzung der Junggrammatiker wegen persönlicher Differenzen keine wissenschaftlichen zur Folge hatte.

> Wir sind es endlich müde, – sagt Scherer – in der bloßen gedankenlosen Anhäufung wohl gesichteten Materials den höchsten Triumph der Forschung zu erblicken. Gewissenhafte Untersuchung des Tatsächlichen ist die erste und unerläßliche Forderung. Aber die Einzeltatsache als solche hat für uns an Wert verloren. Was uns interessiert, ist vielmehr das Gesetz, welches daran zur Erscheinung kommt.[38]

Aber ist das Gesetz, das Lautgesetz, das erklären soll, erklärungskräftig? Übertrifft es den Grimmschen Begriff der Historizität, der Veränderung als Funktion der Zeit? Wilhelm Scherer, seit 1884 Mitglied der Berliner Akademie, hatte neben August Schleicher starken wissenschaftlichen Einfluß auf *den* Mann, der mit 30 Jahren im Jahre 1870 den ersten deutschen Lehrstuhl für slavische Philologie erhalten hat und der vor genau 100 Jahren die Ansicht vertrat, daß die Lautgesetze ausnahmslos seien, auf August Leskien, Mitglied der Königlich Sächsischen Gesellschaft der Wissenschaften. Johannes Schmidt, der prominenteste Schüler August Schleichers, befand, daß Leskiens Satz von der Ausnahmslosigkeit der Lautgesetze, der in seiner Arbeit «Die Declination im Slavisch-Litauischen und Germanischen» ausgesprochen wurde, «auf den Beifall aller Besonnenen rechnen könne»[39]. Für LESKIEN ging es dabei um ein *lebenswichtiges, existentielles* Prinzip seiner Wissenschaft; denn: «Läßt man beliebige Abweichungen zu, so erklärt man im Grunde damit, daß das Object der Untersuchung, die Sprache, der wissenschaftlichen Erkenntnis nicht zugänglich ist»[40].

Zwei Jahre später, 1878, stellen BRUGMANN und OSTHOFF im ersten Heft der «Morphologischen Untersuchungen» den ersten methodologischen Grundsatz der junggrammatischen Richtung auf:

> Aller Lautwandel, soweit er mechanisch vor sich geht, vollzieht sich nach ausnahmslosen Gesetzen ... Nur wer sich an die Lautgesetze, diesen Grundpfeiler unserer ganzen Wissenschaft, streng hält, hat bei seiner Forschung überhaupt einen festen Boden unter den Füßen.[3]

Brugmanns Grundsatz läßt Ausnahmen zu, wenn der Lautwandel nicht mechanisch vor sich geht, so daß diese Regularitätshypothese den Satz einschließt: Keine Regel ohne Ausnahme. KARL VERNERS aphoristische Inversion dieses Satzes «Keine Ausnahme ohne Regel»[41], die alles wieder regelhaft macht, verschärft sich fast gleichzeitig zur methodologischen Anweisung in seinem brillanten Aufsatz «Eine Ausnahme der ersten Lautverschiebung», der auch in der glanzvollen Zeit vor 100 Jahren, im Jahr 1877, in Kuhns Zeitschrift erschien:

> Bei der Annahme eines Zufalls darf man nicht beharren. Zufälligkeiten en masse ... kann und darf sie (die vergleichende Sprachwissenschaft, R. R.) nicht zugestehen. Es muß in solchem Falle eine Regel für die Unregelmäßigkeit dasein: es gilt nur, diese ausfindig zu machen.

Die plötzliche Vertauschung von *Regel* und *Gesetz* braucht nicht zu beunruhigen. HERMANN PAUL hat in den «Prinzipien der Sprachgeschichte», dem theoretischen Credo der Junggrammatiker, gesagt, was von ihrem Gesetzesbegriff zu halten ist:

> In dem Sinne, wie wir in der Physik oder Chemie von Gesetzen reden ... ist der Begriff ‹Lautgesetz› nicht zu verstehen. Das Lautgesetz sagt nicht aus, was unter gewissen allgemeinen Bedingungen immer wieder eintreten muß, sondern es konstatiert nur die Gleichmäßigkeit innerhalb einer Gruppe bestimmter historischer Erscheinungen.[42]

Der Ausdruck «Gesetz» erhält eine spezielle Interpretation für den ungeheuren Faktenbereich, für den er weit genug greift. Das erscheint legitim, da man einen Gesetzesbegriff hinzunehmen bereit sein sollte, der auf die linguistische Disziplin und einen zu explizierenden Faktenbereich zugeschnitten ist, einen Gesetzesbegriff, der die Relevanz von Ausgangsbedingungen feststellt für das *Zustandekommen* eines *anderen neuen Zustandes,* der ebenfalls konstatiert wird. «Wenn wir von konsequenter Wirkung der Lautgesetze reden, so kann das nur heissen, dass bei dem Lautwandel innerhalb desselben Dialekts alle einzelnen Fälle, in denen die gleichen lautlichen Bedingungen vorliegen, gleichmässig behandelt werden.»[43] Ist aber dann das, was als Lautgesetz ausgegeben wird, nicht nur die Konstatierung historischer Ereignisse? Historische Ereignisse liegen tatsächlich vor, wenn bestimmte Klassen von Lautsegmenten anders artikuliert – oder, anders ausgedrückt – neue Regeln in die Sprachkompetenz aufgenommen und angewendet werden. Der Interpretation dieser systematischen Regeln als Gesetze steht nichts im Wege, da sie ganz allgemein die derivativen Eigenschaften einer im Prinzip unendlichen Menge lexikalischer Sequenzen feststellen. Diese Verallgemeinerung und die Voraussage neuer Fakten auf Grund fixierter Strukturen ist nicht mehr Konstatierung eines historischen Ereignisses wie etwa der Schlacht von Waterloo.

5.2. Es waren die suggestiven und unbestreitbar zuverlässigen Erfolge der Junggrammatiker in der genetischen Identifikation riesiger Morphemreihen, die ihr Selbstbewußtsein in der Empirie zum theoretischen Anspruch des Gesetzesbegriffs geführt und die schneidende Schärfe ihrer Aussagen hervorgetrieben hatten. Hinter einer Wand von Grundrissen, Text- und Handbüchern ist der unverlierbare Schatz ihrer Entdeckungen gesichert. Ihre theoretische und methodologische Ausrüstung war stark und gut genug, um dies hervorzubringen, die vielen Serien von Wort- und Morphemgleichungen in der erwähnten Verallgemeinerung und Prädiktabilität. Und mit ihrer eindringlichen Forderung, sich den lebenden Sprachen, Dialekten und Mundarten zuzuwenden, mit ihrem Drängen auf sorgfältigste Beobachtung der sprachlichen Daten befanden sich die Junggrammatiker in einem analogen Verhältnis zu ihrem Gegenstandsbereich wie die Naturwissenschaftler. Aber es kann nicht den Ansichten beigepflichtet werden, nach denen sie auf eine nur physikalische Sicht eingeengt waren.[44] Unter dem bezwingenden Eindruck der Fülle gewonnener phonetischer und morphematischer Fakten verstärkt sich freilich der Schein einer für das sprachliche System als Ganzes erzielten Exaktheit. Die phonetische Exaktheit, die sie erreichten, war allerdings für ihre Zeit unüberbietbar, nachdem noch EDUARD SIEVERS – wieder in dem denkwürdigen Jahr 1877 in Leipzig – die «Grundzüge der Lautphysiologie, zur Einführung in das Studium der Lautlehre der indogermanischen Sprachen» veröffentlicht hatte, die der «Aufhellung der Gesetze und Prinzipien, ... die sich in dem regelmäßigen ... Lautwandel kundgeben» zugute kamen. Den Rahmen des phonetischen Begründungszusammenhangs hatte allerdings bereits ERNST CURTIUS mit der Ansicht gesprengt, daß für den Lautwandel die morphologische Kategorie, in der ein Laut vorkommt, relevant sein kann. Seine Arbeit «Bemerkungen über die Tragweite der Lautgesetze» erschien 1870 in den Verhandlungen der Königlich-Sächsischen Gesellschaft der Wissenschaften zu Leipzig. Diese Idee wird von der generativen Grammatik wieder aufgenommen und noch auf syntaktische Fakten ausgedehnt. Indessen hatten die Junggrammatiker die Gesamtheit der Ausnahmen, alles, was sich der Gesetzeskraft des Lautwandels entzog, mit dem Begriff der *Analogie* abgefangen, wenn es sich nicht um Entlehnungen oder Vermischungen zwischen Dialekten handelte. Die Analogie ist der psychologische Komplementärbegriff zum physiologisch-physikalischen Lautgesetz im Erklärungsmechanismus der Junggrammatiker. Und da das Lautgesetz sich selbst erklärte, entstand das von H. SCHUCHARDT vermerkte Paradoxon, daß sich die Erklärungsanstrengungen der Junggrammatiker vor allem auf seine Ausnahmen richteten.[45]

Es kann nicht verwundern, daß sich die Kritik vor allem am Begriff der Analogie entzündete. Sie wurde zum Sammelbecken vieler der Probleme, deren Preisgabe oder Vernachlässigung der Preis für die gewonnene Exaktheit war. Unter Analogie verbergen sich morphologische, syntaktische und semantische Gesichtspunkte, von denen die phonetische Erklärung isoliert worden war. Am mangelhaften Begriff der Historizität als Konstatierung phonetischer Zustände nahm man direkt kaum Anstoß, denn einen anderen hatte – außer der allgemeinen Forderung nach Kausalerklärung – niemand vorzuweisen. Über Kausalerklärungen für phonetische Primärveränderungen besteht bis heute kein Consensus, wenn diese Fragestellung überhaupt deutlich und sinnvoll gemacht werden kann. Schuchardt besteht vielmehr auf kausalen Erklärungen für das weitere Schicksal eines einmal eingetretenen sporadischen Lautwandels, für seine «innere» und «äußere» Expansion. Die phonetische Primärveränderung mag der Freiheit oder Tendenz zu nichtfunktioneller Variation menschlich-gesellschaftlicher Kulturerzeugnisse zu danken sein. Die

Chance der Kausalerklärung für die Akzeptierung und Ausdehnung des Lautwandels muß wahrgenommen werden. Hier nähert sich HUGO SCHUCHARDT modernen Diskussionen. Er überläßt – gegen die mechanistische Auffassung – dem Individuum die Wahl, sich einem Lautwandel anzuschließen oder nicht. Dieser Vorgriff auf heutige soziolinguistische Ideen klingt bei ihm so:

> Ich gestehe, daß ich hier keineswegs das ausschließliche Spiel unterbewußter Tätigkeit erblicke; wenn ich mit F. Müller die Lautgesetze nicht schlechtweg mit den Gesetzen der Modetrachten vergleichen will, so scheinen sie mir doch in großem Umfang Sache der Mode, d. h. der bewußten oder doch halbbewußten Nachahmung zu sein.[46]

Bezüglich der «inneren Expansion»[47] neigt Schuchardt zu der Ansicht, daß der sporadische Lautwandel in den Dienst der Vervollkommnung des phonologischen und lexikalischen Systems gestellt werden könne. Auch hier sind Vorstellungen der Prager Phonologie, insbesondere von Roman Jakobson, angedeutet, wenn von Verallgemeinerungen – wir könnten hinzusetzen – von Vereinfachungen des Regelsystems die Rede zu sein scheint. «Aber» – so SCHUCHARDT – «über diese Metamorphose der Lautgesetze, die meines Wissens noch nie zum Gegenstand allgemeiner Erörterung gemacht worden ist, kann ich mich hier nicht auslassen.»[48] Und er greift schließlich dem modernen Begriff der lexikalischen Diffusion vor, wenn er sich gegen Brugmanns Behauptung wendet, der Lautwandel erfasse unterschiedslos jedes Wort, wenn es nur die phonetische Bedingung erfülle.[49]

H. Schuchardt, von 1872–1879 Privatdozent in Leipzig, war der unerbittlichste Kritiker der Junggrammatiker. Aber seine fragmentarischen, verstreuten, bisweilen leicht aphoristischen Gedanken konnten trotz faszinierender Einzelinterpretationen keinen breiten Widerhall finden. Seine Ideen und Visionen greifen weit voraus, überspringen das in der Zeit folgende Paradigma des Strukturalismus.

CARL VOSSLERS idealistische Kritik spricht eine zu verschiedene Sprache, als daß sie eine theoretische Kommunikation mit den Junggrammatikern hätte herstellen können. Gerechterweise muß aber hier an einen einschlägigen Gedanken Voßlers zum Lautwandel erinnert werden:

> Nur der Umweg über Stilistik und Satzbau führt in die Werkstatt des Geistes zurück und zeigt die eigentlichen und letzten Gründe des Lautwandels. So ist der Rückgang der französischen Diphthonge kaum anders zu erklären als aus dem Fortschritt vom parataktischen zum syntaktischen Satzbau.

Die Leipziger Junggrammatiker, die vor 100 Jahren in das Zentrum der Weltlinguistik traten, trafen auf glückliche Voraussetzungen einer Vorgeschichte, die ihnen die Chance bot, ihren wissenschaftlichen Fortschritt durch augenfällige, überragende Demonstration neuen Wissens und neuer Fakten überzeugend zu machen. Was sie zu Tage förderten, darauf kann keine linguistische Tätigkeit und Disziplin verzichten, wie immer sie ihren Gegenstand betrachten möge. Die rigorose Beschränkung der Fragestellung, des theoretischen und methodologischen Konzepts legitimiert sich mit diesen bestechenden Erfolgen, ebenso wie sie retrospektiv im Kontext ihrer Zeit auszuzeichnen ist und in einer marxistischen Sprachtheorie kritisch beurteilt wird.

Die Aufhebung des junggrammatischen Gedankenguts ist vor allem mit Baudouin de Courtenay und F. de Saussure verbunden. Der ganz junge de Saussure «entdeckte» noch als Oberschüler in Genf die sogenannte Nasalis sonans in der indogermanischen Grundsprache. Er hat natürlich nicht vergessen können, daß diese Entdeckung immer KARL BRUGMANN zugeschrieben wurde, der – auch wieder im Jahre 1876 – erklärte: «Es muß Silben ohne Vokal gegeben haben, in denen Nasale silbisch waren, ebenso Liquide.»[50] De Saussures Freundschaft mit Brugmann litt darunter nicht, und mit seinem «Mémoire sur le système primitive des voyelles dans des langues indo-européennes», 1878, gelingt ihm bald der entscheidende und anerkannte Vorstoß zur Erkenntnis des indoeuropäischen Vokalsystems. Der Übergang zum neuen Paradigma des Strukturalismus geschah also nicht in der Weise, wie sie MAX PLANCK in seiner «Wissenschaftlichen Autobiographie» bedrückt darstellt: «eine neue wissenschaftliche Wahrheit triumphiert nicht dadurch, daß man ihre Gegner überzeugt und das Licht sehen läßt, sondern eher weil ihre Gegner schließlich sterben und eine neue Generation heranwächst, die mit ihr vertraut ist».

Die Leistungen und Methoden der Junggrammatiker sind nicht von nur noch wissenschaftsgeschichtlicher, geschweige denn musealer Bedeutung. Die Wirkung ihrer Theorie, die keineswegs unabhängig ist von den Umwälzungen und Entwicklungen des Unterbaus der Gesellschaft, wird immer wieder spürbar in den Vermittlungen, in denen sie in heutige linguistische Theorien eingegangen ist. Wir erinnern uns an sie, um den Wert ihrer vergangenen Positionen und Traditionen an unsere Gegenwart zu vermitteln.

Anmerkungen

1 Vgl. Thomas S. Kuhn, The Structure of Scientific Revolutions, Second Edition 1970, International Encyclopedia of Unified Science, The University of Chicago Press, S. 181–204.

2 Vgl. Charles F. Hockett, Sound Change, in: Language, Vol. 41, Number 2, 1965, S. 186.

3 Morphologische Untersuchungen Vol. 1, 1878, S. IX/X.

4 R. H. Robins, Ideen- und Problemgeschichte der Sprachwissenschaft, Schwerpunkte Linguistik und Kommunikationswissenschaft, Bd. 16, Frankfurt a. M. 1973, S. 39.

5 Kurt R. Jankowsky, The Neogrammarians/Janua Linguarum, Series Minor 116, The Hague – Paris 1972, S. 125ff.

6 George J. Metcalf, The Indo-European Hypothesis in the Sixteenth and Seventeenth Centuries, 233, in: Dell Hymes (Herausg.), Studies in the History of Linguistics, Traditions and Paradigms, Bloomington London 1974.

7 D. Hymes, a. a. O., S. 234.

8 Vgl. K. Jankowsky 1972, S. 27, 182.

9 W. Jones, Asiatick Researches I, 1788.

10 G. W. von Leibniz, Collectanea Etymologica. G. Leibnitii Opera omnia. Herausg. von L. Dutens, Genf, Bd. 6, Teil 2. 1768, S. 228.

11 Nach Max Müller, Lectures on the Science of Language, Vol. 1, London 1880, S. 149.

12 De originibus gentium, zitiert nach Max Müller 1880, Vol. 1, 150. Übersetzung aus dem Englischen vom Autor.

13 Vgl. Jankowsky 1972, S. 19.

14 Vgl. Jankowsky 1972, S. 24.

15 Vgl. Dell Hymes 1974, S. 259.

16 Vgl. Dell Hymes 1974, S. 262.

17 Vgl. Dell Hymes 1974, S. 263.
18 Zs. Telegdi, Zur Geschichte der Sprachwissenschaft (Historische Grammatik), in: Acta Linguistica Academiae Scientiarum Hungaricae Tomus 16 (3–4) 1966, S. 225.
19 Telegdi 1966, 225.
20 Vgl. Telegdi 1966, 225.
21 Zs. Telegdi, Struktur und Geschichte: Zur Auffassung ihres Verhältnisses in der Sprachwissenschaft, in: Acta Linguistica Academiae Scientiarum Hungaricae, Tomus 17 (3–4), 1967, S. 223.
22 Jacob Grimm, Kleinere Schriften, 8. Bd., Gütersloh 1890, S. 45.
23 Nach Zs. Telegdi 1967. Das Zitat ist von Zs. Telegdi.
24 Zs. Telegdi, 1966, S. 227 ff.
25 Zs. Telegdi, 1967, S. 225 ff.
26 Zs. Telegdi, 1967, S. 226.
27 Zs. Telegdi, 1967, S. 227.
28 Zs. Telegdi, 1966, S. 235.
29 Vgl. Dell Hymes, 271.
30 Vgl. Dell Hymes, 271.
31 Vgl. Dell Hymes, 271.
32 Очерки по истории лингвистики, отв. рерактор Г. В. Колшанский, Москва 1975, стр. 267.
33 Heidelberg 1808, S. 6–7.
34 Vgl. Очерки ... 1975, S. 274.
35 Franz Bopp, Über das Conjugationssystem der Sanskritsprache, Frankfurt a. M. 1816, S. 36–37.
36 Vgl. dazu P. Kiparsky, From Paleogrammarians to Neogrammarians, in: Dell Hymes 1974, S. 331–344.
37 Vgl. P. Kiparsky 1974, S. 341.
38 W. Scherer, Zur Geschichte der deutschen Sprache, 1878 (2. Aufl.), XII; Vorträge und Aufsätze, Berlin 1874, S. 410.
39 J. Schmidt, Rezension zu A. Leskien, Die Declination im Slavisch-Litauischen und Germanischen, in: Jenaer Literatur Zeitung 1877.
40 A. Leskien, Die Declination ... 1876.
41 Karl Verner, Zur Ablautfrage, Kuhns Zeitschrift 23, 1877 (Zeitschrift für vergleichende Sprachforschung auf dem Gebiet des Deutschen, Griechischen und Lateinischen.
42 H. Paul, Prinzipien der Sprachgeschichte. 5. Aufl., Halle 1920, S. 68.
43 H. Paul 1920, S. 69.
44 R. H. Robins 1973, S. 46.
45 «Ist es aber nicht eine merkwürdige Inkonsequenz der Junggrammatiker, daß sie davon absehen, die Lautgesetze selbst zu begreifen, jedoch die Ausnahmen durchaus begriffen haben wollen?»
H. Schuchardt, Über die Lautgesetze, Gegen die Junggrammatiker, Berlin, Oppenheim 1885.
46 H. Schuchardt, 1885, zitiert nach Hugo v. Schuchardt-Brevier Halle 1928, S. 63.
47 Vgl. Theo Vennemann, Terenc H. Wilbur, Schuchardt, the Neogrammarians, and the Transformational Theory of Phonological Change, Frankfurt a. M. 1972, S. 141.
48 H. Schuchardt 1928, S. 71.
49 H. Schuchardt 1928, S. 72.
50 K. Brugman, Nasalis sonans in der indogermanischen Grundsprache, in: Studien zur griechischen und lateinischen Grammatik, 9, 1876.

Wolfram Hogrebe

Hölderlins mantischer Empirismus

Vorbemerkung[1]

Unter dem gewiß ungewöhnlichen Ausdruck ‹mantischer Empirismus› mag die These vertreten sein, daß unser Bedeutungswissen manchmal über die Anmutungsqualitäten von Wahrnehmbarem im Wortsinn Informationen, d.h. tönende Prägungen und Weisungen erhält, die zu einem ummantelnden Symbolismus des semantisch ansprechbar Sichtbaren gehören: Ich sehe nicht nur einen Baum, sondern er mutet bei gegebener Beleuchtung auch bedrohlich an. Diese mantische Komponente unserer Erfahrungen, die unsere Sensibilität zu registrieren vermag, ist erkenntnistheoretisch noch nicht gewürdigt worden. So möchte ich bei Hölderlin diesem Kontext nachgehen, weil gerade in dieser Hinsicht bei ihm auch ein Beitrag zur Erkenntnistheorie zu greifen ist, wie er in dem großen Buch von Dieter Henrich über den Hölderlin der Jahre 1794/95[2] nicht recht zum Zuge kommt. Ohne dieses Buch zu schmälern, wird man doch sagen müssen, daß die auf den Hölderlin-Text «Urtheil und Seyn» focussierte Zentralperspektive auch ihren Preis hat: Sie erlaubt es nicht mehr, einen Aspekt in Hölderlins Denken erkenntnistheoretisch zu würdigen, der den Grund des Bewußtseins nicht sogleich und vor seiner Ur-teilung in einem nur noch spekulativ erreichbaren Seyn verankert, sondern seiner Situierung in einer Natur nachgeht, die mehr ist, als bloßes Nicht-Ich, mehr ist als bloße Hemmung des strebenden Ich, mehr ist als bloße Setzung des Ich. Kurz: Die Zentralperspektive von Dieter Henrich läßt den Hölderlin, der sich um eine erkenntnistheoretische Korrektur Fichtes durch Situierung des Ich in der Natur bemüht, eigentümlich unterbestimmt erscheinen. Diesem Aspekt sind die folgenden Überlegungen gewidmet, die zusätzliches Interesse verdienen dann, wenn es gelingt, nicht nur historische Interpretationen herauszupräparieren, sondern diese zu erkenntnistheoretischen Argumenten zu verdichten, die auch systematisch ernst genommen sein wollen.

Ich werde mich auf zwei Texte Hölderlins konzentrieren, einmal auf die metrische Fassung des «Hyperion» der Jenaer Zeit und zum anderen auf den Text «Von der Verfahrungsweise des poetischen Geistes» aus der Homburger Zeit. Gerade diesen letzten Text behandelt Henrich etwas stiefmütterlich, da er zwar «viele Beziehungen zu fundamentalphilosophischen Problemen» hat, aber dann doch «den Rahmen eines Textes zur Poetologie gar nicht verlassen will».[3] Gerade das scheint mir nicht der Fall zu sein.

Ich werde nun so beginnen, daß ich nach einer knappen Vergegenwärtigung des biographischen Hintergrundes mit einer semantischen Vorüberlegung beginne, die den systematischen Anschluß an Intuitionen erleichtert, von denen ich vermute, daß sie hinter Hölderlins Wendung gegen Fichte standen. Für die *kritische Wendung* steht die metrische Fassung des «Hyperion». Für die auf diesem Hintergrund dann eigentlich erforderliche *konstuktive* Alternative zu Fichte steht dann, so meine Arbeitshypothese, der Text «Von der Verfahrungsweise des poetischen Geistes».

1 Zum biographischen Hintergrund

Ende August 1794 erhält Charlotte von Kalb in Waltershausen aus Jena per Post die ausgedruckten Bogen der «Wissenschaftslehre» von Fichte, die er in Jena in Vorlesungen vortrug. Hölderlin, der im Hause von Kalb Anstellung als Hofmeister gefunden hatte, um an der Erziehung des pubertierenden Fritz von Kalb allerdings schier zu verzweifeln, verschlingt den Text Fichtes sofort, liest parallel Spinoza bzw. hatte schon 1791 Jacobis Schrift über Spinoza exzerpiert. Beide Texte beeinflussen auch seine Arbeit am «Hyperion» in seiner damaligen Fassung (Waltershauser Fragment), auf die wir noch zu sprechen kommen. Anfang November 1794 ist Hölderlin in Jena und nimmt zunächst Wohnung im Gartenhaus des Buchhändlers Voigt, in jenem Gebäude, in dem seit 1994 das Institut für Philosophie der Friedrich-Schiller-Universität untergebracht ist.

Neben seiner Begeisterung für Schiller ist Hölderlin in Jena sogleich von Fichte fasziniert, dessen Vorlesungen er besucht und mit dem er gelegentlich spricht. Im Jena von 1794 ist Hölderlin in eine Umgebung hineingestellt, die ihn ebenso stimuliert wie in ihrer intellektuellen Wucht deprimiert. Hölderlin macht sich auch Notizen zu eigenen philosophischen Überlegungen; der Dichter beginnt sich in ihm mit dem Denker zu quälen. Nach zwischenzeitlicher Übersiedlung nach Weimar Ende 1794 kehrt er Mitte Januar 1795 wieder nach Jena zurück und nimmt in der Nähe Fichtes Wohnung. Er besucht wieder dessen Vorlesungen, spricht auch häufiger mit Schiller und Goethe, lernt Herder und Wilhelm v. Humboldt kennen und ist weiterhin intensiv mit dem «Hyperion» beschäftigt. In einem Brief an Hegel vom 26. Januar 1785 berichtet Hölderlin aus Jena und skizziert mit einigen Zeilen seine Kritik an Fichtes Theorie eines absoluten Ich, in dem unser Realitätsverständnis exklusiv aufgebaut wird. Hölderlin argumentiert: Die Annahme eines absoluten Ichs ist selbst destruktiv, impliziert einen völligen Objektverlust. Wenn alle Realität nur im Ich verständlich gemacht werden kann, dann kann es *im prägnanten Sinn* überhaupt keinen Objektbezug mehr geben. Gibt es aber keinen Objektbezug, kann es auch kein Bewußtsein geben: «Also ist in dem absoluten Ich kein Bewußtsein denkbar, ... also das absolute Ich ist (für mich) Nichts. ... So schrieb ich noch in Waltershausen, als ich seine ersten Blätter las, unmittelbar nach der Lektüre des Spinoza, meine Gedanken nieder.»[4] – fügt Hölderlin hier noch an.

Auf dem Boden dieser Kritik muß natürlich das Verhältnis zwischen Subjekt und Objekt grundsätzlich anders gefaßt werden als es die Transzendentalphilosophie gestattet, und ich werde zu zeigen versuchen, wie dieses andere Verhältnis angelegt ist.

Hölderlins zweiter Jenaer Aufenthalt 1795 dauerte nur bis Ende Mai/Anfang Juni. Im März kam es zur Freundschaft mit Sinclair, Hölderlin siedelte in der ersten Aprilhälfte um in ein Gartenhaus am Jenaer Hausberg mit Blick auf Stadt und Saaletal. Nach einer siebentägigen Fußreise (!) nach Halle, Dessau und Leipzig vergräbt sich Hölderlin in seine Arbeit, trifft nur gelegentlich Schiller und Goethe, schreibt sich am 15. Mai an der Universität Jena förmlich ein, trifft im Hause Niethammer Ende Mai mit Fichte und Friedrich von Hardenberg zusammen, um nach Ausbruch von Studententumulten am 27. Mai, in die möglicherweise auch Sinclair verstrickt war, Jena fluchtartig zu verlassen. Im August 1795 besucht Hölderlin Schelling in Tübingen, 1796 tritt er wieder eine Hofmeisterstelle im Hause Gontard in Frankfurt an, die er 1798 wieder aufgibt. Im selben Jahr nimmt er in Bad Homburg Wohnung, um in der Nähe seiner unerreichbaren Diotima, in der Nähe von Susette Gontard, zu leben. Hier entsteht seine letzte theoretische Arbeit «Von der Verfahrungsweise des poetischen Geistes», die uns ebenfalls beschäftigen wird. Der Denker in Hölderlin wird seither von dem Dichter so sehr absorbiert, daß es gesonderter poetischer oder philosophischer Reflexionen nicht mehr bedurfte.

Was Hölderlin und die anderen Schwaben, Schelling und Hegel, jedenfalls gegen Fichte anstrebten, war zunächst einmal nichts anderes als *ein reicherer Begriff der Erfahrung*. Wo, wie bei Fichte, die Außenwelt nur das *Jammertal der Hemmung* ist, durch das die strebenden Energien des Ich ihre reflexive Brechung erfahren, ist kein konzeptueller Platz mehr für ein reicheres Naturverhältnis, wie es Hölderlin, Schelling und Hegel auch über den schwäbischen Pietismus (Bengel, Oetinger, Hahn), speziell Hölderlin über seinen väterlichen Freund Nathanael Köstlin, wohl vermittelt worden war. Diesen Einfluß, gepaart mit dem über Jacobi dieser Generation vermittelten Spinoza, wird man gewiß nicht unterschätzen wollen, wenn man die eigentümliche Wende zur Natur, wie sie in Jena philosophisch vollzogen wurde, historisch plausibel machen will.

Aber dieser Hintergrund erklärt noch nicht die Argumente, mit denen sich die schwäbischen Denker aus der Transzendentalphilosophie herausdachten, um sich eine Natur wiederzuerobern, die uns mehr ist als bloßes Nicht–Ich. Daß der Sache nach diese Wendung der Schwaben gegen den Phänomenalismus Kants und Fichtes argumentativ auch heute noch von Bedeutung sein könnte, soll hier nur erwähnt werden. Die gegenwärtigen Spielarten eines exklusiven Phänomenalismus sind nicht mehr mentalistischer Art, sondern z. B. linguistischer (Wittgenstein) und konstruktivistischer (Maturana). Auch diesen rezenten Spielarten des Phänomenalismus gegenüber gilt es möglicherweise einen reicheren Erfahrungsbegriff zu verteidigen. Vielleicht läßt sich in dieser Absicht auch noch von Hölderlin lernen.

Die Frage ist allerdings, ob wir uns eines Weges versichert wissen können, auf einen solchen reicheren Erfahrungsbegriff zuzugehen, *ohne* schon Hölderlins Version zu antizipieren. Wenn das nicht möglich wäre, bliebe Hölderlins Denken für uns lediglich von historischem Interesse. So werde ich eingangs über die Bedeutungstheorie bzw. Semantik Freges einen Weg vorzeichnen, der es erlaubt, auf einen Hölderlin zuzugehen, dessen systematische Intentionen von heute aus zumindest noch erreichbar sind.

2 Protosemantik

Freges Semantik operiert mit dem Vokabular *unbestimmte Andeutung, Bedeutung, Sinn, Sinnfärbung.* Wenn wir die unbestimmte Andeutung als Bedeutungsart der Variablen einmal außer acht lassen, dann gehen die übrigen drei semantischen Hauptterme in ihrer Reihenfolge gewissermaßen von *außen* nach *innen*: Die *Bedeutung* steht für semantische Objektivität, der *Sinn* für semantische Intersubjektivität, die *Sinnfärbung* für semantische Subjektivität (so jedenfalls Frege). Erweitert wird dieses Vokabular in der Semantik seit Frege einerseits durch die Anforderungen, die die formalen Beschreibungssprachen für semantische Verhältnisse verlangen, andererseits durch die Anbindung semantischer Verhältnisse an komplexe Vollzugsformen der semantischen Praxis, wie sie in Sprechakten und sonstigen Formen des Kommunizierens gegeben sind.

Interessanterweise bleibt in seiner hochdifferenzierten Ausweitung das Titelvokabular Freges insoweit unberührt, als es trotz aller Präzisierungen und pragmatischen Umfassungen *phänomenal* nicht erweitert wurde. So stellt sich die Frage: Ist der semantische Phänomenbestand mit Bedeutung, Sinn und Konnotation erschöpft oder nicht? Oder anders: Gibt es über Bedeutung, Sinn und Sinnfärbung hinaus noch andere semantische Qualitäten, und wenn ja, wo? Eine Fahndung nach weiteren semantischen Qualitäten kann sich zunächst ihrer Richtung versichert wissen: Die Objektivität der Bedeutung ist bei Sätzen darin gegeben, daß sie das Wahre oder das Falsche bedeuten oder daß Propositionen Tatsachen abbilden. Hier ist, wiewohl die Verhältnisse immer noch nicht restlos verstanden sind, semantisch nichts Weiteres zu suchen.

Wir sind also gehalten, unsere Fahndung nach weiteren semantischen Qualitäten in die Richtung der subjektiven Dimension auszurichten. Gibt es also vielleicht noch subjektivere semantische Qualitäten als die Sinnfärbung bzw. Konnotation? Gewiß: Auch die *Intonation* einer Äußerung liefert semantische Aufschlüsse über das Gesagte. Und weiter: Hinter der Intonation gibt sich nicht nur die persuasive Absicht, sondern bisweilen auch die *Emotion* des Sprechens zu erkennen und hinter der Emotion manchmal auch die *Situation* der Äußerung. Wir müssen also auch mit *intonativen, emotiven* und *situativen* semantischen Qualitäten rechnen, die zur semantischen Einbettung von Satzäußerungen gehören, die den semantischen Merkmalen auf Satzebene aber nicht mehr zu entnehmen sind. Damit haben wir eine enorme Ausweitung des Reiches der Bedeutungshaltigkeit vorgenommen, die der Devise folgt: Bedeutungssubstanzen reichen soweit, wie wir nach Bedeutung fragen können. Nur so ist es möglich, auch unsere Befindlichkeiten und Gefühle als semantische bzw. subsemantische Qualitäten ansprechen zu können, nur so ist es möglich, sich zu fragen:

> Ich weiß nicht, was soll es bedeuten,
> daß ich so traurig bin.

Auf diese Weise erscheint unsere gesamte Befindlichkeit in ihrer szenischen Anmutungsqualität *auch* als protosemantische Qualität, die unserer szenischen Resonanznatur zu verdanken ist. Hier registrieren wir schon Anmutungen wie z. B. Atmosphärisches (z. B. das Ätherische) in subsemantischer Facon; Qualitäten, die wir in satzförmiger, d.h. hochanständiger semantischer Art bisweilen kaum noch artikulieren können und deren wir doch prägnant gewiß sind.

Die Bedeutungsart von Anmutungen ist ja immer reicher als die der Worte, mit denen wir sie artikulieren. Und was wir artikulieren, wenn wir z. B. ‹feierlich›, ‹majestätisch›, ‹bedrohlich›, aber auch ‹schön›, ‹furchtbar› verwenden, ist unsere Disposition als situative Resonanz einer Erscheinungsqualität. Solche Dispositionen stellen sich als Zustände ein, wir sind ihnen geradezu ausgeliefert. Insofern sind solche Dispositionen «objektiver» als jeder Satz der Wissenschaft. Aber hier handelt es sich um eine *Objektivität nicht der Geltung*, sondern des *Seins*. Sie steht im Kontrast zur *Subjektivität des Seins*, die alles das umfaßt, was *wir* herstellen, tun, planen, bewirken, kurz: Was *unsere* bewußten Handlungsräume umfaßt. In diesen agieren wir aber stets *in objektiver Verfaßtheit*. Insofern teilt sich in Anmutungen etwas mit, was im vagen Sinne zur Natur gehört. Was sich auf diese Weise vermittelt, läßt uns bisweilen sogar selbstvergessen sein, wir tauchen ins Meer einer anmutenden Natur.

Diese Objektivität des Seins ist stets individuell, obwohl wir in bestimmten Anmutungssituationen intensive Gemeinschaftserfahrungen machen können. Aber diese Gemeinschaftlichkeit ist niemals mit Allgemeinheit im *logischen* Sinn zu verwechseln. Dies ist der Sphäre des subjektiven Seins mit ihrer Fähigkeit zu einer Objektivität der Geltung allein vorbehalten. Trotzdem wird eine Erkenntnistheorie beide Sphären, die der Geltung und des Seins, umfassen müssen, wenn anders die Theorie des Erkennens nicht in der Luft hängen soll. Kurz: Die Analyse des Geltungssinns unserer Erkenntnisbemühungen muß an irgendeiner Stelle die Einbettung des Erkenntnissubjekts in die Natur thematisieren, nicht um die Geltung von Erkenntnissen damit zu begründen, was eine durchaus vergebliche Hoffnung wäre (naturalistischer Fehlschluß), sondern um das Subjekt als in einen *flow of information* hineingestellt zu denken, den es *nicht selbst* produziert, sondern durch den es *sich selbst* in seinem Sein *protosemantisch* getönt erfährt. Registraturen dieser protosemantischen Tönung sind eben Anmutungen, Stimmungen, Gefühle, alle Facetten unserer Befindlichkeitsregistratur. Hier gab es schon, bevor es noch Worte gab, *Winke*. Und für diese benötigen wir einen Empirismus, der tiefer reicht und reicher ist als ein Empirismus der Beobachtungen oder der Sätze; was wir hier benötigen, ist ein *mantischer* Empirismus.

3 Hölderlins Ausbruch aus dem subjektiven Idealismus

Mit dieser semantischen Vorüberlegung, die uns die subsemantischen, mantischen Zonen unserer Resonanznatur erreichen ließ, können wir uns jetzt Hölderlins Unbehagen am subjektiven Idealismus des Jenaer Fichte zuwenden. Sein wesentlicher Kritikpunkt ist gerade dieser: Indem die Transzendentalphilosophie eine Rekonstruktion und Rechtfertigung unserer Geltungsansprüche auf propositionalem Niveau allein anstrebt, wird sie den Verantwortungsbereich für semantische Verläßlichkeit, wie sie im freien Handeln und semantischen Produzieren der Subjektivität oder des Ich gegeben ist, nicht überschreiten können, ja, bei gegebenem Rechtfertigungsziel zu Recht auch nicht dürfen. Insofern ist Kant und Fichte, so die schwäbischen Kritiker unisono, zunächst einmal Kredit und Recht zu geben.

Soll mit dem Projekt jedoch zugleich auch die terminierende Frage ‹Was ist der Mensch?› mitbeantwortet sein, so ist nachdrücklich darauf zu verweisen, daß das Projekt der Transzendentalphilosophie die Situierung des Erkenntnissubjekts ontisch außer sich hat. Damit fallen zugleich alle semantischen Qualitäten, die sich nicht auf Satzebene greifen lassen, aus der Optik der Transzendentalphilosophie heraus. Sie werden von ihr als *bloß* empirisch bezeichnet. Daß sich in dieser Empirie aber das Geheimnis des mantischen Augenöffnens ereignet, das auf propositionalem Niveau stets schon vorausgesetzt ist und uns hier semantisch sehend vorfindlich sein läßt, bleibt einer undifferenzierten Sicht auf «bloß» Empirisches verborgen. Auch bleibt dieser Sicht verborgen, daß sich in Anmutungen unser Geist seiner Resonanz versichert sieht, die er *nicht* produziert, wie es die setzende, synthetisierende Verfassung des transzendentalen Subjekts allein vorsieht, sondern durch die er sich situativ *getönt* erfährt. In dieser subsemantischen Tönung werden *wir* aufs Ganze gesehen durch die uns umgebende *Natur gedeutet*, in sie hineingehalten wie die Äolsharfe in den Wind. So bekundet sich in unseren subsemantischen Resonanzen nicht nur unsere subjektive Verfassung, sondern ebenso ihre objektive Situierung in der natürlichen Kulisse, die uns für subsemantische Botschaften der Natur empfänglich sein läßt, die eben *nicht* unsere Setzungen sind.

Ungefähr diese Überlegungen stehen hinter der metrischen Fassung des «Hyperion». Hölderlin beschreibt hier, wie er bzw. Hyperion durch Fichtes «Wissenschaftslehre» und ihren exklusiven semantischen Idealismus ‹tyrannisch gegen die Natur geworden› ist, denn in der Transzendentalphilosophie ist die Natur, sind ihre Verhältnisse nur das, als was sie *im* Ich gesetzt sind, als Nicht-Ich. So verlernte Hölderlin qua Hyperion in Jena die Natur als etwas subsemantisch Entgegenkommendes zu achten:

> ... achtet' auch
> Der Hülfe nicht, womit uns die Natur
> Entgegenkömmt, in jeglichem Geschäfte
> Des Bildens, nahm die Willigkeit nicht an,
> Womit der Stoff dem Geiste sich erbietet,
> Ich wollte zähmen, herrschen wollt ich, richtete
> Mit Argwohn und mit Strenge mich, und andre.[5]

Erst durch die Belehrung eines weisen Mannes wird Hyperion bzw. Hölderlin auf jene subsemantische Dimension hingewiesen, in der unsere Registratur geradezu als ontologisches Resonanzorgan zu verstehen gegeben wird. Zunächst räumt der weise Mann ein, daß wir das Echo der Natur nur registrieren können, wenn wir sie sozusagen auf unsere Kosten erst einmal beseelen:

Auch ist mir nicht verborgen, daß wir da,
Wo uns die schönen Formen der Natur
Die Gegenwart des Göttlichen verkünden,
Mit unsrem Geiste nur die Welt beseelen.[6]

Aber selbst wenn dieser *Ultraschall* unserer subsemantischen Weltbeseelung durchaus zugestanden ist, liefert das Ultraschall*echo* dieser Weltbeseelung doch Informationen, die die Weltstruktur soweit objektiv rapportieren, wie es das nämliche Echo für die Fledermaus leistet. Es gibt also ein Registrieren, das uns, die Registrierenden, zwar nicht vergessen sein läßt, das aber ebenso weiß, daß das Registrierte sich in einer Weise darbietet, die *nicht allein* durch Verweis *auf uns* verständlich gemacht werden kann. Denn ebenso können wir Antworten nicht allein dadurch verständlich machen, daß wir auf unsere Fragen verweisen.

Wenn wir daher unsere subsemantische Resonanznatur nach Art einer *semantisch nicht gerichteten*, d. h. offenen und daher universalen Fragestruktur verstehen dürfen, dann sind wir in eine ebenso unbestimmte Antwortkulisse hineingestellt, die schon antwortet, bevor wir explizit oder *semantisch gerichtet* gefragt haben. Zuvorkommende Antworten dieser Art sind *Bekundungen.* Was sich uns bekundet, braucht uns, um sich *uns* bekunden zu können, aber es braucht uns nicht, um *sich* zu bekunden. Diese objektive Reflexivität muß anerkannt werden: Was sich uns bekundet, ist uns das, was es ist. Entsprechend heißt es auch bei Hölderlin:

Doch, lieber Fremdling, sage mir, was ist,
Das nicht durch uns so wäre, wie es ist?[7]

Dieser Vers enthält, wie ich überzeugt bin, *in nuce* das Programm Hölderlins, das er Fichte entgegensetzt. Man beachte zunächst, daß der Vers je nach Betonung unterschiedlich interpretiert werden kann. Spricht man:

... was ist,
Das nicht *durch uns* so wäre, wie es ist?

hat man eine transzendentalphilosophische Lesart à la Kant und Fichte. *Wenn* über etwas, das ist, geredet werden mag, *dann* dürfen wir nie unterschlagen, daß *wir* es sind, die über das, was und wie es ist, sprechen. Wenn Seiendes thematisiert wird, dann ist es immer Seiendes *für uns* (1). Wenn wir nicht von Seiendem für uns reden, dann dürfen wir auch nicht von Seiendem reden (2). Da (2) ja nur die Kontraposition von (1) ist, sind (1) und (2) natürlich äquivalent. Aber gerade (2) macht die Eigentümlichkeit der Transzendentalphilosophie, ihren Phänomenalismus mit der These von der grundsätzlichen Bewußtseinsabhängigkeit des Seins, sehr schön deutlich. Der Bewußtseinsraum macht erst so etwas wie Erscheinungen möglich. Dieser Raum eröffnet sich, indem wir imstande sind, uns selbst zu vergegenständlichen (Ich-Distanzierung) bzw. zu thematisieren, und ebenso imstande sind, Gegenstände als die *von uns* intendierten zu erkennen. Wir sind dadurch selbstbewußt, daß wir stets sagen können: ich bin es, der jetzt dies sagt, tut, sieht etc. Eben deshalb bleibt uns stets bewußt, daß die Gegenstände der Welt, auf die wir sprachlich Bezug nehmen, uns *nur* als Gegenstände zugänglich sind, auf die *wir* Bezug nehmen. Was Nicht-Ich ist, ist es nur für das Ich. Entsprechend heißt es bei Fichte in § 5 der «Wissenschaftslehre» von 1794: «Der letzte Grund alles Bewußtseins ist eine Wechselwirkung des Ich mit sich selbst vermittelst eines von verschiedenen Seiten zu betrachtenden Nicht-Ich.»[8]

Nun läßt Hölderlin allerdings auch eine andere Betonung zu, die vermutlich sogar die von ihm intendierte ist, wenn man der am Versende exponierten Stellung des ‹ist› Rechnung tragen will:

> ... was ist,
> Das nicht durch uns so wäre, wie es *ist*?

Nach dieser Lesart würde Fichte, der (1) und (2) exklusiv vertritt, entgegenhalten, daß unbeschadet der Gültigkeit von (1) und (2), das, was die Dinge für mich nur sein können, nicht *gänzlich* davon abzuweichen vermag, was sie *an sich* sind. Und das liegt einfach daran, daß wir selbst als Denker der Transzendentalphilosophie auch zu jener Sphäre gehören, die sich über uns ein Licht über sich angezündet hat, zur Natur. Der Bewußtseinsraum, in dem uns in der Tat Dinge nur begegnen können, ist ja selbst von der Natur freigegeben: *Sie* hat *sich* in ihm ebensowohl *uns* wie *sich* eröffnet. Insofern ist unser Geist der Natur so fremd gegenüber nicht, wie Fichtes Reflexionsidealismus nahelegt. Wir als bewußte Wesen sind Teil einer Natur, die sich durch uns selbst erkennt. Der Mensch ist gewiß Dokument eines durch ihn autoepistemischen Universums. Was durch uns nur so ist, wie es *ist*, ist es nicht völlig abweichend davon, wie es an sich ist. Insofern also über das Für-mich-Sein der Dinge gesprochen wird, muß auch über ihr Sein gesprochen werden (3). Wieder kontrapositiv ausgedrückt: Wer nicht über das Sein Dinge spricht, kann auch nichts über ihr Für-mich-Sein aussagen (4). Gerade dies ist Hölderlins These gegen oder besser: in Ergänzung zu Fichte. Auf dem Boden von (3) und (4) stehen auch Schelling und Hegel, und es scheint, daß dies korrekt ist: Unsere semantische Resonanznatur deformiert oder annihiliert die Natur ja nicht, sie vernimmt sie zumindest als Echo unseres ihr geliehenen Geistes, die Natur bietet offenbar eine *geistechofähige* Kulisse, der wir selbst zugehören und in die hinein wir lauschen und fragen:

> Und irren wir? begegnet nicht in allem
> Was da ist, unsrem Geist' ein freundlicher
> Verwandter Geist?[9]

Die Schwierigkeit ist nur: Wenn (1) und (3) beide als korrekt akzeptiert werden, stehen Sein und Für-mich-Sein im Verhältnis der Äquivalenz zueinander, und damit gingen Kontraste verloren, die wir mit Bezug auf Unterscheidungen wie *matter of fact* versus *matter of fiction* sicher ungern preisgeben würden. Es ist daher wichtig, darauf hinzuweisen, daß die Akzeptanz von (1) und (3) nicht auf demselben Boden steht. Daß ein Seiendes nicht ohne uns verständlich gemacht werden kann (1), ist eine *erkenntnistheoretische* Feststellung. Daß wir nicht unabhängig von Seiendem (3) sind, ist eine *ontologische* Feststellung. Kant und Fichte begnügen sich mit (1), die Schwaben wollen (3) nicht preisgeben. Die Frage ist nur, welche Zugänglichkeit wir zu Seiendem in Anspruch nehmen können, die sich nicht sogleich *nur* subjektiv zu verantworten hat. Hier böte der angedeutete Rückgang auf subsemantische Resonanzen einen Ausweg, da diese, wiewohl nur *subjektiv registrierbar*, doch eine *Objektivität des Seins* bekunden, wie sie Kant und Fichte nicht denken konnten.

Aber mit diesem Geltendmachen unserer subsemantischen Resonanzen gegenüber dem semantischen Idealismus Fichtes ist erst ein *kritischer* Schritt getan. Es bedürfte noch der Einlösung einer *konstruktiven* Alternative zur Theorie der im Ich vom Ich nur als Nicht-Ich gesetzten Natur, die mehr liefert als nur den *Verweis* auf eine subsemantische Naturerfahrung. Diese Aufgabe versuchte Hölderlin in seiner späteren Homburger Schrift «Von der Verfahrungsweise des poetischen Geistes» einzulösen.

4 Hölderlins freie Objektwahl

Vordergründig geht es in diesem Text Hölderlins in der Tat um eine Theorie der Poetik, die insbesondere der Frage nachgeht, wie der Dichter in idealischer Weise mit geeigneten Stoffen umzugehen vermag. Zu untersuchen ist also die Verfahrensweise des poetischen Geistes des Dichters, den für diese Zwecke geeigneten Stoff zu wählen und zu gestalten.

Tatsächlich übersteigt der Text aber alsbald diese Eingangsfragestellung und wächst sich zu einer Theorie des Geistes selbst aus, und zwar deshalb, weil im Grunde unser Geist überhaupt poetisch, d. h. sich in seinen Stoff bildend ist, auch da, wo er bloß erkennt.

So kommt es im Text[10] dazu, daß er die poetologische Dimension sprengt, und zwar wieder in einer Kritik an Kant, Schiller, Fichte. Allerdings ist der fragmentarische Aufsatz in so hohem Maße rekonstruktions- und interpretationsbedürftig, daß ich hier nur auf einige Aspekte des Textes eingehen kann.[11]

Wichtig für einen rechten Einstieg in die äußerst verwirbelten Ausführungen, die in großer Hast abgefaßt scheinen und mit einer riesigen konditionalen Einleitung monologischen Selbstverständigungscharakter aufweisen, ist, daß man sie *a limine* in die Grundstruktur des ästhetischen Gegenstandsverhältnisses, wie es Kant in der «Kritik der Urteilskraft» entworfen hat, aufnimmt, um von dort aus weiterzudenken. Hiernach ist der ästhetische Gegenstandsbezug dadurch definiert, daß sich angesichts eines Gegenstandes das Subjekt mit sich selbst in Harmonie versetzt fühlt, da sich die Form des Gegenstandes mit unserer Fähigkeit, Gegenstände zu denken, in Einklang befindet, *ohne* daß der Gegenstand in diesem Falle als ein So-und-so erkannt werden müßte. Auf die Erkenntnis oder die Identifikation des Gegenstandes kommt es im ästhetischen Gegenstandsbezug nicht an: Wir fühlen angesichts seiner bloßen Form unsere Sinnlichkeit mit unserem Verstand in Konsonanz oder Harmonie versetzt und nennen den Gegenstand zufolge dieses Gefühls unserer Harmonie oder Einstimmigkeit ‹schön›. Und da dieses Urteil zustande kommt, *ohne* daß unsere Bildung, unser Wissen oder unsere Interessenlage erheblich ist, also ein *reines Resonanzphänomen* der kognitiven Ausstattung des *homo sapiens* darstellt, gibt es aufgrund dieser Allgemeinheitsfähigkeit des Zustandekommens einen Grund, jedermann Beistimmung zu einem solchen Urteil, das wir fällen, ‹anzusinnen›.

In ästhetischem Urteilen ist so die reflektierende als ästhetische Urteilskraft wirksam, durch die die entgegengesetzten Pole Sinnlichkeit und Verstand auch ohne Begriff harmonisch zusammengehalten werden. Dieses Verfahren des Zusammenhaltens von Entgegengesetztem nennt Hölderlin das *hyperbolische Verfahren*. Poetisch wird es aber darüber hinaus erst dann, wenn Extreme in eine *harmonische* Entsprechung gebracht werden. Was der gemeine Verstand *nur* als *extrem*, als *zerrissen* gewahrt, dem vermag der poetische Geist durch sein hyperbolisches Verfahren eine Aussicht auf Harmonie zu erzeugen. In einer solchen Aussicht bekundet sich die idealische Stimmung, aus der der Dichter dichtet, sie ist «subjektiver Grund des Gedichts»[12], insofern diese Stimmung sich als verallgemeinerbare Empfindung, wie von Kant vorgesehen, einstellt. Aber diese Stimmung kann, so Hölderlin, auch als ein Streben, wie Fichte vorsieht, gefaßt werden, das als erfüllbar gedacht wird. Und ebenso kann diese Stimmung mit Schelling auch als «intellectuelle Anschauung» aufgefaßt werden, als «die Grundstimmung des Dichters beim ganzen Geschäfte».[13] Wichtig ist nur, daß die so faßbare Stimmung auch als *realisierbar* gedacht wird. Damit erst geht die subjektive Gründung des Gedichts in der Stimmung über in eine ojektive. So findet das idealische poetische Leben mit Kant seine ‹Bedeutsamkeit› als ‹verallgemeinbares› (sic), mit Fichte als ‹erfüllbares› und schließlich als realisierbares. In der Realisierung muß in den Stoff die harmonische Entgegensetzung, die sich im Gefühl bekundet, hineingearbeitet werden, Innen und Außen müssen sich entsprechen, innere und äußere Harmonie müssen selber harmonisch korrespondieren.

Erst in dieser *dritten* harmonischen Korrespondenz ist das Ziel erreicht, wird das Harmonischentgegengesetzte «*als gefühlte erfunden*»[14]. Diese als ‹gefühlt erfundene› Einheit bleibt ein Verschwebendes, kann ihrerseits nicht mehr objektiviert werden, sie würde sonst «eine todte und tödtende Einheit» sein. Diese Einheit «kann also gar nicht erscheinen, oder nur im Karakter eines positiven Nichts, eines unendlichen Stillstandes», sie ist «die Hyperbel aller Hyperbeln», «der kühnste und letzte Versuch des poetischen Geistes, (...) die ursprüngliche poetische Individualität, das poetische Ich aufzufassen, (...)»[15]

Obwohl sich diese schwebende Einheit nicht ‹auffassen› läßt, muß sie doch zu *plastisieren* (Novalis) versucht werden, und *indem* dies versucht wird, schafft sich der poetische Geist «eine eigene Welt». Dazu braucht der poetische Geist äußere Objekte, und zwar solche, die als *Beispiele* seiner Individualität fungieren können. Hier kommt es also auf die *rechte Wahl* an. Genau an dieser Stelle bringt Hölderlin in einer langen Fußnote seine Kritik an Fichte vor. Er argumentiert wie folgt: Wenn wir unsere Individualität, das Ich, weder an sich selbst noch durch uns allein erkennen können, «so ist ein äußeres Object nothwendig»[16], das wir frei wählen. In dieser freien Objektzuwendung, in dieser freien Bezugnahme auf Objekte, in dieser freien Referenz sind wir in harmonischer Entgegensetzung zur Natur derart, wie wir es selbst mit uns wären, wenn wir den Grund dieser Harmonie in uns erkennen könnten. Anders: *In harmonischer, weil freier Zuwendung zu äußeren Dingen werden sie automatisch so, wie wir sein würden, wenn wir ohne sie sein könnten, wie wir sind.* (Dies ist auch Hölderlins außermoralische *Alternative* einer virtuellen Egologie auf mantischer Grundlage im Gegensatz zu Schillers *regulativer Ethik des Sinnlichen.*)

Dieses harmonische Verhältnis zu den Dingen hat ein Vorbild in unserer Kindheit, in der wir noch geradezu «identisch mit der Welt»[17] waren. Nach der Entzweiung mit der Welt im Erwachsenwerden und in der Transzendentalphilosophie gilt es, aus der Einseitigkeit in der Stellung der Natur wieder herauszukommen, sich aus Freiheit zu ihr in ein mehr als harmonisches Verhältnis zu setzen. Das ist möglich in «schöner, heiliger, göttlicher Empfindung»: Diese ist schön, weil sie nicht nur bloßes Bewußtseyn, bloße Reflexion ist (Kant), ist heilig, weil sie nicht nur bloßes Streben ist (Fichte), ist göttlich, weil sie nicht bloße intellektuelle Anschauung ist (Schelling), sondern dies alles zugleich «in einer Empfindung, welche darum transzendental ist»[18].

Dieses Objektverhältnis ist das, was unser Innenverhältnis mit als gefühlt erfundener Beziehung des Harmonischentgegengesetzten zu seiner unerreichbaren, transfiniten Einheit wäre, wenn es sich ohne dieses Objektverhältnis überhaupt aufbauen könnte: «Zur freien Individualität, zur Einheit und Identität in sich selbst gebracht wird das reine subjective Leben *erst durch die Wahl seines Gegenstandes.*»[19]

Gegen Fichte spricht also, daß wir eine Erkenntnis unserer transzendentalen Verfassung nur erreichen können, wenn wir *ein nicht setzendes Objektverhältnis* aufgebaut haben. Zwar ist dieses Objektverhältnis nur die *ratio essendi* unserer transzendentalen Verfassung, nicht auch ihre *ratio cognoscendi*, aber was dem Sein nach dieser Verfassung vorhergeht, hat sie eben ontisch *außer sich.*

In Fichtes subjektivem Idealismus erscheint der Mensch daher von hier aus im «Zustande des Alleinseyns», bloß in «der Ahndung seines Wesens», wogegen er in dem durch freie Objektwahl von Hölderlin intendierten «neuen Zustande»[20] beides hat: die Welt in ihm selbst und ihn selbst in der Welt. Darin besteht gerade die intendierte Harmonie, jene transzendentale Empfindung, ohne die wir uns selbst nicht frei finden könnten. Das Ich wählt sich mit Freiheit ein Objekt, «von dem es, wenn es will, abstrahieren kann, um von diesem durchaus angemessen bestimmt zu werden und es zu bestimmen.»[21] Ein harmonisches Verhältnis zu Objekten läßt sie als Individualitäten erscheinen, denen wir alles lassen müssen, was wir auch ihnen zuwenden. Hölderlin deutet die freie *Objektwahl* nach dem Modell einer freien *Subjektwahl*: Im Objekt wählen wir uns anonym ebenso selbst, wie wir dadurch die Erwählten sind. Da es sich nur um ein Empfindungsverhältnis handelt, wenngleich ausgezeichneter Art, lassen wir uns *von den Objekten als von Individuen* ebenso tönen und bestimmen, wie es ein harmonisches Verhältnis von Entgegengesetztem erfordert.

Das zentrale Motiv in der Verfahrensart des poetischen Geistes ist aus unserer eingeschränkten Perspektive also jene *freie Objektwahl*, in der sich jene transzendentale Empfindung aufbaut, *die im Objektverhältnis schon repräsentiert, was Fichte nur als Subjektverhältnis zuläßt.* In dieser transzendentalen Empfindung, wie Hölderlin sie nennt, *sind wir schon auf der Ebene der Sinne einer Einigung mit der Natur fähig, wie sie die transzendentale Reflexion nur auf der Ebene eines setzenden Ich begreiflich machen kann.*

In der *Stunde dieser wahren Empfindung* hat die Stunde der wahren Sätze schon ein objektives Original, das unsere symbolische Natur nur mit Informationsverlust restituieren kann. Der transzendentale Idealismus erfährt an der transzendentalen

Empfindung eine Grenze, genauer: Eine Ergänzung, ohne die er haltlos bliebe. Unsere Intuition einer Korrespondenz unserer Sätze mit der Realität hat in der transzendentalen Empfindung ihre protosemantische Quelle: *Gewahrung geht der Wahrheit vorher.* Vielleicht ist das nur eine frühe und vielleicht zu phantasiereiche Version von Russell: *knowledge by acquaintance* geht *knowledge by description* vorher. Aber wie überschüssig auch immer: dies wäre schon ein Beitrag zur Erkenntnistheorie, der es verdient, Hölderlin zu erwähnen. Er liefert eine Alternative zu Kant und Fichte, besser: nicht eine Alternative, sondern einen Unterbau der transzendentalen Subjektivität aus dem Geiste eines *überpositiven* oder *mantischen Empirismus,* von dem wir auch heute noch lernen können.

Gewiß werden wir an seine aufwendige Konstruktion schon wegen ihrer vielen Unklarheiten nicht mehr umstandslos anknüpfen können. Aber sein *Motiv,* gegenüber dem thetischen Phänomenalismus Fichtes eine primäre Bekanntschaft des werdenden Selbstbewußtseins mit der Welt gerade in der *Empfindung als Innen-Außen-Membrane* zu etablieren, ist von bleibendem Interesse: Anmutungen gehen Vermutungen voraus. Für Hölderlin stellte jedenfalls der mantische Empirismus die poetische Möglichkeit bereit, eine göttliche, Winke und Zeichen gebende Natur als *gefühlte zu erfinden.*[22] Damit war für seine Dichtung der Weg zu einem mythischen Naturverhältnis wieder offen, dem wir als Kinder ohnehin alle entwuchsen. Hölderlin empfiehlt uns, hier mit einem Verlust zu rechnen, aber er empfiehlt uns nicht eine ohnehin ohnmächtige Romantik der Rückkehr oder Regression, sondern in der ihm eigenen Nüchternheit bloß eine größere, vielleicht zärtlichere Demut vor dem Gegenwärtigen. Aus dieser Perspektive allerdings würde der Verweis auf ein im Hintergrund der Urteilung im Urteil allenfalls greifbares anonymes «Seyn», wie Hölderlin es in «Urtheil und Seyn» markiert, nur apotropäischen Charakter haben: In dieser Dimension ist nichts weiter zu ergründen. Das *Entscheidende* geschieht schon im *Gegenwärtigen,* sofern es nur reich genug erfahren wird. Im Gegenwärtigen schon, wo es schön ist, ahnen wir das «Seyn».[23] Im Gegenwärtigen, wo es nicht schon schön ist, bezeugen auch Spuren eine Sinnigkeit, die wir verkosten können:

> ... sinnig ist es
> Auf Erden und es sind nicht umsonst
> Die Augen an den Boden geheftet.[24]

Hölderlins reicherer Erfahrungsbegriff widerstreitet nicht seiner bisweilen sogar bitteren Nüchternheit. Er versagt sich einer Flucht ins Spekulative, weil die Erfahrung schon in der Natur delphische Spuren gewahrt:

> Ein Zeichen braucht es
> Nichts anderes, ... [25]

Anmerkungen

1 Dieser Text diente in verschiedenen Fassungen als Grundlage für Vorträge in Jena (1993 anläßlich der Hölderlin-Ausstellung im Fichte-Haus), in Weimar (1995 Tagung der Stiftung Weimarer Klassik «Das Erbe der Romantik») und in Warschau (1995). Der Autor will nicht verschweigen, daß der Text immer noch den Charakter eines *work in progress* aufweist – bei der Eigentümlichkeit von Hölderlins Denken vielleicht unvermeidlicherweise.
2 D. Henrich: *Der Grund im Bewußtsein.* Stuttgart 1992.
3 D. Henrich: op. cit. p. 797.
4 Hölderlin: *Briefe von und an Hegel:* Bd. I, ed. J. Hoffmeister, Hamburg 1952, p. 20.
5 Sämtl. Werke; ed. Fr. Beissner, Bd. 4, 1, p. 187.
6 Op. cit. p. 193.
7 Ibid.
8 Ed. W. G. Jacobs, Hamburg 1970, p. 199.
9 Op. cit. p. 191.
10 Im folgenden zitiert nach Bd. 4, 1 der Beissner-Ausgabe.
11 Zu verweisen ist hier auf einige wichtige Interpreten (weitere Literatur dort): L. J. Ryan: *Hölderlins Lehre vom Wechsel der Töne.* Stuttgart 1960, hier vor allem pp. 30ff. und pp. 80ff.; M. Konrad: *Hölderlins Philosophie im Grundriss.* Bonn 1967; G. Kurz: *Mittelbarkeit und Vereinigung.* Stuttgart 1975; B. Liebrucks: *Und (Sprache und Bewußtsein,* Bd. 7). Bern/Frankfurt/Las Vegas 1979.
12 Op. cit. p. 247.
13 Ibid.
14 Op. cit. p. 251. (Hervorhebung vom Autor).
15 Op. cit. p. 252.
16 Ibid.
17 Op. cit. p. 257.
18 Op. cit. p. 259.
19 Op. cit. p. 254 (Hervorhebung vom Autor).
20 Op. cit. p. 257.
21 Op. cit. p. 254 Anm.
22 Cf. hierzu St. Büttner: *Natur – Ein Grundwort Hölderlins.* In: Hölderlin Jahrbuch 1988/89, pp. 224–247.
23 Cf. Hölderlin: *Hyperion* (Die vorletzte Fassung). Werke, ed. Beissner, Bd. 3, p. 236/37.
24 Hölderlin: *Die Titanen.* Werke, ed. Beissner, Bd. 2, 1, p. 219.
25 Hölderlin: *Der Ister.* Werke, ed. Beissner, Bd. 2, 1, p. 191.

Eberhard Paul

Endstation Museum

Tradition und Perspektiven der Antikensammlung der Universität Leipzig

Musen, die Töchter des Göttervaters Zeus und von den Mythographen sehr unterschiedlich überlieferter Mütter, sind nicht nur zuständig für die schönen Künste, des Gesanges, der bildenden Kunst und des Wissens, sondern sind auch Verwalterinnen all dessen, was an künstlerischen Erzeugnissen der Zerstörung der Zeit widerstanden und von den modernen Dienern dieser «Töchter der Erinnerung», den Denkmalspflegern und Museologen gehütet und gepflegt wird. Aus dem Museion der Platonischen Akademie – selbst schon eine bildungspolitische Sublimierung der ursprünglichen schlichten Naturheiligtümer – wurde über viele Stufen gelehrter und pädagogischer Einrichtungen, unter Einbeziehung sammlungsartiger Zusammenschlüsse in Thesauroi oder Pinacothecae staatlicher oder privater Observanz schließlich das Museum der Neuzeit, gefeiert und gepriesen als rettendes Auffangbecken der Kunstwerke der Vergangenheit, geschmäht als Obdachlosenasyl entwurzelter, von Ort und Zweck getrennter Objekte bildkünstlerischer und handwerklicher Gestaltung.

Das, was als hervorragendes «kunstvoll» gestaltetes Werk – was man auch immer darunter verstehen will – aus den unterschiedlichsten Gründen dem natürlichen Zerfall oder einer gewaltsamen Zerstörung entgangen ist, findet sich, seines «Sitzes im Leben» beraubt, wieder in einem Waisenhaus der Kunst.

Kunst ist ihrer Natur nach Verbrauchsware wie alle Produkte handwerklicher Fertigkeit und, von äußeren und inneren Bedingungen abhängig, nur begrenzt haltbar. Die Heiligtümer der Griechen, Sammellager von Votivgaben, wurden bei Überfüllung ausgeräumt, die Kunstwerke entsorgt, nur die besseren Stücke gepflegt, solange sie von ideellem Nutzen waren oder einen materiellen Wert verkörperten. Aber die Wertschätzung einzelner Werke sollte nicht darüber hinwegtäuschen, daß eben gerade der Materialwert einer Marmorfigur oder eines Bronzegusses fast immer seinen meist nur von uns postulierten Kunstwert überstieg. So war das erhabene Götterbild des Phidias, die chryslephantine Figur der Athena Parthenos auf der athenischen Akropolis, zu einem ganz wesentlichen Teil Anlage des Vermögens der Stadt in kostbaren Materialien, die, gewogen und gemessen, als Rücklage für den kriegerischen Bedarfsfall bestimmt waren. Der Materialwert griechischer und römischer Kunstwerke wurde vielen Antiken zum Verhängnis. Nicht nur Gold, sondern auch Bronze wurde eingeschmolzen, Marmorwerke wurden zu Baukalk verbrannt.

Neben dem Kunst- und Materialwert spielte für den Griechen der religiöse Wert die größte Rolle. Einmal dem Gott geweiht, wurden die nicht mehr brauchbaren Werke – zumindest in früher Zeit – nicht einfach zurückgenommen und zerstört, sondern thesauriert und teils wiederverwendet, wenn auch oft nur als Baumaterial oder zur Füllung sakraler Deponien. Darüber hinaus wurden natürlich große Teile der künstlerischen Produktion – vielleicht nicht einmal bewußt – ganz einfach vernachlässigt und vergessen. Im sepulkralen Bereich allerdings, wo die Grabbeigaben fast ausschließlich ihres Bedeutungsgehaltes wegen verwendet wurden, kamen Massen an Gefäßen, Geräten und Kleinplastiken unter Verschluß, um in der Neuzeit als Kunstwerke der Vergangenheit wieder ans Tageslicht zu kommen.

Selbstverständlich wußten die Griechen von den Anfängen ihrer gestalterischen Bemühungen an bei der Formung von Gebrauchs- und Kultgegenständen, der Modellierung von Bildwerken und der Errichtung von Bauten die *τέχνη*, d.h. die technische Perfektion, zu schätzen, obwohl sie keinen Begriff für Kunst im modernen Sinn hatten. Aber die Bewunderung für handwerkliche Vollkommenheit und die Urteilsfähigkeit über ihre Verfertiger ist letzten Endes einem mehr oder weniger bewußten Kunstverständnis gleichzusetzen. Dies mit literarischen Quellen der archaischen und klassischen Zeit zu belegen ist allerdings kaum möglich, so daß der Begriff der *τέχνη* und die Bezeichnung «Banause» für den antiken Künstler eher dagegen sprechen. In der Praxis mit ihren künstlerischen Wettbewerben und lukrativer Auftragserteilung kann allein bei dem enormen Stellenwert, den Malerei, Plastik und Architektur in der griechischen Gesellschaft besaß, eine ständig zunehmende Wertschätzung ihrer Schöpfer nicht geleugnet werden trotz philosophischer Trennung von göttlicher Idee und menschlicher Ausführung, wie sie Platon entwickelt hat.

Eine autonome griechische Künstlergeschichte von Daidalos bis Zeuxis, wie sie Heinrich Brunn, vor allem auf literarische Quellen gestützt, 1890 geschrieben hat, die von der Forschung der Gegenwart weitgehend geleugnet, aber ganz sicher schon bald wieder in Angriff genommen werden wird – an Ansätzen mangelt es nicht –[1], ist ganz sicher nicht nur das Ergebnis einer ungerechtfertigten Übertragung der Schlußfolgerungen aus der hellenistischen Künstleranekdote auch auf die vorhellenische Kunst, sondern Ausprägung eines unaufhörlichen Prozesses der Auseinandersetzung mit gestalteter Materie im Spannungsverhältnis von Realität und Abstraktion, ein Phänomen, das unabhängig von der Höhe der Künstlerhonorare und dem Ruhm der Protagonisten die antike Kultur bestimmt. Mag sich ein Bewußtsein für die bestimmenden ästhetischen Kategorien handwerklich künstlerischer Gestaltung auch sehr langsam entwickelt haben, so ist trotz der ursprünglich starken, teilweise sogar ausschließlich religiösen Bindung von Kunstprodukten sehr früh ein allgemeines Verständnis für all das aufgekeimt, was über den reinen Zweck- und Gebrauchswert der Erzeugnisse hinausgeht, für «künstlerischen Überfluß», wie es Ingeborg Scheibler in bezug auf die antike Keramik treffend charakterisiert hat.[2]

Es ist bemerkenswert, wie früh bei den Griechen eine mehr oder weniger bewußte Reflexion über Stilformen einsetzt, was sich bereits seit dem 6. Jahrhundert in archaistischen und klassizistischen Tendenzen zeigt und sich ebenso in der Aneignung von Werken widerspiegelt, die weder gebraucht noch verehrt wurden, ja nicht einmal «modern» sein mußten. Man kann sicher nicht so weit gehen, das Sammeln von Kunstwerken um ihrer selbst willen von Anfang an in Parallele zur Kunstproduktion und -rezeption zu setzen, da dafür ein Kunstmarkt hätte vorhanden sein müssen, den es in diesem Sinne in der Antike nicht gegeben hat. Jedoch darf der Beginn der Geschichte der Kunstsammlungen in der Antike spätestens in hellenistischer Zeit angesetzt werden. War die Vorliebe für Kunstwerke der Vergangenheit im Original oder in Kopie und Umbildung für die Herrscher von Pergamon zweifellos zu einem wesentlichen Teil bereits Ausdruck ihres ästhetischen Urteilsvermögens und ihrer klassizistisch eklektizistischen Einstellung, so gehörte für die Römer der Kaiserzeit die Anhäufung von meist aus dem Osten geraubten Kunstwerken in erster Linie zur Demonstration ihres Machtanspruches und zum gesellschaftlichen Prestige. Die immer wieder apostrophierte Sammlung des Asinius Pollio und ihre Öffnung für das Publikum ist vor allem aufschlußreich für die in Rom entscheidende Bedeutung der Kunst als politische Waffe. Der Laokoon – Prunkstück der Thermen des Titus –, der Farnesische Stier – Attraktion der Caracallathermen –, um nur zwei hervorragende Beispiele zu nennen, hatten ihre Bedeutung als kaiserliches Vorzeigeobjekt, während Privatbesitz an Kunstwerken, wenigstens in der Frühzeit, eher suspekt erschien. Agrippas Aufruf zur Verstaatlichung des Kunstbesitzes bleibt ohne tiefgreifende Wirkung, da er weder den Interessen der Machthaber noch den Ansprüchen der zu Ansehen und Reichtum gekommenen Privatpersonen entgegenkam. Kunst war in Rom ein Potential, das dem half, der sie besaß, aber nicht dem, der sie zu schätzen wußte. Die Wertschätzung von Kunstwerken trat hinter dem politischen und antiquarischen Interesse an diesen Zeichen der Vergangenheit zurück.

Erst das Zeitalter der Renaissance bringt einen grundlegenden Wandel des Verhältnisses des Betrachters zum Kunstwerk. Die weitgehende Lösung des Kunstwerkes von Religion und Politik eröffnet völlig neue Möglichkeiten ihrer Rezeption. Kunst wird zur freien Ware und damit im doppelten Sinne des Wortes käuflich, von allen und jedem nach ihrem Marktwert verwertbar. An Stelle der ideologischen Bindung des Kunstwerkes tritt seine Manipulierbarkeit für unterschiedliche Interessen. Was die römischen Cäsaren ansatzweise versucht hatten, Kunst in ihr machtpolitisches Programm einzubauen, wird für die weltlichen und geistlichen Fürsten der Renaissance und des Barock zum unverzichtbaren Bestandteil ihres Handelns. Von den stadtrömischen Sammlungen ausgehend, konzentriert sich Kunst, besonders antike Kunst, in zahllosen klerikalen und privaten Kollektionen in Europa und schließlich der ganzen Welt. Zu der öffentlich zur Schau gestellten oder verdeckt geübten Sammelleidenschaft trat die wissenschaftliche Bearbeitung der Werke und schließlich die Besitzergreifung durch das Bürgertum, das im Bildungsmuseum des 19. Jahrhunderts diese Einrichtung zu höchster Blüte führte und schließlich in Frage stellte.

Die Geschichte des Museums wird im Verlauf der kulturpolitischen Entwicklung des 19. Jahrhunderts in den einzelnen Ländern in zunehmendem Maße zu einem Prozeß der Aufteilung des nationalen und internationalen Kunstbesitzes. Im Zusammenhang mit der Entdeckung immer neuer Werke durch gezielte Ausgrabungen antiker Stätten, aber auch durch eine prestigeorientierte Erwerbungsstrategie auf legaler und illegaler Basis konzentrierte sich Kunstbesitz mehr und mehr in staatlichen und kommunalen Sammlungen, obwohl auch private Sammlungen vom 16. Jahrhundert bis in die Gegenwart einen nicht unbeträchtlichen Anteil bei der Aneignung und Konzentration von Kunstgut für sich beanspruchen.

Was Besuchern in den monströsen Ballungszentren europäischer Nationalmuseen und städtischer Sammlungen an Masse zugemutet wurde und noch zugemutet wird, ist unvorstellbar, obwohl den oft bis zum Rand gefüllten Schauräumen noch riesige Magazinbestände beigeordnet sind. Was uns heute unerträglich erscheint, mag dem früheren Besucher gar nicht so unangenehm gewesen sein. Die pompöse Museumsarchitektur des Barock und schließlich des Historismus mit ihrer bombastischen Innenausstattung bot in erster Linie den Rahmen für ein gesellschaftliches Ereignis, wie die Schilderung von Museumsbesuchern in Literatur und Malerei des 18. und 19. Jahrhunderts bestätigen.

In diesem dichtgeknüpften Netz von musealen Einrichtungen nehmen die Universitätsmuseen eine Zwischenstellung ein. Vor allem die alten, organisch mit der Entwicklung der Universität gewachsenen Sammlungen, zu denen das Leipziger Antikenmuseum als das älteste seiner Art diesseits der Alpen zu rechnen ist, sind keinem der übrigen Museumstypen zuzuordnen. Das juristische Unterstellungsverhältnis gegenüber Universität und Ministerium klammert die Öffentlichkeit aus und beschränkt die Wirksamkeit zunächst ganz auf den bildungsmäßigen Aspekt der Fachrichtung, der das Museum beigeordnet ist.

Die Anfänge des Antikenmuseums der Leipziger Universität im 18. Jahrhundert sind vollständig mit der Person Johann Friedrich Christs verbunden, der seit 1739 als Professor für Poesie und Rhetorik, aber auch schon vorher Vorlesungen über Literatur und Kunst des Altertums gehalten und diese ausschließlich seinen Zuhörern mit originalen griechischen und römischen Werken – wahrscheinlich vor seiner Leipziger Zeit auf einer eineinhalbjährigen Reise in Italien erworben – zusätzlich erläutert hat. Obwohl Inventarangaben fehlen, geht aus einer Anmerkung des Herausgebers von Christs Abhandlungen über Literatur und Kunst des Altertums von 1766 eindeutig hervor, daß er eine ansehnliche Sammlung von alten Münzen und Gemmen besessen hat.[3]

Auch Christian Daniel Beck, der als Professor für Geschichte und Latein seit 1791 Kollegs über Archäologie abhielt, schreibt in seinem Grundriß der Archäologie von 1816, daß Christ nicht nur Münzen und Gemmen, sondern auch andere Antiquitäten aus eigenem Besitz den Studenten vorgeführt hat.[4]

Es kann keinen Zweifel daran geben, daß diese kleine Privatsammlung bereits zu Lebzeiten oder spätestens aus dem Nachlaß Christs in den Besitz der Universität überging und damit den Grundstock zur Leipziger Antikensammlung legte. Erst 1833 hören wir wieder über das archäologische Museum von Becks Nachfolger Gottfried Herrmann, der sich im Februar 1833 in einem Brief an das sächsische Unterrichtsministerium bitter darüber beklagt, daß «wir einmal hier weder Vasen noch Gipsabgüsse noch andere antiquarische Gegenstände in natura, wie in Berlin oder anderen Orten, besitzen»[5]. Diese Angaben sind allerdings nicht ganz korrekt, da es an der Universitätsbibliothek schon seit langem ein Kabinett für Archäologie und Kunst gab, das nach den Angaben von Benjamin Gotthold Weiske, der ab 1813 an der Universität eine außerordentliche Professur bekleidete, nur zu eng und unbequem gelegen war.[6] Dieses Kabinett enthielt eine Sammlung von etwa 1200 römischen Münzen,[7] wohl die beiden Lippertschen Dactyliotheken, ein Geschenk des Kurfürsten Friedrich August III., die 1821 abgeformten, katalogisierten Gemmen des Berliner Museums, und die 1837 vom Landtag bewilligte erste Serie der Mionnetischen Münzschwefelpasten.[8]

Obwohl bei der Tätigkeit der von B. G. Weiske im Auftrag des Ministeriums geleiteten antiquarischen Gesellschaft die antike Kunst nur eine untergeordnete Rolle gespielt zu haben scheint, werden 1834 für die von Weiske beantragte Erweiterung und bessere Unterbringung des Kabinetts 200 Taler bewilligt.[9] Das Ministerium erklärte sich «nicht abgeneigt, künftig, wenn die Anstalt sich nützlich bewährt und sich der Teilnahme der Studierenden erfreut, zur ferneren Ausstattung derselben von Zeit zu Zeit Unterstützung zu bewilligen»[10]. Verwendet wurde das Geld für vier Kästchen Gipsabdrücke der Stoschischen Sammlung des Museums in Berlin, das dazu noch 30 Glasperlen schenkte.[11]

Einen deutlich spürbaren Auftrieb erfuhr die Sammlung unter Leitung des 1833 als außerordentlicher Professor für Klassische Archäologie berufenen Wilhelm Adolf Becker. Mit den von 1837–39 jährlich bewilligten 200 Talern beginnt Becker mit dem eigentlichen Aufbau einer archäologischen Sammlung. Aus dem mehr als bescheidenen Antikenkabinett, dessen Rückständigkeit gegenüber anderen deutschen Universitätssammlungen Gottfried Herrmann so sehr beklagt hat, wird ein richtiges kleines Museum. Abgüsse nach berühmten plastischen Bildwerken der Antike, die bis heute zum Kernstück jeder archäologischen Lehrsammlung gehören, werden 1840 aus Berlin geholt.[12] Sind es auch vornehmlich glatte römische Kopien nach griechischen Vorbildern, die dem Geschmack der Zeit entsprachen, so waren sie dennoch eine wertvolle Ergänzung der gleichzeitig erworbenen Originale. An erster Stelle steht der Apoll vom Belvedere, sicher als Referenz an den großen Johann Joachim Winckelmann; der sogenannte Apollino, die Venus von Medici und die von Capua sowie die archaistische Artemis von Pompeji. Der Zeus von Orticoli und die Hera Ludovisi, Köpfe, die auch Goethe bewundert hat, und der Kopf des Antinous Mondragone, noch mehr aber die verkleinerte Nachbildung der Friese des Parthenon und von Phigalia von J. Henning, spiegeln den Zeitgeist wider, während mit der sandalelösenden Nike der Nikebalustrade der athenischen Akropolis der erste Abguß eines griechischen Meisterwerkes der späten Klassik nach Leipzig kam. Die mit Hilfe des Berliner Kollegen Eduard Gerhard getätigte Erwerbung einer ganzen Reihe von korinthischen und unteritalischen Tongefäßen, darunter der prachtvolle Glockenkrater aus Ruvo mit der Darstellung von Perseus, der das Haupt der Medusa im Brunnen betrachtet, und die attische Kleeblattkanne, deren unbekannter Maler den Hilfsnamen Maler Leipzig T 64 erhalten hat, werden durch weitere Ankäufe keramischer Erzeugnisse auf Beckers Italienreise 1840 ergänzt.

Mit dem Anwachsen der Bestände ging auch die Sorge für eine angemessene Unterbringung einher. Im ehemaligen Konviktsaal des Paulinums fanden die Stücke neben dem durch eine Holzbarriere getrennten Hörsaal ein vorläufiges Unterkommen.[13]

Die große Stunde für das erste selbständige Antikenmuseum der Universität schlug 1843, als die archäologische Sammlung in die Parterreräume des linken Flügels des von Adolph Geutebrück errichteten Fridericianums einzog.

Franz Studniczka, auf den wir uns wegen der heute nicht mehr nachweisbaren, aber von ihm benutzten Quellen wie so oft verlassen müssen, berichtet von einem Säulensaal von ca. 13,5 mal 12 Meter Ausdehnung, der alle größeren Abgüsse aufnehmen konnte, während das kleine Nebenzimmer am Hof den zweitürigen Vasenschrank, in den beiden Fenstern Schautische für die übrigen kleinen Antiken und die Materialproben sowie weiterhin die verschiedenen Kästen mit Gemmenabdrücken beherbergte. Die Zimmer an der Straße dienten als Hörsaal und Arbeitsraum des Direktors. Die freien Wandflächen der ersten drei Gemächer zierten viele Bilder in Goldrahmen. Auch sonst waren nach zeitgenössischem Urteil die Räume in ihrer Bestimmung entsprechender Weise hübsch und sinnig dekoriert und für die Sammlung, wenn man von dem Übelstand einer wenig günstigen Beleuchtung absah, durchaus geeignet.

Zum ersten Mal in der Geschichte des Leipziger Antikenmuseums hatte es so etwas wie eine Konzeption der Sammlung gegeben, zu der nicht nur Fachleute, sondern auch Bürger der Stadt – wie bereits seit 1841 im Paulinum – im Wintersemester 1843/44 jeden Mittwoch, ab 1845 jeden Freitag nachmittag unter der Aufsicht des Hausmannes Zutritt hatten. Damit war eine Festlegung getroffen, an der bis heute festgehalten wurde, um dem Wesen und der Bedeutung einer solchen Universitätseinrichtung gleichermaßen als Lehr- und Schausammlung gerecht zu werden.

Erfolg bringt Geld, und Geld bringt Aufschwung. Jahr für Jahr wurden auf der Grundlage eines regelmäßig gewährten und bald auch erhöhten Etats Gipsabgüsse und Originale erworben, 1844 u. a. die Abgüsse des borghesischen Fechters sowie der großen Herkulanerin und 1847/48, wiederum durch Gerhards Vermittlung, Kleinbronzen, Metallgeräte und Spiegel. Hinzu kamen Tonfiguren, Kleinmeisterschalen und Lekythen.

Eine neue Ära in der Erwerbungsgeschichte brachte die Leitung von Institut und Museum durch Johannes Overbeck, der von 1853 bis 1895 die Mittel fast ausschließlich zum Ankauf von Gipsabgüssen nutzte, die trotz Erweiterung der Ausstellungsräume und Abtrennung der Ägyptischen Sammlung und schließlich auch mit dem Umzug ins Augusteum auf Dauer nicht mehr unterzubringen waren. Erst die Übersiedlung 1894 in Arwed Roßbachs großartigen Um- und Neubau der Universität mit einer Fläche von ca. 1 400 qm allein für die archäologische Sammlung, die Institutsräume nicht mitgerechnet, brachte die Möglichkeit einer großzügigeren Ausstellung, die durch Overbecks Nachfolger Franz Studniczka ausgebaut und neu geordnet wurde, allerdings mit einem enormen Zuwachs an Abgüssen und Originalen, der die bisherige Geschichte des Museums absolut in den Schatten stellte.

Die Zahl der Gipsabgüsse war von 850 auf 1 350 angestiegen, und auch die Sammlung antiker Originale erhielt 1897 durch die Stilproben griechischer Keramik, die Friedrich Hauser zusammengetragen hatte, einen Komplex von höchster wissenschaftlicher Bedeutung. Doubletten der Schliemann-Grabungen in Troja, die 1901 die Generalverwaltung der Königlich Preußischen Museen in Berlin abgegeben hatte, deckten einen bisher unterpräsentierten Bereich des Museums ab. Geschenke von Italienreisenden, Seminarmitgliedern, Schülern und prominenten Vertretern des Leipziger Bürgertums, wie Fritz Baedecker, Heinrich Brockhaus, Hermann Credner, Alfred Giesecke und Arthur Seemann, schlossen immer wieder Lücken der Sammlung, bis schließlich der amerikanische Kunstfreund Eduard P. Warren und sein englischer Mitstreiter John Marshall den Rest ihrer für das Museum of Fine Art in Boston getätigten Ankäufe nach den Empfehlungen Friedrich Hausers auf deutsche Universitätssammlungen verteilten, wobei Leipzig dank Franz Studniczka den Löwenanteil erhielt. Es waren Hunderte von Meisterwerken in Bronze, Marmor und Terrakotta, darunter Porträts, Grabreliefs, statuarische Werke sowie klazomenische Sarkophage, die nur aufzuzählen Seiten füllen würde. Genannt seien hier nur die Köpfe Alexanders des Großen, des Menanders, des Tiberius, die Kalksteinfigur eines Jünglings aus Naukratis, ein Griffspiegel und Gipsappliken aus Südrußland, ein römischer Schiffsschnabel – alles Meisterwerke, die den Ruhm der Leipziger Sammlung weit über die Grenzen der Stadt hinausgetragen haben.

Nicht alles konnte ausgestellt werden, aber die schwarz gestrichenen, profilierten Holzsockel mit der eigenhändigen Beschriftung Studniczkas sind zur Legende geworden. Die noch existierenden ausschnitthaften Fotos dieser Ausstellung unter Bernhard Schweitzer, die durch Kopien römischer Wandmalerei in enkaustischer Technik von Reinhold Vetter belebt wurde, lassen heute kaum noch eine Vorstellung der ursprünglichen Wirkung zu; doch muß sie für jene Zeit von beispielhafter Bedeutung gewesen sein, wie der Erfolg der legendären Sonntagsvorlesungen in diesen Schauräumen belegt, bei denen auf einer erhöhten Bühne, die durch Vorhänge erweitert oder verkleinert werden konnte, Gipsabgüsse vorgeführt und erläutert wurden, die sich zwischen den Pfeilern des Bogenganges von den in pompejanischem Rot gehaltenen Wänden wirkungsvoll abhoben.

Der Krieg hat diese Ausstellung im wesentlichen zerstört, der Abbruch des Gebäudes 1968 hat die Überreste vollends vernichtet und uns der Aufgabe enthoben, die Präsentation eines über 200 Jahre gewachsenen Museums, das seine Blüte in der Gründerzeit und den ersten Jahrzehnten des 20. Jahrhunderts erlebte, auf ihre Brauchbarkeit in unserer Zeit zu überprüfen. Das Erbe der 250jährigen Geschichte des Antikenmuseums der Universität Leipzig sind 10 000 Werke aller Gattungen und Perioden der antiken Kunst von der Vorgeschichte bis zur Spätantike und einige 100 Abgüsse von Meisterwerken der griechischen und römischen Plastik, ohne musealen Lebensraum in Magazinen zusammengepfercht als Herausforderung an die Gegenwart zur Nutzung in Forschung und Lehre und in der Öffentlichkeit: hoffnungsloses Unterfangen oder einmalige Chance?

Am 21. Oktober 1994 hat das Antikenmuseum der Universität wie Phönix aus der Asche nach jahrzehntelangem Dornröschenschlaf, der eigentlich ein jahrzehntelanger Kampf ums Überleben war,[14] in den Räumen der Alten Nikolaischule wieder seine Pforten geöffnet und sich damit dem Urteil der Fachwelt und der Öffentlichkeit gestellt, um seine Existenzberechtigung zu beweisen (Abb. 1).

Das Museum aus der Retorte gibt es in den seltensten Fällen, da es sich fast immer um ein historisch gewachsenes Gebilde seinem Gehalt und seiner äußeren

Abb. 1: Die Alte Nikolaischule

Form nach handelt. Museen aus einem Guß, wie das Olympische Museum in Lausanne, das in Architektur und Ausstellungsmaterial eine völlige Neuschöpfung ist, sind die Ausnahme.

Auch das Antikenmuseum der Universität Leipzig hat ständig sein Gesicht gewandelt, war einem Entwicklungsprozeß, der sich über Jahrhunderte erstreckt hat, unterworfen.

Dabei lassen sich drei Phasen unterscheiden:

- Zunächst das immer großartiger werdende Bildungsmuseum des 18. Jahrhunderts bis zum Zweiten Weltkrieg, in dessen Mittelpunkt eine gewaltige Sammlung von Abgüssen griechischer und römischer Kunst, eine relativ kleine Ausstellung antiker Meisterwerke und ein weitgehend ungenutztes Magazin mit Tausenden von originalen Werken der Kleinkunst stand.
- Dann 1943 die Phase des Niederganges nach der Teilzerstörung des Universitätsgebäudes, in dem das Museum untergebracht war, mit den kriegsbedingten Verlusten und Beschädigungen sowie die endgültige Magazinierung nach dem Abriß des Hauses 1968. Dennoch war diese Zeit für die Sammlung nicht verloren. Eine Vielzahl von kleinsten, kleinen und mittleren Ausstellungen in anderen Ein-

richtungen der Stadt Leipzig (Völkerkundemuseum, Altes Rathaus, Informationszentrum, Ausstellungsraum des Verbandes der bildenden Künstler, Ausstellungszentrum der Universität) oder in Museen anderer Städte (Dessau, Rostock, Magdeburg, Berlin, Stendal, Schnepfenthal) und im Ausland (Prag und Olomouc) sowie zahlreiche Veröffentlichungen beträchtlicher Teile der Bestände waren im Grunde nicht nur zaghafte Versuche, trotz schwieriger Bedingungen mit dem Material zu arbeiten und zu wirken, sondern die heimliche Vorbereitung auf das nie aus dem Auge verlorene Ziel einer Wiedereröffnung des Leipziger Antikenmuseums. Es hat freilich 40 Jahre gedauert, bis dieses Ziel nach der Wende erreicht worden ist.

– Jetzt standen 250 qm zur Verfügung, vier jungfräuliche Räume in dem geschichtsträchtigen und von Stilrelikten der Vergangenheit geprägten Gebäude der Alten Nikolaischule, das eine Verbindung mit Elementen moderner Stahl-Glas-Beton-Gestaltung eingegangen ist. Angesichts der Möglichkeiten im stimmungsvollen Ambiente eines historischen Hauses auf begrenztem Raum lag die Gefahr nahe, der Verlockung zu erliegen, nur ganz wenige ausgesuchte Stücke unter rein ästhetischen Gesichtspunkten effektvoll zu inszenieren. Damit aber wäre der Grundcharakter der Sammlung verfehlt worden. Was in 260 Jahren an der Universität an Werken der antiken Kunst zusammengetragen worden war, sollte in erster Linie einen Überblick der Entwicklung geben und der praktischen Anschauung für Studierende dienen. Damit war das Postulat einer möglichst vollständigen Präsentation aller Kultur- und Kunstzentren des Mittelmeerraumes, eines über Jahrtausende reichenden Zeitraumes, unumstößliches Grundprinzip der Ausstellungskonzeption. So findet der Besucher jetzt neben der griechischen und römischen Kunst in ihrer Gesamtentwicklung von der geometrischen bis zur spätantiken Zeit sowie in ihrer spezifischen landschaftlichen Ausprägung auch die Werke der ägäischen Kultur von Kreta, Mykene und Troja, die Kultur von Kypros, Etrurien und Unteritalien.

Dennoch haben wir versucht, diese Vielfalt überschaubar zu machen und durch eine auf Qualität und Attraktivität zielende Auswahl ihren Schauwert zu erhöhen.

Große Aufmerksamkeit wurde auch dem Erhaltungszustand der ausgestellten Stücke gewidmet. Kaum eins wurde aufgenommen, daß nicht durch die Hände eines Restaurators gegangen ist, der wenigstens die Oberfläche gesäubert und unter Berücksichtigung wissenschaftlicher Forderungen nach sauberer Trennung von originalen und ergänzten Teilen versucht hat, den verständlichen Wünschen des Besuchers gerecht zu werden, den ursprünglichen Zustand fragmentarisch erhaltener Werke leichter erfassen bzw. rekonstruieren zu können. So schienen z. B. behutsame farbliche Angleichungen von roten und schwarzen Flächen auf den Vasenbildern erlaubt, wenngleich auch Fragmente durchaus als zumutbare Ausstellungsstücke einbezogen worden sind, wenn ihre inhaltliche und formale Aussage dies rechtfertigte. Diese bewußte Verbindung von Lehraufgabe und Schauwert ist immer ein Balanceakt zwischen Pflicht und Kür. Der unschätzbare Vorteil der neuen Ausstellung liegt – gleichviel, ob die Art und Weise der Präsentation nun Zustimmung oder Ablehnung findet – in ihrer Einheitlichkeit. Selten bietet sich einem Museum die Möglichkeit, aus einem riesigen Fundus unter den Aspekten von Qualität und stilistischer Besonderheit auswählen zu können. Die von etwa 10 000 Inventarnummern ausgestellten 350 Stücke erfüllen beide Forderungen.

Wer freilich mit überzogenen Erwartungen an die Ausstellung herangeht und bei jeder der vorrangig aus didaktischen Gründen zusammengestellten Gruppen jeweils internationale Sammlungen zum Vergleich heranzieht, in denen diese Gattungen besonders stark vertreten sind, der wird z. B. die Vitrine mit den Werken der griechischen Vorzeit zu mager finden und auch bei den attisch geometrischen Vasen die Mengen vermissen, die das Nationalmuseum in Athen darbietet. Auch die archaischen Skulpturen lassen keinen Vergleich mit den für den Laien unüberschaubaren Bildwerken dieser Zeit im Akropolismuseum zu, und der römischen Porträtplastik in Leipzig steht der Pariser Louvre oder das Kapitolinische Museum in Rom in konkurrenzloser Überzahl gegenüber. Selbst die hier glänzend vertretenen attischen Vasen archaischer und klassischer Zeit werden von der Sammlung der Villa Giulia, um nur ein Museum herauszugreifen, spielend überboten.

Wie ist, wenn doch alles in viel größerer Zahl in anderen Sammlungen vertreten ist, der hohe Anspruch des Leipziger Antikenmuseums zu rechtfertigen? Dabei profitieren wir ganz einfach von der ungeheuren Diskrepanz von Präsentationsangebot der meisten Museen und dem Rezeptionsvermögen der Besucher. Es ist einfach nicht möglich, die Fülle dessen, was ein großes Antikenmuseum zu zeigen hat bzw. in einer Auswahl vorführt, aufzunehmen und zu verarbeiten. Aber es ist nicht nur die Flüchtigkeit des Eindruckes, der die Wirkung der ausgestellten Vielzahl von Kunstwerken beeinträchtigt, es ist auch die Abwehrreaktion, die sich gegenüber einem so massiven und unverträglichen Angebot einstellt und die Museumsbesuche zu lästigen Pflichtübungen werden läßt. Nun kann selbstverständlich die Alternative nicht in einem Abbau der weltbekannten Sammlungen liegen. Sie sind es ja, die durch den Massentourismus, nicht zuletzt wegen ihrer gigantischen Ausmaße, aus dem Besucherprogramm nicht wegzudenken sind. Während sich Tag für Tag Tausende von Touristen durch die kilometerlangen Fluchten der Vatikanischen Sammlungen wälzen, bleibt das zauberhafte, aber kleine Museo Baracco in Rom von den Reiseunternehmern unberücksichtigt. Trotzdem müssen auch jene überlaufenen Museen darüber nachdenken, wie sie über Führungen und Sonderausstellungen hinaus ihre Tiefenwirkung verstärken können.

Eine verhältnismäßig kleine, aber erlesene Sammlung wie das Leipziger Antikenmuseum hat alles, was nötig ist, um den Besucher, Fachmann oder Laien, umfassend zu informieren über das, was die mittelmeerischen Kulturen vom dritten Jahrtausend bis zur Spätantike an künstlerischem Ausdruck hervorgebracht haben, und dies anhand einer überschaubaren Auswahl charakteristischer Werke. Sein Verlangen nach ästhetisch und inhaltlich überzeugenden Meisterwerken wird in gleicher Weise befriedigt werden. Wem schon die kleine Zusammenstellung form- und dekorationstypischer attischer Vasen geometrischer Zeit in einer großen Vitrine zu verwirrend ist, kann sich durchaus an der einzeln vorgeführten frühgeometrischen Amphora genügen lassen und sich durch sie das Gefühl für Aufbau und Dekoration dieser Gefäßgattung aneignen (Abb. 2), und der Kouros von Naukratis, der dem ersten Raum der Ausstellung seinen Namen gegeben hat, wird – vielleicht mit einer

Abb. 2: Geometrische Keramik

zusätzlichen Erklärung – eine gute Vorstellung von diesem Archetyp griechischer Plastik in der speziellen Ausbildung der Kunst des Ostens vermitteln (Abb. 3).

So soll der Besucher in allen Räumen unaufdringlich gelenkt werden, da die Präsentation nicht nur auf das einzelne Ausstellungsstück, sondern auf eine komplexe Wirkung abzielt: Blickfang und Ensemble ergänzen einander.

Zwei Beispiele seien herausgegriffen: Zwischen den Vitrinen mit den schwarz- und rotfigurigen Vasen wird im Nachbarraum der Kopf des Kaisers Tiberius sichtbar (Abb. 4), für den eigens eine Nische geschaffen wurde, um dem Anspruch des Bildnisses eines römischen Imperators gerecht zu werden. Und im Skulpturensaal vereinigen sich individuelle Marmorporträts griechischer und römischer Zeit zu einer illustren Versammlung von Dichtern, Philosophen und Privatpersonen (Abb. 5). Immer also eröffnet sich über das exponierte Einzelstück der Zugang zu einer ganzen Epoche, einer Gattung, einer Werkstatt, eines Volkes oder eines Territoriums. Es ist leicht, dank der Sammeltätigkeit Leipziger Museumsdirektoren über viele Generationen hinweg aus der Fülle der Bestände auszuwählen und dies in formschönen und technisch perfekten Vitrinen nach restauratorischer Aufbereitung mit der notwendigen Information durch Beschriftung und Publikationen anzubieten, aber es ist nicht leicht, die unbewegten Bilder für unsere auf ständig wechselnde optische Ein-

Abb. 3: Raum des Kouros von Naukratis

drücke eingestellten Sinnesorgane wirksam bleiben zu lassen, dazu bedarf es – wie jeder Museumspädagoge weiß – der Aktionen in vielerlei Gestalt, die mit immer neuen Anreizen die Räume beleben und die Werke zum Sprechen bringen.

Die Leipziger Antikensammlung besitzt aber nicht nur eine gewisse Vollständigkeit von Werken der wichtigsten Epochen, der meisten Gattungen und Werkstätten sowie vieler bedeutender Künstler, sondern auch eine Besonderheit, die in europäischen Sammlungen ihresgleichen sucht. Das sogenannte Kabinett, ein kleiner Raum, der als denkmalspflegerisches Glanzstück allein wegen des alten unverfälschten Dielenbodens, der vorsichtig restaurierten Balkendecke und der sorgfältig konservierten Fachwerkwand sehenswert ist, enthält Funde aus Südrußland, die wegen des bereits unter Zar Nikolaus II. erlassenen Ausfuhrverbotes kaum aus Rußland herausgekommen sind. Franz Studniczka ist es über seine Freunde Oscar Waldhauer und E. v. Stern gelungen, diese kostbaren und seltenen Werke nach Leipzig zu bringen, wo sie zusammen mit einem für den Export nach Südrußland bestimmten attischen Kelchkrater eine Attraktion der Leipziger Sammlung bilden (Abb. 6).

Aber auch im Hause selbst, über die eigentlichen Ausstellungsräume hinaus, versucht das Antikenmuseum zu vermitteln. So empfängt den Besucher an der Treppe im Erdgeschoß die Bronzefigur eines jugendlichen Gürtelbinders des Leipziger Bild-

Abb. 4: Vasenraum mit Blick in den Skulpturensaal

Abb. 5: Griechische und römische Porträtköpfe

Abb. 6: Kabinett mit Funden aus Südrußland

Abb. 7: Die Artemis von Versailles im Treppenhaus der Alten Nikolaischule

hauers Mathieu Molitor, ein neoklassizistisches Werk dieses Jahrhunderts, und vor der Betonwand des Treppenhauses gegenüber dem Eingang zum Museum wird er durch einen römischen Marmortorso im Typus der Artemis von Versailles (Abb. 7) auf den Sammlungsbesuch eingestimmt.

Kunstwerke im Museum sind leere Hülsen, die durch sich allein – ohne die Hilfe des Fachmannes – einen Ästheten wegen ihrer Form begeistern oder einen Antiquar wegen ihrer Obskurität faszinieren können. Der eigentliche Adressat für Kunst der Vergangenheit aber ist nicht in erster Linie ein exklusiver Kreis von Wissenschaftlern und Spezialisten, sondern der Weltbürger schlechthin. Ihm hat die Erhaltung und Pflege der Werke in erster Linie zu dienen; Staat und Gesellschaft müssen sich Gedanken machen, die der Zeit angemessenen Formen der Vermittlung zu finden. Und die Sachwalter, die wir eingangs als Nachfolger der Musen angesprochen hatten, die in der mythischen Vorstellungswelt der Griechen die schönen Künste verwaltet haben, sind aufgerufen, einen Weg zu finden, die Kunstwerke wieder zum Sprechen zu bringen. Aus den Erfahrungen der Vergangenheit schöpfen, Zeitströmungen nutzen und immer wieder auf den Ursprung zurückgehen, aus dem die Werke kommen, das ist bei der Neuinszenierung des Antikenmuseums der Leipziger Universität in der Alten Nikolaischule – von dem der Präsident des Deutschen Archäologischen Institutes gesagt hat, daß es zu den schönsten seiner Art zähle – versucht worden; hoffen wir, mit anhaltendem Erfolg.

Anmerkungen

1 z. B. Polyketausstellung Frankfurt a. M., Liebighaus 1990/91; Lysippausstellung, Rom 1995 mit Katalogen und monographischen Darstellungen.

2 I. Scheibler: Griechische Töpferkunst. 1995, S. 16ff.

3 J. F. Christ: Abhandlung über die Literatur und Kunstwerke vornehmlich des Altertums, durchgesehen und mit Anmerkungen begleitet von J. K. Zeune. Leipzig 1766: Vorrede.

4 Ch. D. Beck: Grundriß der Archäologie oder Anleitung zur Kenntnis der Geschichte der alten Kunst und der Kunstdenkmäler des classischen Alterthums. Leipzig 1816.

5 Vgl. F. Studniczka: Das Archäologische Institut. In: Festschrift zur Feier des 500jährigen Bestehens der Universität Leipzig. Bd. 4.1, Leipzig 1909, S. 30.

6 Vgl. Anm. 5

7 F. Bühlau: Seiner Majestät des Königs Johann von Sachsen Besuch der Universität Leipzig am 4.–6. August 1857. Nebst einer Darstellung der Anstalten und Sammlungen der Universität. Leipzig 1858, S. 100.

8 F. Studniczka, a. a. O. (s. Anm. 5) S. 30; J. Overbeck: Die Archäologische Sammlung der Universität Leipzig. Leipzig 1859, S. III.

9 F. Studniczka, a. a. O. (s. Anm. 5) S. 32.

10 Ebda.

11 Ebda.

12 Ebda., S. 36.

13 Ebda., S. 37.

14 E. Paul: In: Antikenpräsentation in der heutigen Zeit – zwischen Tradition und Zukunft. Kolloquiumsbericht 1995.

Dieter Scholz

Die industrielle Agglomeration im Raum Halle–Leipzig–Dessau – Werden und Struktur einer grenzüberschreitenden Industrieregion

1 Einführung

In seinem programmatischen Aufsatz über die Aufgaben der Geographie als Wissenschaft formulierte Edgar Lehmann, langjähriges und verdienstvolles Mitglied der Sächsischen Akademie der Wissenschaften, Vizepräsident und Sekretar der Philologisch-historischen Klasse, im Jahre 1964:

> Aber bei allem Wechsel, dem die geographische Arbeitsweise durch die Steigerung der Produktivkräfte, durch die technischen und sozialen Progressionen, überhaupt durch die Tendenzen der gesellschaftlichen Entwicklungen unterworfen ist, wird das Hauptziel, das Geographen verfolgen, solange es eine wissenschaftliche Geographie gibt, immer dies sein: die Entschleierung einer Grundsachlage des sich ständig wandelnden Elementenkomplexes, der den irdischen Raum in vielfältige Strukturen gliedert. Der Nutzen, der sich aus solchen Forschungen für die Praxis, auch für die Planung und Leitung der Wirtschaft und Verwaltung, ergibt, wird erheblich sein können, wenn ihre Ergebnisse so aufbereitet werden, daß Prognosen über die Entwicklung von Territorien sehr verschiedener Art und Größe möglich sind. Zu solcher wichtigen Aufgabe ist die Geographie nicht nur in der Lage, sondern als Wissenschaft berufen. (Lehmann 1964, S. 91)

Als einen der zentralen Problemkreise stellte E. Lehmann an anderer Stelle (1973, S. 41) die Erkenntnis der Struktur und der Entwicklungsprozesse von Regionen heraus. Dabei versuchte er, die Region als geographisches Objekt näher zu bestimmen sowie funktionale und strukturelle Definitionskriterien zu begründen. Inzwischen liegen die Lehmannschen Überlegungen zwei Jahrzehnte zurück, und zugleich ist der Begriff der Region ein zentraler Begriff auch der Wirtschaftsplanung und -politik. Es erscheint daher reizvoll, am Beispiel der Industrieagglomeration Halle–Leipzig–Dessau dem Werden einer Region nachzugehen und zu versuchen, die für diesen Prozeß wesentlichen Aspekte herauszuarbeiten. Dies betrifft die Lehmannschen Vorstellungen von der Region als «gesellschaftsbestimmtem, Natur und Wirtschaft umfassendem Wirklichkeitsbereich» (Lehmann 1973, S. 41) sowie die Bedeutung, die der Lage und Raumstruktur des Gebietes zukommt.

Hinsichtlich der sachlichen Grundlagen für die folgenden Betrachtungen verweist der Verfasser auf seine Studie im Halleschen Jahrbuch für Geowissenschaften (1977).

2 Der Beginn der industriellen Entwicklung in der Agrarregion «Leipziger Tieflandsbucht» zwischen 1850 und 1880

In der ersten Hälfte des 19. Jahrhunderts war die Leipziger Tieflandsbucht noch ein reiner Agrarraum. Nur die beiden benachbarten Städte Halle und Leipzig, voneinander getrennt durch die Landesgrenze zwischen dem Königreich Sachsen und der preußischen Provinz Sachsen und dadurch auch in besonderer Weise miteinander rivalisierend, hatten mit ihren fast 70 000 (Leipzig 1855) bzw. 35 000 Einwohnern (Halle 1852) relativ den Rang einer Großstadt erreicht und bildeten die Hauptzentren eines Städtenetzes, das dem Christallerschen Zentralortsystem mit seiner Zentren-Hierarchie noch sehr nahe kam. Der ländliche Raum war zu dieser Zeit noch eindeutig von der Landwirtschaft beherrscht, die allerdings aufgrund der günstigen naturräumlichen Rahmenbedingungen für die landwirtschaftliche Produktion ein relativ umfangreiches Arbeitskräftepotential band und damit die Grundlage einer vergleichsweise hohen Bevölkerungsdichte schon vor der beginnenden Industrieentwicklung bildete (um 1830 zwischen 40 und 100 EW/km^2; s. a. SCHLÜTER u. AUGUST 1960, K. 51).

Auch war der ländliche Raum nicht generell ohne jedes Gewerbe. Die Gewinnung von Steinen und Erden, die Verarbeitung landwirtschaftlicher Produkte (in Zuckerfabriken und Brennereien) sowie der Abbau von Braunkohle, zunächst für den Eigenbedarf und nach Erfindung der Brikettpresse (1958 durch K. Exter) zunehmend auch für die Versorgung der städtischen Zentren, waren in den Dörfern und Kleinstädten in der Leipziger Tieflandsbucht vor allem in ihrem preußischen Teil durchaus vorhanden (s. a. ZAUFT 1960). Und schließlich begann mit der Inbetriebnahme der ersten deutschen Ferneisenbahnlinie Leipzig–Dresden im Jahre 1839 der Aufbau eines neuartigen, leistungsfähigen Transportsystems, das in seinen Grundzügen um 1880 fertiggestellt war. Es verband die Leipziger Tieflandsbucht mit den wichtigsten Wirtschaftsräumen Deutschlands und erschloß sie zugleich für den innergebietlichen Verkehr (s. a. Kahse, 1960).

Damit waren zu Beginn der zweiten Hälfte des 19. Jahrhunderts die für eine industrielle Entwicklung wesentlichen Grundlagen in der Leipziger Tieflandsbucht gegeben, zumal im Jahre 1862 auch im Königreich Sachsen die Gewerbefreiheit eingeführt und damit eine Benachteiligung gegenüber den preußischen Gebieten endgültig aufgehoben wurde. Die Industrialisierung begann in der zweiten Hälfte des 19. Jahrhunderts für die Leipziger Tieflandsbucht einen wirtschaftsräumlichen Strukturwandel einzuleiten, der aus unterschiedlichen Quellen erwuchs, vor allem von Städtewachstum und Urbanisierung gekennzeichnet war und bis in die Gegenwart hinein anhielt – wenn auch in verschiedenen Erscheinungsformen.

Als zunächst wesentlichstes Moment dieses Strukturwandels ist die Entwicklung des Braunkohlenbergbaus zum selbständigen Industriezweig zu nennen, die sich ab 1850 vor allem in den Revieren Bitterfeld, Borna/Meuselwitz und Zeitz–Weißenfels vollzog. Sie war gekennzeichnet durch Vergrößerung des Abbaus sowohl hinsichtlich der Zahl der Betriebe wie auch ihrer Förderleistung. Besonders das Bitterfelder

Revier mit dem Eigenbedarf an Kohle für die hier ansässigen Ziegeleien und Tonwarenfabriken und für die über Eisenbahntransporte günstig erreichbaren Großstadtmärkte von Berlin, Leipzig und Halle zeigte eine rasche Vergrößerung des Bergbaus, aber auch die anderen Reviere standen nicht wesentlich zurück.

Parallel dazu entstanden im ländlichen Raum dieser Reviere erste Verarbeitungsbetriebe (so die Montanwachserzeugung in Webau bei Weißenfels 1854, die Brikettfabrik bei Ammendorf 1858). Dies alles führte zum Wachstum der Dörfer in der Umgebung der Gruben und Fabriken und zur sozialen Differenzierung der ländlichen Bevölkerung, die nun nicht mehr nur landwirtschaftlich-bäuerlich war, sondern auch bergmännisch-städtische Züge erhielt.

Während die beginnende Industrialisierung im ländlichen Raum der Leipziger Tieflandsbucht relativ unbeeinflußt von der Zugehörigkeit zum Königreich Sachsen bzw. zur preußischen Provinz Sachsen verlief, wirkte die Grenze zwischen beiden Territorien differenzierend auf die Entwicklung der Städte Halle und Leipzig. Eine gewisse Rivalität zwischen beiden Städten existierte von Anfang an, wobei Halle zunächst bevorzugt war. Vor allem die Salzgewinnung, aber auch das «höhere Alter» (Karolingisches Kastell schon für das Jahr 806 bezeugt) gab Halle einen Entwicklungsvorsprung gegenüber Leipzig bis weit in das 15. Jahrhundert hinein. Erst die Verleihung des «großen Messeprivilegs» an Leipzig 1497 bzw. 1507 führte zur Verlagerung des städtischen Schwerpunktes in der Tieflandsbucht nach Leipzig, das sich auch in den Folgejahrhunderten stets der wohlwollenden Förderung durch die sächsischen Kurfürsten erfreuen konnte, während das seit 968 dem Erzbistum Magdeburg zugehörige Halle spätestens seit Ende des 15. Jahrhunderts von seinem Landesherrn bevormundet und vielfach auch behindert wurde.

Leipzig war also in der Mitte des 19. Jahrhunderts eindeutig die größere und bedeutendere der beiden Großstädte. Bestimmt von Messehandel, Buch- und Rauchwarengewerbe, stand die Stadt der Industrialisierung aber eher skeptisch als fördernd gegenüber, und die erst 1862 in Sachsen eingeführte Gewerbefreiheit führte zunächst nur zur Entstehung von Kleingewerbe und Hinterhofindustrie, vor allem in Verbindung mit dem graphischen Gewerbe. Größere Produktionsstätten entstanden vorläufig nur in den angrenzenden Dörfern außerhalb der Stadt, wie z. B. 1830 die Kammgarnspinnerei auf dem Vorwerk Pfaffendorf.

Auch für die Stadt Halle, in der die Gewerbefreiheit schon im Jahre 1808 durch den König von Westfalen eingeführt worden war, begann die industrielle Entwicklung eher zögerlich. Angeregt wurde sie wesentlich durch die ländlichen Gewerbe im Umland der Stadt (Rübenzuckergewinnung, Salz- und Kohlebergbau) und durch den Ausbau der Verkehrsinfrastruktur (Straßen- und Eisenbahnbau), die in Halle vor allem Betriebe des Maschinenbaus entstehen ließen. So wurden (nach Angaben von Neuss 1924, S. 128/129) zwischen 1856 und 1862 fünf Maschinenbaubetriebe gegründet, in denen Bergbaumaschinen, Brikettpressen, Armaturen, Dampfkessel und Filterpressen für die Zuckerindustrie hergestellt wurden.

Zusammenfassend läßt sich damit unter Bezug auf die eingangs genannten Besonderheiten der Region als Erscheinungsform räumlicher Strukturen feststellen, daß der in der 2. Hälfte des 19. Jahrhunderts in der Leipziger Tieflandsbucht einsetzende räumliche Strukturwandel trotz unterschiedlicher historischer Voraussetzungen beiderseits der sächsisch-preußischen Grenze im wesentlichen ähnlich verlief und erste Veränderungen in Richtung auf die Entstehung eines Industriegebietes im Umland zweier benachbarter Großstädte erkennen läßt.

3 Die Entstehung der industriellen Agglomeration zwischen 1880 und 1925

Mit der Gründung des Deutschen Reiches 1871 und den Ergebnissen des Deutsch-Französischen Krieges veränderten sich wesentliche Rahmenbedingungen für die wirtschaftliche Entwicklung auch in der Leipziger Tieflandsbucht:

- Das Deutsche Reich mit seinen 540 777 Quadratkilometern Fläche und reichlich 60 Millionen Einwohnern repräsentierte einen großen, weitgehend einheitlichen Markt für industrielle Erzeugnisse, dessen innere Grenzen für die wirtschaftliche Entwicklung keine Hindernisse mehr darstellten.
- Das Deutsche Reich war im europäischen Rahmen und auch im Weltmaßstab eines der wirtschaftlich führenden Länder geworden, das auch für den Export zu produzieren begann.
- Die Frankreich im Frankfurter Frieden von 1871 auferlegten Kriegsentschädigungen von 5 Mrd. Goldfranc stellten einen erheblichen Zufluß anlagesuchenden Kapitals auf dem deutschen Markt dar.

Alles das ließ die industrielle Produktion vor allem in den Jahren nach 1880 stürmisch anwachsen und wirkte sich auch im Halle–Leipziger Raum aus.
Die Stadt Leipzig profitierte von diesen allgemeinen Bedingungen in besonderem Maße, denn ihre spezifischen Standortvorteile als Handels- und Messestadt kamen nun noch stärker zum Tragen. Neben die traditionellen Branchen (polygraphisches Gewerbe, Textilindustrie, Rauchwarenherstellung) traten neue hinzu. Vor allem der Maschinenbau, die Metallverarbeitung und die Elektrotechnik expandierten stark, wobei der Bedarf der traditionellen Gewerbe an Maschinen und Ausrüstungen (wie z. B. Druckereimaschinen, Buchbindereimaschinen u. ä.) ebenso von Bedeutung war wie der Bedarf des Umlandes an Landwirtschaftsmaschinen, Bergbauausrüstungen und Transportanlagen. Die Kapazitäten in diesen Industriezweigen weiteten sich zunehmend aus, sowohl nach der Zahl der Betriebe als auch nach ihrer Größe, und die Produktion für den internationalen Markt trat immer mehr in den Vordergrund. Dieses Wachstum der industriellen Kapazitäten führte zwangsläufig zum Wachstum der Stadt selbst, gleichermaßen nach der Zahl der Einwohner wie auch im Hinblick auf die Fläche. Zwischen 1889 und 1910 wurden insgesamt 23 angrenzende Landgemeinden nach Leipzig eingemeindet. Dies brachte der Stadt eine Bevölkerungszunahme von rund 300 000 Einwohnern (s. a. Tab.) und ein Flächenwachstum von 60 km^2 – das 3,5fache von Alt-Leipzig.

Ähnlich verlief die Entwicklung auch in der Stadt Halle, allerdings auf niedrigerem Ausgangsniveau. Halle zählte im Jahre 1880 erst ca. 71 000 Einwohner, während Leipzig zu diesem Zeitpunkt mit knapp 150 000 Einwohnern schon reichlich doppelt so groß war (s. a. Tab.). Die Impulse für die industrielle Entwicklung Halles kamen hauptsächlich aus dem Umland der Stadt, dessen Landwirtschaft und Bergbau (Zuckerindustrie, Braunkohlen-, Steinkohlen- und Salzbergbau) einen zunehmenden Bedarf an Ausrüstungen und Maschinen aufwiesen und zugleich Produkte erzeugten, die eine entsprechende Verarbeitungsindustrie auch in Halle entstehen ließen.

Es waren im wesentlichen drei Industriezweige, die nun die Struktur der halleschen Industrie bestimmten: die Nahrungs- und Genußmittelindustrie (besonders Tabak- und Zuckerverarbeitung, Brauereien und Mineralwasserfabrikation), der Maschinenbau und die zuliefernde Metallverarbeitung sowie die chemische Industrie (Ölraffinerien, Farben- und Seifenherstellung). Ähnlich wie in Leipzig griff dabei das Wachstum der Stadt auf angrenzende Land- und Stadtgemeinden über, was im Jahre 1900 zu ersten Eingemeindungen führte (Giebichenstein, Kröllwitz und Trotha, alle nördlich der Stadt Halle gelegen).

Tabelle: Entwicklung der Einwohnerzahlen der Städte Halle und Leipzig zwischen 1820 und 1993 (jeweiliger Gebietsstand)

Jahr	Leipzig	Halle	Veränderungen gegenüber der vorhergehenden Angabe (Zuwachs bzw. Abnahme) für Leipzig	Halle
um 1820	34 035	23 875	–	–
1834	46 294	25 982	+ 12 259	+ 2 107
1852	66 837	35 820	+ 20 543	+ 9 838
1871	106 925	52 620	+ 40 088	+ 16 800
1880	149 081	71 484	+ 42 156	+ 18 864
1890	295 025	101 401	+ 145 944	+ 29 917
1900	456 124	156 609	+ 161 099	+ 55 208
1910	589 850	180 843	+ 133 726	+ 24 234
1925	679 159	194 575	+ 89 309	+ 13 732
1933	713 470	209 169	+ 34 311	+ 14 594
1939	707 365	220 092	– 6 105	+ 10 923
1946	607 655	222 505	– 99 710	+ 2 413
1950	617 574	289 119	+ 9 919	+ 66 614
1960	589 632	277 855	– 27 942	– 11 264
1964	594 882	273 987	+ 5 250	– 3 868
1971	580 711	297 492	– 14 171	+ 23 505
1980	562 480	325 872	– 18 231	+ 28 380
1989	530 010	321 684	– 32 470	– 4 188
1990	513 600	311 400	– 16 410	– 10 284
1992	503 191	303 019	– 10 409	– 8 381
1993	490 851	299 884	– 12 340	– 3 135

Während die an die beiden Großstädte angrenzenden Landgemeinden und Kleinstädte seit 1880/90 zunehmend in den Urbanisierungsprozeß beider Zentren einbezogen wurden, verlief die industrielle Entwicklung im weiteren Umland relativ selbständig auf der Grundlage der Rohstoffgewinnung und –verarbeitung. Dies waren einmal landwirtschaftliche Erzeugnisse (Getreide, Zuckerrüben, Fleisch und Milch), zum anderen Bodenschätze. Vor allem Steine und Erden für die Bauindustrie (Ziegeleien, Werksteinerzeugung, Tonwaren und Röhren) und die ebenfalls fast überall in der Leipziger Tieflandsbucht vorkommende Braunkohle ließen Bergbau- und Verarbeitungsindustrien entstehen, die um die Jahrhundertwende deutlich abgrenzbare Reviere zu bilden begannen.

Beispielhaft sei dies für das Bitterfelder Revier skizziert (s. a. HESS 1965). Der dort befindliche Braunkohlenbergbau produzierte zunächst für den Energiebedarf der lokalen Ziegeleien und Tonröhrenfabrikation und hatte dank eingeräumter Sondertarife auf den preußischen Staatsbahnen auch einen beachtlichen Anteil am Berliner Kohle- bzw. Brikettmarkt. Diese Möglichkeit für die Bitterfelder Braunkohlenindustrie entfielen um 1890 wegen der Aufkündigung der Sondertarife durch die preußische Staatsbahn, und das Bitterfelder Revier erlebte eine erste ernsthafte Bergbaukrise.

Die sich daraus ergebenden Bedingungen des Bergbaus (billige Flächen, billige Arbeitskräfte und damit billige Kohle) nutzte die expandierende chemische Grundstoffindustrie im Rhein-Main-Gebiet zur Gründung von Zweigbetrieben der energieintensiven Elektrolyt-Chemie im Bitterfelder Revier. Allein am Standort Bitterfeld-Wolfen entstanden so zwischen 1894 und 1905 sechs derartige neue Betriebe, die im Verlaufe der folgenden Jahrzehnte einen industriellen Komplex von Braunkohlenbergbau, Grundstoffchemie und Elektroenergie entstehen ließen, der um 1980 insgesamt rund 50 000 Arbeitskräfte beschäftigte.

Ähnliche Komplexe entstanden vor und nach dem ersten Weltkrieg im Raum Merseburg/Geiseltal, Borna/Meuselwitz, Zeitz/Weißenfels und Böhlen/Espenhain sowie einer Reihe kleinerer Standorte, z. B. Piesteritz/Coswig oder Amsdorf/Röblingen.

Die Konsequenz aus diesen Entwicklungen war ein beachtliches Bevölkerungswachstum auch im ländlichen Raum. Zahlreiche Dörfer wurden zu Industriestandorten von Großbetrieben des Bergbaus, der Energiewirtschaft und der Grundstoffchemie bzw. entwickelten sich zu Wohnsiedlungen für die Beschäftigten dieser Betriebe. Die Zugehörigkeit zur Provinz Sachsen oder dem Königreich bzw. späteren Freistaat Sachsen hatte bei diesen Prozessen de facto keine Bedeutung mehr. Damit begann sich eine grenzüberschreitende Wirtschaftsregion herauszubilden, die geprägt war von einer Industrialisierung des ländlichen Raumes auf gleicher oder ähnlicher Grundlage (Rohstoffvorkommen) und von der Entwicklung zweier Großstädte, deren jahrhundertelange Zugehörigkeit zu verschiedenen administrativen Territorien zwar eine gewisse Rivalität erzeugte, die als Entwicklungsimpuls letztlich beide Städte aber eher förderte als behinderte.

4 Weiteres Wachstum der industriellen Agglomeration unter verschiedenen politisch-wirtschaftlichen Bedingungen zwischen 1925 und 1990

Obwohl sich die politisch-wirtschaftlichen Rahmenbedingungen in der Zeit zwischen der Weimarer Republik und der «Wende» von 1989/90 mehrfach wesentlich änderten und insbesondere während der Zeit des Nationalsozialismus und der sozialistisch-kommunistischen Diktatur von massivem Dirigismus seitens der herrschenden Parteien gekennzeichnet waren, vollzog sich die industrielle Entwicklung in der Leipziger Tieflandsbucht weiterhin in Richtung auf ein industrielles Ballungsgebiet. Die Standortbedingungen dieses Raumes waren unter verschiedenen Aspekten insgesamt so stark, daß sie trotz Kriegszerstörungen im zweiten Weltkrieg und trotz anders lautender territorialplanerischer Maximen in der DDR (z. B. «gleichmäßige Verteilung der Produktivkräfte im ganzen Land») immer wieder das Wachstum der industriellen Agglomeration beförderten.

Für die beiden Großstädte blieben die «klassischen» Standortvorteile der Lage und der großstädtischen Strukturbesonderheiten weiter wirksam, und insbesondere der Maschinenbau profilierte sich in ihnen zum mit Abstand führenden, im einzelnen sehr vielseitigen Industriezweig.

Unter den übrigen Städten der Tieflandsbucht begann auch Dessau sich allmählich zur Großstadt zu entwickeln (1890: 34 600 EW, 1950: 92 000 EW, 1985: 103 600 EW), wobei seine Stellung als Hauptstadt des Herzogtums Sachsen-Anhalt seit 1863 und seine Bedeutung als Standort der Flugzeug- und Motorenwerke von Junkers diese Entwicklung wesentlich unterstützten.

Im ländlichen Raum der Agglomeration gewannen die drei Zweige der Grundstoffindustrie (Braunkohlenbergbau, Energiewirtschaft und chemische Grundstoffindustrie) weiter an Bedeutung, wobei die Braunkohle nicht mehr nur als Energieträger, sondern zunehmend auch als chemischer Grundstoff genutzt wurde (so bei der Ammoniak-Synthese in Piesteritz und Leuna, bei der Produktion von künstlichem Kautschuk in Schkopau oder bei der Herstellung von Treib- und Schmierstoffen in Böhlen und Espenhain). Daran änderte auch nichts, daß seit den 60er Jahren neben der Braunkohle auch Erdöl und Erdgas in der chemischen Industrie zum Einsatz kamen. Die von diesen Industrien gebildeten wenigen, aber sehr großen Standortkomplexe wurden zunehmend zentrale Zielorte der Arbeitspendelwanderung, deren Einzugsbereiche sich auch vielfach überlagerten und so ein vielseitiges Geflecht wechselseitiger Pendelwanderungsbeziehungen entstehen ließen (s. a. HAASE 1964; SCHOLZ 1967), das als ein wesentliches Strukturmerkmal des industriellen Ballungsraumes in der Leipziger Tieflandsbucht hervorgehoben werden muß.

Dies um so mehr, als gerade die großstädtischen Kerne des Raumes darin eine besondere Position einnahmen: Sie waren einerseits selbst Hauptzielorte der Arbeitspendelwanderung in der Agglomeration, deren Einzugsbereiche sich stark überlagerten und jedes Zentrum zugleich zum Hauptwohnort für die anderen Zentren werden ließen; sie waren andererseits aber auch Hauptwohnorte für die in

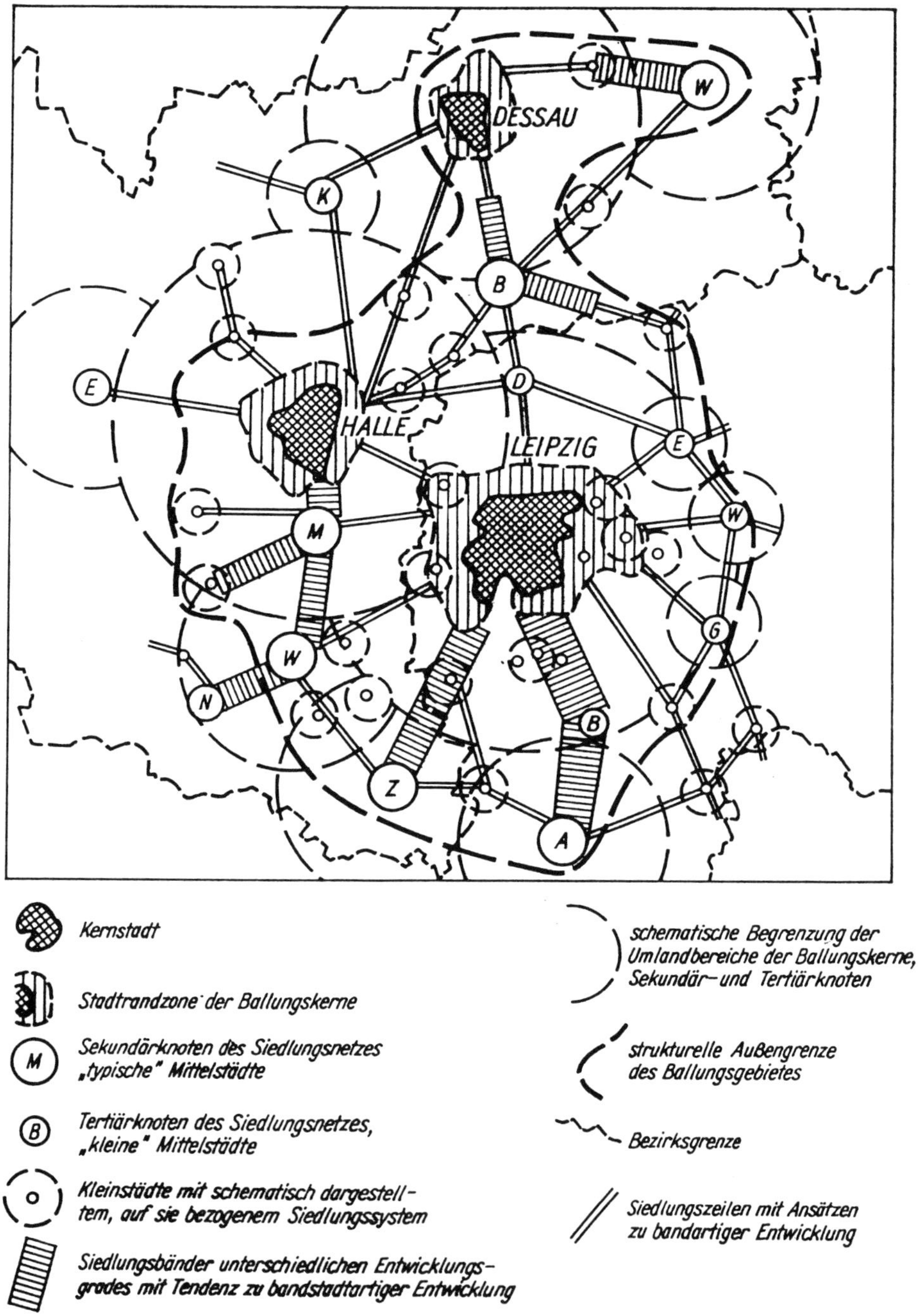

Abb. 1: Schema «Siedlungsstruktur des Ballungsgebietes Halle – Leipzig»

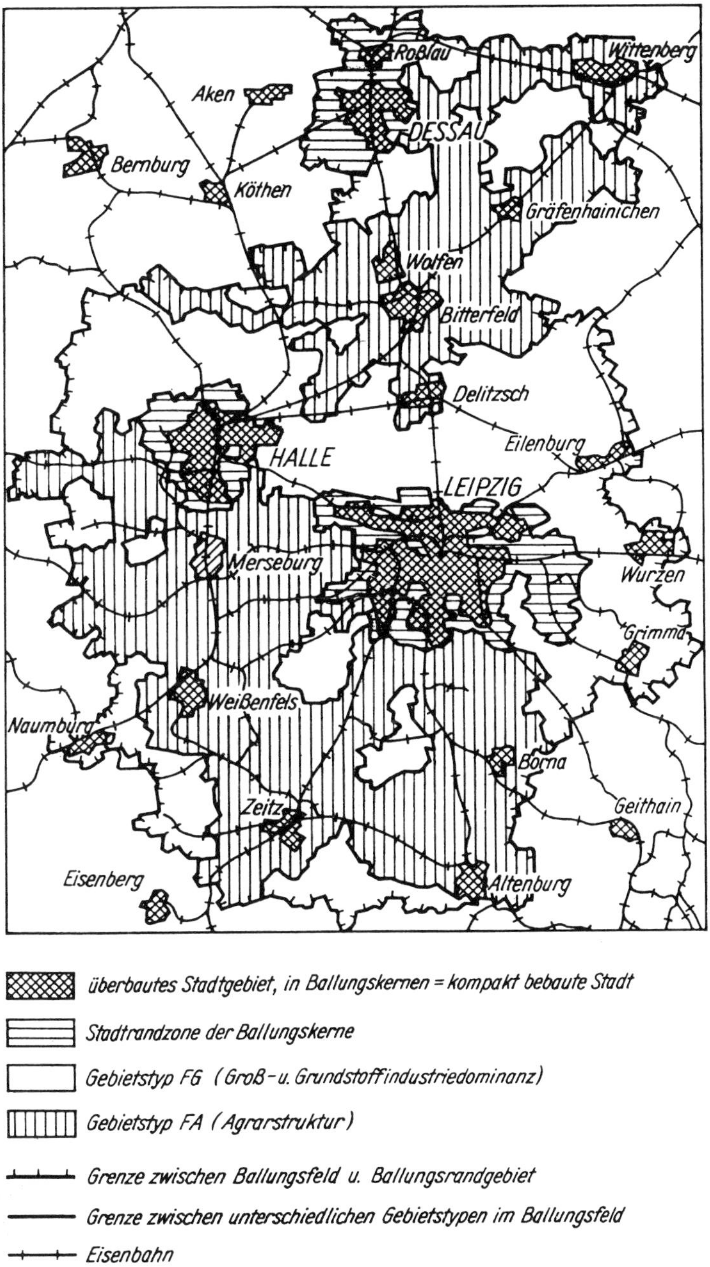

Abb. 2: Wirtschaftsräumliche Struktur des Ballungsgebietes Halle – Leipzig

ihrer Nähe liegenden Industriekomplexe der Grundstoffindustrie, also Halle für Buna und Leuna, Leipzig für Böhlen und Espenhain, Dessau für Bitterfeld und Wolfen.

Diese wechselseitigen Verflechtungen der einzelnen Siedlungen durch die Arbeitspendelwanderung wurden z. T. noch verstärkt durch die Besonderheiten des Wohnungsbaus und der Wohnraumvergabe in der ehemaligen DDR. Mit Beginn der 70er Jahre wurde der Wohnungsbau beinahe ausschließlich in Form von Großwohngebieten in «industrieller Bauweise» mit vorgefertigten Bauteilen, konzentriert auf einen oder wenige Standorte am Stadtrand der Groß- und Mittelstädte, realisiert. Gleichzeitig erhielten die führenden Großbetriebe der Industrie bevorzugt Kontingente an diesen Wohnkomplexen zur Vergabe an ihre Belegschaft, so daß bestimmte Wohnstandorte bevorzugt an bestimmte Großbetriebe vergeben wurden. Bekanntestes Beispiel für diese Praxis ist der Bau von Halle-Neustadt zwischen 1964 und 1974, dessen rund 35 000 Wohnungseinheiten vor allem für die Belegschaften von Leuna und Buna zur Verfügung standen und so eine enge arbeitsräumliche Bindung zwischen diesen Standorten zur Folge hatten.

Auf diese Weise entstand schließlich ein Wirtschaftsraum, der als industrielles Ballungsgebiet bezeichnet werden muß, wie Abbildungen 1 und 2 erkennen lassen, und dessen wesentliche Strukturmerkmale wie folgt charakterisiert werden können:

- Der ehemals ländliche Raum der Leipziger Tieflandsbucht wandelte sich zu einer Industrieregion, deren Grundlagen vom Bergbau auf Braunkohle, Salz und Baumaterialien und den darauf fußenden Zweigen der Energiewirtschaft, chemischen Grundstoffindustrie und der Baumaterialienindustrie bestimmt waren. Die Dörfer und Kleinstädte wurden entweder Standorte solcher Betriebe oder zumindest Wohnorte der Industriebeschäftigten oder auch beides. Daneben blieb aber auch die Landwirtschaft noch überall dort wichtigster Wirtschaftszweig, wo der Bergbau noch nicht betrieben wurde oder infolge Auslaufens eines Betriebes nicht mehr stattfand.
- Die beiden Großstädte Leipzig und Halle, in jüngerer Zeit auch Dessau, wurden Hauptstandorte der verarbeitenden Industrie, insbesondere des Maschinenbaus, und bildeten im Rahmen von Urbanisation und Suburbanisation als Primärzentren mit ihrem Umland eigene Stadtregionen. Ihnen nachgeordnet sind mittel- und kleinstädtische Knoten des Siedlungsnetzes im Sinne von Sekundär- und Tertiärzentren, die vor allem am äußeren Rand der Agglomeration und an den Hauptachsen der Verkehrsinfrastruktur innerhalb des Gebietes lokalisiert sind (s. a. SCHOLZ u. ROSIN 1979).
- Beide hier skizzierten Strukturmerkmale entwickelten sich weitgehend unabhängig von den jeweiligen politisch-administrativen Grenzen und Gliederungen. Insbesondere die Grenze zwischen der ehemaligen Provinz Sachsen und dem Königreich Sachsen, die auch in der DDR als Bezirksgrenze zwischen den Bezirken Halle und Leipzig de facto weiter bestand, behinderte diese Entwicklung kaum, und dies, obwohl grenzüberschreitende Planungen bislang zwar verschiedentlich gefordert und sachlich auch notwendig sind, im Grunde genommen aber kaum in Angriff genommen wurden.

5 Erkennbare Trends seit der Wiedervereinigung Deutschlands

Die Wiedervereinigung Deutschlands im Jahre 1990 führte zu wesentlichen Veränderungen in den politischen und wirtschaftlichen Bedingungen auch für die Wirtschaftsraumstruktur des Halle-Leipziger Agglomerationsgebietes. Anstelle der zentralistisch gesteuerten Staatsplanwirtschaft trat die freie Marktwirtschaft mit freier Unternehmerschaft und Konkurrenz auf den nationalen und internationalen Märkten. Dies bedeutete für einen Großteil der Industriebetriebe, deren Produkte bis dahin im Rahmen der staatlichen Planwirtschaft der DDR und des RGW einen sicheren, konkurrenzfreien Absatz fanden, mehr oder weniger schlagartig den wirtschaftlichen Zusammenbruch. Vor allem solche Betriebe, deren Erzeugnisse auf den internationalen Märkten kaum mehr absetzbar waren (wie z. B. Braunkohle und Braunkohlenerzeugnisse oder technisch veraltete Maschinen), mußten ihre Produktion einstellen.

Im Halle-Leipziger Raum betraf dies vor allem den Braunkohlenbergbau, Teile der chemischen Grundstoffindustrie und verschiedenste Branchen der Verarbeitungs- und Konsumgüterindustrie. Damit waren vor allem die Zweige betroffen, deren räumliche Konzentration die Basis für die Entstehung des Ballungsgebietes darstellte. Eine der wesentlichsten Konsequenzen dieser Entwicklung war zunächst eine überdurchschnittlich hohe Arbeitslosigkeit, die in den Braunkohlerevieren Werte bis zu 50 % erreichte. Die Bemühungen der von seiten der Bundesregierung zur Realisierung des Reprivatisierungsprozesses der ehemaligen DDR-Staatsbetriebe gebildeten Treuhandanstalt konnten diese plötzlichen Veränderungen nur teilweise steuern, so daß eine extrem starke De-Industrialisierung mit allen nachteiligen sozialen Konsequenzen, auch im Ballungsgebiet Halle–Leipzig–Dessau, zunächst nicht zu verhindern war.

Gleichzeitig eröffnete der um rund 20 % gewachsene deutsche Binnenmarkt den Unternehmen der alten Bundesrepublik neue Absatzchancen, vor allem im Bereich des Handels- und Dienstleistungswesens. Dies führte in Verbindung mit dem Wegfall alter Restriktionen (wie z. B. des Prinzips, keinen Hektar landwirtschaftlicher Nutzfläche anders als nur landwirtschaftlich zu nutzen) und der nunmehr weitgehend wiederhergestellten Eigenverantwortung der Kommunen bei der Gestaltung ihrer Entwicklung zu zunehmenden Neu-Investitionen in diesem Bereich.

Vor allem Einkaufszentren, Großmärkte, Versorgungseinrichtungen, Baumärkte, Großhandelseinrichtungen u. ä. wurden in großer Zahl und in großen Dimensionen neu errichtet. Bevorzugte Standorte dafür waren und sind die Zentren der Siedlungsstruktur und ihre suburbanen Randbereiche sowie die sie verbindenden Siedlungsachsen mit ihren günstigen Lageverhältnissen und ihrer günstigen Ausstattung mit Einrichtungen der Verkehrsinfrastruktur. Im Ballungsgebiet Halle–Leipzig betrifft dies vor allem die Randbereiche der Städte Halle und Leipzig sowie die Hauptsiedlungsachsen (s. a. Abb. 1), unter ihnen ganz besonders die Achse von Halle nach Leipzig. Damit wird zumindest ein Teil der durch die De-Industrialisierung verlorenen Arbeitsplätze durch neue Betriebe des Tertiärsektors im Ballungsgebiet ausgeglichen.

Vor allem längs der Achse Halle–Leipzig, partiell auch längs der Achsen Leipzig–Bitterfeld und Leipzig–Merseburg überschreitet diese Entwicklung die Ländergrenze zwischen Sachsen und Sachsen-Anhalt und löst dabei z. T. neue Interessengegensätze aus. Dies führte am 27. 8. 1993 zum Abschluß eines Staatsvertrages zwischen beiden Ländern zur Zusammenarbeit in der Raumordnung und -planung im mitteldeutschen Ballungsraum Halle–Leipzig.

Es bleibt abzuwarten, wie effizient dieser Vertrag sein wird. Gegenwärtig scheint die weitere Entwicklung noch wenig abgestimmt den realen Raumbedingungen zu folgen, und diese sind aus heutiger Sicht vor allem in den Lagevorteilen des Gebietes in Deutschland und Europa in Verbindung mit einer sich immer weiter verbessernden Verkehrsinfrastruktur zu sehen. Diese Vorteile zusammen mit dem wissenschaftlich-technischen Potential des Gebietes werden über kurz oder lang auch wieder industrielle Investitionen vorteilhaft erscheinen lassen und so der Industrie des Raumes insgesamt wieder Aufschwung verleihen. Erste Großinvestitionen dieser Art sind inzwischen begonnen worden, wie z. B. an den Standorten Leuna und Bitterfeld.

6 Das Ballungsgebiet Halle–Leipzig–Dessau – eine «Region wider Willen»?

Überschaut man den inzwischen reichlich 150jährigen Industrialisierungsprozeß im Ballungsgebiet Halle–Leipzig–Dessau, so ist nicht zu verkennen, daß er trotz aller Rückschläge und Behinderungen, die sich aus den allgemeinen gesellschaftlichen und wirtschaftlichen Veränderungen ergaben, letzten Endes immer wieder weiterging. Ganz besonders galt dies auch für die Zeit zwischen 1945 und 1990, in der von den Theoretikern der «Standortverteilung der Produktivkräfte im Sozialismus» eine gleichmäßige räumliche Verteilung der Industrie über das ganze Land und damit eine Umverteilung zu Lasten der Agglomerationsgebiete gefordert wurde, die real aber niemals stattfand. Im Gegenteil, auch in dieser Periode wurde der größte Teil der Industrieinvestitionen in den Ballungsgebieten lokalisiert (s. a. Scholz 1976; Trawnicek und Gallander 1976), die damit ganz offenkundig ein außergewöhnliches Beharrungsvermögen der industriellen Standortstruktur (s. a. Neef 1948) erkennen lassen. Die Hauptursache dafür dürfte neben den Strukturbesonderheiten des Raumes vor allem auch in den Vorteilen seiner Lage in Deutschland und Europa zu suchen sein. Insofern bestätigt das Beispiel «Ballungsgebiet Halle–Leipzig–Dessau» (s. a. Abb. 2) die Feststellung E. Lehmanns (1973), daß

> die Lage eines in seinem Charakter als Region zu erkennenden und bis in die feinste Linienzeichnung zu erschließenden Raumes einer der wesentlichen methodologischen Ansatzpunkte ist, um mit einer regionalen Arbeit überhaupt beginnen zu können (S. 43).

Daran ändert auch die Zuordnung einer Region zu verschiedenen politisch-administrativen Einheiten nichts, wie das Beispiel Ballungsgebiet Halle–Leipzig–Dessau mit seiner Aufteilung auf zwei Bundesländer deutlich zeigt. Um so wichtiger ist es, daß sich die Repräsentanten der politisch-administrativen Einheiten dieses Sachverhaltes bewußt sind und durch ihr Handeln die sich daraus ergebenden Möglichkeiten zum Wohle der Menschen in der Region nutzen. Der zwischen den Ländern Sachsen und Sachsen-Anhalt abgeschlossene Staatsvertrag zur gemeinsamen Planung und Entwicklung der Region Halle–Leipzig kann in diesem Sinne nur nützlich sein, besonders dann, wenn die vertragsschließenden Seiten ihn auch mit Leben erfüllen.

Literatur

Haase, J.: Bevölkerungsgeographische Auswirkungen der Standorte der chemischen Großindustrie Leuna und Buna. In: Wiss. Veröff. d. Deutschen Inst. f. Länderkunde, Leipzig, N. F. 21/22 (1964), S. 423–466.

Heß, G.: Die Entwicklung der Funktionen und der Struktur der Stadt Bitterfeld. Diss. Leipzig 1965.

Kahse, K.: Entwicklung des Eisenbahnnetzes. Karte 41 des Atlas d. Saale- und mittleren Elbegebietes. Hrsg. v. O. Schlüter u. O. August. Leipzig: Verlag Enzyklopädie, 1960.

Lehmann, E.: Die Aufgabenkonzeption der Sektion für Geographie der Deutschen Akademie der Wissenschaften. In: Petermanns geogr. Mitteilungen, Gotha 108 (1964) 1/2, S. 91–97.

Lehmann, E.: Zur theoretischen Grundlegung des Begriffes Region. In: Geogr. Berichte (1973) 1, Nr. 66, S. 41–48.

Neef, E.: Das Standortproblem. In: Forschungen und Fortschritte 24 (1948), 19 u. 20.

Neuß, E.: Die Entwicklung des Halleschen Wirtschaftslebens vom Ausgang des 18. Jahrhunderts bis zum Weltkrieg. In: Beiträge zur mitteldeutschen Wirtschaftsgeschichte und Wirtschaftskunde, 2. Halberstadt 1924.

Schlüter, O., u. O. August: Bevölkerungsdichte 1830 und 1925. Karte 51/II des Atlas des Saale- und mittleren Elbegebietes. Hrsg. O. Schlüter u. O. August. Leipzig: Verlag Enzyklopädie, 1960.

Scholz, D.: Die Pendelwanderung im Ballungsgebiet Halle – Leipzig – ihre territoriale Problematik und Perspektive. In: Geographie und technische Revolution. Hrsg. G. Mohs. Gotha/Leipzig: Haack, 1967. S. 83–107.

Scholz, D.: Verlauf und territoriale Struktur des Investitionsgeschehens im Ballungsgebiet Halle – Leipzig. In: Wiss. Abh. d. Geogr. Gesellschaft d. DDR. Gotha/Leipzig 13 (1976), S. 119–128.

Scholz, D.: Die industrielle Agglomeration im Raum Halle – Leipzig zwischen 1850 und 1945 und die Entstehung des Ballungsgebietes. In: Hallesches Jahrbuch für Geowissenschaften. Gotha/Leipzig 2 (1977), S. 87–116.

Scholz, D., u. V. Rosin: Grundzüge der Siedlungsstruktur im Ballungsgebiet Halle – Leipzig. In: Petermanns geogr. Mitteilungen. Gotha/Leipzig 123 (1979) 3, S. 163–176.

Scholz, D., u. J. Zdralek: Abgrenzung und interne wirtschaftsräumliche Differenzierung des Ballungsgebietes Halle – Leipzig. In: Wiss. Zeitschr. d. MLU Halle-Wittenberg. Halle 29 (1980) 5, S. 103–112.

Scholz, D.; Schmidt, H.; Leykauf J., u. H. Kowalke: Untersuchungen zur Siedlungsstruktur der Ballungsgebiete der DDR unter besonderer Berücksichtigung des Ballungsgebietes Halle – Leipzig. In. Beiträge zur Geographie. Berlin 30 (1981), S. 131–142.

Trawnicek, E., u. B. Gallander: Motivationen territorialer Standortwahl im Ballungsgebiet Halle–Leipzig. In: Wiss. Abh. d. Geogr. Gesellschaft d. DDR, Gotha/Leipzig 13 (1976), S. 129–136.

Zauft, H.: Gewerbe 1862, 1867, 1882. Karte 49 des Atlas des Saale- und mittleren Elbegebietes. Hrsg. O. Schlüter u. O. August. Leipzig: Verlag Enzyklopädie, 1960.

Dietrich Uhlmann

Talsperren als Endstationen des Stoff- und Wasserhaushalts der Landschaft

Vorbemerkung

Die Gewässerforschung und speziell die Gewässerökologie (Limnologie) gehört nicht zu den traditionsreichen Disziplinen der Sächsischen Akademie der Wissenschaften. Erst seit Mitte der siebziger Jahre existiert eine Forschungsgruppe, die sich mit der Limnologie von Talsperren beschäftigt. Sie verdankt ihre Gründung vor allem der Unterstützung durch Ernst Neef. Seinem Andenken ist der folgende Beitrag gewidmet.

1 Die Talsperre als Rezipient von Hochwässern und Stoffströmen

Talsperren sind künstliche Seebecken, die in Gebieten errichtet wurden, in denen der Wasserbedarf das natürliche Dargebot übersteigt. Sie haben sehr unterschiedliche Funktionen zu erfüllen. Dazu zählen Trinkwasserversorgung, Bewässerung, Energiegewinnung, Erholung, Fischerei, Niedrigwasseraufhöhung. In Ländern mit sehr geringem natürlichem Wasserdargebot wie Israel existieren sogar zahlreiche Talsperren für die Reinigung und Speicherung von Abwasser, das für die Bewässerung von landwirtschaftlichen Nutzflächen verwendet wird. Eine ganz andere Nutzung von Talsperren ist die Rückhaltung von Hochwässern. Sie ist oftmals mit einer der bereits genannten Funktionen kombiniert.

Talsperren sind in sehr vielen Ländern von noch weitaus größerer volkswirtschaftlicher Bedeutung als die natürlichen Seen. Sie sind aber sehr viel weniger erforscht als diese, auch im Hinblick auf ihre Reaktion gegenüber Belastungsänderungen und auf die langfristige Entwicklung der Wasserqualität und der davon abhängigen Nutzungsmöglichkeiten.

Die Talsperre ist ihrer terrestrischen Umgebung, d. h. ihrem ober- und unterirdischen Einzugsgebiet, räumlich und zeitlich nachgeordnet. Das Einzugsgebiet repräsentiert zusammen mit den meteorologischen Bedingungen einen Komplex von Steuergrößen (Abb. 1). Der Abfluß ist gegenüber dem Niederschlag phasenverschoben und erreicht erst nach einer weiteren Verzögerung den Wasserkörper der Talsperre. In dieser werden nach Starkregen oder der Schneeschmelze große Wassermengen zurückgehalten (Retention). Einer besonders starken Rückhaltung unterliegen Schwebstoffe, vor allem Feinerde und der darin gebundene Phosphor. Gelöste organische Stoffe werden durch Mikroorganismen teilweise abgebaut, bei anderen in die Talsperre importierten Stoffen findet ein Umbau statt (Neutralisation von Säuren, mikrobielle Umsetzung von Nitrat zu molekularem Stickstoff).

Die Wasserqualität in einer Talsperre wird durch den geochemischen Untergrund, durch die Menge und zeitliche Verteilung der Zuflüsse, die Vegetationsdecke sowie die Art und Intensität der Landnutzung bestimmt. Die Wirkung der externen Steuergrößen wird stark durch gewässerinterne Prozesse beeinflußt, vor allem die Schichtungs- und Durchmischungsbedingungen. Diese steuern ihrerseits die zeitliche und räumliche Verteilung der im Gewässer vorhandenen Pflanzennährstoffe über die Eindringtiefe des Lichtes und damit die Wachstumsbedingungen des Phytoplanktons. Von diesen hängt die Wasserbeschaffenheit direkt ab. In Abbildung 1 ist die Talsperre Saidenbach mit ihrem intensiv landwirtschaftlich genutzten und relativ dicht besiedelten Einzugsgebiet dargestellt. Hingegen ist das Einzugsge-

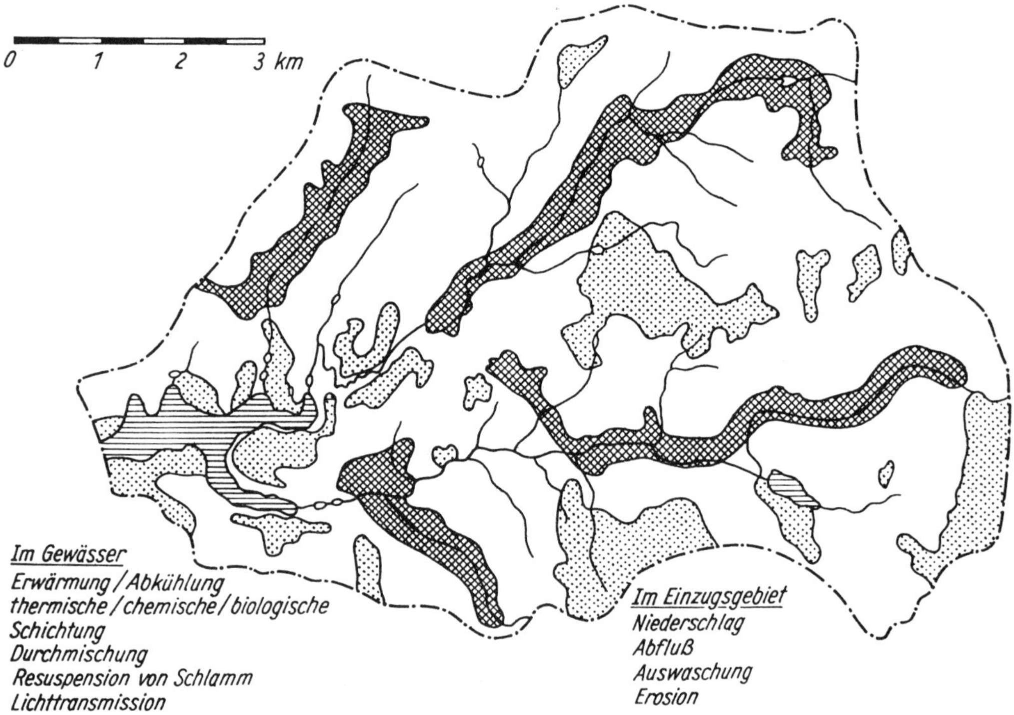

Abb. 1: Das Einzugsgebiet der Talsperre Saidenbach und die wesentlichsten physikalischen Einflußgrößen des Wasser- und Stoffhaushalts
weiß: landwirtschaftliche Nutzflächen, horizontal schraffiert: Gewässer, punktiert: Wald, kreuzschraffiert: Siedlungen.

biet der als Vergleichsobjekt untersuchten Talsperre Neunzehnhain (UHLMANN, HUPFER und APPELT 1995) zu mehr als 85% bewaldet und unbesiedelt. Daraus ergeben sich große Unterschiede in der Wasserqualität. – Der Einfluß des Waldes und des Kahlschlages auf die Wasserbeschaffenheit ist u.a. im Experimentalgebiet Hubbards Brook (USA) eingehend erfaßt worden (Likens 1984). Infolge des auf bestimmten Parzellen durchgeführten Kahlschlages erhöhten sich die Stoffverluste aus dem Boden sehr stark, besonders bei Nitrat, Kalium und Magnesium. Diese Prozesse dauerten mehr als vier Jahre an.

2 Die anthropogene Erhöhung der Energieflußdichte im Sinne von W. Ripl

Der Begriff «Energieflußdichte» (RIPL 1989) umfaßt einerseits die kinetische Energie, die in den Stofftransport investiert wird und vor allem vom Gefälle bzw. der Reliefenergie abhängt (Abb. 2). Zum anderen wird das Energieäquivalent des transportierten partikulären und gelösten Materials, einschließlich der Ladungen (Protonen) einbezogen. Die Energieflußdichte ist also das energetische Äquivalent der Fracht

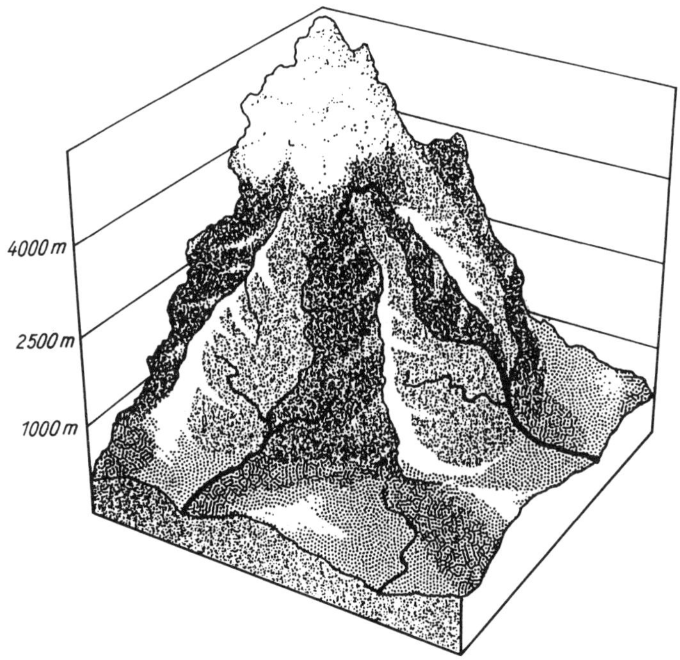

Abb. 2: Schematische Darstellung eines Wassereinzugsgebietes im europäischen Hochgebirge. Nach A. Mol: aus HIGLER 1988 (S. 302).

bzw. des Massenstromes. Sowohl eine erhöhte Wasserführung (z. B. nach Kahlschlag) als auch eine erhöhte Konzentration (Auslaugung des Bodens) vergrößern die Energieflußdichte. In vielen Gletscherbächen beträgt das Gefälle stellenweise 20% und mehr (Abb. 2). Die Schleppkraft des Wassers ist so groß, daß mit der fließenden Welle nicht nur Tonpartikel («Gletschertrübe») und Sand, sondern als sogenannte Geschiebe auf der Sohle auch Grobkies und Blöcke etwa bis zur Größe eines Fußballs transportiert werden. In tropischen Gebirgslagen mit hohen Niederschlagsmengen ist die Vegetationsdecke (Regenwälder) selbst auf Steilhängen normalerweise so dicht, daß ein Großteil des Niederschlagswassers festgehalten wird, versickert oder verdunstet. Großräumige Abholzungen führen hier zu katastrophalen Veränderungen und zu einem totalen Verlust ganzer Ökosysteme mit ihrem für eine nachhaltige Land- und Wassernutzung so wichtigen Selbstorganisations- und Puffervermögen. Bäche und Flüsse, die vorher ganzjährig ein klares Wasser führten und die Versorgung der Bevölkerung mit Trink- und Bewässerungswasser sicherstellten, fallen nunmehr zeitweise trocken, oft über viele Monate. Zum anderen erreicht die Erosion nach Starkregen ein vorher nie dagewesenes Ausmaß mit irreversiblen Veränderungen (z. B. Bildung tiefer, schluchtenartiger Rinnen) bis weit in das Ge-

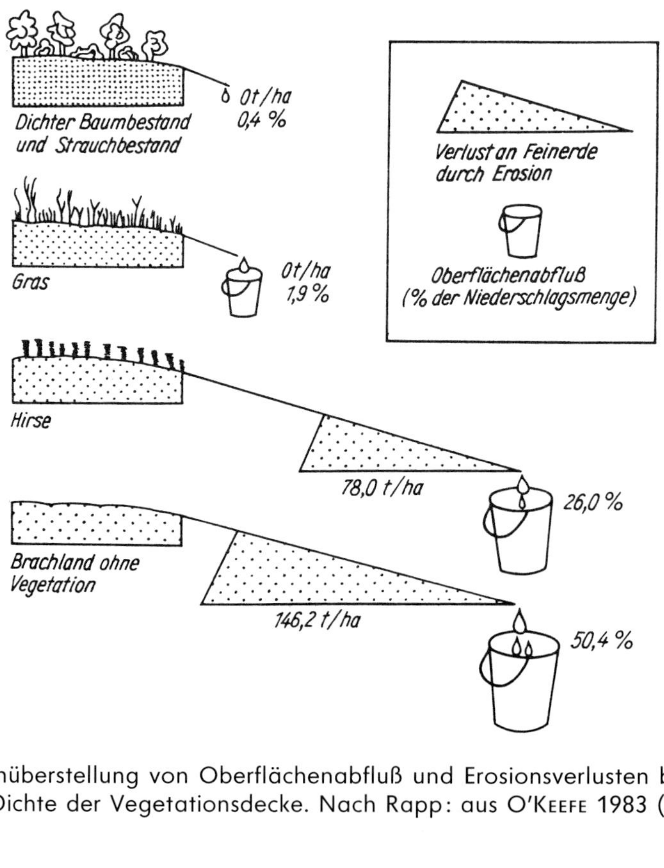

Abb. 3: Gegenüberstellung von Oberflächenabfluß und Erosionsverlusten bei unterschiedlicher Dichte der Vegetationsdecke. Nach Rapp: aus O'KEEFE 1983 (S. 139).

birgsland hinein. Die Relation zwischen Oberflächenabfluß und Versickerung erhöht sich um Größenordnungen (Abb. 3).

Dadurch hat sich beispielsweise in äthiopischen Gebirgslagen das Bild der Landschaft innerhalb von 40 Jahren bis zur Unkenntlichkeit verändert (HYNES, persönl. Mitt.). In Trockenzeiten steht meistens nicht mehr genug Wasser für die Versorgung der Bevölkerung zur Verfügung. Es müssen Brunnen angelegt werden, die aber nach langen Trockenperioden oftmals nicht mehr genug Wasser führen. Die für die Landwirtschaft wichtige obere Bodenschicht ist infolge von Erosion abgetragen. Andererseits beträgt in Gebieten mit so starker Bodenerosion die Lebensdauer von Talsperren, auch solchen, die speziell für die Bewässerung landwirtschaftlicher Nutzflächen errichtet wurden, je nach Größe nur wenige Jahre oder Jahrzehnte. Dann ist der Wasserkörper durch Schlammablagerungen ersetzt. Im Gegensatz zu einer solchen Talsperre ermöglicht der Wald als Wasserspeicher eine nachhaltige Nutzung. Wird er durch Eucalyptus-Plantagen zur Produktion von Zellstoff und Papier und zur Bereitstellung von Brennholz ersetzt, bleibt meistens der Wasserhaushalt nachhaltig gestört. Die Stoffverluste aus Böden sind weltweit, auch in vielen Wassereinzugsgebieten Europas und Nordamerikas, sehr groß.

Neben dem Verlust von Feinerde und dem darin enthaltenen Phosphor erreicht in Gebieten mit intensiver landwirtschaftlicher Nutzung auch die Ausspülung von Nitrat aus dem Bodenwasser einen oft sehr großen Umfang. Dadurch ist die Belastung von Elbe und Rhein mit Nitrat «landwirtschaftlicher Herkunft» viel größer als die mit anorganischen N-Verbindungen bzw. mit Nitrat aus Abwässern. In den letzten 70 Jahren haben sich die Frachten vieler Flüsse nicht nur an Partikeln, sondern auch an gelösten organischen und anorganischen Substanzen stark erhöht. Nach RIPL (1989) haben sich zwischen 1928 und 1992 in der Havel sowohl der Sulfatgehalt als auch die Leitfähigkeit (als Maß des Gesamtgehaltes an Salzen bzw. Ionen) mehr als verdreifacht. Ein erhöhter Sulfatgehalt ist in einem solchen Fall ein eindeutiger Indikator für anthropogene Einwirkungen. Das Sulfat stammt nicht nur aus atmosphärischen Verunreinigungen, sondern auch aus der Entwässerung von Böden mit hohem Gehalt an sulfidischen Eisenverbindungen. Diese sind z. B. in entwässerten Flachmooren dem Zutritt des Luftsauerstoffs und dadurch der mikrobiellen Oxidation zu Schwefelsäure ausgesetzt.

Derselbe Prozeß führt zur Versauerung und Sulfatanreicherung von Wasser, das beim Abbau von Braunkohle abgepumpt und in die «Vorfluter» eingeleitet werden muß. Hohe Gaben an Stickstoffdünger auf landwirtschaftlich genutzten Flachmoorböden wirken in gleicher Richtung: das Nitrat wird von speziell angepaßten Mikroorganismen zur Gewinnung von Energie aus der Oxidation von Pyrit und Markasit genutzt. Dadurch erhöht sich der Sulfatgehalt des Boden- und Grundwassers. Da Nitrat generell als scharfes «biochemisches Oxidationsmittel» wirkt, trägt es wesentlich zu einer verstärkten Sauerstoffversorgung und damit zur stärkeren Mineralisierung durch Bakterien und Pilze, d. h. zu einem Abbau des Boden-Humus bei. Die stark zugenommene Belastung des Bodens mit Schwefelsäure aus atmosphärischen Depositionen oder der mikrobiellen Oxidation von Fe-S-Verbindungen hat zu einer großräumigen und immer weiter in das Grundwasser hineinreichenden Entkalkung geführt. Außer dem Kalk gelangen auch Magnesium, Kalium, Eisen, Aluminium und toxische Schwermetalle in Lösung. Nicht betroffen sind nur Gebiete bzw. Böden mit hohem Kalkgehalt. Auch eine Düngung mit Ammoniumverbindungen oder Gülle führt letztlich zum Verlust von Mineralstoffen, bildet sich doch durch die mikrobielle Umsetzung von Ammonium zu Nitrit bzw. Nitrat Salpetersäure, für deren Neutralisation vielerorts nicht mehr genügend Pufferkapazität bzw. Kalk zur Verfügung steht.

Nach RIPL u. HILDMANN (1994) sind Stoffverluste aus Wasser-Einzugsgebieten durch direkte menschliche Eingriffe oder deren Folgen um einen Faktor von etwa 50 angestiegen. Die von Wissenschaftlern und Politikern oftmals geforderte Nachhaltigkeit läßt sich anhand der Stoffverluste objektiv definieren: Eine Bewirtschaftung ist dann nachhaltig, wenn die (Netto-)Stoffverluste gegen Null gehen.

3 Massenströme von partikulärem Material

Die Belastung von nur schwach durchflossenen pleistozänen Seen vom Typ des Stechlinsees mit Sinkstoffen aus dem Einzugsgebiet liegt um mehr als eine Größenordnung niedriger als in den Trinkwassertalsperren des Erzgebirges. In den Stechlinsee gelangt das Wasser fast ausschließlich durch unterirdische Zuflüsse, d. h. nach Versickerung und natürlicher Reinigung (Sandfiltration) des Niederschlagswassers bzw. des Oberflächenabflusses. Aus dem gleichen Grund sind Talsperren mit einem weitgehend bewaldeten Einzugsgebiet speziell auch für die Trinkwasserversorgung günstiger als solche mit einem hohen Anteil landwirtschaftlicher Nutzflächen. Von zwei Vorbecken der Saidenbachtalsperre (Abb. 4) ist bekannt, daß sich in ihnen binnen weniger Jahre meterdicke Schichten von Feinerde ablagerten. Die beachtliche Wirksamkeit der an allen Zuflüssen vorhandenen Absetzbecken (Vorbecken) wird

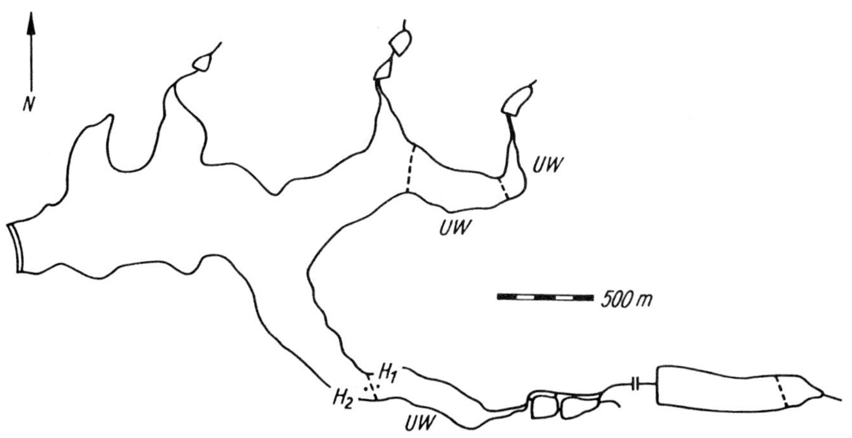

Abb. 4: Längs-Unterteilung der Talsperre Saidenbach durch Vorbecken, Unterwasserbecken (UW) und eine Vorsperre in der Ortslage Forchheim unten ganz rechts. H_1 und H_2: Probenahmestellen vor und hinter der Sperrmauer des Unterwasserbeckens Haselbach.

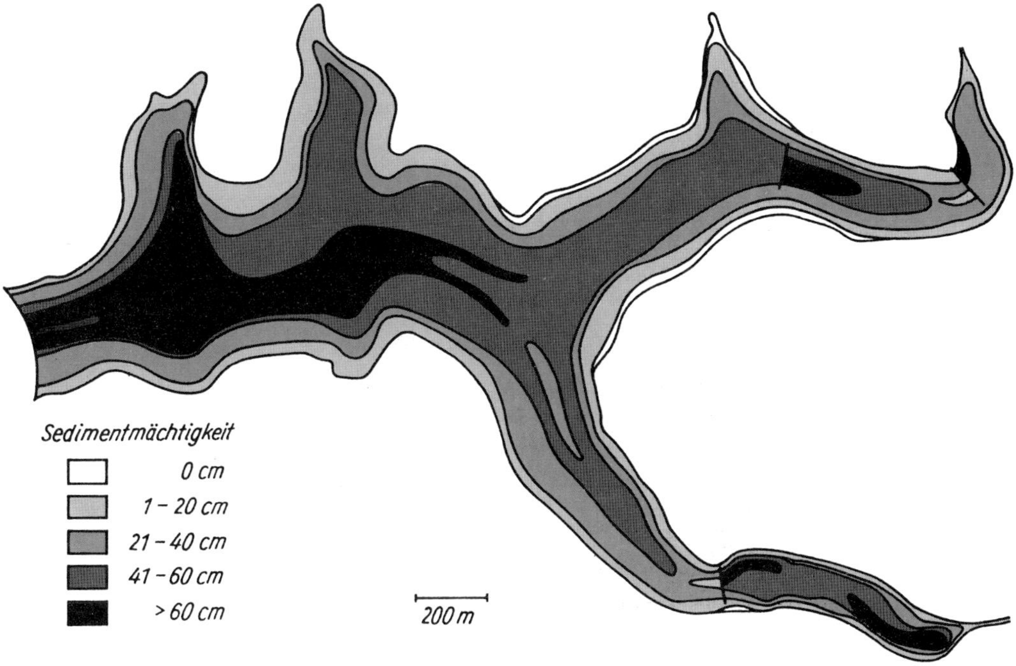

Abb. 5: Ablagerung von Schlamm in der Talsperre Saidenbach innerhalb von 60 Jahren. Der Großteil der durch Erosionsprozesse eingetragenen Sinkstoffe wurde in den (inzwischen mehrmals beräumten) Vorbecken abgelagert (Abb. 4). Die große Vorsperre Forchheim wurde erst zu Beginn der achtziger Jahre fertiggestellt. Die maximale Stärke der Sedimentschicht beträgt ca. 1,3 m. Nach PAUL 1994.

dadurch bestätigt, daß sich die Sedimentablagerungen im Hauptbecken der 1933 in Betrieb genommenen Talsperre in Grenzen halten. In Abbildung 5 ist die Verteilung des Bodensediments dargestellt. In Talsperren der semiariden Klimazonen ist die Belastung mit Partikeln oft um mehr als vier Größenordnungen höher als im Stechlinsee. Der Gehalt des zufließenden Wassers mit Partikeln ist zeitweise so hoch, daß man kaum mehr von einer Suspension sprechen kann. In Zuflüssen eines Stausees in Marokko wurden Spitzenwerte von 7200 g/l (als Trockenmasse) gemessen, es handelt sich demnach schon um Schlammströme (ANONYMUS 1983). Im Einzugsgebiet dieser und vieler anderer Talsperren ist die Vegetationsdecke durch das Fehlen von Wald und überhöhte Bestände an Weidetieren gekennzeichnet. In solchen Fällen sind auch Vorbecken und Vorsperren innerhalb kürzester Zeit mit Sediment aufgefüllt und werden dadurch unwirksam. Talsperren müssen daher in diesen Gebieten hinsichtlich ihres Volumens bestimmte Mindestwerte übersteigen, damit eine noch vertretbare Lebensdauer gewährleistet werden kann. Für die Talsperre Bou Regreg, welche die Städte Casablanca und Rabat mit Trinkwasser versorgt, ist aus dem gleichen Grund schon seit längerem eine Erhöhung der Sperrmauer geplant (ABOUZAID, persönl. Mitt.).

Bei Trinkwassertalsperren sind die Massenströme an Partikeln auch von hygienischer Relevanz. Dies betrifft einerseits Krankheitserreger, vor allem Fäkalbakterien, Viren und Cysten von tierischen Einzellern, zum anderen partikelgebundene Schwermetalle und organische Fremdstoffe. Nach Starkregen können solche gesundheitlich bedenklichen Komponenten infolge eines «hydraulischen Kurzschlusses» u. U. schon innerhalb von Tagen im Ablauf der Talsperre erscheinen, auch wenn theoretisch für das Wasser eine Aufenthalts- und Absetzzeit von mehr als einem halben Jahr zur Verfügung steht. Bei einer starken Absenkung des Stauspiegels infolge verstärkter Wasserentnahme muß damit gerechnet werden, daß solche Partikel, die zuvor im Sediment abgelagert werden, in den Bereich von Strömungen (z. B. infolge von Wellenschlag) gelangen, dadurch einer Wieder-Aufwirbelung ausgesetzt sind und zu einem potentiellen Risiko für die Trinkwasserversorgung werden können (beispielsweise Durchfallerkrankungen, die durch tierische Einzeller hervorgerufen werden). Solche Zusammenhänge sind jedoch bisher kaum erforscht.

4 Massenströme von Ionen/Ladungen

4.1 Nitrat

Obwohl die Auswaschung von Nitrat aus Waldböden ein erhebliches Ausmaß erreichen kann, wenn der Stickstoffbedarf der Baumbestände infolge von Schädigungen verringert ist, sind die Nitratverluste aus gedüngten landwirtschaftlichen Nutzflächen weitaus höher. In Abb. 6 ist die Häufigkeitsverteilung der Nitratkonzentration in den Zuflüssen der Talsperren Neunzehnhain und Saidenbach dargestellt. Obwohl der Waldbestand im Einzugsgebiet der Talsperre Neunzehnhain sichtlich geschädigt ist, weisen die beiden Zuflüsse Lautenbach (überwiegend Wald) und Gänsebach (nur Wald) einen sehr viel niedrigeren Nitratgehalt auf als die Zuflüsse der Talsperre Saidenbach. Hier ist besonders der Hölzelbergbach hervorzuheben, der in einem zu 100 % landwirtschaftlich genutzten, aber nicht besiedelten Einzugsgebiet liegt. Der Nitratgehalt der übrigen Zuflüsse der Talsperre Saidenbach ist «gemischten» Ursprungs (Landwirtschaft, Abwässer, Überleitung aus einem anderen, stärker bewaldeten Einzugsgebiet). Der dominierende Einfluß der Landwirtschaft auf den Nitratgehalt der Gewässer wird auch durch Abbildung 7 verdeutlicht. Die Tatsache, daß in den hinsichtlich der Phosphorbelastung oligotrophen Trinkwassertalsperren des Erzgebirges eine Nitrat-Hypertrophie herrscht (UHLMANN u. PAUL 1994), weist darauf hin, daß hierzu nicht nur bereits ein geringer Anteil landwirtschaftlicher Nutzfläche beiträgt, sondern auch die erhöhte Auswaschung aus Waldböden und der ebenfalls nicht geringe Nitratgehalt des Regenwassers. Da zu wenig Phosphor vorhanden ist, kann das Nitrat weder durch Algenproduktion noch durch mikrobielle Umsetzung zu molekularem Stickstoff in nennenswertem Umfang entfernt werden. Selbst in der meso- bis eutrophen Saidenbachtalsperre reicht die Phosphorbelastung bei weitem nicht für eine weitgehende (biologische) Entfernung

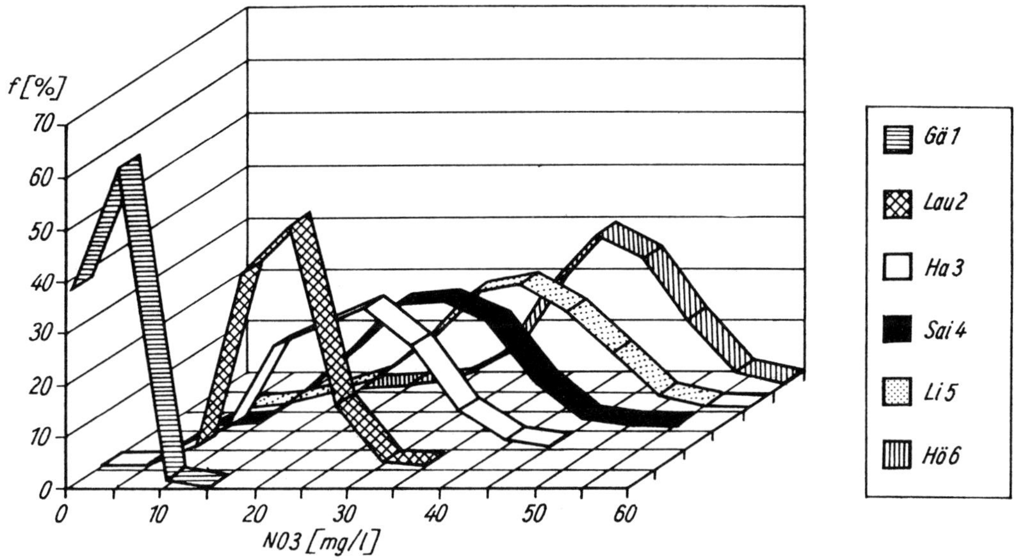

Abb. 6: Relative Häufigkeit der Nitratkonzentration in den Zuläufen der P-oligotrophen Talsperre Neunzehnhain (Gänsebach Gä, Lautenbach Lau) und der meso- bis eutrophen Talsperre Saidenbach (Abkürzungen siehe Abb. 4). Jede der Kurven beruht auf ca. 450 Meßwerten zwischen 1980 und 1990. Aus Uhlmann u. Paul 1994.

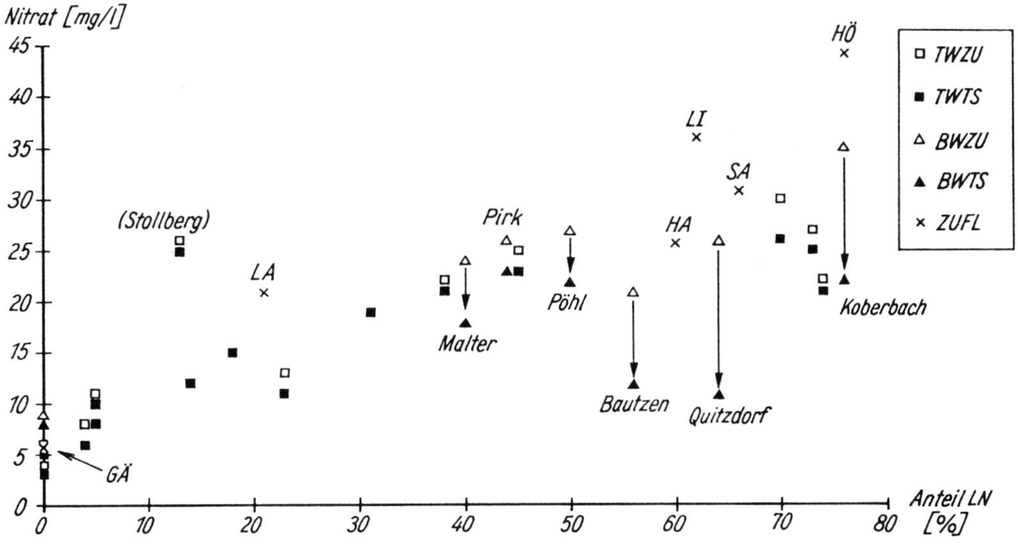

Abb. 7: Mittelwerte des Nitratgehaltes in Talsperren Sachsens und ihren Zuläufen in Beziehung zum Anteil landwirtschaftlich genutzter Flächen an der Gesamtfläche des Einzugsgebietes. TW = Trinkwasser, BW = Brauchwasser, TS = Talsperre, ZU = Zulauf, ZUFL = zufließender Bach, GÄ = Gänsebach, LA = Lautenbach, HA = Haselbach, SA = Saidenbach, HÖ = Hölzelbergbach, LI = Lippersdorfer Bach.
Nach L. Paul und W. Horn (unveröff.).

des Nitrats aus. In ausgesprochen niederschlagsreichen Jahren (1989) nimmt sogar der Nitratgehalt scheinbar zu (UHLMANN, HUPFER u. PAUL 1994). Die Ursache ist vor allem in der Nichterfassung einiger Starkregenereignisse mit besonders hoher Nitratfracht der Zuflüsse zu suchen.

4.2 Sulfat und Versauerung durch Schwefelsäure

Das sogenannte Waldsterben begann in den von sauren atmosphärischen Depositionen («saurer Regen») und der Auswaschung von Mineralstoffen besonders betroffenen Kuppenlagen der Mittelgebirge. Nach RIPL u. HILDMANN (1994) stehen den Kationen-Austrägen von etwa 12 bis 20 kg Protonenäquivalenten pro ha und Jahr nur Kationen-Immissionen (z. B. durch Staub) von etwa 0,5 kg/ha und Jahr gegenüber. Zur Kompensation wäre eine sehr große Menge Kalk erforderlich.

Der Sulfatgehalt ist in den Zuflüssen der Erzgebirgstalsperren (und generell in vielen mitteleuropäischen Gewässern) weitaus höher, als auf Grund der geochemischen Zusammensetzung des Untergrundes zu erwarten war. Die Ursachen liegen

a) in dem hohen Schwefelgehalt der atmosphärischen Depositionen,
b) in einer erhöhten Exposition von Schwefel-Eisen-Verbindungen im Boden gegenüber molekularem oder Nitrat-Sauerstoff (mikrobielle Bildung von Schwefelsäure).

Diese Prozesse wurden vor allem durch Absenkung des Grundwasserspiegels im Ergebnis von Meliorations-Maßnahmen gefördert. In anderen Einzugsgebieten (z. B. der Spree und der Weißen Elster) spielen auch die Entwässerung von Tagebauen sowie die Förderung von Trinkwasser aus Brunnengalerien als Ursachen der Grundwasserabsenkung und damit als Quellen eines erhöhten Sulfatgehaltes eine wesentliche Rolle. In schwach gepufferten (also kalkarmen) Böden führt die ständige Auslaugung durch Schwefelsäure allmählich zu einer tiefreichenden Entkalkung, d. h. zu so starken Verlusten an Basenkationen, daß der pH-Wert auch in Gewässern stark abgesunken ist. Dies hat nicht nur zum Verschwinden des Fischbestandes in sehr vielen skandinavischen Seen geführt, sondern auch zu einer starken biologischen Verarmung der Fließgewässer in den zentraleuropäischen Mittelgebirgen. Der jahreszeitliche Verlauf der Säureeinwirkung wurde in einem Zufluß der Talsperre Neunzehnhain, dem Gänsebach, genau untersucht (Abb. 8). Man erkennt, daß Stoßbelastungen vor allem mit der Schneeschmelze verbunden sind. Auch in Bächen, in denen normalerweise Fische (Forellen) noch überleben können, kommt es in solchen Situationen oft zum Fischsterben (Näh. s. HORN u. BRETTFELD 1989). Aus Abbildung 8 geht auch hervor, daß die Toleranz vieler Organismengruppen gegenüber einem stark verringerten pH-Wert sehr gering ist. Dies hat auch weitreichende Folgen für die Struktur und das Funktionieren des Ernährungsgefüges. Beispielsweise sind an einem Zuleiter der Talsperre Neunzehnhain die Wasseramseln deshalb verschwunden, weil die Bestandsdichte an Insektenlarven nicht mehr für die Ernährung der Brut ausreichte.

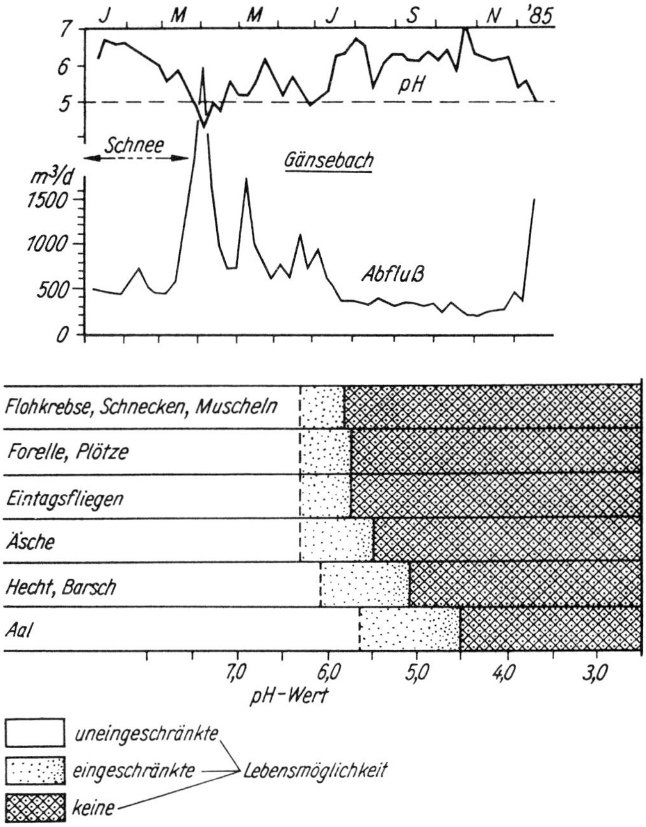

Abb. 8: Einfluß des «sauren Regens» auf den Zustand eines Waldbaches im mittleren Erzgebirge (oben) sowie auf die Überlebensmöglichkeiten von Wirbellosen und Fischen (unten). Nach Horn u. Brettfeld (1989, verändert).

4.3 Aluminium

Ein erhöhter Gehalt des Sickerwassers an H^+-Ionen bzw. an Schwefelsäure steigert die Mobilität, d. h. die Auslaugung und den Abtransport von Metallen, die nur bei stark saurer Bodenreaktion in Lösung gehen. Dies betrifft neben einigen Schwermetallen vor allem das Aluminium, dem in der Erdrinde vorherrschenden metallischen Bestandteil. Der Aluminiumgehalt im Gänsebach, einem der Zuflüsse der Talsperre Neunzehnhain, steigt bei Unterschreitung eines pH-Wertes von 5,0 auf mehr als 1 mg/l an. Dies ist ein ökotoxikologisch bedenklicher Wert. Selbst Al-Konzentrationen von 4 mg/l wurden im Gänsebach und einem seiner Zuflüsse schon mehrfach überschritten. In dem betreffenden pH-Bereich wirkt Aluminium toxisch, die Verarmung der Fauna in den Bächen ist also auch auf diese Sekundärwirkung zurückzu-

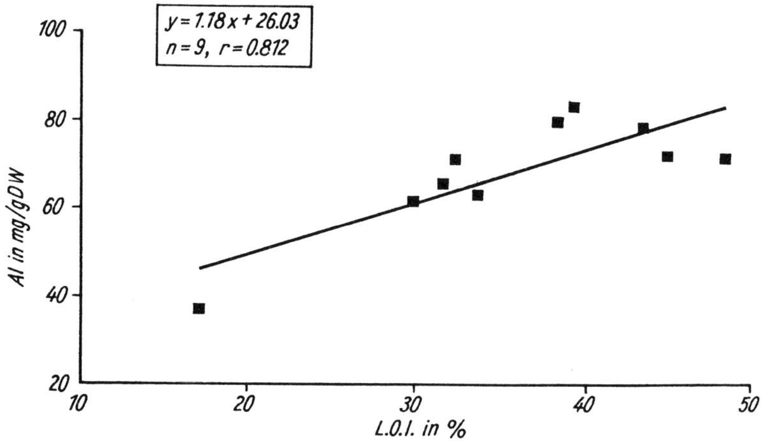

Abb. 9: Zusammenhang zwischen dem Gesamtgehalt an organischen Substanzen (als Glühverlust L. O. I.) und der Aluminiumkonzentration (in mg Al/g Trockenmasse (DW)) in Vertikalprofilen des Sediments der Talsperre Neunzehnhain. Nach HUPFER 1993.

führen. Im Wasser der Talsperre Neunzehnhain ist jedoch der Aluminiumgehalt dadurch relativ gering, daß (u. a. infolge Einleitung von kalkreichem Grubenwasser über einen der Zuläufe) der pH-Wert erhöht und das Aluminium als Hydroxid ausgefällt wird. Es liegt dadurch im Bodensediment in der außerordentlich hohen Konzentration von fast 8 % in der Trockenmasse vor. Auffallenderweise ist der Aluminiumgehalt dieses Sedimentes mit dem Gesamtgehalt an organischen Substanzen korreliert (Abb. 9). Dabei handelt es sich nicht um algenbürtiges Material wie in eutrophen Gewässern, sondern größtenteils um Huminstoffe (im weiteren Sinne) aus den Waldböden des Einzugsgebietes.

5 Massenströme des Phosphors

Obwohl der Phosphor in vielen Gesteinen einen Masseanteil bis zu ca. 0,1 % besitzt, ist er im Boden normalerweise so stark an metallische Kationen und/oder Huminstoffe gebunden, daß er in nicht anthropogen beeinflußten Oberflächengewässern nur in «homöopathischen» Konzentrationen (d. h. um 1 µg/l) vorhanden ist. Auf Grund dieser starken Immobilisierung wirkt er in vielen Seen und Talsperren als der Minimumfaktor unter den Pflanzennährstoffen. Dies ist in vielen Trinkwassertalsperren um so auffallender, weil Stickstoff (infolge Auswaschung aus landwirtschaftlichen Nutzflächen) dort meistens in einem großen Überschuß vorhanden ist. Die Bodensedimente der Gewässer sind meist reich an Phosphor, jedoch bleibt dieser auch dort weitgehend immobilisiert, solange der Sauerstoffgehalt an der Sediment/Wasser-Kontaktfläche noch hoch genug ist, daß das Eisen (als wesentlichster

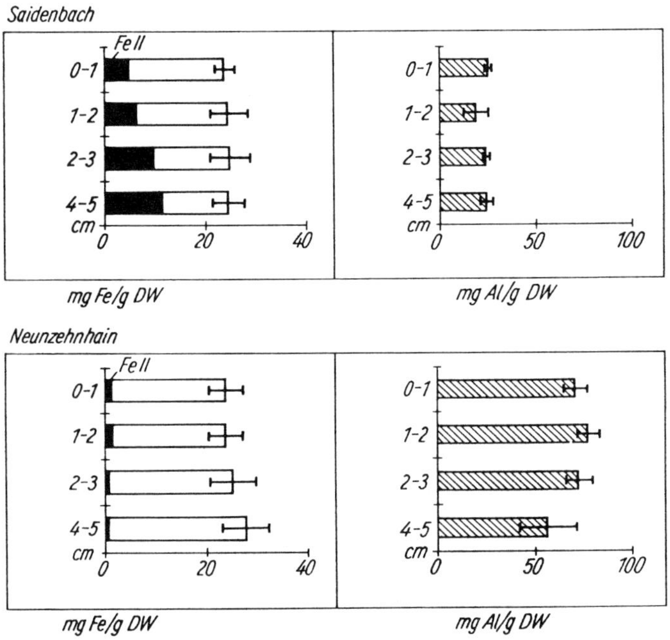

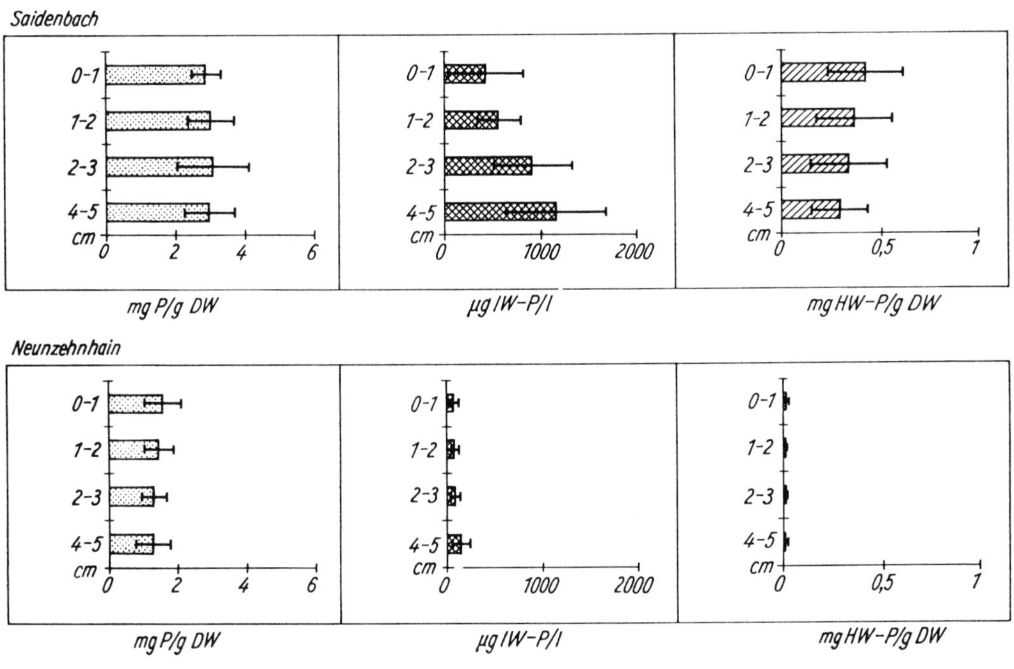

Abb. 10a und 10b: Vergleich der vertikalen Verteilung von Metallen und Phosphorverbindungen in der obersten Sedimentschicht der Talsperren Saidenbach und Neunzehnhain.
a) Eisen und Aluminium in der Trockenmasse des Sediments (DW), b) Phosphorgehalt in der Trockenmasse (DW), im Porenwasser (IW-P) und im Heißwasserextrakt (HW-P/g DW).

Bindungspartner des Phosphors) in der oxidierten, d. h. dreiwertigen Form verbleibt (Abb. 10a u. 10b). In gleicher Richtung wirkt der Nitrat-Sauerstoff.

Viele Gewässer sind durch Überlastung mit Phosphor eutrophiert. Dieser stammt vor allem aus kommunalen und bestimmten industriellen Abwässern, aber auch aus «begüllten» landwirtschaftlichen Nutzflächen bzw. aus der Tierhaltung. Daß aber auch bereits Kahlschläge zu einem verstärkten Eintrag von Phosphor in Talsperren führen, wurde schon von HEDLICH (1961) anhand von Messungen und Algentests an den Neunzehnhainer Talsperren nachgewiesen. Der in Talsperren eingetragene und vor allem an Partikel (Feinerde) gebundene Phosphor unterliegt in starkem Maße der Sedimentation. Diese kann durch Längs-Unterteilung des Talsperrenbekkens gefördert werden (vgl. Abb. 4). Die Phosphor-Rückhaltung im Zuflußbereich der Talsperre bewirkt eine wesentliche Entlastung des Hauptbeckens und damit dort eine Verringerung des Phytoplanktonwachstums. Ist andererseits dieses stark genug, daß am Sediment-Wasser-Kontakt der Sauerstoff durch mikrobiellen Abbau von Algen-Biomasse aufgebraucht wird, führt dies zur Mobilisierung von Phosphat, d. h. zu günstigen Bedingungen für weiteres Phytoplanktonwachstum (Abb. 11). Auf Grund der relativ dichten Besiedlung und der intensiven landwirtschaftlichen Nutzung des Einzugsgebietes ist die Phosphorbelastung der Talsperre Saidenbach rund 20mal höher (HORN u. PAUL 1994) als die der Talsperre Neunzehnhain.

Oligotrophie ist der für eine Trinkwassertalsperre wünschenswerte Zustand, solange sie nicht mit einer Versauerung einhergeht. Von 8 oligotrophen Trinkwassertalsperren des Erzgebirges sind 7 von der Versauerung betroffen (PÜTZ, persönl. Mitt.). Die Talsperre Neunzehnhain bildet dadurch die wesentliche Ausnahme, daß

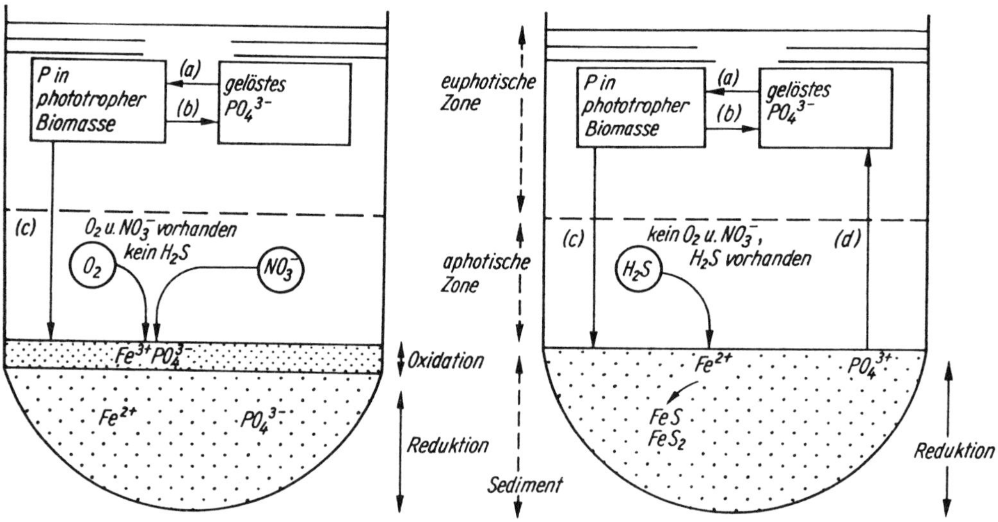

Abb. 11: Phosphorkreislauf in einem eutrophierten Standgewässer. Infolge Reduktion des Eisens durch das Sulfid steht dieses nicht länger als Bindungspartner für den Phosphor zur Verfügung. Der Phosphor wird nicht mehr im Sediment festgelegt, sondern in den Wasserkörper zurückgeliefert, wo er neues Phytoplanktonwachstum bewirkt.

bisher durch Zufluß von kalkreichem Grund- und Grubenwasser aus dem Einzugsgebiet die Säurebelastung kompensiert wurde. Obwohl das Bodensediment dieser Talsperre einen durchaus beachtlichen Phosphorgehalt aufweist, der aus dem Grundgestein und den Niederschlägen stammt, ist schon im Interstitialwasser so gut wie kein gelöstes Phosphat nachweisbar (ganz im Gegensatz zur meso- bis eutrophen Talsperre Saidenbach). Das Phosphat ist sehr fest an Eisen, Huminstoffe und vor allem an Aluminium gebunden. Da gelöstes Phosphat weder in nennenswertem Umfang importiert noch aus dem Sediment mobilisiert wird, ist das Phytoplanktonwachstum in dieser Talsperre außerordentlich gering. Die Sichttiefe erreicht Rekordwerte bis 17 m. Nur eine erhöhte Belastung mit gelöstem Phosphat könnte an diesem Zustand etwas ändern, d. h. so viel Reduktionskraft in Form von Algen-Biomasse bereitstellen, daß dadurch die Rücklösung von Phosphor aus dem Sediment katalysiert werden könnte. Die Untersuchungen an der Talsperre Neunzehnhain ermöglichen damit einen Einblick in die Puffermechanismen, die einem Umschlagen vom oligotrophen in den eutrophen Zustand entgegenwirken.

6 Das Bodensediment der Seen und Talsperren als «Gedächtnis»

In vielen tiefen Seen, die im Ergebnis der letzten Vereisung entstanden sind, weist das Sediment eine Schichtung im Millimeterbereich auf, die der Aufeinanderfolge der Jahresringe bei Bäumen ähnelt. Für manche Seen liegen Sedimentprofile vor, die es gestatten, die Entwicklungsgeschichte des Gewässers über mehr als 10 000 Jahre zurückzuverfolgen. Die einzelnen «Scheiben» eines Bohrkernes enthalten Mikrofossilien, die sowohl Schlüsse auf Vegetation und Nutzung des Einzugsgebietes (Pollen, Feinerde aus Erosionsprozessen) als auch auf den Trophie-Status des Gewässers zulassen (Reste von Zooplanktern und Mikroalgen). Die Artenkomposition der Kieselalgen in solchen Proben ermöglicht auch Schlüsse im Hinblick auf die Langzeitveränderungen des pH-Wertes. Die durch Rodungen bewirkte Erosion ist an der Stärke und Zusammensetzung der betreffenden Mikroschichten erkennbar. Seit der Jahrhundertwende lassen sich vor allem in den (besonders gut untersuchten) Schweizer Seen die Auswirkungen einer erhöhten Belastung mit Pflanzennährstoffen infolge Einführung von Spülklosetts und Schwemmkanalisation in den Zentren des Fremdenverkehrs nachweisen: einer hellen Schicht mit erhöhtem Gehalt an Calciumkarbonat infolge stärkeren Phytoplanktonwachstums folgt eine dunkle Schicht mit reduziertem Eisen, welche auf die erhöhte Belastung mit Phytoplankton-Biomasse hinweist. Nicht immer ist die Interpretation der gewonnenen Informationen einfach (z. B. bilden sich helle Schichten auch nach Hochwässern), und nur Sedimente, die nicht in starkem Maße von Borstenwürmern und Zuckmückenlarven durchwühlt oder durch aufsteigendes Schlammgas verwirbelt werden, bieten ein übersichtliches Bild.

Die Verfeinerung der Analysenverfahren hat andererseits dazu geführt, daß nicht nur die chemische, sondern auch die biochemische und mikrobielle Zusammensetzung der «Jahresscheiben» genau erfaßt werden kann. Dadurch läßt sich z. B. nachweisen, seit wann sich zeitweise an der Sediment-Wasser-Grenzschicht Schwefelwasserstoff bildet (Identifikation nicht nur der S-Mineralien, sondern auch der Pigmente von Schwefelpurpurbakterien durch Züllig 1982). Recht genau nachweisen läßt sich anhand von Bohrkernen auch der Zeitpunkt der Einführung von stark phosphorhaltigen Waschmitteln sowie der verstärkte Umgang mit toxischen Schwermetallen und schwer abbaubaren organischen Fremdstoffen, insbesondere Pflanzenbehandlungs- und Schädlingsbekämpfungsmitteln.

Bezüglich einer Nutzung des Informationsspeichers «Sediment» haben Talsperren gegenüber vielen Seen den Nachteil des zumeist sehr geringen Alters und eines im Verhältnis zum Wasservolumen besonders großen Einzugsgebietes. Dies führt zu einer Ablagerung sehr großer Mengen an Sedimenten, die nicht aus der Eigenproduktion des Gewässer-Ökosystems hervorgegangen sind. Sowohl im Längsprofil einer Talsperre als auch zwischen aufeinanderfolgenden Jahren ergeben sich sehr große Unterschiede in der abgelagerten Sedimentmenge. Da gegenwärtig die Sedimentforschung stark auf paläolimnologische oder toxikologische Fragestellungen orientiert ist, gibt es bisher hinsichtlich der Schichtung des Sediments in Talsperren so gut wie keine Referenz-Objekte. Immerhin liefert ein Vergleich zwischen Talsperren mit sehr unterschiedlicher Struktur und Nutzung des Einzugsgebietes brauchbare Informationen im Hinblick auf Art und Intensität von Stoffströmen und Belastungsquellen. Man erhält auf diese Weise Informationen darüber, inwieweit ein Talsperren-Ökosystem in stofflicher Hinsicht weitgehend «fremdgesteuert» ist, d. h. völlig von importiertem organischem Material abhängt, oder ob es eine eigene Stoffproduktion besitzt und dadurch ausgelöste Stoffkreisläufe existieren.

Die vertikale Verteilung des Eisen- und des Aluminiumgehaltes im Sediment der Talsperren Saidenbach und Neunzehnhain ist in Abbildung 10a u. 10b dargestellt. Man erkennt den deutlich höheren Al-Gehalt im Sediment der Talsperre Neunzehnhain. Der Grund ist darin zu suchen, daß die hier vorherrschenden Waldböden einer starken Auslaugung durch Mineralsäuren (vor allem Schwefel-, wahrscheinlich außerdem Salpetersäure) unterliegen, während die landwirtschaftlich genutzten Flächen gekalkt wurden. Außerdem ist hier der Kalkgehalt des Grundgesteins (Grauer Gneis) höher als im Einzugsgebiet der Talsperre Neunzehnhain (überwiegend Glimmerschiefer). Die Proportionen zwischen zwei- und dreiwertigem Eisen im Bodensediment sind ein Gradmesser für das Rücklösepotential bezüglich des Phosphats. In der Talsperre Saidenbach steht organische Substanz (abgestorbene Phytoplankton-Biomasse) für die Fe-Reduktion zur Verfügung, dagegen fehlen in der oligotrophen Talsperre Neunzehnhain leicht abbaubare organische Substanzen und damit zweiwertiges Eisen fast völlig. Diese Aussagen werden durch die vertikale Verteilung des leichtlöslichen Phosphat-Anteils im Bodensediment bestätigt (Abb. 10a u. 10b). Der Gehalt ist im Sediment der Talsperre Neunzehnhain äußerst niedrig, in dem der Talsperre Saidenbach weist er, bei weitaus höheren Konzentrationen, oftmals einen Vertikalgradienten auf, der die stärkere Abgabe (durch Diffusion) an den Wasserkörper in den obersten Sedimentschichten widerspiegelt. Die Erfassung der Vertikalverteilung innerhalb des Sediments liefert daher sowohl direkte (beim Aluminium) als auch indirekte Hinweise (bei Eisen und leicht löslichem Phosphat) auf Prozesse, die vorher im Einzugsgebiet und im Wasserkörper stattgefunden haben. Der Gehalt des Porenwassers der Sedimente an den mineralischen Abbauprodukten Phosphat und Ammonium ist demnach ein guter Anzeiger für das trophische Niveau des Gewässers. Konzentrationen an Ammonium-Stickstoff über 10 mg/l (wie im Porenwasser der Talsperre Saidenbach) weisen auf eutrophe, solche bis zu einer Höhe von mehr als 100 mg/l, wie sie im Baldeney-Stausee (Ruhrgebiet) festgestellt wurden (KOPPE 1983) auf hypereutrophe Bedingungen hin. Überraschenderweise weist nicht nur das Sediment der Talsperre Saidenbach, sondern auch das der Talsperre Neunzehnhain einen hohen Gehalt an Bakterien auf. Hierbei wurde die (unter dem Mikroskop feststellbare) Gesamt-Bakterienzahl erfaßt. Es ist schwer zu erklären, wovon die Bakterien im Sediment der Talsperre Neunzehnhain leben, wenn der Nachschub an leicht abbaubarem organischem Material völlig unbedeutend ist. Da der Gehalt in den Waldböden des Einzugsgebietes und im Sediment des Vorbeckens der Talsperre Neunzehnhain ähnlich hoch war und das Sediment sehr reich an Huminstoffen ist, die nicht aus der Eigenproduktion des Gewässer-Ökosystems stammen, kann nur vermutet werden, daß es sich um «importierte» Bakterien handelt, die nach Starkregen zusammen mit Bodenpartikeln in die Talsperre eingetragen werden. Bei der ständig niedrigen Temperatur am Grunde der Talsperre Neunzehnhain (um 4 °C) sind die Bakterien offensichtlich in der Lage,

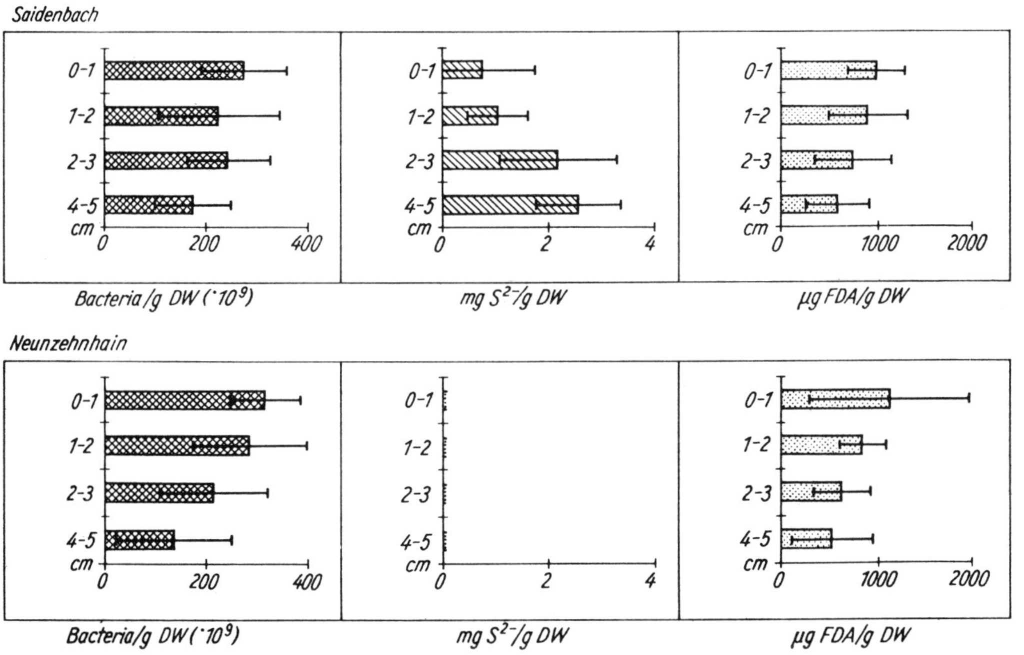

Abb. 12: Vertikale Verteilung der Bakterien (als Direktzahl) und ihres Abbaupotentials (Umsetzung von zugegebenem Fluoreszein-diazetat) sowie Anreicherung von Sulfid infolge mikrobieller Sulfatreduktion in Sedimentproben aus den Talsperren Saidenbach und Neunzehnhain.

ausdauernd zu «hungern». Dem möglichen Einwand, daß es sich um tote Bakterien handelt, ist leicht zu begegnen. Die Aktivität der Bakterien kann durch Zugabe einer leicht abbaubaren organischen Substanz ermittelt werden, an die ein Farbstoff gebunden ist, der durch den Abbau frei wird. Die Abbildung 12 zeigt, daß bei Verwendung von Fluoreszein-diacetat kaum nennenswerte Unterschiede hinsichtlich der mikrobiellen Aktivität zwischen den Sedimenten der Talsperren Saidenbach und Neunzehnhain auftraten.

7 Ökologische Ansätze zur Sanierung überlasteter Talsperren

Prinzipiell existieren zwei ganz unterschiedliche Lösungswege. Eine nachhaltige Verbesserung der Wasserbeschaffenheit kann nur durch Ausschaltung sowohl der äußeren als auch der gewässerinternen Belastungsquellen erreicht werden. Im Falle der Eutrophierung betrifft dies in erster Linie den Phosphor als entscheidende Steuergröße (UHLMANN 1982). Die sehr schnelle Umstellung des Marktes auf phosphatfreie Waschmittel hat nach 1989 im Einzugsgebiet der Talsperre Saidenbach zu einer drastischen Verringerung der Phosphorbelastung und der Massenentwicklungen von Phytoplanktern geführt (HORN u. UHLMANN 1995).

In gleicher Richtung wirkt die Erweiterung von Kläranlagen im Hinblick auf die biologische oder chemische Phosphorelimination. Dadurch hat sich beispielsweise die P-Belastung großer Fließgewässer wie des Rheines deutlich verringert. Wie die Erfahrungen mit der Seesanierung gezeigt haben, ist aber die Ausschaltung der äußeren Belastungsquellen solange wenig wirksam, wie aus dem Bodensediment noch große Mengen an gelöstem Phosphat mobilisiert werden können und dadurch für ausdauernde Massenentwicklungen von Phytoplankton zur Verfügung stehen (Abb. 11). Dieser Effekt wirkt vor allem in nicht sehr tiefen Seen u. U. noch über Jahre oder sogar Jahrzehnte den Sanierungsmaßnahmen im Einzugsgebiet entgegen. Bei Talsperren sind demgegenüber die Erfolgschancen höher, und zwar aus folgenden Gründen:

a) In der Zeit der stärksten Freisetzung von Phosphat aus dem Sediment im Hoch- und Spätsommer ist auch die Wasserabgabe am größten. Sie erfolgt aus dem Hypolimnion, d. h. dem unteren Stockwerk des Wasserkörpers mit dem höchsten Phosphatgehalt.
b) Die im Vergleich zu den meisten Seen höhere Belastung mit Partikeln aus Erosionsprozessen im Einzugsgebiet bringt nicht nur Nachteile.

Der in landwirtschaftlich intensiv genutzten Gebieten meistens hohe Gehalt solcher Partikel an Tonmineralien bedeutet ein zusätzliches Bindungspotential für gelöstes Phosphat, speziell nach erfolgter Sedimentation im Grenzbereich Sediment/Wasser. In diesem Zusammenhang bietet die Längs-Unterteilung von Talsperren mit dem Ziel, die obersten Kaskadenglieder als Puffer-Ökosysteme zu nutzen, eine aussichtsreiche Lösung zur Verbesserung der Waldbeschaffenheit (PAUL 1994b).

Über- und Unterwasservorsperren wirken als Ausgleichsbecken gegenüber Abflußspitzen aus dem Einzugsgebiet und halten beachtliche Mengen an Phosphor zurück.

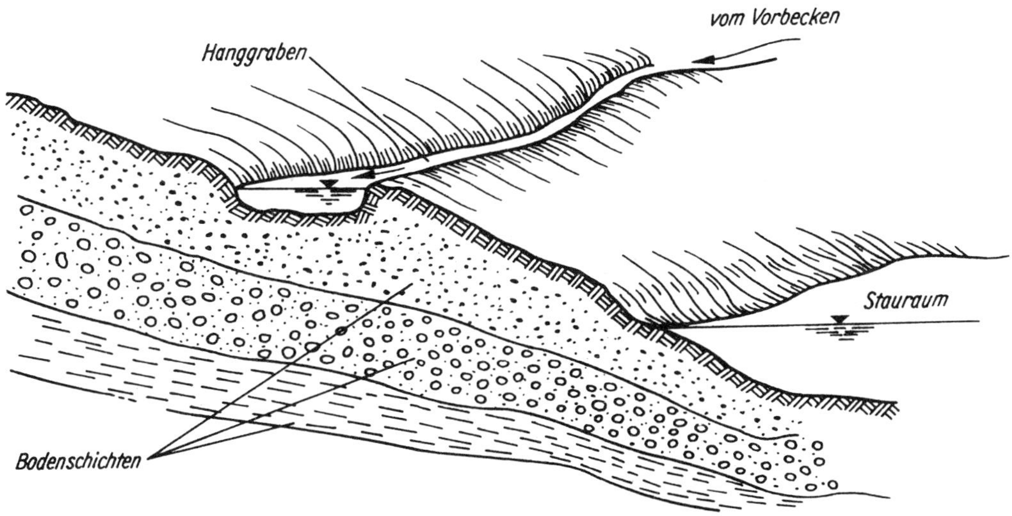

Abb. 13: Hangversickerung zur Vorreinigung von Oberflächenabfluß aus einem besiedelten und landwirtschaftlich genutzten Einzugsgebiet vor der Einleitung in eine Trinkwassertalsperre (Kerspe-Talsperre, Nordrhein-Westfalen). Aus GRAU (1977).

In Situationen, in denen die Nitratbelastung aus überdüngten landwirtschaftlichen Nutzflächen das für die Trinkwasserversorgung noch tragbare Konzentrationsniveau überschreitet, muß im Grenzbereich zwischen Land und Wasser die Errichtung weiterer Puffer-Ökosysteme ins Auge gefaßt werden. Bei Seen eignet sich der Pflanzengürtel im Uferbereich hervorragend für die Rückhaltung von Phosphor und die mikrobielle Abgasung von Stickstoff aus diffusen Belastungsquellen (WEGENER, persönl. Mitt.). Bei Talsperren fehlt meistens der Pflanzengürtel infolge der Wasserstandsschwankungen. Seine Funktion muß durch Gehölzstreifen mit dichtem Unterwuchs übernommen werden, vor allem aber durch flache Vorbecken (möglichst an allen wesentlichen Zuläufen) mit einem dichten Bestand an höheren Wasserpflanzen. Noch günstiger ist die Errichtung von hangparallelen Gräben, in denen ein Teil des Oberflächenabflusses versickern kann (Abb. 13).

Übersteigen jedoch die Nutzungsintensität und die Bevölkerungsdichte im Einzugsgebiet kritische Schwellenwerte, ist die Kapazität der Puffer-Ökosysteme zum Stoffrückhalt schnell erschöpft. Dann kann ein meso- bis oligotropher Zustand des Gewässer-Ökosystems nur erreicht werden, wenn das gesamte der Talsperre zufließende Wasser in einer Phosphor-Eliminierungsanlage behandelt wird (BERNHARDT et al. 1985). Die Kosten für deren Bau und Betrieb (Mehrschichtfiltration + P-Fällung durch Zugabe von Eisensalzen) sind hoch. Die weltweit erste P-Eliminierungsanlage dieser Art wurde an der Wahnbachtalsperre (Trinkwasserversorgung für Bonn) errichtet.

Ein bisher ungelöstes Problem ist die Kontrolle über die mit starken Hochwässern verbundenen Massenströme an Nähr- und anderen Laststoffen. Sie wäre am ehesten durch die Errichtung eines «grünen», d. h. normalerweise trockenliegenden

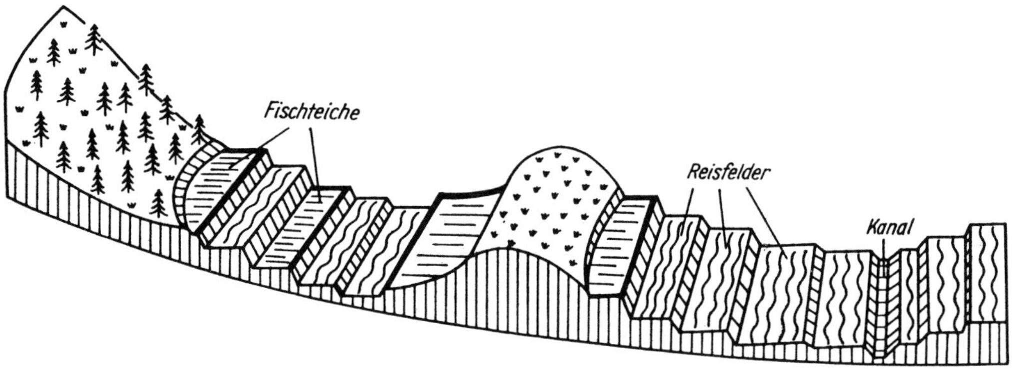

Abb. 14: Terrassierung eines Wassereinzugsgebietes zwecks weitestgehender Rückhaltung von Wasser, Nährstoffen und Bodenpartikeln durch Anlage von «hintereinandergeschalteten» Reisfeldern und Fischteichen für das Einzugsgebiet des Chaohu-Sees, Anhui Provinz/China. Die Energieflußdichte wird dadurch auf ein so niedriges Ausmaß gebracht, daß eine nachhaltige Nutzung möglich ist und Stoffverluste weitgehend vermieden werden.

Beckens möglich, dessen Größe aber der einer vorgeschalteten Talsperre entsprechen müßte. Nur dann wäre die Rückhalte- und Reinigungsfunktion in vollem Umfang möglich. In gleicher Richtung wirkt eine Terrassierung des Geländes, wie sie sich z. B. in Südostasien seit langem bewährt hat. Das in Abbildung 14 dargestellte System von Teichen und Reisfeldern ist in der Lage, die Massenströme sowohl von gelösten Stoffen als auch von Partikeln in einem solchen Umfang zurückzuhalten, daß von einer äußerst wirksamen Verringerung der Energieflußdichte gesprochen werden kann. Wasser und Nährstoffe werden weitestgehend wiederverwendet. Die Unterhaltungskosten einschließlich des dafür erforderlichen Aufwandes an Fremdenergie sind (bezogen auf die örtlichen Bedingungen) gering. Die Nachhaltigkeit dieser Nutzung wurde auf Grund von Massenbilanzen auf Versuchsflächen voll bestätigt (YIN, LAN and YAN 1994). Die genannten Autoren weisen darauf hin, daß nur auf diese Weise der diffusen Belastung des Chaohu-Sees, in dessen Einzugsgebiet diese Flächen liegen, mit Phosphor und Stickstoffverbindungen Einhalt geboten werden könnte. Daher werden Maßnahmen zur Erhaltung und zum Schutz solcher «altmodischer» Systeme für dringend erforderlich gehalten.

8 Ausblick

Die Funktion von Talsperren als Rezipienten der Stoff-Ströme aus ihrem Einzugsgebiet ist sowohl hinsichtlich der Kausalzusammenhänge als auch der quantitativen Relationen bisher wenig bekannt. Dies ist u. a. darauf zurückzuführen, daß die Experimentierfelder sehr groß sind und die Erfassung der Primärdaten außerordentlich kostenaufwendig ist, wenn die Mindestanforderungen an das räumliche und zeitliche Auflösungsvermögen erfüllt werden sollen. Des weiteren sind bei der Reaktion des

Systems auf Änderungen der Belastung bzw. auf Sanierungsmaßnahmen die Bremswege sehr lang, viel länger als z. B. bei Flüssen. Dies bedeutet, daß Beobachtungen und Experimente über Jahrzehnte fortgeführt werden müssen, wenn signifikante und verallgemeinerungsfähige Ergebnisse erzielt werden sollen. Es besteht daher ein großer Kontrast zwischen ökonomisch und politisch relevanten Intervallen (Wahlperioden) auf der einen und den nur kleinen Zeitkonstanten der maßgebenden Naturprozesse auf der anderen Seite.

Die Ausgaben für die Talsperrenforschung sind voll gerechtfertigt, wenn verallgemeinerungsfähige Ergebnisse zu erwarten sind. Weltweit besteht eine geradezu groteske Diskrepanz zwischen der volkswirtschaftlichen Bedeutung der Talsperren und Stauseen und den Erwartungen an ihre Nutzungsmöglichkeiten einerseits und dem geringen Kenntnisstand bei der Erforschung der dafür maßgebenden biologischen, chemischen und physikalischen Prozesse andererseits.

Durch die Förderung entsprechender Forschungsprojekte wird es auch möglich, so entscheidende Schwächen der gegenwärtigen Wissenschaftsstruktur wie die zu stark sektorisierte Betrachtungsweise zu überwinden. In einem Ökosystem gibt es keine Separierung zwischen den verschiedenen Wissenschaftsdisziplinen und erst recht keine Sprachprobleme zwischen den verschiedenen Kompartimenten. Die Erforschung des Wasser- und Stoffhaushaltes von Einzugsgebieten besitzt im Vergleich zu anderen Objekten insofern sehr günstige Voraussetzungen, als der gesamte Stofftransport mit dem ober- und unterirdischen Wasserabfluß gerichtet verläuft (Ripl u. Hildmann 1994). Dadurch liefern Probeentnahmen an den Zuläufen von Talsperren und Seen wichtige Informationen in zweierlei Richtungen:

a) hinsichtlich der Belastung des Gewässers,
b) hinsichtlich der Stoffverluste aus dem Einzugsgebiet.

Dies ist ein sowohl unter dem ökonomischen als auch dem erkenntnistheoretischen Aspekt besonders günstiger Ansatz zur Ermittlung von Stoffbilanzen (Grünewald 1994). Eine vertiefte Kenntnis der in den Talsperren Saidenbach und Neunzehnhain und in ihren Einzugsgebieten ablaufenden Prozesse wurde vor allem dadurch möglich, daß in der Ökologischen Station Neunzehnhain der Technischen Universität Dresden, an der auch die Arbeitsgruppe «Limnologie» der Sächsischen Akademie der Wissenschaften wirkt, Hydrobiologen, Hydrologen, Hydrophysiker und Hydrochemiker eng zusammengearbeitet und die Kooperation mit Geographen, Vegetationskundlern, Landschaftsarchitekten, Wasser-, Forst- und Landwirtschaftswissenschaftlern gesucht haben.

Literatur

Anonymus: Etude de l'eutrophisation de la retenue Mohammed Ben Abdelkrim EL Khattabi. Rabat (1983, unveröffentlicht).

Bernhardt, H.; Clasen, J.; Hoyer, O. u. A. Wilhelms: Oligotrophierung stehender Gewässer durch chemische Nährstoff-Eliminierung aus den Zuflüssen am Beispiel der Wahnbachtalsperre. In: Arch. Hydrobiol. Suppl. 70 (1985), S. 481–533.

Grau, A.: Untersuchungen zur Ermittlung der Leistungsfähigkeit einer Hangversickerung als spezielles Verfahren einer Bodenpasage. Diss. TH Aachen, Inst. f. Siedlungswasserwirtschaft 1977.

Grünewald, U.: Ansätze zur Langzeitbilanzierung des Wasser- und Stoffhaushaltes. Kapitel 24. In: 18. Fortbildungslehrgang Hydrologie: Niederschlags-Abfluß-Modelle für kleine Einzugsgebiete und ihre Anwendung. 19.–23. 09. 1994, Karlsruhe. Deutscher Verband für Wasserwirtschaft und Kulturbau e. V. (DVWK).

Hedlich, R.: Die Wirkung der Nährstoffauswaschung aus Kahlschlägen auf eine Trinkwassertalsperre (Neunzehnhain). In: Wiss. Zeitschr. d. KMU Leipzig, Math.-naturwiss. R. 10 (1961), S. 89–92.

Higler, L. W. G.: A Worldwide Surface Water Classification System. UNESCO Paris 1988.

Horn, W., u. R. Brettfeld: Biologische und chemische Untersuchungen an Bergbächen unterschiedlichen Versauerungsgrades. In: Acta hydrochim. hydrobiol. 17 (1989), S. 417–435.

Horn, W., Horn, H., u. L. Paul: Long-Term Trends in the Nutrient Input and In-Lake Concentrations of a Drinking-Water Reservoir in a Densely Populated Catchment Area (Erzgebirge, Germany). In: Int. Revue ges. Hydrobiol. 79 (1994) 2, S. 213–227.

Horn, H., u. D. Uhlmann: Competitive growth of blue-greens and diatoms (Fragilaria) in the Saidenbach Reservoir, Saxony. In: Wat. Sci. Tech. 32 (1995) 4, S. 77–88.

Hupfer, M.: Untersuchungen zur Phosphatmobilität in Gewässersedimenten. Diss. TU Dresden, Fak. f. Bau-, Wasser- und Forstwesen 1993.

O'Keefe, P.: The Causes, Consequences and Remedies of Soil Erosion in Kenya. In: Ambio 12 (1983), S. 302–305.

Koppe, P.: Untersuchungen über den Einfluß der Stauhaltung eines Flusses auf die Wasserbeschaffenheit. Essen: Ruhrverband und Ruhrtalsperrenverein. Bundesministerium für Forschung und Technologie. Forschungsbericht 02-WT 854 (1983).

Likens, G. E.: Beyond the Shoreline: a Watershed-Ecosystem Approach. In: Verh. Internat. Verein Limnol. 22 (1984), S. 1–22.

Paul, L.: Einfluß des Sediments auf die Rohwasserbeschaffenheit von Trinkwassertalsperren. Zwischenbericht zum Forschungsverbundvorhaben «Maßnahmen zur Beseitigung nutzungseinschränkender Qualitätseigenschaften stehender Gewässer in den neuen Bundesländern». BMFT 02 WT 93 13 (1994a) (unveröffentlicht).

Paul, L.: Phosphoreliminierung durch Längsunterteilung von Standgewässern. Zwischenbericht zum Forschungsverbundvorhaben „Maßnahmen zur Beseitigung nutzungseinschränkender Qualitätseigenschaften stehender Gewässer in den neuen Bundesländern". BMFT 02WT 9317/6 (1994b) (unveröffentlicht).

Ripl, W.: Die Rolle der Energie und des Wasserkreislaufes im ökologischen Gewässerschutz. TU Berlin, Institut f. Ökologie/Limnologie 1989 (unveröffentlicht).

Ripl, W.: Management of Water Cycle: An Approach to Urban Ecology. In: Water Pollut. Research J. Canada 27 (1992) 2, S. 221–237.

Ripl, W. u. Chr. Hildmann: Ökosysteme als thermodynamische Notwendigkeit – Systemökologische Überlegung. Mkrpt. 1994.

Uhlmann, D.: Evaluation of Strategies for Controlling Eutrophication of Lakes and Reservoirs. In: Int. Revue ges. Hydrobiol. 67 (1982) 6, S. 821–835.

Uhlmann, D., u. H. Horn: The Significance of Sedimentation and Sediments to Phytoplankton Growth in Drinking-Water Reservoirs. In: Eutrophication: Research and Application in Water Supply. Eds.: D. W. Sutcliffe and J. G. Jones. Ambleside: Freshwater Biological Association, 1992, S. 94–106.

Uhlmann, D., u. L. Paul: Causes and Effects of «Nitrate Saturation» in Phosphate-Deficient Water Bodies. In: Wat. Sci. Tech. 30 (1994), S. 281–288.

Uhlmann, D.; Hupfer, M. u. L. Paul: Longitudinal Gradients in the Chemical and Microbial Composition of the Bottom Sediment in a Channel Reservoir (Saidenbach R., Saxony). In: Int. Revue ges. Hydrobiol. 80 (1995), S. 15–25.

Uhlmann, D.; Hupfer, M. u. C. Appelt: Discrepancies between Sediment Composition and Trophic Character of Reservoirs. 1995. (unveröffentlicht).

Yin, Ch.; Lan, Z. u. W. Yan: The Use of Constructed Multi-Pond Wetlands for the Control of Agricultural Non-Point Pollution. In: ICWS '94. Proceedings 4th International Conference on Wetland Systems for Water Pollution Control, 6–10 Nov. 1994. Guangzhou, China (1994), S. 580–588.

Züllig, H.: Untersuchungen über die Stratigraphie von Carotinoiden im geschichteten Sediment von 10 Schweizer Seen zur Erkundung früherer Phytoplankton-Entfaltungen. In: Schweiz. Z. Hydrol. 44 (1982) 1, S. 1–98.

Hans Joachim Fiedler und Thomas Klinger

Die Spurenelementsituation in den Waldböden des Osterzgebirges*

1 Einleitung

Der Boden als Bindeglied und Ergebnis der Wirkungen von Atmosphäre, Lithosphäre, Hydrosphäre und Biosphäre bedarf in seiner Funktion als Elementspeicher und Lebensraum einer Untersuchung auf Spurenelemente. Mittelwert, Median und Variationsbreite der Elementgehalte sind geeignet, ein Gebiet als geo- beziehungsweise pedochemische Provinz zu charakterisieren.

Für die Region des Osterzgebirges erfolgte neben der geologischen (Linnemann und Fiedler 1991) und bodengenetischen (Fiedler, Hofmann und Hunger 1991; Hunger 1994) Charakterisierung auch die chemische, insbesondere spurenanalytische (Richter 1975; Fiedler et al. 1990) Untersuchung der Böden und Gesteine. Ebenso wurden die durch Emissionen des seit Jahrhunderten währenden Erz- und Kohlebergbaus und der Verhüttung hervorgerufenen anthropogenen Beeinflussungen (Ilgen und Fiedler 1990; Rösler, Beuge und Müller 1969) der Böden des Erzgebirges und seines Vorlandes erforscht.

Die hier vorgestellten Untersuchungen sollen den Kenntnisstand zur Spurenelementausstattung von Humus und Mineralboden über verschiedenen Grundgesteinen des Osterzgebirges erweitern helfen.

2 Material und Methodik

Die Probenahme erfolgte in den Jahren 1977 und 1979 entsprechend der Horizontierung des Bodens in einem Gebiet, das sich bis zu 35 km Entfernung vom Emissionszentrum Freiberg/Halsbrücke erstreckt (Übersicht 1). Um die unterschiedliche Trophie forstlicher Standorte zu berücksichtigen, gelangten 1 Profil auf Basalt (B), 19 Profile auf Grauem Gneis (GG), 6 Profile auf Quarzporphyr (QP) und 2 Profile auf Quadersandstein (QS) zur Untersuchung. Damit wurden folgende Bodenformen der forstlichen Standortskartierung erfaßt:

Basalt: Wilisch Basalt-Braunerde Wi.Ba

---

* Herrn Prof. Dr. rer. nat. habil. J. Rösler zum 75. Geburtstag gewidmet.

Grauer Gneis:	Rothenthaler Gneis-Braunerde Ro.Gn
	Oelsengrunder Gneis-Braunerde Og.Gn
Quarzporphyr:	Naundorfer Porphyr-Braunerde Nd.P
	Klingenberger Porphyr-Braunerde Kl.P
	Altenberger Porphyr-Podsol Al.P
	Grillenburger Löß-Staugley Gb.LU
Quadersandstein:	Spechtshausener Lehm-Sandstein-Braunpodsol Sp.Ls
	Reinhardtsdorfer Sandstein-Podsol Re.Sn

Übersicht 1:

Lage der Profile im Untersuchungsgebiet Osterzgebirge

Profil-Nr.	Forstamt	Revier	Abteilung	Bodenform
Profil auf Basalt				
B 1(16)	Tharandt	Hetzdorf	504 (5)	Wi.B
Profile auf Grauem Gneis				
GG 1(1)	Bärenfels	Seyde	120	Ro.Gn
GG 2(4)	Brand-Erbisdorf	Mulda	172	Og.Gn
GG 3(5)	Brand-Erbisdorf	Mulda	169	Ro.Gn
GG 4(6)	Freiberg	Freiberg	54	Og.Gn
GG 5(7)	Brand-Erbisdorf	Struth	42	Og.Gn
GG 6(8)	Brand-Erbisdorf	Freiwald	7	Og.Gn
GG 7(9)	Freiberg	Reinsberg		Og.Gn
GG 8(10)	Tharandt	Tharandt	236 (30)	Og.Gn
GG 9(11)	Tharandt	Tharandt	236 (29)	Og.Gn
GG 10(17)	Brand-Erbisdorf	Mulda	78 Hüttenwald	Og.Gn
GG 11(18)	Brand-Erbisdorf	Mulda	84 Hüttenwald	Og.Gn
GG 12(19a)	Brand-Erbisdorf	Mulda	81 Hüttenwald	Og.Gn
GG 13(19b)	Brand-Erbisdorf	Mulda	81 Hüttenwald	Og.Gn
GG 14(20)	Freiberg	Freiberg	15 Stadtwald	Og.Gn
GG 15(21)	Freiberg	Freiberg	120 Hospitalwald	Og.Gn
GG 16(22)	Tharandt	Naundorf	718	Og.Gn
GG 17(35)	Brand-Erbisdorf	Mulda	Oberbobritzsch	Og.Gn
GG 18(39)	Karsdorf	Beerwalde	841	Og.Gn
GG 19(40)	Karsdorf	Beerwalde	631	Og.Gn

Profil-Nr.	Forstamt	Revier	Abteilung	Bodenform
Profile auf Quarzporphyr				
QP 1(2)	Bärenfels	Oberbärenburg	433 Waldidylle	Al.P
QP 2(3)	Bärenfels	Oberfrauendorf	790	Al.P
QP 3(12)	Tharandt	Tharandt	236 (27)	Nd.P
QP 4(23)	Tharandt	Grillenburg	320	Gb.LU
QP 5(26)	Tharandt	Grillenburg	315	Kl.P
QP 6(34)	Tharandt	Naundorf	746	Nd.P
Profile auf Quadersandstein				
QS 1(15)	Tharandt	Tharandt	231 (11)	Re.Sn
QS 2(25)	Tharandt	Grillenburg	320	Sp.LS

Als Humusformen sind auf Basalt Mull, auf Grauem Gneis Moder bis Rohhumus und auf Quarzporphyr und Quadersandstein Rohhumus ausgebildet.

Die Untersuchungen wurden am Auflagehumus sowie am Feinboden bis zu einer maximalen Profiltiefe von 2 m durchgeführt. Nach dem Trocknen bei 105 °C wurde der Boden in einer Achatkugelmühle zerkleinert und durch einen Säuredruckaufschluß (Ilgen, Münx und Fiedler 1987) völlig aufgeschlossen. Zum Nachweis wurde das Atomemissionsspektralphotometer Plasma II der Fa. Perkin Elmer und für das Element Cd die Graphitrohrtechnik des Atomabsorptionsspektralphotometers GBC 906 verwendet.

Im folgenden wird vereinfachend die Mineralbodentiefe 0–10 cm als A-, die Mineralbodentiefe 10–50 cm als B- und die Mineralbodentiefe 50–90 cm als B/C-Horizont bezeichnet. Die Beprobung der Horizonte erfolgte in dem entsprechenden Tiefenbereich.

3 Freiberger Bergbau und Hüttenindustrie

Das Osterzgebirge ist durch einen jahrhundertelangen Bergbau vor allem nach den Elementen Ag, Pb, Sn, Zn, As sowie Ni und U gekennzeichnet. Der Bergbau selbst und die ihn begleitende Hüttenindustrie trugen zur Verteilung dieser Elemente und von Begleitelementen wie Bi, Cd, Cu, Ge, Hg, In und Sb (24) vor allem über die Gewässer und die Atmosphäre bei. So wurden im Jahr 1865 allein in Muldenhütten 0,32 t As_2O_3, 0,48 t $PbSO_4$ und 0,59 t $ZnSO_4$ täglich durch die Hohe Esse abgegeben. Die jährlichen SO_2-Emissionen wurden auf 4000–5000 t geschätzt (Freytag 1873). Der Einfluß auf die Vegetation war in der näheren Umgebung der Hütten beachtlich. So konnte durch jahrringchronologische Untersuchungen an 101- bis 127jährigen Fichten die Aktivität der Freiberger Hütten von 1982 bis zum Jahr 1860 zurückverfolgt werden (ILGEN und NEBE 1989), und zwar für die Elemente Pb, Cd, Zn, Cu, As und S. Eine ähnliche Möglichkeit bietet der Humus, der ausgezeichnete Akkumulationseigenschaften für Schwermetalle besitzt (ILGEN und FIEDLER 1983).

Um einen Bezug zwischen den gefundenen Spurenelementgehalten im Boden und den zu diesem Zeitpunkt emittierten Mengen zu schaffen, wird in Tabelle 1 die Emissionsentwicklung von 1973 bis 1983 des ehemaligen Bergbau- und Hüttenkombinats an den Standorten Freiberg, Muldenhütten und Halsbrücke für die Elemente Pb, Zn, Cd und As in t/a dargestellt.

Die Bleiemission sank nach dem Abschluß der Rekonstruktionsarbeiten an der Bleihütte, der Inbetriebnahme neuer Entstaubungstechnik und des 200-Meter-Schornsteins in Muldenhütten im Jahr 1978 deutlich ab. Im gleichen Jahr ist eine starke Zunahme der As-Emission festzustellen, die im Zusammenhang mit der Fertigstellung der II. Baustufe der neuen Zinnhütte in Freiberg und einer Erhöhung der verhütteten Erzmengen steht. Bei Zink und Cadmium ist ab diesem Zeitraum die Emission rückläufig.

In Tabelle 2 sind für das Jahr 1977 die in die Atmosphäre abgegebenen Mengen der wichtigsten Schwermetalle für die Einzelemittenten ersichtlich. Die technischen Daten einiger Hauptemittenten enthält Tabelle 3.

Für die Bereitstellung und Freigabe der Daten des ehemaligen Bergbau- und Hüttenkombinates aus den Jahren 1973–1983 danken wir den Herren Klingenberg, Staatliches Umweltfachamt Chemnitz; Behrendt, Muldenhütten Recycling und Umwelttechnik GmbH; Hasche, B.U.S. Zinkrecycling Freiberg GmbH; Dr. Rühlicke und Dr. Süß, Saxonia Edelmetalle GmbH, Recycling und Verarbeitung Halsbrücke.

4 Konzentrationen der Spurenelemente in Humus und Mineralboden

Die Böden über den verschiedenen Grundgesteinen lassen sich hinsichtlich ihrer Ausstattung mit Spurenelementen in der Reihenfolge Basalt > Grauer Gneis > Quarzporphyr > Quadersandstein ordnen (Tab. 4–6). Böden über Basalt weisen die geogen bedingt höchste Ausstattung mit Mn, Ba, Sr, V, Cr, Cu, Ni und Co auf. Die Konzentrationen dieser Elemente steigen, außer für das bewegliche Mn, von der Streu zum Mineralboden nahezu kontinuierlich an. Für die emittierten Elemente Pb, As und Cd ist der umgekehrte Verlauf charakteristisch.

Im Mineralboden über Grauem Gneis reichern sich in 10–50 cm Tiefe (B-Horizont) Mn, Ba, Sr und Cr und in 50–90 cm Tiefe Zn, As, V, Cu, Ni und Co an. Im Boden über Quarzporphyr treten erhöhte Gehalte für Mn, Ba, Sr, V, Cr, Ni und Co in 10–50 cm Tiefe und für Zn und As in 50–90 cm Tiefe auf. Während über Quarzporphyr im Mineralboden eine mittelstarke Akkumulation für die Elemente Ba, Sr, V, Cr, Ni, Co, Mn, Zn und As zu beobachten ist, kommt es über Quadersandstein nur zu geringfügigen oder keinen Anreicherungen.

Allgemein besitzen die Elemente Pb und As im Oh-Horizont und die Elemente Zn, Cu und Cd im Of-Horizont die höchste Konzentration im gesamten Profil. Über

Grauem Gneis kommt es für As, Zn und Cu, über Quarzporphyr für As und über Basalt für Cu nach niedrigen Gehalten im A- und B-Horizont zu einem Ansteigen der Konzentrationen ab 50 cm Mineralbodentiefe. In weitaus schwächerer Form ist für Mn, Ba, Ni, V und Cr ein Maximum im Humus, bevorzugt im Of-Horizont, ausgeprägt. Nach einem Minimum im Oh- oder A-Horizont steigt – mit Ausnahme von Ni in den Böden über Quadersandstein und Quarzporphyr – die Konzentration dieser Elemente im Mineralboden über die Werte im Humus an. Für Sr und Co ist keine signifikante Anreicherung im Humus festzustellen, jedoch ein leichter und gleichmäßiger Konzentrationsanstieg von der Streu zum Mineralboden.

5 Diskussion der Ergebnisse

5.1 Mangan

In den untersuchten Böden ist entsprechend der Trophieabstufung der Grundgesteine eine Abnahme der Mn-Gehalte in der Reihenfolge Basalt, Grauer Gneis, Quarzporphyr, Quadersandstein zu beobachten (Fiedler und Ilgen 1981).

Der Mangan-Gehalt der Waldböden über Basalt liegt höher, der über den anderen Grundgesteinen niedriger als der Clarke-Wert (Rösler und Lange 1965). Im allgemeinen nimmt die Mn-Konzentration der untersuchten Bodenformen vom Humus zum A-Horizont ab und steigt zum B-Horizont wieder an (Tab. 5), was auf die Bildung von Fe-Mn-Konkretionen zurückzuführen ist, die zur Fixierung anderer Elemente beitragen. Im Humus kommt es durch den Eintrag von Mangan mit der Streu (250–5300 mg/kg TM in Fi-Nadeln; Scheffer/Schachtschabel 1989) und die offenbar gute Fixierung in Humaten des Of-Horizontes zu erhöhten Werten. Im B-Horizont kommt es zu pedogenen Anreicherungsprozessen. Wie die Untersuchungen von Marx (1994) im Tharandter Wald belegen, beträgt die Mn-Konzentration im Freilandniederschlag 10–280 µg/l, im Bestandsniederschlag 110–860 µg/l. Im Bodenwasser auf Quarzporphyr wurden Mn-Gehalte zwischen 3–12 mg/l gefunden. Die höchsten Lösungskonzentrationen traten in 40 cm Mineralbodentiefe auf, was sich durch die bei pH 3,5–4,2 (über QP) in 0–50 cm Tiefe mögliche Mobilisierung der Mn-Vorräte erklärt.

5.2 Barium

Die geogene Komponente differenziert den Mineralboden und den Humus in der Ba-Grundausstattung. Eine pedogen bedingte Anreicherung des Bariums ist im B-Horizont (10–50 cm Tiefe) vor allem auf Quarzporphyr, Gneis und Quadersandstein, hier mit Verarmung im A-Horizont, festzustellen (Tab. 5). Damit wird die von Lentschig und Fiedler (1966) beschriebene Verarmung des Bariums in Eluvialhorizonten auf Podsolen, die typisch für die Böden über Quadersandstein ist, bestätigt. Die im Humus über dem Ba-armen Quadersandstein erhöhten Ba-Werte lassen auf eine anthropogene beziehungsweise biogene Herkunft schließen. Im Humus über Ba-reicheren Waldböden ist diese Anreicherung nicht mehr nachweisbar.

Ba, das dritthäufigste Erdalkalielement in den untersuchten Böden, gilt nicht als essentielles Spurenelement für die Pflanzenernährung (Gehalt in Fichtennadeln 1–30 mg/kg TM). Wegen der ähnlichen Atomradien ist es oft mit Sr und K assoziiert und kommt in Alkalifeldspat und Biotit vor (Rotsche 1971). In den Böden über Basalt und Gneis treten sehr gute Korrelationen zwischen diesen Elementen auf. Barium besitzt infolge der leichten Sulfat- und Carbonatbildung, der starken Adsorption an Tone, der Anreicherung in Mangan-Konkretionen und der spezifischen Sorption an Oxide und Hydroxide eine geringe Mobilität. Die Ba-Gehalte nehmen [14], [17] von den basischen über die intermediären zu den sauren magmatischen Gesteinen zu. Die Ba-Konzentrationen der untersuchten Böden entsprechen zumindest im Oberboden nicht dieser Tendenz.

5.3 Zink

Die Zn-Gehalte in den Grundgesteinen differieren verhältnismäßig wenig (Basalt 80–120, Gneis 40–60, Quarzporphyr 40–100 mg/kg), vgl. [14]. Die in den Gesteinen vorliegenden Minerale ZnS und $ZnCO_3$ setzen in saurem und oxidierendem Milieu das zweiwertige Zn-Ion frei, das leicht an mineralischen und organischen Bestandteilen, besonders in den humusreichen oberflächennahen Horizonten, bei allen Bodentypen akkumuliert wird. Die Untersuchungen erbrachten im Humus Zn-Werte von 66–237 mg/kg und im Mineralboden von 9–176 mg/kg (Tab. 5). Damit liegt der Median über dem für verschiedene Länder ermittelten Bereich von 17–125 mg/kg [14]. Vergleichsweise beträgt der Zn-Gehalt in 1jährigen Fichtennadeln 10–60 mg/kg TM. In den untersuchten Böden kommt es nur über Gneis und Quarzporphyr vom A- zum B-Horizont zu einer Zn-Zunahme, die auf eine pedogene Anreicherung schließen läßt. Auf Gneis wird der geogen höhere Zn-Gehalt des Freiberger Gebietes sichtbar. Drei Profile über Gneis lassen bei besonders hohen Werten im Mineralboden die Nähe eines ausstreichenden Erzganges vermuten. Im Vergleich zu anderen Profilen mit niedrigeren Gehalten sind sie weiter von den Hütten entfernt und mit hohen As-, Pb- und Cd-Gehalten ausgestattet. Im Freilandniederschlag wurden 97–1064 µg/l nachgewiesen, was auf luftbürtige Zn-Einträge hinweist (Abiy 1993; Marx 1994). Im Humus ist die Akkumulation des als ZnO emittierten Zinks [24] besonders im Of-Horizont auffällig. Die höchsten Zn-Werte wurden im Humus der Profile in unmittelbarer Umgebung der Freiberger Hütte und der Muldenhütte festgestellt, die den bei 300 mg/kg liegenden Zn-Grenzwert der Klärschlammverordnung übersteigen.

5.4 Blei

Blei ist als Schwermetall bekannt, das sowohl eine hohe Affinität zu Tonmineralen, Silikaten und zur organischen Substanz besitzt als auch schwerlösliche Carbonate, Sulfate und Phosphate bildet, die eine geringe Pb-Verfügbarkeit im Boden und eine relativ geringe Toxizität bewirken. Die geogene Komponente für Pb ist auf Gneis ebenso wie für Zn nachweisbar, tritt aber in Anbetracht der bis in den B-Horizont anthropogen erhöhten Pb-Werte stark in den Hintergrund (Tab. 5).

Im Osterzgebirge ist für Blei eine starke anthropogene Kontamination auch von Böden, die weit vom Emissionszentrum entfernt liegen, festzustellen. Die höchsten Werte treten im Oh-Horizont mit einem Median zwischen 566 und 969 mg/kg auf (Klinger und Fiedler 1993). Im Humus und in mindestens einem Mineralbodenhorizont aller untersuchten Bodenprofile wird der durch die Klärschlammverordnung festgelegte Grenzwert von 100 mg/kg überschritten. Auf Grund der relativ geringen Beweglichkeit im Boden veranschaulicht der Gehalt in Humus und Mineralboden über allen Grundgesteinen die Boden-Pb-Situation nach mehreren hundert Jahren Hüttenbetrieb. Bei Kabata-Pendias und Pendias (1992) ist eine Verweildauer des Bleis im Boden von 1000–3000 Jahren beschrieben.

5.5 Strontium

Der Sr-Gehalt liegt in den Mineralböden zwischen 43 und 86 mg/kg, mit Zunahme in der Reihenfolge Quadersandstein, Quarzporphyr, Grauer Gneis. Die Basalt-Braunerde hebt sich mit Werten von 271–567 mg/kg markant ab. Hier ist auch im Humus mit 130–220 mg/kg mehr Strontium als über den anderen Grundgesteinen vorhanden (Tab. 5). Für die untersuchten Böden wurden Ca/Sr-Verhältnisse von 62 über Basalt und von 46–47 über Gneis, Quarzporphyr und Quadersandstein gefunden.

Im Mineralboden der untersuchten Profile ist der Sr-Gehalt, abgesehen von den hohen geogen bedingten Werten über Basalt, etwa doppelt so hoch wie im Humus, was auf pedogene Akkumulationen hindeutet. Strontium ist unter oxidierenden, sauren Bedingungen leicht mobilisierbar und migriert als zweiwertiges Ion. Es wird in Tonminerale eingelagert und durch organisches Material fixiert.

In der nahen Umgebung der Hütten sind nur sehr leicht erhöhte Sr-Werte im Humus festzustellen, da Strontium als Begleitelement bei der Erzverhüttung eine untergeordnete Rolle spielt.

5.6 Arsen

Für Arsen, das zu den im Freiberger Raum am stärksten emittierten Elementen gehört, wurde in den Arbeiten von Scherchan (1980), Metzner (1991) und Coude (1992) auf die starke anthropogene Belastung der Böden hingewiesen. Eigene Analysen erbrachten für den Humus As-Gehalte (Median) von 8–102 mg/kg und für den Mineralboden von 0–131 mg/kg über den verschiedenen Grundgesteinen des Untersuchungsgebietes (Tab. 5). Die höchsten Werte sind im Oh- und A-Horizont festzustellen, was die bekannte starke As-Sorption an die organische Substanz bestätigt. Ebenso wird die As-Migration durch Bindung an Tonminerale und Fe-Mn-Hydroxide [14] sowie die Bildung von Fe- und Al-Arsenaten in den stark sauren Böden gehemmt. Darauf deuten erhöhte As-Werte im B/C-Horizont über Basalt und

Gneis hin. Unter anaeroben Verhältnissen kann Arsen als Kakodylsäure gasförmig aus dem Boden entweichen.

Die höchste As-Konzentration wurde unter Grasfilz neben der ehemaligen Ziegelesse in Muldenhütten mit 2271 mg/kg gemessen. Im Mittel liegen die As-Gehalte der untersuchten Böden um das 10fache über dem Clarke-Wert von 5 mg/kg [25]. Der von KLOKE [2] angegebene Bereich von 0,1–20 mg/kg As wird von fast allen Einzelproben überschritten. Einzelne Gneisprofile weisen erhöhte As-Konzentrationen im Mineralboden auf und deuten ausstreichende Erzgänge an.

5.7 Vanadium

Vanadium ist in basischen Gesteinen (Basalt 32–430 mg/kg) stärker als in intermediären und sauren (Quarzporphyr 10–20 mg/kg) [23] vorhanden. Diese Abnahme im V-Gehalt ist auch in den Böden über diesen Grundgesteinen zu beobachten. Die Streu enthält unabhängig vom Grundgestein 8–20 mg/kg Vanadium, während im B/C-Horizont eine starke Differenzierung vorliegt: Basalt-Boden 193 mg/kg, Gneis-Boden 82 mg/kg, Quarzporphyr-Boden 26 mg/kg, Quadersandstein-Boden 10 mg/kg (Tab. 6). Im Mineralboden auf Basalt und in rund 80 Prozent der untersuchten Gneisprofile wird der von KLOKE [2] angegebene Richtwert von 50 mg/kg überschritten. Die V-Ausstattung der Böden ist vorwiegend geogen geprägt. Pedogene Einflüsse machen sich im B-Horizont über Quarzporphyr und Quadersandstein und im B/C-Horizont über Gneis durch erhöhte V-Konzentrationen bemerkbar, die durch adsorptive Bindung an oder Einlagerung in Tonminerale oder Eisenoxide bedingt sein können. Im Humus über den vanadiumarmen Grundgesteinen Quarzporphyr und Quadersandstein sind leicht erhöhte Werte festzustellen, was auf eine geringe anthropogene oder biogene Komponente und eine Fixierung an Humus hindeutet. FIEDLER und ILGEN (1981) wiesen in 1jährigen Fichtennadeln von nicht durch Nahimmission beeinflußten Standorten 0,6–1,2 mg/kg TM Vanadium nach, während im Humus und Ah-Horizont Werte zwischen 1–90 mg/kg vorliegen.

5.8 Chrom

Der Chromgehalt ist, ähnlich wie bei Vanadium, stark geogen geprägt. Im Osterzgebirge nimmt die Cr-Konzentration im Mineralboden über den Grundgesteinen in der Reihenfolge Basalt (217–333 mg/kg), Gneis (30–136 mg/kg), Quarzporphyr (7–78 mg/kg), Quadersandstein (16–50 mg/kg) ab (Tab. 6). Die gleiche Tendenz ist in abgeschwächter Form im Humus festzustellen. Cr zeigt im Of-Horizont und in 10–90 cm Tiefe erhöhte Werte, was auf im Humus fixiertes Chrom anthropogener oder biogener Herkunft bzw. pedogene Prozesse im Mineralboden hinweist. Das Cr/V-Verhältnis liegt im Boden auf Basalt bei 1,9, auf Gneis bei 1,1, auf Quarzporphyr bei 1,8 und auf Quadersandstein bei 1,5 und variiert damit in einem verhältnismäßig engen Bereich.

Der 100-mg/kg-Grenzwert nach der Klärschlammverordnung wird im Gneisprofil, unmittelbar neben der ehemaligen Ziegelesse in Muldenhütten (62–136 mg/kg), und im Basaltprofil auf dem Ascherhübel (60–333 mg/kg) überschritten. Es wird deutlich, daß Element-Grenzwerte unbedingt im Zusammenhang mit dem Chemismus des bodenbildenden Substrates betrachtet werden müssen. Für Pflanzen, die Gehalte von 0,1–1 mg/kg TM aufweisen, ist die Verfügbarkeit gering [27].

5.9 Kupfer

Der Kupfer-Gehalt der Mineralböden nimmt im Osterzgebirge im Mittel vom Basalt (18–26 mg/kg) über Gneis (8–19 mg/kg) zu Quarzporphyr (4 mg/kg) und Quadersandstein (4–6 mg/kg) ab. Damit läuft die Elementausstattung im Mineralboden mit der der Grundgesteine konform. Im Humus – mit Gehalten zwischen 7 bis 27 mg/kg – ist eine gesteinsbezogene Differenzierung nicht mehr möglich (Tab. 6).

Fichtennadeln als Ausgangsmaterial des Humus weisen Gehalte von < 3–29 mg/kg TM auf [8, 23, 26, 40]. Der Cu-Gehalt in der organischen Auflage weist deutlich auf eine biologische Akkumulation beziehungsweise auf eine anthropogene Beeinflussung und die gute Sorption an die organische Substanz hin.

Im Boden über Basalt ist der erhöhte Cu-Gehalt noch im A-Horizont (0–10 cm Tiefe), hervorgerufen durch die gute Bioturbation, zu beobachten. In 50–90 cm Tiefe tritt über Basalt und Gneis ein Anstieg des Kupfer-Gehaltes auf, der auf der verstärkten Bindung an Fe- und Mn-Oxide beruhen dürfte. Der mit 100 mg/kg angegebene Grenzwert der Klärschlammverordnung wird nur in einem extrem mit Spurenelementen angereicherten Profil, nahe der Muldenhütte, überschritten. Die Verweildauer von Kupfer wird durch Bowen (Kabata-Pendias und Pendias 1992) mit 1000–3000 Jahren prognostiziert.

Die Versorgung der Pflanzen mit dem essentiell notwendigen Kupfer stellt für Basalt- und Gneisböden im Osterzgebirge vom Gesamtgehalt her gesehen sicher kein Problem dar, könnte aber auf humusarmem Mineralboden von kupferarmen Quarzporphyr- und Quadersandstein-Standorten kritisch werden.

5.10 Nickel

Nickel weist im Mineralboden von Quadersandstein (0–5 mg/kg) über Quarzporphyr (2–19 mg/kg) und Gneis (2–53 mg/kg) zu Basalt (52–121 mg/kg) hin zunehmende Gehalte auf (Tab. 6). Diese markanten Unterschiede setzen sich im Humus nicht fort. Dort erreichen die Ni-Konzentrationen im Of-Horizont ein Maximum zwischen 17 und 26 mg/kg. Einzig im Oh-Horizont über Basalt existiert ein starker Anstieg der Ni-Konzentration, der im A-Horizont stagniert, bevor er sich weiter fortsetzt.

Fiedler und Ilgen (1981) fanden in 1jährigen Fichtennadeln 13 mg/kg TM auf unbelasteten Standorten mit Ni-Gehalten von 1–23 mg/kg im Humus und von 3 bis 20 mg/kg im Ah-Horizont. Relativ hohe Nickel-Gehalte im Humus lassen einen anthropogen verursachten Eintrag und eine gute Fixierung in der organischen Substanz, am deutlichsten über nickelarmen Grundgesteinen, erkennen. In 10–90 cm

Tiefe dieser Böden kommt es zu einer pedogen verursachten Akkumulation, die am besten über Gneis ausgeprägt ist. In Böden erfolgt die Nickel-Adsorption und Bindung hauptsächlich durch Al-, Fe- und Mn-Oxide sowie durch Tonminerale und organische Substanz [27]. In gemäßigten Klimaten besitzt Nickel eine Verweilzeit von 1000–3000 Jahren im Boden [14].

Der 50-mg/kg-Grenzwert der Klärschlammverordnung wird im Mineralboden des Gneis-Profiles in Muldenhütten (58 mg/kg) und im Basalt-Profil ab dem Oh-Horizont (55–121 mg/kg) überschritten. In den osterzgebirgischen Böden, die pH-Werte zwischen 3,4 und 5,3 (Median) in 0–50 cm Tiefe besitzen, ist mit einer relativ hohen Pflanzenverfügbarkeit des Ni zu rechnen.

5.11 Kobalt

Kobalt weist im Mineralboden – entsprechend dem Trend der Gehalte in den Grundgesteinen – vom Basalt (27–53 mg/kg) über Gneis (7–30 mg/kg) und Quarzporphyr (4–19 mg/kg) zum Quadersandstein (0–12 mg/kg) fallende Werte auf (Tab. 6). In den Grundgesteinen [23, 33, 37] Basalt (9–54 mg/kg), Gneis (1 bis 11 mg/kg), Quarzporphyr (0–15 mg/kg) und Quadersandstein (0,3–10 mg/kg) liegt Kobalt in etwas geringeren Konzentrationen vor, so daß im Boden vor allem in 0–50 cm Tiefe Anreicherungsprozesse ablaufen. Kobalt ist ein stark geogen geprägtes Element. Im Humus ist eine gleichmäßige Zunahme von der Streu zum Oh-Horizont festzustellen. Der im sauren, oxidierenden Milieu hohen Mobilität wirkt die starke Sorption an Fe- und Mn-Oxide und an Tonminerale entgegen, die die Akkumulationen im Mineralboden der untersuchten Profile bewirken wird. Der Kloke-Richtwert von 50 mg/kg wird nur in 50–90 cm Tiefe bei Basaltboden überschritten.

Die Ionenradien von Co und Ni unterscheiden sich um 4 pm, wodurch ein isomorpher Ersatz möglich ist. LENTSCHIG (1966) beschrieb für verschiedene Grundgesteine Ni/Co-Verhältnisse von 0,4–5. In den hier untersuchten Mineralböden wurden als Quotient über Basalt 2,1, über Gneis 0,9, über Quarzporphyr 0,6 und über Quadersandstein 0,4 ermittelt. Wenn die Konzentrationen im Humus mit einbezogen werden, nimmt das Verhältnis wegen der dort höheren Ni-Werte zu. In 1jährigen Fichtennadeln wurden Gehalte von 0,1–0,8 mg/kg TM gefunden [5].

5.12 Cadmium

Cadmium erreicht in 10–90 cm Mineralbodentiefe der untersuchten Profile im Median Werte von 0–0,3 mg/kg. Über Basalt beträgt die Konzentration 0,6 mg/kg (Tab. 6). Im Humus liegen die Cd-Werte mit 0,2–10,3 mg/kg (Median 0,6–2,5 mg/kg) deutlich höher und belegen die anthropogene Herkunft des Cadmiums im Untersuchungsgebiet. Von FIEDLER und ILGEN (1981) wurden 0,3 mg Cd/kg TM in 1jährigen Fichtennadeln gefunden. Der Grenzwert der Klärschlammverordnung von 3 mg/kg wird in mindestens einem Horizont von drei Gneis- und einem Quadersandsteinprofil überschritten. Hohe Cd-Gehalte, vor allem im Humus, treten in unmittelbarer Umgebung oder im Lee der Emittenten an relativ exponierten Stellen, wie S-Berg, Ascherhübel und dem Westrand des Tharandter Waldes, auf.

Cadmium ist chemisch eng mit Zn verwandt. Für Böden wird ein relativ konstantes Zn/Cd-Verhältnis von ca. 100 beschrieben [27]. Im Osterzgebirge beträgt das Verhältnis über Basalt 108, Gneis 219, Quarzporphyr 126 und Quadersandstein 76. Das hohe Verhältnis über Gneis ist auf die geogen erhöhten Zn-Gehalte im Mineralboden zurückzuführen.

Für Cadmium wird eine im Vergleich mit anderen Spurenelementen relativ kurze Verweilzeit von 75–380 Jahren im Boden angenommen (Kabata-Pendias und Pendias 1992). Das ist auf die bei pH-Werten $< 6,5$ zunehmende unspezifische Adsorption, die damit steigende Austauschbarkeit und die bessere Transportfähigkeit des Cadmiums zurückzuführen.

Die im Zeitraum 1973–1983 von den Freiberger Hütten emittierten Schwermetallmengen nahmen in der Reihenfolge Pb $>$ Zn $>$ As $>$ Cd ab (Tab. 1). Diese Abstufung ist mit den im Humus gefundenen Gesamtelementgehalten identisch. Vergleicht man die Elementverhältnisse im Bodenprofil miteinander (Tab. 7), wird der bedeutend schnellere Schwund des Cd gegenüber dem des As oder Zn im Boden sichtbar, wenn man das Emissionsverhältnis auch als Eintragsverhältnis an der Probenahmestelle annimmt. Die niedrigeren Pb/Zn- und Pb/As-Verhältnisse sind über Gneis durch geogen erhöhte Zn- und As-Gesamtelementgehalte erklärbar. Auf Basalt und Quadersandstein sind vermutlich erhöhte Cd-Gehalte im Humus, bedingt durch gute Bindungsmöglichkeiten beziehungsweise schlechte Mobilisierungsbedingungen, für die kleineren Pb/Cd-Verhältnisse verantwortlich.

6 Zusammenfassung

Im Osterzgebirge wurden für insgesamt 28 Bodenprofile über den Grundgesteinen Basalt, Grauer Gneis, Quarzporphyr und Quadersandstein jeweils drei Humushorizonte und fünf Tiefenstufen (bis maximal 200 cm Tiefe) auf ihren Gehalt an den Spurenelementen Mn, Ba, Zn, Pb, Sr, As, V, Cr, Cu, Ni, Co und Cd untersucht.

Durch die jahrhundertelangen Emissionen von Pb, Zn, As, Cd und Cu in Freiberg, Muldenhütten und Halsbrücke entstanden für diese Region typische Konzentrationsprofile der Spurenelemente in Humus und Mineralboden.

Deutlich fällt bei Basalt-Braunerde die vom Oh- zum A-Horizont relativ gleichbleibende Konzentration sowohl anthropogen geprägter Spurenelemente, wie Pb, As, Zn und Cu, als auch geogen geprägter Spurenelemente, wie Sr, V, Cr, Co und Ni, auf. Ursache dürfte die starke Bioturbation sein, durch die parallel mit der Einarbeitung der organischen Substanz und der daran gebundenen anthropogen geprägten Elemente in den A-Horizont die Verlagerung mineralisch gebundener Elemente vom A- zum Oh-Horizont bewirkt wird und damit recht ausgeglichene Elementkonzentrationen in beiden Horizonten entstehen.

Die Waldböden des Osterzgebirges weisen eine geogen und anthropogen bedingte Bodenbelastung mit Spurenelementen auf, die biogen modifiziert wird. Die geogene Belastung ist grundgesteinsabhängig, wird aber durch Lößlehmbeimengungen zum Gesteinsverwitterungsmaterial stärker nivelliert. Die Differenzierung des Spurenelementgehaltes wird dagegen durch bodengeologische Schichtung und bodengenetische Horizontierung des Mineralbodens gefördert. Der Auflagehumus hebt sich im Spurenelementgehalt deutlich vom Mineralboden ab und spiegelt den anthropogenen wie biogenen Einfluß wider. Im Vergleich zu den Grenzwerten nach KLOKE ist die geogene Belastung des Mineralbodens über Basalt bei den Elementen Zn, V, Cr, Cu, Ni und Co und über Gneis bei den Elementen Zn, Pb, As, Cu und Co hoch. Böden über Quarzporphyr (Rhyolith) und Quadersandstein haben einen deutlich niedrigeren Spurenelementgehalt.

Die Gehalte im Humus überschreiten bei den Elementen Zn, Pb, As, Cu und Cd den jeweiligen Grenzwert. Im Auflagehumus unter Wald sind die grundgesteinsbedingten Unterschiede aus biogener Ursache weitgehend aufgehoben.

Insgesamt ist die Ausstattung der Böden des Osterzgebirges mit Spurenelementen deutlich höher als von Böden über Quartärsedimenten des ostdeutschen Tieflandes. Negative Auswirkungen auf das Waldwachstum und die Gewässergüte sind bisher aber nicht nachweisbar beziehungsweise nur schwach ausgeprägt, weil die Pufferkapazität der Böden trotz Versauerung noch ausreicht.

Literatur

[1] Abiy, M.: Bach- und Quellwasseruntersuchungen im Wassereinzugsgebiet des Wernersbaches (Tharandter Wald). Technische Universität Dresden. Tharandt, Dipl.-Arb. 1993.
[2] Bodenschutz. Ergänzendes Handbuch. Berlin: Erich Schmidt Verlag.
[3] Coude, A. P.: Untersuchungen zur Arsenbelastung und –mobilität in Böden des Metallurgiezentrums und ehemaligen Bergbaureviers Freiberg. Bergakademie Freiberg, Dissertation 1992.
[4] Fiedler, H. J.; Hofmann, W.; Hunger, W.: Zur Bedeutung von Geologie, Klima und Relief für die Bodenbildung im östlichen Erzgebirge. Beiträge f. d. Forstwirtschaft 25 (1991) 3, S. 103–109.
[5] Fiedler, H. J.; Ilgen, G.: Zum Spurenelementgehalt von Fichtenstandorten im Tharandter Wald und Osterzgebirge. Archiv Naturschutz u. Landschaftsforschung 21 (1981) 3, S. 159–173.
[6] Fiedler, H. J.; Thalheim, K.; Hofmann, W.; Hunger, W.; Ilgen, G.: Chemische Zusammensetzung von Böden über unterschiedlichen Grundgesteinen des Osterzgebirges. Chemie der Erde 50 (1990), S. 269–277.
[7] Freytag, M.: Wissenschaftliches Gutachten über den Einfluß des Hüttenrauches bei den fiscalischen Hüttenwerken zu Freiberg. Jhrb. f. d. Berg- und Hüttenwesen im Königreich Sachsen (1873), S. 3–86.
[8] Hunger, W.: Die Böden Sachsens. Zeitschrift für sächsische Geschichte, Denkmalpflege, Natur und Umwelt, Sächsische Heimatblätter 2 (1992), S. 91–98.
[9] Ilgen, G.; Fiedler, H. J.: Freiberger Hüttenrauchschäden im 19. Jahrhundert und ihre wissenschaftliche Bearbeitung durch die Professoren Reich (Freiberg) und Stöckhardt (Tharandt). I. Entwicklung des Freiberger Hüttenwesens und Wirkung seiner Emissionen auf die Umwelt. Wiss. Z. TU Dresden 39 (1990), S. 107–113.

[10] Ilgen, G.; Fiedler, H. J.: Freiberger Hüttenrauchschäden im 19. Jahrhundert und ihre wissenschaftliche Bearbeitung durch die Professoren Reich (Freiberg) und Stöckhardt (Tharandt). II. Aufklärung der Schadursachen mittels agrikulturchemischer Methoden. Wiss. Z. TU Dresden 39 (1990), S. 115–118.

[11] Ilgen, G.; Fiedler, H. J.: Abhängigkeit des Quecksilbergehaltes im Fichtenhumus von Boden- und Standortsfaktoren. Chemie der Erde 42 (1983), S. 121–130.

[12] Ilgen, G.; Münx, M.; Fiedler, H. J.: Boden- und Gesteinsanalyse mittels ICP-Spektrometrie. Arch. Acker-Pflanzenb. Bodenkde., Berlin 31 (1987) 6, S. 375–380.

[13] Ilgen, G.; Nebe, W.: Jahrringchronologische Differenzierung chemischer Elemente im Holz älterer Fichten. Biologische Rundschau 27 (1989), S. 237–247.

[14] Kabata-Pendias, A.; Pendias, H.: Trace Elements in Soils and Plants. 2nd Edition. Boca Raton: CRC Press, Inc., 1992.

[15] Klärschlammverordnung: Verordnung über das Aufbringen von Klärschlamm, v. 25. 6. 1982, BGBl. 1, 734–739.

[16] Klinger, T.; Fiedler, H. J.: Zum Spurenelementgehalt von Humusprofilen unter Wald im Osterzgebirge und in Mecklenburg-Vorpommern. Mengen- und Spurenelemente, 13. Arbeitstagung 1993. S. 1–8.

[17] Lentschig, S.; Fiedler, H. J.: Zum Spurenelementgehalt von Braunerde- und Podsolprofilen des Mittelgebirges. Abh. Staatl. Mus. Miner. Geol. Dresden 11 (1966), S. 281–306.

[18] Linnemann, U.-G.; Fiedler, H. J.: Abriß der Geologie des Tharandter Waldes. Mitteilungen der Deutschen Bodenkundlichen Gesellschaft 64 (1991), S. 29–47.

[19] Marx, V.: Untersuchungen von Niederschlags- und Sickerwasser im Wassereinzugsgebiet des Wernersbaches (Tharandter Wald). Technische Universität Dresden. Tharandt Dipl.-Arb. 1994.

[20] Metzner, I.: Zur Geochemie ausgewählter Bodenformen im Erzgebirge und Vogtland. Bergakademie Freiberg, Dissertation 1991.

[21] Pälchen, W.; Rank, G.; Berger, R.: Abschlußbericht Geochemie Erzgebirge – Regionale geochemische Untersuchungen an Gesteinen, fluviatilen Sedimenten und Wässern im Erzgebirge und Vogtland. Freiberg: Geologische Forschung und Erkundung Freiberg, 1982.

[22] Richter, B.: Spurenelementgehalte bodenbildender Gesteine der Mittelgebirge und Mittelgebirgsvorländer. Martin-Luther-Universität Halle und Technische Universität Dresden, Dipl.-Arb. 1975.

[23] Richter, B.; Fiedler, H. J.: Beitrag zur Spurenelementausstattung von Mittelgebirgslandschaften. Arch. Naturschutz u. Landschaftsforsch. 20 (1980) 1, S. 23–41.

[24] Rösler, H. J.; Beuge, P.; Müller, E.: Einfluß des Hüttenrauches von Freiberg und Halsbrücke auf die Spurenelementgehalte der Böden. Bergakademie, Freiberg 7 (1969), S. 386–397.

[25] Rösler, H. J.; Lange, H.: Geochemische Tabellen. Leipzig: Deutscher Verlag für Grundstoffindustrie, 1965.

[26] Rotsche, J.: Mineralogische und geochemische Untersuchungen an ausgewählten Bodenprofilen auf Thüringer Buntsandstein unter besonderer Berücksichtigung der quartärgeologischen Verhältnisse. Technische Universität Dresden, Diss. 1971.

[27] Scheffer/Schachtschabel: Lehrbuch der Bodenkunde. 12. Aufl. Stuttgart: Enke, 1989.

[28] Scherchan, O.: Methodische Untersuchungen zur geochemischen Bilanz zwischen Muttergestein, Böden und Umweltbelastung in der Umgebung von Freiberg. Bergakademie Freiberg, Diss. 1980.

Tabellen

Tab. 1: Emittierte Spurenelementmengen in t/Jahr

Jahr	Emittierte Elementmengen in t/a			
	Pb	Zn	Cd	As
1973	170	40	2	3,5
1974	114	41	3	1,0
1975	131	44	2,6	1,2
1976	119	36	1,7	2,6
1977	133	29	2,5	2,3
1978	84	9	1,5	22,7
1979	90	21	1,6	30
1980	76	10	1,9	41
1981	69	17	1,7	39
1982	93	17	1,6	67
1983	82	22	1,2	34
Insgesamt	1161	286	21,3	244

Tab. 2: Übersicht zu den emittierten Schwermetallen einzelner Hütten für das Jahr 1977

Einzelemittent	Staub [t/a]	Pb [t/a]	Zn [t/a]	Sn [t/a]	Sb [t/a]	Cd [kg/a]	As [kg/a]	SO_2 [t/a]	andere Gase
HFb[1] Schwefel-säureanlage	–	–	–	–	–	–	–	3680	SO_3
HFb Heizkraftwerk	160	–	–	–	–	–	–	1850	–
HFb Alte Zinnhütte	12	–	0,1	5,4	–	–	21,2	240	HF
HFb Neue Zinnhütte	9	–	–	5,8	–	–	1033,8	1674	HF
HFb Rückstände-anlage RSA-WO	27	3	17	–	–	210	18,9	625	–
HFb RSA-KO	2	1	0,3	–	–	95	4,5	254	–
HFb RSA-KTO	1	1	0,2	–	–	136	3,8	38	–
HM[2] SO1-Kanal	20	11	0,5	0,5	0,25	21	18,9	12	HCl
HM SO1-Teilstrecke	7	4	0,2	0,3	0,05	8	6,4	–	–
HM Gran. 1	13	6	n. b.	n. b.	n. b.	n. b.	n. b.	–	–
HM SO2/Gran. 2	74/13	41/6	2,6	–	1,05	111	90,9	15	HCl
HM Raffination 2	13	5	n. b.	n. b.	n. b.	n. b.	n. b.	155	NO_x

Einzelemittent	Staub [t/a]	Pb [t/a]	Zn [t/a]	Sn [t/a]	Sb [t/a]	Cd [kg/a]	As [kg/a]	SO_2 [t/a]	andere Gase
VH[3] Hohe Esse*	153	43	8,3	17,8	5,9	1 140	378,7	–	–
VH Treibehütte	28	12	–	–	2,8	134	37,9	–	–
Insgesamt	532	133	29,2	29,8	10,05	1855	1615,0	8543	–

[1] HFb = Hütte Freiberg; [2] HM = Hütte Muldenhütten; [3] VH = Verarbeitungsbetrieb Halsbrücke
* Die Emission der Hohen Esse ist nicht allein dem VH zuzuordnen, da auch die HM mit Produktionsanlagen am Standort Halsbrücke an der Gesamtemission wesentlich beteiligt war.

Tab. 3: Technische Daten der Hauptemittenten

Einzelemittent (Schornstein)	Fuß-punkt Höhe ü. NN [m]	Bau-höhe [m]	Austritts-querschnitt [m]	Betriebs-zeitraum	Bemerkungen
HFb[1] Schwefelsäure-anlage	419,3	120,0	1,6	1969–1991	1993 gesprengt
HFb Heizkraftwerk	419,3	120,0	3,2	bis 9/93	8/94 gesprengt
HFb Alte Zinnhütte	417,3	80,2	1,4	keine Angaben	
HFb Neue Zinnhütte	420,5	140,0	2,0	1977–01/91	1993 gesprengt
HFb Rückstände-anlage	419,3	100,0	3,0	1963–heute	Abgas: 100 000 m^3N/h; t = 50 °C; v = 4,6 m/s; Staub: 70 % < 10 µm, 30 % 10–63 µm
HM[2] Alte Ziegelesse	422,7	63,3	1,55	1858–1935 1935–1984	Abriß – Neubau Einsturz
HM Metallrohr als Ziegelessenersatz	≈ 417,0	55,0	keine Angaben	1984–1988	
HM Esse 1, Zentral-schornstein	387,1	200,0	2,6	1976–heute	Abgas: 110 000 m^3N/h; t = 35 °C; v = 10,9 m/s; Staub: 100 % < 10 µm
HM Esse 2 Neue Bleihütte	385,0	200,0	Rohr 1: 2,6 Rohr 2: 2,5	1983–heute	1. 160 000 m^3N/h 2. 30 000 m^3N/h
VH[3] Hohe Esse	366,0	137,9	2,5	1888–heute	Abgas: 65 000 m^3N/h; t = 30 °C; v = 4,1 m/s

[1] HFb = Hütte Freiberg; [2] HM = Hütte Muldenhütten; [3] VH = Verarbeitungsbetrieb Halsbrücke

Tab. 4: Chemische Charakterisierung der Böden über den Grundgesteinen Basalt (B), Grauem Gneis (GG), Quarzporphyr (QP) und Quadersandstein (QS) im Osterzgebirge (Median und Schwankungsbereich)

Horizont (Tiefe)	Grundgestein (n)	pH-Wert (H_2O)	T-Wert in mval/100 g Verfahren nach Kappen	C [g/kg]
O_L	B (1)	**4,7**	**116,4**	**463**
	GG (19)	**4,3**	**61,4** 48,5–90,2	**493** 474–521
	QP (6)	**4,1**	**63,7** 58,7–70,2	**501** 482–532
	QS (2)	**4,3**	**91,9** 81,6, 102,1	**505** 502, 508
O_f	B (1)	**4,4**	**126,3**	**399**
	GG (17)	**4,0**	**116,8** 102,8–131,1	**449** 396–482
	QP (6)	**4,0**	**122,1** 116,8–128,2	**458** 451–497
	QS (2)	**4,0**	**131,2** 126,0, 136,4	**471** 465, 476
O_h	B (1)	**4,0**	**118,4**	**367**
	GG (16)	**3,9**	**104,3** 86,9–132,8	**302** 242–429
	QP (6)	**3,8**	**113,7** 101,3–157,1	**337** 314–448
	QS (2)	**3,6**	**126,0** 102,3, 149,8	**360** 272, 447
A 0–10 cm	B (1)	**3,9**	**87,8**	**201**
	GG (19)	**3,6**	**45,8** 26,6–100,0	**63** 32–89
	QP (6)	**3,4**	**42,2** 26,1–49,7	**85** 37–117
	QS (2)	**3,6**	**52,2** 23,3, 81,0	**128** 38, 219
B 10–50 cm	B (1)	**5,3**	**38,7**	**39**
	GG (19)	**4,2**	**23,0** 12,9–80,9	**13** 7–30
	QP (6)	**4,3**	**20,1** 14,0–33,0	**13** 5–35
	QS (2)	**4,3**	**19,2** 14,3, 24,0	**15** 14, 15

Horizont (Tiefe)	Grundgestein (n)	pH-Wert (H_2O)	T-Wert in mval/100 g Verfahren nach Kappen	C [g/kg]
B/C 50–90 cm	B (1)	**6,4**	**32,6**	**15**
	GG (7)	**4,4**	**13,9** 9,8–19,4	**3** 1–5
	QP (4)	**4,1**	**14,2** 9,3–20,7	–
	QS (1)	**4,6**	**4,4**	**0**

Tab. 5: Median und Schwankungsbereich der Spurenelementgehalte in Böden über Basalt (B), Grauem Gneis (GG), Quarzporphyr (QP) und Quadersandstein (QS) im Osterzgebirge

Horizont (Tiefe)	Grund-gestein (n)	Spurenelementgehalte in mg/kg					
		Mn	Ba	Zn	Pb	Sr	As
O_L	B (1)	**655**	**228**	**165**	**226**	**147**	**38**
	GG (19)	**411** 160–1 383	**169** 68–651	**101** 51–983	**199** 62–10 044	**29** 19–65	**31** 0–2 271
	QP (6)	**149** 103–1 067	**108** 78–123	**66** 58–95	**142** 103–405	**21** 18–26	**8** 0–26
	QS (2)	**102** 65, 140	**134** 122, 146	**97** 77, 117	**241** 235, 247	**25** 20, 29	**24** 0, 48
O_f	B (1)	**1 239**	**409**	**237**	**434**	**179**	**71**
	GG (17)	**237** 128–1 444	**357** 233–574	**191** 115–546	**537** 193–1 674	**47** 29–73	**46** 0–227
	QP (6)	**178** 123–327	**269** 123–332	**152** 113–362	**492** 166–1 102	**32** 30–38	**39** 8–153
	QS (2)	**118** 87, 150	**233** 205, 261	**177** 139, 215	**563** 540, 587	**34** 29, 38	**53** 13, 93
O_h	B (1)	**942**	**572**	**199**	**576**	**271**	**102**
	GG (16)	**173** 114–540	**307** 181–430	**101** 82–289	**566** 332–1 749	**54** 38–74	**87** 31–495
	QP (6)	**133** 88–201	**201** 129–240	**79** 57–149	**785** 364–1 220	**42** 31–55	**53** 32–206
	QS (2)	**66** 38, 95	**140** 116, 163	**109** 57, 161	**676** 610, 741	**40** 41, 39	**88** 42, 135
A 0–10 cm	B (1)	**820**	**581**	**173**	**585**	**271**	**57**
	GG (19)	**287** 64–755	**516** 372–755	**90** 29–429	**369** 164–3 776	**85** 49–131	**131** 38–1 912
	QP (6)	**127** 78–260	**312** 128–366	**41** 32–62	**328** 117–498	**65** 29–113	**75** 30–166
	QS (2)	**42** 37, 48	**120** 112, 128	**40** 39, 41	**351** 182, 521	**44** 40, 48	**61** 46, 76

Horizont (Tiefe)	Grundgestein (n)	Spurenelementgehalte in mg/kg					
		Mn	Ba	Zn	Pb	Sr	As
B 10–50 cm	B (1)	**1 862**	**655**	**124**	**206**	**464**	**33**
	GG (19)	**740** 120–2 612	**610** 483–1 304	**111** 42–786	**107** 43–2 758	**86** 43–112	**33** 0–1 244
	QP (6)	**337** 137–491	**436** 128–366	**46** 31–70	**54** 30–121	**78** 34–132	**35** 3–124
	QS (2)	**47** 26, 68	**133** 82, 185	**19** 11, 27	**92** 86, 98	**52** 44, 60	**22** 8, 37
B/C 50–90 cm	B (1)	**1 508**	**659**	**92**	**7**	**567**	**0**
	GG (7)	**640** 98–807	**577** 502–1 442	**176** 85–548	**99** 43–339	**85** 30–122	**63** 0–282
	QP (4)	**295** 191–418	**343** 186–459	**52** 50–72	**39** 33–76	**61** 35–112	**65** 5–91
	QS (1)	**10**	**56**	**9**	**8**	**43**	**11**

Tab. 6: Median und Schwankungsbereich der Spurenelemente in Böden über Basalt (B), Grauem Gneis (GG), Quarzporphyr (QP) und Quadersandstein (QS) im Osterzgebirge

Horizont (Tiefe)	Grundgestein (n)	Spurenelementgehalte in mg/kg					
		V	Cr	Cu	Ni	Co	Cd
O_L	B (1)	**20**	**60**	**9**	**11**	**7**	**1,90**
	GG (19)	**12** 5–43	**28** 4–62	**8** 1–209	**9** 5–26	**3** 0–13	**0,79** 0,24–10,26
	QP (6)	**8** 5–14	**12** 7–34	**7** 2–17	**4** 2–8	**2** 1–5	**0,64** 0,26–1,19
	QS (2)	**12** 12, 12	**20** 16, 24	**14** 11, 17	**5** 4, 6	**3** 1, 4	**1,65** 0,56, 2,74
O_f	B (1)	**44**	**105**	**18**	**26**	**13**	**2,45**
	GG (17)	**35** 27–58	**56** 37–97	**27** 16–67	**23** 15–35	**5** 0–14	**1,23** 0,30–6,55
	QP (6)	**28** 24–37	**44** 30–66	**25** 14–35	**16** 14–22	**5** 3–9	**1,26** 0,67–2,27
	QS (2)	**25** 23, 27	**40** 34, 47	**27** 19, 35	**17** 16, 18	**4** 1, 7	**1,80** 1,16, 2,44

Horizont (Tiefe)	Grundgestein (n)	Spurenelementgehalte in mg/kg					
		V	Cr	Cu	Ni	Co	Cd
O_h	B (1)	**103**	**201**	**25**	**55**	**25**	**1,98**
	GG (16)	**42**	**45**	**22**	**12**	**7**	**1,18**
		16–58	28–75	6–51	7–22	0–14	0,17–4,34
	QP (6)	**20**	**31**	**12**	**7**	**4**	**0,93**
		18–30	12–43	4–23	3–17	0–8	0,68–1,25
	QS (2)	**20**	**28**	**19**	**11**	**7**	**1,92**
		18, 21	26, 30	12, 26	7, 15	3, 11	0,63, 3,20
A 0–10 cm	B (1)	**117**	**217**	**22**	**52**	**27**	**2,01**
	GG (19)	**58**	**57**	**8**	**10**	**14**	**0,38**
		18–77	30–85	1–106	2–21	7–21	0,06–4,04
	QP (6)	**29**	**55**	**4**	**3**	**12**	**0,41**
		9–46	7–69	0–10	2–13	4–17	0,12–1,30
	QS (2)	**18**	**33**	**6**	**1**	**7**	**0,44**
		12, 24	20, 46	4, 8	0, 2	2, 12	0,10, 0,79
B 10–50 cm	B (1)	**175**	**315**	**18**	**96**	**48**	**0,62**
	GG (19)	**62**	**70**	**10**	**15**	**18**	**0,30**
		25–91	46–116	5–113	6–58	9–26	0,07–4,88
	QP (6)	**34**	**67**	**4**	**9**	**12**	**0,12**
		19–51	11–78	0–13	2–15	4–19	0,06–0,21
	QS (2)	**27**	**39**	**4**	**4**	**7**	**0,06**
		23, 31	28, 50	2, 6	3, 5	2, 11	0,04, 0,07
B/C 50–90 cm	B (1)	**193**	**333**	**26**	**121**	**53**	**0,14**
	GG (7)	**82**	**66**	**19**	**25**	**22**	**0,21**
		16–104	30–136	7–36	3–53	13–30	0,08–2,97
	QP (4)	**26**	**44**	**4**	**7**	**10**	**0,12**
		25–43	17–67	3–9	4–19	6–16	0,09–0,19
	QS (1)	**10**	**16**	**4**	**1**	**0**	**0,00**

Tab. 7: Spurenelementverhältnisse im Bodenprofil

Elementverhältnis	Emission	Boden über Grundgestein			
		Basalt	Gneis	Quarzporphyr	Quadersandstein
Pb/Zn	4,0	2,0	2,0	4,2	4,3
Pb/As	4,8	6,7	4,6	6,7	7,4
Pb/Cd	55,3	223,0	439,5	529,3	328,6

Uwe-Frithjof Haustein

Autoimmunerkrankungen durch Störungen der Immunregulation und des programmierten Zelltodes (Apoptose)

Bei Autoimmunerkrankungen (AIE) richtet sich das Immunsystem gegen körpereigene Strukturen, wobei in erster Linie autoreaktive T-Lymphozyten (zelluläre Autoimmunität) und/oder Autoantikörper (humorale Autoimmunität) beteiligt sind und zu mannigfaltigen klinischen Veränderungen, wie z. B. chronische Entzündung und Fibrosierung, führen können. In diesem Rahmen finden sich zahlreiche andere immunologische Abweichungen, wie Zunahme der proinflammatorischen Zytokine, Abnahme der antiinflammatorischen Zytokine, gesteigerte Ausprägung des Major-Histokompatibilitätskomplexes (MHC), Verschiebung des T-Zellreceptor-Repertoires sowie Zunahme der B-Zellen und der Autoantikörperproduktion.

Die gegen körpereigene Antigene gerichteten Antikörper weisen oftmals auf die zugrunde liegende Erkrankung hin. Sie sind im Serum bzw. anderen Körperflüssigkeiten frei zirkulierend oder auch an Zellen gebunden im Gewebe nachweisbar und von hohem diagnostischem Wert sowie pathogenetischem Interesse. Die Autoantikörper sind: organspezifisch, zellspezifisch, nichtorganspezifisch oder gegen zirkulierende Autoantigene gerichtet (Immunglobuline, Komplementfaktoren, Zytokine, Hormone).

Die organspezifischen Autoantikörper können mit Oberflächenantigenen reagieren und Zielzellen zerstören (Nebenniere: Morbus Addison). Sie können aber auch an Zellreceptoren blockierend (Myasthenia gravis) oder aktivierend (Morbus Basedow) wirken. Sie sind oftmals primär pathogen. Nichtorganspezifische Autoantikörper können sekundär pathogenetisch wirksam werden und zur Progression der AIE beitragen (Anti-dsDNA-, Anticentromer-, Anti-Topoisomerase-Antikörper).

Der Schlüssel zum Verständnis liegt in der Tatsache begründet, daß es neben diesen nichtnatürlichen auch natürliche Autoantikörper gibt, deren Bedeutung mit einer ersten Infektabwehr, einer Abräum- und Regulatorfunktion sowie Autoimmunprotektion erklärt wird. Das heißt, das Immunsystem erkennt und toleriert den Antigenbestand des Körpers aktiv, mit anderen Worten: es läßt Autoreaktivität nur auf einem niedrig affinen Regulationsniveau zu und schaltet stärkere autoreaktive Prinzipien aus (forbidden clones). In Tabelle 1 werden die beiden Autoantikörperarten gegenübergestellt.

Daher scheint der Defekt der Fähigkeit des Organismus, selbstreaktive T- und B-Zellen zu eliminieren, von zentraler Bedeutung zu sein. Dieser von autosomal-recessiven Autoimmungenen gesteuerte Vorgang wird als programmierter Zelltod (Apoptose) bezeichnet. Erst kürzlich sind solche Defekte in der Regulation des Produktes eines dieser Gene (Fas/Apo 1; vgl. Lit. [31]) in Assoziation mit einer gestörten

Tab. 1: Einteilung in natürliche und nichtnatürliche Autoantikörper

	Natürliche Autoantikörper	Nichtnatürliche Autoantikörper
Ursprung	nicht induziert, im natürlichen Repertoire vorhanden	durch spezifischen Antigenkontakt induziert, z. T. dann permanent gebildet
Reaktivität/Spezifität	polyreaktiv/-spezifisch	monospezifisch
Affinität	gering	hoch
Isotyp	vorwiegend IgM	vorwiegend IgG
Produzent	vorwiegend CD5-positive B-Lymphozyten	vowiegend CD5-negative B-Lymphozyten
Genetik	Nutzung des gesamten Spektrums von VH-Genen	eingeschränkte Nutzung von VH-Genen
Bedeutung	erste Infektabwehr Abräum- und Regulatorfunktion Autoimmunprotektion	in vivo: z. T. pathogenetisch wirksam in vitro: z. T. Hemmung der Funktion des Autoantigens

Apoptose beim systemischen Lupus erythematodes (SLE) gefunden worden [5]. Verschiedene Defekte in der Fas/Apo 1 (CD 95)-Interaktion mit ihren Liganden oder bei der Signalgebung der Apoptose scheinen zur Autoimmunpathogenese beizutragen (Abb.).

Die Apoptose unterscheidet sich deutlich von der Nekrose [32]. Während die Zellnekrose durch unspezifische oder toxische Einflüsse zustande kommt, wird die Zellapoptose durch energieabhängige Ligand-Receptor-Interaktionen eingeleitet – oder auch durch den Wegfall von Wachstumsfaktoren, die normalerweise die Zellproliferation unterhalten. Verschiedene Apoptose-signalisierende Wege können stimuliert werden:

a) über den T-Zell-Rezeptor CD3 vermittels Nur 77,
b) durch Steroide,
c) durch Interleukin 2-Verminderung [35] oder
d) durch Fas-Ligand-Bindung an das Fas-Molekül [26], vgl. Abb.

Apoptose-Gene

Die molekularen Vorgänge, die die Apoptose initiieren oder mit ihr assoziiert sind, können mit einer Zellaktivierung (z. B. Fas-Fas-Ligand-Interaktion im Thymus [2]) oder mit einer Differenzierung (z. B. Nur 77 in neuronalen Zellen [39]) einhergehen. Die Fas/Apo 1 vermittelte Apoptose ist mit einer Hochregulation des Phosphatase-

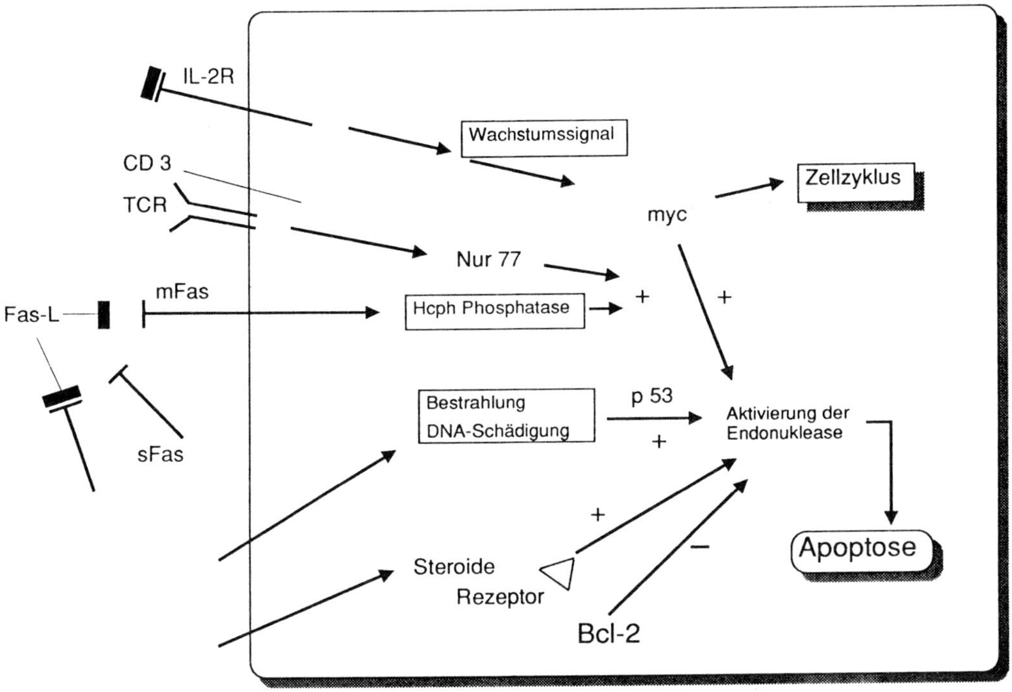

Abb.: Wege der Apoptose.
Die Signalgebung durch membrangebundene Fas (m-Fas) über den Fas-Liganden (Fas-L), durch T-Zell-Receptor (TCR/CD3) oder Wachstumfaktor-Receptoren wie Interleukin-2-Receptor (IL-2 R) führt zur sekundären Beeinflussung des Zellzyklus und/oder der Apoptose. Die Mutation des Phosphatasegens hämatopoetischer Zellen (Hcph), von Fas oder Fas-L führt zu Autoimmunerkrankungen. Onkogene können die Apoptose entweder hemmen (bcl 2) oder stimulieren (p 53, myc).

gens hämatopoetischer Zellen (Hcph) assoziiert [29]. Dieses Gen kann bei autoimmunen Mäusen [27] mutiert sein. Auch der kürzlich klonierte Fas-Ligand wurde als Punktmutation bei autoimmunen Mäusen gefunden [30].

Protooncogene und Tumorsuppressorgene einschließlich bcl 2 [4] inhibieren die Apoptose, myc [4] und p 53 [7] steigern sie. Insbesondere c-myc wirkt als bivalenter Regulator der Proliferation oder Apoptose in Abhängigkeit der Präsenz von Wachstumsfaktoren. In vivo ist die c-myc-Expression mit einem hohen Turnover-Status vergesellschaftet, bei dem Proliferation und Apoptose zugleich ablaufen [37]. Andere Onkogene wie ras und bcl 2 setzen die Empfänglichkeit der Zellen für die Apoptose herab und begünstigen so eine rasche Expansion der Population [3].

Im Thymus übt p 53 einen dosisabhängigen Effekt auf die Initiierung der Apoptose von Thymozyten aus, aber nur, wenn sie durch DNA-Strang brechende Agentien induziert wurde. Diese Feststellung erfolgte durch differenzierte Behandlung der Zellen mit ionisierenden Strahlen, Methylprednisolon, Etoposid (Inhibitor der

Topoisomerase II) oder mit calziumabhängigen Phorbolestern bzw. Calzium-Ionophore [7, 40].

Diese unterschiedlichen genetischen Ereignisse sind mit verschiedenen morphologischen und Zell-Abbauprozessen verknüpft. Dabei spielt die Aktivierung einer endogenen Endonuklease eine besondere Rolle. Deren Aktivität wird wiederum durch verschiedene zelluläre Protoonkogene und Tumorsuppressorgene wie c-myc, Ha-ras, bcl 2 und p 53 reguliert [38].

Apoptose und Zellproliferation

Die Apoptose ist eng mit der Zellstimulation und Proliferation verbunden. Lymphozyten werden aktiviert, wenn Antigenreceptoren an der Zelloberfläche quervernetzt werden oder wenn andere Agentien dieses Signal nachahmen. Die physiologischen Folgen sind in der Regel die Bildung von Immunmediatoren (Antikörper, Zytokine) oder der Eintritt in den Zyklus bzw. alternativ die Apoptose. Letztere ist bei ruhenden oder terminal-differenzierten Zellen schwer auszulösen. Auch die Stimulation und Proliferation sind durch eine 4- bis 6tägige Apoptoserefraktäre Periode charakterisiert, danach ist aber eine rasche Apoptose möglich [18]. Dies wurde u.a. an der Fas vermittelten Apoptose von CD 3-stimulierten Zellen beschrieben. Bei Zugabe von löslichen Fas-Molekülen, die die Fas-Fas-Liganden Interaktion blockieren, kann die Apoptose vermindert und die Zellproliferation aufrecht erhalten werden [5].

Apoptosemoleküle wurden bisher nicht für alle Zelltypen und Homeostasebedingungen nachgewiesen. Fas/Apo 1 wurde insbesondere bei zahlreichen schnellproliferierenden Zellen gefunden [31, 34] und mag z. B. bei Leukämien und Brustkrebs eine Rolle spielen [9, 31, 33].

Autoimmunität und Apoptose

Beim SLE scheint die verminderte Apoptose mit einer gesteigerten Bildung des löslichen Fas-Moleküls assoziiert zu sein, das die Apoptose nach einem Proliferationsstimulus zu hemmen vermag [5]. Das lösliche Fas-Molekül entsteht durch alternatives Splicing und Verlust des Transmembran-Exons des membrangebundenen Fas. Lösliche Fas-Receptoren – wie auch lösliche Tumor-Nekrose-Faktor α-Receptoren (sTNFαR) und lösliche IL-2-Receptoren wurden beim SLE und der Rheumatoiden Arthritis (RA) beschrieben [1, 14, 25]. Der sTNF α-Receptor R inhibiert die Bioaktivität von TNFα und kann so die klinische Aktivität der SLE-Manifestation bestimmen [1]. Die gesteigerte Expression des s-Fas nach einem proliferativen Stimulus wie nach Interaktion des IA-Antigen-Komplexes mit TCR vermag die Balance zwischen klonaler Deletion und Anergie-Induktion von autoreaktiven Zellen zu verändern und zur Persistenz der autoreaktiven Zellen zu führen, die ihrerseits die AIE bei SLE-Patienten auslösen und unterhalten können [5].

Die relativ hohe Schwelle für DNA-Schäden-induzierte Apoptose kann auch das vermehrte Vorkommen von DNA-Mutationen in T-Zellen von SLE-Patienten erklären [11]. Wahrscheinlich können diese DNA-Mutationen zu vermehrtem Zelltod und erhöhter Freisetzung von nichtabgebauter DNA durch Nekrose anstatt durch Apoptose führen und zur Bildung von Anti-DNA-Antikörpern bei SLE-Patienten beitragen.

Bei der RA mag die unkontrollierte Hyperplasie der auskleidenden Synovialzellen eine Rolle spielen. Steroide und andere Immunsuppressiva wie Cyclophosphamid, Azathioprin und Methotrexat, die die Apoptose zu induzieren vermögen, weisen darauf hin, daß die Synovialzellproliferation bei der RA durch eine defektive Apoptose erklärt werden kann [17]. Bei der psoriatischen Arthritis und Arthritis bei Colitis ulcerosa und Morbus Crohn werden neben Entzündung auch Hyperproliferation von Haut und Darmepithelzellen sowie Synovialzellen diskutiert [19]. Durch in situ-Färbung von DNA-Fragmenten mittels Desoxynukleotidtransferase mit Biotin dNTP wurde gezeigt, daß Haut und Darm eine hohe Apoptoserate besitzen [10, 19]. Vermutlich sind die Apoptosedefekte als sekundär im Gefolge von Entzündungsvorgängen zu interpretieren.

Auch bei der progressiven Sklerodermie (PS) scheinen Beziehungen zwischen entzündungsbedingten Proliferationsstimuli und Apoptosedefekten zu bestehen. Nach anfänglicher perivasculärer Entzündung und Fibroblastenproliferation folgen Fibrose- und Kollagenablagerungen [15]. Die langlebigen Fibroblastenlinien können durch eine defektive Apoptose erklärt werden [12, 21]. Zumindest teilweise könnte die Inbalance zwischen Wachstumsfaktoren und Apoptose der Fibroblasten eine Rolle spielen. Das Fas-Antigen wurde zuerst von murinen L 929 Fibroblastenzellinien isoliert [34]. Bei der Wundheilung scheint die Fibroblastenproliferation und Kollagenfreisetzung normalerweise von der Apoptose gefolgt zu sein [23]. TNF-sensitive und -resistente L 929-Fibroblasten unterscheiden sich in ihrer Empfänglichkeit zur Apoptose [6].

In manchen Fällen ist die Organschädigung der Leber und Lunge vermutlich durch ausgedehnte Apoptose mitverursacht, wie an Mäusen gezeigt werden konnte [22]. In Tabelle 2 sind die Beziehungen der Apoptose zu verschiedenen AIE zusammengefaßt.

Sicherlich stellt der Apoptosedefekt bei AIE nur einen pathogenetischen Denkansatz dar, zumal verschiedene auslösende und unterhaltende Faktoren bei AIE identifiziert wurden [8]. Andererseits sprechen auch tierexperimentelle Befunde an MRL-lpr/lpr-Mäusen für diese Hypothese. So wurden lymphoproliferative Erkrankungen [41], thymische Reifungsdefekte [42], Verlust der T-Zell-Toleranz [42, 43], B-Zell-Defekte, Hypergammaglobulinämie und Autoantikörperproduktion [24] sowie gesteigerter Gehalt an Retroviren [20] damit in Verbindung gebracht.

Außerdem wurde gefunden, daß ein Retrotranspopson in das zweite Intron des Fas-Apoptose-Gens integriert ist, welches bei diesen Mäusen eine abnormale Transscription des Fas-Gens und eine defektive Fas-Expression bedingt. Daraus ergibt sich auch eine molekulare Verbindung zwischen gesteigerter Expression von Retroviren und der Entwicklung der Autoimmunität bei empfänglichen Mäusestämmen und vermutlichen Retroviruspartikeln der RA [28]. Auch das Vorkommen von

Tab. 2: Zellapoptose bei verschiedenen Autoimmunerkrankungen

Zelltyp	Erkrankung
abnormal niedrige Apoptose	
Synovialzellen	Rheumatoidarthritis
T-Zellen, B-Zellen	systemischer Lupus erythematodes
Epithelialzellen, Synovialzellen	Psoriasis-Arthritis
Darmepithelzellen, Synovialzellen	reaktive Arthritis
Darmepithelzellen, Synovialzellen	Arthritis, die mit Morbus Crohn und Colitis ulcerosa assoziiert ist
Fibroblasten	progressive Sklerodermie
abnormal hohe Apoptose	
Hepatozyten	chronisch aktive Hepatitis
Alveoläre Epithelzellen	Alveolitis der Lungen

gegen retrovirale Proteine gerichteten Antikörpern bei AIE weist in die gleiche Richtung [16].

Um die Rolle des einzelnen molekularen Defektes für die Manifestation von Phänomenen und Krankheitsbildern der Autoimmunität bei Mäusen zu verdeutlichen, wurden CD2-Fas-transgene-MRL-lpr/lpr-Mäuse gezüchtet [36]. Hier gelang es, die Fas-Expression durch CD2-Promotoren und Enhancer an T-Zellen wiederherzustellen [13], woraus eine starke Verminderung der Symptome der AIE, Autoantikörperproduktion und eine totale Ausschaltung der lymphoproliferativen Erkrankung resultierten. Dies spricht für die wichtige pathogenetische Rolle des Defektes eines einzelnen Apoptosemoleküls.

Demzufolge sind Hyperproliferation und Bildung von abnormalen Zellen bei AIE zumindestens in bestimmten Fällen eher durch den Defekt der physiologischen Beseitigung bestimmter Zellen erklärt als durch deren exzessive Proliferation und Stimulation. Zukünftige Forschung über Apoptose sollte zu Therapien führen, die die Wiederherstellung der kontrollierten Apoptose von abnormalen Zellen, die mit AIE assoziiert sind, zum Ziele haben.

Zusammenfassung

Autoimmunerkrankungen (AIE) beruhen u. a. auf einer Balancestörung zwischen Bildung und Untergang verschiedener Zelltypen, wie Lymphozyten (systemischer Lupus erythematodes (SLE)), Synovialzellen (Rheumatoidarthritis) und Fibroblasten (progressive Sklerodermie). Bei Patienten mit SLE wurden erhöhte Spiegel des löslichen Fas, das die reguläre Apoptose hemmt, gefunden. In tierexperimentellen Modellen von AIE wurden Mutationen von Genen, die in die Apoptose einbezogen sind, nachgewiesen. Dies betrifft Fas, Fas-Ligand und Phosphatasegene hämatopoetischer Zellen. Onkogene wie bcl 2, p 53 und c-myc, die die Apoptose regulieren, sind ebenfalls abnormal exprimiert. Wirksame Induktoren der Apoptose wie Steroide, Azothioprin, Cyclophosphamid und Methotrexat sind die derzeit wirksamsten Therapeutika bei AIE. Spezifische Verfahren, die die Apoptose ohne Nebenwirkungen induzieren, könnten die Behandlung von AIE verbessern.

Literatur

1 Aderka, D., Wysenbeek, A., Engelmann, H., Cope, A. P., Brennan, F., Molad, Y., Hornik, V., Levo, Y., Maini, R. N., Feldmann, M., Wallach, D.: Correlation between Serum Levels of Soluble Tumor Necrosis Factor Receptor and Disease Activity in Systemic Lupus Erythematosus. Arthritis Rheum 36: 1111–1120, 1993.

2 Alderson, M. R., Armitage, R. J., Maraskovsky, E., Tough, T. W., Roux, E., Schooley, K., Ramsdell, F., Lynch, D. H.: Fas Transduces Activation Signals in Normal Human T Lymphocytes. J Exp med 178: 2231–2235, 1993.

3 Arends, M. J., McGregor, A. H., Toft, N. J., Brown, E. J., Wyllie, A. H.: Susceptibility to Apoptosis is Differentially Regulated by c-myc and Mutated Ha-ras Oncogenes and is associated with Endonuclease Availability. Br J Cancer 68: 1127–1133, 1993.

4 Bissonnette, R. P., Echeverri, F., Mahboubi, A., Green, D. R.: Apoptotic Cell Death Induced by c-myc is Inhibited by bcl-2. Nature 359: 552–554, 1992.

5 Cheng, J., Zhou, T., Liu, C., Shapiro, J. P., Brauer, M. J., Kiefer, M. C., Barr, P. J., Mountz, J. D.: Identification of a Soluble Form of the Fas Molecule that Protects Cells from Fas-Mediated Apoptosis. Science 263: 1759–1761, 1994.

6 Clark, R. A.: Regulation of Fibroplasia in Cutaneous Wound Repair. J Med Sci 306: 42–48, 1993.

7 Clarke, A. R., Purdie, C. A., Harrison, D. J., Morris R. G., Bird, C. C., Hooper, M. L., Wyllie, A. H.: Thymocyte Apoptosis Induced by p53-Dependent and Independent Pathways. Nature 362: 849–852, 1993.

8 Cohen, P. L., Eisenberg, R. A.: Lpr and gld: Single Gene Models of Systemic Autoimmunity and Lymphoproliferation. Annu Rev Immunol 9: 243–269, 1991.

9 Debatin, K. M., Goldman, C. K., Waldmann, T. A., Krammer, P. H.: APO-1-Induced Apoptosis of Leukemia Cells from Patients with Adult T-Cell Leukemia. Blood 81: 2972–2977, 1993.

10 Gavrieli, Y., Sherman, Y., Ben-Sasson, S. A.: Identification of Programmed Cell Death in Situ Via Specific-Labeling of Nuclear DNA Fragmentation. J Cell Biol 119: 493–501, 1992.

11 Gmelig-Meyling, F., Dawisha, S., Steinberg A. D.: Assessment of in Vivo Frequency of Mutated T Cells in Patients with Systemic Lupus Erythematosus. J Exp Med 175: 297–300, 1992.

12 Goldring, S. R., Stephenson, M. L., Downie, E., Krane, S. M., Korn, J. H.: Heterogeneity in Hormone Responses and Patterns of Collagen Synthesis in Cloned Dermal Fibroblasts. J Clin Invest 85: 798–803, 1990.

13 Greaves, D. R., Wilson, F. D., Lang, G., Kiossis, D.: Human CD2 3'-flanking Sequences Confer High-Level, T Cell-Specific, Positionindependent Gene Expression in Transgenic Mice. Cell 56: 979–986, 1989.

14 Harrington, L., Affleck, G., Urrows, S., Tennen, H., Higgins, P., Zautra, A., Hoffmann, S.: Temporal Covariation of Soluble Interleukin-2-Receptor Levels, Daily Stress, and Disease Activity in Rheumatoid Arthritis. Arthritis Rheum 36: 199–203, 1993.
15 Haustein, U.-F., Herrmann, K., Bruns, M.: Collagen Metabolism in Systemic Sclerosis. J Europ Acad Dermatol & Venerol 1: 37–42, 1992.
16 Haustein, U.-F., Pustowoit B., Krusche, U., Herrmann, K.: Antibodies to Retrovirus Proteins in Scleroderma. Acta Dermato-Venerologica 73: 116–118, 1993.
17 Jones, S. T., Denton, J., Holt, P. J., Freemont, A. J.: Possible Clearance of Effete Polymorphonuclear Leucocytes from Synovial Fluid by Cytophagocytic Mononuclear Cells: Implications for Pathogenesis and Chronicity in Inflammatory Arthritis. Ann Rheum Dis 52: 121–126, 1993.
18 Klas, C., Debatin, K. M., Jonker, R. R., Krammer, P. H.: Activation Interferes with the APO-1 Pathways in Mature Human T Cells. Int Immunol 5: 625–630, 1993.
19 Lee, F. D.: Importance of Apoptosis in the Histopathology of Drug Related Lesions in the Large Intestine. J Clin Pathol 46: 118–122, 1993.
20 Mountz, J. D., Talal, N.: Retroviruses, Apoptosis and Autogenes. Immunol Today 14: 532–536, 1993.
21 Needleman, B. W., Ordonez, J. V., Taramelli, D., Alms, W., Gayer, K., Choi, J.: In Vitro Identification of a Subpopulation of Fibroblasts that Produces High Levels of Collagen in Scleroderma Patients. Arthritis Rheum 33: 842–852, 1990.
22 Ogasawara, J., Watanabe-Fukunaga, R., Adachi, M., Matsuzawa, A., Kasugai, T., Kitamura, Y., Itoh, N., Suda, T., Nagata, S.: Lethal Effect of the Anti-Fas Antibody in Mice. Nature 364: 806–809, 1993.
23 Polunovsky, V. A., Chen, B., Henke, C., Snover, D., Wendt, C., Ingbar, D. H., Bittermann, P. B.: Role of Mesenchymal Cell Death in Lung Remodeling after Injury. J Clin Invest 92: 388–397, 1993.
24 Reap, E. A., Sobel, E. S., Cohen, P. L., Eisenberg, R. A.: Conventional B Cells, not B-1 Cells, are Responsible for Producing Autoantibodies in lpr Mice. J Exp Med 177: 69–78, 1993.
25 Rubin, L. A.: The Soluble Interleukin-2-Receptor in Rheumatic Disease. Arthritis Rheum 33: 1145–1148, 1990.
26 Russell, J. H., Wang, R.: Autoimmune Gld Mutation Uncouples Suicide and Cytokine/Proliferation Pathways in Activated, Mature T Cells. Eur J Immunol 23: 2379–2382, 1993.
27 Shultz, L. D., Schweitzer, P. A., Rajan, T. V., Yi, T., Ihle, J. N., Matthews, J., Thomas, M. L., Beier, D. R.: Mutation at Murine Motheaten Locus are within the Hematopoietic Cell-Protein-Tyrosine Phosphatase (Hcph) Gene. Cell 73: 1445–1454, 1993.
28 Stransky G., Vernon, J., Aicher, W. K., Moreland, L. W., Gay, R. E., Gay, S.: Virus-Like Particles in Synovial Fluids from Patients with Rheumatoid Arthritis. Br J. Rheumatol 32: 1044–1048, 1993.
29 Su, X., Zhou, T., Wu, J., Jope, R., Mountz, J. D.: Dephosphorylation of a 65 kD Protein Delivers a Signal for Fas-Mediated Apoptosis (Abstract). FASEB J 8: A218, 1994.
30 Takahashi, T., Tanaka, M., Brannan, C L., Jenkins, N. A., Copeland, N. G., Suda, T., Nagata, S.: Generalized Lymphoproliferative Disease in Mice, Caused by a Point Mutation in the Fas Ligand. Cell 76: 969–976, 1994.
31 Trauth, B. C., Klas, C., Peters, A. M., Matzku, S., Moller, P., Falk, W., Debatin, K. M., Krammer, P. H.: Monoclonal Antibody-Mediated Tumor Regression by Induction of Apoptosis. Science 245: 301–305, 1989.
32 Vaux, D. L.: Toward an Understanding of the Molecular Mechanism of Physiological Cell Death. Proc Natl Acad Sci USA 90: 786–789, 1993.

33 Warri, A. M., Huovinen, R. L., Laine, A. M., Martikainen, P. M., Harkonen, P. L.: Apoptosis in Toremifene Induced Growth Inhibition of Human Breast Cancer Cells in Vivo and in Vitro. J Natl Cancer Inst. 85: 1412–1418, 1993.
34 Watanabe-Fukunaga, R., Brannan, Cl. Itoh, N., Yonehara, S., Copeland, N. G., Jenkins, N. A., Nagata, S.: The cDNA Structure, Expression, and Chromosomal Assignment of the Mouse Fas Antigen. J Immunol 125: 871–876, 1992.
35 Woronica, J. D., Cainan, B., Ngo, V., Winoto, A.: A Requirement for the Orphan Steroid Receptor Nur77 in Apoptosis of T-Cell Hybridomas. Nature 367: 277–280, 1994.
36 Wu, J., Zhou, T., Zhang, J., Mountz, J. D.: Correction of Autoimmune Disease in CD2-Fas-Transgenic Mice. Proc Natl Acad Sci USA 91: 2344–2348, 1994.
37 Wyllie, A. H.: Apoptosis. Br J Cancer 67: 205–208, 1993.
38 Wyllie, A. H., Arends, M. J., Morris, R. G., Walker, S. W., Evan, G.: The Apoptosis Endonuclease and its Regulation. Semin Immunol 4: 389–397, 1992.
39 Yoon, J. K., Lau, L. F.: Transciptional Activation of the Inducible Nuclear Receptor Gene Nur77 by Nerve Growth Factor and Membrane Depolarization in PC 12 Cells. J Biol Chem 268: 9148–9155, 1993.
40 Zacharchuk, C. M., Mercep, M., June, C. H., Weissmann, A. M., Ashwell, J. D.: Variations in Thymocyte Susceptibility to Clonal Deletion During Ontogeny. Implications for Neonatal Tolerance. J Immunol 147: 460–465, 1991.
41 Zhou, T., Bluethmann, H., Eldridge, J., Berry, K., Mountz, J. D.: Origin of CD4-CD8-B220+ T Cells in MRL-lpr/lpr Mice: Clues from a T Cell Receptor Beta Transgenic Mouse. J Immunol 150: 3651–3667, 1993.
42 Zhou, T., Bluethmann, H., Eldridge, J., Berry, K., Mountz, J. D.: Abnormal Thymocyte Development and Production of Autoreactive T Cells in TCR Transgenic Autoimmune Mice. J Immunol 147: 466–474, 1991.
43 Zhou, T., Mountz, J. D., Edwards, C. K. III, Berry, K., Bluethmann, H.: Defictive Maintenance of T Cell Tolerance to a Superantigen in MRL-lpr/lpr. J Exp Med 176: 1063–1072, 1992.

Dieter Lohmann

Pathophysiologisches Denken als Grundlage ärztlichen Handelns

Die wissenschaftlich begründete Medizin und darauf basierendes ärztliches Handeln werden in der Gesellschaft zunehmend in Frage gestellt. Dies kommt u. a. darin zum Ausdruck, daß neben der sogenannten «Schulmedizin» die verschiedenen Formen der «Alternativmedizin» breiteren Anklang finden. Diese verstehen sich als: «Ganzheitsmedizin», «Erfahrungsmedizin», «Naturheilkunde», «Biologische Medizin» u. a. Wie nach der großen Zahl von entsprechenden Veröffentlichungen in der Laienpresse anzunehmen ist, finden diese Strömungen offensichtlich breites Interesse. Bemerkenswert ist aber, daß nach einer 1993 durchgeführten Befragung 57 % der niedergelassenen Allgemeinärzte alternative Therapien anwandten. Gemeinsam und kennzeichnend für diese Verfahren ist, daß sie weitgehend auf die Anwendung wissenschaftlicher Kriterien in der Bewertung ihrer Ergebnisse verzichten.

Ärztliches Handeln wird aus verschiedenen Quellen gespeist. Grundsätzlicher Impuls sollte immer die menschliche Einstellung zum Helfenwollen sein. Diese kann aus unterschiedlichen Impulsen geschehen. Im europäischen Abendland war dies über lange Zeit die christliche Ethik. Zum sinnvollen und erfolgreichen ärztlichen Handeln gehören aber gleichzeitig medizinisches Wissen und Können. Das ärztliche Wissen stammte über die längste Zeit der Menschheitsgeschichte – bis in die letzten einhundert Jahre – aus der Beobachtung und der Sammlung von Erfahrungen. Diagnostik und Therapie gründeten sich allein auf dieser Empirie ohne ein entsprechendes Verständnis zugrunde liegender Vorgänge.

Erst der Eingang naturwissenschaftlichen Denkens hat in der Medizin zu dem Bestreben geführt, die oberflächlichen, sinnlich wahrnehmbaren Erscheinungen auf wissenschaftlich erklärbare Prozesse zurückzuführen. Das Feld des Erkennbaren wurde dabei zunehmend durch apparative Verfahren erweitert – wie Mikroskopie, Röntgenstrahlen, Ultraschall, Endoskopie u. a. Dazu trat auch in der Medizin neben die Beobachtung das Experiment. Damit konnten in der Medizin die Theorien einer Falsifikation ausgesetzt werden und die Kriterien der Wissenschaftlichkeit im Sinne von Karl Popper erfüllen. Wie in allen anderen Bereichen der Naturwissenschaften wurde auch in der Medizin ein wissenschaftlicher Reduktionismus betrieben. Diese Entwicklung hat auf der einen Seite wesentliche Fortschritte im wissenschaftlichen Verständnis von Krankheiten gebracht, zum anderen aber zunehmend die Sicht auf einzelne Organe oder Funktionen beschränkt und dabei den Blick auf den Kranken verloren.

Ärztliches Handeln in der Praxis steht damit derzeit auf mehreren Säulen: Grundlage sollte weiterhin der Wille zum Helfenwollen sein. Die Sammlung von Erfahrungen und Beobachtungen wird gleichzeitig ein unverzichtbarer Bestandteil in der ärztlichen Tätigkeit bleiben. Die Empirie muß z. Zt. noch in vielen Fällen als Grundlage ärztlichen Handelns ausreichen. Für eine wissenschaftlich fundierte und begründete Medizin sollten aber Kenntnisse über die den äußeren Erscheinungen – oder auch den mit apparativen Verfahren gewonnenen Ergebnissen – zugrunde liegenden Vorgänge angestrebt werden. Diese Brücke herzustellen ist das Anliegen insbesondere der Pathologischen Physiologie.

Bedeutende Internisten sind sich relativ früh der herangereiften Situation bewußt geworden. So hat LUDOLF VON KREHL bereits 1896 ein erstes Lehrbuch der «Pathologischen Physiologie» geschrieben, wobei bei dem noch sehr geringen Faktenwissen die Konzeption zu bewundern ist. LUDOLF VON KREHL (1907) umreißt das Anliegen der Pathophysiologie in einem Vorwort:

> Es ist Aufgabe der Klinik gemeinsam mit der Pathologie dem Medizinstudenten die am kranken Organismus ablaufenden Prozesse zu lehren und ihm zu zeigen, wie er durch ihre Kenntnisse zu einem natürlichen Handeln am Krankenbett kommt.

Entsprechend dem damaligen Stand der Kenntnisse fügt er aber hinzu:

> Er erreicht sein Ziel unter Heranziehung der ärztlichen Technik und Kunst vielfach auf einem ganz anderen Wege, auf dem der sogenannten ärztlichen Empirie.

Dem verfügbaren Wissensstand entsprechend, fährt er fort:

> Niemand wird folglich bestreiten können, daß wir für die Erkennung und Behandlung der meisten Krankheitszustände gegenwärtig noch auf dieses Verfahren angewiesen sind. Sein Prinzip liegt darin, daß aus der Zusammenarbeit einer Reihe von Symptomen ein pathologisch-anatomischer Prozeß oder ein als «Krankheitsbild» bezeichneter Zustand deswegen erschlossen werden kann, weil Generationen von Ärzten das schon mit Erfolg getan haben. Was für die Beseitigung des Krankheitszustandes nützlich ist, wurde ebenfalls von vielen schon ausprobiert.

Daß letztere Verfahrensweise nicht nur, wie von L. von Krehl betont, zeitbedingt ist, sondern eine ärztliche Grundeinstellung widerspiegeln kann, wird erhellt aus der Tatsache, daß sich verschiedene Richtungen der Alternativen Medizin derzeit noch dieser Denkweise bedienen. Einer der bedeutendsten Vertreter der pathophysiologischen Denkweise als Grundlage ärztlichen Verstehens und Handelns war MAX BÜRGER. Äußerlich kommt dies darin zum Ausdruck, daß er bereits 1924 sein erstes Lehrbuch der Pathologischen Physiologie schrieb und 1958 – unter Einbeziehung von Mitarbeitern seiner Klinik – die 6. Auflage dieses Lehrbuches herausgab. Seine innere Einstellung zum Gebiet kommt zum Ausdruck, wenn er in einem Vorwort schreibt:

> Ich bin fest überzeugt, daß ein vertieftes Verständnis für die wechselseitigen Zusammenhänge letzthin aller Lebensvorgänge im menschlichen Körper und damit auch das Einbezogensein aller seiner Funktionen in den krankhaften Vorgang die therapeutische Haltung des angehenden Arztes nachhaltig beeinflussen wird.

Diese Denkweise bestimmte weitgehend seine gesamte Tätigkeit als Arzt und Hochschullehrer. Wenn L. VON KREHL in seiner «Pathologischen Physiologie» 1907 schrieb: *«Der Arzt erreicht nützliches Handeln noch nicht durch die Kenntnisse der am kranken Organismus ablaufenden Prozesse als vielmehr auf dem Wege der ärztlichen Empirie»,* und wir auch in dem Lehrbuch von M. Bürger aus dem Jahre 1924 nur sehr weniges entnehmen können, was unmittelbar in ärztliches Handeln umzusetzen war, so haben sich in den vergangenen sieben Dezennien entscheidende Entwicklungen vollzogen. Voraussetzung für den Erkenntniszuwachs in der Pathologischen Physiologie waren sicher die Fortschritte in den Grundlagenwissenschaften. Zur Beziehung zwischen Klinik und Experiment schreibt A. Schlittenhelm (als Lehrer von M. Bürger) in seinem Geleitwort für dessen Lehrbuch 1924:

> Da aber die Pathologische Physiologie dem Verständnis der kranken Menschen gewidmet ist, so ist ... eine reiche klinische Erfahrung und eine genaue Kenntnis des kranken Menschen Vorbedingung. Aus den Problemen der Krankheiten wachsen die Fragestellungen, welche in den klinischen Laboratorien weiter studiert und experimentell angegangen werden.

In einem Symposium zu Fragen der medizinischen Ausbildung im Jahre 1993 wurde die Meinung vertreten, daß die Pathophysiologie impliziert in den klassischen klinischen Fächern im Zusammenhang mit den jeweiligen Krankheitsbildern zu lehren sei. (In der früheren DDR waren dazu eigenständige, von den Kliniken getrennte Institute geschaffen worden.)

Wie sich die Erkenntnisse aus der Pathophysiologie auf ärztliches Handeln auswirken, ließe sich an vielen Krankheitsbildern demonstrieren. Als Beispiel sei dies am Krankheitsbild des *Diabetes mellitus* verdeutlicht.

In seinem Lehrbuch der «Pathologischen Physiologie» beschreibt L. v. Krehl (1. Auflage 1896 – 7. Auflage 1907) die damals objektivierbaren Befunde der Glykosurie und der Hypoglykämie. Es fehlten weitere Kenntnisse über deren Zustandekommen und somit auch Konsequenzen für ärztliches Handeln. Therapeutische Empfehlungen waren nur aus empirischen Erfahrungen zu geben. Entsprechend der Entwicklung der biochemischen Grundlagenforschung konnte Max Bürger in seiner «Pathologischen Physiologie» 1924 die Störungen im Intermediärstoffwechsel der Kohlenhydrate und die zusätzlich auftretenden Veränderungen im Fett- und Eiweißstoffwechsel beim Diabetes mellitus darstellen. Zur Auslösung der Störungen formulierte er. *«Die neuerdings mit dem Insulin gemachten Erfahrungen sprechen sehr für die dominante Bedeutung des Inselapparates im Kohlenhydratstoffwechsel.»*

Der entscheidende Fortschritt in der Therapie des Diabetes mellitus – die Anwendung des Insulins – resultierte letztendlich aus experimentellen Studien zur Fettverdauung mit Exstirpation des Pankreas, wie sie 1889 von von Mering und Minkowski durchgeführt worden waren. Entsprechend einer rein empirischen Betrachtungsweise teilte M. Bürger den Diabetes mellitus noch 1958 ein in den kindlichen Diabetes, den juvenilen Diabetes und den Diabetes der älteren Leute und führt weiter aus: *«Strittig ist bis heute, welche Stellung dem Pankreasdiabetes im System der menschlichen Zuckerkrankheit zukommt.»* Damit mußten auch viele Fragen der Therapie und somit im ärztlichen Handeln offenbleiben.

Eine wesentliche Grundlage zur Aufklärung der Pathophysiologie des Diabetes mellitus und einer wissenschaftlich begründbaren Therapie lieferte die Möglichkeit der Bestimmung des Insulins im Blut. Damit wurde es möglich, den klinischempirischen Typen der Erkrankung verschiedene pathophysiologische Entstehungsmechanismen zuzuordnen. So fand sich beim mageren, oder auch dem kindlichen oder jugendlichen Diabetestyp ein völliger oder zumindest weitgehender Mangel an Insulin als Ursache der Stoffwechselstörungen. Für das ärztliche Handeln war damit die Insulintherapie auch wissenschaftlich begründet. Die weitere Aufklärung der physiologischen Insulinsekretion führte zu deren therapeutischer Nachahmung mit Hilfe der sogenannten Insulinpumpe. Die Insulinbestimmungen zeigten aber andererseits, daß bei den meist übergewichtigen älteren Diabetikern durchaus nicht immer ein Insulinmangel vorliegt, sondern sogar erhöhte Insulinspiegel im Blut anzutreffen sind. Der pathophysiologische Defekt beruht somit auf einem verminderten Ansprechen des Körpers auf Insulin. Damit ergeben sich selbstverständlich völlig andere therapeutische Konzepte als bei einem Insulinmangeldiabetes.

Ein sinnvolles und für den Patienten optimales ärztliches Handeln läßt sich, wie an diesem Beispiel deutlich ablesbar ist, nur aus der Kenntnis der pathophysiologischen Zusammenhänge ableiten. Dieses Beispiel ließe sich für viele andere Erkrankungen ergänzen; so sind heute die meisten hormonellen Erkrankungen in ihrer Entstehung zu verstehen und therapeutisch zu beeinflussen. Die Bakteriologie konnte die Ätiologie der Infektionskrankheiten aufklären und lieferte die Grundlage für die antibiotische Therapie. Das tiefere Eindringen in die Ursachen von Erkrankungen ist auch weiterhin Anliegen klinischer und experimenteller Forschung und findet seine letzte Methodik in der Molekularbiologie mit neuen Aspekten einer Therapie, u. a. in Form der Gentherapie.

Trotz der großen erkenntnistheoretischen Fortschritte und der therapeutischen Erfolge ist die wissenschaftlich begründete Medizin zur Zeit nicht unumstritten. Die arationale Mystik scheint eher im Vormarsch. Die Medizin wird offensichtlich der gleichen Skepsis ausgesetzt, wie dies für die Naturwissenschaften seit der Mitte dieses Jahrhunderts der Fall ist, und ihr Nutzen für die Menschen wird gleichfalls in Frage gestellt. Die Übertragung der Kritiken auf die Medizin resultiert u. a. daraus, daß Ärzte – berechtigter- oder unberechtigterweise – als wissenschaftsgläubige Techniker angesehen werden, die nur in apparativen Untersuchungen und Labordaten die Grundlage ihres ärztlichen Denkens und Handelns sehen. Daß eine solche Gefahr besteht, sah Max Bürger, wenn er in seiner Ansprache als Kongreßpräsident des Internistenkongresses 1951 ausführte: *«Wir haben zwar viele Fachärzte, z. B. für ‹Herzleiden› – dem menschlichen Herzleid stehen aber manche im Kreise ihrer wunderbaren Maschinen ratlos gegenüber.»*

Zu diesen Gefahren schreibt aber der Internist P. SCHÖLMERICH (1988):

> Es ist eine grobe Verkennung der Wirklichkeit, wenn die naturwissenschaftlich-technisch orientierte Medizin mit einer inhumanen ärztlichen Haltung identifiziert wird, ... insbesondere aber alternativen Verfahren der Charakter der humanen Verhaltensweise zugeordnet wird.

Noch schärfer formulierte dies der Philosoph KARL JASPERS (1986), wenn er schreibt: *«Wissenschaft und Humanität sind keine Konträre, sie bedingen sich einander, denn die Unwissenschaftlichkeit ist der Boden der Inhumanität.»*

Wissenschaftlichkeit erscheint für ärztliches Handeln aus verschiedenen Gründen als unabdingbar:

1. Der Mensch ist nicht nur, aber sicher auch, ein biologisches Subjekt, für das, wie für andere Organismen, die Gesetze der reinen Naturwissenschaften gelten. Somit können und müssen krankhafte Vorgänge mit analogen Methoden zu untersuchen sein. Innerhalb der Medizin ist dies eine wesentliche Aufgabe der Pathologischen Physiologie.
2. Ärztliches Handeln sollte in Diagnostik und Therapie überprüfbar sein. Voraussetzung dafür ist, daß es die Kriterien der Wissenschaftlichkeit erfüllt.
3. Mit wissenschaftlichen Methoden erhobene Befunde oder Ergebnisse aus Experimenten erlauben die Aufstellung neuer Theorien oder therapeutischer Konsequenzen. So hat z. B. die Auslösung eines Diabetes mellitus durch Pankreasexstirpation zur Theorie der pankreatogenen Entstehung des Diabetes mellitus geführt und die Gewinnung des Insulins aus dem Pankreas angeregt. Wissenschaftliche Theorien sind überprüfbar und müssen fallengelassen werden, wenn sie mit neuen Erkenntnissen nicht in Einklang zu bringen sind. Sie unterscheiden sich darin von Dogmen und Ideologien, wie sie der Alternativmedizin zugrunde liegen.
4. Nur eine wissenschaftliche Analyse und Bewertung läßt einen Vergleich diagnostischer und therapeutischer Verfahren zu und ermöglicht so einen objektiven Fortschritt.

Wenn trotz der unleugbaren Erfolge die Schulmedizin immer wieder in Frage gestellt wird, so hat dies zum Teil auch ihr selbst innewohnende Gründe. So läßt der enorme Erkenntniszuwachs in der Medizin häufig dessen Begrenztheit übersehen. Damit werden in die Medizin Hoffnungen gesetzt, die derzeit nicht zu erfüllen sind. Weiterhin wird die Medizin mit Fragen belastet, für die sie nicht kompetent ist. Dazu gehören Fragen der Moral und Ethik oder der persönlichen Verantwortlichkeit. Der Arzt soll dabei häufig die Rolle des Seelsorgers übernehmen. Zumindest fragwürdig erscheint, inwieweit die Medizin für das weite Feld der Befindlichkeitsstörungen von Patienten – ohne nachweisbaren krankhaften Befund – zuständig ist.

Eine weitere Problematik hinsichtlich einer wissenschaftlich begründeten Handlungsweise resultiert daraus, daß ärztliches Handeln von akuten Erfordernissen bestimmt sein kann. Theoretisch zwar vorhandene wissenschaftliche Grundlagen stehen deshalb nicht jederzeit und im vollen Umfang zur Verfügung.

Am ehesten lassen sich die Anwürfe gegen eine wissenschaftlich begründete Medizin durch die Erziehung zu einer wissenschaftlichen Denkweise abwehren. Dazu gehört in der Medizin, hinter den äußeren Erscheinungsbildern von Krankheiten die zugrunde liegenden Prozesse mit exakten Methoden zu erfassen und ein Verständnis zwischen klinischem Bild, Pathophysiologie und Ätiologie zu gewinnen. Dabei wird neben den Fortschritten zugleich die Vorläufigkeit und Begrenztheit unseres Wissens offenbar. Es ist das besondere Anliegen der Pathologischen Physiologie, diese Denkweise zu vermitteln. Sie nimmt so einen wichtigen Platz in der ärztlichen

Ausbildung ein und bildet für viele Bereiche der Medizin eine unverzichtbare Grundlage für das ärztliche Handeln.

Es gibt keinen zwingenden Grund, naturwissenschaftliche Erkenntnis und Denkweise nicht mit den zugleich erforderlichen ärztlichen Grundeinstellungen des Helfenwollens und der subjektiven Zuwendung zum Patienten zu verbinden.

Literatur

Bürger, Max: Pathologisch-Physiologische Propädentik. Berlin: Springer, 1992.

Bürger, Max: Pathologische Physiologie. 6. Aufl. Leipzig: Thieme, 1958.

Gerok, Wolfgang: Grundlagen und Grenzen der wissenschaftlichen Medizin. In: Die Wissenschaft in der Medizin. Stuttgart, New York: Schattauer, 1992.

Jaspers, Karl: Der Arzt im technischen Zeitalter. München: Biber, 1986.

Krehl, Ludolf von: Pathologische Physiologie – ein Lehrbuch für Studierende und Ärzte. 7. Aufl. Leipzig: F. C. W. Vogel, 1907. (1. Aufl. 1896).

Marx, Hans Hermann: Wissenschaftliche Medizin oder alternative Heilmethoden – eine Grundsatzfrage. In: Medizinische Klinik 90 (1995), S. 107–112.

Schölmerich, Paul: Wandel und Selbstverständnis in der Medizin. Wiesbaden: Steiner, 1988.

Verhandlungen der Deutschen Gesellschaft für Innere Medizin. 57. Med. Kongreß 1951. München: Bergmann, 1953.

Nikolaus Joachim Lehmann

Tischrechenautomat contra «Rechenfabrik»
Ein Kleinstrechenautomat 1959 in Dresden

Vor 20 Jahren begann in den Vereinigten Staaten von Amerika der PC, der «Private Computer», seinen unaufhaltsamen Vormarsch. Dabei war die Idee, die dieser Entwicklung zugrunde lag, und waren auch potente Vorläufer dazu mindestens 10 Jahre älter. Aber damals konnten sich solche Vorstellungen gegen «bewährte» Bürotechniken und gegen die «Elektronischen Großrechenanlagen» in Rechenzentren, die wahre «Rechenfabriken» darstellten, kaum durchsetzen. Gute Traditionen und konservatives Verhalten der Menschen standen dem Fortschritt im Wege. Solche Erfahrungen sind allgegenwärtig; auch die strukturell bedingten Wirtschaftskrisen unserer Zeit sind Folgen dieser menschlichen Beharrungsbestrebungen. Besonders negative Auswirkungen sind dabei aber in autoritär und zentralistisch beherrschten Staaten zu erwarten. Die Entwicklung von Kleinstcomputern für den persönlichen Gebrauch, von PC nach heutiger Bezeichnung, die in der ehemaligen DDR 1959 sehr früh begonnen hat, kann hierzu als lehrreiches Beispiel betrachtet werden.

1 Zur Situation der Rechentechnik in der DDR etwa 1959

Hierzu können nur wenige Tatsachen zusammengestellt werden, die aber die damalige Situation erkennen lassen. Bekanntlich waren bis 1939 etwa 75 % der deutschen Rechen- und Büromaschinenindustrie auf dem Territorium der späteren DDR konzentriert. Diese Betriebe wurden im 2. Weltkrieg direkt oder als Zulieferer in die Rüstungsfertigung einbezogen und 1945 radikal von den Siegermächten demontiert. Trotzdem wurde diese schwierige Ausgangssituation relativ rasch überwunden, und bereits 1950 wurden so in der Rechenmaschinenfabrik «Archimedes» in Glashütte und in den «Rheinmetall-Büromaschinenwerken» in Sömmerda (damals als Betrieb einer Sowjetischen AG) die Produktionszahlen aus der Vorkriegszeit übertroffen [4], [15], [16]. 1959 wurden im Rahmen der VVB Büromaschinen (VVB = Vereinigung Volkseigener Betriebe) Meisterwerke der Mechanik hergestellt, die mit hohem Devisenerlös in alle Welt exportiert werden konnten. Nach meiner Erinnerung wurden in den Buchungsmaschinenwerken in Chemnitz (vormals die Werke Wanderer, Continental und Astra) Buchungsmaschinen der Klasse 170 entwickelt und produziert, bei denen für jede eingesetzte DDR-Mark 2,70 DM (West) «eingefahren» wurden. Diese Geräte waren tatsächlich bereits programmierbare mechanische Rechenautomaten, allerdings ausgelegt für ein eng umgrenztes Arbeitsgebiet [5], [15]; sie wurden sogar bis zum Jahr 1970 noch rentabel gegen harte Devisen abgesetzt [16].

Die Entwicklung einer elektronischen Rechentechnik wurde im östlichen Teil Deutschlands bereits im zeitigen Frühjahr 1948 mit dem Eintreffen der ersten Nachrichten über den Bau des ENIAC (Electronic Numerical Integrator and Computer) in den USA mit Interesse verfolgt. Dabei lag es für mich sofort auf der Hand, den Aufwand für eine solche Anlage durch die Benutzung des Magnetophonprinzips zu Speicher- und Rechenzwecken gegenüber dem «Rechenriesen» ENIAC entscheidend zu reduzieren. Ohne Kenntnis ähnlicher und etwa gleichzeitiger Überlegungen, die an mehreren Orten der Welt angestellt wurden, habe ich am letzten Magnetophongerät, das in der Technischen Hochschule in Dresden im Institut von Prof. Barkhausen den Weltkrieg und die anschließende Demontage überstanden hatte, die Grundlagen für eine Impulsspeicherung auf einer rotierenden Trommel experimentell erarbeitet und die Funktionsfähigkeit eines solchen Prinzips bestätigt. Als Hobby-Arbeit entstanden danach meine ersten Entwürfe für Rechenwerke, zunächst auf Dezimal- und später auf Dualzahlbasis [15], [17]. 1949 versuchte ich vergeblich, in der Technischen Hochschule Mitstreiter und Werkstätten für die Entwicklung und die Konstruktion eines elektronischen Rechenautomaten zu finden. Alle Institute waren mit dem eigenen Wiederaufbau vollauf beschäftigt, außerdem hatte niemand Interesse für derartige «Spielzeuge der Mathematiker».

In dieser Situation waren es einige weitblickende Vertreter der Ministerialbürokratie, die eine Verbindung zum damaligen VEB Funkwerk Dresden (vormals: «Radio Mende») herstellten und vom Amt (später Ministerium) für Wissenschaft und Technik die Finanzierung der Entwicklung von Rechenautomaten erreichten. 1950 begann damit im Institut für Angewandte Mathematik an der Technischen Hochschule in Dresden unter meiner Leitung der logische Entwurf eines kleinen elektronischen Rechenautomaten, während die technischen Entwicklungen und Konstruktionen gemeinsam im Funkwerk Dresden ausgeführt wurden [7]. 1951 war ein erstes Versuchsgerät zur Überprüfung der Speicher- und Impulstechnik für den geplanten Automaten fertig. 1956 führten meine Bemühungen an der Technischen Hochschule zur Gründung eines «Instituts für Maschinelle Rechentechnik» (kurz: IMR), der ersten Einrichtung in Deutschland, die speziell der Forschung und Ausbildung für den Bau und den Einsatz der Computer dienen sollte. Hier wurde im gleichen Jahr der erste aus unserer Entwicklung hervorgegangene elektronische Rechenautomat D1 (D1 = Dresden 1) aufgestellt. Dafür reichte ein Raum von etwa 25 Quadratmetern. Mit einer Elektronik von 760 Elektronenröhren sowie einem Magnettrommelspeicher für 2100 20stellige Dezimalstellen (bzw. je 72 Dualstellen, die auch je drei Operationsbefehle aufnehmen konnten) wurden sekundlich mindestens 100 arithmetische Nutzoperationen abgearbeitet (einschließlich aller Suchzeiten). Bemerkenswert war die logische Struktur des Gerätes, das über 4 autonom arbeitende Teilwerke (oder moderner: 4 Prozessoren) verfügte: das Arithmetik-Rechenwerk mit einem miniaturen Kellerspeicher, das Steuerwerk mit 3 Index- und 2 Pufferregistern und einem Ein- und einem Ausgabewerk; das muß auch heute noch als progressiv gelten [1], [7], [8], [17].

Neben diesem Gerät wurde 1959 im IMR bereits ein Rechenautomat D2 mit modernerer Technik und einer um das 10fache höheren Leistung als der RA D1 gerade in Betrieb genommen, der neben einem doppelten Speichervermögen jetzt auch über eine Gleitkomma-Arithmetik sowie eine noch weiter ausgebaute logische Struktur verfügte. Der Magnettrommelspeicher rotierte mit 300 U/sec und gehörte damit zu den schnellsten seiner Art [9, 12], vgl. Abb. 1.

Die Forschungsgruppe an der Technischen Hochschule stand dabei von Anfang an in einer engen Verbindung mit der Industrie. In den Wanderer-Continental-Büromaschinenwerken in Chemnitz war es der junge Diplom-Physiker und spätere Dr.-Ing. Joachim Schulze, der sich um die Einführung der Elektronik in diesem Bereich bemühte. Seine ersten praktischen Erfahrungen dazu sammelte er 1950 bei uns im VEB Funkwerk Dresden bei den Entwicklungsarbeiten zum Rechenautomaten D1. Schon 1951 wurde diesem Betrieb im Rahmen eines Gutachtens von mir die Variante eines billigen Magnetophon-Trommelspeichers für Büromaschinen vorgeschlagen [6]. Diese Kooperation wurde auch später vom IMR fortgesetzt und betraf neben Entwicklungs- auch immer Ausbildungsaufgaben, die unmittelbar in der Industrie wirksam wurden.

1957 führten insbesondere die Vorleistungen von Dr. Schulze in Karl-Marx-Stadt (Chemnitz) zur Gründung eines ersten «wissenschaftlichen Industriebetriebes» ELREMA (= Elektronische Rechenmaschinen, s. [2]), dessen Arbeit allerdings – anders als der Name andeutet – sehr stark von den Belangen der Büromaschinenindustrie bestimmt war. Die Elektronik hatte in der bewährten mechanischen Büro-

Abb. 1: Gesamtelektronik des Rechenautomaten D2/1959

technik nur Baugruppen zu «ersetzen» oder zu «ergänzen». Dementsprechend entstand zu den konventionellen elektromechanischen Lochkartenanlagen auch eine elektronische Version PLR (= programmgesteuerter Lochkartenrechner) noch auf Röhrenbasis! Der logische Entwurf dazu war nebenamtlich bei meinem Mitarbeiter Dr. H. Bachmann entstanden. Schließlich wurde dort 1959 an einem Transistor-Rechner SER II gearbeitet, der mit einer langsamen Magnettrommel und wenig über 100 Speichern sowie einer Arithmetik im Dezimalsystem als Ersatz für eine Kombination von Buchungs- und Fakturiermaschine gelten konnte.

Aufbauend auf Erfahrungen beim Bau eines eigenen Relais-Optik-Spezial-Rechengerätes OPREMA, bereitete damals der VEB Carl Zeiss die (Klein-)Serienfertigung eines elektronischen Rechenautomaten ZRA-1 vor. Das Gerät arbeitete mit einer Dioden/Ferritkern-Schaltungstechnik (zunächst auf der Basis von Importmaterial, das in der devisenbringenden Industrie, aber z. B. nicht im Hochschulbereich beschafft werden konnte) und mit dem bereits erprobten Magnettrommelspeicher des Rechenautomaten D2 des IMR [9]. Eine Halbleiterindustrie und Transistorfertigung war damals in der DDR erst in Ansätzen vorhanden.

In dieser Situation erwies sich – eigentlich paradoxerweise – die gute Tradition der Büromaschinenindustrie als Hemmschuh bei der sachgerechten Nutzung der elektronischen Technik und deren Entwicklungsmöglichkeiten; viel zu lange wurde an der «bewährten, zuverlässigen und billigen» Mechanik festgehalten. Das war übrigens wohl auch in den alten Bundesländern in Deutschland nicht anders. In der damaligen DDR wurden die Auswirkungen davon durch die Methoden der Planungsbürokratie sehr verschärft, da diese zunächst sämtliche Gewinne der Betriebe entnahm und die erforderliche Mittelzuteilung, z. B. für Entwicklungsarbeiten, dann nach dem Motto erfolgte: «Wozu eine Kuh noch füttern, wenn diese auch so viel Milch gibt!» Damit war ein erforderlicher Forschungsvorlauf fast ausgeschlossen. Zudem wurde damals ein Verdammungsurteil über die Kybernetik und darin eingeschlossen über die Rechentechnik aus der kommunistischen Zentrale in Moskau auch in der DDR wirksam. Die «führenden marxistischen Ideologen» schrieben im «Kleinen sowjetischen philosophischen Wörterbuch» 1955 zum Stichwort «Kybernetik»:

> Ist eine reaktionäre Pseudo-(eigentl. Un-)Wissenschaft, die nach dem 2. Weltkrieg in den USA entstand und in anderen kapitalistischen Ländern eine weite Verbreitung gefunden hat; es ist eine Abart des zeitgenössischen Mechanizismus.

Nach längeren Erläuterungen schließt der Abschnitt mit der «warnenden» Feststellung:

> Damit ist die Kybernetik nicht nur eine ideologische Waffe der imperialistischen Reaktion, sondern auch ein Mittel zur Verwirklichung ihrer aggressiven Kriegspläne. [18]

Glücklicherweise war das Institut für Maschinelle Rechentechnik schon fest etabliert, bevor sich dieser ideologische Unsinn hier auswirken konnte. Trotzdem blieben die Folgen über Jahre spürbar; eine Förderung dieses Fachgebietes war im staatlichen Bereich nicht zu erwarten.

2 Der Entwurf eines Kleinstrechenautomaten 1959

Meine Arbeiten an Rechenautomaten waren anfangs darauf gerichtet, kleine, einfach zu bedienende Geräte für die Bedürfnisse eines mathematischen Instituts bereitzustellen [7]. Als unverbesserlicher Individualist wünschte ich mir aber schon 1958 einen eigenen kleinen Rechenautomaten auf meinen Schreibtisch, wobei auch die Erfordernisse der Bürotechnik berücksichtigt werden sollten, mit der ich damals vertraut geworden war. Daraus resultierten erste Überlegungen über mögliche Strukturen eines Kleinstrechenautomaten. Der Vergleich bekannter kleinerer Geräte LGP-30, Zebra, Zuse Z-22, Z-23, Pb-250 mit Großrechnern ergab für erstere eine sehr ungünstige Leistung/Preis-Relation, so daß nach neuen Lösungswegen gesucht werden mußte [12]. Da kurzfristig gewiß keine neue Technik verfügbar sein konnte, sollte die Rechnerarchitektur auf die vorhandene zugeschnitten und optimiert werden. Schon van der Poel und Fromme hatten eine Aufwandsreduktion im Rechenwerk angestrebt, indem lediglich die Addition/Subtraktion, gekoppelt mit optionalen einzelnen Stellenverschiebungen hardwaremäßig realisiert wurde. Um für die damit programmierten Multiplikationen und Divisionen akzeptabel kurze Ausführungszeiten zu sichern, mußte jedoch zur Erhöhung der Befehlsfolgefrequenz der langsamere Hauptspeicher mit einem kleinen Schnellspeicher verbunden werden; das vergrößerte wiederum den Aufwand und komplizierte die Gesamtstruktur des Gerätes, wie z. B. beim RA Zebra oder Z-23 [12].

Die Lösung dieser Probleme wurde darin gesehen, daß ein schneller Magnettrommelspeicher, über den wir am RA D2 bereits verfügten, unmittelbar an einen Addiator/Subtraktor mit einem Akkumulator angeschlossen wird, der auch Stellenverschiebungen ausführt. Allerdings sollten damit Operationen nicht für einzelne Addenden/Subtrahenden aus dem Speicher ausgeführt werden, sondern ein Befehl sollte auch ganze Gruppen von im Speicher aufeinander folgenden Operanden verarbeiten können. Diese Grundidee erwies sich als tragfähig, der Übergang von Einzel- zu derartigen Gruppenbefehlen erforderte technisch kaum einen Aufwand und ermöglichte akzeptable Rechengeschwindigkeiten, so daß die Leistungs/Preis-Relation mit der von Großanlagen konkurrenzfähig wurde. Da «Zutaten» wie Schnellspeicher unnötig waren, ergab sich eine außerordentlich homogene und billige Rechnerstruktur (vgl. hierzu Abschnitt 3).

Ein erster logischer Entwurf für diesen Kleinstrechner war Mitte 1959 fertiggestellt; am 17. Juli 1959 konnte das Projekt einem engen Kreis leitender Vertreter der Büromaschinenindustrie vorgestellt werden. Das Echo auf meinen Vorschlag war recht gedämpft. Zunächst wurde die Realisierbarkeit des Gesamtkonzepts angezweifelt; ein angestrebter, niedriger Preis bei Serienfertigung (etwa 10000 Mark) wurde offen als «keineswegs nötig» apostrophiert, und unausgesprochen wurde dabei die Konkurrenz zur bewährten mechanischen Büromaschine gesehen, an der in diesem Kreis niemand interessiert war. Sogar die interne Arbeitsweise im Dualsystem erregte Bedenken. Außer der auch im Protokoll zur Sitzung vermerkten Bereitschaft der Industrie zur Übernahme der Patentanmeldung bewegte sich nichts. Daher wurde von mir demonstrativ zu Protokoll gegeben, daß im IMR sofort mit der

Vorbereitung des Projekts begonnen würde. Es sei vermerkt, daß auch einige Mitarbeiter mein Vorhaben als «Rechenautomat in der Zigarrenkiste» belächelten [3].

Zur Charakterisierung der damaligen Zielstellung meiner Arbeiten sei hier aus einem Beitrag von 1962 [12] zitiert:

> ... dem forschenden Mathematiker und Ingenieur sollte ein stets griffbereiter Kleinrechner zum unentbehrlichen Hilfsmittel werden. Darüber hinaus lassen sich billige Automaten vielseitig als Einzweckmaschine verwenden, z. B. bei der laufenden Auswertung von Versuchsarbeiten in Prüfämtern oder bei der medizinischen Diagnostik. Ein weiteres noch breiteres Arbeitsfeld bietet sich bei der Automatisierung der Verwaltungsarbeit, hier müssen z. B. die konventionellen Buchungs- und Fakturiermaschinen ersetzt werden. Schließlich werden Kleinrechner auch bei der sogenannten Prozeßsteuerung und bei der Betriebskontrolle benötigt. Sie werden dabei die Automatisierung von kleineren Betriebsanlagen und Betriebsteilen ermöglichen und damit zur peripheren Datenverdichtung im Rahmen integrierter Datenverarbeitungssysteme beitragen können.

Hieran anschließend, wird von einem Kleinstautomaten verlangt, er

> ... dürfte in der Serienfertigung nur wenig über 10000 Mark kosten und sollte bei einer Speicherfähigkeit für einige tausend 5- bis 10stelliger Dezimalzahlen mindestens 10 bis 50 Operationen pro Sekunde ausführen [12].

Da bereits nach der Patentschrift von 1960 [10], ebenso wie in [12] dargestellt, in jedem Kleinstautomaten ein angemessener Ein- und Ausgabemechanismus integriert sein sollte, beschreibt dieses Konzept nach heutigem Verständnis gewiß einen ersten bescheidenen **P**ersönlichen **C**omputer. (Die 1962 noch sehr vorsichtig verlangten Mindestleistungen für das Gerät wurden von dem im gleichen Jahr aufgebauten Kleinstrechner D4a deutlich überboten, vgl. den folgenden Abschnitt 3).

Der Verwirklichung dieser Pläne standen sowohl materielle als auch geistige Schwierigkeiten entgegen. In der Zeit der «Kybernetik-Diskussion» (s. Abschn. 1) und bei fehlendem Interesse der Industrie konnte zunächst nur mit den eigenen Hilfsmitteln des IMR operiert werden. Mit Beleg- und Diplomarbeiten begannen Vorarbeiten zum Bau kleiner Ein- und Ausgabemechanismen, für die eine billige induktive Steuerungstechnik entwickelt wurde. Die Erprobung des Gesamtkonzepts für den Rechner erfolgte in Ermangelung geeigneter Transistoren aus Importen oder einer DDR-eigenen Produktion zunächst mit dem Aufbau des Gerätes aus vorhandenen Bausteinen des (Röhren-)RA D2; dieses Gerät D3 hatte noch das Format eines Schreibtisches. Als 1962 endlich Transistoren verfügbar waren, die mit einer Grenzfrequenz von 5 MHz den gestellten Bedingungen einigermaßen genügten, wurde der D3 beiseite gestellt, um alle Kräfte für die transistorisierte Ausführung, den D4a, einzusetzen [12].

Auch hierbei mußte infolge der mangelhaften Infrastruktur der elektrotechnischen Landschaft der DDR ständig improvisiert werden: weil kupferkaschierte Schaltplatten Mangelware waren, wurde zunächst auf Pertinax-Platten konventionell verdrahtet; da geeignete Stecker fehlten, mußten darauf ersatzweise versilberte Messingstreifen aufgenietet werden – um nur einiges zu nennen. Für Arbeiten mit einer Impulsfrequenz von 350 kHz und Impulsanstiegen in 1/10 Mikrosekunden stand lediglich ein «Duoskop» mit einer Grenzfrequenz von 7 MHz zur Verfügung.

Damit ließen sich Störeffekte nur erahnen! Mein aufmunternder Spruch dazu war oft genug: «Eine ordentliche Suppe aus guten Zutaten zu bereiten, ist einfach, aber ohne diese Voraussetzungen wird es zur Kunst!»

Eine mentale Schwierigkeit zeigte sich bei Ingenieuren der alten Schule: Konstruktionen kleiner Mechanismen für Speicher oder Ein- und Ausgabegeräte erinnerten doch immer wieder an den «Schwermaschinenbau». Oftmals halfen dann keine Diskussionen, sondern nur Beispiele (etwa bei der Entwicklung von unkonventionellen kleinsten leistungsfähigen und billigen Magnetophon-Hör/Sprechköpfen [11]). Trotz allem, bereits 1962 war ein Versuchsgerät – das «Handstrickmuster» – und Mitte 1963 eine komplette, ausgereifte Version des Kleinstrechenautomaten D4a als «Arbeitsgerät auf dem Tisch des Anwenders» fertiggestellt und funktionsfähig.

3 Ein universeller Rechenautomat D4a auf dem Arbeitstisch [10, 13, 14]

Als billiger, zuverlässiger und leistungsfähiger Hauptspeicher stand 1959 nur der Magnetophontrommelspeicher zur Verfügung, der bereits am Rechenautomaten D2 mit 300 Umdrehungen in der Sekunde arbeitete. Er wurde für den D4a verkleinert zur Speicherung von 4 096 33-stelligen Dualworten ausgelegt. Zur Stromversorgung für den Trommelantrieb war im Rechner ein rotierender Umformer für 317 Hz vorhanden, der gleichzeitig ein damit außerordentlich klein gehaltenes Netzgerät für die Transistorschaltungen speiste.

An diesen Speicher mußte das gesamte Steuer- und Rechenwerk möglichst in homogener Form angeschlossen werden. Für einen billigen Rechner kam damit nur die serielle Verarbeitung der Dualstellen jedes Wortes in Frage. Im Rechenwerk wurde – entsprechend den Überlegungen im vorigen Abschnitt – nur ein akkumulierendes (Umlauf)-Register einer Wortlänge auf der Trommel vorgesehen. *Jeder*

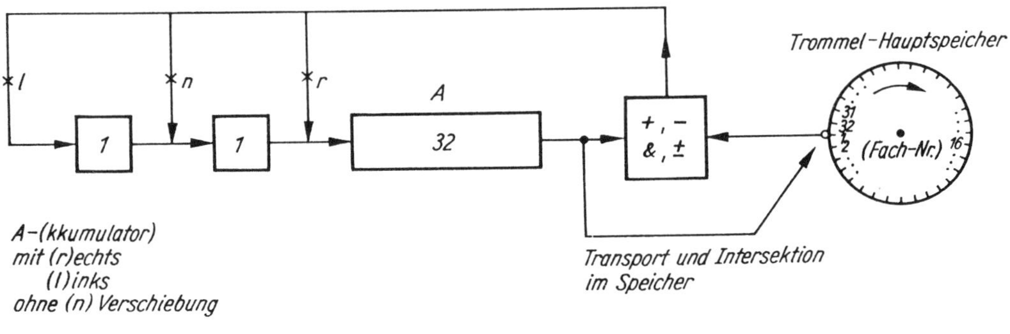

Abb. 2: Arbeitsprinzip des D4a Rechenwerks mit nur einem Register (Gruppenbefehle verarbeiten bis 32 Worte einer Spur)

Additions-, Subtraktions- oder Intersektionsbefehl konnte jedoch mit x-Worten einer Spur des Trommelspeichers als Operandenfolge mit dem Akkumulator als 2. Operanden ausgeführt werden; ebenso war *jeder* Transportbefehl zum Speicher (dort eventuell Intersektionen bewirkend) x-mal wirksam. *x* hat beim Normalbefehl den Wert 1, bei einem «Gruppenbefehl» im D4a, entsprechend den auf einer Speicherspur untergebrachten Worten, den Wert 32. Außerdem konnte der Gruppenbefehl abgewandelt werden, so daß er bereits beim Vorzeichenwechsel im Akkumulator (kurz: Akku) oder mit vorgegebenem $x < 32$ beendet war. Im Akku waren gleichzeitig auch Links- und Rechtsverschiebungen (d. h. Multiplikationen und Divisionen mit der Dualbasis 2) ausführbar (vgl. hierzu Abb. 2). Technisch erforderten diese Varianten des klassischen Einzelbefehls nur einen minimalen Zusatzaufwand, ihre Wirksamkeit entsprach fast der eines voll ausgebauten Rechenwerks auch für Gleitkommazahlen.

Die Befehlsablaufsteuerung benutzte einen Wort-Umlaufspeicher auf der Trommel als Zähler und ein Flip-Flop-Schieberegister für die Aufnahme eines Befehls ($= 20$ bit); letzteres wurde dabei gleichzeitig zur Erledigung aller Ein- und Ausgaben eingesetzt. Zusammen mit einem funktional organisierten Befehlsschlüssel war wiederum ein homogener und rationeller Aufbau auch dieser Steuerungsteile erreicht. Das folgende Strukturbild 3 des D4a enthält alle wesentlichen Baugruppen (vor allem alle statischen und dynamischen Speicherelemente) und vermittelt einen zuverlässigen Gesamteindruck vom benötigten minimalen Aufwand.

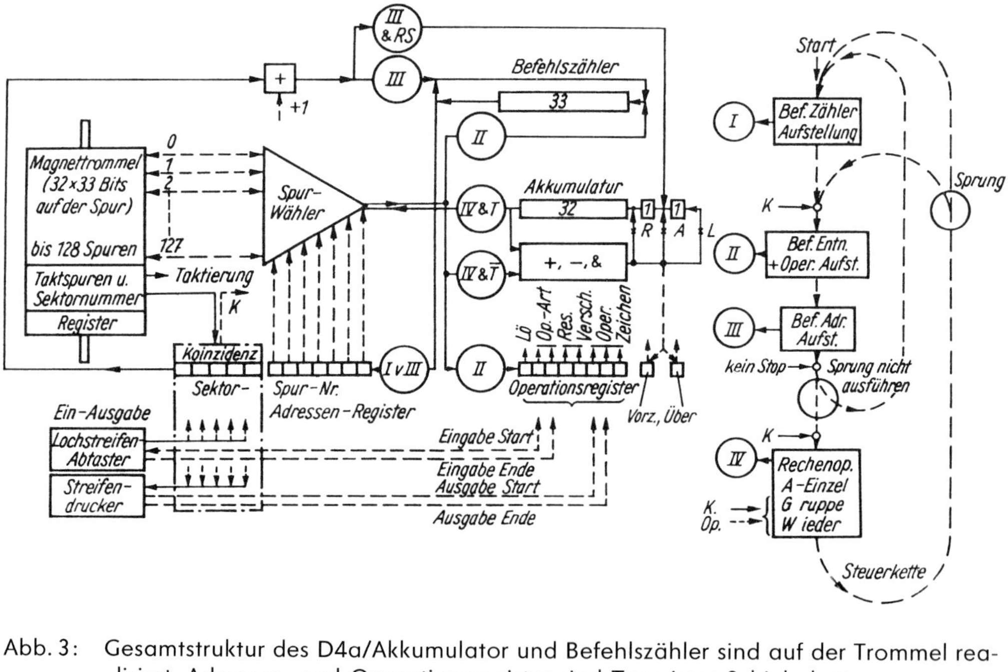

Abb. 3: Gesamtstruktur des D4a/Akkumulator und Befehlszähler sind auf der Trommel realisiert, Adressen- und Operationsregister sind Transistor-Schiebeketten, Kreise markieren Schalter

Das gesamte Gerät, einschließlich einer druckenden Ausgabe, einer Eingabetastatur und eines Lochstreifen-Abtasters, war in einem Gehäuse mit den Abmessungen eines mittleren Fernsehapparates (60 cm $\times$ 45 cm $\times$42 cm) zusammengefaßt (vgl. Abb. 4 und 5). Die Elektronik benötigte weniger als 200 Transistoren und 1500 Halbleiterdioden. Dabei ist auch die Anschlußmöglichkeit verschiedener externer Ein- und Ausgabemechanismen mit berücksichtigt, die das Gerät für spezielle Einsatzzwecke umrüsten oder von denen der Automat bedient und gesteuert werden kann.

Die Leistungen des D4a-Grundgerätes sind nach [14]: Speicher für 4096 Worte (Zahlen oder Befehle) mit je 33 Dualstellen und einer mittleren Suchzeit von 1,7 ms, Eingabe vom Lochstreifen 50 Zeichen/sec, etwa 150 Festkomma- und 30 Gleitkomma-Einzeloperationen/sec (einschließlich aller Suchzeiten und ohne optimierte Programmierung), Ausgabedruck alphanumerisch mit 25 Zeichen/sec. Elementarfunktionswerte werden in 150 ms ermittelt. Dabei findet sich der Hinweis, daß die Leistung des D4a eigentlich nicht mit Werten zu Einzeloperationen beurteilt werden kann. Bei Befehlsfolgen, in denen ein gemeinsamer Faktor vorkommt (z. B. bei Potenzreihen oder beim Gaussschen Eliminationsverfahren für lineare Gleichungen), laufen die Operationen fast so schnell wie mit einem voll ausgebauten 4-Spezies-Rechenwerk. So löste der D4a lineare Gleichungssysteme (nach [14] bei 20 (40) Gleichungen mit Gauss' Elimination, vollständiger Pivotisierung und Summenproben in $<$ 4 (24.5) Minuten) schneller als der tonnenschwere Zeiss-Rechenautomat ZRA-1, der sekundlich 150 arithmetische Gleitkommaoperationen ausführte. Das gab damals zu dem Slogan Anlaß:

«Klein David (D4a) schlägt Riesen Goliath (ZRA-1)».

Dabei wurde allerdings über ein etwas längeres Zahlwort beim ZRA-1 hinweggesehen.

Die Methode, die eine solche Beschleunigung gestattet, wurde in [13] bei Gleichung (7) für Divisionen angedeutet. Obwohl es nicht Ziel dieses Beitrages sein kann, die Funktion des D4a vollständig zu beschreiben, soll doch die Wirkung der Gruppenoperation bei Mantissenmultiplikationen zweier Gleitkommazahlen genauer verfolgt werden. Nur so ist der Vorteil der Rechnerstruktur des D4a richtig einzuschätzen.

Eine Gleitkommazahl

$$m = M_m * 2^{E_m} = \pm 0.m_{-1}, m_{-2}, \ldots, m_{-26} * 2^{(m_5, m_4, \ldots, m_0) - 64}$$

(wobei m_i Dualziffern mit dem Stellenwert 2^i sind) hat im D4a die Darstellung:

$$p_0, p_{-1}, \ldots, p_{-6}, p_{-7}, \ldots, p_{-32} \quad \text{mit} \quad p_0 = 0 \text{ bei } +, \quad p_0 = 1 \text{ bei } - \quad \text{und}$$
$$p_{-i} = m_{6-i} \text{ für } i = 1, \ldots, 6; \quad p_{-(6+i)} = m_{-i} \text{ für } i = 1, \ldots, 26.$$

Damit lassen sich Dezimalzahlen des Bereiches

$$\pm 0.(7, \ldots, 8 \text{ Dezimalen}) * 10^{(-10, \ldots, +10)} \quad \text{erfassen.}$$

Zur Multiplikation $x * q$ zweier Gleitkommazahlen werden die Exponenten E_x, E_q und Mantissen M_x, M_q getrennt, hier wird nur die Multiplikation der letzteren betrachtet

Abb. 4: Frontansicht des D4a mit Bedienungstastatur, Anzeigeblock, Papierstreifendrucker (oben), Lochstreifenabtaster (unten)

Abb. 5: Rückansicht des D4a bei abgehobener Haube, Elektronikgestell herausgezogen. Speichertrommel und Umformer in schalldämmender Kapsel, Ein- und Ausgabemechanik hinter Lüfterrad

und angenommen, daß der Faktor x mehrfach benötigt wird. Vorbereitend wird die Mantisse M_x von x: $x_{-1}, \ldots, x_{-26}$ bis zum Platz p_{-1} eines Wortes vorgeschoben und in 26 aufeinanderfolgende Fächer ($k = 1, \ldots, 26$) einer Faktor-(Haupt)-Speicherspur, beginnend mit 6, dann mit 7 usw. bis zu allen 26 Stellen abgelegt. Die restlichen $32 - 26 = 6$ Fächer der Faktor-Spur bleiben leer. Seien die 32 Worte der Faktor-Spur $p_{-i,k}$ (mit $k = 1, \ldots, 32$ als Wort-, $i = 0, \ldots, 32$ als Ziffernfolgenummer), so ist danach für $k = 1, \ldots, 26$:

$$p_{0,k} = 0, \quad p_{-i,k} = x_{-i} \text{ für } i = 1, \ldots, k + 5 \leqq 26, \quad p_{-i,k} = 0 \text{ für } 27 \leqq i \leqq 32.$$

Bei $27 \leqq k \leqq 32$ ist für alle i: $p_{-i,k} = 0$. Im Akku bleibt die Mantisse von q:

$$(\text{Akku})_{-i} = 0 \text{ für } i = 0, \ldots, 6; \qquad (\text{Akku})_{-(6+i)} = q_{-i} \text{ für } i = 1, \ldots, 26.$$

[$(\text{Akku})_{-j}$ mit $j = 0, \ldots, 32$ markiert die j-te Speicherstelle des Akku]

Das Mantissenprodukt zu $x * q$ wird von einem einzigen Gruppenbefehl GRA im Akkumulator mit einem Fehler $< 2^{-27}$ gebildet. GRA ist eine einfache Abwandlung der Addition und erfüllt gleichzeitig mehrere Funktionen:

1. Bei jedem Durchlauf eines Wortes wird der Akku-Inhalt um eine Stelle nach rechts verschoben und die vorher kleinste Stelle gelöscht.
2. Ist bei Beginn eines Wortdurchlaufs die kleinste Akkustelle eine 1, so wird der Addiator für eine Wortlänge eingeschaltet, sonst nicht.
3. Als zweite Operanden dienen nacheinander die Worte $k = 1, \ldots, 32$ der Faktor-Speicherspur.

Für den Ablauf der Operationen ist zu bechten, daß infolge der o. a. Schritte nacheinander alle Ziffern der Mantisse von q, mit der kleinsten beginnend, zur Steuerung einer eventuellen Addition herangezogen werden. Da im Akku anfangs immer alle jene Stellen leer bleiben, die in der Faktor-Spur besetzt sein können, wird keine Mantissenstelle von q vor deren Abarbeitung bei oben angegebener 2. Funktion durch Additionsresultate verändert. Nach 26 Wortzeiten ist die Mantisse aus dem Akku verabschiedet; die Fächer mit $k = 27, \ldots, 32$ der Faktor-Spur enthalten nur die Null, so daß im Akku lediglich eine Stellenverschiebung nach rechts stattfindet (Multiplikation mit 2^{-6} und Abschneiden der 6 kleinsten Stellen des Resultates).

Zur Untersuchung des Fehlerverhaltens bei diesem Multiplikationsvorgang werden nur die Mantissen M_q, M_x von q, x betrachtet. Zudem wird vorläufig angenommen, daß M_q statt im Akku in einem zu diesem (mit Rechtsverschiebungen) parallel laufenden Register steht und von dort aus mit jeweils der kleinsten Ziffernstelle die Additionen im Akku steuert. Letzterer sei zu Beginn leer; in der Faktorspur sei in den Fächern mit $k = 1, \ldots, 26$ auf die Stellenbeschneidung der nach vorn geschobenen Mantisse von x verzichtet. Der Rechenvorgang verläuft dann im Akku, bei dem jetzt ein Index $\geqq 0$ die Anzahl ausgeführter Rechenschritte zählt, nach dem Algorithmus:

$$(\text{Akku})_0 = 0, \quad (\text{Akku})_k = ((\text{Akku})_{k-1} + M_x * 2^6 * q_{-27+k})/2 \quad \text{bei} \quad k = 1, \ldots, 26.$$

Da für $k = 27, \ldots, 32$ die Faktor-Spur leer war, ist $(\text{Akku})_{32} = ((\text{Akku})_{26})/2^6$. Diese Iterationsvorschrift für eine Polynomberechnung ergibt sogleich:

$$\text{(F)} \qquad \left[\sum_{k=1}^{26} (M_x * 2^6) * q_{-27+k} * 2^{-27+k}\right] * 2^{-6} = M_x * M_q.$$

Das ist das fehlerfreie Mantissenprodukt. Bei dem real in nur einem Akkumulator ablaufenden Prozeß ist demgegenüber lediglich die in den Schritten $k = 1, \ldots, 19$ von M_x mitgeführte Stellenzahl auf 6 bis 25 reduziert. Da die Mantisse positiv war, wird dieser Fehler mit jeweils einem $0 \leqq eps_k < 1$ für $k = 1, \ldots, 19$ und $0 = eps_k$ für $k > 19$ durch $eps_k * 2^{-(5+k)}$ erfaßt. In und mit der o. a. Gleichung (F) wird daher in diesem Falle

$$\left[\sum_{k=1}^{26} ((M_x - eps_k * 2^{-5-k}) * 2^6) * q_{-27+k} * 2^{-27+k}\right] * 2^{-6}$$
$$= M_x * M_q - \sum_{k=1}^{19} eps_k * q_{-27+k} * 2^{-32} = M_x * M_q - F \quad \text{mit} \quad 0 \leqq F < 2^{-27}.$$

Damit ist das zuvor angegebene Fehlerverhalten des im D4a benutzten Multiplikationsverfahrens bestätigt; es erfordert nur die Ausführung einer Gruppenoperation und dauert genau eine Trommeldrehung. Die zur Komplettierung der Gleitkommamultiplikation nötige Normalisierung, Abrundung und Addition der Exponenten braucht infolge einer speziellen Speicherfach-Adressierung beim D4a etwa die gleiche Zeit, so daß mit einer Operandenbereitstellung insgesamt knapp 10 Millisekunden erforderlich waren. Sobald der gleiche Faktor x bei etwa zehn Multiplikationen genutzt werden kann, wirkt sich die zur eigentlichen Produktbildung hinzukommende Aufbereitungszeit von x auf der Faktor-Speicherspur kaum noch aus. Das vorgestellte Verfahren funktioniert bei anderen Wortlängen genauso. Dabei muß jedoch die Bedingung

$$(\text{Anzahl der Exponentenstellen}) \geqq \text{ld}\ (\text{Anzahl der Mantissenstellen}) + 1$$

eingehalten werden.

Ähnlich wie bei der Produktbildung verkürzen sich die mittleren Rechenzeiten auch bei anderen Operationsfolgen, so daß die Rechenleistung des D4a sekundlich etwa 100 Gleitkommaoperationen erreichte und mit der wesentlich größerer Automaten (z. B. Zuses Z 22, Z 23) konkurrieren konnte. Heute würde wegen des Befehlsumfanges von einer RISC (= Reduced Instruction Set Computer)-Struktur, wegen der Gruppenbefehle und der Operandenfolge von einem vector-oriented SIMD (= Single Instruction Multiple Data)-System gesprochen werden.

Für den Anwender standen für den D4a einfache Programmierungssprachen zur Verfügung, so daß für ihn die internen Programme zu allen elementaren Grundoperationen und -funktionen nicht sichtbar waren. Eine reichhaltige Programmbibliothek enthielt für wichtige Grundaufgaben der verschiedensten Nutzungsgebiete optimierte Lösungsroutinen.

4 Probleme und Wirkungen des Kleinstrechners D4a in der DDR-Industrie

Obwohl bereits 1962 nach der Vorstellung des ersten «Handstrickmusters» zum D4a die Realisierbarkeit außer Zweifel stand, blieben die anderen Vorbehalte bestehen oder wurden vertieft. Nachdem das ideologische Verdammungsurteil über die Kybernetik und damit zum Computer gerade seine Wirksamkeit verloren hatte, wurden die Möglichkeiten dieser Technik in der damaligen Führungsriege des Landes bald grenzenlos überschätzt: in Verbindung mit einer «Operationsforschung» wurde von einer allumfassenden, automatisierten Planung aller sozialistischen Lebensbereiche geträumt; der Computer sollte eine Wunderwaffe werden! Natürlich würden dafür leistungsfähige Rechenzentren mit großen Automaten gebraucht, nur damit würde die zentralisierte Steuerung der gesamten Gesellschaft verwirklicht! Der Kleinstautomat stand dieser Entwicklung jedoch gerade entgegen, er würde Rechnerleistungen in kaum kontrollierbarer Weise dezentral verfügbar machen.

Außerdem wurden die mechanischen Buchungs- und Fakturiermaschinen immer noch mit einem guten Devisenerlös verkauft, und die Produktion von konventionellen Lochkartengeräten erreichte einen Höhepunkt. Die Elektronik wurde nur in bescheidenem Umfang für Zusatzgeräte eingesetzt, und an diesen «guten Traditionen» wurde festgehalten. Bei ELREMA wurde gerade erst über eine moderne elektronische Lochkartenanlage nachgedacht (später als R 300 serienmäßig gefertigt). Bezeichnenderweise durften in der UdSSR von vielen Verwaltungsabteilungen damals nur «Elektronische Buchungssysteme» gekauft werden. Ein Import von Kleinstautomaten aus der DDR war nicht vorgesehen und wurde erst durch eine entsprechende Veränderung der Bezeichnung möglich.

Bereits bei der Vorstellung des ausgereifteren D4a wurde mir 1963 entgegengehalten, daß «der leere umbaute Raum das billigste Bauelement der Elektrotechnik sei», wozu wäre eine kompakte Bauweise nötig. Besonders Leiterzüge von 1 mm Breite und Abstand auf kupferkaschierten Leiterplatten erschwerten angeblich die Fertigung unnötig. Auch die Notwendigkeit, eine billige Serienproduktion vorzubereiten, wurde kaum eingesehen. Trotzdem wurde von der Leitung der VVB Büromaschinen schließlich das Büromaschinenwerk Cellatron in Zella-Mehlis (vormals die Mercedes-Werke) zur Übernahme des D4a für eine Produktion bestimmt. Es bedurfte dort großer Anstrengungen, um die bisher vor allem mit der Fertigung mechanischer Geräte beschäftigten Mitarbeiter umzuschulen. Dabei wurde zu Beginn entgegen allen Hinweisen versäumt, für die neue Fertigung ausreichend Spezialgeräte und -werkzeuge sowie Vorrichtungen anzufertigen, die allein z. B. im Bereich der Speichertrommel die erforderliche Fertigungsgenauigkeit sichern konnten. Für diese Produktion wurde schließlich eine Verkleidung des D4a als Bürotisch gewählt, da der Automat entsprechend den «guten Traditionen» als Büromaschine, weniger als «Arbeitsgerät auf dem Tisch» für eine Vielzahl von Nutzern gesehen wurde. Nach einigen Jahren wurde der D4a in dieser Ausführung (Abb. 6) schließlich in über 3000 Exemplaren gebaut und zumeist exportiert [16].

Abb. 6: Industrieausführung des D4a als Cellatron C 8201

Obwohl zunächst immer noch die konventionelle Bürogeräte- und Lochkartentechnik bestimmend blieb, beförderte der D4a nach der Vorstellung ab 1963 das Umdenken. Als 1963 ein Regierungsprogramm zur «Entwicklung, Einführung und Durchsetzung der automatischen Datenverarbeitung» erarbeitet wurde, war das IMR einbezogen, und die Aussagen zur Vorlaufsforschung waren von mir zu verantworten. Dabei wurden auch die Kleinstrechenautomaten berücksichtigt.

Die beachtliche Leistung des kleinen Gerätes sowie die bewegliche und anpassungsfähige Befehlsstruktur regten rasch zum Einsatz auf den verschiedensten Gebieten an. Bereits 1964 wurde der D4a in der Automatisierungsindustrie unter der Bezeichnung PR 1000 als Prozeßrechner ausgebaut und mit Erfolg eingesetzt. Er diente dabei auch als «umsetzbare Meßwertverarbeitungsanlage» [16]. Bei den Arbeiten zur Produktionsaufnahme in Zella-Mehlis wurden Konstruktionselemente des D4a auch als Grundlage für weitere Geräteentwicklungen genommen. So entstand ein Lochstreifenstanzer ganz nach dem Vorbild des im D4a integrierten Lochstreifenlesers – leider ohne die Gelegenheit wahrzunehmen und noch kleinere und leichtere Geräte vorzubereiten.

Im IMR selbst wurden insgesamt 6 D4a aufgebaut, 3 davon bildeten den Grundstock eines ersten Ausbildungs-Rechenlabors, in dem die Studenten unmittelbar am Automaten Erfahrungen sammeln konnten. Von jedem dieser Rechner konnten dabei durch Tastendruck externe Lochstreifen-Stanz- und Lesegeräte (für 150 Zeichen/sec), Schreibwerke und Fernschreiber angeschlossen werden. Ende der 60er Jahre stand dazu auch ein kleines Magnetbandgerät der BRD-Firma Assmann zur Verfügung, das gelegentlich einer Umstrukturierung in der Akademie der Wissenschaften der DDR erworben werden konnte. An diesen Geräten und dann auch an den 1200 Cellatron-Ausführungen der Serie 8001– 8005, die im eigenen Lande verblieben waren, hat eine große Anzahl von Studenten, aber auch von bereits im Arbeitsprozeß stehenden Fachleuten, ihre erste Bekanntschaft mit einer moderneren und letztlich auf individuelleren Gebrauch orientierten Rechen- und Datenverarbeitungstechnik gemacht.

Bei allen diesen recht schönen Ergebnissen bleibt nur zu bedauern, daß weder die Industrie noch die Planungsbürokratie aus ihrer Gefangenschaft von Tradition und Ideologie ausbrechen konnten. So wurde meine Forderung nach einer billigen Massenproduktion weder verstanden noch beachtet. Dessen ungeachtet wurden im IMR erfolgreich die Voraussetzungen für einen leistungsfähigeren «Rechenautomaten auf dem Arbeitstisch» D5 geschaffen, der über eine Speicherkapazität von mindestens 32 Tausend 48stelliger Worte (= 200 kByte) und eine gegenüber dem D4a auf das mehr als 10fache gesteigerte Rechenleistung sowie verbesserte und bequemere Ein- und Ausgabetechnik verfügen sollte.

Als jedoch in der Industrie mit großem Aufwand die Entwicklung eines «kleinen» Automaten R 10 in Angriff genommen wurde, der um ein Druckwerk herum aufgebaut und bei wesentlich geringerer Leistung als der D5 viel aufwendiger als dieser sein würde, habe ich die Arbeiten an unserem Gerät – vielleicht zu früh – 1966 abgebrochen. Es war abzuschätzen, daß die Industrie nicht bereit sein würde, ein wieder neuartiges, unübliches Konkurrenzerzeugnis aus dem Hochschulbereich in die Produktion zu übernehmen.

Es bleibt nachzutragen, daß nach Einsatz von Millionen Mark und der Arbeit Hunderter von Arbeitskräften auch das Industrie-Projekt R 10 abgebrochen wurde. Es begann hier das Zeitalter der Groß- (oder doch der größeren) Computer nach «IBM-Vorbild». Daran mochte ich mich trotz verlockender Angebote prinzipiell nicht beteiligen, da dabei unvertretbare politische Zwänge befürchtet werden mußten.

Heute ist die Zeit der zentralisiert eingesetzten Computer-Riesen vorbei, der Computer wird vorwiegend vom Nutzer zu Hause oder an der Arbeitsstelle betrieben. Dabei nimmt die lokale und sogar weltweite Vernetzung dieser Einzelrechner ständig zu. Das gilt ungeachtet der Tatsache, daß auch weiterhin Supercomputer und Speichersysteme mit höchster Leistung als Einzelobjekte entwickelt und gebaut werden müssen.

Bei allen diesen Entwicklungen erhält dabei ein altes Goethewort seine Bestätigung:

> Es gibt kein Vergangenes, das man zurücksehnen dürfte, es gibt nur ein ewig Neues, das sich aus den erweiterten Elementen des Vergangenen gestaltet und jede echte Sehnsucht muß produktiv sein, ein Neues, ein Besseres zu gestalten.

Als Erfolgsrezept mag dabei gelten: In allen Lebensbereichen sind die Zielbestimmung und die Führung entscheidend für das Resultat.

Literatur

[1] Bachmann, K.-H.: Einige Besonderheiten der Dresdner Rechenautomaten D1. Nachrichtentechnische Fachberichte, Beiheft des NTZ 4 (1956), S. 90–91.

[2] Gerschler, H.: 10 Jahre Elektronische Rechenmaschinen (ELREMA). Z. Rechentechnik/ Datenverarbeitung 4 (1967) 3, S. 4–11.

[3] Hantzschmann, K.: N. J. Lehmann – ein Leben mit dem und für den Computer. Wiss. Z. d. TU Dresden 41 (1992) 4, S. 52–55.

[4] Heinze, E.: Von der mechanischen Fakturiermaschine zum Personalcomputer. Rostocker wissensch. historische Manuskrupte der Univ. Rostock (1990) 19, S. 40–43.

[5] Lange, W.: Buchungsmaschinen. München, Wien: Oldenbourg-Verl., 1986. (= GMD-Bericht; 162).

[6] Lehmann, N. J.: Gutachten an Büromaschinen Werk VEB Wanderer-Continental in Chemnitz 1951 (insb. Anlage 2).

[7] Lehmann, N. J.: Bericht über den Entwurf eines kleinen Rechenautomaten an der TH Dresden. Math. Tagung an Humboldt-Universität Berlin, Januar 1953. Berlin: Verlag d. Wiss., 1955. S. 262–270.

[8] Lehmann, N. J.: Stand und Ziel der Dresdner Rechengeräteentwicklung. Nachrichtentechn. Fachberichte, Beiheft des NTZ 4 (1956), S. 46–50.

[9] Lehmann, N. J.: Institut für Maschinelle Rechentechnik. Wiss. Z. d. TH Dresden 8 (1958/59) 6, S. 17–19.

[10] Lehmann, N. J.: Programmgesteuerter elektronischer Digitalrechner. Wirtschaftspatent 44357 der DDR. Anmeldetag: 24. 5. 1960.

[11] Lehmann, N. J.: Magnetkopf zum Schreiben und/oder Lesen praktisch punktförmiger Zeichen. Wirtschaftspatent 30464 der DDR. Anmeldetag: 3. 10. 1962.

[12] Lehmann, N. J.: Übersicht über die Arbeiten des Instituts für Maschinelle Rechentechnik der TU Dresden. Wiss. Z. TU Dresden 12 (1963) 1, S. 81–90.

[13] Lehmann, N. J.: Die Organisation eines Kleinstrechenautomaten. Wiss. Z. TU Dresden 12 (1963) 1, S. 11–23.

[14] Lehmann, N. J.: Struktur und Aufbau des Kleinrechenautomaten D4a. Elektronische Rechenanlagen 7 (1965) 5, S. 259–264.

[15] Lehmann, N. J.: Beiträge an der TH/TU Dresden zur Entwicklung der Informatik. Wiss. Beiträge zur Informatik, Fak. Informatik, TU Dresden 5 (1991), S. 13–21.

[16] Merkel, G.: Vier Jahrzehnte Rechentechnik in der DDR. Mitteilung der Ges. f. Informatik d. DDR (1989) 5/6, S. 147–152.

[17] Möhring, M.: Zur Frühgeschichte der Informatik in der DDR. Rostocker wissensch. historische Manuskripte der Univ. Rostock (1990) 19, S. 18–31.

[18] Kleines sowjetisches philosophisches Wörterbuch. 1955. S. 236–237 (russ.).

Dagmar Hülsenberg

Mikrostrukturierung von Gläsern

1 Einleitung

Es existieren schon lange Techniken, die Glas in Mikrodimensionen mit in erster Linie künstlerischer Zielstellung verändern, z. B. das Schleifen, Polieren und Gravieren oder die Säurebehandlung. Erst das Fotoformverfahren der 40er und 50er Jahre (Stookey, Pavluškin, Hinz) stellte einen entscheidenden Schritt zur technisch nutzbaren Mikrostrukturierung von Gläsern dar. Der marktwirtschaftliche Anstoß zur Mikrostrukturierung von Gläsern erfolgte, als sich die aus der Mikroelektronik für Silicium gesammelten Erfahrungen als tragfähig für die gesamte Mikroelektronik erwiesen, Si aber nicht alle aus der Mikrosystemtechnik resultierenden Forderungen erfüllen konnte.

Der Grund, daß Glas Eingang in die Mikrosystemtechnik fand, bestand

- in seinem hohen spezifischen elektrischen Widerstand,
- der geringen Ausbildung von Störkapazitäten,
- der im allgemeinen guten chemischen Beständigkeit,
- der Bearbeitbarkeit von Glas mit verschiedensten Methoden.

Wenn im folgenden von «Bearbeitbarkeit» die Rede ist, geht es um die Mikrostrukturierung, d. h. um das Einbringen von Durchbrüchen oder Gräben verschiedenster Geometrie in Glasscheiben (in Anlehnung an die Mikroelektronik als Glaswafer bezeichnet). Dabei gilt, daß mindestens eine Dimension der Strukturen kleiner 100 μm, häufig auch kleiner 10 μm ist. Die dafür in Frage kommenden Prinzipien beruhen auf chemischen, mechanischen, elektrochemischen und thermischen Mechanismen sowie Wechselwirkungen der Elementarteilchen der Gläser mit Strahlung unterschiedlicher Intensität.

Meist wirken mehrere Prinzipien gleichzeitig. Die folgenden Ausführungen beschäftigen sich mit Beispielen für diese verschiedenen Arten der Mikrostrukturierung von Glas. Die Wechselwirkungen sehr spezifischer Art bewirken in jedem Fall, daß es immer Paarungen Glaswerkstoff/Technologie gibt, die sich für die Mikrostrukturierung besonders gut eignen oder überhaupt keine Reaktion zeigen.

2 Chemische Strukturierung

Gläser sind im allgemeinen für ihre chemische Beständigkeit bekannt. Absolut stimmt jedoch diese Aussage nicht, denn es gibt Gläser unterschiedlichster Zusammensetzung. Solche, die SiO_2 als Netzwerkbildner enthalten, sind in der Regel gut gegen die meisten Säuren und Wasser beständig, während die Resistenz gegen Laugen niedriger liegt. Selbst Kieselglas, das zu 100 % aus SiO_2 besteht und als chemisch nahezu unangreifbar gilt, weist eine Abhängigkeit des herausgelösten SiO_2-Anteils vom pH-Wert auf.

Drastische Auflösungserscheinungen ergeben sich, wenn Flußsäure ($HF \Leftrightarrow H^+ + F^-$) mit silikatischen Gläsern in Kontakt kommt. Dann reagiert zwar auch das H^+ in der Art eines minimalen Säureangriffs auf das Glas; die Hauptreaktion erfolgt jedoch durch das F^-. Es besitzt einen nahezu mit dem Sauerstoffanion identischen Ionenradius ($r_{O^{2-}}$ = 1,32 Å, r_{F^-} = 1,33 Å). Dadurch kann es den Sauerstoff aus dem Netzwerk verdrängen. Da das Fluoranion jedoch nur einfach negativ geladen ist, bedeutet der Ersatz von Sauerstoff durch Fluor Trennstellen im Netzwerk und damit die Auflösung desselben, s. Abbildung 1.

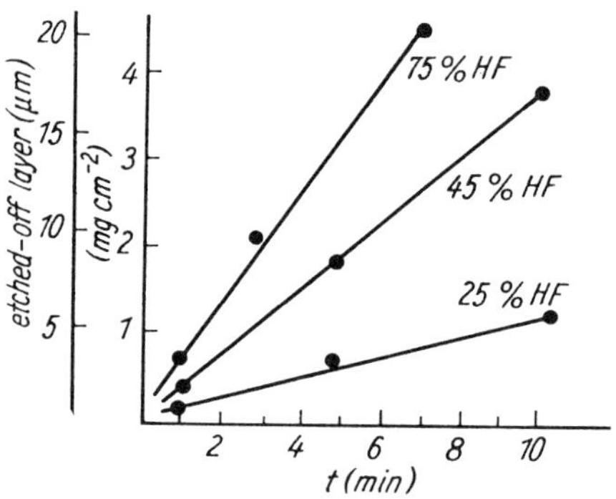

Abb. 1: Ätzrate für die Oberfläche von Kieselglas in Flußsäure

An ein und demselben Erzeugnis kann man dann unterschiedliche chemische Beständigkeiten feststellen, wenn die Gläser mikroentmischt sind. Die Phasen besitzen unterschiedliche chemische Zusammensetzungen und meist auch einen verschiedenen Ordnungszustand. Gegebenenfalls liegt eine Phase kristallisiert vor. Man nutzt das

- für die gezielte Herauslösung z. B. der B_2O_3-reichen Phase in Vycor-Gläsern, oder
- in Lithium-Alumosilikatgläsern mit partieller Kristallisation von Lithiummetasilikat wird letzteres durch Flußsäure aus der weniger löslichen Restglasmatrix für die Mikrostrukturierung derselben herausgelöst, s. auch Abschnitt 5.1.

Maskiert man nun die Gläser z. B. mit strukturierten Lackhaftmasken oder aufgedampften Al-Metallschichten, dann erfolgt der Angriff durch Flußsäure HF oder

Kalilauge KOH auf das Glas nur an den freien Stellen. Man überträgt die Maskenstruktur auf das Glas. Es hängt scheinbar nur von der Maskenstruktur ab, wie auch das Glas strukturiert wird.

In der Praxis treten jedoch Probleme auf, die u. a.

- aus der häufig nicht ausreichenden chemischen Beständigkeit des Maskenwerkstoffes und
- der Unterätzung und damit beträchtlichen Aufätzung der Glasstrukturen

resultieren. Feine Strukturen mit hoher Reproduzierbarkeit lassen sich nur selten oder mit hohem Aufwand erzeugen. Trotz aller Probleme stellt der chemische Angriff auf Glas unter Zuhilfenahme von Masken eine gebräuchliche Variante der Glasmikrostrukturierung dar.

3 Mechanische Mikrobearbeitung

Die Basis dafür bildet das spröd-elastische Verhalten des Werkstoffes Glas. Wird auf eine Glasoberfläche z. B. mit einer Vickers-Diamantpyramide oder einer Kugel ein Druck ausgeübt, entstehen (neben Effekten der Mikroplastizität) nach Überschreiten der Bindefestigkeiten zwischen den Ionen *Risse,* die sich drei Gruppen zuordnen lassen, wie Abbildung 2 zeigt. Die *longitudinalen* Risse bilden die Basis für das Trennschleifen (wichtig für das Trennen der Glaswafer in Chips), die *lateralen* für die Oberflächenbearbeitung durch Schleifen, aber auch für das Gravieren, Ritzen, die Herstellung von Gräben oder Sackbohrungen. Insbesondere die lateralen Risse sind somit für die mechanische Mikrostrukturierung wichtig. Aufgrund der lateralen Risse erfolgt der Glasabtrag schüppchenweise. Ihre Form und Größe verleiht der Mikrostruktur ein Oberflächenrelief. Es kann durch eine nachfolgende Fluß-

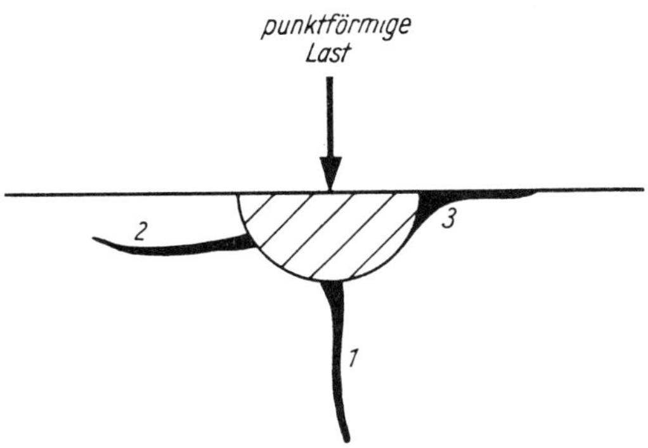

Abb. 2: Rißentstehung bei punktförmiger Belastung
1: longitudinaler Riß, 2: lateraler Riß, 3: radialer Riß, schraffiert: Bereich der Hertzschen Pressung

säureätzung geglättet werden. *Radiale* Risse, die letztlich unvermeidlich sind, beeinträchtigen durch Werkstückschädigung in jedem Fall die Mikrostrukturierung.

Die *mechanische Mikrostrukturierung* erfolgt meist durch

- Sandstrahlen (Begrenzung des Einsatzes durch Maskenverschleiß und Feinheit der Körnung des «Sand»-Strahls) und
- Bearbeitung mit Diamantwerkzeugen.

Die typischen Bearbeitungsgeometrien für Diamantwerkzeuge sind Löcher, deren unterer Durchmesser vom Bohrwerkzeug abhängt, und im wesentlichen lineare Vertiefungen. Die häufig geäußerte Meinung, daß die Strukturbreiten mit etwa 50 µm begrenzt seien, entspricht längst nicht mehr dem praktischen Stand der Technik.

Mit Diamanten, die eine angeschliffene «Spitze» von $1 \times 1{,}5\ \mu m^2$ besitzen, ist es durchaus möglich, sicher Strichbreiten in optischem Glas von 2 ... 4 µm bei geringsten Strichabständen (Strichmitte bis Strichmitte) von 4 ... 5 µm zu erzielen (LÖSCHE 1994). Unter Verwendung von Lackhaftmasken und optimierten Ätzmitteln, s. Abschnitt 2, werden diese Striche anschließend mehrere µm tief in das Glas vorgetrieben.

Eine mechanische Bearbeitung unter gleichzeitiger chemischer Beeinflussung im Sinne einer Spannungsrißkorrosion unterstützt in jedem Fall die Mikrostrukturierung. Bereits Wasser übt auf die mechanischen Verhaltensweisen von Gläsern Einfluß aus. Eine mechanische Bearbeitung im sauren oder basischen Bereich läßt noch deutlichere Effekte erwarten.

Daraus folgt, daß die *chemische Zusammensetzung* der Gläser einen spürbaren Einfluß auf die *mechanische Bearbeitbarkeit* der Gläser ausübt. Dabei gelingt es selten, einfache Zusammenhänge z. B. zwischen der Schleifhärte und dem Alkalioxidanteil nachzuweisen, da sich eine Erhöhung beispielsweise des Na_2O-Anteils in einem Glas gleichzeitig auf u. a.

- den Anteil der Trennstellensauerstoffe,
- damit zusammenhängend die Viskositäts/Temperatur-Kurve,
- die Dichte und somit die Ionenabstände,
- die Oberflächenspannung,
- den E-Modul und
- die mechanische Festigkeit

auswirkt. Dem Praktiker ist geläufig, daß sich Kieselglas (reines SiO_2, nur Brückensauerstoffe, extrem hohe Viskositäten, aber sehr geringe Dichte) einer mechanischen Bearbeitung gegenüber äußerst unfreundlich verhält, während Gläser mit hohem K_2O-Gehalt als bearbeitungstechnisch «weich» gelten. Letzteres führte zu geschliffenen Kristallgläsern auf K_2O-Basis.

Trotz aller Einschränkungen stellt die mechanische Mikrobearbeitung (auf das Ultraschallstoßläppen beispielsweise wurde hier gar nicht eingegangen) eine für die Mikrostrukturierung von Gläsern unverzichtbare Technologie dar.

4 Elektrochemisches Bohren

Hierbei handelt es sich um eine Spezialtechnologie, die die Ionenleitfähigkeit von Gläsern nutzt. Gläser sind im allgemeinen als elektrische Isolatoren bekannt. Das bedeutet aber nicht, daß ihre elektrische Leitfähigkeit gleich Null ist. Alle Gläser, die

- ein mehr oder weniger aufgelockertes Netzwerk besitzen und
- wanderungsfähige Kationen (in erster Linie Li^+, Na^+, Ag^+, bei höheren Temperaturen Ca^{2+}, Mg^{2+}, ...) enthalten,

weisen einen spezifischen elektrischen Widerstand bei Raumtemperatur um $\varrho = 10^{12}$ Ωcm oder auch darunter auf.

Legt man an die Gläser ein elektrisches Gleichfeld an, findet nicht nur ein minimaler Ladungstransport statt, sondern durch die Kopplung der Ladung an Ionen wandern auch diese im elektrischen Feld. Indem letzteres punktual über eine Nadel unter Zuhilfenahme von wäßrigen Elektrolyten in das Glas eingekoppelt wird und der Kontakt Nadel/Glas durch Nachführen der Nadel stets aufrechterhalten bleibt, «bohrt» sich die Nadel sukzessive in das Glas, s. Abbildung 3. Das dort zuvor befindliche Glas löst sich elektrolytisch auf.

Die Größe der Bohrungen wird in erster Linie von der Geometrie der eingesetzten Nadeln bestimmt. Aber auch die elektrische Leitfähigkeit des Glases, der Elektro-

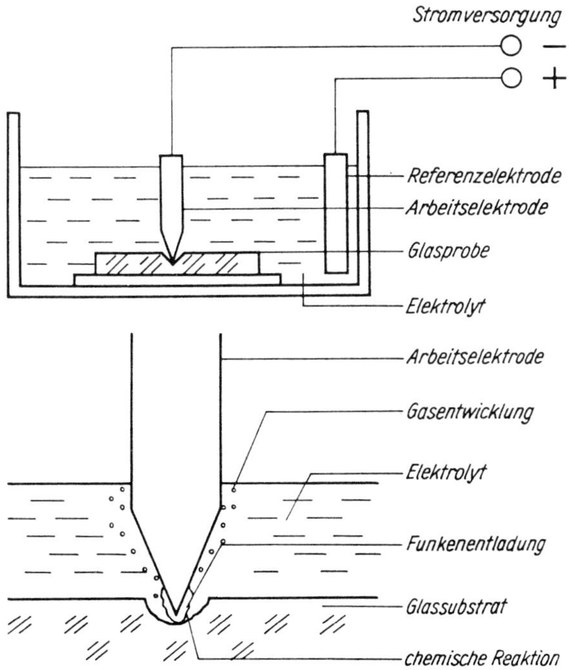

Abb. 3: Prinzip des elektrochemischen Bohrens

lyt, die Elektrodenanordnung, die Anpreßkraft bzw. Nachführung der Nadel, die Temperatur usw. spielen eine wichtige Rolle. Eigene Versuche haben ergeben, daß sich letztlich jedes Glas mit einem Widerstand $\varrho \leqq 10^{14}\ \Omega$cm in technisch vernünftigen Zeiten elektrochemisch bohren läßt (HARNISCH 1994). Einsetzbar ist die Technologie bisher (natürlich in Abhängigkeit von den verfügbaren Nadeldurchmessern) bis etwa 50 µm Lochdurchmesser. Für den Fall, daß nicht mit Vielfachwerkzeugen gearbeitet wird oder werden kann, eignet sich die Technologie vor allem dann, wenn nur wenige Löcher je Wafer gefordert sind. In Abhängigkeit von Lochdurchmesser, Glasart, Glasdicke und technischen Parametern dauert das Bohren eines Loches etwa 1 min (Schwankungsbreite einige s bis ca. 5 min).

5 Mikrostrukturierung von fotosensiblen Gläsern

5.1 Grundlagen des Fotoformverfahrens

Die Voraussetzung dafür besteht einerseits in Gläsern, die polyvalente Elemente enthalten, deren Redox-Zustand durch UV-Strahlung definierter Wellenlänge beeinflußbar ist. Andererseits lassen sich in den hier angewandten fotosensiblen Gläsern durch thermische Prozesse in den UV-bestrahlten Bereichen Kristallisationsvorgänge realisieren, wobei die Kristalle eine deutlich höhere Löslichkeit in Flußsäure besitzen als das nicht bestrahlte, umgebende Ausgangsglas. Bei der Mikrostrukturierung von fotosensiblem Glas laufen somit die Prozesse: Strahleneinwirkung, Wärmebehandlung und chemisches Lösen ab.

Obwohl es theoretisch eine breite Palette von Grundgläsern gibt, die durch Donatoren/Akzeptoren-Paarungen für Fotoelektronen sensibel sein sollten, hat sich in der Praxis für die Mikrotechnik nur eine Glastype durchgesetzt. Sie befindet sich im Dreistoffsystem $Li_2O-Al_2O_3-SiO_2$ im angegebenen Zusammensetzungsgebiet, s. Abbildung 4. Dieses Zusammensetzungsgebiet überdeckt die Feldergrenze zwischen den Primärausscheidungsfeldern von Lithiummetasilikat $Li_2O \cdot SiO_2$ und Spodumen $Li_2O \cdot Al_2O_3 \cdot 4SiO_2$. Das Lithiummetasilikat besitzt die in Flußsäure hohe Löslichkeit und ist somit die angestrebte Kristallphase.

Damit die Kristallisation stattfindet, benötigt man Kristallkeime. Die Basis hierfür bildet ein fotochemischer Prozeß der polyvalenten Dotierungen. Silber-, Cer-, Antimon- und Zinnionen haben sich als geeignet erwiesen, Gold-, Kupfer-, Chrom- und die Ionen weiterer polyvalenter Elemente bieten sich an. Bisher bestand das Verständnis für den fotochemischen Prozeß in folgendem Ablauf (STOOKEY, SCHULER 1956): Das Glas wird unter reduzierenden Bedingungen solcherart geschmolzen, daß Cer als Ce^{3+} und Silber als Ag^{+} vorliegen. Der Ladungszustand von Sb und Sn wurde nicht näher untersucht und mit Sb^{3+} sowie Sn^{2+} angenommen. Durch UV-Bestrahlung mit einer Wellenlänge $\lambda = 308 \ldots 315$ nm, für die Ce^{3+} eine ausgeprägte Absorptionsbande besitzt (BRUNTSCH 1990, S. 51), gibt Ce^{3+} ein Elektron ab,

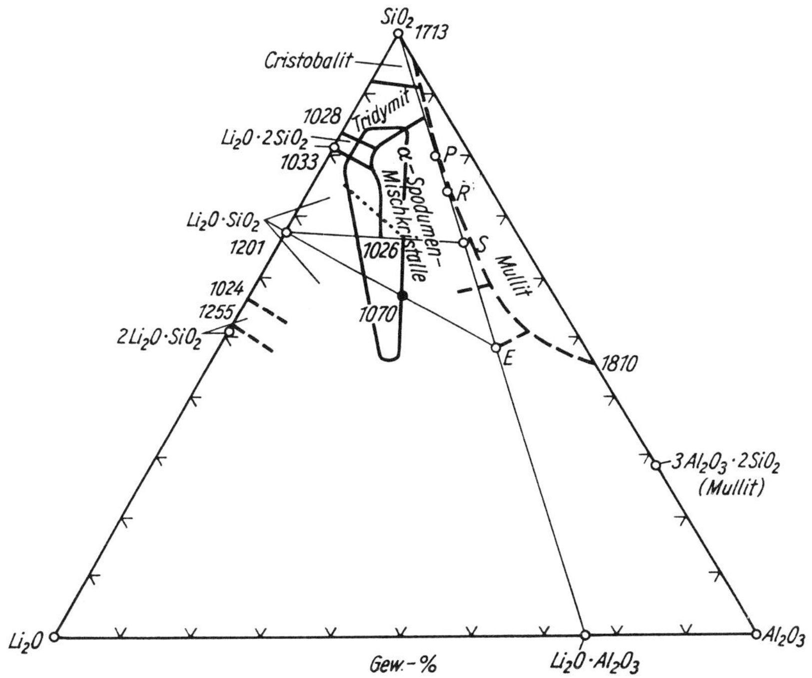

Abb. 4: Dreistoffsystem $Li_2O-Al_2O_3-SiO_2$ mit dem Existenzgebiet von fotosensiblen Gläsern (nach Kim, Hummel 1964, Fig. 822; Horst 1994, S. 77)

P) Petalit $Li_2O \cdot Al_2O_3 \cdot 8SiO_2$
R) Lithiumfeldspat $Li_2O \cdot Al_2O_3 \cdot 6SiO_2$
S) Spodumen $Li_2O \cdot Al_2O_3 \cdot 4SiO_2$
E) Eukryptit $Li_2O \cdot Al_2O_3 \cdot 2SiO_2$

das vom Akzeptor Ag^+ eingefangen wird, so daß folgende Bruttoreaktion abläuft:

$$Ce^{3+} + Ag^+ \xrightarrow{h\nu} Ce^{4+} + Ag^{\pm 0}.$$

Erfolgt die Belichtung unter Zuhilfenahme einer Maske, entsteht das atomare Silber als Basis für die Mikrostrukturierung nur an den gewünschten Stellen. Durch eine anschließende Temperung bei ca. 500 °C finden sich an den belichteten Stellen die $Ag^{\pm 0}$ zu Clustern zusammen, auf die dann bei etwa 600 °C die Lithiummetasilikatkristalle (Abb. 5) aufwachsen.

Ihre Flußsäurelöslichkeit ist ca. 30mal größer als die der nicht belichteten Glasphase. Die Herauslösung der Kristalle beschleunigt sich durch Behandlung im Ultraschallbad beträchtlich; zurück bleibt ein mikrostrukturierter Glaswafer. Die möglichen *Strukturgeometrien* variieren breit. Sie hängen u. a. ab von der Mikrostruktur der Ausgangsgläser (Entmischungen, Homogenität), ihrem tatsächlichen Redoxzustand, der Dicke der Glaswafer, der Maskengeometrie, der Intensität, Dauer und Parallelität der UV-Strahlung, dem Temperregime und den Ätzbedingungen.

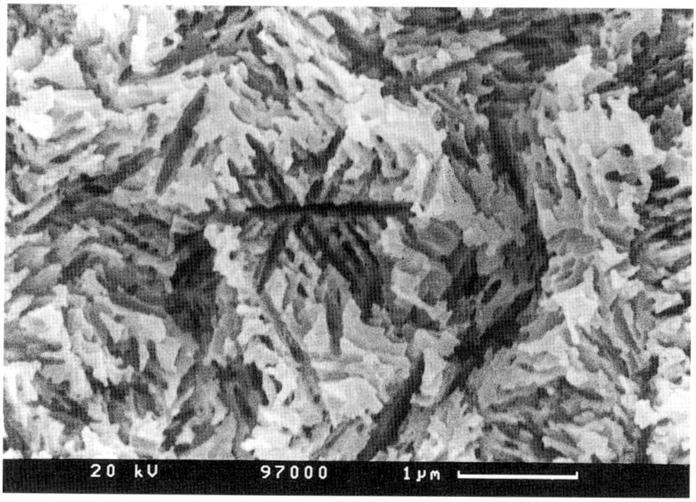

Abb. 5: Lithiummetasilikat-Kristalle in UV-belichtetem und getempertem Glas (nach SCHMIDT 1994, S. 81)

5.2 Einsatzbreite von mikrostrukturiertem, fotosensiblem Glas

Am Institut für Glas/Keramik-Technik der TU Ilmenau können Glaswafer bis 3 mm Dicke bei Strukturbreiten bzw. -durchmessern bis 20 µm strukturiert werden. Bei folienartigen Wafern liegt die Grenze sogar bei 5 µm. Die Wandneigung bei Gräben und Löchern beträgt 1 ... 2°. Die daraus resultierende Aufätzung hängt davon ab, ob es sich um eine zweiseitige oder einseitige (mit Abdeckung) Ätzung handelt. Aus den tröpfchenförmigen Entmischungen der Ausgangsgläser und dem «Abdruck», den die Kristalle im umgebenden Glas hinterlassen, resultiert das wabenartige Relief der Strukturwände. Ganz deutlich geht das aus Abbildung 6 hervor. Hier werden nach definiertem Ätzabbruch – die Ätztiefe hängt linear von der Ätzzeit ab – in das Glas rechteckige Gruben eingearbeitet.

Mikrostrukturiertes Glas findet sowohl in Mikroaktoren als auch in Mikrosensoren Anwendung. In Mikroimplantaten kommt es zusätzlich für Transport- und Vorratsbehältnisse zur Anwendung. Je nach vorgegebener Maske sind sehr diffizile Formen möglich: Abbildung 7 – eine Feder mit einer seismischen Masse, Abbildung 8 – ein inverser Stern, Abbildung 9 – eine Spule.

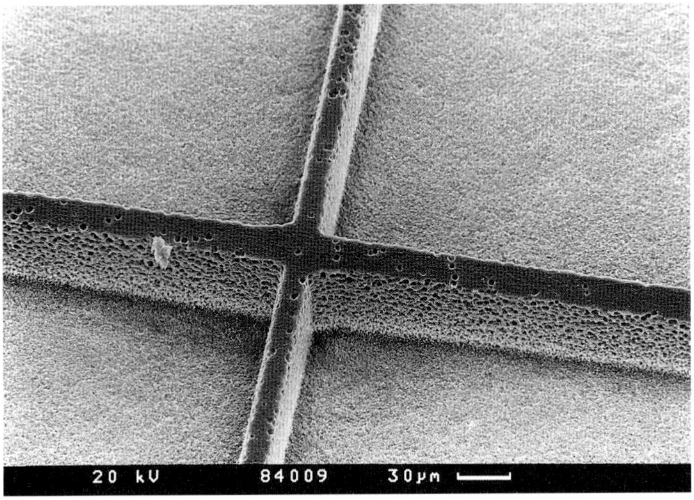

Abb. 6: Vertiefungen in fotosensiblem Glas nach definiertem Ätzabbruch. Ätztiefe = Steghöhe = 64 µm (nach SCHMIDT 1994, S. 78)

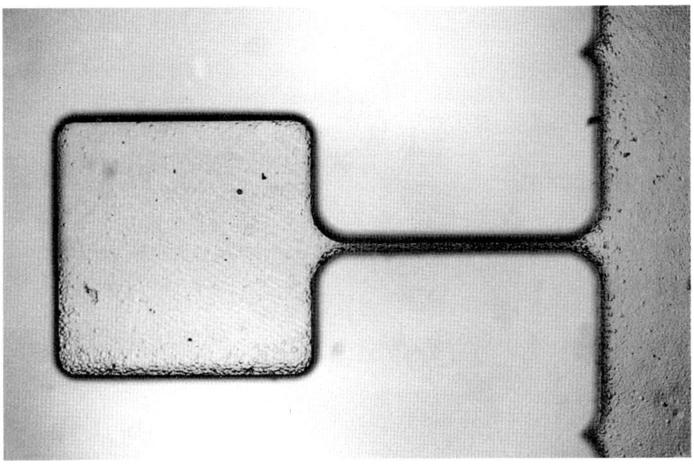

Abb. 7: Feder mit seismischer Masse für einen Beschleunigungssensor (nach HARNISCH 1994)

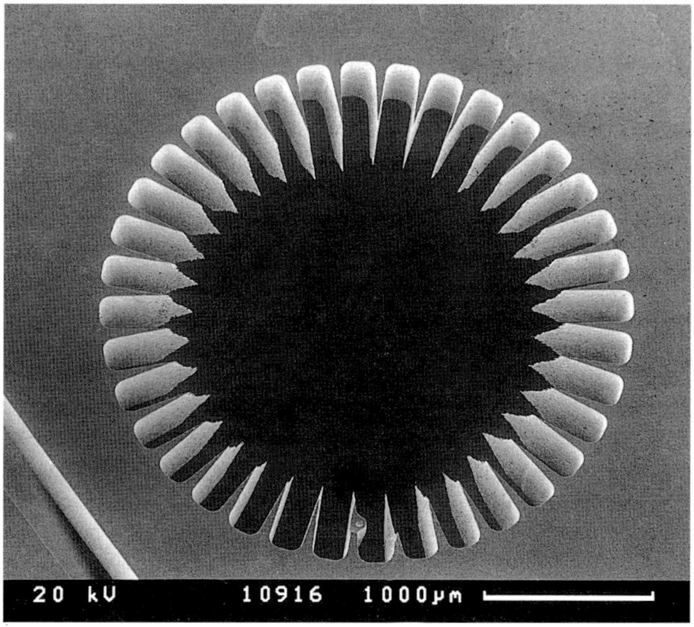

Abb. 8: Inverser Stern mit sich radial verjüngenden Spitzen (nach HARNISCH 1994)

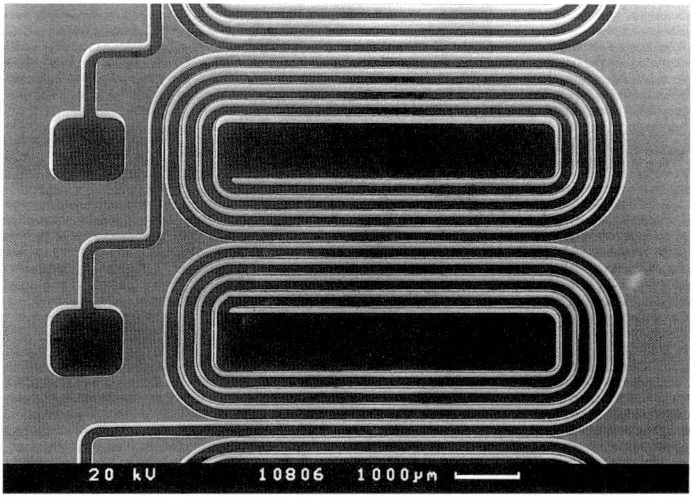

Abb. 9: Glasspulen (nach HARNISCH 1994)

5.3 Mikrostrukturierbare, fotosensible Gläser mit unterschiedlicher thermischer Dehnung

Selten kommt Glas in der Mikrosystemtechnik allein zum Einsatz. Meist geht es um Werkstoffpaarungen – in der Regel mit dem in der Mikrosystemtechnik dominierenden Silicium, häufig aber auch mit für die LIGA-Technik typischen Metallen (z. B. Gold, Kupfer). Die Mikrofügestellen benötigen eine Mindestfestigkeit. Sie sollen bei jeder Temperatur spannungsfrei sein. Die Folgerung lautet: Notwendigkeit übereinstimmender thermischer Dehnungen der Fügepartner. Daraus ergibt sich ein schwerwiegendes Problem. Der thermische Ausdehnungskoeffizient α der Gläser in Abbildung 4 (gekennzeichnetes Feld) liegt je nach Zusammensetzung zwischen 85 ... $100 \cdot 10^{-7}\,K^{-1}$. Die auf den Abbildungen 6–9 gezeigten Strukturen befinden sich in einem Glas mit $\alpha = 93{,}3 \cdot 10^{-7}\,K^{-1}$. Er übersteigt den Wert für $\alpha_{Si} = 34 \cdot 10^{-7}\,K^{-1}$ deutlich, erreicht aber längst nicht den für Au oder Cu.

Eine Aufgabe bestand somit in der *Variierung* der *chemischen Zusammensetzung* der Gläser zur Anpassung von α bei gleichzeitiger Beibehaltung der Fotosensibilität. Erste Ergebnisse liegen am Institut für Glas/Keramik-Technik der TU Ilmenau vor.

Es existieren drei grundsätzliche Vorgehensweisen (Hülsenberg, Horst, Schmidt, Straube 1994):

- Wenn der Al_2O_3-Gehalt konstant bleibt und der Li_2O-Gehalt zu Lasten des SiO_2-Anteils steigt, wächst der thermische Ausdehnungskoeffizient. Das gilt nicht nur für Li_2O, sondern für alle Alkalioxide.
- Eine andere Möglichkeit besteht darin, bei steigendem Al_2O_3-Gehalt das Verhältnis $Li_2O : SiO_2$ konstant zu halten. Dadurch fällt α.
- Die dritte Variante gestaltet sich etwas komplizierter. Aus Abbildung 4 geht hervor, daß das Existenzfeld für fotosensible Gläser auch das Primärausscheidungsgebiet von Spodumen überdeckt. Dessen thermische Dehnung geht gegen Null. Da sich die thermische Dehnung additiv verhält, d. h. sich aus den gewichteten Beiträgen der Komponenten ergibt, fällt sie zwangsläufig in einem Spodumen enthaltenden Material. Auf das vorliegende Problem angewendet, bedeutet das eine Verringerung der thermischen Dehnung eines mikrostrukturierten Glases, wenn man es durch einen nochmaligen Temperprozeß – möglichst ohne Beeinflussung der Mikrostrukturen – partiell in Spodumen umwandelt. Der Werkstoff gehört dann zur Gruppe der Glaskeramiken. Wird Lithiumdisilikat zur Kristallisation gebracht, steigt α.

Diese drei Forschungsrichtungen erbrachten unterschiedliche Ergebnisse:

- Für die Erhöhung des Alkalioxidgehaltes wurde der Al_2O_3-Gehalt der Gläser bei 7% konstant gehalten. Die erwartete Erhöhung von α trat ein. Allerdings verläßt man durch diese Vorgehensweise sehr schnell den Bereich der bisher bekannten fotosensiblen Gläser (Abb. 4). Auch außerhalb dieses Bereiches tritt noch Fotosensibilität auf. Ihre sichere Einstellung hängt jedoch extrem stark vom reproduzierbaren, im ganzen Werkstück konstanten Redox-Verhältnis und von der Wir-

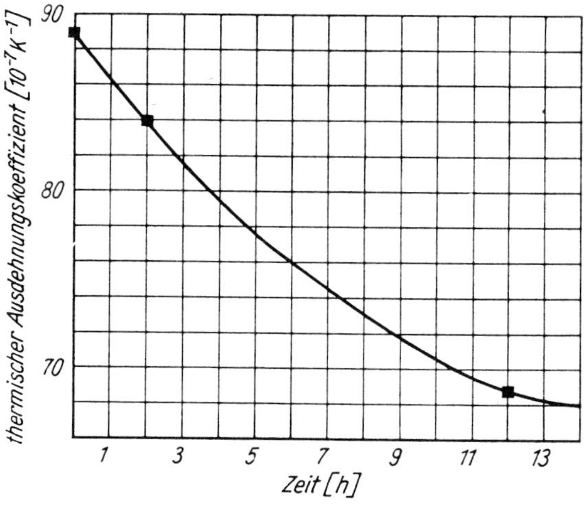

Abb. 10: Absenkung des thermischen Ausdehnungskoeffizienten nach verlängerter Temperzeit und damit steigender Spodumenbildung (nach HORST 1994, S. 87)

kung des Al^{3+} im Netzwerk ab. Der maximal in einem fotosensiblen Glas erreichte α-Wert betrug $129 \cdot 10^{-7}$ K^{-1}. Die Stabilisierung der Fotosensibilität erfordert noch weitere Forschung. Die thermische Dehnung übertrifft die des Ausgangsglases deutlich, ist aber noch nicht mit der z. B. von Cu vergleichbar. Die Duktilität des Kupfers gestattet dessenungeachtet jedoch mit diesen Gläsern relativ spannungsarme und technisch nutzbare Fügeverbindungen, s. weiter unten.

- Eine Erhöhung des Al_2O_3-Gehaltes bei konstantem Verhältnis $Li_2O : SiO_2$ senkt zwar α, aber nur geringfügig. Die Richtung der Versuche zeigt die punktierte Linie in Abbildung 4. Beispielsweise das auf der Feldergrenze Lithiummetasilikat/Spodumen befindliche Glas ergab $\alpha = 89 \cdot 10^{-7}$ K^{-1}.
- Erst eine Temperung dieses bereits strukturierten Materials bei der für Spodumen geltenden Kristallisationstemperatur führte zur Absenkung von α in Abhängigkeit von der Temperzeit, s. Abbildung 10. Verlängerte Temperzeit bedeutet hier in jedem Fall verstärkte Spodumenbildung. Der niedrigste erreichte Wert für den thermischen Ausdehnungskoeffizienten betrug $\alpha = 68{,}5 \cdot 10^{-7}$ K^{-1}. Das signalisiert Kompatibilität der Glaskeramik in einem thermischen Fügeprozeß mit beispielsweise GaAs, einem auch für die Mikrosystemtechnik wichtigen Werkstoff.

Diese Untersuchungen zeigen Wege für eine an mehrere Werkstoffe anpaßbare fotosensible Glasfamilie auf. Durch HORST 1994, S. 94– 98 wurden aber auch Untersuchungen getätigt, das Redox-Paar Ag^+/Ce^{3+} durch ein solches auf der Basis von Kupfer und Chrom auszutauschen. Die Dotierung mit Sb_2O_3 wurde beibehalten. Auch diese Gläser erwiesen sich als fotosensibel. Es traten jedoch erstmalig Zweifel an dem bisher vertretenen und im Abschnitt 5.1 eingangs genannten fotochemischen Prozeß auf.

5.4 Neue Hypothese zur Deutung des fotochemischen Vorgangs

Durch Transmissionsmessungen wurde einerseits eindeutig belegt, daß sich die Wertigkeit des Cr^{3+} weder während der UV-Belichtung noch während der Temperung ändert, obwohl nach herkömmlicher Lehrmeinung Cr^{3+} in der Paarung mit Cu^{+} als Elektronendonator wirken müßte, wie Abbildung 11 ausweist. Andererseits funktioniert jedoch bei der gewählten Zusammensetzung die Fotosensibilität ohne Cr^{3+} nicht. Es muß also eine bisher unzureichend interpretierte Funktion besitzen, die nicht in einer stabilen Elektronenabgabe besteht (Abb. 11 zeigt keinerlei Anzeichen einer Bande für Chrom höherer Wertigkeit als 3^{+}). Da

- Cu unter den gegebenen Schmelzbedingungen als Cu^{+} erwartet wird,
- dieses keine Banden bewirkt und
- nach dem Belichtungsprozeß atomares $Cu^{\pm 0}$, ebenfalls ohne Bandenbildung, vorliegt sowie
- gegebenenfalls vorhandenes Cu^{2+} wegen der relativ geringen Intensität der Banden bei Gehalten unter Promille schwer detektierbar ist,

konnte auch über Kupfer und dessen Absorptionsbanden kein Aufschluß über die tatsächlichen Abläufe gewonnen werden.

Es wurde deshalb auf das eingangs und in erster Linie verwendete Redox-Paar Ce^{3+}/Ag^{+} zurückgegriffen, und die Gläser wurden einer unterschiedlich langen UV-

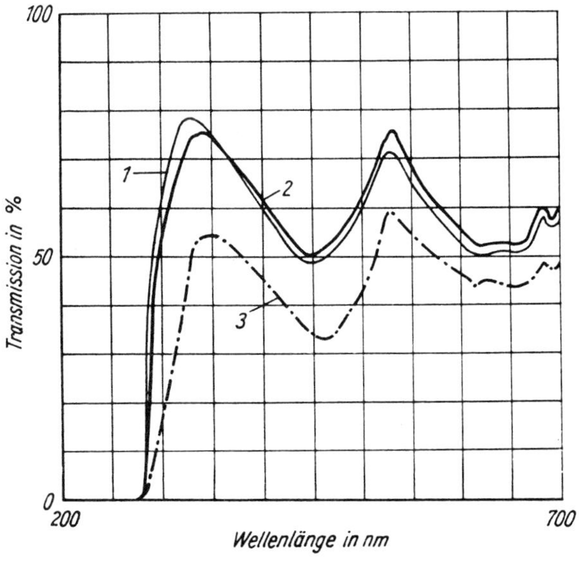

Abb. 11: Transmissionskurven eines mit Cr^{3+}/Cu^{+}-dotierten fotosensiblen Glases (nach HORST 1994, S. 97)
1 Ausgangsglas, 2 UV-belichtet, 3 getempert mit Lithiummetasilikat-Kristallen

Bestrahlung ausgesetzt. Die Transmissionskurven zeigt Abbildung 12. Bisher wurden sie so gedeutet, daß die Ce^{3+}-Bande bei $\lambda = 308 \ldots 315$ nm sukzessive verschwindet und sich Ce^{4+} bildet. Ein völliges Verschwinden der Ce^{3+}-Bande trat jedoch nie ein, auch nicht bei unterschiedlichsten Dotierungen (Menge, Verhältnis der Dotanden). Bei der Interpretation der Transmissionskurven wurde jedoch bisher nicht beachtet, daß aggregierte atomare Metalle, d.h. auch $Ag^{\pm 0}$, im kurzwelligen VIS-Bereich breitbandig absorbieren, so daß sich die Transmissionskurven auf Abbildung 12 auch als Superposition der Absorption eines steigenden $Ag^{\pm 0}$-Anteils bei etwa konstantem Ce^{3+} erklären ließen. Analog wäre auch Abbildung 11 für Cr^{3+}/Cu^{+} zu interpretieren.

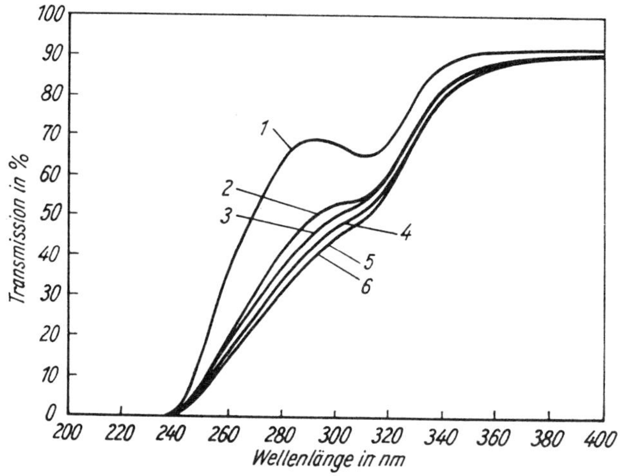

Abb. 12: Transmissionskurven von mit Ce^{3+}/Ag^{+}-dotiertem fotosensiblem Glas nach unterschiedlicher UV-Belichtungszeit. Waferdicke 500 µm (nach SCHMIDT, K., 1994, S. 21)
1 unbelichtet, 2–6 nach 5; 10; 15; 20 und 25 min belichtet

Für die weiteren Gedankengänge erscheint die Beobachtung wichtig, daß die Fotostrukturierung ohne Sb^{3+} nicht funktioniert. Sb^{3+} hat bisher lediglich die Rolle eines «Schutzkolloides» zugewiesen erhalten, das die spürbare Zusammenballung der Ag-Atome bereits während der UV-Bestrahlung verhindert. Auch hierüber muß man nachdenken.

Eine *neue Hypothese* könnte folgende Aspekte enthalten:

- Ce^{3+} und Cr^{3+} wirken auf den fotochemischen Prozeß im Sinne eines Katalysators, der durch UV-Strahlung aktiviert wird und nur in einem infinitesimal kurzen Zeitraum zu einer reversiblen Elektronenabgabe führt.
- Die stabile Bildung des metallischen Silbers oder Kupfers könnte auf zwei Wegen erfolgen,

- die Aufnahme von Elektronen durch Abgabe derselben durch Sb^{3+}, das selbst zu Sb^{5+} wird, oder
- eine Disproportionierung nach dem Schema
  $2Ag^{+} \longrightarrow Ag^{\pm 0} + Ag^{2+}$
  $2Cu^{+} \longrightarrow Cu^{\pm 0} + Cu^{2+}$.

– Beide Mechanismen könnten katalysiert ablaufen. In jedem der Fälle (Sb^{5+}, Ag^{2+}, Cu^{2+}) handelt es sich um Anteile in Promille-Größenordnung bei teilweise nur schwacher Bandenausbildung. Ihr Nachweis steht noch aus.
– Außerdem haben die Versuche zur Beeinflussung der thermischen Dehnung der Gläser durch Variierung von deren Grundzusammensetzung gezeigt, daß beispielsweise der Einbau von Al_2O_3 in das Netzwerk die Fotosensibilität drastisch beeinflußt. Um endgültige Aufklärung zum Mechanismus zu erhalten, dürfte somit die Ligandenfeldtheorie auch einen wichtigen Beitrag leisten können.

5.5 Elektrochemisches Mikrofügen von Glas und Kupfer

Umfangreiche praktische Versuche fanden zum Fügen des Ce^{3+}/Ag^{+}-dotierten fotosensiblen Ausgangsglases mit Kupfer statt (Harnisch 1993). Dabei wurde das Kupfer galvanisch aus einer Elektrolytlösung ähnlich dem LIGA-Verfahren in die Hohlräume des mikrostrukturierten Glases eingebracht. Das Glas diente dabei als eine fest mit einer Kathode (Folie) verbundene «Form»; die Anode befand sich frei im Kupferelektrolyten. Die Verbindung zwischen Glas und Kupfer ist rein formschlüssig, wobei jede Kontur vollständig ausgefüllt ist. Die Technologie ermöglicht es, einen Werkstoffverbund zwischen Glas und Kupfer herzustellen, der für Mikrosensoren und Mikroaktoren zu neuen Konstruktionsprinzipien führt. Abbildung 13 zeigt ein Beispiel (Ausschnitt) aus einem kapazitiven Sensor.

Für viele Anwendungen ergibt sich die Frage nach der Dichtheit der Fügestelle. Die Grobleckprüfung haben durchweg alle untersuchten Proben bestanden, die Feinleckprüfung nur etwa die Hälfte (Harnisch 1993, S. 51–54). Darum wurden Temperversuche durchgeführt, um die formschlüssige in eine stoffschlüssige Verbindung umwandeln zu können. Das gelang auch, aber mit unerwarteten Effekten:

– Einerseits oxidierte sich das Kupfer in der Grenzfläche zu einem porösen Kupferoxid, so daß der Werkstoffverbund auch die Grobleckprüfung nicht mehr überstand.
– Andererseits wanderte das Kupfer in das umgebende Glas und verursachte an der Grenzfläche einen kontinuierlichen Konzentrationsabfall (Abb. 14). Dieses in das Glas diffundierte Kupfer
  - reagierte nun entweder mit dem dort befindlichen Ag^{+} und reduzierte es oder
  - wirkte im Temperprozeß selbst als Kristallkeim.

Unabhängig davon, ob nun Silber- oder Kupferkeime die Ursache waren, in jedem Fall wuchsen während der fortdauernden thermischen Behandlung der Keime die bereits genannten Lithiummetasilikatkristalle auf. Eine anschließende HF-Behand-

Abb. 13: Teilansicht eines kapazitiven Sensors (dunkel: Kupfer, hell: Glas); Stegbreite 150 μm

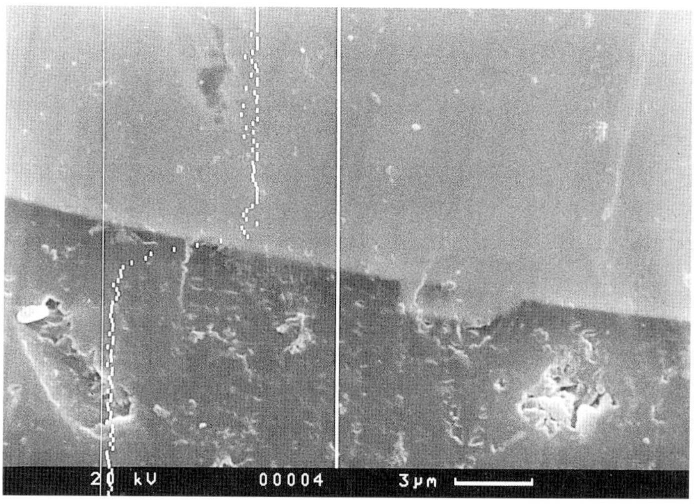

Abb. 14: Linescan über eine Kupfer/Glas-Grenzfläche (nach HARNISCH 1993, S. 50)

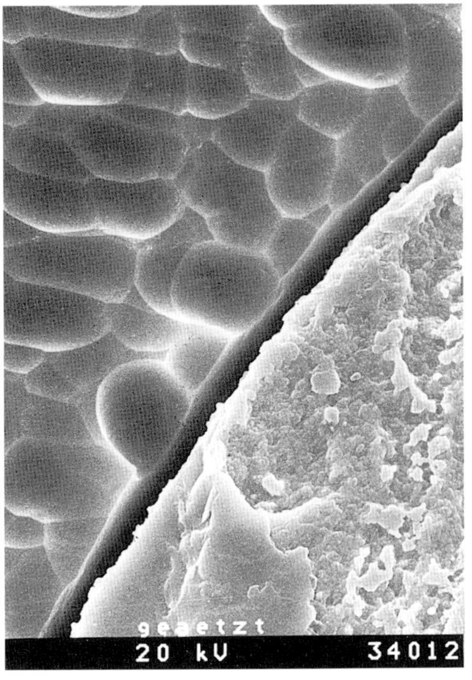

Abb. 15: Kupfer (rechts) im mikrostrukturierten Glas (links). Die nach Cu-Diffusion im Temperprozeß entstandene Grenzschicht wurde in HF weggelöst (nach HARNISCH 1993, S. 42)

lung entfernte sie durch einen Lösungsprozeß. Statt einer Verbindung zwischen Glas und Kupfer entstand ein konzentrischer Hohlraum, s. Abbildung 15. Das Kupfer fiel durch leichtes Klopfen als μm dünner «Draht» heraus.

Die Schlußfolgerungen weisen zwei Entwicklungsrichtungen:

- Mikrostrukturiertes Glas läßt sich statt PMMA in der LIGA-Technik als Abformmaterial verwenden.
- Benötigt man eine vakuumdichte Fügestelle zwischen Glas und Kupfer, sind alle Möglichkeiten der Galvanik auszunutzen. Ein Temperprozeß führt nicht zum Erfolg.

6 Mikrostrukturierung von Glas mittels Laser

6.1 Vorbemerkungen

Laser existieren für unterschiedliche Wellenlängen, Intensitäten und Betriebsarten. Demnach lassen sich die unterschiedlichsten Wechselwirkungen mit den verschiedenen Gläsern erwarten. Im Vordergrund stehen

- die Aktivierung eines Strukturiervorgangs oder
- der thermische Abtrag nach vorangegangener Absorption der Strahlenenergie.

Für beide Fälle liegen Ergebnisse vor.

6.2 Anwendung des Excimer-Lasers für die Fotostrukturierung

Hierbei dient der Excimer-Laser ausschließlich als UV-Strahlungsquelle für die in Abschnitt 5.1 beschriebene Fotoformtechnologie. Entsprechend der notwendigen Strahlung in einem Wellenlängenbereich von $\lambda = 308 \ldots 315$ nm kommt XeCl als Betriebsgas des Lasers zur Anwendung. Sein Emissionsschwerpunkt liegt bei $\lambda = 308$ nm. Der defokussierte Laserstrahl kann, wie jede andere UV-Strahlungsquelle, die Initiierung der Keimbildung im fotoempfindlichen Glas über eine Maske vornehmen. Für viele Anwendungsfälle eignet sich aber auch eine Direktbelichtung des Glases über ein seriell schreibendes Verfahren mit fokussiertem Strahl. Das Ziel besteht somit nicht im thermischen Abtragen, sondern in der Bildung von atomarem Silber als Kristallkeim.

Aufgrund der kurzen Belichtungszeiten eignet sich der Excimer-Laser als UV-Belichtungsquelle besonders bei dicken Wafern.

6.3 Nd-YAG-Laser für die thermische (ablative) Mikrostrukturierung von Glas

Für die Mikrostrukturierung von Glas mittels Laser durch thermischen Stoffabtrag sind mindestens drei Kriterien zu erfüllen:

1. Das Glas muß die Wellenlänge des entsprechenden Lasers absorbieren.
2. Die Leistungsdichte des Laserstrahls muß im Glas die zur Verdampfung notwendige Temperatur erzeugen.
3. Der Brennfleckdurchmesser des Laserstrahls sollte etwa 1/10 der angestrebten Strukturgröße oder darunter betragen.

Es steht eine breite Laserpalette zur Verfügung. Trotzdem bereitet es Probleme, die richtige Paarung Glas/Laser zu finden.

Die Strahlung des CO_2-Lasers mit $\lambda = 10{,}6$ µm erfüllt zwar das 1. und 2. Kriterium für alle silikatischen Gläser. Aber die langwellige Strahlung gestattet auch theore-

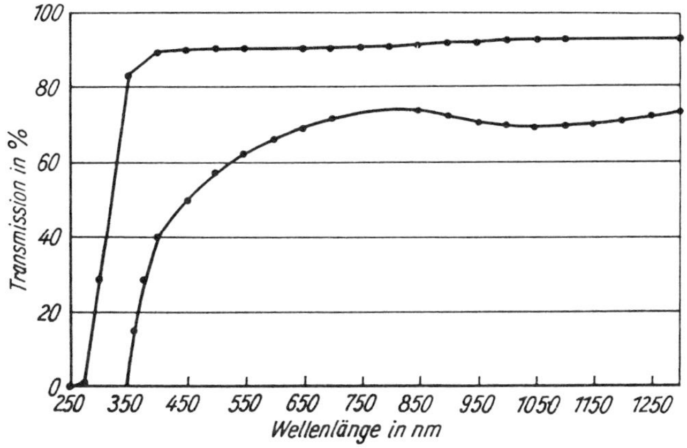

Abb. 16: Transmissionskurven für undotiertes und mit Fe^{2+} dotiertes Glas (nach Schmidt 1994, S. 91)

tisch eine Fokussierung auf ≦ 10,6 μm nicht. Das Arbeiten mit defokussiertem Strahl und Maske scheidet aus, weil die meisten Maskensubstrate die Strahlung des CO_2-Lasers ebenfalls absorbieren oder extrem kostspielig sind.
Es bieten sich demnach die kurzwelligeren Festkörper- und Excimerlaser an. Hier ist in jedem Fall zu beachten, daß die meisten Gläser im VIS sowie im nahen IR und UV transparent sind; d. h. die auftreffenden Photonen passieren das Glas und werden nicht durch Absorption in Wärme umgewandelt. Erst eine Dotierung des Glases (passend für die Strahlung des verwendeten Lasers, in der Regel mit polyvalenten Elementen) liefert die Basis für die Strahlenabsorption und damit die Mikrostrukturierung.

Am Institut für Glas/Keramik-Technik der TU Ilmenau fanden umfangreiche Untersuchungen mit dem Nd-YAG-Laser statt (Schmidt, K., 1994). Er emittiert bei $\lambda = 1{,}06$ μm. Für diese Wellenlänge sind die meisten silikatischen Gläser transparent. Um dennoch eine Absorption zu erzielen, mußten spezielle Gläser mit Fe^{2+} dotiert werden (geringste Mengen). Es verursacht in silikatischen Gläsern eine Absorptionsbande mit einem Maximum bei $\lambda \approx 1{,}05$ μm, die bis in den interessierenden Bereich ausstrahlt (Abb. 16). Die Transmission für die Strahlung des Nd-YAG-Lasers fällt auf ≈ 70 %; ≈ 30 % werden absorbiert (und reflektiert).

Damit wird deutlich, daß die Transmission für $\lambda = 1{,}06$ μm noch deutlich über der von getönten Brillengläsern im VIS liegt. Daraus folgt: Im Unterschied zur Laserbearbeitung von Metallen findet die Energieabsorption nicht nur an der Oberfläche des Werkstücks statt, sondern auf dem gesamten Weg, den der Laserstrahl durch das Glas zurücklegt. Es erwärmt sich ein schlauchartiger Pfad. Das hat zur Folge, daß die für Glas pro Fläche zum Abtragen notwendige Leistung weitaus größer ist als bei Metallen. Während die für die Verdampfung von Metallen notwendige Leistungsdichte bei etwa 10^5 W/cm² liegt, beträgt sie für Glas ca. 10^7 W/cm².

Aus der nicht oberflächigen, sondern Volumenabsorption resultiert weiterhin, daß neben der Wärmeabsorption auch die Wärmeableitung durch das den Pfad umgebende Glas eine Rolle spielt. Daraus folgt, daß die heißeste Stelle und damit der Ort, an dem die Verdampfung einsetzt, nicht (wie bei Metallen) die Oberfläche ist, sondern sich irgendwo im Volumen des Glaswafers befindet. Somit erklärt sich, daß sich um die Laser-gebohrten Strukturen herum nach einem explosionsartigen Auswerfen von Glas sowohl Aufwölbungen als auch Glasspritzer befinden, s. Abbildung 17. Der experimentelle Nachweis, daß die Verdampfung tatsächlich unter der Oberfläche der Glaswafer beginnt, gelang mit Abbildung 18. Das Bild zeigt die Spur des Laserstrahls kurz vor dem Auswurf des verdampften und mitgerissenen, geschmolzenen Glases. Die Blase bildet (im eingefrorenen Zustand) die Stelle ab, wo das Glas bereits verdampft und expandiert war.

Abbildung 17 zeigt, daß Lochdurchmesser um 30 µm möglich sind. Deutlich erkennt man am Wandrelief den pulsweisen Abtrag. Für eine technisch sinnvolle Bearbeitung schließen sich an das Laserbohren noch das Schleifen und Polieren an. Im Ergebnis liegen einwandfreie Strukturen, s. Abbildung 19, vor.

Es stand aber nicht nur die Aufgabe, das Glas durch Dotieren strukturierbar zu machen. Wenn schon ein handelsüblich nicht verfügbares Glas zur Anwendung kommt, dann sollte es auch weitere Forderungen erfüllen. In Abschnitt 5.3 blieb die Anpassung des thermischen Ausdehnungskoeffizienten α des strukturierten Glases an die von Si offen. Die Vertreter der Pyrexglasfamilie (Gläser im System Na_2O–B_2O_3–SiO_2 mit geringen Beimengungen an Al_2O_3) erfüllen die Forderung nach Si-Kompatibilität. Zusätzlich lassen sie sich mit Si anodisch bonden. Dafür kommen Temperaturen von 400 … 500 °C zur Anwendung. Erst bei dieser Temperatur er-

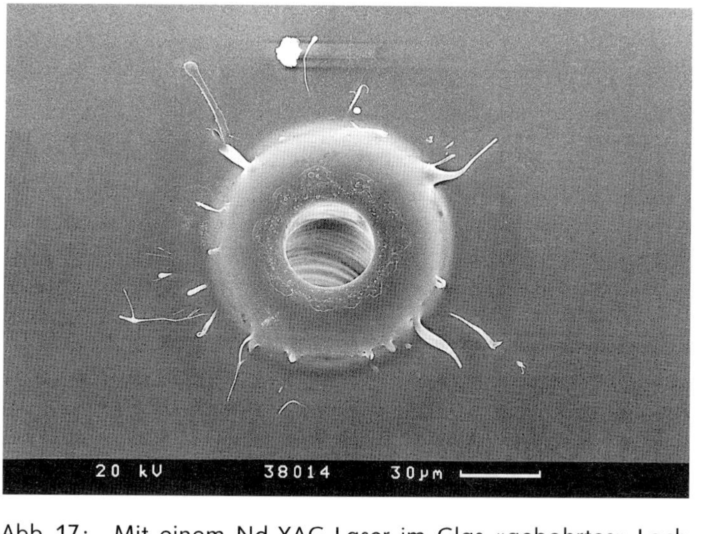

Abb. 17: Mit einem Nd-YAG-Laser im Glas «gebohrtes» Loch mit konzentrischer Aufwölbung und Glasspritzern (nach SCHMIDT 1994, S. 109)

Abb. 18: Spur eines Laserstrahls. Die Blase gibt den Ort an, wo das Glas bereits verdampft war (nach MAY 1995)

reicht die Ionenleitfähigkeit (Na^+) des Pyrexglases die für den Bondvorgang notwendigen Werte.

400 ... 500 °C sind natürlich schon Werte, die die Funktionsfähigkeit der Mikrobauelemente beeinträchtigen können. Und da es bisher keine Technologie gibt, in Pyrexgläsern reproduzierbar Strukturen beliebiger Geometrie ≦ 50 µm zu erzeugen, stand somit die Aufgabe,

- ein in der thermischen Dehnung mit Si kompatibles,
- mikrostrukturierbares und
- bei T ≦ 400 °C anodisch bondbares

Abb. 19: 60-µm-Struktur, gebohrt mit dem Nd-YAG-Laser in einen 1 mm dicken, dotierten Glaswafer, nach Oberflächenbearbeitung (nach SCHMIDT 1994, S. 114)

Glas zu entwickeln. Die Lösung bestand in einem Grundglas des Systems $Li_2O-B_2O_3-SiO_2$, ebenfalls mit geringen Zusätzen von Al_2O_3 (HÜLSENBERG, HORST, SCHMIDT, STRAUBE 1992, S. 493–498). Im Bereich niedriger Li_2O-Gehalte existiert ein breiter Zusammensetzungsbereich, dessen thermische Dehnung in der Nähe von Silicium liegt bzw. damit übereinstimmt. Die Zugabe der Dotanden erhöht in jedem Fall α, was bei der Wahl der Zusammensetzung des Grundglases zu beachten ist.

Auch für die elektrische Leitfähigkeit wurde das Ziel erreicht. Der Widerstand des dotierten Glases liegt im untersuchten Temperaturbereich etwa 50 % niedriger als der von Tempaxglas, einem Glas der Pyrexglasfamilie. Damit kann der Bondprozeß bereits unterhalb 400 °C ablaufen.

Probleme bestehen noch bezüglich der chemischen Beständigkeit der Gläser. Aus dem System $Na_2O-B_2O_3-SiO_2$ weiß man, daß es ausgedehnte Bereiche binärer und multipler Entmischungen gibt. Das tritt auch im System $Li_2O-B_2O_3-SiO_2$ auf. Mindestens eine der bei der Mikroentmischung entstehenden Phasen weist eine hohe Säurelöslichkeit (s. Abschnitt 2) auf. Das kann man einerseits zur Herstellung gezielt mikroporöser Gläser nutzen, muß man aber andererseits durch geschickte Wahl der Glasgrundzusammensetzung für Anwendungen in Mikrosensoren, -aktoren und -implantaten unterdrücken.

6.4 Einsatz von Excimerlasern für die ablative Mikrostrukturierung von Glas

Auch hier geht es um die Absorption von UV-Strahlung (je nach Gas λ = 193; 248; 308; 351 nm) und ihre damit verbundene Umwandlung in Wärme für die Glasverdampfung. Je kurzwelliger die Strahlung, um so wahrscheinlicher ist ihre Absorption durch silikatische Gläser bei relativ geringer Eindringtiefe. Der Abtragvorgang ähnelt dann zunehmend dem für Metalle. Häufig wird der Abtrag durch die Anwesenheit von Ätzgasen unterstützt (NOWAK, METER, SEPOLD, GROSSKOPF 1993, S. 227–234). Die Autoren erzielten gute Strukturierergebnisse insbesondere mit der kurzwelligen Strahlung (λ = 193 nm für ArF) für das optische Glas BK7. Die Energiedichteschwelle liegt entsprechend des veränderten Abtragsmechanismus niedrig bei nur etwa 1 J/cm^2.

7 Zusammenfassung

Im vorliegenden Beitrag wurden verschiedene Technologien der Mikrostrukturierung von Gläsern diskutiert, die bereits technische Relevanz besitzen. Es zeigt sich deutlich, daß einerseits keine Veranlassung besteht, irgendeines der besprochenen Verfahren ad acta zu legen. Andererseits zeichnet sich keine Technologie ab, die alles kann. Wichtig ist die komplexe Beurteilung von Bearbeitungsziel, speziellem Glaswerkstoff und Technologie. Nur dann, wenn diese drei Schwerpunkte als Einheit behandelt werden, findet man die optimale Lösung.

Trotz vieler noch offener Fragen bahnt sich Glas seinen Weg in der Mikrosystemtechnik. Anwendungsfälle als passive und aktive Bauteile in Mikroaktoren, –sensoren und –implantaten existieren bereits oder stehen bevor. Häufig sind für spezielle Strukturierungsziele Spezialgläser erforderlich; im anderen Fall genügen handelsübliche Gläser und lange beherrschte Techniken. In jedem Fall ist der Fachmann gefragt, der über Kenntnisse zum Werkstoff Glas, zu den Verfahrenstechniken der Mikrostrukturierung und der Mikrosystemtechnik verfügt. Perspektivisch zeichnet sich ein vielfältiges Einsatzgebiet ab.

* Frau Dr.-Ing. Kerstin Pfeifer gilt mein Dank für die vielen REM-Aufnahmen.

Literatur

1 Monographien

Bruntsch, Ralf: Strukturierung von Glas als Ergebnis der Wechselwirkung mit Licht. TU Ilmenau, Institut für Glas/Keramik-Technik, Habilitationsschrift 1990.

Harnisch, Alf: Untersuchungen zum Fügen von mikrostrukturierten Glassubstraten. TU Ilmenau, Institut für Glas/Keramik-Technik, Diplomarbeit 1993.

Harnisch, Alf: Elektrochemisches Bohren im Glas. TU Ilmenau, Institut für Glas/Keramik-Technik, Forschungsbericht 1994, unveröff.

Horst, Hans-Jürgen: Entwicklung strukturierbarer Gläser für die Anwendung in der Mikrosystemtechnik unter Benutzung des Softwarepaketes CAGOS. TU Ilmenau, Institut für Glas/Keramik-Technik, Promotionsschrift 1994.

May, Markus: Modell für den Vorgang des Laserabtrags in transparentem Glas. TU Ilmenau, Institut für Glas/Keramik-Technik, Forschungsbericht 1995, unveröff.

Schmidt, Kristina: Spezielle Verfahren der Mikrostrukturierung von Glas. TU Ilmenau, Institut für Glas/Keramik-Technik, Promotionsschrift 1994.

2 Proceedings u. a.

Hülsenberg, D., Horst, H.-J., Schmidt, K., Straube, B.: Structurability of Special Glasses by Means of Microtechnique. Proceedings of the XVI. International Congress on Glass. Madrid 3 (1992), S. 493–498.

Hülsenberg, D., Horst, H.-J., Schmidt, K., Straube, B.: Fotosensitive Glassceramics with Widely Ranging Thermal Expansion. Proceedings. Eighth Cimtec (World Ceramics Congress). Florenz 1994.

Kim, K.-H., Hummel, F. A.: Phase Diagramms for Ceramists. The American Ceramic Society Inc., Columbus/Ohio 1964, Fig. 822.

Lösche, S.: Polyoptik Bad Blankenburg. Prospektmaterial 1994.

Nowak, R., Metev, S., Sepold, G., Großkopf, K.: Excimer Laser Processing of BK 7 and BGG 31 Glasses. Glastechnische Berichte 66 (1993) 9, S. 227–234.

Stookey, S. D., Schuler, F. W.: Ultraviolet and X-Ray Irradiation Effects in Special ‹Photosensitive Glasses›. Proceedings IV. International Congress on Glass. Paris 8 (1956) 5.

Quarzglas für die Halbleitertechnik. Heraeus-Quarzschmelze GmbH, Q – B3/113, Hanau 1979.

Hans Wussing und Karl-Heinz Schlote

Über die Repräsentanz der Historiographie der Naturwissenschaften in den Sitzungsberichten der Sächsischen Akademie der Wissenschaften

1 Einführung

Naturgemäß waren und sind sich die Mitglieder der Sächsischen Gelehrtengesellschaft dessen bewußt, daß die Wissenschaften eine Entwicklung in der Zeit nehmen und daß sie selbst mit ihrer persönlichen Leistung in eine historische Entwicklung eingebettet sind. Aufbauend auf den Leistungen ihrer Vorgänger, tragen sie zum Fortschritt der Wissenschaften bei im Bewußtsein, daß nachfolgende Generationen diese Ergebnisse ihrerseits als historisch gewachsenen Bestand, als Gewordenes, übernehmen und weiterentwickeln werden.

Eine ganz andere Frage aber ist es, ob und wie sich dieses natürliche Selbstverständnis in den Arbeiten und Publikationen der Akademiemitglieder explizit widerspiegelt. Eine Antwort kann nach unserer Auffassung nur gegeben werden, wenn – nach Durchsicht aller Sitzungsberichte aus der Mathematisch-naturwissenschaftlichen Klasse – die Arbeiten hinsichtlich ihrer wissenschaftshistorischen Aussagekraft analysiert und in verschiedene Kategorien eingeteilt werden, die anhand von Beispielen verdeutlicht werden sollen. Statistische Aussagen nach Jahrgängen und Fachrichtungen liefern zusätzliche Aussagen.*

Auffällig ist zunächst die verhältnismäßig starke Gruppe von Arbeiten, in denen fast ohne Bezug zur Vorgeschichte nach der Bezeichnung des wissenschaftlichen Problems sofort zu dessen Behandlung geschritten wird. Diese Gruppe macht etwa 85 % aller gedruckten Arbeiten aus. Typisch sind etwa Arbeiten des Mathematikers Koebe, die sogar fast ohne Fußnoten mit Literaturangaben auskommen; die einschlägigen Arbeiten seiner Schüler und Kollegen weisen ihrerseits im wesentlichen nur auf die Arbeiten von Koebe hin.

Wie zu erwarten war, ist jene Kategorie von wissenschaftshistorisch relevanten Arbeiten zahlenmäßig am stärksten, in denen das Problem in seinem rezenten Zustand durch genaue Belege und Zitate der vorangehenden Arbeiten herausgearbeitet wird (Kategorie 1). Die Leistung der Vorgänger wird im allgemeinen durch ein ausführliches Literaturverzeichnis (im Innern der Arbeit durch Fußnoten oder auch am Ende durch zusammenhängende Literaturangaben) belegt; es werden Einschätzungen gegeben; gelegentlich dokumentieren Zitate den Bearbeitungs-

* Der Kürze wegen soll von Naturwissenschaftsgeschichte im Sinne von Geschichte der Naturwissenschaften und Mathematik gesprochen werden.

stand des Problems, um dann zu dessen Behandlung durch den rezenten Autor überzuleiten. Diese Gruppe macht etwa zwei Drittel aller Arbeiten mit historischen Elementen aus; gelegentlich ist die Abgrenzung zu der oben beschriebenen bzw. zu der nachfolgenden Gruppe schwierig.

Eine dritte Gruppe (Kategorie 2) ist relativ schwierig abstrakt zu beschreiben; ein Beispiel soll das verdeutlichen. So nimmt O. HÖLDER (1936) ein von Abel formuliertes und gelöstes Problem auf und demonstriert im folgenden, was jenes Abelsche Ergebnis in seiner, der Hölderschen Zeit bedeutet. Dazu bedarf es einer klaren historischen Kenntnis der damaligen wissenschaftlichen Situation, des Studiums der als Quelle zu behandelnden Abelschen Arbeit sowie deren kritischer Würdigung sowie selbstverständlich eines genauesten Vertrautseins mit dem Stand der Wissenschaft. Diese Arbeiten sind, und das soll hervorgehoben werden, getragen von einem echten Interesse an der Geschichte der Wissenschaften per se. – In diese Gruppe haben wir schließlich noch Arbeiten zur Institutionengeschichte (etwa R. REINHARD 1944) und der Philosophiegeschichte nahestehende Arbeiten (etwa L. LICHTENSTEIN 1928, A. VON OETTINGEN 1906) eingereiht.

Und schließlich finden wir jene Kategorie von Arbeiten (Kategorie 3) – sie macht etwa ein Siebtel aus –, deren Anliegen direkter historischer Art in dem Sinne ist, daß neue Quellen erschlossen, in den jeweiligen historischen Zusammenhang gestellt und die historischen Aussagen in ihrer Bedeutung für die damalige Situation dargelegt werden. Diese Gruppe, die doch immerhin 41 Arbeiten umfaßt, verdient in unserem Zusammenhang eine ausführliche Würdigung. Diese Arbeiten sind im Literaturverzeichnis aufgeführt und werden im Abschnitt 2 inhaltlich in kurzer Form skizziert.

2 Der Inhalt der naturwissenschaftshistorischen Arbeiten

Die in den einzelnen Aufsätzen behandelte Themenpalette ist äußerst vielseitig. Sie reicht zeitlich von den ersten Ansätzen wissenschaftlicher Tätigkeit bis zur Gegenwart und umfaßt nahezu alle Sparten wissenschaftshistorischen Arbeitens, von der Quellenedition und Detailanalyse zu einzelnen Entdeckungen bis zu Überblicken über die Geschichte einzelner naturwissenschaftlicher Teildisziplinen, sowie wissenschaftstheoretische Reflexionen, wobei auch wirtschaftsgeschichtliche, soziokulturelle, technikgeschichtliche u. a. Gesichtspunkte nicht fehlen. Im folgenden sollen nun die einzelnen Beiträge zur Geschichte der Naturwissenschaften und Mathematik kurz vorgestellt werden, wobei die vorliegenden 41 Arbeiten grob in die Themengruppen: Quelleneditionen, Problemgeschichtliches, Biographisches und Wissenschaftsphilosophisches eingeteilt wurden.

Es verwundert wohl nicht, daß der Anteil von Quelleneditionen im weitesten Sinne recht groß ist. Lange Zeit war der Briefwechsel zwischen den Gelehrten eine wichtige Form des wissenschaftlichen Gedankenaustauschs, so daß der Wissenschaftshistoriker aus diesen Korrespondenzen wertvolle Hinweise auf die vielfältigen Motive und Anregungen für eine Entdeckung, die Probleme bei der Rezeption einer solchen u. v. m. erhält. C. NEUMANN, W. FEDDERSEN und R. BALTZER leisteten mit ihren Beiträgen die notwendige Vorarbeit der Quellenedition. C. NEUMANN ergänzte seine Ausführungen zum Prinzip der virtuellen Verrückungen durch einen Brief von C. F. Gauß an A. F. Möbius aus dem Jahre 1837 (NEUMANN 1879), in dem sich der Mathematicorum Princeps mit der mangelhaften Darstellung dieses Prinzips auseinandersetzte. W. FEDDERSEN publizierte 50 Jahre nach dem von ihm erbrachten Nachweis elektromagnetischer Schwingungen an geschlossenen Schwingkreisen und der Bestätigung der Thompsonschen Schwingungsformel zwei Briefe von G. R. Kirchhoff und H. v. Helmholtz (FEDDERSEN 1909), die die positive Aufnahme seiner Versuchsergebnisse durch die beiden führenden Physiker Deutschlands zeigen.

Während Neumann den Gaußschen Brief kommentarlos wiedergab, fügte Feddersen kurze Bemerkungen zur oft skeptischen Beurteilung seiner Experimente bzw. zur Weiterentwicklung der Theorie durch H. Hertz u. a. bis hin zur drahtlosen Telegraphie an. R. BALTZER berichtete in seiner Arbeit aus dem Jahre 1885 über eine in Notizen erhalten gebliebene Korrespondenz zwischen dem Leipziger Philologen Weiske und dem Akademiemitglied Möbius, dem Mathematiker und Astronomen. Der Gedankenaustausch der beiden Freunde gehört in die Frühgeschichte der Topologie, und zwar genauer zum Vierfarbenproblem, das gerade in neuester Zeit durch einen auf Computerrechnung gestützten Beweis viel Aufmerksamkeit auf sich gezogen hat.

Welch unterschiedlichen Charakter die Herausgabe von Quellenmaterialien haben kann und wie verschieden die Intentionen dabei sein können, verdeutlicht ein Vergleich der obigen Arbeiten mit den folgenden:

Der 300. Geburtstag von J. Kepler am 27. Dezember 1871 wurde auch an der Leipziger Sternwarte begangen. Der damalige Direktor, C. Bruhns, hat aus diesem Anlaß einige Kepler betreffende Dokumente publiziert und resümiert (BRUHNS 1872), die aus dem Staatsarchiv in Dresden stammen. Es handelt sich u. a. um ein von Kepler erbetenes Gutachten aus dem Jahre 1609 über die von den sächsischen Gelehrten Calvisius und Jöstel verfaßten Angriffe auf die Gregorianische Kalenderreform. Kepler stand damals zwischen den Fronten und hielt es schlechterdings für praktischer, den alten Julianischen Kalender beizubehalten. Dagegen trat er, allerdings vergebens, 1613 auf dem Regensburger Reichstag für die Einführung des Gregorianischen Kalenders ein.

Während sich Bruhns mit Ansichten eines ganz anderen Zeitalters auseinandersetzte, hatte W. Scheibner einen zeitlich viel geringeren Abstand zu den erörterten Ereignissen. W. Scheibner hatte 1845/46 noch Vorlesungen bei C. G. J. Jacobi über Differential- und Integralrechnung gehört, darunter über eine neue Methode zur Bestimmung des Restes unendlicher Reihen. SCHEIBNER griff in dieser Arbeit 1893 auf seine damaligen Aufzeichnungen zurück und bot die Rechnungen dar, die Jacobi in den Vorlesungen ausgeführt, aber nicht veröffentlicht hatte. Insofern handelte es sich um die Erschließung einer authentischen mathematikhistorischen Quelle.

Ähnlich gelagert, aber doch nicht von eigenem Erleben getragen, ist eine weitaus frühere Betrachtung von SCHEIBNER (1863), in der er die Hauptgedanken von Abels unvollendet gebliebener Arbeit «Sur la résolution algébrique des équations» analysierte und sich bemühte, die Abelschen Gedanken vereinfacht darzustellen. Dabei gelangte Scheibner zu einer Art Klassifikation aller Beweise dafür, daß die allgemeine algebraische Gleichung nicht in Radikalen auflösbar ist, wenn deren Grad vier übersteigt.

Der bekannten Bolzanoschen Funktion wandte sich der als Mathematiker mit ausgeprägten historischen Interessen bekannte G. Kowalewski in einem Beitrag 1922 zu. Er gab die Konstruktion der Funktion von Bolzano wieder und bewies mit einigen Vereinfachungen deren Stetigkeit und Nichtdifferenzierbarkeit. Es hatte eine mathematikhistorische Sensation bedeutet, als man bei der Durchsicht des sehr umfangreichen und überdies schwer lesbaren Nachlasses des böhmischen Philosophen, Moraltheologen, Soziologen und Mathematikers B. Bolzano im Jahre 1921 feststellte, daß Bolzano, neben anderen mathematischen Entdeckungen, eine in einem ganzen Intervall stetige, aber dort nirgends differenzierbare Funktion angegeben hatte, und dies zeitlich weit vor Weierstraß, dem die Priorität der Konstruktion einer solchen Funktion bis dahin zugeschrieben worden war. Kowalewski, der lange in Prag gelebt hatte, konnte überdies zeigen, daß die abschnittsweise gespiegelte periodische Kurve durchweg stetig (und nirgends differenzierbar) ist.

Schließlich sei noch auf die Arbeiten von R. Baltzer verwiesen. Als Antwort auf die Einwände, die gegen eine von ihm 1866 publizierte Arbeit vorgebracht wurden, bekräftigte er im gleichen Jahr (Baltzer 1866) die originale, von Newton selbst verwandte Methode zur sukzessiven Berechnung von Wurzeln algebraischer Gleichungen in ihrem praktischen Wert. Baltzer, der von 1842 bis 1868 in Dresden wirkte, gilt mit Recht als kenntnisreicher, auf Quellenforschung orientierter Mathematikhistoriker. In den Sitzungsberichten finden sich – neben mathematischen – drei Veröffentlichungen (Baltzer 1865, 1866, 1885) mit historischer Zielstellung, von denen die beiden letztgenannten schon besprochen wurden. Die erste, mit dem unbestimmten Titel «Historische Bemerkungen», berichtete u. a. über die zeitlich frühe Verwendung des Wortes *Million* als benannte Zahl im 16. Jahrhundert und über das Auftreten der Heronischen Dreiecksformel nebst einem weit zurück datierbaren Beweis des Satzes bei Leonardo Pisano (13. Jh.).

Diese «Historischen Bemerkungen» lassen ein weiteres Problem der Quellenedition erkennen. Alle bisher angeführten Quellentexte haben den Vorteil, daß sie keine zusätzlichen philologischen Probleme aufwerfen. Diese sind jedoch bei älteren Texten unumgänglich, denn die Quellenedition ist hier notwendigerweise mit einer Übersetzung des Textes in eine moderne Sprache verbunden. So tritt vor die Kommentierung die textkritische Analyse. Nicht selten hat die falsche Interpretation eines Wortes den Inhalt des Textes völlig verändert und Anlaß zu heftigen Diskussionen gegeben. Auch einige Mitglieder der Sächsischen Akademie haben sich diesen schwierigen philologischen und wissenschaftshistorischen Fragen zugewandt. Bei den vorzustellenden Arbeiten überwiegt das naturwissenschaftshistorische Anliegen. Beiträge, die von ihren Autoren als philologisch eingestuft und in die Berichte der Philologisch-historischen Klasse aufgenommen wurden, bleiben unberücksichtigt – wohl wissend, daß diese Trennung nicht eindeutig ist.

So beschäftigte sich beispielsweise R. Böker in seiner Arbeit 1952 mit der antiken Astronomie. Er unternahm, gestützt auf textkritisch-vergleichende Analysen und unter Benutzung eines von ihm gefertigten, rasch einstellbaren Präzisionsglobus, den Versuch, die astronomischen Behauptungen des antiken Dichters und Gelehrten Arat (3. Jahrhundert v. u. Z.) in dessen Lehrgedicht «Phainomena» nachzuprüfen und so eine von Arat selbst verwendete Sphäre zu rekonstruieren.

B. L. van der Waerden, hochgeschätzt in aller Welt als Mathematiker, hat bekanntlich auch ausgedehnte mathematikhistorische und astronomiehistorische Studien betrieben; einige Arbeiten sind in den Sitzungsberichten der Sächsischen Akademie erschienen. In einer kurzen Mitteilung 1937 kündigte er eine ausführliche Studie zur altägyptischen Bruchrechnung an, die sich weitgehend auf das Rechnen mit Stammbrüchen gründet.

Eine relativ frühe astronomiehistorische Arbeit erschien 1940 und greift, ähnlich wie die aus dem Jahre 1937, eine damals hochaktuelle Frage auf: die Voraussage von Mond- und Sonnenfinsternissen in babylonischer Zeit. Dieses Thema wurde damals u.a. von dem emigrierten Mathematikhistoriker O. Neugebauer intensiv diskutiert. Über Neugebauer hinausgehend, konnte van der Waerden anhand von bereits entzifferten Keilschrifttexten belegen, daß die Voraussage von Finsternissen bereits im 7. Jh. v. u. Z. als Ziel angestrebt wurde. Die jahrhundertelange Registrierung von Finsternissen lieferte die Einsicht in Perioden von Erscheinungen, die zur Voraussage möglicher, aber nicht notwendigerweise eintretender Verfinsterungen ausreichten. Es gibt auch Belege, daß die erwartete, aber nicht eingetretene Verfinsterung fixiert wurde.

Aus einem Timäuskommentar des Chalcidius (vermutlich 4. Jh. u. Z.) suchte van der Waerden (1944) in einer weiteren astronomiehistorischen Arbeit zu beweisen, daß notwendigerweise die Pythagoreer zu der «einzig möglichen» Antwort kamen und kommen mußten, die Erde bewege sich auf einem Kreise um die Sonne und vollführe noch eine Achsendrehung. Heraklides von Pontos, in pythagoreischen Traditionen stehend, wäre dann eine Art Vorläufer des Copernicus gewesen.

Ein weiteres großes Gebiet wissenschaftsgeschichtlicher Aktivitäten stellte und stellt die Erschließung arabischer Quellen dar. In den Berichten der Akademie befindet sich hierzu jedoch nur ein Beitrag von P. Luckey (1941), der auf Grund seiner Wirkungsstätte Tübingen nicht zu den Mitgliedern der Sächsischen Akademie gehörte und dessen Arbeit von van der Waerden vorgelegt wurde. Luckey übersetzte und kommentierte eine von dem in der zweiten Hälfte des 9. Jahrhunderts in Bagdad wirkenden Tabit b. Qurra stammende Schrift, in der dieser die Richtigkeit der Lösungen quadratischer Gleichungen auf rechnerischem Wege im Vergleich zur geometrischen Lösung nach dem Vorbilde von Euklid demonstriert hatte. Der Text weist überdies aus, daß Tabit b. Qurra die Leute, die sich mit Algebra (al-ǧabr) beschäftigten, deutlich von den Mathematikern unterschied, ein Hinweis darauf, daß rechnende «Algebra» schon früh als durchgreifend neuartig empfunden wurde.

Einen zweiten großen Themenkreis der Wissenschaftsgeschichte bilden die problemgeschichtlich orientierten Arbeiten. Immer wieder erregen die Schlüsselereignisse der Wissenschaftsentwicklung oder spektakuläre Umbruchsituationen bei rivalisierenden Lehrmeinungen das Interesse der Historiker und fordern zur wissenschaftsgeschichtlichen Analyse heraus. So ging W. Buchheim (1975, 1981, 1984, 1991), getragen von tiefer Sachkenntnis, vier großen Zäsuren im Entwicklungsprozeß der Physik nach, die zugleich mit bedeutenden Umwälzungen im physikalisch-erkenntnistheoretischen Weltbild verbunden waren:

- dem Übergang vom geozentrischen zum heliozentrischen Planetensystem,
- dem mit Einsteins Namen verbundenen Übergang von der klassischen zur nichtklassischen Physik,
- dem Verständnis der Komplementarität als über Wissenschaftsdisziplinen hinausgreifendem heuristischem Prinzip und schließlich
- dem Gegensatz zwischen dem phänomenologischen Verständnis der Farben bei Goethe und der physikalischen Grundlegung der Farbentheorie bei Newton.

Es waren dies nicht lediglich physikhistorische Episoden, sondern Wendepunkte naturwissenschaftlicher Entwicklungsgänge, bei denen die Vergangenheit weit in die Zukunft hineinwirkt.

In ähnlich überzeugender Weise vermochte A. Uhlmann (1989), den Beitrag Schrödingers zur Begründung der Quantentheorie herauszuarbeiten.
Inspiriert durch Schrödingers Vorlesungen «Die Natur und die Griechen», unternahm H.-G. Schöpf (1982) einen Parforceritt durch die frühgriechische Naturphilosophie. Vom Standpunkt des Physikers urteilend, hob er bei Wahrung der ganzheitlichen Grundanschauungen der Naturphilosophie auf diesem Streifzug von Thales bis Aristoteles jene Aspekte bezüglich Entstehung und Zusammensetzung der Körper, deren Bewegung etc. hervor, die für eine Geschichte der Physik wesentlich sind und die man wieder in Anlehnung an Schrödinger mit «Kosmos und Physik» charakterisieren könnte. Einige Abstecher in das Gebiet der Mathematik und Astronomie, etwa bei den Pythagoreern, rundeten die Erörterungen ab.

Die beiden Arbeiten zur Geschichte der Chemie repräsentieren in ihrer Unterschiedlichkeit zwei Grundmuster problemgeschichtlich orientierter wissenschaftshistorischer Darstellungen: das überblicksmäßige Erfassen eines längeren Entwicklungsabschnittes unter Hervorhebung der wichtigsten Schlüsselentdeckungen und internalen Faktoren oder die historische Detailanalyse einer wichtigen Entdeckung. Ersteres erfolgte am Beispiel der organischen Chemie, letzteres an der Grignard-Synthese. F. Runge vermittelte dem Leser zunächst einige biographische Informationen über Victor Grignard (1871–1935), die er bereits mit Erläuterungen zur Grundidee der Grignard-Synthese – die Verwendung von Magnesium für die organische Synthese – und die einzigartige Umsetzung dieser Idee durch Grignard verknüpfte (Runge 1966). Die vielfältigen Einsatzmöglichkeiten dieser Synthese durch zahlreiche Reaktionen aufzeigend, gelang es ihm dann, auch für Außenstehende die große Bedeutung der Grignard-Synthese in der Chemie deutlich zu machen.

Im Gegensatz zu dieser engen problemgeschichtlichen Darstellung wandte sich W. Treibs einer breiten, allgemein historische Fragen berührenden Betrachtung zu. Sein Ziel war es, die «hauptsächlichen sachlichen und persönlichen Momente» für die «ungeheure Entwicklung der organischen Chemie im Verlaufe nur eines Jahrhunderts» (Treibs 1957, S. 3) aufzuspüren. Nach einem 2000jährigen Irrweg, dessen Ursache in der Vernachlässigung des Experiments liegt, beginnt die organische Chemie als Wissenschaft ... 1828 mit der ersten Synthese einer Verbindung der belebten Natur, des Harnstoffes, durch Wöhler aus einem der unbelebten Natur zugerechneten Körper (Treibs 1957, S. 7).

Die durchschlagende Bedeutung dieser Ergebnisse liegt in der Schaffung eines neuen Paradigmas, Verbindungen der belebten Natur sind jetzt aus Stoffen unbelebter Natur zusammensetzbar. Da neben den innerlogischen Fortschritten, wie der Theorie der chemischen Bindungen und der Strukturchemie, auch äußere Faktoren wie die Anforderungen der chemischen Industrie, Aufbau eines Lehrbetriebs, Organisation neuer Forschungsmöglichkeiten und die Rolle der Wissenschaftlerpersönlichkeit erörtert wurden, entstand ein sehr facettenreiches Bild vom Werden und Wachsen der organischen Chemie.

Eine gewisse Mittelstellung markieren die Beiträge des Physikers O. Wiener und des Biologen W. Brednow. O. Wiener wandte sich 1919 der vergleichenden Betrachtung der Lichttheorien von Newton bzw. Huygens zu. Er läßt – über die häufigen groben Vereinfachungen weit hinausgehend – den beiden Grundvorstellungen (Emissionstheorie bzw. Wellentheorie) historische Gerechtigkeit widerfahren, indem er zeigte, daß gemäß dem jeweiligen Kenntnisstand im Experimentellen und der Möglichkeit der mathematischen Behandlung des Modells die eine oder andere Theorie Oberhand gewinnen mußte. Was beispielsweise gegen Ende des 19. Jahrhunderts als absolut richtig galt, die Wellenvorstellung, wurde durch die notwendig gewordene Vorstellung von Lichtquanten wieder in Zweifel gestellt und führte zu einer Wiederbelebung der Newtonschen Emissionstheorie. Wiener zog aus seinen historischen Betrachtungen den Schluß, daß keine der Theorien ganz falsch oder ganz richtig war und jede trotz scheinbarer temporärer Unzulänglichkeit doch einen Anteil an «Richtigkeit» enthielt. Kurze Zeit nach Erscheinen der Wienerschen Arbeit sprach man von der *Dualität von Welle und Korpuskel.*

Die Vielschichtigkeit von Goethes naturwissenschaftlichen Schriften zur Biologie und Medizin analysierte W. Brednow (1965). Beginnend mit den von J. C. Lavater angeregten vergleichenden anatomischen Studien, die in der Mitarbeit an Lavaters physiognomischen Fragmenten 1775–1778 und der Entdeckung des Zwischenkieferknochens beim Menschen gipfelten, über die Diskussionen mit J. G. Herder, F. Schiller und anderen Zeitgenossen spannt sich der Bogen zu Goethes Ansichten zur Metamorphose von Tieren und Pflanzen, immer wieder durch Reflexionen aus Goethes dichterischem Schaffen untermauert. Dies alles erfolgt vor dem Hintergrund der Auseinandersetzungen in der Biologie und macht die Stellung der Goetheschen Ansichten deutlich.

Einem Teil dieses Hintergrundes widmete sich W. Brednow in seinem zweiten Beitrag (1969) und charakterisierte diese Phase als eine intensive und kampfbereite Beschäftigung mit dem Wesen des Menschen, seiner Herkunft und vor allem seinen Ausdrucksformen. J. C. Lavater schuf in den 60er Jahren des 18. Jahrhunderts eine neue Methodik der Menschenkenntnis und wollte aus der Physiognomie eines Menschen dessen Eigenschaften erkennen. Diese Lehre fand neben Zustimmung auch heftige Kritik, u. a. bei G. Ch. Lichtenberg und F. Nicolai. Brednow zeichnete ein detailliertes Bild dieser Auseinandersetzung und zeigte, wie dabei neue Forschungen angeregt wurden und wie durch den Einfluß der wissenschaftlichen Erkenntnisse von C. Bell und C. Darwin eine Hinwendung zu den Naturwissenschaften in der Physiognomik eingeleitet wurde.

Abschließend sei die Arbeit von P. STÄCKEL erwähnt (1893), in der er sich im Überblick mit der Geschichte der geodätischen Linien, von Johann und Jakob Bernoulli und den frühen Vertretern der damals neuartigen Infinitesimalmathematik bis hin zu C. F. Gauß, C. G. J. Jacobi und J. Liouville beschäftigte. P. Stäckel gehörte mit P. Luckey in die Gruppe der professionellen Mathematikhistoriker, die vorwiegend in Monographien und spezifischen Fachzeitschriften publizierten. Wie Luckey war auch er kein Mitglied der Akademie.

Neben den erwähnten Beiträgen setzten sich auch die beiden anderen für das Gebiet der Chemie erfaßten historischen Arbeiten mit problemgeschichtlichen Fragen auseinander. Sie basieren jedoch auf technologischen Entwicklungen, sind also dem großen Feld der Technikwissenschaften zuzurechnen, und berühren zugleich Aspekte der wirtschaftlichen Entwicklung.

H.-H. EMONS und H. H. WALTER (1986) beleuchteten die einzelnen Stationen in der Geschichte der Siedesalzgewinnung von ihren Anfängen im Neolithikum bis zur Gegenwart. Sie verdeutlichen sehr schön, wie sehr die einzelnen technologischen Verbesserungen vom Erfahrungswissen und Geschick der Salinisten abhing, aber auch, wie veraltete Organisationsformen die Einführung kapitalintensiver Neuerungen verhinderten. Erst im 20. Jahrhundert wurden die Produktionsmethoden auf der Basis des in der physikalischen Chemie erreichten Kenntnisstandes verändert, zuvor nahmen die «Salinisten und die Salinenbeamten ... sehr oft die neuen wissenschaftlichen Ergebnisse nicht zur Kenntnis» (EMONS/WALTER 1986, S. 32).

Über einen historisch wesentlich kürzeren Zeitraum, nämlich jenen seit der Mitte des vorigen Jahrhunderts, verfolgte E. RAMMLER (1970) die Entwicklung der verschiedenen Theorien über die «Entstehung von Braunkohlenbriketts». Beginnend mit der 1855 von C. Exter konstruierten ersten tauglichen Presse zur bindemittellosen Brikettierung, die 1856 erstmals praktisch zur Torf- und 1858 zur Braunkohlenbrikettierung eingesetzt wurde, werden die einzelnen, teilweise miteinander konkurrierenden Erklärungsmuster – Bitumen-, Kapillar-, Kolloidtheorie bzw. Brikettierung durch molekulare Nahkräfte – beschrieben. Besondere Aufmerksamkeit widmete Rammler schließlich der allgemeinen Brikettiertheorie von Karl Kegel. Stärker als bei dem erstgenannten Beitrag standen hier die Veränderungen in der Theorie und ihre technologischen Auswirkungen im Mittelpunkt der Untersuchung.

Eine gelungene Kombination aus regionaler Wirtschaftsgeschichte und der Entwicklung eines technischen Geräts – der mechanischen Rechenmaschine – im Wandel der Zeiten präsentierte N. J. LEHMANN (1989). Dieser Weg durch die Geschichte beginnt bei Schickards Rechenmaschine von 1623 und führt unter detaillierter Beschreibung der technischen Verbesserungen über die Stationen G. W. Leibniz, J. Leupold, G. Poleni, A. Braun, P. M. Hahn und C. K. Thomas zu F. A. Lange und C. Dietzschold im sächsischen Glashütte. Letztere schufen die entscheidenden Voraussetzungen dafür, daß in dieser Kleinstadt bei Dresden 1878/79 die erste Rechenmaschinenfabrik Deutschlands durch A. Burkhardt gegründet werden konnte. Der Werdegang dieser und anderer in Glashütte errichteten Werke zur Produktion von

Rechenmaschinen zeigt, wie sehr die unterschiedliche technologische Umsetzung der Fertigung den wirtschaftlichen Erfolg bestimmte. Diese Entwicklung wurde dann bis zur Gegenwart verfolgt.

Angesichts der trivialen Feststellung, daß Geschichte stets von Menschen gemacht wird und wissenschaftliche Entdeckungen stets Ergebnis menschlicher Tätigkeit sind, spielen biographische Darstellungen eine wichtige Rolle in der Wissenschaftsgeschichte und bieten durch die Verknüpfung vielfältiger Faktoren eine günstige Möglichkeit, wissenschaftshistorische Anliegen an ein breiteres Publikum heranzutragen. Diese Chance nutzten u. a. drei der physikhistorischen Aufsätze und vereinten Elemente der wissenschaftlichen Biographik mit der historischen Betrachtung jener Gebiete, auf denen der Gewürdigte bedeutende Leistungen erzielt hat. Dabei bot sich die Möglichkeit, exemplarisch am Einzelbeispiel Einflußfaktoren der Wissenschaftsentwicklung zu verdeutlichen, die sonst oft am Rande bleiben, da sie zu dem breiten Spektrum der externalen Faktoren gehören.

E. G. Woschni (1988) würdigte das Wirken von H. Barkhausen, der mit seiner Röhrengleichung, der Entdeckung der sogenannten Barkhausen-Sprünge und der Barkhausen-Kurz-Schwingung zu den Pionieren der Schwachstromtechnik gehört. Die von Barkhausen selbst gepflegte Verbindung zu den technischen Anwendungen seiner Ideen führte den Autor in natürlicher Weise zur Erörterung einzelner Entwicklungsschritte in der Elektrotechnik über die Ära Barkhausen hinaus.

Das Wechselspiel zwischen theoretischer Durchdringung eines Problems und der praktischen Umsetzung erzielter Ergebnisse stellte B. Wilhelmi (1991) am Beispiel der Abbeschen Arbeiten zur Optik vor. So korrelieren Abbes mathematische Beschreibung der optischen Abbildungen und der Beugungstheorie der mikroskopischen Abbildungen mit grundlegenden Verbesserungen in der optischen Meß- und Prüftechnik sowie der Technologie des optischen Instrumentenbaus. Sowohl der Rückblick auf die Geschichte der Optik bis zum 19. Jahrhundert als auch auf die Weiterentwicklung Abbescher Ideen in modernen Geräten unserer Tage vermittelten schlaglichtartig einen Blick auf die aktuelle Fragestellung nach der Wechselwirkung zwischen dem Voranschreiten der Naturwissenschaften und dem Bau sowie der Verbesserung wissenschaftlicher Instrumente, speziell von Meß- und Beobachtungsgeräten.

Man könnte nun gerade zur letztgenannten Problematik erwarten, in den Ausführungen von P. Görlich (1981) zur geschichtlichen Entwicklung des wissenschaftlichen Gerätebaus weitere Informationen und Anregungen zu erhalten. Dies ist jedoch nur bedingt der Fall. Nach einem kurzen historischen Exkurs wurden vorrangig aktuelle Aspekte und Tendenzen des wissenschaftlichen Gerätebaus diskutiert, die dem Ganzen insbesondere eine wissenschaftstheoretische Note verleihen.

Neben Uhlmanns Aufsatz über Schrödinger, auf den bereits eingegangen wurde, sind noch weitere biographische Studien unterschiedlicher Prätention zu erwähnen.

Des geistigen Vaters der Sächsischen Akademie der Wissenschaften, G. W. Leibniz, gedachte anläßlich des 200. Todestages W. Wundt in einem Artikel 1916. Leibniz vorrangig als Diplomat und Staatsmann betrachtend, würdigte Wundt dessen Leistungen in Mathematik, Physik, Religionswissenschaften und Jurisprudenz. Dabei hob er vor allem die verschiedenen Widerstände und Anfeindungen hervor, denen sich Leibniz mit seinen Ideen zur Entdeckung der Infinitesimalrechnung, zum Kraftbegriff, zur Reunion der Kirchen oder zur Staatslehre ausgesetzt sah.

Der einzige, der Geschichte der Geowissenschaften zuzuordnende Aufsatz fällt ebenfalls ins Gebiet der wissenschaftlichen Biographik und ist dem Leben und Werk F. Leutweins gewidmet (RÖSLER 1992). In den Mittelpunkt stellte H. J. RÖSLER weniger die einzelnen wissenschaftlichen Resultate Leutweins als vielmehr dessen persönliche Lebensumstände sowie dessen wissenschaftsorganisatorisches und wissenschaftspolitisches Wirken in Freiberg und Nancy. Da Leutwein bis 1957 maßgeblich am Aufbau der Bergakademie Freiberg beteiligt war und in dem Zeitraum engen Kontakt zum Autor hatte, ergab sich eine interessante Fallstudie einer Wissenschaftlerlaufbahn in der ersten Nachkriegsdekade im Osten Deutschlands.

Das Werk B. Riemanns, eines der bedeutendsten Mathematiker, würdigte W. MAIER in einem Aufsatz 1975 und markierte damit gleichsam einen Extrempunkt unter den wissenschaftshistorischen Arbeiten in der Abgrenzung zur reinen disziplinenspezifischen Darstellung. Riemann hat die Theorie der Funktion einer komplexen Veränderlichen sowie deren Anwendung in der Physik, die Differentialgeometrie und die Zahlentheorie mit grundlegenden Ideen und Resultaten bereichert, von denen heute viele mit seinem Namen verknüpft sind, z. B. Riemannscher Abbildungssatz, Riemannscher Krümmungstensor, Riemannsche Vermutung. Im Versuch, diese auf einer umfangreichen mathematischen Theorie und einem entsprechenden Begriffsapparat fußenden Erkenntnisse zu würdigen, unternahm Maier eine Gratwanderung zwischen historischer, allgemein verständlicher Darstellung und mathematischer Erörterung, bei der letztere eindeutig dominiert und der Nichtmathematiker die Tiefe und den richtungsweisenden Charakter der Riemannschen Ideen nur erahnen kann.

Ähnlich verhält es sich auch mit MAIERS zweitem Beitrag (1963) über Probleme aus der Zahlentheorie. Seine Aufmerksamkeit galt dabei der Häufigkeit der Primzahlen, deren immer bessere Bestimmung er über einige Stationen verfolgte, um dann zwanglos zu einigen Bemühungen zum Beweis der Riemannschen Vermutung überzugehen.

Als vierte Gruppe wissenschaftshistorischer Arbeiten sind abschließend noch jene zu diskutieren, die ein wissenschaftstheoretisches oder -philosophisches Anliegen haben bzw. die historische Analyse zur Auseinandersetzung mit aktuellen Fragen der Wissenschaftsentwicklung nutzen. Ersteres ist bei H. Beckert, W. Heisenberg und G. E. R. Schulze der Fall, letzteres bei H. Berg und H. Penzlin.

Mit feinem Gespür für die wissenschaftsphilosophische Aussagekraft der Wahrscheinlichkeitsrechnung gerade in heutiger Zeit wandte sich H. BECKERT (1990) dem historischen Prozeß der Mathematisierung der verschiedenartigsten für Wahrscheinlichkeitsrechnungen relevanten Erscheinungen zu, vom Glücksspiel zum Gesetz der großen Zahl, von P. S. Laplace, J. Hadamard, P. L. Tschebyschew zu J. C. Maxwell und J. W. Gibbs, von der theoretischen Physik am Beginn des 20. Jahrhunderts zum Vierfarbenproblem, bis hin zur literarischen Widerspiegelung dieser Denkweise bei W. Shakespeare und zur erkenntnistheoretischen Wertung durch das Prinzip der Kausalität und das des strengen Determinismus.

G. E. R. Schulze (1974) suchte eine in Kreisen der theoretischen Physiker verbreitete naturphilosophisch-erkenntnistheoretische Auffassung zu erhärten, wonach ein Naturgesetz desto einfacher sei (Planck), je umfassender es ist und in der Einfachheit eines Gesetzes quasi deren Wahrheit begründet (Heisenberg) liege. Der Autor benutzte historisches Material (Gesetze der Planetenbewegung; Plancksches Strahlungsgesetz; Deutung elastischer und plastischer Verformung; musikalische Akustik), um diese These zu stützen.

Von W. Heisenberg weiß man, daß er höchst anregend seine Fachwissenschaft mit naturphilosophischen Betrachtungen zu verbinden wußte. In dem öffentlichen Vortrag der Sächsischen Akademie (Heisenberg 1933) ging es ihm um eine auf die jahrtausendealte Entwicklung von Demokrit bis zur Atomphysik der 20er Jahre gestützte Reflexion über die Tatsache, daß die «Ansprüche der Naturforscher auf ‹Verständnis› der Welt immer geringer werden», daß der Fortschritt der Wissenschaften mit einem «hohen Preis» bezahlt würde, durch den Verlust nämlich der lebendigen unmittelbaren Anschauung.

Einzelne Aspekte aus dem höchst komplexen Prozeß des Lebens griffen sich H. Berg und H. Penzlin in ihren Erörterungen heraus. H. Berg (1981) diskutierte diesbezügliche Ideen und Theorien W. Ostwalds. Ausgehend von der Einordnung der Biologie in die Ostwaldsche Wissenschaftspyramide, legte er dessen energetische Betrachtung der Lebensprozesse einschließlich der Theorie der Gleichgewichte dar. Dem schloß sich das Problem der Reizeinflüsse und der Reaktion der Lebewesen auf diese Reize an, wobei Ostwald mehrere der zukünftigen Resultate vorwegnahm. Da die Reize für Ostwald auch bewußtes körperliches bzw. geistiges Training umfassen, führt, in Umkehrung der historischen Abfolge Ostwaldscher Überlegungen, ein direkter Weg zu Fragen der Kreativität, insbesondere das Auffinden besonders begabter Kinder und deren Förderung. Auch hier wurde der Bogen bis zu Ergebnissen der aktuellen Forschung gespannt.

Mit den grundlegenden Ansichten zur Beschreibung von Lebensprozessen befaßte sich H. Penzlin (1988), indem er verdeutlichte, daß mit der Begründung der neuzeitlichen Physik zugleich der Verzicht verbunden war, lebendige Systeme in ihrer Dynamik und ihrem hohen Niveau an zeitlicher und räumlicher Komplexität durch die Physik adäquat zu beschreiben. Von dieser Position aus verfolgte er das Verhältnis von Biologie und Physik in der Geschichte, die beide die Erklärung von Erscheinungen der Natur und der menschlichen Existenz als Zielstellung hatten und haben, und deutete an, wie weit sich beide Disziplinen beim gegenwärtigen Erkenntnisstand aufeinander zubewegen müssen, insbesondere sich die Physik der Biologie annähern müsse, um lebendige Systeme mit ihrem hohen Ordnungsgrad als dissipative Strukturen zu modellieren.

Neben diesen historischen Beiträgen sei ferner noch eine Gruppe von Arbeiten genannt, die reichlich und unwiederbringliche wissenschaftshistorische Tatsachen vermitteln, die aber nicht speziell analysiert wurden. Gemeint ist die stattliche Reihe von Nekrologen, wo in persönlich gehaltenen Würdigungen über den Forscher und Gelehrten hinaus auch der schöpferische Mensch hervortritt. In der Zeit von 1896 bis 1945 waren die Nekrologe Bestandteil der Sitzungsberichte, danach wurden sie im Jahrbuch der Akademie veröffentlicht.* In diese Gruppe wären auch solche Studien einzureihen wie Mitteilungen über die Einrichtung des Möbius-Archivs (1889) oder des Fechner-Archivs (1905). Die Tätigkeit dieser Archive stellt eine wichtige wissenschaftshistorische Aktivität der Sächsischen Akademie dar, deren detaillierte Analyse den Rahmen dieses Beitrags sprengen würde.

3 Quantitative Analyse der wissenschaftshistorischen Arbeiten

Um eine quantitative Auswertung vornehmen zu können, verzeichnet die folgende Tabelle die Beiträge mit naturwissenschaftlichen Elementen, entsprechend den drei ausgegliederten Kategorien jeweils zu Fünf-Jahres-Abschnitten gebündelt. Insgesamt wurden 254 Beiträge registriert, und damit konnte in etwa einem Siebentel aller Publikationen in den Sitzungsberichten der Sächsischen Akademie Bezüge zur Geschichte der jeweiligen Fachdisziplin bzw. zur Geschichte der Naturwissenschaften festgestellt werden. Da die Würdigung verstorbener Mitglieder der Akademie nicht im gesamten Untersuchungszeitraum in den Sitzungsberichten erfolgte, wurden die 63 Nachrufe, die in der Zeit von 1896 bis 1945 erschienen, in der Tabelle nicht miterfaßt.

Bevor jedoch noch einige weitere Schlußfolgerungen aus der Zusammenstellung gezogen werden sollen, sei der Leser darauf verwiesen, daß sowohl die Zuordnung der einzelnen Artikel zu den drei Kategorien als auch zu einzelnen Disziplinen nicht immer eindeutig möglich ist. Um Doppelzählungen zu vermeiden, haben die Autoren bei interdisziplinären Themen den Artikel dem Fachgebiet zugeordnet, auf dem nach ihrem subjektiven Verständnis das Schwergewicht der Betrachtung lag.

Schon ein flüchtiger Blick auf die Tabelle macht das Übergewicht der Mathematik mit einem Anteil von etwa 50% deutlich. Dieser Eindruck wird noch verstärkt, wenn man berücksichtigt, daß ein großer Teil der erfaßten physikalischen Publikationen dem Gebiet der theoretischen Physik zuzurechnen ist, also teilweise der Mathematik recht nahesteht. Es wäre sicher falsch, daraus lediglich ein stärkeres Geschichtsbewußtsein unter den Mathematikern und theoretischen Physikern der Sächsischen Akademie im Vergleich mit den Biologen, Chemikern etc. abzuleiten. Es entspricht vielmehr dem genetischen Aufbau dieser Wissensgebiete, der zur Charakterisierung des erreichten Erkenntnisstandes oder zur Einordnung in einen größeren Zusammenhang die Heranziehung historischen Materials nahelegt.

Anders als in den beschreibenden Naturwissenschaften ist es zur Verdeutlichung der eigenen Ideenfindung bzw. des Neuheitsgrades der verwendeten Methode oder Konstruktion notwendig, wichtige Stationen der Vorgeschichte zu nennen, zu skizzieren oder im Detail zu analysieren. Nicht selten enthüllte ja, wie in der Auflösungstheorie von Gleichungen n-ten Grades, die Analyse der Vorgeschichte bereits

* Natürlich stellen diese Nekrologe teilweise wichtige und interessante Beiträge zur Geschichte der Naturwissenschaften dar. Die Verdienste ihrer Mitglieder zu würdigen gehört jedoch zu den Pflichten einer Wissenschaftlervereinigung, so daß sich diese Beiträge in Intention und Anlaß ihrer Entstehung klar von den hier betrachteten unterscheiden.

Anzahl der Arbeiten mit naturwissenschaftshistorischen Elementen entsprechend den einzelnen Kategorien

																			insgesamt		
1846–1850	1	1	0	0	0	0	1	0	0	2	0	0	0	1	0	0	1	0	4	3	0
1851–1855	3	1	0	1	0	0	0	0	0	1	0	0	2	0	0	0	0	0	7	1	0
1856–1860	2	0	0	1	0	0	0	0	0	2	1	0	2	0	0	1	0	0	8	1	0
1861–1865	1	0	2	0	0	0	0	0	0	0	0	0	0	0	0	0	0	0	1	0	2
1866–1870	2	1	1	2	0	0	1	0	0	0	0	0	1	0	0	0	0	0	6	1	1
1871–1875	0	1	0	2	1	0	1	0	0	0	0	0	3	0	1	0	0	0	6	2	1
1876–1880	2	0	1	0	1	0	0	0	0	0	0	0	1	0	0	0	0	0	3	1	1
1881–1885	5	0	1	1	1	0	0	0	0	1	0	0	0	0	0	1	0	0	8	1	1
1886–1890	14	1	1	2	0	0	1	0	0	2	0	0	0	0	0	0	0	0	19	1	0
1891–1895	9	2	2	2	0	0	2	1	0	0	0	0	1	0	0	0	0	0	14	3	2
1896–1900	7	1	0	3	1	0	1	0	0	0	0	0	0	0	0	0	0	0	11	2	0
1901–1905	9	3	0	1	0	0	0	0	0	0	0	0	0	0	0	0	0	0	10	3	0
1906–1910	9	1	0	0	2	1	1	0	0	0	0	0	2	0	0	1	0	0	13	3	1
1911–1915	5	0	0	4	0	0	0	0	0	0	0	0	0	0	0	1	0	0	10	0	0
1916–1920	1	1	1	2	0	1	2	0	0	0	0	0	0	0	0	0	0	0	5	1	2
1921–1925	0	2	1	1	0	0	0	0	0	0	0	0	0	0	0	0	0	0	1	2	1
1926–1930	4	2	0	0	1	0	0	0	0	0	0	0	0	0	0	2	0	0	6	3	0
1931–1935	0	2	0	0	0	1	0	0	0	1	0	0	0	0	0	0	1	0	1	3	1
1936–1940	2	2	1	1	0	0	0	0	0	0	0	0	0	0	1	0	0	0	3	2	2
1941–1945	1	0	1	0	0	0	1	0	0	0	0	0	1	1	1	0	1	0	3	2	2
1946–1950	1	0	0	0	0	0	0	0	0	0	0	0	0	0	0	0	0	0	1	0	0
1951–1955	4	0	0	0	0	0	0	0	0	0	0	0	0	0	1	2	0	0	6	0	1
1956–1960	2	0	0	0	0	0	0	0	1	2	0	0	0	0	0	0	0	0	4	0	1
1961–1965	0	0	1	0	0	0	1	0	0	1	1	1	0	1	0	0	0	0	2	2	2
1966–1970	2	0	0	0	0	0	1	0	1	1	0	1	0	0	0	0	0	0	4	0	2
1971–1975	0	0	1	2	0	2	1	0	1	0	0	0	0	0	0	0	0	0	3	0	4
1976–1980	0	0	0	2	0	0	0	0	0	1	0	0	0	0	0	1	0	0	4	0	0
1981–1985	2	0	0	0	0	4	1	0	0	2	0	1	0	0	0	0	1	0	5	1	5
1986–1990	1	1	2	1	1	2	0	1	1	2	0	1	0	0	0	1	0	0	5	3	6
1991–1992	0	0	0	0	0	2	0	0	0	0	0	0	0	0	0	0	0	1	0	0	3
Summe:	89	22	15	28	8	13	15	2	4	18	2	4	13	3	4	10	4	1	173	40	41

die Keime für neue epochale Einsichten bis hin zur Lösung des Problems. Schließlich sollte man bei der Bewertung des hohen Anteils mathematischer Artikel nicht verkennen, daß ein beträchtlicher Prozentsatz aus den Jahren um die Jahrhundertwende stammt. Die Sitzungsberichte dienten damals noch vorrangig der Publikation von Forschungsartikeln von oft nur wenigen Seiten, und innerhalb der Akademie gab es eine sehr aktive Gruppe von Mathematikern, die mit zahlreichen, teilweise direkt aneinander anknüpfenden Veröffentlichungen wesentlich den Inhalt der Sitzungsberichte prägte. In den letzten Jahrzehnten umfaßte ein Band der Sitzungsberichte in der Regel sieben Artikel über einen Zeitraum von teilweise zwei bis drei Jahren. Auf den veränderten Charakter dieser Zeitschrift wird an anderer Stelle noch einzugehen sein.

Mit diesem Wandel haben sich im letzten Tertial der Akademiegeschichte die Relationen zwischen den einzelnen Fächergruppen deutlich verschoben. Abgesehen von der kaum in Erscheinung tretenden Astronomie, die an der Akademie nur ein Schattendasein führte und führt, ist ansonsten nur bei den geowissenschaftlichen Artikeln eine geringere Anzahl mit historischen Passagen und Erörterungen zu verzeichnen. Bei den Publikationen mit naturwissenschaftshistorischem Anliegen dominiert jetzt eindeutig die Physik, und insgesamt ist ein signifikanter Zuwachs in dieser Kategorie zu verzeichnen. Dies geht einher mit einer starken Polarisation im Verhältnis zur Wissenschaftsgeschichte. Hat ein Autor sich für die Einbeziehung historischer Fakten entschieden, so wählt er dann nur noch zwischen der kurzen historischen Hinführung zum Gegenstand der Untersuchung bzw. der Aufzählung einiger Fakten aus der Vorgeschichte der Problematik und einer strengen wissenschaftshistorischen Behandlung des Themas.

Sowohl die Zunahme des Anteils wissenschaftshistorischer Arbeiten in den Sitzungsberichten als auch die eben vermerkte Polarisation scheinen einen Wandel im Zeitgeist, in der Wissenschaftskultur am Ende des 20. Jahrhunderts zu signalisieren. Angesichts einer ständig zunehmenden Differenzierung der einzelnen Wissensgebiete und einer Flut von speziellen Forschungsergebnissen wurde eine Rückbesinnung auf die historischen, disziplinenspezifischen Wurzeln als wichtiges Element bei der eigenen Standortbestimmung im Spektrum der Wissenschaften empfunden. Zugleich erfüllt die historische Darstellung eine nicht zu unterschätzende integrative Funktion und ist nicht zuletzt ein wesentliches Moment, um sich vor einem interdisziplinär zusammengesetzten Gremium, wie es eine Akademie darstellt, verständlich zu machen und Möglichkeiten zum Dialog zu eröffnen.

Wir beschließen die Betrachtung der Tabelle mit einer scheinbar selbstverständlichen Bemerkung: Diese Zusammenstellung verweist auf die historischen Interessen einzelner Akademiemitglieder. Fast 36 % der registrierten Artikelk wurden von 14 Gelehrten verfaßt, unter denen die Mathematiker S. Lie, C. Neumann und W. Scheibner hervorragen. Von ihnen wurden neun und mehr Publikationen in die Statistik aufgenommen. Mithin sind über ein Drittel der für die Untersuchung relevanten Beiträge von nur 5 % der Akademiemitglieder in der Mathematisch-naturwissenschaftlichen Klasse geschrieben worden. Doch diese Angabe bedarf einer Ergänzung, da sie sonst zu falschen Schlußfolgerungen über die Rolle der Naturwissenschaftsgeschichte an der Sächsischen Akademie verleiten könnte. Immerhin haben rund 11% aller Mitglieder im Verlaufe ihres Wirkens an der Akademie eine umfangreiche Studie mit klarer historischer Zielsetzung vorgelegt und knapp die Hälfte aller Gelehrten in der Mathematisch-naturwissenschaftlichen Klasse hat in wenigstens einem Beitrag deutlich historische Argumente artikuliert.

Es kann also konstatiert werden, daß die Geschichte der Naturwissenschaften an der Sächsischen Akademie bisher einen geachteten, ihrer Bedeutung angemessenen Platz eingenommen hat. Ein nochmaliger Blick auf die Tabelle verdeutlicht die dabei auftretenden zeitlichen Schwankungen. Zugleich wird damit die obige Feststellung relativiert, daß nur etwa ein Siebtel aller naturwissenschaftlichen Artikel in den Berichten wissenschaftshistorische Elemente enthält. Dieser relativ geringe Anteil ist Ausdruck der Tatsache, daß die Sitzungsberichte fast bis zur Mitte des 20. Jahrhunderts eine wichtige Publikationsmöglichkeit für Forschungsergebnisse der einzelnen Gelehrten darstellten und den Charakter einer interdisziplinären Fachzeitschrift hatten. Dem entsprechend umfaßten die einzelnen Beiträge oft nur wenige Seiten bzw. bezogen sich direkt aufeinander. Nach dem Aufschwung der disziplinenspezifischen Fachzeitschriften erhielten die Darstellungen seit den 20er Jahren immer stärker den Charakter eines Überblicks bzw. einer Zusammenfassung oft mehrjähriger Forschungen.

Trotz all dieser Veränderungen blieb die Rolle der Naturwissenschaftsgeschichte an der Sächsischen Akademie über mehr als 100 Jahre relativ konstant; sie sollte vorrangig die Brücke zu anderen Disziplinen schlagen oder die Bedeutung der behandelten Problematik durch eine Rückbesinnung auf die Historie untermauern. Sehr treffend brachte W. Treibs die Sicht vieler Gelehrten zur Geschichte der Fachdisziplin zum Ausdruck: «Die Geschichte der Naturwissenschaften ist das notwendige Gegengift gegen die zwangsweise Einzwängung, Überheblichkeit und geistige Verarmung des modernen Spezialistentums. Die Kenntnis ihres Werdens vermittelt das Verständnis für die Fragestellungen der Gegenwart und gestattet Ausblicke in die Zukunft.» (Treibs 1957, S. 3)

Literatur

Alle im folgenden angeführten Arbeiten sind in den Sitzungsberichten der Sächsischen Akademie der Wissenschaften, Mathematisch-naturwissenschaftliche Klasse, publiziert.

Baltzer, Richard: Historische Bemerkungen. Bd. 17 (1865), S. 1–6.

Baltzer, Richard: Ueber Newton's Auflösung der numerischen Gleichungen. Bd. 18 (1866), S. 358–361.

Baltzer, Richard: Eine Erinnerung an Möbius und seinen Freund Weiske. Bd. 37 (1885), S. 1–6.

Beckert, Herbert: Bemerkungen zu den Anwendungen der Theorie der Wahrscheinlichkeit. Bd. 22 (1990) 1, 22 S.

Berg, Hermann: Wilhelm Ostwald – Erkenntnisse über die Biosphäre. Bd. 115 (1981) 1, 36 S.

Böker, Robert: Die Entstehung der Sternsphaere Arats. Bd. 99 (1952) 5, 68 S.

Brednow, Walter: Tier und Mensch in Goethes naturwissenschaftlicher Sicht. Bd. 106 (1965) 6, 44 S.

Brednow, Walter: Von Lavater zu Darwin. Bd. 108 (1969) 6, 31 S.
Bruhns, Carl: Einige Notizen über Kepler. Bd. 24 (1872), S. 30–48.
Buchheim, Wolfgang: Die kopernikanische Wende und die Gravitation. Bd. 111 (1975) 5, 36 S.
Buchheim, Wolfgang: Albert Einstein als Wegbereiter nachklassischer Physik. Bd. 115 (1981) 4, 29 S.
Buchheim, Wolfgang: Komplementarität nach Niels Bohr – Physikgeschichtliche Episode oder universale Kategorie von Ergänzung? Bd. 117 (1984) 6, 30 S.
Buchheim, Wolfgang: Der Farbenlehrestreit Goethes mit Newton in wissenschaftsgeschichtlicher Sicht. Bd. 123 (1991) 1, 15 S.
Emons, Hans-Heinz; Walther, Hans Henning: Historische Entwicklung und zukünftige Tendenzen der Siedesalz-Produktion unter besonderer Berücksichtigung der ehemaligen Salinen im sächsisch-thüringischen Raum. Bd. 119 (1986) 3, 41 S.
Feddersen, Berend Wilhelm: Zur Entdeckung der elektrischen Wellen. Bd. 61 (1909), S. 153–155.
Görlich, Paul: Die geschichtliche Entwicklung des wissenschaftlichen Gerätebaus und seine zukünftige Bedeutung. Bd. 115 (1981) 3, 36 S.
Heisenberg, Werner: Zur Geschichte der physikalischen Naturerklärung. Bd. 85 (1933), S. 29–40.
Hölder, Otto: Über eine Verallgemeinerung der binomischen Formel. Bd. 88 (1936), S. 60–66.
Kowalewski, Gerhard: Bolzanos Verfahren zur Herstellung einer nirgends differenzierbaren stetigen Funktion. Bd. 74 (1922), S. 91–95.
Lehmann, N. Joachim: Glashütte 1878. Beginn der deutschen Rechenmaschinenfertigung. Bd. 121 (1989) 1, 50 S.
Lichtenstein, Leon: Die Philosophie von Emile Meyerson. Bd. 80 (1928), S. 275–285.
Luckey, Paul: Tabit b. Qurra über den geometrischen Richtigkeitsnachweis der Auflösung der quadratischen Gleichung. Bd. 93 (1941), S. 93–114.
Maier, Wilhelm: Aus der analytischen Zahlentheorie. Bd. 105 (1963) 4, 15 S.
Maier, Wilhelm: Vom Erbe Bernhard Riemanns. Bd. 111 (1975) 1, 13 S.
Neumann, Carl: Brief von Gauß an Möbius vom 29. Sept. 1837. Bd. 31 (1879), S. 61–64.
Oettingen, Arthur von: Das Kausalgesetz. Bd. 58 (1906), S. 454–470.
Penzlin, Heinz: Ordnung – Organisation – Organismus. Zum Verhältnis zwischen Physik und Biologie. Bd. 120 (1988) 6, 32 S.
Rammler, Erich: Über die Theorien der Braunkohlenbrikettentstehung. Bd. 109 (1970) 1, 38 S.
Reinhard, R.: Das Deutsche Institut für Länderkunde. Bd. 96 (1944), S. 3–16.
Rösler, Hans Jürgen: Das Leben und das wissenschaftliche Werk von Friedrich Leutwein. Bd. 123 (1992) 5, 31 S.
Runge, Franz: Grignard und die nach ihm benannte Synthese. Bd. 107 (1966) 2, 17 S.
Scheibner, Wilhelm: Ueber das Rationalmachen von irrationalen algebraischen Ausdrücken. Bd. 15 (1863), S. 63–81.
Scheibner, Wilhelm: Ueber eine Methode von C. G. J. Jacobi zur Bestimmung des Restes unendlicher Reihen. Bd. 45 (1893), S. 432–443.
Schöpf, Hans-Georg: Die Griechen und die Natur. Bd. 116 (1982) 3, 62 S.
Schulze, Gustav E. R.: Zur Rolle des Einfachheitsprinzipes im physikalischen Weltbild. Bd. 110 (1974) 6, 23 S.
Stäckel, Paul: Bemerkungen zur Geschichte der geodätischen Linien. Bd. 45 (1893), S. 444–467.
Treibs, Wilhelm: Entwicklungslinien der organischen Chemie. Bd. 102 (1957) 7, 25 S.
Uhlmann, Armin: Schrödinger und seine Gleichung. Bd. 121 (1989) 3, 23 S.

Van der Waerden, Bartel Leendert: Arithmetik und Rechentechnik der Ägypter. Bd. 89 (1937), S. 171–172.
Van der Waerden, Bartel Leendert: Die Voraussage von Finsternissen bei den Babyloniern. Bd. 92 (1940), S. 107–114.
Van der Waerden, Bartel Leendert: Die Astronomie des Heraklides von Pontos. Bd. 96 (1944), S. 47–56.
Wiener, Otto: Der Wettstreit der Newtonschen und Huygensschen Gedanken in der Optik. Bd. 71 (1919), S. 240–254.
Wilhelmi, Bernd: Lichtmikroskopie. Ernst Abbe und sein Einfluß auf moderne Entwicklungen. Bd. 123 (1991) 2, 39 S.
Woschni, Eugen-Georg: Heinrich Barkhausen und die Entwicklung der Elektronik. Bd. 120 (1988) 7, 25 S.
Wundt, Wilhelm: Gottfried Wilhelm Leibniz zum Gedächtnis. Bd. 68 (1916), S. 253–266.